"十二五"普通高等教育本科国家级规划教材
高等院校石油天然气类规划教材

石油地质学

(第五版)

柳广弟　主编

石油工业出版社

内 容 提 要

本书遵循从感性到理性的认识规律，在介绍油气水特征、储集层和盖层、圈闭和油气藏等感性知识的基础上，重点阐述了现代油气成因的基本理论、油气藏形成的基本原理以及油气在地壳中的分布规律。为了充分反映非常规油气聚集等石油地质学新进展，本书拓展了储集层、圈闭、油气藏等基本概念的内涵，完善了圈闭与油气藏的分类体系，将"常规油气"聚集与"非常规油气"聚集纳入了统一的油气成藏理论体系。

本书可作为高等学校资源勘查工程专业和地质工程专业石油地质学课程的教材，也可供勘查技术与工程（物探和测井）和石油工程等相关专业教学参考，还可供从事油气田勘探和开发工作的技术人员参考。

图书在版编目（CIP）数据

石油地质学／柳广弟主编．— 5 版．— 北京：石油工业出版社，2018.8（2024.9 重印）
"十二五"普通高等教育本科国家级规划教材
ISBN 978-7-5183-2820-8

Ⅰ. ①石… Ⅱ. ①柳… Ⅲ. ①石油天然气地质—高等学校—教材 Ⅳ. ①P618.130.2

中国版本图书馆 CIP 数据核字（2018）第 199257 号

出版发行：石油工业出版社
（北京市朝阳区安华里 2 区 1 号楼　100011）
网　　址：www.petropub.com
编辑部：（010）64523693
图书营销中心：（010）64523633　（010）64523731
经　　销：全国新华书店
排　　版：保定彩虹印刷有限公司
印　　刷：北京晨旭印刷厂

2018 年 8 月第 5 版　2024 年 9 月第 24 次印刷
787 毫米×1092 毫米　开本：1/16　印张：31
字数：790 千字

定价：60.00 元
（如发现印装质量问题，我社图书营销中心负责调换）
版权所有，翻印必究

《石油地质学（第五版）》编写人员名单

主　　编：柳广弟　中国石油大学（北京）

参编人员：（按姓氏拼音顺序排列）

陈冬霞　中国石油大学（北京）

付　广　东北石油大学

高先志　中国石油大学（北京）

黄志龙　中国石油大学（北京）

姜福杰　中国石油大学（北京）

李平平　中国石油大学（北京）

廖明光　西南石油大学

林小云　长江大学

吕延防　东北石油大学

孙明亮　中国石油大学（北京）

王凤琴　西安石油大学

王雅春　东北石油大学

张枝焕　中国石油大学（北京）

赵卫卫　西安石油大学

第五版前言

《石油地质学（第四版）》自 2009 年出版已经 9 年，共印刷 8 次，发行 58000 册。该教材受到了国内广大师生的欢迎，被近 20 所高校选为教学用书或参考教材。9 年来，世界及我国油气勘探形势发生了重大变化，取得了重要进展。以页岩气为代表的非常规油气已成为油气勘探的重要领域。非常规油气勘探开发的突破不仅改变了世界能源格局，也极大地促进了石油地质学的发展。可以说，"页岩气革命"也引发了一场"石油地质学革命"，新概念、新理论应运而生，传统概念和理论得到发展和拓宽，石油地质学得到了进一步的发展和完善。因此，编写一本新的《石油地质学》教材已迫在眉睫。

事实上，以页岩油气、致密砂岩油气、煤层气、天然气水合物等为代表的"非常规油气"也是含油气盆地中不同类型油气聚集大家庭中平等的一员，本来就应占有其应有的一席之地，只不过人类对它们认识较晚而已。从石油地质学的角度讲，油气聚集本无"常规"与"非常规"之分别，"常规"与"非常规"是人们从勘探开发技术角度对油气资源类型的描述，因此，"常规"与"非常规"更多的是一种工程术语，而非学术术语。本书在阐述所谓"非常规油气聚集"时，并未采用"非常规"这一术语，而是在油气藏分类体系中给予它们以应有的地位，增加了一个新的圈闭和油气藏大类——致密储集层圈闭与致密储集层油气藏，并修正了储集层、圈闭、油气藏等基本概念，拓展了油气成藏理论，将目前关于"非常规油气聚集"的概念和理论有机地融入了本教材的学术体系中。因此，本书仍继承了《石油地质学（第四版）》的教材体系。

与第四版相比，本教材主要有以下变化：

（1）拓展了储集层、圈闭、油气藏等基本概念的内涵，以使其适应非常规油气聚集。

（2）完善了圈闭与油气藏的分类体系，提出了将致密储集层圈闭与致密储集层油气藏作为与构造圈闭与构造油气藏、地层圈闭与地层油气藏、岩性圈闭与岩性油气藏并列的一大类新的圈闭与油气藏类型。

（3）第五章单辟一节阐述地层压力成因与分布。

（4）第六章提出了油气聚集过程中的力平衡、相平衡和物质平衡三大基本原理，在此基础上阐述了不同类型油气藏的形成机制，将"常规油气"聚集与"非常规油气"聚集纳入了统一的油气成藏理论体系。

（5）合并了第四版的第七章和第八章。

（6）各章都增加了思考题。

本教材是在《石油地质学（第四版）》的基础上修订而成。在教材修订之前，石油工业出版社组织相关院校及参加第四版编写的全体作者在北京召开了教材编写启动会。教师们集思广益，对修订原则、教材体系、教材内容、术语概念和修订分工进行了广泛的研讨，制定了教材修订大纲。

本教材由柳广弟主编。各章分工如下：绪论由柳广弟编写；第一章由王凤琴和赵卫卫编写；第二章由廖明光和付广编写；第三章由陈冬霞和高先志编写；第四章由柳广弟、高先志、张枝焕和李平平编写；第五章由黄志龙、柳广弟和姜福杰编写；第六章由柳广弟和孙明亮编写；第七章由林小云、王雅春和吕延防编写。

本教材的立项和编写得到了石油工业出版社的大力支持，也得到了中国石油大学（北京）地球科学学院及相关院校领导和石油地质学教师的指导和帮助，在此表示衷心的感谢！

由于我们水平所限，教材一定还有许多不当之处，在此诚请使用本教材的广大师生和阅读本书的读者提出宝贵意见与建议。书面意见和建议可以寄给本人，衷心欢迎和感谢！

本人通信地址：北京昌平中国石油大学（北京）地球科学学院，邮编：102249。

电子邮箱地址：lgd@cup.edu.cn。

柳广弟
2018 年 8 月 于北京昌平

第四版前言

中国石油大学张万选、张厚福教授主编的《石油地质学》教材于 1981 年出版；1989 年张厚福、张万选两位教授又对教材进行了修订，出版了《石油地质学》的第二版；1999 年以张厚福教授为主编，组织我校一部分青年教师编写出版了新版《石油地质学》教材。1999 年版《石油地质学》从教材体系到主要内容都继承了前两版《石油地质学》的基本框架，应为《石油地质学》的第三版。本次编写的《石油地质学》教材是在前三版的基础上，经前三版主编张厚福教授授权重新编写而成的。为了体现教材的延续性，充分尊重历史和老一代教师对教材建设的贡献，本书作为《石油地质学》的第四版。

本教材的编写以辩证唯物主义思想为指导，遵循加强基础理论、理论联系实际、反映国内外石油地质学发展新水平的原则，立足于石油地质学基本原理的阐述，充分反映成熟的新理论，突出中国石油地质特色。

本次编写的《石油地质学》对前三版教材的体系进行了调整，按照从感性到理性的认识规律建立教材体系。本教材首先介绍油气成藏要素（油气水、储集层和盖层、圈闭和油气藏），使学生对地下客观存在的油气藏有一个感性的认识；再阐述油气藏形成的基本原理（油气的生成、油气运移、油气聚集与油气藏的形成）；最后总结油气分布规律和控制因素。

在教材内容的选择上，加强了对石油地质学基本理论的阐述，注意吸收比较成熟的石油地质新理论和新概念（如未—低成熟油理论、煤成油理论、压力对油气演化的影响、油气系统思想、流体封存箱和输导体系概念等），增加了非常规油气资源的内容，同时删除了一些尚不成熟和超出课程大纲的内容。为了突出中国石油地质特色，注意石油地质学基本原理与我国石油地质特征相结合，增加成熟的中国石油地质理论的内容，如源控论、复式油气聚集带理论、叠合盆地油气聚集规律等，加强中国含油气盆地和典型油气藏实例的介绍。本教材的另一个特点是加强了天然气地质学的有关内容，其中特别充实了天然气成因的内容，增加了对天然气成藏原理方面的阐述。同时增加了对油气在盆地内部分布规律和控制因素的阐述，增加了世界油气资源分布特征等内容。

本教材继承了北京石油学院 1961 年《石油地质学》（中国工业出版社）和 1966 年《石油地质学》（校内铅印）教材、华东石油学院 1972 年《油田地质》（校内铅印）以及本教材前三版的精华，力求反映中国石油大学三代石油地质学教师 50 多年教学经验的积累。同时，为了充分反映我国石油高等院校广大石油地质学教师的科研成果和教学经验，组织了以中国石油大学（北京）教师为主，其他四所石油高校教师参加的教材编写组。参加本教材编写的有中国石油大学（北京）柳广弟、高先志、黄志龙、张枝焕、刘震和高岗，大庆石油学院吕延防和付广，西南石油大学廖明光，长江大学林小云，西安石油大学王凤琴。

本教材由柳广弟担任主编。各章编写分工如下：绪论由柳广弟编写；第一章由王凤琴编写；第二章第一节至第四节由廖明光编写，第五节由付广编写；第三章由高先志编写；第四章第一节至第四节由柳广弟和张枝焕编写，第五节和第六节由高先志编写，第七节由张枝焕编写；第五章由柳广弟编写；第六章第一节和第二节由柳广弟编写，第三节由黄志龙编写，第四节和第五节由柳广弟编写；第七章由林小云和柳广弟编写；第八章第一节至第四节由吕延防编写，第五节由高岗编写，第六节由柳广弟和刘震编写。

本书各章初稿完成后，主编对各章内容进行了仔细审阅，就有关问题与编者进行了深入讨论，对初稿进行了修改和统稿。初稿完成后，除参编各校教师互审外，特邀请教材前三版主编张厚福教授和中国石油大学（华东）蒋有录教授对教材进行了审查，张厚福教授担任主审。审稿专家对教材初稿进行了认真审查，提出了许多宝贵意见。根据审稿专家的意见，主编和编者又对教材进行了进一步的修改，于 2008 年 8 月定稿。

在教材立项和编写过程中，得到中国石油大学（北京）教务处和资源与信息学院领导的支持，也得到相关院校领导的支持，在资料选取和收集过程中得到了中国石油勘探开发研究院和有关油田领导和专家的帮助，并参考了大量公开出版的文献、内部资料及少量网上资料，在此一并表示衷心的感谢！

由于编者水平所限，教材中一定还有许多不当之处，在此诚请使用本教材的广大师生和阅读本书的读者提出宝贵意见，以便教材再版时修改。书面意见可寄给本人，衷心欢迎和感谢！

本人通信地址：北京昌平中国石油大学（北京）资源与信息学院，邮编102249。

电子邮箱地址：lgd@cup.edu.cn。

柳广弟

2008 年 8 月　于北京昌平

目 录

绪论 ………………………………………………………………………………… (1)
　第一节　石油和天然气在当代社会中的地位 ……………………………… (1)
　第二节　石油地质学的研究内容 …………………………………………… (2)
　第三节　油气勘探简史 ……………………………………………………… (3)
　　一、世界油气勘探简史 …………………………………………………… (3)
　　二、中国油气勘探简史 …………………………………………………… (5)
　第四节　石油地质学的发展历史 ………………………………………… (10)
　　一、石油地质学的形成与发展 …………………………………………… (10)
　　二、中国对石油地质学发展的贡献 ……………………………………… (14)
第一章　石油、天然气、油田水的成分和性质 …………………………… (16)
　第一节　石油的成分和性质 ……………………………………………… (16)
　　一、石油的族分和组分 …………………………………………………… (16)
　　二、石油的化学组成 ……………………………………………………… (16)
　　三、石油的物理性质 ……………………………………………………… (24)
　第二节　天然气的成分和性质 …………………………………………… (26)
　　一、天然气的产状 ………………………………………………………… (26)
　　二、天然气的化学组成 …………………………………………………… (27)
　　三、天然气的物理性质 …………………………………………………… (29)
　第三节　油田水的成分和类型 …………………………………………… (30)
　　一、油田水的概念及形成 ………………………………………………… (30)
　　二、油田水的化学组成 …………………………………………………… (31)
　　三、油田水的类型 ………………………………………………………… (31)
　　四、油田水在油气勘探中的应用 ………………………………………… (32)
　第四节　石油和天然气中的碳、氢同位素 ……………………………… (33)
　　一、碳、氢的同位素 ……………………………………………………… (33)
　　二、油气中的稳定碳同位素 ……………………………………………… (33)
　　三、油气中的稳定氢同位素 ……………………………………………… (33)
　思考题 ……………………………………………………………………… (34)
第二章　储集层和盖层 ……………………………………………………… (35)
　第一节　储集层的概念 …………………………………………………… (35)
　第二节　岩石的孔隙性和渗透性 ………………………………………… (36)
　　一、孔隙性与孔隙度 ……………………………………………………… (36)
　　二、渗透性和渗透率 ……………………………………………………… (39)
　　三、孔隙度与渗透率的关系 ……………………………………………… (42)
　　四、孔隙结构 ……………………………………………………………… (43)

第三节　碎屑岩储集层 ··· (49)
　　一、碎屑岩储集层的储集空间类型 ·· (50)
　　二、影响碎屑岩储集层储集物性的主要因素 ·· (51)
第四节　碳酸盐岩储集层 ·· (62)
　　一、碳酸盐岩储集层的储集空间类型 ··· (62)
　　二、影响碳酸盐岩储集层物性的主要因素 ··· (66)
　　三、碳酸盐岩储集层的类型 ·· (72)
第五节　火山岩储集层 ··· (78)
　　一、火山岩储集层的储集空间类型 ·· (79)
　　二、影响火山岩储集层储集物性的主要因素 ·· (81)
第六节　结晶岩储集层 ··· (84)
第七节　页岩储集层 ·· (85)
　　一、页岩储集层的储集空间类型 ··· (85)
　　二、影响页岩储集层储集物性的主要因素 ··· (87)
第八节　盖层及其封闭能力评价 ·· (91)
　　一、盖层类型 ··· (91)
　　二、盖层封闭油气机理 ·· (92)
　　三、盖层封闭能力的影响因素 ··· (93)
　　四、盖层封闭能力评价 ·· (97)
思考题 ··· (98)

第三章　圈闭与油气藏 ··· (99)
第一节　圈闭与油气藏的概念 ·· (99)
　　一、圈闭的概念和含义 ·· (99)
　　二、圈闭的度量 ·· (100)
　　三、油气藏的概念 ·· (102)
　　四、油气藏的度量 ·· (103)
第二节　圈闭与油气藏的分类 ·· (104)
　　一、圈闭和油气藏分类的基本原则 ·· (104)
　　二、圈闭成因类型及油气藏按圈闭成因的分类 ··································· (104)
　　三、油气藏按相态的分类 ··· (106)
　　四、有关油气藏类型的其他术语和概念 ·· (106)
第三节　构造圈闭与构造油气藏 ··· (109)
　　一、背斜圈闭与背斜油气藏 ·· (109)
　　二、断层圈闭与断层油气藏 ·· (120)
　　三、岩体刺穿接触圈闭与岩体刺穿接触油气藏 ··································· (124)
第四节　地层圈闭与地层油气藏 ··· (126)
　　一、地层不整合遮挡圈闭与地层不整合遮挡油气藏 ····························· (127)
　　二、地层超覆圈闭与地层超覆油气藏 ·· (132)
第五节　岩性圈闭与岩性油气藏 ··· (135)
　　一、储集岩上倾尖灭圈闭与储集岩上倾尖灭油气藏 ····························· (136)

二、储集岩透镜体圈闭与储集岩透镜体油气藏 (138)
三、生物礁圈闭与生物礁油气藏 (142)
四、成岩后生岩性圈闭与成岩后生岩性油气藏 (146)
第六节 致密储集层圈闭与致密储集层油气藏 (149)
一、致密砂岩油气藏 (149)
二、页岩油气藏 (158)
三、煤层气藏 (168)
第七节 复合圈闭与复合油气藏 (174)
一、概述 (174)
二、构造—岩性圈闭与构造—岩性油气藏 (175)
三、构造—地层圈闭与构造—地层油气藏 (175)
四、岩性—地层圈闭与岩性—地层油气藏 (176)
五、水动力圈闭与水动力油气藏 (178)
思考题 (180)

第四章 石油和天然气的生成与烃源岩 (182)
第一节 油气成因理论发展概况 (182)
一、无机成因说 (182)
二、有机成因说 (184)
第二节 油气生成的物质基础 (186)
一、原始有机质及其化学组成 (186)
二、干酪根 (188)
第三节 油气生成的动力条件 (195)
一、温度和时间的作用 (196)
二、细菌的生物化学作用 (200)
三、催化作用和放射性作用 (201)
第四节 有机质演化与生烃模式 (201)
一、有机质演化阶段的划分 (201)
二、有机质演化的基本特征 (203)
三、有机质生烃模式 (207)
四、煤成油问题 (210)
五、压力在有机质演化和油气生成中的作用问题 (210)
第五节 天然气的成因类型及特征 (212)
一、天然气的生成特点 (212)
二、天然气的成因类型和基本特征 (214)
三、不同成因类型天然气的鉴别 (218)
第六节 烃源岩 (225)
一、烃源岩的概念 (225)
二、烃源岩的岩石类型 (225)
三、烃源岩形成的控制因素 (226)
四、烃源岩形成的地质环境 (228)

五、烃源岩的地球化学特征 ……………………………………………………… (230)
　　六、烃源岩下限标准问题 ………………………………………………………… (239)
　第七节　油气源对比 ………………………………………………………………… (241)
　　一、油源对比 ……………………………………………………………………… (241)
　　二、气源对比 ……………………………………………………………………… (249)
　思考题 ………………………………………………………………………………… (251)

第五章　石油和天然气的运移 …………………………………………………………… (253)
　第一节　与油气运移有关的基本概念 ……………………………………………… (253)
　　一、初次运移和二次运移 ………………………………………………………… (253)
　　二、界面现象 ……………………………………………………………………… (254)
　　三、溶解和扩散 …………………………………………………………………… (257)
　第二节　地层压力及其分布 ………………………………………………………… (259)
　　一、地层压力的概念 ……………………………………………………………… (259)
　　二、异常压力成因 ………………………………………………………………… (260)
　　三、沉积盆地压力分布 …………………………………………………………… (269)
　第三节　石油和天然气的初次运移 ………………………………………………… (276)
　　一、油气初次运移的相态 ………………………………………………………… (276)
　　二、油气初次运移的主要动力 …………………………………………………… (281)
　　三、油气初次运移的通道 ………………………………………………………… (285)
　　四、油气初次运移模式 …………………………………………………………… (287)
　　五、烃源岩有效排烃厚度 ………………………………………………………… (288)
　第四节　石油和天然气的二次运移 ………………………………………………… (289)
　　一、油气二次运移的相态 ………………………………………………………… (289)
　　二、油气二次运移过程中力的作用 ……………………………………………… (290)
　　三、流体势与流体运移 …………………………………………………………… (294)
　　四、油气二次运移的通道和输导体系 …………………………………………… (299)
　　五、油气二次运移的方向 ………………………………………………………… (306)
　　六、油气二次运移的距离 ………………………………………………………… (315)
　　七、油气二次运移的主要时期 …………………………………………………… (316)
　思考题 ………………………………………………………………………………… (317)

第六章　油气聚集与油气藏的形成 ……………………………………………………… (318)
　第一节　油气藏形成的基本条件 …………………………………………………… (318)
　　一、充足的油气来源 ……………………………………………………………… (318)
　　二、有利的生储盖组合配置关系 ………………………………………………… (324)
　　三、有效的圈闭 …………………………………………………………………… (326)
　　四、良好的保存条件 ……………………………………………………………… (330)
　第二节　油气聚集与成藏过程 ……………………………………………………… (332)
　　一、油气聚集的基本原理 ………………………………………………………… (332)
　　二、力平衡与物质平衡控制的油气成藏过程 …………………………………… (341)
　　三、相平衡控制的油气成藏过程 ………………………………………………… (347)

第三节　油气藏的破坏及其产物 (355)
　一、油气藏破坏的主要地质作用 (355)
　二、油气藏破坏的产物 (358)
第四节　油气藏的寿命和形成时间 (362)
　一、油气藏的寿命 (362)
　二、油气藏形成时间的确定 (363)
第五节　油气成藏系统 (370)
　一、油气系统 (370)
　二、油气运聚单元 (374)
思考题 (378)

第七章　油气分布规律 (380)
第一节　油气田与油气聚集带 (380)
　一、油气田 (380)
　二、油气聚集带 (386)
第二节　含油气盆地 (394)
　一、含油气盆地的基本特征 (395)
　二、含油气盆地的类型 (398)
第三节　典型盆地石油地质特征与油气分布规律 (401)
　一、裂谷盆地 (401)
　二、前陆盆地 (414)
　三、走滑盆地 (420)
　四、克拉通盆地 (427)
　五、叠合盆地 (431)
第四节　世界油气资源分布特征 (440)
　一、资源与资源量的概念 (440)
　二、世界油气资源 (441)
　三、油气资源的地理分布 (442)
　四、油气资源的盆地分布 (443)
　五、油气资源的地层分布 (444)
　六、油气资源的深度分布 (445)
　七、全球油气勘探趋势 (447)
第五节　油气分布的控制因素 (449)
　一、烃源岩和生排烃中心对油气分布的控制作用 (449)
　二、二级构造带和古隆起对油气分布的控制作用 (454)
　三、局部构造和沉积相带对油气分布的控制 (455)
　四、断裂对油气分布的控制 (458)
　五、地层不整合对油气分布的控制 (459)
　六、区域性盖层对油气分布的控制作用 (460)
思考题 (462)

参考文献 (463)

绪　　论

第一节　石油和天然气在当代社会中的地位

石油和天然气作为一种重要的能源和战略资源，在当代社会和国民经济中占有极其重要的地位。党中央和国务院对油气资源高度重视，将油气资源与粮食、水资源一同列为影响经济社会可持续发展的三大战略资源。石油已经不仅仅是"工业的血液"，它已经渗透到社会生活的方方面面，并且在国际战略中具有举足轻重的地位。

石油和天然气工业在世界经济中占有极其重要的地位。据 2017 年《财富》杂志统计，在世界 500 强公司的排行榜前 10 名中，就有 5 家石油公司，分别是中国石油（CNPC）、中国石化（SinoPEC）、皇家壳牌（Shell）、埃克森美孚（ExxonMobil）和英国石油（BP）。可见，石油天然气工业是世界经济的支柱产业，在世界经济中占有极其重要的地位。

石油和天然气是非常宝贵的燃料。石油是工业的血液，从石油中提炼的汽油、煤油、柴油等是汽车、火车、飞机、轮船的优质动力燃料，火箭、导弹等现代化武器的燃料也离不开石油产品。石油和天然气的发热量大、燃烧完全、运输方便和污染小等优点，使其在世界能源消费结构中所占的比例越来越大。据 2017 年《BP 世界能源统计年鉴》，2016 年世界能源消费总量为 $132.76×10^8$t 油当量，其中石油占 33.3%，煤炭占 28.1%，天然气占 24.1%，水电占 6.8%，核能占 4.5%，可再生能源占 3.2%。石油和天然气占世界能源消费的 57.4%。

石油又是提炼润滑油料的重要原料。从微小精密的钟表到庞大高速的发动机，都需要润滑才能转动，所以人们将润滑油料视为机器的"食粮"。

石油和天然气还是重要的化工原料。乙烯、丙烯、丁二烯、苯、甲苯、二甲苯、乙炔、萘等化学工业应用的主要基础原料多来自石油和天然气。上述石油化工产品的应用范围很广，既包括各种染料、农药、医药，又包括生产量大、应用面广的合成纤维、合成橡胶、合成塑料，还有重要的无机化工产品，如合成氨及硫磺等。合成氨是主要的化学肥料，世界上 70% 以上合成氨都来自天然气或石油。现在已经能够从石油和天然气中提炼出 3000 多种产品，应用到各个领域。石油化工产品已经成为国民经济和社会生活中不可缺少的重要材料。

石油作为一种战略资源在国际政治中占有越来越重要的地位。以前国际争端是为了领土和主权，现代国际政治争夺的是什么？专家的回答是：石油！从近几十年来国际关系的现实可以看到，石油资源是国家间发生战争和冲突的主要因素，特别是谋求对石油资源的控制成为国际斗争的焦点之一。两伊战争、伊拉克入侵科威特、海湾战争、阿富汗战争、伊拉克战争、巴以冲突、非洲一些国家的内战，以及涉及中国主权的南海问题、东海问题等，其背后都存在着深刻的石油因素。随着石油资源的日益紧缺，石油对社会经济发展的制约作用将愈加突出，以各种形式出现的全球能源争夺战也将愈演愈烈。

我国是世界产油大国，也是石油消费大国。2016 年我国石油产量为 $1.996×10^8$t，居世界第五位。随着我国社会经济的高速发展，对石油的需求量也越来越大，继 1993 年我国成为石油净进口国之后,石油需求持续增长,2016年消费石油5.778×10^8t,是继美国之后的全球第二大石油消费国。我国石油的对外依存度已高达65.4%,从国外进口的石油主要来自中东地区、非洲、前苏联地区和南美等地。从非洲和中东地区进口的石油都要经过长距离海运,霍尔木兹海峡和马六甲海峡是必经之路。目前,阿拉伯地区纷争不断、大国势力不断介入、世界恐怖主义猖獗、海盗活动频繁,这些都严重地影响着我国的石油安全。

我国拥有960×10^4km^{2}的陆地领土面积和300×10^4km^{2}的海洋国土面积,沉积盆地星罗棋布,沉积岩系分布广泛,不仅有面积巨大的陆相沉积盆地,而且拥有海相碳酸盐岩层系异常发育的广大区域,蕴藏着丰富的石油和天然气资源。加强国内石油勘探和开发仍然是解决我国石油供应和石油安全的基础。在此基础上,应积极拓展海外油气勘探和开发工作。作为石油地质工作者,勘探和开发更多的石油是我们义不容辞的责任。

第二节 石油地质学的研究内容

石油和天然气深埋地下数千米,又是流体,其分布十分复杂。由于目前我们无法直接探测到地下的油气,要寻找地下的石油和天然气,必须首先搞清以下一些问题:石油和天然气在地下是如何分布的?石油和天然气在地下的分布受哪些地质因素的控制?地壳上油气的分布有哪些规律?应该到何处去寻找油气宝藏?这些问题就是石油地质学所要解决的主要问题。

要搞清这些问题,必须首先从一些基本问题入手。例如:地下的石油是如何生成的?石油储存在什么地方?石油和天然气都是流体,那么它们为什么能够聚集到一起?它们聚集在什么地方?在地质历史上频繁的构造运动中,石油和天然气为什么能够保存下来?这些问题都是石油地质学研究的基本问题,石油地质学家把它们用"生、储、盖、圈、运、保"六个字来概括。

"生"就是油气生成问题,主要研究油气生成的原始物质、油气生成机理以及烃源岩,即生成石油的岩石特征及其分布。

"储"就是油气储集问题。地下没有石油河或石油湖,油气是储集在孔隙性的岩石中,这样的岩石称为储集岩。储集岩的特征、储集岩的分布以及储集性能的控制因素都是石油地质学要研究的问题。

"盖"就是油气封盖问题。由于地下孔隙性岩石中都含有水,在浮力的作用下,油气将趋于向上运动。油气要保存在地下,必须有一套致密的岩层盖在储集岩之上,以防止油气向上散失,这样的岩层称为盖层。石油地质学要研究盖层的岩性、封闭油气的机理、盖层的分布等。

"圈"就是圈闭问题。有了储集岩和盖层,油气就能够聚集在一起了吗?不能。油气还可能从四周散失掉。为了使油气不至于从四周散失,还必须有一定的遮挡条件。由储集岩、盖层和遮挡条件所构成的适合于油气聚集的场所就是"圈闭"。圈闭的类型、圈闭的形成条件、不同类型圈闭的分布也是石油地质学研究的内容。

"运"就是油气运移问题。油气生成的地方并不一定是它现在聚集的地方。油气必须经过移动才能从它生成的地方(烃源岩)进入它储集的地方(储集岩),最后到达它聚集的地方(圈闭)。这样一个过程就是油气的运移。油气经过运移进入圈闭后就会聚集起来,这样就形成了油气藏。油气运移和聚集过程十分复杂,涉及油气运移的相态、动力、通道、方向、时间、距离等，也涉及油气聚集和油气藏形成的基本条件等诸多问题，这些都是石油地质学研究的重要问题。

"保"就是油气的保存问题。油气藏都是形成在地质历史时期，成藏以后要经过相当长时间的地质演化。在这一过程中，已经形成的油气藏能否保存下来，在什么条件下才能保存下来，也是石油地质学必须解决的问题。

在搞清了上述问题的基础上，就可以研究油气聚集与分布特征、油气分布控制因素，总结油气分布的规律，为石油和天然气的勘探和开发奠定基础，指导油气勘探和开发工作。

上述石油地质学研究的主要内容也可以概括为三个基本的科学问题，即油气成因问题、油气成藏问题、油气分布控制因素与分布规律问题。因此，石油地质学就是研究地壳中油气成因、成藏的基本原理和油气分布规律的一门学科。石油地质学是矿床学的一个分支。它是石油天然气地质勘探以及油气田开发领域的重要基础理论。

这里还要明确一个概念，石油地质学中的"石油"对应于英文中的"petroleum"，包括液态的石油和气态的天然气。因此"石油地质学"（petroleum geology）实际上就是"石油和天然气地质学"（oil and gas geology）。

第三节 油气勘探简史

英文"petroleum"一词来源于希腊文 petra（岩石）和 oleum（油）之意。中文"石油"一词，来源于宋代沈括（1031—1095）的《梦溪笔谈》。实际上，人类认识油气和利用油气的历史由来已久，各文明古国都有类似的传说和记载。据考古考证，早在两河文明时代，苏美尔人（Sumer）曾使用沥青做雕刻品；巴比伦楔形文字中有关于在死海沿岸采集石油的记述；美索不达米亚地区曾用砖和沥青建造教堂；古代苏美尔国曾用石油制成沥青，用作建筑和绝缘材料；波斯帝国时代在首都苏萨附近凿有石油井（吴凤鸣，2000）。早在 3000 年以前，古代中国人就观察到天然气燃烧的现象，在 2000 年前就有关于石油的文献记载，1835 年我国就钻成了世界上的第一口超过千米的深井。但世界石油界，特别是美国石油界，都把德雷克（Edwin Laurentin Drake，1819—1881）于 1859 年 8 月 27 日钻成的一口油井作为世界第一口油井，并把这件事看作世界石油工业的开端（吴凤鸣，2000；王才良、周珊，2006a）。

一、世界油气勘探简史

早期利用的石油主要来自从油苗自然流出的石油。在美国宾夕法尼亚州泰特斯维尔城附近有一条小河，河边有一系列油苗，河面上常常漂着原油，人们把这条小河称为石油溪。近代的石油工业就是从这里开始的。1854 年，佛朗西斯·布鲁尔医生买下油苗所在的西巴德农场，与合伙人成立了世界上第一个石油公司——宾夕法尼亚岩石油公司，通过挖坑采集这里的石油。后来西巴德农场落到了公司股东之一的杰姆士·汤森手里，他与人合伙于 1858 年 3 月 23 日成立了塞尼卡石油公司，垄断了这里的石油经营。德雷克就是这个公司的股东之一。德雷克尝试用顿钻钻井，并于 1859 年 8 月 27 日在钻到 21m 深时出油，他用蒸汽动力泵抽出了石油，这口井的日产达到 30bbl。实际上，在中国、俄罗斯、罗马尼亚等国都有早于德雷克井的气井和油井（吴凤鸣，2000），但世界石油界还是将德雷克井看作世界第一口油井，并作为近代石油工业的开端。

（一）油气勘探的初始阶段

在19世纪50年代，石油勘探的依据是油气苗，基本没有地质理论的指导。人们相信油气苗是地下油气藏的直接显示，因此，井位主要选择在接近油苗和先期钻探成功井的附近。1882年美国地质学家怀特首次应用背斜理论在西弗吉尼亚布了4口井，有3口出油，背斜理论才在石油勘探中得到了重视。1874年，宾夕法尼亚州地质调查处的约翰·卡尔画出了宾夕法尼亚州地质构造图，从而确定出了褶皱顶部的位置，找到了一些油田。这是石油勘探中首次利用构造图找到石油，如落基山区盐溪穹隆上第一口见油井的井位就是根据构造等高线图来拟定的。

尽管利用地质学的方法可以指导石油勘探工作，但当时由于浅层待发现的油田很多，以至几乎不需要任何勘探方法，只要靠近地表油苗打井就能发现油田，因此，人们还没有自觉地利用地质学的原理勘探石油。这一阶段一直延续到第一次世界大战。当时的油气勘探工作主要集中在美国、俄国、东印度（印度尼西亚）等少数国家和地区。到1900年全世界产油2043×10^4t，美国占42.7%，俄国占49%，其他产油国还有波兰、荷属东印度、罗马尼亚、缅甸和印度等。

（二）油气勘探的快速发展阶段

从20世纪初到20世纪50年代是世界石油工业蓬勃发展的时期，也是油气勘探兴旺发达的时期。这一阶段，两次世界大战和汽车工业的兴起极大地促进了石油工业的发展，汽油取代煤油成为主要的石油产品，世界从"煤油时代"进入"汽油时代"。

这一时期，石油勘探变化最显著的标志是由地面地质转入地下，由仅仅根据油气苗、山沟河谷的露头确定井位发展到在背斜理论指导下找油，油气勘探从"山沟沟"转向平原覆盖区，由所谓"前地质时期"进入"背斜理论"时期。由于新的勘探方法和新的钻井设备出现，由于改进了取心技术、测井工具和岩样分析手段，在地质家面前打开了一个崭新的地下新世界。1926年首次利用重力勘探发现了美国得克萨斯州的一些盐丘油田，随后地震勘探方法在圈定构造油气田方面开始显示成效。1929年开始采用地震反射波法，取代了之前的折射法，使广大地表被覆盖的平原和盆地区都能从事油气勘探。从此以后，地震勘探发展成为油气勘探工作中应用最广泛和必不可少的一种方法，特别是第二次世界大战以后，勘探技术得到了突飞猛进的发展。

由于"背斜理论"的指导和勘探技术的进步，发现的油气田数量成倍增加。在第二次世界大战期间，全球平均每年发现的石油储量约为7×10^8t；第二次世界大战后的1946年到1960年间，全球平均每年发现的石油储量约为40×10^8t。20世纪前60年是世界主要油气区的发现时期，波斯湾油区、伏尔加—乌拉尔油区、北非油区、阿拉斯加油区、墨西哥湾油气区、南美油区等世界重要产油区都是在这一时期发现和开发的。

（三）油气勘探的稳定发展阶段

20世纪60年代以来，自然科学理论的突破和新技术革命带来了油气勘探理论和技术的巨大进步。在此期间，石油地质学的新理论、新方法层出不穷。板块构造理论在石油勘探中得到广泛应用；有机地球化学的发展确立了干酪根热降解生油理论的主导地位，从盆地成油条件、油气源以及生油量等方面进行定量评价，指出有利油气勘探地区已经成为油气勘探的基本程序；沉积学的发展从现代沉积类比入手建立了不同沉积环境的相模式，可以充分利用地震信息进行地层、岩性和岩相的预测；地层圈闭和油气藏、岩性圈闭和油气藏等隐蔽油气藏，以及深盆气藏等新的圈闭和油气藏类型的发现，为油气的勘探开发提供了更广阔的前景。在勘探技术上，由于大量采用数字地震仪、多道多次覆盖技术，配以大容量高速电子计算机数据处理，使油气勘探技术达到新的水平，在勘探程度高的老探区也不断扩大储量。20世纪60年代以来，海上钻井设备的开发和使用，大大促进了海上油气的勘探。自20世纪80年代至今的第三次石油科技革命正在向纵深发展，新理论、新方法和新技术不断涌现，如高分辨率地震、三维地震、四维地震、处理解释一体化、三维可视化、层析成像、核磁共振测井等，地震地层学、层序地层学、未—低成熟油理论、煤成油理论、天然气成因与成藏理论、油气系统、非常规油气聚集等新理论、新方法和新概念不断应用于油气勘探，保证了世界油气储量持续稳定的增长。

尽管进入20世纪60年代以后，油气勘探的难度越来越大，但由于新理论和新技术的广泛应用，油气田仍然持续被发现，油气储量稳定增长。除西西伯利亚、北海、中国等新油气区的发现之外，在老油区的勘探也不断有新的发现。特别是最近20年来，由于美国非常规油气的大规模勘探和开发，美国基本实现了天然气自给。以页岩气为代表的非常规油气的大规模勘探和开发，将进一步改变世界能源格局。20世纪60年代以后，天然气的勘探取得了长足的进展，发现了北海南部和西西伯利亚等大气区，并在波斯湾盆地发现了目前世界储量最大的北方气田。近年来，由于油气地质理论和勘探开发技术的不断进步，新油田和新气田在不断被发现，世界油气剩余储量一直在增加。尽管全球石油产量从1960年的10.8×10^8 t增加到2016年的39.2×10^8 t，但全球剩余石油可采储量仍从1960年的364×10^8 t上升到2016年2254×10^8 t；世界天然气剩余探明可采储量从1960年的7.46×10^{12} m³增加到了2016年的188×10^{12} m³。

随着石油地质理论研究的不断深入和科学技术的进步，油气勘探正在向新领域、新类型和新深度发展，世界油气勘探仍有广阔而光明的前景。

二、中国油气勘探简史

（一）中国古代对石油和天然气的认识及开采利用

中国是世界上最早发现、开采和利用石油及天然气的国家之一，根据史料记载已有3000多年的历史。由于天然气比石油更易从地层中逸出，遇到野火、雷电就会燃烧，因此，在历史上对天然气的认识早于石油。

最早的石油记载见于成书于公元80年班固（公元32—92）著《汉书·地理志》："高奴，有洧水，可蘸"。高奴指今陕西省延安县一带，洧（音渭）水是延河的一条支流，蘸乃古代燃字。这是描述水面上有像油一样的东西可以燃烧。可见早在近2000年前我国就发现了能够燃烧的陕北石油。

公元267年晋朝张华著《博物志》详细描述了甘肃酒泉石油的特征："酒泉延寿县南山出泉水，大如筥，注地为沟，水有肥，如肉汁，取著器中，始黄后黑，如凝膏，然极明。……彼方人谓之石漆水"，表明当时称石油为石漆水，且已开始观察和采集，用作膏车和燃烧、照明。

9世纪初唐朝李延寿在《北史·西域传》中记载了"（龟兹）西北大山中，有如膏者流出成川。行数里入地，状如醍醐，甚臭"。龟兹即今新疆南部库车一带，远在1100多年前我国就发现库车一带的沥青宛如奶酪一样黏稠，具有臭味。

科学术语"石油"是北宋著名科学家沈括在《梦溪笔谈》中首次提出的："鄜延境内有石油，旧说高奴县出脂水，即此也""石油……生于水际沙石，与泉水相杂惘惘而出"。他在描述了陕北富县、延安一带石油的性质和产状后，进一步推论了石油的利用远景："此物后必大行于世，……盖石油至多，生于地中无穷，不若松木有时而竭"。他还第一次用油烟做墨，即现代的所谓炭黑。

在历史上，石油不仅用于润滑、照明、燃烧和医药，而且很早就用于军事上。据《元和郡县志》记载，公元576年，酒泉人民用油烧毁突厥族攻城的武器，保全了酒泉城。北宋神宗六年（公元1073年）在京都汴梁军器监设有专门的"猛火油作"，加工石油制作兵器。

中国四川最早利用天然气煮盐，这在世界上都是闻名的。晋朝常璩（音渠）在《华阳国志》中记载了2200年前（公元前221—公元前210年）的秦始皇时代，四川临邛县郡（即今邛崃市）西南钻井开采天然气煮盐的情景："有火井，夜时，光映上照。民欲其火，先以家火投之，顷许如雷声，火焰出，通耀数十里，以竹筒盛其光藏之，可拽行终不灭也。井有二水，取井火煮之，一斛水得五斗盐"。有时一口火井可烧盐锅七百口。

天然气煮盐促进了中国钻井技术的迅速发展。公元前256—公元前251年秦朝李冰为蜀守时就发明了顿钻，并在四川广都成功地钻成了第一口采盐井。至公元前221—公元前210年，四川邛崃出现了用顿钻钻凿的天然气井。

中国在世界上是最早开发气田的国家，四川自流井气田的开采约有2000年历史。《自流井记》关于"阴火潜燃于炎汉"的记载表明，早在汉朝就已在自流井发现了天然气。据《富顺县志》记载，晋太康元年（公元280年）彝族人梅泽在江阳县（今富顺县）自流井发现石缝中流出泉水，"饮之而咸，遂凿石三百尺，咸泉涌出，煎之成盐"。自流井即因这口井自喷卤水而得名。

宋末元初（13世纪），已大规模开采自流井的浅层天然气。清乾隆年间的《富顺县志》描述"火井在县西九十里，深四五丈，径五六寸，中无盐水"。1840年钻成磨子井，在1200m深处钻达今三叠系嘉陵江组石灰岩第三组深部主气层，强烈井喷，火光冲天，号称"火井王"，估计日产气量超过$40\times10^4m^3$，"经二十余年犹旺也"（见《自流井记》）。从汉朝末年开始，在自流井大规模开采天然气煮盐以来，共钻井数万口，采出了几百亿立方米天然气和一些石油。这样长的气田开采历史在世界上也是罕见的。

我们中华民族的祖先，以其勤劳、勇敢和智慧，在认识、开采和利用石油及天然气资源方面一直走在世界前列，积累了丰富的知识和宝贵的经验，给我们留下了一笔极其珍贵的文化遗产。

（二）中国近代的油气勘探

中国虽然是闻名的石油古国，但在封建主义和帝国主义的桎梏下，石油事业发展极其缓慢。我国近代石油工业起源于台湾，1878年清政府在台湾苗栗用顿钻钻成中国第一口油井，井深120m，日产油0.75t。这是中国近代石油工业的开端。

1894年甲午战争后，日本占领了台湾，又在台湾进行油气勘探，发现了出磺坑油田和六重溪、牛山、锦水气田（李国玉、吕鸣岗等，2002）。

1904年陕西开办延长石油官厂，聘请日本技师和技工7人，购进日本顿钻一台，于1907年9月10日钻成中国大陆第一口油井——延长一号井。该井井深81m，在上三叠统延长组获日产油1~1.5t。在以后的20年中陆续打井20余口，12口见油，形成了中国大陆最早的延长油矿。

1909年新疆省府从俄国购进一台顿钻，在独山子打成新疆第一口油井。1936年新疆省府与苏联政府联合开发独山子油矿机构成立，8月开始现代工业钻井，第二口井于1937年1月14日夜喷油，宣告独山子油田诞生。

甘肃玉门油苗，古已有之。从1921年起，先后有翁文灏、谢家荣、张文鉴、侯德封、孙健初等地质学家对甘肃玉门一带进行石油地质调查。特别是孙健初与从美国聘请来的地质学家F. W. Weller博士和E. A. Sutton工程师于1937年对老君庙一带进行石油地质调查后，完成了《甘青两省地质调查报告》，肯定了老君庙构造的石油远景（邱中建、龚再升，1999）。1938年6月国民政府资源委员会成立甘肃油矿筹备处，派地质学家孙健初与严爽、靳锡庚和工人邢长仲等一行9人，在老君庙进行进一步石油地质调查，并开始石油钻探。1939年8月27日1号井在钻遇K油层时获工业油流，发现了老君庙油田。

四川自流井气田于公元280年就已开始采气，是中国乃至世界最早进行天然气开采的气田。1835年自贡地区的兴海井井深突破1000m大关，并钻至深部三叠系嘉陵江组主力气藏，这是当时世界上唯一的一口超过千米的出气深井。从1866年到1928年间就有外国地质工作者在四川盆地进行石油地质调查。自1928年起，中国地质勘探队伍开始进行工作，1938年发现圣灯山构造，1944年7月隆2井钻至928.29m完钻，在嘉陵江组获日产气$12.5\times10^4 m^3$，发现了圣灯山气田。

除上述油气田的勘探与发现之外，1913—1919年，美孚石油公司与中国政府签订条约，派马栋臣（F. G. Clapp）和王国栋（L. M. Fuller）等6名地质师、5名测绘技术师与中方吴桂灵、何家亨等9人合作，在山东、河南、陕西、甘肃、河北、东北和内蒙古进行石油地质调查，并于1915—1918年在陕西延长、延安、安塞、甘泉和宜君等地打井7口，均未获工业价值油流。王国栋回国后发表了一个简短的报告《中国的勘探》，认为"没有一口井的产量有工业价值"，并认为主要原因是缺乏盖层（邱中建、龚再升，1999）。1922年美国地质学家、斯坦福大学教授E. Blackwelder在论文《中国和西伯利亚的石油资源》提出："中国没有中生代或新生代沉积，古生代沉积也大部分不生油，除中国西部和西北部某些地方外，所有各时代的岩层都已剧烈褶皱、断裂，并或多或少地被岩浆岩侵入，因此，中国决不会生产大量石油"。这就是"中国贫油论"的由来。

但是，即使在"中国贫油论"盛行之时，我国地质学家在极其困难的条件下仍坚持中国的石油地质调查工作。1923年，北平中央地质调查所派王竹泉到陕北调查石油，纠正了美国人马栋臣对地层划分的错误；1931年王竹泉和潘钟祥再赴陕北，建立了地层系统，著有《陕北油田地质》一文；1936年潘钟祥等人在四川进行了石油地质调查；1939—1942年黄汲清等对威远背斜进行了地质测量；1942—1943年黄汲清等在新疆进行了石油地质调查；1948年翁文波撰写了《从定碳比看中国石油远景》，把松辽盆地划在含油远景区内。

1949年以前，由于帝国主义的侵略和技术的落后，我国的石油工业陷入奄奄一息的悲惨境地。到1949年，全国只开发了台湾出磺坑、陕西延长、新疆独山子和甘肃老君庙4个小油田，以及四川自流井、石油沟、圣灯山和台湾锦水、竹东、牛山、六重溪等7个小气田。全国从事石油地质的技术人员仅20余人，钻井工程师仅10多人，地球物理和采油工程师不足10人。1904—1948年累计产油$278.5\times10^4 t$。1949年全国只有8台钻机，探明石油储量$2900\times10^4 t$，1943年石油最高产量$32\times10^4 t$，1949年仅原油$12\times10^4 t$。

（三）中国现代的油气勘探

1949年中华人民共和国成立后，党和政府十分重视石油地质勘探事业，我国石油勘探工作者发扬自力更生、艰苦奋斗的精神，发现了一个又一个的油气区和油气田，石油年产量成倍上升，从1949年的年产12×10^4t至70年代末期就突破了一亿吨大关，2015年年产原油21460×10^4t，成为世界第四大石油生产国。纵观1950年以来的油气勘探历程，可以将中华人民共和国成立以后的油气勘探划分为3个阶段：20世纪50年代的初创阶段、60年代至80年代中期的快速发展阶段和80年代中期至今的稳定发展阶段。

1. 油气勘探的初创阶段（1950—1959）

中华人民共和国成立后，我国政府迅速组建石油勘探队伍，勘探力量迅速壮大。在20世纪50年代前半期，石油勘探的主力军主要是地面地质调查队伍，主要手段是罗盘、榔头、放大镜和千米钻机，主要方法是沿盆地边缘找油苗、查构造、丈量地层剖面、填绘地质图和构造图，主要的勘探区域以中国西北油气苗较多的鄂尔多斯盆地、准噶尔盆地南缘、酒泉盆地西部、柴达木盆地及四川龙门山山前带等地为主。由于技术手段和装备落后、地质认识过于简单，勘探效果不佳。

20世纪50年代后半期，受苏联俄罗斯地台发现第二巴库（伏尔加—乌拉尔）和西西伯利亚勘探经验的启发，人们开始接受在区域大地构造稳定地区找大油气田的观念，应用了有效的区域综合勘探方法，特别是地震勘探方法得到了应用。"上地台""搞区域综合勘探"成为当时油气勘探的一种趋势。新疆的石油勘探开始从盆地南缘转向当时认为是"稳定区"的西北缘，1955年10月29日南黑油山构造上的克1号井在井深620m完钻，在三叠系下克拉玛依组喷出原油，日产16.9t，宣告新中国第一个大油田——克拉玛依油田的诞生（邱中建、龚再升，1999）。克拉玛依油田的发现是新中国油气勘探的第一个重大突破，是走出山前带、开展稳定区找油的第一个巨大成果，拓宽了找油思路，坚定了平原区找油的信念。

继克拉玛依油田发现之后，受地台区找油成功的鼓舞，1958年11月，石油工业部组织了大规模的川中找油大会战。会战历时5个月，在11个构造上钻井72口，勘探效果不佳，仅发现了蓬莱镇、龙女寺、南充、合川、罗渡、营山、广安等7个小油田（邱中建、龚再升，1999）。1959年全国原油产量达到373.3×10^4t。

2. 油气勘探快速发展阶段（1960—1985）

经过10年的恢复，我国国民经济迅速发展，当时的石油产量已经远远不能满足国民经济建设的需求。西部少量的石油对于东部经济比较发达地区来讲"远水不解近渴"。邓小平曾经指出："在第二个五年计划期内，能够在东北地区搞出油来就很好……就经济价值来说，在华北和松辽都是一样的，主要看哪个先搞出来。"中央领导同志的指示为我国油气勘探的战略东移起到了决定性的作用。

20世纪50年代中期，我国地质学家就曾指出我国东部地区的油气远景。谢家荣、李四光、翁文波等都曾指出在华北平原、松辽平原下面都可能蕴藏着丰富的石油资源。苏联专家特拉菲姆克等在中国的考察也肯定了松辽平原的油气远景。新中国油气勘探事业经过10年的发展，勘探手段得到了改进和进步，地震和深钻井技术得到广泛应用。从1955年开始，地质部和石油工业部先后开始了松辽平原和华北平原的石油普查工作，为石油勘探的大规模战略东移做好了准备。

1958年在松辽盆地完成了两口基准井，建立了松辽盆地的地层层序，发现了多套生储油层系。1959年9月23日松基3井出油，日产原油$14.9m^3$，发现了大庆油田，之后只用了7个月时间，大庆长垣7个背斜全部出油，当时证实大庆油田含油面积$865km^2$，石油地质储量22×10^8t，肯定了大庆油田是一个特大油田。到1963年，大庆油田年产原油439×10^4t，使全国原油年产量达到648×10^4t，基本实现了石油自给（邱中建、龚再升，1999）。

继大庆油田发现之后，1961年4月15日华8井出油，日产8.5m³，突破了华北平原出油关，揭开了渤海湾地区找油序幕。1963年营2井曾获555t的高产，但由于当时对复杂断块区油气藏特点和本质认识不清，早期勘探效果不理想，虽然多数井钻遇油气层，但拿不下含油面积。直到1964年在构造相对完整的坨庄、胜利村西构造钻井29口，26口见油层，探明含油面积65km²，地质储量$3×10^8$t，发现我国断陷盆地第一个大油田——胜坨油田。1963年12月羊三木构造黄3井馆陶组获日产84t油流，揭开了黄骅坳陷大规模油气勘探的序幕。1964年港5井发现了北大港含油构造，以后又经过15年的勘探证实了北大港构造是一个整体含油的二级构造。1965年7月辽2井在辽河东部坳陷大平房构造古近系获日产油1.7m³，发现了辽河坳陷第一个油田——大平房油田。1975年7月3日冀中坳陷任丘构造南高点任4井在中—新元古界雾迷山组白云岩中获日产100t的高产油流，经酸化后，日产原油1014t，宣告了中国第一个古潜山油田——任丘油田的诞生。1975年9月7日，东濮凹陷文留构造的濮参1井在沙二段获高产油气流，突破了东濮凹陷的出油关。渤海湾盆地是我国石油勘探史上第二个巨大成果，发现了胜利、大港、辽河、冀中、中原、渤海等6个油气区。

在这一阶段，我国还在鄂尔多斯盆地中生界、江汉盆地、泌阳凹陷、二连盆地等相继发现了一批油气田。

从60年代到80年代中期，由于及时正确地实施了油气勘探战略东移，我国油气勘探逐渐走向成熟，大油气田陆续发现。1978年我国原油产量突破$1×10^8$t，到1985年中国累计探明石油地质储量$116×10^8$t，当年石油产量达到$1.294×10^8$t。

3. 油气勘探的稳定发展阶段（1986年至今）

我国石油勘探战略东移后，发现并开发了大庆和渤海湾油区，使我国原油产量在70年代高速增长，进入80年代中期，我国原油产量出现缓慢增长。而在这一阶段，石油的消费却大幅度增加，这种供需差距越来越大的矛盾，显然构成了国民经济发展的瓶颈。从1985年至1995年这10年的石油储量增长的一半以上（53%）是由老油田（区）的新层系、新区块贡献的，而经济效益越来越差，油田规模逐渐变小，低渗透、高黏度油田所占比例增大，后备储量严重不足。因此，加大勘探力度，扩大勘探领域，寻找大油气田，迅速增加后备储量，是实现我国石油工业可持续发展的根本保证。

我国西部地区大型盆地多，勘探程度低，资源量占全国1/3~1/4，是可靠的油气资源战略接替区。进入80年代中后期，我国西部盆地的勘探力度逐渐加大，以塔里木盆地为重点的新疆三大盆地勘探全面展开；90年代初，国家明确提出了"稳定东部，发展西部，油气并举"的战略方针。

从80年代末开始，我国西部地区的塔里木盆地、准噶尔盆地、吐哈盆地、柴达木盆地等的油气勘探再次掀起高潮。在塔里木盆地的塔北、塔中等地区的新近系、古近系、白垩系、三叠系、石炭系、奥陶系等层系先后发现了轮南油田、东河塘油田、塔中油田、塔河油田等大中型油田，累计探明石油地质储量超过$24×10^8$t。准噶尔盆地进一步扩大了西北缘油气勘探，并发现了东部含油气区和腹部含油气区，扩大了南缘含油气区，油气勘探取得重大突破，累计探明石油地质储量超过$27×10^8$t。鄂尔多斯盆地中生界石油勘探取得重大进展，陆续发现了安塞、靖安、靖绥、西峰、姬塬等大油田，到2016年累计探明石油地质储量超过$50×10^8$t。除此之外，在西部的吐哈盆地、酒泉盆地、焉耆盆地、三塘湖盆地的石油勘探都有新的突破。

东部地区加强了老区新层系、新类型和深层勘探以及海上油气勘探，应用新理论、新方法，在地层—岩性油气藏、深层、浅层、海洋及滩海区油气勘探上取得重要成果，油气储量持续增长，并发现了南堡和PL19-3等大油田。到2016年，东部及海上油气区净增石油地质储量近 $160×10^8t$。

我国天然气勘探也取得重大突破。1989年6月陕参1井在鄂尔多斯盆地下古生界发现了我国陆上第一个超过千亿立方米储量的大气田——靖边大气田。之后在鄂尔多斯盆地又发现了上古生界苏里格气田、榆林气田、乌审旗气田、大牛地气田等一批大气田，使鄂尔多斯盆地的天然气储量达到 $4×10^{12}m^3$ 以上。塔里木盆地天然气的勘探也取得重大突破，在北部库车坳陷发现了克拉2、大北1、克深2、迪那2等一批大中型气田，截至2016年塔里木盆地累计探明天然气地质储量近 $2×10^{12}m^3$。四川盆地的天然气勘探也取得重大成果，继川东高陡构造区石炭系勘探获得突破、发现一系列大型气田之后，川东北三叠系鲕滩气田勘探也获得突破，发现了普光、罗家寨等一批大气田，川中三叠系须家河组发现了合川、安岳、广安等大型致密气田，川中深层发现了磨溪寒武系龙王庙组大气田、高石梯震旦系大气田；页岩气勘探也取得重大突破，探明了焦石坝龙马溪组页岩大气田、蜀南龙马溪组页岩气田。截至2015年底，四川盆地探明天然气储量达 $3.69×10^{12}m^3$（马新华，2017）。南海和东海的天然气勘探也取得重要成果，南海莺—琼盆地发现的崖13-1大气田，探明天然气地质储量 $2592×10^8m^3$，东海也发现了一批气田，我国近海已探明天然气地质储量超过 $1×10^{12}m^3$。

近年来中国石油企业积极推进海外油气勘探活动，海外油气业务迅速发展，已形成了非洲、中亚、南美、中东和亚太5个合作区域，我国海外油气项目原油作业产量已超过 $5000×10^4t$。

中华人民共和国成立后，我国的石油勘探走过了近70年的光辉历程。到2016年底，我国累计探明石油地质储量 $381×10^8t$，累计探明天然气地质储量 $13.74×10^{12}m^3$，探明油气田993个，其中油田722个、气田271个。2016年年产原油 $19960×10^4t$，年产天然气 $1231.72×10^8m^3$。根据国土资源部油气资源动态评价结果，我国陆地和近海拥有石油地质资源量 $1257×10^8t$，可采资源量 $301×10^8t$；天然气地质资源量 $90.3×10^{12}m^3$，可采资源量 $50.1×10^{12}m^3$。南海南部海域还拥有石油地质资源量 $130×10^8t$，天然气地质资源量 $9×10^{12}m^3$。我国目前石油资源探明程度仅有30%，天然气资源探明程度仅为14%。另外，我国还有丰富的油砂、油页岩、煤层气、页岩气、天然气水合物等非常规油气资源。据国土资源部油气资源战略研究中心估算，全国埋深4500m以内的页岩气地质资源量为 $122×10^{12}m^3$，可采资源量为 $22×10^{12}m^3$，截至2016年累计探明页岩气地质储量 $5441×10^8m^3$，探明程度仅0.4%；埋深2000m以内的煤层气地质资源量 $30×10^{12}m^3$，可采资源量 $12.5×10^{12}m^3$，累计探明煤层气地质储量 $6293×10^8m^3$，探明程度仅2.1%。因此，我国油气资源勘探的潜力仍然很大，勘探前景依然广阔。

第四节 石油地质学的发展历史

一、石油地质学的形成与发展

石油地质学的发展与石油勘探息息相关。在19世纪50年代，人们主要根据地面的油苗找油，基本没有地质学的指导。随着石油发现得越来越多，人们开始认识到石油的分布受地质规律控制。在19世纪80年代形成的背斜学说，直到20世纪50年代一直是指导找油的主要石油地质理论。20世纪50年代以后，随着有机地球化学的发展和现代分析手段的进步，以干酪根热降解生烃理论为代表的现代油气生成理论迅速发展，并为20世纪后半叶全球油气勘探做出了最重要的贡献，成为油气勘探的核心理论，并在当今油气勘探中仍然发挥着主导作用。

（一）石油地质学的启蒙和形成

实际上，人们从一开始找油就注意到油气明显地沿着一条带状的趋势线分布。早在1848年加拿大地质调查局局长威廉·劳根（William Logan）就发现油苗沿背斜分布的现象，最早把背斜概念引入石油勘探。1861年加拿大地质调查局的斯泰利·亨特（T. Sterry Hunt）初步提出了背斜理论，并认识到石油聚集的4个基本条件：（1）有烃源岩；（2）地层的产状是背斜；（3）有适当的裂缝；（4）储油层上下有不渗透地层。但由于当时找油很容易，这一学说并未引起重视。直到1882年宾夕法尼亚州地质调查局的怀特（I. C. White）首次按背斜理论布井取得成功，并于1885年在《科学》杂志上发表了论文《天然地质》，系统阐述了背斜理论（王才良、周珊，2006b）。

背斜理论认为：石油和天然气聚集于背斜构造中，石油、天然气和地层水按其密度分异，油气的密度低，占据背斜的顶部，而水占据底部。因此，背斜褶皱的顶部被公认为是勘探油气的最佳对象。在19世纪80年代，在美国加利福尼亚、墨西哥等地的石油勘探中首次利用油田地质技术绘制了构造等高线图，从而确定出了褶皱顶部的位置，找到了一些油田。一直到20世纪50年代，背斜理论都是主要的找油理论，在该理论的指导下，世界一大批大型和特大型油田被发现。

随着勘探的深入，除背斜以外的含油构造也被发现。1901年墨西哥湾首次发现一个盐丘油藏；1907年罗马尼亚发现了底辟构造油藏；1909年美国辛辛那提隆起寒武系白云岩中发现了世界第一个古潜山油藏。早在1910年、1917年、1929年，美国人克拉普（F. G. Clapp）就提出了油气聚集的构造分类，其中包括了背斜、向斜、均斜、穹隆、不整合、断层等类型（张厚福等，2007）。这一阶段，除了对于油气田的类型有了比较全面的认识外，关于油气成因的认识也取得了一定的进展。实际上，早在1763年，俄国学者罗蒙诺索夫就曾提出：石油由泥炭在高温作用下形成，然后向地层裂隙和孔隙岩石中运移和聚集。在西方19世纪中期已提出石油是由腐泥形成的，1905年德国学者波托尼（Boadni）还发表了石油腐泥说的专论。苏联石油地质学家古勃金1908年对高加索油区、1919—1920年对第二巴库的研究形成了苏联学者石油有机成因的理论体系。

1917年美国石油地质学家协会成立，并出版了《美国石油地质学家协会通报》（AAPG Bulletin），标志着石油地质学已经成为一门独立的学科。从那时起，石油地质学作为一个独立的学科已经走过了整整100年的历史。在中国国家图书馆所能查到的最早的石油地质学著作是 E. H. Cunningham Craig（1920）的 *Oil finding: an introduction to the geological study of petroleum* 和 William H. Emmons（1921）的 *Geology of petroleum*。1921年美国明尼苏达大学教授 W. H. Emmons 对其在该校讲授《经济地质学》中的石油地质学一章的讲稿进行了扩充，著成《石油地质学》一书。该书对石油的地表显示、岩石的孔隙空间和储集层、油气田的类型等内容都有详细的论述，并对油气的性质和成因、石油的聚集、油气的保存和破坏等内容作了一定的阐述，书中还介绍了美国不同地区油气田的分布与实例。可以看出，目前石油地质学的理论框架在当时已经基本形成。

(二) 石油地质学的发展

1. 20世纪20年代到50年代油气圈闭理论的发展

从20世纪20年代至50年代，国际上又出版了一系列的石油地质学专著和教材，比较有代表性的有 B. R. Lilley（1928）的《石油和天然气地质学》、古勃金（1932）的《石油论》、E. N. Tiratsoo（1951）的《石油地质学》、W. L. Russell（1951）的《石油地质学原理》、K. K. Landes（1951）的《石油地质学》和 A. I. Levorsen（1956）的《石油地质学》。

这一时期石油地质学的主要进展体现在对圈闭和油气藏类型的认识。1920年美国东得克萨斯地层油藏发现后，提出了圈闭和地层圈闭的概念；1934年美国学者 E. H. Mccoloagh 正式建立"圈闭学说"，他指出形成圈闭要具备3个条件：储集层、盖层和遮挡物。B. R. 利莱（1928）指出油气田确实存在不同的成因类型，如褶皱、断层、盐丘、岩浆岩等，而背斜占重要地位。1934年，威尔逊提出了油藏分类新方案，将油气藏分为闭合油气藏和开放油气藏两大类，闭合油气藏包括地层局部变形闭合的油气藏、岩石孔隙变化闭合的油气藏、褶皱和孔隙变化结合封闭的油气藏，以及由断层和孔隙变化闭合的油气藏等类型；当时认为开放油气藏没有经济价值。威尔逊的油藏分类实际上已经包括了构造、地层（岩性）和复合油气藏等不同类型。莱复生建立了比较完善的圈闭分类体系，他将圈闭划分为构造圈闭、地层圈闭和复合圈闭三大类，其中的地层圈闭包括原生地层圈闭（岩性圈闭）和次生地层圈闭（地层圈闭）两个亚类。

圈闭理论的建立是对背斜学说的补充。人们认识到，不仅背斜可以聚集油气，一些由岩性、地层和复合因素形成的圈闭也是油气聚集的有利场所，油气勘探的领域随之扩大。

2. 20世纪60年代到80年代生油理论和初次运移理论的发展

关于油气成因的争论由来已久。尽管到20世纪50年代，有机成因理论已经占据了主导地位，但关于石油成因的认识与19世纪相比并没有多大进展，对油气勘探也没有起到多大的指导作用。

进入20世纪60年代，随着有机地球化学的发展和现代分析测试技术的进步，地球化学家们对油气有机成因的认识也得到了飞跃式的发展，形成了干酪根热降解生油说。60年代开始，特别是在70年代，许多学者在野外观察及实验室研究的基础上，就干酪根生油的地球化学依据、干酪根的数量、干酪根的类型、干酪根的演化等有关干酪根成油机理问题进行了深入的研究，大量文献在这一阶段发表（Tissot 和 Welte，1978）。70年代，法国的地球化学家 B. P. 蒂索等以巴黎盆地下托尔统页岩为研究对象，揭示了干酪根转化成油的机理，形成了干酪根热降解生烃理论。该理论认为，原始有机质沉积以后，首先在经过复杂的生物化学作用和聚合缩合作用形成干酪根，干酪根在达到一定的埋藏深度后，主要在温度的作用下发生热降解作用逐渐生成石油。Connan（1974）、Tissot 和 Welte（1978）深入研究了油气生成与温度和时间的关系，建立了石油生成模型，用来定量确定烃源岩的生烃潜力。

干酪根生油理论确立的晚期生油学说对油气初次运移提出了挑战，不解决油气的初次运移问题，就不能真正地解决生油问题。在生油理论研究的同时，许多学者对油气初次运移开展了研究。例如真柄钦次（K. Magara，1978）对泥岩压实和初次运移动力的研究、Barker（1972）对水热增压的研究、Powers（1967）与 Burst（1969）对黏土矿物脱水的研究、Leythaeuser（1982）等对烃类扩散的研究、Dickey（1975）对石油初次运移相态的研究等，对建立与干酪根生油理论相适应的油气初次运移理论做出了重要贡献，解决了油气初次运移的动力、相态、通道等基本问题。

干酪根热降解生烃理论的建立使生油研究从一种理论探讨成为直接指导油气勘探的有效理论。以干酪根热降解理论为基础建立的烃源岩评价方法、有机质成熟度预测方法、"源控论"的思想、"定凹选带区域勘探方法"、盆地模拟方法等，使油气勘探从以"背斜理论"为主导的时代进入了以"生油理论"为主导的时代。

干酪根热降解生烃理论和油气初次运移理论的建立极大地丰富了石油地质学理论，使石油地质学从 20 世纪 50 年代以前的以要素研究为主的时代进入了要素研究和过程研究并重的时代。干酪根热降解生油理论指导世界油气勘探半个多世纪，取得了辉煌的勘探成果，这一理论目前仍然是油气勘探的主要基本理论。

3. 20 世纪 90 年代以来油气成藏理论的发展

进入 20 世纪 90 年代，油气勘探的难度越来越大，人们进一步认识到，仅靠生油理论和圈闭理论（包括背斜理论）已不能满足油气勘探的需求，地质学家开始更多地关注油气从烃源岩到圈闭的成藏过程，油气成藏理论得到了迅速发展。

J. M. Hunt（1990）提出了流体封存箱成藏理论，将油气成藏的生、储、盖等静态要素与温度、压力等动态条件结合起来研究，使人们对油气运移和成藏过程有了新的认识；L. B. Magoon 和 W. G. Dow（1994）进一步完善了 W. G. Dow（1972）等提出的油气系统的概念和研究方法，强调用地质作用将各地质要素连接为一个有机的整体，以过程恢复为主线，以关键时刻为时间界面的成藏要素与成藏作用的组合关系研究为重点，以一种综合观、动态观和系统观的思路研究一个盆地油气藏的形成与分布。油气运移通道和输导体系研究、油气运移方向和路径的示踪研究、油气成藏动力研究、油气成藏期次和成藏时间研究等方面取得了显著进展，促使研究油气成藏的一个分支学科——油气成藏动力学开始形成。

4. "页岩气革命"促进了石油地质学的发展

21 世纪初开始于美国的以"页岩气革命"为标志的非常规油气资源的勘探开发在美国和中国取得极大成功，同时有力地促进了石油地质学的发展。页岩油气、致密砂岩油气、煤层气等非常规油气资源的勘探开发，促进了与非常规油气有关的油气成藏理论的发展。这一新发展使得储集层、圈闭、油气藏等石油地质学的基本概念有了新的内涵，新的油气藏类型的发现促进了油气藏分类体系的进一步完善，油气聚集和成藏理论也得到了新的发展。为了适应这种新的发展，本教材重新定义了相关基本概念，建立了新的油气藏分类体系，将"常规油气"聚集与"非常规油气"聚集纳入了统一的油气成藏理论体系。

5. 相关地质学科对石油地质学发展的促进

20 世纪 60 年代以后，相关地质学领域的进展也极大地促进了石油地质学的发展。板块学说的建立促进了含油气盆地的研究，它以一种全新的全球构造观探讨了含油气盆地的形成和演化的地球动力学背景，并以一种新的观点解释了油气在全球的富集和分布规律，扩大了油气勘探的领域。沉积学的进展和各种沉积相模式的建立为储集层的预测与评价奠定了坚实的基础。层序地层学和地震沉积学的发展为在沉积盆地内建立等时地层格架提供了理论和方法，使人们能更精确地进行地层对比，再造古地理，更好地预测盆地内烃源岩、储集层和盖层的分布，并为岩性地层圈闭的预测提供了更加可靠的方法。

近年来，油气勘探的进展极大地促进了石油地质学和相关学科领域的发展，随着油气勘探进一步向新领域、新类型、新深度发展，必将产生更多的石油地质科学问题，也必将促进石油地质学的进一步发展，进一步丰富石油地质学的理论。

二、中国对石油地质学发展的贡献

中国石油地质学的发展经历了艰苦的探索和努力。我国石油地质学研究起源于20世纪20—30年代，我国地质学家对陕北、四川、甘肃、新疆等地进行了一些石油地质调查，陆续完成了一些石油地质调查报告。20世纪30年代和40年代，我国地质学家，如谢家荣、黄汲清、李四光、翁文波等都曾对我国部分地区的油气远景做出过预测和评价。中华人民共和国成立以后，我国油气勘探事业和石油工业的快速发展极大地促进了中国石油地质学的发展，逐渐形成了具有中国特色的石油地质理论。

（一）陆相生油理论

早期的石油勘探历史表明，石油的生成和油气藏的形成都是在特定大地构造单元内的海相环境中。这也是"中国贫油论"的理论基础之一。在此背景下，中国老一辈地质学家以扎实的地质理论基础结合多年石油勘探经验，建立了适合中国的"陆相生油"理论。1941年，潘钟祥的《中国陕北和四川白垩系陆相生油》在美国石油地质学家协会通报发表（Pan，1941），提出了"陆相地层生油"的论点。

20世纪50年代末，松辽盆地陆相地层发现了特大型油田——大庆油田。这一重大突破不仅是勘探实践上的重大进展，更重要的是对石油地质学的极大丰富和完善。大庆油田的发现雄辩地证明了陆相油气藏的形成不仅是可能的，而且可以形成大中型乃至特大型油气田。从60年代以后，中国相继开发了渤海湾、江汉、南阳、苏北、北部湾、二连等油气盆地和地区的油气藏，它们都是在陆相含油气盆地中形成的油气藏。

中国石油地质学家和地球化学家对陆相盆地有机质堆集、转化、运移过程和油气成藏的基本条件进行了深入研究，对陆相生油及油气藏形成理论做出了极其卓越的贡献。陆相石油地质理论是石油地质学的重要组成部分，它的不断发展和完善提高了石油地质学的整体水平。

（二）源控论

中国陆相含油气盆地普遍具有多隆（凸）多坳（凹）的特征，而陆相沉积又具有近物源、短水流的特点，陆相地层岩性岩相变化快、断裂发育，油气很难进行长距离运移。因此生油凹陷生成的石油主要聚集在生油坳（凹）陷的内部和周缘，主要生油区控制了大中型油气田的分布。胡朝元（1982）总结了生油区基本控制油气分布的规律，提出了源控论的思想。

源控论发展了我国早期学者提出的沿沉降带和坳陷中心找油的观点，进一步提出找油要找有利生油坳陷和地区，从而提出了"定凹选带"的勘探思路。胡朝元（2002）的研究表明，源控论不仅适合我国陆相盆地，而且对国外海相盆地也具有广泛适用性。

（三）陆相盆地复式油气聚集带理论

20世纪60年代初，根据松辽盆地的勘探实践，我国学者研究了二级构造带对油气的控制作用。随着渤海湾等盆地的勘探，地质学家进一步发现，不仅二级构造带控制盆地的油气分布，区域断裂带、区域岩性尖灭带、物性变化带、地层超覆带、地层不整合带对油气的聚集与分布也具有重要的控制作用，因此提出了复式油气聚集带的理论。

复式油气聚集带就是主要受二级构造带、区域断裂带、区域岩性尖灭带、物性变化带、地层超覆带、地层不整合带等控制的，以一种油气藏类型为主，而以其他油气藏类型为辅的多种类型油气藏成群成带分布，在平面和剖面上构成不同层系、不同类型油气藏叠合连片分布的含油气带。

复式油气聚集带理论阐明了陆相盆地油气聚集的基本规律，是中国石油地质理论的重要组成部分，对我国油气勘探起到了重要的指导作用。

（四）未—低成熟油理论与煤成油理论

20世纪70年代以后，干酪根热降解生烃理论成为石油勘探的主要指导理论，根据该理论指导油气勘探取得了巨大成功。但是，在勘探过程中人们也发现一些"特例"，人们在一些烃源岩尚不成熟的盆地或层系也找到了商业油气田，如我国的苏北盆地；在一些主要含Ⅲ型干酪根、按干酪根生烃理论只能生气的盆地也找到了商业性液态石油聚集，如吐哈盆地。越来越多的"例外"使人们开始进一步审视"干酪根生烃理论"。

我国地球化学家和石油地质学家的研究发现，Tissot的干酪根生烃模式可能是常规的生烃模式，但不是唯一的生烃模式，在自然界还存在着相当数量的各类早期生烃的非常规油气资源。特别是在陆相盆地沉积物中，常含有某些生烃活化能低的特定有机母质，可以低温早熟生成油气，就是未成熟油气。

一般认为煤系地层主要含Ⅲ型干酪根，以生气为主，不能形成大油田。我国吐哈盆地煤系大油田的发现促进了煤成油的研究，人们认识到煤系地层到底是生气还是生油与煤的显微组成有关，如果煤系地层含有的富氢显微组分达到一定的比例就可以生成有商业价值的液态石油，并形成大油田。同时人们还对煤系富氢显微组分的类型、形成环境、生烃机理、排烃条件等诸多方面进行了深入研究，形成了系统的煤成油理论。

未—低成熟油理论和煤成油理论的研究进一步充实和完善了油气成因理论，拓宽了油气勘探领域，具有重要的理论和实际意义。干酪根热降解生烃理论、未—低成熟油理论、煤成油理论以及天然气成因理论构成了比较完善的现代油气成因理论。

（五）天然气地质学

我国天然气地质学起步较晚，但最近30多年来却取得了突飞猛进的发展。1985年以来，我国加强了天然气地质学的研究。在连续4个五年计划中，国家都把"天然气"列入重点科技攻关计划，"十五"和"十一五"又把"天然气"研究列为国家重点基础研究发展计划（973计划）；"十二五"以来，我国在页岩气、致密气等非常规天然气领域开展了深入研究，在天然气成因理论、天然气成藏理论和天然气分布规律等方面都取得了重大进展，形成了比较完整的中国天然气地质学理论体系，为天然气地质学理论的发展做出重要贡献。

天然气成因理论的主要进展包括煤成气的形成机理、生物气成因理论、生物热催化过渡带气的形成机理和特征、无机成因气的形成机理和分布、有机质接力生气模式、各类成因天然气的鉴别标志等；在天然气成藏理论方面，提出了天然气聚散动平衡原理，建立了天然气盖层的封闭机理和评价体系，建立了天然气晚期成藏理论、高效天然气藏成藏和中低丰度天然气藏大面积成藏理论；在天然气分布规律方面，提出了气聚集域、聚集区和聚集带的概念，明确了大中型气田的形成条件和分布规律；在非常规天然气成藏方面，建立了致密气藏（中低丰度气藏）成藏理论，明确了致密气藏的形成条件和分布规律。

我国天然气地质学经过30多年的发展，取得了一系列的研究成果，出版了一系列天然气地质学的专著，形成了比较系统的中国天然气地质学的理论体系。

第一章　石油、天然气、油田水的成分和性质

石油和天然气是石油地质学研究的主要对象，在地下与石油、天然气共存的地质流体还有油田水。要研究石油和天然气的形成与分布，必须首先认识这些地质流体。本章将系统阐明石油、天然气、油田水的化学组成和物理性质，介绍石油、天然气中的碳、氢同位素特征。

第一节　石油的成分和性质

石油又称原油（crude oil），是以液态形式存在于地下岩石孔隙中，由各种碳氢化合物和少量杂质组成的可燃有机矿产。在地下油气藏中，石油无论在成分上还是在相态上都是极其复杂的混合物。石油在成分上以烃类为主，含有数量不等的非烃化合物及多种微量元素；在相态上以液态为主，溶有大量烃气及少量非烃气，并溶有数量不等的烃类和非烃类的固态物质。因此，石油没有确定的化学成分和确定的物理常数。

一、石油的族分和组分

石油中不同组分的化合物由于分子结构的差异，对吸附剂和有机溶剂具有选择性吸附和溶解的性能。根据这一特性，可选用氧化铝和硅胶（质量比为2:3）作为吸附剂以及不同有机溶剂（正己烷、二氯甲烷、乙醇和氯仿）将石油分成饱和烃、芳香烃、非烃和沥青质等4种族分。

根据我国石油天然气行业标准，在对石油进行族分和组分分离时，原油样品中不能溶解于正己烷或石油醚的族分就是沥青质，可溶部分用氧化铝和硅胶吸附，然后分别用正己烷或石油醚、二氯甲烷与正己烷或石油醚的混合液、无水乙醇和氯仿的混合液等溶剂从吸附剂上分离出饱和烃、芳香烃和非烃组分（图1-1）。石油的族分也称为石油的族组成。

除上述分类外，也常会看到石油被分离成油质、胶质和沥青质3种组分。石油组分分析是过去在石油组成研究中广泛使用的一种方法，它也是根据不同有机溶剂对石油成分的选择性吸附和溶解对石油进行分离的一种方法。石油组分分析流程如图1-1所示。能够溶解于石油醚而不被硅胶吸附的部分称为油质；用苯和酒精—苯从硅胶上解吸（溶解）下的部分称为胶质，又可分为苯胶质和酒精—苯胶质；能溶于氯仿但不溶于石油醚、苯和酒精—苯的部分，称为沥青质。

二、石油的化学组成

石油是由各种碳氢化合物与少量杂质组成的液态可燃矿物，主要成分是液态烃，其元素组成、烃类组成和非烃组成如下。

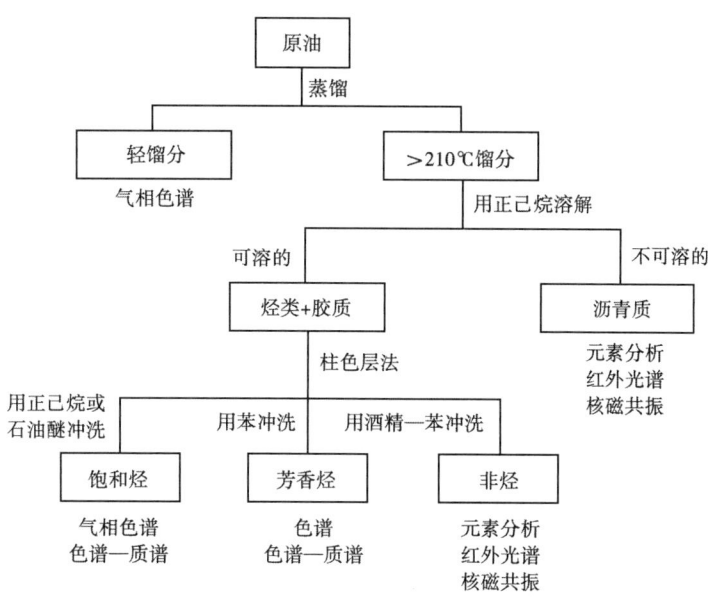

图 1-1 石油组分分析流程图（据陈荣书，1994，有修改）

（一）石油的元素组成

组成石油的化学元素主要是碳和氢，其次是硫、氮、氧。不同产地的石油的元素组成存在差异，如表 1-1 所示。

石油中一般碳的含量为 83%~87%，氢的含量为 11%~14%，两元素在石油中一般占 95%~99%，平均为 97.5%。硫、氮、氧及微量元素的总含量一般只有 1%~4%，但是在个别情况下，主要由于硫含量的增多，这个比例可达 3%~7%。

各油田石油的含硫量变化很大。多数油田石油的含硫量都不到 1%，例如我国任丘油田石油的含硫量为 0.3%~0.43%，克拉玛依油田石油的含硫量为 0.05%；但是有些油田石油的含硫量却可高达 4%~5%，如墨西哥某油田中的石油就高达 3.6%~5.3%。

石油中氮和氧的含量很少超过 1%~1.5%。大多数石油的含氮量很少，只有千分之几到万分之几，但也有个别地区的石油，如美国加利福尼亚古近—新近系石油分离出许多含氮有机化合物，氮含量可达 1.4%~2.2%。

除上述 5 种元素外，在石油中还发现其他微量元素，构成了石油的灰分。随着现代测试技术的进步，原油中可以检出的微量元素种类日益增多，目前已从石油中鉴定出大约 80 多种微量元素，其中金属元素的比例在 75% 左右（曹剑等，2012）。如二连盆地下白垩统油砂抽提物中已鉴定出 Sr、Ni、Cu、Cr、Ba、Ga、Co、Pb、Mo、Sc、V、Rb 等 40 种微量元素，其中含量较高的有 Ni、Ba、Zn、Cu、V 等 5 种。

石油的微量元素组成与自然界有机物的微量元素组成近似，说明石油与原始有机质存在明显的亲缘关系。尤其是微量元素钒（V）和镍（Ni）在石油中分布普遍并具有生物成因意义，这引起了各国学者的注意。美国、加拿大、委内瑞拉、澳大利亚等国家及北非、西非、前苏联、中东等地区所取原油样品平均含钒量为 63mg/L，含镍量为 18mg/L。委内瑞拉博斯卡原油含钒量高达 1200mg/L，含镍量达 150mg/L。我国任丘原油含钒量为 0.6~12.1mg/L，含镍量为 8.1~56.6mg/L。石油中的钒、镍含量及其比值（V/Ni）已被用来确定烃源岩有机相和进行油源对比,并取得了可喜的成果(Lewan,1984;Barwise,1990)。另外,由于稀土元素(REE)具有相似的化学性质,在石油体系中会发生系统分馏,因此稀土元素含量和配分模式也可以用于进行原油分类和油源对比(Gao等,2015)。

表1-1 国内外某些石油的元素组成

石油产地		元素组成,%				
		C	H	S	N	O
中国	大庆(萨尔图混合油)	85.74	13.31	0.11	0.15	0.69
	胜利(101混合油)	86.26	12.20	0.80	0.41	
	孤岛	84.24	11.74	2.20	0.47	
	大港	85.67	13.40	0.12	0.23	
	江汉(混合油)	83.00	12.81	2.09	0.47	1.63
	克拉玛依(混合油)	86.13	13.30	0.05	0.25	0.27
前苏联地区	雅雷克苏	80.61	10.36	1.05		8.02
	乌克兰	84.60	12.76	0.14	1.25	1.25
	老格罗兹尼	86.42	12.62	0.32		0.64
	卡拉布拉克	87.77	11.77			0.46
美国	文图拉(加利福尼亚州)	84.00	12.70	0.40	1.70	1.20
	科林加(加利福尼亚州)	86.40	11.70	0.60		
	博芒特(得克萨斯州)	85.70	11.00	0.70	2.61	
	堪萨斯州	84.20	13.00	1.60	0.44	0.45

(二)石油的烃类组成

碳和氢两种主要元素以各种碳氢化合物的形式存在于石油中。这些碳氢化合物按本身结构的不同可分为烷烃、环烷烃和芳香烃三类。

1. 烷烃

烷烃又名脂肪族烃,通式为C_nH_{2n+2},属饱和烃。在常温常压下,含1个到4个碳原子($C_1 \sim C_4$)的烷烃呈气态;含5个到16个碳原子($C_5 \sim C_{16}$)的直链烷烃呈液态;含17个碳原子(C_{17})以上的高分子烷烃皆呈固态。烷烃的密度、熔点及沸点均随相对分子质量增加而上升(表1-2)。所有烷烃的相对密度都小于1,几乎不溶于水。

表1-2 正构烷烃的物理常数

名称	熔点,℃	沸点,℃	相对密度(液态时)	相态
甲烷	-182.6	-161.6	0.424	气
乙烷	-182.1	-88.6	0.546	气
丙烷	-187.1	-42.2	0.582	气
丁烷	-138.0	-0.5	0.579	气
戊烷	-129.7	36.1	0.6263	液
己烷	-95.3	68.8	0.6594	液
庚烷	-90.3	98.4	0.6837	液

续表

名称	熔点,℃	沸点,℃	相对密度（液态时）	相态
辛烷	−56.8	125.6	0.7028	液
壬烷	−53.7	125.6	0.7028	液
癸烷	−29.7	174	0.7179	液
十一烷	−25.6	195.8	0.7404	液
十二烷	−9.7	216.2	0.7498	液
十三烷	−6.0	235.5	0.7568	液
十四烷	5.5	251	0.7638	液
十五烷	10	268	0.7688	液
十六烷	18.1	280	0.7749	液
十七烷	22	303	0.7767	固
十八烷	28	300	0.7776	固
十九烷	32	330		固
二十烷	36			固

烷烃分子结构的特点是碳原子与碳原子都以 C—C 相连，排列成直链式。无支链者为正构烷烃或正烷烃；有支链者为异构烷烃或异烷烃。石油中不同碳数正构烷烃的相对含量分布称为正构烷烃分布特征。将不同碳数正构烷烃相对含量在图上连成一条曲线，即为正构烷烃分布曲线（图1-2）。由于正构烷烃分布曲线的主峰碳（即相对含量最高的正构烷烃的碳数）位置和曲线形态的不同，不同石油的正构烷烃分布呈现不同的特征。石油的正构烷烃分布反映重要的成因意义，它与生油原始有机质的种类、生油环境、石油生成的过程和油藏保存条件有密切关系。因此，正构烷烃分布曲线较广泛地应用于石油成因和油源对比研究。

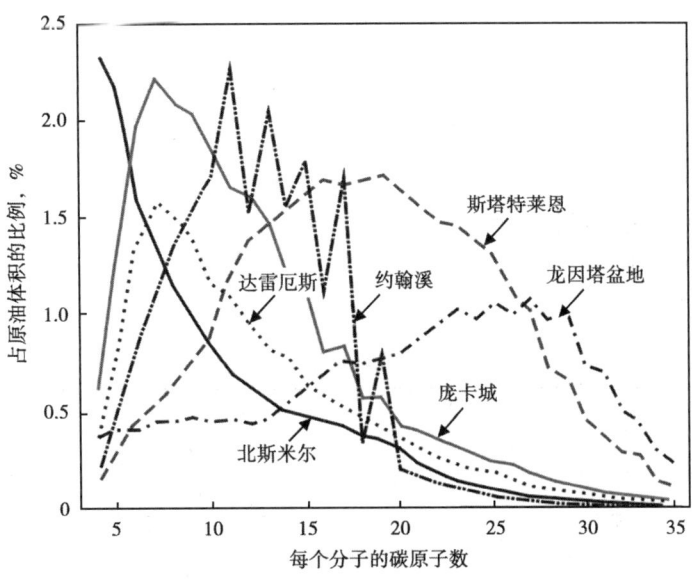

图1-2 不同类型石油的正构烷烃分布曲线图（据 Martin，1963）

石油中的异构烷烃以≤C_{10}为主，C_{11}～C_{25}较少，且以类异戊间二烯型烷烃最为重要，它们主要存在于低—中沸点的馏分之中。类异戊间二烯型烷烃的特点是在直链上每4个碳原子有1个甲基支链，在结构上宛如由若干个异戊间二烯分子加氢缩合而成。石油中的类异戊间二烯型烷烃一般认为是由叶绿素的侧链（植醇）演化而来，为生物成因标志化合物，它在石油中的含量可达0.5%。在沉积物和原油中，往往以植烷、姥鲛烷、降姥鲛烷、异十六烷及法呢烷等异戊间二烯型烷烃的含量最高，其结构式如下：

2，6，10，14-四甲基十六烷（植烷）：

2，6，10，14-四甲基十五烷（姥鲛烷）：

2，6，10-三甲基十五烷（降姥鲛烷）：

2，6，10-三甲基十三烷（异十六烷）：

2，6，10-三甲基十二烷（法呢烷）：

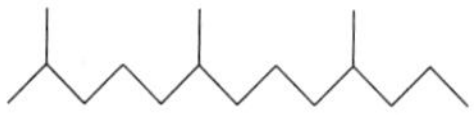

异戊间二烯型烷烃的相对含量，如姥鲛烷和植烷相对含量的比值（通称姥植比，即Pr/Ph），是很好的沉积环境指标和油源对比指标。一般认为，高姥植比（>3）反映氧化条件下的陆源有机质的输入，低姥植比（<0.8）反映典型的缺氧条件，通常反映高盐度或碳酸盐岩沉积环境（彼得斯等，2005）。

2. 环烷烃

这是一类性质与烷烃相似，但在分子中含有碳环结构的饱和烃。它们由许多围成环的多个次甲基（—CH_2—）组成。组成环的碳原子数可以是3、4、……，相应称为三员环、四员环、……。按分子中所含碳环数目，环烷烃可以分为单环烷烃（通式C_nH_{2n}）、双环烷烃（通式C_nH_{2n-2}）、三环烷烃（通式C_nH_{2n-4}）和多环烷烃。石油中的环烷烃多为五员环或六员环，其结构式和类型如下：

五员环：

六员环：

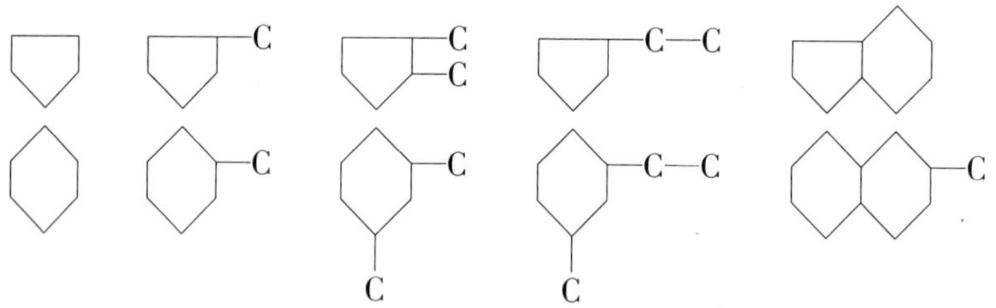

由于碳原子所有的价已被饱和，所以环烷烃和烷烃一样，都是比较稳定的。环烷烃的相对密度、熔点和沸点都比碳原子数相同的烷烃高，但相对密度仍小于1。常见几种环烷烃的物理常数见表1-3。

表1-3 常见环烷烃的物理常数

名称	相对密度（20℃）	熔点，℃	沸点，℃
环丙烷	0.720（-79℃）	-127.6	-32.9
环丁烷	0.703（0℃）	-80	12
环戊烷	0.745	-93	49.3
甲基环戊烷	0.779	-142.4	72

续表

名称	相对密度（20℃）	熔点,℃	沸点,℃
环己烷	0.779	6.5	80.8
甲基环己烷	0.769	−126.5	100.8
环庚烷	0.81	−12	118
环辛烷	0.836	11.5	148

石油中的环烷烃以单环和双环为主，多环烷烃中以四环甾烷和五环萜烷较为重要。甾烷是具有3个六员环和1个五员环的环烷烃，萜烷是一个环状的异戊间二烯型烷烃（图1-3）。甾烷和萜烷作为重要的生物标志化合物被广泛应用于石油成熟度的研究和油源对比中。

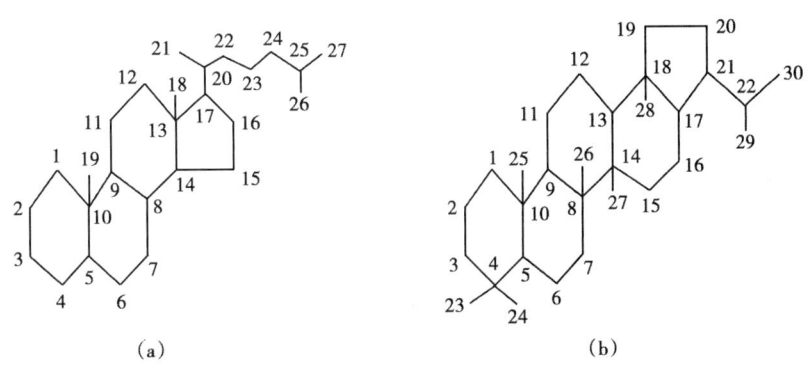

图1-3 四环甾烷和五环萜烷结构示意图
(a) 四环甾烷（胆甾烷）；(b) 五环萜烷（藿烷）

3. 芳香烃

芳香烃是指含有6个碳原子和6个氢原子组成的特殊碳环——苯环的化合物，其特征是分子中含有苯环结构，属不饱和烃。石油中已鉴定出的芳香烃的基本类型有苯（一环 C_nH_{2n-6} 型）、萘（二环 C_nH_{2n-12} 型）、蒽和菲（三环 C_nH_{2n-18} 型）以及苯并蒽（四环 C_nH_{2n-24} 型）等。其中以苯、萘、菲3种化合物含量最多。

在石油的低沸点馏分中，芳香烃含量较少，且多为单环芳香烃，如苯、甲苯和二甲苯。随沸点升高，芳香烃含量增多，除单环芳香烃外，出现双环芳香烃，如联苯。在重质馏分中还可能出现稠环芳香烃，如萘和菲，蒽的含量较少。

单环芳香烃不溶于水，但溶于汽油、乙醇、乙醚等有机溶剂。它们具特殊气味，有毒，相对密度一般介于0.86~0.9，比水密度小。几种单环芳香烃的物理常数见表1-4。

表1-4 几种单环芳香烃的物理常数

名称	相对密度（20℃）	熔点,℃	沸点,℃
苯	0.879	5.5	80.1
甲苯	0.867	−95	110.6
对二甲苯	0.861	13.2	138.4
乙苯	0.867	−95	136.1

续表

名称	相对密度（20℃）	熔点，℃	沸点，℃
正丙苯	0.862	-99.6	159.3
异丙苯	0.862	-96	152.4
连三甲苯	0.894	-25.5	176.1

根据原油中的烷基取代萘系列化合物的分布以及烷基取代菲系列化合物的分布可以研究石油的成熟度，进而确定石油的形成历史和演化特征。

（三）石油的非烃组成

石油所含的非烃化合物数量不少，尤其在重质馏分中含量更高。石油中的非烃化合物主要包括含硫化合物、含氮化合物和含氧化合物，它们都具有一定的成因意义，也对石油的质量和炼制加工有着重要影响。

1. 含硫化合物

硫是石油的重要组成元素之一。它在石油中的含量变化很大，从万分之几（如我国克拉玛依石油含硫量只有 0.05%）到百分之几（如委内瑞拉石油高达 5.48%）。硫在石油中可以元素硫、硫化氢、硫醇、硫醚、环硫醚、二硫化物、噻吩及其同系物等形态出现。

石油中所含的硫是一种有害的杂质，因为它容易产生硫化氢（H_2S）、硫化亚铁（FeS）、硫醇亚铁 [$Fe(RS)_2$]、亚硫酸（H_2SO_3）或硫酸（H_2SO_4）等化合物，对机器、管道、油罐、炼塔等金属设备造成严重腐蚀，所以含硫量常作为评价石油质量的一项重要指标。

通常将含硫量大于 2% 的石油称为高硫石油；低于 0.5% 的称为低硫石油；介于 0.5%~2% 之间的称为含硫石油。一般含硫量较高的石油多产自海相碳酸盐岩系和膏盐岩系含油层，而产自陆相地层和砂岩储集层的石油则含硫较少。我国原油多属低硫石油（如大庆、任丘、大港、克拉玛依石油）和含硫石油（如胜利石油）。前苏联伊申巴石油含硫量高达 2.25%~7%，其他如墨西哥、委内瑞拉和中东的石油含硫量也较高。

2. 含氮化合物

石油中的含氮量一般在万分之几至千分之几。我国大多数原油含氮量均低于 0.5%，大庆原油含氮量少（0.15%），孤岛原油最多（0.47%）。石油中的含氮化合物包括碱性和非碱性两类。现已从石油中鉴定出的碱性含氮化合物多为吡啶、喹啉、异喹啉和吖啶及其同系物，非碱性含氮化合物主要是吡咯、卟啉、吲哚和咔唑及其同系物。其中金属卟啉化合物和咔唑类含氮化合物在油气成因和成藏研究中有重要应用。

金属卟啉化合物的分子中包含 4 个吡咯环，被 4 个—CH═基团相间连接而成 [图 1-4（a）]。在石油中，钒、镍等重金属都与卟啉分子中的氮呈络合状态存在，形成钒卟啉 [图 1-4（b）] 和镍卟啉。金属卟啉化合物分子大多数存在于沥青质中，少数分布在渣油的油质和胶质中。卟啉化合物在石油中的含量变化较大，这与沉积环境和埋藏深度等因素有关。动物血红素和植物叶绿素都与石油中这类化合物的结构相同。所以，在石油中发现卟啉化合物，对研究石油成因问题有重要意义。

咔唑是另一类重要的含氮化合物，它的结构特点是在吡咯环上直接连接着 2 个苯环。这一类化合物除咔唑 [图 1-5（a）] 外，还包括苯并咔唑 [图 1-5（b）]、二苯并咔唑及其衍生物烷基咔唑等。咔唑类化合物通过吡咯环上的 N—H 键与地层水、矿物表面发生吸附作

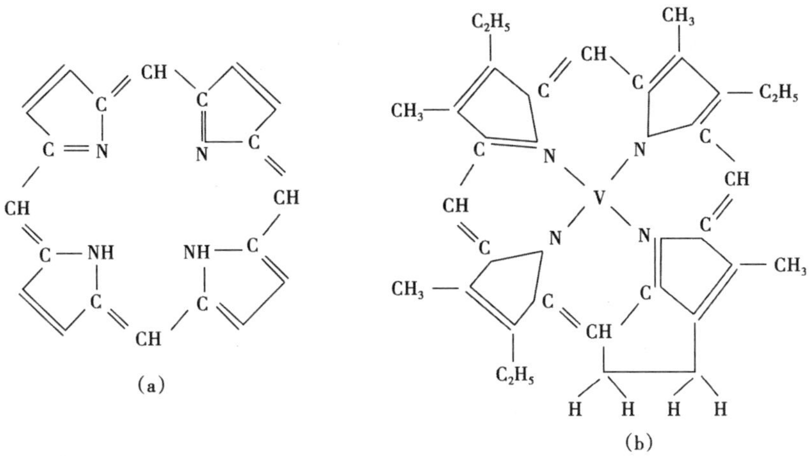

图 1-4 卟啉 (a) 和钒卟啉 (b) 的结构式

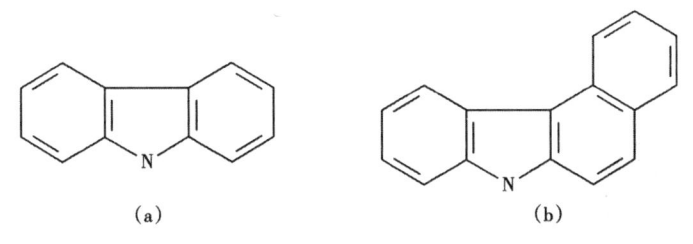

图 1-5 咔唑 (a) 和苯并咔唑 (b) 的结构图

用,并且这种吸附作用要比烃类与矿物之间的吸附作用强得多,造成原油中咔唑类化合物的含量随着油气运移距离的增加而逐渐减少。因此,根据原油中咔唑类含氮化合物含量的变化规律,可以研究油气运移方向,追踪油气运移路径,为寻找油气田提供依据。

3. 含氧化合物

石油中的含氧量一般只有千分之几,个别石油可高达 2%~3%。氧在石油中均以有机化合物状态存在,可分为酸性含氧化合物和中性含氧化合物两类。前者有环烷酸、脂肪酸及酚,总称为石油酸;后者有醛、酮等,含量极少。

在石油酸中,环烷酸最重要,约占石油酸的 90% 左右。它多属一元酸类,即有一个羧基,常为环戊烷的衍生物;但高分子环烷酸则有双环、多环环烷烃的衍生物。石油中的环烷酸含量因地而异,一般多在 1% 以下,如克拉玛依原油环烷酸含量为 0.48%。环烷酸多集中在石油的 250~350℃ 中间馏分中,而在低沸馏分和高沸重馏分中含量都较低。

(四) 不同石油组成的差异

如果将所有石油平均来看,其中烷烃、环烷烃、芳香烃的含量近于相当,不同产地和不同成因的石油的化学组成差别很大。根据石油中所含的各种结构类型烃类化合物中正构烷烃+异构烷烃(石蜡烃)、环烷烃、芳香烃,以及含氮、硫、氧化合物(胶质和沥青质)的含量,可以对石油进行分类。Tissot 和 Welte (1978) 以正构烷烃+异构烷烃(石蜡烃)、环烷烃、芳香烃+NSO 化合物(含氮、硫、氧化合物)作为端元作成三角图,可以明显看出重油或降解原油、由海相有机质形成的石油、由非海相有机质形成的石油在石油组成上的差别

（图1-6）：重油或经过生物降解的石油更富含芳香烃和 NSO 等非烃化合物；由海相有机质形成的石油芳香烃含量高，也富含环烷烃，石蜡烃含量较低，一般含硫量较高，以高硫石油为主；而由非海相有机质生成的石油的基本特征是含蜡量高，环烷烃和芳香烃含量较低，含硫量也较低。

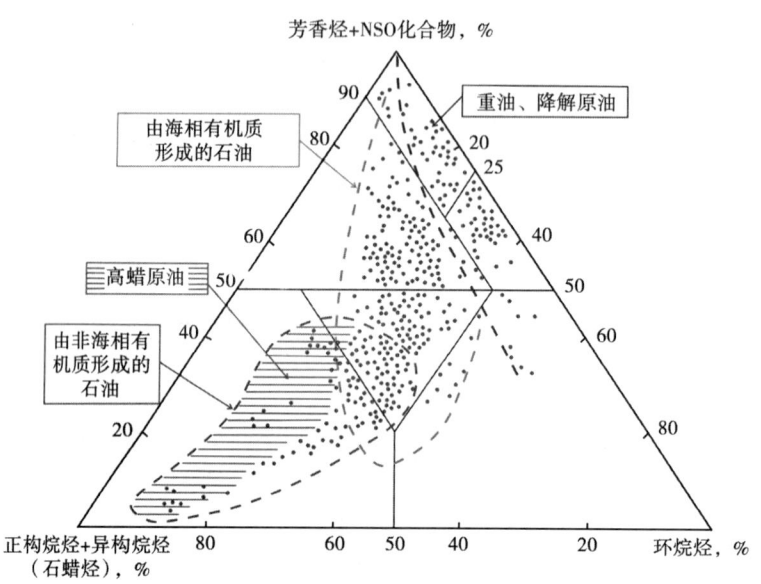

图1-6　石油组成三角图（据 Tissot 和 Welte，1978）

三、石油的物理性质

由于石油的化学成分极其复杂，因此它没有确定的物理常数。石油的物理性质取决于它的化学组成。不同地区、不同层位甚至同一层位不同构造部位的石油，其物理性质也可能有明显的差别。

（一）颜色

石油的颜色变化范围很大，从无色、淡黄色、黄褐色、深褐色、黑绿色至黑色都有。我国四川盆地黄瓜山和渤海湾盆地黄骅坳陷有无色石油产出，新疆焉耆盆地侏罗系有墨绿色石油产出，准噶尔盆地克拉玛依油田的石油呈褐色至黑色，松辽盆地大庆油田和渤海湾盆地大多数油田的石油均为黑色。

无色石油在美国加利福尼亚、前苏联巴库地区、罗马尼亚、伊朗、印度尼西亚苏门答腊和特立尼达等地都有产出。无色石油的形成，可能同运移过程中带色的胶质和沥青质被岩石吸附有关。但是，不同程度的深色石油占绝大多数，几乎遍布于世界各含油气盆地。石油的颜色与胶质—沥青质含量有关，含量越高，颜色越深。

（二）相对密度

石油的相对密度是指20℃时石油的质量与4℃时同体积水的质量的比值。石油的相对密度变化较大，一般介于0.75~1.00之间（表1-5）。相对密度大于1.00和小于0.75的石油在自然界也有发现，例如伊朗某油田石油的相对密度为1.016，美国加利福尼亚某油田石油的相对密度为1.01，墨西哥某油田石油的相对密度为1.06，我国孤岛油田馆陶组石油相对密度为0.93~1.026，而前苏联拉汉石油的相对密度只有0.71。相对密度小于0.87的石油称为轻质油，相对密度介于0.87与0.93之间的石油为正常原油，相对密度大于0.93的石油称为重质油。

表1-5　国内部分原油物理性质参数

原油产地	取样时间	相对密度	API度	运动黏度（50℃）mm^2/s	凝点 ℃	蜡含量 %	沥青质含量,%	胶质含量 %
大港枣园油田	1989年	0.8819	28.2	845.20	33	26.1	0.61	15.7
吐哈胜金口油田	1961年	0.8130		2.11	3	9.4	0	1.9
中原文留油田	1983年	0.8321	37.7	7.27	33	25.1	0	5.4
辽河曙光油田	1977年	0.8849	27.7	52.30	31			26.3
华北任丘油田	1977年	0.8821	28.2	43.38	34			
克拉玛依油田	1976年	0.8570	32.8	15.05	10	6.8		17.2
依奇克里克油田	1965年	0.8140	41.4	2.37	6	8.8		
柯克亚油田	1990年	0.7690		1.82	-2	8.5	0	1.9
大庆萨尔图油田	1962年	0.8615	32.0	23.79	30	28.7	0.98	15.9
冀东高尚堡油田	1992年	0.8616		13.35	28	21.4	0	7.1
胜利孤岛油田	1971年	0.946	17.5	498.00	-2	7		32.9

石油的密度与颜色有一定关系，一般浅色石油的密度小，深色石油的密度大，但是归根到底，石油的密度取决于其化学组成，即胶质和沥青质的含量、石油组分的相对分子质量以及溶解气的数量。一般来说，密度小而颜色浅的石油常为石蜡性质的，含油质多，加工后能获得较多汽油和润滑油；密度大而颜色深的石油则含高相对分子质量的沥青质多。

美国常用API度、西欧常用波美度来表示石油的密度，它们与国际通用的密度存在下列关系：

$$\text{API度} = \frac{141.5}{15.5℃时的相对密度} - 131.5$$

$$\text{波美度} = \frac{140}{15.5℃时的相对密度} - 130$$

因此，API度、波美度都与国际通用的密度在数值上相反，API度和波美度高的石油实际上属于密度低的轻质石油。

（三）黏度

黏度代表石油流动时分子之间相对运动引起的内摩擦力的大小。流体黏度越大，就越难流动。石油的黏度可以分为运动黏度和动力黏度。运动黏度可以通过黏度仪测定，单位为m^2/s，常用单位为mm^2/s；动力黏度由运动黏度乘以流体密度得到，单位为$Pa·s$或$mPa·s$。石油黏度的变化范围很大（表1-5），如大庆油田白垩系原油黏度为19~22$mPa·s$。当原油的黏度在50~10000$mPa·s$之间时称为稠油，由于稠油的密度一般在0.93~1.00之间，故稠油也称为重质油。黏度大于10000$mPa·s$的石油称为沥青。

石油黏度的变化受温度、压力和石油化学成分的制约。随温度升高，石油黏度降低，所以石油在地下深处比在地面黏度小，且易流动；压力加大，黏度也随之增加；环烷烃及芳香烃含量高、高分子碳氢化合物含量高的石油黏度也较大；而原油中溶解气量的增加则会使黏度降低。

石油黏度是一个很重要的物理特性，它直接影响石油在地下的流动，也影响流入井中及在输油管线中的流动速度，所以在油田开采和石油运输方面都有重要的意义。

（四）荧光性

石油的荧光性是指石油在紫外光照射下产生荧光的特性。石油中只有不饱和烃及其衍生物具有荧光性。这是因为它们能吸收紫外光中波长较短、能量较高的光子，随后放出波长较长而能量较低的可见光，即荧光。饱和烃不发荧光。

荧光颜色随不饱和烃的浓度及相对分子质量的增加而加深。芳香烃的荧光呈天蓝色，胶质的荧光为黄色，沥青质的荧光为褐色。利用石油具有发荧光的特性，可以用紫外灯鉴定岩石中微量石油和沥青类物质的存在。在有机溶剂中只要含有十万分之一沥青类物质即可被发现。因此在石油勘探中，常用荧光性来鉴定岩样中是否含油，并可粗略确定其组分和含量。这个方法简便快速，经济实用。

（五）旋光性

大多数石油具有将偏振光的振动面旋转一定角度的能力，这就是石油的旋光性。石油旋转偏光面的角度一般为几分之一度到几度之间。绝大多数石油都能使偏光面向右旋转，这种特性称为右旋，仅有少数石油为左旋。旋光角可用旋光仪测定。

石油的旋光性与其含有结构不对称的生物标志化合物，尤其是四环甾烷和五环三萜烷等有关。因此，旋光性被认为是石油有机成因的证据之一。

（六）溶解性

石油是各种碳氢化合物的混合物。由于烃类难溶于水，因此，石油在水中的溶解度很低。若以碳数相同的分子进行比较，烷烃溶解度最小，芳香烃溶解度最大，环烷烃溶解度居中。除甲烷外，各族烃类在水中的溶解度均随相对分子质量的增大而减小。

外界条件对石油在水中的溶解度有不同影响：温度由150℃降低到25℃时，石油的溶解度会降低78%～95%；除烷烃中的气态馏分外，压力对烃类的溶解度影响甚微；水中无机组分含量和含盐量增加时，烃类的溶解度会降低。

石油尽管难溶于水，但却易溶于许多有机溶剂，如氯仿、四氯化碳、苯、石油醚、醇等。石油在有机溶剂中的溶解性，有助于鉴定岩石中的石油含量及性质。

第二节 天然气的成分和性质

广义的天然气（natural gas）是指存在于自然界的一切气体。根据其存在环境，B. A. Соколов（1971）将天然气分为8类：大气、地表沉积物中的气、沉积岩中的气、海洋中溶解气、变质岩中的气、岩浆岩中的气、地幔排出气、宇宙气。

实际上，石油及天然气地质学研究的天然气主要是指与油田和气田有关的气体，即狭义的天然气，其主要成分是烃类气体，也包含少量的非烃类气体，如 CO_2、H_2S 等。

一、天然气的产状

地壳中的天然气按照天然气的分布特征和赋存相态主要可以划分为以下几种类型：
(1) 气藏气：是指圈闭中单独的呈游离相态聚集的天然气，特别是巨大的非伴生气藏

（田）气是研究的重点。有些气藏气也可以存在于油气田中，在垂向或横向上与油藏或油气藏保持一定的联系。

(2) 气顶气：是指与油共存于油气藏中呈游离态存在于油气藏顶部的天然气。这种天然气不仅在分布上而且在成因上与石油都有密切联系。它的基本特点是重烃气（C_{2+}烃气）含量多数大于5%，但也有小于5%的，个别气田重烃气的含量可高于甲烷含量。重烃气含量多少在很大程度上取决于石油的组成和密度。

(3) 页岩气：是指以吸附态、游离态和水溶状态存在于页岩和泥岩中的天然气。页岩气是一种重要的非常规天然气聚集，目前在天然气勘探开发中占有越来越重要的地位。关于页岩气，在后续章节还要专门介绍。

(4) 煤层气：是指以吸附态、游离态和水溶状态存在于煤层中的天然气。煤矿中将这种天然气称为瓦斯。它的含量因煤的变质强度和煤层顶板的透气性不同有很大差异，一般煤层的含气量变化在 $0.1\sim20m^3/t$ 之间。目前，煤层气已成为一种重要的非常规天然气资源。据估算，我国煤层气的资源量达 $30\times10^{12}m^3$ 以上。

(5) 油溶气：是指溶解于油藏原油中的天然气。任一油藏的石油中总是溶解有数量不等的天然气，每吨油中溶解气的数量少则几到几十立方米，多可达数百到上千立方米。含气量低时，采油分离出的天然气利用价值较小；含气量高时，应将油溶气设法收集起来回注于油藏或作为动力及化工原料。

(6) 水溶气：是指溶解于地层水中的天然气，包括低压水溶气和高压水溶气。低压水溶气的含气量一般在 $1\sim5m^3/t$，个别可达 $5m^3/t$ 以上。这种水溶气一般不单独开采，但可以综合利用。如1975年日本开采浅层碘水时，回收水溶气年产量达 $5.265\times10^8m^3$，占当年日本总产气量的1/6。高压地下水中含气量较高，特别是在异常高压带以下的地下水，含气量特别高。以前苏联刻赤半岛为例，3000m 深的地下水中含气量平均为 $5m^3/t$，$3000\sim4000m$ 深的地下水中含气量平均为 $7m^3/t$；$4000\sim5000m$ 深的地下水中含气量平均为 $19m^3/t$，个别井的地下水中含气量平均在 $25\sim45m^3/t$ 以上，其中方塔夫5号和10号井为 $150\sim200m^3/t$。美国墨西哥湾沿岸的高压异常带以下的高压水溶气也很丰富，估计储量可达 $8.5\times10^{12}m^3$。高压水溶气在降低压力的条件下，出现强烈排气作用。因此，开发异常高压带的水溶气，特别是水溶气和热水的综合利用，是很有价值的。

(7) 天然气水合物：是由水与天然气（主要是甲烷）结合形成的白色固态的结晶物。天然气水合物主要分布在海底和永久冻土地带。据估算，世界上天然气水合物的资源量超过所有已知化石燃料资源量的总和。2017年11月，经国务院批准，天然气水合物成为我国第173个矿种。

天然气按其与油藏分布的关系可分为伴生气和非伴生气。凡是在油藏范围内与油藏分布有密切关系的气顶气、油溶气以及油藏之间或油藏上下方的气藏气，都称为伴生气。而那些与油藏分布没有明显联系或仅有少量石油存在（但没有重要的工业价值），而气藏又十分巨大和重要的气藏气，都称为非伴生气。根据成因含义，也可将那些在成油过程伴生形成的天然气称为伴生气；而煤系有机质或未成熟有机质形成的天然气称为非伴生气，因为后一类成气过程没有或仅形成少量石油。随着天然气勘探进展，非伴生气对伴生气的优势已日益显著，在探明储量中非伴生气约占75%。

二、天然气的化学组成

地壳中天然气产出的形式各种各样，其化学成分也有较大差别。下面着重介绍纯气藏

（田）及油气藏中天然气的化学组成。

（一）概述

气（油）藏中天然气的主要成分是烃类，通常甲烷占优势，并有数量不等的重烃气（C_{2+}）。但在某些石油伴生气（气顶气和油溶气）中，重烃气含量可以超过甲烷。非烃气在绝大多数气藏气中为次要组成，但在某些气藏中可以成为主要组成，形成 N_2 气藏、CO_2 气藏、H_2S 气藏等。常见的非烃气除上述的 N_2、CO_2、H_2S 外，还有 CO、SO_2、H_2、Hg 等，以及痕量到微量的惰性气体（包括氦、氖、氩、氪、氙及氡等）。

绝大多数气藏气的成分以烃类为主，烃气含量高于 80% 的气藏约占气藏总数的 85% 以上。以氮气为主的气藏仅占百分之几。以 CO_2 和 H_2S 为主要成分的气藏数量很少，远低于 1%，其中最著名的有美国科罗拉多州韦尔登 CO_2 气田（CO_2 含量达 92%）、我国广东三水盆地的沙头圩 CO_2 气田（CO_2 含量高达 99.53%）、加拿大艾伯塔潘塞河区泥盆系 H_2S 气藏（H_2S 含量达 88%）和我国河北省赵兰庄油气田孔一段 H_2S 气藏（H_2S 含量达 92%）等。

（二）烃类组成

天然气烃类组成一般以甲烷为主，重烃气为次。重烃气以乙烷和丙烷最为常见，丁烷及更重的烃类较少见。在多数情况下，天然气的烃类组成中，各种烃类的含量随碳数增加而减少，但在有些气藏中可见丙烷和丁烷含量异常高的现象。$C_4 \sim C_7$ 的重烃气中，除正构和异构烷烃外，有时还有少量到微量的环烷烃和芳香烃。按照天然气烃类组分中重烃气含量多少，将天然气分为干气和湿气，干气的重烃气（C_{2+}）含量小于 5%，湿气的重烃气（C_{2+}）含量大于或等于 5%。

（三）非烃组成

天然气中常见的非烃组分有 N_2、CO_2、H_2S、H_2、CO、SO_2 和汞蒸气等，有时还含有少量有机含硫化合物、含氧化合物和含氮化合物。非烃气的含量一般小于 10%，但也有少量非烃气含量超过 10% 的气藏，还有极少数以非烃气为主的气藏，如 N_2 气藏、CO_2 气藏、H_2S 气藏等。

除上述非烃气体外，天然气中还有痕量到微量的稀有气体，如氦、氖、氩、氪、氙、氡等惰性气体。它们在沉积圈中含量较低，不能单独形成气藏，而常与其他气体共存于气藏中，少部分则溶于石油及地层水中。在泉水中含有的微量稀有气体具有医疗价值。但要使稀有气体作为气藏来开采，必须含有相当大的浓度，而且数量相当大时，才有经济价值。国内外某些油（气）田气的化学成分如表 1-6 所示。

表 1-6 国内外某些油（气）田气的化学成分（体积分数）

国家或地区	油（气）田名称	产层时代	CH_4 %	重烃气 %	CO_2 %	N_2 %	H_2S %	H_2 %	O_2 %	He %
中国	大庆	K	83.82	13	0.11	2.58				
	大港	E	75.21	23.22						
	圣灯山	P	94.57	0.99	0.24	2.43		0.02		
	石油沟	T	97.8	0.4	0.2	1.1	0.1			
	盐湖	Q	95.5	0.5		3.5				

续表

国家或地区	油（气）田名称	产层时代	CH$_4$ %	重烃气 %	CO$_2$ %	N$_2$ %	H$_2$S %	H$_2$ %	O$_2$ %	He %
美国	莫特儿·道姆	J			12.2	79.7			0.92	7.18
	八月（堪萨斯）	Q	10.5	1.6	0.1	85.6				2.13
	海尔列（犹他）	J	5.1	2.3	1.1	84.4				7.1
	本得隆起	P	0.1		0.8	89.9				8.6
前苏联	格罗兹尼	E、N	47	51.3	1.7					
	伊申巴	E、N	42.9	47.3	0.3	4.8	4.6			0.03
	杜依马兹	D	61.4	25.4	0.2	13				

三、天然气的物理性质

在常温常压条件下以气态存在的烃类有甲烷、乙烷、丙烷、丁烷及异丁烷，非烃类有氢、氮、二氧化碳、硫化氢和惰性气体。在地下较高温高压下，$C_4 \sim C_7$烷烃及部分环烷烃、芳香烃及有机含硫化合物也可以呈气态存在。天然气一般无色，可有汽油味或硫化氢味，可燃。天然气化学组成变化大，致使物理性质也变化甚大。

（一）相对密度

天然气的相对密度是指在标准状况下，单位体积天然气与同体积空气的质量之比。天然气的相对密度一般与相对分子质量成正比。湿气含重烃气较多，因此，湿气的相对密度大于干气。

（二）黏度

天然气的黏度与其化学组成及所处环境有关。一般天然气的黏度在0℃时为0.31×10^{-3} mPa·s，20℃时为12×10^{-3} mPa·s。天然气的黏度一般随相对分子质量增加而减小，随温度和压力增高而增大。这是由于分子间的距离不能增加，而温度升高后会使气体分子运动加速，增加分子间碰撞的次数，导致黏度加大。

（三）蒸气压

将气体液化时所需施加的压力，称为该气体的饱和蒸气压力，简称蒸气压。蒸气压随温度升高而增大。在同一温度条件下，碳氢化合物的相对分子质量越小，其蒸气压越大，因此甲烷比其同系物的蒸气压大得多，这也正是在天然气的组成中往往甲烷等轻质碳氢化合物含量较多的原因。

随着油田持续开发，地层压力逐渐下降，天然气的组成也会随之改变。一般在自喷阶段，轻分子的碳氢化合物是天然气的主要成分；随着地层压力下降，较重分子的碳氢化合物蒸气就随之进入天然气中，因此天然气的密度也会随着油田开采期的延长而略有增加。

（四）溶解性

天然气溶于石油和水。天然气可以溶解于石油中，并且当天然气重烃含量增加，或者石油中的轻馏分较多时，天然气在石油中的溶解度更高。天然气在石油中的溶解度的高低还与温度和压力等因素有关。天然气不仅可以溶解于石油中，也可以溶解于水中，这一点是与石油性质的重要区别，石油一般是不能溶解于水中的，但天然气在水中的溶解度却很高。如前所述，天然气在高压地下水中含量较高，特别是在异常高压带的地下水中，含气量特别高，可以达到每吨水中含几到几十立方米的天然气。天然气在地层水中的溶解不仅可以形成丰富的水溶气资源，也对天然气藏的形成过程有重要影响。

（五）扩散性

扩散作用是物质在浓度梯度的作用下自发发生的从高浓度区向低浓度区转移以达到浓度平衡的物质传递过程。与石油相比，天然气的分子体积小，在地下具有很强的扩散性，甚至可以通过泥岩的微小孔隙发生扩散作用，而石油基本不能通过泥岩的孔隙扩散。在地下，只要有天然气的浓度差存在，就可以发生扩散作用，扩散的结果是使天然气通过岩石的孔隙从高浓度区向低浓度区运移。天然气从烃源岩向储集层的扩散是天然气初次运移的重要形式，天然气从气藏内通过盖层向气藏外的扩散是气藏破坏的重要途径。因此，研究天然气的扩散作用具有重要意义。

第三节　油田水的成分和类型

任何一个油气藏的流体系统中，油田水都是不可缺少的组成部分，它以不同的形式与油气共存于地下岩石的孔隙空间中。油田水的形成及其运动规律始终与油气的生成、运移以及油气藏的形成、保存和破坏有着密切的联系。在油气藏形成的整个过程中，油田水长期与油气相伴生，通常与非油田水和地表水有着明显的差别。在油气藏的开发中也要研究和利用油田水。因此，油田水化学、油田水动力学、油田水文地质学的研究对于油气勘探和开采有着十分重要的意义。另外，研究油田水对于治理污染、控制地面沉降、环境保护等方面也有非常重要的应用价值。

一、油田水的概念及形成

（一）油田水的概念

所谓油田水（oilfield water），从广义上理解，是指油田区域（含油构造）内的地下水，包括油层水和非油层水。狭义的油田水是指油田范围内直接与油层连通的地下水，即油层水。对于这两者的关系，Collins（1980）曾作如下论述："油田水包括油田内的盐水和各种水，但我们限定它作为与含油层相连通的水"。

油田水的来源是一个极为复杂而尚未取得统一认识的问题，一般认为可以有4种来源：沉积水、渗入水、转化水、深成水。

（1）沉积水指沉积物堆积过程中保存在其中的水。这种水的盐度和化学组成与堆积沉积物的古海（湖）水的盐度和沉积物有密切关系。因此，不同环境下形成的油田水矿化度有着明显差别。

（2）渗入水指从地表渗入到地下空隙和渗透性岩层中的水。渗入水的矿化度低，对高矿化度的地下水可以起淡化作用。淡化作用在靠近不整合面和断层的油田水中表现特别明显。

（3）转化水指在沉积成岩作用和烃类生成过程中黏土转化脱出的层间水和有机质向烃类转化分解出的水。这种转化主要因素是温度和压力，并伴随着离子交换等反应。

（4）深成水又称内生水，指岩浆游离出来的初生水（原生水）和变质作用过程的变质水。

(二) 油田水的形成

油田水的形成是十分复杂的，国内外学者提出的主要成因有沉积成因说、有机成因说、渗滤成因说和原生成因说。油田水可以看作沉积水、渗入水、转化水和深成水以某一种为主或它们以不同比例形成的混合水。一般认为，油田水主要起源于沉积水和有机成因水，也有少部分来自渗入水和混合水。

无论海相沉积作用还是陆相沉积作用都是与水一起发生的，然后由于压实、脱水作用，大部分沉积水被排出，只有少部分水与沉积物一起被埋藏下来，形成岩石中的孔隙水。因此，油田水的矿化度在大多数情况下比沉积水的矿化度要高，甚至高得多。但当地表水渗入较活跃时，油田水的矿化度也可能低于沉积水的矿化度。

各种矿物在水中溶解度不同。常见的矿物按溶解度自低到高的次序如下：硅酸盐、二氧化硅、碳酸盐、硫酸盐、氯化物。氯化物具有最大的溶解度，在水溶液中最稳定。因此，在地下深处的油田水中，溶解度较低的矿物沉淀后，氯化物却不断富集。在油田水形成过程中，水和油气的相互作用使得油田水具有一般地下水中不常见的组分——烃类及其衍生物。

二、油田水的化学组成

水的总矿化度是指溶解在水中的无机盐和有机物的总量，通常是以水烘干后所得残渣来确定，单位为 g/L。油田水的化学组成和矿化度取决于它的成因以及它进入地下环境中所发生的变化。油田水由于来源及形成过程中各种物理、化学作用的差异性，其化学组成和矿化度有相当大的差别。

(一) 油田水的无机组成

油田水的无机组成包括常量组分和微量组分。在常规水分析资料中，常用 Na^+（包括 K^+）、Ca^{2+}、Mg^{2+} 和 Cl^-、SO_4^{2-}、HCO_3^-（包括 CO_3^{2-}）等 6 种离子代表常量无机组成。

微量组分有几十种元素，常见的有碘（I）、溴（Br）、硼（B）、钡（Ba）、锶（Sr）、铵（NH_4^-）、氟（F）、铁（Fe）、锂（Li）、铝（Al）、铜（Cu）、银（Ag）、锡（Sn）、钒（V）等。其中有些元素的组合特征、异常值或比值能反映油田水的起源、沉积环境、水的浓缩程度及水文地质的封闭性。

(二) 油田水的有机组成

油田水中常见的有机组分有烃类、酚和有机酸。

油田水的烃类有气态烃（$C_1 \sim C_4$ 烃类）和液态烃，而非油田水中常只含少量甲烷。重烃含量可用甲烷系数（CH_4/总烃）或干燥系数（$CH_4/\sum C_{2+}$）表示。

油田水中苯系化合物含量高，一般可达 0.01~1.58mg/L，最多可达 5~6mg/L，且甲苯/苯大于1；非油田水中苯系化合物含量低，且甲苯/苯小于 1。

酚在油田水中含量较高，一般大于 0.1mg/L，最高可达 10~15mg/L，且以邻甲酚和甲酚为主；非油田水中的酚含量低，且以苯酚为主。

油田水中常含数量不等的环烷酸、脂肪酸和氨基酸等。其中环烷酸是石油环烷烃的衍生物，常可作为找油的重要的水化学标志。

三、油田水的类型

自 1911 年美国 Palmer 提出第一个水分类开始，到目前，虽然对天然水分类方案作过多次修改和补充，但实质上都是以 Cl^-、SO_4^{2-}、HCO_3^- 和 Na^+（K^+）、Mg^{2+}、Ca^{2+} 含量及其组合关系作为分类基础的。在各种分类方案中，以苏林分类较为简明，不仅在苏联，而且在欧美和我国广泛应用。这里着重介绍苏林分类。

苏林认为，水的化学成分的形成主要取决于它所处的环境。在不同的环境中，可以形成不同性质的水，其中含有不同的盐类；反之，某些典型盐类的出现可以反映水的形成环境。因此，苏林根据水中所含的 Na^+、Ca^{2+}、Mg^{2+}、SO_4^{2-} 离子之间的当量关系，根据 Na^+/Cl^-、$(Na^+-Cl^-)/SO_4^{2-}$ 和 $(Cl^--Na^+)/Mg^{2+}$ 等 3 个成因系数把水划分为 4 种类型：硫酸钠型（Na_2SO_4）、碳酸氢钠型（$NaHCO_3$）、氯化镁型（$MgCl_2$）和氯化钙型（$CaCl_2$）（表 1-7）。

表 1-7 苏林天然水成因分类表（据苏林，1946）

水的类型		成因系数（浓度比）		
		Na^+/Cl^-	$(Na^+-Cl^-)/SO_4^{2-}$	$(Cl^--Na^+)/Mg^{2+}$
大陆水	硫酸钠型	>1	<1	<0
	碳酸氢钠型	>1	>1	<0
海水	氯化镁型	<1	<0	<1
深层水	氯化钙型	<1	<0	>1

苏林认为，裸露的地质构造中的地下水可能属于硫酸钠型，与地表大气降水隔绝的封闭水则多属于氯化钙型，两者之间的过渡带为氯化镁型。在油田剖面的上部层段以碳酸氢钠型为主，随着埋深增加过渡为氯化镁型，最后成为氯化钙型。有时，碳酸氢钠型直接被氯化钙型所代替，缺失过渡型。油田水的水化学类型以氯化钙型为主，碳酸氢钠型次之，硫酸钠型和氯化镁型较为罕见。

四、油田水在油气勘探中的应用

油田水分布在油田区域范围内，油田水的特征可以作为找油的标志，也可以用于研究油气藏的形成与保存条件。

（一）根据油田水的水化学特征可直接进行寻找油气工作

根据油田水的水化学特征直接寻找油气的原理是：深部流体通过向上渗滤和扩散等方式，使得浅层水的化学成分发生某些改变，尤其是在油气藏构造顶部节理和裂隙比较发育的部位更加明显。通过水化学特征在整个背景值上出现的异常值分布，即可大致圈定地下油气藏的范围，这就是所谓水化学找油。

（二）根据现代水化学资料可以判断油气运移、聚集和保存条件

大量资料说明，对油气聚集和保存最为有利的环境应是渗透水交替缓慢或停滞区，即地下水不太活动的环境。从现代水化学特征来看，这样地区的地下水中是以 Cl^-、Na^+ 为主，水型以氯化钙型为主的高矿化度分布区，因此这样的区域有可能就是油气富集区。另外，在判断油气运移方向及聚集条件时，还可采用脱硫系数 $SO_4^{2-}/(Cl^-+SO_4^{2-})$、钠氯系数 Na^+/Cl^- 等反映地下流体流动的环境及油气运移的方向。不同的水型反映不同的地层封闭条件和油气保存条件，氯化钙型水的出现表示地层的封闭条件好，油气的保存条件好；而硫酸钠型水的出现反映地层的封闭条件差，油气的保存条件也差；其他两种水型介于上述两者之间。除水型外，地层水矿化度的高低也反映地层的封闭性，矿化度越高，地层的封闭性越好。

第四节 石油和天然气中的碳、氢同位素

在化学元素周期表上占同一位置，具相同质子数和不同中子数的元素的原子，称为该元素的同位素。换言之，同位素是原子核内具相同数量的带正电质子而相对原子质量不同的原子。油气的碳、氢稳定同位素是石油和天然气组成中最重要的同位素，具有重要的成因意义。

一、碳、氢的同位素

碳有 ^{12}C、^{13}C、^{14}C 三个同位素，前两个为稳定同位素，第三个为放射性同位素。

自然界中碳的稳定同位素的相对丰度平均为：^{12}C 占 98.892%，^{13}C 占 1.108%。1935 年首次确定石油和沥青中碳的同位素组成。它们的相对丰度可用 $\delta^{13}C$ 或 $^{13}C/^{12}C$ 表示。$\delta^{13}C$ 可由下式计算：

$$\delta^{13}C = \frac{(^{13}C/^{12}C)_{样品} - (^{13}C/^{12}C)_{标准}}{(^{13}C/^{12}C)_{标准}} \times 1000‰ \qquad (1-1)$$

为便于对比，国际上用统一的标准，即美国南卡罗来纳州白垩系皮迪组拟箭石的碳同位素相对丰度作为标准，简称 PDB 标准，其中 $^{13}C/^{12}C = 1123.7 \times 10^{-5}$。

氢有 ^1H、^2H、^3H 三个同位素。^3H 是放射性的，半衰期只有 12.46a。在放射性分解时，^3H 放出 β 质点，形成稳定同位素氦 ^3He。

自然界中氢的稳定同位素的相对丰度为：^1H 占 99.9844%，^2H 占 0.0156%。$^2H/^1H$ 平均值为 1.5×10^{-4}。国际上常以标准平均大洋水（SMOW）为标准计算氢的稳定同位素的相对丰度：

$$\delta D = \frac{(^2H/^1H)_{样品} - (^2H/^1H)_{标准}}{(^2H/^1H)_{标准}} \times 1000‰ \qquad (1-2)$$

二、油气中的稳定碳同位素

石油中碳同位素的 $\delta^{13}C$（PDB）一般为 -33‰~-22‰，平均为 -25‰~-26‰，与类脂物较接近。据统计，石油的 $\delta^{13}C$ 值随年代变老显示出轻微降低的趋势，即年代越老的石油 ^{12}C 相对富集，^{13}C 相对减少。

石油中不同组分的碳同位素组成也有差异。一般来说，饱和烃、芳香烃、胶质和沥青质 $\delta^{13}C$ 值随馏分的极性和相对分子质量的增大而增加。把石油不同组分 $\delta^{13}C$ 值变化连成曲线，称为碳同位素类型曲线，不同地区、不同成因类型的石油的同位素类型曲线有着明显的差别。利用碳同位素类型曲线能有效地解决成油环境、油源对比及石油演化等方面的问题。

天然气的 $\delta^{13}C$ 值变化较大，从 -100‰ 直到 -20‰ 甚至更高。一般低温浅层中形成的天然气（甲烷）中富集 ^{12}C，具有较低的 $\delta^{13}C$ 值（-100‰~-50‰）；而深层和年代较老的地层，在较高温度下形成的天然气，具有较高的 $\delta^{13}C$ 值（≥-50‰~-20‰）。天然气碳同位素组成的研究有助于天然气成因类型的确定。

三、油气中的稳定氢同位素

石油中的 δD 值一般在 -160‰~-80‰ 之间。石油不同组分的 δD 值也不均一，通常按下

列顺序递减：饱和烃、芳香烃、非烃，即 $\delta D_{HSC} > \delta D_{ASC} > \delta D_{NSO}$（陈荣书，1994）。石油中的 δD 值与 $\delta^{13}C$ 值之间未发现明显的正相关性。如加利福尼亚州古近—新近系中的石油极富 ^{13}C（$\delta^{13}C$ 值为 $-23‰ \sim -25‰$），但却贫氘。也有个别地区的石油异常富集氘，δD 值为正值，但 $\delta^{13}C$ 值没有相应的变化。

天然气（CH_4）的 δD 值在 $-280‰ \sim -105‰$ 之间，与石油相比要低 $-120‰ \sim -25‰$，平均要低 $-70‰$ 左右。天然气的 δD 与 $\delta^{13}C$ 之间存在不很明显的正相关性。

思 考 题

1. 组成石油的主要元素是哪两种？次要元素是哪三种？石油中含有哪些微量元素？
2. 石油的化合物组成有何特点？
3. 什么是正构烷烃分布曲线？该曲线形态与哪些因素有关？
4. 什么是类异戊二烯型烷烃？它们在石油成因研究中有何应用？
5. Tissot 和 Welte 利用三角图对石油分类时考虑了哪些因素？
6. 海相原油和陆相原油有什么不同？
7. 描述石油物理性质的主要指标有哪些？
8. 天然气在地壳中的产出类型有哪些？
9. 干气与湿气的区别是什么？
10. 什么是油田水？简述油田水的主要水型及特征。
11. 油气中的碳、氢同位素如何表示？油气中碳同位素的研究意义是什么？

第二章 储集层和盖层

储集层和盖层是油气聚集成藏所必需的两个基本要素。储集层是控制地下油气分布状况、油层储量及产能的重要因素，也是油气田开发与调整工作的基础。本章在介绍储集层的孔隙度、渗透率和孔隙结构等物理特性的定义、分类和实验测试分析方法的基础上，重点论述了碎屑岩与碳酸盐岩储集层的储集空间类型、影响储集物性的因素和储集层类型，并对火山岩、变质岩以及页岩等特殊岩类储集层的岩石学特征与储集特征进行了介绍；最后阐述了盖层的类型、微观封闭机理和宏观封闭性的影响因素及其分类评价。

第一节 储集层的概念

地下的油气都储存在储集层中。储集层的层位、类型、发育特征、内部结构、分布范围以及物性变化规律等，是控制地下油气分布状况、油层储量及产能的重要因素。同时，在油气田开发过程中，对储集层进行改造，变低产油气层为高产油气层时，也需要仔细研究和掌握油气储集层的变化。储集层研究是油气勘探开发工作中的重要课题。

"石油"，顾名思义，就是产于岩石中的油。大量油气勘探及开发实践已经证实，地下不存在什么"油湖""油河"，油气储存在那些具有互相连通的孔隙、裂隙的岩层内，就好像水充满于海绵里一样。

传统的石油地质理论认为，凡是在地层条件下能储存和渗滤流体的岩石称为储集岩。由储集岩所构成的地层称为储集层，简称储层。储集层之所以能够储集油气，是由于它们具备相对高的孔隙性和渗透性。

按储集层的定义，它只强调了具备储存油气的能力，而不管其中是否真的储存了油气。如果储集层中储存了油气，则称其为含油气层，业已开采的含油气层称为产层。世界上绝大多数油气藏的含油气层是沉积岩（主要是各类砂岩、砾岩、石灰岩、白云岩、礁灰岩等），只有少数油气藏的含油气层是岩浆岩和变质岩。不过，近年来，随着石油地质理论的发展和完善、油气勘探开发技术水平的提高，人们在火山岩、变质岩及泥页岩中找到的油气藏数量越来越多。

按照上述定义，储集层是指在地层温度压力条件下能够储存流体并能渗滤流体的岩层。由于不同岩性岩石的孔隙性和渗透性相差巨大，并不是所有岩石都能成为储集层，只有那些具有相对高的孔隙性和渗透性的岩石才能作为储集层。上述定义下的储集层一般是各类砂岩、砾岩、孔隙性石灰岩和白云岩，以及少量经风化剥蚀而具有一定孔隙性和渗透性的岩浆岩、变质岩等，而一些本身孔隙性和渗透性极差的泥岩、页岩、致密粉砂岩等在自然条件下不能使油气在其中渗滤，因此不作为储集层。

但是，随着水平钻井和分段压裂技术的进步，近年来页岩油气、致密砂岩油气、煤层气等非常规油气的勘探开发取得突破性进展，在原来不认为是储集层的页岩、泥岩、致密砂岩、煤层中开采出了具有商业价值的油气，页岩、泥岩、致密砂岩中的油气越来越引起地质学家和油气勘探者的重视。这样，储集层的孔隙性就显得更为重要，而渗透性则处于次要地位了。只要储集层中含有具有开采价值的油气，即使低渗特低渗储集层，也可以通过人工改造技术使储集层的渗透能力得到改善，从而提高油气层的产能。因此，本书认为，储集层的定义可以修正为"在地层条件下凡是能够储存流体，并能渗滤（或经人工改造后能渗滤）流体的岩层则称为储集层"。当然，储集层的孔隙性和渗透性仍然是评价储集层好坏的两个重要特性。

第二节 岩石的孔隙性和渗透性

储集岩的物理性质通常包括孔隙性、渗透性、孔隙结构以及非均质性等。其中孔隙性和渗透性是储集岩的两大基本特性，也是衡量岩石储集性能好坏的基本参数。

严格地说，地壳上各种不同类型的岩石均具有大小不等的孔隙，并具有一定的渗透性能。孔隙性的好坏直接决定岩层储存油气的数量，渗透性的好坏则控制了储集层内所含油气的产能，因此岩石的孔隙性和渗透性是反映岩石储存流体和渗滤流体能力的重要参数，是储集层研究的重要内容，通常把它们称为储集物性。

一、孔隙性与孔隙度

（一）孔隙性

地壳上所有岩石，甚至像花岗岩、玄武岩那样致密的岩石，都具有孔隙，只不过不同类型岩石孔隙的多少和大小不同而已。广义的孔隙是指岩石中未被固体物质充填的空间，有人也称其为空隙，包括狭义的孔隙、洞穴和裂缝。其中，狭义的孔隙是指岩石中颗粒（晶粒）间、颗粒（晶粒）内和充填物内未被固体物质充填的空间。

岩石中的孔隙有的是相互连通的，有的是孤立的。根据孔隙的成因，可将其分为原生孔隙和次生孔隙。原生孔隙是指沉积作用过程中碎屑颗粒与颗粒之间的支撑作用形成的孔隙，如粒间孔隙；次生孔隙是指在成岩作用过程中或成岩以后形成的孔隙，如溶蚀孔隙。裂缝是岩石在成岩作用过程中，或在各种构造应力作用下破裂而形成的各种缝隙，如构造裂缝、收缩裂缝。

不同岩石的孔隙在大小、形状及发育程度等方面都极不相同（图2-1）。岩石中不同大小的孔隙对流体的储存和流动所起的作用完全不同。根据岩石中的孔隙大小（孔径或裂缝的宽度）及其对流体作用的不同，可将孔隙划分为3种类型：超毛细管孔隙、毛细管孔隙和微毛细管孔隙。

（1）超毛细管孔隙：管形孔隙直径大于0.5mm，裂缝宽度大于0.25mm。在自然条件下，流体在其中可以自由流动，服从静水力学的一般规律。岩石中一些大的裂缝、溶洞、未胶结或胶结疏松的砂层孔隙大部分属于此种类型。

（2）毛细管孔隙：管形孔隙直径介于0.5~0.0002mm之间，裂缝宽度介于0.25~0.0001mm之间。流体在这种孔隙中，由于受毛细管阻力的作用，已不能自由流动，只有在外力大于毛细管阻力的情况下，流体才能在其中流动。微裂缝和一般砂岩中的孔隙多属于这种类型。

（3）微毛细管孔隙：管形孔隙直径小于0.0002mm，裂缝宽度小于0.0001mm。在这种孔隙中，由于流体与周围介质分子之间的巨大引力，要使流体移动需要非常高的压力梯度，这在油层条件下一般是达不到的。因此，在通常温度和压力情况下，流体是不能沿微毛细管孔隙流动的。泥页岩中的孔隙一般属于此类型。

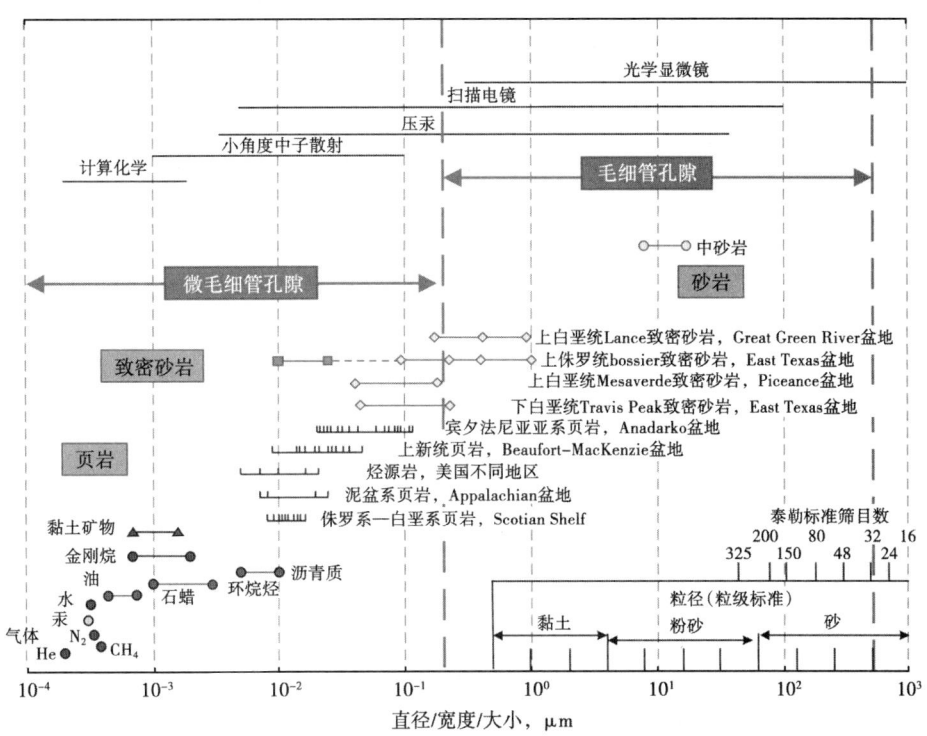

图 2-1 不同粒级碎屑岩储集层孔径分布区间示意图（据 Philip H. Nelson，2009）

随着页岩气、致密气和煤层气等非常规储集层研究的不断深入，许多学者研究表明，微毛细管孔隙同样可以作为储集油气的空间，纳米级孔隙越来越受到重视（图 2-2）。所谓纳米级孔隙，是指孔隙直径小于 1μm，即小于 1000nm 的孔隙。对于纳米级孔隙大小的分类，目前国内外普遍采用国际纯粹与应用化学联合会（International Union of Pure and Applied Chemistry，IUPAC）的分类方案。根据 IUPAC 的定义，将孔隙直径小于 2nm 的称为微孔隙（micropores），孔隙直径为 2~50nm 的称为介孔隙（mesopores，有人译为中孔），大于 50nm 的称为宏孔隙（macropores，有人译为大孔）。这一分类对于定量描述和评价泥页岩的纳米级孔隙体积及其分布具有重要意义。

（二）孔隙度

岩石中孔隙的发育程度用孔隙度来衡量。根据孔隙大小和连通情况，可将孔隙度分为总孔隙度和有效孔隙度。

1. 总孔隙度

岩样中所有孔隙空间体积之和与该岩样总体积的比值，称为该岩石的总孔隙度或绝对孔隙度，以百分数表示：

$$\phi = (\sum V_\phi)/V_r \times 100\% \tag{2-1}$$

式中 ϕ——总孔隙度；

$\sum V_\phi$——岩样中所有孔隙体积之和；

V_r——岩样总体积。

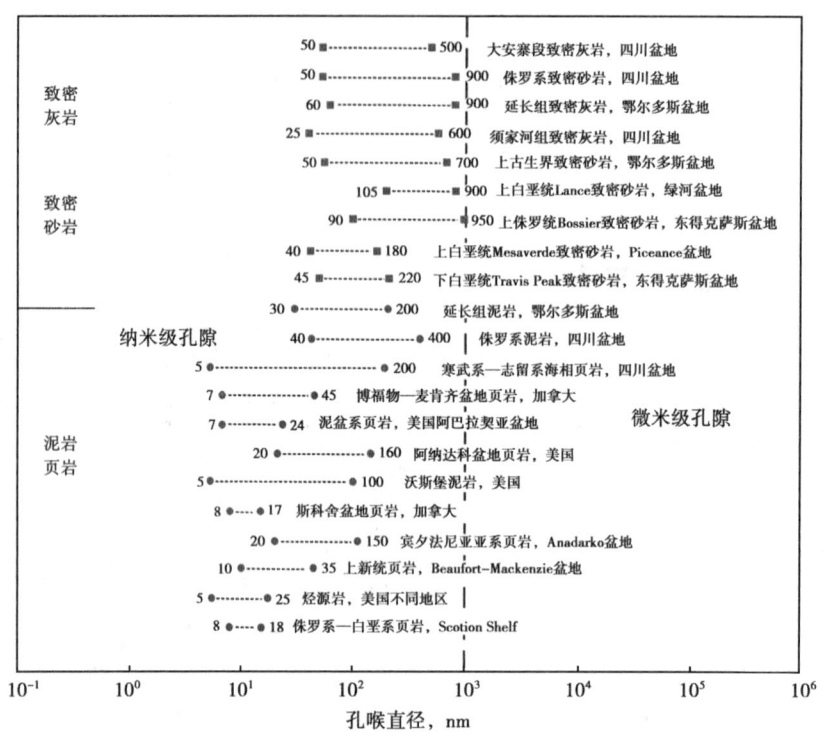

图 2-2 不同地区非常规油气储集层孔径分布区间示意图（据邹才能等，2013）

储集岩的总孔隙度越大，说明岩石中孔隙空间越大。

2. 有效孔隙度

从实用出发，只有那些互相连通的孔隙才具有实际意义，因为它们不仅能储存油气，而且可以允许油气在其中渗滤。而那些孤立的互不连通的死孔隙和微毛细管孔隙即使储存有油和气，在现代工艺条件下，也不能开采出来，所以这些孔隙是没有实际意义的。因此，在生产实践中，又提出了有效孔隙度或连通孔隙度的概念。

有效孔隙度是指那些互相连通的，在一般压力条件下，可以允许流体在其中流动的孔隙体积之和与岩样总体积的比值，以百分数表示：

$$\phi_e = (\sum V_e)/V_r \times 100\% \tag{2-2}$$

式中 ϕ_e——有效孔隙度；

$\sum V_e$——岩样中彼此连通、流体能够通过的孔隙体积之和；

V_r——岩样总体积。

显然，同一岩石的总孔隙度大于有效孔隙度，即 $\phi > \phi_e$。对未胶结的砂层和胶结不甚致密的砂岩，二者相差不大；而对于胶结致密的砂岩和碳酸盐岩，二者可以有很大的差异。一般有效孔隙度占总孔隙度的 40%~75%（F. K. 诺斯，1984）。在含油气层工业评价时，只有有效孔隙度才有真正的意义，因此目前生产单位一般所用的都是有效孔隙度。

砂岩储集层的有效孔隙度变化在 5%~30% 之间，一般为 10%~20%；碳酸盐岩储集层的孔隙度差异较大，一般小于 5%。

(三) 孔隙度的测定

岩石的孔隙度测定一般有直接法和间接法两大类，分别得到岩石的实测孔隙度和解释孔隙度。

实测孔隙度是利用从岩心上取来的小岩心柱样品在实验室直接测定而得。目前，实验室最常用的方法是基于从岩心样品中抽提流体量或吸入岩心孔隙中的流体量测定相互连通的孔隙体积，得到有效孔隙度。在测量岩样总体积的基础上再测量碾碎颗粒的体积，可得到总孔隙度。另外，用岩石薄片进行镜下统计求取的面孔率可近似代替岩样的孔隙度。在实验中测定的岩石孔隙度通常是在地表常温常压条件下进行的，其测量结果往往大于地层条件下处于原始状态的岩石孔隙度，也可实验测定部分样品在覆压条件下的岩石孔隙度（即覆压孔隙度）。实测孔隙度精度较高。

解释孔隙度即利用各种地球物理参数，通过相应的公式计算地层原始状态下的岩石孔隙度。解释孔隙度主要根据测井资料的解释得到。测井解释孔隙度包括传统的孔隙度测井（声波、中子和密度测井）和现代测井（脉冲中子测井和核磁共振测井）等，其精度取决于孔隙度解释模板或实测孔隙度对测井解释孔隙度的标定。在对油田井下储集层尤其是没有取心的井段进行孔隙度预测时，测井解释孔隙度是使用最多的方法。除此之外，还可以根据地震速度对孔隙度进行解释，但地震速度法预测的孔隙度精度最低。

在实际工作中，常常将直接法和间接法所求取的结果相互验证、补充，以达到综合使用的目的。但在碳酸盐岩储集层，孔隙度的解释仍然存在一定的挑战，因为这类储集层中次生孔隙所占比例较大，特别是裂缝性储集层，岩石本身孔隙度较低，裂缝几乎成为唯一的孔隙类型，直接法通过小岩心测定的孔隙度只代表岩石基质部分的孔隙度，溶洞和裂缝的孔隙度贡献无法测定，因此，测井解释孔隙度更能较真实地反映储集层的有效孔隙度。

二、渗透性和渗透率

（一）渗透性

岩石的渗透性，是指在有一定压力差条件下，岩石本身允许流体通过的能力。换言之，渗透性是指岩石对流体的传导性能。严格地讲，自然界的一切岩石在足够大的压力差下都具有一定的渗透性。通常我们所称的渗透性岩石与非渗透性岩石是相对的。渗透性岩石是指在地层压力条件下，流体能较快地通过其连通孔隙的岩石，如砂岩、砾岩、裂缝灰岩、白云岩等。泥页岩、石膏、盐岩、致密灰岩等为非渗透性岩石，若裂缝发育，则可以变成渗透性岩石。储集层的渗透性是评价储集层产能的主要参数之一。

岩石的渗透性，只能说明流体在其中流动的能力，对于储集层来说，它仅仅反映了使流体通过的难易程度，并不反映岩石内流体的含量。对某些渗透性差的岩石如泥页岩、油页岩等，虽然在其微毛细管孔隙中含有大量的呈分散状态的石油，但在自然的地层压力条件下，流体通过它流动十分困难，甚至完全不能流动，只有通过人工改造，油气才有可能在其中渗流。

（二）渗透率

岩石渗透性的好坏用渗透率表示。根据生产实践的需要，渗透率可分为绝对渗透率、覆压渗透率、有效渗透率和相对渗透率。

1. 绝对渗透率和覆压渗透率

当岩石为某一单相流体饱和时，岩石与流体之间不发生任何物理—化学反应，在一定压差作用下，流体呈水平线性稳定流动状态时所测得的岩石对流体的渗透率，称为该岩石的绝对渗透率。

大量实验研究表明，当单相液体通过孔隙介质呈层状流动时，服从达西直线渗滤定律，即单位时间内通过岩样截面积的液体流量与岩样两端的压力差和岩样的截面积成正比，而与液体通过岩石的长度以及液体的黏度成反比：

$$Q = K \cdot \frac{(p_1 - p_2) \cdot F}{\mu \cdot L} \tag{2-3}$$

式中　Q——单位时间内液体通过岩石的流量，cm^3/s；

　　　F——岩样的截面积，cm^2；

　　　μ——液体的黏度，$mPa \cdot s$；

　　　L——岩样的长度，cm；

　　　$p_1 - p_2$——液体通过岩石前后的压差，$10^5 Pa$；

　　　K——岩石的渗透率，μm^2。

因此，渗透率表示在一定压差下液体通过岩石的能力：

$$K = \frac{Q \cdot \mu \cdot L}{(p_1 - p_2) \cdot F} \tag{2-4}$$

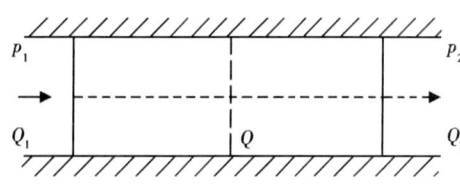

图 2-3　气体通过孔隙介质时压力与体积的变化图

对于气体而言（图 2-3），由于气体的体积流量随温度和压力的变化而变化，因此，用达西公式计算气测渗透率时要作适当的变换。若假定气体是在恒温情况下通过岩样的，则岩样的气体渗透率的表达式为

$$K = \frac{2Q_2 \cdot p_2 \cdot \mu_g \cdot L}{(p_1^2 - p_2^2) \cdot F} \tag{2-5}$$

式中　Q_2——通过岩样后，在出口压力（p_2）下气体的体积流量；

　　　μ_g——气体的黏度。

从达西定律可知：当 p_1、p_2、F、L、μ 均为常数时，流量与渗透率 K 成正比，即气体通过的量取决于岩石本身使气体通过的能力。

在国际单位制（SI）单位中，渗透率的单位为平方微米（μm^2）。在标准制（CGS）单位中，渗透率的单位是达西（D），并规定：黏度为 1cP（厘泊，$1cP = 1 \times 10^{-3} Pa \cdot s$）的均质液体，在压力差为 1atm（$1atm = 101325Pa$）下，通过横截面积为 $1cm^2$、长度为 1 cm 的孔隙介质时，如果液体流量为 $1cm^3/s$，这种孔隙介质的渗透率就是 1D。由于用达西（D）作为含油气层岩石渗透率的单位有时太大，故一般取其千分之一作单位，称为毫达西（mD）。按上述规定，$1D = 0.987 \mu m^2 \approx 1 \mu m^2$；$1mD = 0.987 \times 10^{-3} \mu m^2 \approx 1 \times 10^{-3} \mu m^2$。

从理论上讲，岩石的绝对渗透率只反映岩石本身的特性，而与测定所用流体性质及测定条件无关。一般来说，孔隙直径小的岩石比直径大的岩石渗透率低，孔隙形状复杂的岩石比形状简单的岩石渗透率低。这是因为孔隙直径越小，形状越复杂，单位面积孔隙空间的表面积越大，则对流体的吸附力、毛细管阻力和流动摩擦阻力也越大。另外，孔隙孔道的复杂程度和弯曲程度，也影响着岩石的渗透性，因为它们可以使流体在流动过程中产生局部的方向变化和速度变异，消耗流体的动能。

储集层的渗透率一般变化在 0.001~1D 之间，最高可达几达西。渗透率是一个具有方向的向量，也就是说，从不同方向测得的岩石渗透率是不同的。按渗流方向与地层层面的关系，可将渗透率分为垂直渗透率与水平渗透率。垂直渗透率反映地层纵向的渗透性，水平渗透率反映流体顺层渗滤的能力。渗透率的方向性是研究储集层各向异性（非均质性）的重要内容，对指导油气田开发十分重要。

绝对渗透率反映的是地表条件下岩石的单相渗流能力。值得注意的是，实际岩石处于地下某一深度，存在上覆地层压力的影响。覆压渗透率就是指在实验条件下给岩石加特定的覆压所测定的岩石绝对渗透能力大小。因此，在地层原始状态下，岩石的覆压渗透率肯定会比地表条件下测定的绝对渗透率略低。

2. 有效渗透率和相对渗透率

在自然界，储集层孔隙中的流体往往不是单相，而是两相（油—气、油—水、气—水）甚至三相（油—气—水）同时存在。各相流体之间互相干扰和影响，因而岩石对其中每一相流体的渗流作用，与单相流体饱和时的渗流作用有很大区别。为了与岩石的绝对渗透率相区别，又提出了有效渗透率和相对渗透率的概念。

有效渗透率又称相渗透率，是指储集层中有多相流体共存时，岩石对其中每一单相流体的渗透率。油、气、水的有效渗透率分别用 K_o、K_g、K_w 表示。

相对渗透率是指岩石中多相流体共存时，岩石对某一相流体的有效渗透率与岩石绝对渗透率之比值。油、气、水相的相对渗透率分别用 K_o/K、K_g/K、K_w/K 表示。

岩石中有多相流体渗流时，必然会相互影响和干扰，因此，一般地，岩石对任何一种相的有效渗透率总是小于该岩石的绝对渗透率，故其相对渗透率总是介于 0~1 之间。

有效渗透率和相对渗透率不仅与岩石的结构有关，而且还与流体的性质和饱和度有密切关系。一般地说，每一相流体发生渗流时都有一个临界饱和度值，当其饱和度低于临界饱和度时，不发生渗流，有效渗透率和相对渗透率为零；当其饱和度达到临界饱和度值时，才能渗流，而且随着饱和度的增加，其有效渗透率和相对渗透率也增加，直到全部被它饱和时，其有效渗透率等于绝对渗透率，相对渗透率等于 1 为止。

图 2-4 和图 2-5 分别表示在实验室内用疏松砂子求出的相对渗透率与油—气、油—水饱和度之间的关系曲线。图中表明某一单相流体的有效渗透率、相对渗透率与其饱和度（某一单相流体体积与岩石孔隙体积的比值）成正相关关系。随着该相流体饱和度的增加，其有效渗透率和相对渗透率均增加，直到全部被某一单相流体所饱和，其有效渗透率等于绝

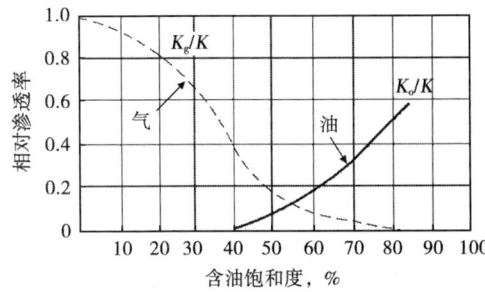

图 2-4 油—气饱和度与相对渗透率的关系曲线
（据 Levorsen，1967）

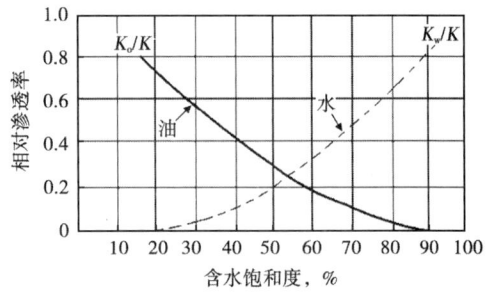

图 2-5 油—水饱和度与相对渗透率的关系曲线
（据 Levorsen，1967）

对渗透率,相对渗透率等于1为止。

必须承认,自然界流体在岩石中的实际渗滤情况比我们目前所能掌握的要复杂得多,因为在渗滤过程中,往往还伴随有流体与岩石颗粒间、流体与流体间的一系列复杂的物理化学变化,许多问题还有待今后研究和探索。

(三) 渗透率的测定

储集岩渗透率的测定也可分为直接法(实测渗透率)和间接法(解释渗透率)两种。

直接法是利用储集层的岩样在实验室中用各种渗透率测定仪直接测定绝对渗透率、覆压渗透率、有效渗透率或相对渗透率。一般先将岩样抽提、洗净、烘干,制成一定的几何形状,在一定的温度和压力下,应用空气、氮气或水渗透岩样来直接测定渗透率。

间接法主要是利用岩石渗透率与其他参数之间的关系,根据地球物理测井资料、水动力学试井资料、地震资料等,应用一些经验公式间接地计算出渗透率。

值得注意的是,当储集层发育溶洞或裂缝时,受到条件限制,无法取到完整的岩样。因此,无论孔隙度还是渗透率,岩样实验室直接测定值主要反映的是某深度点的岩石基质部分储集特性,而无法反映真实储集层的物性。

三、孔隙度与渗透率的关系

储集层的孔隙度与渗透率之间通常没有严格的函数关系,因为影响它们的因素很多。岩石的渗透率除受孔隙度的影响外,还受孔道截面大小、形状、连通性以及流体性能的影响。但它们之间还是有一定的内在联系,因为岩石的孔隙度和渗透率一般皆取决于岩石本身的结构与组成。岩石的有效孔隙度与绝对渗透率的关系,视岩性、储集层类型的不同而不同。

对于碎屑岩储集层,一般是有效孔隙度越大,其渗透率越高,渗透率随有效孔隙度的增加而有规律地增加,大多可以用指数形式表示(图2-6)。

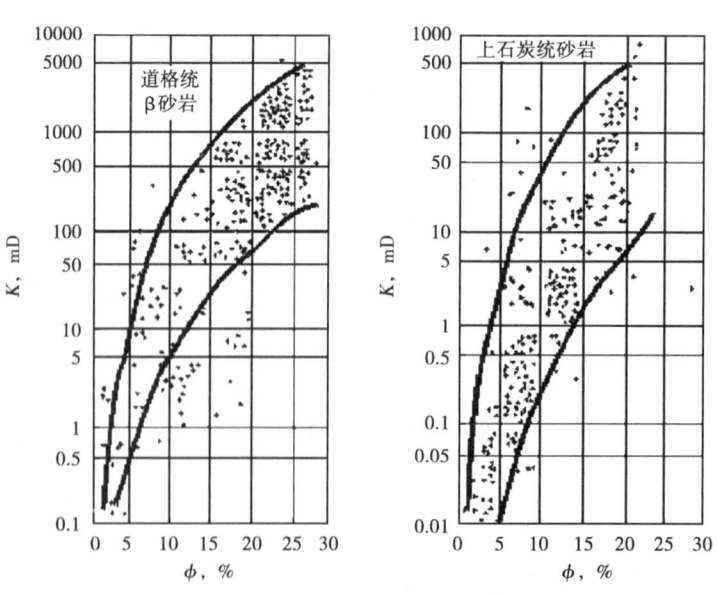

图2-6 孔隙度与渗透率关系曲线

(据Fijchtbauer, 1967; 转引自潘钟祥, 1986)

对于碳酸盐岩储集层，有效孔隙度与渗透率无明显关系。特别是裂缝发育的泥灰岩、致密灰岩储集层，裂缝要比孔隙对渗透率的影响大得多，虽然其绝对孔隙度较低，只有5%~6%，但它却可以有很高的渗透率，以至常成为高产油气层。部分生物灰岩，发育粒内溶孔或体腔孔隙，但孔隙连通性差或喉道细小，常表现为高孔隙度、低渗透率。对于以粒间孔隙为主，洞、缝不发育的颗粒灰岩、晶粒白云岩等，则与碎屑岩具有相似的规律，渗透率随有效孔隙度的增加而有规律地增加。

对于火山岩、变质岩储集层，储集空间以溶蚀孔、裂缝为主，裂缝的影响较大，二者相关性差。如果裂缝发育，则渗透率很高；如果裂缝不发育，则为特低孔隙度、渗透率储集层。

对于泥页岩储集层，储集空间以纳米级孔隙、微裂缝为主，有效孔隙度低，渗透率主要受微裂缝发育的影响，有效孔隙度与渗透率关系不明显。

总之，孔隙性和渗透性是储集层的两大基本特性，也是决定储集层储集性能好坏的两个基本因素，可以利用孔隙度和渗透率对储集层进行分类评价（表2-1）。该分类主要是针对我国东部油田的碎屑岩储集层，对于非碎屑岩储集层，实验测定的基质孔隙度一般较低，储集层常伴有裂缝、微裂缝的发育。

根据国土资源部 DZ/T 0217—2005《石油天然气储量计算规范》，我国对非碎屑岩储集层根据基质孔隙度分类的界限是：基质孔隙度≥10%为高孔，10%~5%为中孔，5%~2%为低孔，<2%为特低孔。

表2-1 我国东部油田常见的储集层分类方案（据于兴河等，2009）

类型	碎屑岩孔隙度，%	空气渗透率，mD
高孔高渗型储集层	>30	>500
中孔中渗型储集层	30~20	500~100
中孔低渗型储集层	20~10	100~10
低孔低渗型储集层	15~10	10~1.0
致密型储集层	<10	1.0~0.02
超致密型储集层	<5	<0.02

四、孔隙结构

（一）孔隙结构概述

一般来说，根据有效孔隙度和绝对渗透率（常称为常规物性参数）可以对储集层的性能作出初步评价。但在实践中也发现，在相当多的情况下，特别是对于低渗透性储集层，仅利用孔隙度和渗透率无法正确评价储集层的性质，必须研究岩石的孔隙结构。大量实践表明，决定储集层性能的根本因素是储集层的孔隙结构。

储集层的孔隙结构是指岩石所具有的孔隙和喉道的几何形状、大小、分布及其相互连通关系。岩石的孔隙系统由孔隙和喉道两部分组成。孔隙为系统中的膨大部分，连通孔隙的细小部分称为喉道（图2-7）。在各类化学著作中，化学家将孔隙称为膨体，而将喉道称为缩颈。Wardlaw（1990）提出，应将两连通孔隙

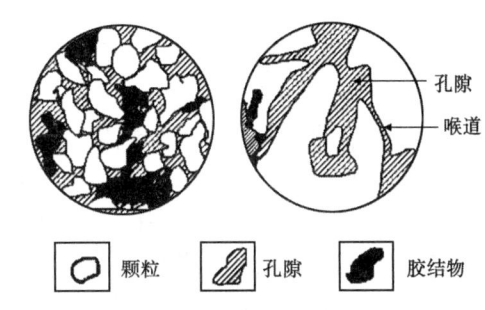

图2-7 储集层岩石中孔隙与喉道分布示意图
（据张厚福等，1999）

之间最窄的部位称为喉道，而介于最狭窄部位左右部分均称为孔隙。也就是说，喉道仅仅指某一点处的通道大小，它没有长度和体积概念，只有面积概念，即当对一个连通孔隙空间沿流动方向截面无数次时，所获得截面积最小的位置就称为喉道，因此这个定义下的喉道是不存在体积大小，即喉道可用直径确定，孔隙可用直径和体积确定。实际上，流体在孔隙系统中流动的关键就在于必须克服这个喉道大小产生的毛细管阻力。

油气水在储集层复杂的孔隙系统中渗流时，要经过一系列交替着的孔隙和喉道。流体在岩石中的渗流受到流体通道中断面最小的部分（即喉道）所控制。因此，喉道的形状、大小和分布控制着孔隙的渗透能力。确定孔隙和喉道的大小及其分布是研究岩石孔隙结构的核心问题。

一般来说，孔隙大小及其分布主要决定了岩石孔隙度的大小，喉道大小及其分布主要控制了岩石渗透率的大小。例如，以喉道较粗、孔隙直径较大为特征的储集层，一般表现为孔隙度大，渗透率高；以喉道较粗、孔隙偏小为特征的储集层，一般表现为孔隙度低—中等，渗透率偏低—中等；以喉道较上两类细小、孔隙粗大为特征的储集层，一般表现为孔隙度中等，渗透率低；以喉道细小、孔隙细小为特征的储集层，一般孔隙度及渗透率均低。因此，孔隙结构是影响储集岩储渗能力的主要因素。

（二）孔隙结构的研究方法

储集层孔隙结构研究是以岩石样本为基础的微观分析，主要依靠实验仪器设备来实现。目前研究孔隙结构的实验方法很多，可分为三类：第一类为间接测定法，如毛细管压力法，包括压汞法、半渗透隔板法、离心机法、动力驱动法、蒸气压法等；第二类为直接观测法，包括薄片法、扫描电子显微镜法等；第三类为数字岩心法，包括铸体模型法、孔隙结构三维模型重构技术。压汞法、薄片法及扫描电子显微镜法是目前孔隙结构研究的常用方法。

此外，随着页岩油气勘探开发的兴起及北美地区页岩油气开发的巨大成功，含气页岩储集层的孔隙研究受到越来越多的重视。页岩储集层不同于常规储集层，以纳米孔隙为主，无法用常规储集层孔隙研究方法进行表征和评价。目前对页岩孔隙结构的定性表征方法主要是利用聚焦离子束扫描电子显微镜（FIB-SEM）、高分辨率的场发射扫描电子显微镜（FE-SEM）、透射电子显微镜（TEM）、宽离子束扫描电子显微镜（BIB-SEM）、原子力显微镜（AFM）等电子显微成像分析技术及纳米CT技术等直观描述页岩孔隙的几何形态、连通性和充填情况等；定量表征方法是利用低压N_2和CO_2吸附实验、高压压汞（MICP）、小角散射（SAS）及核磁共振（NMR）等技术定量分析页岩孔径大小及分布、比表面积等。

1. 压汞法

1) 基本原理

压汞法是目前定量研究岩石孔隙结构最经典的方法，它模拟了地下油气充注和开采的过程。其基本原理如下：

对于岩石而言，汞是非润湿相流体，若将汞注入被抽空的岩样孔隙系统内，则必须克服岩石孔隙喉道所产生的毛细管阻力。因此，当某一注汞压力与岩样孔隙喉道的毛细管阻力达到平衡时，便可测得该注汞压力及在该压力条件下进入岩样内的汞体积。在对同一岩样注汞过程中，可在一系列测点上测得注汞压力及其相应压力下的进汞体积，即可得到压力—汞注入量曲线，这条曲线称为进汞曲线（又称注入曲线）。当注汞压力达到仪器最大值后，依次记录退汞压力过程中各测点处残留在孔隙系统内的汞体积，即可得到退汞曲线（又称退出曲线）。

注汞压力在数值上和岩石孔隙喉道毛细管压力相等，故注汞压力也称为毛细管压力。毛细管压力（p_c）的大小与毛细管（喉道）半径（r_c）、界面张力（σ）和润湿角（θ）有关，简单的数学表达式如下：

$$p_c = \frac{2\sigma\cos\theta}{r_c} \quad (2-6)$$

式中　σ——两相流体的界面张力或表面张力，dyn/cm；

θ——润湿接触角，（°）；

r_c——毛细管（喉道）半径，cm；

p_c——毛细管压力，dyn/cm^2。

若 p_c 单位用 kg/cm^2，r_c 以 μm 为单位，对于汞—空气两相流体介质，θ 为 146°，σ 为 480dyn/cm，则 $p_c = 7.5/r_c$。因此，根据注入汞的毛细管压力可计算出相应的孔隙喉道半径，进汞体积就是与具有该半径的喉道连通的孔隙容积，据此求得汞饱和度（S_{Hg}）。

由此可见，压汞法可测得岩样孔隙结构的两个基本参数：各种孔隙喉道的半径、与具有该半径的喉道相连通的孔隙容积。

2）毛细管压力曲线

根据实测的注汞压力与相应的岩样进汞体积，经计算求得汞饱和度和孔隙喉道半径后，就可在半对数直角坐标系下绘制毛细管压力、孔隙喉道半径与汞饱和度的关系曲线，这种曲线称为毛细管压力曲线或压汞曲线（图2-8）。根据毛细管压力曲线可进一步得到孔喉半径频率分布图（图2-9）。确定孔喉大小分布是研究储集岩孔隙结构的

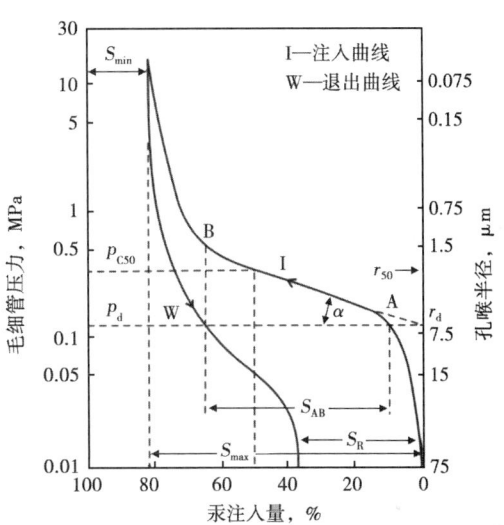

图 2-8　毛细管压力曲线图（据罗蛰潭等，1986）

A—初始拐点；B—末期拐点；S_{AB}—拐点间汞饱和度差；

S_{max}—累计最大汞饱和度；S_R—退汞残余汞饱和度；

p_d—排驱压力；p_{c50}—汞饱和度50%时进汞压力；

r_d—p_d 对应的孔喉半径；r_{50}—p_{c50} 对应的孔喉半径

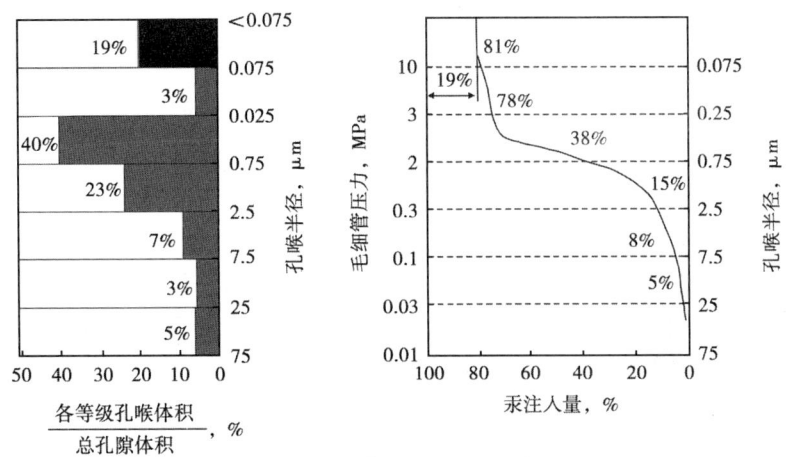

图 2-9　孔喉半径频率的柱状分布图（据罗蛰潭等，1986）

核心问题。

3）毛细管压力曲线定量分析

从毛细管压力曲线可以提取许多表征孔隙结构的定量参数，其中常用的有以下几个：

(1) 排驱（替）压力（p_d）。排驱压力是指压汞实验中汞开始大量注入岩样的压力，换言之，是非润湿相开始注入岩样中最大连通孔喉而形成连续流动相所需的启动压力，也称门槛压力。在毛细管压力曲线上，初始拐点（图2-8中A）所对应的压力即为排驱压力。在排驱压力下，汞能进入的孔隙喉道半径即岩样中的最大连通喉道半径（r_d）。岩样排驱压力越小，说明大孔喉越多；反之，大孔喉越少。

(2) 孔喉半径集中范围与百分比。利用孔喉半径频率分布直方图，可确定孔喉半径集中范围，并可计算出它占总孔隙的百分比（图2-9）。在毛细管压力曲线上，曲线平坦段位置越低，说明孔隙越集中分布于粗孔喉部分；平坦段越长，说明集中分布的孔喉体积占总孔隙体积的百分比越大。孔喉半径的集中范围与百分比反映了孔喉半径的粗细程度和分选性。孔喉越粗，分选性越好。

(3) 毛细管压力中值（p_{c50}）：

毛细管压力中值（p_{c50}）是指非润湿相汞饱和度为50%时对应的毛细管压力值。与之相对应的喉道半径，称为饱和度中值喉道半径（r_{50}），简称中值半径。p_{c50}越低，r_{50}越大，则岩石孔隙结构越好；反之，则越差。当岩样喉道半径接近正态分布时，r_{50}可粗略地视为平均喉道半径。

(4) 最小非饱和孔隙体积百分数（S_{min}）。当注入汞的压力达到仪器的最高压力时，仍没有被汞侵入的孔隙体积百分数，称为最小非饱和孔隙体积百分数（S_{min}）。S_{min}越大，表示岩样小孔喉所占体积越大。

在很大压力下，汞不能进入的岩石孔隙部分可视作束缚水所占据的孔隙，简称束缚孔隙（一般将小于0.04μm的孔隙都称为束缚孔隙），其相应的体积百分数可视为束缚孔隙饱和度。束缚孔隙一般为水所占据，岩样束缚孔隙含量越大，含油气饱和度就降低，油气的相对渗透率就越低。因此，束缚孔隙越多，孔隙结构越差。

由上述可知，岩石的排驱（替）压力越低，孔喉半径越大，分选性越好，束缚水孔隙度越低，则说明岩石的孔隙结构好，有利于油气的储存和渗滤；反之，孔隙结构则差，不利于油气渗滤。

上述压汞法又称常规压汞法。常规压汞法的模型基础是假设多孔介质由毛细管束组成，采用的是恒压法，即在恒定的进汞压力下，计算孔喉半径，并通过计量进汞量，计算对应于进汞压力的孔喉所控制的体积，从而得到岩样中孔喉大小分布。

近年来，国际上提出了恒速压汞法，用于岩石微观孔隙结构特征分析，并认为非常适用于低渗、特低渗储集层小孔细喉或细孔微喉的结构特征分析。它的模型基础是假设多孔介质由半径大小各异的喉道与孔隙构成。恒速压汞法是以较低的恒定流速将汞注入到岩石孔隙中，其流量为5×10^{-5} mL/min，进汞速度低，压汞过程接近准静态，测得的喉道半径值与真实半径值很接近。汞在注入过程中，压力是变化的，通过检测压力升降情况可将岩石内部孔隙和喉道分开，定量获取喉道和孔隙数目。恒速压汞法提供3种毛细管压力曲线：孔隙毛细管压力曲线、喉道毛细管压力曲线和总毛细管压力曲线，通过这3种曲线可直观地观察到岩样中有效喉道体积及其所控制的有效孔隙体积分布特征，还可反映孔喉之间的配置关系。

2. 薄片法

压汞法测得的毛细管压力曲线很好地揭示了岩样孔隙系统三维流动特性、孔隙结构系统中喉道及与其相连通的孔隙容积的定量分布特征,但不能直观地显示并测定具体孔隙和喉道的大小、形状、分布及配置关系,薄片法则正好能弥补这一缺陷。

薄片法研究孔隙结构包括铸体薄片法、图像分析法、各类荧光显示剂注入法,其中铸体薄片法最为常见。

铸体薄片法通常是将染色的有机玻璃单体或环氧树脂(液态)经真空与高压灌注入岩样的孔隙系统,待注入物固化后,将岩样磨成光学薄片,即铸体薄片(图2-10)。其制备要求保持样品的原始结构状态,在处理中不能产生人工破裂或裂纹,灌注前需对岩样清洗去除原油、沥青和有机物。

铸体薄片中的孔隙由于被灌注有染色充填剂而极易识别。铸体薄片法能直接观察孔隙的几何形态,测量孔径大小,是研究孔隙结构最直观方法。通过铸体薄片观测,利用面积测定法或直线测定法能够获得面孔率、孔隙配合数、喉道连通系数、孔径分布参数、孔隙形状、孔隙类型等数据。

彩图2-10

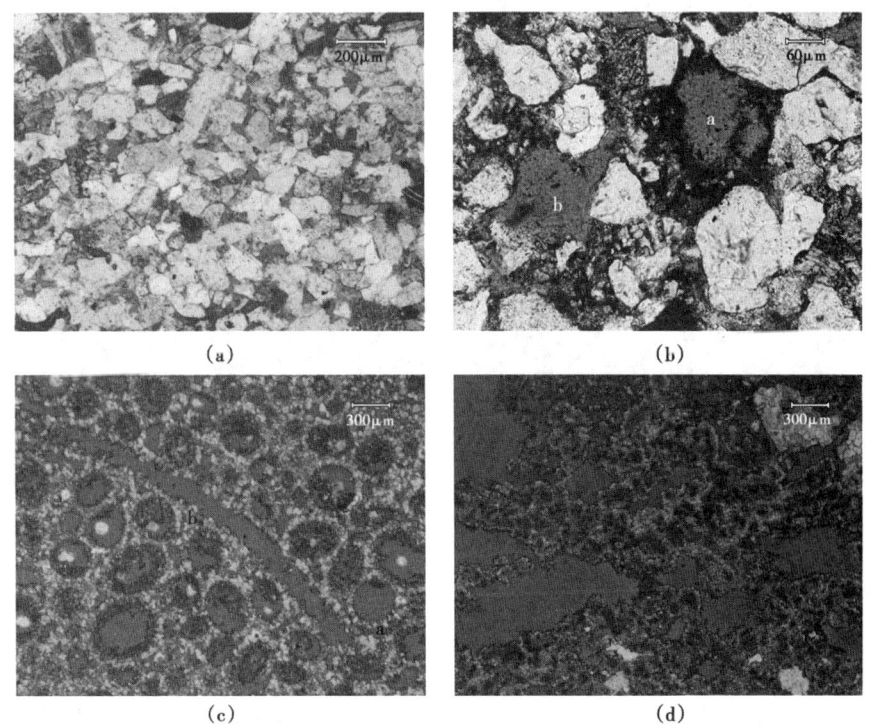

图2-10 砂岩和碳酸盐岩的铸体薄片镜下孔隙特征(陶艳忠提供)

(a)细粒岩屑砂岩,以粒间孔为主,蓝色铸体,单偏光,四川盆地,三叠系,下三叠统,须二段,y12井,2494.96~2495.10m;(b)细粒岩屑砂岩,泥岩屑粒内溶孔a、铸模孔b,蓝色铸体,单偏光,四川盆地,三叠系,下三叠统,须四段,北碚剖面;(c)残余颗粒云岩,残余鲕粒铸模孔a、生屑铸模孔b,蓝色铸体,单偏光,四川盆地,三叠系,下三叠统,飞仙关组,WL1井,4352.5m;(d)粉晶藻灰岩,溶蚀孔,蓝色铸体,单偏光,四川盆地,三叠系,飞仙关组,北碚剖面薄片人工观测是薄片法孔隙结构研究的基础，但其测量、统计较慢，工作量大，测量精度较差。为了实现对孔隙结构数据高效、准确的定量统计，可利用显微图像自动识别技术，通过显微摄像的方法将铸体薄片中的图像摄入电脑放大，用专业软件进行观察和定量研究，即图像分析法，它是该领域的发展方向。

3. 扫描电子显微镜（SEM）法

电子显微镜是用高速定向运动的电子流形成的电子束作为"光源"，通过电磁场使电子束折射并聚焦后直接轰击样品，产生电子信号，通过各类检测器接收放大处理后显示成像记录的显微镜。电子显微镜按工作方式和功能不同主要分为4种：透射电子显微镜（TEM）、扫描电子显微镜（简称扫描电镜，SEM）、分析电子显微镜（AEM）、电子探针（EPM）。电子显微镜分辨能力比光学显微镜提高约1000倍，从而使微观研究进入一个新领域。

对于不导电的样品（如沉积岩样品），一般需真空喷镀金膜后方可得到良好的图像，并可对具有代表性的二次电子图像进行显微摄影（黑白照片），可获得很柔和的立体图像（图2-11），它主要反映样品表面的形貌。扫描电镜的分辨率一般可达到小于100Å（埃，$1Å=10^{-10}m$）。

图2-11　扫描电子显微镜孔隙结构图像
(a) 自形白云石晶间孔；(b) 长石沿解理面溶解形成粒内溶孔；
(c) 自形晶形高岭石及其间微孔；(d) 片状伊利石及其间微孔

在扫描电镜上配上接受X射线检测装置（能谱仪或分光谱仪），对不同元素产生的特征X射线进行检测，根据X射线的波长和能量，就可获得测点样品组成成分的谱图和数据，从而对样品组成成分进行定性或半定量分析。

在薄片鉴定研究和X射线衍射黏土矿物分析的基础上，扫描电镜可为储集层特征、成岩作用和物性评价等提供微观依据，具体可进行下列内容研究：

(1) 观察砂岩（或砾岩）储集层孔隙发育和充填情况，深入分析孔隙类型、成因、组合特征，测量孔隙和喉道的大小；

（2）研究碎屑大小排列及石英、长石等的成岩演化，即次生加大发育情况和程度及其对孔隙的影响；

（3）鉴定和研究黏土矿物的种类、大小、组合、分布、产状及其对孔隙和渗透性的影响；

（4）鉴定和研究其他各种自生胶结矿物如浊沸石、方解石等的分布特征；

（5）确定成岩自生矿物的生成顺序；

（6）研究注水开发前后储集层孔隙结构变化；

（7）测定储集层酸化及流动性实验样品中矿物的成分变化及新的固体产物成分，为深入研究油层伤害机理提供新的微观资料。

4. 数字岩心法（CT技术）

获得整体岩样的孔隙结构三维模型是孔隙结构研究的难点和最高要求之一，上述三种实验方法，无论是压汞法、铸体薄片法还是扫描电镜法都难以实现。随着计算机技术、图像分析技术及建模技术的迅速发展，数字岩心孔隙结构三维模型重构技术成为当今及今后的发展方向。它主要通过对立方体（3mm×3mm×3mm）岩样进行密集的CT切片，在每个CT切片上进行孔隙喉道图像识别，通过有序定位将密集的各CT切片上孔隙喉道构建岩样的孔隙网络三维数字系统，建立数字岩心孔隙结构三维模型（图2-12）。利用数字岩心孔隙结构三维模型不但可以开展孔隙结构多参数定量计算和任意切片、任意角度的三维彩色显示，还可以进行微米级各种孔喉、厘米级岩心、米级网络的流体流动及渗流机理模拟，因此它是孔隙结构研究领域的重大进展。

彩图2-12

图2-12 数字岩心孔隙结构三维模型重构

(a) CT切片用立方体岩样（3mm×3mm×3mm）；(b) 部分CT切片识别的孔隙网络模型；
(c) 基于岩心的孔隙网络模型

第三节 碎屑岩储集层

碎屑岩储集层是目前世界上各主要含油气区的重要储集层之一。据世界546个大中型油气田［可采储量大于$1×10^8$bbl（桶，1bbl = 158.9873dm³）］的统计，碎屑岩中的油气储量占57.1%，碳酸盐岩中的油气储量占42.7%。我国目前探明的油田中，绝大部分都是以碎屑岩储油的。碎屑岩储集层是我国目前最重要的储集层类型。许多特大油气田，例如俄罗斯西西伯利亚盆地的各大油田、科威特的布尔干油田、委内瑞拉的玻利瓦尔湖岸油田、美国的普鲁德霍湾油田、荷兰的格罗宁根气田等，它们的储集层都是碎屑岩储集层。我国的大庆、胜利、大港、克拉玛依、吐哈等油气区，它们的油气田也都是碎屑岩储集层。因此，研究碎屑岩储集层的形成条件、储集性质及分布特征，具有十分重要的意义。

碎屑岩储集层在岩石类型上主要包括各种砂岩、砂砾岩、砾岩、粉砂岩等碎屑沉积岩，其中以中砂岩、细砂岩和粉砂岩储集层最为常见。值得注意的是，近10年来世界上致密砂岩油气的勘探开发取得了突破。

一、碎屑岩储集层的储集空间类型

储集层的储集空间就是储集层中的各种孔隙空间。由于不同类型储集层的成因和演化历史不同，其储集空间的类型也不同。

结合我国碎屑岩储集层的储集空间，应凤祥（1994）按形态将碎屑岩储集空间分为孔、缝、洞三大类（裘怿楠等，1997）。但这一形态分类不能很好地反映储集空间的成因，主要适用于油气田开发，对以孔隙预测为主的油气勘探适用性较差。为了更好地反映孔隙成因，本书在应凤祥分类的基础上，以储集空间成因为主，把碎屑岩储集层的孔隙空间类型划分为三大类：原生孔隙、次生孔洞和裂缝（表2-2）。原生孔隙的发育主要受沉积因素的控制，次生孔洞的发育主要受成岩作用的控制，而裂缝的发育主要受后期构造运动的控制。

表 2-2 碎屑岩储集层储集空间分类（据应凤祥，1994，有修改）

类	亚类		空间大小	特征
原生孔隙	粒间孔隙			为颗粒原生或其残留孔隙
	杂基孔隙			黏土杂基间孔隙
次生孔洞	粒间溶蚀孔隙	颗粒及粒内孔隙	<2mm	如长石和岩屑等颗粒的大部、局部或粒内溶解
		胶结物及其晶内局部溶解		如方解石等胶结物或其晶体内的局部溶解
		杂基溶解		黏土杂基的局部溶解
		超大孔		由胶结物及颗粒一起被溶解所致
	铸模孔	粒模		颗粒溶解而保留外形
		晶模		晶体溶解而保留外形
		生物模		生物溶解而保留外形
	晶间孔			如在晚期形成的高岭石、白云石等晶体间的孔隙
	溶洞		>2mm	多与表生淋滤作用有关
裂缝	层间缝、收缩缝		>0.01mm	沉积作用形成
	成岩缝及其溶蚀			无方向性，缝细，延伸范围小，有的可见溶解现象
	构造缝			受应力控制，组系分明，平整延伸，切割力强，有的可见溶蚀现象

（一）原生孔隙

原生孔隙是指在沉积时期形成的孔隙。原生孔隙主要包括粒间孔隙和基质内部由杂基支撑的孔隙，其次为沉积期已存在的岩屑粒内孔隙。所谓粒间孔隙，是指碎屑颗粒支撑的碎屑岩在碎屑颗粒之间未被杂基充填、胶结物含量少而留下的原始孔隙（图2-13）。碎屑岩储集层是由成分复杂的矿物碎屑、岩石碎屑和一定数量的胶结物所组成。粒间孔隙在砂岩储集层中最普遍，分布比较稳定，是许多碎屑岩储集层的主要储渗空间；杂基颗粒之间的孔隙通常个体很小，一般为束缚水所占据而不能储集油气；岩屑粒内孔隙一般数量很少，且往往是只有一端开口的"死孔隙"，对油气储渗意义不大。

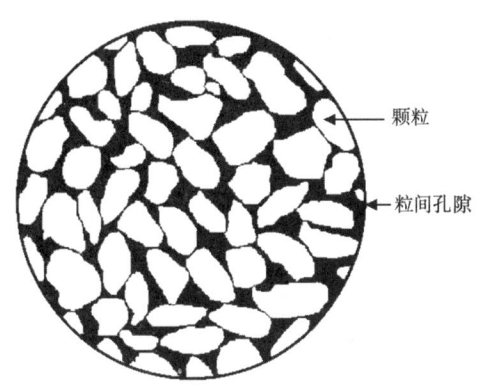

图 2-13　粒间孔隙的镜下示意图

（二）次生孔洞

次生孔洞是指在成岩作用过程中形成的孔隙和溶洞。尽管早在 1934 年，Natting 就已发现砂岩中的次生孔洞，但是在相当长时间内，大多数油气地质学家仍将原生粒间孔隙作为砂岩的主要储集空间类型。直到 1977 年 Schmidt 等对砂岩的成岩过程和次生孔洞作了较全面的讨论后，情况才发生了根本的变化。

20 世纪 80 年代中期，我国对砂岩次生孔洞的研究也有较大发展。如吕正谋等（1985）对东营凹陷古近系砂岩次生孔洞作了较深入的研究，提出了 12 种识别次生孔洞的标志。类似的研究在我国其他油气区也已广泛开展。

砂岩的次生孔洞主要是其非硅酸盐组分（以碳酸盐矿物为主）溶解的产物。形成这种溶解孔隙的可溶物质可呈三种结构形式：沉积的物质、自生胶结物以及自生交代产物。岩石组分的破裂和收缩也可使砂岩产生重要的次生孔洞，不过，通常在数量上居于次要地位。

溶洞在碎屑岩储集层中比较少见，不是主要的储集空间类型。

（三）裂缝

裂缝包括各种应力作用使岩石破裂而产生的裂隙，一些层理缝和矿物解理缝也属于此类。一般而言，碎屑岩储集层中的裂缝并不发育，仅在个别情况下，裂缝对储渗性能（尤其是渗透性）可起重要作用。

综上所述，原生粒间孔隙和次生溶蚀孔隙是碎屑岩储集层的主要储渗空间，裂缝在少数情况下可对渗透性的改善起重要作用，其他类型的孔隙对油气的储渗一般不具有重要意义。

二、影响碎屑岩储集层储集物性的主要因素

地下存在的碎屑岩储集层，是在一定的沉积环境中堆积下来的碎屑沉积物经过漫长而复杂的成岩后生变化而最终形成的。因此，其储集物性必然受到物源、沉积环境以及成岩后生作用等方面因素的控制。

（一）物源和沉积环境

众所周知，物源区的母岩风化的产物，经过流水、风、冰川、海（湖）水等介质的搬运和沉积作用转变为碎屑沉积物，再经过成岩作用而形成碎屑岩。物源区母岩岩性控制了碎屑成分和胶结物成分；搬运距离的远近，控制了碎屑颗粒的分选程度、磨圆程度的好坏；水动力条件及压实程度控制了碎屑颗粒的排列方式。可以说，碎屑沉积物的物源和沉积环境是控制碎屑岩储集空间发育的基本因素。

1. 微观因素的控制

从微观角度讲，岩石的成分、结构和构造影响了储集物性的好坏。

1) 碎屑岩的矿物成分

碎屑岩中碎屑颗粒的矿物成分最常见的是石英、长石、云母、岩屑和重矿物。其中，石英和长石对储集层物性的影响最显著。

一般说来，石英砂岩比长石砂岩储集物性好。这主要是因为：

（1）长石的亲水性比石英强，当被水润湿时，长石表面所形成的液体薄膜比石英表面厚。在一般情况下，这些液体薄膜不能移动，在一定程度上减少了孔隙的流动截面积，导致渗透率变小。

（2）长石和石英的抗风化能力不同。石英抗风化能力强，颗粒表面光滑，油气容易通过；长石不耐风化，颗粒表面常有次生高岭土和绢云母，它们一方面对油气有吸附作用，另一方面吸水膨胀堵塞原来的孔隙和喉道。

2) 碎屑颗粒的粒度和分选程度

碎屑颗粒是组成碎屑岩的主要成分。从理论上计算，当岩石由均等小球体颗粒组成时，其孔隙度与颗粒大小无关。但实际上组成岩石的颗粒往往大小不等，于是大颗粒之间构成的大孔隙就会被小颗粒所充填，使孔隙体积变小，孔隙直径变小，原来彼此连通的孔隙变得互不连通，从而降低了岩石的孔隙性和渗透性。

大量资料研究表明：碎屑岩储集层储集物性不仅与粒径有关，而且与岩石颗粒的分选程度也有很大的关系。一般来说，细粒碎屑圆度差，呈棱角状，颗粒支撑时比较松散，它比磨圆度好的较粗的砂质沉积可能有更大的孔隙度。然而，细粒沉积物中孔喉小，毛细管压力大，流体渗滤的阻力大，因此细粒沉积物的渗透率比粗粒的小。图2-14（a）表示了分选系数一定时渗透率的对数值与粒度中值呈线性关系，粒度越大，渗透率越高。在粒度相近的情况下，分选差的碎屑岩，因细小的碎屑充填了颗粒间孔隙和喉道，不仅降低了孔隙度，而且也降低了渗透率。图2-14（b）表示了粒度中值一定时，渗透率的对数和分选系数（S_o）呈近似的线性关系，从分选好至中等时，渗透率下降很快；分选差时，渗透率下降就缓慢了。

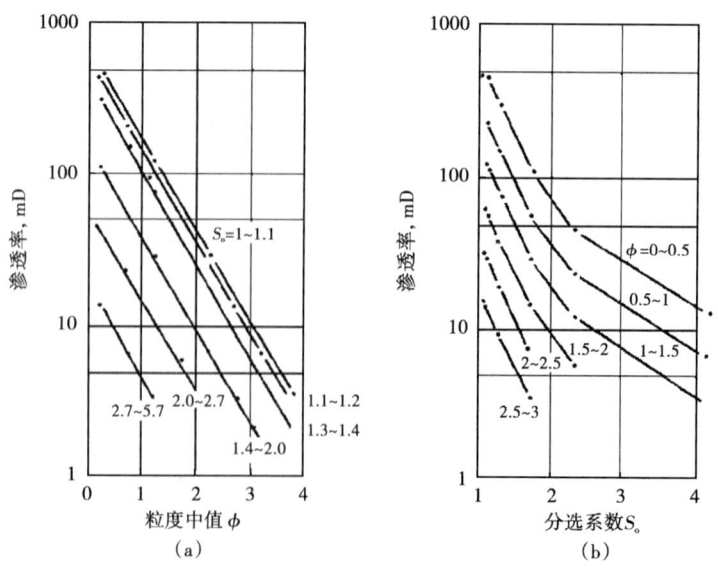

图2-14 砂岩分选系数和粒度中值与渗透率的关系（据 D. C. Beard 和 P. K. Weyl，1973）

（a）分选系数一定时，渗透率对数和粒度中值关系图；（b）粒度中值一定时，分选系数和渗透率对数的关系图

3) 碎屑颗粒的排列方式和球度

碎屑颗粒的排列方式很复杂，假设颗粒为均等小球体，则可排列成三种理想的形式（图2-15）。

立方体排列堆积最疏松，孔隙度最大，理论孔隙度为47.6%；孔隙半径大，连通性好，渗透率也大。图2-15（a）中的斜方体排列最紧密，孔隙度最小，理论孔隙度为25.9%。

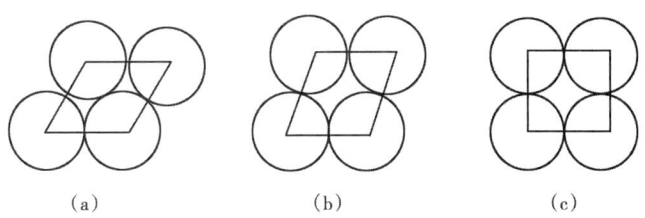

图2-15 岩石球体颗粒排列的理想形式
(a) 最密排列形式；(b) 中等密度排列形式；(c) 最不密排列形式

岩石碎屑颗粒的排列方式，主要决定于沉积条件。若沉积时的水介质较平静，颗粒多呈近立方体排列；若水介质活动性较大，如在河流、山麓滨湖区、近岸浅海区，颗粒多呈斜方体堆积。另外，岩石碎屑颗粒的排列方式也与沉积物在成岩作用结束前所承受的上覆地层压力的大小有关。

在实际的自然条件下，组成岩石的碎屑颗粒不可能是理想的球体，往往凹凸不平，形状极不规则，常发生镶嵌现象，相互填充孔隙空间，致使孔隙体积和孔隙直径减小，孔隙之间的连通性变差，孔隙度、渗透率降低，一般颗粒球度越好，其孔隙度、渗透率越大。

4) 杂基的含量

所谓杂基，是指随砂岩颗粒同时沉积的颗粒直径小于0.0039mm（黏土级）的非化学沉淀颗粒。杂基含量是沉积环境能量最重要标志之一。水动力较强时，杂基不易沉淀下来，岩石中杂基含量就少；反之，则杂基含量多。

杂基在砂岩中起了孔隙充填物的作用，同时杂基内的微粒间孔也很小，因而对储集物性十分不利。一般杂基含量高的碎屑岩，分选差，平均粒径较小，喉道也小，孔隙结构复杂，储集物性差。因此，杂基含量是影响孔隙性、渗透性最重要的因素之一。

2. 沉积环境的控制

上述分析说明了碎屑岩的矿物成分、结构和构造等方面微观因素对储集层物性都有不同程度的影响和控制作用。由于沉积条件的差异，不同环境下形成的各类砂岩体，在形态、规模、颗粒大小、矿物成分、分选和磨圆程度等方面，都存在较大差异，因此，在储集物性方面区别也较大，从而表现出宏观上不同沉积相带对储集层物性的重要控制作用。

大量统计资料表明，沉积相是影响碎屑岩储集层物性的基本因素。从宏观来看，不同沉积砂岩体和不同相带储集层往往具有不同物性参数。一般形成于较强水动力环境中的储集层粒级相对较粗，岩石中填隙物少，分选好，储集层物性常较好，即使经受长期成岩作用改造，仍有较好物性。对于一个含油气盆地，储集层的沉积相研究对于搞清储集砂岩体的分布规律、认识储集层物性好坏和储集层分类评价具有十分重要的意义。

所谓砂岩体，是指在某一沉积环境下形成，具有一定形态、岩性和分布特征，并以砂质岩为主的沉积岩体。砂岩体的分布及特征受沉积环境的控制。概括起来，碎屑岩储集体主要有冲积扇砂砾岩体、河流砂岩体、三角洲砂岩体、滨浅海（湖）砂岩体、深水浊积砂岩体和风成砂岩体等类型（表2-3）。近年来，国内外对不同成因类型的砂岩体进行了大量的研究工作，发现除冰川堆积的砂砾岩体尚未见到油气外，其他类型的砂岩体都已见到数量不等的石油和天然气。其中以海岸带附近的各种类型砂岩体与油气的关系最为密切。

我国主要含油气盆地的碎屑岩储集层多为陆相，绝大部分属浅湖相、滨湖相、河流相、三角洲相沉积（表2-4）。近年来，在渤海湾盆地也不断发现半深湖—深湖相浊流沉积储集层。

表2-3 砂岩储集体形成环境与基本特征（据张厚福等，1999）

沉积体系	砂岩体类型及特点	油田实例
冲积扇	砂砾岩体平面上呈扇形，纵剖面呈楔状，横剖面呈透镜状；颗粒粗杂；分选磨圆差；孔隙直径变化范围大；扇根和扇中储集性较好；主槽、侧缘槽、辫流线和辫流岛渗透率较高	克拉玛依—乌尔禾油田三叠系
河流	包括河床、心滩、边滩、决口扇等砂岩体，剖面呈透镜状；河床砂岩体呈狭长不规则状，可分叉，剖面上平下凹，近河心厚度大，结构粒度变化大，分选差；非均质性严重；孔渗性变化大	长庆油田侏罗系延安组、阿拉斯加普鲁德霍湾油田二叠—三叠系
三角洲	包括河道砂、分支河道砂、河口沙坝、前缘席状砂；三角洲前缘相带砂岩体发育；在不同动力作用下可呈鸟足状、朵状和弧形席状；砂质纯净，分选好，储集物性好	大庆油田白垩系、西西伯利亚乌连戈伊气田白垩系
滨浅海（湖）	包括超覆和退覆砂岩体、滨海沙堤、潮道砂、走向谷砂岩体；成分和结构成熟度高，分选和磨圆好，储集物性好；滨海（湖）沙堤狭长，平行于海岸线，剖面透镜状，底平顶凸；分选好，储集物性好	东得克萨斯油田、圣胡安盆地Bisti油田、北海Piper油田
深水浊积	主水道、辫状水道砂岩体发育；成分和结构成熟度差；分选差；储集物性变化大	文图拉盆地和洛杉矶盆地
风成砂	砂质纯净、分选好、磨圆好；区域性渗透性稳定	格罗宁根气田赤底统砂岩

表2-4 我国主要含油气盆地碎屑岩储集层的岩相特征（据张厚福等，1999）

盆地名称	主要碎屑岩储集层层位	岩相特征
松辽盆地	下白垩统	浅湖相、三角洲相
济阳坳陷	古近系沙河街组	浅湖相、三角洲相
黄骅坳陷	古近系沙河街组	沿岸沙堤、三角洲相
四川盆地	中侏罗统自流群凉高山组	浅湖相
鄂尔多斯盆地	下侏罗统延安组	河流三角洲相、滨湖相
准噶尔盆地	上三叠统下克拉玛依组	冲积扇
	中侏罗统西山窑组、三间房组	河流三角洲
吐哈盆地	中侏罗统西山窑组、三间房组	辫状河三角洲相、冲积扇
酒泉盆地	古近系白杨河群间泉子组	滨浅湖相
柴达木盆地	中新统至上新统	三角洲相、河流相
塔里木盆地	石炭系、三叠系	滨海相、潮滩、三角洲
	侏罗系	河流相、滨湖相

（二）成岩后生作用

大量研究表明，有利的沉积环境并不一定形成良好的储集层，成岩后生作用对碎屑岩储集层的储集物性有着深刻的甚至可以说更为重要的影响，但这并不否认沉积环境影响的重要意义，因为碎屑沉积物的原始特征是成岩后生作用发生的前提和物质基础。碎屑沉积物在漫长而复杂的成岩后生作用过程中，其成分和结构都要受到不同程度的改造，其原生孔隙可以被缩小、减少，甚至完全消失；另一方面又可以形成新的次生孔隙。因此，研究成岩后生作用中孔隙保存、产生和演化的过程，对掌握储集物性的分布和变化规律，是十分重要的。

目前对砂岩的成岩后生作用研究比较深入，这里仅对储集层物性产生损失的成岩后生作用简要阐述。对砂岩储集物性影响较大的成岩后生作用主要有压实作用、压溶作用、胶结作用等。

1. 压实作用和压溶作用

压实作用和压溶作用是碎屑岩储集层孔隙度和渗透率衰减的主要因素。

所谓压实作用，就是沉积物（岩）在上覆压力作用下被压缩，发生排水脱气，岩石孔隙度变小、变得致密的一种作用。压实作用是通过沉积物（岩）的下沉、颗粒之间距离变小、沉积物体积收缩而进行的。

压实作用主要发生在成岩作用的早期，在埋深小于3000m时，压实作用的效果和特征明显。在沉积物埋藏较浅的成岩早期，主要发生机械压实作用。松散的沉积物在上覆沉积物压力不断增加的情况下，颗粒排列渐趋致密，含水量逐渐减少，孔隙度相应降低。一般说来，沉积物埋藏越深，压实程度越高。

若将砂粒视为刚性的等径球体，则机械压实作用最多只能使其孔隙度降至26%。豪斯尼奇（Houseknecht，1987）的研究结果表明，对原始孔隙度为40%、分选好的砂来说，单纯的机械压实作用只能使孔隙度降至30%左右。由于实际砂岩含油气层的孔隙度一般为10%~20%，超过25%者已认为是极好的储集层，因此，从储集层的工业价值来看，单纯机械压实作用对砂岩储集物性的影响看来是有限的。但是，也不能一概而论，当原始沉积颗粒中有较多岩屑等软质成分时，机械压实将表现出强烈的破坏作用。压实作用使砂岩储集层的孔隙度迅速减小，但不同类型的砂岩，其孔隙度衰减的速率不同。如黏土杂基含量高的砂岩孔隙度衰减速率大，而纯净砂岩的孔隙度衰减速率小。

当机械压实作用进行到碎屑颗粒形成最紧密堆积，或碎屑颗粒因胶结作用而固结成岩后，压溶作用（化学压实作用）将取而代之。压溶作用是指发生在颗粒接触点上，即压力传递点上有明显的溶解作用，造成颗粒间互相嵌入的凹凸接触和缝合线接触。由于碎屑颗粒在压力作用下溶解，使得Si、Al、Na、K等造岩元素转入溶液，引起物质再分配，造成在低压处石英和长石颗粒的次生加大和胶结。据费希特鲍尔对含油区砂岩的研究，石英在500~1000m埋深就开始次生加大，随着埋深的增加，次生加大的石英颗粒增多。石英次生加大对岩石孔隙度有显著的影响，有时可以占满全部孔隙。一般随着埋深的增大，压溶作用渐趋强烈，甚至使砂岩的孔隙近于完全消失。

2. 胶结作用

胶结作用是砂岩中碎屑颗粒相互连接的过程。胶结作用是使储集层物性变差的重要因素。当碎屑沉积物的孔隙水中的溶解物质达到饱和时，就会以胶结物的形式在孔隙内沉淀下来。松散的沉积物通过胶结作用而变成固结的岩石。胶结作用对储集层储集物性的影响程度与胶结物的成分、胶结物的含量、胶结类型等因素有关。

碎屑岩胶结物的成分是多种多样的，有泥质、钙质、硅质、铁质、石膏质等。一般说来，泥质、钙—泥质胶结的岩石较疏松，储油物性较好；纯钙质、硅质、硅—铁质或铁质胶结的岩石致密，储油物性较差。据松辽盆地储集层钙质含量的统计资料，一般当钙质含量大于5%时，其储油物性明显下降。我国油田碎屑岩储集层的胶结物成分以泥质为主，而钙质较少，硅质、铁质、沸石、石膏质等更少。

胶结物的多少对储集性质也有明显影响。胶结物含量高，粒间孔隙多被它们充填，孔隙体积和孔隙半径都会变小，孔隙之间的连通性变差，导致储集性质变坏。

根据胶结物含量多少及其在颗粒之间分布的状况，碎屑岩胶结类型可分为四种：基底胶结、孔隙胶结、接触胶结和镶嵌胶结。胶结类型对储集层物性参数影响很大，基底胶结杂基含量高，储集层质量较差；孔隙胶结的胶结物含量少，储集层质量较好；接触胶结的胶结物含量很少，具有良好的储集层质量；镶嵌胶结由于碎屑颗粒更紧密接触，储集层质量较差。例如我国华北盆地古近系砂岩接触胶结孔隙度约为23%～30%，渗透率为50～1000mD；孔隙胶结的孔隙度为18%～28%，渗透率为1～150mD；基底胶结孔隙度为8%～17%，渗透率小于1mD。

不同的黏土矿物对岩石孔隙度和渗透率的影响也是不同的。砂岩中的自生黏土胶结物主要由四种黏土矿物构成，即蒙脱石、高岭石、绿泥石和伊利石；它们主要以三种形式存在，即分散状颗粒、孔隙衬垫、孔隙桥接（图2-16）。

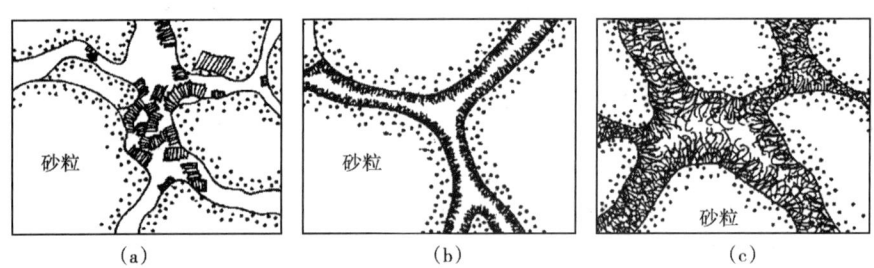

图2-16 砂岩中自生黏土矿物的存在形式（据Damsleth，1992；转引自颜其彬等，1993）
(a) 分散状高岭石；(b) 孔隙衬垫的绿泥石或伊利石；(c) 孔隙桥接的纤维状伊利石

在埋藏初期，从富含黏土质的孔隙水中可以沉淀出高岭石、绿泥石或伊利石，形成碎屑颗粒周围的黏土膜，或充填孔隙。高岭石除了直接从孔隙水中沉淀外，还可以通过长石和云母的风化，形成自生高岭石，这种作用在颗粒边缘或顺着解理缝首先发生。在酸性孔隙水中，长石更易高岭石化。高岭石通常呈分散状颗粒存在于孔隙中，填塞孔隙，降低岩石的孔隙度，同时在油气层开发时，成为迁移微粒堵塞喉道，使渗透率严重降低。

其他三种黏土矿物既可呈孔隙衬垫，也可呈孔隙桥接存在。它们均附着在孔隙表壁上生长，具孔隙衬垫式黏土胶结物的砂岩仍可具有较高的孔隙度和中至低的渗透率，而具孔隙桥接式黏土胶结物的砂岩虽然可具有较高的孔隙度，但其渗透率一般很低。

对砂岩储集层中黏土矿物的研究，可以为含油气层的测井解释和油气藏开发中油层保护措施的制定提供十分有用的信息。

(三) 次生孔隙形成对储集层物性的影响

随着世界油气勘探的深入，陆续发现一些较大的砂岩油田储集空间以次生孔隙为主要类型，许多油田次生孔隙占总孔隙的百分比高达30%甚至50%以上（Shanmugam，1985）。我国中—新生代陆相含油气盆地的许多油气储集层多与次生孔隙有关。3000m以下深层次生孔隙砂岩体的发现，扩大了油气资源的勘探领域，从而引起各国学者注意探索砂岩次生孔隙的成因、识别标志及其发育带的预测方法，以便提高油气勘探的效率。

1. 次生孔隙的成因类型

砂岩的次生孔隙是指砂岩在埋藏过程中由于各种成岩作用（如溶蚀、收缩、破裂、重结晶等）而新产生的孔隙，其中溶蚀作用是形成次生孔隙的主要作用（表2-5）。因此，砂岩次生孔隙按成因可分为破裂孔隙、收缩孔隙和溶蚀孔隙，其中溶蚀孔隙是次生孔隙的主体。根据被溶蚀对象的不同和溶蚀的程度差异，又将溶蚀孔隙分为若干小类，如粒间溶孔、粒内溶孔、铸模孔、超大孔等。

表2-5 砂岩产生次生孔隙的成岩作用（据Schmidt等，1979）

成岩作用		形成的次生孔隙
岩石破裂作用		较少
颗粒破裂作用		较少
收缩作用		较少
溶解作用	长石的	较多
	岩屑的	较多
	方解石的	较多
	白云石的	较少
	菱铁矿的	较多
	硫酸盐的	较少
	其他蒸发岩的	较少
	硅酸盐的	很少
	其他非硅酸盐的	很少

砂岩的次生孔隙绝大部分是由溶蚀作用造成的。在地下深处，由于孔隙水成分的改变，长石、火山岩屑、碳酸盐岩屑和石英、方解石、硫酸盐等胶结物大量溶解，形成次生溶蚀孔隙，使储集层孔隙度增大。这种次生溶蚀孔隙对改善储集层物性的重要性受到越来越多的重视。

2. 次生孔隙的识别标志

Schmidt和McDonald（1979）认为，次生孔隙的识别应借助多方面的证据，次生孔隙一般较大，在形态和分布上比原生孔隙更无规律。在显微镜下识别次生孔隙的岩石学标志包括：（1）部分溶解作用；（2）铸模；（3）不均匀排列和"漂浮状"颗粒；（4）特大孔隙；（5）伸长状孔隙；（6）溶蚀的颗粒边缘；（7）颗粒内溶蚀（蜂窝状颗粒）；（8）破裂的颗粒等（图2-17）。还可以通过一些宏观标志识别次生孔隙，如在井的深度剖面上分析电测孔隙度或岩石实测孔隙度可以发现次生孔隙发育带。

3. 次生孔隙的形成机制

溶蚀作用是形成次生孔隙的主要成岩过程。以Schmidt和McDonald（1979）为代表的一批学者首次发现在砂岩中存在许多由溶蚀作用形成的次生孔隙，并建立了一整套有关砂岩次生孔隙的识别标志，指出了砂岩次生孔隙的地质分布和成因。到了20世纪80年代，以Surdam和McDonald（1984，1989）等为代表的一批学者，在砂岩成岩作用与孔隙演化研究方面，已由原来单纯地研究岩石（成岩作用）转向研究岩石与流体及其相互作用（水岩反应），强调把烃源岩、储集层以及包含在其中的流体作为一个统一的系统来研究，突破了有机作用与无机作用之间的障壁，强调有机地球化学过程（如有机质成熟史）与无机地球化学过程（如矿物的溶解、沉淀、蚀变过程）之间的成因联系和统一性。

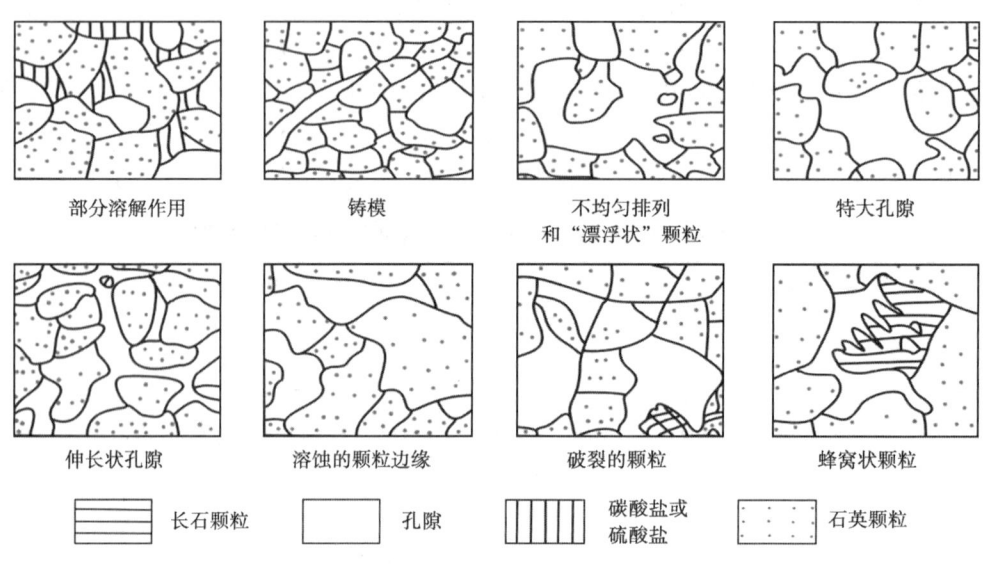

图 2-17 砂岩次生孔隙的识别标志（据 V. Schmidt 和 D. A. Mcdonald，1979）

砂岩中的溶蚀作用从被溶蚀的对象来看可以分为铝硅酸盐溶蚀、碳酸盐溶蚀以及二氧化硅溶蚀（朱筱敏，2002）；从产生溶蚀的原因可分为有机酸溶蚀和碳酸溶蚀。有机酸对铝硅酸盐、碳酸盐和二氧化硅均可产生溶蚀作用，对铝硅酸盐的溶蚀主要通过羧酸阴离子对铝的络合，对二氧化硅的溶蚀主要通过对硅的络合，对碳酸盐的溶蚀主要是通过形成具有一定溶解度的羧酸钙。碳酸主要对碳酸盐产生溶蚀作用。有机酸的溶蚀能力是碳酸溶蚀能力的几倍到几十倍甚至上百倍。

1) 有机酸对岩石组分的溶解

Surdam 等（1984，1989）首次提出了砂岩次生孔隙的有机成因理论，指出干酪根热成熟过程中生成的有机酸（如草酸、醋酸和酚等）对砂岩次生孔隙的形成有直接关系。Surdam 和 Grossey（1989）的实验研究结果表明，在油气大量生成时期，泥岩中的干酪根在 80~120℃热作用下，会脱去含氧官能团（羧基及酚等），从而形成大量有机酸。有机酸对溶液的 pH 值有缓释作用，控制地层水的 pH 值在 5~6 之间，可能存在一个碳酸盐和长石的溶解过程。通过实验也证实了有机质在成熟过程中产生的有机酸对铝硅酸盐和碳酸盐的溶解作用。

有机酸对碳酸盐矿物有两种溶解机理，一是有机酸经脱羧产生 CO_2，溶于水形成碳酸，从而使碳酸盐溶解；二是有机酸解离出的 H^+ 对碳酸盐发生溶解作用。

有机酸与 Al^{3+} 的络合导致了对铝硅酸盐矿物很强的溶解作用。有机酸与铝硅酸盐如长石、蒙皂石等反应可发生蚀变作用，体积减小，孔隙增加。以钾长石为例：

钾长石（217.45cm^3）+2H^++H_2O=高岭石（99.5cm^3）+石英（90.88cm^3）+2K^+

除有机质热成熟过程中生成有机酸和酚类外，烃类与硫酸盐之间发生 TSR（热化学硫酸

盐还原作用）反应的主要产物是有机酸、碳酸氢根离子、硫化氢及固体沥青，其总反应方程式可以表示为

$$SO_4^{2-}+烃类+H_2O \xrightarrow[R_o>1.3\%]{>100\sim135℃} H_2S+S+沥青+有机酸+HCO_3^-+热$$

TSR 反应生成的有机酸和 CO_2 等酸性物质，可以对发生 TSR 反应附近层段中的方解石、白云石和硬石膏等矿物产生广泛的溶解作用。

纪友亮等（1995）对东濮凹陷濮深 12 井沙河街组干酪根样品有机酸测试分析表明，有机酸种类较多，如甲酸、乙酸、丙酸、丁酸和戊酸，还有丙二酸、丁二酸、戊二酸和己二酸，总酸浓度最高达 24.36mg/g，足以对储集层产生溶蚀作用。干酪根在纵向上总的演化特征是：1200m 以上有机质开始分解产生有机酸；在 2500~2800m 深度范围内，有机酸开始大量生成；2800~3500m 是总有机酸的生成高峰，使地层水 pH 值小于 7，对碳酸盐胶结物和长石颗粒产生溶蚀作用，形成第一个广泛分布的次生孔隙发育带（图 2-18）。

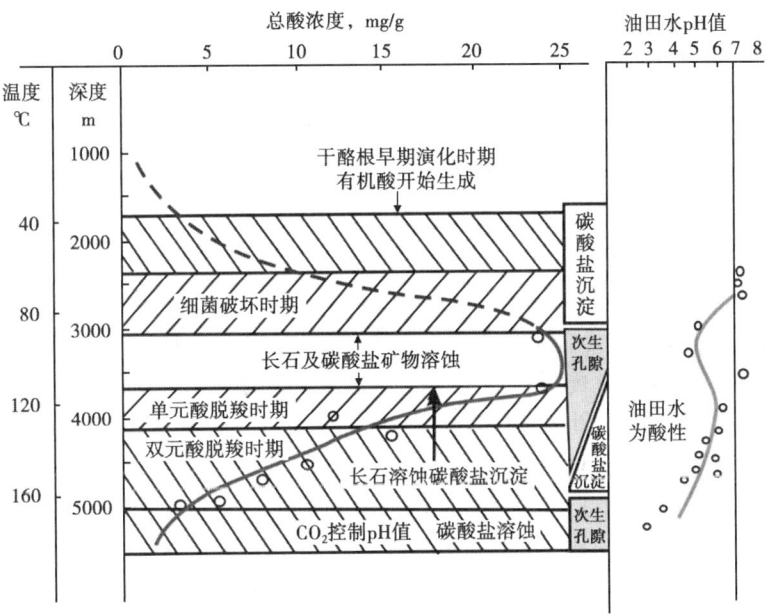

图 2-18　东濮凹陷濮深 12 井沙河街组干酪根样品有机酸纵向演化剖面（据纪友亮等，1995）

2）碳酸的形成及其对岩石组分的溶解

碳酸的形成有有机成因和无机成因两种。有机质的氧化作用、细菌对硫酸盐矿物的还原作用、生物的发酵作用、热脱羧基作用、矿物氧化还原反应以及碳酸盐岩矿物的热分解（如菱铁矿的分解）等均可产生 CO_2，形成酸性水。随后酸性水进入砂岩，形成酸性介质。

Surdam 和 Crossey（1989）又指出，温度在 120~160℃ 之间时，虽然有机酸开始脱羧变成烃类和 CO_2，浓度逐渐降低，但仍保持一定的丰度；由于有机酸对 pH 值的缓冲作用，尽管此阶段 CO_2 大量生成，但成岩溶液的 pH 值仍为 5~6。相反，CO_2 浓度的提高使碳酸盐被溶解的反应向相反的方向进行，即向生成碳酸盐的方向移动。因此这个阶段是长石被溶解和碳酸盐胶结物沉淀共存的阶段，此阶段不仅产生次生孔隙，同时也有相当数量的碳酸盐矿物沉淀。

Surdam 和 Crossey 还指出，当温度大于 160℃ 时，有机质演化所产生的有机酸已全部分

解产生 CO_2 和烃，此时，成岩溶液中的有机酸已不存在，溶液中的 pH 值完全由 CO_2 控制。此阶段有机质演化和有机酸分解产生的 CO_2 浓度的提高使溶液的 pH 值继续降低至 2，这种酸性溶液主要造成碳酸盐矿物的溶蚀，形成深层次生孔隙发育带。

纪友亮等（1995）对东濮凹陷濮深 12 井沙河街组干酪根样品有机酸测试分析表明，在 4300m 以下，由于有机酸几乎完全分解产生烃类和 CO_2，其浓度大大降低（图 2-18），则地层水的 pH 值完全受 CO_2 控制。CO_2 浓度的提高，使地层水的 pH 值可以降到 3，这种强的酸性地层流体对碳酸盐胶结物及长石颗粒产生溶解形成第 4 个次生孔隙发育带（图 2-18），这个次生孔隙带中长石的溶蚀作用小，而碳酸盐胶结物的溶蚀量大，形成低碳酸盐含量带。

此外，在成岩作用的深埋阶段，黏土矿物和碳酸盐反应产生 CO_2，如高温条件下高岭石转化为绿泥石的反应、伊利石蚀变为长石或绿泥石的反应等都能释放出一些 CO_2（Maffler 和 White，1969；Hutcheon，1980）。

3）大气降水的淋滤作用

大气降水的淋滤作用主要使暴露地表或近地表岩石（沉积间断或不整合面下）遭受溶蚀，产生次生孔隙。Krynine（1947）首次指出次生孔隙的产生和不整合面的关系，砂岩中碳酸盐胶结物在砂岩抬升、风化期间要经受溶解作用。Gorrdls（1971）认为在含有 CO_2 和水（与不整合有关）的作用期间，长石化学风化产生高岭石，可以用来解释高岭石与不整合面共生。Surdam（1983）对土壤的研究证实：除 CO_2 形成的 H_2CO_3 外，土壤中还含有草酸；不整合带砂岩中的长石易风化成高岭石，也可产生大量 HCO_3^-。因此，大气水具有很强的溶解能力，如碳酸盐的溶解作用，长石、黑云母淋滤蚀变为高岭石等。

4. 次生孔隙的分布规律

Schmidt 和 McDonald（1982）提出，次生孔隙主要是酸性流体对矿物颗粒及填隙物的溶解作用所产生的。但存在酸性流体，不等于一定能产生次生孔隙。只有酸性流体不断地流动，把溶解的物质携带走，才能保证产生次生孔隙，形成次生孔隙发育带。

不同成岩阶段所形成的次生孔隙，在类型和数量上是很不一样的。几乎在任何成岩后生环境中，都可以发生砂岩次生孔隙的形成、保存、变化和破坏。不同成岩后生阶段所形成的次生孔隙在数量上差异很大：一般后生阶段中期可以形成大量次生孔隙，后生阶段早期和晚期则形成较少。晚期主要为裂缝，中期主要是溶蚀孔隙（表 2-6）。表生作用阶段也是次生孔隙形成的重要阶段，风化剥蚀和大气降水的淋滤可形成区域性分布的风化壳次生孔隙发育带。

表 2-6 次生孔隙发育与有机质成熟度、泥岩压实、混层转化的关系（据张厚福等，1998）

成岩阶段		有机质成熟度	混层黏土矿物转化		砂岩孔隙类型	泥岩脱水	泥岩压实阶段
			转化带	蒙脱石含量,%			
成岩期		未成熟	蒙脱石带	>70	原生孔隙	孔隙水	初期压实 稳定压实
后生期	早期	半成熟	渐变带	70~50	混合孔隙	层间水稳定带	
	中期	低成熟	第一迅速转化带	50~35	次生孔隙带	层间水快速脱出带	突变压实
		成熟带	第二迅速转化带	20			紧密压实
		高成熟	第三迅速转化带	<15	少量次生孔隙和裂缝	深埋缓慢脱水带	
	晚期	过成熟	混层消失	—	裂缝为主		

砂岩次生孔隙的纵向分布主要与有机质演化阶段、混层黏土矿物转化时期具有密切关系。表2-6显示成岩后生作用阶段（catagenesis）中期，恰与生油窗、压实突变、泥岩脱水排烃时期相对应，是次生孔隙总量占优势的发育演化阶段，对油气运移、聚集十分有利。所以，综合成岩阶段、有机质成熟度、混层黏土矿物转化、砂岩孔隙类型、泥岩脱水、泥岩压实阶段等项资料，可帮助预测砂岩次生孔隙发育带的纵向分布。它们在声波测井和地震传播速度上均会显示低速异常，这两种方法已成为油气勘探中常用的预测砂岩次生孔隙发育带的有效方法。

我国东部中—新生代陆相断陷盆地内碎屑岩储集层孔隙在纵向上具有一定的演化规律。以济阳坳陷东营凹陷为例，超过1900m后，由于泥岩有机质开始成熟并形成有机酸，溶蚀作用占了主导地位，因此在1900m以下的井段基本都属于次生孔隙（钟大康等，2003）。其中1650~2500m主要为早期胶结的粒间方解石胶结物溶蚀，为次生孔隙最发育井段（图2-19）；2500m以下为晚期的含铁方解石溶蚀，次生孔隙略差，与有机酸脱羧和有机质裂解产生CO_2形成的碳酸有关。

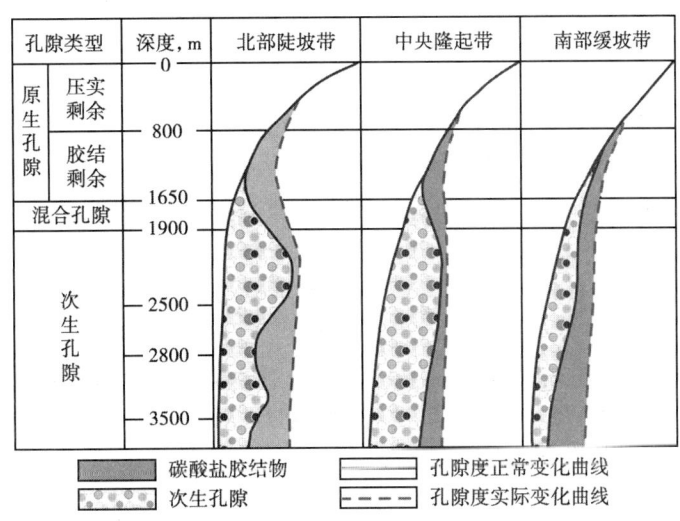

图2-19 东营凹陷古近系砂岩孔隙垂向分布模型（据钟大康等，2003）

在中国东部其他断陷盆地，孔隙演化基本上也遵循这一规律，只是不同地区次生孔隙发育的深度有些差异，如沾化凹陷次生孔隙在2500~3000m井段最发育（钟大康等，2003）；东濮凹陷次生孔隙发育段为2300~2800m，且存在多个次生孔隙发育带（李忠等，1994；赵澄林，1999）。我国西部陆相盆地如准噶尔盆地阜东斜坡区侏罗系砂岩次生孔隙主要分布在2000~2800m（钟大康等，2003）。

（四）其他因素对储集层物性的影响

影响碎屑岩储集层物性的因素除以上所述外，尚有岩层层面、层理面的发育程度，但其重要性一般远比上述因素差。层理明显的砂岩往往是砂、泥交互成层的薄层，泥质含量较高，颗粒也较细。常见的具薄水平层理、波状层理的细砂岩和粉砂岩储集性质不好，而且渗透性具明显的方向性，平行于层面的水平渗透率较大，垂直于层面的垂直渗透率较小（一般采用的渗透率是指水平渗透率）。具斜层理的砂岩平行于斜层面方向的渗透率最大，垂直于斜层面方向的渗透率最小。砂岩中若含有泥质条带也会影响储集性质，尤其使垂直渗透率变小，其所起作用与泥质夹层相似。尽管岩层层面及层理构造对储集性质难以提供具体的数据，但是，它却提供了对油层宏观的、较全面的感性认识，而且层理构造是沉积环境的良好标志，因此从层理构造类型还可推断油层在垂向上和平面上的分布及其储集性质的变化趋势。

此外，在钻探开发砂岩油气层时，一些人为因素也会对砂岩储集层的物性产生一定的影响。这些影响主要是在钻井、完井、开采、修井、注水过程中，改变了原来油藏的物理化学性质、热力学平衡、动力学平衡及物质成分，从而改变了储集层物性，造成储集层物性变差，称为储集层伤害。储集层伤害的主要原因如下：

（1）在注水或酸性液时，含水敏或酸敏性黏土矿物储集层的黏土填隙物发生膨胀，堵塞孔隙或喉道，造成物性变差。

（2）外来颗粒（如钻井液中的水泥或其他颗粒或储集层本身较疏松的颗粒）在高压下侵入储集层，堵塞孔隙喉道。

（3）工作液在储集层发生化学沉淀、结垢及产生油水乳化物，也可造成储集层伤害。

第四节 碳酸盐岩储集层

碳酸盐岩储集层是另一类重要的油气储集层。碳酸盐岩储集层中的油气储量占世界油气总储量的一半左右，产量已达到总产量的60%以上。碳酸盐岩油气田一般比砂岩油气田储量大，单井产量高，容易形成大型油气田。据世界上198个大油田统计表明，碳酸盐岩大油田平均可采储量为$5.6×10^8t$，砂岩大油田的平均可采储量为$2.9×10^8t$。另外，世界上共有9口日产量曾达万吨以上的高产井，其中有8口属碳酸盐岩储集层。如墨西哥黄金巷油区的赛罗·阿泽尔-4井，储集层为中白垩统的礁灰岩，最高日产量曾达37140t。波斯湾盆地是世界碳酸盐岩油气田分布最集中的地区，其中沙特阿拉伯的加瓦尔油田是世界特大型的碳酸盐岩油田，其可采储量高达$115×10^8t$，也是目前世界上可采储量最大的油田。利比亚的锡尔特盆地，墨西哥环礁带，俄罗斯地台上的伏尔加—乌拉尔含油气区，北美地台区的密歇根盆地、伊利诺伊盆地、二叠盆地、西内部盆地和辛辛那提隆起，以及艾伯塔地区等世界重要产油气区的储集层都是以碳酸盐岩为主的。

我国碳酸盐岩地层分布极为广泛，层位多，厚度大，油气显示丰富，并已找到了工业性的油气藏。川南在碳酸盐岩地层中采气已有2000多年的历史。20世纪70年代中期华北任丘碳酸盐岩古潜山油田的发现，为在我国寻找碳酸盐岩油气田打开了新局面。在四川盆地、鄂尔多斯盆地、塔里木盆地的碳酸盐岩层系中也发现了大中型油气田。为了加快我国油气勘探的步伐，不断增加后备储量，加强海相碳酸盐岩油气储集层的研究，具有十分重要的意义。

一、碳酸盐岩储集层的储集空间类型

碳酸盐岩储集层的岩石类型多样，主要包括石灰岩、白云岩、粒屑灰岩、礁灰岩等。

碳酸盐岩的储集空间，通常分为孔隙、溶洞和裂缝三类。孔隙是指岩石结构组分粒内或粒间的空隙，形状大小近于等轴状，与碎屑岩中的孔隙相似。溶洞是由溶解作用扩大了的孔隙，直径一般大于2mm，有人将溶洞和孔隙合称为孔洞。裂缝是伸长状的储集空隙，长宽比一般大于10:1。一般说来，孔隙和溶洞是主要的储集空间，在一定程度上也起通道作用；

裂缝是主要的渗滤通道，也具有一定的储集能力。

碳酸盐岩储集空间的形成过程是一个复杂而长期的过程，它贯穿在整个沉积过程及其以后的各个地质历史时期。它除了受沉积环境的控制外，地下热动力场、地下（或地表）水化学场、构造应力场等因素均对它们的形成和发展有巨大的影响。由于碳酸盐岩的特殊性（易溶性和不稳定性），碳酸盐岩储集空间的演化相当复杂，孔隙类型多、变化快，往往在同一储集层内存在着多种类型的孔隙，各种孔隙又往往经受几种因素的作用和改造。因此，对碳酸盐岩储集空间分类时，既要考虑它的原始成因，又要考虑它在整个地质历史过程中的改造和变化。关于碳酸盐岩孔隙类型的划分方案较多。Choquette 和 Pray（1970）根据受组构控制与不受组构控制两项关系，将碳酸盐岩孔隙划分为三大类型 16 种孔隙。为了与碎屑岩储集空间类型划分相对应，本书根据碳酸盐岩孔隙的形成时间及成因，将其分为原生孔隙、次生孔洞和裂缝三类来进行论述（图 2-20）。

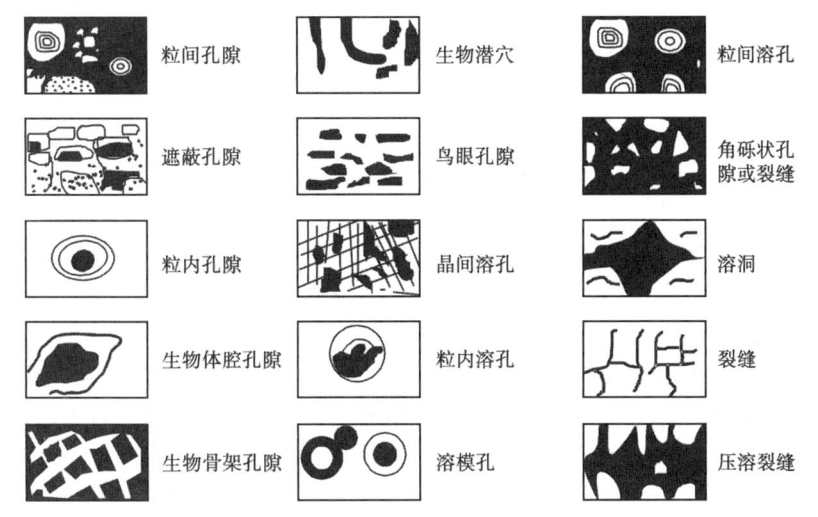

图 2-20 碳酸盐岩孔隙类型示意图（据张厚福等，1999）
（黑影部分代表孔隙）

（一）原生孔隙

碳酸盐岩的原生孔隙主要是指在沉积时期形成的与岩石组构有关的孔隙。它们在成岩期可以发生一些变化。原生孔隙包括粒间孔隙、粒内孔隙、生物骨架孔隙、生物体腔孔隙、遮蔽孔隙、鸟眼孔隙和生物潜穴等。中—新生代碳酸盐岩储集层中的原生孔隙是重要的储集空间类型。

1. 粒间孔隙

粒间孔隙是指粒屑碳酸盐岩粒屑之间未被基质填积和胶结物充填的原始孔隙空间。粒间孔隙只有在粒屑含量很高（一般应大于 50%）形成颗粒支撑格架时才能出现。粒间孔隙的发育程度与粒屑的含量、大小、形状、分选程度、堆积方式，以及胶结物含量等因素密切相关，而它能否得以保存还取决于沉积后的地质历史时期亮晶方解石或其他可溶矿物的充填程度。粒间孔隙是鲕粒灰岩、生物碎屑灰岩和内碎屑灰岩等颗粒灰岩常具有的孔隙，是碳酸盐岩储集层的主要孔隙类型之一。世界上相当多的碳酸盐岩储集层发育此类孔隙。

2. 粒内孔隙

粒内孔隙是指组成碳酸盐岩的各种颗粒内部的孔隙，如骨屑、团块、内碎屑、鲕粒等颗粒内部的孔隙，生物灰岩常具有这种孔隙。这种孔隙的绝对孔隙度可以很高，但有效孔隙度不一定大，必须有粒间孔隙或其他孔隙与它连通，使得粒内孔隙彼此相通才有效。

3. 生物骨架孔隙

生物骨架孔隙是由原地固着向上生长的造礁生物（珊瑚、海绵、层孔虫、苔藓虫和藻类）群体骨架间的孔隙。孔隙形状随生物生长方式而异，在骨架之间构成疏松多孔的结构，如各种生物礁灰岩，这类岩石具有很高的孔隙度和渗透率。它是碳酸盐岩的主要孔隙类型之一。具生物骨架孔隙的生物礁储集层往往和具粒间孔隙的生物碎屑灰岩储集层相伴生。

4. 生物体腔孔隙

生物体腔孔隙是指生物死亡后生物壳体内的软体腐烂分解，体腔内未被灰泥等充填或部分充填而保留下来的空间。具此类孔隙的岩石绝对孔隙度大，有效孔隙度不大，因此，由它单独构成储集层的储集空间少见，多数和粒间孔隙相伴生。

此外，遮蔽孔隙、鸟眼孔隙和生物潜穴一般作为储集空间意义不大。生物潜穴是由某些生物的钻孔所形成的孔隙，较为少见，孔隙常被完全充填。鸟眼孔隙是一种透镜状或不规则状孔隙，常成群出现，平行于纹层或层面分布。鸟眼构造留下的孔隙，常比粒间孔隙直径大，多发育在潮上或潮间带，在成岩后期，由于气泡、干缩或藻席溶解而成，是网格状或窗孔状孔隙的一种类型。

（二）次生孔洞

碳酸盐岩的次生孔洞是指在沉积期后发生的、受成岩后生作用控制的孔隙，它包括晶间孔隙、溶蚀孔隙和溶洞。次生孔洞是碳酸盐岩储集层重要的储集空间，特别对古生代或时代更老的碳酸盐岩尤为重要。

1. 晶间孔隙

晶间孔隙是指碳酸盐矿物晶体之间的孔隙，一般呈棱角状，其孔隙大小除与晶粒大小及其均匀性有关外，还受排列方式的影响。一般以粉晶、细晶、排列又不均匀者晶间孔隙较发育，如砂糖状白云岩具良好的晶间孔隙。颗粒细小的灰泥石灰岩虽然也有晶间孔隙，孔隙数量很多，绝对孔隙度也可以很大，但与黏土岩相似，由于孔径太小，所以有效孔隙度很低。晶间孔隙主要是白云石化作用、重结晶作用等成岩作用形成的，尤以白云石化作用形成的晶间孔隙最为重要，它是碳酸盐岩储集层的重要孔隙类型之一。

2. 溶蚀孔隙

溶蚀孔隙简称溶孔，是指碳酸盐矿物或伴生的其他易溶矿物被地下水、地表水溶解后形成的孔隙。溶解作用在沉积过程中就开始了，它可以一直延续到成岩以后，直到表生作用阶段。一般说来，在近岸浅水地带沉积物暴露水面时或在不整合面下的岩溶带溶蚀作用最为活跃，溶蚀孔隙发育。

溶蚀孔隙是碳酸盐岩储集层的主要孔隙类型之一，它包括下面几种主要类型：

（1）粒内溶孔和溶模孔。粒内溶孔是指由于选择性溶解作用，各种颗粒内部部分被溶解所形成的孔隙，如鲕内溶孔、介内溶孔等；当溶解作用继续进行，把颗粒全部溶蚀，并形成与颗粒形态、大小完全相似的孔隙，则称溶模孔，如鲕模孔（又称负鲕）、介模孔、晶体溶模孔等。

(2) 粒间溶孔。粒间溶孔是指溶蚀颗粒之间的灰泥基质或胶结物而形成的孔隙，其溶蚀范围可以部分涉及周围的颗粒。淋滤粒间灰泥是粒间溶孔常见的一种类型。它往往有较好的孔隙度和渗透率，构成良好的油气储集空间。

(3) 晶间溶孔。晶间溶孔是指选择性溶蚀矿物晶体之间的物质所形成的孔隙。它主要发育在白云岩中，选择白云岩晶体间的方解石进行溶蚀。晶间溶孔呈港湾状，大小较均匀，常称"针孔"。

上述三类溶蚀孔隙和岩石的组构有关，是选择性溶解作用形成的溶孔。此外，还有和岩石组构无关的溶孔，这类溶孔呈不规则的等轴状。

3. 溶洞

溶洞和溶孔之间没有严格的区别，一般孔径大于 2mm 者称溶洞。溶洞多半发育在厚层质纯的石灰岩和白云岩中。古岩溶分布的地区和层段可作为良好的储集层。川东南的高产井约 80% 与古岩溶有关。

(三) 裂缝

碳酸盐岩性脆，易破裂。裂缝是碳酸盐岩中一种常见的地质现象。碳酸盐岩储集层中的裂缝既是储集空间，又是重要的渗滤通道。世界上主要的碳酸盐岩产油气层均与裂缝的发育有着密切的关系。如我国西南地区一些碳酸盐岩油气田的形成往往与裂缝有关。伊朗著名的阿斯马利灰岩油气储集层，也是裂缝型的，从中钻成了三口万吨井。碳酸盐岩中裂缝的类型很多，按成因可分为构造裂缝和非构造裂缝两大类。非构造裂缝又可分为成岩裂缝、风化裂缝和压溶裂缝三类。

构造裂缝是指在构造应力作用下，构造应力超过岩石的弹性极限使岩石发生破裂而形成的裂缝。构造裂缝是裂缝中最重要的类型。它的特点是边缘平直，延伸远，成组出现，具有明显的方向性。在漫长的地质历史中，岩层往往经受多次构造运动的影响，形成了复杂的裂隙系统，它构成了碳酸盐岩裂缝性储集层的主要储集空间和油气运移的主要通道。构造裂缝往往发育在一定的岩层中，它的发育程度与岩性密切相关，岩性越脆越易产生裂缝。因此，一般说来，构造裂缝在白云岩中最发育，石灰岩中次之，泥灰岩中最差。构造裂缝又往往发育在一定的构造部位上，它和岩石所承受的构造应力的强度和自身的形变有关。背斜构造的顶部、轴部以及箱状背斜的肩部裂缝最发育，背斜倾没端次之。此外，断层附近及其消失部位也是构造裂缝发育的有利部位。

成岩裂缝是指沉积物在石化过程中被压实、失水收缩或重结晶等情况下形成的一些裂缝。成岩裂缝一般受层理限制，不穿层，多数平行于层面，裂缝面弯曲，形状不规则，有时有分叉现象。

风化裂缝又称溶蚀裂缝，是指古风化壳由于地表水淋滤和地下水渗滤溶蚀所形成或所改造的裂缝，此类裂缝大小不均，形态奇特，缝隙边缘具有明显的氧化晕圈。这类裂缝发育深度视潜水面的深度而异。由于淋滤和溶蚀作用形成的裂缝网对液体流动不会产生什么阻力，因此，具风化裂缝的岩层渗透率比周围致密岩层要高得多。

压溶裂缝是成分不太均匀的碳酸盐岩在上覆地层静压力作用下，富含二氧化碳的地下水沿裂缝或层理流动，发生选择性溶解而形成的裂缝，常见的是缝合线。缝合线中常残留有许多泥质和沥青，作为油气储集空间意义不大，但对油气的渗滤有一定的作用。

二、影响碳酸盐岩储集层物性的主要因素

(一) 沉积环境和岩石类型

影响碳酸盐岩原生孔隙发育的主要因素是沉积环境,即介质的水动力条件。碳酸盐岩原生孔隙的类型虽然多种多样,但主要是粒间孔隙和生物骨架孔隙,其发育程度主要取决于粒屑的大小、分选程度、胶结物含量以及造礁生物的繁殖情况。因此,水动力能量较强或有利于造礁生物繁殖的浅水、高能的沉积环境常常是原生孔隙型碳酸盐岩储集层的分布地带,一般包括台地前缘斜坡相、生物礁相、浅滩相和潮坪等(图2-21)。孔隙发育的岩石,多是一些粗结构的石灰岩,如粗粒屑石灰岩、粗晶石灰岩、生物灰岩。在水动力能量低的环境中形成的微晶或隐晶石灰岩,由于晶间孔隙微小,加上生物体少,不能产生较多的有机酸和CO_2,因此,不仅在沉积时期,就是在成岩阶段,要形成较多的次生溶孔也是比较困难的。

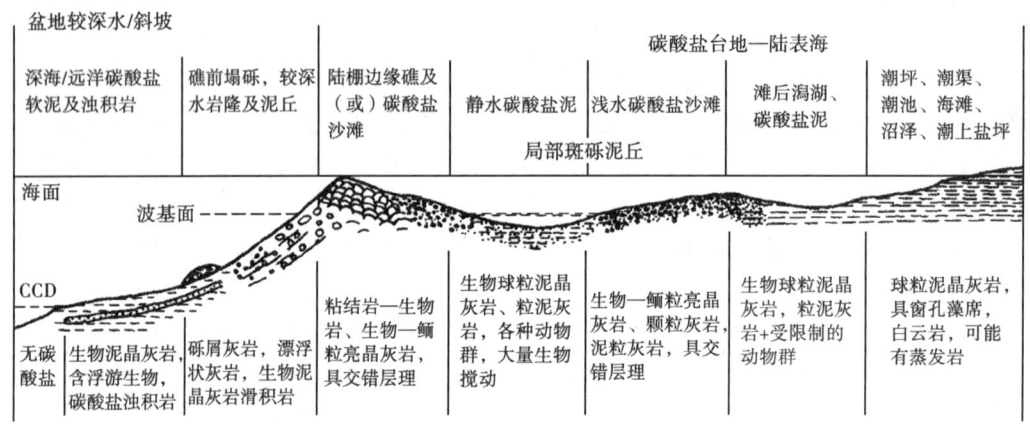

图 2-21 主要的碳酸盐沉积环境及相特征(据塔克,1981;转引自方少仙,1998)

(二) 成岩后生作用

碳酸盐岩的孔隙在它形成后的地质历史过程中是不断变化的。在沉积时期所形成的原生孔隙会因其后发生的各种成岩后生作用而改变。碳酸盐岩的成岩后生作用有些有利于储集层物性的改善,而有些则使储集层物性变差。特别是在一些时代较老的碳酸盐岩中,原生孔隙几乎损失殆尽。因此,研究成岩后生作用对孔隙的影响是很重要的。碳酸盐岩的成岩后生作用主要有压实作用、压溶作用、胶结作用、重结晶作用、白云石化作用、溶解作用、方解石化作用、硅化作用、硫酸盐化作用等。能产生或有助于产生次生孔隙的主要作用有溶蚀作用、重结晶作用和白云石化作用。

1. 溶蚀作用

溶蚀作用包括溶解作用、淋滤作用和岩溶作用。这三种作用既有联系,又有区别(表2-7)。

表 2-7 溶解、淋滤、岩溶三种作用的异同点(据包茨,1988)

内容 \ 作用	溶解	淋滤	岩溶
物质进入地下水	化学过程	化学过程	化学过程(伴有机械过程)
物质被地下水带出	无	渗流	渗流、管道流(地下河洞流系统)

溶解作用主要指酸性水对碳酸盐岩的化学溶解。它是一种化学过程，即固态物质本身转变为液态，并与液态相结合或化合，没有被溶物质带出的作用，溶液很快饱和。因此，单独的溶解作用，其影响能力是极为有限的。溶解作用在沉积期后的任何时间、任何环境都可存在。

淋滤作用包括溶解作用，但不限于溶解作用。它是可溶物质被溶解并伴有被溶物质因渗流而被带出的一种作用。在淋滤过程中，孔隙水必须是流动的，它能把被溶物质带走。这种排水过程是淋滤作用得以发生的关键。

岩溶作用包括溶解作用和淋滤作用，但不限于此二种作用。岩溶作用是一系列地质作用的综合，如淋滤、侵蚀、崩塌、搬运等，即洞穴化作用。

溶解作用既可以发生在地下深处，也可以发生在表生环境中。在地下深处，伴随地下油气生成过程形成的酸性地下水溶液是造成岩石溶解的主要因素，这一点与砂岩次生孔隙的形成机理相似。在表生环境中，大气淡水对碳酸盐岩的溶解是主要的机理。淋滤作用和岩溶作用主要发生在表生环境中，因为在地下一般缺少溶解物质被带出的条件，不能形成广泛的淋滤作用和岩溶作用。因此对碳酸盐岩次生孔隙的形成，表生环境的溶蚀作用具有更重要的意义。

表生环境下，碳酸盐岩溶蚀作用的发生主要与大气淡水的渗流和大气淡水的潜流有关。我们知道，在地下一定的深度存在地下水面（图2-22）。地下水面以上为地下水渗流带，其水流的特点是水流方向近垂直，流速快，作用时间短，溶解作用差。在这一带仅发育垂直溶孔和溶洞，并且主要在地壳上升时发育。地下水面以下为地下水潜流带，其水流特点是地下水以水平潜流为主，流速慢，作用时间长。这一带以形成水平管线状孔洞为主，在地壳稳定时期发育。

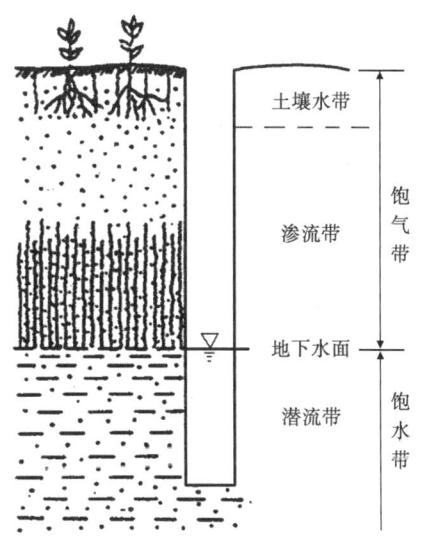

图2-22 地下水面分布示意图

地层剖面中的不整合面就是地质时期的古地表，不整合面以下一定深度范围内就是当时表生环境中的溶蚀作用发育带。当时，岩石出露地表遭受风化剥蚀，地表水沿断层、裂缝渗入地下，产生大量溶孔、溶洞、溶缝、溶道，形成规模巨大、错综复杂的溶蚀空间，称为岩溶带。由于地壳抬升的周期性，如果地壳上升→停顿→再上升交替进行的话，在一个不整合面以下可以发育多期（多层）岩溶。如果该区经历了多次沉积间断，有若干个不整合面，则相应可形成数个岩溶发育带。当然，在张性断层经过的地区，张性裂缝多，岩体破碎，有利于地下水进出。从现代岩溶调查来看，岩溶带紧随断层分布，岩溶与断层的关系比河流与断层的关系更为密切。对于褶皱而言，在背斜、向斜的不同部位，岩溶发育程度也是不同的。一般情况下，向斜轴部岩溶最发育，但是在背斜倾没端和向斜翘起端，尤其是各类褶皱构造的交会部位，岩溶最发育。另外，地层产状、岩层的组合方式（如透水层与不透水层的组合形式）等均对溶洞的延伸方向、排列和规模有一定影响。如有多层透水层与非透水层间互组合时，可形成多层岩溶带，各岩溶带厚度受上、下不透水层限制。我国塔里木盆地沙雅隆起塔河3、4号奥陶系油气藏的储集层分布有多期岩溶（图2-23），华北地区的奥陶系沉积以后，整体上升，经过长期沉积间断，古岩溶发育良好，涉及的层位较多，厚度可能很大，任丘油田雾迷山组储集层形成了三期岩溶（图2-24）。

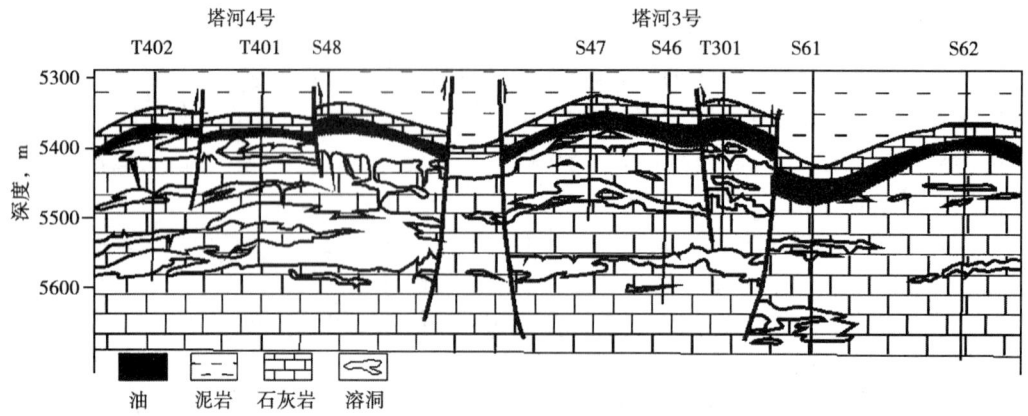

图 2-23 塔里木盆地沙雅隆起塔河 3、4 号奥陶系油气藏古岩溶带的分布

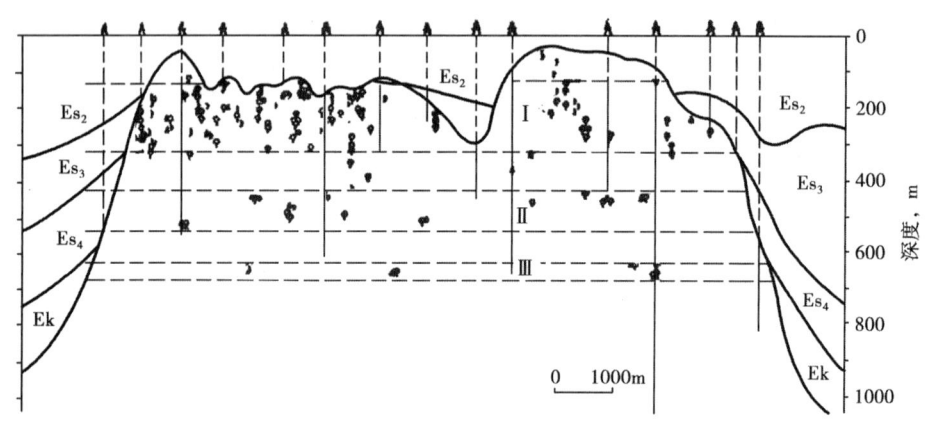

图 2-24 任丘油田古潜山岩溶垂向分带图
(据华北油田研究院,1982;转引自包茨,1988)

在古剥蚀面以下,古岩溶带发育的深度视不同地区和不同地质时代而异。从我国东部岩溶分布来看,现代岩溶带所及深度一般在 100~200m 甚至更浅些;被古近系、新近系和第四系埋藏的洞穴可达到千米左右的深度;地质时代更老的岩溶带可达两三千米之深。岩溶带的厚度变化也很大,要视区域构造运动发育情况、古地貌、古水文地质情况以及岩层性质和组合情况而定,少者几米至几十米,多者数百米甚至上千米不等。

溶蚀作用造成的碳酸盐岩储集层溶蚀孔洞的发育程度主要取决于岩石本身的性质和地下水(大气水)的溶解能力,还与一些环境因素有关。

1) 碳酸盐岩的溶解度

碳酸盐岩溶解度与其成分的 Ca^{2+}/Mg^{2+} 比值、黏土含量、组构及构造等因素有关。

在地下水富含 CO_2 的一般情况下,溶解度与 Ca^{2+}/Mg^{2+} 比值成正比关系,即石灰岩比白云岩易溶。因此,在通常情况下,石灰岩比白云岩更容易产生溶蚀孔洞。碳酸盐岩中不溶残余物(主要是黏土)的含量与溶解度成反比关系,即碳酸盐岩的溶解度随黏土含量的增加而减小。根据上述岩石成分的两方面影响,碳酸盐岩的溶解度按下列顺序递减:石灰岩→白云质石灰岩→灰质白云岩→白云岩→含泥石灰岩→泥灰岩。

岩石的组构和构造对碳酸盐岩的溶解度也有影响。一般来说，随着颗粒变小，溶解度降低。粗粒结构的碳酸盐岩中，黏土含量较少，粒间孔隙或晶间孔隙较大，地下水比较容易通过，易于产生溶蚀孔洞。

一般在厚层至中层状碳酸盐岩中孔洞发育好，薄层与非碳酸盐岩相组合的地层孔洞发育差。这是因为厚层碳酸盐岩一般是在相对稳定的环境下沉积的，不溶残余物含量较少，质纯，易产孔洞。

2）地下水的溶解能力

地下水（含地表水）的溶解能力是由地下水的性质和运动状态决定的。

当地下水中含有CO_2时，水溶液呈酸性；随着CO_2溶解量的增加，溶液的pH值降低，当其降至3.2时，便成为较强的酸性水，对碳酸盐岩的溶解能力大大增强。当这种地下水在碳酸盐岩地层中流动时，便逐渐将岩石溶解，并形成碳酸氢盐被地下水带走；反之，当水中缺乏CO_2时，则发生碳酸盐沉淀作用，堵塞孔隙，胶结岩石。地下水的酸性主要来源于地下油气生成过程中形成的有机酸和CO_2。

另外，岩石的溶蚀程度还与地下水的温度和压力有密切关系。有人曾经对碳酸盐岩样品进行淋溶试验，结果表明：温度升高，淋溶物质数量增大。因此，地下水对碳酸盐岩的溶蚀能力，同地温条件也有密切关系，一般认为，地温每增加10℃，溶蚀程度可能增加2倍。

3）地貌、气候和构造的影响

地下水运动是造成溶蚀作用发育的重要原因，而地下水的运动又与地貌、气候和构造等因素有关。在地貌上，溶蚀带多在河谷和海、湖岸附近地区较为发育。因为这些地区是泄水区和汇水区，地下水浸泡溶蚀时间长，在这些地区的碳酸盐岩层内部往往发育有很大的暗河。在气候上，温暖潮湿的地区，溶蚀作用最为活跃。

2. 重结晶作用

重结晶作用是指碳酸盐岩被埋藏之后，随着温度、压力的升高，岩石矿物成分不变，而矿物晶体大小、形状和方位发生了变化。这种作用使致密、细粒结构的岩石变为粗粒结构的、疏松、多晶间孔隙的岩石。粗粒结构的岩石强度降低，易产生裂缝，有利于地下水渗滤，为溶蚀孔隙的发育创造条件。我国四川侏罗系大安寨介壳灰岩产油气层的孔隙发育程度随重结晶作用的增强而变好。当碳酸盐岩中存在泥质、有机质、硅质、硫酸盐等杂质时，它们会降低碳酸盐岩重结晶的速度，又往往填塞在各种孔隙空间，对碳酸盐岩的储油物性产生不利的影响。

3. 白云石化作用

白云石化作用是指白云石取代方解石、硬石膏和其他矿物的作用。白云石化作用一般可分为两类，一类发生在沉积物中的准同生期白云石化作用；另一类发生在岩石中的成岩后生期白云石化作用。白云石化作用对碳酸盐岩孔隙度的影响至今仍是一个未解决的争论问题。以前一种比较流行的看法是白云石化作用总是引起孔隙度的增加，这是根据1837年包蒙所提出的白云石分子交代石灰岩中方解石分子的分子对等假说，其反应式为：

$$2CaCO_3 + Mg^{2+} = CaMg(CO_3)_2 + Ca^{2+}$$

此时体积缩小12.5%，这样就形成孔隙极为发育的白云岩。这种观点一直到现在还有人运用。但是，也有许多学者反对这种观点。1915年伦德斯在研究岩石白云石化作用对孔隙的形成问题时指出：（1）白云石化带并不总是孔隙发育带；（2）所观察到的白云岩孔隙与计算所得结果不一致;(3)白云岩中的孔隙本身带有溶蚀的痕迹,而不是依靠体积缩小的方式形成孔隙。

1953年柯尔任斯基在详细研究了各种交代作用以后指出,交代作用并不伴随体积的变化,交代作用的发育程度与孔隙溶液溶解固相物质的作用密切相关。存在于孔隙中的溶液含有可转变为固相的物质,但其浓度是不同的,不同的浓度就是形成致密的(或多孔的)交代岩石的主要原因。溶液过饱和时,往往形成致密坚硬的岩石;相反,在溶液矿化度低的情况下,岩石的孔隙就发育。通常在表生交代作用条件下,溶解作用大于沉淀作用,因而常形成多孔的白云岩。

尽管意见不同,但一般说来,在白云石交代方解石过程中,溶解作用大于沉淀作用,产生溶蚀孔隙,并且由于晶粒增大,晶间孔径变大,都会使白云石化石灰岩的孔隙度和渗透率增加,对岩石孔隙度和渗透率还是起改善作用的。

此外,还有压实作用、压溶作用和胶结作用等,它们对储集层物性主要起破坏作用,不少研究者都曾作过研究和总结,这里不再赘述。

(三)裂缝发育程度

裂缝既是碳酸盐岩储集层的储集空间,更重要的是油气渗滤的重要通道。不同类型的裂缝成因不同。根据成因可将裂缝划分为构造裂缝和非构造裂缝两大类。对储集层物性有重要影响的主要是构造裂缝。构造裂缝的发育程度和分布规律,受岩性和构造两方面因素的控制。在剖面上,裂缝往往发育在一定层位,主要受岩性控制;在平面上,裂缝往往发育在一定的构造部位,主要受构造因素控制。

1. 裂缝发育的岩性因素

裂缝发育的内因主要决定于岩石的脆性。岩性不同,脆性不一样,裂缝发育程度也不一样,脆性大的岩层更易发育裂缝。岩石脆性受岩石的成分、结构、层厚及其组合、成岩后生变化等因素的影响。

各类碳酸盐岩和化学岩的脆性由大到小有如下顺序:白云岩或泥质白云岩→石灰岩、白云质石灰岩→泥灰岩→盐岩→石膏。

碳酸盐岩中泥质含量增加时,会降低岩石的脆性,减弱裂缝的发育;相反,硅质含量增加时,会增加岩石的脆性,有利于裂缝的发育。

质纯粒粗的碳酸盐岩脆性大,易产生裂缝,并且开缝较多。如生物灰岩中,介壳含量较高、排列又整齐者,裂缝密度较大;结晶灰岩中,结晶粗的脆性比结晶细的大。

薄层状的碳酸盐岩中裂缝的密度较大,但裂缝的规模较小,容易产生层间缝和层间脱空,特别是夹于厚层中的薄层更易如此;厚层状碳酸盐岩中裂缝的密度较小,但裂缝的规模较大,且以立缝和高角度斜裂缝为主。

白云石化作用使石灰岩变为白云岩,晶粒由细变粗,会增加岩石的脆性,使裂缝易于发生。

2. 裂缝发育的构造因素

控制裂缝的构造因素主要是作用力的强弱、性质、受力次数、变形环境和变形阶段等。一般情况是受力强、张力大、受力次数多的构造部位裂缝发育,相反则差;同一碳酸盐岩中,在常温常压的应力环境下裂缝发育,在高温高压环境下则发育较差;在一次受力变形的后期阶段,裂缝的密度大、组系多,前期阶段则相应较小或少。这些条件的时空配合,控制着裂缝的分布规律。

1) 背斜构造上裂缝的分布

背斜构造上裂缝的分布，视褶皱的类型而异（图2-25、图2-26）。

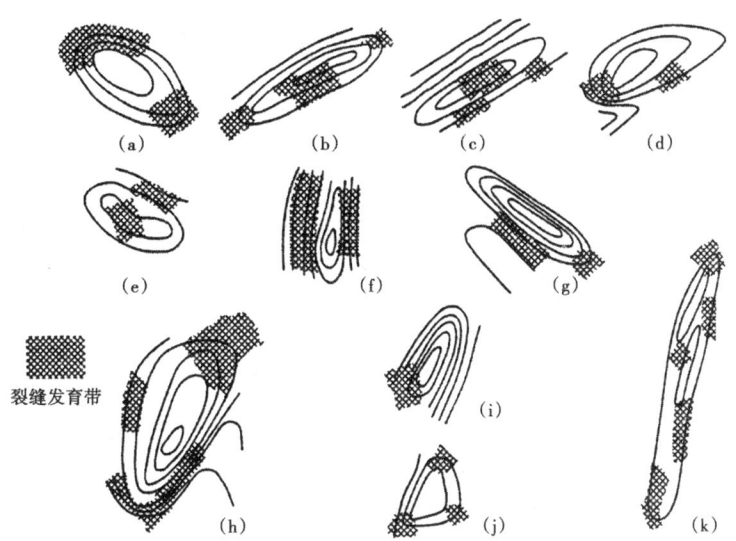

图2-25 不同形态局部构造上裂缝发育带的分布（据包茨，1988）

（a）～（g）位于西伯利亚地台南部；（h）位于俄罗斯地台上；
（i）、（j）位于南米努辛盆地内；（k）位于西阿努克塔乌背斜

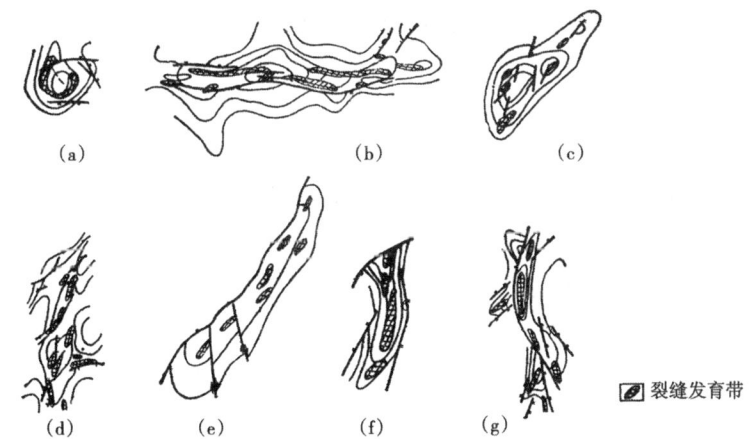

图2-26 四川盆地不同类型局部构造上裂缝发育带的分布
（据戴弹申，1985；转引自包茨，1988）

（a）白节滩构造；（b）纳溪构造；（c）朱家场构造；（d）阳高寺构造；（e）熊坡构造；
（f）中坝构造；（g）临峰场构造

在狭长形长轴背斜构造上，裂缝沿长轴成带分布，在高点最发育；裂缝以张性纵缝（裂缝走向平行于褶皱轴线）为主，高点部位尚有张性横缝（裂缝走向垂直褶皱轴线）和层间脱空；两翼不对称者，张性横缝偏于缓翼，轴线扭曲处的外侧张性横缝发育。

在短轴背斜上，裂缝沿轴部分布，在高点最发育。裂缝的组系和发育程度与褶皱强度有关，平缓的低丘状背斜以共轭斜裂缝为主，裂缝发育程度相对较差；高丘状背斜既有斜裂缝，又有张性纵缝和横缝，发育程度也较高。这类背斜在被断层复杂化时，裂缝的分布也随

之而变化。

在箱状背斜上，裂缝在肩部最发育，其次在顶部。在肩部既有张性纵缝，又有扭性缝，还有层间脱空；在平缓的顶部，以两组斜裂缝为主，弯曲增大时则发育纵缝和横缝。

在穹隆状背斜上，裂缝发育区集中在顶部；裂缝组系以斜交缝为主，并有纵缝和横缝发育，组成放射状，向顶部集中。

2）向斜地带裂缝的分布

向斜地带裂缝的发育程度与褶皱强度有关，这是同背斜地带的相似处。但是，背斜与向斜中应力的分布不同，裂缝的类型和性质也不同。例如，从剖面上看，背斜的上部张扭性裂缝发育，下部压扭性裂缝发育；向斜则与之相反，上部压扭性裂缝发育，下部张扭性裂缝发育。所以，在向斜地带储集层下部裂缝很发育，在向斜部位钻探时，要尽可能钻穿储集层底部，揭开张扭性裂缝带。

3）断层带上裂缝的分布

从广义上说，断层也是断裂的一种类型，不过断层两侧的岩块已发生显著位移而已。在断层发育过程中，位移滑动引起的应力会促使老裂缝进一步发育，并形成一些新裂缝。断层的展布方位和特征控制着裂缝的发育和分布规律。断层带上裂缝的发育和分布有如下规律：低角度断层引起的裂缝比高角度断层引起的裂缝更为发育；断层组引起的裂缝比单一断层引起的裂缝发育；断层牵引褶皱的拱曲部位裂缝最发育；断层消失部位，应力释放而引起的裂缝也很发育；紧靠断层面附近，为角砾缝带，裂缝大小视断层的性质而异，张性断层比压扭性断层的大。羽状裂缝发育于角砾缝外侧，张性裂缝和扭性裂缝均有。

总的来说，裂缝发育最主要的构造部位是构造轴部、端部、翼部挠曲以及与断层有关的牵引褶曲处。与背斜一样，向斜（或鞍部）中岩石产状要素陡变的地方也应视为裂缝发育的有利地带。

因此，搞清地下构造形态，是提高钻探成功率的关键。四川的石油地质工作者从长期寻找裂缝型高产油气田的实践中总结出一条经验，即在局部构造上钻井要"占高点，沿长轴，沿扭曲，沿断层"，简称"一占三沿"。

三、碳酸盐岩储集层的类型

碳酸盐岩储集层非均质性强，孔隙系统复杂，储集空间类型和物性主要受沉积作用、溶蚀作用、白云石化作用和构造作用等控制而形成。因此，对碳酸盐岩储集层的分类，既可以从储集层成因的角度进行划分，也可以从储集空间及其组合类型的角度进行划分。

（一）按成因分类

结合范嘉松（2005）、赵宗举（2007）和罗平（2008）等对世界和中国海相碳酸盐岩储集层的成因类型总结分析，这里将碳酸盐岩储集层归纳为礁滩型储集层、岩溶型储集层、白云岩储集层和裂缝型储集层四种成因类型。

1. 礁滩型储集层

礁滩型储集层主要受沉积作用控制而发育，包括台地边缘礁滩储集层及台地内部颗粒滩储集层。岩性主要为鲕粒灰岩、生物碎屑灰岩、生物灰岩、礁灰岩等，少数发生白云石化甚至转变为白云岩。台地边缘礁滩储集层主要有两类，一类是面积小的孤立状的塔礁，另一类是连片分布似层状的台地边缘礁滩复合体；孔隙类型主要有生长骨架孔隙、受溶解作用增大的孔隙，特别是礁体出露水面受淡水淋滤而成的孔隙。台地内部颗粒滩储集层主要有两类，即白云石化颗粒储集层和裂缝性颗粒储集层，孔隙类型为粒间孔隙、铸模孔隙、孔洞以及晶间孔隙。

世界上有许多特大油田的储集层都是这种类型，如沙特阿拉伯的加瓦尔油田，储集层为侏罗系碳酸盐台内颗粒滩相，上侏罗统阿拉伯组 D 段砂屑灰岩（主要由钙藻、有孔虫、层孔虫等骨屑组成）产油，孔隙度21%，渗透率4000mD，横向分布稳定，可采储量约$133×10^8$t；伊拉克的基尔库克是古近—新近系生物礁块储油，以生物骨架孔隙为主，伴有溶洞、裂缝。

我国目前陆上发现的礁体油气藏主要集中在川东和川东北地区上二叠统的长兴组塔礁和塔里木盆地塔中地区的台缘镶边礁。川东二叠系长兴组的塔礁个体小，一般在1km²至几十平方千米不等，高数十米至百米范围，成孤立状或半孤立状，发育于上斜坡部位，成群点状分布。川东北地区已发现一批长兴礁气藏，礁体储集层类型主要是以礁体白云石化层段为主，如七里北-2 井取心白云岩有效储集层厚度为 38.82m，平均孔隙度为4.29%。礁核相和礁缘相灰岩孔隙度很低，储集层不发育，与礁核相邻的颗粒滩相是主要储集层段。白云石化作用的层段往往在滩相，白云石化的相带是最优质的储集层（图2-27）。近年来发现了川东北下

彩图 2-27

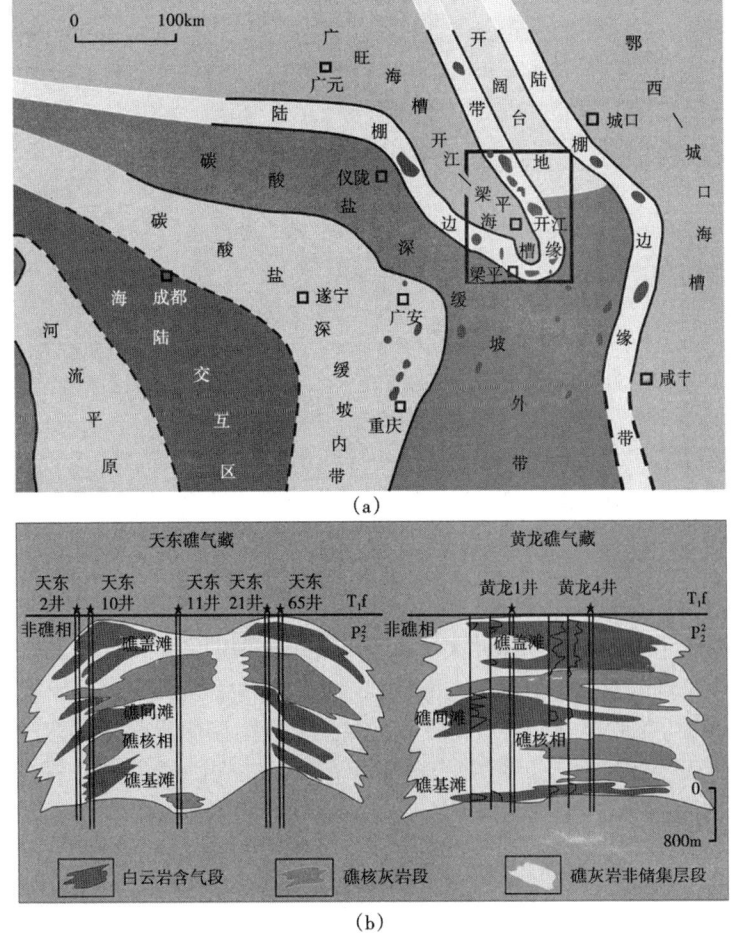

图 2-27　川东地区长兴组塔礁气藏分布与储集层结构（据罗平等，2008）
(a) 台缘斜坡塔礁分布；(b) 川东北塔礁储集层结构

三叠统飞仙关边缘相鲕滩及上二叠统长兴组边缘礁滩相带,并在其中发现了普光气田、罗家寨气田等大中型气田。

塔里木盆地的塔中Ⅰ号带凝析气田,为上奥陶统良里塔格组棚缘礁滩体灰岩储集层,主控因素为高能边缘相,准同生期暴露,遭受淡水溶蚀作用及埋藏溶蚀作用,局部还受成岩期断裂沟通淡水溶蚀作用及埋藏溶蚀作用的改造。塔中台地边缘良里塔格组的礁滩复合体总体具有准层状生物建隆结构,分布面积大,生物沉积建造的多期叠置形成了优质储集层,岩性主要有生物格架灰岩、生物碎屑岩、泥亮晶棘屑灰岩,孔隙类型有生物体腔孔、生物格架间孔洞、颗粒间孔、生物碎屑内孔、白云石晶间孔以及各类溶孔,探明面积200km², 探明地质储量油气当量$1×10^8$t(图2-28)。

彩图2-28

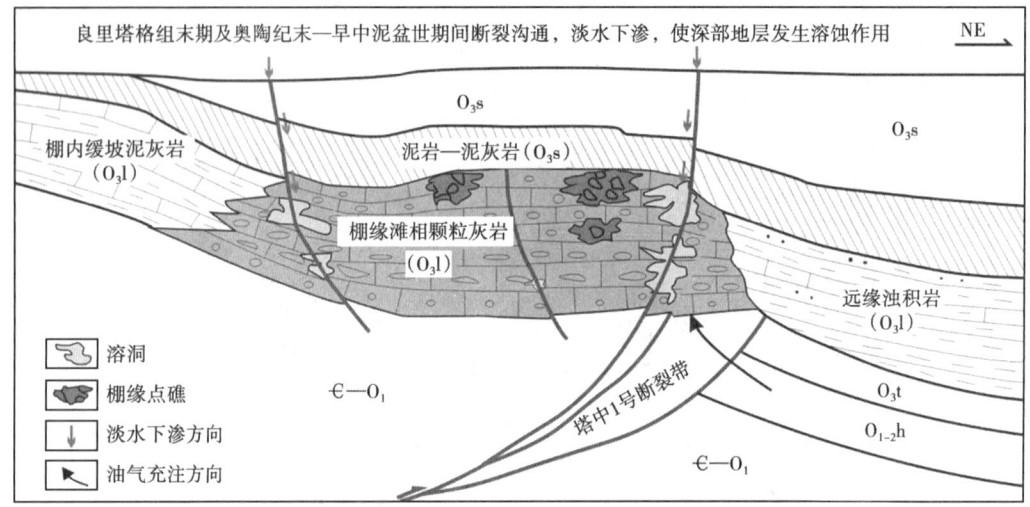

图2-28 塔里木盆地塔中Ⅰ号带上奥陶统良里塔格组棚缘礁滩体岩溶储集层成藏模式
(据赵宗举等,2007)

$O_{1-2}h$—中—下奥陶统黑土凹组;O_3t—上奥陶统吐木休克组;O_3l—上奥陶统良里塔格组;O_3s—上奥陶统桑塔木组;蓝色区域为塔中Ⅰ号带凝析气田良里塔格组棚缘礁滩储集体,其西南侧过渡为棚内缓坡低能沉积的泥灰岩上倾侧向封堵,东北侧为同期沉积的远源浊积岩泥岩—粉砂质泥岩封堵,上覆桑塔木组陆棚相泥岩—泥灰岩优质盖层

此外,在南海曾母盆地(纳土纳L气田)及万安盆地(大熊气田、兰龙气田)所发现的几个油气田也主要属于台地边缘礁滩储集层大中型甚至巨型油气田。曾母盆地纳土纳L构造巨型气田是南海迄今发现的最大天然气田,其储集层主要是中新统孤立台地珊瑚—红藻礁滩相灰岩,有效储集空间以生物骨骼文石溶解铸模孔为主,其次为层序界面暴露溶蚀孔洞,储集层的形成主要与层序界面暴露溶蚀及埋藏有机酸溶蚀有关。该气田储集层厚1622m,气藏高度为1600m,圈闭面积为260km²;平均孔隙度为20%,空气渗透率为100~500mD;储气量达62800×10^8m³,其中包括17500×10^8m³ 烃气、45300×10^8m³ 二氧化碳及其他非烃气。

中国碳酸盐台内颗粒滩的分布广泛,其勘探程度低,揭示较少,如塔里木盆地奥陶系鹰山组、四川盆地二叠系茅口组和长兴组、四川盆地三叠系飞仙关组、嘉陵江组和雷口坡组都发育开阔浅海碳酸盐台地和局限海台地的颗粒滩。碳酸盐台内滩灰岩一般致密,经过适当的岩溶作用、白云石化作用和构造断裂作用的改造,可以成为良好的储集层。目前在川中长兴组和飞仙关组台内滩灰岩中的勘探取得了重要进展。

2. 岩溶型储集层

岩溶作用定义为水对可溶性岩石（碳酸盐岩、硫酸盐岩等）的化学溶蚀、机械侵蚀、物质迁移和再沉积的综合地质作用及由此所产生现象的统称。岩溶型储集层是指与岩溶作用有关的储集层。岩溶作用往往形成规模不等的溶孔、溶洞及溶缝，所以岩溶储集层的储集空间以溶孔、溶洞和溶缝为特征，具有极强的非均质性。勘探实践表明，碳酸盐岩岩溶缝洞的分布不仅限于潜山区，内幕区同样发育有岩溶缝洞，而且是重要的油气储集空间。事实上，不整合面类型、斜坡背景和断裂均控制岩溶作用类型（层间岩溶作用、顺层岩溶作用、潜山岩溶作用等）和岩溶缝洞的发育。根据主控因素的不同可以将岩溶型储集层分为三种类型：（1）风化壳岩溶储集层；（2）层间岩溶储集层；（3）顺层岩溶储集层（赵文智等，2013）。

风化壳岩溶储集层（习惯上也称为潜山岩溶储集层）主要是指成岩后的碳酸盐岩经过较长时期的暴露及淡水溶蚀作用改造所形成的有效岩溶储集层，它又可以分为石灰岩风化壳岩溶储集层和白云岩风化壳岩溶储集层两类，分布于碳酸盐岩潜山区，与中长期的角度不整合面有关，准层状分布，潜山岩溶时间早于上覆地层，晚于下伏地层的形成时间。石灰岩风化壳岩溶储集层峰丘地貌特征明显（故又称石灰岩潜山），地貌起伏大，岩溶缝洞以及相互沟通的裂缝系统构成主要的储集空间，而围岩很致密，导致储集层非均质性强。比如塔里木盆地轮南油田和塔河油田的下奥陶统鹰山组石灰岩古风化壳岩溶储集层，基质孔隙度总体很低，主要依靠裂缝作为渗流通道。而白云岩风化壳岩溶储集层地貌平坦，峰丘特征不明显，缝洞系统则没有石灰岩风化壳岩溶储集层发育。储集空间并不是传统意义上的岩溶缝洞，而是不整合面之下多孔的白云岩储集层。围岩往往也是多孔的白云岩储集层。孔隙的形成可能与不整合面有关，如石膏的溶解和膏模孔的形成，也有可能在抬升剥蚀前孔隙已经形成，如细—中晶白云岩和颗粒白云岩储集层，表现出较高的基质孔隙度和渗透率，为相对均质性。如鄂尔多斯盆地靖边气田奥陶系马家沟组白云岩风化壳岩溶储集层（图2-29）、塔里木盆地牙哈—英买力寒武系白云岩风化壳岩溶储集层、四川盆地三叠系雷口坡组白云岩风化壳岩溶储集层就属此类储集层。

彩图2-29

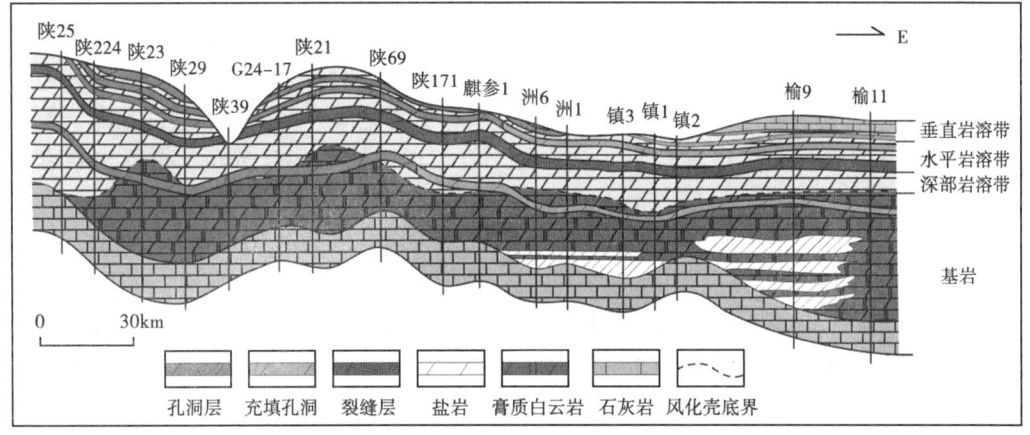

图2-29 鄂尔多斯盆地陕中气田岩溶风化壳储集层结构（据罗平等，2008）

顺层岩溶储集层分布于潜山周缘具斜坡背景的内幕区，环潜山周缘呈环带状分布，与不整合面无关，顺层岩溶作用时间与上倾方向潜山区的潜山岩溶作用时间一致，岩溶强度向下倾方向逐渐减弱。我国以塔里木盆地塔北南缘斜坡区奥陶系鹰山组顺层岩溶储集层为代表（图2-30），塔北南缘各井奥陶系一间房组及鹰山组高能滩相沉积发育，层状大面积分布，受潜山区岩溶作用的影响，内幕区中—下奥陶统一间房组—鹰山组Ⅰ段虽上覆区域性泥岩盖层，但大气淡水从潜山顶部的补给区由北至南向泄水区流动的过程中，在围斜部位发生大面积顺层岩溶作用，形成顺层岩溶储集层。储集空间以溶蚀孔洞、洞穴和裂缝为主，溶蚀孔洞及洞穴主要发育于渗透性好的颗粒灰岩中，大型洞穴的发育还与断裂有关，尤其是两组断裂的交

彩图2-30

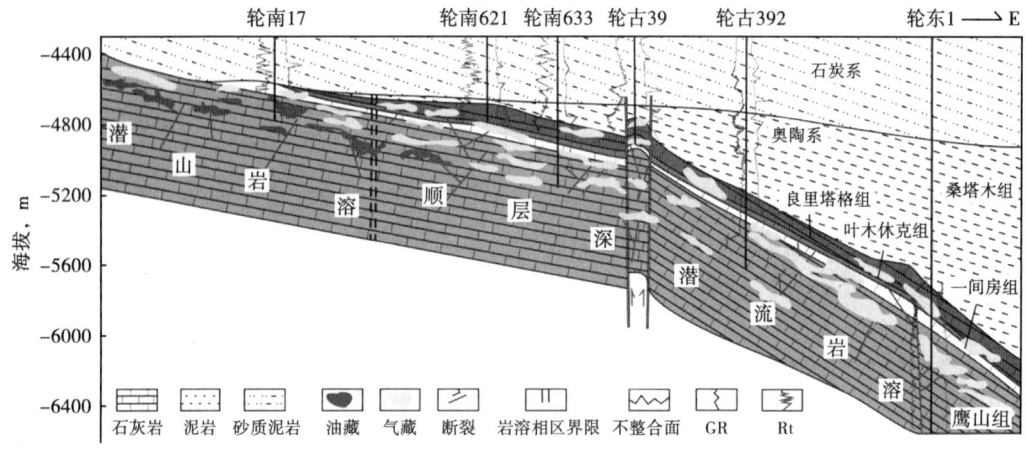

图2-30　塔里木盆地轮古东顺层岩溶剖面及其与轮南潜山岩溶的关系（据张宝民等，2009）

割部位，大多顺层状或沿裂缝发育，常见方解石充填或半充填。岩溶强度平面上具分带性，向斜坡倾角方向岩溶强度逐渐减弱，这充分说明与潜山岩溶作用同期的顺层岩溶作用是潜山周缘内幕区岩溶缝洞发育的关键（张宝民等，2009）。

层间岩溶储集层分布于碳酸盐岩内幕区，与碳酸盐岩层系内部中短期的平行（微角度）不整合面有关，沉积期海平面升降引起的短暂小幅度大气暴露，准层状分布，垂向上可多套叠置，层间岩溶作用时间介于上覆地层和下伏地层形成时间之间。我国以塔里木盆地塔中北斜坡鹰山组上部的层间岩溶储集层为代表，不整合面之下鹰山组为较纯净的石灰岩或石灰岩与白云岩互层，之上为良里塔格组泥质灰岩。鹰山组储集空间有基质孔、溶蚀孔洞、洞穴和裂缝，大型缝洞系统发育，溶蚀孔洞发育段与不发育段呈层状间互分布，裂缝主要有构造缝、溶蚀缝和成岩缝。

国外目前发现的岩溶型储集层的代表性实例有美国阿纳达科（Anadarko）盆地、威利斯顿（Williston）盆地、二叠（Permian）盆地，阿曼的纳提赫（Natih）油田、费胡德（Fahud）油田，阿拉伯联合酋长国布哈萨（Bu Hasa）油田。层间岩溶和顺层岩溶形成的油气田规模小，在中国发现实例不多。以构造抬升暴露形成的大规模古风化壳岩溶储集层在中国陆上已获得重大发现，是目前最主要的岩溶储集层类型。

3. 白云岩储集层

白云岩储集层主要指广泛分布于台地或碳酸盐陆棚内部的近层状展布并未经长期古风化

壳岩溶改造的白云岩储集层，主要孔隙类型为白云石晶间孔和各类溶孔溶洞。白云岩是一种沉积和成岩综合作用的碳酸盐岩，其形成受控于多种地质因素，如原始沉积环境、埋藏后成岩环境。在中国陆上海相地层中，形成具有经济规模油气田的白云岩储集层主要有三种，即蒸发台地白云岩、埋藏白云岩和生物成因白云岩。这三种类型在储集性质方面有明显差异，蒸发台地白云岩和生物成因白云岩晶粒往往小，较致密；埋藏白云岩晶粒粗，晶间孔更为发育。但在规模上，蒸发台地白云岩分布面积大，成层性好，在勘探开发上更易于识别和预测；埋藏白云岩不确定因素多，需要做大量地质研究工作寻找分布规律。强烈的后期成岩作用可明显改造各类白云岩的储集性能。在岩溶作用、埋藏溶蚀作用和构造破裂作用下，白云岩比石灰岩更敏感，更易于发育成优质储集层。中国含油气白云岩主要分布在三大盆地：(1) 四川盆地震旦系灯影组（威远气田），石炭系黄龙组（川东卧龙河气田），三叠系飞仙关组（川东北开江—梁平铁山坡）、嘉陵江组和雷口坡组；(2) 塔里木盆地寒武系和下奥陶统蓬莱坝组；(3) 鄂尔多斯盆地奥陶系马家沟组。这些白云岩储集层均属半局限—局限台地内沉积的准同生白云岩或石灰岩经准同生—成岩期白云石化改造而来，因此其展布多呈层状或似层状。

4. 裂缝型储集层

这类储集层主要在致密、性脆、质纯的碳酸盐岩中受构造运动而发育各种构造裂缝、微裂缝，以及部分溶蚀缝、成岩缝。受构造挤压产生的裂缝、微裂缝规模往往较大，延伸范围较宽，成组交错出现，易构成纵横交错的裂缝网络系统，且沿裂缝进一步溶蚀可产生溶蚀缝，使储集层具有良好的储渗能力。伊朗许多著名的世界性特大油田都是由古近—新近系阿斯马利灰岩裂缝型储集层产油，其突出特点是单井日产量高。例如加奇沙兰油田，储集层为古近—新近系裂缝型阿斯马利灰岩，这些裂缝性储集层约占扎格罗斯带90%的储集层，单井日产量最高可达1.3×10^4t，年平均单井日产为4200t；现产量居伊朗第一的马龙油田，年平均单井日产为4800t。我国川南纳溪气田二叠系、三叠系的石灰岩储集层，其基质岩块低孔低渗，不具储集条件，只是由于具发育的构造裂缝以及沿构造裂缝形成的溶蚀孔洞，才成为良好的天然气储集层。

（二）按储集空间组合类型分类

根据碳酸盐岩中储集空间及其组合类型的不同，可将碳酸盐岩储集层划分为四种类型：

(1) 孔隙型储集层：主要发育粒间孔隙、晶间孔隙、生物骨架孔隙、白云石化孔隙等。岩性主要为鲕粒灰岩、生物碎屑灰岩、生物灰岩、礁灰岩等。如沙特阿拉伯的加瓦尔油田是上侏罗统阿拉伯组D段砂屑灰岩（主要由钙藻、有孔虫、层孔虫等骨屑组成）产油，孔隙度为21%，渗透率为4000mD，横向分布稳定，产量高，探井成功率高；伊拉克的基尔库克是古近—新近系生物礁块储油，以生物骨架孔隙为主，伴有溶洞、裂缝。我国四川盆地川中矿区的主力油层侏罗系自流井组大安寨段，主要岩性为湖相介壳灰岩，就是一种孔隙型碳酸盐岩储集层；在嘉二段中也较常见这类储集层。此类储集层多分布在潮下带—开阔海的生物礁带及鲕粒滩。

(2) 溶蚀型储集层：主要发育各种溶蚀孔隙，尤其在岩溶发育地区，溶洞、溶沟常相互连通，成为一个洞穴系统。这类储集层常分布在不整合及大断裂带附近，地下水沿不整合面或大断裂带向下渗透淋溶，形成洞穴发育的溶蚀带。古风化壳型碳酸盐岩储集层是此类储集层的一种重要类型，我国著名的任丘油田雾迷山组储集层和鄂尔多斯盆地靖边气田奥陶系马家沟组储集层即属此种类型。

(3) 裂缝型储集层：储集空间以裂缝为主，孔隙和溶洞较少。裂缝既作为主要的油气储集空间,又是油气渗滤通道。当裂缝构成纵横交错的裂缝网络时,可成为良好的储集层。

(4)复合型储集层:实际上多数碳酸盐岩储集层是属于复合型的,原生孔隙、溶洞、构造裂缝三者常同时出现,或同时发育其中的两种,如裂缝—孔隙型,裂缝—溶洞型。原生孔隙、溶洞成为油气储集空间,裂缝主要发挥渗滤通道作用,构成统一的孔隙—溶洞—裂缝系统。裂缝孔隙型是四川盆地震旦系、石炭系和三叠系的主要储集层类型;裂缝洞穴型是四川盆地二叠系的主要储集层类型,也见于嘉三段和嘉一段中。

第五节 火山岩储集层

尽管碎屑岩储集层和碳酸盐岩储集层是世界油气田的主要储集层类型,但随着能源需求的日益增长,石油与天然气的勘探、开发领域也在不断地扩展,岩浆岩储集层和变质岩油气储集层的勘探开发已引起勘探家和地质学家的广泛关注,并已逐渐成为油气勘探的新领域。其中,火山岩储集层是该类储集层中最重要的一类储集层。

彩图 2-31

火山岩储集层是除碎屑岩与碳酸盐岩以外一类重要的储集层,主要是指由火山喷发岩及火山碎屑岩形成的储集层。火山岩储集层不具岩石类型的专属性。不论是基性岩、中性岩还是酸性岩,不论是熔岩还是火山碎屑岩,都可以形成好的储集层。火山岩储集层岩石类型多样,熔岩主要有玄武岩、安山岩、英安岩、流纹岩、粗面岩等(图2-31);火山

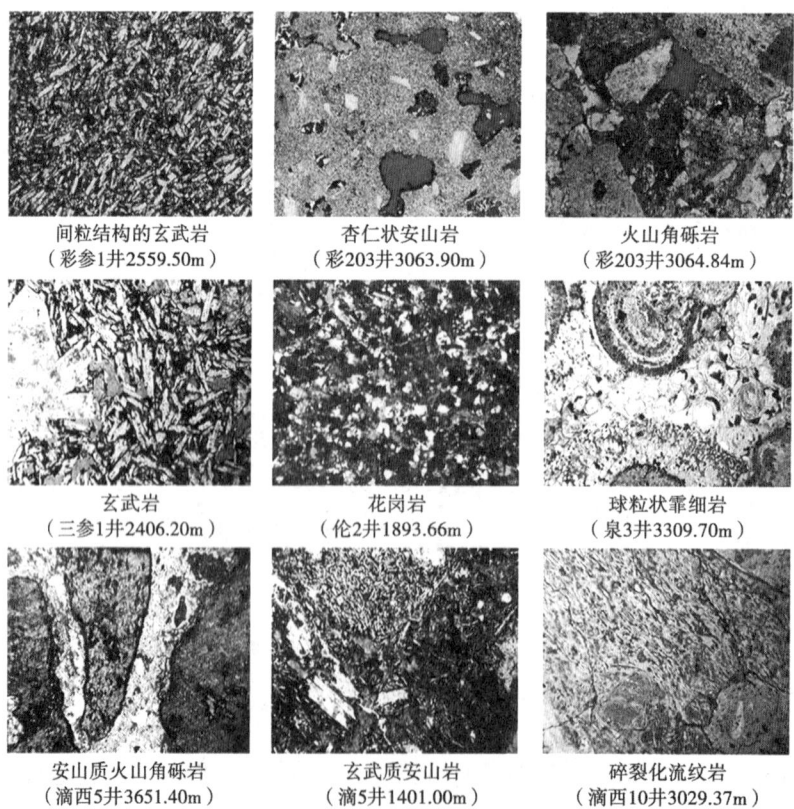

图 2-31 准噶尔盆地陆东地区石炭系火山岩岩性特征(据王仁冲等,2008)

碎屑岩主要包括集块岩、火山角砾岩、凝灰岩、凝灰角砾岩、熔结火山碎屑岩等。火山碎屑岩是与油气关系最为密切的一类火山岩，是指火山作用形成的各种火山碎屑物经压实固结而成的岩石，是介于火山熔岩与沉积岩之间的岩石类型。

目前火山岩油气藏在世界范围内已成为油气勘探开发研究的热点和难点。1887年在美国加利福尼亚州的圣华金盆地首次发现了火山岩油气藏，目前全球100多个国家或地区发现了300多个火山岩油气藏，如阿塞拜疆的穆拉德汉雷油气藏、日本新潟盆地吉井—东帕崎气藏、印度尼西亚Jawa盆地Jatibarang油气藏、阿根廷Neuquen盆地Lapa油气藏、墨西哥富贝罗油气藏等典型的火山岩油气藏（表2-8），显示出火山岩油气藏的巨大经济潜力，目前全球火山岩油气藏探明油气储量占总探明油气储量的1%左右。

火山岩储集层在我国古生界和中—新生界广泛发育，具有分布范围广、地质时代延续时间长的特征。自1957年在准噶尔盆地西北缘首次发现火山岩油气藏以来，历经60年勘探，在渤海湾、准噶尔、塔里木、松辽、二连、海拉尔、三塘湖、苏北、四川等盆地发现了一大批火山岩油气藏（表2-8）。2005年以来，相继在松辽盆地、新疆北部等火山岩勘探中取得重大突破。准噶尔盆地石炭系火山岩储集层的研究与开发，显示了火山岩油气藏在我国油气勘探中具有极大潜力。随着国内火山岩储集层不断发现，火山岩油气藏已经成为我国油气藏勘探的重点领域之一。

表2-8 国内外典型火山岩油气藏（据石磊等，2009）

国家		油气藏名称	储集层位	主要岩性
阿塞拜疆		穆拉德汉雷	白垩系—古近系	安山岩、玄武岩
印度尼西亚		Jatibarang	新近系	安山岩、凝灰角砾岩
日本		Kurosaka	新近系	流纹岩、凝灰角砾岩
阿根廷		Lapa油气藏	三叠系	流纹岩、安山岩
墨西哥		富贝罗	古近系	辉长岩
美国		比聂那—比肯亚	古近系—新近系	正长岩、粗面岩
中国	松辽盆地	庆深气田	白垩系营城组	流纹岩、凝灰岩
	二连盆地	阿北油田	侏罗系兴安岭群	玄武岩、安山岩
	银根盆地	查干凹陷	白垩系苏红图组	玄武岩、安山岩、凝灰角砾岩
	塔里木盆地	英买油田	二叠系	英安岩、玄武岩
	四川盆地	周公山	上二叠统	斜长玄武岩、凝灰岩
	苏北盆地	闵桥油田	古近系阜宁组	玄武岩、火山角砾岩
	准噶尔盆地	五彩湾凹陷	石炭系巴山组	安山岩、玄武岩、凝灰岩
	冀中坳陷	曹家务气藏	古近系	辉绿岩
	济阳坳陷	高青油田	古近系孔店组	玄武岩、安山玄武岩
	黄骅坳陷	大港枣园油田	古近系沙河街组三段	玄武岩、凝灰岩、火山角砾岩
	辽河坳陷	欧利坨子	古近系沙河街组三段	粗面岩、玄武岩、火山角砾岩

一、火山岩储集层的储集空间类型

火山岩的储集空间分为原生储集空间和次生储集空间，进一步分为原生孔隙、原生裂缝、次生孔隙、次生裂缝4大类13小类（表2-9）。

表 2-9 火山岩储集空间类型及成因（据石磊，2009）

成因	类型	储集空间类型	形成机理	分布特征
原生储集空间	原生孔隙	气孔	挥发分逃逸	岩层顶底，呈圆形或椭圆形
		杏仁孔	矿物充填后的残余孔隙	岩体的顶部，呈不规则状
		粒（砾）间孔	碎屑颗粒经成岩压实后残余孔隙	火山碎屑岩中多见
		晶间孔及晶内孔	矿物结晶作用	岩层中部，孔隙较小
	原生裂缝	收缩裂缝	冷凝收缩作用	岩体边缘，呈高—低角度
		炸裂缝	自碎或隐蔽爆破	岩体中、下部，呈高角度
次生储集空间	次生孔隙	砾间溶孔	淋滤、溶解作用	角砾岩间，呈不规则状
		晶间溶孔	溶解作用和矿物转变作用	斑晶间
		晶内溶孔	溶解作用和矿物转变作用	自生矿物晶内
		脱玻化孔	玻璃质经脱玻化后形成	绿泥石、沸石矿物内
	次生裂缝	构造裂缝	构造应力作用	近断层处，呈低角度
		溶蚀裂缝	溶解作用	分布广泛，形态不规则
		风化裂缝	风化作用	岩层表面

原生储集空间主要是指在岩浆喷发与冷却过程中由岩浆挥发气体和下伏岩石的蒸汽流所造成的气孔，以及在岩浆冷却、冷缩与结晶过程中形成的裂缝和孔洞；次生储集空间指火山岩类岩石经火山期后的热液蚀变、地下水的溶蚀、风化作用及构造应力作用等因素改造所形成的储集空间。原生储集空间是火山岩储集空间形成的基础，次生储集空间是火山岩储集空间的重要组成部分。

火山岩的储集空间以孔、缝、洞不同形式组合而成，孔隙分布极不均匀，连通性差，裂缝对储集空间的连通性起决定作用，空间结构复杂，非均质性强（图 2-32）。

彩图 2-32

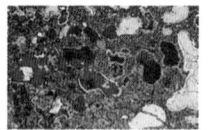
气孔及微裂缝
（彩33井3288.45m）

辉石斑晶溶孔
（彩203井3077.91m）

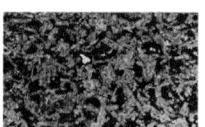
基质溶孔
（彩204井3058.59m）

玄武安山岩中半充填气孔
（三参1井2406.20m）

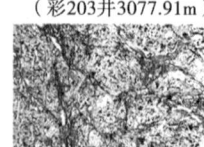
安山岩中微裂缝
（三参1井2490.80m）

霏细斑岩中微裂缝
（三参1井3134.50m）

玻屑凝灰岩中微裂缝
（滴101井3064.67m）

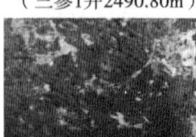
安山质角砾中气孔
（滴西5井3648.36m）

微裂缝、基质溶孔、气孔
（滴西10井3027.42m）

图 2-32 准噶尔盆地陆东地区石炭系火山岩储集层空间特征（据王仁冲等，2008）

二、影响火山岩储集层储集物性的主要因素

火山岩储集层中虽然有原生孔缝，但这些孔缝大多呈孤立状，连通性差，次生作用对储集层的改造作用较大，如果后期经历不同程度的成岩作用、风化作用和构造运动等的改造，火山岩储渗能力将得到改善，有利于形成良好的储集层。

影响火山岩储集空间的因素主要包括火山岩的岩性岩相、风化淋滤作用、成岩作用、构造作用、埋深、岩浆性质及岩浆活动类型、火山喷发环境和烃碱流体作用等，其中，岩性岩相、构造作用、成岩作用及风化淋滤作用在对储集空间的改造中起着关键作用。

（一）岩性岩相

对于火山岩储集层而言，岩性岩相决定了原生孔隙类型及孔隙的发育程度，从而导致不同岩性、不同岩相的火山岩储集能力存在差异。

不同岩性的火山岩因成分、结构、构造不同，其物理性质及化学成分不同，因此对后期成岩作用和构造作用的响应明显不同，裂缝的发育程度不同。一般来说，火山碎屑岩的粒度较粗，原始孔隙度较大，后期的改造作用形成的裂缝及由溶蚀等作用产生的次生孔隙导致储集层孔隙度的增加，减弱了压实固结作用对孔隙度的影响；火山熔岩由于内部较致密，孔隙度较小。不同岩性的火山岩所具有的空间类型也不同，流纹岩、安山岩的孔缝相对较多，以气孔为主；火山角砾岩以砾内砾间孔为主；而凝灰岩中岩石颗粒细，物性差，原生裂缝不发育，微裂缝和溶蚀缝较发育；中性火山碎屑岩较基性火山碎屑岩的裂缝发育程度高，粒间溶蚀孔隙发育。不同类型火山岩的裂缝发育程度也不同，一般来说，流纹岩→安山岩→玄武岩，裂缝的发育程度依次增高；凝灰岩→火山角砾岩→次火山岩，裂缝的发育程度也依次增高。

火山岩岩相对其储集空间类型及物性影响较大，不同火山岩岩相成所形成的岩石类型、岩石结构、孔隙发育程度及其裂缝形成机理也不同（图2-33）。一般来说，火山口和近火山口相带中火山岩层厚度大，风化淋滤作用时间相对较长，构造裂缝较发育，储集层的孔隙性和渗透性都较高；远离火山口，储集层厚度变薄，物性变差。不同火山岩相的储集空间也有差异，火山通道相储集空间主要为孤立的气孔及火山碎屑间孔；火山爆发相中火山角砾间

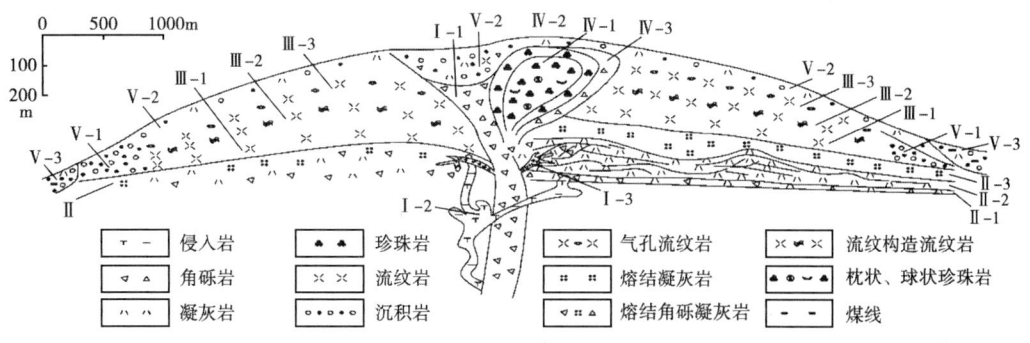

图2-33 松辽盆地酸性火山岩相模式（据王璞珺，2006）

Ⅰ—火山通道相（Ⅰ-1为隐爆角砾熔岩亚相；Ⅰ-2为次火山岩亚相；Ⅰ-3为火山颈亚相）；Ⅱ—爆发相（Ⅱ-1为空落亚相；Ⅱ-2为热基浪亚相；Ⅱ-3为热碎屑流亚相）；Ⅲ—喷溢相（Ⅲ-1为下部亚相，Ⅲ-2为中部亚相，Ⅲ-3为上部亚相）；Ⅳ—侵出相（Ⅳ-1为内带亚相，Ⅳ-2为中带亚相，Ⅳ-3为外带亚相）；Ⅴ—火山沉积相
（Ⅴ-1为含外碎屑火山沉积岩亚相；Ⅴ-2为再搬运火山碎屑沉积岩亚相，Ⅴ-3为凝灰岩夹煤沉积）

孔、气孔、溶蚀孔洞缝发育，主要储集空间包括砾间孔、粒间孔和少量气孔等；火山喷溢相熔岩原生气孔和收缩缝发育，次生孔隙主要为构造裂缝；侵出相中心带亚相储集空间主要为裂缝、溶孔、晶间孔等微孔隙。

（二）构造作用

构造作用对火山岩储集层储集空间的影响是多方面的：（1）构造运动可引发多期次、多火山口的火山喷发，使火山岩大面积分布，是火山岩储集层形成的基础，据不完全统计，火山岩多沿深大断裂展布，一般在共轭断裂、次级断裂交叉处发育；（2）构造运动使得火山岩岩体处于地表或近地表环境，经历各种风化淋滤作用，使岩石中原生孔缝进一步溶蚀扩大，孔缝间的连通性进一步提高，从而提高火山岩储集层的孔隙性，形成优质储集层；（3）构造运动使得非常致密的火山岩形成大量裂缝，这些裂缝不但使孤立的原生气孔得以连通，而且还增大了火山岩的储集空间，同时也是地下水和有机酸的重要通道，对溶解作用的发生起了重要作用，是形成次生溶蚀孔隙、改善储集层储渗能力的关键；（4）构造作用可以促使断层的形成，使深部的地下水和酸性流体通过断层通道上涌，并通过裂缝接触并作用于火山岩，对其产生溶蚀作用，产生大量的次生孔隙并且扩大原生孔隙，从而提高了火山岩的储集性能。多期次的构造运动可导致裂缝的多期性，常常可以见到早期裂缝被晚期裂缝所切割。

（三）成岩作用

在火山岩储集空间发育的过程中，成岩作用对其影响主要体现在对储集层原生孔隙的破坏和促进次生孔隙的发育与分布上。成岩作用一方面导致火山岩储集层中原生孔隙的次生充填，降低了储渗性能；另一方面也导致溶蚀孔缝的形成，改善了储集性能。例如，流纹岩和粗面岩富 Na_2O、K_2O，其易于淋滤溶蚀，形成次生孔隙；而安山岩、玄武岩富 Al_2O_3、FeO、MgO、CaO，易于蚀变沉淀，以致孔隙被充填。

火山岩成岩作用分为早期和晚期两个阶段，早期成岩作用主要影响原生孔隙的发育，晚期成岩作用影响次生孔隙的发育。起破坏性的成岩作用主要有热液沉淀结晶、压实胶结、充填、压实压溶、熔结等；起建设性的成岩作用主要有冷凝收缩、脱玻化、挥发分的逸散、溶蚀、蚀变交代等。其中，溶蚀作用是影响火山岩储集层比较关键的成岩作用，在火山岩储集层中溶蚀孔特别发育。

（四）风化淋滤作用

在中国东、西部已发现的火山岩储集层中，西部火山岩风化壳储集层较多，受风化淋滤作用明显，其主控因素是不整合面；而东部火山岩储集层主要受控于断裂和岩相，风化淋滤作用改造较弱。目前，在风化壳或不整合面中已发现了规模较大的火山岩油气藏，比如在准噶尔盆地和三塘湖盆地均发现了良好的风化壳型储集层。风化壳储集层中，物性和储集条件总体都较好，如在滴西17井中，风化壳储集层的孔隙度可达15%~28%，渗透性较好。

（五）其他影响因素

火山岩储集层储集空间还受埋深、岩浆性质、火山喷发环境、烃碱流体作用等影响。

一般来说，火山岩一旦形成后都具有较强的刚性，上覆地层对其影响不大。因此，深部地层中的火山岩仍然可能形成良好储集层。就岩浆的性质而言，酸性火山岩的储集物性要优于中性火山岩，基性火山岩相对较差。火山岩在浅水或陆上环境中喷发时，由于挥发分易于逃逸，所以形成大量的原生孔隙；当火山岩在深水环境中喷发时，挥发分不易逃逸，不利于原生孔隙的形成。烃碱流体作用主要表现为地层深部的烃碱流体沿深大断裂上涌，通过碱交代作用和溶解作用，广泛作用于火山岩储集层，从而有益于次生孔隙和次生孔隙带的形成。

三、火山岩储集层的类型

火山岩储集层根据成因特征可以划分为火山熔岩型储集层、火山碎屑岩型储集层、潜火山岩型储集层（表2-10）。

表2-10 火山岩储集层成因类型及特征（据石磊，2009）

成因类型	亚类	主要储集空间	分布与产状	控制因素
火山熔岩型	火山熔岩型		喷溢相，层状	岩浆间歇式喷发
火山碎屑岩型	正常火山碎屑岩型	原生孔隙	爆发相、堆状、环状	中心式火山爆发相
	火山碎屑沉积岩型		带状、席状、环状	风化、搬运、沉积
潜火山岩型	隐爆角砾岩型	裂缝	筒状、蘑菇状	富挥发分潜火山岩
	蚀变岩型	次生孔隙	岩床、岩株、蚀变带	晚期热液活动

以火山碎屑岩为储集层的油气田比较常见，孔隙类型也比较多，既有粒间孔、粒内孔、晶间孔、气孔、溶蚀孔等，又有构造裂缝、节理和成岩裂缝等。日本新潟县新近系发现了一系列与火山碎屑岩有关的小型油气田，它们的地层主要是一套海相暗色泥岩与火山碎屑岩、砂岩互层。有11个油气田的油气储集在火山碎屑岩中，其中吉井气田的某些井日产气量可达 $10 \times 10^4 m^3$ 以上，一般可达 $(3 \sim 4) \times 10^4 m^3/d$（图2-34）。气井产量与火山岩厚度有关，火山岩越厚，产气量越高。吉井气田测得的火山岩孔隙度为10%~20%，凝灰岩孔隙度为15%~25%。

我国准噶尔盆地陆东—五彩湾地区石炭系在2006年初发现了天然气探明储量超过 $1000 \times 10^8 m^3$ 的克拉美丽火山岩气田。其中滴南凸起地区火山岩岩性主要为火山碎屑岩、少量碎屑熔岩和正常沉积的碎屑砂岩。火山碎屑岩为火山集块岩、火山角砾岩、凝灰岩及沉火山角砾岩、沉凝灰岩；

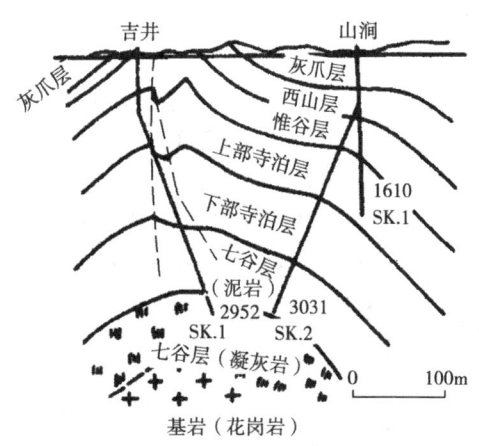

图2-34 日本吉井气田剖面图
（据张厚福等，1999）

碎屑熔岩为玄武岩、安山岩、英安岩、流纹岩；浅成侵入岩为闪长岩。该区火山岩性叠覆交互，散乱分布在滴南凸起上。滴西10井19块样品孔隙度介于2.2%~14.6%，平均为9.7%，渗透率介于0.02~77mD，平均为6.88mD；滴西5井14块样品孔隙度介于9.8%~23.7%，平均为15.5%，渗透率介于0.17~3.63mD，平均为0.96mD。陆东地区火山岩储集层为次生孔隙—次生裂缝双重介质型储集层，有效储集空间主要为中—酸性岩类及火山角砾岩中发育的溶蚀孔缝、构造裂缝。

从我国新疆、渤海湾、松辽、内蒙古、苏北已发现的火山岩油藏的生产情况来看，大多数油藏具有部分油井单井产量高、产量下降快、油井产能平面差异大、见水及水淹快的特点，显示出裂缝渗流的明显特征。这说明，在火山岩储集层中，各种孔隙和裂缝共同作为储油空间，但承担主要渗流通道的则是各种裂缝。

第六节 结晶岩储集层

结晶岩储集层是指除喷出岩之外的各种岩浆岩和变质岩类储集层，它们都有不同程度的结晶，故也称结晶岩系。在含油气盆地中，这种结晶岩系往往构成了沉积盖层的基底。这些岩石致密坚硬，不具对油气储集有意义的孔隙空间。若这些结晶岩受到长期而强烈的风化或构造破裂作用，在其表层常出现一个风化孔隙带，使岩石的孔隙性和渗透性大大增加，就可成为油气储集的良好场所，因而这类储集层多分布在基岩侵蚀面上。

在这类储集岩中，岩浆岩以各种浅成侵入岩为主，如花岗岩、闪长岩、辉长岩等；变质岩类可以是混合岩、片麻岩、片岩、千枚岩、板岩、石英岩、浅粒岩等。由于岩浆侵入常可引起围岩一定程度的变质作用，因此，一些浅成侵入岩常与各种变质岩共生。目前国内外发现的结晶岩储集层主要以变质岩储集层居多，因此，这里重点介绍变质岩储集层。

1909 年在美国辛辛纳堤隆起上，偶然发现了摩罗县变质岩潜山石油聚集，拉开了变质岩储集层油气勘探的序幕。1948 年在委内瑞拉马拉开波盆地最早有针对性钻探变质岩并于 1953 年揭开变质岩 332m，测试石油产量 557t/d 而获得成功。目前在伊朗、委内瑞拉、巴西、美国、阿尔及利亚、摩洛哥、安哥拉、等国家和前苏联地区都发现了变质岩油气藏。

我国变质岩油气藏最早在 1959 年 8 月发现于酒西盆地鸭儿峡背斜构造，为志留系变质岩潜山油藏。1971 年，辽河西部凹陷兴 213 井钻遇太古宇变质岩系古潜山风化壳，获日产天然气 803m^3、凝析油 120t。20 世纪 80 年代，先后在中—新元古界的变质石英砂岩和大民屯凹陷东胜堡太古宇浅粒岩古潜山中获高产工业油气流，从而揭开了渤海湾盆地变质岩古潜山找油的序幕。1984 年在黄骅坳陷南 21 井、东营凹陷郑 4 井发现以太古宇混合岩为储集层的高产油气田，单井日产油多在上千吨。以上情况表明我国变质岩油气勘探已有许多成果并有较大的勘探前景（表 2-11）。

表 2-11　中国变质岩油气藏（据赵澄林，1997）

盆地（坳陷）	地质时代	储集岩类型	油藏类型
酒泉盆地	古生代志留纪	千枚岩、板岩	鸭儿峡志留系古潜山油藏
辽河坳陷	元古宙	变质石英砂岩	杜家台元古宇古潜山油藏
辽河坳陷	太古宙鞍山群	混合岩类、区域变质岩	兴隆台、东胜堡、静安堡、齐家、牛心坨、茨榆坨等古潜山油藏
济阳凹陷	太古宙泰山群	碎裂状片麻岩、混合岩、变粒岩	王庄太古宇潜山油藏，郑 4 井单井日产油上千吨
渤中坳陷	元古宙	花岗质混合岩类	锦州 20-2 构造太古宇古潜山油气藏
南堡凹陷	太古宙	花岗质混合岩类	冀东太古宇变质岩油藏

酒泉西部盆地鸭儿峡油田基岩油藏，产油层为志留系变质岩基底，由板岩、千枚岩及变质砂岩组成，其上为下白垩统泥砾岩与砂质泥岩不整合覆盖，下白垩统为盆地主要生油层系。根据岩心测定，基岩孔隙度在 2.5% 以下，渗透率接近于零，但裂隙发育，平均裂缝密度大于 40 条/m。这些裂隙提供了油气储集空间，高产井主要沿断裂分布，井间有干扰现象，断层附近裂隙率高，连通性好。

变质岩储集层的储集空间类型多样，主要是裂缝、粒间孔、晶间孔、溶蚀孔、喀斯特溶孔、溶洞，其中，构造裂缝—溶蚀孔隙是最佳的储集空间类型。按成因来分，变质岩储集层的储集空间可分为变晶成因、构造成因、物理风化成因和化学淋溶成因（表 2-12），以风化孔隙、裂隙以及构造裂缝为主，故这类储集层多发育在不整合带。在盆地边缘斜坡以及盆地内古地形突起上，位置较高，风化孔隙更为发育，同时构造条件使裂隙在区域性发育的基础上重复加强，形成有一定方向性和连通性的裂隙密集带，提供了油气储集的良好场所。裂缝对于变质岩储集层能否高产起着决定性作用。

表 2-12 变质岩储集体中常见的储集空间类型（据刘孟慧，1994，有修改）

成因类型	储集空间类型	特征
变晶成因	变晶间孔隙	变晶矿物间的孔隙，明显见于结晶程度较粗的矿物
	变余粒间孔隙	在变质程度较低的岩石中局部残余的原生孔隙
	解理裂隙	沿矿物解理所形成的裂隙，广泛见于各类有解理的矿物
	双晶结合面间缝隙	两个或多个双晶连生个体间的结合面缝隙
构造成因	破碎粒间孔隙	应力作用造成岩石破碎，在矿物、岩石碎屑间形成的孔隙
	碎裂缝	受构造应力形成的呈线状的储集空间
物理风化成因	风化裂缝	岩石暴露地表遭受风化、剥蚀作用形成的裂缝
	风化破碎粒间孔隙	因温差、冰冻等物理因素造成岩石崩解破碎所形成的孔隙
化学淋溶成因	溶蚀孔隙	前期形成的孔隙经后期的溶蚀作用形成
	溶蚀裂缝	前期形成的裂缝遭受后期的溶蚀扩大或充填的裂缝再溶蚀

第七节 页岩储集层

页岩油气是指从富有机质黑色页岩地层中产出的石油和天然气。页岩油气的开发利用是化石能源领域的一次重大革命，特别是页岩气，已经成为全球非常规天然气勘探开发的热点方向和现实领域。

北美是全球页岩气发现最早、开发利用最成功的地区。1821年，美国在东部泥盆系页岩中钻探成功第一口页岩气井；1914年，美国发现第一个页岩气田——Big Sandy气田；1981年，George P. Mitchell 对美国沃斯堡盆地密西西比亚系 Barnett 页岩实施大规模压裂获得成功，实现了页岩气开采真正意义上的突破，推动了北美地区页岩气大规模的开发。2014年，美国页岩气产量达 $3637×10^8 m^3$，占美国天然气年总产量的50.0%（EIA，2015）。北美地区页岩气的快速发展，带动全球掀起了一场"页岩气革命"，中国、澳大利亚、阿根廷、英国、波兰、印度、新西兰等20余个国家开展了页岩气资源评价和勘探开发先导试验，并陆续在本国发现了页岩气。

一、页岩储集层的储集空间类型

页岩（shale）是指由粒径<0.0039mm 的碎屑、黏土、有机质等组成具页状或薄片状层理、容易破碎的一类细粒沉积岩。美国一般将粒径<0.0039mm 的细粒沉积岩统称为页岩。常见的页岩类型主要有黑色页岩、碳质页岩、硅质页岩、铁质页岩、钙质页岩等，其中钙质页岩和硅质页岩等易于压裂，是主要的含气页岩类型。当页岩中混入一定砂质成分时，可形成砂质页岩。富有机质黑色页岩是形成页岩油气的主要岩石类型，主要包括黑色页岩和碳质页岩两类。

根据孔隙发育与岩石颗粒之间的关系，页岩储集层的储集空间分为岩石基质孔隙和裂缝两大类。

(一) 岩石基质孔隙

据统计，平均50%左右的页岩气存储在页岩基质孔隙中（邹才能等，2009）。页岩储集层以发育多种类型纳米级微孔为特征。岩石基质孔隙类型可分为三类：粒间孔隙、粒内孔隙和有机质孔隙。

粒间孔隙主要有碎屑粒间孔隙 [图2-35 (a)]、黏土矿物晶间孔隙 [图2-35 (b)] 和刚性颗粒边缘孔隙；粒内孔隙主要有黄铁矿集合体内晶间孔隙、球粒内孔隙、黏土矿物集合体内孔隙、铸模孔隙等。粒间粒内溶蚀孔隙较常见，主要是方解石、长石等碳酸盐和铝硅酸盐矿物在页岩有机质生烃过程中产生的有机酸溶蚀作用下形成的微孔隙。粒间孔隙、粒内孔隙一般属微米级孔隙。有机质孔隙是发育在有机质内部的粒内孔 [图2-35 (e)]，主要是指有机质团块内部或有机质生烃后体积缩小而形成的孔隙。在页岩的孔隙中，有机质内纳米级微孔隙占据主导地位，其他孔隙类型数量很少。

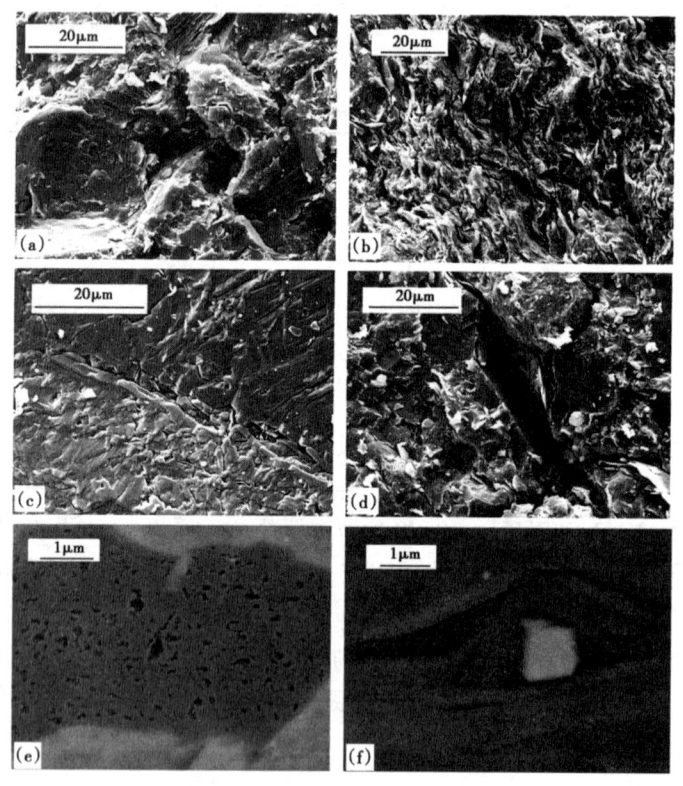

图2-35 中国南方古生界页岩储集层孔隙类型特征（据黄磊，2015）
(a) 碎屑粒间孔隙，3~6μm，×3300（SEM）；(b) 黏土矿物晶间孔隙，1~4μm，×2500（SEM）；(c) 微裂缝，7~42μm，×3800（SEM）；(d) 粒间孔缝组合，微孔径1~2μm，缝长40~50μm，×3000（SEM）；(e) 有机质孔隙，最大孔径101.52nm，最小孔径9.15nm，×20000（FESEM）；(f) 有机质生烃微裂缝，长3.85μm，宽142.43nm，黄铁矿晶体充填，×18000（FESEM）

页岩孔隙大小从1~3nm至400~750nm不等（Robert G. Loucks等，2009），平均为100nm，比表面积大，结构复杂丰富的内表面积可以通过吸附方式储存大量气体。按国际纯粹与应用化学协会（IUPAC）的孔隙大小分类，可将其分为微孔（<2nm）、介孔（2~50nm）和宏孔（>50nm）。页岩储集层的显著特点是孔隙结构细小，主体以微孔和介孔为主。

页岩气储集层具低孔、特低渗、致密的物性特征。美国主要产气页岩储集层岩心分析总孔隙度平均为4.22%~6.51%，渗透率一般小于0.1mD。威远地区筇竹寺组页岩孔隙度为0.34%~8.10%，平均为3.02%。上扬子地区下志留统富有机质页岩孔隙度在0.77%~19.5%，平均为5.05%，其中分布在2%~7%的占全部样品的69.4%；渗透率主要分布在0.0013~0.058mD，平均为0.0102mD。于炳松（2012）对渝东南渝页1井下志留统龙马溪组页岩的岩心进行了系统的采样分析，结果显示，黑色页岩的平均孔径分布在3.51~6.76nm，大多数的孔径分布在2~5nm，即以介孔为主，介孔体积占到了总体积的70%左右。

（二）裂缝

裂缝的发育可以为页岩气提供充足的储集空间，也可为页岩气提供运移通道，更能有效提高页岩气的产量。裂缝是页岩气储集层中重要的储集空间类型，按其成因可分为构造缝和成岩缝。前者是与构造应力有关的裂缝，通常规模相对较大，以宏观裂缝为主，一般发育较少。后者在成岩过程中形成，一般规模较小，以微裂缝为主。微裂缝通常包括充填缝、溶蚀缝、黏土矿物层间缝、矿物颗粒边缘缝及有机质生烃微裂缝等［图2-35（f）］，主要有以下几种成因：一是蒙脱石向伊利石转化的体积缩小而形成的微裂缝［图2-35（c）］；二是有机质生烃形成的微环境局部超压引起的微裂缝；三是有机质高—过成熟阶段的体积收缩形成的微裂缝。有机质颗粒、脆性矿物和黏土矿物都可以发育微裂缝。微裂缝是连接宏观裂缝和微观孔隙的桥梁，可以组成裂缝网络—孔隙系统［图2-35（d）］，为滞留在页岩中的部分油气提供了有效的储存空间和渗流通道。

我国上扬子地区寒武系筇竹寺组、志留系龙马溪组黑色页岩岩性脆、质硬，节理和裂缝发育，在三维空间成网络状分布，岩石薄片显示，微裂缝细如发丝，部分被方解石、沥青等次生矿物充填。

页岩储集层特殊的纳米孔隙结构影响着页岩气的聚集。页岩气的赋存形式包括游离态、吸附态及溶解态，但以游离态和吸附态为主。对于页岩气储集层而言，不仅其孔隙度低，而且其孔喉半径极小，以纳米级大小为主，从而决定了其中的天然气以吸附态赋存为主，游离态赋存的相对较少，且渗透率极低。页岩纳米孔隙结构的宏孔、介孔和微裂缝有利于游离态页岩气的储存，微孔和部分介孔则有利于吸附态页岩气的储存。微孔的总体积越大，其比表面积越大，对气体分子的吸附能力也越强。页岩的纳米孔隙体积、比表面积、有机碳含量与吸附气含量呈正相关关系。

页岩的孔隙体积和孔隙结构决定了其储气能力的大小和天然气的赋存状态，后期水力压裂对其孔缝系统进行改造，使得原呈吸附态的天然气得以解吸，进入到人工改造后的大型孔缝系统中呈游离态发生迁移而得到开发，页岩储集层的后期可改造性则决定了其开发的效率。

二、影响页岩储集层储集物性的主要因素

页岩属于低孔特低渗透致密沉积岩，孔隙类型具有多样化和多尺度分布的特征，从纳米级的有机质孔隙到微米级的微裂缝均有分布，各类孔隙形成的孔隙网络错综复杂，使得页岩孔隙结构控制因素众多，国内外学者通过研究认为，其主要因素包括矿物组成及含量、有机碳含量（TOC）及有机质成熟度等。

（一）矿物组成及含量

页岩中矿物成分及含量的变化会影响页岩的岩石力学性质和孔隙结构，在一定程度上会减小或增大页岩的储集空间（郭旭升等，2014a）。页岩中的矿物组成主要包括脆性矿物和黏土矿物。脆性矿物含量是影响页岩基质孔隙度和微裂缝发育程度、含气性及压裂改造方式的重要因素（聂海宽和张金川，2011；蒲泊伶等，2014）。富集脆性矿物的页岩更易产生裂缝，同时增加抗机械压实能力，有利于原生孔隙的保存。碳酸盐等脆性矿物发生溶蚀作用时，还可发育较多次生孔隙。此外，莓状黄铁矿的增加也有助于页岩中孔隙的增加（钟太贤，2012；张廷山等，2014）。

石英质量分数与比表面积和比孔容之间的相关性（图2-36）表明，高石英质量分数有利于页岩孔隙的发育（Pan等，2015）。其中石英质量分数与微孔、介孔的比表面积和比孔容的相关性较好，而与宏孔的比表面积和比孔容没有相关性。微孔的比表面积和介孔的比孔容受石英质量分数影响最为明显，造成这种现象的原因可能是：石英颗粒内部和颗粒边缘分布的溶蚀孔或粒间孔主要为纳米级孔隙，页岩孔隙体积的贡献以介孔为主，比表面积的贡献以微孔为主（杨锐等，2015）。

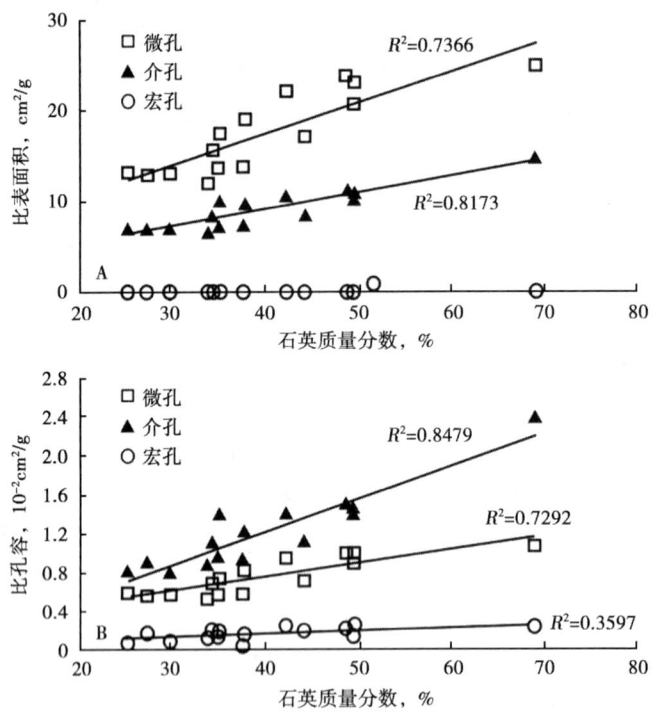

图2-36　页岩比表面积、比孔容与石英质量分数关系（据杨锐等，2015）

页岩气储集层中黏土矿物具有较高的微孔隙体积和较大的比表面积（Ross等，2008）。但不同黏土矿物晶层及孔隙结构不同，比表面积也存在很大的差别（吉利明等，2012）。比表面积、孔隙体积与黏土矿物中伊利石、伊/蒙间层含量具有明显的正相关性（图2-37），其本质就是伊/蒙间层中蒙脱石为黏土矿物间微孔隙提供了极大的比表面积，因此提高了泥页岩的比表面积和孔隙体积。所以，黏土矿物类型和含量不同的页岩，其比表面积和孔隙体积均存在很大的差异，从而造成页岩吸附能力的不同（张廷山等，2014；Yang等，2017）。

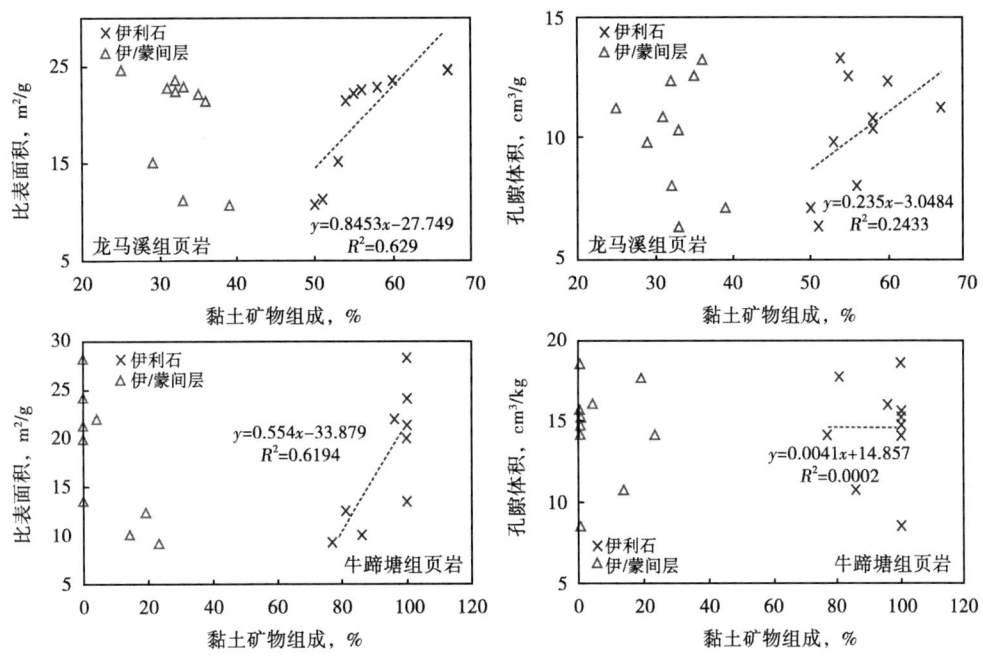

图 2-37 页岩孔隙特征与黏土矿物组成关系（据 Yang 等，2017）

（二）有机碳含量

泥页岩有机碳含量是衡量烃源岩生烃潜力的重要参数，也是有机孔发育的重要控制因素（Lee 等，2010；孟庆峰等，2012）。有机质内发育大量的纳米级孔隙，提供了主要比表面积和孔隙体积。陈尚斌等（2012）指出，页岩有机质含量主要与微孔、介孔相关。现有研究结果表明，同类型有机质在相同的热演化程度下，孔隙度与有机碳含量（TOC）具有分段式关系（图 2-38），当 TOC 高于一定值后，孔隙度与 TOC 的正相关关系逐渐变为负相关关系（Kitty 等，2013；夏嘉等，2015；王濡岳等，2017）。在 TOC 低值区，孔隙度随着 TOC 增加迅速增大的趋势与有机孔从无到有关系密切（刘文平等，2017），总体来讲，有机质丰度在不同区间范围内控制有机孔的发育，影响孔隙度大小。有机碳含量对页岩裂缝发育的也有一定影响，有机碳含量高的页岩脆性较强，抗张强度降低，容易在外力作用下形成天然裂缝和诱导裂缝。

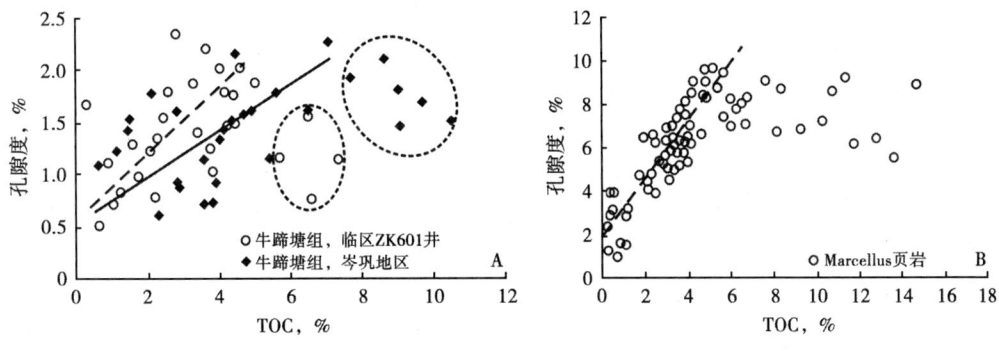

图 2-38 页岩孔隙度与 TOC 关系（据王濡岳等，2017）

(三) 有机质成熟度

有机质成熟度主要体现地层在地质时期内的最大埋藏深度对页岩有机孔有很大的影响，随着成熟度增加，有机质孔隙一般呈逐渐增大的趋势（Modica 和 Lapierre，2012）。事实上，页岩的微观孔隙结构与热演化程度之间的关系较为复杂，并不是单纯的正相关或者负相关关系。这是因为热演化程度不仅会造成有机质中孔隙结构的变化，同时还会引起黏土矿物种类的转化，造成了黏土矿物之间微孔隙比表面积的改变，从而改变了页岩的比表面积和孔隙体积（张廷山等，2014）。页岩中不同孔径大小的孔隙同热演化之间表现为不同的关系（Mastalerz 等，2013；张琴等，2015）。

不同热演化阶段，页岩内孔隙演化具有不同的特征（图 2-39）。有机质在未成熟阶段（$R_o<0.5\%$）有机质内有机孔的分布并不规律，有的页岩有机质内存在较多有机孔，有的页岩在未成熟阶段几乎不存在有机孔，孔隙以介孔和宏孔为主，当有机质进入生油窗（R_o 为 0.5%~1.2%）时即开始生成有机孔，同类型和同有机质丰度样品在该阶段总体上随成熟度增加孔隙度逐渐增加，孔隙以微孔和介孔为主；进入凝析油和生湿气阶段（R_o 为 1.2%~2.0%），由早期成熟阶段生烃形成的有机孔被生成的沥青质充填，导致孔隙度减小，孔隙以介孔为主；进入生成干气阶段（$R_o>2.0\%$），有机孔内的长链烃类或沥青二次裂解使原有孔隙得以重现，同时有机质生成新的微孔（Curtis 等，2012；Löhr 等，2015），导致孔隙比表面积和孔容同时增大，孔隙度随之增大，孔隙以微孔为主。

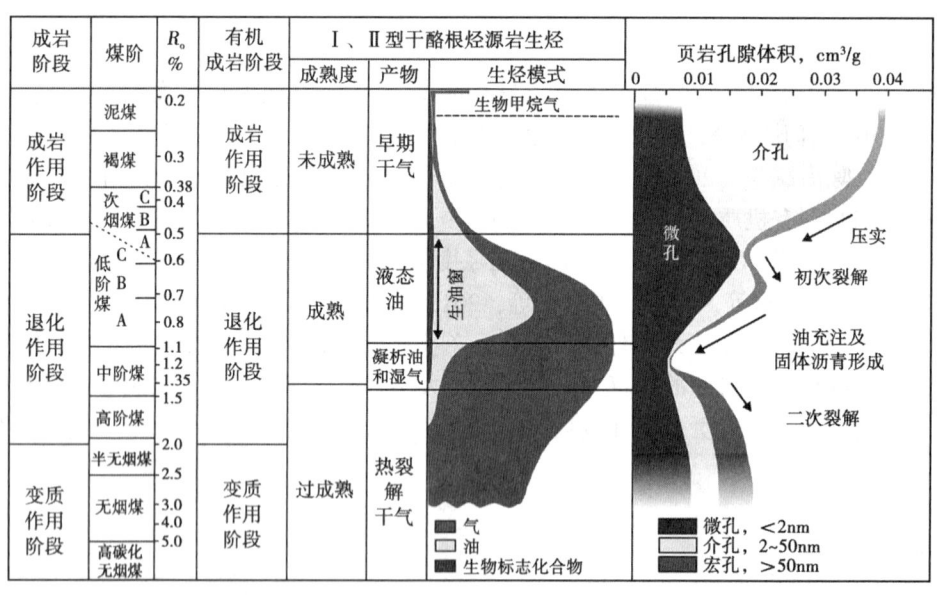

图 2-39　页岩气微观储集层孔隙演化及成岩演化特征简图（据 Mastalerz，等，2013）

随着 R_o 的增大，页岩的成岩作用也相应加强，而黏土矿物中具有很大比表面积的蒙脱石含量将逐渐降低，相继转化为间层矿物。间层矿物含量也会随着热演化程度的增加而由多逐渐减少，最终全部转化为伊利石或绿泥石。在此过程中，黏土矿物的微孔隙比表面积和孔隙体积将会大大降低（张廷山等，2014）。

除了上述影响因素外，页岩埋深、有机质类型和超压对页岩储集层物性也有一定影响。随着页岩埋藏深度的加大，可塑性强的黏土矿物体积会迅速减小，压实作用会减少微米级孔隙空间。研究表明，Ⅱ型干酪根比Ⅲ型干酪根更易于发育有机质微孔隙。生烃作用和差异压实作用形成的超压在一定程度上减缓孔隙度变小的速率，有利于纳米级孔隙的保存。

以上我们介绍了不同岩石类型的储集层，但应指出的是：在自然界中对形成油气储集层来说，岩石类型并不是主要的，关键在于是否具有孔隙性和渗透性，或者经人工压裂改造后具有渗透性。任何岩类的岩石只要具有一定的孔隙性和渗透性，都可能成为油气储集层。因此，在油气勘探中，我们固然应该注意一些常见的已知储集层岩类，但也不能忽视一些具有孔渗性的其他岩类储集层，否则将会漏掉或推迟油气田的发现。

总之，储集层是石油和天然气储存、聚集的场所。储集层的有无和发育程度，往往影响一个地区油气的有无及远景好坏，是评价一个地区、一个构造含油气性的重要条件，是油气勘探工作中的核心问题之一。所以在油气勘探的各个阶段，对储集层的研究，历来就是石油地质学家的一项十分重要的任务。

第八节 盖层及其封闭能力评价

油气都是流体，其密度比水小。在浮力的作用下，地下储集层中的油气具有向上运动的趋势，如果在储集层之上没有不渗透的地层盖住，则油气会一直向上运移以至于最后散失掉。因此，在任何一个含油气盆地，要想把油气封闭在储集层中而不致逸散，就必须具备不渗透的地层将储集层盖住，这样的不渗透地层就是盖层。因此，盖层就是位于储集层之上能够封盖储集层使其中的油气免于向上逸散的保护层。盖层封闭能力的强弱直接影响着油气在储集层中的聚集效率和保存时间。盖层发育层位和分布范围直接影响盆地油气分布的层位和区域。盖层是油气藏形成的重要地质要素，是石油地质学研究的重要内容。

一、盖层类型

不同的研究者由于研究问题的角度和出发点不同，对盖层的分类也就不同。

（一）按盖层岩性分类

按盖层的岩性，盖层可以划分为膏盐类盖层、泥质岩类盖层和碳酸盐岩类盖层三类。

膏盐类盖层主要包括石膏、硬石膏和盐岩三种。其中，石膏埋藏较浅，一般在1000m以内；硬石膏埋藏较深，一般在1000m以下，是由石膏在成岩作用下转化而成。世界上天然气储量约有35%与膏盐类盖层有关，它们是质量最好的盖层岩类。

泥质岩类盖层主要包括泥岩、页岩、含粉砂泥岩和粉砂质泥岩，是油气田中最常见的一类盖层，分布最广，数量最多，几乎产于各种沉积环境。世界上大多数油气田的盖层均属此类。

碳酸盐岩类盖层主要包括含泥灰岩、泥质灰岩和石灰岩等。碳酸盐岩能否为盖层不取决于其形成条件，而取决于其后期改造条件：如果裂缝不发育，便可作为盖层；否则便是储集层。

（二）按盖层分布范围分类

按分布范围，盖层可以划分为区域性盖层和局部盖层两类。

区域性盖层指遍布在含油气盆地或坳陷的大部分地区，厚度大、面积广且分布较稳定的盖层。区域性盖层对含油气盆地或坳陷内的油气聚集和保存起重要作用。

局部盖层指分布在某些局部构造或局部地区某些部位上的盖层。局部盖层只对一个地区或构造的油气局部聚集和保存起控制作用。

(三) 按盖层纵向分布位置分类

按盖层与油气藏的空间位置关系，盖层可以划分为直接盖层和上覆盖层两类。

直接盖层指紧邻储集层之上的盖层。直接盖层可以是局部盖层，也可以是区域性盖层。

上覆盖层指直接盖层之上的所有非渗透性岩层。上覆盖层一般是区域性盖层，对区域性的油气聚集和保存起重要作用。

二、盖层封闭油气机理

前面已经提到，盖层是位于储集层之上的不渗透地层，但实际上真正不渗透的地层是没有的。盖层尽管非常致密，但也是具有孔隙的岩层，在一定的条件下也具有渗透性。那么盖层为什么能够封盖住油气呢？这要从盖层封闭油气的机理谈起。近年来，石油地质学家对于盖层的封闭机理进行了较多的研究，提出了盖层毛细管封闭、超压封闭和烃浓度封闭三种机理（郝石生等，1996）。但随着人们对盖层封闭油气机理认识的深入，逐渐认识到超压封闭实际上仍是毛细管封闭（付广等，2000），不是一个单独的盖层封闭机理。烃浓度封闭虽然不同于毛细管封闭，是对分子扩散相天然气的封闭，但限于目前技术水平，对其封闭机理的认识不仅难以通过实验和实例来反映，而且这种机理仅对天然气中少量的扩散相天然气起作用，说明其不是盖层封闭油气的主要机理，故这里主要介绍盖层封闭油气的主要机理——毛细管封闭机理。

尽管盖层也具有一定的孔隙，但与储集层的孔隙相比，其孔隙相对较小。如济阳坳陷八面河油田沙三段砂岩储集层孔隙半径为 $10\sim100\mu m$，喉道宽度为 $0.1\sim50\mu m$（方帆和李相明，2007）；而泌阳凹陷含粉砂泥岩盖层的孔隙中值半径为 $3.63\sim6.39nm$（成秋全等，2006），可见砂岩和泥岩的孔隙直径相差 3~4 个数量级之多。

在地下，盖层和储集层的孔隙中是充满水的，油气质点（油珠或气泡）在储集层和盖层孔隙中运移必须克服由油水（或气水）界面张力引起的毛细管力。毛细管压力的大小与毛细管（喉道）半径、界面张力和润湿角有关的关系如公式（2-6）所示。

界面张力与烃类性质和介质温度压力条件有关，相同温压条件下，气水界面张力比油水界面张力更大，并且不同温度压力条件下气水及油水界面张力也有变化（表 2-13）。

表 2-13 不同温压条件下气水及油水界面张力（据包茨，1989）

条件			界面张力，N/m			气水界面张力与油水界面张力的比值
埋深，m	压力，10^5Pa	温度，℃	气水	油水	差值	
0	1	20	0.07	0.025	0.045	2.8
500	50	35	0.063	0.022	0.041	2.8
1000	100	50	0.055	0.0195	0.0355	2.8
1500	150	65	0.0475	0.017	0.0305	2.8
2000	200	80	0.038	0.0145	0.0235	2.6
2500	250	95	0.033	0.012	0.021	2.75
3000	300	110	0.03	0.009	0.021	3.3
4000	400	140	0.025	0.0035	0.0215	7.1

由于一般的地层岩石都是亲水的,因此地层岩石中毛细管力的方向总指向油气质点(油珠或气泡)。储集层和盖层岩石孔隙的半径不同,在其他条件相同的情况下,其毛细管力的大小也不同。盖层岩石具有比储集层岩石更小的孔隙喉道半径,其孔隙产生的毛细管力要比储集层岩石孔隙产生的毛细管力大得多(图2-40)。对于一个想要从储集层岩石大孔隙进入盖层岩石小孔隙的油气质点来说,它同时受到这两个毛细管力的作用:储集层岩石大孔隙产生的毛细管力指向盖层方向,试图将油气质点推入盖层岩石的小孔隙;而盖层岩石小孔隙产生的毛细管力指向储集层方向,试图阻止油气质点进入盖层岩石孔隙。这两个力的合力就是储集层、盖层岩石之间的毛细管力差 Δp_c:

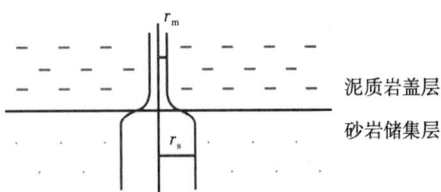

图2-40 盖层毛细管封闭机理示意图
r_m—泥质岩盖层孔隙喉道半径;r_s—砂岩储集层孔隙喉道半径

$$\Delta p_c = 2\sigma\left(\frac{1}{r_m} - \frac{1}{r_s}\right)\cos\theta \tag{2-7}$$

式中 θ——润湿接触角,(°);

由于盖层岩石孔隙半径小于储集层岩石孔隙半径,这一毛细管力差的方向是指向储集层方向的,正是这一毛细管力差阻止了油气质点进入盖层岩石的孔隙空间,使油气被封在盖层之下而不能向上运移。因此,盖层之所以能够封住储集层中的油气,其本质在于盖层岩石具有比储集层岩石更小的孔隙,形成了指向储集层的毛细管力差,阻止了油气进入盖层孔隙空间。这种主要由储集层和盖层岩石物性差异造成的盖层封闭作用称为盖层的物性封闭,也称为毛细管封闭。

为方便起见,在研究盖层时,一般只考虑盖层岩石孔隙产生的毛细管力的大小,而不考虑储集层岩石的毛细管力的大小。这是因为盖层岩石孔隙半径与储集层岩石孔隙半径比较起来,通常要小几个数量级,因此在式(2-7)中,储集层岩石毛细管力一项可以忽略不计。同样,盖层孔隙也具有非均质性,孔隙也有大有小,只要油气质点突破了盖层岩石最大孔隙,这时的盖层也就失去了封闭能力。因此,在评价盖层时,一般只考虑盖层岩石最大连通孔隙具有的毛细管力的大小。把盖层岩石最大连通孔隙所具有的毛细管力称为盖层的排替压力。排替压力越大,盖层的封闭能力越强;反之,排替压力越小,盖层的封闭能力越弱。

三、盖层封闭能力的影响因素

盖层毛细管封闭能力的强弱既要受到其自身发育特征的影响,又要受到后期地质改造作用的影响,具体表现在以下几个方面。

(一)盖层岩性

理论上讲,任何一种岩性的岩层均可作为盖层,只要其排替压力大于下伏储集层中油气向上运移的动力即可。但是由上可知,最常见的盖层的岩性主要为两大类岩石:一类是泥质岩类,包括页岩、泥岩等;另一类是膏盐类,包括盐岩、石膏和硬石膏等类型。泥质岩类盖层常与碎屑岩储集层并存;膏盐类盖层则多发育在碳酸盐岩地层剖面中。在特殊的情况下,如在构造变动微弱的地区,裂缝不发育,致密的泥灰岩及石灰岩也可充当盖层。

H. D. Klemme(1977)统计了世界上334个大油气田的盖层,泥质岩类盖层的大油气田占总数的65%，膏盐类盖层的大油气田总数占33%，致密灰岩充当盖层的占2%。Grunau（1987）汇编了世界上25个最大油田和25个最大气田的盖层，其岩性都是泥页岩和膏盐岩。我国松辽、渤海湾等盆地多以泥岩为盖层；四川、江汉等盆地的油气田则多以膏盐岩为盖层。

泥质岩盖层由于孔隙细小，其排替压力往往很高，具有较强的毛细管封闭能力；同时，厚层的泥岩易于发育超压，使其毛细管封闭能力增强，是比较理想的盖层岩性。但很多泥质岩盖层也往往不是纯泥岩，这时盖层的泥质含量对盖层的封闭性有很大影响。泥质含量的影响主要表现在对盖层渗透率和孔隙结构的影响上。泥质含量的增加会降低泥质岩盖层的渗透率，降低泥质岩盖层的优势孔隙半径大小分布，从而增加泥质岩盖层的排替压力（表2-14）。此外泥质岩盖层中黏土矿物类型和含量及有机质含量不同，对其毛细管封闭能力也会产生一定的影响。蒙皂石和有机质含量越高，泥质岩盖层毛细管封闭能力越强；反之则越弱（吕延防等，1996）。

表2-14 济阳坳陷泥岩盖层泥质含量与排替压力关系（据庞雄奇等，1994）

井号	层位	深度，m	泥质含量，%	排替压力，MPa	中值半径，10^{-10}m
2-2-18	Ng	1675.2	75	0.5	291
面1	E_2s_3	1275.0	82	1.4	245
角4-5	E_2s_3	1676.0	83	4.1	163
王33	E_2s_3	1821.0	85	6.1	65
3-5-11	E_2s_3	2342.5	87	6.7	36
王35	E_2s_3	1889.9	89	7.5	62
3-6-8	E_3s_1	1840.0	90	11.4	28

膏盐类盖层基本不具有孔隙，其毛细管封闭能力比泥质岩更强。尽管膏盐类盖层不具有超压，但由于其基本不具有孔隙，其阻挡油气散失的能力要比一般的泥质岩强近100倍（郝石生，1994），可以有效地阻挡油气的损失。膏盐类盖层的另一个特点是它具有较强的韧性，在构造变形过程中不易发生断裂，能够使盖层保持其分布的连续性。

（二）**盖层厚度**

从盖层的毛细管封闭机理来讲，盖层的厚度似乎对盖层的封闭能力没有直接影响。Hubbert（1983）计算过，几英寸厚的黏土岩估计具有大约4.14MPa的排替压力，就足以封住915m的油柱。但实际上，盖层的厚度对盖层的毛细管封闭能力影响巨大。这也说明，单从微观封闭能力评价盖层是不全面的。

苏联学者依诺泽姆采夫研究古比雪夫地区油气性质与盖层厚度关系时发现，石油密度和石油中的溶解气含量在盖层厚度小于25m时随盖层厚度增加而呈线性变化（图2-41）；盖层厚度超过25m以后，石油性质基本保持不变。据此，他提出了盖层的有效厚度下限标准为25m。

实际盖层的厚度一般可从几米到几百米。例如科威特布尔干油田，厚30m的阿赫马迪页岩封闭了$740×10^8$bbl油。我国南海崖13-1气田顶部直接盖层——梅二段泥岩在崖13-1-1井的单井厚度仅4m。当然，因地质条件的差异，不同地区、不同岩性对盖层厚度的要求也不同。据松辽盆地的经验，泥岩厚度小于20m者，一般不能作为盖层；川南三叠系气藏

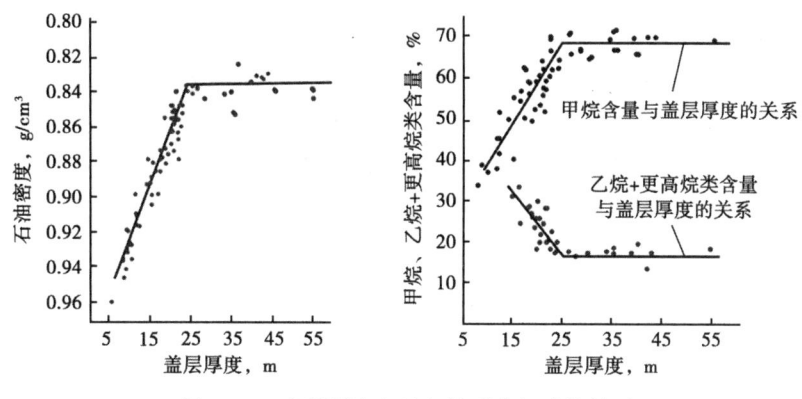

图 2-41 盖层厚度与油气性质和组成的关系

的石膏盖层厚度一般仅 20m 左右，但在长垣坝和高木顶两气田，6~10m 厚的石膏盖层就能封隔独立的商业气藏。

从保存油气的角度来看，盖层厚度越大，对油气的保存越有利。这主要是因为，厚度大的盖层表明其形成环境稳定，水动力条件相对较弱，形成的岩石颗粒相对较细，孔渗性相对较差，毛细管封闭能力相对较强；厚度大的盖层不易被小断层错断或断穿，不易形成连通的微裂缝；厚度大的盖层减小了盖层孔隙连通的机会，使油气不易穿透盖层而散失；厚度大的泥岩盖层易于形成超压，使其毛细管封闭能力增强。油田实例均表明，盖层厚度越大，毛细管封闭能力越强；反之则越弱（童晓光等，1989；邓宗淮等，1990）（图 2-42）。

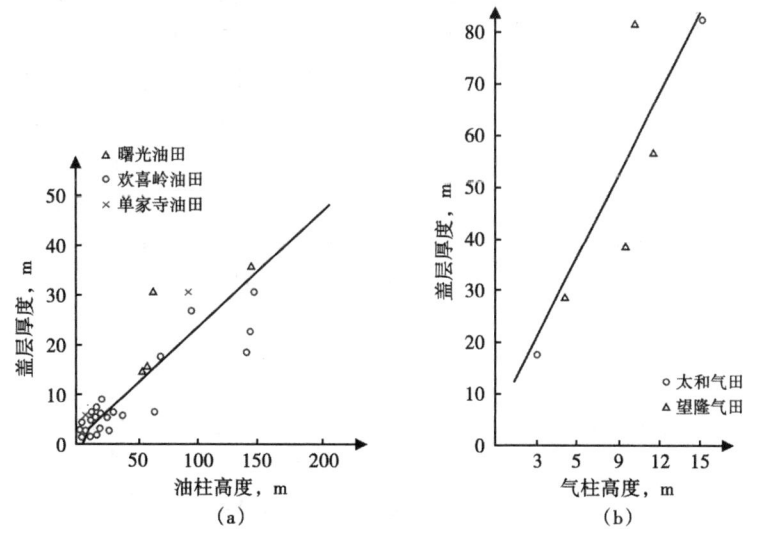

图 2-42 油藏盖层厚度与油气柱高度关系（据童晓光等，1989；邓宗淮等，1990）
(a) 盖层厚度与油柱高度关系；(b) 盖层厚度与气柱高度关系

有效盖层对厚度的要求还与盖层的类型有关。若作为对油气藏中油气起保护作用的局部盖层和直接盖层，其厚度有几十米甚至几米就可以了；但要作为对盆地或盆地内大部分地区的油气起保护作用的区域性盖层，仅有几米甚至几十米就不行了。区域性盖层的厚度往往需要百余米甚至数百米，只有这样才能保证其在区域上的稳定分布，在构造运动频繁的盆地中，大量的油气才不致散失掉。

（三）盖层压实成岩程度及超压

压实成岩程度主要影响泥质岩盖层毛细管封闭能力。通常情况下，刚刚沉积的泥质岩盖层，由于埋藏深度浅，压实成岩作用程度低，孔渗性好，排替压力低，毛细管封闭能力弱。随着压实成岩作用的逐渐增强，泥质岩中孔隙流体逐渐排出，泥质岩盖层孔渗性逐渐变差，排替压力逐渐增大，毛细管封闭能力逐渐增强（图2-43）。

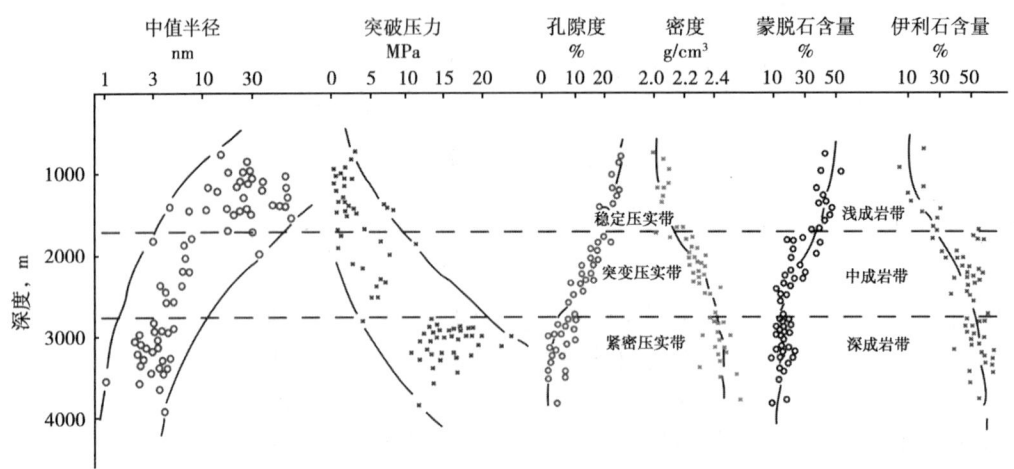

图 2-43　盖层封闭性参数与埋深关系图（据戴贤忠等，1991）

超压也主要影响泥质岩盖层毛细管封闭能力。在沉积盆地的压实过程中，在快速沉积的条件下，厚层的泥质岩盖层在上覆沉积载荷的作用下，其靠近上下界面与渗透性储集层相邻的泥质岩部分首先被迅速压实排出孔隙水，孔隙度和渗透率降低，形成致密层，如图2-44所示。由于四周致密层的形成，阻滞了厚层泥质岩内部大量孔隙流体（水、油、气）的及时排出，使泥质岩内部保持了与埋深不相适应的高孔隙度和过多的孔隙流体，这种现象就是欠压实现象。欠压实泥质岩具有异常高的孔隙度，其颗粒之间未达到紧密的接触，因此其中的孔隙流体承担了在正常压实情况下本应由骨架颗粒承担的上覆地层的一部分载荷，造成欠压实泥质岩比相同深度的正常压实泥质岩具有更高的孔隙压力，把这一孔隙压力与相同深度静水压力的差值称为超压。

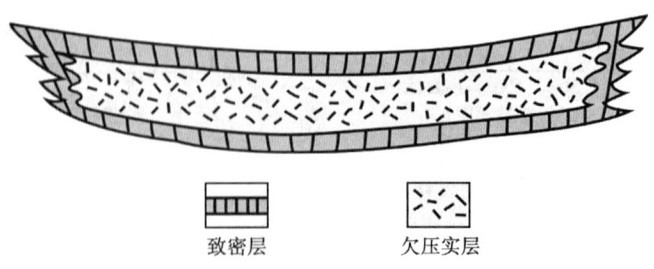

图 2-44　欠压实泥质岩盖层内部结构示意图

泥质岩盖层中超压越大，表明其下致密层越致密，孔渗性越差，毛细管封闭能力越强；反之毛细管封闭能力则越弱。同时，盖层的超压本身也是除盖层毛细管力之外阻止油气进入盖层孔隙的附加力。

(四) 盖层脆塑性

塑性较强的岩石构成的盖层与脆性较强的岩石构成的盖层相比，不易产生断裂和裂缝。在构造变形过程中，脆性较强的盖层易出现裂缝，特别是在褶皱带和推覆带中，盖层的脆塑性对油气封存尤其重要。

不同的岩石具有不同的脆塑性（图 2-45），在通常的地质条件下，塑性强弱的顺序是盐岩>硬石膏>富含有机质页岩>页岩>粉砂质页岩>钙质页岩>燧石岩。盐岩和硬石膏等膏盐岩的塑性最强，因此，膏盐岩发育的含油气盆地多形成大型油气田。

影响泥岩脆塑性的主要因素是黏土矿物种类和含量。常见黏土矿物的塑性强弱的顺序是蒙脱石>高岭石>伊利石>绿泥石。黏土矿物含量越高，塑性越强。

脆塑性也是温度和压力的函数。膏盐岩的塑性随温度的升高而增强，当深度大于 1km 时塑性很强。泥质岩在一定深度范

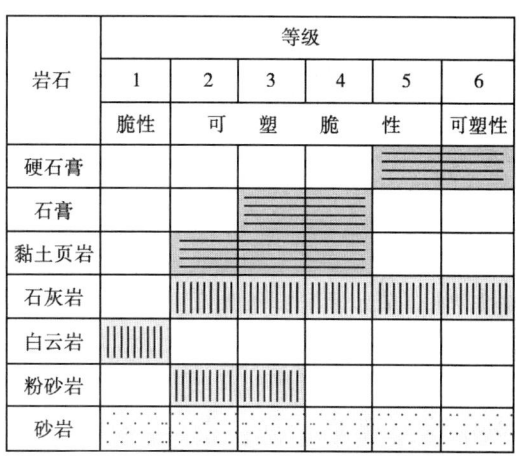

图 2-45 盖层岩石脆塑性分级图（据傅家谟，1992）

围内（一般在 3000m 左右）随深度增加塑性变好，超过该深度范围，深度再增加，泥质岩塑性又逐渐变弱。这主要与黏土矿物的转化脱水有关。泥质岩塑性减小容易产生微裂缝，微裂缝形成会使渗透率增加，从而降低毛细管封闭能力。从这个角度看，泥质岩盖层应该存在一个有利封闭深度区间。当然，不同盆地的有利封闭深度区间有差异。

四、盖层封闭能力评价

由上述盖层毛细管封闭能力影响因素分析可知，盖层毛细管封闭能力受到多种因素的影响，既有盖层本身发育特征的影响，又有后期断裂改造作用的影响。因此，盖层毛细管封闭能力的评价也应是综合上述两方面影响因素的评价。如果盖层未遭到断裂破坏，其毛细管封闭能力主要取决于盖层本身的毛细管封闭能力，可通过盖层岩石排替压力测试进行评价，排替压力越大，盖层毛细管封闭能力越强；反之，排替压力越小，盖层毛细管封闭能力越弱。根据排替压力的大小可以对盖层毛细管封闭能力进行分级评价（表 2-15）。如渤海湾盆地歧口凹陷沙河街组一段中部泥岩盖层实测排替压力为 8.62~13.15MPa，按照表 2-15，应具有好的封闭能力。如果盖层遭到断裂破坏，盖层被断裂完全错开，盖层则无毛细管封闭能力。如果盖层未被断裂完全错开，仍保持分布连续性时，盖层毛细管封闭能力已不再取决于盖层本身，而取决于断层岩毛细管封闭能力。断层岩排替压力越大，盖层毛细管封闭能力越强；反之则越弱。断层岩排替压力的预测可以首先将其视为倾斜岩层，按照盖层排替压力的研究方法研究其排替压力（付广等，2012），利用围岩盖层岩石排替压力与其压实成岩埋深、泥质含量之间的经验关系式，通过断层属性及与其具有相同埋深盖层特征预测断层岩压实成岩埋深和泥质含量，再通过围岩盖层排替压力与其压实成岩埋深、泥质含量之间经验关系式求取断层岩排替压力。所得到的断层岩排替压力越大，断层岩毛细管封闭能力越强，反之则越弱。也可按照表 2-15 中盖层毛细管封闭能力评价标准，对断层岩毛细管封闭能力进行分级

评价。如上述歧口凹陷沙一段中部泥岩盖层形成后，受到断裂不同程度的改造，使其封闭能力降低，此时沙一段中部泥岩盖层封闭能力已不再取决于自身封闭能力，而是取决于其内断裂断层岩的封闭能力，由付广等（2012）利用实测围岩排替压力和断层岩本身特征资料研究可知，歧口凹陷沙一段中部泥岩盖层断层岩排替压力为 3.48~4.49MPa，按照表 2-15，歧口凹陷沙一段中部泥岩盖层内断层岩具有较好的封闭能力，但明显较未被破坏盖层封闭能力变弱。

表 2-15 盖层毛细管封闭能力等级划分标准（据付广，1998）

盖层毛细管封闭能力	好	较好	中等	差
盖层排替压力，MPa	>5.0	5.0~3.0	3.0~1.0	<1.0

思 考 题

1. 什么是储集层？储集层具备哪些基本特性？
2. 储集层孔隙分类依据是什么？划分为哪些类型？
3. 什么是总孔隙度、有效孔隙度、绝对渗透率、有效渗透率、相对渗透率？孔隙度与渗透率的表示单位、相互关系是什么？如何应用孔隙度和渗透率对储集层进行评价？
4. 什么是储集层的孔隙结构？储集层孔隙结构的主要研究方法有哪些？
5. 压汞法毛细管压力曲线研究孔隙结构的原理是什么？应用毛细管压力曲线形态如何评价储集层？常用的孔隙结构参数有哪些？什么是排驱压力？
6. 碎屑岩储集层的储集空间类型有哪些？
7. 影响碎屑岩储集物性的主要因素有哪些？
8. 砂岩体的成因类型有哪些？各自主要的特征是什么？
9. 碳酸盐岩储集层的储集空间类型有哪些？
10. 影响碳酸盐岩储集空间发育的主要因素有哪些？
11. 试比较火山岩、变质岩以及页岩储集层储集空间的差异。
12. 试比较碎屑岩、碳酸盐岩储集层的特征差异。
13. 何为盖层？盖层都有哪些类型？
14. 盖层封闭油气的机理是什么？
15. 盖层封闭能力受哪些因素影响？
16. 如何评价盖层封闭能力？

第三章 圈闭与油气藏

圈闭与油气藏是石油地质学的重要概念。圈闭是油气聚集和保存的场所,油气藏是盆地中油气聚集最基本的单元。油气勘探的主要目标之一就是寻找有利的圈闭进而发现油气藏。因此,圈闭与油气藏的研究不仅在理论上而且在指导油气勘探实践上具有非常重要的意义。目前世界上发现的圈闭和油气藏数量众多、特征各异、成因复杂,了解和掌握不同成因类型圈闭和油气藏的特点、形成条件和分布规律,是认识和理解油气在盆地中分布规律的基础。

第一节 圈闭与油气藏的概念

一、圈闭的概念和含义

对圈闭的认识是在油气勘探实践中逐步发展和完善的。在油气勘探初期,人们主要根据地表的油气苗进行钻探。通过实践中正反两方面经验的总结,人们认识到油气聚集往往与背斜有关,进而形成了"背斜学说"(White,1885)。在"背斜学说"的指导下,逐步开展以地质测量为基本手段的找油工作,大大加快了新油气田的发现。随着发现的油气聚集体增多,人们逐步认识到油气聚集还可以赋存于背斜构造以外的多种地质体中,包括盐丘、古潜山、底辟等其他构造类型。McCollough(1934)首先提出"圈闭(traps)"这一术语来表示聚集和保存油气的场所,指出凡是能聚集和保存油气的地质体,都称作圈闭,并认为圈闭应具备3个基本条件,即储集层、盖层和遮挡条件。"圈闭学说"的提出极大地拓展了油气勘探的视野和领域。1930年,美国C. M. 乔伊纳在东得克萨斯发现地层油藏。1936年,莱复生(A. I. Levorsen)在研究美国大量非构造油气藏的基础上,提出"地层圈闭"的概念,指出地层圈闭是地层变化作为储集层形成圈闭的主要因素;1941年他主编出版了第一部该类油气藏专著《地层型油气田》。地层圈闭的提出大力地促进了油气勘探,特别是老油气区的二次勘探。莱复生(1956)在其所著的《石油地质学》中建立了较完善的圈闭分类体系,将圈闭划分为构造圈闭、地层圈闭和复合圈闭。随着勘探难度进一步增加,以及勘探技术的不断进步,人们认识到一些隐蔽的、复杂的、难以识别的圈闭的存在。1964年和1966年,莱复生提出了隐蔽圈闭(obscure and subtle trap)的概念,1972年哈尔鲍蒂(H. T. Halbouty)用"隐蔽圈闭(subtle trap)"来表示与构造圈闭相区别的勘探难度较大的地层、不整合和古地貌圈闭,强调的是采用当时的勘探方法难于圈定其位置的圈闭。20世纪90年代以来,特别是进入21世纪以来,以煤层气、页岩油气、致密砂岩油气为代表的非常规油气资源的勘探和开发取得重要进展。Schmoker(2002)提出"连续型油气聚集"的概念,用来描述含油气盆地中致密砂岩、页岩、煤等非常规储集层中油气大面积分布、圈闭边界不清、缺乏明确的油气水界面为基本特征的油气聚集。在此基础上,B. E. Law(2002)提出了非常规油气系统的概念,指出非常规油气系统与构造圈闭无关,基本上不受重力分异的影响,区域上存在大规模普遍含油气区带。

由圈闭和油气藏概念的发展过程来看，自圈闭概念提出以后，其所包含的类型在逐渐扩展，但其基本核心内涵一直没有变化，即圈闭是油气聚集和保存的场所，因此有油气聚集的地方必然存在圈闭。随着非常规油气勘探取得重大进展，传统的圈闭概念需要进一步发展和完善，以适应非常规油气聚集的需要。因此，本书在沿用经典的圈闭定义的基础上，将圈闭的内涵进行了一定的补充和扩展。

圈闭系指地下适合油气聚集形成油气藏的场所，形成圈闭需要三个基本条件：（1）储集层；（2）盖层；（3）阻止油气继续运移、造成油气聚集的遮挡条件。这三个基本条件称为圈闭的三要素。实际上在组成圈闭的三要素中，储集层提供了圈闭储存油气的空间；盖层位于储集层之上，对油气的向上运移起阻止作用；遮挡条件起阻挡油气在储集层中继续运移的作用。圈闭主要是根据其遮挡条件的不同进行成因分类的，因此，遮挡条件在圈闭的定义中具有十分重要的意义。

如图 3-1 所示，根据目前已经发现油气圈闭的成因，可以将圈闭的遮挡条件分为四类：

（1）构造遮挡：由构造运动形成的遮挡条件，主要包括盖层的弯曲（背斜等）、断层、岩体刺穿等。

（2）不整合遮挡：以不整合面上下的不渗透岩层作为遮挡。

（3）岩性变化遮挡：渗透层相变为非渗透层形成的遮挡。

（4）致密储集层遮挡：由于致密储集层本身具有的较大的排替压力（毛细管力）或储集层对油气的吸附作用，使油气进入其中后难以发生侧向运移而聚集起来，这种主要由致密储集层的毛细管力和对油气的吸附力形成的遮挡称为致密储集层遮挡，这里指的致密储集层（图 3-1）包括致密砂岩、致密页岩、致密碳酸盐岩和煤层等。

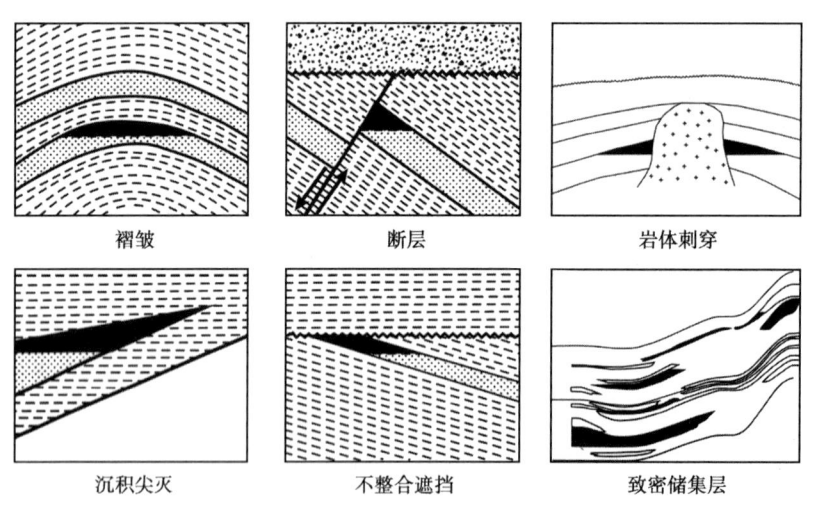

图 3-1　形成圈闭的几种遮挡条件

二、圈闭的度量

圈闭的大小和规模决定着圈闭储集油气的能力，圈闭的大小主要与圈闭的溢出点、闭合面积和闭合高度等参数有关。

（一）溢出点

溢出点是指油气充满圈闭后开始溢出的点，如图 3-2 所示。

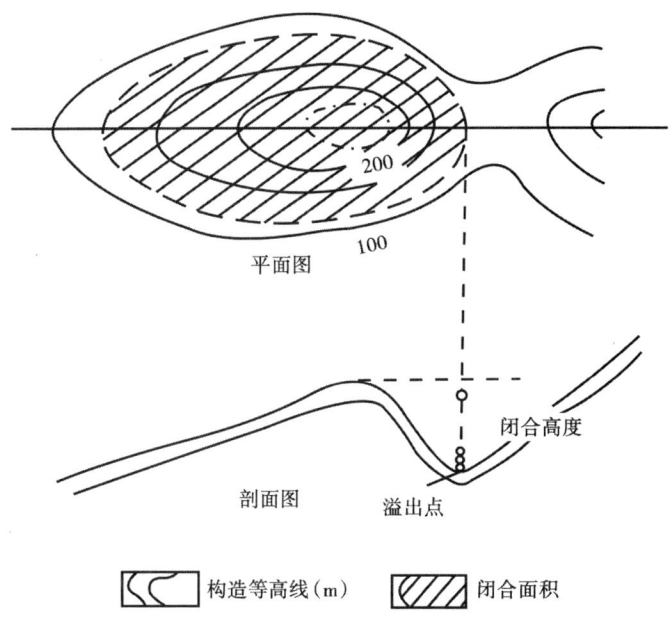

图 3-2 背斜圈闭中度量溢出点和闭合面积确定示意图

不同形状（不同类型）的圈闭，决定溢出点位置的因素不同。对于由背斜构成的圈闭，其溢出点位于紧邻背斜最低一条闭合等高线的一条不闭合等高线的开口处；而以断层作为封闭条件的圈闭，其溢出点在断层位置最低的封闭点处。

（二）闭合面积

闭合面积是指由通过溢出点的构造等高线所围成的面积。闭合面积越大，圈闭的有效容积也越大。闭合面积一般由目的层顶面构造图量取（图 3-2）。不同类型的圈闭，其闭合面积相差很大。闭合面积也称为圈闭面积。

（三）闭合高度

圈闭的闭合高度是指从圈闭的最高点到溢出点之间的海拔高差。闭合高度越大，圈闭的最大有效容积也越大。不同类型的圈闭，闭合高度相差很大。

在上述三个圈闭度量参数中，最重要的是溢出点位置的确定，溢出点位置决定了闭合面积和闭合高度的大小。

需要注意的是，不能把闭合高度等同于构造起伏幅度，两者是完全不同的概念。闭合高度的测量是以通过溢出点的水平面为基准的，而构造幅度的测量则是以区域倾斜面为基准的。同样大小构造起伏幅度的背斜，当区域倾斜不同时，可以具有完全不同的闭合高度，如图 3-3 所示。

关于断层圈闭情况要复杂一些。如果断层是封闭的，其闭合面积可按断层线与储集层顶面等高线相闭合时所圈定的面积计算。如图 3-4 所示，C 点为溢出点，则等高线 CD 与断层线 BD 和 AC 所圈定的面积为其闭合面积。C 点与闭合面积内最高点的高差为其闭合高度。但是，若断层两侧的渗透性岩层相遇，A 点为溢出点，此时断层圈闭的闭合高度和闭合面积就都相应变小了。假如断层面本身是不封闭的，则就不可能形成圈闭，其他参数也就不存在了。

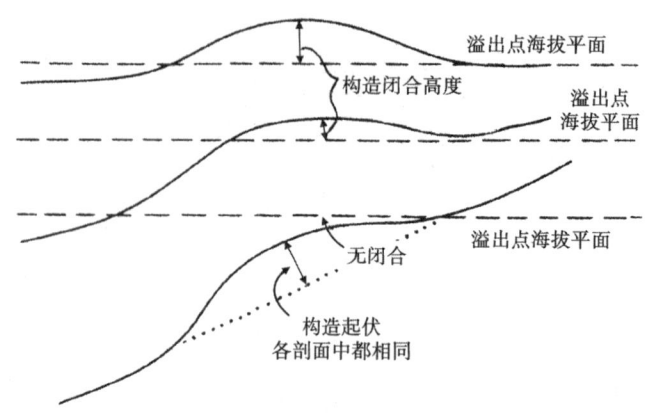

图 3-3 相同构造起伏，因区域倾斜不同，则闭合高度不同

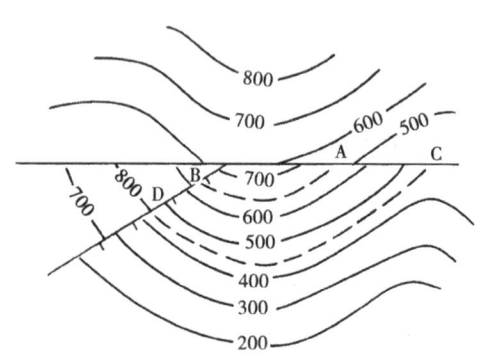

图 3-4 断层圈闭的溢出点、闭合高度和闭合面积示意图

图中数字表示深度，单位为 m

其他类型的圈闭，其溢出点、闭合高度和闭合面积的确定方法原则上与上述两类基本相似。可以概括为"三线四面"原则：在平面上，圈闭范围可根据储集层构造图的构造线、断层线、地层尖灭线（包括剥蚀线、岩性尖灭线）来圈画；在剖面上，圈闭范围则可根据构造面、断层面、不整合面、岩性变换面来确定。

三、油气藏的概念

（一）定义

油气藏是油气在圈闭中的聚集，即圈闭中聚集了油气就是油气藏。油气藏是地壳中最基本的油气聚集单元。如果圈闭中只聚集了石油，则称油藏；如果只聚集了天然气，则称气藏；如果二者同时聚集，则称为油气藏。显然，油气藏的构成要素不仅包括圈闭，还包括油气等流体。如果一个圈闭中没有油气，则它只是一个空圈闭，而不是油气藏。当然，空圈闭中并不是没有流体，在一般情况下其中应该有水。

（二）油气藏的一般特点

根据油气藏的定义，圈闭中聚集了油气就是油气藏。在传统的油气藏概念中，强调了"单一圈闭中油气聚集"这一基本特征。"单一圈闭"是指受单一要素所控制，在单一的储集层中，具有统一的压力系统、统一的油气水边界。如图 3-5 所示，同一背斜中有三个储集层，分别组成三个圈闭、三个不同的压力系统、不同的油气水边界，就应该认为是三个油气藏。

近年来，致密储集层中油气聚集被发现之后，人们曾经认为这些油气聚集没有规则的边界，没有统一的油气水界面，甚至也不一定具有统一的压力系统，似乎不符合油气藏的基本特征，因此不能称为油气藏。如果我们从油气

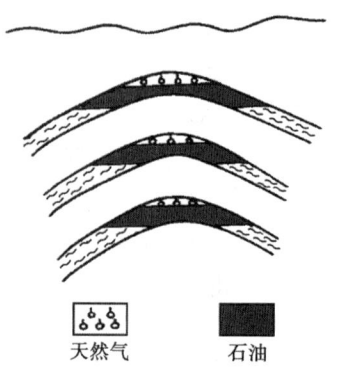

图 3-5 三个储集层组成的三个油气藏

藏的原始定义出发，即圈闭中聚集了油气就是油气藏，那么这些聚集在由致密储集层毛细管力和吸附力作为遮挡条件形成的圈闭中的油气聚集也应称为油气藏。而那些具有规则的边界、统一的压力系统和统一的油气水界面的油气藏只不过是油气藏中的一些"特例"罢了。

四、油气藏的度量

（一）油（气）水界面

在油气藏中，由于重力分异，油、气、水的分布有一定的规律：气在上，油居中，水在下，因此在油气藏中存在油气界面和油水界面。油藏中只有油水界面，气藏中只有气水界面。在一般情况下，这些界面是近于水平的。在未被破坏的背斜油气藏中，油气界面及油水界面常近似于水平，并且油、气、水分界线的水平投影线往往与构造等高线大致平行，如图3-6所示。

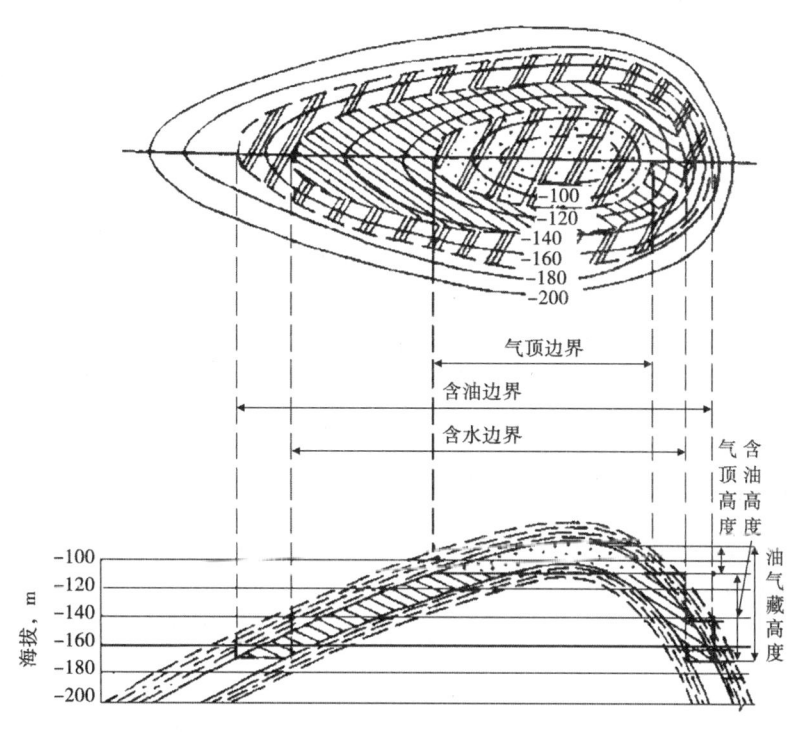

图3-6 背斜油气藏中油、气、水分布示意图

（二）含油（气）边界和含油（气）面积

含油（气）边界通常是指油（气）水界面与油（气）储集层顶、底面的交线，其中油（气）水界面与储集层顶面的交线称外含油（气）边界，又称含油（气）边界，有时称含油（气）外边界。油（气）水界面与储集层底面的交线称内含油（气）边界，又称含水边界。含油（气）外边界围成的面积称油气藏的含油（气）面积。

（三）油（气）柱高度

油（气）柱高度是指油（气）藏油（气）水界面至油（气）藏最高点的垂直距离。

（四）气顶和油环

油气藏中油气按密度发生分异，气位于圈闭的最高部位，油居中部，水在最下面。由于气位于圈闭的顶部，故称为气顶；如果储集层较薄，气顶的含气高度大于储集层的厚度，油只能分布在圈闭的周缘，在平面上油呈环带状分布，称为油环。

第二节　圈闭与油气藏的分类

目前世界上发现的圈闭和油气藏数量众多、特点各异。国内外石油地质学家们提出的油气藏分类很多，例如，根据油气藏的相态特征分为油藏、气藏、凝析气藏、水溶气藏、天然气水合物、稠油油藏等；根据油气藏的形态分为层状、块状、不规则状等（布罗德，1958）；更多的是根据圈闭的成因进行分类，根据圈闭形成的地质控制因素分为构造、地层、岩性和复合的油气藏（西北大学石油地质教研室，1979；张厚福和张万选，1981；陈荣书，1994；胡见义等，1991；莱复生，1967）。

对于以油气勘探为目的的油气藏分类，一是要反映相同类型油气藏的共性和不同油气藏类型的差异性，二是要能反映油气藏形成的规律性和可预测性。从油气勘探的角度，依据圈闭的成因对油气藏进行分类更具预测性，在不同的构造、地层、岩性及储集层条件下，圈闭的成因不同，油气藏的特点不同，油气藏的类型当然也就不同。因此，根据圈闭成因对油气藏进行分类，能够充分反映各种不同类型油气藏的形成条件，充分反映各种类型油气藏之间的区别和联系，充分反映不同类型油气藏的分布规律；有利于科学地预测一个新地区可能出现的油气藏类型，对不同类型的油气藏采用不同的勘探方法及不同的勘探开发部署方案进行勘探。

非常规油气聚集的大量发现，使现有的圈闭和油气藏分类已经不能适应目前油气勘探的需求。非常规油气聚集在圈闭和油气藏分类体系中应该占有其科学的位置，因此本书提出新的圈闭和油气藏分类将涵盖目前主要的常规与非常规油气聚集类型。

一、圈闭和油气藏分类的基本原则

由于对圈闭成因认识的不同，不同学者按照圈闭的成因也提出了不同分类方案，我们认为对油气藏分类应该遵循以下两条基本原则：

（1）分类的科学性，即分类应能充分反映圈闭的成因，反映各种不同类型油气藏之间的区别和联系；

（2）分类的实用性，即分类应能有效地指导油气藏的勘探及开发工作，并且简便实用。这就要求分类不能过细、过于繁琐，更不能随意命名、引起混乱、难以鉴别，而是要求分类必须有高度的、科学的概括性。

自然界地质作用因素复杂，圈闭在其形成和演化过程中往往不仅仅受某一种单一地质因素的作用。从这个角度讲，自然界的圈闭都是复合作用的结果，圈闭成因的分类就是要强调其主导作用因素，因此，在分类中我们主张主因素分类原则，即根据圈闭形成的主控因素进行分类。

二、圈闭成因类型及油气藏按圈闭成因的分类

圈闭是诸多地质条件和地质过程相互作用的产物，这些地质条件可能组合出种类繁多的圈闭，使得每个圈闭都有其独特性，而同一类圈闭的形成条件又具有一定的可比性，即共性，以区分不同类型的圈闭。圈闭的分类要求能够概括不同类型圈闭的成因、共性和个性，

体现出科学的分类原则，而且分类还要有利于指导圈闭的识别和油气藏的发现。

目前常用的圈闭分类是将圈闭划分为构造圈闭、地层圈闭、岩性圈闭的和复合圈闭（西北大学石油地质教研室，1979；张厚福和张万选，1981；陈荣书，1994；胡见义等，1991；莱复生，1967；柳广弟，2009）。为了适应非常规油气聚集，在以往分类的基础上，本书根据圈闭遮挡条件的不同，将圈闭划分为构造圈闭、地层圈闭、岩性圈闭、致密储集层圈闭和复合圈闭等五大类，并进一步根据储集层变化特征和封闭条件的不同划分出 16 个亚类（表 3-1）。

油气藏是油气在圈闭中的聚集，以圈闭成因分类为基础的油气藏分类与圈闭分类是一致的，即有一类圈闭，就有相应的一类油气藏，油气藏与圈闭采用相同的名称（表 3-1）。

表 3-1 圈闭和油气藏大类和亚类

大类	类型
构造圈闭与构造油气藏	背斜圈闭与背斜油气藏
	断层圈闭与断层油气藏
	岩体刺穿接触圈闭与岩体刺穿接触油气藏
地层圈闭与地层油气藏	地层不整合圈闭与地层不整合油气藏
	地层超覆圈闭与地层超覆油气藏
岩性圈闭与岩性油气藏	储集岩上倾尖灭圈闭与储集岩上倾尖灭油气藏
	储集岩透镜体圈闭与储集岩透镜体油气藏
	生物礁圈闭与生物礁油气藏
	成岩后生岩性圈闭与成岩后生岩性油气藏
致密储集层圈闭与致密储集层油气藏	致密砂岩圈闭与致密砂岩油气藏
	页岩圈闭与页岩油气藏
	煤层圈闭与煤层气藏
复合圈闭与复合油气藏	地层—构造圈闭与地层—构造油气藏
	岩性—构造圈闭与岩性—构造油气藏
	地层—岩性圈闭与地层—岩性油气藏
	水动力圈闭与水动力油气藏

在新的圈闭和油气藏分类方案中，构造圈闭与构造油气藏、地层圈闭与地层油气藏、岩性圈闭与岩性油气藏、复合圈闭与复合油气藏基本继承了以往的分类方案（柳广弟，2009），所不同的是在分类体系中去掉了裂缝性油气藏这一亚类，这是因为在圈闭分类体系中没有一类圈闭与之对应，按照圈闭的成因，裂缝性油气藏大部分是背斜油气藏，也有一部分可以归入岩性油气藏；同时在岩性圈闭与岩性油气藏中增加了成岩后生岩性圈闭与成岩后生岩性油气藏这一亚类，这一亚类主要包括在成岩后生作用期间由于成岩作用或其他作用使储集层的渗透性发生改变而形成的一类岩性圈闭。致密储集层圈闭与致密储集层油气藏是新分类方案中增加的一大类圈闭和油气藏类型，包括了目前非常规油气聚集的主要类型。

构造圈闭是指构造作用使地层发生变形或变位而形成的圈闭。构造圈闭中的油气聚集就是构造油气藏。构造作用可以形成各种各样的构造圈闭，因此，所形成的油气藏也就不同，但其共同特点是圈闭均为构造作用形成的遮挡条件所遮挡而形成。

地层圈闭是指因地层纵向沉积连续性中断而形成的圈闭，即与地层不整合有关的圈闭。地层圈闭中的油气聚集就是地层油气藏。这类圈闭的共同特点是其遮挡条件的形成都与不整合面有关。根据地层不整合与储集层的相互关系，可将其进一步划分为不同类型。

由于沉积条件的变化或成岩作用，储集层在纵横向上渐变成不渗透性岩层，这种由储集层的岩性岩相或物性变化而形成的圈闭称为岩性圈闭。岩性圈闭中的油气聚集就是岩性油气藏。这类圈闭的共同特点是其遮挡条件都是由岩性或物性的变化所形成。

致密储集层油气藏是一种聚集在致密储集层中大面积连续分布的油气聚集，油气藏的边界不甚明显，其共同特点是圈闭条件为致密储集层的毛细管阻力封闭造成的遮挡条件。致密储集层以纳米、微米级孔喉为主，微观孔喉结构复杂，决定了其低孔低渗的储集特征。致密储集层岩性复杂，既有砂岩、石灰岩，也有泥页岩、煤以及混积岩类等多种岩石类型。需要指出的是，致密储集层油气藏涵盖了目前主要的非常规油气聚集，在本书中，这些油气聚集也称为油气藏，如致密砂岩油气藏、致密碳酸盐岩油气藏、页岩油气藏和煤层气藏。

在自然界中，许多现象往往并不是非此即彼，多数情况是在两极或多极之间存在许多过渡类型，圈闭和油气藏也是如此。各种地质因素结合形成圈闭的可能性是千变万化的，既可形成单一地质因素所控制的构造、地层、岩性圈闭，又可在很多情况下是两种或两种以上的因素相结合，形成复合圈闭和复合油气藏。

三、油气藏按相态的分类

圈闭中聚集的烃类，既可以是液态的、气态的烃类，也可以是固态的烃类，而且油气在地下的赋存状态和采出后的赋存状态也可能存在差异。因此，油气藏类型也可以根据圈闭内聚集的烃类相态及其变化进行划分。按照烃类的相态，可以将油气藏划分为油藏、气藏、油气藏、凝析气藏、水溶气藏和天然气水合物等类型。

油藏是指在圈闭中只有液态石油的聚集，而没有游离的天然气聚集。当然，在液态石油中或多或少会有以溶解状态的天然气存在。

气藏是指圈闭中只有烃类气体或非烃类气体聚集，而没有液态石油的聚集。

油气藏是指在圈闭中同时聚集着液态石油和气态的烃类或非烃气体，并且液态石油和天然气之间具有明确的油气界面。

凝析气藏是气藏和油气藏的气顶在地下是以气相存在，采至地面后因温度压力的降低而分离为油、气两相，分离出来的液态油就是凝析油。

水溶气藏是指在地层水中溶解的天然气达到一定的含量，可以进行经济开采时的天然气聚集。水溶气藏的范围不一定局限在传统的圈闭范围内。

天然气水合物是在一定条件下主要由甲烷气体与水相互结合形成的白色固态结晶物质，是一种特殊状态的天然气聚集。

四、有关油气藏类型的其他术语和概念

除上述圈闭与油气藏分类体系中使用的概念和术语外，在国内外油气勘探界还经常使用一些其他术语或概念描述不同类型的油气藏。这些术语和概念包括隐蔽圈闭和隐蔽油气藏、基岩油气藏、古潜山油气藏、非常规油气藏等。

（一）隐蔽圈闭和隐蔽油气藏

隐蔽圈闭（subtle trap）的概念，最早是由卡尔（1880）提出的，用来表示非背斜圈

闭。1966年，莱复生在AAPG Bulletin上发表隐蔽圈闭论文，以隐蔽和难于捉摸的圈闭（the obscure and subtle trap）为题，全面论述了对隐蔽的认识，"subtle trap"本身因缺乏严格的含义而未能广泛应用。直到1972年哈尔鲍蒂（H. T. Halbouty）才重新起用"subtle trap"，用来表示与构造圈闭相区别的勘探难度较大的地层、不整合和古地貌圈闭。1982年，他进一步把隐蔽在不整合面下或复杂构造带下不易认识和勘探难度较大的各类潜伏圈闭称为"subtle trap"。同年萨维特（C. H. Savit）也撰文指出"所谓的隐蔽圈闭，是用目前采用的勘探方法难于圈定其位置的圈闭"。

关于隐蔽油气藏的概念，前人有不同的定义，但总的说来可以归纳为三种概念。第一种为广义的地层圈闭（stratigraphic trap），包括地层圈闭（狭义）、不整合和古地貌圈闭（A. I. Leverson，1964；H. T. Halbouty，1972，1982，等）；第二种是为了与构造圈闭相区分而提出来的非构造圈闭（nonstructural trap），指所有的非构造成因形成的圈闭类型（威尔逊，1934；胡见义，1984，等）；第三种隐蔽圈闭（subtle trap）是指用目前普遍采用的勘探方法难以圈定其位置的圈闭（C. H. Savit，1982，等）。

从上述"隐蔽圈闭"一词的含义随时间发展来看，隐蔽圈闭并不是一个科学的概念，也不是圈闭成因类型的分类，而是泛指任一勘探阶段用常规的勘探思路和方法在认识上和勘探技术上难以识别的圈闭。隐蔽油气藏的概念是随着勘探手段和研究水平的提高而不断发生变化的，所以不同时期对隐蔽圈闭内涵的理解也有所不同。

（二）基岩油气藏

基岩一词，首先是Walters（1953）在美国石油地质协会上发表的《中堪萨斯油田前寒武系裂缝型基岩的石油产量》一文中提及。直到1951年，Landes首次对基岩油气藏进行了定义，认为不整合面或侵蚀面以上沉积的年轻烃源岩系所生成的油气，聚集在其下伏的古老变质岩和火成岩等岩石类型中，不论其地质年代为前寒武纪、古生代，还是中生代，均称为基岩油气藏。潘钟祥（1983）认为对基岩油气藏的定义范围太过狭窄，提出应把年轻烃源岩系底部不整合面之下的下古生界和中—新元古界的碳酸盐岩以及其他沉积岩类中的油气藏也涵盖进去。

基岩油气藏是我国重要的油气勘探领域之一，早在1957年，就在克拉玛依石炭系变质基岩中获得油流。20世纪60—70年代，在我国东部渤海湾盆地的油气勘探中，相继在黄骅、济阳、冀中、辽河等坳陷以及渤海海域中发现了一批基岩油气藏。80年代，在辽河坳陷和济阳坳陷等东部断陷盆地中又相继发现了大量的变质岩、火山岩和碳酸盐等基岩油气藏。21世纪以来，松辽盆地和渤海湾盆地基岩油气藏的勘探开发进一步取得重要进展，目前已经成为东部老区挖潜勘探的重要领域。随着油气勘探的日益深入，地震勘探、深部成像技术也日益进步，近十年间，国内对基岩油气藏也越发重视。

关于基岩油气藏的定义，目前尚有不同的认识和理解。一种认为只有在盆地结晶基底中形成的油气藏才是基岩油气藏（陈发景，1989；甘克文，2007）；另一种认为应以盆地的发育时期为基础，将盆地形成前的地层统称为基岩，包括结晶基底部分和盆地形成前不同时代的地层，可以是变质岩、火成岩或沉积岩（田在艺，1987；童晓光，1987）。基岩是特指生油盆地以下的地层，因为基岩油气藏都位于盆地内一个区域性不整合面之下，基岩本身不一定具备生烃能力，烃源常来自上覆生油层，因此，将生油盆地形成前地层中存在的油气藏统称为基岩油气藏，这是一个广义的概念。但基岩油气藏是根据油气藏所处的地层的时代和岩性进行划分的，与圈闭的成因没有直接的联系。

（三）古潜山油气藏

潜山一词是 Powers 在 1922 年发表于 Economic Geology 杂志上的论文《潜山及其在石油地质学中的重要性》中首次提及。潜山是指在盆地接受沉积前就已经形成的古地貌山及被新地层覆盖而形成的潜伏山。随着潜山成因分析的深入，又将潜山分为"古潜山"和"后成潜山"。前者是指新沉积层系沉积前具有古突起地貌特征的潜山，后者是指新沉积层系沉积以后因后期构造变动而形成的山。

古潜山油气藏的勘探始于 1909 年，美国在勘探中—新生界油气资源时，在俄亥俄州中部辛辛那提隆起发现了摩罗县古潜山油田。国内古潜山油藏的勘探是以任丘油田的发现为标志，任丘古潜山油田是我国第一个在中—新元古界海相碳酸盐岩古潜山中找到的高产大油田。随着我国渤海湾盆地济阳坳陷、辽河坳陷等一系列古潜山油气藏的发现，说明古潜山已成为我国重要的油气勘探领域，即使是中小型的、隐蔽的、复杂的中低潜山，同样具有良好油气资源前景。

目前国内许多学者对古潜山和基岩还没有明确的区分。古潜山油气藏和基岩油气藏既有相同点，也存在差异性。相同点在于两者都是"新生古储"型成藏组合形成的油气藏。差异性体现在描述范畴的不同：前者的圈闭是受差异剥蚀或者断块活动形成的"山"形特征，强调圈闭存在的地层表面形态，与地层岩性无关；后者是从储集层岩性角度考虑，强调油气藏赋存的地层层位为变质岩和火山岩，与是否具备"山"形特征无关。目前，通称的古潜山油气藏只是基岩油气藏中的一种类型，而不是等同关系。

（四）非常规油气聚集

1995 年 Schmoker 等提出的"连续型油气聚集"概念开启了非常规油气聚集理论的里程碑，为非常规油气资源的勘探开发提供了科学依据。然而，目前对非常规油气聚集概念的理解还存在一定差异，认识的角度也不完全相同。有的主要从经济性角度对非常规油气进行界定，如在 20 世纪 70 年代早中期，美国大多数勘探地质学家将次经济和经济边缘的煤层气、页岩气、致密（低渗透）气看作非常规天然气。有的按照基质渗透率界限进行界定，认为基质渗透率小于 1mD 的储集层内聚集的油气为非常规油气。有的主要从开采技术要求角度进行界定，一般认为非常规油气是指在现有经济技术条件下不能用传统技术开发的油气资源（Daniel，2008）。有的则主要从地质特征和勘探的角度进行界定。Cheng（2010）将非常规油气资源定义为由于特殊的储集层岩石性质（基质渗透率低，存在天然裂缝）、特殊的充注（自生自储岩石中的吸附气，甲烷水合物）以及/或者特殊的流体性质（高黏度），而只有采用先进技术、大型增产处理措施和/或特殊的回收加工才能获得经济开发的油气聚集。邹才能等（2009）指出，非常规油气是现今无法用常规方法和技术手段进行经济性勘探开发的资源，其特点是资源规模大、储集层物性差，一般孔隙度小于 10%，渗透率小于 1mD。按照定义，非常规油气包括致密油气、页岩油气、煤层气、天然气水合物、水溶气、重油（超重油）、天然沥青（油砂）、油页岩等。无论是哪种类型的非常规油气，其共同特征是在成藏机理与开采方式要求上有别于常规油气。

从上述几个相关概念的定义和发展历史可以看出，隐蔽油气藏和非常规油气藏的定义主要与勘探和开发技术有关，随着技术的进步和资源的进一步开发，这些概念的内涵也会随之变化。因此，隐蔽油气藏和非常规油气藏主要是一个勘探的术语而不是一个学术的术语，因此在本书的油气藏分类中未使用这些术语。基岩油气藏是一个比较宽泛的概念，尽管对基岩的理解还存在分歧，但基岩油气藏主要还是针对油气藏的储集层而言的，并不直接与特定圈闭类型相关,其中的圈闭可以是各种类型。古潜山油气藏实际上就是本书油气藏分类体系中地层不整合油气藏中的一种。因此,为了圈闭与油气藏分类体系的系统性和一致性,本书未采用上述几个术语。

第三节 构造圈闭与构造油气藏

构造圈闭是构造作用使地层发生变形或变位而形成的圈闭。构造油气藏是指构造圈闭中聚集油气而形成的油气藏。构造油气藏,过去和现在都是非常重要的一种油气藏类型。构造作用可以形成各种各样的构造圈闭,形成的油气藏也就各种各样,其中比较重要的有背斜油气藏、断层油气藏和岩体刺穿接触油气藏等,其中又以背斜油气藏及断层油气藏更为重要,因为它们在世界上分布最广泛。而岩体刺穿接触油气藏实质上是比较特殊的油气藏类型。下面分别予以介绍。

一、背斜圈闭与背斜油气藏

背斜圈闭是构造作用使地层发生弯曲变形,储集层和盖层形成向周围倾伏的背斜构造而形成的。油气在背斜圈闭中聚集形成的油气藏,称为背斜油气藏。

背斜油气藏在世界油气勘探史上一直占最重要的位置,也是石油地质学家最早认识的一种油气藏类型。19世纪中后期提出的"背斜学说",长期以来一直是最主要的油气勘探理论,在油气勘探史上起了重要的推动作用。直到目前为止,在世界石油和天然气的产量及储量中,背斜油气藏仍居首位。表3-2和表3-3为世界上10个特大背斜油田和背斜气田的基本情况。

表 3-2 世界 10 个特大背斜油田基本特征

油田	国家	盆地	发现年份	圈闭类型	产层时代	产层岩性	油(气)可采储量 $10^8 t^3$ ($10^8 m^3$)
加瓦尔	沙特阿拉伯	波斯湾	1948	背斜	J	碳酸盐岩	114.8(15000)
布尔干	科威特	波斯湾	1938	背斜	K	砂岩	105(20300)
萨法尼亚	沙特阿拉伯	波斯湾	1951	背斜	K	砂岩	50.54
坎塔雷尔	墨西哥	坎佩切	1976	背斜	K	碳酸盐岩	28
扎库姆	阿拉伯联合酋长国	波斯湾	1964	背斜	J	碳酸盐岩	25.76
马尼法	沙特阿拉伯	波斯湾	1957	背斜	K	砂岩	23.80(1340)
基尔库克	伊拉克	波斯湾	1927	背斜	E—N	碳酸盐岩	23.80
萨莫特洛尔	俄罗斯	西西伯利亚	1965	背斜	K	砂岩	21.16
罗马什金	俄罗斯	伏尔加—乌拉尔	1948	背斜	D	砂岩	20.31
大庆	中国	松辽	1959	背斜	K	砂岩	20

表 3-3 世界 10 个特大背斜气田基本特征

气田	国家	盆地	发现年份	圈闭类型	产层时代	产层岩性	可采储量 $10^{12}m^3$
北方	卡塔尔	波斯湾	1988	背斜	P	碳酸盐岩	25.47
乌连戈伊	俄罗斯	西西伯利亚	1966	背斜	K	砂岩	10.20
亚姆堡	俄罗斯	西西伯利亚	1969	背斜	K	砂岩	5.242
博瓦涅科夫	俄罗斯	西西伯利亚	1971	背斜	K	砂岩	4.385
扎波利亚尔	俄罗斯	西西伯利亚	1965	背斜	K	砂岩	3.532
什托克马诺夫	俄罗斯	西西伯利亚		背斜	K	砂岩	2.762
北极	俄罗斯	西西伯利亚		背斜	K	砂岩	2.762
阿斯特拉罕	俄罗斯	西西伯利亚		背斜	K	砂岩	2.711
格罗宁根	荷兰	北海	1959	背斜	P	砂岩	2.680
哈西鲁迈勒	阿尔及利亚	三叠	1956	背斜	T	砂岩	2.549

背斜圈闭的特点是储集层顶面拱起，上方和四周被非渗透性盖层所封闭。背斜油气藏的油气分布局限于闭合空间内，油气水按重力分异，气油、油水（或气水）界面与储集层顶面的交线同构造等高线平行，且呈闭合的圆形或椭圆形，具体形态取决于背斜的形态。烃柱高度等于或小于闭合度。背斜油气藏中的油层是相互连通的，油层范围内具有统一的压力系统和统一的油（气）水界面。

如果一个背斜范围内存在多套储集层并且各储集层有隔层分割相互不连通，则形成多个背斜圈闭与背斜油气藏，每个油气藏可以具有独立的压力系统和独立的油（气）水界面。但当一个背斜的多层储集层由于裂缝等因素的存在而相互连通时，则会形成一个统一的块状油气藏，这样的块状油气藏具有统一的压力系统和统一的油（气）水界面，这样的油气藏也可称为裂缝性背斜油气藏。

背斜圈闭与背斜油气藏还可以进一步分类。从形态上看，背斜圈闭有很多种类型，如长轴背斜、短轴背斜、箱状背斜、伏卧背斜等等。按背斜构造成因分可以进一步将背斜圈闭与背斜油气藏划分为 5 个小类（图 3-7），分别为挤压背斜圈闭与挤压背斜油气藏、基底隆升

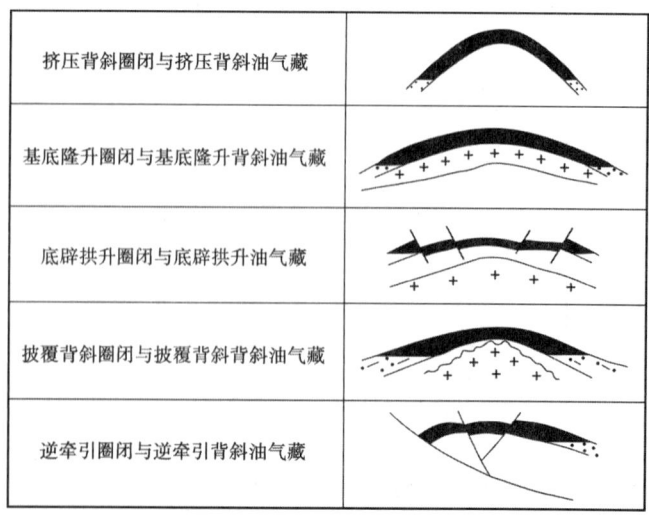

图 3-7 背斜圈闭和背斜油气藏类型示意图

背斜圈闭与基底隆升背斜油气藏、底辟拱升背斜圈闭与底辟拱升背斜油气藏、披覆背斜圈闭与披覆背斜油气藏、逆牵引背斜圈闭与逆牵引背斜油气藏。

（一）挤压背斜圈闭与挤压背斜油气藏

挤压背斜是指以侧向挤压为主的褶皱作用形成的背斜。挤压背斜圈闭中的油气聚集就是挤压背斜油气藏。挤压背斜圈闭具有以下基本特征：

（1）一般为不对称背斜，两翼地层倾角较大。这种背斜一般是在造山运动的同时由区域挤压运动形成的，这种挤压应力往往来源于褶皱山系一侧，因此挤压背斜也往往是不对称的，靠近褶皱山系的一翼较缓，靠近盆地中心的一翼较陡。

（2）圈闭的闭合高度较大，而闭合面积较小。

（3）常常有逆断层相伴生。背斜形成过程中往往伴随着推覆作用，形成一系列逆断层和逆掩断层，特别是在背斜靠近盆地的一翼，逆断层常比较发育。

从区域上看，这种挤压背斜一般分布在压陷盆地中，特别是前陆盆地的褶皱冲断带，挤压背斜十分发育。这种背斜常成排成带出现，形成挤压背斜带。由于地层变形比较剧烈，与背斜圈闭形成的同时，经常伴生有断裂。

我国酒泉盆地南部祁连山山前地带的老君庙背斜带是比较典型的挤压背斜带，该背斜带由青草湾、鸭儿峡、老君庙、石油沟等一系列挤压背斜组成（图3-8），其中老君庙背斜的L层油气藏可作为一个挤压背斜油气藏的典型实例，如图3-9所示。它是一个不对称的背斜圈闭，南翼倾角20°～30°，北翼倾角60°～80°；长轴与短轴之比为3:1，并被逆掩断层及横断层所切割。

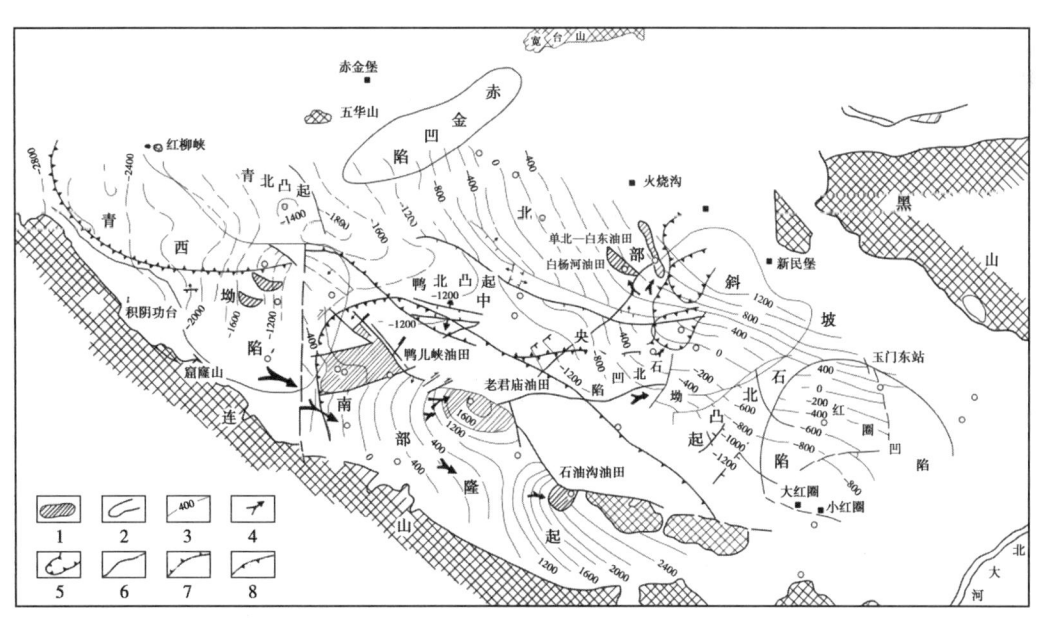

图3-8 酒泉盆地祁连山山前挤压背斜带分布

1—油田；2—生油凹陷；3—N_1b构造等高线（m）；4—油气运移方向；5—白垩系砂岩体；6—火烧沟组尖灭线；
7—火烧沟组砂岩尖灭线；8—间泉子组主体分布区

挤压背斜油气藏在国内外褶皱区广泛分布。我国的塔里木盆地库车坳陷克拉苏构造带克拉2号气田（图3-10）、四川盆地川东地区高陡背斜带的卧龙河气田都是典型的以挤压背斜

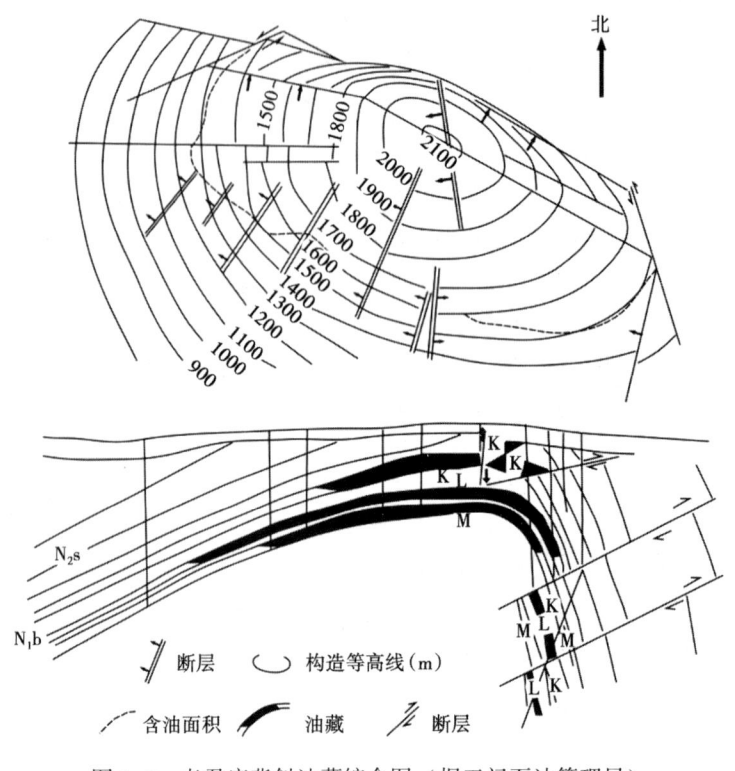

图 3-9 老君庙背斜油藏综合图（据玉门石油管理局）

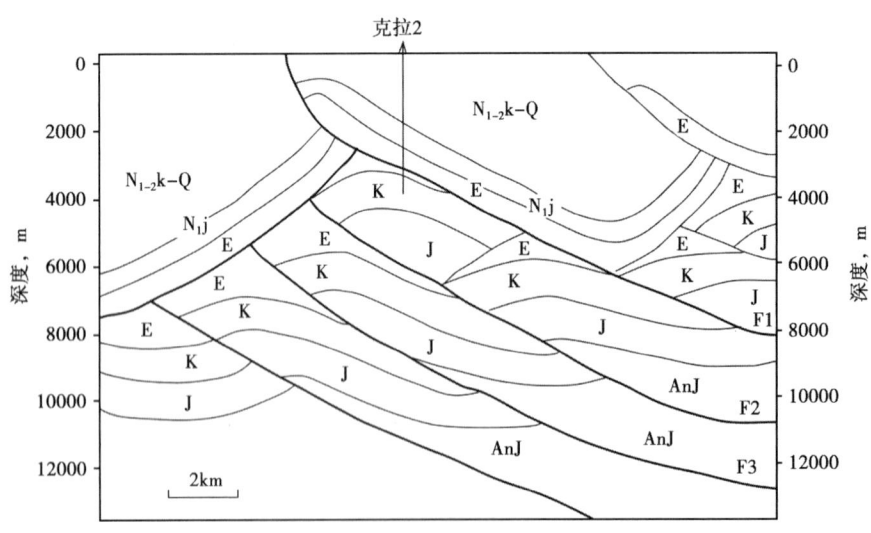

图 3-10 塔里木盆地库车坳陷克拉 2 号背斜气藏剖面图

油气藏为主的油气田。中东波斯湾盆地的扎格罗斯山前坳陷、美国的阿巴拉契亚山前坳陷以及前苏联地区的高加索山前坳陷也都分布有很多挤压背斜油气藏。

在挤压背斜油气藏中，还有一种比较特殊的类型，就是裂缝性背斜油气藏。尽管以裂缝性储集层为主的油气藏不一定都是挤压背斜油气藏，但属于挤压背斜油气藏的最多，也最易形成大型油气藏。波斯湾盆地的加奇萨兰油田和阿加贾里油田就是最为典型的代表。

加奇萨兰油田位于波斯湾盆地扎格罗斯山前坳陷带，地面是由中中新统法尔斯组组成的褶皱，而地下的阿斯马利灰岩背斜向上至地表恰为向斜，地面、地下构造不符合，如图3-11所示。地下阿斯马利灰岩（主要储集层）为一顶部平缓、两翼陡达50°的简单背斜，轴向北西西，长70km，宽约9km，闭合面积超过600km²，闭合高度为3000m左右。

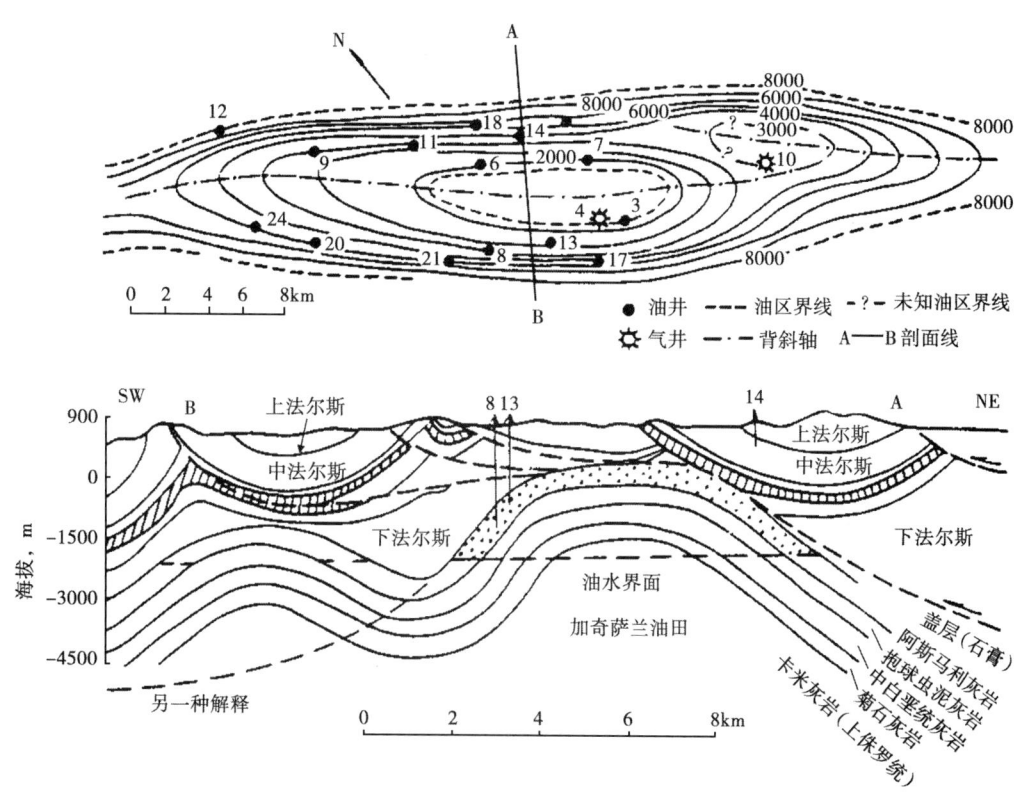

图3-11 加奇萨兰油田构造图及剖面图

该油田有三套产油层，自上而下为：下中新统—渐新统的阿斯马利灰岩、中白垩统的萨尔维克灰岩和上侏罗统的卡米灰岩。其中以阿斯马利灰岩最为重要。阿斯马利灰岩与萨尔维克灰岩之间虽然隔有600m厚的抱球虫灰岩，但二者是通过裂缝沟通的，具有统一的压力系统，形成统一的油气藏。法尔斯组的膏盐层为良好盖层，厚700m以上，封闭条件极佳，油气藏高度超过2100m。阿斯马利灰岩为浅滩相沉积，主要由含生物碎屑和砂屑的灰泥灰岩、含灰泥的砂屑灰岩组成，白云石化作用和溶蚀作用比较强烈，孔隙性较好，但不均一。据统计，孔隙度大于9%~13%的好产层平均仅占13.8%左右；孔隙度为5%~9%的差产层约占14.8%；孔隙度小于5%的致密层约占71.4%。各种不同孔隙度岩心的渗透率均很低，一般小于10~20mD；极个别的达400mD。在这种情况下，高产的油气主要是靠裂缝提供通道。

阿加贾里油田也位于波斯湾盆地扎格罗斯山前坳陷带。在地表，中—上法尔斯表现为一个明显不对称断背斜构造，构造长约30km，宽约5km。在地下，阿斯马利灰岩的构造高点位于逆冲露头的东北面，表现为对称背斜；中法尔斯组以上地层则未被褶皱，表现为上下岩层不一致的构造形态。上下地层的构造高点不一致，如图3-12所示。

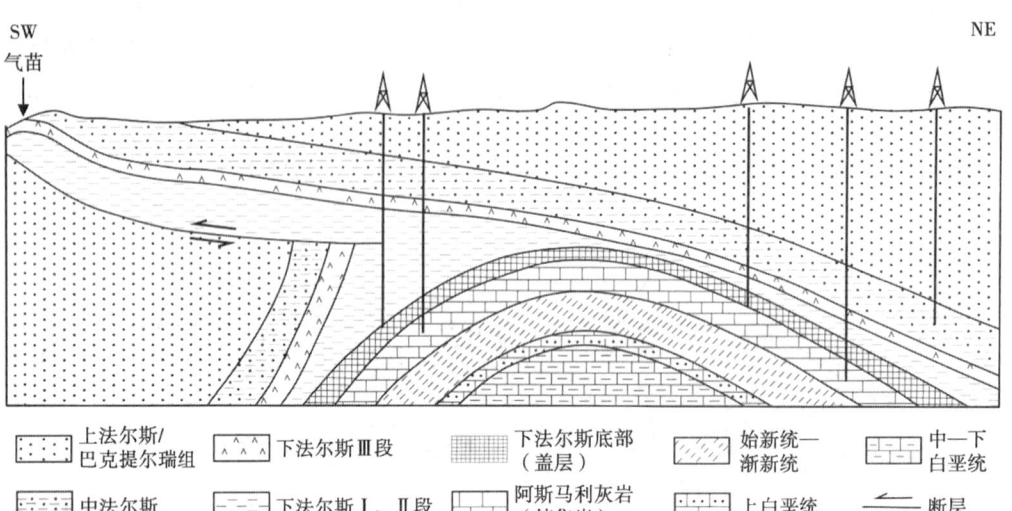

图 3-12 伊朗阿加贾里油田剖面图

渐新统—中新统阿斯马利灰岩为该油田的主要产油层，其构造高点位于762m的深度，厚度超过457m，平均孔隙度为7.6%。阿斯马利灰岩油藏于1945年投入开发。中白垩统萨尔瓦克组石灰岩为该油田的次要产层，其平均埋深为2000m，于1956年投入开发。尽管这两个产层被超过670m厚的非产层（包括盖层）割开，但压力测量资料表明这两个产层是相通的。它们产出的石油具有相近的特征，如原油密度相同，均为34.6°API，含硫量均约为1.38%。阿斯马利灰岩的裂隙渗透率很高，单井的石油日产量高达4000m³。这个油气田的石油最终可采储量为$90×10^8$bbl（$12.33×10^8$t），天然气最终可采储量为$5085×10^8$m³，折合成油当量为$16.43×10^8$t。

与其他类型的油气藏比较，主要以裂缝性储集层为主的油气藏常有如下特点：

（1）油气藏常呈块状：虽然裂缝性油气藏储集层的储集空间类型很复杂，而构造裂缝的发育常可把各种类型的孔隙、裂隙联系起来，形成统一的孔隙—裂隙体系，把原来互相隔绝的裂隙、孔隙、晶洞、溶洞等储集空间沟通起来，形成一个统一的储集空间网络，其中聚集油气后所形成的油气藏也呈块状，具有共同的油水界面、统一的压力系统。

（2）油气藏一般为背斜油气藏：裂缝性储集层的裂缝多数都是构造成因的，其圈闭和油气藏在形态上往往是背斜。尽管也有一些裂缝性储集层的形成与断层有密切关系，但其形成的油气藏规模要比裂缝性背斜油气藏小得多，重要性也差得多。

（3）以碳酸盐岩储集层为主：裂缝性储集层往往是一些脆性较强的岩石类型，其中以碳酸盐岩储集层最多。我国四川盆地石炭系、二叠系和三叠系碳酸盐岩油藏以裂缝性油气藏最为普遍，波斯湾盆地扎格罗斯山前坳陷下中新统—渐新统阿斯马利灰岩中的油藏也都是裂缝性储集层。

（4）钻井过程中的特殊现象：在裂缝性油气藏的钻井过程中，经常发生钻具放空、钻井液漏失和井喷现象。据我国四川盆地二叠系、三叠系裂缝性气藏44口主要产气井的不完全统计，发生放空、漏失和井喷的约有37口，占总井数的84%。放空和漏失多发生在生产层所在的井段和层位。如自流井气田的自2井，钻至井深2260.55m时，钻具放空4.45m，随之发生井漏，并造成强烈井喷。这个井段和层位恰恰就是该井的主要产气井段和层位。裂缝性油气藏产量的大小，常和漏失程度有密切关系。所以，在现场工作的地质人员，常可根据钻具放空和漏失情况来初定产油气井段及层位，并估计其产量大小。

（5）实验室测定的油层岩心渗透率与试井获得的油层实际渗透率相差悬殊：一般裂缝性油气藏储集层在实验室根据岩心测定的渗透率很低，而试井实际测得的渗透率却很高，相差悬殊。这是由于构造裂缝沟通了储集层的各种储集空间，形成一个畅通的渗流系统。例如波斯湾地区一些著名的裂缝性大油气田，它们原始的粒间孔隙度及渗透率都很低，而实际的渗透率却很高，油井产量也很高，油层压力稳定，且能保持长期高产。如伊朗的麦斯日德—依—苏莱曼油田，储集层的粒间孔隙度平均只有 5.6%，但其累积产油量却已超过 $1.5 \times 10^8 t$。其原始渗透率很低，但产量却很高。这都是构造裂缝大大增加了储集层孔隙度和渗透率的结果。

（6）同一个油气藏，不同油气井之间产量相差悬殊：由于裂缝性储集层的孔隙性、渗透性分布不均，在同一储集层的不同部位，储集性能可以相差悬殊。因此，造成不同油井之间的产量差别很大。高产井群中伴有低产井和干井，低产井群中伴有高产井。例如四川盆地的自流井气田中三叠统气藏，在郭家坳高产区中却存在干井。对碳酸盐岩储集层来说，除各种原生孔隙受沉积条件控制外，其他各种类型的裂隙、溶洞等多受构造运动及地下水活动等因素的直接影响，这是造成其分布不均匀的重要原因。

（二）基底隆升背斜圈闭与基底隆升背斜油气藏

基底隆升背斜是指在沉积过程中，盆地基底的隆起或差异沉降作用使沉积盖层发生弯曲变形形成的平缓、巨大的背斜构造。这种背斜圈闭中聚集了油气就是基底隆升背斜油气藏。

由于盆地基底一般是刚性较强的岩体，其隆起或差异升降一般涉及的分布范围较广，因此基底隆升背斜的主要特点是：两翼地层倾角平缓，常形成短轴背斜或穹隆，圈闭闭合高度较小，但闭合面积较大，常形成大型油气藏。

从区域上看，基底隆升背斜主要发育在构造稳定区，如克拉通盆地和一些大型坳陷型盆地。这种背斜常成组成带出现，组成长垣或大隆起。特别是坳陷中心早期的潜伏隆起带，在油气生成、运移过程与背斜圈闭形成过程相吻合的情况下，这些隆起和长垣就成为油气聚集的最好场所，形成一系列这种类型的油气藏。我国松辽盆地大庆长垣就是由 7 个基底隆升背斜组成的大型长垣构造带，南北长 145km，东西宽 6~30km，闭合面积 $2500km^2$，闭合高度 390m。基底隆升背斜油气藏是大庆油田主要的油气藏类型（图 3-13）。

在国外的一些克拉通盆地中，这类油气藏也相当普遍，其中不乏很多著名的特大油气田。例如波斯湾盆地储量居世界第一位的加瓦尔油田、西西伯利亚盆地的萨莫特洛尔大油田和乌连戈伊大气田，它们的油气藏主要是与基底活动有关的背斜油气藏。加瓦尔油田为一狭长的近 N-S 向简单背斜构造，长近 200km，宽 16km，翼部倾角为 5°~8°。构造上发育 6 个构造高点，自北向南依次为发桑（Farzan）、艾因达尔（Ain Dar）、舍德古姆（Shedgum）、乌德曼尼亚（Uthmaniyah）、哈维亚（Hawiyah）和哈拉德（Haradh）（图 3-14）。

（三）底辟拱升背斜圈闭与底辟拱升背斜油气藏

底辟拱升背斜的成因是地下塑性物质的活动导致上覆地层上拱。沉积盆地内堆积的巨厚盐岩、石膏和泥岩等可塑性地层，在上覆不均衡重力负荷及侧向水平应力作用下，塑性层蠕动抬升，使上覆地层变形，形成底辟拱升背斜。大多数与油气聚集有关的底辟拱升背斜是由盐岩或者盐岩与石膏、泥岩组成的混合层的塑性流动形成的，尤以盐丘占主要地位。

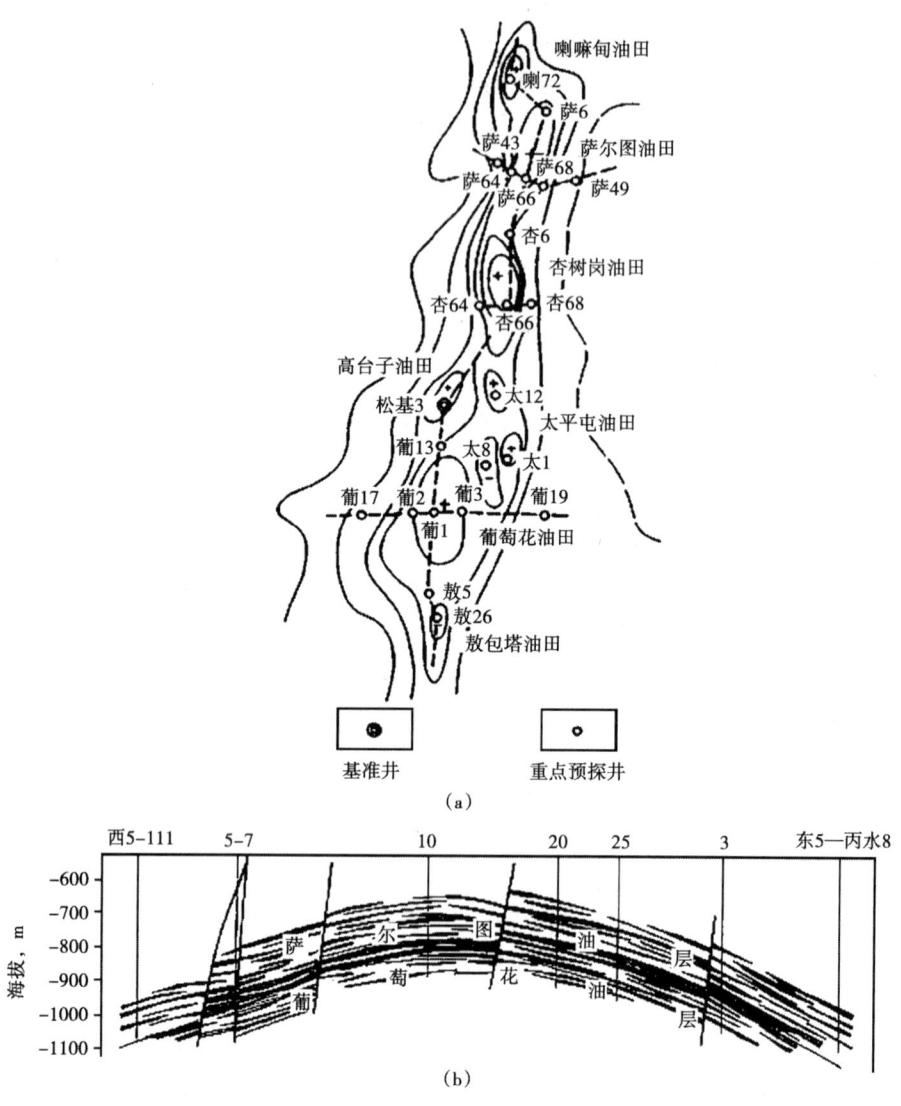

图 3-13 大庆长垣平面图（a）及剖面图（b）

这种背斜一般是短轴背斜或穹隆，背斜顶部往往发育堑式或放射状断裂系统，造成顶部陷落，而使其复杂化，甚至有的在宏观上呈背斜形态，但具体到油气聚集的基本单元往往已没有完整的背斜圈闭，而是被断层分割成众多的半背斜和断块圈闭。这种背斜只发育在发生塑性流动的地层以上层位，而在塑性流动地层以下层位背斜消失。

中东波斯湾盆地科威特布尔干油田的油藏可以作为这种类型油气藏的典型代表。布尔干油田的主要含油层为中白垩统瓦拉砂岩及布尔干砂岩，两者之间的隔层为马杜德灰岩。瓦拉砂岩为细-粉砂岩与暗色黏土岩互层，厚 60m；布尔干砂岩为中—粗石英砂岩和厚度不等的暗灰色黏土岩互层，厚 335m，为三角洲相沉积。布尔干油田储层孔隙度 25%～30%，渗透率 3000～4000mD，单井平均日产油量达 1350t，油田可采储量为 105×10^8t，是目前世界第二大油田。布尔干背斜的成因，是侏罗系潟湖相巨厚的柔性盐层长期活动的结果，放射性断层让背斜构造更复杂，布尔干油田南北长 40km，东西宽 20km，两翼倾角 2°～3°（图 3-15）。

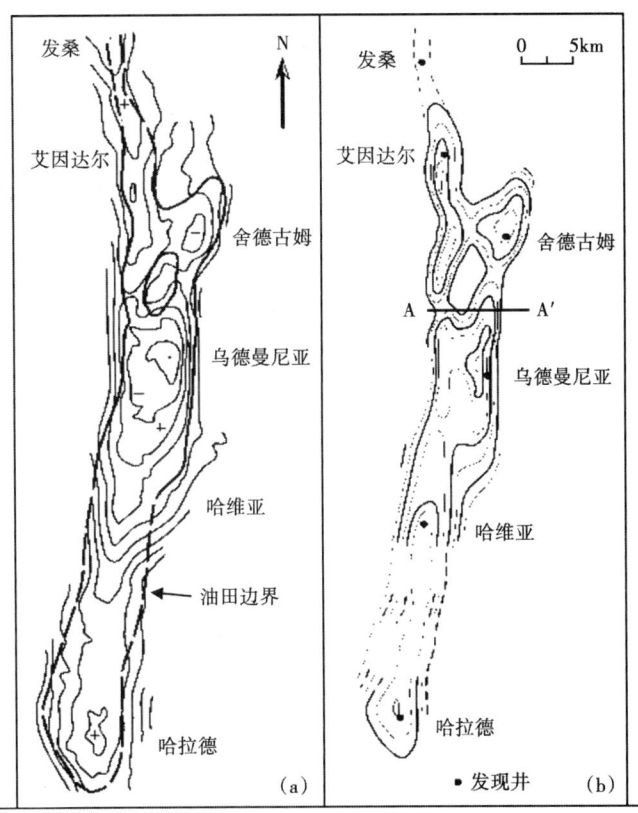
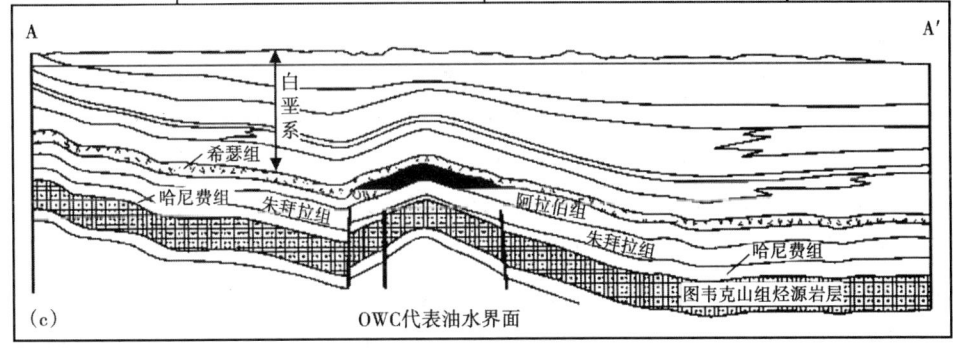

图 3-14 波斯湾盆地加瓦尔油田综合石油地质图
(据 Aramaco，1959；North，1985；转引自白国平，2006)
(a) 布格重力异常图 (等值线间隔 2mGal)，该图显示了由钻探确定出的油田边界；(b) 阿拉伯组 D 段顶部构造等值线图 (等值线间隔 250ft)；(c) 加瓦尔油田东西向横剖面图

我国江汉盆地的王场油田的油藏也是这种类型。江汉盆地潜江凹陷的潜江组为一套富含膏盐的盐湖相泥质岩系，厚 3500m 以上。其中盐岩层最多可达 153 层，累计厚度占地层总厚度的 50%，尤以潜四段下部最发育。该油田的背斜就是由盐层的流动形成的。该背斜为一长轴背斜，走向北西，两翼近对称，隆起幅度高达 800m。在剖面上，地层倾角上缓下陡，上部仅 20°，下部达 60°～70°。地下核部为盐岩隆起。根据地震资料，在 6000～7000m 深处，构造已全部消失 (图 3-16)。

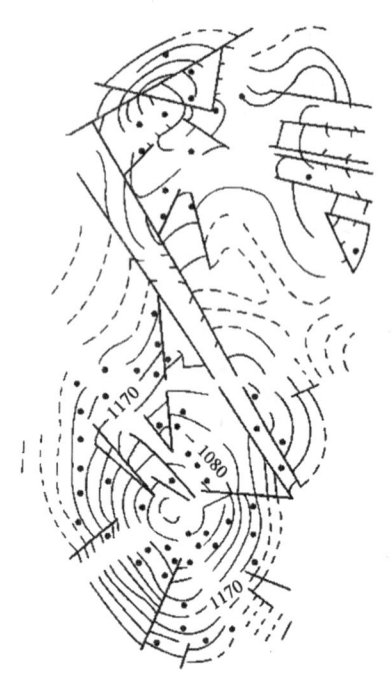

图 3-15　布尔干油田油藏的构造图
图中数字为海拔，单位为 m

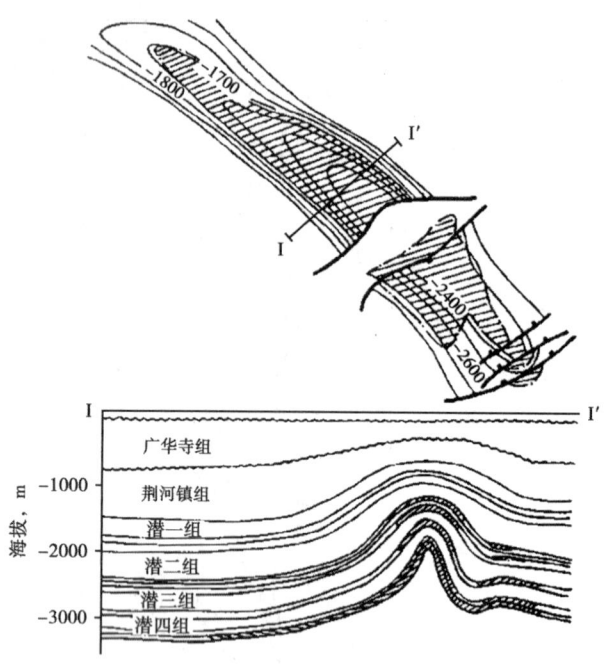

图 3-16　江汉盆地王场构造平面及剖面图
（据胡见义等，1991）

（四）披覆背斜圈闭与披覆背斜油气藏

披覆背斜的形成与古地形突起和差异压实作用有关。在沉积物的沉积过程中，沉积基底上常存在有各种地形突起，由结晶基岩、坚硬致密的沉积岩或生物礁块等组成。当其上有新的沉积物堆积后，这些突起部分的上覆沉积物常较薄，而其周围的沉积物则较厚，因而在成岩过程中，沉积物的厚度和自身重量不同，所受到的压缩也是不均衡的，周围较厚的沉积物压缩程度较大，结果便在地形突起的部位，上覆地层呈隆起形态，形成背斜圈闭。由于这种背斜是在沉积物沉积的过程中形成的，因此它是一种同沉积背斜。

这种背斜的形态与古地形突起的形态有关，但常呈穹隆状，顶平翼稍陡，幅度下大上小。圈闭的闭合度也是下大上小，但闭合面积却是下小上大。这种背斜在塑性较大的泥质岩层中较明显，倾角稍大些；而在较硬的砂岩及石灰岩层中，所形成的背斜常不如前者明显，倾角也较平缓。

渤海湾盆地济阳坳陷的孤岛油田和孤东油田，都是以这类油藏为主。它们的"基底"主要是由奥陶系石灰岩或白云岩组成的剥蚀突起（潜山），其翼部超覆沉积有古近系，顶部则被新近系馆陶组及明化镇组披盖，形成较大规模的披覆构造。特别是馆陶组拥有典型的与剥蚀及差异压实作用有关的背斜油气藏（图 3-17）。

国外含油气盆地也有不少这种类型的油气藏。例如，北美地台二叠盆地中的希莫尔油田（图 3-18），其中的宾夕法尼亚亚系（上石炭统）油藏就属此类。宾夕法尼亚亚系之下，是一个珊瑚礁组成的突起，宾夕法尼亚亚系背斜反映了下伏突起的形态。此外，在北非地台、俄罗斯地台等也都有这类油气藏分布。

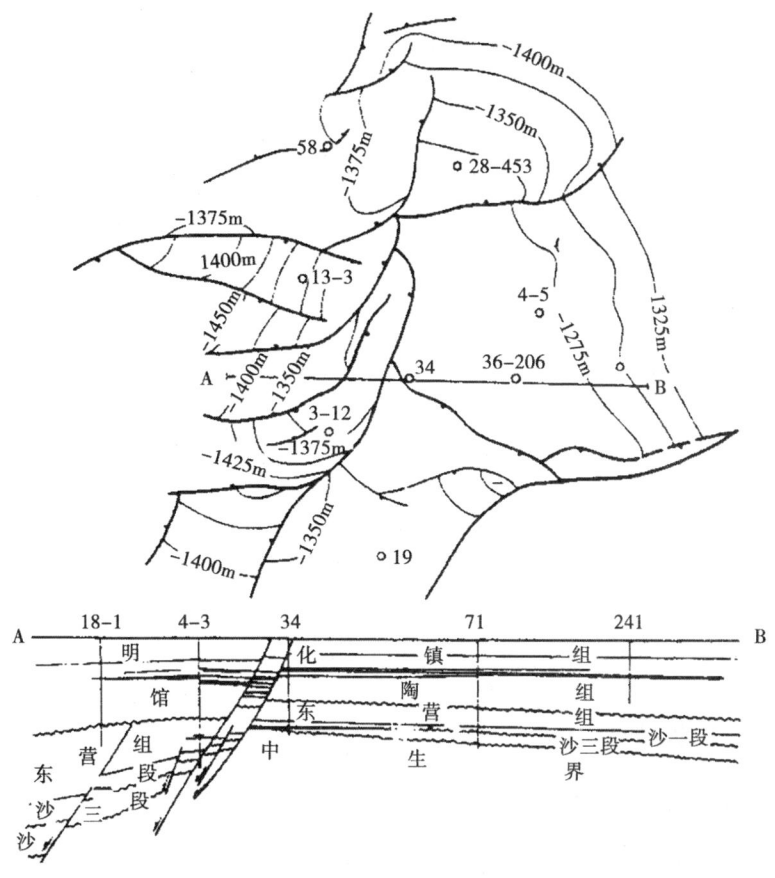

图 3-17 孤东油田馆陶组油藏构造图及横剖面图（据胜利石油管理局）

（五）逆牵引背斜圈闭与逆牵引背斜油气藏

逆牵引背斜也称为滚动背斜，是指在断块活动及重力滑动作用下，堆积在同生断层下降盘的砂泥岩地层沿断层面下滑，使地层发生弯曲而形成的背斜。

逆牵引背斜位于向坳陷倾斜的同生断层下降盘，多为小型宽缓不对称的短轴背斜，近断层一翼稍陡，远离断层一翼平缓。构造幅度中部较大，深浅层较小。背斜高点距离断层较近，且高点向深部层系逐渐偏移，偏移的轨迹大体与断层面平行。在平面上，背斜的轴向近于平行断层线，常沿断层成串珠状成带分布。

图 3-18 希莫尔油田横剖面图

同生断层及滚动背斜的形成与三角洲的成长发育有关，而与造山运动无关。在世界各地中—新生代碎屑岩沉积盆地中，发现许多与同生断层有关的滚动背斜圈闭。渤海湾盆地已发现有相当数量这类油气藏。东营凹陷中一些受同生断层控制的构造带上的油田，如胜坨油田、永安镇油田皆属此类。惠民凹陷的临盘油田、歧口凹陷的港东油田，都是受同生断层控制形成的滚动背斜构造。它们的主要含油层系为渐新世的沙河街组，含油气十分丰富。其中最著名的是胜坨油田（图 3-19）。

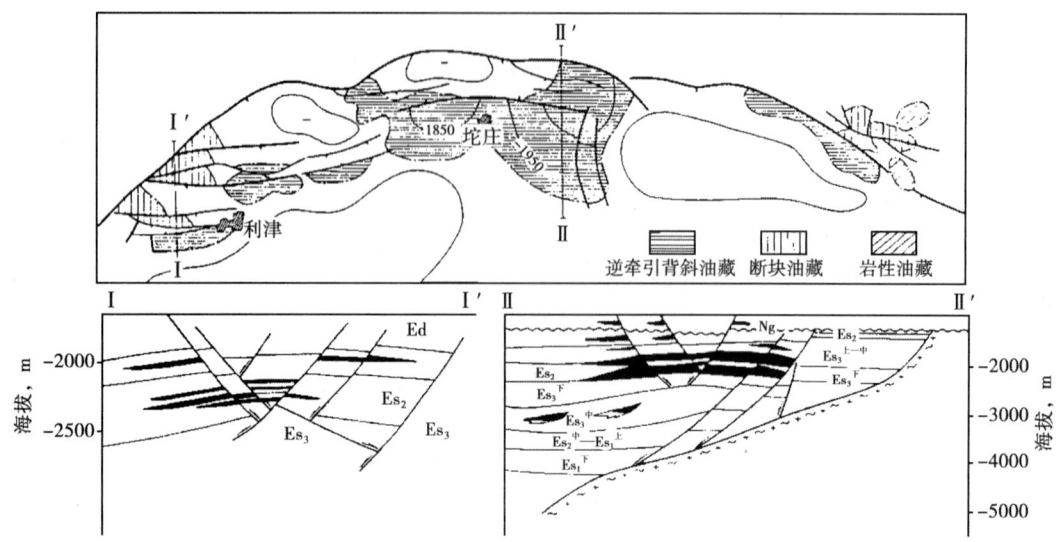

图 3-19　胜坨油田构造及横剖面图（据胜利石油管理局）

胜坨油田的背斜构造是受胜北同生断层所控制的滚动背斜。其主要含油层沙河街组的油藏属于滚动背斜油气藏。背斜走向近东—西，大致与胜北大断层平行。虽然该背斜油气藏被若干断层所切割，但仍可明显看出是受背斜控制。

二、断层圈闭与断层油气藏

断层圈闭是指沿储集层上倾方向受断层遮挡所形成的圈闭；在断层圈闭中的油气聚集，称为断层油气藏。

油气勘探的实践表明，断层油气藏是世界各含油气盆地中广泛分布的一种类型。在我国，无论是西北古生代褶皱区，还是东部地台区，断层油气藏的分布都很广泛。尤其在东部地台区，中生代以来块断运动比较活跃，形成很多断陷盆地，同时在盆地的斜坡带以及背斜带上也产生了大量断层，形成了为数众多的断层油气藏。例如在渤海湾盆地，大量油气藏都是属于这种类型。

（一）断层圈闭的形成机理

断层圈闭形成的关键是储集层在上倾方向被断层所封闭。所谓断层的封闭作用，是指断层的存在能够阻挡油气穿过断层面或者沿断层面继续运移，最后聚集成油气藏。

1. 影响断层封闭性的主要因素

1984 年，M. W. Dewney 通过对断层的封闭机理的研究指出，断层封闭具备双向性，即垂向封闭和侧向封闭。断层的垂向封闭将油气限制在了某一储集层内而不至于向上逸散；断层的侧向封闭将油气限制在断层的一侧，使得油气只能在断层一侧沿断层走向发生运移或聚集。

断层的垂向封闭性取决于断层带的紧闭程度，这主要取决于以下四个因素：

（1）断层的性质及产状。由于所受外力不同，地层可以产生不同性质的断层，断层带的受力情况也不同。受压扭力作用产生的断层，断裂带表现为紧密性，常使断层面具封闭性质。而张性断层的断裂带常不紧密，在其他条件相同的情况下，其封闭性要比压扭性断层差。但这并不是说张性断层的封闭性一定比压扭性断层的差。渤海湾盆地中—新生代地层中的断层几乎都是张性正断层，但都具有良好的封闭性能，这是因为断层的封闭性还受许多其他因素的影响。

断层的产状也影响其封闭性能。断面陡，断裂带所受上覆地层的正压力就小，封闭性就差；断面缓，断裂带所受上覆地层的正压力就大，封闭性就好。

（2）断层带内矿物的沉淀。断层带内，地下水中溶解物质（如碳酸钙）沉淀，将破碎带胶结起来，形成所谓断层墙，而起封闭作用。

（3）断层断穿地层的岩性特征。在塑性较强的岩性（如泥岩）发育的地层层系中，在断层形成时，沿断层面常会形成致密的断层泥，这种泥岩的涂抹作用经常会使断裂带两盘砂泥岩层系中的砂岩受到涂抹而封闭起来，从而起到封闭作用。一般来说，断开地层中泥岩的比例越大，其涂抹效果越好，断层封闭性越强，因此经常利用断裂带泥岩的涂抹系数来衡量断层的封闭程度。

（4）断层被沥青或其他矿物封堵。油气沿开启的断裂带运移过程中，由于原油的氧化作用，形成的固体沥青等物质，堵塞了运移通道，也可起封闭作用。流体沿断裂带流动，形成矿物沉淀也可以阻塞断层，起到封闭作用。

断层的侧向封闭性是指断层阻挡油气横穿断层面从断层的一盘向另一盘运移的能力。因此要形成断层圈闭，要求断层不仅在垂向上是封闭的，在横穿断层面的侧向上也要是封闭的。断层在侧向上封闭与否，主要取决于断面两侧渗透性地层是否能够直接接触。如果断层两侧的渗透性岩层不直接接触，俗称"砂岩不见面"，就可起封闭作用；反之，如果断层两侧的渗透性岩层直接接触，则不能起封闭作用。断面两侧的渗透性地层是否可以直接接触主要取决于断层断距的大小以及断层两侧岩性组合关系。由于断层的断距在横向上和纵向上都有变化，在沉积盆地内岩性组合也变化多端，因此，断层能否起封闭作用，也是变化不一的。如图 3-20 所示，一般情况下，对于由大段泥岩夹砂岩组成的剖面，断距小于泥岩厚度时，封闭条件较好；在大段泥岩层内的单层砂岩，受断距的影响也较小。

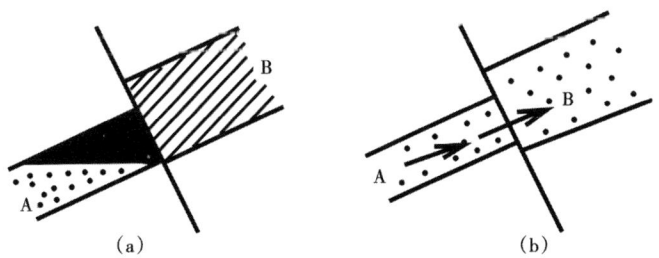

图 3-20　断层两盘以"面"接触的侧向封闭机制
(a) 砂泥对接；(b) 砂砂对接

当然，断层能否形成侧向封闭除两盘岩性对接情况外，还与断层两侧对接岩层排替压力的相对大小、断裂带内的泥质充填、后期成岩作用以及断层两盘的泥岩涂抹等因素有关。

目前关于断层封闭性的研究方法很多，除研究断层的活动历史、断层两盘对接关系外，主要是研究断裂带泥岩的涂抹作用。研究断层活动历史常用断层生长指数法；研究断层两盘岩性对接情况常用 Allan 图解法（Allan，1990）；定量研究泥岩涂抹作用的方法和参数有泥岩涂抹因子法 SSF（Lindsay，1993）、断层泥比率法 SGR（Yielding，1997）和泥岩涂抹系数 CSP（Fulljames，1996）等。

2. 断层封闭的相对性

在研究断层封闭性时，有两个问题需要引起重视。一是单断层封闭的复杂性。受断层断距、断移地层的岩性和岩性组合以及断层的活动历史等因素的影响，断层的封闭作用是比较复杂的，同一条断层不同位置的封闭性有差异，同一条断层在断穿的不同层位的封闭性也有差异，同一条断层在不同时期的活动性不同，其封闭性也不是一成不变的。二是断层封闭的相对性。断层的封闭能力，不论是纵向封闭能力还是横向封闭能力，从本质上来说，都取决于断裂带的排替压力。当油气的运移动力小于断裂带的封闭能力时，断层就是封闭的，断层就能构阻挡油气的运移，成为形成断层圈闭的遮挡条件；当油气的运移动力大于断裂带的封闭能力时，断层就是开启的，就成为油气运移的通道，断层的封闭条件就被破坏。也就是说，断层的封闭性都是相对的，这也称为断层的有限封闭性。

3. 断层圈闭形成的条件

在断层是封闭的这一前提下，断层必须在上倾方向与倾斜地层配合形成一个圈闭的空间。从构造图上看，形成断层圈闭的必要条件是：断层线与构造等高线或与岩性尖灭线必须是闭合的。反之，不具备上述条件，就不能形成断层圈闭。

断层圈闭中聚集烃类流体后即成为断层油气藏。各类断层油气藏在成因上有着内在的联系，其最基本的共同点，就是它们都是在储集层的上倾方向或各个方向被断层所封闭。对于仅在上倾方向受断层所限的油气藏来说，其下倾方向油（气）水界线与油气层应顶面构造等高线平行。

（二）断层油气藏的主要类型

断层圈闭是多种多样的，可从不同角度进行分类。根据断层性质可将断层油气藏分为正断层遮挡油气藏和逆断层遮挡油气藏。根据断层倾向与储集层倾向之间的关系，可将其分为同向断层遮挡油气藏和反向断层遮挡油气藏。前者断层与储集层倾向一致，通常断距大于储集层厚度方能形成圈闭；后者断层与储集层的倾向相反，断层与储集层构成屋脊形式，所形成的油气藏又称为屋脊断块油气藏。屋脊断块圈闭比同向断层圈闭易于形成，故在断层遮挡油气藏中，大多数为屋脊断块油气藏。如渤海湾盆地东辛油田中的断层油气藏，屋脊断块油藏约占90%以上。

如果储集层具有鼻状构造形态，则上倾方向有一条封闭性断层遮挡就可以形成圈闭，这种圈闭称为断鼻圈闭。如果储集层在构造上为单斜形态，仅有一条平直的封闭性断层在上倾方向封堵还不能形成圈闭，这时需要多条断层相互交割或上倾方向为弯曲断层封闭才能形成圈闭条件，这时，地层往往被多条断层相互切割形成断块，这样的圈闭就是断块圈闭。

1. 断鼻圈闭与断鼻油气藏

断鼻圈闭是由断层与鼻状构造组合形成的圈闭。在区域倾斜的背景上，单纯的鼻状构造是不能形成圈闭的，如果鼻状构造的上倾方向被断层所封闭，断层形成了遮挡条件，就形成了断鼻圈闭，在其中聚集了油气就形成了断鼻油气藏（图3-21）。渤海湾盆地大量分布这类油气藏，如永安镇油气田永12断块沙二下

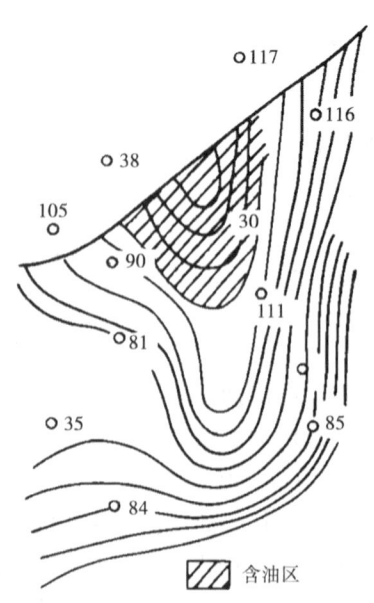

图3-21　断鼻状构造圈闭及油气藏

油气藏。该油气藏储集层为沙二下块状砂岩，呈一向北抬起的鼻状构造，被近东西向延伸的北掉断层切割，形成断鼻油气藏。由于油气源充足，储集层物性好，断层封堵能力强，因而含油气层厚度很大，最厚可超过70m（图3-22）。

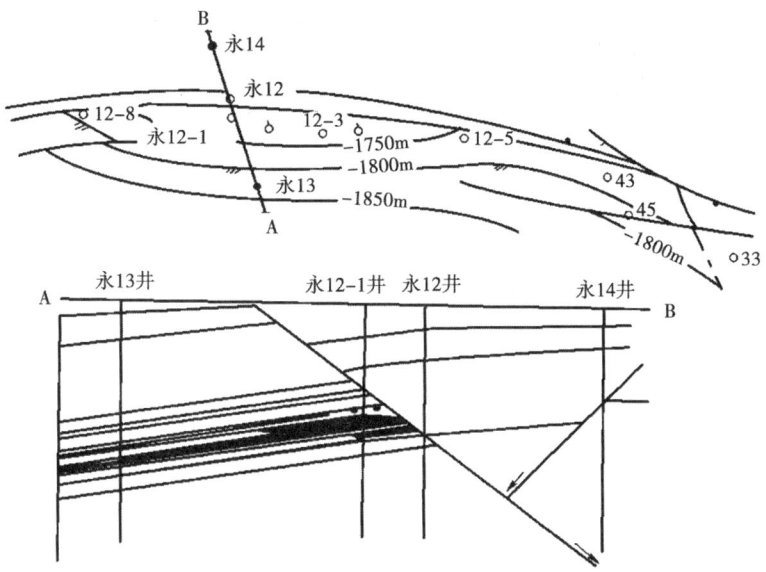

图3-22 永安镇油田永12断块构造及油藏剖面图（据王秉海等，1992）

2. 断块圈闭与断块油气藏

储集层被多条断层相互切割可以形成各种形状的断块，如果断块被断层所封闭形成圈闭条件，就是断块圈闭，其中聚集了油气就是断块油气藏。

断块圈闭的形成可以有不同的情况。在倾斜储集层的上倾方向，为一向上倾凸出的弯曲断层（弧形断层），在构造图上表现为较平直的构造等高线与弯曲断层线相交，可以形成圈闭条件（图3-23）；在倾斜储集层的上倾方向，为两条相交义的断层所包围，在构造图上表现为较平直的构造等高线与交叉断层相交，也可以形成圈闭条件（图3-24）；在许多复杂断块区，往往有多组断层的交叉切割与地层相结合，组成各种几何形态的断块，储集层上倾方向及侧向被多条断层所封闭，构造图上表现为多条断层与构造等高线构成闭合区，形成复杂断块油气藏，实际上每个断块都可以称为一个独立的油气藏（图3-25）。

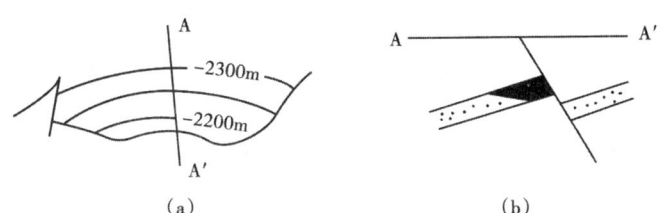

图3-23 坨庄—胜利村油田弧形断层构成的断块油气藏
(a) 平面图；(b) 剖面图

123

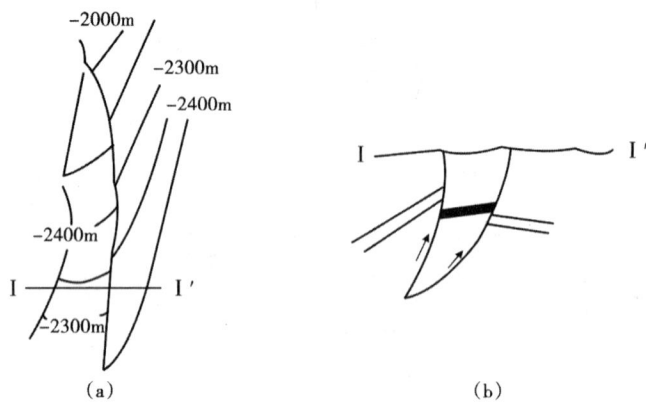

图 3-24 冷湖油田某断层油藏构造图（a）和剖面图（b）

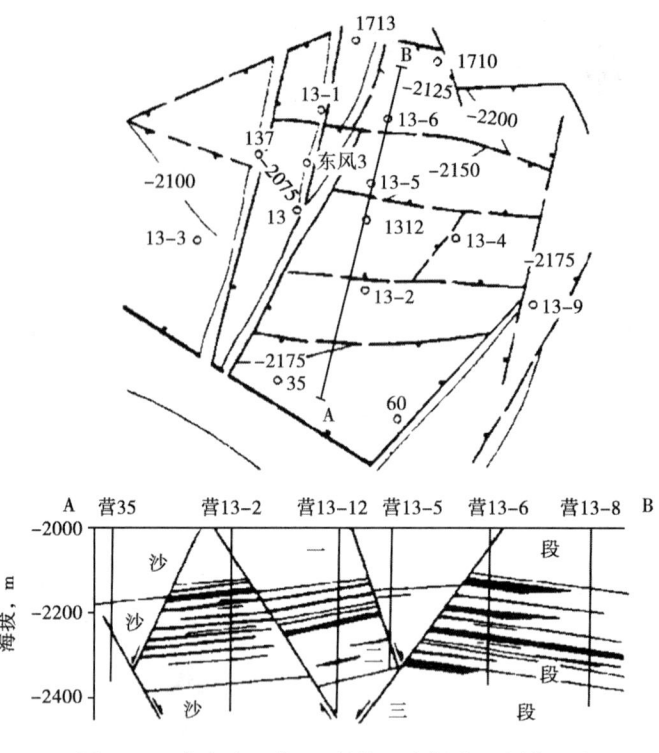

图 3-25 东辛油田营 13 断块区油藏平面及剖面图

三、岩体刺穿接触圈闭与岩体刺穿接触油气藏

由刺穿岩体接触遮挡而形成的圈闭，称岩体刺穿接触圈闭；岩体刺穿接触油气藏则是指油气在岩体刺穿接触圈闭中的聚集。

刺穿岩体按性质的不同，可以分为盐体刺穿、泥火山刺穿及岩浆岩柱刺穿等。目前世界上在这三种岩体刺穿接触圈闭中都已经发现了油气藏。但是，从分布的广泛性来看，盐丘刺穿更为重要。如在罗马尼亚、德国、美国和俄罗斯等国，都发现有相当数量的盐体刺穿接触油气藏。而与泥火山刺穿有关的油气藏及与岩浆岩柱刺穿有关的油气藏，则仅在个别地区有所发现。

在成因上与岩体刺穿构造有关的圈闭，除岩体刺穿接触圈闭外，还可形成背斜圈闭、断层圈闭等。

（一）岩体刺穿接触圈闭的形成机理

地下岩体（包括盐岩、泥膏岩、软泥以及各种侵入岩浆岩）侵入沉积岩层形成底辟构造，如果底辟将沉积岩层刺穿，同时使储集层发生变形，储集层上倾方向与刺穿岩体接触形成遮挡条件，就形成了岩体刺穿接触圈闭。

关于盐岩和泥火山活动，以及与其有关的底辟和刺穿构造的形成，国内外许多学者做了大量的研究工作。多数认为，膏盐和软泥常饱含大量的原生水，比其他沉积岩层的密度低，在上覆密度大的沉积层的不均衡重压下（静压或动压），可塑性的膏岩或软泥发生流动，由高压区流向低压区；在流动过程中，遇到沉积岩层的薄弱带，如活动的同生断层或压差较大的低压区等，这些可塑性的膏盐流或软泥流就向上侵入或拱起，形成底辟构造。因此，膏盐和软泥的底辟常与同生断层密切联系在一起，岩体刺穿接触圈闭中储集层上倾方向的封闭作用极少是由单一岩体构成的，而常与断层结合形成刺穿—断层圈闭。

根据上述机理可知，形成底辟构造的基本条件是地下深处存在相当厚度的膏盐或软泥层，厚度越大，形成这种构造的可能性也就越大；其次是上覆岩层存在压差变化比较显著的薄弱带。上述两个基本条件，控制了岩体刺穿接触圈闭及岩体刺穿接触油气藏的形成和分布。

（二）岩体刺穿接触油气藏的类型和基本特征

岩体刺穿接触油气藏的分类，通常按照刺穿岩体的岩石类型进行划分，可分为膏盐岩、泥火山、岩浆岩等3种，分别称为盐体刺穿接触油气藏、泥火山刺穿接触油气藏、岩浆岩体刺穿接触油气藏。

1. 盐体刺穿接触油气藏

地下深处的盐体（岩盐和石膏），侵入并刺穿上覆的沉积岩层，形成盐体刺穿接触圈闭；若其中聚集了油气，则形成盐体刺穿接触油气藏。例如罗马尼亚喀尔巴阡山前带莫连尼油田的油藏，就属这类油藏。该油田是盐体侵入并刺穿了上覆古近系渐新统和新近系上新统的砂岩储集层，形成了盐体刺穿接触圈闭及其油气藏（图3-26）。此外，在美国墨西哥湾、前苏联恩巴、德国北德意志盆地、西欧北海盆地、西非加蓬等地区都广泛分布有这种类型的油气藏。

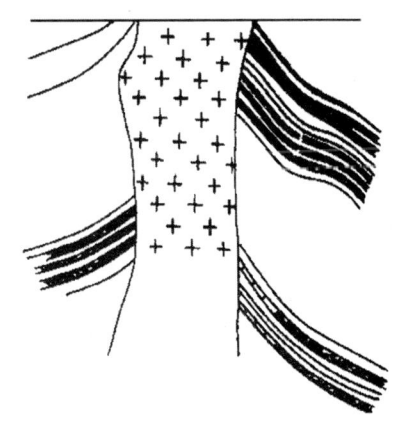

图3-26 莫连尼油田横剖面图
（据 И. О. Брод, 1950）

2. 泥火山刺穿接触油气藏

这是由泥火山刺穿作用形成圈闭条件，聚集了油气所形成的油气藏。例如前苏联阿普歇伦半岛的洛克巴丹油气田中的油气藏就属此类。该油田为一背斜构造，构造顶部为泥火山所刺穿，新近系上新统储集层沿上倾方向与泥火山刺穿体接触，形成圈闭条件，聚集了油气，就形成了这类油气藏，如图3-27所示。

我国新疆准噶尔盆地独山子油田，也有泥火山活动形成的油气藏。此外，在尼日尔河三角洲、缅甸的阿拉康海岸，以及特立尼达岛等地，也都有泥火山的活动及其有关的油气藏。

3. 岩浆岩体刺穿接触油气藏

地下深处的岩浆侵入并刺穿上覆沉积岩层，形成岩浆岩体刺穿接触圈闭，后来油气在其中聚集，就形成这类油气藏。例如在墨西哥曾发现过这样一个油田，如图3-28所示，其中的油气藏属于岩浆岩体刺穿接触油气藏。这类油气藏比较少见。

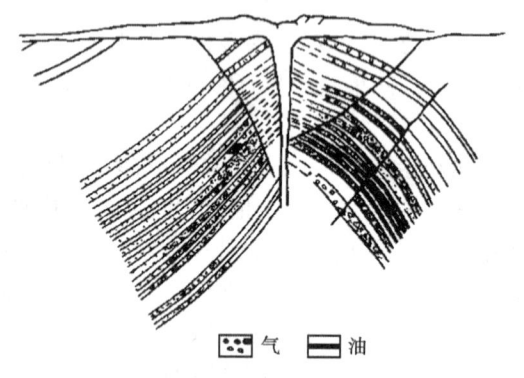
图3-27 洛克巴丹油气田剖面图
（据 И. О. Брод，1950）

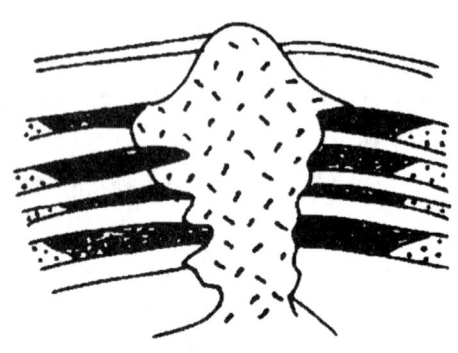
图3-28 墨西哥的岩浆岩体刺穿接触油田横剖面图（据 И. О. Брод，1950）

第四节 地层圈闭与地层油气藏

地层圈闭是指不整合作用导致的储集层纵向沉积连续性中断而形成的圈闭，也就是与地层不整合有关的圈闭。地层圈闭与前述构造圈闭不同：构造圈闭是由地层变形或变位而形成；而地层圈闭则主要是由储集层上、下与不整合接触而形成。储集层遭风化剥蚀后又被不渗透地层所覆盖或不整合面之上的储集层被不渗透地层超覆覆盖，而形成地层圈闭。地层圈闭中的油气聚集就是地层油气藏。

在石油和天然气工业发展的初期，世界上油气勘探的主要对象是背斜圈闭。1917年发现了委内瑞拉马拉开波湖玻利瓦尔油区许多巨大的地层油气藏，1930年又发现了美国的东得克萨斯大油气田并查明它是地层油气藏，自此以后，地层油气藏日益引起人们的重视。随着勘探技术的不断改善，在世界各地发现的地层油气藏越来越多，它们不仅数量多、分布广，常常储量也很大，其类型也是多种多样。油气勘探实践表明，易于发现的构造油气藏总是最先被发现，但随着一个地区勘探程度的增加，包括地层油气藏在内的非构造油气藏的比例将不断增加。

目前在世界石油和天然气的产量、储量中，地层油气藏是一个重要方面。综合世界上可采储量超过 5×10^8 bbl 的巨型油田和 3.5×10^{12} ft^3 的巨型气田的情况来看，除波斯湾和前苏联外，在总数为134个的油气田中，43%的石油储量和30%的天然气储量是在地层圈闭中。波斯湾盆地和前苏联的大油气田主要是构造圈闭类型。因此，在这两个地区，地层油气藏在油气的总储量和总产量中占的比重就较小。从我国的区域地质构造特征来看，地壳运动的多旋回性决定了在沉积岩系剖面中，沉积间断及各种不整合现象甚多。在东部地台区的古生界沉积中，这个特点很明显，而广泛发育在各沉积盆地中的中—新生代陆相沉积，与下伏老地层为不整合接触，为形成各种类型的地层油气藏创造了极为有利的条件。

地层圈闭既是一种地层现象，又是一种构造现象。不整合对地层圈闭的形成起主导作用,但通常必须与其他构造因素或岩性因素结合在一起,由不整合面和储集层顶面的构造等高线构成封闭区。

根据储集层与不整合面的关系,地层圈闭和地层油气藏大致可以分为两大类,即位于不整合面之下的地层不整合遮挡圈闭与地层不整合遮挡油气藏、位于不整合面之上的地层超覆圈闭与地层超覆油气藏。而那些储集层在不整合面之上和之下未与不整合直接接触,由其他因素形成的圈闭,均不属于地层圈闭。如图3-29所示,B、C是位于不整合面之上的地层超覆油气藏,D、E为不整合面之下的地层不整合遮挡油气藏;A、F分别为岩性尖灭和背斜油气藏,不属于地层油气藏。

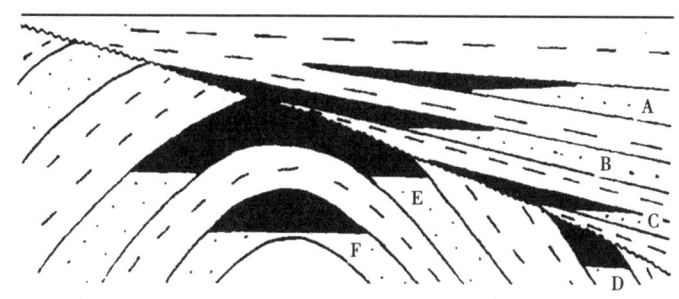

图3-29 地层油气藏及其与非地层油气藏之间的区别示意图

一、地层不整合遮挡圈闭与地层不整合遮挡油气藏

地层不整合遮挡圈闭是位于地层不整合面之下,并以地层不整合面之上的非渗透性地层作为遮挡条件形成的圈闭。地层不整合遮挡圈闭中的油气聚集就是地层不整合遮挡油气藏。

(一)地层不整合遮挡圈闭形成机理及其特点

地层不整合遮挡圈闭的形成,与区域性的沉积间断及剥蚀作用有关。在地质历史的某一时期,地壳运动使一个区域上升,受到强烈风化、剥蚀的破坏。坚硬致密的岩层抵抗风化的能力强,在古地形上呈现为大的突起;而抵抗风化能力较弱的岩层,则形成古地形中的凹地。因而显示出了高山、丘陵、平原、沟谷、河湖等古地貌的景观。后来,在该区域尚未被剥蚀成为平原时,又重新下降,同时又被新的沉积物所掩埋覆盖,这样就在原来古地形的基础上形成了一系列的潜伏剥蚀突起。这种古地形的突起,由于遭受多种地质营力的长期风化、剥蚀,常形成破碎带、溶蚀带,具备良好的储集空间,当其上为不渗透性地层所覆盖时,则形成了潜伏剥蚀突起圈闭,成为油气聚集的有利场所[图3-30(a)]。由于这种潜伏剥蚀突起都是剥蚀造成的古地形上的山丘,后来被掩埋在地下,因此潜伏剥蚀突起又称为古潜山。

在某些条件下,不整合面所覆盖的地层不一定具有古地形的突起,但在不整合面以下却具有原来的构造形态,如背斜或单斜,只不过这些背斜被剥蚀后顶部被削截,后来被地层不整合面之上沉积的不渗透地层所覆盖具备了封闭条件,形成了潜伏剥蚀构造圈闭,成为油气聚集的有利场所[图3-30(b)和(c)]。

地层不整合遮挡油气藏的基本特点是油气藏上倾方向为不整合遮挡(封闭线)所限,下倾方向的油(气)水界面与油(气)层顶面构造等高线相平行或基本平行。

地层不整合遮挡油气藏中的储集层可以是层状,也可以是呈块状。一般地,潜伏剥蚀突

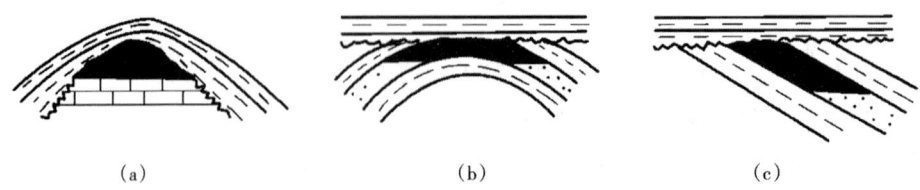

图 3-30 地层不整合遮挡圈闭示意图
(a) 潜伏剥蚀突起圈闭；(b) 潜伏剥蚀背斜构造圈闭；(c) 潜伏剥蚀单斜构造圈闭

起油气藏（古潜山油气藏）以块状为主，而潜伏剥蚀构造油气藏以层状为主。特别是由碳酸盐岩组成的潜山，常因侵蚀和溶蚀作用，在不整合面之下形成良好孔渗带。组成古潜山的岩石，可以是石灰岩、白云岩、砂岩、火山岩、岩浆岩及变质岩等，它们的共同特点是，坚硬突出，经过长期的风化、剥蚀和地下水的循环作用后，都具有良好的储集性质，为油气储集创造了良好条件。

（二）地层不整合遮挡油气藏的主要类型

根据地层不整合之下有无构造形态，将地层不整合遮挡圈闭又分为两个亚类，不整合面之下只有古地形突起而没有构造形成者称为潜伏剥蚀突起圈闭，也称为古潜山圈闭；而将不整合面之下具有某种构造形态者称为潜伏剥蚀构造圈闭。对应的油气藏分别称为潜伏剥蚀突起油气藏（或古潜山油气藏）和潜伏剥蚀构造油气藏。

1. 潜伏剥蚀突起油气藏

潜伏剥蚀突起油气藏又称为古潜山油气藏。这类油气藏是指古地形突起（没有明显的构造形态）被不整合面之上的不渗透地层所覆盖形成圈闭条件，油气聚集其中而形成的油气藏。按潜山储集层的岩性，可将这类油气藏分为碳酸盐岩潜山油气藏、碎屑岩潜山油气藏、结晶岩潜山油气藏（如花岗岩、变质岩）等，不同岩性潜山油气藏的形成特点不尽相同。

美国西内部盆地的尼马哈潜山带、维启塔—阿马利罗潜山带、中堪萨斯隆起等地区，都是潜伏剥蚀突起油气藏集中分布的地区。潘汉得尔油气田就是位于维启塔—阿马利罗潜山带上的一个特大型油气田（图 3-31）。

潘汉得尔油气田的含油气面积达 6000km^2，该剥蚀突起由前寒武系花岗岩、长石砂岩及上古生界碳酸盐岩共同组成一个巨厚的块状储集层。其上为二叠系所覆盖，特别是二叠系盐岩成为良好的盖层，形成一个巨大的块状油气藏，具有统一的油水界面。含油气高度达 400m，含油部分主要位于潜伏剥蚀突起北侧。

我国任丘油田也是一个典型的潜伏剥蚀突起油气藏。该油田是我国在 20 世纪 70 年代发现的高产大油田之一。其剥蚀突起主要由中—新元古界雾迷山组硅质白云岩组成，围翼为寒武系、奥陶系碳酸盐岩。该剥蚀突起自晚奥陶世到古近纪漫长的地质时期中，一直出露于地表，长期遭受风化、剥蚀、溶解以及历次地壳运动的作用，裂隙、孔洞都很发育，具备极好的储集性能。后来被古近系巨厚的泥质沉积（良好盖层）所覆盖，形成了圈闭条件。古近系烃源岩生成的石油进入圈闭中聚集起来，形成了储量丰富的高产大油田（图 3-32）。

我国渤海湾含油气盆地的其他坳陷，以及准噶尔、酒泉等其他含油气盆地中，也同样分布有相当数量这种类型的油气藏。如济阳坳陷的王庄太古宇基岩油藏，太古宇花岗岩潜山被古近系覆盖，形成了一个典型的潜山油藏。

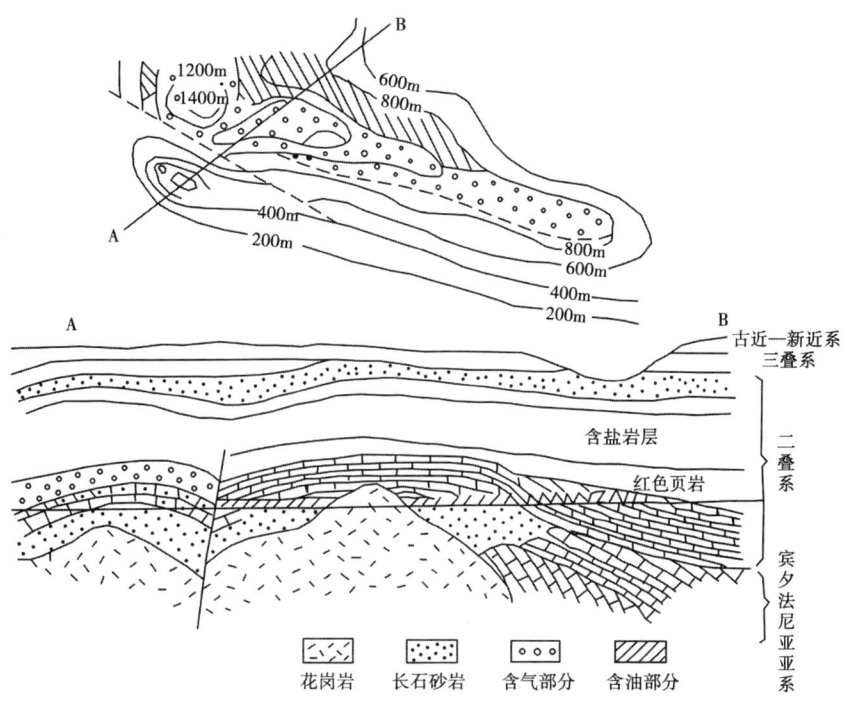

图 3-31 美国潘汉得尔油气田构造图及剖面图

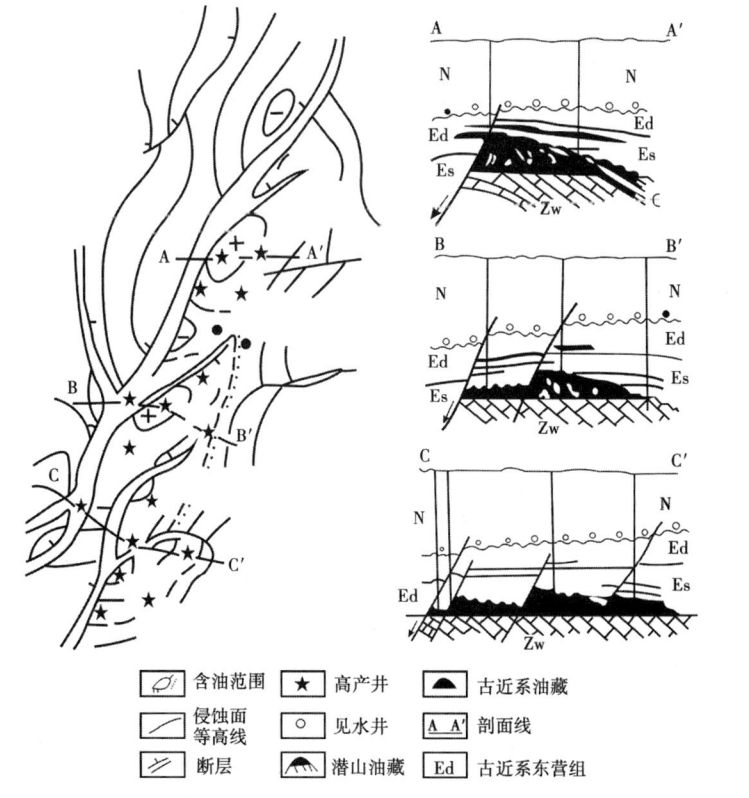

图 3-32 任丘油田平面图及剖面示意图（据华北油田）

2. 潜伏剥蚀构造油气藏

这类油气藏是原来的古构造（如背斜或单斜等）被剥蚀掉一部分，后来又被新的沉积岩层不整合覆盖，形成圈闭条件，油气聚集其中而形成。根据构造形态可分为两类：潜伏剥蚀背斜油气藏和潜伏剥蚀单斜油气藏。

北非阿尔及利亚的哈西迈萨乌德油田是著名的潜伏剥蚀构造油气藏的实例。该油田位于阿尔及利亚撒哈拉大沙漠东部，距地中海560km，油气聚集在一个顶部遭受剥蚀的大背斜中，属潜伏剥蚀构造圈闭。产油层为寒武系砂岩，深约3300m，油田含油面积1300km²，油藏高度270m。石油地质储量34.7×10^8t，单井平均日产量为800t左右，全油田日产油量为52000t以上，是特大高产油田（图3-33）。

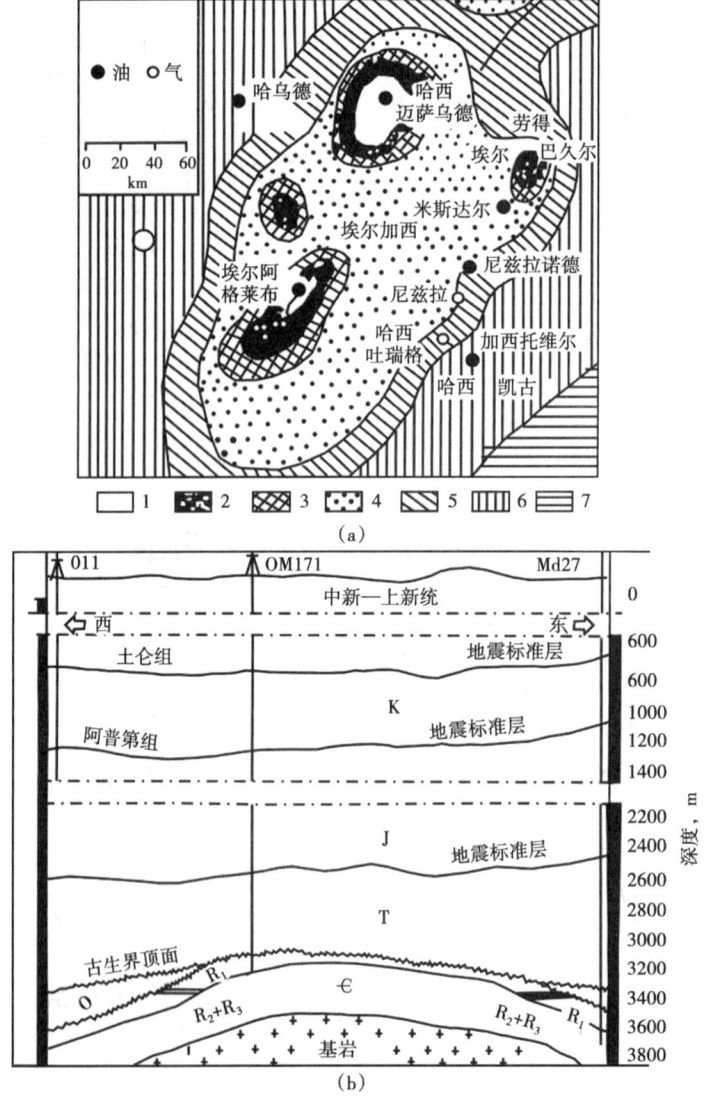

图3-33 哈西迈萨乌德油田前三叠系地质图（a）和剖面图（b）

1—寒武系；2—埃尔加西砂岩；3—埃尔加西黏土；4—纳姆拉石英岩；5—上奥陶统；6—志留系；7—泥盆系

美国阿拉斯加北坡盆地的普鲁德霍湾油田可以作为潜伏剥蚀单斜构造油气藏的典型例子。该油田位于阿拉斯加北极的巴罗隆起上，是世界上最北的油田，在北极圈以北425km，也是北美最大的油田，其石油可采储量为 13.12×10^8 t，天然气可采储量为 26×10^{12} ft^3。该油田东西长64km，南北宽32km，面积约2000km²，为一向西南倾伏的鼻状构造，北部被断层所切，东部被不整合削蚀，其上被下白垩统海相页岩不整合封闭（图3-34和图3-35）。主要储集层为二叠系、三叠系和侏罗系砂岩，储集层孔隙度为23%~25%，渗透率约200mD；原油黏度低，有气顶。生产层深度为2000~3000m。该油田发现于1968年，第一口探井日产油量为330t。

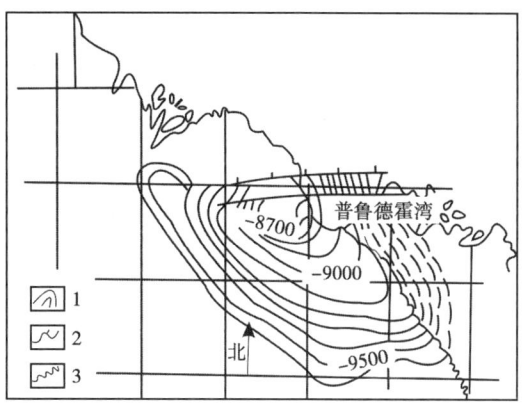

图3-34 普鲁德霍湾油田中生界底部附近反射层的构造解释图

1—构造等值线（ft）；2—海岸线；3—不整合线

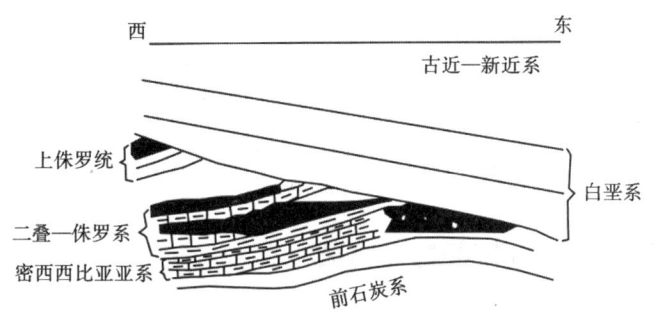

图3-35 普鲁德霍湾油田横剖面图

我国渤海湾盆地济阳坳陷金家油田沙河街组油气藏也属潜伏剥蚀单斜构造油气藏。该油田位于东营凹陷南坡，南接鲁西隆起，古近系呈南向北倾斜。渐新世末的构造运动形成了沙一段与沙二、沙三段之间、馆陶组与下伏地层之间的不整合。馆陶组底部发育10~50m厚的泥岩，与鼻状构造背景配合，形成了一系列的地层不整合油气藏。由于油气藏埋藏较浅，仅800~1200m，原油遭生物降解及氧化而变稠（图3-36）。

随着古潜山油气藏勘探的深入，在古潜山的内幕也发现了许多油气藏，这种潜山内部发育的油气藏被称为潜山内幕油气藏（高先志等，2007a）。辽河兴隆台潜山的油气藏是典型的代表，它不仅在潜山顶部发现了地层不整合遮挡油气藏，而且在其内幕发现了高产的混合花岗岩基岩油气藏（兴古7井）。潜山内幕油气藏在形成上与潜山的地貌形成有一定关系，但与潜伏剥蚀构造油气藏或地层不整合遮挡古地貌油气藏的形成机理不同，潜山内幕油气藏储集层与潜山不整合面没有直接接触，遮挡层由其内幕的隔层构成，其储集层主要由于构造破碎作用或地下水的溶蚀作用而形成的构造裂缝或溶蚀孔隙，严格地讲不属于地层油气藏，而应属于岩性油气藏。

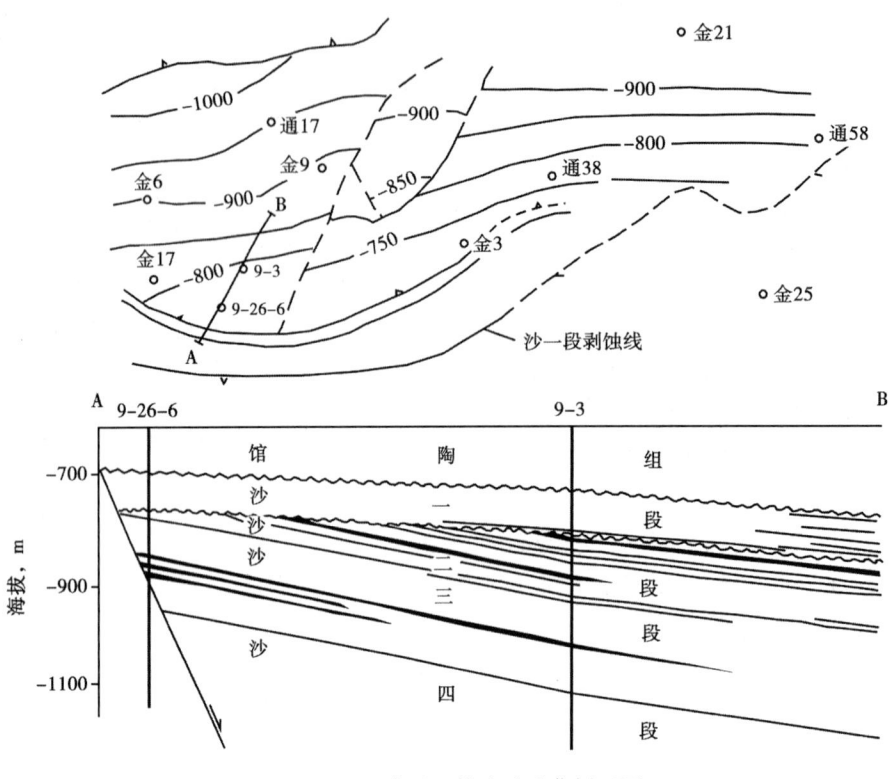

图 3-36 金家油田构造及油藏剖面图

二、地层超覆圈闭与地层超覆油气藏

(一) 地层超覆圈闭形成机理

地层超覆是指区域构造运动导致地层抬升剥蚀后,又发生地壳下沉,盆地再次接受沉积,当水体渐进时,沉积范围逐渐扩大,较新沉积层不断覆盖在不整合面上,与老地层侵蚀面成不整合接触,其上被不渗透地层覆盖,就形成了地层超覆圈闭(图 3-37)。地层超覆圈闭是砂岩地层超覆到不渗透的不整合面上又被不渗透的地层超覆覆盖而构成。从圈闭形成要素这个角度讲,并不是所有超覆地层均可形成圈闭。首先,超覆地层是能作为储集层的砂层,其次,不整合面下的老地层应该是不渗透,这样才能作为遮挡,另外,砂岩体之上应该超覆沉积了不渗透泥岩作为盖层。油气聚集其中就形成地层超覆油气藏。

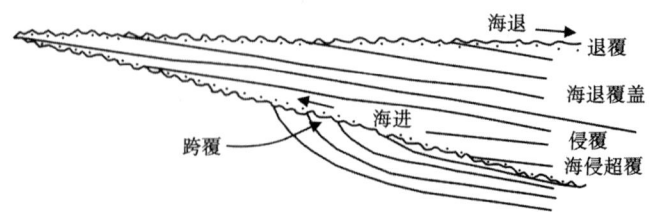

图 3-37 不整合上的超覆现象和地层超覆油气藏

（二）地层超覆油气藏实例

目前世界上已发现很多这类油气藏，其中比较著名的有美国东得克萨斯油田的油气藏（图3-38）。东得克萨斯油田位于墨西哥湾盆地西部萨滨隆起的西侧，上白垩统乌德宾组砂岩超覆沉积在下白垩统不整合面上，向东的上倾方向又被其上不整合接触的奥斯汀群所超覆覆盖，砂岩顶、底两个不整合面在上倾方向相交，油气聚集其中，形成地层超覆油气藏。这个油田的总可采储量为 7.3×10^8，是美国最大的油田之一。

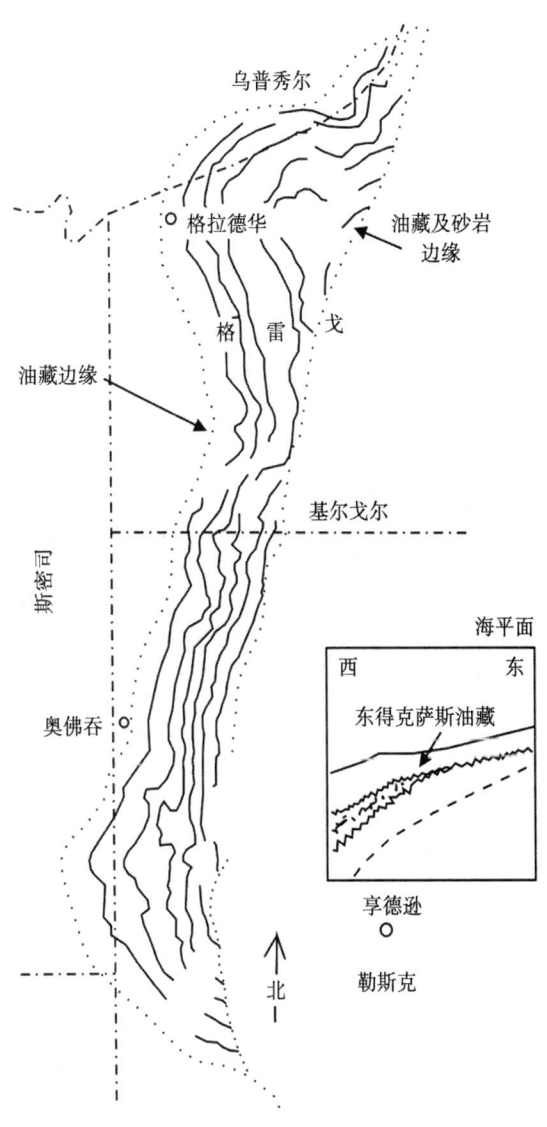

图 3-38　东得克萨斯油田乌德宾（白垩系）产油层顶部构造图及横剖面图
（据 A. I. Levorsen，1967）

另外一个典型实例是委内瑞拉东部的夸仑夸尔油田的油藏，如图3-39所示。该油田是南美洲的大油田之一。上新统—更新统的砂岩超覆沉积在下伏的不整合面上，其上被不渗透地层超覆覆盖，形成地层超覆圈闭条件，油气聚集其中，形成了巨大的地层超覆油藏。

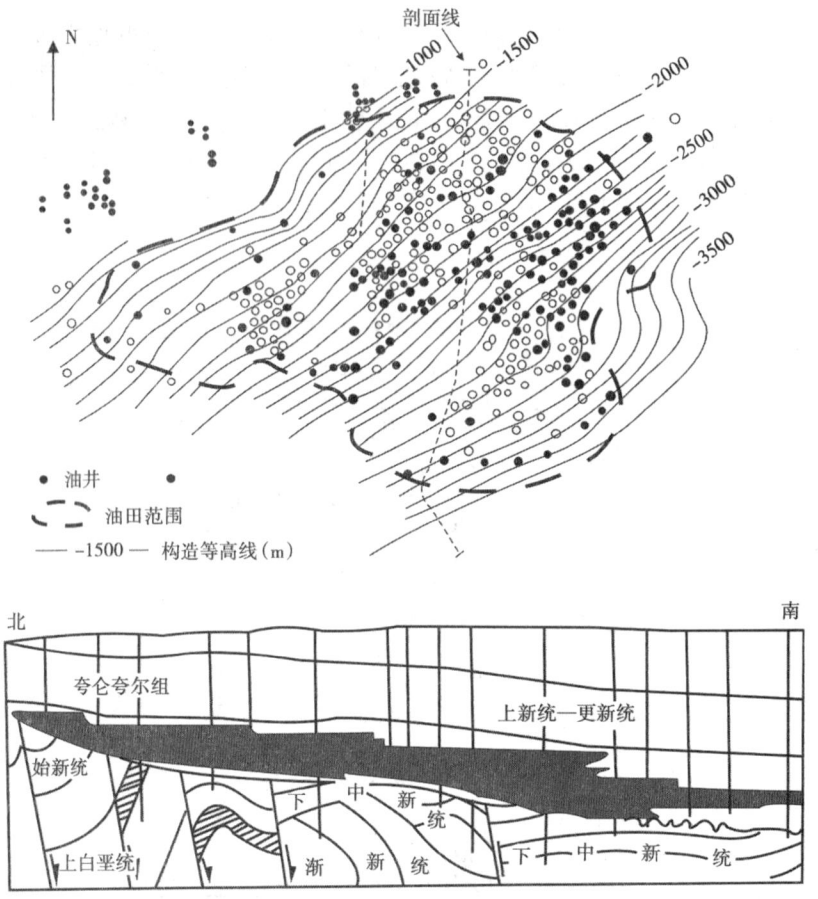

图 3-39　委内瑞拉东部夸仑夸尔油田平面及横剖面图（据 A. I. Levorsen，1967）

我国东部各沉积盆地的边缘斜坡，以及大隆起的斜坡也发现有地层超覆油气藏，但规模都不大，如济阳坳陷单家寺油田的沙一段油气藏。单家寺油田是陡坡地层超覆油气藏的典型实例。该油藏位于滨县凸起南坡，是由古近系超覆在基岩凸起古断面上并形成多层位地层超覆圈闭，它接收相邻的利津洼陷运移来的油气，因油源充足而形成多层系含油的油藏。据计算，单家寺油田其探明储量丰度为 $1.6821 \times 10^8 \mathrm{t/km^2}$，是凹陷内含油最富的油藏之一（图 3-40）。

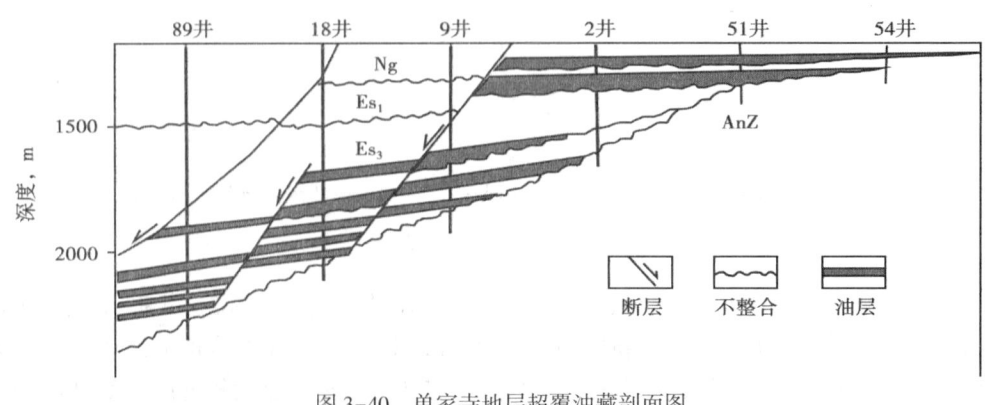

图 3-40　单家寺地层超覆油藏剖面图

第五节　岩性圈闭与岩性油气藏

随着勘探的不断深入，容易发现的构造油气藏越来越少，而岩性油气藏的发现越来越多。在我国，岩性油气藏已成为重要的勘探目标。近些年来，我国东部高勘探程度地区的砂岩岩性油气藏勘探连连取得成功，例如渤海湾盆地的东营凹陷和南堡凹陷、二连盆地等都相继发现了一批岩性油气藏。西部碳酸盐地区岩性油气藏的勘探也不断有所突破，例如塔里木盆地古生界的勘探等，从而证明岩性油气藏勘探领域宽广，勘探潜力巨大。

岩性圈闭是指储集层岩性或物性变化所形成的圈闭，其中聚集了油气就称为岩性油气藏。储集层岩性或物性的纵横向变化可以在沉积作用过程中形成，也可以在成岩后生作用过程中形成。根据形成机理的不同，可以进一步将岩性圈闭和岩性油气藏划分为4个亚类，即储集岩上倾尖灭圈闭与储集岩上倾尖灭油气藏、储集岩透镜体圈闭与储集岩透镜体油气藏、生物礁圈闭与生物礁油气藏、成岩后生岩性圈闭与成岩后生岩性油气藏。

在岩性变化大的砂、泥岩沉积剖面中，常见许多薄层砂岩互相参差交错。有的层状砂岩体顶底均为不渗透泥岩所限，在横向上也渐变为不渗透泥岩，砂岩体呈楔状尖灭于泥岩中，如果尖灭的方向为地层的上倾方向，这就形成了砂岩上倾尖灭圈闭[图3-41（a）]。有的砂岩体呈透镜状，周围均被不渗透层所限，则为砂岩透镜体圈闭[图3-41（b）]。

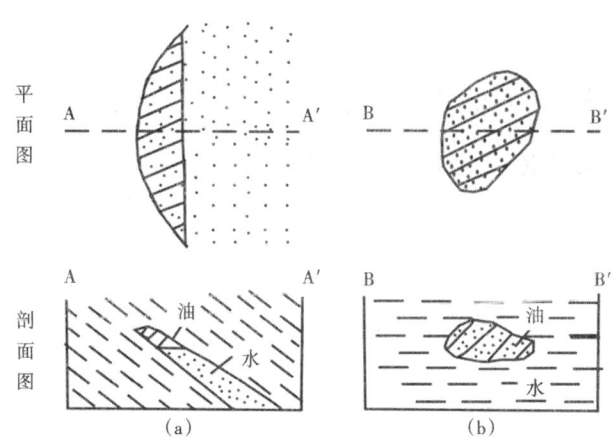

图3-41　原生砂岩岩性圈闭的类型
(a) 砂岩上倾尖灭油气藏；(b) 砂岩透镜体油气藏

生物礁圈闭是碳酸盐岩地层中一种特殊的岩性圈闭，它是礁组合中具有良好孔隙性和渗透性的储集岩体被周围非渗透性岩层和下伏水体联合封闭而形成的圈闭。生物礁圈闭中的储集体（礁核与前礁）与不渗透性的遮挡层（后礁与盆地相）主要是由岩性和岩相的变化形成的，因此应归入岩性圈闭。

岩石在成岩和后生作用期间，次生作用或构造作用可使地层的孔渗性发生改变，使渗透性岩层的一部分变为非渗透性岩层，或使非渗透性岩层中的一部分变为渗透性岩层，这样也可以形成岩性圈闭。碳酸盐岩地区易于发生溶蚀和次生作用，故容易在成岩阶段形成岩性圈闭，或者在本来不具备储集条件的泥岩和页岩中由于成岩后生阶段的应力作用形成了裂缝而具备了储集条件，也可以形成岩性圈闭（图3-42）。

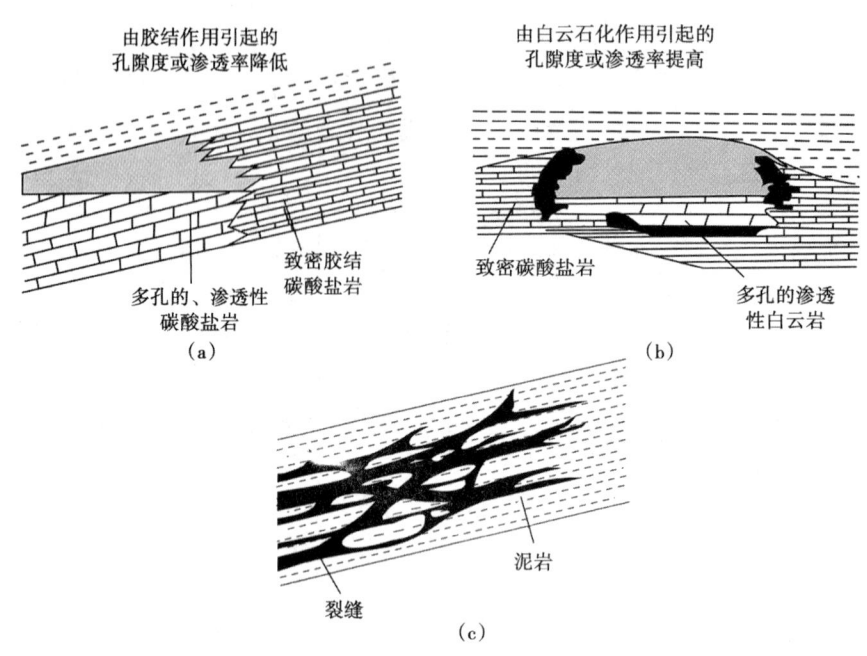

图 3-42 成岩后生岩性圈闭的不同成因类型
(a) 胶结作用形成的成岩圈闭；(b) 白云石化作用形成的成岩圈闭；(c) 裂缝性泥岩圈闭

一、储集岩上倾尖灭圈闭与储集岩上倾尖灭油气藏

(一) 储集岩上倾尖灭圈闭形成机理及油气藏的特点

在储集岩上倾尖灭圈闭中，以砂岩上倾尖灭圈闭最为常见。砂岩上倾尖灭指砂岩体沿地层上倾方向厚度减薄直至为零。砂岩上倾尖灭圈闭的形成是储集层沿上倾方向尖灭或渗透性变差而形成圈闭条件。砂岩上倾尖灭圈闭的形成主要有两种情况：一种情况是在盆地的斜坡区和边缘地带，由于沉积条件的改变，相带变化快，形成频繁的砂泥韵律层，在横向上沿地层上倾方向很容易出现砂岩含量减小、泥岩含量增加的现象，形成砂岩向盆地边缘或古隆起方向的尖灭，即上倾尖灭，这类砂岩上倾尖灭圈闭往往沿盆地边缘的地层尖灭线或砂岩尖灭线分布；另外一种情况是，在盆地的斜坡区沉积一些砂岩体，如水下扇、扇三角洲等，其中的砂岩层很快向泥岩中尖灭，在沉积时往往是下倾尖灭，后来由于构造的反转作用变为上倾尖灭，形成圈闭条件。

上倾尖灭砂岩主要分布在盆地的边缘或古隆起边缘。在陆相湖盆中各种类型砂岩体的前缘带与大型隆起或局部构造圈闭相配合，很容易形成上倾尖灭圈闭。这类油气藏往往沿盆地或古隆起斜坡的砂岩尖灭线分布，其规模大小取定于砂岩体的不同部位与不同级别构造的相互配置关系。由多个韵律层组合而成的复合砂岩体与凹陷斜坡带或大型隆起带相结合，使多个砂层组上倾尖灭线与构造等高线相交，形成大中型岩性上倾尖灭油藏，具有含油面积大、含油层组多、油气富集程度高等特点。油气藏上倾方向为不渗透层所限，下倾方向的油（气）水界面与油（气）层顶面构造等高线相平行或基本平行。

(二) 储集岩上倾尖灭油气藏实例

泌阳凹陷双河湖底扇砂岩体前缘尖灭带在斜坡带背景之上，湖底扇砂岩体的每一个朵叶都相应地形成砂岩上倾尖灭油气藏（图 3-43）。我国渤海湾盆地各坳陷的斜坡区都发育有大量的砂岩上倾尖灭油气藏（图 3-44）。

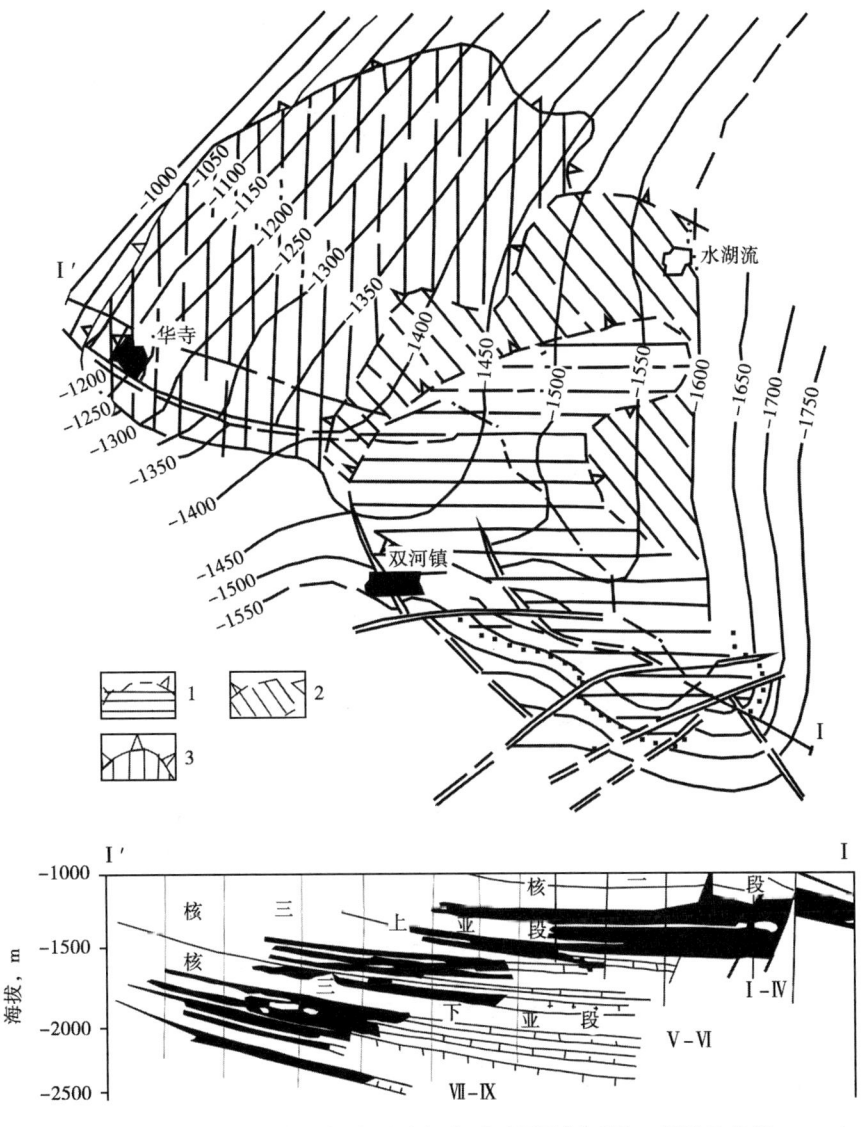

图 3-43　泌阳凹陷双河砂岩上倾尖灭油气藏平面图及剖面图（据胡见义等，1991）
1—Ⅰ—Ⅳ油组合油范围；2—Ⅴ—Ⅵ油组合油范围；3—Ⅶ—Ⅸ油组合油范围

在渤海湾盆地，各古隆起附近也是砂岩上倾尖灭油气藏分布的有利区。例如辽河西部凹陷，兴隆台潜山在沙三段沉积时为一个水下古隆起，来自东边陡岸的碎屑沉积物，在快速向盆地倾泻时，遭到兴隆台潜山的阻挡，形成许多向兴隆台潜山上倾方向上爬的尖灭砂岩体，目前已经在兴隆台潜山的东侧斜坡发现了兴东1、冷181、冷182等多个砂岩体上倾尖灭型油气藏（高先志，2007b）。

在国外，岩性尖灭类型的油气藏也很多。例如北高加索迈科普油区卡杜辛油田中的古近系渐新统砂岩上倾尖灭油气藏就是典型实例，如图 3-45 所示。

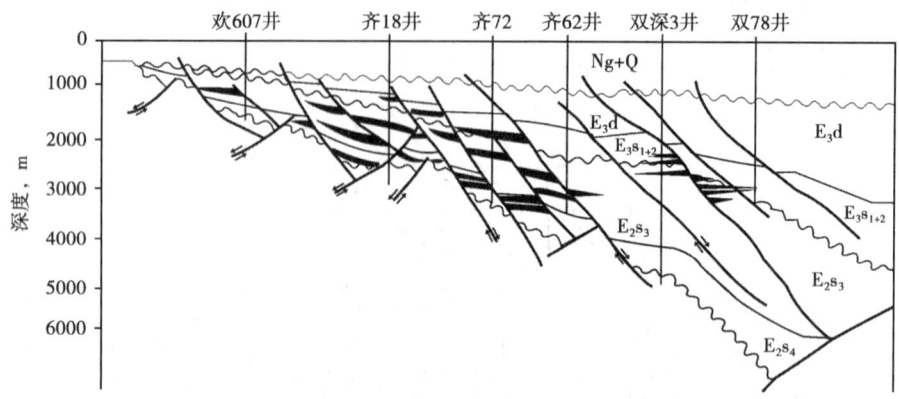

图 3-44 渤海湾盆地辽河坳陷西斜坡的砂岩上倾尖灭油气藏

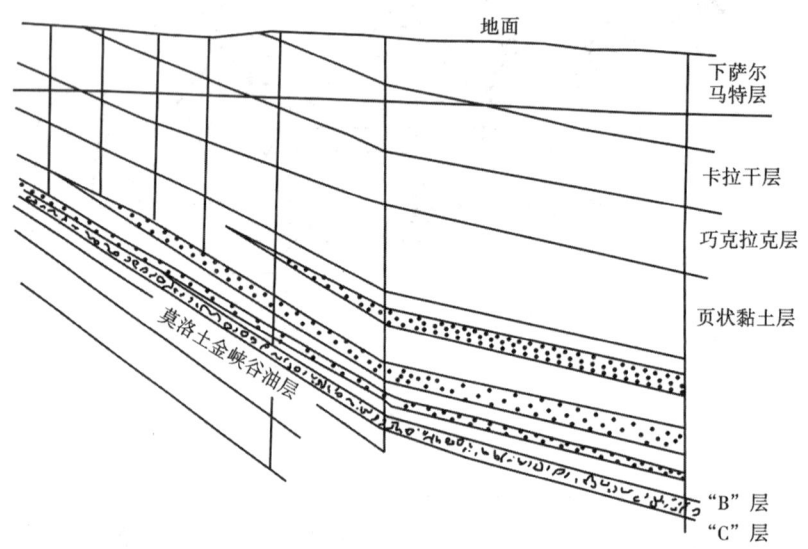

图 3-45 北高加索迈科普油区卡杜辛油田渐新统砂岩尖灭油气藏剖面图（据 A. I. Levorsen，1967）

二、储集岩透镜体圈闭与储集岩透镜体油气藏

（一）储集岩透镜体圈闭形成机理及油气藏特点

储集岩透镜体是指渗透性储集岩四周被不渗透的地层所限，形成透镜状或其他不规则状。各类储集体前缘和翼的岩性尖灭线和岩性致密带具有良好的封闭性，在侧向上呈楔形体，被非渗透层所围限，在平面上其形态呈弧形弯曲，并与构造等高线相交切，形成封闭的岩性圈闭。

储集岩透镜体一般是沉积环境的产物。透镜状砂岩体分布广泛，各种环境都有分布，例如，冲积扇砂岩体，河流环境的河道、边滩、心滩砂岩体，三角洲前缘的河口坝砂岩体，滨浅海（湖）的滩坝砂岩体，深水环境的浊积砂岩体等。在我国陆相湖盆中发育大量的水下扇、扇三角洲、三角洲、湖底扇等砂岩体，这些砂岩体在适宜的条件下都可以形成砂岩透镜体圈闭。

除沉积环境外，盆地的古地形和海（湖）水平面变化也控制着砂岩体的沉积。例如，海岸线附近是砂岩集中发育地带，断陷盆地的控盆边界断层附近发育近岸浊流砂砾岩体，这些部位也是岩性圈闭分布最集中的部位。沉积地貌的改变对砂砾岩体的分布有重要控制作用。我国东部断陷盆的陡坡带与缓坡带的沉积体系类型有很大差异，陡坡带多发育扇三角洲、浊积扇体；在缓坡带则多发育三角洲砂岩体。

另外，勘探已经证明，沉积盆地的坡折带附近往往是砂砾岩体集中分布的部位。层序地层学研究结果表明，海（湖）泛面变化会形成不同体系域的砂砾岩体，低位体系域中的盆底扇、斜坡扇、下切水道等都是重要的储集体。

透镜体油气藏的储集层（孔隙、渗透性岩体）连续性差（透镜状或楔状），一般情况下，难以形成大型油气藏，但不同层位储集体可以叠合连片，形成中小乃至较大的油气藏。不同环境下的透镜体大小变化较大，它们有时可以多期叠置，成带分布。因此，此类油气藏一旦发现一个，就有可能发现一群。

储集岩透镜体油藏具有以下基本特征：（1）透镜体被泥、页岩分开，泥、页岩作为油气的有效封闭层；（2）油气藏完全受储集体分布的控制，潜伏的含油气砂岩体通常成组出现，组成单独的油气聚集带，其形态、规模和走向取决于沉积的古地理环境；（3）相变形成的断续条带状砂岩体或透镜状砂岩体，因周围为泥岩所割，砂岩体彼此之间不连通，每一个砂岩体可以单独成一个油藏；（4）透镜体油气藏规模一般较小，数量多，厚度一般较薄，横向变化大，纵向上叠置，砂岩体的长轴方向和洼陷长轴方向及物源方向一致。

（二）储集岩透镜体油气藏主要类型

储集岩透镜体油气藏可以是泥岩中的砂岩透镜体，也可以是低渗透性岩层中的高渗透带，还可以是碳酸盐岩地层中滩坝形成的不渗透地层中的高孔渗带。

1. **砂岩透镜体油气藏**

渤海湾盆地古近系沙河街组三段的大套泥岩中，发育许多砂岩透镜体油气藏。如东营凹陷的牛庄洼陷，分布有数量众多但规模较小的被泥岩包裹的砂岩透镜体油气藏，含油砂岩体夹于大套暗色泥岩中，形成了自生自储式的砂岩岩性油藏，具有埋藏中深—深层、常温高压、中孔低渗、轻质油、弹性驱动的特点，每一个砂岩体作为一个独立的封闭单元，具有独立的油水系统。牛871油藏是这样的油气藏，牛871井区浊积砂岩体非常发育，纵向上主要分布在$E_3s_{32}^6$、$E_3s_{32}^5$、$E_3s_{32}^4$及E_3s_{33}地层中（图3-46），平面上呈叠合连片分布（图3-47）。

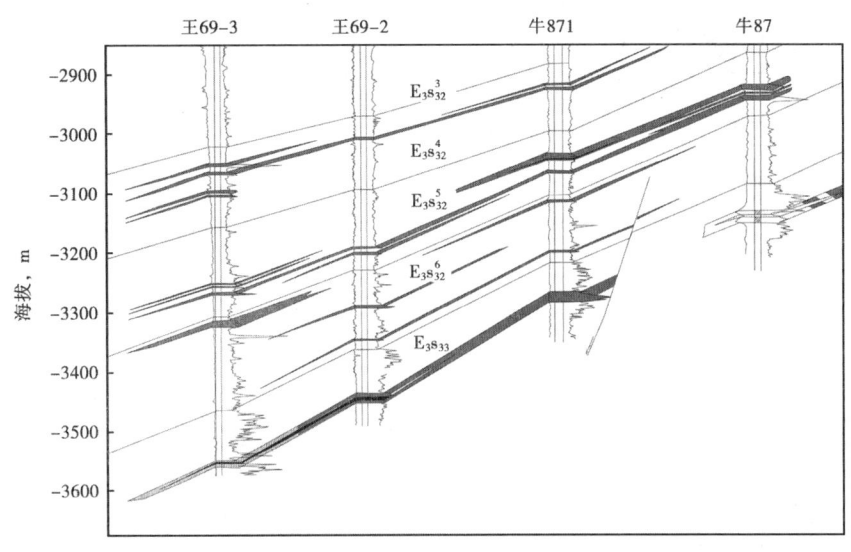

图3-46 东营凹陷牛庄洼陷牛871井区王69-3—牛87油藏剖面图

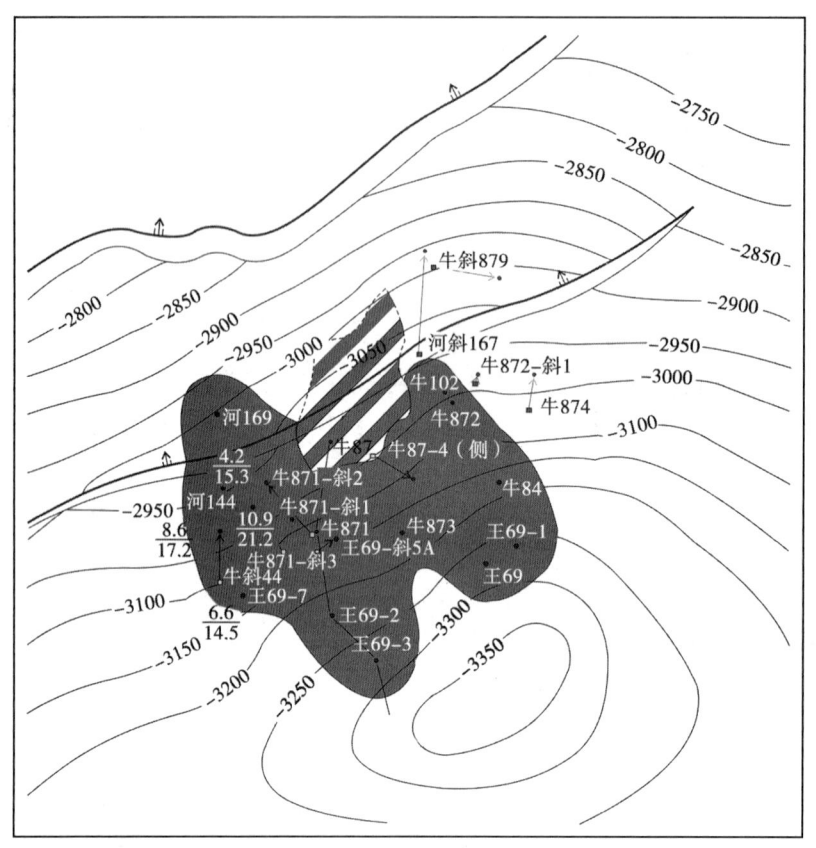

图 3-47 东营凹陷牛庄洼陷牛 871 井区 $E_3s_{32}^6$ 顶面构造图

等高线单位为 m

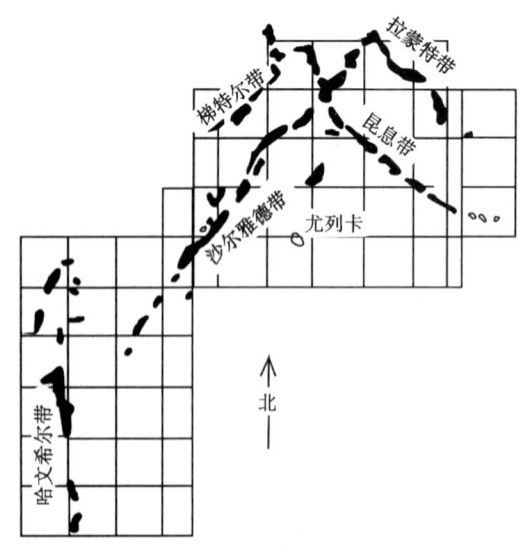

图 3-48 堪萨斯州由透镜体油藏组成的鞋带状油气聚集带平面分布图

在国外，特别是美国，这种类型的油气藏发现很多。例如在堪萨斯州格林乌德县及勃特勒县的鞋带状油藏，它们是由许多个岸外沙坝组成的。这些沙坝形成许多狭长的透镜体，每个透镜体的厚度为 50~100ft，长 2~6mile，宽达 1.5mile；一个接一个地排成长达 25~45mile 的带状。如图 3-48 所示，每个透镜体都是一个油藏，因而形成规模可观的油气聚集带。

2. 碳酸盐岩透镜体油气藏

碳酸盐岩透镜体油气藏是碳酸盐岩地层中最常见的油气藏类型之一，其中碳酸盐岩滩坝是常见的一种类型。常见的碳酸盐岩滩坝主要包括高能环境下的颗粒岩相，例如鲕粒滩、生物介壳滩、砂屑滩等。它们在形态上多属不规则透镜体。

碳酸盐岩透镜体油气藏在国内外实例很多。我国四川盆地川东地区和塔里木盆地Ⅰ号断裂坡折带发育一系列的滩坝相油气藏。塔中Ⅰ号断裂带探明及控制油气储量约 2.106×10^8 t，上奥陶统分布广泛，其中良里塔格组沉积中晚期海水变浅，能量增高，在塔中低凸起区发育棚内缓坡相，沉积物以颗粒灰岩及泥—粉晶灰岩为主。紧邻塔中Ⅰ号断裂带西侧，即 TZ45 井—TZ82 井—TZ44 井—TZ24 井—TZ26 井一线形成了带状的台地边缘沉积，以发育礁滩复合体、丘滩复合体为特征。油气分布呈准层状、不规则状；油气分异不明显，具有分带、分块、分层的特征，油气比变化大；地层水分布复杂、变化大，未发现明显底水（图3-49）。

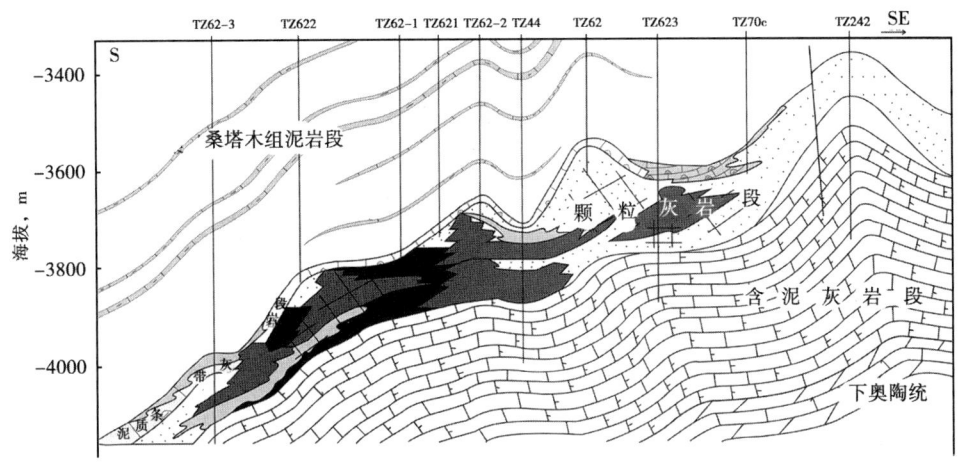

图 3-49　塔中油田塔中 62 井区凝析气藏剖面图

川东北地区在早三叠世飞仙关组沉积期台地相带广泛发育鲕粒滩体，滩体随着台地的发展而逐渐迁移。根据勘探资料，可以划分出 4 个较厚的鲕粒岩分布区。川东北飞仙关组目前已钻获众多的鲕滩工业井，往往呈现出"一滩一藏"的特征（图 3-50），其储集层均位于鲕粒岩发育较厚区块的溶孔白云岩及溶孔灰岩中，并获得了较大的工业储量，具有良好的勘探前景。

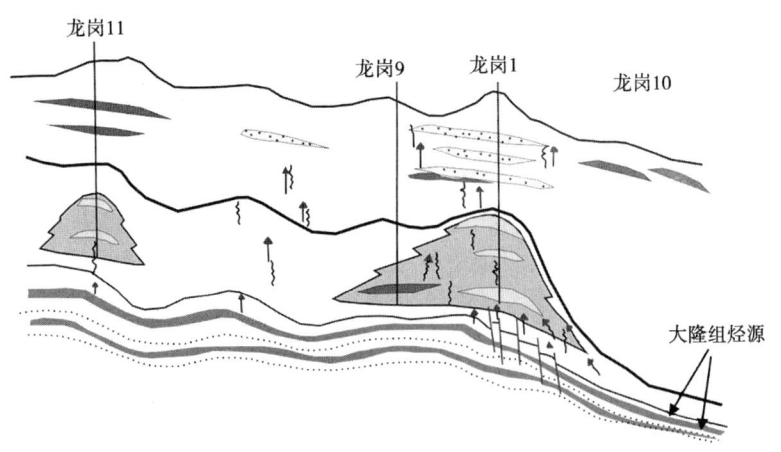

图 3-50　川东北地区飞仙关组鲕粒滩气藏剖面图

三、生物礁圈闭与生物礁油气藏

生物礁圈闭是指礁组合中具有良好孔渗性的储集岩体被周围非渗透性岩层和下伏水体联合封闭而形成的圈闭，其中聚集了油气则形成生物礁油气藏。

(一) 生物礁圈闭形成机理及油气藏特点

生物礁是指由珊瑚、层孔虫、苔藓虫、藻类、古杯类等造礁生物组成的、原地埋藏的碳酸盐岩建造。生物礁中除造礁生物外，尚掺有海百合、有孔虫等喜礁生物。不同地质时代有不同的造礁生物。

世界各地都发现古代的生物礁，特别是古生代及中生代沉积层系中的生物礁更发育。这种生物礁有大有小，小的只有几英尺厚和几平方英尺的面积，大的可达几百英尺厚和几百英里长。最初，古代生物礁只是在地面露头看到的，后来可以利用地球物理勘探方法和钻井方法去辨认地下生物礁。

古代生物礁与现代生物礁在成因上是相似的，生物礁各部分及其岩相分布情况等都可与现代生物礁相对比。图 3-51 表示古代生物礁各部位及其岩相特征，从陆向海方向可以划分为 3 个相带。后礁相位于生物礁向陆的一侧，一般是礁后潟湖，主要为白云岩、石灰岩、砂岩、红页岩及硬石膏等蒸发岩的互层沉积。礁核相是生物礁的主体，主要由生物格架岩和生物粘结岩组成，孔隙十分发育。前礁相为生物礁前面向海一侧，生物礁在海浪的冲击下形成塌积岩和礁前角砾岩，也具有发育的孔隙。再向海就过渡为以沉积灰色到黑色页岩和石灰岩，称盆地相。

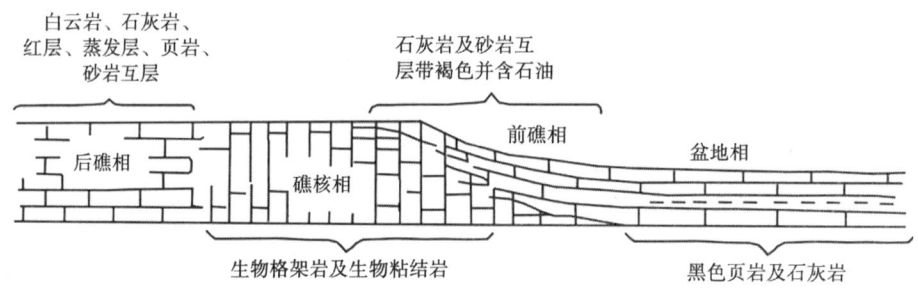

图 3-51　古代生物礁的各部分及其岩相分布特征示意图（据 A. I. Levorsen，1967）

由于海水的进退，生物礁孔隙发育的礁核相及前礁相可以分别被不渗透的盆地相页岩或后礁相的蒸发岩所覆盖，形成生物礁圈闭。只要造礁生物发育，无论在海进还是在海退条件下，都能形成生物礁，只是在海退时，随着海水退却，合适的造礁条件向海盆中心转移，生物礁向海盆中心方向发育；海进时，随着海水加深，合适的造礁条件向海岸方向转移，生物礁块向着海岸方向发展。有些地区，在一个厚岩系之内的不同高度及不同层位上，常同时发现古生物礁，形成一个复合生物礁体。这种情况是在这些适于造礁的地区海进与海退交替造成的。生物礁圈闭中构成礁体上方和周围非渗透岩层的岩石类型也是多种多样的，可以是泥质岩、膏岩层、泥灰岩和泥质灰岩。

礁核相和前礁相是最为有利的储集相带，这两个带的储集条件好。生物礁本身原生孔隙和次生溶隙都很发育，前礁相也同样具备这个条件。勘探实践也证明，油气主要都是集中在这两个岩相带中。生物礁圈闭的形态与礁组合中储集体的形态有关。生物礁油气藏中油气分布很大程度上取决于储集体的均一性，它可以充满或基本上充满礁体的大部或上部，如艾伯塔盆地红水礁型油田（图 3-52）。

生物礁油气藏储量较大、烃柱高，特别是以高产著称。世界上有 10 口日产量达万吨以上的高产井，其中生物礁油藏占有 4 口。

（二）生物礁油气藏实例

在世界各地不同地质时代的生物礁中，发现了丰富的油气资源。根据目前已有的资料，自古生代志留纪至新生代中新世，都发现有生物礁油气藏，其中以志留纪、泥盆纪、二叠纪、白垩纪、古近纪、新近纪的生物礁油气藏更为重要。从分布的地区看，生物礁油气藏分布的重要地区有加拿大西部艾伯塔盆地、美国二叠盆地、前苏联乌拉尔山前坳陷、墨西哥湾盆地（包括墨西哥及美国两部分，其中以墨西哥部分更重要）、中东波斯湾盆地、利比亚锡尔特盆地以及印度尼西亚萨拉瓦蒂盆地等。在这些盆地中，生物礁油气藏常成带分布，形成丰富的产油气区。

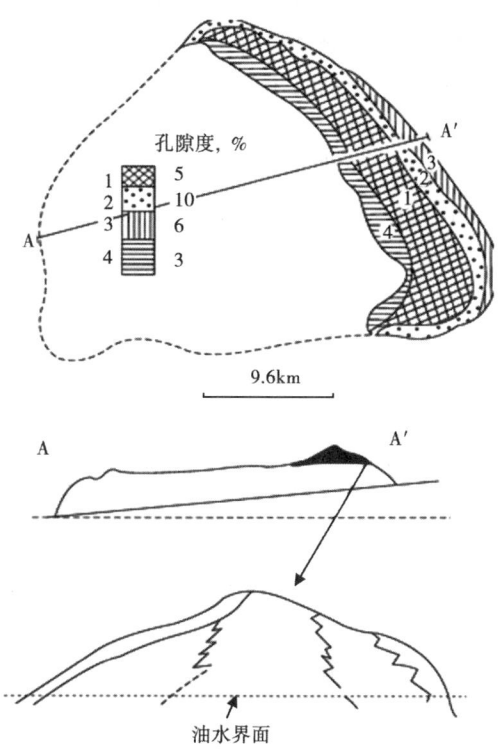

图 3-52 艾伯塔盆地红水礁型组合岩相分带及油气分布图
1—礁核带；2—粒状碎屑带；3—碎屑充填带；4—礁后碎屑带

生物礁油气藏在世界石油储量中占很重要的地位，据 M. T. Halbouty 等统计，世界上生物礁型大油田的总储量达 43.4×10^8 t，见表 3-4。随着石油勘探方法和技术的发展，发现的生物礁油气藏日渐增多，它们的重要性也将日益增大。下面简要介绍几个比较重要的生物礁油气藏，以便进一步了解这种类型油气藏的形成条件及其特点。

表 3-4 世界主要生物礁大油田

油田名称	所在盆地	时代	可采储量 10^8t	油田名称	所在盆地	时代	可采储量 10^8t
基尔库克	波斯湾	始新至渐新世	20.5	老黄金巷	墨西哥湾	白垩纪	1.92
默班—布哈沙	波斯湾	始新至渐新世	4.1	天鹅丘	艾伯塔	泥盆纪	1.33
波扎—里卡	墨西哥湾	白垩纪	3.8	雨虹	艾伯塔	泥盆纪	1.0
迪达	锡尔特	白垩系至古新世	2.74	红水	艾伯塔	泥盆纪	0.96
英蒂萨 D	锡尔特	古新世	2.6（地质）	达赫拉—霍夫纳	锡尔特	古新世	0.96
英蒂萨 A	锡尔特	古新世	2.5（地质）	勒杜克—乌德宾	艾伯塔	泥盆纪	0.70
斯库瑞—斯奈德	二叠盆地	早二叠世	2.5				

1. 黄金巷环礁带油田群生物礁油气藏

黄金巷生物礁油田群产油的生物礁为中白垩统的埃尔·阿布拉礁，最大厚度为1467m，是以厚壳蛤类骨骼为主的生物灰岩，并混有瓣鳃类、腹足类、珊瑚等化石，由碳酸盐胶结而成。前礁相由礁麓角砾岩组成，含大量厚壳蛤和瓣鳃类化石；后礁相为潟湖相沉积，由厚壳蛤灰岩及夹有块状石灰岩的硬石膏组成；从前礁相向西，则变为半深水盆地相的碳酸盐岩沉积，如图3-53所示。

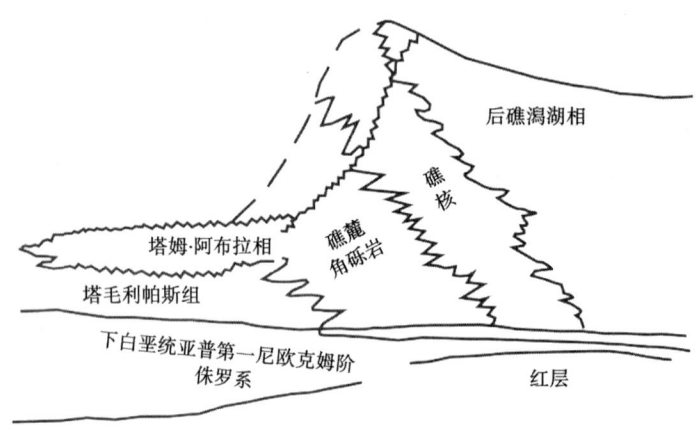

图3-53 黄金巷埃尔·阿布拉礁横剖面（据 A.I. Levorsen, 1967）

环礁带陆上部分的油气，一般产于礁的顶部，由于孔隙、溶洞极发育，所以储集性质很好。油藏高度大约500~600m以上，产油能力很高；产油层的埋藏深度在西北部为500~800m。埃尔·阿布拉礁直接为渐新统泥岩所覆盖，向东南方向埋藏深度增达2250~2500m。石油的相对密度也随埋藏深度增加而减轻，在北部的赛罗·阿泽尔油田石油相对密度为0.92，而东南海上的阿统油田石油相对密度只有0.816，含气量也相应增加。主要烃源岩是海相侏罗系，环礁东南方向盆地相的白垩系以及古近系都具有良好的生油条件。

2. 斯库瑞—斯奈德生物礁油气藏

斯库瑞—斯奈德生物礁油气藏位于美国得克萨斯州西部斯库瑞—斯奈德生物礁区，该生物礁是由在同一地方生长、死亡和埋藏起来的生物的坚硬部分构成的。礁体本身是介壳碎屑、灰质泥及灰质砂等混合物，并由方解石胶结起来。孔隙的大部分为溶孔。该生物礁油藏的典型横剖面如图3-54所示。生物礁属上石炭统，生长在宾夕法尼亚亚系施特劳恩灰岩底盘上。生物礁上部的砂层略显背斜形态，这可能是压实作用不均衡造成的，而到更接近地面的浅处，则见不到任何构造显示。该生物礁油藏含油面积约315km²，可采储量达 1.6×10^8t 以上。

3. 流花11-1生物礁油藏

流花11-1油田位于珠江口盆地东沙隆起的西南部，是一个三面环凹、向东北抬高的大型背斜构造。该油田储量在 1×10^8t 以上，是我国海上发现的第一个大油田，也是我国最大的生物礁油田。该油藏储集层为中新统生物礁灰岩，礁体内显示礁、滩间互分布的特点。礁灰岩主要为珊瑚藻粘结灰岩、泥粒灰岩。礁灰岩在地震剖面上顶界反射振幅强，略呈丘状突起，特征十分明显（图3-55）。构造主体部位较完整平缓，倾角为1.5°~2°，翼部变陡，倾角为6°~7°。在翼部发育的小断层对油气分布不起控制作用。

该地区有三个成礁期，经历了多次抬升暴露淋滤的复杂成岩后生作用，使礁块内形成了

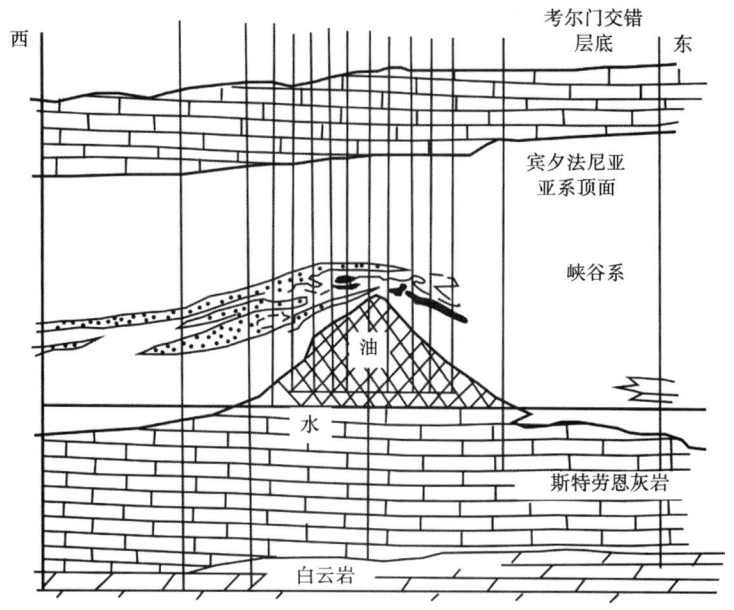

图 3-54 得克萨斯州西部斯库瑞—斯奈德生物礁区北斯奈德油藏剖面图（据 A. I. Levorsen，1967）

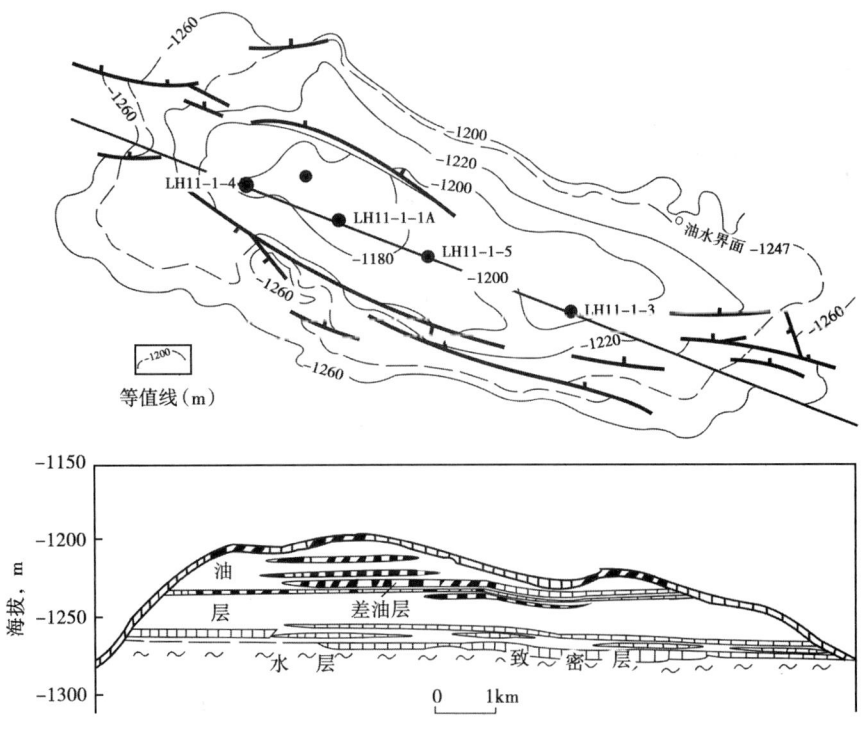

图 3-55 流花 11-1 生物礁油藏平面图及剖面图

大段孔洞发育段与相对致密段的间互出现，造成以溶洞—孔隙型为主的多种储集类型。按岩性、电性和物性在纵向上的变化，可将含油层段分为三个高孔渗段和三个低孔渗段。按物性可划分为三类储集层：Ⅰ类为疏松、孔洞发育的礁灰岩，孔隙度大于 20%，渗透率大于 3000mD；Ⅱ类为较致密的礁、滩灰岩，孔隙度 15%~20%，渗透率为 50~300mD；Ⅲ类为致密的礁、滩灰岩，孔隙度小于15%，渗透率小于50mD。

流花11-1生物礁油藏埋深较浅（1200～1300 m），是一个具底水的块状生物礁油藏，具有大致统一的油水界面，油柱高度74.5m，构造圈闭幅度75m，礁体基本为油所充满。原油性质较稠、较重，具有高密度、高黏度、低含硫、低含蜡、低凝点的特点。地面原油密度为0.9182～0.9587g/cm^3，黏度50～270mPa·s。

需要指出的是，在一个地区第一个生物礁的发现常常是偶然的，因为生物礁圈闭不像构造圈闭那样容易辨别。虽然生物礁也能引起构造异常，其中有些在地震剖面上有所显示，但是，这些异常一般都非常小，不能充分说明有圈闭存在。因此，在一个没有发现过生物礁的地方，通常还不能根据这种异常得出完全准确的判断。但在一个曾找到过一个生物礁的地区，一般总可以找到另外的生物礁。因为生物礁很少是孤立的，它们总是成群成带地分布，而且在很多地方总是和古海岸线有关。所以，当在某地区找到一个生物礁时，就应该在附近地方作进一步的探索，以便发现更多的生物礁。根据目前对生物礁油气藏的认识水平，也可以在未发现生物礁的地区，在资料比较充分的基础上，进行勘探。由于大量生物礁油气藏的发现，特别是它们常为高产大油气藏，生物礁已引起石油地质工作者的特别重视。

四、成岩后生岩性圈闭与成岩后生岩性油气藏

岩石在成岩后生作用期间，由于次生作用，使地层的孔渗性可发生改变，使渗透性岩层的一部分变为非渗透性岩层，或使非渗透性岩层中的一部分变为渗透性岩层，或者使不渗透性岩层形成裂缝从而具有储集性能，这样形成的岩性圈闭可称为成岩后生岩性圈闭，其中聚集了油气，就形成了成岩后生岩性油气藏（图3-42）。

（一）成岩后生岩性圈闭形成机理及油气藏特点

成岩后生岩性圈闭的形成主要包括三种机理：（1）渗透性岩层发生胶结作用造成局部的不渗透而形成遮挡条件；（2）不渗透性岩层由于白云石化作用、溶蚀作用等形成局部的渗透性而形成遮挡条件；（3）不渗透性岩层由于成岩作用或后生的构造作用形成裂缝而局部成为渗透性岩层而形成圈闭。第一和第二种情况是在成岩作用过程中成岩作用造成岩层渗透性的改变而形成的圈闭，也可以称为成岩圈闭。特别是在碳酸盐岩地区，易于发生溶蚀和次生作用，容易在成岩阶段形成成岩后生岩性圈闭。第三种情况则主要以泥岩裂缝性油气藏为主，构造或成岩作用形成的裂缝使得原来不具备储集条件的泥岩具有储集性能，并且周围裂缝不发育的泥岩作为遮挡条件而形成成岩后生岩性圈闭。

致密碳酸盐岩一般不具有储集性能，但在成岩后生作用过程中如果经历溶蚀作用，在局部形成具有一定孔渗性的储集层，而在储集体周围仍为原来的致密碳酸盐岩，这种由溶蚀作用形成的储集体被致密不渗透岩层所包围就形成了圈闭条件，这种圈闭是成岩圈闭的一种类型。当然，碳酸盐岩中由溶蚀作用形成的成岩圈闭往往不是单一因素控制的，致密碳酸盐岩的溶蚀作用发育一般与不整合面有关，往往与不整合配合形成圈闭条件。局部的白云石化作用也可以在致密碳酸盐岩的局部形成储集条件，形成成岩圈闭，这样形成的成岩圈闭不一定与不整合相关。另外一类成岩圈闭是渗透性储集层的遮挡条件由成岩作用形成。油气聚集在早期圈闭中，伴随后期的成岩作用，特别是烃水界面两侧的差异成岩作用，早期圈闭中聚集的油气被封堵和遮挡，即使后期的构造运动比较强烈，也很难把这类油气藏破坏，但通常会改变圈闭的位置，导致含油气圈闭不在现今构造的高部位，可能在斜坡或更低的非构造高点的位置，形成复杂的油（气）水关系。

成岩圈闭可能位于构造的高部位，也可能位于构造的斜坡上，或更低的构造位置；在构造上，碎屑岩中的成岩圈闭多分布于盆地的斜坡带上，砂层分布稳定且具有一定的坡度，成岩致密带位于油气运移的上倾方向，正好构成成岩遮挡。碳酸盐岩地层中，曾经位于水体汇聚区或位于膏盐层下部的岩石有利于矿物在其中的大量沉淀，经后期构造运动的改造成为构造上倾部位遮挡。碎屑岩成岩圈闭多分布于三角洲或扇三角洲前缘亚相中；碳酸盐岩成岩圈闭与沉积相带关系不甚密切，而是多与地层的溶蚀作用有关，这类与次生孔隙发育带有关的成岩圈闭往往与不整合面有关。成岩圈闭形成的油气藏油（气）水界面比较复杂，多具有倾斜油（气）水界面的特点。就现今我国已经发现的成岩后生岩性油气藏来说，其深度一般大于2500m。分析其原因，若埋藏太浅，岩石压实程度低，物性一般较高，且上部地层孔隙流体较活跃，不利于成岩致密带的形成。只有埋深达到一定程度，岩石经过强烈压实后孔隙大量损失，地层流体不活跃且矿化度高，有利于矿物的大量沉淀从而形成成岩致密岩。由于埋深大，成岩圈闭中岩石所处的成岩阶段均较高，碎屑岩多处于晚成岩阶段A亚期—B亚期，碳酸盐岩则均为深埋晚成岩阶段。

泥岩裂缝油气藏中的泥岩本身的矿物呈微晶状，其周围孔隙均是些微孔，而且相当部分是晶间微孔，造成泥岩的物性很差。泥质岩属微毛细管孔隙，一般孔隙度低于5%，渗透率小于1mD。裂缝增加的孔隙度虽然微不足道，但可以大大改善渗透条件，使泥岩成为储集体。在泥岩中发育的裂缝既是油气的渗滤通道，也是油气的储集空间；泥质岩既是储集岩，也是烃源岩，形成自生自储成油组合。油气藏埋深较大（一般2200m以下，主要在2600m以下），油气藏单体偏小，泥岩油藏油层压力高，产量通常不稳定变化大，油井初产高，下降快，井间产能悬殊。柴达木盆地咸水泉油田中新统泥岩油藏一口井始产量达800t/d，但几天后就不产油。裂缝发育非常不均匀，油藏评价较为困难，只有裂缝系统发育良好或者含有大量硅质物质和燧石才能为有工业开采价值的油气藏。泥岩裂缝油气藏油质好，轻组分多，含量可达60%，几乎不含水，油藏一般无底水和边水。

大量资料表明，泥岩裂缝油气藏往往分布在异常高压带中，故异常高压带的存在对于油气的生成和排出具有明显的影响。它的形成与断裂发育程度有关外，还与烃源岩本身的生、排烃状况有关。泥岩的裂缝成因与泥岩内部异常高的孔隙流体压力、局部构造和区域构造的应力作用有关。这些因素导致泥岩裂缝分布在异常高压带厚层块状泥岩中、断层两侧以及局部构造的高部位。

（二）成岩后生岩性油气藏实例

塔里木盆地哈拉哈塘油田位于塔里木盆地塔北隆起轮南低凸起哈拉哈塘鼻状构造带上，为典型的碳酸盐岩缝洞型油藏。哈拉哈塘奥陶系缝洞型储集层经历多期古岩溶作用的叠加、改造形成，非均质性强。岩石基质基本不具孔渗性，储集空间主要为溶蚀孔洞及裂缝，其中洞穴是最主要的储集空间。根据主要储集空间类型，将缝洞型储集层划分为裂缝—孔洞型和洞穴型两种类型。裂缝—孔洞型储集层储集空间以溶孔及小型溶洞为主，裂缝发育；洞穴型储集层的储集空间以溶洞为主。纵向上，钻井往往揭开多套缝洞储集体，各套储集体或被非渗透性隔层分隔，或通过高角度裂缝沟通。受构造、缝洞储集层分布等多种因素控制，油气多聚集于缝洞储集体高部位，油藏分散，总体上表现为准层状分布特征。单个油藏规模一般较小，平面分布范围有限，井控程度低，"一井一藏"特征明显（图3-56）。

松辽盆地北部发现了泥岩裂缝性油气储集层，主要分布于大庆长垣以西的古龙地区嫩江组二段、姚家组二三段及青山口组等地层中，许多探井在泥岩段见良好气测异常显示，已有

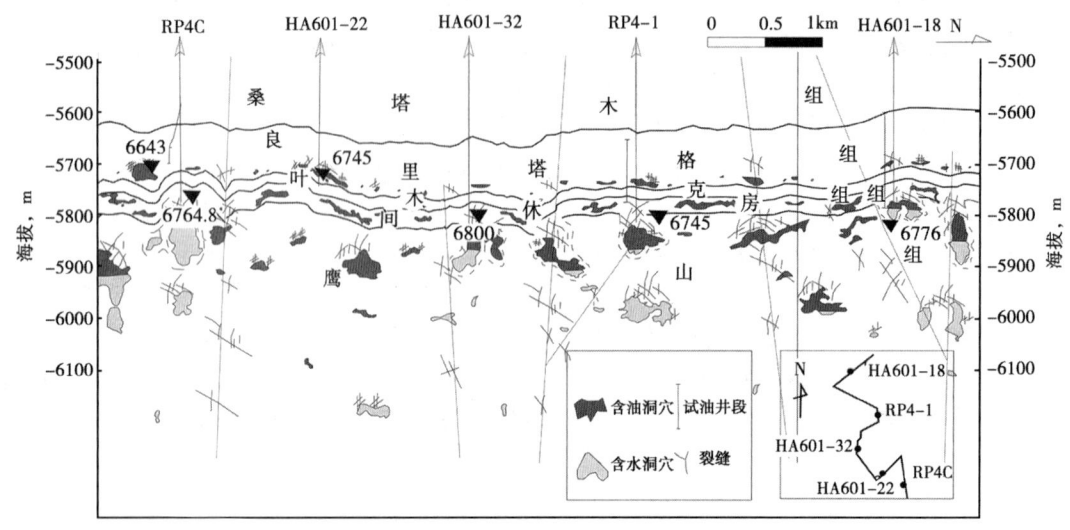

图 3-56 塔里木盆地哈拉哈塘油田油藏剖面图

多口探井获工业油流，最高的是哈 6 井，产油 3.913t/d，产气 606m³/d。青一段在古龙地区几乎全部为暗色泥岩，厚度为 60~80m，是最主要的烃源岩层；青二三段厚度较大，在古龙凹陷暗色泥岩厚度超过 300m。油气显示多见于高角度垂直构造裂缝发育的构造转折或地层挠曲部位，且与断裂带保持适合的距离。储集层致密，基质孔隙度一般为 2%~4%，基质渗透率一般<0.05mD。青山口组泥岩裂缝主要分为五种类型：纵向裂缝、层间裂缝、剪切缝、不规则裂缝和微裂缝。古龙地区青山口组泥岩裂缝储集层的含油显示较为普遍，在纵向裂缝、泥岩层段的层间裂缝和微裂缝、介形虫灰岩及粉砂岩夹层或条带中均有发现。古龙地区青山口组泥岩裂缝油藏发育在上覆泥岩较纯的烃源岩超压区，并在距离断穿青山口组断层稍远的构造裂缝发育区或砂质灰质薄层发育的砂坪介壳滩灰坪等岩相区富集（图 3-57）。

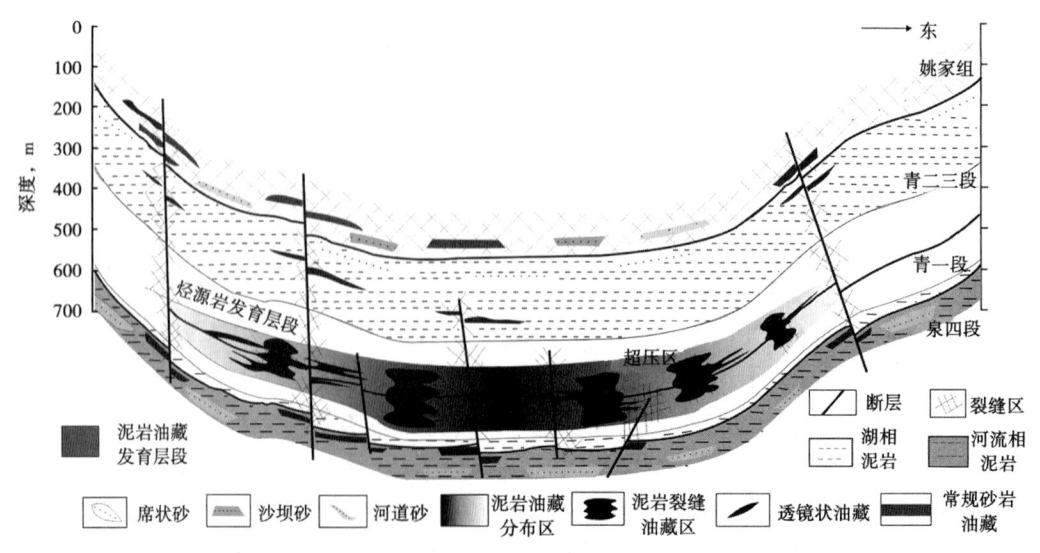

图 3-57 古龙地区青山口组泥岩裂缝油藏

第六节　致密储集层圈闭与致密储集层油气藏

致密储集层圈闭是指致密储集层具有比较强的毛细管力或储集层吸附力等因素使进入致密储集层的油气不能自由运移而形成的圈闭，其中聚集了油气，就形成了致密储集层油气藏。致密储集层圈闭与常规圈闭不同，往往不受构造控制，而与储集层的岩性和物性分布有关，往往大面积连续分布，且没有明显的边界。形成致密储集层圈闭的前提是储集层致密，致密储集层以纳米、微米级孔喉为主，微观孔喉结构复杂，决定了其具有低孔、低渗和高排替压力特征。致密储集层岩性复杂，既有砂岩、石灰岩，也有泥页岩、煤以及混积岩类等多种岩石类型，可以形成致密砂岩圈闭与致密砂岩油气藏、致密碳酸盐岩圈闭与致密碳酸盐岩油气藏、泥页岩圈闭与泥页岩油气藏、煤层圈闭与煤层气藏等。其中致密砂岩油气藏、页岩油气藏和煤层气藏等是致密储集层油气藏的主要类型，因此本节只重点介绍致密砂岩油气藏、页岩油气藏和煤层气藏的基本特征。

一、致密砂岩油气藏

根据 2011 年国家能源局颁布实施的致密砂岩气行业标准 SY/T 6832—2011《致密砂岩气地质评价方法》，致密砂岩储集层的标准为：孔隙度<10%、原地渗透率<0.1mD 或空气渗透率<1mD。由于致密砂岩具有低孔低渗、高排替压力的特征，油气进入致密砂岩储集层之后，在毛细管力的束缚下不能在储集层中发生明显的运移，浮力在油气藏的形成过程中不起主要作用，形成致密砂岩圈闭条件，致密砂岩圈闭中聚集了油气就形成了致密砂岩油气藏。

自 1927 年美国的圣胡安盆地发现致密砂岩气藏以来，致密砂岩油气藏的勘探和开发受到了国内外较为广泛的关注。根据美国能源信息署（EIA，2009）报告，全球致密砂岩气技术可采资源量约为 $110\times10^{12}m^3$。致密砂岩油藏近年来也逐渐成为全球非常规油气勘探开发的亮点领域。美国已发现威利斯顿（Williston）、湾岸（Gulf Coast）和沃斯堡（Fort Worth）等近 20 个致密砂岩油藏盆地。美国能源信息署（EIA，2014）预测，美国致密砂岩油藏石油技术可采资源量为 78.9×10^8t。到 2010 年，美国已在 23 个盆地中大约发现 900 个致密砂岩气田，生产井数超过 10 万口，产量超过 $1000\times10^8m^3$。中国致密砂岩天然气资源丰富，近 10 年来，每年新增探明致密砂岩气藏天然气地质储量达到 $3000\times10^8m^3$，约占新增探明天然气储量的 50%，目前已经形成鄂尔多斯盆地苏里格地区、四川盆地须家河组两大致密砂岩气藏分布区，塔里木、吐哈、松辽、渤海湾等盆地也实现了致密砂岩气藏勘探的突破。我国在鄂尔多斯盆地上三叠统延长组、松辽盆地青山口组、吐哈盆地水西沟群等层系的致密砂岩油藏勘探和开发也取得重要进展。

（一）致密砂岩油藏

如果在致密砂岩圈闭中聚集了石油，就形成了致密砂岩油藏。由于致密砂岩储集层在孔隙结构、储集物性以及油气聚集机理等方面的特殊性，致密砂岩油藏在地质特征、形成条件和分布规律上也具有其显著的特征（表 3-5）。

表 3-5 国内外致密砂岩油主要地质特征（据邱振，2015）

盆地凹陷	层位	致密储集层					油藏特征						烃源岩						资源规模	
		沉积背景	埋深 m	面积 $10^4 km^2$	岩性	厚度 m	有利面积 $10^4 km^2$	孔隙度 %	渗透率 mD	原油密度 $g·cm^{-3}$	原油黏度 $mPa·s$	含油饱和度 %	压力系数	可采系数	岩性	干酪根	面积 $10^4 km^2$	厚度 m	TOC %	R_o %	地质资源量 $10^8 t$	技术可采资源量 $10^8 t$
美国威利斯顿盆地	下泥盆统与下石炭统Bakken组	海相	2600~3200	7.0	白云质—泥质粉砂岩	5~15	7.0	5.0~13.0	0.100~1.000	0.81~0.83		75	1.35~1.58	10.0~12.0	页岩、泥岩	I~II	17.0	2~6	8.0~10.0	0.60~1.00		10.3
美国湾岸	白垩系Eagle Ford组	海相	1000~4200	4.0	泥灰岩	15~100	4.0	2.0~12.0	<0.010	0.82~0.87		88	1.35~1.80		页岩、泥质灰岩	I~II	4.0	3.0~9.0	3.7~4.5	0.50~2.00		1.16
鄂尔多斯	三叠系延长组长7段	陆相	1000~2600	3.0~5.0	粉细砂岩	10~80	3.0~5.0	4.8~12.6	0.010~1.350	0.80~0.86	5.33~6.12	73	0.60~0.80		页岩、泥岩	I~II	5.0	10~100	6.0~22.0	0.85~1.15	43.5	4.40
准噶尔吉木萨尔凹陷	二叠系芦草沟组	陆相	2000~4000	0.1	白云质粉细砂岩、砂屑白云岩	20~80	0.1	4.0~16.0	0.001~1.000	0.88~0.92	45.70~434.90	77	1.00~1.32	5.1~5.5	（碳酸盐质）泥岩、页岩	I~II	0.1	100~225	1.0~10.0	0.5~1.10	20.0	1.10

1. 致密砂岩油藏地质特征

（1）储集层致密，物性差，基质渗透率低，储集层孔喉半径小，纳米级孔喉系统发育，排替压力高。一般空气渗透率≤1mD，覆压渗透率≤0.1mD，孔隙度≤12%，孔隙直径主体分布在40~900nm（图3-58）。

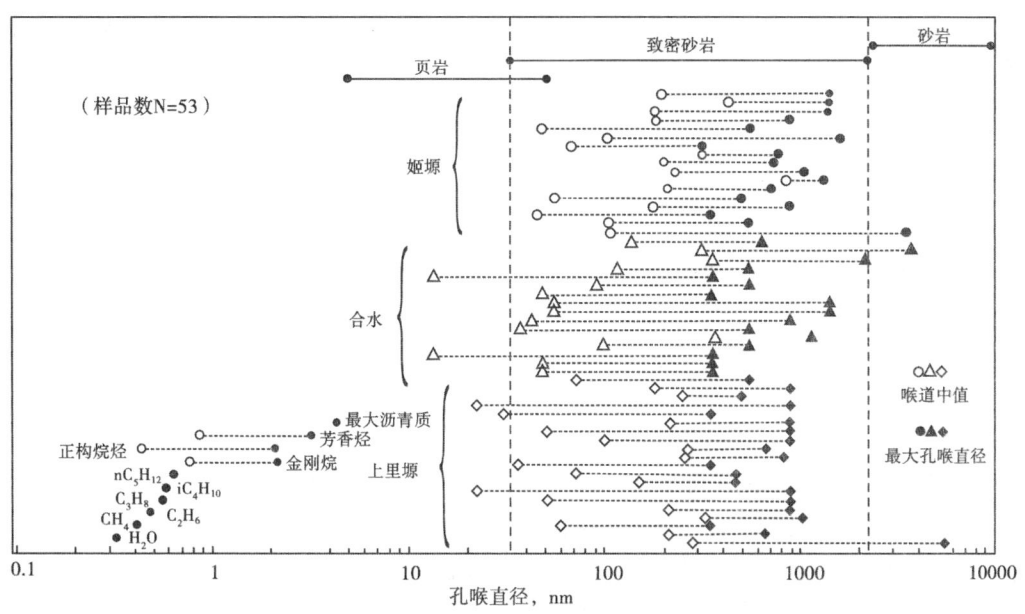

图3-58 鄂尔多斯盆地延长组致密储集层孔喉分布（Nelson图版）

（2）储集层天然裂缝相对发育，岩性坚硬致密，存在不同程度的天然裂缝系统，一般受区域性地应力的控制，具有一定的方向性，对油田开发的效果影响较大。裂缝是油气渗透的通道，也是注水窜流的条件，且人工裂缝多与天然裂缝方向一致。

（3）石油主要聚集在物性相对较好的"甜点"中，而在物性更差的致密储集层中主要含水或为干层。"甜点"油藏无明显地质边界，含油边界受岩性和物性控制；不同"甜点"油藏无统一油水界面，无统一压力系统，可存在多个油水界面和压力系统。

（4）油层压力系数一般较高，油质一般较轻，油层原始含水饱和度较高。一般含水饱和度30%~40%，个别高达60%，原油相对密度多小于0.85，地层黏度多小于3mPa·s。如北美威利斯顿盆地巴肯（Bakken）致密油藏，原油为轻质油，API度为41~44°API。鄂尔多斯盆地安塞油田三叠系延长组6段油层，地面原油密度为0.83~0.85g/cm^3，黏度为1~55mPa·s。

（5）油层受岩性控制，水动力联系差，边底水驱动不明显，自然能量补给差，产量递减快，生产周期长，采收率一般较低。

2. 致密砂岩油藏形成条件

大面积连续分布的致密砂岩油藏的形成应具备以下条件：

（1）大型宽缓构造背景。原始沉积构造平缓，坡度较小，现今地层也一般较平缓；处于同一构造背景的区域应有较大的分布面积。

（2）以纳米级孔喉为主的致密砂岩储集层大面积分布，空气渗透率小于1mD的储集层所占比例大于 70%。

(3) 大面积分布的优质成熟烃源岩。烃源岩以Ⅰ、Ⅱ型有机质为主，多数 TOC 大于 2%，热演化成熟度 R_o 为 0.6%~1.3%，分布面积大。

(4) 致密储集层与优质烃源岩大面积广覆式或"三明治"式直接紧密接触，优质成熟烃源岩与其内部或其上下紧密接触的致密储集层组成有效生储组合。

(5) 石油经初次运移进入致密储集层而成藏，一般仅在致密储集层内发生短距离垂向运移，侧向运移不明显。

3. 致密砂岩油藏分布规律

大面积连续分布的致密砂岩油藏有以下一些分布规律：

(1) 大面积连续分布，局部"甜点"富集，不受构造控制。含油面积一般可达几百到几万平方千米，石油储量丰度和产量不受构造控制，储集层"甜点"区石油富集、产量高。

(2) 主要分布于盆地斜坡和坳陷中心区。

(3) 纵向上主要分布于与成熟的Ⅰ、Ⅱ烃源岩共生的致密砂岩储集层中，平面分布范围与有效烃源岩的分布范围相吻合。

4. 致密砂岩油藏实例

美国巴肯（Bakken）致密砂岩油藏发现于 20 世纪 50 年代，2006 年后开采规模迅速扩大，成为世界致密油藏勘探开发最成功的实例。至 2010 年，美国巴肯致密油区生产井 2362 口，平均单井日产油 12t，2011 年生产石油 3000×10^{4}t。巴肯地层是威利斯顿盆地一套广泛分布的标志性地层。巴肯储集层由上、下两段富含有机质的黑色泥岩及夹在两段泥岩中间的粉砂质砂岩组成，中间的粉砂质砂岩属于在产储集层（图 3-59）。储集层孔隙空间类型主要为粒间孔和溶蚀孔，孔隙度 2%~9%，平均 4.9%；渗透率 0.001~1mD，平均 0.05mD。储集层主要为形成于近海陆架—下临滨环境下的致密白云质粉砂岩，单层厚度在 5~10m 之间。上下巴肯页岩将巴肯致密储集层夹在其中，形成良好的源储紧邻配置，且源储大面积连续分布是巴肯致密砂岩油区连续分布的重要基础。

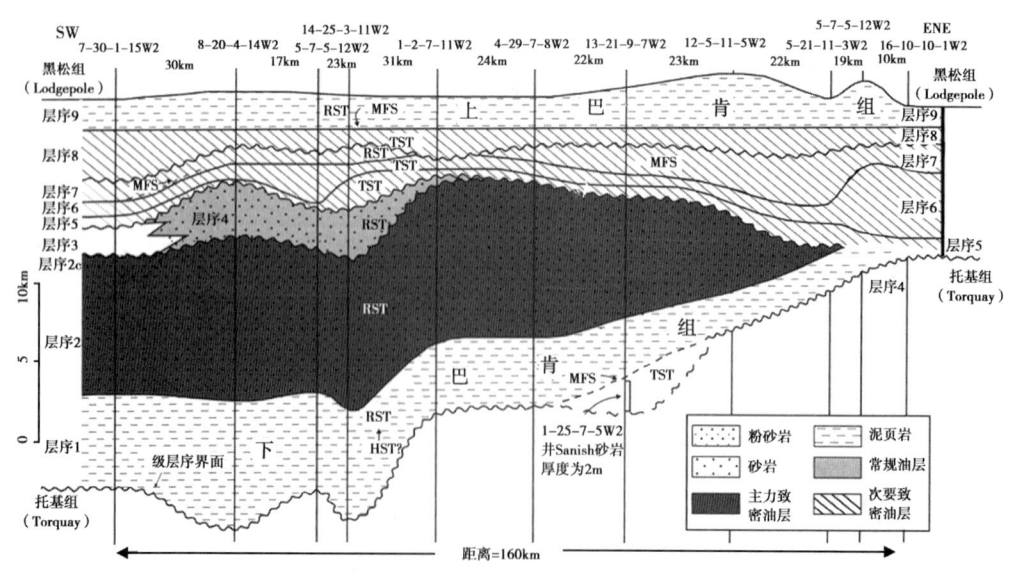

图 3-59 北美威利斯顿盆地巴肯致密砂岩油藏剖面图

鄂尔多斯盆地上三叠统延长组长 6 段和长 7 段是我国典型的致密砂岩油藏实例。鄂尔多斯盆地为一大型湖盆，构造稳定、坡度平缓、物源充足，形成大型的曲流河浅水三角洲沉积体系。三角洲向湖盆中心发生进积，整体形成大面积连片分布的储集砂岩体（图 3-60）。三叠系延长组储集层岩性以细粒长石砂岩、岩屑质长石砂岩为主，平均孔隙度为 9.03%，平均渗透率为 0.6mD。由于储集层主要为低孔低渗致密砂岩，延长组长 7 段的优质烃源岩提供了充足的油源，在位于长 7 段内部和紧邻长 7 段位于其上的长 6 段致密砂岩储集层中形成了大面积复合连片的致密砂岩油藏。平面上，致密砂岩油藏呈连续或准连续状分布于平缓斜坡及盆地中心部位，延伸距离远，含油范围不受鼻状构造带等构造高部位控制（图 3-60）。平行于砂岩体方向，含油区域延伸距离可达 120km；垂直于砂岩体方向，含油区域跨度达 100km。致密砂岩油藏油水关系复杂，无统一的油水界面和压力系统，油层并不局限在构造高部位，干层或水层可能位于油层之上，如 G73—H116 井长 6 段剖面（图 3-61）所示，从 B102 井到 L18 井再到 H116 井，沿构造上倾方向，油层逐渐演变为水层，再向上又演变为油层。同时，在整个剖面中，油、水、干层并存，边、底水不发育，未见统一的油水界面。

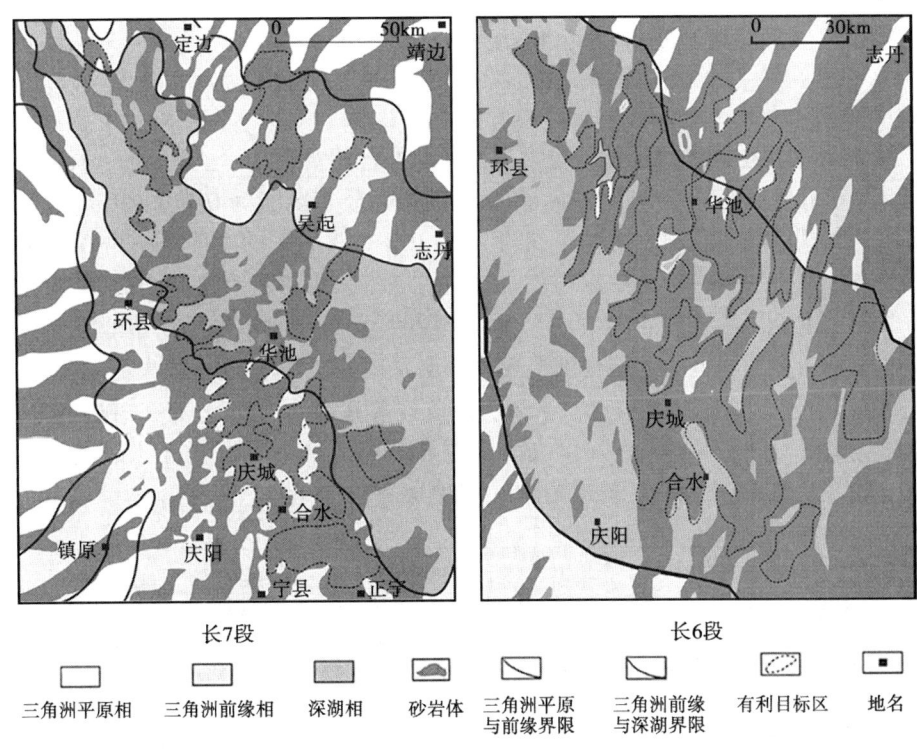

图 3-60　鄂尔多斯盆地长 7 段和长 6 段致密砂岩油藏分布（据杨华，2013）

（二）致密砂岩气藏

如果在致密砂岩圈闭中聚集了天然气，就形成了致密砂岩气藏。尽管致密砂岩气藏与致密砂岩油藏在储集层特征上具有相似性，但由于天然气性质与成藏条件上的特殊性，致密砂岩气藏与致密砂岩油藏相比，在基本特征、形成条件和分布规律上有许多特殊性。

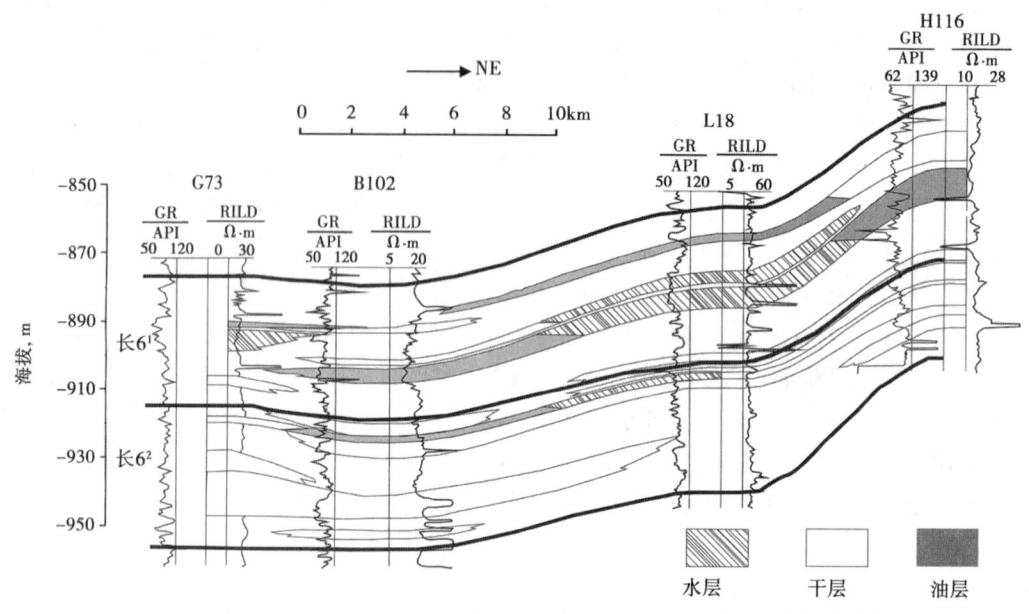

图 3-61 陕北地区 G73—H116 井长 6 段油层剖面图

1. 致密砂岩气藏地质特征

(1) 储集层以低孔低渗的致密砂岩为主,局部发育相对高孔渗"甜点"。我国典型致密砂岩气藏储集层孔隙度分布区间为 2%~18%,渗透率分布区间为 0.001~10mD。鄂尔多斯盆地上古生界气藏储集层孔隙度主体范围为 2%~10%。渗透率的主体范围为 0.01~0.5mD。在大面积分布的普遍致密储集层中发育相对孤立的斑块状或者透镜状"甜点"。鄂尔多斯盆地苏里格气田上古生界致密砂岩储集层"甜点"主要为辫状河体系的河道心滩和辫状水道底部的粗粒沉积,多期河道的迁移叠加形成了多层系"甜点"叠合连片大面积分布的特征。单个"甜点"规模较小,厚度分布在 2~5m,平均厚度在 3m,宽度分布在 300~500m,长度分布在 400~700m。但众多"甜点"呈大面积复合分布,单小层内复合"甜点"厚度主要为 5~20m,宽度为 500~1200m,长度为 800~1500m(图 3-62)。

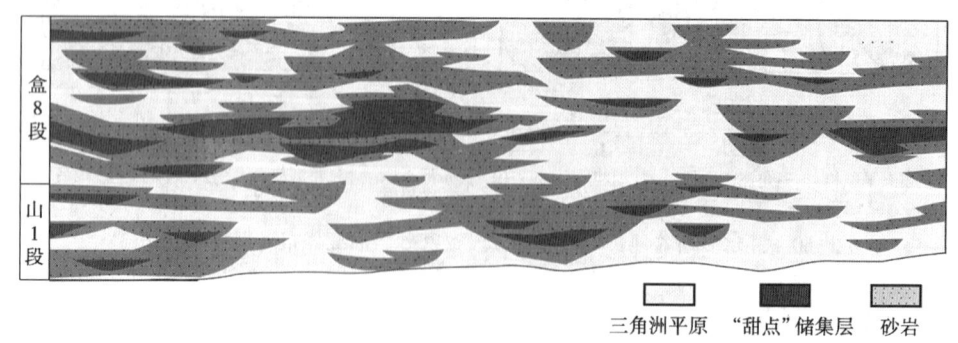

图 3-62 鄂尔多斯盆地上古生界致密砂岩与"甜点"发育特征

(2) 储集层含气饱和度低,气水分异差,致密砂岩含气,"甜点"富气。鄂尔多斯盆地苏里格气田上古生界致密砂岩气藏中"甜点"的含气饱和度高于致密砂岩的含气饱和度。

盒 8 段"甜点"的含气饱和度主要为 60%~70%，平均值为 59.03%，致密砂岩含气饱和度 40%~50%，平均值为 46.40%；山 1 段储集层"甜点"的平均含气饱和度为 62.59%，致密砂岩的含气饱和度平均值为 46.04%。致密砂岩气藏主要表现为大面积连续含气特征，但"甜点"含气饱和度普遍高于致密砂岩含气饱和度，具有致密砂岩普遍含气、"甜点"富气的特征，这一点是与致密砂岩油藏的明显差别。

(3)"甜点"与致密储集层之间无封闭边界，形成"开放气藏"。致密砂岩气藏储集层主要受沉积微相控制，例如苏里格气田的"甜点"主要为辫状河心滩沉积的较粗粒砂岩，致密砂岩主要为辫状河道充填的较细粒砂岩，"甜点"一般呈孤立的透镜状分布于广泛发育的致密砂岩内，和周围的致密砂岩之间为沉积过渡关系。对鄂尔多斯盆地压力系统的统计也表明，在"甜点"与致密砂岩中不存在明显的压力分割界面，"甜点"与致密砂岩为一个压力系统，流体在其间可以进行交换，形成一个完整的系统，"甜点气藏"是一个"开放气藏"。

(4) 常压、低压、高压、异常高压均有分布。如鄂尔多斯盆地苏里格气田气层压力系数一般在 0.83~0.89，表现为异常低压特征；四川盆地广安气田气层压力系数一般在 1.13~1.52，整体表现为异常高压，且由东向西地层压力逐渐增高；四川盆地合川气田须二段气藏地层压力系数为 1.07~1.52，属常压—高压气藏。

(5) 储量丰度较低，但含气面积大，经常形成大气区。由于致密砂岩储集层一般厚度较薄、孔隙度较小、含气饱和度较低，因此其储量丰度往往较低。如我国鄂尔多斯盆地上古生界致密砂岩气藏的储量丰度一般不超过 $1×10^8 m^3/km^2$，四川盆地上三叠统须家河组致密砂岩气藏的储量丰度也不超过 $2×10^8 m^3/km^2$。致密砂岩气藏中"甜点"单体面积较小，苏里格气田 80% 的复合"甜点"体规模小于 $10km^2$，有效储集层厚度小于 10m。但致密砂岩气藏中大量"甜点"体平面叠合、纵向叠置，可以形成面积很大的大气田或大气区（图 3-63）。

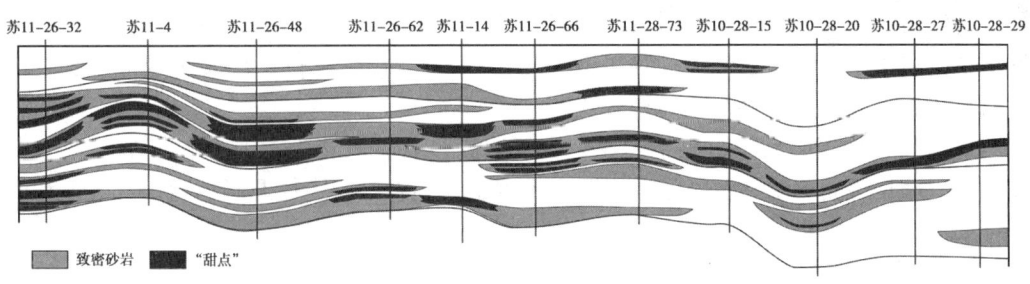

图 3-63 鄂尔多斯盆地上古生界致密砂岩气藏"甜点"的平面叠合、纵向叠置连片特征

2. 致密砂岩气藏形成条件

(1) 大面积分布的以纳米级孔喉为主的致密砂岩储集层。空气渗透率小于 1mD 储集层所占比例大于 80%，分布面积较大。

(2) 广覆式分布的有效烃源岩。以含煤地层 Ⅱ、Ⅲ 烃源岩为主，热演化成熟度 R_o 一般大于 1.0%；以 Ⅰ、Ⅱ 型烃源岩为主的 TOC 一般大于 1.5%，热演化成熟度 R_o 一般大于 1.3%，有较大分布面积。

(3) 有利的源储配置关系。由于致密储集层孔渗性差、排替压力高，天然气很难通过长距离运移进入致密砂岩储集层，因此源储一体或源储紧密接触是形成致密砂岩气藏的基本条件。在几种不同的源储配置中，广覆式直接垂向接触式、源包砂式和"三明治"式的源储配置对致密砂岩气藏的形成最为有利。鄂尔多斯盆地上古生界山西组致密砂岩气藏具有

"源包砂"的源储组合，山西组煤系气源岩与下石盒子组致密储集层构成广覆式直接接触式源储组合（图3-64）。

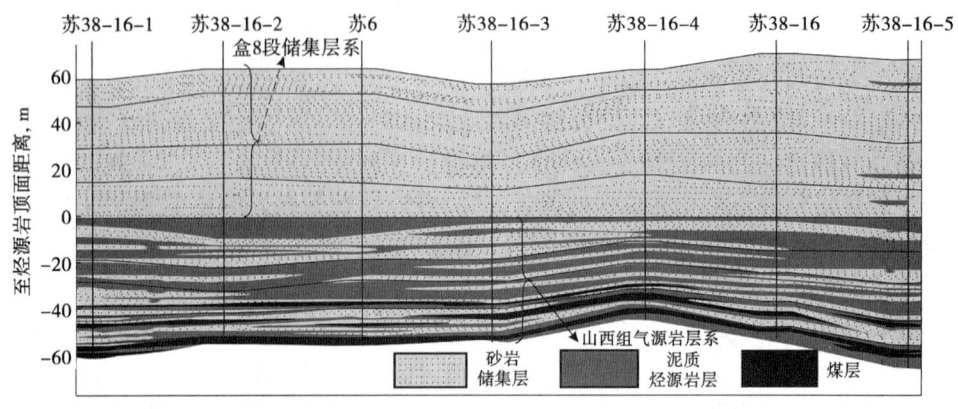

图3-64 鄂尔多斯盆地上古生界致密砂岩气藏分布区的源储配置

3. 致密砂岩气藏分布规律

（1）主要分布在大型盆地的持续沉降区，包括大型陆相湖盆坳陷中心区、前陆和断陷盆地的凹陷区和斜坡区、克拉通盆地及海陆过渡相区。

（2）纵向上主要分布于与成熟或高成熟煤系地层共生的致密砂岩中，或高—过成熟的Ⅰ、Ⅱ型烃源岩内部，或与其紧密接触的致密砂岩层中，不同深度均有发育。

（3）油气分布不受构造控制，斜坡带、坳陷区均可以成为有利区，分布范围广，局部富集。含气面积一般可达几百到几万平方千米，局部"甜点"富集。如鄂尔多斯盆地上古生界致密砂岩气藏均分布在陕北斜坡，构造平缓（坡度1°~3°），断层不发育；四川盆地合川气田分布在川中平缓斜坡带上（坡度2°~3°），广安气田主体位于广安构造，在广安构造外围的平缓斜坡区，仍然存在大面积含气区。

（4）致密砂岩气藏圈闭边界不明显，含气边界受岩性及物性控制，含气饱和度主要受充注强度、储集层非均质性及距烃源岩距离等因素控制，一般距烃源岩越近，含气饱和度越高；可气水倒置、气水同出。

4. 致密砂岩气藏实例

1）加拿大艾伯塔盆地深盆气藏

研究资料已经表明，艾伯塔盆地从上白垩统至三叠系的富含有机质泥页岩大部分位于生油气窗内，这些层段有机碳含量高，在近1220m的井段内有机碳平均含量为1%；在305m厚的三叠系中，平均有机碳含量达到2%；有机质起源于陆生植物，属Ⅲ型干酪根，适于大量天然气的生成，是理想的气源岩。因此，加拿大艾伯塔盆地白垩系赋存着储量巨大的致密砂岩气藏，其中发现了20多个产气层段，含气面积达62160km^2。这种气藏分布在盆地斜坡区地层的下倾部位，聚集在低孔低渗的致密砂岩储集层中，天然气聚集的上倾方向孔渗性较好的储集层部位却为水所占据着，表面上看似乎天然气是被上倾方向的水所封闭，而形成"气水倒置"的现象（图3-65），形成所谓的"深盆气藏"。其中，艾尔姆华士气田气水分布关系受储集层的构造控制，在构造下倾方向上，储集层物性较差，为饱含气带；在构造上倾方向上，储集层物性递次变好，但饱含水（图3-66）。气层段和水层段之间没有岩性或构造阻隔，仅表现为气、水含量百分比的逐渐过渡。气水过渡带的平面宽度在10km左右。艾尔姆华士气田的下白垩统砂岩孔隙度小于13%，渗透率一般小于1mD，但其中的天然气储量几乎占整个盆地天然气总储量的50%（图3-66）。在白垩系中通过钻杆测试和生产测试收集到的地层压力显示，含气层段主要表现为异常压力并以低异常压力为主。

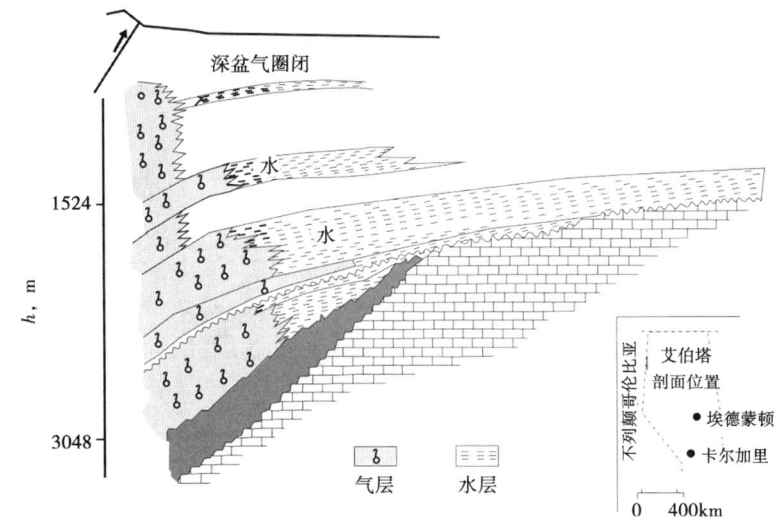

图3-65 艾伯塔深盆气剖面示意图

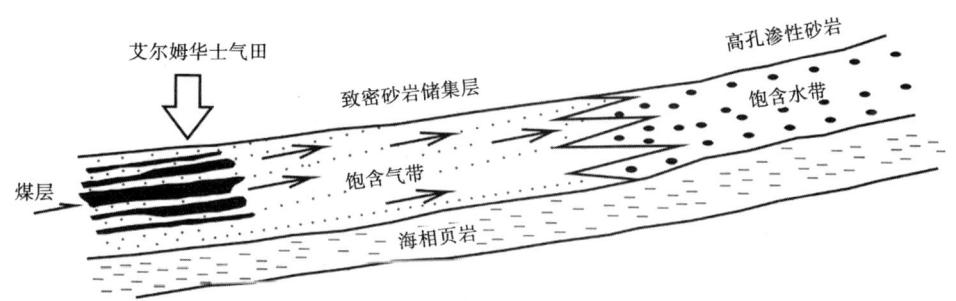

图3-66 艾尔姆华士致密砂岩气藏剖面示意图

2）四川盆地须家河组致密砂岩气藏

四川盆地川中地区上三叠统须家河组气藏是我国致密砂岩气藏的典型实例。须家河组现今构造相对平缓（地层倾角在0°~3°之间），在经历了长时间较强烈且较复杂的成岩改造以后，砂岩储集层变得相对致密。上三叠统须家河组自上而下分为6个岩性段，为砂泥岩互层的"三明治"式生储盖组合：须一段、须三段和须五段为烃源岩，岩性以泥岩、页岩为主夹薄层粉砂岩、碳质页岩和煤线；须二段、须四段和须六段为储集层，岩性以灰色、细粒—中粒长石岩屑砂岩、岩屑长石砂岩和长石砂岩为主。主要储集层段因地而异：龙女寺气藏、合川气藏发育于须二段，遂南气藏、磨溪气藏、潼南气藏及安岳气藏发育于须二段和须四段，充西气藏、南充气藏及莲池气藏发育于须四段，广安气藏发育于须四段和须六段。根据岩心分析结果统计，须家河组孔隙度在0.5%~18%之间，集中分布在3%~11%之间；渗透率在0.001~5mD之间，集中分布在0.01~1mD之间，储集层总体具有典型的低孔低渗的特征，气藏主要分布在相对高孔渗的"甜点"砂岩体中。宏观上表现为各类产层的宏观分布与构造起伏关系不大，无论构造位置相对高或者低，均有气层或水层出现。以合川须二段气藏为例，合川 1 井位于合川构造街子坝潜高，剖面中其余井处于构造相对较低的位置却均产纯气（图 3-67），合川须二段优质储集层主要分布于须二段下部，气水同产井较少；气水层分布于街子坝潜高附近，气层在气藏内广泛分布，可见气水分布与地层构造起伏无关。

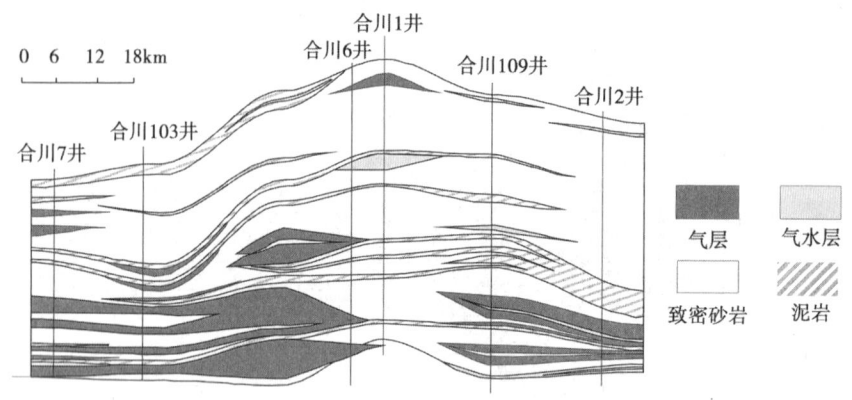

图 3-67　四川盆地川中地区合川须二段气藏气水分布剖面

二、页岩油气藏

页岩油气藏的开发利用是化石能源领域的一次重大革命，特别是页岩气已经成为当前全球非常规天然气勘探开发的热点方向和现实领域。页岩油气是指富含有机质黑色页岩地层中产出的石油和天然气。美国页岩气已规模开发，成为天然气产量接替的主要领域。美国已勘探的页岩油气盆地有 40 余个，可采资源量达到 $(15\sim30)\times10^{12}\mathrm{m}^3$，有潜力盆地 50 余个。美国主要有 Abtrim、Barnett、Eagle Ford、Fayetteville、Hayneseville、Horn River、Marcellus、Montney 和 Woodford 等主要页岩气产层；2014 年产量超过 $3350\times10^8\mathrm{m}^3$，约占总天然气产量的三分之一，页岩气生产井数超过 10 万口。美国继页岩气开发取得巨大成就后，在不放弃页岩气的同时，又将开发重点转向页岩油。2013 年，借助页岩油气革命的东风，美国原油产量增量达到日均 110 多万桶，目前美国页岩油开发的主要矿区是 Bakken 页岩层和 Eagle Ford 页岩层。

中国在南方古生界寒武系—志留系、四川盆地三叠系—侏罗系、鄂尔多斯盆地三叠系等层系发现页岩气。至 2014 年底，中国已在四川盆地发现了全球最古老（距今 448~438Ma）、热演化程度高（$R_o=2.0\%\sim3.5\%$）、地层超压（压力系数为 1.3~2.1）、具万亿立方米级储量规模的大型页岩气区，包括威远、长宁、焦石坝 3 个五峰组—龙马溪组页岩气田及富顺—永川、彭水等五峰组—龙马溪组页岩气产气区。目前落实三级地质储量超过 $10000\times10^8\mathrm{m}^3$，探明地质储量 $5441.29\times10^8\mathrm{m}^3$，累计生产页岩气超过 $40\times10^8\mathrm{m}^3$。预计 2020 年海相页岩气年产量有望达 $(200\sim300)\times10^8\mathrm{m}^3$。2013 年 EIA 预测中国有 320×10^8bbl 的页岩油资源。松辽盆地、鄂尔多斯盆地、四川盆地、渤海湾盆地等均发育厚层湖相富有机质页岩和泥岩，截至 2013 年底，在鄂尔多斯盆地延长组、准噶尔盆地二叠系、松辽盆地青山口组和扶杨油层发现多个 $(5\sim10)\times10^8$t 级页岩油规模储量区，在渤海湾、四川等盆地也获页岩油重要突破。

（一）页岩油

页岩油是指以页岩为主的页岩层系中的石油聚集，包括泥页岩孔隙和微裂缝中的石油，也包括泥页岩层系中的致密碎屑岩或致密碳酸盐岩邻层和夹层中的石油聚集。因此，页岩油并不仅仅指纯泥页岩中的石油。

1. 页岩油地质特征

(1) 源储一体，滞留聚集。页岩油也是典型的源储一体、滞留聚集、连续分布的石油聚集。富有机质页岩既是生油岩，也是储集岩。与页岩气不同，页岩油主要形成在有机质演化的液态烃生成阶段。在富有机质页岩持续生油阶段，石油在页岩储集层中滞留聚集，或在页岩储集层自身饱和后才向外排至泥页岩生油层系中的碎屑岩和碳酸盐岩夹层中。因此，处在液态烃生成阶段的富有机质页岩层系均可能聚集页岩油。

(2) 储集空间类型多样。页岩油储集层主要包括页岩层系中的泥页岩和碎屑岩及碳酸盐岩夹层。在泥页岩储集层中，石油主要以游离态和吸附态赋存于泥页岩的孔隙、微裂缝和有机质孔隙中，虽然在常规钻探条件下泥页岩中的石油很难有效渗流出孔隙，但当页岩分布、含油率和脆性等达到一定条件后，通过压裂等措施可以获得工业油流。美国已经通过水平井分段压裂技术在 Barnett 页岩和 Eagle Ford 页岩裂缝不发育的纯泥岩段获得了页岩油经济产能。从油气成藏的机理来看，构造裂缝十分发育的泥页岩储集层中的石油聚集已经不属于页岩油的范畴，而是后生岩性油气藏中的裂缝性泥岩油气藏了，因为这些石油可能是经过二次运移进入裂缝性泥岩储集层中的，并且石油的聚集受浮力作用的支配。

(3) 地层压力高、油质轻、易于流动和开采。页岩油富集区位于已大规模生油的成熟富有机质页岩地层中，一般地层能量高，压力系数可达 1.2~2.0，也有少数低压，如鄂尔多斯盆地延长组压力系数仅为 0.7~0.9。油质一般较轻，原油密度多为 0.70~0.85g/cm^3，黏度多为 0.7~20mPa·s，气油比高，在纳米级孔喉储集系统中，易于流动和开采。

2. 页岩油形成条件

(1) 较高成熟度富有机质页岩，含油性较好。富含有机质是页岩富含油气的基础，当有机质开始大量生油后，才会富集有规模的页岩油。高产富集页岩油的页岩一般 TOC 大于 2%，成熟度 R_o 介于 0.7%~2.0%，形成轻质油和凝析油，有利于开采。氯仿抽提物含量和可溶烃量（S_1）是直接反映页岩含油量的地球化学指标。干酪根不仅是生成油的主要物质，也是吸附油的主要介质，因此反映干酪根含量最直接有效的指标 TOC 值，也是反映页岩含油量的地球化学指标之一。如鄂尔多斯盆地中生界延长组长 7 段页岩 S_1、氯仿抽提物与 TOC 呈很好的线性正相关关系。

(2) 发育纳米级孔、裂缝系统，利于页岩油聚集。页岩油储集层中广泛发育纳米级孔喉系统，孔隙直径一般 50~300nm，是最主要的储集空间，局部也发育微米级孔隙。孔隙类型包括粒间孔、粒内孔、有机质孔、晶间孔等。其次，微裂缝在页岩油储集层中也非常发育，类型多样，以未充填的水平层理缝为主，其次为干缩缝，近断裂带处发育有直立或斜交的构造缝。与页岩气储集层相比，页岩油储集层热演化程度较低、埋深较浅，储集空间较大。大部分页岩有较好的片状结构，发育有黏土矿物片状结构、碳酸盐片状结构、有机质片状结构、黄铁矿等多种类型，页岩油广泛赋存于这些片状层理面或与其平行的微裂缝中。储集层脆性指数较高，宜于压裂改造。脆性矿物含量是影响页岩微裂缝发育程度、含油性、压裂改造方式的重要因素。页岩中高岭石、蒙脱石、水云母等黏土矿物含量越低，石英、长石、方解石等脆性矿物含量越高，岩石脆性越强，在外力作用下越易形成天然裂缝和诱导裂缝，利于页岩油开采。中国湖相富有机质页岩脆性矿物含量总体比较高，可达 40% 以上，如鄂尔多斯盆地延长组长 7 段湖相页岩石英、长石、方解石、白云石等脆性矿物含量平均达 41%，黏土矿物含量低于 50%；长 7 段中下部页岩中黄铁矿的含量较高，平均为 9.0%。

3. 页岩油藏分布规律

页岩油分布不受构造控制，无明显圈闭界限，含油范围受富有机质页岩生油窗分布控制，大面积连续分布于盆地坳陷或斜坡区。页岩生成的石油较多地滞留于页岩中，一般占总生油量的20%~50%，资源潜力大。北美海相页岩分布面积大、厚度稳定、有机质丰度高、成熟度较高，有利于形成轻质和凝析页岩油。

中国陆相富氢有机质页岩主要发育在半深湖—深湖相沉积环境，以Ⅰ型和Ⅱ$_1$型干酪根为主。页岩有机质丰度较高，总有机碳含量一般在2.0%以上，最高可达40%。页岩成熟度普遍偏低，R_o一般为0.7%~2.0%，处于生成偏轻石油阶段，具有形成页岩油资源的基础。形成商业性页岩油的有效页岩厚度一般需大于10~20m。

4. 页岩油藏实例

鄂尔多斯盆地延长组7段中下部富集页岩油层段，具有高TOC、高黄铁矿含量、高S_1、高氯仿抽提物和高伽马的"五高"特征，TOC>2%、R_o>0.7%的页岩油富集有利区面积约为$2\times10^4 \text{km}^2$，初步估计页岩油可采资源达$(10~15)\times10^8\text{t}$。长7段黑色页岩的有机碳平均含量高达18.5%，可溶烃（S_1）平均含量为5.24mg/g，热解烃（S_2）平均含量为58.63mg/g。富有机质页岩不但是长7段烃源岩层系中最主要的烃源岩，也是页岩油聚集的主要类型（图3-68）。

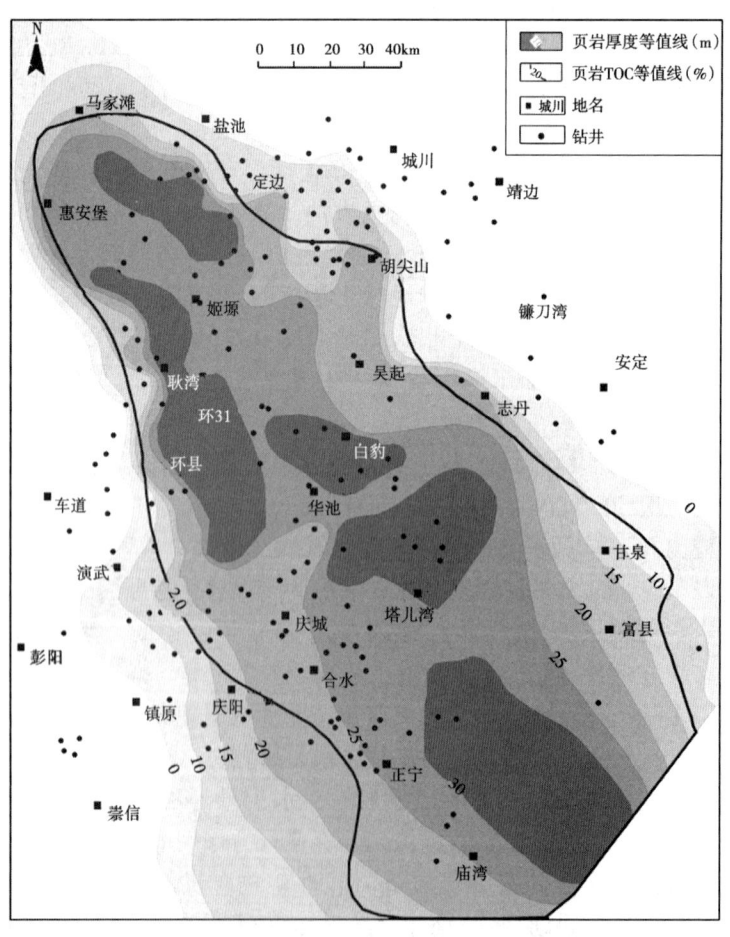

图3-68 鄂尔多斯盆地延长组长7段页岩厚度、TOC与页岩油富集区

位于得克萨斯州南部的墨西哥湾盆地上白垩统 Eagle Ford 页岩层系，是美国三大页岩油产区之一（图 3-69）。Eagle Ford 页岩层系具有高 TOC、高碳酸盐矿物含量的特征。总体来讲，Eagle Ford 页岩的 TOC 值分布于 3.7% 到 4.5% 之间，原始 HI 平均值为 414mg/g（HC/TOC），部分露头样品可以达到 600mg/g（HC/TOC）。Eagle Ford 页岩层系的矿物成分主要为黏土矿物与方解石，其中部分层段方解石含量可以达到 70% 以上，其岩性包括页岩、泥灰岩和石灰岩，最主要的岩石类型为泥灰岩（图 3-70、表 3-6）。Eagle Ford 的 TOC 含量与方解石含量具有一定的相关性。统计表明，方解石含量低于 10% 的泥质岩类和方解石含量大于 75% 的岩性均具有很低的 TOC 含量。方解石含量为 45% 到 65% 的泥灰岩 TOC 值变化较大，但 TOC 含量大于 2% 的样品均为泥灰岩。Eagle Ford 页岩层系是墨西哥湾盆地奥斯汀白垩产层的主力烃源岩。进入页岩油开发阶段以来，其作为墨西哥湾盆地的主力页岩产层，其产量在 2013 年就已经达到 425000bbl/d。

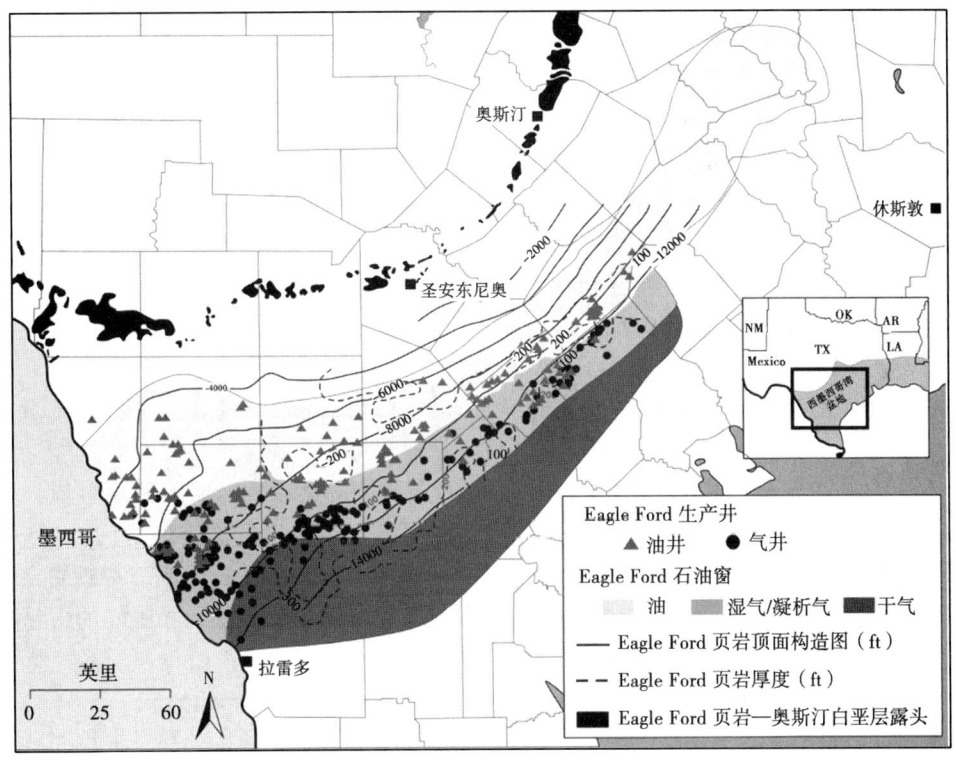

图 3-69　墨西哥湾盆地 Eagle Ford 页岩（据美国能源情报署，2010）

表 3-6　**Eagle Ford 各岩性 TOC 值（据 Breyer 等，2016）**

	页岩	泥灰岩	石灰岩
丰度,%	5	70	25
方解石,%	<10	45~65	>75
黏土,%	50~60	10~15	5
总有机碳（TOC）含量,%	<2	2~10	<2
孔隙度,%	—	8~12	3~4

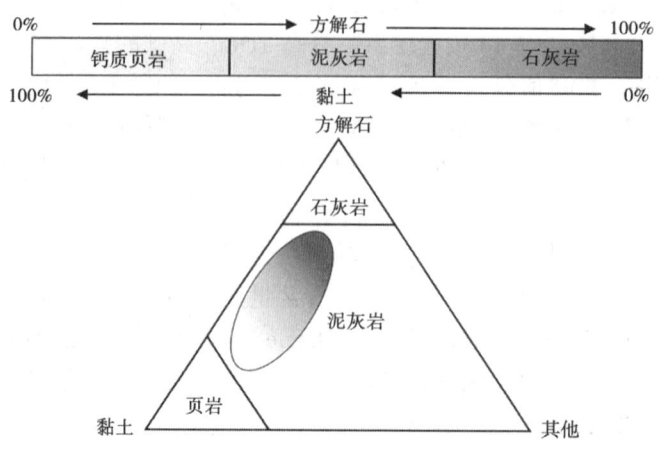

图 3-70 墨西哥湾盆地 Eagle Ford 页岩层系岩性与矿物组成（据 Breyer 等，2016）
其他包括石英、长石、有机质、黄铁矿等

（二）页岩气

页岩气是以吸附状态、游离状态和其他状态赋存于富有机质页岩中的自生自储的天然气。由于富有机质页岩大面积区域分布，页岩气资源规模一般很大。如沃斯堡盆地面积为 $3.81×10^4 km^2$，密西西比亚系 Barnett 页岩含气面积为 $(1.29~1.55)×10^4 km^2$，页岩气技术可采资源量 $1.25×10^{12} m^3$；阿巴拉契亚盆地面积 $28×10^4 km^2$，泥盆系 Marcellus 页岩含气面积为 $2.46×10^4 km^2$，页岩气技术可采资源量 $7.4×10^{12} m^3$，是目前美国页岩气资源最多的产气页岩。页岩气资源丰度一般为 $(0.69~8.71)×10^8 m^3/km^2$。

1. 页岩气地质特征

（1）以游离态与吸附态两种主要方式赋存。页岩气组成以甲烷为主，乙烷、丙烷等含量少，可以存在 N_2、CO_2 等非烃气体，极少有 H_2S 气体；气体赋存方式以吸附气、游离气为主，吸附气占总气量的比例为 20%~80%，在页岩微裂缝比较发育时，游离气成为页岩气的主要赋存相态。除游离态和吸附态外，还有少量页岩气以溶解状态存在。

影响页岩储集层中吸附气与游离气含量的因素很多，如岩石矿物组成、有机质含量、地层压力、裂缝发育程度等。页岩中的有机质是吸附天然气的主要介质，吸附气的含量与有机质含量具有正相关关系，并直接影响页岩的含气量（图 3-71）。

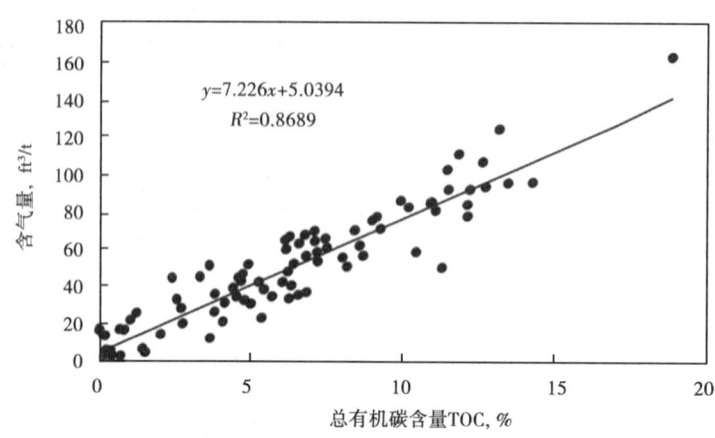

图 3-71 美国某页岩气产层总有机碳含量与含气量关系图

页岩吸附气含量随深度也有较大变化，这一赋存形式类似于煤层吸附气，但其吸附气量小于煤层吸附气（85%以上）；游离气含量与常规天然气相似，储集层物性越好，游离气含量越高。美国不同页岩储集层吸附气和游离气的比例，吸附气比例一般为20%~60%。Barnett 页岩以游离气为主，比例在70%左右（图3-72）。

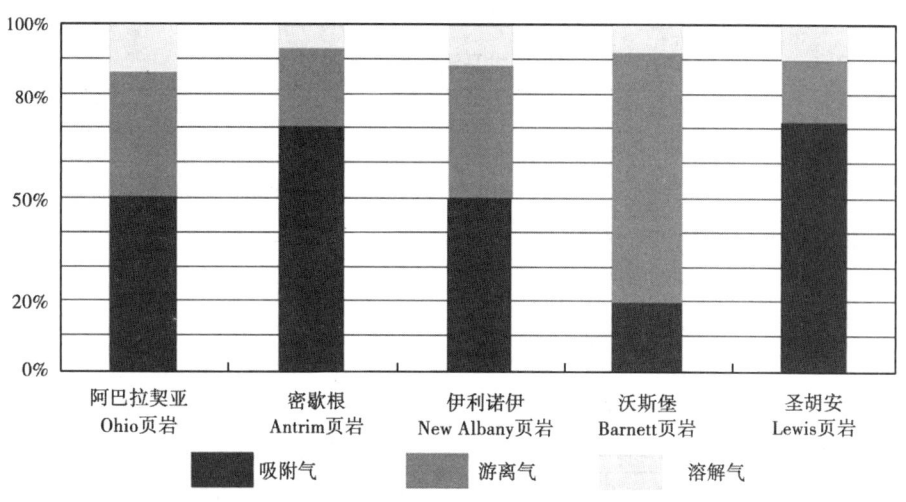

图3-72 美国主要页岩中天然气赋存状态比例

（2）源储一体，原位聚集。页岩气成因类型多，可以形成于有机质演化的各个阶段，包括生物成因气、热成因气和热裂解成因气。页岩气属源储一体，页岩既是烃源岩，也是储集岩，因此页岩气藏的形成过程属于持续充注、原位饱和滞留聚集。据有机质生烃理论及北美产气页岩产气页岩热成熟度统计，高产富集页岩的成熟度一般 $R_o>1.1\%$，尤以 $R_o>2.0\%$ 部分为页岩为产气的主体，反映出页岩气以热降解气和原油热裂解气等热成因气为主（图3-73）。

（3）储集层致密，以纳米级孔隙空间为主。页岩储集层致密，孔隙隙类型多样，以纳米级孔隙为主。页岩气储集层以富有机质黑色页岩为主，据 Robert G. Loucks（2009）和 Daniel M. Jarvie 等（2008）研究，页岩储集层发育微米级孔隙和纳米级孔隙。据统计，目前已发现页岩气储集层平均孔径为100nm，纳米级孔隙是页岩的主要孔隙。页岩储集层的孔隙类型多样，储集空间类型可分为有机质孔、无机孔和微裂缝（表3-7）。原生孔隙主要为刚性颗粒之间粒间孔和矿物晶体

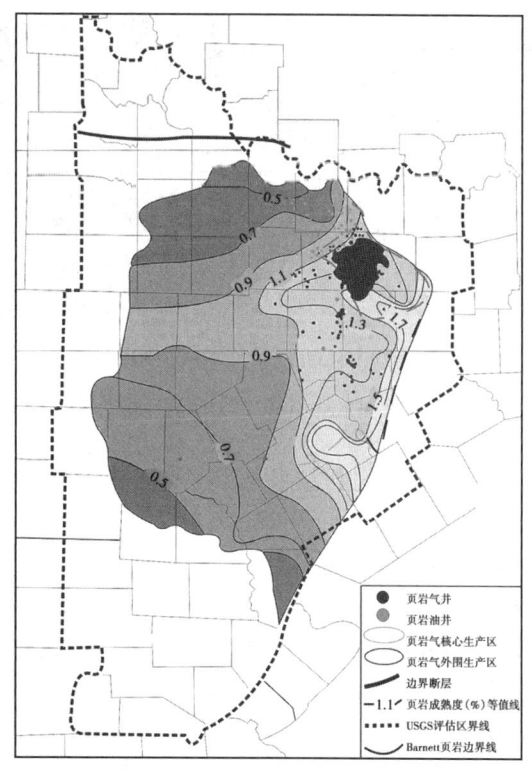

图3-73 巴内特页岩气藏的分布与页岩成熟度的关系

间的晶间孔，形态不规则，发育普遍，连通性差，但绝对孔隙度高。有机质孔一般形状较规则，呈凹坑状、蜂窝状，从几十纳米到几百纳米不等，主要为生物残骸在成岩过程中残留下来的生物结构孔、体腔孔等（图3-74）。微裂缝的发育程度和规模决定着页岩渗透率的大小，控制着流体的流动速能力，直接影响储集层的人工改造性能，进而影响产能。储集层中还有部分溶蚀微孔隙，主要是生烃过程中酸性流体对不稳定矿物的溶蚀。

表3-7 焦石坝地区龙马溪组页岩孔隙类型特征表

孔隙类型		成因机制	孔径	常见分布特征
有机质孔		有机质成熟生烃	2~1000nm	常呈近球形、椭圆形、凹坑状或片麻状等分布于热演化程度较高的有机质中
无机孔	粒间孔	矿物颗粒堆积形成	5~1200nm	多见于软硬颗粒接触处和黏土矿物聚合体中
	粒内孔	矿物成岩转化	8~100nm	多见于层状或薄片状黏土颗粒层间
	晶间孔	晶体生长过程中不紧密堆积	5~200nm	见于骨架颗粒或胶结物晶体接触处
	溶蚀孔	溶蚀作用	200~1200nm	见于石英、长石、方解石等化学不稳定矿物中
微裂缝	层间页理缝	沉积成岩及构造作用	10nm~60μm	多数被完全充填，一段与高角度张裂缝连通
	层间滑移缝	沉积成岩及构造作用	10nm~40μm	平整、光滑或具划痕、阶步的面，地下不闭合
	成岩收缩缝	成岩作用	5nm~100μm	连通性好，开度变化大，部分被充填
	有机质演化异常压裂缝	有机质演化局部异常压力作用	5nm~100μm	缝面不规则，不成组出现，多充填有机质

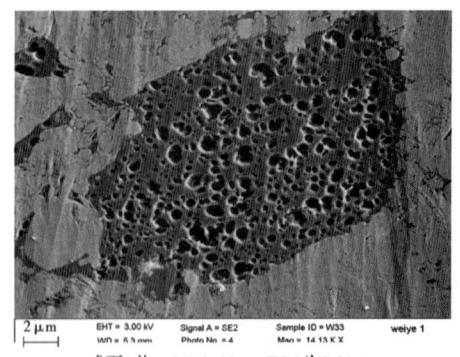
威页1井，3570.66m，TOC为2.82%

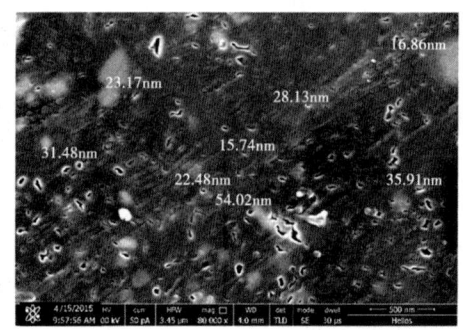
威页1井，3585.34m，TOC为3.22%

图3-74 四川盆地威远地区下寒武统筇竹寺组页岩储集层有机质孔扫描电镜照片

页岩孔隙度分析结果显示，页岩普遍具有较低孔隙度和超低渗透—致密的特点，孔隙度小于10%，未压裂页岩气储集层基质渗透率小于0.001mD，只有在裂缝发育区，孔隙度才能提高到10%，渗透率可提高到2mD。美国3套页岩储层孔隙度普遍较高，Barnett页岩和Marcellus页岩孔隙度分布为4%~5%和10%，渗透率小于0.001mD；Haynesville页岩孔隙度为8%~9%，渗透率小于5mD。中国两套主要页岩孔隙度变化范围大且比美国的低：上志留统五峰组—龙马溪组页岩孔隙度为3%~10%（平均4.75%），下寒武统筇竹寺组页岩孔隙度为0.4%~3%，两者的渗透率均为0.00001~0.0009mD。

（4）需大型压裂开采，形成人造裂缝。因页岩储集层孔渗性极低，基本无自然产能。据美国东部早期页岩气井数据统计（《页岩气地质与勘探开发实践丛书》编委会，2009），

40%的生产井初期裸眼测试时无天然气流，55%的页岩气井初始无阻流量没有工业价值。页岩气的开采需要大规模人工压裂，形成人造裂缝系统，提高渗透率。页岩气开采产出以非达西流动为主，存在解吸、扩散、渗流等相态与流动机制的转化。页岩气开采早期以产出游离气为主，其后以吸附气的解吸、扩散为主。页岩气的生产过程中基本不产水或产水很少，不需要排水降压采气。而煤层气、致密砂岩气的开采过程均有大量水的产出。

（5）页岩气单井初产高，低产生产周期长，采收率变化较大。目前，北美页岩气井有50000多口，实现了"平台式"钻井、"工厂化"生产，为"多井低产""多井低成本"开发的典范。页岩气单井初期产量高，很快递减，直井一般为 $2800 \sim 8000 m^3/d$，水平井一般为 $(1.5 \sim 3.3) \times 10^4 m^3/d$。页岩气田开采寿命一般可达 20~30 年甚至更长。

据美国主要页岩气盆地的统计（US Department of Energy 等，2009），页岩气田采收率一般在 12%~35%。如埋藏较浅、地层压力较低、有机质丰度较高、吸附气含量较高的 Antrim 页岩气田的采收率可达 26%；而埋藏较深、地层压力较高、吸附气所占比例相对较低的 Barnett 页岩气田的采收率，早期为 7%~8%，随着水平井和压裂技术的进步，目前采收率达到 13.5%，预计最终可达 25%左右。

2. 页岩气形成条件和分布规律

页岩气的形成、聚集都在页岩中，属源储一体聚集，含气范围与有效气源岩基本相当。形成页岩气的富有机质页岩往往是含油气盆地中的主力烃源岩，进入生气阶段的烃源岩就是页岩气的有利远景分布范围，往往大面积连续分布于盆地坳陷或斜坡区。

处于生气窗范围的气源岩都含有天然气，但其含气量的高低不同，只有在含气量较高时才能成为有效的页岩气聚集。美国已开发的页岩气层，每吨页岩含气量基本在 $1 m^3$ 以上（表 3-8）。

表 3-8 美国主要页岩气产层的地质参数表

参数	Barnett（密西西比亚系）	Ohio（泥盆系）	Antrim（泥盆系）	New Albany（泥盆系）	Lewis（白垩系）
深度，m	1950~2550	600~1500	180~720	180~1470	900~1800
有效厚度，m	15~61	9~30	21~37	15~30	61~91
TOC，%	4.5	0~4.7	0.3~2.4	1~25	0.45~3.5
R_o，%	1.0~1.9	0.4~1.3	0.4~0.6	0.4~1.0	1.6~1.88
石英含量，%	38~55	35~47	26~50	26~58	22~52
吸附气，%	20	50	70	40~60	60~85
含气量，m^3/t	8.5~9.9	1.7~2.8	1.1~2.8	1.1~2.3	0.4~1.3
储量丰度，$10^8 m^3/km^2$	3.28~4.37	0.55~1.09	0.66~1.64	0.77~1.09	0.87~5.47
所属盆地	Fort Worth	Appalachian	Michigan	Illinois	San Juan

页岩含气量的高低主要与下列因素有关：

（1）页岩的有机碳含量。多数盆地研究发现，页岩有机碳含量（TOC）与页岩含气量之间有良好的线性关系，并把 TOC 作为评价页岩气的重要参数，原因有两方面：①由于页岩气运移距离短，含气面积常常与页岩的分布面积相当；TOC 高，生气潜力大，单位面积页岩的含气率也高。②由于有机质含有大量微孔隙，它对气体有较强的吸附能，同时烃类气体在无定形和无结构基质沥青质体中的溶解作用也对增加气体的吸附能力作出了贡献。

(2)页岩的成熟度。页岩成熟度控制有机质生烃、有机质孔隙发育和甲烷稳定性。在一定的成熟度范围内，随着成熟度增加，页岩气生成量增加，页岩微孔隙增多，吸附能力增强，页岩含气量相应增加。但是当页岩达到过成熟时，生气潜力、微孔隙量、吸附能力等不仅不会进一步增大，相反会逐渐降低，因此适中的热演化程度是页岩气成藏的必要条件。

(3)页岩的裂缝发育程度。Curtis（2002）对美国主要页岩气盆地的研究发现，页岩的渗透率很低，只有存在天然裂缝网络才能增加页岩增加页岩极低的基质渗透率。密歇根（Michigan）盆地北部 Antrim 页岩气的产生与发育的北西向和北东向两组断裂有关，伊利诺伊（Illinois）盆地的 New Albanty 页岩气为裂缝和基质孔隙中的游离气，以及干酪根和黏土颗粒表面的吸附气。

除页岩的含气量外，具有经济价值的页岩气藏的形成还与其他因素有关：

(1)页岩储集层的厚度。美国密歇根盆地中 Antrim 页岩及共生的泥盆纪—密西西比亚纪岩层厚约 274m。阿巴拉契亚盆地富含有机质黑色页岩的有效厚度大于 152m。New Albany 页岩的厚度变化范围在 30~122m 之间。沃斯堡盆地 Barnett 页岩中心产区的平均厚度约为 106.7m，在整个盆地，Barnett 页岩的厚度为 15.2~304.8m 不等。而坎佩尼阶 Lewis 页岩的厚度大约在 305~457m。这几个页岩气盆地的页岩厚度都普遍较大，可为页岩气藏提供大量的气源，使得页岩可以长期稳定产气。四川盆地优质海相页岩厚度范围值在 30~60m 之间，平均值为 44m，厚度较大，在评价有利区、建产区和核心建产区时，均要求页岩的厚度大于 30m（张鉴，2016）。

(2)页岩储集层的矿物组成和脆性。页岩颗粒一般小于 0.005mm，岩性致密，页岩颗粒分选较差、性脆，在一定压力下易产生裂缝。矿物成分对于页岩气成藏似乎没有太大的影响，但是，矿物成分对完井的成功率有很大的影响，富含硅质的页岩要比富含黏土质的页岩易于压裂，进而天然气的产能较高。美国五大盆地页岩具有的共同特点是富含有机质，且硅含量相对较多（占体积的 30%~50%），黏土矿物含量较少（<35%）（图 3-75）。根据 Bowker（2007）的研究成果，Barnett 页岩主要产气岩相的平均组成（按体积）主要为：45% 的石英、27% 的伊利石、少量的蒙脱石、8% 的方解石和白云石、7% 的长石、5% 的有机质、5% 的黄铁矿、3% 的菱铁矿、微量的天然铜和磷酸盐矿物。

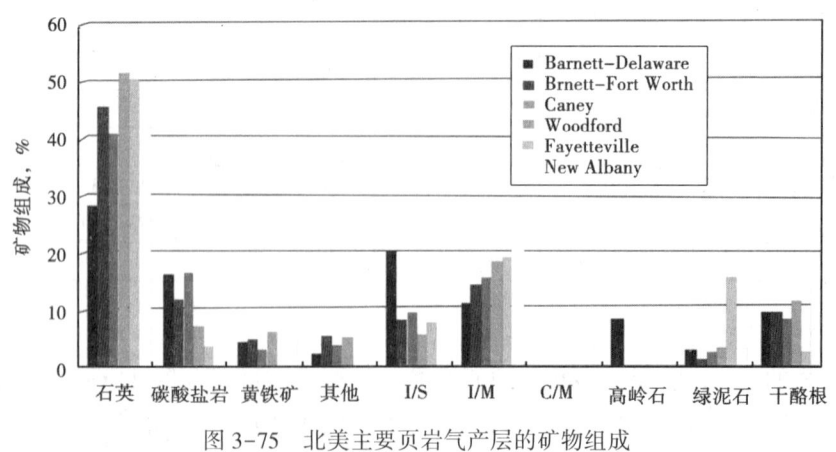

图 3-75 北美主要页岩气产层的矿物组成

(3)页岩储集层的埋深。美国页岩气藏基本上分布在古生代、中生代被动陆缘演化为前陆盆地的区域和克拉通台地区。美国页岩气盆地的有关资料表明，页岩气储集层的埋藏深度范围比较广泛。埋深从最浅的76m到最深的2439m，主要介于762～1372m。密歇根盆地Antrim页岩在现今构造盆地中心，Antrim页岩底部的埋深（海平面下）约732m。阿巴拉契亚盆地富含有机质黑色页岩的埋深为182～1494m。沃斯堡盆地Barnett页岩埋藏深度通常为1981～2591m。四川盆地海相页岩气藏埋深小于3000m的范围相对较少，部分页岩储集层埋深可超过5000m。在评价有利区、建产区和核心建产区时，均要求页岩的埋藏深度小于4000m（张鉴，2016）。

3. 页岩气藏实例

1) 美国Barnett页岩气

沃斯堡盆地位于美国中南部得克萨斯州中北部地区，面积$381×10^4 km^2$，为古生代晚期Quachita造山运动形成的前陆盆地，奥陶系—密西西比亚系碳酸盐岩和页岩厚1220～1524m。Barnett页岩为正常盐度较深水海相沉积，平均厚76m，最大厚度为305m。Barnett页岩顶面构造为一单斜，气藏不受构造控制，面积约$15500 km^2$，埋深大于1850m，技术可采储量为$1.25×10^{12} m^3$，气田可分为两个区：核心区——Barnett页岩下部发育Viola灰岩，页岩厚度大于100m；外围区——缺失Viola灰岩，Barnett页岩厚度大于30m，页岩直接与饱含水的下奥陶统Ellenburger组灰岩接触。2003—2007年，Barnett页岩气开发中的水平井数累计达4960口，占Barnett页岩生产区总井数的50%以上。

Barnett页岩为缺氧和上升流发育的正常盐度下的海相深水沉积，由5种岩性组成：黑色页岩、粒状灰岩、钙质黑色页岩、白云质黑色页岩、含磷质黑色页岩，各岩相普遍富含黄铁矿和磷酸盐。页岩的主要测井响应特征是低电阻率、高自然伽马（>100API）。产气区孔隙度平均为6.0%，渗透率为0.15～2.5mD。Barnett页岩有机碳含量为4.0%～8.0%，平均4.5%。有机质干酪根类型以Ⅱ型为主，Barnett页岩气属于典型的热成因气。绝大部分Barnett页岩气井分布在$R_o \geq 1.1\%$的范围内。

Barnett页岩的含气量在全美页岩中最高，平均为$2.99 m^3/t$。Barnett页岩肉眼可识别的裂缝数量有限，宏观裂缝均被方解石和石英等矿物充填，且宏观裂缝越发育，产气量越低，这说明宏观裂缝不利于页岩气的保存。真正对储集层起改善作用的是微裂缝。由于Barnett页岩石英含量很高，储集层脆性大，微裂缝极为发育，它们是天然气运聚的主要通道。

2) 四川盆地龙马溪组页岩气

四川盆地下古生界富有机质泥页岩发育，页岩气资源丰富，相继在四川盆地威远、长宁、涪陵焦石坝海相层系获得单井突破，特别是焦石坝地区五峰组—龙马溪组页岩气勘探开发是国内页岩气发展的典范。焦石坝地区在龙马溪组沉积期水体总体处于缺氧环境，沉积初期主要发育灰黑色含粉砂碳质泥岩、页岩、含粉砂泥岩夹少量深灰色泥质粉砂质条带，厚70～85 m，横向分布广泛。黑色页岩TOC值为0.55%～5.89%，平均为2.54%，大多在1.0%以上。有机质类型为Ⅰ型，R_o值介于2.2%～3.06%（图3-76）。页岩主要发育两种类型的储集空间：一种为页岩自身基质微孔隙，这种类型孔隙的储集空间很小，主要表现为纳米级，按成因类型可识别出有机质孔、晶间孔、矿物铸模孔、黏土矿物间微孔、次生溶蚀孔等类型，孔径一般为2～2000nm；主要集中在2～50nm；另一种类型为页岩储集层中发育的裂隙系统，包括构造缝和层间裂缝。岩心实测物性表明，焦石坝地区五峰组—龙马溪组页岩孔隙度介于1.17%～7.22%，平均为4.52%；渗透率由于个别样品裂缝发育，变化范围较大，介于0.0015～335.21 mD，平均24.8 mD。脆性矿物含量为33.9%～80.3%，平均值为56.5%。脆性矿物以石英为主，平均含量为37.3%；其次是长石，平均含量为9.3%。

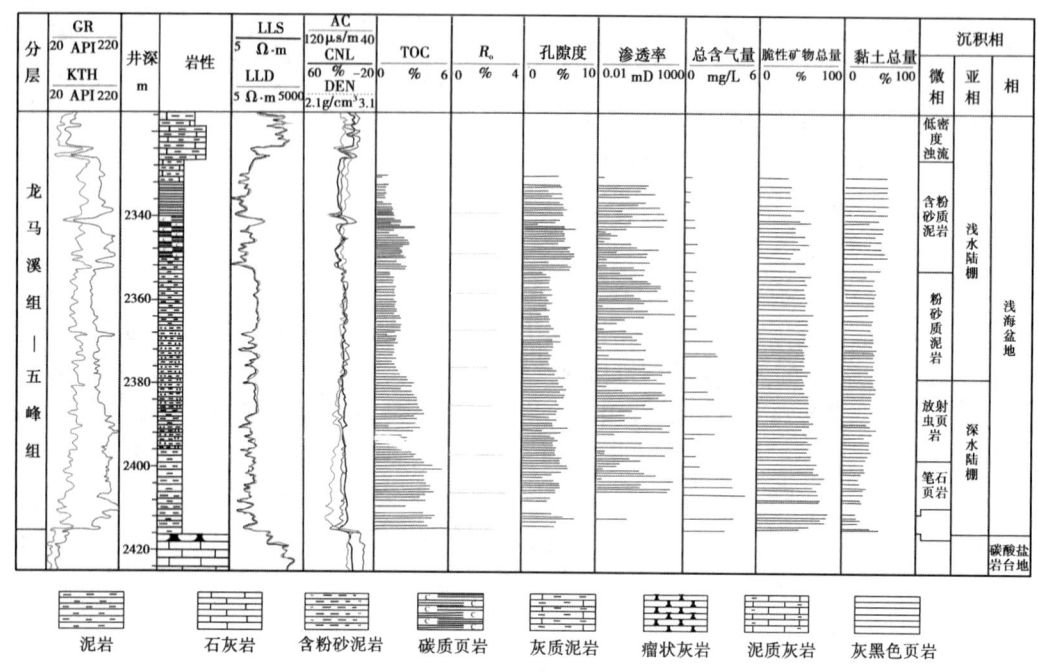

图 3-76 JY1 井五峰组—龙马溪组页岩气综合评价图

三、煤层气藏

煤根据国际能源机构统计,全球煤层气资源量大约为 $256×10^{12}m^3$,主要分布在俄罗斯、美国、加拿大、中国、澳大利亚等 12 个国家。美国 2015 年煤层气年产量已接近 $106×10^8m^3$,约占其天然气总产量的 13.8%。据董大忠等(2011)年计算,中国的煤层气地质储量为 $36.8×10^{12}m^3$,可采资源量 $10.9×10^{12}m^3$,展示出很好的勘探开发潜力。我国煤层气产业已进入商业化生产阶段,2017 年煤层气产量 $70.2×10^8m^3$。

(一)煤层气圈闭形成机理

煤层气是一种储集在煤层中的自生自储式的天然气聚集。煤层气以煤作为气源岩和储集层,主要靠煤对天然气的吸附作用在煤的孔隙空间中形成天然气聚集。煤层气的赋存状态以吸附态为主,可占 70%~95%,因此煤层气圈闭的形成机理主要是煤层对天然气的吸附作用。煤基质内表面分子的吸附力在煤的表面产生吸附场,把甲烷气吸附在基质表面与基质块所含的孔隙内。吸附量的大小与煤储集层中的压力呈非线性函数关系,通常用 Langmuir 等温吸附方程来描述煤层气的吸附特征(Langmuir,1916):

$$V_{吸} = V_L p / (p + p_L)$$

式中 V_L——Langmuir 体积,m^3/t,反映煤体的最大吸附能力;

p_L——Langmuir 压力,MPa,在此压力下吸附量达到最大吸附量的 50%;

p——煤储集层压力,MPa。

从吸附模型看,压力对吸附量的影响是积极的,随压力升高,吸附量增加;温度对吸附能力的影响是消极的,温度对脱附起活化作用,温度越高,游离气越多,吸附气越少。因此,随温度的增加,煤的吸附能力减小,在相同压力下吸附气体的量也越少。恒温时,煤对甲烷的吸附能力随压力的增加而增加，当压力升到一定值时，煤的吸附能力达到饱和；再进一步增加压力，吸附量不再增加（图3-77）。因此，煤层气藏不受构造控制，只要有较好的盖层条件，能够维持相当的地层压力，使得煤层能"吸附住"一定得气体，无论在储集层（即煤层）的构造高部位还是低部位，都能形成气藏。

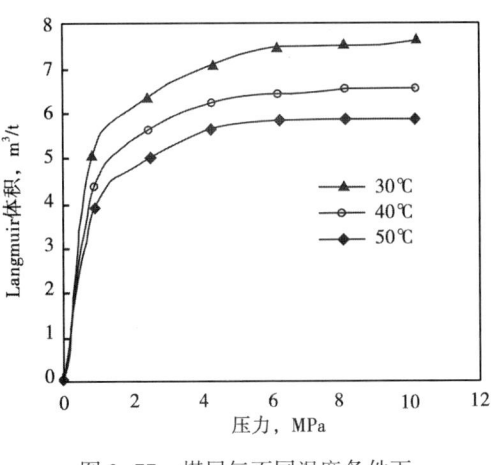

图 3-77 煤层气不同温度条件下的吸附等温曲线

（二）煤层气藏特征

煤层气是一种特殊类型的天然气聚集，在天然气组成和煤储集层孔隙空间上具有一定的特殊性。

1. 煤层气组成特征

煤层气以 CH_4 为主，其含量变化范围为 66.55%~99.98%，一般在 85%~93% 之间；CO_2 含量介于 0%~35.58%，一般小于 2%；N_2 的含量变化很大，一般小于 10%；重烃气含量随煤级不同而变化（张新民等，2002）。在碳同位素组成上，与相同成熟度的常规煤型气相比，煤层气（甲烷）碳同位素比值明显偏轻（表3-9），如沁水盆地南部二叠系3号煤层的 R_o 最高可达 3.5% 以上，库车侏罗系煤系源岩 $R_o<2\%$，但库车克拉2晚期阶段聚集的天然气甲烷碳同位素为 -27.3‰，明显重于沁水盆地南部过成熟的煤层气甲烷碳同位素值（-31.95‰）。

2. 煤储集层孔隙特征

煤储集层是由孔隙、裂缝组成的双重孔隙系统，煤的孔径分布与煤的变质程度密切相关。褐煤（$R_o \leq 0.5\%$）的孔径大小分布较为均匀，其中 9×10^3~9×10^4nm 的大孔和 2~10nm 的微孔明显占多数，具有较高的孔隙度，分布范围 5%~25%。高变质煤，如瘦煤、无烟煤（$R_o>2.5\%$），微孔占大多数，介孔、宏孔仅占 10% 左右，孔隙度较低，一般小于 6%。高煤阶煤岩中次生孔隙发育，能够形成介孔和微孔，使得高阶煤的孔隙度增加。

表 3-9 我国典型煤型气与国内外煤层气组成及碳同位素值统计表

	盆地	气田	主力气层	储集层	组成							碳同位素
					CH_4	C_2H_6	C_3H_8	nC_4H_{10}	nC_5H_{12}	CO_2	N_2	$\delta^{13}C_1$
中国	沁水	晋城	P	煤岩	98.87%	0	0	0	0	0.15%	0.94%	-31.95‰
	阜新	刘家	K	煤岩	97.76%	0.02%	0	0	0	0.79%	1.43%	-46.40‰
	淮南	新集	P	煤岩	99.75%	0	0	0	0	0.20%		-49.65‰
美国	粉河	粉河	E	煤岩	98.60%	0	0	0	0	1.40%		-62.33‰
	圣胡安	圣胡安	K	煤岩	97.00%	0	0	0	0	3.00%		-41.12‰
	黑勇士	黑勇士	C	煤岩	99.64%	0	0	0	0			-43.33‰

煤阶和煤岩的显微组分对煤层气解吸具有间接影响，因为可以影响到煤岩的孔隙度和孔隙结构，进而影响着煤层气的解吸。从表3-10中可以看出煤阶和孔隙度的关系：随着煤阶的升高，孔隙度降低，焦煤降到最低点，之后又随煤阶的升高有所回升。

表 3-10 我国不同煤阶煤的孔隙度（据贾承造，2007）

煤阶	$R_{o,max}$,%	孔隙度,%	煤阶	$R_{o,max}$,%	孔隙度,%
褐煤	<0.50	8.05	瘦煤	1.70~1.90	2.66~12.18（4.65）
长焰煤	0.50~0.70	2.11~10.46（5.93）	贫煤	1.90~2.50	1.15~8.18（3.16）
气煤	0.70~0.90	3.60~5.41（4.29）	无烟煤三号	2.50~4.00	3.36~4.17（3.79）
肥煤	0.90~1.20	0.70~8.68（3.45）	无烟煤二号	4.00~6.00	2.92~7.69（5.31）
焦煤	1.20~1.70	1.33~6.78（2.72）	无烟煤一号	>6.00	6.74~7.18（6.96）

注：括号内数值为平均值。

煤储集层裂隙分为内生裂隙（割理）、外生裂隙和继承性裂隙3类。煤裂隙的发育程度及地应力的双重作用控制了渗透率的大小。含煤盆地煤储集层渗透率变化较大，一般随深度增加而呈指数递减。近地表煤储集层渗透率可达1000mD，600~1000m渗透率降到0.1mD左右，再往深部递减速度减小。

3. 煤层气藏盖层

为维持地层压力，防止气体解吸和逸散，煤层气系统中盖层是必不可少的。而煤层的直接盖层即为煤层的围岩。煤层顶底板是封堵煤层气的第一道屏障，是煤储集层围岩组合中最重要的岩层，其主要的岩石类型有碳酸盐岩、砂岩、泥岩、油页岩和砂泥岩互层。围岩封盖能力与围岩的岩性、韧性、厚度、连续性和埋深有关。围岩的封闭机理可以分为薄膜封闭、水力封闭、压力封闭和浓度封闭等类型。

（三）煤层气富集控制因素

煤层气的富集主要与煤本身的特性有关，如煤的孔隙发育、吸附能力等，而这些特性则主要受控于煤的组成（显微组分、水分、灰分等）和变质程度，其次是煤层所处的环境条件（如围岩封闭性、压力、温度等）及地质构造运动的影响。

1. 煤的组成

煤的组成指的是煤的显微组分、灰分和水分。煤的组成不仅对煤的产油气潜力有影响，而且影响到煤的孔隙特征、吸附能力及机械性能等。丝质组孔隙发育，且有较多的宏孔存在，尤其是未被充填的植物胞腔孔保存较多时更是如此；镜质组孔隙发育不如丝质组，以介孔、微孔为主，因镜质组是煤的主要部分，所以其孔隙特征对煤孔隙特征有举足轻重的作用；稳定组（腐泥组和壳质组）孔隙最不发育。煤的吸附能力与煤的孔隙发育程度密切相关，孔隙发育者吸附能力也大。煤的孔隙发育程度是煤层含气多少的基础。水分含量的多少直接影响到煤的水溶气量，同时水会减少煤的有效孔隙，降低煤的储集性能。灰分主要充填于煤的孔隙中，对煤的孔隙发育、吸附能力均有不利影响。

2. 煤的变质程度

煤的变质程度是决定煤层甲烷生成、储集的主要因素。这就是说，煤的变质程度对煤层甲烷含量的影响是多方面的。生气热模拟实验表明，随着煤变质程度的增高，累计生气量不断增加，这从气源角度影响煤层甲烷的含量。另一方面，煤的变质程度对煤的孔隙发育有一定的控制作用（表3-10），进而影响煤对天然气的吸附量。由此可见，煤的变质程度从生气和储集两个方面控制煤层甲烷含量。在其他条件类似的条件下，只要不遭到大规模构造运动等作用的影响，从长焰煤到无烟煤，总体趋势是煤层甲烷含量随变质程度的增高而增高。

3. 煤层的厚度

煤层的厚度对煤层甲烷含量有着较为明显的影响，一般表现为煤层厚度越大，煤层甲烷含量越高。其机理可能是：煤层越厚，煤层自身的封闭能力越强，致使煤的含气量增高。但并不是说煤层甲烷含量随煤层厚度的增加而持续升高，而是到一定厚度后煤层甲烷含量的增加则不是十分明显，从现有资料来看，这一厚度值很可能在6~8m。

4. 煤层的埋藏深度

煤层的埋藏深度是煤层甲烷富集的又一个控制因素，一般情况下，随着埋深的增加，煤层甲烷含量也在增加，但并非简单的线性关系。煤层埋深对煤层甲烷含量的影响，实质上是随着煤层埋深的不同，煤层压力和变质程度不同造成的。前已提及，压力增大会使煤的吸附能力增强，煤的变质程度增高也会增加煤的含气量，压力和变质程度双重作用的结果将使煤层甲烷含量随埋深增大而增加的规律更加显著。煤层埋深的不同，也可影响到煤层甲烷的保存，浅部保存条件较深部差，这也是对煤层甲烷含量随深度变化的影响因素之一。

5. 煤层围岩的封闭性

煤层围岩在煤田地质学中称为煤层顶板和底板。围岩的透气性对煤层甲烷含量有一定的影响，如淮北煤田临涣、宿南矿区7煤层不同岩性段，顶板对煤层甲烷含量有一定的影响：煤层顶板为砂岩时，煤层甲烷含量小于$6m^3/t$；顶板为粉砂岩时，煤层甲烷含量近于$10m^3/t$；顶板为泥岩时，煤层甲烷含量则近于$16m^3/t$。煤层顶底板为致密岩层，有利于封存天然气；相反，若顶底板为孔渗性好的岩层，不利于天然气的封存。

6. 向斜富气特征

通过对国内外中高煤阶含煤盆地的研究发现，在大的区域背景下具有向斜区富集煤层气的特征。在美国圣胡安盆地，煤田或二级构造带都具有这种规律，在向斜核部煤层含气量都较高，呈现从盆地边缘向盆地中心含气量增加的特征。在黑勇士盆地中也存在相似的向斜"甜点"（Pashin 和 Groshong，1998）。中国沁水盆地也具有向斜富气的规律，该盆地剖面形态上为一个完整的复式向斜，向斜部位含气量明显高于两翼。

向斜富气是构造演化、水动力条件以及封闭条件综合作用的结果。煤层气向斜富气模式如图3-78所示，在一个区域向斜构造背景下，往向斜轴部方向，由于大气渗入水沿着边缘露头向轴部低水势方向汇聚，形成向斜区汇水区，矿化度高，在边缘隆起区可形成侧向水封堵，形成良好的保存条件环境。一般情况下，背斜构造不利于煤层气的富集，而向斜构造反而是煤层气的有利富集区。这是因为，在构造变形过程中，背斜顶部张裂缝比较发育，不利于煤层气的保存；而向斜的核部处于挤压状态，其盖层紧闭性较好，有利于煤层气的保存。

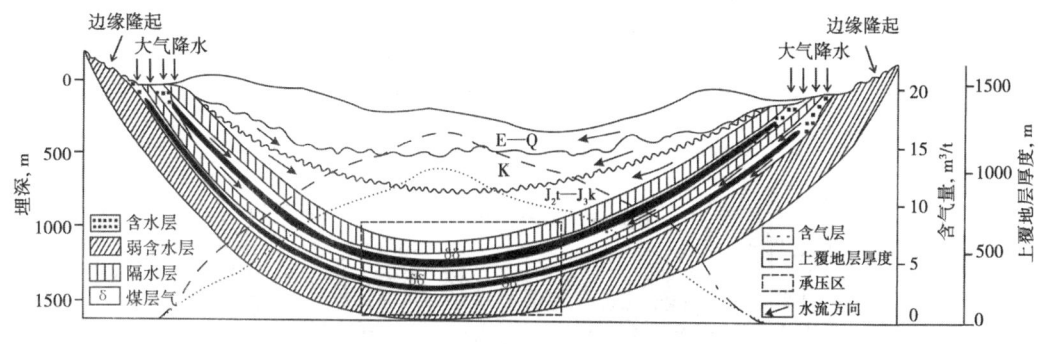

图3-78 煤层气向斜富气模式

7. 煤层气的资源分布

世界上煤层主要形成于石炭—二叠纪、三叠—侏罗纪和白垩—古近纪3个聚煤期，99%以上的煤炭资源分布在这些时代的地层（Pashim，1998）。据统计，大约40%煤炭资源来自石炭—二叠系，10%来自三叠—侏罗系，50%来自白垩—古近系。多数古生界的煤层成熟度较高，往往形成热成因气；而更年轻的煤层成熟度较低，形成的煤层气中生物气和次生生物气占有较大比例。

中国煤层气主要分布在东部、中部、西部和南方4个大区，地质资源量分别占全国总量的31%、28%、28%和13%。按盆地统计，煤层气资源集中分布在鄂尔多斯、沁水等9个地质资源量超过$1 \times 10^{12} m^3$的含气盆地中，其中鄂尔多斯盆地资源量最大，占全国的27%。目前煤层气产量主要来自沁水盆地和鄂尔多斯盆地石炭系—下二叠统煤层，东部阜新盆地有少量白垩系煤层气产出。

（四）煤层气藏实例

1. 粉河盆地

粉河（Powder River）盆地位于美国怀俄明州东北部和蒙大拿州西南部，面积约73815km²。到2007年，该盆地中已有近17000口井（WOGCC，2007）。该盆地为落基山前陆的一部分，为向北西方向拗陷的不对称盆地（图3-79）。盆地中的地层主要为白垩系和古

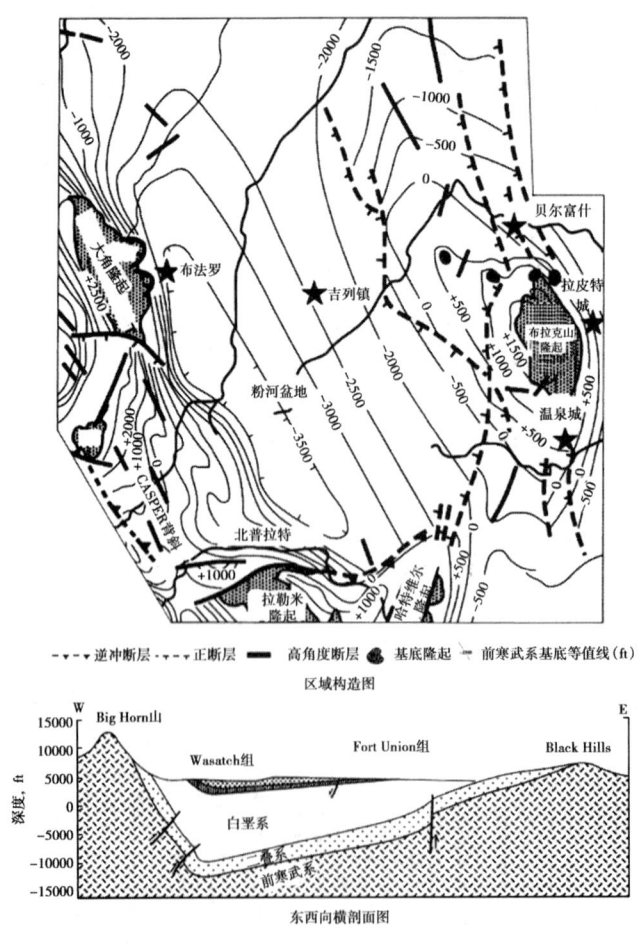

图3-79 粉河盆地构造图

近系—新近系，其中新近系和古近系 Fort Union 组平均厚度为 915m，Fort Union 组煤层厚度约为 15~91m。Fort Union 组煤埋藏浅、成熟度较低，煤阶在大部分地区为褐煤（R_o = 0.3%~0.4%），大多数处于生物成因气阶段和早期热成因气阶段。

Fort Union 组煤层甲烷 $\delta^{13}C$ 值为 -60.0‰~-56.7‰，δD 值为 -307‰~-315‰，表明以生物成因气为主。由于 Fort Union 组煤层埋藏浅，压力稍低，煤阶较低，煤对甲烷的吸附能力较差，故吸附气比较少，煤层含气量在 0.7~4m³/t 之间。Fort Union 煤层气系统的水文地质条件为正常到异常高压下的承压水。在盆地的东部边缘主要发育 E—NE 向割理，其渗透率高，盆地中的渗透率值分布范围较大，为 10~1000mD。煤层在区域上广泛连续分布，故该地的煤层气资源量巨大。同时由于其渗透率很高，故该盆地的产气量较大，可达（130~350）×10^6ft³/d。

2. 沁水盆地

山西沁水盆地煤层气资源量接近 $4×10^{12}m^3$，拥有全国十分之一的煤层气资源，现有产气量占全国煤层气产量的 93%。沁水盆地地层展布具有向斜盆地的典型特征，煤层气勘探主要目的层山西组、太原组广泛分布，保存完整（图 3-80）。太原组为一套海陆交互相沉积，地层厚度 59~125m，平均 70m 左右，岩性为中—细粒砂岩、粉砂岩与泥岩、石灰岩和煤互层，其中浅海相石灰岩全区稳定分布。山西组发育于陆表海沉积背景之上的三角洲沉积，地层厚度 8~90m，平均 50m 左右。山西组和太原组共发育煤层 8~16 层，其中山西组 3 号煤层、太原组 15 号煤层单层厚度大、分布稳定，是煤层气勘探的主要目的层（图 3-81）。

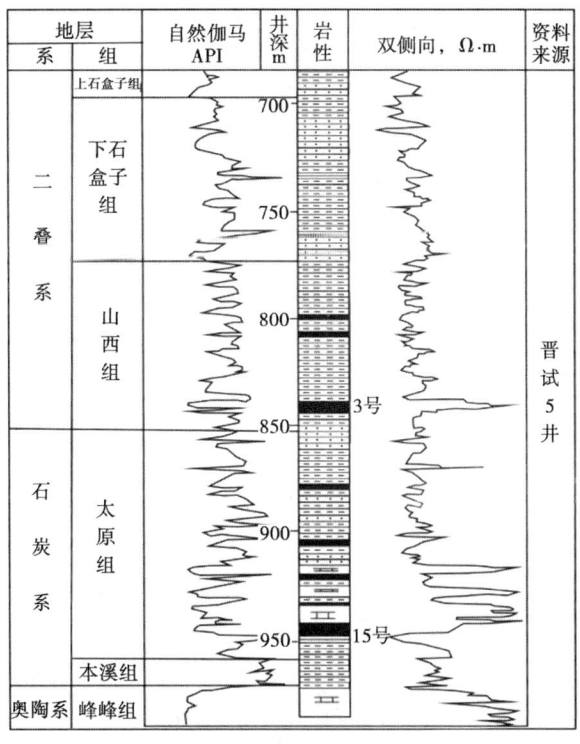

图 3-80 沁水盆地南部地层综合柱状图

沁水盆地南部地区是以石炭系—二叠系含煤沉积为主的富煤区，煤层埋藏深度大多小于 1500m，煤层煤质好、生气量大、含气饱和度高，煤层气资源丰富。区域总体构造形态为一完整的马蹄形斜坡带，地层宽阔平缓，地层倾角平均只有4°左右，断层不发育。煤层变质程度普遍较高，煤阶达到贫煤和无烟煤三号，R_o介于1.9%~5.25%之间。煤层孔隙和裂隙仍较发育，孔隙度可达2.98%~7.69%，孔隙以微孔和过渡孔为主。煤层孔隙具有一定的连通性，吸附能力强。煤岩宏观类型为亮煤、半亮煤，显微组分以镜质组为主，煤层割理发育，裂隙充填不明显，改善了孔隙的连通性。

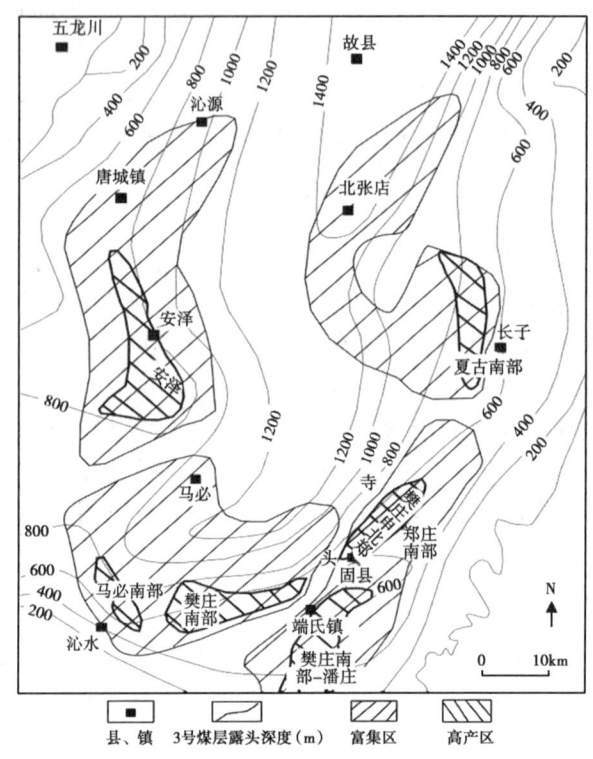

图 3-81　沁水盆地南部 3 号煤煤层气富集高产区预测（据孙粉锦等，2014）

第七节　复合圈闭与复合油气藏

一、概述

圈闭的形成往往受多种因素的控制。当某种单一因素起主导作用时，可用单一因素归类油气藏；但当多种因素的作用大体相同时，就成为复合圈闭。如果储集层上方和上倾方向是由构造、地层、岩性和水动力等因素中两种或两种以上因素共同封闭而形成的圈闭，可称为复合圈闭。在其中形成的油气藏称为复合油气藏。

在实际地质情况中，既存在受单一因素控制形成的油气藏，又存在大量由构造、地层、岩性等因素形成的复合油气藏，它们的成因和油气勘探方法不尽相同。复合油气藏的特点有别于单一因素形成的油气藏，因此划分出复合油气藏，把复合油气藏作为独立的一大类，对油气勘探有一定的实用价值。

按照构造、地层、岩性等油气藏分类因素所构成的组合，可形成各式各样的复合油气藏类型，但从勘探实践来看，大量出现的主要是构造—岩性、构造—地层、岩性—地层等复合油气藏。水动力油气藏是一种特殊的复合油气藏，它是在水动力作用下油气聚集在构造的挠曲部位而形成的。

二、构造—岩性圈闭与构造—岩性油气藏

受构造和岩性双重因素控制形成的圈闭即为构造—岩性圈闭，其中聚集了油气即为构造—岩性油气藏，常见的有背斜—岩性油气藏、断层—岩性油气藏等类型。如济阳坳陷梁家楼油田沙三段构造—岩性油藏，沙三段浊积砂岩体被断层切割，形成一系列断层—岩性圈闭（图3-82）。

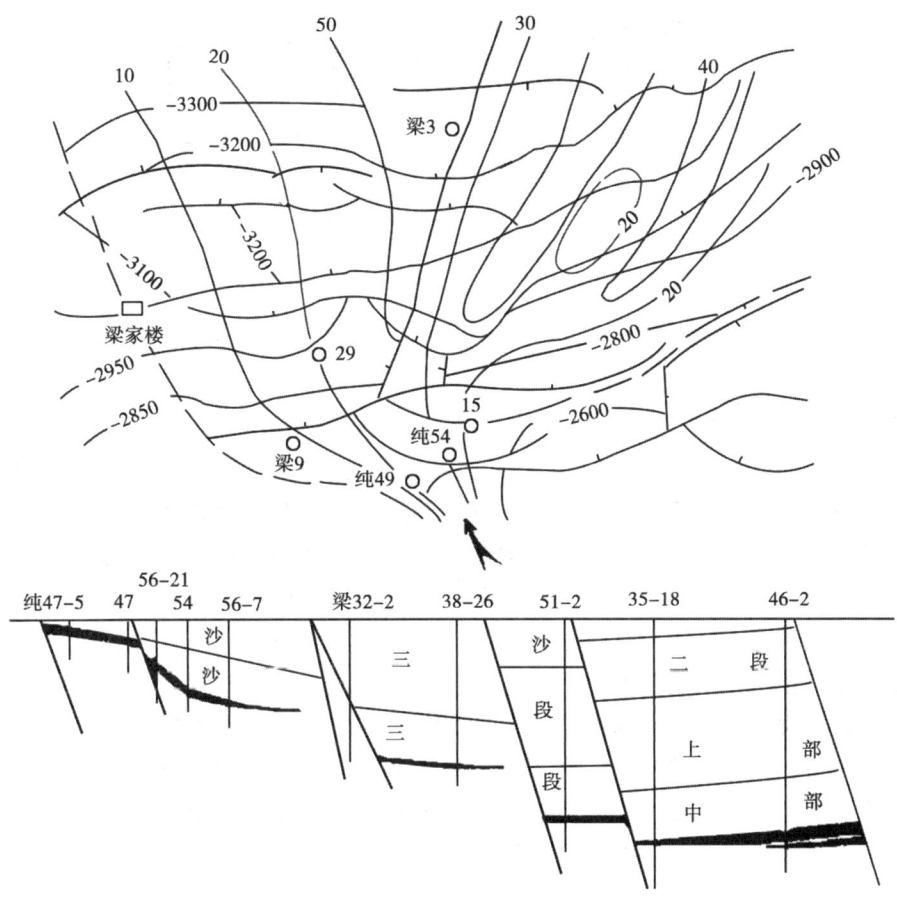

图3-82 济阳坳陷梁家楼油田沙三段油藏平面图及剖面图

等值线单位为m

三、构造—地层圈闭与构造—地层油气藏

凡是储集层上方和上倾方向由任一种构造和地层因素联合封闭所形成的油气藏称为构造—地层油气藏。其中最常见的有背斜—地层不整合油气藏、地层不整合—断层油气藏。美国得克萨斯州卡尔塞吉大气田、保加利亚奇连气田（图3-83）、美国路易斯安那州罗得沙油田，都是该类油气田的典型实例。

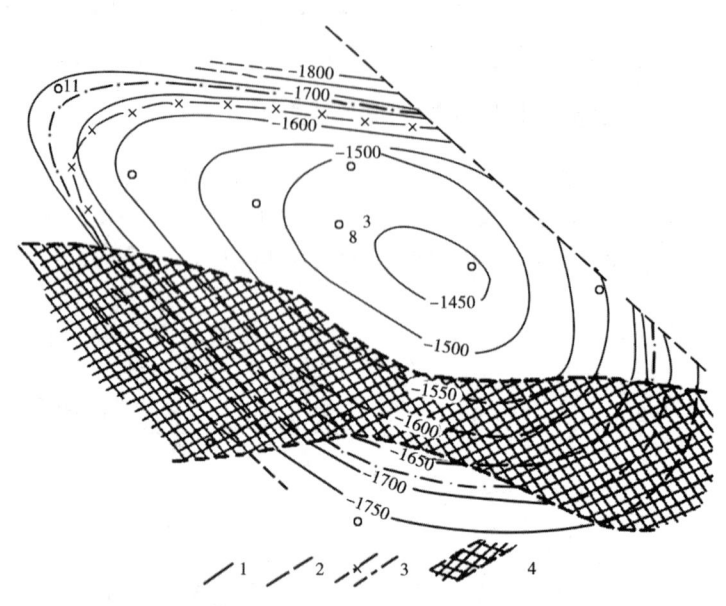

图 3-83 保加利亚奇连气田 J_1^1 砂岩顶面构造图及气藏分布图

1—构造等高线（m）；2—断层；3—气水界线；4—J_1^1 砂岩尖灭线

四、岩性—地层圈闭与岩性—地层油气藏

岩性—地层圈闭（或地层—岩性圈闭）是指由地层沉积间断（不整合作用）和沉积相变或储集层成岩作用等因素共同作用下形成的非构造圈闭，这类圈闭的盖层部分或全部由不整合面遮挡构成，其储集层则明显受沉积相变或成岩作用的控制，储集层孔渗性横向变化复杂。

国内比较有代表性的地层—岩性油气藏是鄂尔多斯盆地的靖边大气田和塔里木盆地的塔河油田。靖边气田位于鄂尔多斯盆地的中部，储气层为下奥陶统马家沟灰岩。天然气的聚集、成藏主要受控于岩溶古地貌—成岩作用，地层—岩性圈闭是主要圈闭（图3-84）。靖边气田的盖层为石炭系本溪组底部稳定的铝土质泥岩，马五$_4$下部的含膏云岩段和马五$_5$致密灰岩构成气藏底板。在靖边古潜台以东的岩溶洼地，马五$_1$、马五$_2$储集层被膏盐和方解石充填的致密岩性构成遮挡。在平面上，靖边气田规模较大，但受古地貌分布及岩溶作用、成岩作用程度的差异性，储集层孔隙度横向差异性很大，储集层非均质性严重，构成气藏"团团块块"分布的格局（图 3-85）。

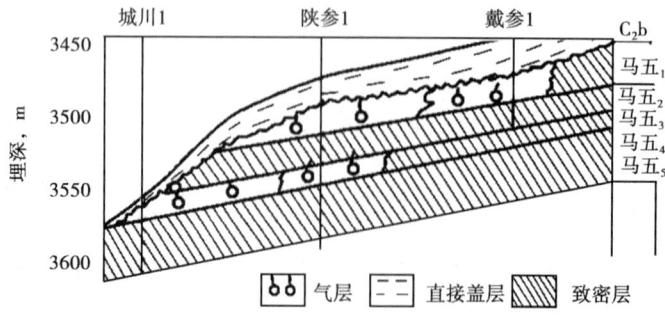

图 3-84 靖边气田剖面特征（据戴金星等，1996）

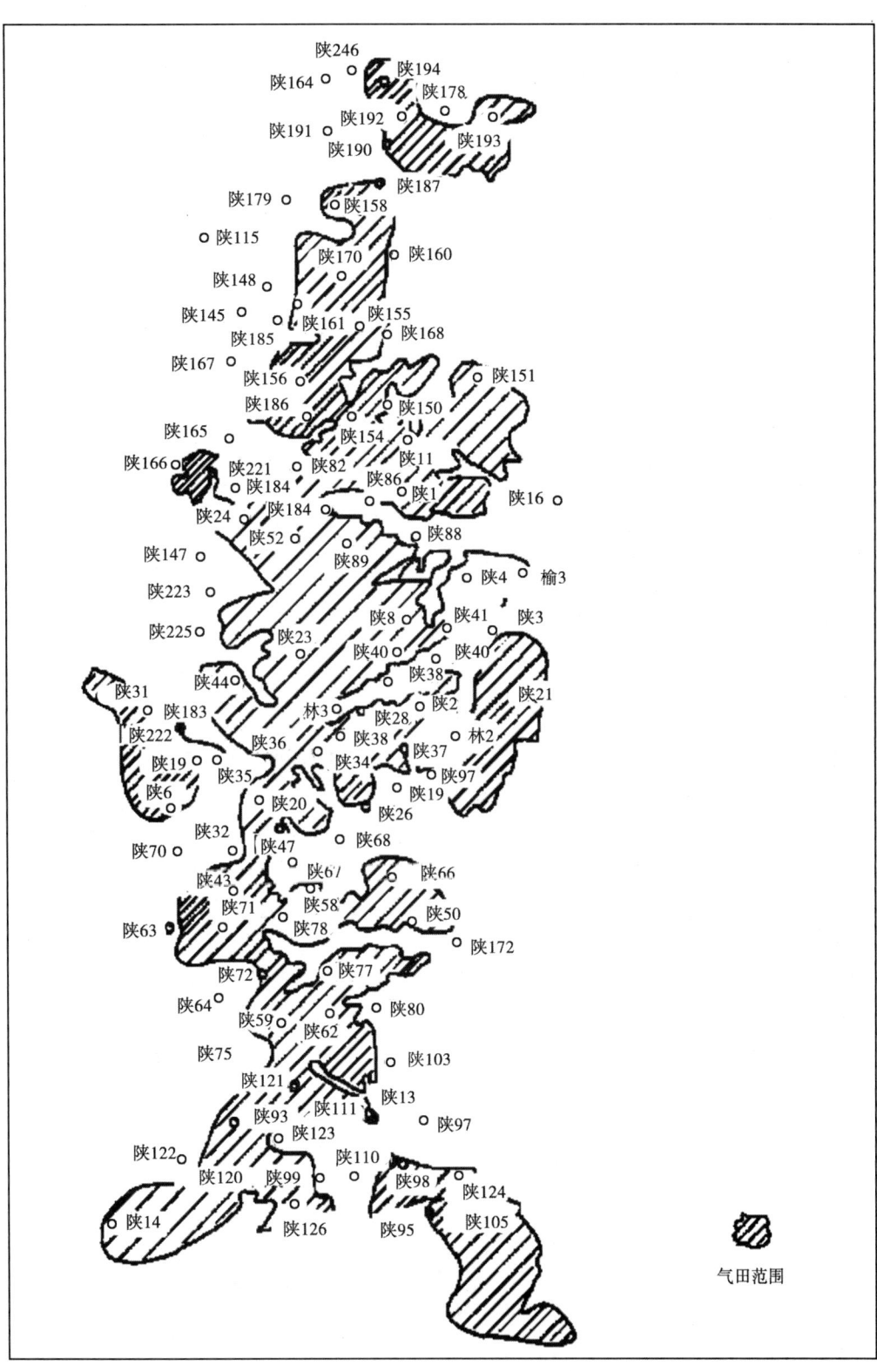

图 3-85 靖边气田平面分布特征（据赵贤正等，2002）

塔河油田是塔里木盆地一个重要油田，自下奥陶统至三叠系发现多个油藏，包括碳酸盐岩岩溶缝洞型油藏、碳酸盐岩孔隙型油藏和碎屑岩油藏。其中碳酸盐岩油藏是目前开发的主力油藏，该油藏在很大范围内连片含油，但含油气丰度完全受洞缝的发育程度的控制，是典型的受孔渗性变化影响的地层—岩性复合油气藏。奥陶系中统一间房组、中—下统鹰山组碳酸盐岩，受海西早期构造变动、古岩溶作用的影响形成孔、缝、洞岩溶型储集体。在纵向上，奥陶系古岩溶存在三个带：地表岩溶带、渗流岩溶带及潜流岩溶带。岩溶带内孔、缝、洞发育，再由垂直或高角度的断裂裂隙将3个岩溶带窜通，形成孔—缝—洞网络系统（图3-86）。

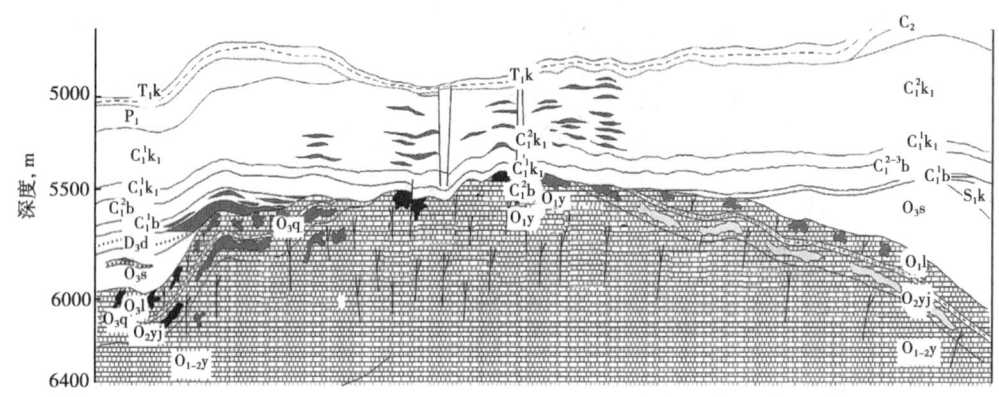

图3-86　塔河油田奥陶系油气藏剖面图，显示孔—洞—缝系统的分布（据中石化西部指挥部，2005）

五、水动力圈闭与水动力油气藏

凡是因水动力或和非渗透性岩层联合封闭，使静水条件下不存在圈闭的地方形成新的油气圈闭，称为水动力圈闭，其中聚集工业规模的烃类流体后，称为水动力油气藏。水动力油气藏是一种特殊的复合油气藏。这类油气藏一般由挠曲或鼻状构造与水动力复合而形成。

在静水条件下，油气藏中的油水界面或气水界面都是水平面，因此在没有闭合度的构造挠曲部位不能形成圈闭。在动水条件下，如果水流的方向是从地层的上倾方向流向地层的下倾方向，则在净浮力与水动力的合力的作用下，油水界面或气水界面将发生倾斜，使本来不具备圈闭条件的构造挠曲形成了圈闭条件，这样的圈闭就是水动力圈闭，其中聚集了油气就是水动力油气藏。

在水动力的作用下，油水、气水界面的倾斜度与水压梯度、流体密度差有着密切关系（图3-87），其关系如下：

$$\tan\theta_{o/w} = \frac{dz}{dl} = \frac{\rho_w}{\rho_w - \rho_o} \cdot \frac{dh}{dl} \tag{3-1}$$

$$\tan\theta_{g/w} = \frac{dz}{dl} = \frac{\rho_w}{\rho_w - \rho_g} \cdot \frac{dh}{dl} \tag{3-2}$$

式中　$\theta_{o/w}$、$\theta_{g/w}$——油水、气水界面的倾斜度；

ρ_w、ρ_o、ρ_g——水、油、气的密度；

dh/dl——水头梯度。

由于石油的密度比天然气的密度大，油水界面的倾角也比气水界面的倾角大。

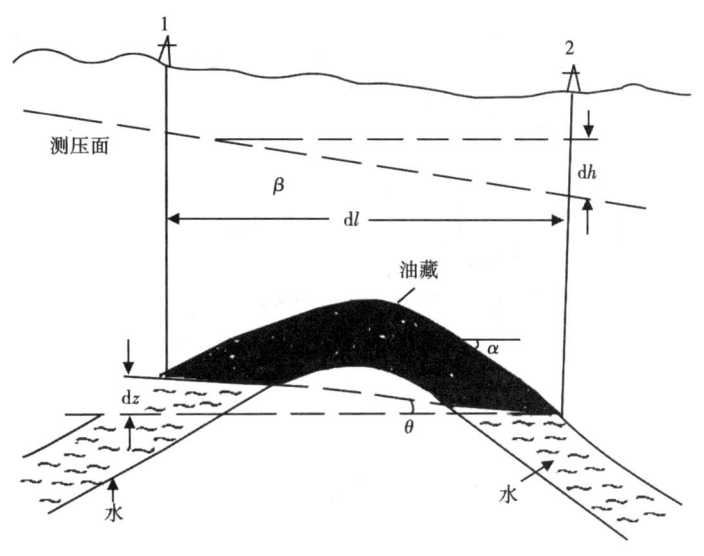

图 3-87 油气藏中油水界面倾角与测势面坡度（水头梯度）关系图（据 A. I. Levorsen，1954）

dl—1、2 号井间的距离；dh—1、2 号井间测压面高差；dz—1、2 号井间油（气）水界面高差；
α—储集层顺水流方向一翼的倾角；β—水压面的倾角；θ—油水界面的倾角

由于油水界面和气水界面的倾斜度不同，因此，在同一水压梯度下，石油和天然气的水动力圈闭的位置也是不同的。若圈闭聚集石油，则向水压降落方向偏移更多，且随水压梯度增大而增大。不过这种偏移是有一定限度的。当油水界面倾角大于背斜顺水压梯度一侧的储集层倾角时，背斜就不能有效地圈闭石油，但仍能成为天然气的圈闭。若气水界面的倾角大于背斜顺水流方向一翼的倾角时，则连天然气也圈闭不住。在这种情况下，石油和天然气都被驱出该背斜，只能在其运移方向的适当部位形成的新圈闭中再聚集成油气藏（图 3-88）。

水动力油气藏最重要的特征，从剖面上看，是油水（或气水）界面是倾斜或弯曲的，呈悬挂式；油水界面在平面上与构造等高线相交，为低油气势区。

美国得克萨斯州的韦特油田（图 3-89）和前苏联索柯洛夫气田下白垩统阿比尔砂岩中的气藏可以作为该类油气藏的实例。索柯洛夫气田阿比尔气层顶面等高线图表现为一北东东向鼻状构造，水压降落方向近南北向，自南向北降落（图 3-90），在鼻状构造轴线偏北的部位形成水动力圈闭。该气藏的水头降落方向与储集层下倾方向并不一致，而且有较大的夹角，仍能形成闭合区。如果两者一致，则可能形成较大的圈闭和气藏。

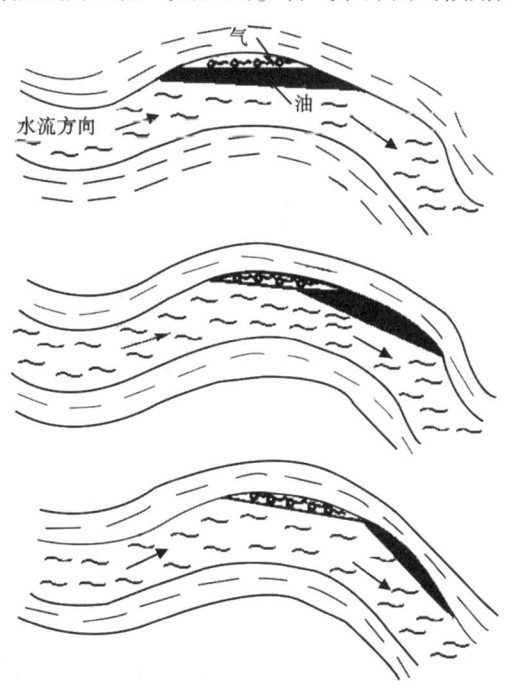

图 3-88 在动水作用下平缓背斜内油气分布情况示意图

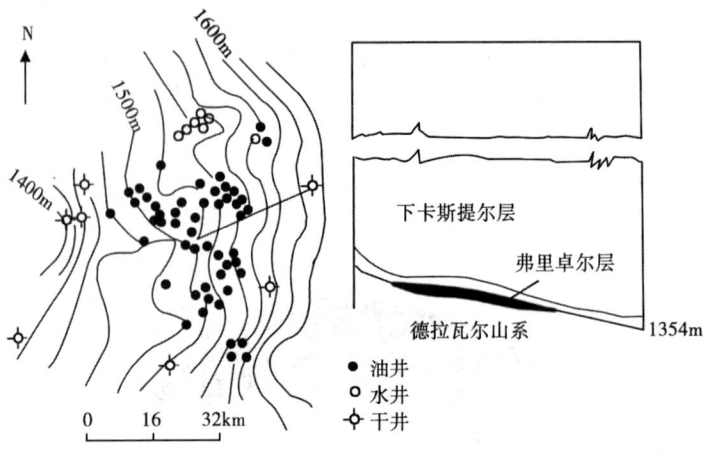

图 3-89 得克萨斯州韦特油田的构造图和横剖面图

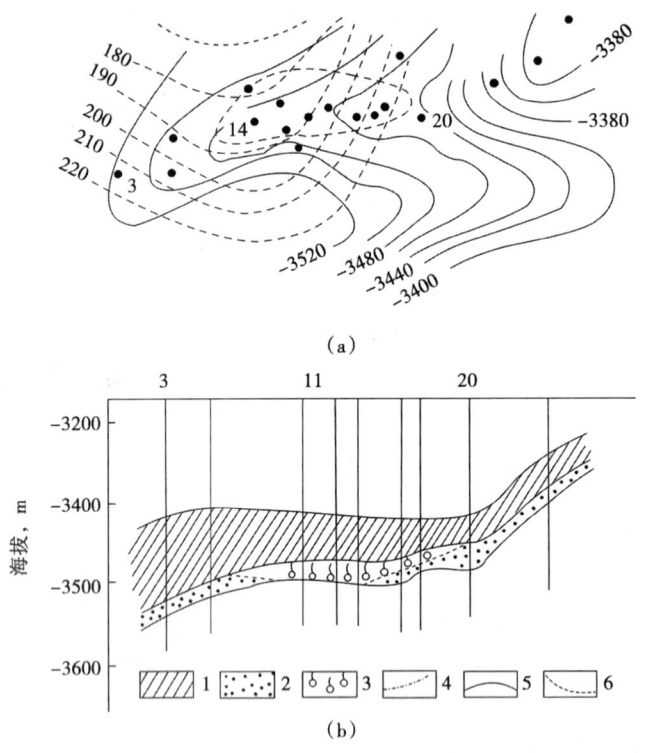

图 3-90 前苏联索柯洛夫鼻状构造型水动力气藏的构造图（a）和剖面图（b）
1—泥岩；2—砂岩；3—气藏；4—气水界线；5—砂层顶面等高线（m）；6—水头等值线（m）

思 考 题

1. 什么是圈闭？什么是圈闭的三要素？圈闭有哪几类遮挡条件？
2. 如何确定背斜圈闭和断层圈闭的溢出点？
3. 什么是油气藏？油气藏有哪些基本特征？

4. 简述圈闭和油气藏按圈闭成因的分类体系。
5. 背斜圈闭有哪些基本类型？简述各类背斜圈闭的形成机理、基本特征和分布规律。
6. 断层圈闭形成的关键因素是什么？简述影响断层封闭性的主要地质因素。
7. 什么是地层圈闭？地层圈闭有哪些基本类型？
8. 古潜山油气藏与基岩内幕油气藏有何区别？
9. 什么是岩性圈闭和岩性油气藏？不同类型岩性圈闭各形成于何种构造和沉积环境？
10. 成岩后生圈闭有哪些类型？如何形成？
11. 生物礁相各亚相有何特点？简述海退与海进环境中生物礁圈闭的形成过程。
12. 简述致密储集层圈闭的形成机理。
13. 简述致密砂岩油气藏的基本特征、形成条件和分布规律。
14. 简述页岩油藏和页岩气藏的基本特征和富集因素。
15. 简述煤层气藏的基本特征和富集因素。

第四章 石油和天然气的生成与烃源岩

在前面几章已经介绍了地下的油气、油气的储集层和盖层，以及油气在地下的聚集形式——油气藏。实际上，现在发现油气的地方往往并不是它们生成的地方，那么油气是在什么地方生成的呢？它们又是如何生成的呢？这就是本章要解决的问题。在绪论中已经指出，石油和天然气的成因问题是石油地质学的三大理论课题之一，同时也是历史上自然科学界长期争论的一个课题，并且直到目前为止，仍存在一定的争议。地壳上生成的石油和天然气是形成油气藏的物质基础。掌握油气生成的规律，是认识油气藏形成及分布规律的前提，也是确定油气勘探方向、有效部署油气勘探工作的基础。所以，正确解决油气成因问题有着重要的理论意义和实际意义。

油气的生成不能脱离周围的自然环境，无论是自然界的各种有机物和无机物，还是所处的物理、化学、生物及地质条件，都对油气的生成起着重要作用。因此，油气成因问题不能脱离其他学科孤立地研究，它与物理学、化学、生物学和相关的地质学科有密切关系。

本章将在简略介绍油气成因理论发展概况的基础上，重点阐述现代油气成因理论，然后对沉积盆地中生成油气的岩石——烃源岩及其基本特征进行阐述。

第一节 油气成因理论发展概况

石油和天然气的成因问题是石油地质学的主要研究课题之一，也是自然科学领域中争论最激烈的一个重大研究课题。解决了这个问题，有助于提高人们对客观世界的正确认识。多年来，这一问题一直吸引着国内外地质学家、生物化学家和地球化学家。

人类对石油和天然气成因的认识，是在整个自然科学迅速发展的推动下，在油气勘探和开发实践过程中逐步加深的。由于石油、天然气的化学成分比较复杂，又是流体，现在找到油气的地方一般不是油气生成的地方，这就为研究油气成因问题带来了许多复杂性。因此，长期以来，关于生油原始物质、油气生成条件和油气生成过程等，都有过许多激烈的争论。

19 世纪 70 年代以来，对油气成因问题的认识基本上可归纳为无机生成和有机生成两大学派。前者认为石油及天然气是在地下深处高温、高压条件下由无机物合成的；后者主张油气是在地质历史上由分散在沉积岩中的动物、植物等有机物质生成的。人们根据当时实验室研究的证据，结合油气勘探和开采中所取得的资料进行地质推论，产生了各种假说。

一、无机成因说

在石油工业发展早期，人们从纯化学角度出发，认为石油是无机成因的。早期的油气无机成因理论归纳起来有以下几种。

（一）碳化物说

碳化物说由俄国著名化学家 Д. И. 门捷列夫于 1876 年提出。他认为在地球内部水与金属碳化物相互作用，可以产生碳氢化合物：

$$3Fe_mC_n+4mH_2O \longrightarrow mFe_3O_4+C_{3n}H_{8m}$$

碳化物说认为，在地球形成时期，温度很高，使碳和铁变为液态，互相作用而形成碳化铁。由于它们密度较大，被保存在地球深处。后来，地表水沿地壳断裂向下渗透，与碳化铁作用产生碳氢化合物，后者又沿着断裂上升到地壳的冷却部分。有些碳氢化合物浸透了岩石，形成油页岩、藻煤及其他含沥青岩石；有些碳氢化合物在地表附近受到氧化，形成地沥青等产物；如果碳氢化合物上升到地壳比较冷却的部分，冷凝下来形成石油，并在孔隙性岩层中聚集便可形成油藏。

（二）宇宙说

宇宙说是由俄国学者 B. Д. 索可洛夫于 1889 年 10 月 3 日在莫斯科自然科学研究者协会年会上首次提出的。宇宙说主张在地球呈熔融状态时，碳氢化合物就包含在它的气圈中；随着地球冷凝，碳氢化合物被冷凝岩浆吸收，最后，它们凝结于地壳中而成石油。宇宙说的基本论点为：

（1）在天体中碳和氢的储量很大，因此同样可以假设这些元素在地球上也很丰富。

（2）由碳、氢合成碳氢化合物，出现在天体发展的早期阶段。甲烷可按下列方式生成：

$$CO+3H_2 \longleftrightarrow CH_4+H_2O$$

$$CO_2+4H_2 \longleftrightarrow CH_4+2H_2O$$

（3）同其他天体一样，地球上形成的碳氢化合物后来为岩浆所吸收。

（4）当岩浆进一步冷却和紧缩，包含在其中的碳氢化合物就沿断裂或裂隙分离出来。

由于上述假说在当时缺乏实际证据，在 20 世纪几乎被人们所遗忘。但在近年来，宇航技术和宇宙化学的发展表明，在太阳系某些星球的大气中，其主要成分为甲烷，这从一个侧面说明了太阳系星球中碳氢化合物宇宙成因的可能性，这就是现代的宇宙说（戴金星，1995）。

（三）岩浆说

1949 年 10 月 3 日，在发表宇宙说 60 周年纪念日的同一讲坛上，苏联学者库得梁采夫提出了石油起源岩浆说，并且强调要发扬几乎被遗忘了的宇宙说，于是又引起了石油成因两大学派的激烈论争。

库得梁采夫首先提到在许多天体上存在碳氢化合物、泥火山重复喷发、在地球上所谓烃源岩之下的岩浆岩和变质岩中形成和存在油气藏等都是无机成因说的论据。他认为石油的生成同基性岩浆冷却时碳氢化合物的合成有关。这个过程是在高压条件下完成的，因而可以促使不饱和碳氢化合物聚合而成饱和碳氢化合物。

他还指出，因为岩浆中形成石油的过程在不断进行着，古老的油气通过扩散作用早已逸散消失，所以，所有的油藏，包括寒武系中的油藏，都是年轻的油藏；并且，依靠石油才在地球上产生了生物，石油中含有生物所需要的一切化学元素，因此，石油不是来自有机物质，恰好相反，有机物质却是来源于石油。

（四）高温生成说

切卡留克（Э. Б. Чекалюк，1971）根据合成金刚石的实验，用装满矿物混合物（方解石、石英、六水泻盐等）代替石墨反应器，在高压 6000~7000MPa 和高温 1800K 下，几分钟后由反应器中分离出易挥发组分，包括甲烷、乙烷、丙烷、丁烷、戊烷、己烷及少许庚烷。他从而认为在深约 150km 的上地幔古登堡（Гутенберг）层内，在温度超过 1500K、压力达 500MPa 情况下，由于有 FeO 及 Fe_3O_4 的参与，H_2O 与 CO_2 还原而成烃类。在强烈褶皱作用时，深部石油进入地壳沉积岩，并由低分子烃转化为高分子烃及环状烃。

（五）费托合成说

费托合成是 20 世纪 20 年代德国科学家 Trans Fischer 和 Hans Tropsch 的一项发明，即将一氧化碳和氢合成为烷烃：

$$(2n+1)H_2 + nCO \rightarrow C_nH_{2n+2} + nH_2O$$

在第二次世界大战期间，德国用费托合成生产了战争用油的 9%。目前，费托合成也是煤制油的主要工艺之一。但是，对于在自然界是否存在费托合成反应生成石油的过程一直存在争论。

切卡留克（1966，1967，1971）提出橄榄石的蛇纹石化是自然界模拟费托合成的例子。他发现某些油田的石油储集在蛇纹岩及强烈蛇纹岩化的橄榄岩中，例如前苏联伏尔加—乌拉尔油区的巴依土冈和丘波夫油田。由此，他提出橄榄石的蛇纹石化作用可以产生烃类：

$$3(Fe, Mg)_2 \cdot SiO_4 + 7H_2O + SiO_2 + 3CO_2 \rightleftharpoons 2Mg_3(OH)_4 \cdot Si_2O_5 + 3Fe_2O_3 + C_3H_6$$

橄榄石的蛇纹石化作用发生在埋深 22~40km 的地壳玄武岩层底，是橄榄岩同 12~22km 深处的深水圈层接触的结果。这种接触发生在地壳深坳陷，由于延伸扩张、裂开，水沿萌芽状态的断裂进入橄榄岩发育带，生成烃类又沿着断裂进入沉积岩。

上述关于石油的无机成因假说一般缺乏来自油气勘探实践的证据的支持，对 150 多年来的勘探实践也从未起到重要的指导作用，始终未成为石油成因的主流学说。尽管如此，目前仍有少数学者在进行石油无机成因的研究（张景廉，2013）。无机成因天然气的存在已经被勘探实践所证实，在我国及世界一些盆地均发现了一些无机成因的天然气聚集（主要是 CO_2 气，也有少量烃类气体），天然气的无机成因具有一定的科学性。

二、有机成因说

油气勘探实践和科学技术的进步促进了人们对油气成因认识的深入。随着世界油气勘探实践的丰富和发现的油气越来越多，人们越来越发现无机成因的观点很难解释油气分布上的一些事实。这些事实包括：

（1）世界上已经发现的油气田 99.9% 都分布在沉积岩中。无论是在海相沉积盆地中，还是在陆相沉积盆地中，都发现了大油气田。而在与沉积岩无关的地盾和巨大结晶基岩突起发育区没有找到油气聚集，例如加拿大、阿非利加、澳大利亚等地盾本部。

（2）从前寒武纪至第四纪更新世的各时代岩层中都找到了石油。如在我国渤海湾盆地冀中坳陷任丘油田的原油主要产自中—新元古界雾迷山组白云岩中；委内瑞拉东部夸仑夸尔油田和美国加利福尼亚州夏陆油田都有上新世和更新世地层中的工业油藏。但是，石油和天然气在地质时代上的分布很不均衡，这与沉积岩中有机质的分布状况相吻合，并且同煤、油页岩等可燃有机矿产的时代分布也有一定关系。

（3）世界上既没有化学成分完全相同的两种石油，也没有成分完全不同的石油。石油是由多种碳氢化合物组成的非常复杂的混合物。较老的古生代石油多为烷烃类，而年轻的古近—新近纪石油成分则以环烷烃类为主；但是，大多数石油的化学组成十分相似，按重量计算，含碳 80%~88%、含氢 10%~14%。所以，石油的相似性是主要的，这正好说明它们的成因可能大致相同，而它们在成分上的差异性则可能与原始生油物质和生成环境的不尽相同、油气生成后经历的变化有关。

（4）光谱分析证明，中—新生代石油的灰分以氧化铁为主（低于70%），古生代石油的灰分则主要含氧化钒和氧化镍（低于60%~80%）。将石油灰分与岩石圈的成分比较，可见石油中大大富集了几种元素：钒是岩石圈中含量的2000倍；镍是岩石圈中含量的1000倍；铜是岩石圈中含量的50倍；钴是岩石圈中含量的30倍。石油灰分中甚至还富集了铅、锡、锌、银等元素。而在石油与煤的灰分对比中发现，沉积岩的基本元素富集系数都在1~5以下，但钒、镍、铜、钴、铅、锡、锌、钡、银等稀有元素的富集系数却都超过10~1000；这种吻合现象可能正说明煤和石油在成因上是相似的。煤是有机成因的已是公认的事实，所以石油可能也是有机成因的。

（5）从大量油田测试结果可知：油层温度很少超过100℃，有些深部油层温度可以高达150℃。在所有石油中，轻质芳香烃含量二甲苯>甲苯>苯；而当温度增加到700℃时，这种关系就会急剧发生逆向变化。此外，石油所含卟啉化合物、石油旋光性，以及环己烷、环戊烷与其同系物之间存在的一定关系都证明石油是在低温条件下生成的，而不是高温高压条件下合成的。

（6）由前所述，上新世至更新世地层中发现商业油藏，表明生成石油并聚集成油藏所需的时间大约不到一百万年。在委内瑞拉东部佩德纳尔斯有一个厚约6m的砂层被封闭在约61m厚的帕里亚黏土层中，其中所含烃类浓度比周围的黏土层或连到地面的砂岩高出4倍。用^{14}C测定整个帕里亚层的沉积不到1万年，而所封闭的砂层沉积只有5000年左右。在砂层中平均含烃浓度约为150g/t，减去整个地层平均含烃量25g/t，剩下的125g/t就是在砂层沉积后聚集起来的；换言之，平均每年增加0.025g/t。依此类推，只要一百万年就可聚集成一个丰富的油田了。

（7）我国石油地质工作者对青海湖及洞庭湖，美国P.V.史密斯对墨西哥湾，G.T.菲利波对加利福尼亚滨外大陆架，苏联B.B.维别尔和A.H.高尔斯卡娅对里海、黑海及谢万湖近代沉积物的研究成果表明，在近代沉积物中确实存在着油气生成过程，至今还在进行着，而且生成的油气数量也很可观。这也为油气有机成因学说提供了有力的科学依据。

（8）我国和世界其他国家的研究人员在实验室对从沉积岩中分离出来的有机物质加热，生成了与石油类似的物质。由此证明，对有机物质加热可以生成石油。

上述重要事实的存在大大促进了石油有机生成理论的发展；特别是近代物理学、化学、生物学及地质学等基础理论科学领域的辉煌成就，色谱、光谱、质谱、电子显微镜和同位素分析等先进技术的广泛采用，为应用有机地球化学知识来解决油气成因问题创造了良好条件，推动了对近代沉积物和古代沉积岩中烃类生成过程的研究，将今论古，使石油有机生成的现代科学理论日趋完善。

回顾石油有机成因说的发展历史，有机成因说是与无机成因说在19世纪同时提出的，当时有所谓的"动物说"和"植物说"等古典有机成因说。但具有实际意义的有机成因说主要有早期成因说与晚期成因说两种观点。

早期成因说主张沉积物所含原始有机质在成岩作用的早期逐步转化为石油和天然气，并运移到邻近的储集层中形成油气藏。这一假说主要在20世纪前50年占主导地位。

晚期成因说认为沉积物埋藏到较大深度，到了成岩作用晚期或后生作用初期，沉积岩中的不溶有机质（称为干酪根）在温度的作用下达到成熟，通过热降（裂）解生成大量液态石油和天然气。因此，晚期成因说也称为干酪根热降解生烃学说。

20世纪70年代初,以法国著名地球化学家B. P. Tissot等为代表的科学家综合归纳前人的研究成果,建立了干酪根热降解生烃演化模式,提出并完善了干酪根热降解生烃学说,揭示了油气形成、演化与分布规律,这些新进展完善了油气有机成因说。干酪根热降解生烃学说是当代指导油气勘探的主要油气成因理论,并在油气勘探实践中取得了巨大成功。

但是,原始有机质从沉积、埋藏到石油和天然气的生成经历了一个逐渐演化的过程,不能因晚期生油说的卓越贡献而完全排斥早期生油的可能性。在干酪根晚期生烃理论广泛为国际石油界所接受的同时,在世界上许多国家的油气勘探实践中,不断发现有"未—低成熟"石油的存在,即在晚期生烃理论中根本不具备成熟烃源岩的地区发现了石油,甚至在发育"未—低成熟"烃源岩的地区已探明的石油储量超过成熟烃源岩的可能生油量。这表明,自然界中确实还存在相当数量的各类早期生成的油气资源。晚期成因说与早期成因说相互统一与相互补充,已形成了一个比较完善的有机生油理论。

石油和天然气的成因是一个非常复杂的理论问题,尽管目前油气有机成因理论日臻完善,在油气勘探实践中发挥重要的作用,但并不能由此否定油气无机成因说的科学价值。近20多年来,宇宙化学和地球形成新理论的兴起、板块构造理论的发展和应用、同位素地球化学研究的深入,为油气无机成因说提供了理论依据。

按照现在的油气成因理论,石油主要是有机成因的,天然气大部分是有机成因的,但不排除相当一部分天然气是无机成因的。但无论是油气有机成因说,还是无机成因说,都还有许多问题尚待进一步深入研究,诸如地球深部和宇宙空间烃类的成因及分布、各种原始物质(包括有机物与无机物)转化为油气的详细机理、不同原始物质生成的石油或天然气有哪些特征等问题。相信随着现代科学技术和实验手段的发展,油气成因理论的科学研究必将更加完善,油气无机成因和有机成因理论的发展将会对世界油气勘探事业做出更大的贡献。

由于目前能够指导油气勘探的油气成因理论是有机生烃理论,因此本章主要阐述当代油气有机成因理论的基本内容,包括油气生成的原始物质、油气生成的作用机理、油气生成的基本过程和模式;在此基础上,进一步阐述天然气生成的特点和烃源岩的基本特征。

第二节 油气生成的物质基础

根据油气有机成因理论,石油和天然气来源于有机物质。晚期成因说认为,生成油气的原始物质是沉积岩中的那些不溶于有机溶剂的分散有机质——干酪根,而干酪根是原始有机质在成岩作用阶段经过生物化学作用和缩聚作用形成的。

一、原始有机质及其化学组成

细菌、浮游植物、浮游动物和高等植物是沉积物(岩)中有机质的主要供应者。在不同沉积环境中,不同类别生物体的天然组合决定了沉积物(岩)中有机质的组成和类型。这些原始沉积有机质主要由类脂化合物、蛋白质、碳水化合物以及木质素等生物化学聚合物组成,它们都具有比较复杂的化学结构(图4-1)。下面简要介绍这些化合物的组成和分布特征。

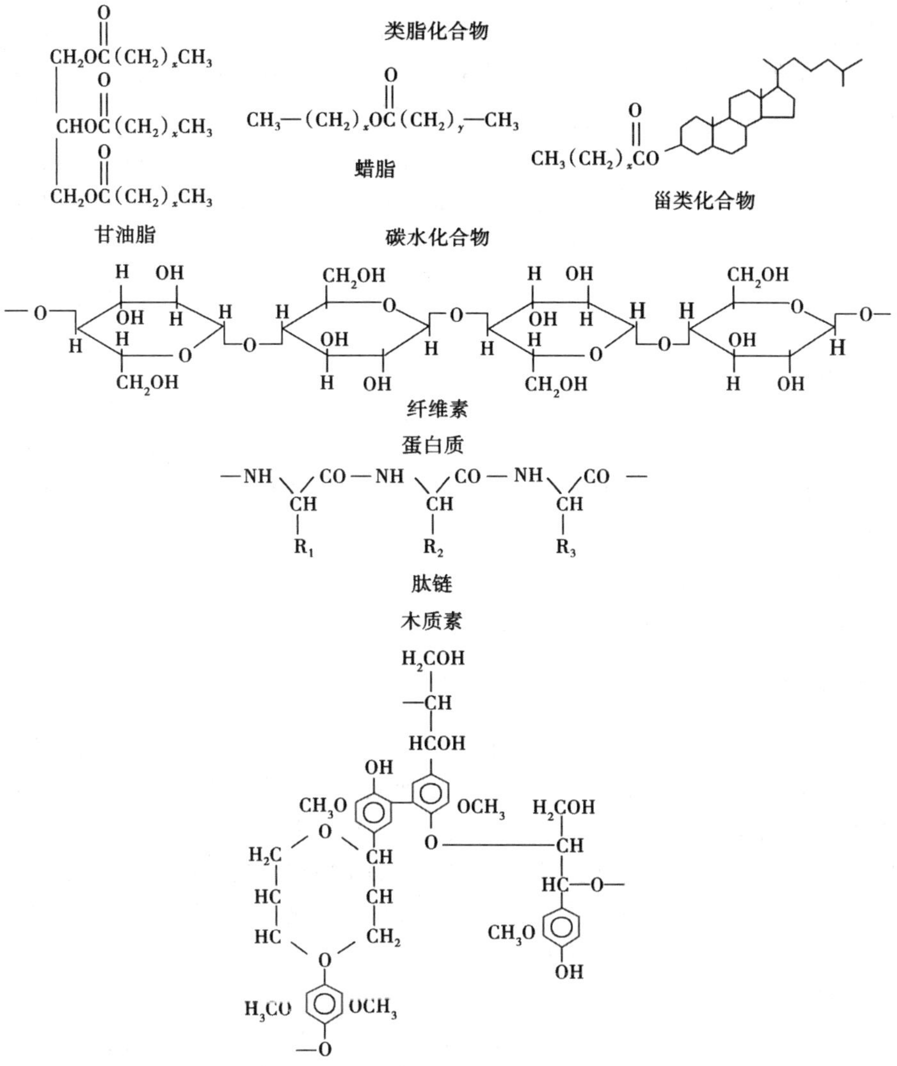

图 4-1 若干生物化学聚合物的结构示意图（据 A. Y. Huc, 1980）

（一）类脂化合物

类脂化合物又称脂类，是生物体在维持其生命活动中不可缺少的物质之一，主要包括一些化学结构与油脂不同，但物态和物理性质与其相似的化合物，如磷脂、甾类和萜类等。它们尽管化学组成千差万别，但却具有共同的特性，即不溶于水而溶于低极性的有机溶剂。动植物中的油脂是最重要的脂类，油脂大量分布于动物皮下组织与植物的孢子、种子、果实中。细菌和藻类也含有丰富的脂类。此外，脂类还有角质、孢粉质等，它们存在于高等植物中。

（二）蛋白质

蛋白质是生物体中一切组织的基本组成部分，是生物体赖以生存的物质基础。在生物体的细胞中，除水外，80%以上的物质为蛋白质。蛋白质约占动物干重的50%，同时它是生物体中含氮化合物的主要成分。据统计，地球表面每年合成的有机质中，蛋白质占 1/3~1/4。但在沉积岩中却很少发现完整的蛋白质，这是由于蛋白质是一种性质不稳定的有机化合物，在酸、碱或酶的作用下易发生水解，形成氨基酸而被破坏。

（三）碳水化合物

碳水化合物又称糖类，是自然界中分布极广的有机物质，也是一切生物体的重要组成之一。几乎所有的动物、植物、微生物体都含有碳水化合物，在植物中含量最多。碳水化合物的元素组成为碳、氢和氧。碳水化合物按其水解产物可分为单糖、双糖和多糖。多糖是天然高分子化合物，在自然界分布很广，一般不溶于水，个别能在水中形成胶体溶液。植物中的纤维素、淀粉、树胶，动物体内的糖原，昆虫的甲壳等都由多糖构成。多糖中对沉积有机质最有意义的是纤维素。通常，纤维素、半纤维素和木质素总是同时存在于植物的细胞壁中，构成植物支撑组织的基础。在藻类、放射虫等低等水生生物中没有或很少有纤维素，但有类似的藻酸、果胶等。

（四）木质素和丹宁

木质素和丹宁都具有芳香结构的特征。木质素是植物细胞壁的主要成分，在高等植物中可由芳香醇脱水缩合而成。木质素的性质十分稳定，不易水解，但可被氧化成芳香酸和脂肪酸。在缺氧水体中，在水和微生物的作用下，木质素可分解与其他化合物生成腐殖质。

丹宁的组织和特征介于木质素与纤维素之间，主要出现在高等植物中。

此外，还有一系列酚类和芳香酸及其衍生物广泛分布在植物中。它们是沉积有机质中芳香结构的主要来源，也是成煤的重要有机组分。

二、干酪根

石油及天然气来源于沉积有机质。早在古生代以前，地球上就出现了生物，随着地质历史的进展，生物广泛地发育和繁衍起来，现在地球上动物、植物种类繁多，数量很大，化学成分异常复杂。大量动物、植物死亡后，多遭氧化破坏，但仍有一部分有机质在适宜的条件下在沉积物（岩）中保存下来，这部分有机质就是所谓的沉积有机质。沉积物（岩）中的沉积有机质在埋藏过程中经历了复杂的生物化学及化学变化，通过腐泥化及腐殖化过程形成了干酪根，成为生成石油及天然气的母质。

（一）干酪根的定义

干酪根（kerogen）一词最初被用来描述苏格兰油页岩中的有机质，这种有机质经蒸馏后能产出似蜡质的黏稠石油，但不同学者对干酪根的定义有所不同。Hunt（1979）将干酪根定义为沉积岩中所有不溶于非氧化性的酸、碱和非极性有机溶剂的分散有机质；Durand（1980）也对干酪根下过定义，他将干酪根定义为不溶于一般有机溶剂的沉积有机质。Durand（1980）的定义与Hunt（1979）的定义的不同之处在于，Durand的定义中把现代沉积物中的腐殖质也包括进去了。实际上，腐殖质与干酪根的区别是前者含有大量的可水解的有机组分，它是干酪根的早期形式，但不是干酪根。

Hunt（1979）对干酪根的定义也有一定的局限性，它仅包括了沉积岩中以分散状态存在的不溶有机质。但近年来煤成油的大量研究成果表明，煤中以集中状态存在的有机质不仅可以生成天然气，在一定条件下也可以生成具有商业价值的石油。因此，本书将干酪根定义为沉积岩中所有不溶于非氧化性的酸、碱和非极性有机溶剂的有机质，既包括以分散状态存在于沉积岩中的不溶有机质，也包括以集中状态存在于煤中的不溶有机质。

实际上，沉积岩中的有机质根据是否溶解于有机溶剂可以划分为两部分。其中，可以溶解于有机溶剂的部分为可溶有机质，一般称为沥青（bitumen）；不溶于有机溶剂的部分即为干酪根（图4-2）。

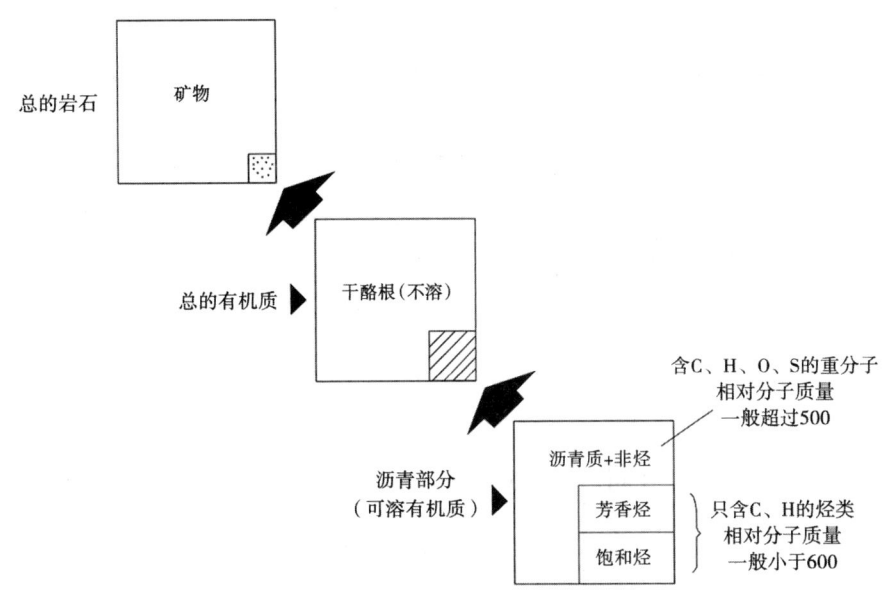

图 4-2 沉积岩中有机质的构成（据 Tissot 和 Welte，1978）

（二）干酪根的成分

干酪根是沉积岩中有机质的主体，约占总有机质的 80%~90%。Hunt（1979）认为，80%~95%的石油烃是由干酪根生成的。Durand 等（1980）估计在沉积岩中，干酪根总量约比化石燃料资源总量大 1000 倍，所以，人们日益认识到研究干酪根的重要性。

干酪根的成分十分复杂。不同干酪根的来源和经历千差万别，其成分也不相同。国内外研究表明，干酪根是一种相对分子质量高的聚合物，没有固定的化学成分，主要由 C、H、O 和少量 S、N 组成。Durand 等（1980）根据世界各地 440 个干酪根样品的元素分析结果，将质量百分含量综合表示，如图 4-3 所示。图中显示出 5 种元素的相对分布、平均值及变化范围，各种元素的平均含量为：C 占 76.4%，H 占 6.3%，O 占 11.1%。三者共占 93.8%，是干酪根的主要成分。

（三）干酪根的显微组分

显微组分是煤岩学的术语，现在也用来研究干酪根。它是用光学方法研究干酪根时对干酪根组分形态进行的描述。在反射光下（显微光度计）观察干酪根的显微结构，可以鉴别出 4 种形态的显微组分。

腐泥组：主要包括无定形体和藻类体，是富氢组分。无定形体是没有固定形态和结构的有机组分，呈不规则的团块、絮状和云雾状结构，是水生生物（藻类）彻底分解的产物。藻类体是具有藻的结构的有机组分，主要来源于藻类。

壳质组：主要来源于植物的孢子、角质、表皮组织、树脂、蜡质等，包括孢子体、角质体、树脂体和木栓质体，也是富氢组分。

镜质组：是植物的茎、叶和木质纤维经过凝胶化作用形成的各种凝胶体。镜质组是富氧组分。

惰质组：是一种丝炭化组分，由木质纤维素经丝炭化作用而形成。惰质组属稳定的不活泼组分，富含氧。

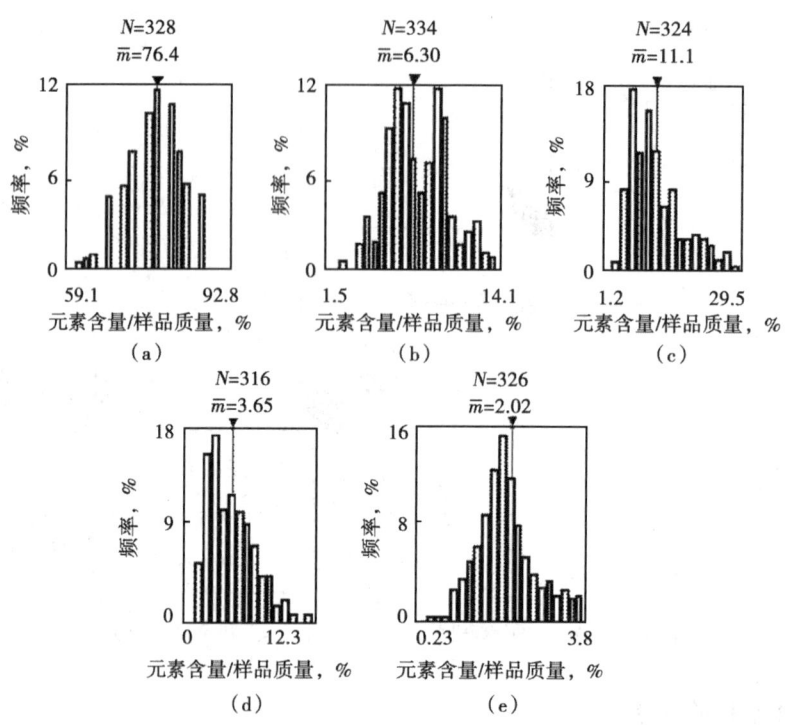

图 4-3 干酪根的元素含量分布（据 B. Durand 和 J. C. Monin, 1980, 有修改）
N—样品数；$\bar{m}$—平均值；(a) 碳含量分布；(b) 氢含量分布；(c) 氧含量分布；
(d) 有机硫含量分布；(e) 氮含量分布

（四）干酪根的结构

同成分类似，由于干酪根来源及后期演化历史的不同，其结构也十分复杂。不同来源与演化程度的干酪根的结构也千差万别，没有固定的结构表达式。20 世纪 80 年代以来，人们通过对干酪根进行高温热解或低温降解，使其成为相对分子质量低的产物，然后用现代分析技术鉴定出它们含有活有机体中的全套有机结构，包括萜类、甾族、卟啉、氨基酸、糖、羧酸、酮、醇、烯烃和醚桥。

对干酪根的结构研究最详细的是美国尤因塔盆地古近系始新统绿河页岩和爱沙尼亚奥陶系 Kukersite 油页岩。尤其前者曾经美国、英国、法国等国学者用不同方法加以研究，获得了类似结论：绿河页岩干酪根中含脂肪族化合物很多，环状化合物占优势；结构呈三维网状系统，由链状桥所交联的多个核被桥键和各种官能团连接而成。图 4-4 为 B. P. Tissot 等 (1978) 提出的绿河页岩干酪根结构示意图。

爱沙尼亚奥陶系 Kukersite 油页岩被视为腐泥煤。A. S. Fomina (1975) 在 50℃ 下用碱性高锰酸盐氧化 Kukersite 油页岩干酪根，得到许多酸性产物：α, ω-二羧酸 $C_4 \sim C_{18}$、α-甲基二羧酸 $C_5 \sim C_{18}$、饱和三羧酸 $C_6 \sim C_{17}$、正构单羧酸 $C_2 \sim C_{26}$、异构单羧酸 $C_7 \sim C_{19}$、苯基羧酸 $C_8 \sim C_{11}$、对苯二酸等；芳香烃产物很少，不到干酪根总碳数的 1%。所以，他设想 Kukersite 油页岩干酪根可能 70% 左右由脂肪族结构组成，且 40% 烃类呈直链状。

我国黄县褐煤有机质的结构与绿河干酪根及腐泥煤的结构不同。据秦匡宗等 (1990) 的研究，黄县褐煤的主要结构参数为：芳碳率 0.59；芳氢率 0.21；芳族取代率 0.54；芳族

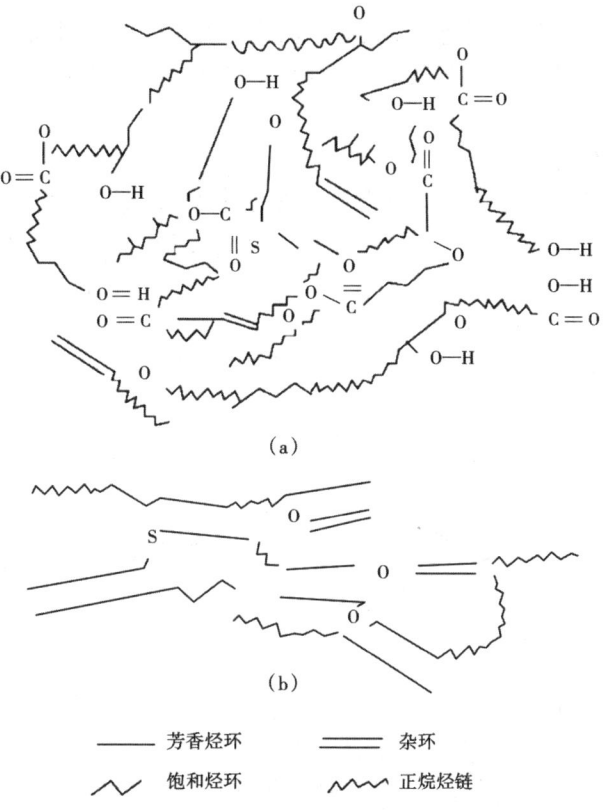

图 4-4 绿河页岩干酪根结构图解（据 B. P. Tissot 等，1978）
(a) 微弱演化；(b) 强烈演化

内平均环数 2。以 100 个碳原子为基准，结合元素分析，其化学结构式为 $C_{100}H_{102}O_{24}N_2S$，杂原子氮与硫均以杂环状态存在，其结构模型可由图 4-5 表示。

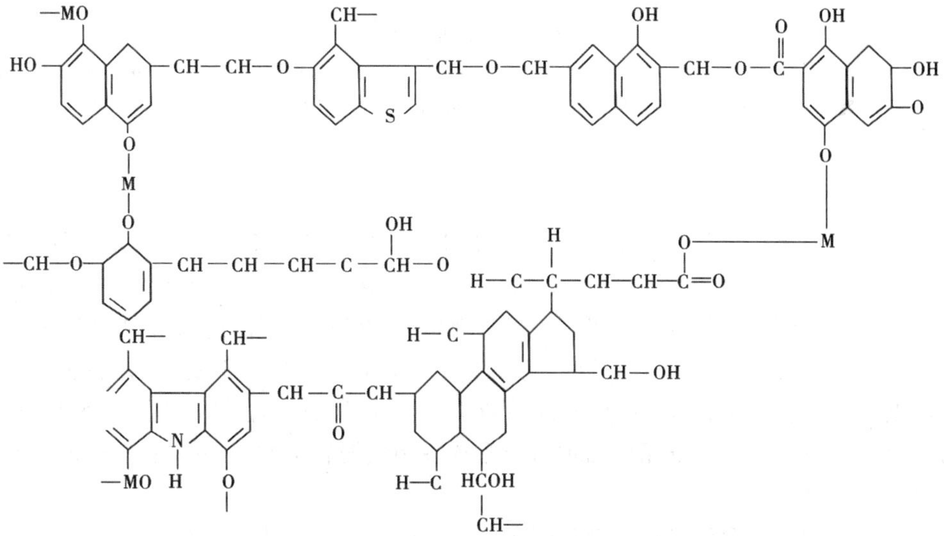

图 4-5 黄县褐煤有机质结构模型（据秦匡宗等，1990）

由此可见，不同干酪根的化学结构具有显著差别。但总的来讲，干酪根属于三维网状结构，由被链状桥键和各种官能团连接着的多个具有芳香结构的核组成，核上连接着数量不等的具有脂肪族结构的支链，不同来源和后期经历不同演化过程的干酪根中所含的芳香结构和脂肪族链状结构的比例不同。

（五）干酪根的类型

在不同沉积环境中，由不同来源有机质形成的干酪根的成分和结构有很大差别，这直接影响干酪根生油、生气的能力。根据干酪根的成分，主要是其中 C、H、O 三种主要元素的组成，可以对干酪根进行分类。

法国石油研究院根据不同来源的 390 个干酪根样品的 C、H、O 元素分析结果，利用范·克雷维伦（D. W. Vankrevelen）图解，将干酪根划分为三种主要类型（图 4-6）。

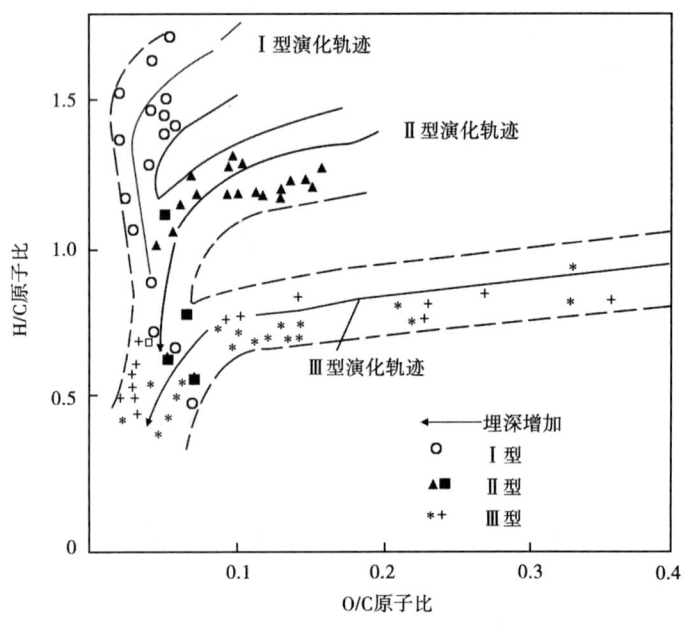

图 4-6　不同来源干酪根的元素分析图解

○—美国尤因塔盆地绿河页岩（据 B. P. Tissot 等, 1978）；▲—法国巴黎盆地下托尔阶页岩（据 B. Durand 等, 1972）；■—德国里阿斯期波西多尼希费组（据 B. Durand）；*—喀麦隆杜阿拉盆地洛格巴巴页岩（据 B. Durand 等, 1976）；+—腐殖煤（据 B. Durand 等, 1977）

1. Ⅰ型干酪根

Ⅰ型干酪根原始氢含量高，氧含量低，H/C 原子比介于 1.25~1.75，O/C 原子比介于 0.026~0.12。Ⅰ型干酪根在结构上以含脂肪族直链结构为主，多环芳香结构及含氧官能团很少。它主要来自藻类堆积物，也可以是各种有机质被细菌强烈改造留下原始物质的类脂化合物馏分和细菌的类脂化合物。Ⅰ型干酪根生油气潜能大，相当于浅层未成熟样品重量的 80% 都可以转化为油气。美国尤因塔盆地始新统绿河页岩、我国松辽盆地下白垩统青山口组一段和嫩江组一段泥岩、我国泌阳盆地古近系核桃园组泥岩中的干酪根皆属此类。

2. Ⅱ型干酪根

Ⅱ型干酪根原始氢含量较高，但稍低于Ⅰ型干酪根，H/C 原子比介于 0.65~1.25，O/C 原子比介于 0.04~0.13。Ⅱ型干酪根在结构上属高度饱和的多环碳骨架，富含中等长度直链结构和环状结构，也含多环芳香结构及杂原子官能团。Ⅱ型干酪根主要来源于浮游生物（以浮游植物为主）和微生物的混合物，生油气潜能中等。例如法国巴黎盆地侏罗系下托尔阶页岩经热解后，产物约为有机质原始重量的60%；北非志留系、中东白垩系、西加拿大泥盆系以及我国东营凹陷古近系沙三段的干酪根均属此类。

3. Ⅲ型干酪根

Ⅲ型干酪根原始氢含量低，氧含量高，H/C原子比介于0.46~0.93，O/C原子比介于0.05~0.30。Ⅲ型干酪根在结构上以含多环芳香结构及含氧官能团为主，脂肪族链状结构很少，且被连接在多环网格结构上。Ⅲ型干酪根主要来源于陆地高等植物，含可鉴别的植物碎屑很多。Ⅲ型干酪根热解时可生成30%产物，与Ⅰ、Ⅱ型干酪根相比，其生油能力较差，但埋藏到足够深度时，可以生成天然气。喀麦隆杜阿拉盆地上白垩统及我国塔里木盆地库车坳陷侏罗系的干酪根属此类。

实际上，干酪根的三种类型是人为划分的，在自然界由于干酪根来源和演化的复杂性，干酪根的类型是逐渐过渡和连续变化的。为了应用上的方便，在我国对干酪根的类型划分还有四分法和五分法。四分法是将Ⅱ型干酪根进一步划分为两个亚类，称为$Ⅱ_1$型和$Ⅱ_2$型（杨万里等，1981），因此四分法将干酪根划分为Ⅰ型、$Ⅱ_1$型、$Ⅱ_2$型和Ⅲ型（图4-7）。五分法以黄第藩等（1984）、胡见义和黄第藩等（1991）为代表，分别将Ⅰ型和Ⅲ型细分两个亚类，分别称为$Ⅰ_1$、$Ⅰ_2$和$Ⅲ_1$、$Ⅲ_2$，因此五分法将干酪根划分为$Ⅰ_1$型、$Ⅰ_2$型、Ⅱ型、$Ⅲ_1$型和$Ⅲ_2$型（图4-8）。这两种划分方案在我国石油地质学界都有广泛应用。

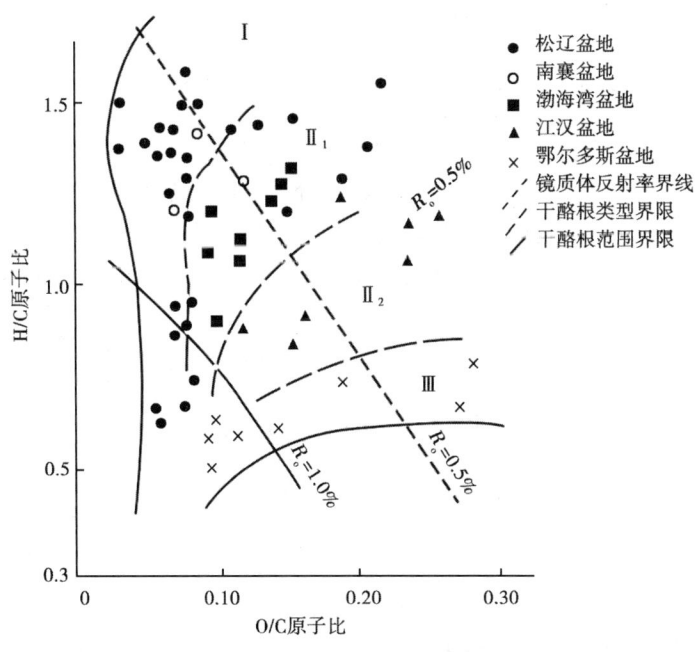

图4-7 干酪根类型的四分标准（据杨万里等，1981）

（六）干酪根的形成和演化

干酪根的形成过程实际上从生物体死亡后开始埋藏就已开始了。这时有机组织开始发生化学及生物降解和转化，结构规则的大分子生物聚合物（如蛋白质、碳水化合物等）部分或完全被分解，形成一些单体分子，它们或遭破坏，或构成新的地质聚合物，这是通过腐泥化或腐

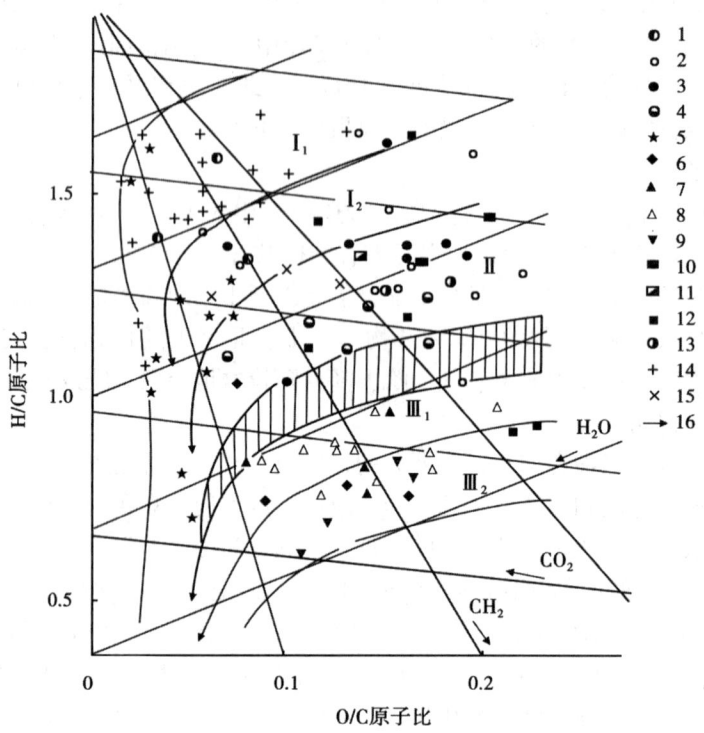

图 4-8 干酪根的五分法分类标准（据胡见义和黄第藩等，1991）
1—大庆；2—南阳；3—泌阳；4—廊固；5—辽河；6—柴达木；7—四川；8—鄂尔多斯（T）；9—鄂尔多斯（J）；
10—抚顺油页岩；11—茂名油页岩；12—抚顺和茂名煤；13—东营；14—绿河页岩和藻；
15—下托尔阶页岩；16—演化途径

殖化作用来实现的，其产物是一些结构不规则的大分子。这些地质聚合物是干酪根的前驱，但还不是真正的干酪根。在沉积物的成岩作用过程中，地质聚合物变得更大、更复杂、结构欠规则；至埋藏到数十或数百米后，具很高相对分子质量的干酪根才真正形成（图 4-9）。

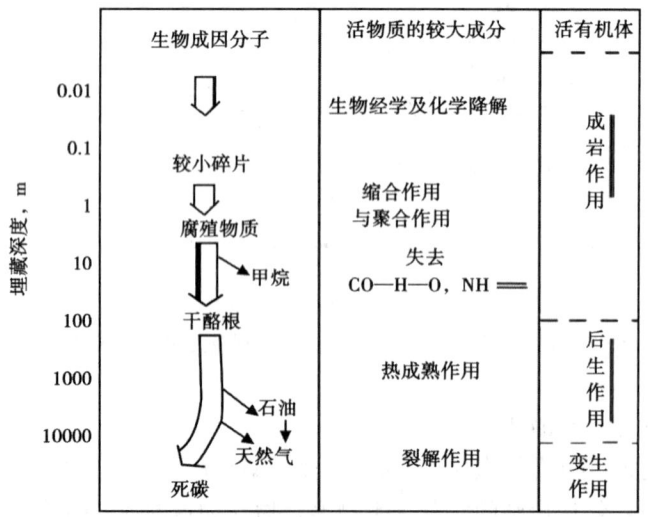

图 4-9 沉积物和沉积岩中有机质的转化（据 D. W. Waples，1985，有修改）

干酪根是沉积有机质经过一系列复杂的生物化学作用和化学作用逐渐演变而成的。干酪根的类型与沉积有机质的类型有一定的关系。所有沉积有机质大致可分为腐泥型和腐殖型两大类，腐泥型有机质是指脂肪族有机质在缺氧条件下分解和聚合作用的产物，来自海洋或湖泊环境水下淤泥中的孢子及浮游类生物，这类沉积有机质经演化主要形成Ⅰ型和Ⅱ$_1$型干酪根；腐殖型有机质是指泥炭形成的产物，来自有氧条件下陆生高等植物，这类有机质经过演化主要形成Ⅱ$_2$型和Ⅲ型干酪根。

干酪根形成以后，随着埋藏深度的进一步增加，各种类型的干酪根将进一步演化，通过热降解作用和热裂解作用生成石油和天然气。演化的基本规律是O/C原子比和H/C原子比先后相继减小，碳富集，最后都向碳极收敛（图4-10）。因此，在演化程度很高的情况下，已不能利用O/C原子比和H/C原子比划分干酪根类型了。关于干酪根演化生成烃类的过程将在下面两节中详细介绍。

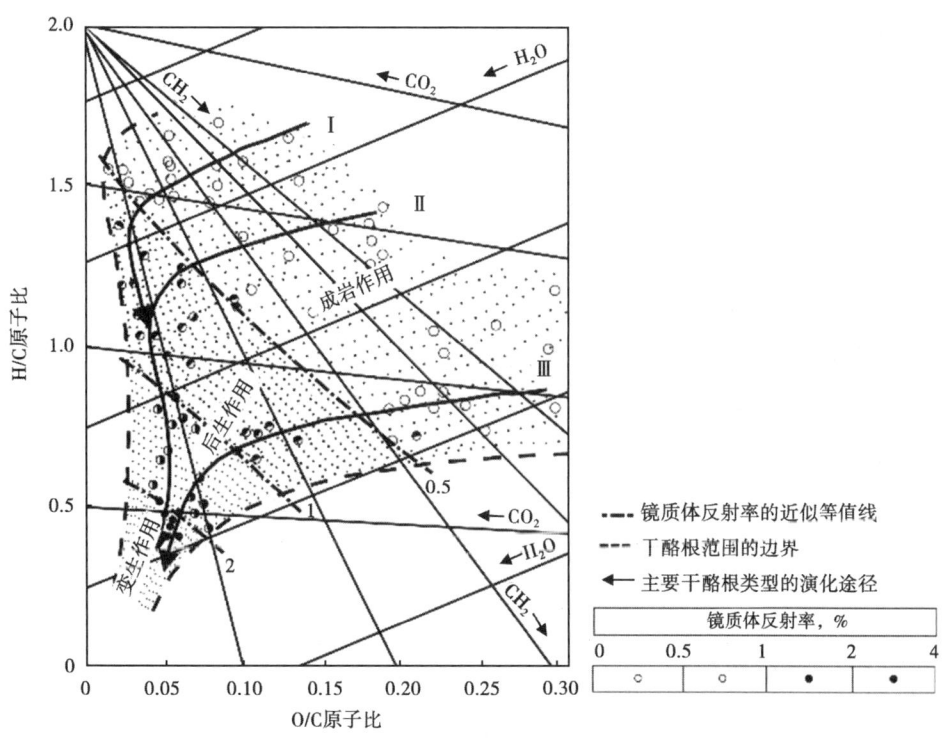

图4-10　不同类型干酪根的演化轨迹图（据B. P. Tissot等，1984）

第三节　油气生成的动力条件

油气生成的母质干酪根是一种复杂的大分子，在结构上主要由具有芳香结构的核和具有脂肪族链状结构的支链组成，这些支链通过一些化学键连接在核上。研究表明，干酪根生成油气的过程，实际上就是干酪根核上连接着这些支链的化学键发生断裂，使支链从核上脱落的过程。

要使化学键发生断裂，就必须对它施加一定的能量。使化学键发生断裂的能量称为键的分解能。当施加的能量小于键的分解能时，化学键不会断裂；只有当施加的能量超过键的分解能时,化学键才能发生断裂。在沉积盆地中,促使干酪根化学键发生断裂的最主要的能量来自地下的温度。温度的升高可以促使化学键发生断裂。因此,干酪根生成油气的过程主要受温度和时间的控制,并且可以用化学动力学的一级反应来描述。世界各国的油气勘探经验和许多学者的重要研究成果都证明,温度与时间是在油气生成全过程中至关重要的一对因素,其他因素（如细菌、催化剂、放射性物质等）也有一定的影响。

一、温度和时间的作用

大量的研究表明,干酪根生烃过程是一种化学反应,符合化学动力学的一级反应,反应的速度和过程主要受温度和时间的控制。世界油气勘探的实践也证明,沉积盆地的地温与石油的生成和油气分布有重要的关系。许多石油地质学家和石油地球化学家研究了温度在地质历史上与油气生成过程的关系,相继发表了许多重要论著,形成了较为完善的油气生成理论。

（一）从化学动力学看温度和时间的作用

化学动力学是研究化学反应速度及其影响因素的一门科学。研究表明,干酪根生烃过程符合化学动力学的一级反应,即反应的速度与反应物浓度的一次方成正比：

$$-\frac{\mathrm{d}C}{\mathrm{d}t} = kC \tag{4-1}$$

式中　t——反应时间,s；

　　　C——t 时刻反应物的浓度；

　　　k——反应速度常数,与反应性质和温度有关。

式（4-1）中的 k 值与温度和反应性质之间的关系由阿伦纽斯方程确定：

$$k = k_0 \mathrm{e}^{-E/(RT)} \tag{4-2}$$

式中　k_0——分子沿某方向碰撞促使反应发生的频率,称为频率因子或指前因子；

　　　E——活化能,是普通分子变成活化分子所需的能量,即发生反应需要的最低能量；

　　　R——气体常数；

　　　T——绝对温度。

对式（4-1）进行积分：

$$-\int_{C_0}^{C} \frac{\mathrm{d}C}{C} = k\int_{0}^{t} \mathrm{d}t$$

$$\ln \frac{C_0}{C} = kt \tag{4-3}$$

式中　C_0——反应开始时（$t=0$）反应物的浓度。

将式（4-2）代入式（4-3）,得

$$\ln \frac{C_0}{C} = k_0 \mathrm{e}^{-E/(RT)} \cdot t \tag{4-4}$$

对于干酪根生烃这样一种化学反应来讲,干酪根就是反应物,这一反应的性质由反应的活化能 E 和频率因子 k_0 所确定,反应速度就是干酪根热降生成油气的速度。温度和时间对这一反应速度的影响程度反映了它们对于油气生成过程的影响程度。在式（4-4）中,C_0/C

是干酪根的原始浓度与某一时刻浓度的比值，代表了反应进行的程度，该值取对数后仍反映了反应进行的相对程度。考察式（4-4）可以看出，如果固定时间 t 不变，反应进行的程度与温度 T 呈指数关系；如果固定温度 T 不变，反应进行的程度与时间 t 呈线性关系。因此，可得出如下结论：

（1）在干酪根生烃过程中，干酪根的反应程度与温度呈指数关系，与时间呈线性关系。温度的影响是主要的，时间的影响是次要的。

（2）温度和时间具有互补性，高温短时间和低温长时间可以达到相同的反应程度。

（二）地质条件下温度和时间的作用

上述关于温度和时间作用的结论是从干酪根生烃的化学动力学原理推导出来的，它是否反映地下油气生成的实际情况还需要用沉积盆地实际地质资料来检验。对式（4-4）两边取对数，得

$$\ln k_0 - E/(RT) = \ln \ln \frac{C_0}{C} - \ln t \tag{4-5}$$

其中的 $\ln k_0$ 为常数，对于相同的反应程度，$\ln \ln \frac{C_0}{C}$ 也是常数。如果令

$$\ln k_0 - \ln \ln \frac{C_0}{C} = A$$

则有

$$\ln t = \frac{E}{RT} - A = \frac{1}{T} \cdot \frac{E}{R} - A \tag{4-6}$$

从式（4-6）可以看出，如果有一系列的干酪根生烃反应达到相同反应程度时，各反应温度的倒数（$1/T$）与时间的对数（$\ln t$）具有线性关系。

沉积盆地中的干酪根赋存在沉积地层中，地层的年龄和温度近似代表了其中所含干酪根生烃的时间和温度。如果能够找到不同盆地含有机质地层的相同反应程度点，则将这些点的温度的倒数和时间的对数作图，将得到一条直线。如果是这样的话，说明沉积盆地中油气生成的实际情况与根据化学动力学理论推导得出的结论是完全吻合的。不同盆地的干酪根的成熟点就是这样一个反应程度相同的点。

图 4-11 说明了成熟点和生油门限的概念。P. Albrecht（1969）在研究喀麦隆杜阿拉盆地上白垩统洛格巴巴页岩中烃类生成与地下温度、埋藏深度的关系时发现，当埋藏较浅、温度较低时，岩石中烃类的含量很低，说明干酪根基本没有生成石油；当埋深达 1370m，温度升高到 65℃ 时，岩石中烃类的含量开始迅速增大，表明有机质开始大量生成石油。可见，随着埋藏深度的增大，只有

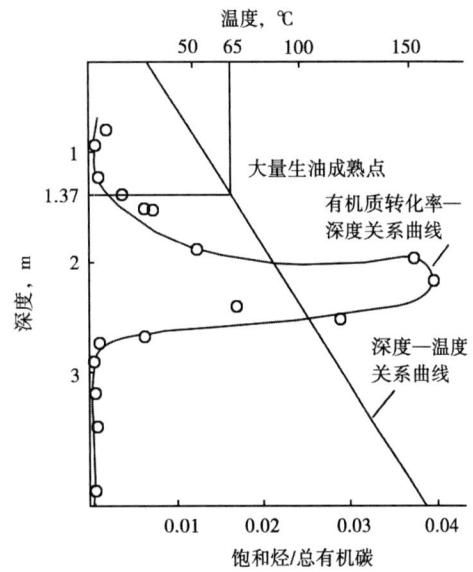

图 4-11 石油大量生成成熟点的确定
（据 P. Albrecht，1969）

当温度升高到一定数值时，干酪根才开始大量生烃，这个温度界限称为干酪根的成熟温度或生油门限，这个成熟温度所在的位置称为成熟点。在图 4-11 中，生油门限为 65℃，成熟点的深度为 1370m。由于在不同的盆地中，处于成熟点的干酪根都刚刚开始大量生油，因此可以认为它们的反应程度是相同的。

Connan（1974）综合了世界上若干不同类型含油气盆地不同时代富含有机质的地层的成熟点的门限温度和地层年龄资料（表 4-1），并用其中温度的倒数与时间的对数作图（图 4-12），由图 4-12 可以看出，所有数据点几乎呈一条直线分布，说明实际盆地油气生成的温度与时间的关系与化学动力学理论推导的结果吻合。我国许多盆地的实际资料也符合上述直线关系（Yu，1983）。这些沉积盆地的实际资料证明了化学动力学理论推导得出的第一个结论，即在油气生成过程中，温度的影响呈指数关系；时间的影响呈线性关系；温度的影响是主要的，时间的影响是第二位的。

表 4-1 世界若干含油气盆地烃源岩成熟点的温度与时间（据 Connan，1974）

资料来源			成熟点资料				
作者	地理位置	样品来源	年龄 Ma	地层温度,℃	深度 m	岩石类型	$1/T$ K^{-1}
Albrecht（1969）	喀麦隆杜阿拉盆地	4 口井	70	65	1200	粉砂质黏土岩	0.00296
Philippi（1965）	加利福尼亚洛杉矶盆地	2 口井	12	114	2440	页岩？	0.00258
	加利福尼亚文图拉盆地	3 口井	12	127	2740	页岩？	0.00250
Louis 和 Tissot（1967）	法国巴黎盆地	17 口井，2 个采石场	180	60	1400	页岩	0.00300
Connan（1974）	法国西南部阿奎坦盆地	1 口井	112	90	3300	泥质石灰岩	0.00275
	法国西南部阿奎坦盆地	31 口井	135	72	2500	碳酸盐岩	0.00289
	法国东南部卡马格盆地	1 口井	38	106	3250	碳酸盐岩、砾岩	0.00264
	西撒哈拉阿尤恩盆地奥若河	1 口井	105	85	2740	粉砂质黏土岩	0.00279
	马来西亚沙巴苏绿海区	1 口井	12	120	3050	粉砂质黏土岩	0.00254
	新西兰塔拉纳基盆地（海上）	1 口井	20	80	2900	粉砂质黏土岩	0.00283
	巴西亚马孙盆地	6 口井	359	62	1750	页岩	0.00289
	新西兰塔拉纳基盆地（陆上）	1 口井	32	95	3350	灰质页岩	0.00272

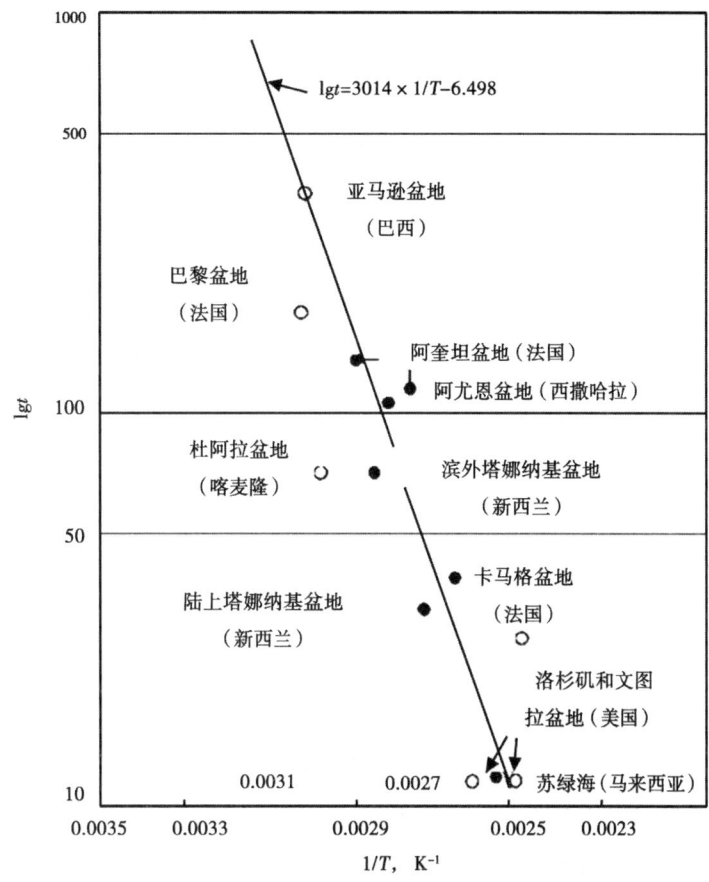

图 4-12　石油大量生成成熟点的 lg$t$—1/T 关系图（据 Connan，1974）

● 为 Connan 研究成果；○ 为其他学者研究成果：巴黎盆地（Louis 和 Tissot，1967）、杜阿拉盆地（Albrecht，1969）、洛杉矶和文图拉盆地（Philippi，1965）

在干酪根生烃过程中，温度和时间的互补作用也可以从实际盆地的大量资料中得到证明。在图 4-13 所示的四个盆地中，巴黎盆地下托尔阶（形成于距今 180Ma 前）页岩中的干酪根生油门限为 60℃；喀麦隆杜阿拉盆上白垩统（形成于距今 70Ma 前）干酪根的生油门限为 60~90℃；美国尤因塔盆地始新统（形成于距今 50Ma 前）干酪根的生油门限为 100℃；美国洛杉矶和文图拉盆地的中新统—上新统（形成于距今 12Ma 前）干酪根的生油门限为 115℃。由此可见，干酪根赋存地层时代不同，其生油门限温度也不相同，地层越老，其中干酪根的生油门限温度越低，这就从盆地的实际地质资料证明了化学动力学理论推导得出的第二个结论，即在油气生成的过程中温度和时间的作用具有互补性，高温短时间和低温长时间可以达到相同的反应程度。我国盆地的资料也明显地说明了这一点（图 4-14）。

综上所述，干酪根热降解生烃过程是受化学动力学一级反应控制的化学反应，温度和时间是控制反应速度和进程的两个最重要的因素，其中温度的影响是最主要的，时间的影响是第二位的，温度和时间的影响具有互补性。

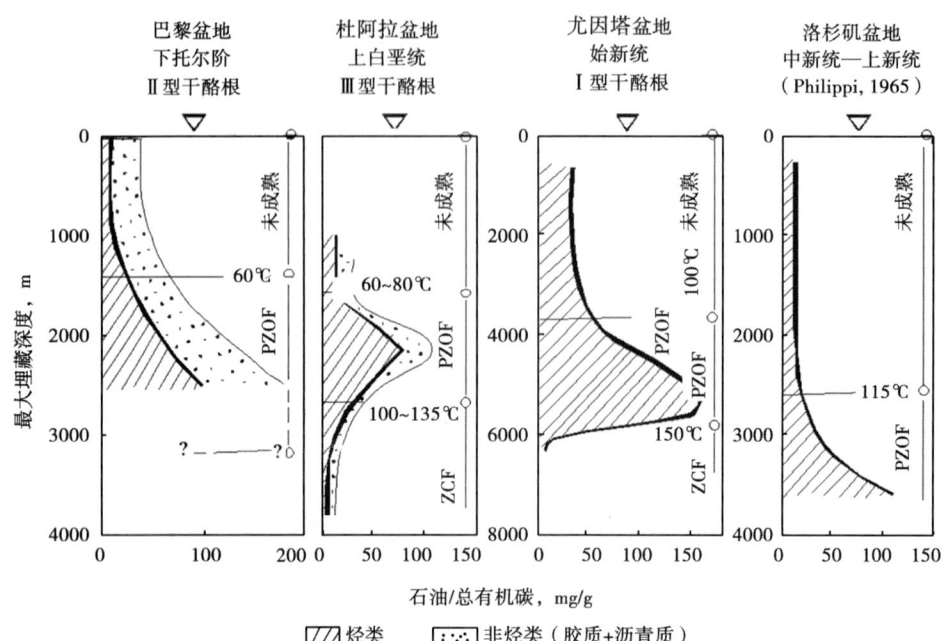

图 4-13 不同盆地不同时代烃源岩埋藏深度与油气生成的关系（据 Tissot，1984）

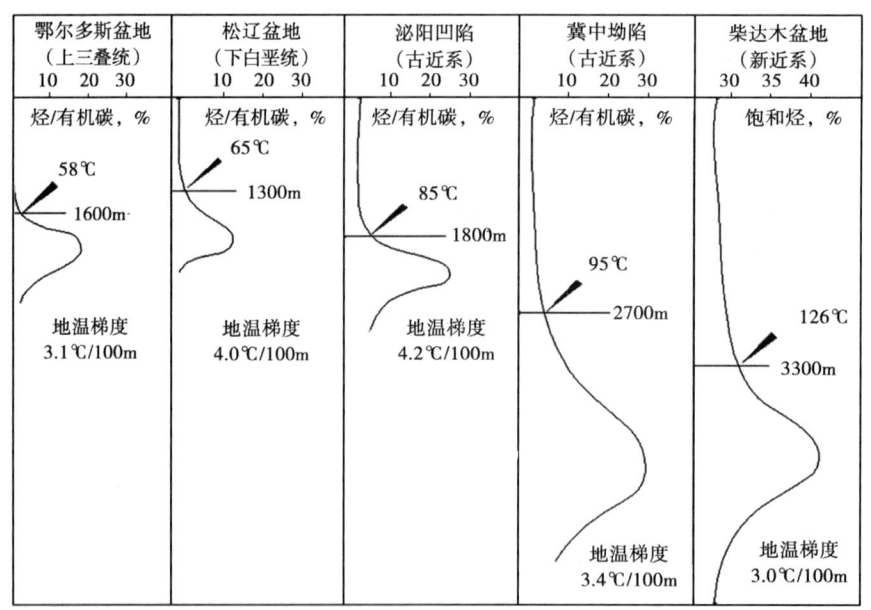

图 4-14 我国不同盆地不同时代烃源岩埋藏深度与油气生成的关系（据胡见义和黄第藩，1991）

二、细菌的生物化学作用

细菌是地球上分布最广、繁殖最快的一类生物。它可以在变化很大的温度及压力条件下生存，也可以在淡水和咸水、近代沉积物和古代沉积岩中大量生存。按生活习性可将细菌分为喜氧细菌、厌氧细菌和通性细菌三类。对油气生成来讲，最有意义的是厌氧细菌。在缺乏游离氧的还原条件下，有机质可被厌氧细菌分解而产生甲烷、氢气、二氧化碳以及有机酸和其他碳氢化合物。细菌在油气生成过程中的作用实质是将有机质中的氧、硫、氮、磷等元素分离出来，使碳、氢特别是氢富集起来，并且细菌作用时间越长，这种作用进行得越彻底。

C. E. Zobell认为，在没有游离氧的条件下，有机物因细菌发酵可析出大量氢气，同时在厌氧细菌的催化作用下，氢被活化与二氧化碳结合产生甲烷；同时，细菌可以使不饱和有机化合物加氢产生饱和烃。

所以，在海洋沉积中，容易见到甲烷、硫化氢、其他饱和烃类等还原产物，而看不到游离氢，这正是细菌活动的结果。此外，细菌还可将植物选择性分解，使其中原来合成的大量烃类分离出来，直接埋藏于沉积物中。

三、催化作用和放射性作用

催化剂是一种加速某种化学反应速度而本身并不在反应中消耗的物质，在反应完成前、后，其成分毫无变化。油气生成过程中的催化作用在于，催化剂与分散有机质作用破坏了后者的原始结构，促使分子重新分布，形成内部结构更稳定的物质——烃类。

在自然界有机质向油气转化的过程中，主要存在无机盐类和有机酵母两类催化剂。

黏土矿物是自然界分布最广的无机盐类催化剂。在实验室用黏土作催化剂，在150~250℃下，可以使酒精和酮脱水或使脂肪酸去羧基，都可产生类似石油的物质。黏土的催化能力同其吸附性质有关。催化剂表面吸附两种或两种以上物质的原子时，它们便会相互作用而形成新的化合物。蒙皂石黏土催化能力最强，高岭石黏土最弱。

有机酵母催化剂能加速有机质的分解。当有酵母存在时，有机质的分解比在细菌活动时还要快得多。实验证明，在过氧化物的破坏过程中，如以酵母代替胶体氢氧化铁，将使催化作用的活动性急剧增加。从前苏联格罗兹尼油田井下剖面的酵母研究发现，酵母的作用不决定于岩石的埋藏深度，而决定于岩石的成分。在富含有机质的岩石中，特别是在富含植物残余的岩石中，酵母的活动性最大。酵母的分布很广，特别是其发酵作用几乎不需要外部能量来源，可以不受压力、温度、湿度及食物补给的影响。因此，酵母在油气生成过程中的作用可能是很重要的，但是这个问题至今研究得还很不够。

在黏土岩中富集大量放射性物质，沉积物所含水在α射线轰击下可产生大量游离氢，所以这些放射性物质的作用也可能是促使有机质向油气转化的能源之一。

在有机质向油气转化过程中，上述各种条件的作用强度不同。细菌和催化剂都是在特定阶段作用显著，加速有机质降解生油、生气；放射性作用则可不断提供游离氢的来源；只有温度与时间在油气生成全过程中都有着重要作用。所以，有机质向油气的转化是在适宜的地质环境里多种因素综合作用的结果。

第四节　有机质演化与生烃模式

一、有机质演化阶段的划分

在沉积盆地中，原始有机质伴随其他矿物质沉积后，随着埋藏深度逐渐加大，地温不断升高，在缺氧的还原环境下，有机质逐渐发生一系列的变化。在不同深度范围内，有机质所处的环境和所受的动力因素不同，致使有机质所发生的反应性质及形成的主要产物都有明显的区别，从而使有机质的演化过程和烃类的生成过程具有明显的阶段性。关于有机质演化和油气生成阶段的划分，国内外学者提出了许多方案。其中有两种方案应用较为普遍：一种是根据有机质的成熟度对有机质演化阶段的划分；另一种是根据油气生成机理和产物类型对有机质演化阶段的划分。

有机质的成熟度是指在温度的作用下有机质的热演化程度。有机质的成熟度可以通过一系列的指标来衡量，目前常用的指标是镜质体反射率。镜质体（vitrinite）是有机质的一种显微组分，它主要是植物的茎、叶和木质纤维素经过凝胶化作用而形成的。随着镜质体演化程度的增加，其反射光的能力增强。镜质体反射光的能力用镜质体的油浸反射率表示，常用符号为 R_o（Reflectance in oil）。根据有机质镜质体反射率的大小，一般将有机质的演化过程划分为4个阶段：未成熟阶段、成熟阶段、高成熟阶段和过成熟阶段。

随着有机质埋藏深度和所处环境的变化，促使有机质演化和油气生成的动力是不同的，从而造成有机质演化的产物也有显著区别。张万选和张厚福（1981）、张厚福和张万选（1989）、张厚福等（1999）根据有机质演化过程中油气生成机理和产物类型的变化，将有机质的演化过程划分为生物化学生气阶段、热降解生油气阶段、热裂解生凝析气阶段和深部高温生气阶段等4个阶段。关于上述各种方案中不同演化阶段的界线，不同学者的划分略有不同，考虑到实际应用的方便，本书采用表4-2和图4-15的方案，并把热裂解生凝析气阶段改称为热裂解生湿气阶段。

表4-2 有机质演化阶段和特征

演化阶段	生物化学生气阶段（未成熟阶段）	热降解生油气阶段（成熟阶段）	热裂解生湿气阶段（高成熟阶段）	深部高温生气阶段（过成熟阶段）
R_o,%	<0.5	0.5~1.2	1.2~2.0	>2.0
深度, km	<1.5	1.5~4.5	4.5~7.5	>7.5
温度, ℃	<60	60~180	180~250	>250
干酪根颜色	黄色	暗褐色	深暗褐色	黑色
煤阶	泥炭—褐煤	长焰煤—气煤—肥煤	焦煤—瘦煤—贫煤	半无烟煤—无烟煤
生烃机理	生物化学作用	热催化作用	热裂解作用	热裂解作用
主要产物	甲烷、未成熟油、干酪根	液态石油、湿气	轻质油、湿气	干气（甲烷）

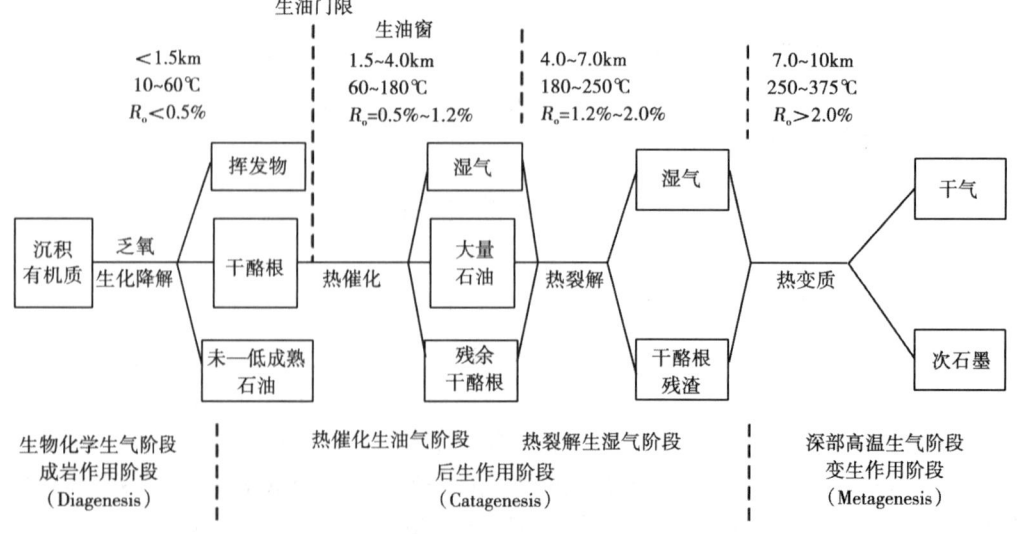

图4-15 有机质演化阶段划分图（据张厚福等，1999，有修改）

二、有机质演化的基本特征

（一）生物化学生气阶段（未成熟阶段）

当原始有机质沉积之后，就开始了生物化学生气阶段。这个阶段的深度范围是从沉积界面到1500m甚至更深，温度介于10~60℃。此时有机质处于未成熟阶段，镜质体反射率小于0.5%。

在这一阶段的早期，有机质埋深在数百米以内的范围，在缺乏游离氧的还原环境内，厌氧细菌非常活跃，细菌的生物化学作用使来源于生物体的沉积有机质被选择性分解，转化为相对分子质量更低的生物化学单体（如苯酚、氨基酸、单糖、脂肪酸等等），部分有机质被完全分解成 CO_2、CH_4、NH_3、H_2S 和 H_2O 等简单分子。这种生物化学作用形成的甲烷（CH_4）是这一阶段的主要烃类产物，称为生物成因气，简称生物气。

到本阶段后期，随着埋藏深度加大，温度升高，也可能会生成少量液态石油。特别是一些特殊组成的有机质通过低温生物化学或低温化学反应可以生成未成熟石油，这些特殊组成的有机质主要包括木栓质体、树脂体、经细菌改造的陆源有机质、藻类和高等植物生物类脂物以及富硫大分子等（王铁冠等，1995）。

除生成生物气和未成熟油外，有机质被细菌分解后的大部分产物会相互作用形成复杂结构的地质聚合物"腐泥质"或"腐殖质"。前者富含脂肪族结构，后者由多缩合核、支承碳链和官能团（COOH、OCH_3、NH_2、OH 等）组成，通过杂原子键或碳键连接在一起，经过进一步的"缩合"和"聚合"形成干酪根。

在这个阶段所生成的少量未成熟液态石油一般具有如下特征：相对分子质量高的正构烷烃在 C_{22}~C_{34} 范围内有明显的奇数碳优势；环烷烃中1~6环均有，但四环分子显畸峰，此乃广泛存在甾醇衍生物所致；芳香烃也以相对分子质量高的化合物为主，显示萘和多核芳香烃双峰（图4-16）。在烃类化学结构上的这些特征都明显地反映了同原始有机质相近的性质。

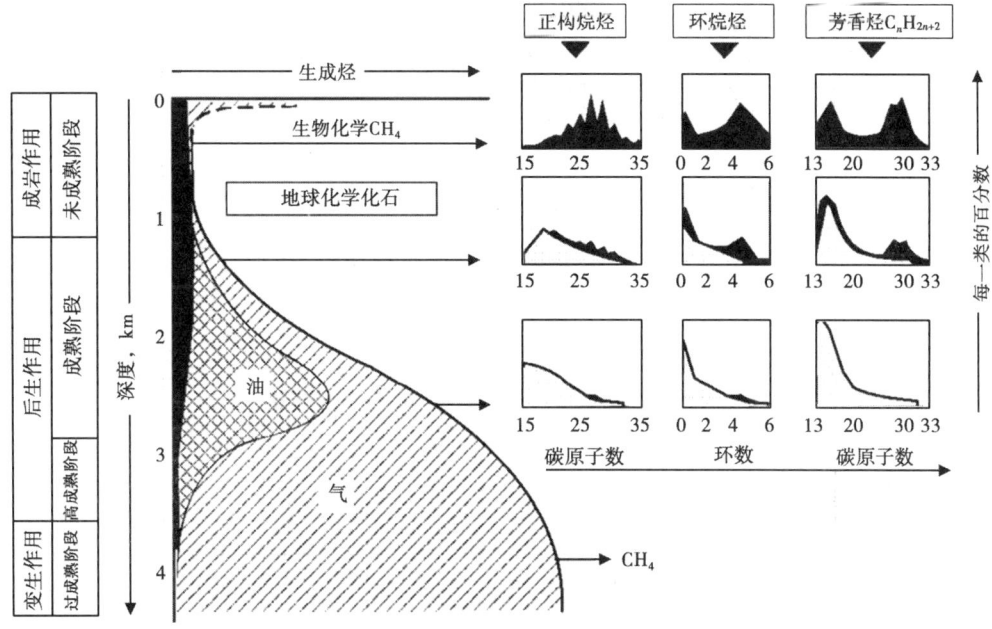

图4-16 沉积有机质演化和油气生成模式（据 Tissot 和 Welte，1978，有修改）

在这个阶段生成的生物化学气在组成上以甲烷为主，含量在95%以上，属干气；甲烷稳定碳同位素值呈低值，介于-55‰~-100‰。生物气是重要的天然气资源，可以富集成大型和特大型气田。

(二) 热催化生油气阶段（成熟阶段）

随着沉积物埋藏深度逐渐增加和温度的升高，有机质的演化进入热催化生油气阶段。这个阶段的有机质埋藏深度超过1500~2500m，直到4000~4500m，有机质经受的地温升至60~180℃。此阶段的有机质处于成熟阶段，镜质体反射率介于0.5%~1.2%。实际上，有机质从其成熟点（生油门限）开始，就进入了热催化生油气阶段（成熟阶段）。

在这一阶段，促使有机质演化的最活跃的因素是温度。由于有机质（干酪根）经受的温度增加和受热时间加长，逐渐达到干酪根中不同化学键的分解能，使干酪根中的化学键发生断裂，连接在干酪根核上的支链从核上断裂下来，形成相对分子质量不等的烃类。由于烃类的生成，干酪根中脂肪族链状结构逐渐减少，而芳香结构的相对含量逐渐增加（图4-17）。

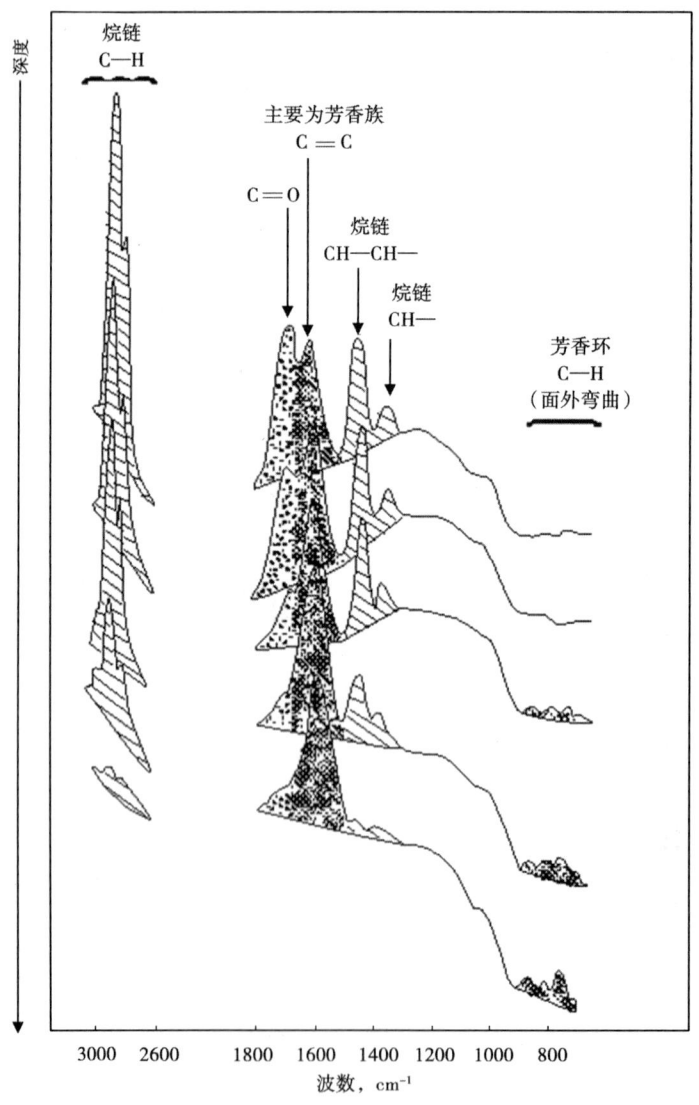

图4-17 巴黎盆地下托尔阶页岩Ⅱ型干酪根演化的红外光谱特征（据Tissot和Welte, 1978）

在干酪根的热降解过程中，催化剂可以降低干酪根降解反应的活化能，促进油气的生成。在油气生成的过程中，最普遍的催化剂是黏土矿物。黏土矿物具有很强的吸附能力，它可以使有机质组分在黏土矿物颗粒表面富集，并按不同组分的吸附性能不断进行重新分布：分子结构复杂的脂肪酸、沥青质和非烃集中在吸附层内部，烃类集中在外部，依次为芳香烃、环烷烃及正构烷烃。这一过程降低了有机质的成熟温度，有效地促进了石油的生成。研究表明，黏土矿物对干酪根热解烃的化学组成、产率都有很大的影响。黏土矿物的催化作用不仅使长链烃裂解成小分子烃，还可造成烯烃含量相对减少，异构烷烃、环烷烃、芳香烃含量相对增多（高先志等，1990）。不同类型黏土矿物的吸附性能不同，对油气生成的催化作用也不同，其中蒙皂石对干酪根热解烃组成的影响最大，伊利石、高岭石的影响较弱（张枝焕等，1994）。

液态石油是这个阶段有机质演化的主要产物。在本阶段早期，相当于镜质体反射率 $R_o=0.5\%\sim0.7\%$ 的成熟范围内，有机质生成的液态石油在组成和性质上与上一阶段形成的未成熟石油具有一定的相似性，称为低成熟油，与未成熟油合称未—低成熟油。当有机质镜质体反射率达到 0.8% 以上时，有机质生成的石油已经成熟，在化学结构上显示出同原始有机质及未—低成熟油的明显区别：正构烷烃碳原子数及相对分子质量递减，奇数碳优势消失；环烷烃及芳香烃碳原子数也递减，多环及多芳核化合物显著减少（图 4-16）。巴黎盆地侏罗系下托尔阶页岩烃类成分和结构随深度变化（图 4-18）以及我国东营凹陷古近系有机质演化与岩石氯仿抽提物的特征（图 4-19）很好地说明了这一点。

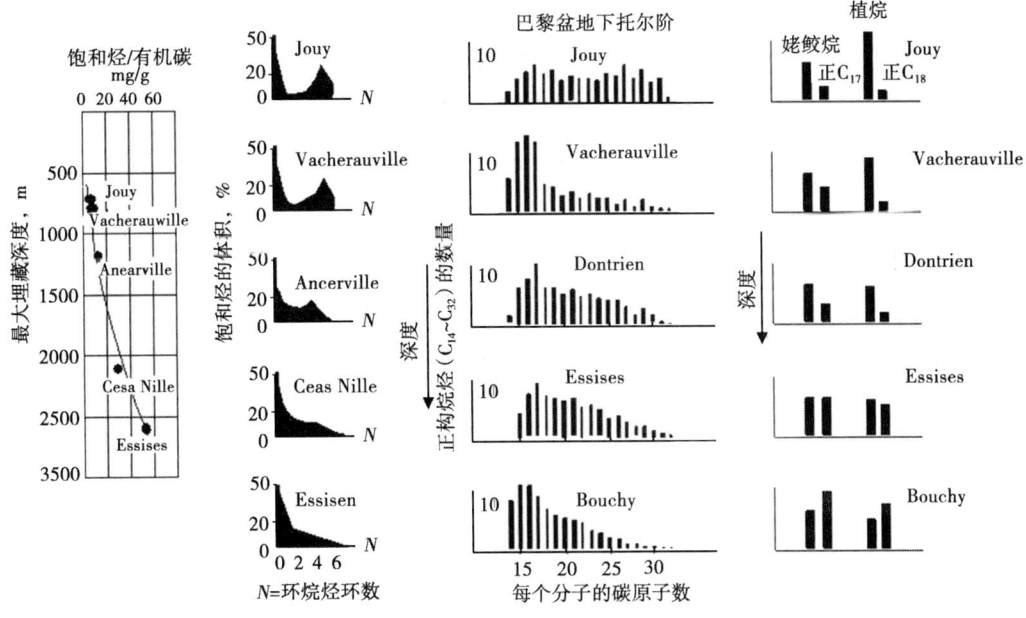

图 4-18 巴黎盆地下托尔阶页岩烃类成分和结构随深度的变化（据 B. P. Tissot 等，1971）
成熟门限深度约 1000m，逾 2500m 仍属生油窗

（三）热裂解生湿气阶段（高成熟阶段）

当沉积物埋藏深度超过 3500~4000m，地温达到 180~250℃ 时，有机质进入热裂解生湿气阶段。此时有机质处于高成熟阶段，镜质体反射率介于 1.2%~2.0%。

该阶段的地温超过了烃类物质的临界温度，除继续断开杂原子官能团和侧链，生成少量

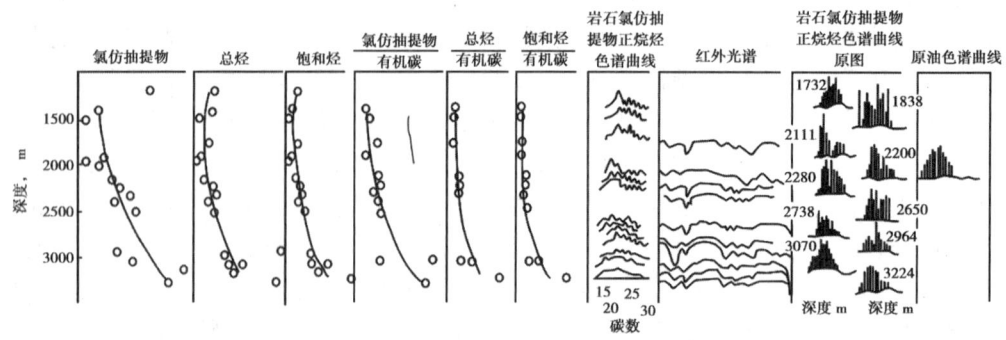

图 4-19　东营凹陷古近系有机质演化特征（据胜利油田地质科学研究院）

水、二氧化碳和氮外，主要反应是大量 C—C 链断裂，包括环烷的开环和破裂，液态烃急剧减少。C_{25} 以上相对分子质量高的正构烷烃含量渐趋于零，只有少量低碳原子数的环烷烃和芳香烃；相反，相对分子质量低的正构烷烃剧增。实际上，该阶段的反应包含了两种不同机理的过程：一种是干酪根在高温的作用下进一步裂解，形成一些短链的烃类；另一种是已形成的液态石油烃 C—C 键断裂，形成相对分子质量低的气态烃。不论哪种机理，该阶段的主要产物都是甲烷及其气态同系物，其中乙烷以上的重烃气占有较大比例，为湿气。

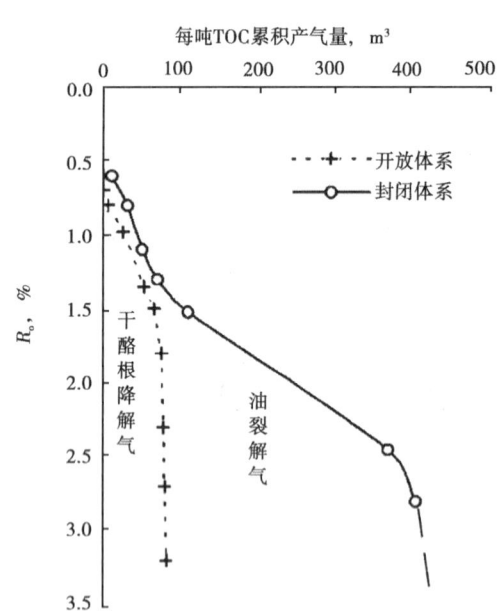

图 4-20　威利斯顿盆地奥陶系海相泥灰岩封闭体系和开放体系条件下生气量的对比（据赵文智等，2005）

在热裂解生湿气阶段，干酪根热裂解生气和液态石油裂解生气的相对重要性可以通过实验得到证明。赵文智等（2005）对加拿大威利斯顿盆地奥陶系海相泥灰岩进行了封闭与开放条件下的生烃模拟实验。开放体系实验具有边生边排的特点，阶段产气量主要是干酪根热降解产物；封闭体系的阶段产气量则包含了干酪根热降解和原油热裂解产气量。两者的差值可认为是原油裂解的生气量。实验结果表明，干酪根热降解气大量生成的 R_o 值在 1.0%~1.8% 之间，主体在 R_o<1.6% 已经完成；而原油热裂解气大量生成在 R_o>1.6% 的阶段，原油裂解气的生成时间明显晚于干酪根降解气的生成时间，而生气量则远远大于干酪根降解气，前者大约是后者的 4 倍（图 4-20）。这说明在热裂解生湿气阶段早期（R_o<1.6%），干酪根生气占有重要地位；而在热裂解生湿气阶段的后期（R_o>1.6%），原油裂解成气占主导地位。

（四）深部高温生气阶段（过成熟阶段）

当有机质埋深超过 6000~7000m，温度超过了 250℃ 时进入深部高温生气阶段，此时有机质的演化进入过成熟阶段，镜质体反射率大于 2%。

该阶段以高温高压为特征，已形成的液态烃和重质气态烃强烈裂解，变成热力学上最稳定的甲烷；干酪根残渣释出甲烷后进一步缩聚，H/C 原子比降至 0.45~0.3，接近甲烷生成的最低限（J. M. Hunt，1979）。所以，这个阶段出现了全部沉积有机质热演化的最终产物——干气甲烷和碳沥青或次石墨（图 4-15）。这种现象在实验室、野外观察和深井钻探结果都得到了证实：中国科学院地球化学研究所对石油进行高温高压试验，发现若压力固定不变，石油随温度升高向两极明显分化，最后形成气体与固态沥青，演化过程是石油→油+气→油+气+固态沥青+液态沥青→气体+固态沥青。这种试验结果同野外观察现象吻合，如在四川盆地威远隆起震旦系白云岩中见到石油热演化的最终产物——甲烷和固态沥青，后者呈不规则浸染状或粒状分布于白云岩的裂缝或洞穴中，成熟度高，通常为碳沥青和焦沥青。国内外现代大批超深井钻探结果多产天然气和凝析油，罕见液态石油，这种现象更是有力的证据。

三、有机质生烃模式

（一）Tissot 模式

有机质生烃模式是对有机质实际生烃过程的总结和概括。上述有机质演化和油气生成的 4 个阶段是以 B. P. Tissot 为代表的科学家对实际盆地有机质演化情况和大量模拟实验结果的总结，是有机质演化和油气生成的一个理想模式（图 4-16），它反映了有机质演化和油气生成的一般规律，称为干酪根热降解生烃模式。对这一模式，这里再强调几点：

(1) 该模式阐明了有机质演化和油气生成的阶段性。每一阶段的一般特征已进行了详细的论述，但对于不同类型的有机质的演化来讲，每一个演化阶段的界线和产物特征可能会有所变化，其主要的差别是在热催化生油气阶段，I 型干酪根在这一阶段可以生成大量石油，在生油的同时也生成少量天然气；III 型干酪根由于其本身的生油潜力有限，即使在这一阶段也仅能生成少量液态石油，其产物仍以气为主。

(2) 生油门限是干酪根热降解生烃模式中的一个重要概念。生油门限是有机质开始大量生油的起始点，也是有机质从未成熟到成熟的转折点。如果有机质经历的温度低于生油门限温度，或者其埋藏深度小于成熟点深度（也称生油门限深度），则有机质不会生成大量石油。生油门限对应的镜质体反射率值一般为 0.5%。

(3) 液态石油（包括凝析油和湿气）主要存在于热催化生油气阶段和热裂解生湿气阶段，因此该阶段在国外称为"石油窗"（oil window），它代表了地下液态石油赋存的范围。从油气生成的角度来看，液态石油主要是在热催化生油气阶段生成的，因此，在国内也将该阶段称为"生油窗"，而热裂解生湿气阶段主要是液态石油的裂解，不包括在生油窗的范围之内。

（二）有机质生烃的综合模式

Tissot 模式主要强调了干酪根热降解和热裂解生成油气的过程，实际上，在整个有机质的演化过程中，沉积岩中的可溶有机质和不溶有机质是一个相互转化的有机整体。在未成熟阶段，岩石中的一些低聚合度的有机质或可溶有机质的一部分直接转化为未成熟石油，另一部分将缩合到干酪根中去；在成熟阶段，干酪根热降解形成液态石油；到高成熟和过成熟阶段，液态烃裂解成天然气。为了全面反映油气生成过程，黄第藩（1996）提出了一个有机质生烃演化的综合模式（图 4-21）。与 Tissot 模式相比，该模式具有以下一些特点：

(1) 该模式中包括了未—低成熟石油的生成过程。在前面已经简要提到，在有机质演化的未成熟阶段，一些特殊的有机质可以在较低的温度下通过低温生物化学反应和低温化学反应生成未成熟油。实际上，在有机质成熟阶段的早期所生成的石油在生油物质、生成机理和石油性质等方面与成熟石油也有一定差别,而与未成熟石油更为相似,因此一般将在未成熟阶段晚期和成熟阶段早期(有人也成为低成熟阶段)由一些聚合度较低的特殊有机质(主要包括木栓质体、树脂体、细菌改造陆源有机质、藻类和高等植物生物类脂物以及富硫大分子等)在低温的生物化学反应和低温化学反应作用下生成的油气统称为未—低成熟油。由于生油物质的不同,此阶段形成的烃类有液态石油,也有天然气。在图4-21所示的模式中,未—低成熟油形成的阶段大致对应于有机质的 R_o 值为 $0.3\% \sim 0.7\%$。

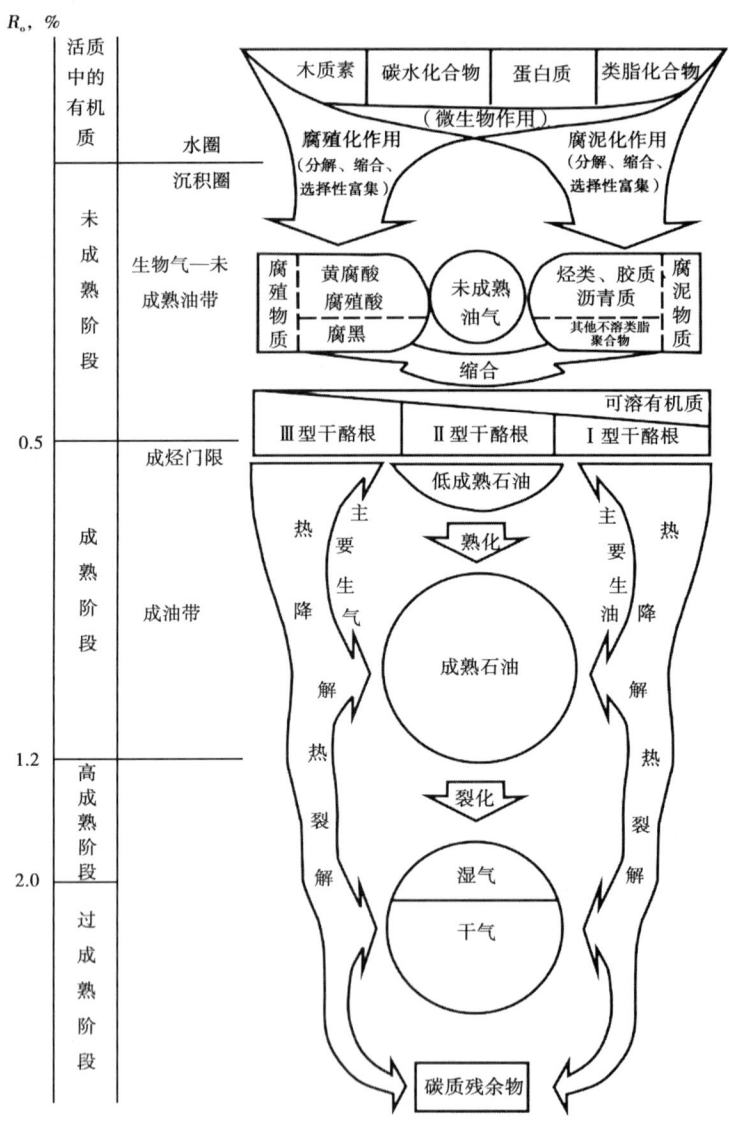

图4-21 有机质演化生烃的综合模式(据黄第藩,1996,有修改)

(2)该模式强调了不同类型有机质生烃的差异性。虽然Ⅰ型干酪根和Ⅲ型干酪根的演化过程总的来讲是相似的,但它们形成的产物是有区别的。在成熟阶段,Ⅰ型干酪根的热降解作用主要生成液态石油,生成的天然气较少;而Ⅲ型干酪根的热降解作用在生成少量液态石油的同时,可以生成大量的天然气。另外,不同类型干酪根各演化阶段的界线也有所差异。

(3)该模式全面反映了有机质的演化过程：来源于活的有机生物的原始有机质（木质素、碳水化合物、蛋白质、类脂化合物）经生物化学作用生成生物气；残余物质经腐泥化或腐殖化作用形成腐泥物质或腐殖物质，这些物质经进一步的聚合、缩合转变为干酪根，在这一过程中一部分特殊的有机质可以形成未—低成熟油，干酪根的进一步演化可以生成大量的成熟石油，液态石油的裂解和干酪根的裂解可以生成大量天然气，最后残余的干酪根演化为碳质残余物。

（三）有机质生烃模式应用中应注意的一些问题

有机质演化模式反映了油气生成的一般规律，根据这一模式可以对沉积盆地中处于不同演化阶段的有机质的生烃作用进行研究，预测生成烃类的相态类型，进而预测盆地中油气的分布，了解盆地的含油气远景，指导盆地油气勘探。但是，有机质生烃模式是对不同盆地油气生成过程的总结和概括，当将这样的模式应用到具体盆地的时候，应注意以下一些问题：

(1) 有机质演化的4个阶段代表了有机质从沉积开始一直到它演化终极的全过程，是一个历史（时间域）的概念，但是，目前在沉积盆地中只能观察到某一套地层中的有机质演化到现在的状态，而无法直接观察它演化的历史过程。例如，一套地层中的有机质目前处于高成熟阶段，那么在地质历史上它一定经历了未成熟阶段和成熟阶段，经历了生成生物气和液态石油的过程，目前处于生湿气的阶段，但还没有达到热裂解生干气的阶段。

(2) 不同盆地由于地质演化和地温梯度的不同，达到各演化阶段的温度和深度可能有很大差异。在年龄较老、地质演化历史较长的地层中的有机质达到相同演化阶段的温度一般较低，深度一般较小；反之，在年龄较轻、地质演化历史较短的地层中的有机质达到相同演化阶段的温度一般较高，深度一般较大，这从图4-13和图4-14中的例子得到很好说明。

(3) 对不同的沉积盆地而言，由于其沉降埋藏历史和地温历史的不同，有机质的演化和生烃过程不一定全都经历这4个阶段，从而造成不同盆地油气远景的差异。在一个有机质都处在未成熟阶段的盆地中，找到液态石油的可能性较小，至多可以找到生物成因气或未成熟石油；如果一个盆地的有机质处于成熟阶段，则这样的盆地找到液态石油的可能性很大；而在有机质处于高成熟或过成熟阶段的盆地则找到液态石油的可能性就较小，找到天然气的可能性很大。

(4) 由于同一盆地中的有机质可能赋存于不同地层中，而不同地层的年龄、埋藏深度和经历的温度都不同，所以同一盆地不同层位的有机质演化程度是不相同的。埋藏较深的地层中的有机质演化程度较高，埋藏较浅的地层中的有机质演化程度较低，如果这些地层的埋深相差较大，其中的有机质就可能处于不同的演化阶段，从而可以生成不同相态的烃类；另一方面，同一盆地相同层位的地层，在盆地的中心和盆地的边缘由于埋藏深度不同，经历的温度历史也不尽相同，从而可以处于不同的演化阶段，生成不同相态的烃类。

(5) 在地质发展史较复杂的沉积盆地，如果经历过数次升降作用，地层中的有机质可能在演化到一定程度，生成一定数量的油气之后又遭遇抬升，因此演化和生烃过程停止，直到再度沉降埋藏到相当深度后又发生生烃过程，即所谓的"二次生烃"。

可以看出，由于不同盆地地质特征和演化历史的复杂性，油气生成的过程也是复杂的，在具体应用有机质生烃模式研究其生烃作用时，应根据实际盆地的地质条件进行具体分析，以便得出正确的认识。

四、煤成油问题

煤是在沼泽环境中由以植物为主的有机质经过煤化作用形成的一种有机矿产。煤中以腐殖型有机质或Ⅲ型干酪根为主。在成煤过程中,煤中的有机质可以形成天然气是人们普遍接受的事实,煤矿中存在的大量瓦斯就是很好的证明。而对于煤系有机质是否能够形成具有商业价值的液态石油这一问题,长期以来存在争议。但是自20世纪60年代后,在澳大利亚的吉普斯兰盆地、印度尼西亚的库特盆地、加拿大的斯科舍盆地和麦肯齐盆地以及北海默里盆地等地区都发现了与中—新生界煤系地层有关的重要油气田;20世纪80年代后期,在我国吐哈盆地也发现了与侏罗系煤系地层有关的大油田,从而引起人们对煤成油研究的广泛兴趣。近十多年来,人们通过有机岩石学与有机地球化学相结合的方法和实验模拟,从多方面对煤成油问题作了相当广泛而深入的探索,取得了重大的进展。目前,人们已经普遍认识到煤系地层不仅能够生成天然气,而且能够生油。人们将由煤和煤系地层中集中和分散的陆源有机质在煤化作用的同时所生成的液态烃类称为煤成油。

目前,有机岩石学家和石油地球化学家普遍认为,煤究竟生气还是生油及其生成液态烃的能力大小与煤的类型和显微组分组成密切相关。富含富氢显微组分无定形体、藻类体和壳质体的煤均有生成液态烃的能力;而富含贫氢显微组分镜质组和惰性组的煤与Ⅲ型干酪根相似,以生气为主。近年来的研究表明,煤的液态烃生成潜力不仅取决于富氢组分腐泥组和壳质组含量的多少,煤中的基质镜质体可能是煤成油的重要贡献者。煤中基质镜质体也含有较多的氢,它的数量与氢指数呈良好的相关性,这说明了基质镜质体在煤成油形成中具有重要贡献。

实际上,煤和煤系有机质的生烃机理与干酪根的生烃机理没有本质的区别,也遵循前面阐述的有机质生烃机理,只是其中所含的有机质比较特殊而已。煤是一种集中分布的有机质,有机碳的含量在50%以上,甚至高达90%以上,这是煤与一般烃源岩的重要区别。尽管腐殖煤中的干酪根总体是Ⅲ型的,应以生气为主,但在腐殖煤中仍不乏具有生油潜力的富氢显微组分,只要这部分富氢显微组分的含量达到煤中总有机质的5%~10%以上,就足以生成具有商业价值的液态烃。

五、压力在有机质演化和油气生成中的作用问题

前面阐述的有机质生烃机理和演化模式主要强调了温度和时间的作用,对于地下压力对有机质演化和油气生成的影响,传统的生油理论较少涉及。实际上,很早以前人们就注意到了压力对油气生成的影响,于志钧(Yu,1983)根据国内外含油气盆地烃源岩温度、时间和埋藏深度的回归分析对Connan公式进行了修正,提出压力对油气生成起抑制作用。近年来,随着深层勘探的进展,人们对压力影响的关注和研究越来越多,逐渐认识到压力对有机质演化的影响十分复杂。对有机质演化产生抑制作用的不是压力本身,而是超过静水压力的那一部分压力,即剩余压力或超压,并且超压对有机质演化的抑制也是有条件的。

郝芳等(1995,1998)详细研究了莺歌海盆地乐东30-1-1A井有机质演化的超压抑制作用。莺歌海盆地是我国南海北部大陆架重要的新生代沉积盆地,由于古近纪以来快速沉降和细粒沉积物快速充填,普遍发育超压。图4-22是乐东30-1-1A超压发育和有机质演化剖面。该井发育三个流体压力带;3300m以上为静水压力带;3300~3900m为中部超压带;3900m以下为深部超压带。与此相对应,该井有机质演化也表现出强烈的异常,3300m以上

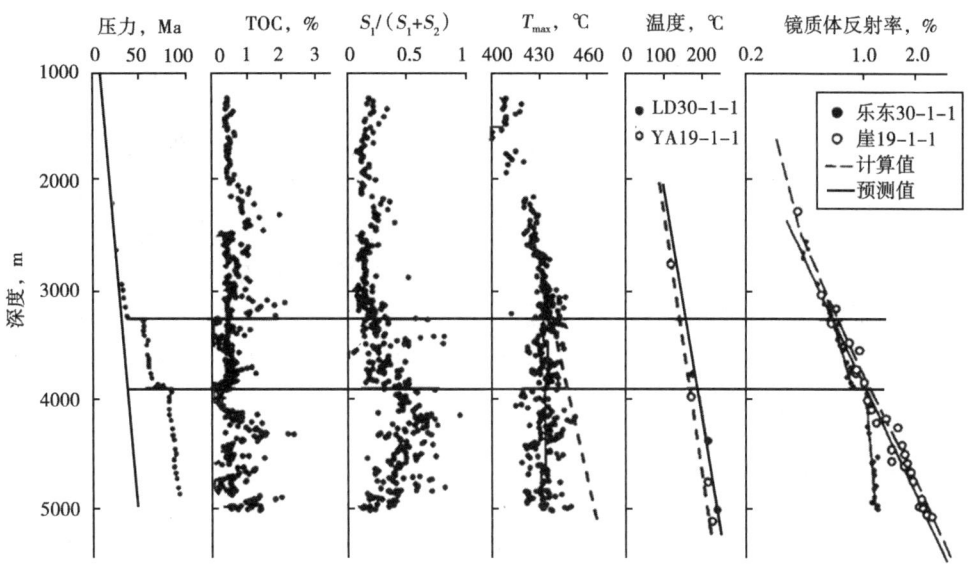

图 4-22 莺歌海盆地乐东 30-1-1A 地层温度、压力和有机质演化剖面（据郝芳，2005）

R_o 值和 T_{max} 值随深度有规律地增大，3300m 以下 T_{max} 值随深度的增加基本保持不变，3900m 以下 R_o 的变化也明显低于正常变化趋势。有机质成熟度指标随深度的这种变化趋势与流体压力的分布完全吻合。分析表明，超压层段镜质体反射率和热解峰温的低异常是超压抑制干酪根热降解和生烃作用的结果。超压不仅抑制了有机质演化，而且也抑制了液态烃的裂解，在乐东 30-1-1A 井 5010m 深度，实测地层温度为 240℃，根据传统的生烃模式已开始进入过成熟阶段，但在泥岩样品中仍含有较丰富的液态烃，正构烷烃碳数可达 C_{30} 以上（郝芳，2005）。

但是，也有许多盆地的实例表明，超压对有机质的演化没有明显的抑制作用，有机质的演化仍符合传统的有机质演化模式，如南海琼东南盆地崖 19-1-1 井和美国绿河盆地某井（郝芳，2005）。这说明压力对有机质演化的影响是复杂的，并非所有盆地超压地层的有机质演化均受到抑制，甚至在同一盆地中，不同地区、不同超压层段对有机质热演化的影响也明显不同。郝芳（2005）的研究表明，超压对有机质演化的抑制程度与有机质的类型和含量、超压的发育时间和幅度、超压地层中地层水的含量等许多因素有关。

从化学反应机理上讲，超压的存在可以增加反应的活化能，从而抑制有机质的成熟过程和原油的裂解（Carr，1999）。国内外学者的研究表明，超压对不同类型干酪根的生烃作用以及液态烃向气态烃的裂解等不同的反应过程的影响程度明显不同。由于不同反应具有不同的活化能分布、不同的产物浓度变化速率和体积膨胀效应，因而超压对反应的响应程度明显不同。在特定的压力系统中，化学反应的体积膨胀效应越强，产物浓度变化速率越高，该反应受超压抑制作用就越明显（郝芳等，2006）。因此，在同一个超压系统中，Ⅰ型干酪根热降解相比Ⅲ型干酪根热降解更容易受到抑制，液态烃的热裂解相对于干酪根热降解更容易受到抑制。超压对有机质成熟作用和油气生成的影响机理十分复杂，需要进一步深入研究。

第五节 天然气的成因类型及特征

前面几节对油气生成的一般原理进行了详细的论述，其中也涉及天然气的成因问题。前面已经提及，在不同类型的有机质（干酪根）中，Ⅲ型干酪根更趋向于生气；在有机质的未成熟阶段通过生物化学作用可以生成生物化学气，在有机质的成熟阶段可以生成热解气，在有机质的过成熟阶段可以生成裂解气等。然而，天然气和石油在成因上的差异远不止这些，它们在母质类型、生成机理和形成环境上都存在差异，从而造成天然气的成因类型更加多种多样。本节将在进一步介绍天然气生成特点的基础上，重点阐述不同成因类型天然气的基本特征和鉴别标志。

一、天然气的生成特点

与石油相比，天然气的生成具有成气母质类型多、成气机理多、成气环境广的特点。

（一）生气母质的多元性

生成天然气的母质具有多元性的特点。石油主要是由Ⅰ型和Ⅱ$_1$型干酪根生成的，而生成天然气的母质在类型上要比生油的母质更多，因此天然气在成因上是多元的。

1. 无机物

根据有机生油理论，石油是有机成因的。但是除有机成因的天然气外，还有一部分天然气却是无机成因的，它们由无机物生成。例如CO_2气可以通过$CaCO_3$的受热分解而形成，CO_2在细菌作用下可以通过还原反应形成CH_4等。

2. 原始沉积有机质

沉积有机质在没有变成干酪根之前，通过细菌的分解作用就可以生成天然气，沼气的形成就是原始有机质生气很好的例子。

3. 各种类型的干酪根

原始有机质通过有机质的成岩作用形成干酪根后，通过热降解作用和热裂解作用可以形成天然气。不同类型的干酪根在演化过程中的生气能力是不同的，Ⅰ型和Ⅱ型干酪根以生油为主，也可以生成一部分天然气；而Ⅲ型干酪根则以生气为主，生油有限。这一点在前面的章节中已经阐述得比较清楚了。

4. 液态石油和分散可溶有机质

由干酪根生成的液态烃在高温条件下可以进一步发生裂解，长链的烃类可以裂解成短链的烃类以至最后裂解为甲烷，这是Ⅰ型和Ⅱ型干酪根在演化过程中生气的重要途径。液态烃在地下的赋存状态主要有两种方式：一种是呈聚集状态的石油；另一种是以分散状态存在的液态烃，也就是岩石中的分散可溶有机质。它们都是形成天然气的重要母质。

（二）生气机理的多样性

石油主要是在有机质的成熟阶段由干酪根的热降解作用生成的，而形成天然气的机理则是多种多样的。在前面的章节中已经讲到，在生物化学生气阶段，细菌的生物化学作用可以生成天然气，干酪根和液态烃的热降解和热裂解作用也可以生成天然气。除此之外，天然气还可以通过无机化学反应生成。

1. 生物化学作用

微生物的生物化学反应可以生成甲烷。国内外对于生物气的成因都有较多研究（Schoel，1980；Rice 和 Claypool，1981，1977；张水昌等，2005；刘文汇等，2005；林春明等，2006），但对微生物作用形成甲烷的机理至今还不十分清楚，不过它是一种包括各种辅助酶在内的独特的生物化学反应。在微生物的作用下，甲烷的形成主要有两种途径，一种是乙酸的发酵；另一种是二氧化碳的还原。这两种生气途径可以分别用下面的反应过程表示：

$$CO_2 + 3H_2 \xrightarrow{\text{辅酶 M}} CH_4 + H_2O$$

$$CH_3COO^- + H^+ \xrightarrow{\text{产甲烷菌}} CH_4 + CO_2$$

2. 热降解作用

在有机质的演化过程中，干酪根在温度的作用下发生热催化作用，连接在干酪根核上的支链和侧链断裂形成烃类，这就是热降解反应。Ⅰ型和Ⅱ型干酪根含有较多的长链，因此以生油为主，但也含有一些短链，这些短链断裂就形成了天然气；而Ⅲ干酪根以短链为主，在热降解过程中则以生气为主。

3. 热裂解作用

热裂解作用主要是高温条件下，有机质 C—C 键断裂而形成小分子结构烃类的作用。这种 C—C 键断裂后必须通过加氢才能形成相对分子质量低的烃类，因此，在热裂解反应中，氢的补给是一个重要的条件。热裂解作用可以使长链的烃类发生断裂形成短链的烃类，这样就形成了天然气。这种生气机理是液态石油和可溶有机质裂解成天然气的主要机理。

4. 无机化学反应

无机化学反应生成天然气最常见的实例是 $CaCO_3$ 在高温下分解为 CO_2 和 CaO，这是无机 CO_2 形成的重要机理。无机烃类气体的存在已经有许多地质和地球化学证据，但其形成机制比较复杂，它们可能与地壳深部的无机化学反应有关（戴金星等，1995）。

（三）生气环境的广泛性

除母质类型和生成机理外，天然气的形成环境也比石油的形成环境广泛得多。已知石油主要形成于有机质的热催化生油气阶段，其形成的深度以 1000~5000m 范围为主，地层温度在 65~180℃。而天然气几乎可以形成于各种深度和环境。在地表和近地表环境中，厌氧细菌对有机质的发酵作用可以生成天然气，沼气就是在地表条件下天然气生成的典型实例，在一些沼泽中，有机质的分解也可以形成天然气；与生油的过程相伴生，在石油生成的深度范围内，可以生成天然气；当埋藏深度过大，液态石油已经不能存在了，这时天然气还可以继续生成。研究表明，甲烷可以在高达 600℃的温度下存在；也已经有证据证明，无机甲烷可以在地壳深处甚至在地幔中生成（戴金星等，1995）。

综上所述，生成天然气的物质不仅可以是不同类型的沉积有机质，也可以是无机物；天然气不仅可以由干酪根热降解和热裂解作用以及液态烃的热裂解作用形成，也可由细菌的生物化学作用形成，或由无机物合成和分解作用形成；其形成的环境多样，既可以在沉积有机质埋藏极浅、温度较低的环境下由生物细菌还原作用形成，也可在埋藏中—深层条件下由干酪根和储集层石油热解和裂解形成，甚至可来自高温热液或高温合成。因此，天然气有比石油更广泛的形成条件，天然气不仅能伴随石油的形成过程而生成，而且能在许多不适于生油的条件和环境中大量形成。表 4-3 概括对比了天然气和石油生成特点的主要差异。

表 4-3 天然气与石油生成特点的比较

特征	石油	天然气	
母质类型	沉积有机质或干酪根，主要为Ⅰ型和Ⅱ型干酪根	原始沉积有机质	
		干酪根	
		液态石油和分散可溶有机质	
		无机物	
生成机理	主要为干酪根的热降解作用	热降解作用	
		热裂解作用	
		生物化学作用	
		无机化学反应	
生成环境	地层埋深超过 1000m；地层温度在 65~180℃	地表和近地表环境	
		各种生油环境	
		储集层环境	
		高温热变质环境	
		深部地幔环境	
成因类型	干酪根热降解（成熟油）	有机成因	有机质生物降解
			干酪根（含煤）热降解和热裂解
			石油热裂解
	有机质低温降解（未—低成熟油）	无机成因	无机物热分解
			深源

二、天然气的成因类型和基本特征

（一）天然气成因类型的划分

根据生成天然气的原始物质的类型和天然气的形成机理，可以对天然气的成因类型进行划分。首先根据成气物质的来源，可把天然气划分为无机成因气和有机成因气。

无机成因气泛指各种环境中由无机物质形成的天然气。无机成因气根据其形成机制可以进一步划分为幔源气、宇宙气、岩浆岩气、变质岩气、放射作用气、无机盐类分解气。

有机成因气泛指沉积岩中分散和集中有机质或可燃有机矿产形成的天然气。根据形成天然气的有机质类型和生气机理，可以对有机成因气进行进一步的划分。根据形成有机成因气原始有机质类型的不同，可以把有机成因气划分为油型气和煤型气。由腐泥型有机质及其干酪根生成的天然气称为油型气，而腐殖型有机质及其干酪根形成的天然气称为煤型气。根据生气机理和演化阶段的不同，煤型气和油型气又可以分别进一步划分为生物成因气、热降解气和裂解气。天然气成因类型的划分见表4-4。

表 4-4 天然气成因类型划分（据张厚福等，1999，有修改）

无机成因气	幔源气、宇宙气、岩浆岩气、变质岩气、放射作用气、无机盐类分解气						
有机成因气	热成熟度 母质类型	未成熟阶段		成熟—高成熟阶段		过成熟阶段	
	腐泥型天然气（油型气）	生物成因气	腐泥型生物成因气（油型生物成因气）	油型热解气	原油伴生气	裂解气	腐泥型裂解气（油型裂解气）
					凝析油伴生气		
	腐殖型天然气（煤型气）		腐殖型生物成因气（煤型生物成因气）	煤型热解气	成熟气		腐殖型裂解气（煤型裂解气）
					高成熟气		

(二) 主要天然气类型的基本特征

1. 生物成因气

在低温（<75℃）还原环境下，厌氧细菌对沉积有机质的生物化学作用所形成的富含甲烷的气体称为生物成因气，也称为细菌气、沼气、生物气或生物化学气等。生物成因气可根据被降解的有机质类型分腐泥型生物成因气和腐殖型生物成因气。

Rice 等（1981）等人研究富含有机质的开阔海沉积物中微生物代谢作用的生物化学环境后认为，水—沉积物剖面可划分出喜氧的和厌氧的两种生物代谢环境、四个生物化学作用带，即光合作用带、喜氧带、硫酸盐还原带和碳酸盐还原带，不同生物化学作用带的微生物种属、代谢类型、溶解物和生物化学性质不同（图4-23）。在喜氧呼吸的代谢环境中，喜氧细菌繁殖；当游离氧完全消耗掉时，则进入厌氧环境，硫酸盐还原菌首先将硫酸盐还原为硫化物或元素硫；当硫酸盐几乎全部被还原后，进入了缺硫酸盐的碳酸盐还原带，产甲烷菌把 CO_2 还原成 CH_4。因此，只有到了碳酸盐还原带，生物成因气才能生成，它是在无游离氧和无硫酸盐存在的严格还原环境中形成的。生物成因气的形成需要有厌氧微生物的参与，而生物的生存温度一般不超过75℃，生物成因气的形成深度一般浅于1500m。

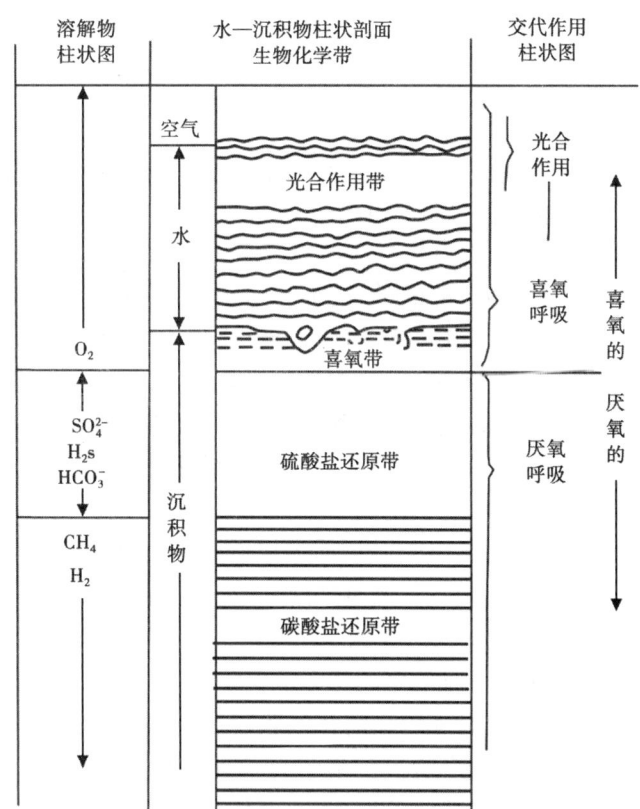

图 4-23　富含有机质的开阔海沉积物微生物代谢作用的生物化学环境剖面图
（据 Rice 和 Claypool，1981）

生物成因气的成分主要是甲烷，可高达98%以上，重烃气（C_{2+}）含量极低，一般小于2%，干燥系数（C_1/C_{2+}）较高，属于干气。有时可含有痕量的不饱和烃以及少量的 CO_2 和 N_2。

生物成因气的甲烷以富集轻的碳同位素 ^{12}C 为特征，其甲烷的碳同位素比值 $\delta^{13}C_1$ 的范围从-55‰~-100‰，多数在-60‰~-80‰。在有热解气混入以及厌氧氧化时，可使同位素变重。

世界部分地区生物成因气的组成见表4-5。

表4-5 世界部分地区生物成因气的组成（据包茨，1988）

地区或气田	储集层时代	深度，m	C_1，%	C_{2+}，%	CO_2，%	N_2，%	$\delta^{13}C_1$，‰
中国长江三角洲	第四纪	8~35.5	90.62~94.61	0.11~0.89	1.85~4.04	1.47~3.35	-73.6
中国青海柴达木涩北	第四纪	79.4~1141	98.94	0.09	—	0.97	-66.4
中国吉林红岗	白垩纪	370~390	93.63	0.21	0.442（包括H_2S）	5.63	-56.3
俄罗斯乌连戈伊	白垩纪	1117~1128	98.50	0.10	0.214	1.10	-59.0
俄罗斯麦德维热	白垩纪	1122~1132	98.60	0.36	0.22	0.73	-58.3
美国基奈	上新—中新世	1128	99.70	0.18	—		-57.0
美国库克湾北	上新—中新世	1280	98.70	0.23	0.134	0.9	-60.7

关于生物成因气的氢同位素资料报道较少，Schoell（1980，1983）认为，生物成因气的δD也呈低值。腐殖型生物成因气最低，δD介于-210‰~-280‰，腐泥型生物成因气约为-150‰~-210‰。

生物成因气是一种重要的天然气资源。20世纪60年代以来，在俄罗斯西西伯利亚北部白垩系砂岩中发现了一系列特大气田和大气田，经甲烷碳同位素鉴定确认为生物成因气，形成了目前世界上最大的产气区；后来，在意大利、加拿大、美国和日本也发现了生物成因气大气田。我国柴达木盆地东部三湖地区第四系也已发现多个生物成因气田。这种气藏埋藏深度浅，一般在1500m以内，易于钻探，经济效益高，已经引起人们的广泛重视。

2. 油型气

油型气是指Ⅰ型和Ⅱ$_1$型干酪根进入成熟阶段以后所形成的天然气，它包括伴随生油过程形成的湿气以及高—过成熟阶段由干酪根和液态石油裂解形成的凝析油伴生气和裂解干气。

在不同热演化阶段形成的各种油型气的化学组成和同位素组成都有所不同。石油伴生气和凝析油伴生气的共同特点是重烃气含量高，一般超过5%，有时可达20%~50%，其中，iC_4/nC_4比值明显小于1，在生油窗阶段生成的石油伴生气的iC_4/nC_4比值约为0.7~0.8（Y. Heroux等，1979）。而在过成熟阶段生成的裂解干气的组成以甲烷为主，重烃气含量极少，一般小于1%~2%。

油型气比生物成因气富含重碳同位素^{13}C，其甲烷碳同位素比值$\delta^{13}C_1$介于-55‰~-35‰。其中石油伴生气偏轻，其甲烷碳同位素比值$\delta^{13}C_1$约为-55‰~-45‰；凝析油伴生气偏重，其甲烷碳同位素比值$\delta^{13}C_1$约-50‰~-40‰；而裂解干气的甲烷碳同位素比值$\delta^{13}C_1$一般介于-40‰~-35‰。我国若干油型气的组成特点见表4-6。

表 4-6 我国若干油型气的组成特点

油田或油区	天然气组成主要参数				$\delta^{13}C_1$ ‰
	CH_4	重烃气	C_1/C_{2+}	$C_1/\sum C$	
大庆油田（石油伴生气）	53.9~95.61	2.64~38.51	1.40~36.22	0.58~0.975	-37.72~-49.97
东濮凹陷（凝析油伴生气）	71.04~87.43	10.63~26.91	3.21~20.3	0.75~0.96	-38.9~-45.1
板桥凝析气田	82.88	16.29	5.42	0.844	
川东相国寺气田（热裂解干气）	98.15	0.89	110.3	0.991	-33.55

3. 煤型气

煤型气指腐殖型有机质（包括分散的II_2型、III型干酪根和煤等）进入成熟阶段以后所形成的天然气。这里，腐殖型有机质包括分布于煤层和煤系地层中的分散有机质，也包括陆源的有机质碎屑（高等植物碎屑）。需要注意区别煤型气和煤层气，煤层气是指主要以吸附状态存在于煤层中的煤型气。

煤化过程不同阶段形成的产物组成有所不同。从国内外已知的煤型气藏的组成来看，煤型气尽管可能含有一定量的非烃气，如N_2、CO_2等，但其含量很少达到20%，含量超过20%的CO_2（如库珀盆地）大多为外来成分加入。尽管煤型热解气的重烃气含量比煤型裂解气高，但煤型气的重烃气含量也很少超过20%。

煤型气的甲烷同位素比值$\delta^{13}C_1$一般在-25‰~-42‰。由于有机母质原因，与煤型气一起形成的凝析油中常含有较多的苯、甲苯以及甲基环己烷和二甲基环戊烷。另外，由于腐殖质易吸附自然界的汞，所以，煤型气常含汞蒸气，一般含量超过$7\times10^{-7}g/m^3$，多数大于$10\times10^{-7}g/m^3$，中欧盆地的煤系气含汞量可高达$(18\sim40)\times10^{-5}g/m^3$（戴金星等，1985）。

国内外若干煤型气的组成和碳同位素特征见表4-7。

表 4-7 国内外若干煤型气组成特点

气田名称		产层时代	气源层时代	天然气组成,%				$\delta^{13}C$ ‰	资料来源
				C_1	C_{2+}	N_2	CO_2		
格罗宁根		P_1	C_2	81.2	3.48			-36.7	Stanl, 1997
拉策尔		P_1	C_2	89.9	6.10	14.4	0.87	-29.2	
达卢姆		P_1	C_2	86.06	0.44			-22.0~-25.4	
圣胡安		K	K					-42.0	Stahl, 1983
库珀盆地	图拉奇9号	P_1		66.02	0.67	33.27		-28.8	Rigby, 1981
	木姆巴9号	P_1	P_1	71.76	11.62	14.40		-36.3	
东濮文留22井		E_2	C—P	96.35	2.35			-27.9	朱家蔚等，1983
鄂尔多斯盆地刘庆1井		P_1x	C—P	95.0	0.64	4.13	0.01	-30.47	王少昌，1983
鄂尔多斯盆地任4井		P_1x		92.52	6.97	0.49			
四川中坝4井		T_3x	T_3x	90.8	8.20	0.17	0.40	-34.8	陈文正，1982
四川中坝7井		T_3x	T_3x	87.33	12.23	0.41	0.03	-35.9~-36.0	

4. 无机成因气

无机成因气指不涉及有机物质反应的一切作用和过程所形成的气体。它包括地球深部岩浆活动、变质作用、无机矿物分解作用、放射作用以及宇宙空间所产生的气体。

非烃气大量来自无机作用是无可置疑的。例如，岩浆侵入条件下，石灰岩热分解可形成二氧化碳气。

目前也有很多迹象表明，甲烷也有无机成因的。化学家很早就在实验室通过无机化学反应获得了甲烷；人们早就发现太阳系外侧行星的大气圈中含有气态甲烷；在陨石固体以及在地壳岩石内，与岩浆活动有关的多种金属和金刚石矿中也有数量不等的甲烷气；特别是在东太平洋洋隆热液喷出口观测到射出的气体中有含量较高的甲烷气（Welhan 等，1979）等等。可见，无机形成的天然气也是地壳中天然气的重要来源。

关于天然气的无机成因有很多假说，包括宇宙说、岩浆说、碳化说等。近年来，幔源成因的无机成因气已经引起重视，幔源气的分布与深大断裂活动有关，构造活动单元特别是古老地层中更有可能分布这种无机成因气。

无机成因气往往含有较多的非烃气体，包括 CO_2、CO、N_2、H_2，以及 He、Ar 和 Ne 等惰性气体。来自幔源的气体的氦同位素丰度 $^3He/^4He$ 相当于 $8R_A$（R_A 为空气中的 $^3He/^4He$ 比值，约为 $1.4×10^{-6}$）。以二氧化碳为主的天然气常与碳酸盐岩等无机盐类热分解或岩浆成因有关，无机成因的 CO_2 的碳同位素一般在 $-8‰～0$，最高可达 $+27‰$。无机成因的烃类气体以甲烷为主，重烃气很少，无机甲烷富含重的碳同位素，甲烷的碳同位素比值 $\delta^{13}C_1$ 大于等于 $-20‰$。

目前发现纯粹的无机成因气藏（田）不多，但已发现了许多混有无机成因气的气田。美国中部大陆本得隆起等气田氮含量高达 $80\%～90\%$，伴有 $7\%～9\%$ 的氦。据推断，这种气体同深源岩浆成因有关。在俄罗斯科拉半岛钻入超基性岩体中的井内，发现含氮量 $20\%～40\%$、含氦量 $0.6\%～3.7\%$ 的天然气，从这种天然气的地质产状及氮—氦组合来看，均表明是岩浆成因特征。我国东营凹陷平方王油田古近系所产的天然气二氧化碳含量达 $63\%～66\%$，由喜马拉雅期玄武岩与石灰岩接触后碳酸钙的热分解所致。匈牙利潘农盆地米哈伊气田不整合覆盖在结晶基岩之上的古近—新近系砂层储集层产出的天然气中，CO_2 含量达 95%，CH_4 仅 4.5%，可能来自结晶基岩深处。

三、不同成因类型天然气的鉴别

地壳中的天然气绝大部分是气体化合物与气体元素的混合物，只有个别特殊情况下才由单一气体组成。因此，识别天然气的成因类型应该是对天然气中各种组分的成因进行识别，但这样要花费大量的时间和财力，所以，一般只鉴别天然气中几个主要组分的成因类型。另一方面，在理论上不同成因天然气的地球化学特征有所不同，欲寻求统一的标准来识别各种不同类型的天然气，目前尚难做到。

鉴别烃类气体成因通常根据以下三方面的资料：（1）天然气的组成特点，如碳同位素组成、甲烷含量等参数；（2）成气母质的有机质类型和演化程度等；（3）天然气伴生物特征，如凝析油的成分、储集层沥青的成分等。戴金星等（1993）对不同类型天然气的组成、伴生物、储集层沥青特征等进行了详细的总结。

（一）根据天然气的组成和碳同位素特征鉴别天然气的成因类型

天然气的组成和碳同位素特征是鉴别天然气成因类型的主要标志，前面在讲不同类型天然气特征时已经作了简要介绍，下面将生物成因气、油型气、煤型气和无机成因气的组成和碳同位素特征总结在表4-8中。

表4-8 主要类型天然气的组成和碳同位素特征

天然气成因类型		甲烷含量,%	$\delta^{13}C_1$,‰	$\delta^{13}C_2$,‰
生物成因气		>98	<-55	
油型气	原油伴生气	<95	$-55\sim-45$	<-29
	凝析油伴生气	<95	$-50\sim-40$	
	裂解气	>98	$-40\sim-35$	
煤型气	热解气	<95	$-42\sim-25$	>-25
	裂解气	>98		
无机成因气		<16	>-30（一般>-20)	

甲烷含量是识别天然气成因类型最经济的指标。生物气的烃类基本全为甲烷；一般的，在相同成熟度情况下，煤型气中的甲烷含量高于油型气的甲烷含量；而油型气和煤型气的甲烷含量都随着演化程度的增加而增加。

在生物成因气、油型气、煤型气和无机成因的烃类气中，甲烷碳同位素比值的变化具有一定的规律。总的来讲，无机甲烷富集重的碳同位素，其甲烷碳同位素比值最大，$\delta^{13}C_1>-30‰$，一般大于-20‰；生物成因气富集轻的碳同位素，其甲烷碳同位素比值最小，$\delta^{13}C_1<-55‰$；油型气和煤型气介于二者之间。根据甲烷的碳同位素比值可以比较容易鉴别无机气和生物气，但煤型气和油型气的甲烷碳同位素比值有一定的交叉区间，仅根据甲烷碳同位素比值还不能完全将二者区分开，还需要借助其他方法。

乙烷碳同位素比值在区分煤型气和油型气方面有一定的效果。刚文哲等（1997）以乙烷碳同位素比值-29‰为界限区分塔里木盆地的油型气和煤型气取得了较好的效果，但不同学者主张的油型气与煤型气的乙烷碳同位素比值界限仍有争议，并且在一般天然气藏中，乙烷不是天然气的主要成分，因此乙烷同位素值只能作为天然气成因类型鉴别的辅助指标。

一般来说，有机成因的天然气中，烃类化合物中碳同位素比值是随着相对分子质量的增大而增加的，即存在$\delta^{13}C_1<\delta^{13}C_2<\delta^{13}C_3<\delta^{13}C_4$的关系，这种关系成为正碳同位素系列。而无机成因的烃类气体往往具有与此相反的关系，即无机成因的烃类化合物中碳同位素比值随着相对分子质量的增大而减小（$\delta^{13}C_1>\delta^{13}C_2>\delta^{13}C_3$），这种关系称为负碳同位素系列，也称为碳同位素系列倒转（戴金星，1992）。有机成因烷烃气的碳同位素多为正常分布，而无机成因的烷烃气多为倒转分布（戴金星，1993）。

但是，随着近几年深层天然气的发现不断增多，越来越多地发现碳同位素系列倒转的现象，既有完全倒转，也有部分倒转。如松辽盆地深层大量出现碳同位素倒转的有机成因气（表4-9）。这些碳同位素系列倒转现象并不一定是无机成因气的表现，很多种地质过程都可能导致天然气碳同位素系列倒转，如有机烷烃气和无机烷烃气的混合、煤型气和油型气的混合、相同类型不同成熟度天然气的混合、烷烃气或某些组分被细菌氧化、扩散作用造成的天然气碳同位素组成的分馏等。天然气的混合与同位素分馏作用可以造成天然气同位素分布的复杂性，在天然气成因类型鉴别中应予充分重视。

表 4-9 松辽盆地某气田天然气碳同位素比值

气样编号	层位	$\delta^{13}C$,‰				同位素系列 $(C_1 \sim C_4)$	
		甲烷	乙烷	丙烷	丁烷		
1	K_1q^3	-47.59	-31.63	-27.63	-28.72	$\delta^{13}C_1<\delta^{13}C_2<\delta^{13}C_3>\delta^{13}C_4$	倒转
2	K_1d	-37.66	-27.81	-27.22	-28.69	$\delta^{13}C_1<\delta^{13}C_2<\delta^{13}C_3>\delta^{13}C_4$	倒转
3	K_1q^1	-44.05	-40.79	-39.74	-41.42	$\delta^{13}C_1<\delta^{13}C_2<\delta^{13}C_3>\delta^{13}C_4$	倒转
4	K_1q^1	-50.56	-35.57	-29.86	-26.51	$\delta^{13}C_1<\delta^{13}C_2<\delta^{13}C_3<\delta^{13}C_4$	正常
5	K_1d	-37.04	-25.80	-26.22	-25.03	$\delta^{13}C_1<\delta^{13}C_2>\delta^{13}C_3>\delta^{13}C_4$	倒转
6	K_1d	-32.00	-29.10	-27.20	-25.50	$\delta^{13}C_1<\delta^{13}C_2<\delta^{13}C_3<\delta^{13}C_4$	正常

另外，需要注意，表 4-8 所列参数范围并不是严格的界限，而是通过实际大量统计的一般界限范围。在一些特殊地质条件下会出现一些特殊的"异常值"，例如松辽盆地深层发现许多甲烷碳同位素比值高于 -19‰ 的煤型气。因此，在实际应用中，应注意结合其他指标和地质条件进行综合分析。

（二）天然气成因类型鉴别图版

1. $\delta^{13}C_1$—$\delta^{13}C_{CO_2}$ 分类图版

Гуцало（1981）从 CH_4 与 CO_2 共生体系碳同位素热平衡原理出发，以世界上已有 CH_4 与 CO_2 共生体系中测得的 $\delta^{13}C_1$ 和 $\delta^{13}C_{CO_2}$ 为依据，将自然界不同成因类型的 CH_4 与 CO_2 共生体系划分为三个区，如图 4-24 所示。图中所标温度是天然气形成温度，它是按 CH_4 与 CO_2 碳同位素热平衡原理的近似方程计算值。

第 I 区为无机成因气区。该区的 $\delta^{13}C_1$ 由 -7‰ 到 -41‰，$\delta^{13}C_{CO_2}$ 由 +27‰ 到 -7‰（在 0 附近特别集中）。洋脊喷出气、温泉气、火山气、各种岩浆岩和宇宙物质包裹体中的气体均落于此区。

第 II 区为生物成因气区。该区的 $\delta^{13}C_1$ 由 -54‰ 到 -92‰，$\delta^{13}C_{CO_2}$ 由 -36‰ 到 +1‰。世界上浅层生物成因气、现代沉积物中所有的 CH_4 与 CO_2 共存的天然气，都落于此区。

第 III 区为有机质热裂解气区。该区的 $\delta^{13}C_1$ 由 -40‰ 到 -19‰，$\delta^{13}C_{CO_2}$ 由 -30‰ 到 -16‰。沉积岩中的分散有机质、泥炭、煤和石油热裂解气均落于此区。

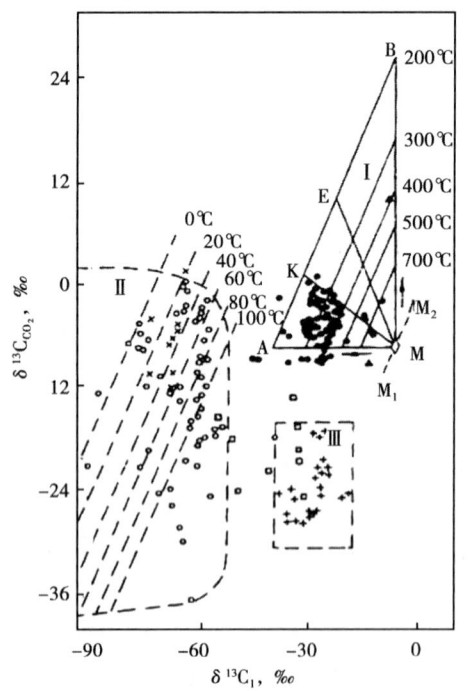

图 4-24 自然界 CH_4 与 CO_2 共生体系的 $\delta^{13}C_1$ 和 $\delta^{13}C_{CO_2}$ 分布图（据 Гуцало，1981）

Гуцало 分类图版可以把天然气的来源粗略分为三种成因。随着样品数量的增多，三者界限可能有所变化，但该图版仍有很大的参考价值。在应用该图版时应该注意的是，在一些气藏中 CH_4 与 CO_2 并不是相同成因的，这使该图版的应用受到了限制。

2. $\delta^{13}C_1$—R_o 鉴别图版

Stahl（1974）根据对世界各地大量天然气样品的 $\delta^{13}C_1$ 及其母岩 R_o 的测定，发现两者具有良好的相关性。这种相关性与母岩的有机质类型有关。Stahl 分别建立了腐殖型和腐泥型的气源岩的 R_o 与其形成天然气的 $\delta^{13}C_1$ 关系曲线（图 4-25）和相关公式：

腐殖型： $$\delta^{13}C_1 = 14\lg R_o - 28 \tag{4-7}$$

腐泥型： $$\delta^{13}C_1 = 17\lg R_o - 42 \tag{4-8}$$

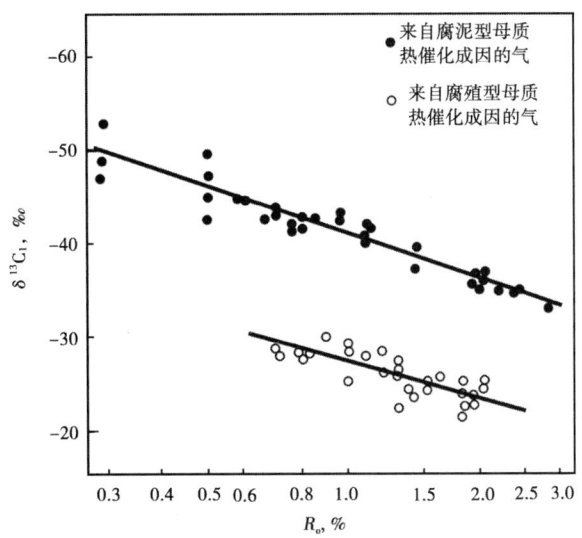

图 4-25 不同母质形成的天然气 $\delta^{13}C_1$ 与其母岩 R_o 关系图（据 Stahl，1974）

从图中可见，天然气的 $\delta^{13}C_1$ 与其母岩 R_o 呈半对数关系。这表明，各种有机质随热演化所形成的天然气的甲烷同位素组成是有一定变化规律的，都具有随热演化程度增加，天然气中的甲烷更富集重的碳同位素的趋势。也就是说，随着热演化程度的增加，天然气的甲烷碳同位素比值 $\delta^{13}C_1$ 增大；在热演化程度相同的条件下，腐殖型有机质母岩形成的煤型气的甲烷碳同位素比值 $\delta^{13}C_1$ 比腐泥型有机质母岩所形成的油型气的甲烷碳同位素比值 $\delta^{13}C_1$ 大，即一定演化程度的煤型气比相同演化程度的油型气更富集重碳同位素。

根据测定的 $\delta^{13}C_1$，依据 Stahl 的分类图版能够区分有机成因气的母质类型，利用该图版，根据天然气的甲烷碳同位素组成，结合研究区的地质条件，可以对天然气的成因类型（煤型气和油型气）进行鉴别。

戴金星等（1985）在研究我国许多煤型气和油型气 $\delta^{13}C_1$ 与其气源岩 R_o 的相关性后，也提出了类似的关系：

煤型气： $$\delta^{13}C_1 = 14.1254\lg R_o - 34.3922 \tag{4-9}$$

油型气： $$\delta^{13}C_1 = 15.8015\lg R_o - 42.2061 \tag{4-10}$$

戴金星等（1992）根据其建立的油型气和煤型气 $\delta^{13}C_1$—R_o 关系 [式（4-9）和式（4-10）] 鉴别了鄂尔多斯盆地楼 1 井天然气的成因类型。楼 1 井天然气的甲烷碳同位素比值为 $-31.54‰$，将该值分别带入煤型气和油型气方程 [式（4-9）和式（4-10）]，得到的天然

气母岩 R_o 值分别为 1.75% 和 5%。也就是说，如果该天然气为油型气的话，其母岩的成熟度必须要达到 R_o 值为 5%。这显然是不可能的，因为在这样高的热演化程度下，天然气一般早就分解了，这样高的成熟度也不符合该盆地的实际地质情况。因此，该天然气应该属于煤型气，其气源岩的 R_o 值为 1.75%，这一成熟度值与该盆地的煤型气源岩的实际成熟度是吻合的。

3. C_1/C_{2+3}—$\delta^{13}C_1$ 分类图版

根据不同成因天然气的甲烷相对含量及甲烷的碳同位素特征，Schoell 建立了 C_1/C_{2+3}—$\delta^{13}C_1$ 分类图版。戴金星等（1992）统计了国内外 1515 个天然气样品的分析数据，也编制了 C_1/C_{2+3}—$\delta^{13}C_1$ 分类图版（图 4-26）。

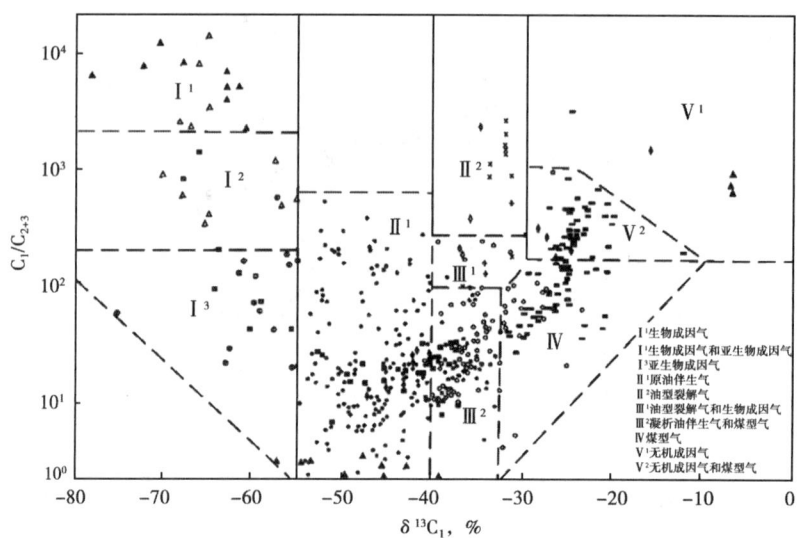

图 4-26　鉴别各类甲烷的 C_1/C_{2+3}—$\delta^{13}C_1$ 图（据戴金星，1992）

根据某一个天然气样品的组成和甲烷碳同位素比值，可以在图上唯一地确定一个点，该点所处区域代表的天然气成因类型就是该天然气的成因类型。

4. 干酪根裂解气和原油裂解气的鉴别

在有机成因气中，除油型和煤型气的鉴别外，干酪根裂解气和原油裂解气的鉴别对于研究天然气的成藏过程也有重要意义。干酪根裂解气是由干酪根直接热降解和热裂解形成的天然气，而原油裂解气是干酪根首先降解生成液态石油，液态石油在高温下发生二次裂解形成的天然气。Prinzhofer 等（1995）建立了利用天然气的甲烷、乙烷以及丙烷的组分判识干酪根裂解气与原油裂解气的图版（图 4-27）。根据对 Ⅱ 型和 Ⅲ 型干酪根的生烃模拟实验，这两种类型干酪根直接裂解形成的天然气均表现为 $\ln(C_2/C_3)$ 相对稳定而 $\ln(C_1/C_2)$ 快速增加（甲烷的大量生成）的特点，原油裂解气则表现为 $\ln(C_1/C_2)$ 相对稳定而 $\ln(C_2/C_3)$ 快速增加（重烃的快速消耗）。

上述判识方法是基于单一烃源岩的生烃模拟实验获得的，因此，在实际应用中应该尽可能地确保天然气是来自相同的烃源岩，才可能获得较好的判识效果。此外，天然气的组分还可能受到次生蚀变的影响，导致天然气的 $\ln(C_1/C_2)$ 和 $\ln(C_2/C_3)$ 与理论图版显示的变化趋势存在差别，但是 $\ln(C_1/C_2)$ 和 $\ln(C_2/C_3)$ 的变化特点仍然可以作为区分初次裂解气与

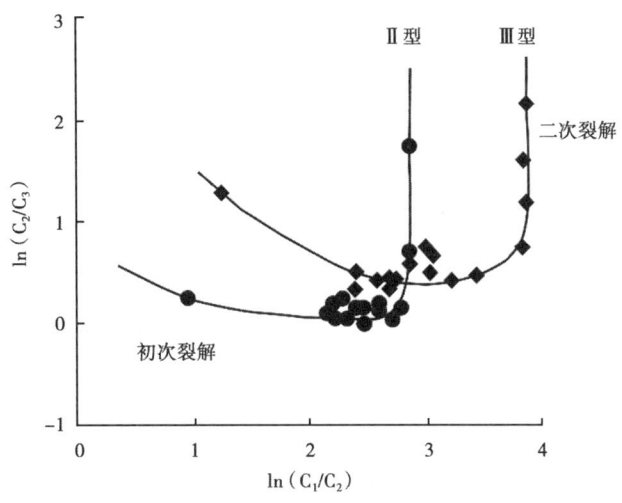

图 4-27　干酪根初次裂解气与原油二次裂解气判别图版（据 Prinzhofer 等，1995）

原油二次裂解气的重要手段。在四川盆地川东地区，侏罗系和上三叠统的天然气主要为干酪根裂解气，而二叠系长兴组和三叠系飞仙关组主要为原油裂解气（图 4-28）。

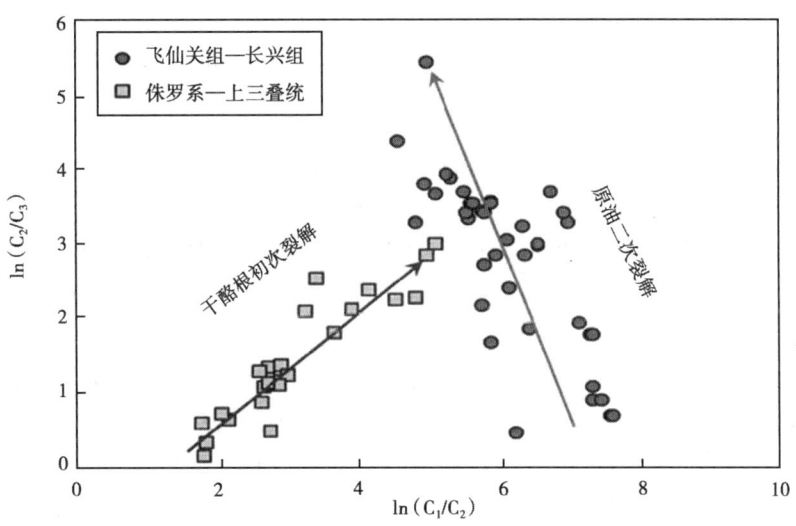

图 4-28　川东地区主要天然气藏天然气类型的判别（据朱扬明、王积宝、郝芳等，2008）

除了利用天然气组分数据之外，通常还需要综合利用天然气的同位素来区分初次裂解气与原油二次裂解气。由于生气母质的差异性，用烷烃碳同位素值的绝对值难以有效区分裂解气的差异，因此国内外的学者主要用同位素差值来表征。Prinzhofer 和 Huc（1995）建立了乙烷和丙烷的碳同位素差值（$\delta^{13}C_2-\delta^{13}C_3$）与 C_2/C_3 的关系图版（图 4-29）。以区分干酪根裂解气和原油裂解气（图 4-29）。与干酪根热解气相比，原油二次裂解气具有高的 C_2/C_3 以及较大的乙烷和丙烷的差异（$\delta^{13}C_2—\delta^{13}C_3$ 的绝对值增大）。根据这一模版判别，Jenden 和 Kaplen（1989）取自加利福尼亚的气为干酪根裂解气，而 Jenden 等（1988）取自堪萨斯的气为原油裂解气（图 4-30）。

223

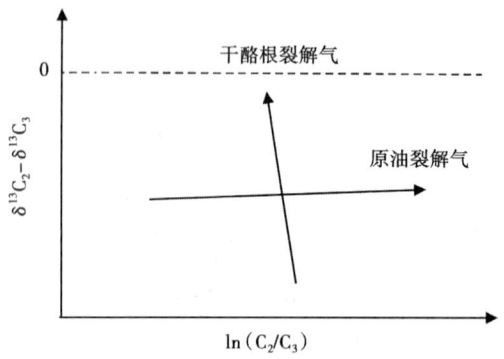

图 4-29 鉴别天然气成因的 C_2/C_3 与 $\delta^{13}C_2-\delta^{13}C_3$ 图版（据 Prinzhofer 和 Huc，1995）

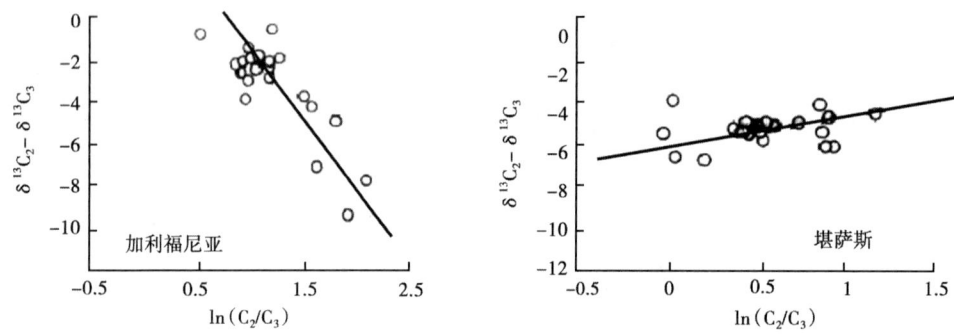

图 4-30 利用 C_2/C_3 与 $\delta^{13}C_2-\delta^{13}C_3$ 图版鉴别天然气类型（据 Prinzhofer 和 Huc，1995，有修改）

（三）根据天然气伴生的轻烃（包括凝析油）组成鉴别天然气的成因类型

轻烃是指碳原子数为 5~10 的烃类。根据 C_7 轻烃系统的构成可以鉴别油型气和煤型气。C_7 轻烃系统的化合物包括三类：正庚烷（nC_7）、甲基环己烷（MCC_6）及各种结构的二甲基环戊烷（$\sum DMCC_5$）。甲基环己烷主要来自高等植物木质素、纤维素和糖类等，是反映陆源母质类型的良好参数，它的大量存在是煤型气伴生凝析油的特点；各种结构的二甲基环戊烷主要来自水生生物的类脂化合物，它的大量出现是油型气伴生凝析油的特点；正庚烷主要来自藻类和细菌，对成熟度作用十分敏感。根据三者的含量编制三角图版，能很好区分凝析油伴生气的成因类型（图 4-31）。

胡惕麟等（1990）还提出用甲基环己烷指数来区别不同母质形成的天然气。甲基环己烷指数的计算公式为

$$甲基环乙烷指数 = \frac{六元环烷烃（MCH）}{六元环烷烃（MCH）+五元环烷烃（RCPC_7）+直链烃（nC_7）} \times 100\%$$

轻烃的甲基环己烷指数小于 50%±2% 时，与之伴生的天然气为油型气；轻烃的甲基环己烷指数大于 50%±2% 时，与之伴生的天然气为煤型气。

另外，许多学者提出了其他鉴别参数。需要注意的是，鉴别天然气成因需要综合各种参数来开展，同时要结合地质环境和地质条件来分析，才能得出合理的结论。

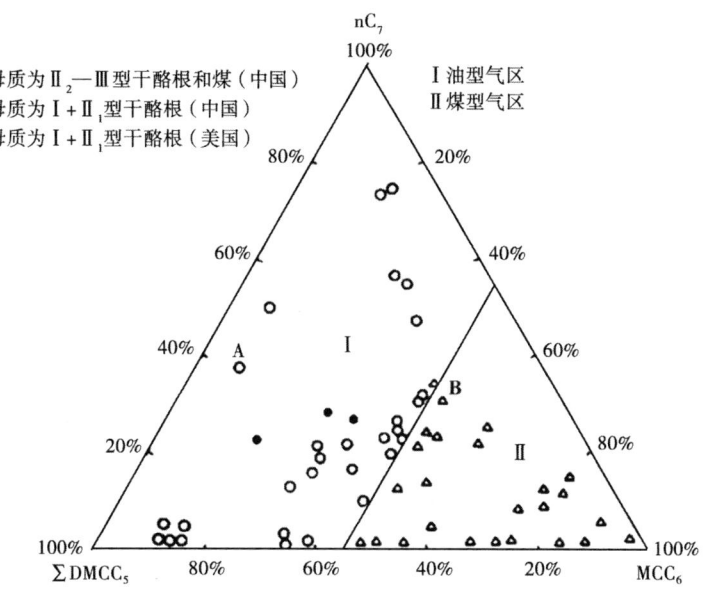

图 4-31 煤成气和油型气中的 C_7 轻烃系统化合物的相对含量特征（据胡惕麟等，1990）

第六节 烃 源 岩

一、烃源岩的概念

烃源岩是指富含有机质、在地质历史过程中生成并排出了或者正在生成和排出石油和天然气的岩石。只生成和排出石油的岩石称为油源岩，只生成和排出天然气的岩石称为气源岩。烃源岩的概念中不仅强调了能够生成油气，并且还强调能够排出油气；不仅要具有生成和排出油气的潜力，而且还要已经生成和排出油气或者正在生成和排出油气，只有这样的岩石才能算作烃源岩。

由烃源岩组成的地层则称为烃源层或烃源岩层。在一个沉积盆地的发展过程中，在一定地质时期内，烃源岩层和非烃源岩层往往间互沉积，在一套地层内形成烃源岩层与非烃源岩层的互层。具相同岩性—岩相特征的若干烃源岩层与其间非烃源岩层的组合称为烃源岩层系。

烃源岩层是自然界生成石油和天然气的岩层，在沉积盆地中，油气是从烃源岩层中生成并运移到储集层中储集起来形成油气聚集的。因此，烃源岩研究既对探讨油气成因具有理论意义，同时也是指导油气勘探实践的主要根据之一。烃源岩评价的主要目的，就是根据大量地质和地球化学分析结果，在一个沉积盆地（或凹陷）中，从剖面上确定烃源岩层，在空间上确定出有利的烃源区，为油气勘探提供科学依据。

二、烃源岩的岩石类型

烃源岩一般是粒细、色暗、富含有机质和微体古生物化石的岩石，其中常含原生分散状黄铁矿和游离沥青质。

常见的烃源岩主要是泥质岩类烃源岩、碳酸盐岩类烃源岩和煤系烃源岩。

（一）泥质岩类烃源岩

这类烃源岩主要包括泥岩、页岩等。泥质岩类烃源岩沉积于浅海、三角洲、湖泊等沉积环境，环境安静乏氧，浮游生物或陆源有机物丰富并随黏土矿物质大量堆积、保存，在埋藏过程中，其中的有机质大量向油气转化。因而这些粒细的泥质岩类富含有机质及低价铁化合物，颜色多呈暗色。我国主要陆相盆地如松辽、渤海湾、准噶尔、柴达木等含油气盆地，主要烃源岩层多为灰黑、深灰、灰及灰绿色泥岩、页岩。国外的烃源岩层也以此类最多。

（二）碳酸盐岩类烃源岩

这类烃源岩以低能环境下形成的富含有机质的石灰岩、生物灰岩和泥灰岩为主，如沥青质灰岩、隐晶灰岩、豹斑灰岩、生物灰岩、泥质灰岩等等，常含泥质成分；多呈灰黑、深灰、褐灰及灰色；隐晶—粉晶结构，颗粒少，灰泥主；多呈厚层—块状，水平层理或波状层理发育；含黄铁矿及生物化石；偶见原生油苗，有时锤击可闻到沥青臭味。我国四川盆地丰富的天然气资源部分与二叠系和三叠系的石灰岩有关；华南、塔里木地台广泛发育的古生界碳酸盐岩和华北地台中—新元古界和下古生界的许多碳酸盐岩都具备良好的生油条件。波斯湾盆地的上侏罗统阿拉伯组、古近—新近系的阿斯马利灰岩都是重要的碳酸盐岩烃源岩。

（三）煤系烃源岩

煤系地层是指在成煤环境下形成的含煤地层。其中的煤层和含煤地层中的富含有机质的泥岩可以成为烃源岩。煤系地层主要形成于沼泽环境和海陆过渡环境。煤是一种富集型有机质，它是由不同数量的壳质组、镜质组和惰质组构成的混合体。晚古生代以后所形成的煤主要是以高等植物为主体的腐殖煤。我国广泛分布有含煤层系，石炭纪—二叠纪、侏罗纪和古近纪是三个主要的聚煤期。煤系不仅可以作为气源岩，也可以作为油源岩。

三、烃源岩形成的控制因素

烃源岩形成是有机质逐渐富集的结果，水体中浮游生物通过光合作用合成有机质，伴随着水生生物死亡，与陆源有机质一起向水底沉降，有机质在接受埋藏之前遭受氧气降解，剩余有机质逐渐被埋藏并保存在岩石中。影响烃源岩形成因素较多，任何影响有机质生产、保存、埋藏的因素都会影响烃源岩形成，例如气候、温度对浮游生物生长影响较大，影响了有机质生产；氧化还原程度和水体动荡程度影响了有机质降解程度；有机质埋藏的快慢对有机质富集也有一定影响。

前人综合研究指出，古生产力、有机质保存条件、有机质稀释作用是影响有机质富集和控制烃源岩形成的主要因素（Barry，2005）。古生产力是指地质历史时期单位面积、单位时间内所产生的有机质总量，表征了水体中有机质的生产能力。古生产力越大，水体中原始有机质越多，越有利于有机质富集和烃源岩形成。有机质保存条件主要是指水体氧化还原程度、水体扰动等影响有机质降解的条件，通常情况下，安静的还原水体中有机质降解少，有机质保存条件好，保存下来的有机质占原始有机质总量的比例高，有利于有机质富集和烃源岩形成。有机质稀释作用是指伴随物源输入的过程中，过多的非有机质输入会稀释有机质，降低岩石的有机质丰度，不利于有机质富集和烃源岩形成。

国内外学者针对烃源岩形成开展了大量的研究工作，长期以来，烃源岩形成的"生产力模式"和"保存模式"一直是争论的焦点之一。"生产力模式"强调烃源岩形成主要受控于生产力。Parrish（1995）对比分析了全球烃源岩分布和生产力大小，发现93%的烃源岩分布于高生产力区域。现代海洋中富有机质沉积均位于高生产力区域，如秘鲁式海岸上升洋流、东太平洋赤道式上升洋流都可形成高生产力带，这些地区有机质富集明显。而在深海范围内，由于生产力低，有机质富集程度低（Calvert，1987）。加利福尼亚海湾中 Saanich 和 Jervis 峡湾距离很近，其中 Saanich 峡湾入口处为一周期性缺氧盆地，沉积物有机碳含量为 4%，而 Jervis 峡湾为一个完全氧化的峡湾，生产力高于 Saanich 峡湾，沉积物中有机碳含量约为 6%，可见生产力较高时在含氧的水底也会有部分有机质来不及氧化而富集形成有效烃源岩（Calvert 等，1992）。

"保存模式"强调有机质保存条件是控制烃源岩形成的主要因素。Demaison 和 Moore（1980）统计了全球海底沉积表层总有机碳含量，发现烃源岩形成受氧化还原程度控制明显。大西洋与太平洋深海中—下白垩统发育的富有机质黑色页岩是"保存模式"的最佳证据（Graciansky 等，1984），此外，前人在黑海、非洲东部的坦噶尼喀湖和基伏湖、中国南部的珠江口盆地和东部的渤海湾盆地均发现，有机质保存条件是控制烃源岩形成的主要因素。

除了古生产力和有机质保存条件以外，有机质稀释作用也是影响烃源岩形成的重要因素。部分学者认为高沉积速率带来的大量碎屑物质会稀释有机质，沉积速率越高，烃源岩有机质丰度越低，所以烃源岩一般发育于低沉积速率地区（Loutit，1988）。也有学者认为适当的稀释作用有利于烃源岩形成，Ibach（1982）研究发现烃源岩总有机碳含量随着沉积速率增加具有先增大后减小的趋势。

烃源岩形成是古生产力、有机质保存条件和有机质稀释作用三个因素综合作用的结果。影响古生产力的水介质条件也会影响有机质保存。沉积速率的变化既可能影响外来营养物质的输入从而影响生产力，也可能影响有机质降解程度。

丁修建、柳广弟等（Ding 等，2015）通过对二连盆地群的小型断陷湖盆研究发现，烃源岩形成明显受古生产力、水体氧化还原程度和沉积速率的综合控制，在不同的沉积速率条件下，古生产力和氧化还原条件的影响程度明显不同。沉积速率小于 5cm/ka 时，烃源岩的形成主要受沉积速率和氧化还原程度控制，还原程度越强，烃源岩有机质丰度越高，沉积速率越大，烃源岩有机质丰度越高；沉积速率大于 5cm/ka 时，烃源岩的形成主要受沉积速率和古生产力控制，古生产力越大，烃源岩有机质丰度越高，沉积速率越高，烃源岩有机质丰度反而越低（图 4-32）。

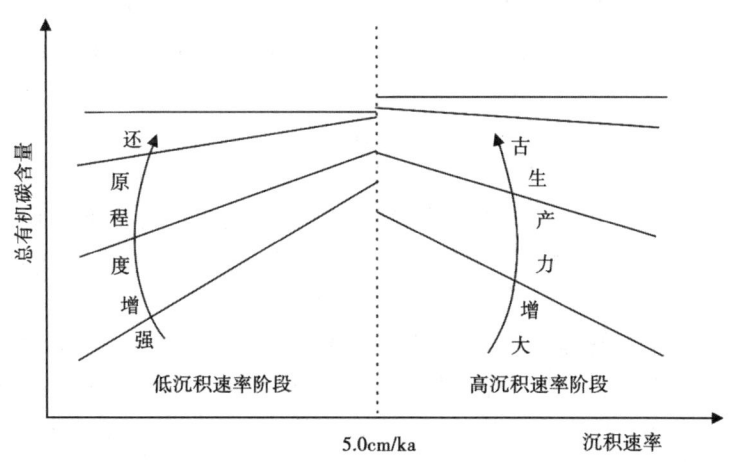

图 4-32　二连盆地烃源岩形成与古生产力、氧化还原程度和沉积速率关系模式图（据 Ding 等，2015）

四、烃源岩形成的地质环境

根据烃源岩形成的控制因素，形成烃源岩的地质环境一般水体安静、气候温暖、生物繁茂、稳定沉降。这样的环境有利于大量有机质的形成、堆积和保存，也有利于有机质的演化。显然，这种环境并不是到处都有，它们受到大地构造条件、岩相古地理条件、古气候条件等的严格控制。

（一）大地构造条件

长期稳定继承性沉降的大地构造背景是烃源岩发育的基础。烃源岩是沉积岩，只有沉积盆地才会有沉积岩，才会有烃源岩。因此，在地质历史上能够形成沉积盆地的构造背景才是有利的构造条件。

根据板块构造的观点，在板块相互作用带上，板块的离散运动和聚敛运动都包含有垂直构造运动，但是，纯粹的转换运动则不带垂直运动性质。可见，只有前两种板块运动才与沉积盆地的形成密切相关：在离散板块分离处，伴随着洋壳生成，地壳变薄引起下沉、弯曲，出现张性环境中的各种沉积盆地；在聚敛板块接合处，伴随着洋壳消亡、陆壳增厚和碰撞造山带上升，沿着造山带的翼部出现许多沉积盆地。在时间顺序上，某一盆地在不同时期可以发生在不同类型的环境中，也可以逐渐过渡。

板块的边缘活动带，板块内部的裂谷、坳陷，以及造山带的前陆盆地、山间盆地等大地构造单位，是在地质历史上曾经发生长期持续下沉的区域，是地壳上油气资源分布的主要沉积盆地类型。在这些沉积盆地中，沉降幅度迅速被沉积物的沉积所补偿，因而在沉积盆地的各个沉降时期中，研究沉降速度（v_s）与沉积速度（v_d）之间的关系至为重要。若沉降速度远远超过沉积速度（$v_s \gg v_d$），水体急剧变深，生物死亡后，在下沉过程中易遭巨厚水体所含氧气的氧化破坏；反之，若沉降速度显著低于沉积速度（$v_s \ll v_d$），水体迅速变浅，乃至盆地上升为陆地，沉积物暴露地表，有机质易受空气中的氧所氧化，也不利于有机质的堆积和保存。只有在长期持续下沉过程中伴随适当的升降，沉降速度与沉积速度相近或前者稍大时，才能持久保持还原环境。这种条件不仅可以长期保持适于生物大量繁殖和有机质免遭氧化的有利水体深度，保证丰富的原始有机质沉积下来，而且可以形成沉积厚度大、埋藏深度大、地温梯度高、烃源岩层和储集层频繁相间广泛接触、有助于原始有机质迅速向油气转化并广泛排烃的优越环境。我国许多大型沉积盆地具备这种有利条件，成为油气资源蕴藏丰富的区域。渤海湾盆地古近纪深断陷内沉积厚度达 3000~5000m，沉积速度约 0.12~0.18mm/a，埋藏深度最大可达 4000~8000m，地温梯度平均 3.95~5℃/100m，十分有利于油气生成，其下伏中生界、古生界及中—新元古界的巨厚沉积也具备良好的生油条件。其他如松辽、四川、准噶尔、塔里木等大型盆地都拥有较长的发育历史。表 4-10 列举了我国主要大型陆相沉积盆地的面积、持续沉降时间及沉积岩最大厚度。它们的发育时间多经历了 3~5 个纪，多超过 1.5 亿~2.5 亿年，陆相沉积岩系最厚可达 7000~8000m，少则 4000~5000m，为我国陆相烃源岩系的发育奠定了基础。

此外，在一个大型沉积盆地内，由于断裂分割或沉降速度的差异造成盆底起伏不平，出现许多次级凸起与凹陷，使有机质不必经过长距离搬运便可就近沉积下来，避免途中氧化，所以这种沉积盆地的分割性对有机质的堆积与保存都有利。华北地区从中生代以来的块断升降作用造成了渤海湾盆地古近纪多断陷、多生油中心的显著特点。

表 4-10 我国主要大型陆相湖盆的发育特征（据石油工业部石油勘探开发研究院，1977）

剖面类型	泥岩型	夹油页岩泥岩型	含碳泥页岩	含膏泥岩型
代表地区	东营凹陷	鄂尔多斯盆地	民和盆地	江汉盆地
地层时代	古近系沙三段	三叠系延长统	侏罗系	古近系潜江组
岩性组合	大套泥岩	泥岩夹油页岩、砂岩，边缘含碳	泥岩、砂岩夹碳质层	泥岩夹石膏、盐岩
水介质性质	半咸水	淡水	淡水	咸水
岩系厚度，m	2000~3000	3000	1500~2000	2000~3000
暗色泥岩厚度，m	>1000	300~500	80~100	>500
生物化石	浮游类及藻类	浮游夹底栖生物	植物、底栖	浮游类及藻类
盆地类型	断陷	坳陷	山间坳陷	断陷
代表油田	坨庄—胜利村	马岭	海石湾	王场

（二）岩相古地理条件

国内外油气勘探实践证明：无论海相、陆相还是海陆过渡相，都可能具备适合于油气生成的岩相古地理条件。在海相环境中，浅海区是最有利于油气生成的古地理区域。在浅海大陆架范围内，水深一般不超过 200m，水体较宁静，阳光、温度适宜，生物繁盛，各种浮游生物异常发育，死亡后不需经过太厚的水体即可堆积下来。海湾及潟湖因有半岛、群岛、沙堤或生物礁带与大海相隔，携带大量氧气的汹涌波涛难以侵入，新的氧气不易补给，这种半闭塞无底流的环境也对保存有机质有利。波斯湾盆地的中—新生界，西西伯利亚的侏罗系、白垩系，墨西哥湾的中—新生界，以及我国四川盆地的志留系、二叠系、三叠系都属于浅海环境的产物。而在滨海区和深海区，不利于有机保存和油气的生成。在滨海区，海水进退频繁，浪潮作用强烈，不利于生物繁殖和有机质的堆积保存。深海区生物本来就少，死后下沉至海底需经过巨厚水体，易遭氧化破坏，加上离岸又远，陆源有机质需经长途搬运，早被淘汰氧化，都不有利于有机质的堆积和保存。值得注意的是，随着世界油气工业的发展，人们已开始注意到大陆架以外的深海区域找油气的远景，包括深海平原、大陆坡和小洋盆地区，已经开始进行海上勘探工作。

海陆过渡环境的三角洲环境既有陆源有机质源源搬运而来，又有原地繁殖的海相生物，因此沉积物中的有机质含量特别高；三角洲环境沉积物堆积速率高、埋藏快，地温梯度高，有利于有机质的保存和演化，是极为有利的生油区域。

大陆深水—半深水湖泊是陆相烃源岩发育的区域。一方面，湖泊能够汇聚周围河流带来的大量陆源有机质，增加了湖泊营养和有机质数量；另一方面，湖泊有一定深度的稳定水体，提供水生生物的繁殖发育条件。尤其在近海地带的深水湖盆更有利于有机质的堆积，因为近海区域地势低洼、沉降较快，是陆表水的汇集地带，容易长期积水而形成深水湖泊，保持安静的还原环境。这种地区气候温暖湿润，浮游生物及藻类繁盛，而且往往又是河流三角洲的发育地带，河水带来大量陆源有机质注入近海湖盆，有机质异常丰富。油气勘探开发实践表明，我国许多陆相沉积盆地，如晚二叠世的准噶尔盆地、晚三叠世的鄂尔多斯盆地、早白垩世的松辽盆地、古近纪的渤海湾盆地，甚至古近纪的柴达木盆地都可能属于当时的近海湖盆，成为湖相生油的最有利区域。

在浅水湖泊和沼泽区，高等植物繁盛，是有利的成煤环境，有机质多属腐殖型。这种环境中的有机质生油潜能较差，更适合形成煤和天然气。但是在一些流水沼泽和分流间湾沼泽，形成的有机质中富含富氢显微组分，具有较强的生油潜力，也可以形成石油（吴涛和赵文智，1997），如澳大利亚的吉普斯兰盆地、加拿大的斯科舍盆地、我国的吐哈盆地都在煤系地层找到了石油。

（三）古气候条件

古气候条件也直接影响生物的发育。年平均温度高、日照时间长、空气湿度大，都能显著增强生物的繁殖能力。所以，温暖湿润的气候有利于生物的繁殖和发育，是油气生成的有利外界条件之一。

上述各项条件都对形成适于有机质繁殖、堆积、保存的环境产生综合性的影响，相互之间有密切联系。其中大地构造条件是根本的，它控制着岩相古地理及古气候的特征。所以，在研究任何区域的油气生成条件时，必须从区域大地构造特征入手。

五、烃源岩的地球化学特征

在一个沉积盆地中，只有有效的烃源岩才能提供商业油气聚集。作为有效的烃源岩，必须具备足够数量的有机质、良好的有机质类型，并具有机质向油气演化的过程。

通过对烃源岩的地球化学研究，可以判断哪些岩石具备烃源岩的条件，何种烃源岩才是有效的烃源岩，其生烃能力如何等。

烃源岩的地球化学特征包括三个方面：有机质丰度、有机质类型和有机质成熟。随着石油地球化学的进展，鉴别和分析烃源岩的方法和技术手段不断发展。以下分别介绍表征烃源岩特征的主要地球化学指标和方法。

（一）有机质丰度

岩石中有足够数量的有机质是形成油气的物质基础，是决定岩石生烃能力的主要因素。通常采用有机质丰度来代表岩石中有机质的相对含量，衡量和评价岩石的生烃潜力。目前常用的有机质丰度指标主要包括总有机碳含量（TOC）、可溶有机质含量和总烃（HC）含量、岩石热解生烃潜量等。

1. 总有机碳含量（TOC）

总有机碳含量是国内外普遍采用的有机质丰度指标。有机碳是指岩石中除去碳酸盐、石墨等中的无机碳以外的碳。这部分碳包含了岩石中不溶有机质——干酪根中的碳，也包含了岩石中可溶有机质中的碳，故称为总有机碳。因为在烃源岩有机质生成的油气中，有一部分已经排出烃源岩，实验室所测定的是岩石中残留下来的有机质中的碳的数量，故又称为剩余有机碳含量。总有机碳含量以单位质量岩石中有机碳的质量百分数表示。

岩石中剩余有机碳与剩余有机质含量之间存在着一定的比例关系，一般将剩余有机碳含量乘以 1.22~1.33 即为岩石中所含剩余有机质的质量百分数。蒂索等人认为不同类型干酪根在不同演化阶段该值是不同的。

对于未成熟或低成熟的烃源岩，由于其中只有很少一部分有机质转化成油气离开烃源岩，大部分仍残留在烃源层中，并且碳又是在有机质中所占比例最大、最稳定的元素，所以剩余有机碳含量能够近似地表示烃源岩有机质的丰富程度。对于有机质类型好、演化程度较高的烃源岩，由于其中可能有相当一部分或大部分有机质已经转化为油气并排出烃源岩，剩余有机碳含量已经不能反映烃源岩原始有机质的丰富程度了。因此，对于高—过成熟烃源岩有机质丰度的衡量仍是一个有待进一步解决的问题。有些学者提出了各种有机质丰度的恢复方法，但其可靠性仍有待进一步证实。

我国中—新生代陆相淡水—半咸水沉积中，主力烃源岩有机碳含量均在1%以上，平均值在1.2%~2.3%之间，最高达5%左右。除柴达木盆地外，我国咸化湖相烃源岩有机碳含量也比较高，其中渤海湾盆地、苏北盆地和南襄盆地的有机碳平均含量在部分层段（如沙三段、阜四段、阜二段等）都超过2.0%。尚慧芸（1982）对我国中—新生代主要含油气盆地1080个样品数据编制了有机碳含量频率图（图4-33），由图中可以看出，我国暗色泥质岩的有机碳含量平均值为1%。

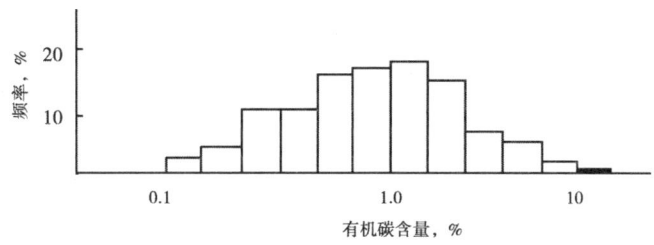

图4-33 我国中—新生代主要含油气盆地烃源岩有机碳含量频率图（据尚慧芸等，1982）

据H. M. Gehmen（1962）测定，在世界60多个沉积盆地寒武系至新近系1066个页岩和346个碳酸盐岩样品中，页岩比碳酸盐岩的有机碳含量高一个数量级，平均值前者为1.14%，后者为0.24%（图4-34）。Hunt（1961）测定了791个页岩和397个碳酸盐岩样品的有机碳含量，平均值分别为1.2%和0.17%。因此，他们认为，碳酸盐岩烃源岩的有机碳含量应大于0.1%~0.2%。造成黏土岩类烃源岩比碳酸盐岩类烃源岩剩余有机碳含量高的原因可能与两类岩石对有机质的吸附能力不同，以及碳酸盐岩的晶析作用和各种成岩作用导致有机质大量丢失有关。

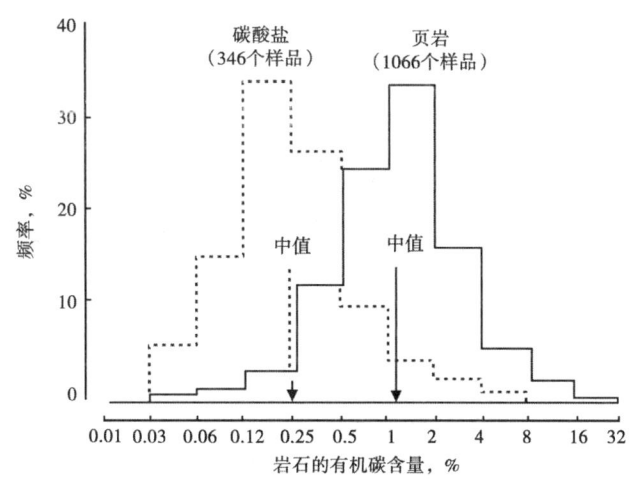

图4-34 古代页岩和碳酸盐岩的有机质总含量
（据H. M. Gehmen，1962）

2. 可溶有机质含量和总烃（HC）含量

可溶有机质是用有机溶剂从岩石中抽提出来的有机质，也就是能够溶于有机溶剂的可溶有机质，又可称为有机溶剂抽提物。以往多用氯仿抽提可溶有机质，故称为氯仿抽提物，也称为氯仿沥青"A"。总烃是指可溶有机质中的饱和烃和芳香烃组分。可溶有机质含量和总烃含量也是最常用的有机质丰度指标之一。可溶有机质含量用其占岩石质量的百分数表示，总烃含量用其占岩石质量的百万分数（10^{-6}）表示。

中国陆相淡水—半咸水湖相主力烃源岩的可溶有机质含量均在 0.1% 以上，平均值为 0.1%~0.3%。图 4-35 为我国主要含油气盆地中可溶有机质含量分布频率图，其众数为 0.1% 左右，一般好的烃源岩为 0.1%~0.2%，非烃源岩可溶有机质值低于 0.01%。

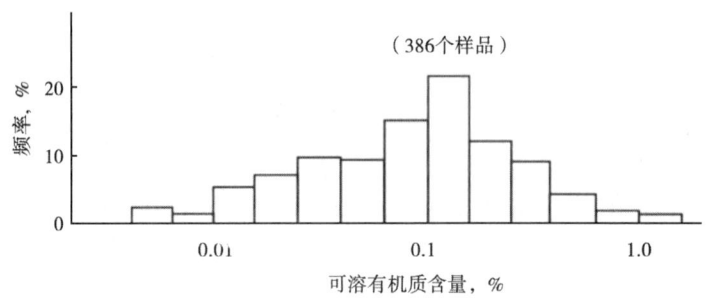

图 4-35　我国主要含油气盆地中可溶有机质含量分布频率图（据尚慧芸等，1982）

目前，国内外许多石油公司都建立了烃源岩总烃含量界线的标准（表 4-11），中国陆相淡水—半咸水湖相主力烃源岩总烃含量均在 410×10^{-6} 以上，平均值在 $(550\sim1800)\times10^{-6}$ 之间。在我国中—新生代沉积盆地中，好的烃源岩总烃含量一般在 1000×10^{-6} 左右，较好烃源岩一般不低于 500×10^{-6}，低于 100×10^{-6} 为非烃源岩。

表 4-11　不同级别烃源岩总烃含量（10^{-6}）评价标准

作者 \ 烃源岩级别	很差	差	良好	好	很好
菲利皮	0~50	50~150	150~500	500~1500	1500~5000
尼克松		<200	200~500	500~1000	>1000
贝克		<50	50~1000		1000~6000
挪威大陆架研究所		<100	100~250	250~500	>500
美国大陆石油公司		<50	50~150	150~350	>350
中国石油勘探开发研究院		100~200	200~500	>500	

3. 岩石热解生烃潜量

岩石热解是一种快速评价烃源岩的方法，该方法由法国石油研究院（FPI）提出，研制的相应仪器称为热解仪或岩石评价仪（Rock-Eval）。

该方法的基本原理是将烃源岩样品放在仪器中加热，对其进行热解，然后根据其生成产物的类型和数量来对烃源岩进行评价。热解的结果用热解谱图表示，该谱图共有 3 个峰（图 4-36）。

P_1 峰：热解温度小于 300℃时出现的峰，其面积用 S_1 表示，代表岩石中残留烃（游离烃）的含量，单位为 kg/t（烃/岩石），其地质意义与可溶有机质相当。

P_2 峰：热解温度在 300~500℃时出现的峰，其面积用 S_2 表示，代表岩石中的干酪根在热解过程中新生成的烃类，称为热解烃，单位为 kg/t（烃/岩石）。

P_3 峰：干酪根中含氧基团热解形成的峰，其面积用 S_3 表示，代表热解过程中生成的 CO_2 的含量，单位为 kg/t（CO_2/岩石）。

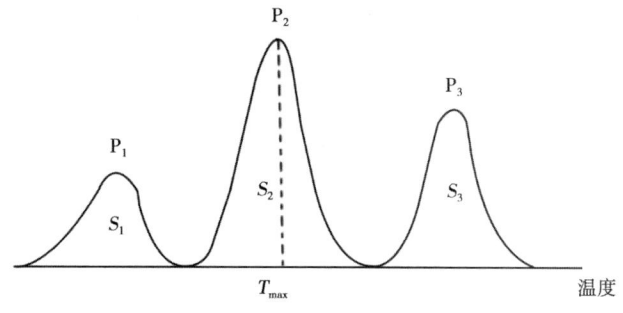

图 4-36 热解谱图示意图

根据热解结果，可以计算烃源岩的生烃潜量。所谓生烃潜量，是指岩石中残留烃（S_1）与热解烃（S_2）之和，用 P_g 表示，单位为 kg/t（烃/岩石）：

$$P_g = S_1 + S_2$$

用生烃潜量 P_g 的高低也可以对烃源岩进行评价，其评价标准如表 4-12 所示。

表 4-12 烃源岩的热解评价标准

评价等级	好烃源岩	中等烃源岩	较差烃源岩	非烃源岩
P_g，kg/t（烃/岩石）	>6	2~6	0.5~2	<0.5

（二）有机质类型

有机质（干酪根）一般划分为三种类型，即Ⅰ型、Ⅱ型和Ⅲ型，我国有些学者也划分为四种类型或三类五型。基本的类型划分是以干酪根元素分析法为基础的。除元素分析方法外，干酪根类型的划分方法还有显微组分分析法和烃源岩热解分析法。

1. 元素分析法

根据干酪根的元素组成划分有机质类型的方法在前面已经作了介绍，在此不再赘述。

2. 显微组分分析法

通过显微观察，可以确定干酪根中不同显微组分的含量，据此可以确定干酪根的类型，一般采用 T 指数法计算：

$$T = (100A + 50B - 75C - 100D)/100$$

式中　A、B、C、D——腐泥组、壳质组、镜质组和惰质组的含量。

根据 T 指数的大小来区分干酪根的类型。T 值大于 80 属Ⅰ型干酪根，T 值介于 80~40 之间属Ⅱ$_1$型；T 值介于 40~0 属Ⅱ$_2$型，T 值小于 0 属Ⅲ型。

3. 岩石热解方法

根据岩石热解分析的结果也可以确定干酪根的类型。用 S_1、S_2、S_3 分别除以岩石的有机碳含量得到的三个指标分别称为烃指数（$I_{HC} = S_1/TOC$）、氢指数（$I_H = S_2/TOC$）和氧指数（$I_O = S_3/TOC$）。岩石中有机质氢指数与氧指数类似于元素分析的 H/C 和 O/C，根据氢指数和氧指数可以划分有机质（干酪根）的类型（表 4-13、图 4-37）。

此外，还可以根据烃源岩可溶组分组成特征、生物标志化合物特征研究有机质的类型。烃源岩中可抽提物（饱和烃、芳香烃、非烃和沥青质）的相对含量是烃源岩有机母质性质

表 4-13 利用氢指数和氧指数划分干酪根类型

干酪根类型	I_H，mg/g（烃/有机碳）	I_O，mg/g（CO_2/有机碳）
Ⅰ 型	600~900	10~30
Ⅱ 型	450~600	20~60
Ⅲ 型	<100	20~150

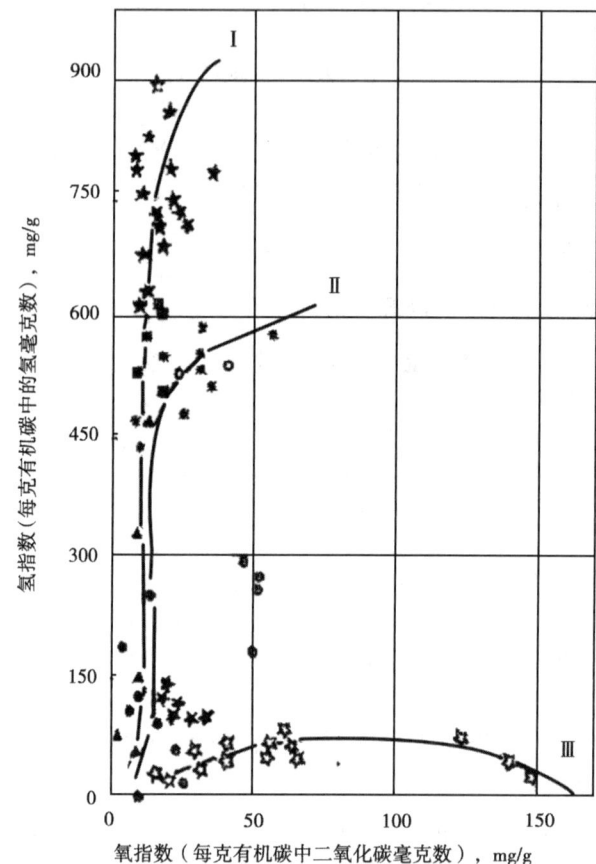

图 4-37 氢指数和氧指数划分干酪根类型图版

和演化过程的反映，因此烃源岩中可溶抽提物族组成特征对划分有机质类型也有参考意义，尤其是对于低成熟烃源岩应用效果较好。甾烷化合物和异戊间二烯型烷烃组成特征也能反映有机母质的性质。

（三）有机质成熟度

沉积岩中有机质的丰度和类型是生成油气的物质基础，但是有机质只有达到一定的热演化程度才能开始大量生烃。勘探实践证明，只有在成熟烃源岩分布区才有较高的油气勘探成功率。所以，烃源岩的成熟度也是决定油气勘探成败的问题。

成熟度表示沉积有机质向油气转化的热演化程度。由于在烃源岩的演化过程中，烃源岩中有机质的许多物理性质、化学性质都发生相应的变化，并且这一过程是不可逆的，因而可以应用有机质的某些物理性质和化学组成的变化特点来判断有机质热演化程度，划分有机质演化阶段。为了判断有机质是否达到成熟，是否开始大量生成石油，各国石油地质学家和地球化学家提出了许多衡量有机质成熟作用的指标，例如镜质体反射率、孢粉碳化程度、热变指数、岩石热解参数、可溶抽提物的化学组成特征（饱和烃成分、碳优势指数CPI、环烷烃指标、生物标志化合物）、干酪根自由基含量、干酪根的颜色及H/C—O/C原子比关系，以及时间—温度指数（TTI）等。下面仅介绍几种目前常见的成熟度指标。

1. 镜质体反射率（R_o）

镜质体（vitrinite）是一组富氧的显微组分，由同泥炭成因有关的腐殖质组成，具镜煤（vitrain）的特征。镜质体反射率（R_o）是镜质体反射光的能力，被认为是目前研究干酪根热演化和成熟度的最佳参数之一。用显微镜鉴定镜质体反射率起源于煤岩学，它与挥发分、固定碳都是研究煤变质程度及划分煤阶的良好指标。

测定镜质体反射率研究煤的碳化程度已有很长历史，该方法在20世纪70年代末开始广泛用于研究分散有机质的热演化程度。干酪根的光学研究结果表明，其基本成分为镜质体碎片和非晶质有机物，主要来源于陆生高等植物碎片。干酪根的热解过程与镜质体的演化过程相符，镜质体以芳香环为核，带有不同的支链烷基。在热演化过程中，链烷热解析出，芳环稠合，出现微片状结构，芳香片间距逐渐缩小，致使反射率增大、透射率减小、颜色变暗，这是一种不可逆反应。所以，镜质体反射率是一项衡量烃源岩经历的时间—古地温史、有机质热成熟的良好指标。

镜质体反射率与成岩作用关系密切，热变质作用越深，镜质体反射率越大。在生物化学生气阶段，镜质体反射率为低值（低于0.5%）。随着埋藏深度而逐渐变化，在热催化生油气阶段和热裂解生湿气阶段，反射率作为深度的函数增加较快，约从0.5%上升到2%；至深部高温生气阶段，反射率继续增加。因此，测定烃源岩中有机质或煤夹层的镜质体反射率，可以预测油气的分布。

不同类型的干酪根具有不同的化学结构，其中不同强度的化学键的相对丰度不同，成熟作用相对时间有所差别，因而在应用镜质体反射率判断有机质的成熟度时，对不同类型干酪根应有所区别（图4-38）。

应用镜质体反射率研究成熟度的主要局限在于，镜质体组分与类脂组组分相比对生油的贡献不大，而一些非常倾向于生油的烃源岩缺乏或含很少镜质体，而且大量油型显微组分或沥青的存在常常会使镜质体反射率随成熟度的正常变化变得迟缓（Bertrand和P. Behar, 1986）。

2. 烃源岩可溶有机质的数量

烃源岩随着演化程度的增加，生成油气的数量不断增加。烃源岩中可溶有机质的数量反映了有机质是否成熟。通过用有机溶剂抽提烃源岩，可以得到已经形成而未被排出烃源岩的石油数量，若该数量达到一定标准可以反映烃源岩

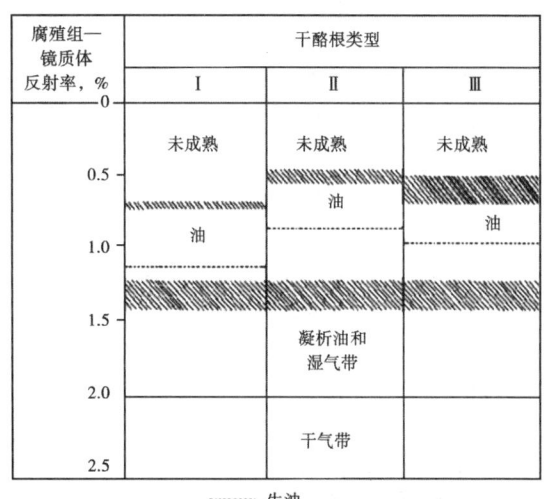

图4-38 根据镜质体反射率确定的油和气带的近似界限（据Tissot等，1984）

的成熟度。

利用可溶有机质的数量来判断烃源岩演化程度的方法是编制不同深度烃源岩可溶有机质/TOC 的含量图。随着从浅到深，可溶有机质/TOC 值逐渐增加（图 4-19），成熟的烃源岩可溶有机质/TOC 有明显增加。从可溶有机质的含量开始明显增加的点开始，烃源岩开始大量生油，即进入成熟阶段。同样道理，也可利用抽提物中总烃含量、饱和烃含量来反映烃源岩的演化程度（图 4-19）。

3. 烃源岩抽提物中正构烷烃分布特征和奇偶优势比

有机质成熟转化是一个加氢裂解的过程，随着热演化作用的加强，氧、硫、氮等杂元素含量显著减少，碳链断裂，正构烷烃的低碳数组分含量增高。在未成熟烃源岩的抽提物中，正构烷烃以相对分子质量高的为主，相对分子质量低的正构烷烃含量相对较低。在相邻碳数的正构烷烃中，一般以具有奇数碳的分子的正构烷烃占优势，具有偶数碳的分子的正构烷烃含量相对较低。因此，在不成熟的烃源岩抽提物的正构烷烃分布曲线主峰碳靠近高碳数一端，分布曲线呈锯齿状，尖峰明显。随烃源岩成熟度的增加，正构烷烃主峰碳逐渐向低碳数方向偏移，奇数碳优势逐渐消失，曲线变平滑（图 4-39、图 4-40）。

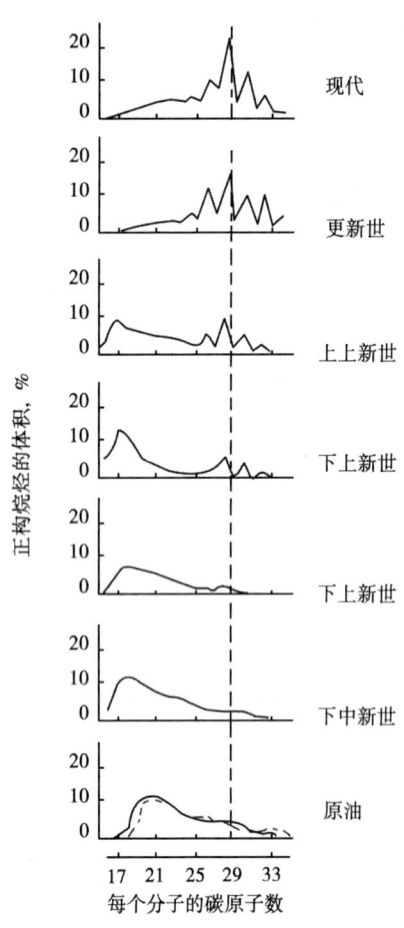

图 4-39 文图拉盆地不同时代烃源岩抽提物和原油的正构烷烃分布特征

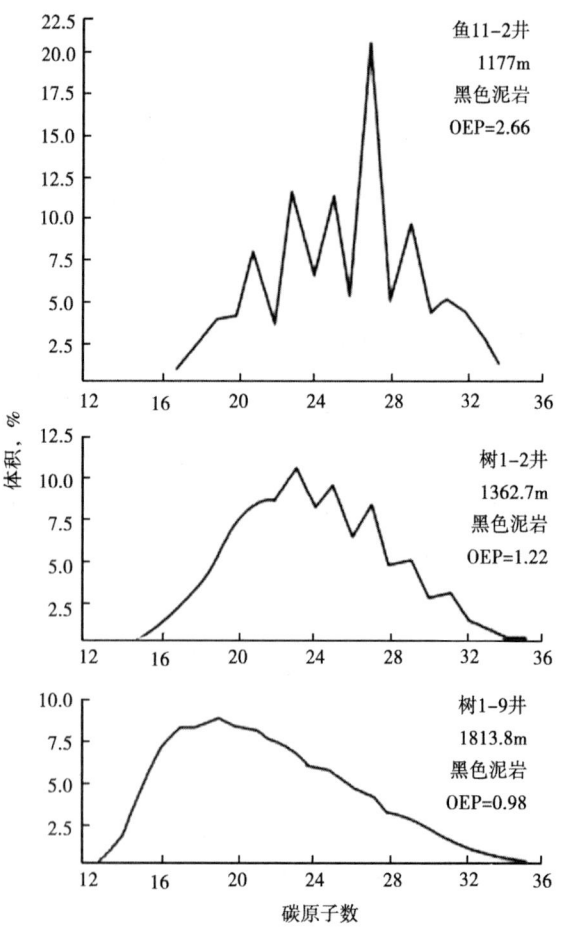

图 4-40 松辽盆地烃源岩抽提物正构烷烃分布特征随深度的变化（据大庆油田研究院）

正构烷烃分布曲线上所表现的正构烷烃的奇偶优势也可以定量表示,用来研究烃源岩的成熟度。它有两种表示方法:一种是 CPI 值(碳优势指数),另一种是 OEP 值(奇偶优势比)。

CPI 值(碳优势指数)是以 $C_{29}H_{60}$ 为中心,将 $C_{24}H_{50}$ 到 $C_{34}H_{70}$ 正构烷烃的百分含量 C_i 代入下式计算:

$$\mathrm{CPI} = \frac{\sum_{i=12}^{16} C_{2i+1}}{2}\left(\frac{1}{\sum_{i=12}^{16} C_{2i}} + \frac{1}{\sum_{i=12}^{16} C_{2i+2}}\right) \quad (4-11)$$

在近代沉积物中,奇数正构烷烃有明显优势,CPI 分布在 2.4~5.5 之间,因为生物体内最丰富的正构烷烃一般是 C_{27}、C_{29}、C_{31}、C_{33},所以生物体中的正构烷烃必然存在明显的奇碳优势;而原油中只有微弱的奇碳优势。J. E. Cooper 和 E. E. Bray 研究了各种近代、古代沉积物和油层水或石油中的脂肪酸及正构烷烃分布,发现脂肪酸的偶碳优势随着沉积物年龄和深度的增加而减弱,在油层水中脂肪酸则平滑分布(图 4-41);C_{27}~C_{37} 正构烷烃的奇碳优势随着沉积物年龄和深度的增加而减弱,在石油中正构烷烃平滑分布(图 4-42)。脂肪酸偶碳优势的消失与正构烷烃奇碳优势的消失,这两者之间的并行,暗示沉积物中形成正构烷烃的过程同脂肪酸的演变有关。这个过程可能同去羧基、加氢和降解等作用有关。随着埋藏深度加大,至热催化生油气阶段,干酪根热解产生没有奇碳或偶碳优势的新正构烷烃,CPI 值就从近代沉积物中的 5.5 高值降低到主要生油带的 1.0 左右。所以,在成熟烃源岩的有机抽提物中,正构烷烃奇偶优势比小于 1.2,即奇数正构烷烃略占优势,代表岩石中的有机质向石油转化程度高,岩石已经是成熟的烃源岩。这项指标在鉴定黏土岩类烃源岩时效果较好,对碳酸盐岩则效果较差。

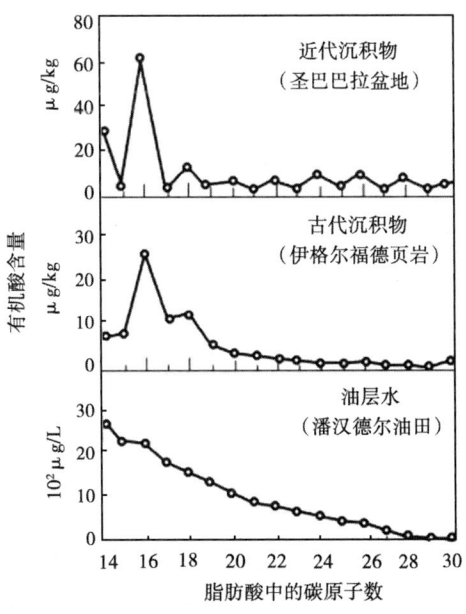

图 4-41 近代、古代沉积物和油层水中脂肪酸的分布(据 J. E. Cooper 和 E. E. Bray,1963)

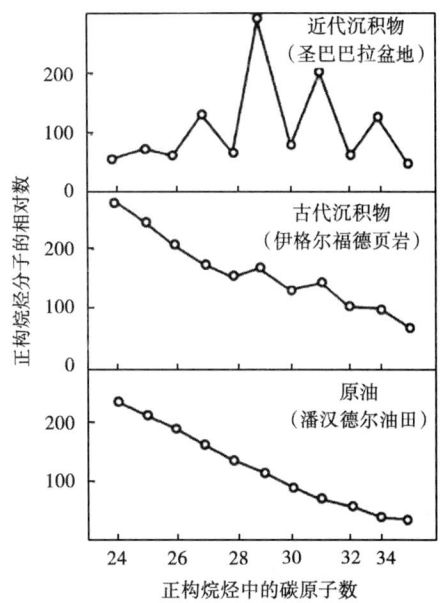

图 4-42 近代、古代沉积物和石油中正构烷烃的分布(据 J. E. Cooper 和 E. E. Bray,1963)

OEP 值（奇偶优势比）是取主峰碳前后 5 个相邻之正构烷烃的质量之比，按下式计算：

$$\text{OEP} = \left(\frac{C_i + 6C_{i+2} + C_{i+4}}{4C_{i+1} + 4C_{i+3}} \right)^{(-1)^{i+1}} \tag{4-12}$$

计算奇偶优势比对整个正构烷烃系列计算相对丰度表示得不太精确，但在划定的奇偶比范围内却是一个更精确的测量方法。

由于 CPI 和 OEP 往往在 $C_{23} \sim C_{34}$ 范围内进行计算，彼此结果相差甚微，完全可以对比使用。

4. 烃源岩抽提物中甾烷、萜烷异构化比值

甾烷、萜烷化合物结构复杂，具有不同的立体异构体。随热演化程度的加深，低稳定的构型（αα 型、R 型）逐渐向热力学较稳定的立体构型（ββ、20S、22S）转化，稳定构型与低稳定构型的比值随有机质热演化程度增加而呈一定规律的变化，如 C_{31} 藿烷的 22S／（22S+22R）、C_{29} 甾烷的 20S／（20R+20S）值的增加与 R_o 值的增大呈明显的正相关性，因此甾烷、萜烷异构化参数的变化可作为有机质成熟度标尺。例如，C_{29} 甾烷的 ββ／（αα+ββ）与 20S／（20R+20S）的曲线在描述烃源岩或原油成熟度方面特别有效（图 4-43）。

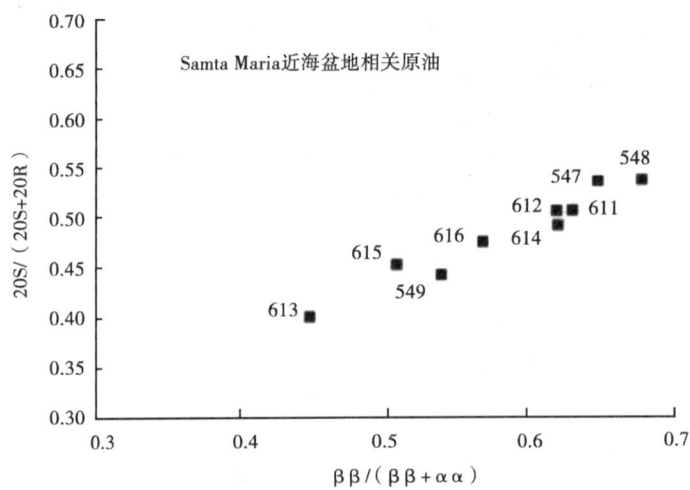

图 4-43 加利福尼亚 Santa Maria 近海盆地油样中 C_{29} 甾烷不对称中心的异构化作用的成熟度参数
（据 K. E. Peters 和 J. M. Moldowan，1993）

但应该指出的是，甾烷、萜烷异构化参数主要适用于中低成熟度的烃源岩和石油。多数学者认为，甾烷、萜烷异构化转化达到一定程度时就达到了平衡点，之后烃源岩的成熟度再增加，甾烷、萜烷异构化参数将不再发生变化。但也有学者认为，随着热成熟度的增加，20S／（20R+20S）比值增大，而且目前还没有发现 20S 和 20R 两种异构体存在平衡状态的证据（Requejo，1992；转引自 K. E. Peters 等，1993）。

5. 岩石热解参数

在岩石热解过程中，P_2 峰的出现所对应的温度称为烃源岩的最高热解峰温（T_{max}）。利用 T_{max} 也可判断烃源岩中有机质的成熟度。一般成熟度越高，岩石热解的 T_{max} 越高，但不同类型有机质的界限有所不同（表 4-14）。

表 4-14 利 T_{max} 划分有机质成熟度界限表（据邬立言等，1986）

演化阶段		未成熟	成熟	高成熟	过成熟
R_o,%		<0.5	0.5~1.2	1.2~2.0	>2.0
T_{max},℃	Ⅰ	<437	437~460	460~490	>490
	Ⅱ	<435	435~455	455~490	>490
	Ⅲ	<432	432~460	460~505	>505

需要指出的是，目前国内外有机质成熟度参数比较多，各参数的标准以及各参数之间的对应关系还不统一，在实际应用时应该选择适合本地区的参数指标来综合评价。

六、烃源岩下限标准问题

根据烃源岩的定义，只有成熟并发生有效排烃的岩石才能作为烃源岩。以往在烃源岩评价中，主要考虑岩石的有机质丰度，并建立了相应的评价标准，由于泥质岩和碳酸盐岩生油特征的差别，采用的评价标准也有所不同（表 4-15）。

表 4-15 根据有机碳含量（%）划分泥质岩和碳酸盐岩烃源岩级别（据陈建平等，1996）

烃源岩级别＼岩石类型	泥质岩	碳酸盐岩
差	<0.5	0.12
中等	0.5~1.0	0.12~0.25
好	1.0~2.0	0.25~0.50
非常好	2.0~4.0	0.50~1.00
极好	>4.0	1.00~2.00

近年来，我国学者对塔里木盆地碳酸盐岩烃源岩有机碳含量下限进行了大量研究，取得了一些新的认识。柳广弟等（1999）对塔里木盆地奥陶系碳酸盐岩的研究表明，碳酸盐岩中有机质分布是极不均匀的，其中纯碳酸盐岩中有机质碳含量极低，在 0.01%~0.1% 之间，平均为 0.098%；而泥质碳酸盐岩和缝合线缝隙物的有机碳含量则要高得多，平均分别为 1.14% 和 1.92%。对烃源岩热解参数的研究表明，纯碳酸盐岩基本没有发生排烃作用，而泥质碳酸盐岩和缝合线缝隙物排烃作用明显。这表明，有机质含量低的纯碳酸盐岩不是有效的烃源岩，而具有高有机碳含量的泥质碳酸盐岩和缝合线缝隙物才是有效的烃源岩。赵喆等（2006）的研究表明，碳酸盐岩的有机碳含量要达到 0.4%~0.5% 才能有效排烃，成为有效烃源岩。薛海涛等（2007）将含Ⅱ型干酪根的碳酸盐岩油源岩的有机碳含量下限确定为 0.5%。

实际上，统一的烃源岩下限标准的确定是比较困难的。这是因为影响烃源岩排烃的因素比较复杂，烃源岩排烃既与岩石的有机质丰度有关，也与岩石的有机质类型、有机质成熟度和烃源岩层系的岩性组合有关。岩石的有机质丰度、类型和成熟度直接影响着单位体积岩石中烃类的生成量，当单位体积岩石的生烃量小于岩石的残留能力时，将不发生排烃，只有岩石的生烃量超过自身残留能力时，才发生排烃而成为烃源岩。而烃源岩层系的岩性组合与烃源岩排烃的难易程度也有直接关系。

高岗等（2012）提出了一种确定烃源岩下限的方法。这种方法利用岩石的有机碳含量与热解 S_1 和 S_1/TOC 或有机碳含量与氯仿抽提物和氯仿抽提物/TOC 的关系确定烃源岩有机质丰度下限。以热解参数为例，热解分析的 S_1 代表了岩石中残留烃的含量，其单位为 mg/g（烃/岩石）。如果不计取样和分析过程中岩样中烃损失，对于未排烃岩石，S_1 就代表了岩石中有机质的生烃量。岩石的有机碳含量越高，单位岩石的生烃量就越大，S_1 值就越高。对于已排烃的岩石，岩石已被有机质生成的烃所饱和，S_1 就代表了岩石排烃后的残留烃量，由于岩石残留烃的能力有一个极限，这时 S_1 的大小就与生烃量的大小无关，超过残留极限的烃将排出烃源岩，岩石的生烃量与 S_1 之差就是排烃量。这时，岩石的 S_1 就不随 TOC 的增加而增大，而是保持在一个大致相等的数值，而 S_1/TOC 的值则随 TOC 值的增大而减小，这个残留极限对应的 TOC 值就是烃源岩的有机质丰度下限（高岗等，2012）。用氯仿抽提物和氯仿抽提物/TOC 的关系确定烃源岩有机质丰度下限的原理与此相似。

赵贤正等（2015）利用这一方法研究了二连盆地6个凹陷烃源岩的有机质丰度下限，结果可以分为3组：阿尔凹陷、乌里雅斯太凹陷烃源岩的 TOC 下限值为 2.5%，吉尔嘎朗图凹陷、洪浩尔舒特凹陷烃源岩的 TOC 下限值为 2.0%，赛汉塔拉凹陷和额仁淖尔凹陷烃源岩的 TOC 下限值为 1.5%（图4-44）。6个凹陷烃源岩有机质丰度下限的不同与各凹陷有机质类型的不同和烃源岩层系岩性组合的差异有直接关系（赵贤正等，2015）。

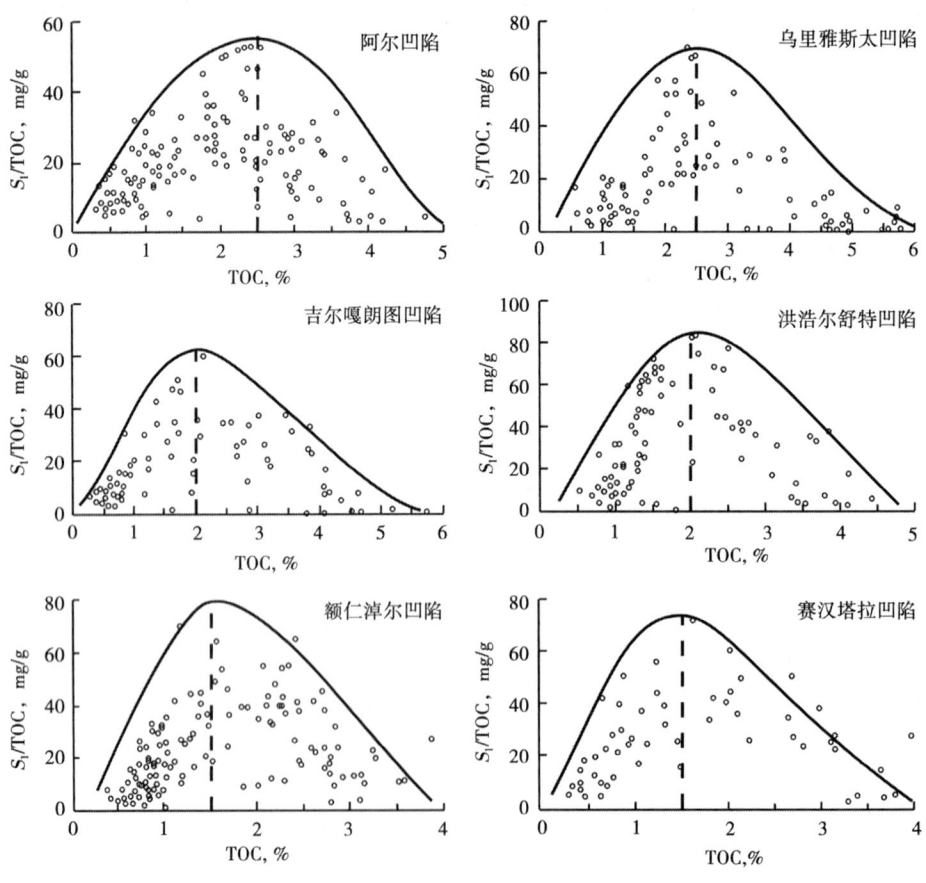

图 4-44 二连盆地6个凹陷烃源岩下限的确定（据赵贤正等，2015）

尽管上述确定烃源岩有机质丰度下限的方法还存在一些问题，如不同类型有机质样品生烃量的差异、高—过成熟样品 S_1 和可溶有机质含量降低、样品 S_1 和可溶有机质值与地下岩石实际残留烃含量存在误差等,但对于岩石处于未成熟、低成熟和成熟阶段,并且在有机质类型相似的前提下,这一方法能够得到比较客观的结果。

第七节　油气源对比

油源对比包括油(气)与烃源岩之间以及不同油藏中油(气)之间的对比,其目的在于划分油气的成因类型、追踪油气藏中油气的来源。通过对比研究,可以搞清含油气盆地中石油、天然气与烃源岩之间的成因联系,从而进一步圈定可靠的油源区,确定勘探目标,有效地指导油气勘探。由于油源对比和气源对比的原理和方法有较大差异,本节对油源对比和气源对比分别介绍。

一、油源对比

(一) 油源对比原理

烃源岩中干酪根生成的石油一部分运移到储集层中形成油气藏,其余部分残留在烃源岩中,这部分残留在烃源岩中的石油就是烃源岩中的可溶有机质。因此,烃源岩中的可溶有机质与来源于该烃源岩的石油具有亲缘关系,在化学组成上也必然存在某种程度的相似性。同样地,来自同一烃源岩的石油在化学组成上也具有相似性;相反,不同烃源岩生成的石油则表现出较大的差异。这一现象在石油的宏观特征到化合物组成上都存在,这便是油源对比的基本依据。可以选择适当的参数,识别烃源岩中可溶有机质组成与石油相似、相同或不同的"指纹",根据其相似或不相似的程度来证明石油与烃源岩之间有无亲缘关系。

在进行油源对比时,关键的是要选择好对比指标。通常把原油与其烃源岩共同含有的、不受运移及热变质作用影响的化合物称为"油源对比指标"。进行油源对比一般应具备两个条件:(1)在运移过程中,没有或很少有来自不同烃源岩的油气混杂;(2)分布在岩石与原油中的特征化合物性质稳定,在运移和热变质等次生过程中很少或几乎无损失。目前所用的方法主要有正构烷烃碳数分布特征、生物标志化合物组成特征和稳定碳同位素。由于原油与烃源岩中的化合物特征不会完全一致,变化程度较大,所以在进行油源对比时,必须将各项指标加以综合对比。在对比研究中,所用的参数越多,对比结果就越可靠。与此同时,油源的判断研究还必须从有机质成烃演化和油气形成的整个成因体系来考虑,只有在油源对比研究中充分考虑到古环境、成熟度和运移作用甚至生物降解作用的影响,才能辩证地认识原油与烃源岩之间的成因联系。

在一个盆地进行油源对比时,一般首先是根据原油的地球化学特征(主要是生物标志化合物特征)划分原油的成因类型,这一过程也称油—油对比,然后再将不同类型原油的特征与烃源岩可溶有机质的特征进行对比,确定每一类原油的来源。

(二) 油源对比指标

1. 正构烷烃分布特征

正构烷烃的组成和分布特征受母质类型、有机质演化程度等多种因素的影响。一般认为,如果原油与烃源岩有亲缘关系,那么它们的正构烷烃分布特征(气相色谱指纹)应具有相似性。将原油与烃源岩的正构烷烃分布曲线进行比较,目测曲线特征的相似性,可帮助判断油源的亲缘关系。图 4-45 为表示原油与烃源岩对比好、较好和差的例子，曲线基本接近则可能存在亲缘关系；若曲线根本不同，则两者没有油源亲缘关系。

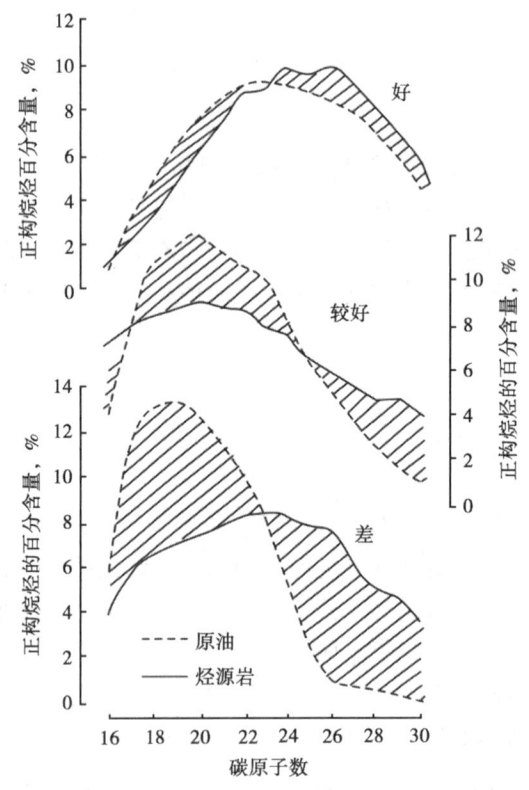

图 4-45 根据原油与烃源岩正构烷烃分布特征对比亲缘关系
（据 Welte 等，1975；转引自 Tissot 等，1978）

我国酒泉盆地产自古近系与产自白垩系或变质的志留系的原油在正构烷烃和异构烷烃分布上虽有一些差异，但形态基本相似。古近系原油的 OEP 值为 1.06，白垩系和志留系原油的 OEP 值为 1.10；绝大部分原油和白垩系烃源岩样品主峰碳数均为 C_{21}；原油孢粉中还有白垩纪属种。这些特征都表明上述原油的同源性质，都来自下白垩统新民堡群烃源岩（图 4-46）。

正构烷烃在多数原油中具有很高的浓度，它们控制着相应的气相色谱的总面貌，但受生物降解作用、成熟作用和运移作用等次生变化的影响也较大，常给直接对比带来困难。例如，图 4-47 是美国墨西哥湾地区三个原油的气相色谱图，根据生物标志化合物和同位素对比，认为它们是同源的，但由于它们的生物降解程度不同，所以其气相色谱图差别较大；怀俄明州两个原油的气相色谱也差别较大，但其差异是成熟度不同引起的（图 4-48）。

2. 异戊间二烯型烷烃

这是一组由叶绿素的侧链植醇或类脂化合物衍生的异构烷烃化合物，在结构上有规则地每隔三个次甲基出现一个甲基侧链，很像是由若干个异戊间二烯分子加氢缩合而成的，故称异戊间二烯型烷烃。在 20 世纪 60 年代以来，在原油和沉积物中陆续发现 $C_9 \sim C_{25}$ 异戊间二烯型烷烃，其中的 2，6，10，14—四甲基十五烷称为姥鲛烷，2，6，10，14—四甲基十六烷称为植烷，二者最丰富且最稳定。它们几乎在每个原油与烃源岩抽提物中都出现，运移作用又不会改变其相对含量，甚至在寒武纪和更早时期都存在，所以是研究原油与烃源岩之间的关系、

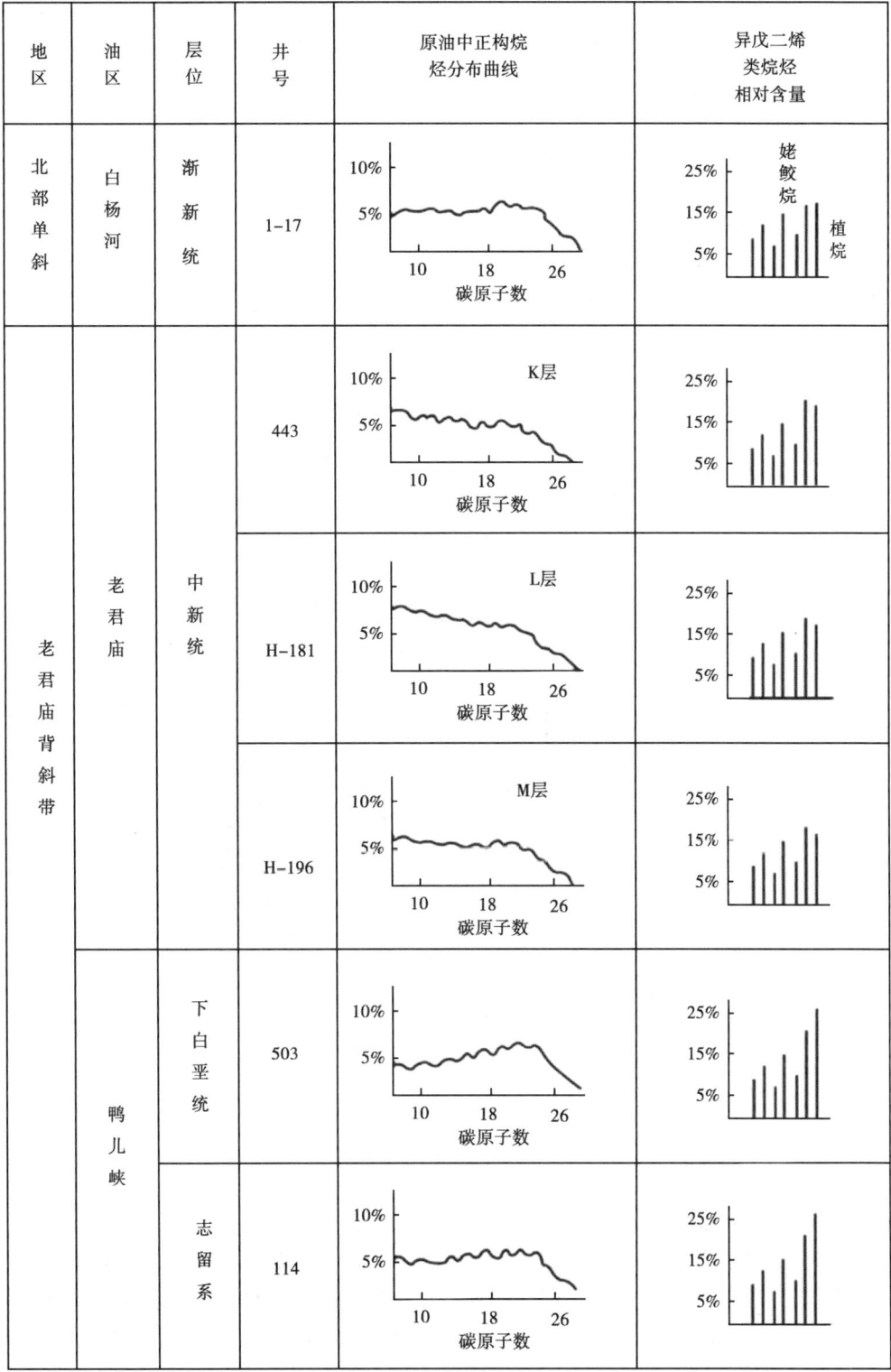

图 4-46 酒泉盆地原油对比（据玉门油矿石油勘探开发研究院，1978）

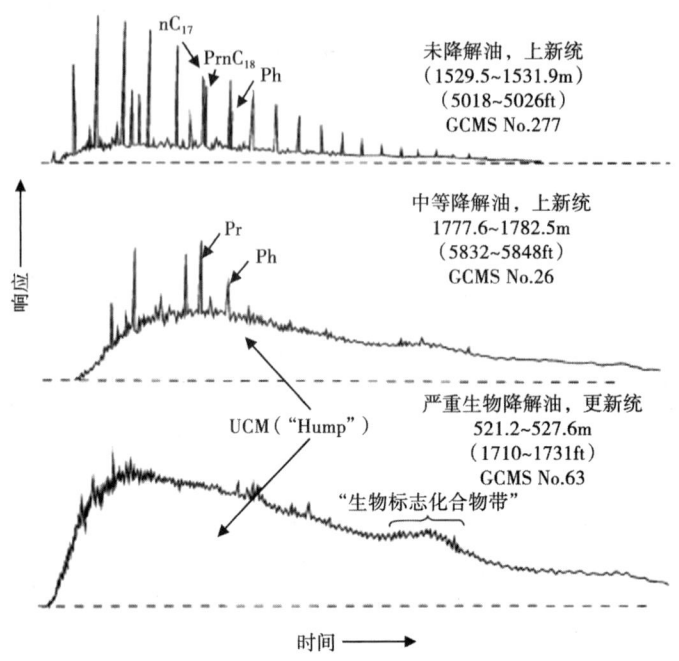

图 4-47 美国海湾沿岸三种不同程度生物降解的相关石油的气相色谱图
(据 K. E. Peters 和 J. M. Moldowan，1993)

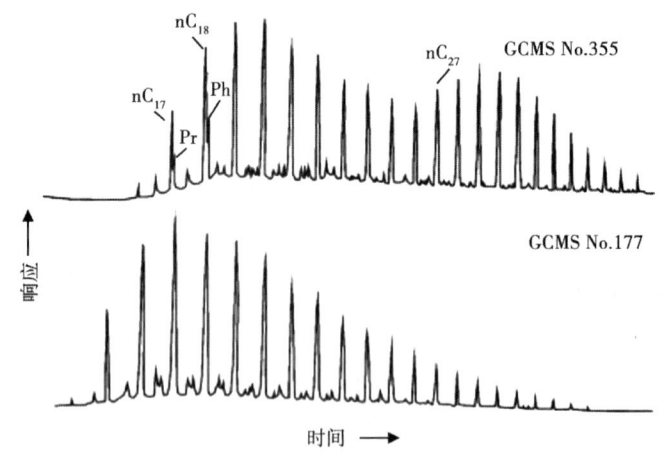

图 4-48 怀俄明州两个相关石油的气相色谱图
(据 K. E. Peters 和 J. M. Moldowan，1993)

追踪石油运移途径的良好对比标志，国外称其为"指纹化石"。图 4-49 是北德意志盆地 6 个样品的异戊间二烯型烷烃相对分布图，可以认出 2~3 个油源，其中 We-45、We-N_8、Ha-M_{10} 三个油样"指纹"特征相近：没有 A、B、C，F 最大，E 次之，G、D 较小，其油源属侏罗系道格统烃源岩；We-18 和 Ne-57 两个油样"指纹"特征近似：没有 C、G，F 最大，E、A 和 D 次之，B 最小，油源属侏罗系里阿斯统。

在国外还利用姥鲛烷/植烷、非姥鲛烷/姥鲛烷、姥鲛烷/正十七烷、植烷/正十八烷、

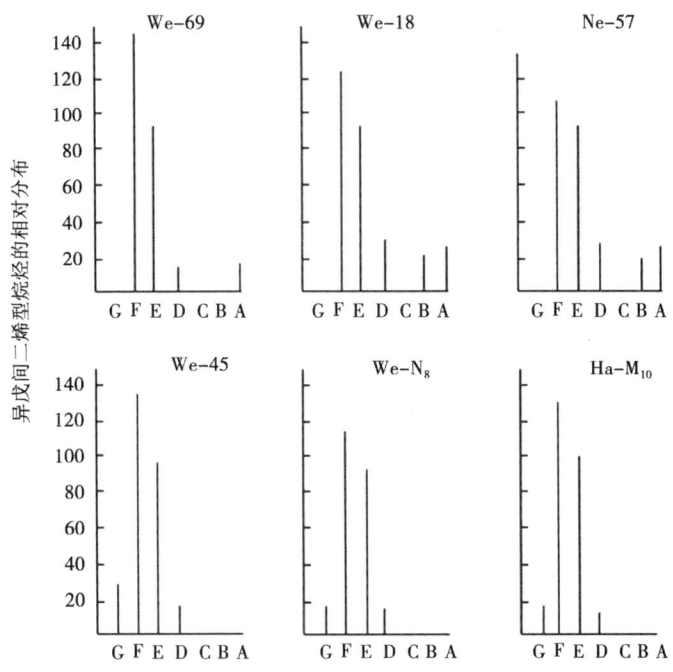

图 4-49 北德意志盆地原油异戊间二烯型烷烃相对分布图

A—2,6,10-三甲基十二烷（法呢烷）；B—2,6,10-三甲基十三烷；C—2,6,10-三甲基十四烷；
D—2,6,10-三甲基十五烷；E—2,6,10,14-四甲基十五烷（姥鲛烷）；F—2,6,10,14-四甲基十七烷

（姥鲛烷+植烷）/（正十七烷+正十八烷）等5种比值来追溯原油与烃源岩的亲缘关系。通过计算机获得各样品的平均值和标准偏差，若原油与烃源岩的偏差在±0.5范围内，属于好的对比值；若偏差在±1.0范围内，定为较好对比值；否则，都划为无对比价值。这一对比方法已应用于世界若干盆地的油源对比中，多数盆地对比效果好，找到了亲缘关系（Welte,1975）。此外，将异戊间二烯型烷烃结合其他地质特征，还有助于区别沉积环境。

3. 甾烷、萜烷化合物特征

甾烷、萜烷烃的相对含量和立体构型特征主要受有机质母源输入条件、沉积环境和有机质热演化程度的共同控制。对于有亲缘关系的烃源岩与原油，其甾烷、萜烷的相对含量、组合特征应该是相似的，因此可以根据甾烷、萜烷系列化合物的分布规律来进行对比。其中，生物标志化合物多因素对比、生物标志化合物系列组分指纹图对比以及生物标志化合物各参数相关图对比是进行油源对比最有效的手段。

1）甾烷、萜烷化合物分布对比

甾烷的碳数分布是最有效的油源对比参数之一，它能够灵敏地反映烃源岩的母质特征，确定原油、烃源岩之间的成因联系。原始构型（20R）规则甾烷化合物碳数分布图和甾烷、萜烷系列化合物指纹类型曲线是最好的油源对比方法。

图4-50为柴达木盆地原油与烃源岩中不同碳数生物构型规则甾烷（αααR）碳数分布三角图。从图中可以看出，柴达木盆地古近—新近系原油中 5α，14α，17α 甾烷（20R）的碳数分布变化幅度不大，但相对而言仍可划分为 A、B、C、D 四个点群。A点群为尕斯库勒油田西面边缘相带干柴沟构造的低成熟油，以 C_{27} 和 C_{29} 均势为特征。B点群为狮子沟构造带原油，C点群为茫崖坳陷北区的低成熟原油，二者均以 C_{27} 的不很强的优势为特征，主要是

C_{28} 的相对含量有一定的差别。古近—新近系两个深层油样（D 点群）表现为明显的 C_{27} 优势。而侏罗系原油显然不同于古近—新近系原油，点群散布在图的下方，贫 C_{28}，以 C_{27} 或 C_{29} 的极大优势为特征。

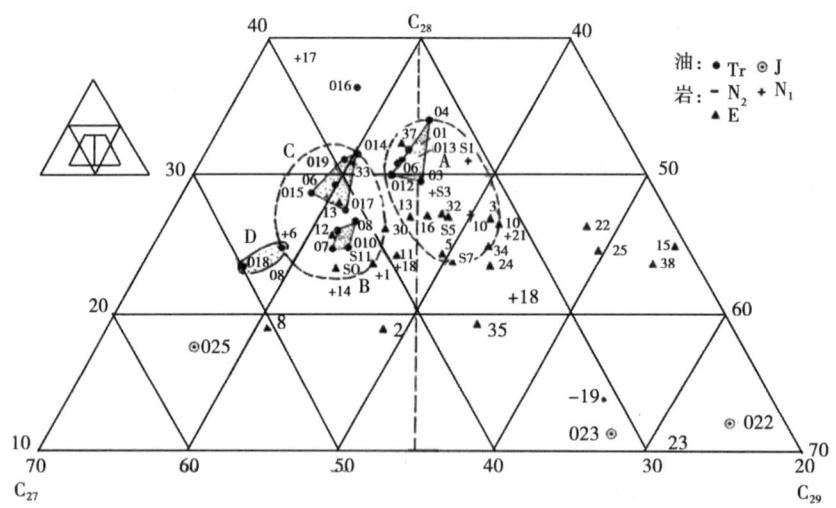

图 4-50 柴达木盆地原油和烃源岩中不同碳数生物构型（αααR）甾烷碳数分布三角图

柳广弟等（2013）研究了鄂尔多斯盆地延长组原油的成因类型，并进行了油源对比。鄂尔多斯盆地延长组原油的规则甾烷特征十分相似，均为山谷形分布（图 4-51 中 m/z 217 谱图），利用规则甾烷无法划分原油类型和进行油源对比。但萜烷分布特征（图 4-51 中 m/z 191 谱图）差异明显，根据萜类化合物中 C_{30} 重排藿烷（图 4-51 和图 4-52 中的 $C_{30}*$）、C_{29} 降藿烷和 C_{30} 藿烷的相对含量可将鄂尔多斯盆地延长组原油划分为三类（图 4-51）：第Ⅰ类原油的 C_{30} 重排藿烷含量低，C_{30} 重排藿烷的相对含量既低于 C_{29} 降藿烷，也低于 C_{30} 藿烷，C_{29} 降藿烷—C_{30} 重排藿烷—C_{30} 藿烷呈"V"形分布；第Ⅱ类原油的 C_{30} 重排藿烷含量较第Ⅰ类原油稍高，C_{30} 重排藿烷的含量高于 C_{29} 降藿烷，但低于 C_{30} 藿烷，C_{29} 降藿烷—C_{30} 重排藿烷—C_{30} 藿烷呈"上升"分布；第Ⅲ类原油的 C_{30} 重排藿烷含量最高，其相对含量不仅高于 C_{29} 降藿烷，而且高于 C_{30} 藿烷，成为藿烷系列化合物中的最高峰，C_{29} 降藿烷—C_{30} 重排藿烷—C_{30} 藿烷呈倒"V"形分布。这三类原油 C_{30} 重排藿烷的相对含量差异反映了其形成环境的不同。

鄂尔多斯盆地延长组有效烃源岩包括长 7 富有机质的油页岩和延长组暗色泥岩两类不同岩性。经过三类原油 C_{30} 重排藿烷、C_{29} 降藿烷和 C_{30} 藿烷相对含量，以及油页岩和暗色泥岩可溶有机质 C_{30} 重排藿烷、C_{29} 降藿烷和 C_{30} 藿烷相对含量的对比分析，第Ⅰ类原油与长 7 油页岩可溶有机质"指纹"特征相似；第Ⅱ类原油和第Ⅲ类原油与长$_{4+5}$~长$_9$ 油层组两类暗色泥岩可溶有机质"指纹"特征相似，这样就确定了延长组三类原油的油源（图 4-51 和图 4-52）。

2）生物标志化合物多因素综合对比

影响生物标志化合物组成的因素是十分复杂的，任何单一指标都具有局限性。如果烃源岩与原油具有亲缘关系，那么二者在母源性质、沉积环境、成熟度上都应是高度一致的。因此在选择参数时必须同时考虑上述三个因素，如反映母源的参数有 ααα(20R) 甾烷 C_{27}/C_{29}、ααα(20R) 甾烷 C_{28}/C_{29}、(藿烷+莫烷)C_{29}/C_{30}，反映沉积环境的参数有伽马蜡烷/C_{30}（莫烷+

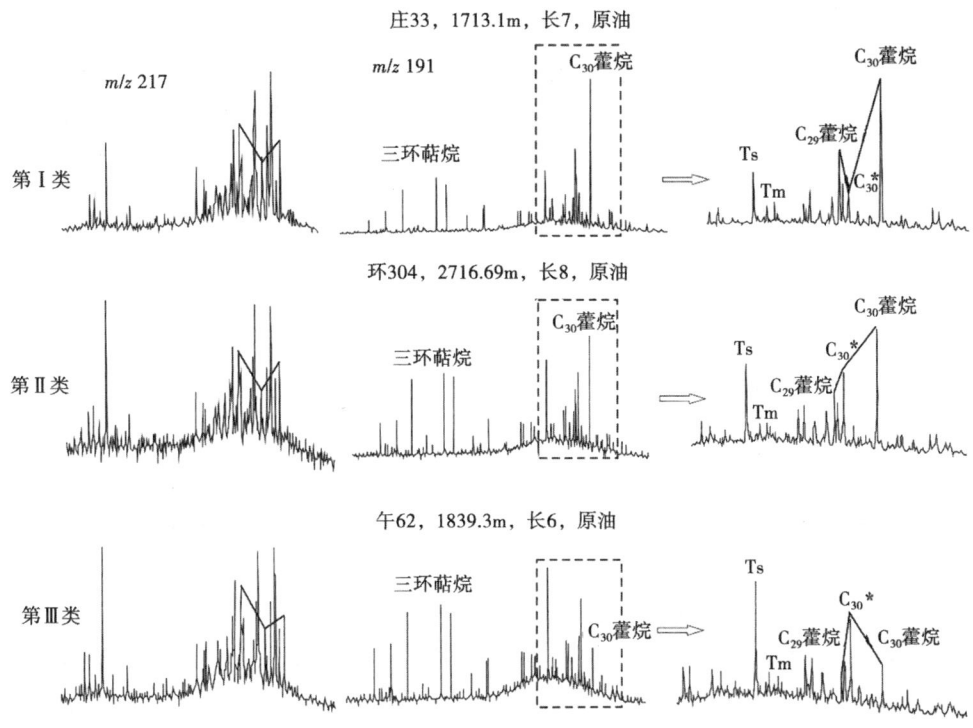

图 4-51 鄂尔多斯盆地陇东地区延长组各类原油甾烷、萜烷指纹分布图（据柳广弟等，2013）

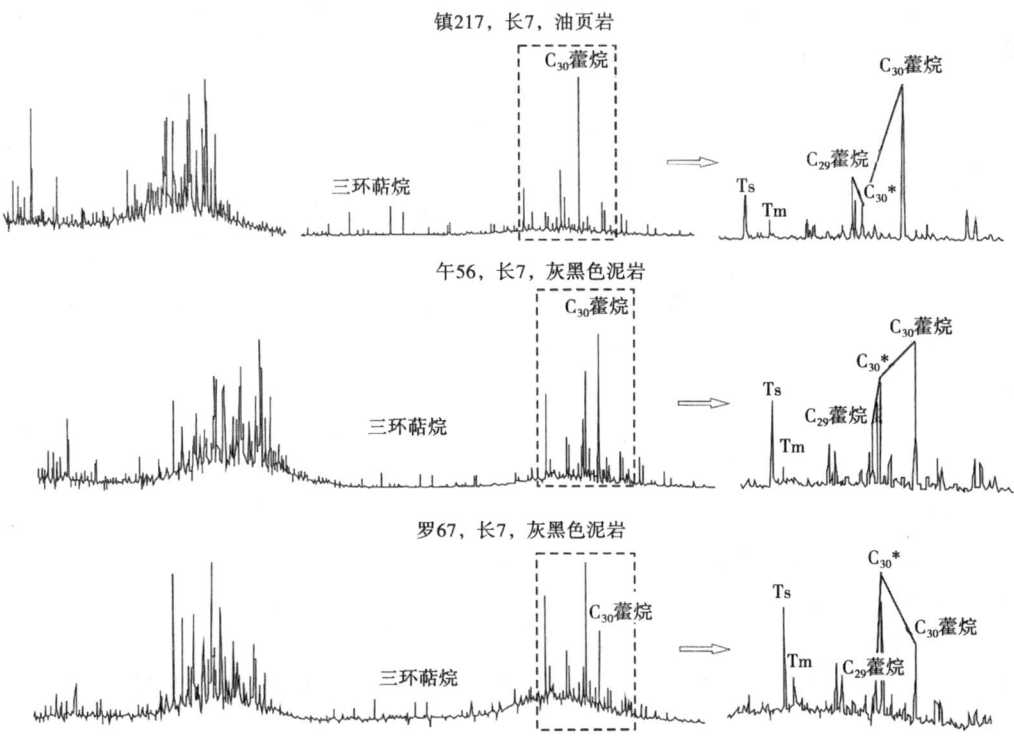

图 4-52 鄂尔多斯盆地陇东地区延长组各类烃源岩甾烷、萜烷指纹分布图（据柳广弟等，2013）

藿烷），反映成熟度的参数有 $\alpha\alpha\alpha C_{29}$甾烷 $S/(S+R)$、C_{32}藿烷 S/R、C_{29}甾烷 $\beta\beta/(\alpha\alpha+\beta\beta)$、$C_{29}$藿烷/莫烷、$C_{31}$藿烷 $22S/(22R+22S)$，共9个参数。

图4-53为我国某盆地不同层位烃源岩与侏罗系含油岩心抽提物生物标志化合物多因素对比图，从图中可以看出，侏罗系原油样品与侏罗系烃源岩对比较差，而与二叠系烃源岩对比较好，说明侏罗系原油来源于二叠系烃源岩。

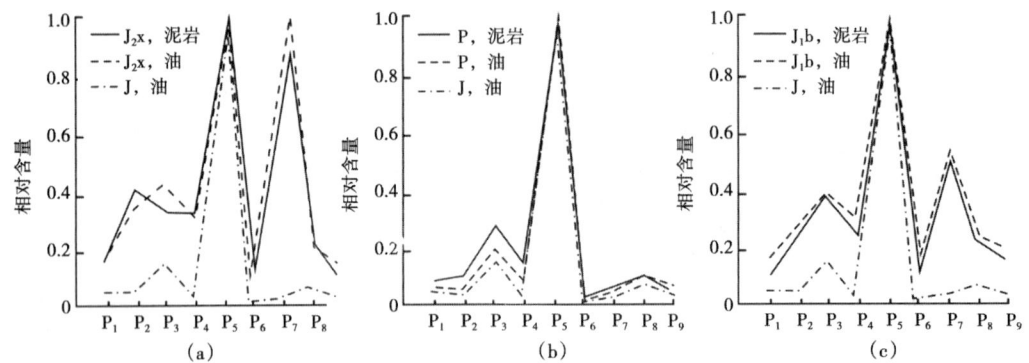

图4-53 某盆地烃源岩与侏罗系含油岩心抽提物生物标志化合物多因素对比图（据张枝焕、关强，1998）

P_1—$\alpha\alpha\alpha C_{29}\dfrac{S}{S+R}$；$P_2$—$C_{29}$甾烷$\dfrac{\beta\beta}{\alpha\alpha+\beta\beta}$；$P_3$—$C_{32}$藿烷 S/R；P_4—C_{31}藿烷$\dfrac{22S}{22R+22S}$；P_5—C_{29}（藿烷/莫烷）；P_6—γ-蜡烷/C_{30}（藿烷+莫烷）；P_7—（藿烷+莫烷）C_{29}/C_{30}；P_8—$\alpha\alpha\alpha$（20R）C_{28}/C_{29}；P_9—$\alpha\alpha\alpha$（20R）C_{27}/C_{28}

此外，在烃源岩与原油的对比中，把母源参数与成熟度参数结合起来应用，如可用 $\alpha\alpha\alpha C_{29}$甾烷 $20S/(20R+20S)$-$\alpha\alpha\alpha$（20R）$C_{29}+C_{28}/C_{27}$、C_{29}甾烷 $\beta\beta/(\alpha\alpha+\beta\beta)$ $\alpha\alpha\alpha$（20R）$C_{29}+C_{28}/C_{27}$等关系图版进行油源对比，效果也较好。

4. 稳定碳同位素组成

近几年来，稳定碳同位素丰度比值 $\delta^{13}C$ 在油源对比中得到广泛应用。石油的同位素组成取决于原始有机质性质、生成环境和演化程度。不同成因的石油同位素组成有较大差异。如柴达木盆地古近—新近系正常原油的碳同位素的 $\delta^{13}C$ 值为 $-27.0‰\sim -25.4‰$，凝析油的 $\delta^{13}C$ 为 $-25.0‰\sim -24.0‰$。冷湖侏罗系原油（湖沼相）的 $\delta^{13}C$ 值为 $-32.6‰\sim -30.4‰$，而鱼卡侏罗系原油（淡水湖相）的 $\delta^{13}C$ 值更低（$-33.0‰$）。可见，古近—新近系和侏罗系原油是在不同的沉积环境下形成的烃源岩中生成的。古近—新近系成熟干酪根的 $\delta^{13}C$ 值为 $-24.8‰$，接近古近—新近系原油，反映了二者有成因联系。

Stahl（1978）提出稳定碳同位素类型曲线进行油源追踪。原油的饱和烃、芳香烃、非烃和沥青质的 $\delta^{13}C$ 值是随其极性的增强而依次增加的。这些组分的 $\delta^{13}C$ 值延长线应落在烃源岩干酪根的 $\delta^{13}C$ 值上及其附近，若偏离的值在 $0.5‰$ 之内，可以认定其间有良好的亲缘关系。图4-54为柴达木盆地冷湖地区原油族组成和干酪根的碳同位素类型曲线对比图，从图中分析，冷湖四、五号原油的延长值与潜伏地区岩样的偏离度小于 $0.5‰$，而与冷湖 J_5^2 样品偏差较大，说明原油不是来自 J_5^2 烃源岩，而是来自与潜伏地区相同的烃源岩。图4-55为俄罗斯提曼—伯朝拉盆地三个原油的稳定碳同位素类型曲线，其形态和变化趋势是一致的，表明它们具有相关性。

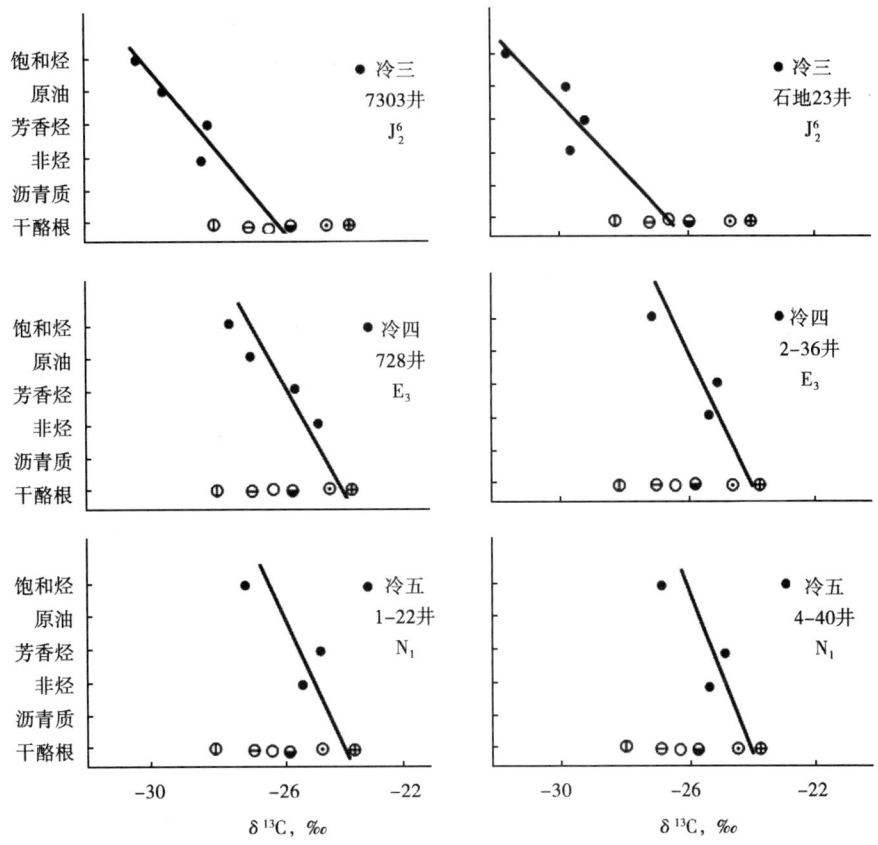

图 4-54 柴达木盆地冷湖地区原油族组成和干酪根的碳同位素类型曲线对比图（据黄杏珍等，1993）

●—原油；⊖—石地22井（J_2^6）；Φ—石深3井（J_2^5）；⊝—深75井（J_2）；○—深85井（J_2）；⊙—潜深4井（J_2）；⊕—潜深6井（J_2）

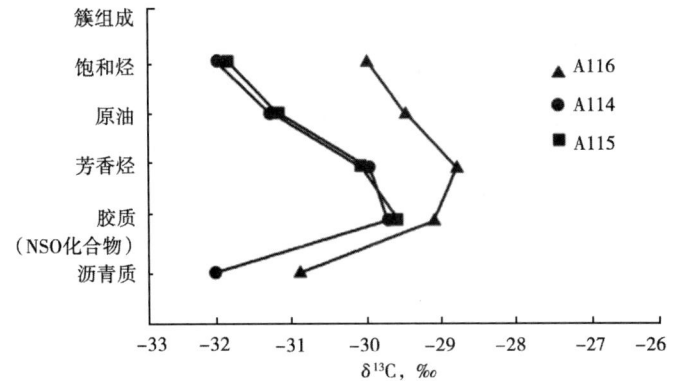

图 4-55 俄罗斯蒂曼—伯朝拉盆地三个原油的不规则稳定碳同位素类型曲线
（据 K. E. Peters 和 J. M. Moldowan，1993）

二、气源对比

由于天然气成分简单，基本不含油源对比中常用的生物标志化合物，一般不能采用油源对比的方法。气源对比的基本思路是根据天然气的类型确定气源岩的类型，根据天然气的成熟度确定气源岩的位置。因此，气源对比工作主要包括两个方面，一是首先确定天然气的成因类型，不同类型天然气气源岩的有机质类型也不相同，油型气主要来源于含Ⅰ型干酪根和Ⅱ₁型干酪根的烃源岩，煤型气主要来源于煤系源岩或其他含Ⅲ型干酪根的气源岩；二是确定天然气的成熟度，根据天然气的成熟度判断形成该天然气的气源岩的成熟度，并根据气源岩成熟度与埋深的关系确定出气源岩的埋深，然后结合相关地质条件对天然气的气源岩进行综合判断。

天然气的基本成因信息主要来源于天然气的组成和碳同位素特征。根据天然气的组成和同位素特征可以确定天然气的成因类型，根据天然气甲烷碳同位素比值与气源岩成熟度的关系可以确定气源岩的成熟度，这些相关内容已在第五节中阐述，不再赘述。下面通过一个具体的气源对比实例说明气源对比的方法。廖永胜（1984）利用天然气甲烷碳同位素特征对东濮凹陷文东油气田进行了气源对比研究（包茨，1988），其研究成果综合表现在图4-56中。

图4-56分三个区：Ⅰ区为钻井剖面图解，其中文13井在沙河街组三段（Es_3）钻遇油气藏，文23井在沙河街组四段（Es_4）钻遇气藏，濮深1井在石炭—二叠系钻遇天然气显示；Ⅱ区为$\delta^{13}C_1$—R_o关系图，其中A为油型气的关系，B为煤型气的关系；Ⅲ区为该凹陷不同时代气源岩R_o与深度的关系曲线，其中r_1为沙河街组气源岩R_o与深度的关系，r_2为石炭—二叠系气源岩R_o与深度的关系。

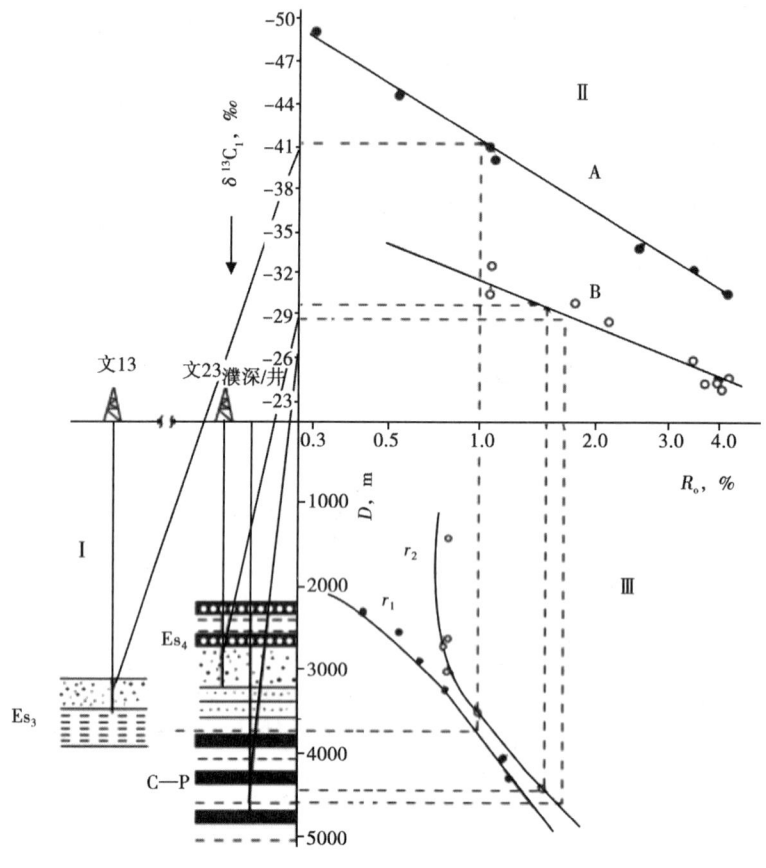

图4-56 东濮凹陷文东油气田气源对比（据廖永胜，1984；转引自包茨，1988）

文 13 井沙河街组三段（简称沙三段）原油伴生气的 $\delta^{13}C_1 = -41.6‰$，文 23 井沙河街组四段（简称沙四段）天然气 $\delta^{13}C_1 = -28.5‰$，濮深 1 井石炭—二叠系天然气 $\delta^{13}C_1 = -29.9‰$。综合判断，文 13 井沙三段原油伴生气为油型气，文 23 井四段天然气和濮深 1 井石炭—二叠系天然气均为煤型气。根据煤型气、油型气甲烷碳同位素值与 R_o 的关系，文 13 井沙三段天然气成熟度为 $R_o = 0.95\%$，文 23 井沙四段天然气成熟度为 $R_o = 1.65\%$，濮深 1 井石炭—二叠系气成熟度为 $R_o = 1.45\%$。结合凹陷地质资料分析，该凹陷沙河街组均为湖相沉积，其烃源岩主要为沙三段和沙四段，以生成油型气为主，石炭二叠系为煤系地层，是煤型气的主要气源岩。根据各气源岩层 R_o 与深度的关系可知，文 13 井沙三段天然气的气源岩埋深为 3600m，与沙三段泥岩的深度相当；文 23 井沙四段天然气的气源岩埋深为 4600m，濮深 1 井石炭—二叠系天然气的气源岩的埋深为 4500m，均与石炭二叠系气源岩的埋深相当。

因此，综合判断文 13 井沙三段原油伴生气的气源岩为沙三段湖相泥岩，文 23 井沙四段天然气和濮深 1 井石炭二叠系天然气的气源岩均为石炭—二叠系煤系地层。

除上述气源对比方法外，也有学者提出了其他一些气源对比方法，如以天然气中所含的少量轻烃和储集层沥青作为天然气和气源岩对比的"桥梁"，采用油源对比原理进行气源间接对比（戴金星等，1992）。但这些方法受到许多限制，如干气中轻烃含量甚微，分析精度难以保证，干酪根成因气特别是煤型气储集层中缺少储集层沥青等。因此，利用组分和碳同位素进行气源对比仍是最基本的方法。

思 考 题

1. 什么是干酪根？干酪根是如何形成的？
2. 不同类型的干酪根在原始物质、形成环境、元素和显微组成以及产烃率等方面有何差别？
3. 如何从干酪根结构上理解干酪根生油的化学机理？
4. 什么是化学动力学？什么是化学动力学参数？干酪根的化学动力学参数与油气生成有什么关系？
5. 干酪根生烃过程中温度和时间的作用和关系是什么？如何理解油气生成过程中时温互补原理？
6. 生油门限温度的高低与哪些因素有关？生油门限深度（成熟点）与哪些因素有关？如何确定生油门限？
7. 有机质演化的 4 个阶段如何划分？各有何基本特征？
8. 在油气勘探中，有机质生烃模式有何应用？
9. 什么是正构烷烃分布？什么是正构烷烃的奇数碳优势？奇数碳优势说明什么地质意义？
10. 在有机质演化的不同阶段形成的天然气，甲烷含量有什么变化规律，甲烷碳同位素值有什么变化规律？
11. 生物成因气、油型气、煤型气、无机成因气甲烷碳同位素值的变化有何规律？在相同演化程度下形成的油型气和煤型气的甲烷碳同位素值有何不同？
12. 哪些因素可以导致天然气碳同位素的倒转？
13. 烃源岩的地球化学特征包括哪几个方面，有哪些主要指标？

14. 如何确定烃源岩，有哪些指标？烃源岩的有机质丰度下限与哪些因素有关？
15. 烃源岩中的有机质主要有哪两种赋存状态？
16. 如何理解烃源岩中"有机碳含量"是"剩余有机碳"和"总有机碳"？
17. 烃源岩氯仿抽提取物、热解 S_1 和 S_2 各代表什么地质意义？
18. 烃源岩中的氯仿抽提物和热解 S_1 是什么关系？各代表什么地质含义？
19. 随烃源岩演化程度的增加其可溶有机质中正构烷烃分布如何变化？
20. 简述油源对比和气源对比的基本原理和参数。

第五章 石油和天然气的运移

从前面几章我们已经知道，油气在烃源岩中生成，并主要储集在储集层中。那么，油气又是如何从烃源层"运"到储集层并聚集起来的呢？这就是本章所要阐述的问题。

实际上，油气从烃源岩"运"到储集层是一个漫长的地质过程。由于地层岩石的孔隙十分狭小，油气在其中的移动受到多种因素的限制，因此孔隙中油气的移动是一个十分复杂的过程。我们把油气在地层条件下的流动称为油气的运移。

油气运移研究是石油地质学的重要问题之一。我们知道，自然界流体往往具有流动的趋势，石油和天然气都是流体，它们在地质条件下的流动是"永恒"的，或者说油气受某些地层因素的约束被迫停止运移的状态是暂时的。油气的运移是从其生成那一时刻就开始了，可以从烃源岩运移到储集层（输导层），从储集层进一步运移到圈闭中形成油气藏；油气也可以由于地质条件的改变从圈闭中沿输导层运移到别的储集层中，或者通过断层或封闭性差的盖层向上运移至地表散失。因此，油气运移贯穿于油气藏的形成、保存、调整和破坏的整个过程。搞清油气运移的特点，特别是其运移的通道、方向和时期对油气勘探有重要的指导意义。所以，研究油气运移不仅具有理论意义，而且具有重要的实际意义。

油气运移要研究的问题很多，但是最基本的问题应该是油气在运移时的物理状态、运移方式，以及油气运移的动力、通道、方向、时期和规模等。

油气运移是一个很复杂的问题，油气运移的过程都是发生在地质历史时期，运移的条件和环境已经时过境迁了，其留下的痕迹有限，这给油气运移研究带来了很大的困难。目前对于油气运移的基本认识主要是基于对地质资料的分析、综合和合理的科学推理，并结合一定的实验室实验得到的，许多观点并不完全一致。所以在实际研究中，必须结合各地区的实际地质情况进行具体分析，才能得出比较切合实际的看法。这也是我们学习油气运移时需要注意的。

第一节 与油气运移有关的基本概念

为便于更好地理解油气在地层中的运移过程和机理，首先需要了解与油气运移有关的几个基本概念。

一、初次运移和二次运移

一般地，油气藏中的油气往往不是原地生成的，油气从烃源岩中的分散状态到圈闭中的聚集状态，其间必有一个运移过程。为了便于描述油气自生成以后在不同环境、不同阶段的运移特点，我们把油气从烃源岩层向储集层的运移称为初次运移，而把油气进入储集层以后的一切运移称为二次运移（图5-1）。过去，有人曾把油气藏被破坏后的油气运移称为三次运移或再次运移，后来人们发现，油气藏被破坏后的运移与成藏前在输导层或断层中的运移没有本质区别，所以，现在把这一阶段的运移也归于二次运移范畴，即油气二次运移包括油气在输导层及储集层的运移，也包括油气聚集成藏后由于地质条件的改变所导致的油气再次运移。

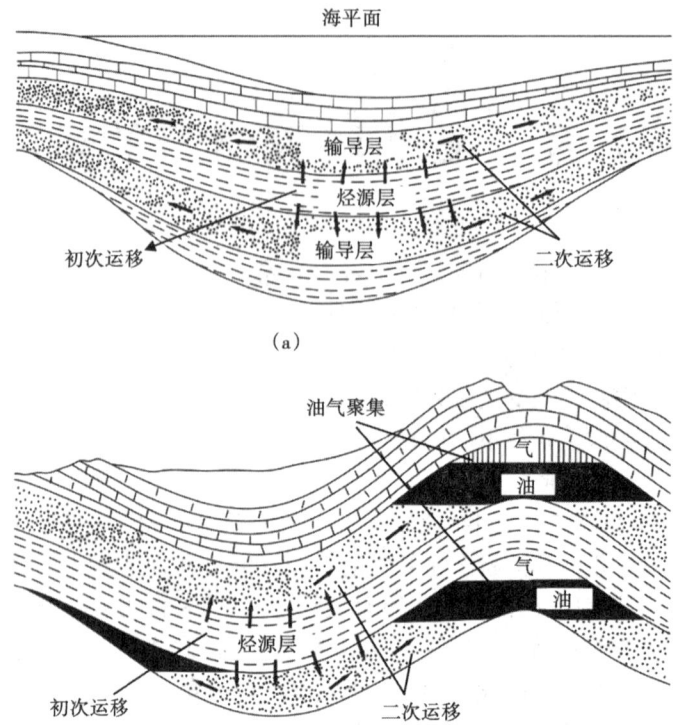

图 5-1 油气初次运移和二次运移示意图（据 Tissot 和 Welte，1978）

二、界面现象

（一）界面

在自然界，相与相之间的交界面，即两相间的接触表面称为界面。实际上界面是指两相接触的约几个分子厚的过渡区。若其中一相为气体，这种界面通常称为表面。常见的界面有固—固界面、液—液界面、固—气界面、固—液界面和液—气界面等。

油气在多孔介质中运移，涉及不同的界面，如油与岩石之间的界面属于固—液界面，气与岩石的界面属于固—气界面，油与气之间的界面属于液—气界面。因此，在油气运移过程中的界面现象对油气在孔隙性介质中的运移有重要影响。

因为界面处的分子与内部分子受力情况、能量状态和所处环境的不同，在相界面上会发生许多特有的物理化学现象，这些在相界面发生的物理化学现象称为界面现象。在多相体系中，在界面上发生的物理、化学以及其他过程是大量的，例如吸附、润湿、催化、乳化、破乳、起泡、分散、消泡、絮凝、聚沉等现象，都与界面密切相关，都是界面现象。

界面现象的本质是表面层分子与内部分子相比，它们所处的环境不同。例如气—液界面，液体内部分子所受的力可以相互抵消，但表面分子受到体相（液相）分子的拉力大，受到气相分子的拉力小（因为气相密度低），所以表面分子受到被拉入体相的作用力（图5-2）。这种作用力使表面具有自动收缩到最小的趋势，并使表面层显示出一些独特性质，如表面张力、表面吸附、毛细现象、过饱和状态等。在石油地质中常见的界面现象有润湿现象、毛细现象、固体表面吸附现象等。

（二）界面张力

界面张力是在两相界面存在的一种重要的力，它是指不相溶的两相界面处产生的张力。

表面张力是界面张力的一种特殊形式,它特指气—液或气—固界面间的张力。

表面张力是分子力的一种表现,它发生在液体和气体接触时的边界部分。液体内部的分子由于相互引力与排斥力的平衡,分子间保持着平衡距离,分子只能在平衡位置附近振动和旋转。在液体表面附近的分子由于只显著受到液体内侧分子的作用,结果使液体表面层(跟气体接触的液体薄层)的分子间的距离增大。表面层分子间的斥力随它们彼此间的距离增大而减小,因此在这个特殊层中分子间的引力作用占优势。这种表面层中任何两部分间的相互牵引力,促使了液体表面层具有收缩的趋势,

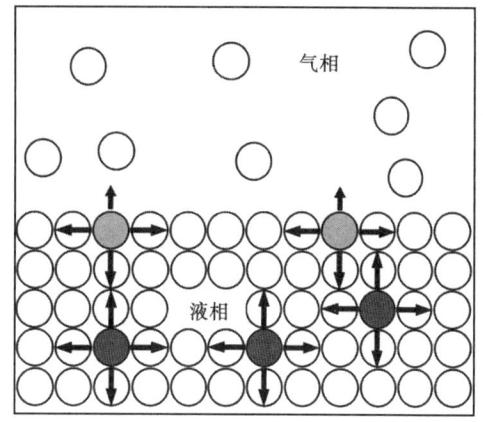

图 5-2 气—液界面的作用力

这种牵引力就是表面张力。由于表面张力的作用,液体表面总是趋于尽可能缩小,因此,空气中的小液滴往往呈圆球形状。

设想在液面上任意画一条线,将液面分为两个部分,由于两部分液面上的表面张力都趋向于使各自表面收缩,所以表面张力总是作用于该线两侧,垂直于该线,沿着液面拉向两侧。如果液面是平面,表面张力就在这个平面上;如果液面是曲面,表面张力就在这个曲面的切面上(图5-3)。当液面为平面时,由于液面上每点的两边都存在表面张力,大小相等,方向相反,所以没有附加压力;当液体表面呈弯曲状态时,表面张力的方向与液面相切,并垂直于作用线上,使液面趋于缩小,液体内部除承受外界环境的压力 p_g 外,还受到因表面张力的作用而产生的附加压力 Δp,附加压力的方向指向液体内部,此时液面内部的压力大于外部压力;当表面为凹面时,液面上每点两边的表面张力都与凹形液面相切,大小相等,但不在同一平面上,所以会产生一个向上的合力,凹面上所受的压力比平面小,此时,液体内部的压力小于外部压力。

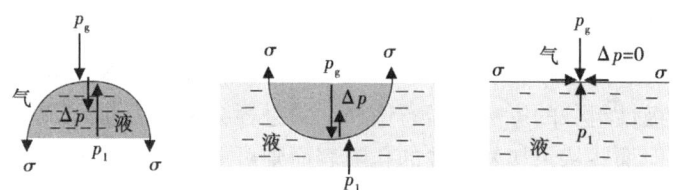

图 5-3 附加压力方向示意图

表面张力仅仅与液体的性质和温度有关,一般情况下,温度越高,表面张力就越小。另外杂质也会明显地改变液体的表面张力,比如洁净的水有很大的表面张力,而沾有肥皂液的水的表面张力就比较小,也就是说,洁净水表面具有更大的收缩趋势。

(三)岩石的润湿性

润湿是固体(或液体)表面上的气体被液体取代的过程。前已述及,在两相界面存在界面张力,在气—液—固三相接触处,气—液表面张力与气—固表面张力之间的关系决定了液体和固体接触时会出现两种现象,即润湿现象和不润湿现象。水银掉到玻璃上呈现球形,表明水银与玻璃的接触面具有收缩趋势,这种现象为不润湿;而水滴掉到玻璃上,刚慢慢地沿玻

璃散开，接触面有扩大的趋势，这种现象为润湿。这表明，水银和水对玻璃有不同的润湿性。润湿性是指一种液体在一种固体表面铺展的能力或倾向性。固体的润湿性常用接触角表示。

在气—液—固三相交界点有三种表面张力同时存在，作用于A点处的液体上（图5-4）。气—液界面张力（σ_{l-g}）与固—液界面张力（σ_{s-l}）之间的夹角称为接触角或润湿角，用θ表示。

当$\cos\theta>0$即$\theta<90°$时，液体能润湿固体（润湿）；

当$\cos\theta<0$即$\theta>90°$时，液体不能润湿固体（不润湿）；

当θ接近180°时，称为完全不润湿，液体在固体表面凝聚成小球；

当θ接近0°时，则称为完全润湿，液体在固体表面铺展。

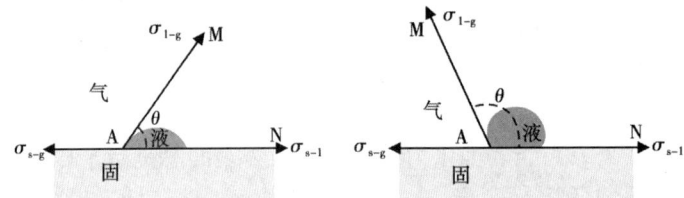

图5-4 气—液—固三相交界点三种表面张力的平衡关系

σ_{l-g}—气—液界面张力；σ_{s-l}—固—液界面张力；σ_{s-g}—固—气界面张力

在地下岩石的孔隙空间中，一般存在油、气、水三种相态的流体。一般地，我们把容易附着在岩石上的流体称为润湿流体，不易附着在岩石上的流体称为非润湿流体。当岩石表面具有吸油排水的特性时，其表面不易被水润湿，此时称岩石具有亲油性；当岩石具吸水排油的特性时，其表面易被水润湿，此时称岩石具有亲水性；当岩石表面油、水相互替代变化不大时，称为中性。

岩石的润湿性与岩石的矿物成分和流体性质（分子极性）有关。石英、长石、云母、硅酸盐、玻璃等，具有较强的亲水性，滑石、石墨和有机物质等具有较强的亲油性。岩石成分十分复杂，常常由许多不同类型的矿物组成。每种矿物的润湿性各有不同。一般情况下，在原油运移之前，储集层岩石的主要组分（石英、碳酸盐和白云岩）为亲水性，但烃源岩本身具有许多亲油的有机颗粒，又能在一定条件下生成烃类，因此，可以认为是部分亲水、部分亲油。受原油极性组分的影响，岩石饱和油的过程会影响表面润湿性，以前接触油的孔隙表面可能亲油，但那些从未接触过油的孔隙表面则可能亲水，常用各种术语描述这两种情况，称为混合润湿或部分润湿。

岩石的湿润性影响着油气在其中的运移难易程度，不同的润湿性造成油、水两相在孔隙中的流动方式、残留形式和数量不同。在亲水岩石中，孔壁及颗粒表面为水所润湿，水会在颗粒间形成液环，油相不能以薄膜形式残留在孔壁上，而是被挤到孔隙中心部位，当油相饱和度很小时就会形成孤立的油珠［图5-5（a）］。这种油珠可以堵塞孔隙喉道阻碍流体运移，除非有相当大的推力使油珠变形，否则这种"贾敏效应"很难克服。在亲油岩石中，油以薄膜形式附着在孔壁上，成为不能移动的残余油［图5-5（b）］。可见，亲水介质中残留油的数量要比亲油介质中少，但油相在亲水介质中的流动却比在亲油介质中难。

由表面活性剂的吸附造成的岩石润湿性改变的现象称为润湿性反转。液体对固体的润湿能力有时会因为第三种物质的加入而发生改变。例如，一个亲水性的固体表面由于表面活性

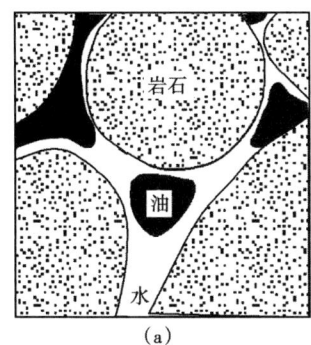 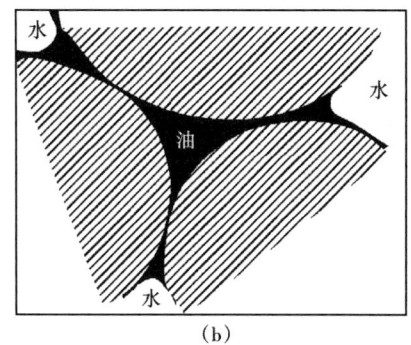

图 5-5 孔隙介质中油水的分布形式
(a) 亲水孔隙介质；(b) 亲油孔隙介质

物质的吸附，可以改变成一个亲油性表面，或者相反，一个亲油性的表面由于表面活性物质的吸附改变成一个亲水性表面。固体表面亲水性和亲油性都可在一定条件下发生相互转化，我们把固体表面亲水性和亲油性的相互转化称为润湿性反转。

三、溶解和扩散

(一) 溶解作用

从广义上说，溶解是两种或两种以上物质混合而成为一个分子状态的均匀相的过程；而狭义的溶解指的是一种液体对于固体、液体或气体产生化学反应使其成为分子状态的均匀相的过程，即一种物质（溶质）分散于另一种物质（溶剂）中成为溶液的过程。如食盐或蔗糖溶解于水而成水溶液。当两种物质互溶时，一般把质量大的物质称为溶剂（如有水在其中，一般习惯将水称为溶剂）。

在一定温度下，某固态物质在 100g 溶剂中达到饱和状态时所溶解的溶质的质量，称为这种物质在这种溶剂中的溶解度。物质的溶解度属于物理性质。气体的溶解度通常指的是该气体（其压强为 1 标准大气压）在一定温度时溶解在 1 体积水里的体积数。一种物质在某种溶剂中的溶解度主要决定于溶剂和溶质的性质。

物质溶解与否、溶解能力的大小，一方面取决于物质（指的是溶剂和溶质）的性质，另一方面也与外界条件如温度、压强、溶剂种类等有关。在相同条件下，有些物质易于溶解，而有些物质则难于溶解，即不同物质在同一溶剂里溶解能力不同。通常把某一物质溶解在另一物质里的能力称为溶解性。例如，甲烷、二氧化碳易溶于水，而油不溶于水，就是它们对水的溶解性不同。溶解度是溶解性的定量表示。

需要注意的是，溶解度和浓度是两个不同的概念。单位溶液中所含溶质的量称为该溶液的浓度，溶质含量越多，浓度越大。浓度一般用单位溶液所含溶质的质量的百分比来表示，也可以用一定的溶液中溶质的物质的量计算。以单位体积里所含溶质的物质的量（摩尔数）来表示溶液组成的物理量，称为该溶质的摩尔浓度，又称该溶质的物质的量浓度。

在油气运移和聚集过程中，溶解作用是无处不在的，天然气在水中或在石油中的溶解作用和溶解度的大小影响着油气运移的相态、方式和距离等。

(二) 扩散作用

在石油地质学中所指的扩散主要是分子扩散，即当物质存在浓度差时，物质在浓度梯度的作用下从高浓度区向低浓度区转移以达到浓度平衡的一种物质传递过程。在常温、常压下，气体分子的平均自由程约为 10^{-7} m（100nm），也就是说，在该距离上分子发生碰撞。分子越密集，碰撞机会越多，其扩散阻力越大，扩散越慢。因此，物质在液体中的扩散比在气体中扩散慢，在固体中的扩散比在液体中的扩散慢。物质的扩散能力随相对分子质量的变大呈指数关系减少，对烃类来说，实际上只有碳原子数在 $C_1 \sim C_{10}$ 之间轻烃的扩散才对运移具有实际意义。

除扩散物质本身的物理化学性质（如相对分子质量、分子大小、极性和溶解性）和扩散介质外，温度、压力、物质浓度梯度等都对物质的扩散过程有重要影响。

如果扩散物质的浓度梯度不随时间而变化，这种扩散称为稳态扩散。在稳态扩散条件下，组分 A 在介质 B 中发生分子扩散的速率和通量可用菲克（Fick，1855）第一定律描述：

$$dQ = - D_{AB} \cdot dS \cdot \frac{dc_A}{dx} \cdot dt \tag{5-1}$$

式中　dQ——单位时间组分 A 通过介质 B 横截面积 dS 的扩散量，g 或 m^3；

$\frac{dc_A}{dx}$——扩散组分 A 在 x 方向的浓度梯度，$g/(m^3 \cdot m)$ 或 $m^3/(m^3 \cdot m)$；

D_{AB}——组分 A 在介质 B 中的分子扩散系数，m^2/s；

dS——横截面积，m^2；

dt——扩散时间，s。

式中负号表示组分 A 向浓度减小的方向传递。可见扩散量与扩散时间、扩散面积、浓度梯度和扩散系数成正相关。当前三个变量一定时，扩散量的大小就只与扩散物质在扩散介质中的扩散系数有关。

扩散系数是表征物质分子扩散能力的物理量，受系统的温度、压力和混合物中组分浓度的影响。根据菲克定律，组分 A 在介质 B 中的分子扩散系数，其值等于该物质在单位时间内、单位浓度梯度作用下、经单位面积沿扩散方向传递的物质量。在气体中，如果相距 1cm（或者 1m）的两部分，其密度相差为 $1g/cm^3$（或者 $1g/m^3$），则在 1s 内通过 $1cm^2$（或者 $1m^2$）面积上的气体质量，规定为气体的扩散系数，单位为 cm^2/s 或者 m^2/s。所以，扩散系数的大小直接决定物质扩散能力的强弱。

如果在扩散过程中，扩散物质的浓度梯度随时间的变化而变化，这种扩散称为非稳态扩散。在非稳态扩散条件下，分子扩散的速率和通量可用菲克第二定律来描述：

$$\frac{\partial c(t, x)}{\partial t} = D \frac{\partial^2 c(t, x)}{\partial x^2} \tag{5-2}$$

式中 $c(t, x)$ 是浓度场的概念，即某物质经过时间 t 扩散后 x 位置处的浓度。在一定的边界条件下，通过求解上述偏微分方程可以计算任意时间的扩散量。烃类气体在地下岩石中的扩散大多属于非稳态扩散，因此，菲克第二定理是建立天然气扩散数学模型和扩散定量计算的基础。

在地质条件下，油气的扩散是随时发生的，例如烃源岩中轻烃向邻近储集层的扩散运移、气藏中天然气通过盖层的扩散散失等，因此扩散作用在石油地质学中具有重要意义。

第二节 地层压力及其分布

地下沉积岩一般具有孔隙。从盆地范围看,沉积岩孔隙中一般都含有地层水,这就是孔隙流体。除地层水外,地层孔隙流体还包括石油和天然气。地下孔隙流体都承受一定的压力,有时流体压力还很大。在一定条件下,地层中的孔隙流体具有发生流动的趋势,在地层压力作用下地层水的流动势必影响油气在地下岩石孔隙空间中的运移。为了正确理解在地下压力系统中油气的运移规律,需要了解孔隙流体压力成因及其基本分布特征。

一、地层压力的概念

油、气、水等地下流体都处在一定的承压环境中。在石油地质学中所称的压力实际上就是物理学中的压强。压力的单位为帕斯卡(Pa),实用单位为兆帕(MPa)。孔隙性地层的地层压力可以在井孔中通过各种压力测试仪器直接测量。

我们知道,水柱的重量可以产生压力。静止水柱的重量产生的压力称为静水压力,可以用下式表示:

$$p = \rho_w g h \tag{5-3}$$

式中 p——压力,Pa;

ρ_w——水的密度,kg/m³;

g——重力加速度,9.81m/s²;

h——水柱高度,m。

同样,地下岩石的重量也可以产生压力,这个压力称为静岩压力,又称为地静压力。在式(5-3)中,把水的密度换成岩石的密度,就可以计算静岩压力。

通常所称的地层压力既不是静水压力也不是静岩压力,而是地下岩石孔隙流体承受的压力,也称孔隙压力或孔隙流体压力。地层压力的成因十分复杂,既受上覆静水柱的影响,也可能受上覆地层重量和其他因素的影响,因此地层压力随深度的变化规律也是复杂的。

根据地层压力与静水压力之间的关系,将地层压力划分为正常压力和异常压力。如果地下某一深度的地层压力等于或接近于静水压力,则称该地层具有正常地层压力;如果某一深度地层的地层压力明显高于或低于静水压力,则称该地层具有异常地层压力。高于静水压力的地层压力称为异常高压,低于静水压力的地层压力称为异常低压。在异常高压的情况下,将地层压力与同深度静水压力的差值称为剩余压力或超压(图5-6)。

与地层压力相关的概念还有压力系数和压

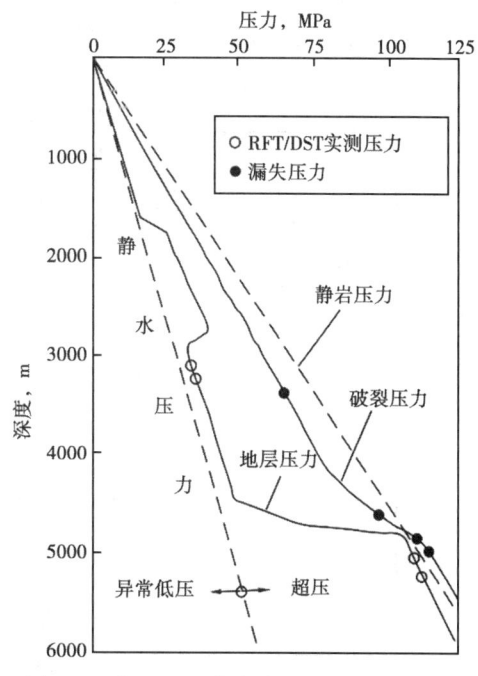

图5-6 与地层压力有关的一些概念示意图
(据郝芳等,2005)

力梯度。压力系数是某一深度地层压力与相同深度静水压力的比值,没有单位。正常压力地层的压力系数等于1,异常高压地层的压力系数大于1,异常低压地层的压力系数小于1。压力梯度是地层压力随深度的变化率,即每增加一定的深度地层压力增加的量,单位是Pa/m。

二、异常压力成因

正常地层压力主要是静水柱重量产生的,而异常地层压力的成因则比较复杂。形成异常压力的前提条件是地层孔隙空间必须为一个封闭系统,如果地层孔隙空间是开放的,孔隙空间中的流体就可以自由流动,这样一个系统是不能形成异常压力的。形成异常压力的封闭系统可大可小,即可以是局部的,也可以是整个盆地规模的,但不同规模封闭系统的封闭条件是不同的。

(一)异常高压的成因

形成沉积盆地内异常高压的原因是多方面的,其中包括地质的、物理的、地球化学的和动力学方面的因素。因此,异常高压是由多种因素共同作用的结果。这些因素可以分为以下几类:(1)与地层孔隙空间压缩有关的因素,包括压实作用(垂向负载应力)和构造应力(侧向挤压应力);(2)与孔隙流体体积增大有关的因素,包括流体体积热膨胀、黏土矿物脱水、生烃作用和原油裂解等;(3)与流体运动和浮力有关的增压作用,包括重力水头、浮力等。

1. 孔隙空间外部趋于使孔隙空间压缩变小的作用

沉积盆地垂向压实作用和侧向构造挤压作用都可以使地层发生压缩。假定岩石颗粒是不可压缩的,地层体积的压缩必然是由地层孔隙空间的压缩来实现。在地层封闭的条件下,地层孔隙空间的压缩必然造成孔隙流体压力的升高。

1) 压实作用与欠压实现象

a) 压实作用与压实曲线

压实作用是指在上覆沉积负荷作用下沉积物被压缩而减薄的现象。压实作用是一种成岩作用,它从沉积物埋藏开始可以一直持续到埋藏9000m以上。在压实作用下,沉积物的体积密度不断增加,孔隙度不断减小,孔隙流体不断排出。在压实过程中,如果流体不受阻碍地不断排出,孔隙度随上覆沉积物的增加而较小,孔隙流体基本保持静水压力,此时称为正常压实状态或压实平衡状态。如果由于某种原因孔隙流体的排出受到阻碍,孔隙度不能随上覆沉积物的增加而相应减少,孔隙流体承受的压力将高于静水压力,此时称为欠压实状态或压实不平衡状态。

在正常压实状态下泥质沉积物的孔隙度随深度的增加呈指数关系减小(Athy,1990;Hedberg,1926,1936)。在相对较浅的深度,孔隙度损失非常快;随深度增加,孔隙度的损失率变小。不同盆地或同一盆地不同深度上,正常压实趋势的斜率并不一致(图5-7)。这说明沉积物压实是受地下多种物理、化学因素影响的复杂过程,这些因素包括埋藏深度、地质时

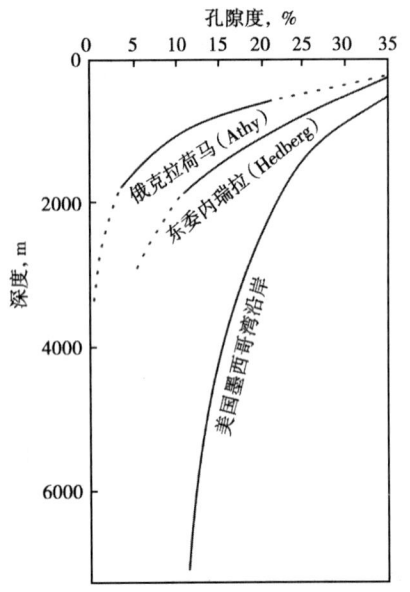

图5-7 不同盆地的泥岩深度—孔隙度关系曲线(据Levorsen,1945)

间、岩性和岩性组合等方面。

压实曲线即为孔隙度随深度的变化曲线。压实曲线可以利用同一岩性的实测孔隙度与深度进行作图而获得，图 5-8 分别为泥岩、钙质粉砂岩和碳酸盐岩的压实曲线，显然受样品限制这种方法难以广泛采用。目前，大多利用声波时差测井资料间接求取孔隙度的方法。

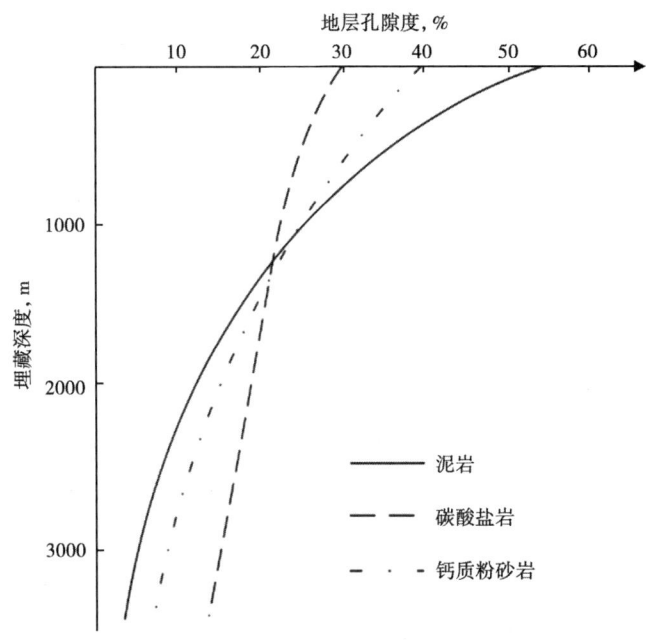

图 5-8　泥岩、钙质粉砂岩和碳酸盐岩压实曲线特征
（据 K. A. Hegavty，1988；转引自庞雄奇，1995）

b）欠压实与异常高压的关系

泥质岩类在压实过程中由于压实流体未能及时排出或排出受阻，孔隙体积不能随上覆载荷增加而减小，使其中流体也承受了部分上覆地层的负荷，出现孔隙度高于正常压实孔隙度、孔隙流体压力高于相应静水压力的现象，称为欠压实现象。

孔隙性地层的重量由两部分组成，即岩石骨架的重量和孔隙流体的重量。当地层处于正常压实状态时，地层的骨架完全支撑了上覆地层的骨架重量，孔隙流体只承受上覆孔隙流体产生的压力，因此处于正常静水压力状态。而当本应由骨架支撑的骨架重量传递给孔隙流体时，则孔隙流体就出现异常高压。在沉积盆地中，特定深度上覆岩层的重量称为上覆负荷应力（S），它由岩石骨架承受的有效应力（σ）和孔隙流体承受的流体压力（p）两部分构成：

$$S=\sigma+p \tag{5-4}$$

式（5-4）称为有效应力定律。在正常压实状态下，上覆地层骨架重量产生的有效应力完全由地层骨架支撑，孔隙流体只承受上覆流体的重量，因此孔隙流体处于正常压力状态。在埋藏期间因沉积物负荷增大会使有效应力增加，相应地引起地层压实、孔隙体积减小以及孔隙流体排出。也就是说，压实过程是通过孔隙流体排出达到平衡的。如果在沉积过程中压实与排水作用不平衡，就会出现欠压实现象。泥岩在埋藏较浅时，渗透性相对较好，其中压实水的排出较畅通，泥岩压实与孔隙水的排出作用基本保持平衡，孔隙流体保持静水压力；

当泥岩渗透率降低到一定程度，或由于其他地质作用，使压实过程中孔隙水的排出受阻，部分剩余水滞留在泥岩中，因此，封闭的孔隙流体会承担一部分上覆沉积物骨架的重量而形成超压（图 5-9）。

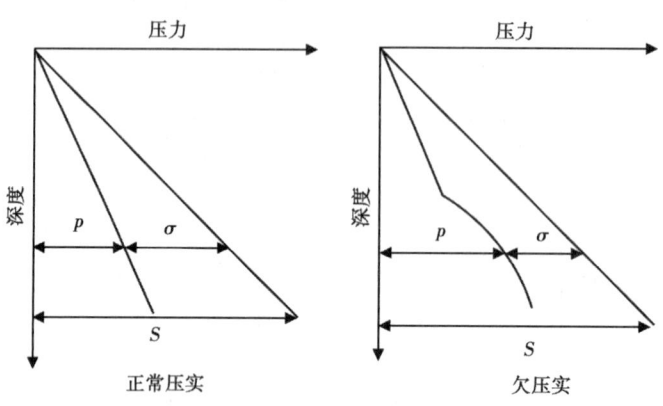

图 5-9　上覆沉积负荷压力（S）、流体压力（p）与有效应力（σ）之间的关系

除上述排水不畅导致的地层孔隙流体滞留作用引起异常高压外，在孔隙空间内部由于地温增加等因素导致的孔隙流体体积增大也是产生欠压实和异常高压的原因。所以欠压实现象的成因中包含了孔隙的压缩，也包含了孔隙流体体积的增加。

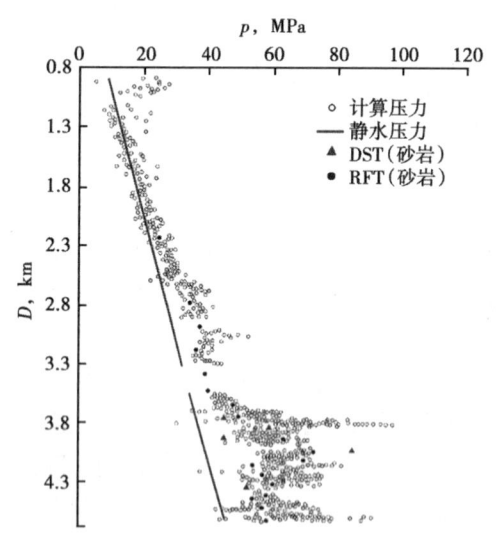

图 5-10　酒泉盆地酒参 1 井计算泥岩计算压力与砂岩实测压力的对比图（据柳广弟等，2012）

很显然，快速沉降和快速充填是导致不均衡压实的最主要原因，因为缓慢沉积使得地层流体有充足的时间被排出，压实与排水作用保持平衡。而沉积速度越快，地层厚度越大，过剩的流体就不能及时地被排替出去，就越容易导致不均衡压实作用的形成，从而使得孔隙流体压力持续增高。因此，欠压实与异常高压的关系是一种相互影响、互为因果的关系。

c）欠压实带砂泥岩流体压力关系

欠压实带中泥岩层的流体压力与相邻砂岩层的流体压力近似相等，更多的情况是泥岩的超压稍大于相邻砂岩的超压，二者压力相对分布往往具有同步变化的趋势（图 5-10）。理论上只有在砂泥岩处于同一封闭系统中，且二者压力已经达到压力平衡时，相邻砂泥岩中的压力才可能接近相等。当砂泥岩中的压力处于动态平衡条件，即砂岩压力向外散失的速度与泥岩对砂岩压力的补偿速度接近平衡时，也有可能出现相邻砂泥岩压力接近相等的局面，这种情况应该出现在泥岩地层压力具异常高值，而砂岩连通性与渗透性均很差的条件下。

2）构造挤压应力作用

区域性抬升、褶皱、断裂、盐岩或泥页岩的刺穿均可影响异常压力的形成。这些构造作用形成异常高压的根本原因是构造挤压应力对地层孔隙的压缩。

由水平挤压应力产生的超压带往往毗邻于断裂带（Byerlee，1993）。超压流体的幕式释放往往与地震或断裂、破裂作用伴生。此外，超压现象还发育在板块俯冲带的增生沉积楔状体中（Davis等，1984；Neuzil，1995）。加利福尼亚海岸山脉中所钻遇的异常高压力就与侧向构造挤压应力有关（Berry，1973），库车坳陷的异常压力也被认为主要是挤压应力作用引起的（图5-11）。

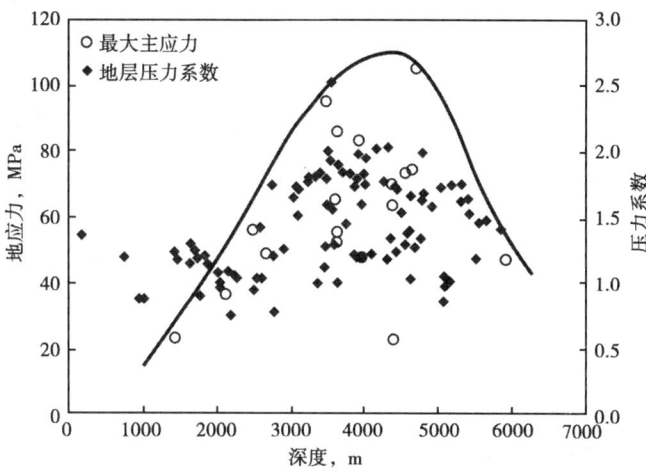

图 5-11 库车坳陷最大水平主应力与压力系数关系图

2. 孔隙空间内部趋于使孔隙流体体积增大的作用

孔隙空间内部趋于使孔隙流体体积增大的作用包括黏土矿物的脱水作用、油气生成作用和流体热膨胀作用。

1) 黏土矿物脱水作用

沉积盆地中的黏土矿物蒙脱石在其埋藏过程中，由于温度等的作用要发生转化，形成伊蒙混层，最后转化为伊利石（图5-12）。蒙脱石是一种膨胀性黏土，含较多的层间水，一般含有4个或4个以上的水分子层。这种层间水是蒙脱石矿物的一部分，按体积计算可占整个矿物的50%，按重量计可占22%。Burst（1969）的研究表明，一般情况下，层间水的密度要比自由水的密度大。蒙脱石脱水作用就是指在蒙脱石向伊利石的转化过程中释放层间水的过程。这些层间水在压实和热力作用下会有部分甚至全部成为孔隙水，这些新增的流体进入泥岩的孔隙空间必然增加孔隙流体体积（图5-13）。在泥岩处于封闭或半封闭的条件下，新增流体必然引起孔隙流体压力的进一步增大。

研究表明，蒙脱石向伊利石的转变这一过程主要受温度的控制。图5-14是不同时代沉积物中黏土矿物含量与温度的关系，可以看出，虽然三个盆地地层的年龄相差较大，但蒙脱石向伊利石大量转化的温度基本相当，开始转化的温度都是大约100℃。这说明温度是控制蒙脱石向伊利石转化的主要因素。

Bruce（1984）研究了美国得克萨斯州两口井异常压力与蒙脱石脱水带之间的关系（图5-15），可以看出，蒙脱石脱水带的深度与异常压力带的深度相当一致，这种现象在世界许多盆地都有发现，说明异常高压的形成与蒙脱石脱水之间具有成因上的联系。

上述分析得到的结论是，蒙脱石所含层间水比孔隙空间中的自由水具有更大的密度，在温度的作用下，蒙脱石所含的层间水释放为自由水后将占有更大的体积。在泥岩排液受阻的

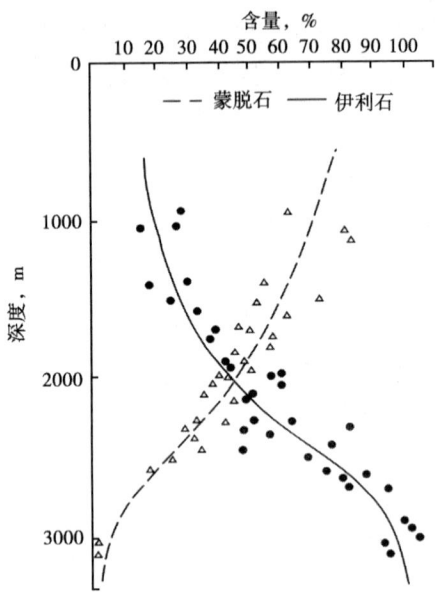

图 5-12 东营凹陷不同黏土矿物含量随深度的变化（据胜利油田）

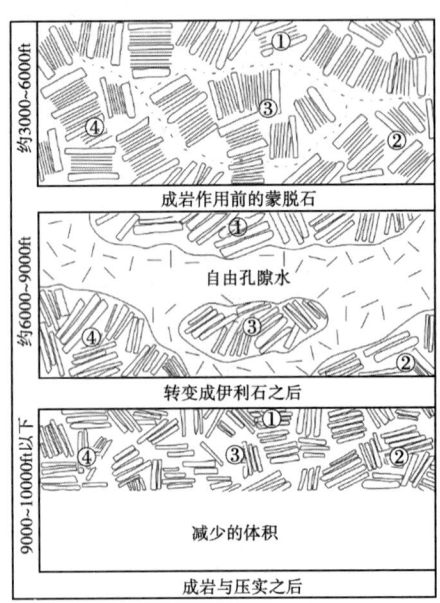

图 5-13 黏土矿物成岩作用对泥岩压实水的影响（据 Powers 等，1967）

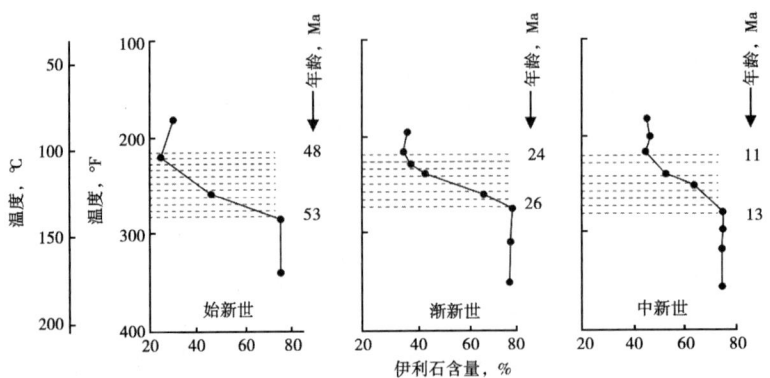

图 5-14 不同时代沉积物中伊利石含量与地下温度之间的关系（据 Bruce 等，1984）

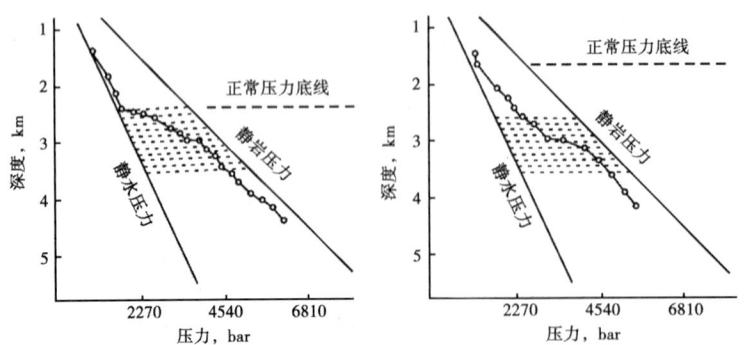

图 5-15 蒙脱石脱水带与流体异常压力带的关系（据 Bruce，1984）

情况下,这种水的释放很容易引起孔隙流体压力的升高,而形成异常高压。蒙脱石脱水作用是泥岩异常高压形成的又一重要因素。

2) 烃类生成作用

干酪根成熟后将生成大量油气。这些油气的体积大大地超过原来干酪根本身的体积,这些不断生成的新生流体进入烃源岩的孔隙空间,将使孔隙流体体积增大,在正常压实的情况下,多余的流体体积将被排出烃源岩,而在欠压实阶段,由于排液受阻,油气的生成必然造成孔隙压力的增大,促进异常高压的形成,引起烃类的排出。

Harwood(1977)计算过,有机碳含量为1%的烃源岩,所生成烃类和水净增的体积相当于孔隙度为10%的页岩总孔隙体积的4.5%~5%(李明诚,2004),可见,由此将引起孔隙流体压力大幅度增加,是烃源岩异常高压形成的重要因素。

3) 流体热膨胀作用

任何流体都具有热胀冷缩的性质。当地温升高时,烃源岩孔隙中的油、气、水都要发生膨胀。在开放的体系内,膨胀增加的体积将排出烃源岩,流体压力仍保持静水压力。在封闭和半封闭的体系内,体积的膨胀必然导致压力的增大,促进异常高压的形成,成为排烃的动力。

图5-16是水的压力—温度—密度图。图中纵坐标代表压力,横坐标代表温度。水的密度(比容)值用等密度线表示,地温梯度线与等密度线相交在图上。该图可以说明水的热增压作用。例如,在地温梯度是25℃/km时,假设某一地层处于温度为100℃,压力为300bar的L点,若该地层的温度升高25℃,如果地层完全封闭,地层孔隙空间中的水不能因温度的增加而自由膨胀,必然引起压力的增大,压力的变化规律可以从图上读出,即从原来的L点沿等密度线变化到M点,此时的地层压力增加了420bar,可见温度的增加

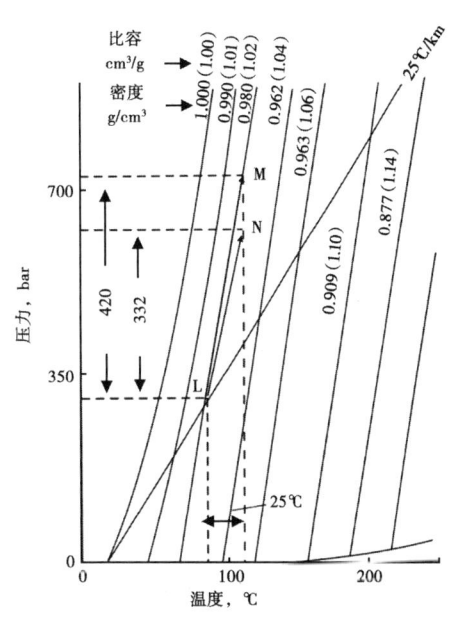

图5-16 利用水的压力—温度—密度(比容)的关系图说明热增压作用

将引起封闭地层孔隙压力的大幅度增加。如果地层不是完全封闭而是部分封闭,压力的增加量会相应减少。

3. 超压流体垂向或侧向传导作用

传导型超压主要发育于储集层内。砂泥岩互层处于相对封闭的情况下,泥岩的异常高压会传导到相邻的砂岩地层中,使得砂岩中的流体压力与泥岩中的流体压力相近或稍低于泥岩中的压力(图5-10);当砂岩储集层由垂向或侧向上输导体与更高超压流体囊连通时,通过超压流体的注入导致砂岩孔隙中流体压力的增大,即超压流体在运动中对地下剩余孔隙压力进行了重新分配。莺歌海盆地底辟上方较浅层的异常高压被认为是底辟高压流体向上传导的结果(图5-17)。

彩图5-17

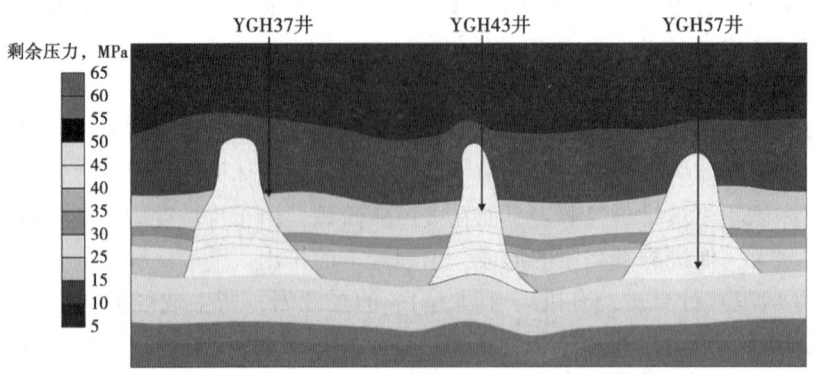

图 5-17 莺歌海盆地底辟压力传导导致浅层压力异常（据黄志龙等，2015）

4. 流体密度差

烃类与水之间存在密度差，导致烃类在水介质中会受到浮力的作用。因此，水介质中有油气存在的地方（油气藏中）总能引起一定的超压，其大小与烃—水密度差及烃柱高度成正比。

如图 5-18 所示，在背斜气藏气水界面处的压力等于水层的压力，但在气藏内部，气层的压力则高于相同深度水层的压力。这是因为气柱产生的重力要小于相同高度水柱产生的重

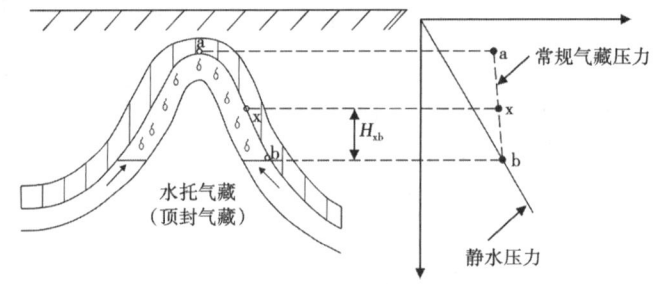

图 5-18 背斜油气藏由烃水密度差引起的异常高压

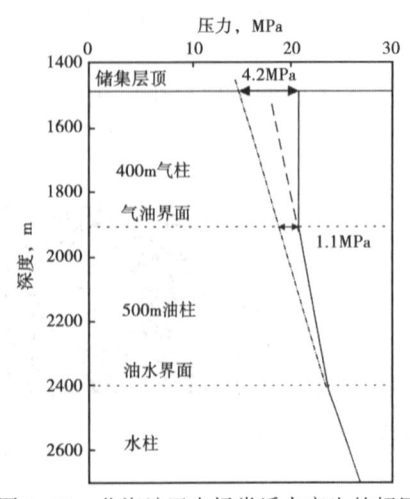

图 5-19 北海油田由烃类浮力产生的超压分布（据 Osborne 等，1977）

力，气体被压缩形成超压而与水层的压力达到平衡。假设水层为正常压力，则气层内部超压的大小与气水密度差和测点距气水界面的距离有关。实际上，不仅气水密度差可以在气藏内部形成超压，油水密度差也可以在油藏内部产生超压，只不过形成超压的幅度要小于气藏。在北海的一个具有 500m 油柱和 400m 气柱的带气顶的油气田中，在油气界面处由 500m 油柱产生的超压为 1.1MPa，在油气藏的顶部，由 500m 油柱和 400m 气柱共同产生的超压达 4.2MPa（图 5-19）。

5. 水头差

当储集层或含水层被封闭层覆盖，由于潜水面（基准面）的高程不同，在地上高处出露的含水层所具有的水头比地下低处的计算水头高从而形成水

头差,这样实际地层压力比由潜水面高程换算的地层压力高,这种压差也就是地下含水层的超压(图5-20)。这种机制要求在连续的封闭层之下,具有长距离侧向连通的储集层(含水层),含水层与地表水连通。许多前陆盆地内侧可由这种机制形成相应的超压。

(二) 异常低压的成因

异常低压成因多种多样,包括地质、物理、地球化学和动力学的因素。一般认为异常低压主要发育于一些致密砂岩气层和发生较强烈剥蚀的盆地(Corbert,1992;Dicky等,1977)。地下深部地层的低压系统也是封闭系统,由于地层受构

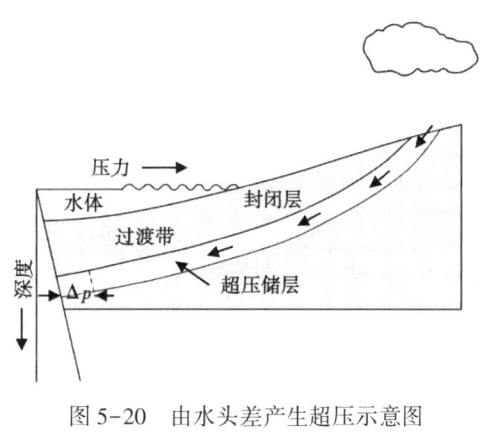

图5-20 由水头差产生超压示意图
(据 Underschaltz 等,1993)

造拉伸或其他作用使孔隙空间扩容,流体压力下降,但同时由于体系的封闭性,其他含水体系中的流体又补充不足,形成异常低压。

异常低压的形成机制主要有抬升—剥蚀反弹作用、地下水流动作用、断裂和不整合面的压力释放作用、天然气扩散作用、温度变化、承压面远低于地表等。一种异常压力现象可能由多种因素相互叠置所致,但就一个特定异常压力体而言,其成因可能以某一种因素为主。

1. 构造抬升与降温作用

1) 抬升—剥蚀孔隙反弹与流体收缩

当上覆地层遭受剥蚀、垂向应力减小时,岩石骨架会类似弹性固体发生反弹,引起岩石孔隙体积的扩容,从而导致流体压力降低。Fatt 和 McLatchie 等测定的砂岩储集层孔隙的弹性收缩率为 $48.28\times10^{-3}Pa^{-1}$,认为当上覆地层被剥蚀时,砂岩储集层孔隙的扩容率与收缩率相当。泥质岩的压实一般认为是不可逆的,但也有人认为,埋深小于2000m、富含蒙脱石的泥岩也可能发生相当的孔隙扩容。异常低压的程度不但取决于孔隙的扩容量,还与卸载的速率和岩层的渗透率有关。显然,卸载速率越快,渗透率越低,异常低压越易形成和保持。沉积地层剥蚀卸载后的弹性回返作用和孔隙扩容是储集层低压形成的重要因素之一。

在封闭良好的储集层中,抬升降温引起的孔隙流体体积收缩也可以产生异常低压(Barker,1972)。由于地层水的收缩率很小(<2%),只有当地层达到完全封闭时这种作用才能体现出来。根据 Corbet 等(1992)对西加拿大盆地在抬升过程中孔隙流体冷却的模拟计算表明,水体的收缩对异常低压的贡献很小(<5%),大多数的异常低压是由孔隙的增多和扩容所造成的。

2) 不稳定组分水化作用引起的扩容

岩石学研究证明,酸性火山岩岩屑普遍有不同程度的水化作用特征,形成以蒙脱石、伊利石为主的黏土矿物组合。长石和岩屑的浊沸石化也十分明显。水化作用使得部分孔隙水转化为结晶水,减小孔隙流体的体积。这种孔隙水的消耗量大于矿物转变引起体积增大的数量,导致孔隙流体压力下降。松辽盆地扶杨油层的砂岩是典型的不稳定砂岩,不稳定组分(长石、火山岩岩屑)的含量高达65%~90%,不稳定组分与孔隙水之间容易发生水化作用,消耗孔隙水,形成含结晶水的沸石矿物。除水化作用外,岩石骨架的化学溶解造成的次生孔隙也可以导致孔隙空间的扩容作用,导致孔隙流体压力下降。显然,只有在储集层处于封闭体系的前提下扩容作用才能引起异常低压。

3) 断裂与岩性封闭作用

在厚层泥岩中所夹的砂岩透镜体油藏，原来埋藏较浅，原始地层压力较小。后来，在断块升降运动作用下，油藏所在的断块下降，深度变大，但地层压力仍然保持下来，形成低压异常，这种现象在中国东部裂谷盆地中断裂发育的地区常见。美国 Keyes 气田的研究表明（图 5-21），当地层遭受剥蚀后，盆地迅速沉降，上覆层位沉积厚层或巨厚层的泥岩起到封闭作用，在剥蚀面上、下形成两个独立的系统，彼此间不能进行物质交换，形成的低压得以保存。但这种低压成因的推断实际上忽视了油藏在构造升降过程中，随着上覆载荷和油藏温度的改变，储集层孔隙空间和流体体积的变化。

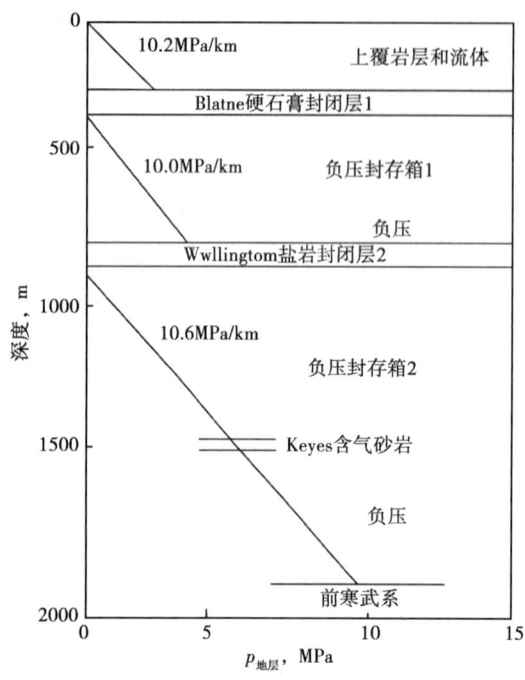

图 5-21 美国 Keyes 气田的地层压力与深度的关系
（据 Powley，1980）

2. 地下流体流动作用

地下水的流动主要发生在重力流系统中，由于泄水区是高渗透率岩层，而补给区的岩层渗透率低，结果泄水的速率大于补给速率，使得岩层中水的流动不连续，造成孔隙的欠充满而产生异常低压。低压的这种成因机理本质上是潜水面作用的结果。

通常人们用地层压力与静水压力的比值（即压力系数）来标定地层压力的异常情况，而静水压力计算都是基于水柱到达地表这一假设。应该说，这种假设在大多数地表起伏不太强烈的地区或盆地，特别是我国东部地形平坦区，可以近似使用。而当受构造运动等影响，承压面与地表起伏不相协调时，如我国中西部盆地，由于承压面以上的地层不承压，会导致计算的静水压力大于实际的静水压力，自然导致计算出的压力系数、压力梯度等指标偏低，显示出明显的低压异常，而实际上这种异常低压可能是人们的一种习惯算法（压力的起算点均从地表开始）带来的，是一种假的异常低压。

3. 流体散失作用

1) 天然气的扩散作用

天然气的扩散作用是一种普遍存在的由浓度梯度引起的质量传递的自然现象。在地壳抬升过程中，由于负荷和温度的降低，原来溶于储集层流体中的气体将析出，并以扩散、渗流等方式从岩层中逸散。另外，油气藏中的轻烃通常通过盖层发生扩散，引起油气的组成、物理化学性质等发生变化。当烃类的逸散速率大于补给速率时，地层中易于形成异常低压。

2) 断裂和不整合面的压力释放作用

沉积盆地中流体的生成、注入可以导致孔隙流体压力增高，相反，流体运移或散失也会相应地导致压力降低。油气沿着断裂系统和不整合面发生运移、逸散及再分配，如果没有外来流体充注或增压作用，油气藏原有的异常高压会逐渐降低至正常压力。

4. 流体密度差

在深盆气聚集区储集层出现气水倒置的情况下，即储集层上倾方向充满水而下倾方向充满气时,气水界面以下形成无水的气柱高度,气水密度差使含气层呈现出异常低压(图5-22),这是大多数深盆气藏产生异常低压的原因。

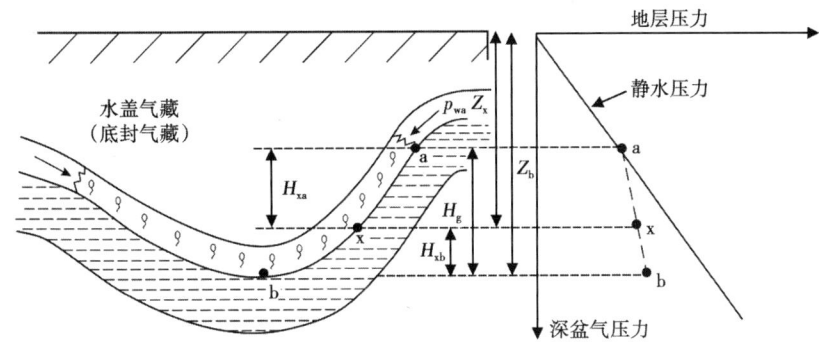

图5-22 深盆气藏由气水密度差引起的异常低压

三、沉积盆地压力分布

在沉积盆地中,由于地层孔隙空间分布的非均质性以及断裂、不整合、地层尖灭带等地质体的存在,地层孔隙空间连通性变化复杂,造成了沉积盆地地层压力分布的复杂性。在沉积盆地压力研究中,通常从纵向和平面上来描述地层压力的空间变化规律。

(一)地层压力结构与异常压力纵向分布

地层压力结构是指纵向上流体压力的分带情况。纵向上主要根据流体压力和封隔层来划分压力带。在对沉积盆地的纵向压力结构进行分析时,往往会发现在盆地纵向沉积剖面上存在两个相互不连通的压力系统。这两个压力系统被一套封隔层所分开,封隔层以上的地层具有正常的静水压力,而封隔层以下的地层则处于异常压力状态。从图5-23中可看出,塔里木盆地塔中地区石炭系中部泥岩段以上地层的压力属于静水压力,而中部泥岩以下层段则为异常高压,石炭系中部的泥岩段对上下两个压力系统起到了很好的封隔作用。又如,根据单井压力预测结果,我国酒泉盆地营尔凹陷纵向上可划分为四个压力带:常压带、第一超压带、过渡带和第二超压带(图5-24),埋藏深度小于2500m的浅部地层为正常地层压力,2500m以下的深部地层处于异常压力状态。这种地层压力的纵向分带在许多沉积盆地都可以看到。

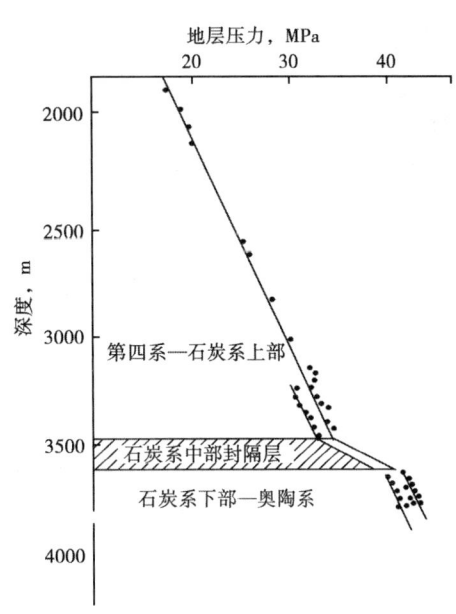

图5-23 塔里木盆地塔中地区纵向压力结构图(据柳广弟等,1996a)

(二)流体封存箱与流体压力分布

沉积盆地地层剖面中压力封隔层和纵向上压力分带的存在,造成了沉积盆地压力系统与压力分布的复杂性。Hunt(1990)通过对世界上大量沉积盆地的研究提出了流体封存箱的概念。

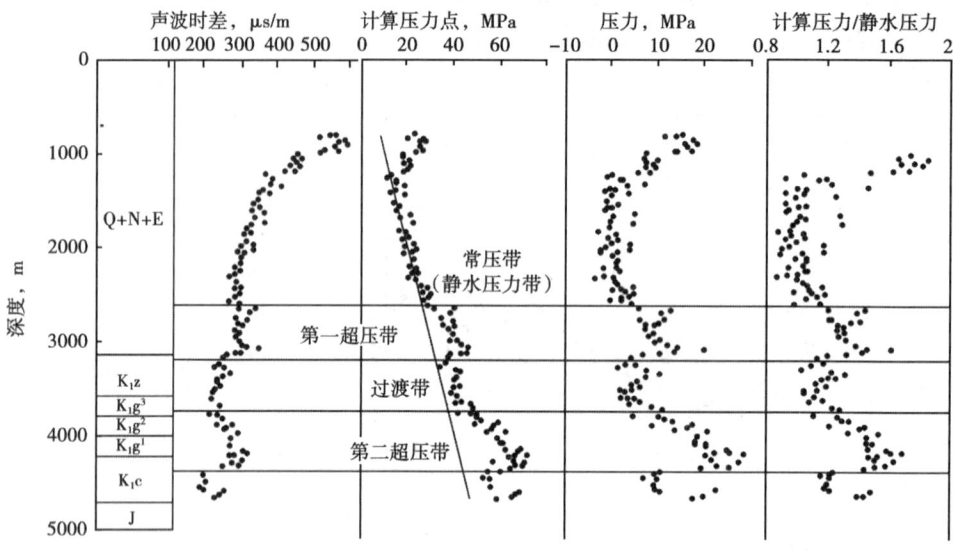

图 5-24 酒参 1 井声波时差与流体压力分布图（据柳广弟等，2012）

1. 流体封存箱的概念

Hunt（1990）注意到世界上大多数盆地都具有两个或两个以上的水动力系统，这两个水动力系统在纵向上被一个在区域上呈平板状的封隔层（seal）所分开，较浅的系统呈现正常的静水压力状态，常分布在整个盆地；而较深的系统往往具有异常压力，并且一般由一系列独立的流体密封单元组成，各密封单元之间相互不连通，它们之间的压力也不能相互转换，与浅层静水动力系统也一般无水动力联系。Hunt（1990）将沉积盆地中的这些相互独立的流体密封单元称为异常压力流体封存箱（abnormally pressured fluid compartment），简称流体封存箱或封存箱。封存箱实际上是被封隔层在三维空间上所封隔而形成的流体封隔体。这种流体封隔体的规模可大可小，封隔体中的流体一般具有异常高压（李明诚，2013）。封存箱也不一定是箱形，可以是任何形状的封隔体（图 5-25）。

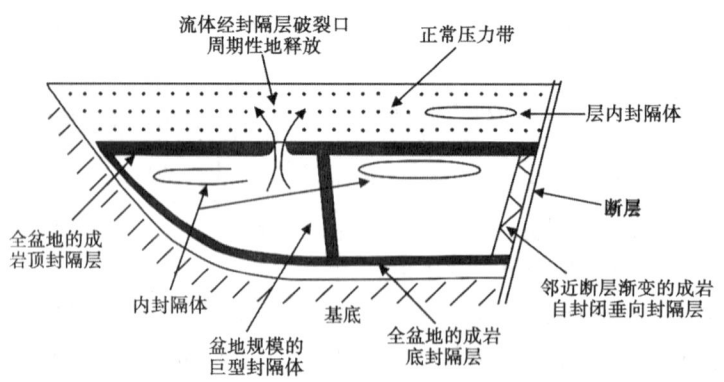

图 5-25 沉积盆地中的各种封隔体（据 P. J. Ortoleva，1994，有修改）

异常压力流体封存箱有两种主要类型：一种为超压封存箱，表现为箱中的流体具有异常高压；另一种为欠压封存箱，表现为箱中的压力为异常低压（图 5-26）。在沉积盆地中常见的是超压封存箱。

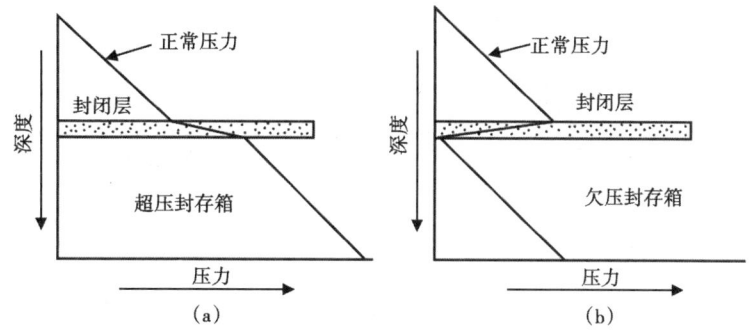

图 5-26 超压与欠压两类封存箱的模式图（据 Hunt，1990）
(a) 超压封存箱；(b) 欠压封存箱

2. 封存箱与流体压力分布

由于封存箱是沉积盆地中的具有异常压力的流体密封单元，沉积剖面上异常压力的存在是封存箱最显著和最易识别的特征。钻井测压资料和声波测井资料都可以显示异常压力带的存在和分布。

例如美国库克湾盆地 3230m（10600ft）以上的陆相古近—新近系碎屑岩，属正常压力系统；4230m（13880ft）以下的白垩系、侏罗系及更老层系则为异常高压，属超压封存箱（图 5-27）。再如北海盆地埃科菲斯克大油田位于北海中央地堑挪威海域，其在纵向上可以划分为三个独立的压力系统，1830m（6000ft）以上为正常的静水压力，1830m（6000ft）至 3300m（10800ft）为第一个超压封存箱，3300m（10800ft）以下为第二个超压封存箱，第二个超压封存箱的压力系数明显高于第一个超压封存箱的压力系数（图 5-28）。

3. 封隔层的特征

流体封存箱的封隔层是封存箱的重要组成部分。不同盆地的封隔层具有不同的特征，但在许多方面又具有相似性。在一个封存箱的顶部和底部都由封隔层起封隔作用，封存箱的顶封隔层又称为封存箱的顶板，底封隔层又称为封存箱的底板。除顶底板之外，要形成流体密封单元，在封存箱的各个侧面还必须有起封隔作用的边部封隔带，也称为边板。

1) 顶底板特征

顶板的第一个特征是它们大致出现在相同的深度。Hunt（1990）研究了世界上不同封存箱的顶板出现的深度，他发现尽管不同盆地地质条件不同，但顶板出现的深度大致相同，大约都出现在埋深 3000m 左右。前面提到的库克湾盆地、北海盆地，以及我国黄骅坳陷、塔里木盆地塔中地区封隔层的深度都大致出现在这一深度。另外，印度尼西亚 Mahakam 三角洲的封隔层出现在 3000m，美国东得克萨斯 East Smith Point 油田封隔层的深度为 3350m。

某些盆地的顶板是一个具有穿时代、穿岩性特征的致密层，这是顶板的第二个特征。埃科菲斯克大油田发育两套封隔层，出现的深度分别为 1830m（6000ft）和 3300m（10800ft）。两套封隔层都呈水平展布，下封隔层明显穿越了不同层系和不同岩性的地层（图 5-29）。

在纵向压力结构剖面上，封隔层表现为压力过渡带的特征，这是封隔层的第三个标志。它是从封隔层之上的静水压力带到封隔层之下的超压带的过渡，在有上下两个异常压力封存箱存在的盆地中，封隔层也是上封存箱的低超压带向下封存箱的高超压带的过渡，其压力分布特征主要表现为具有高于上覆和下伏地层的压力梯度。我国库车坳陷克拉 2 气田封存箱的压力剖面（图 5-30）和上文各压力—深度关系图中可以清楚地表明这一点。在发育上下叠

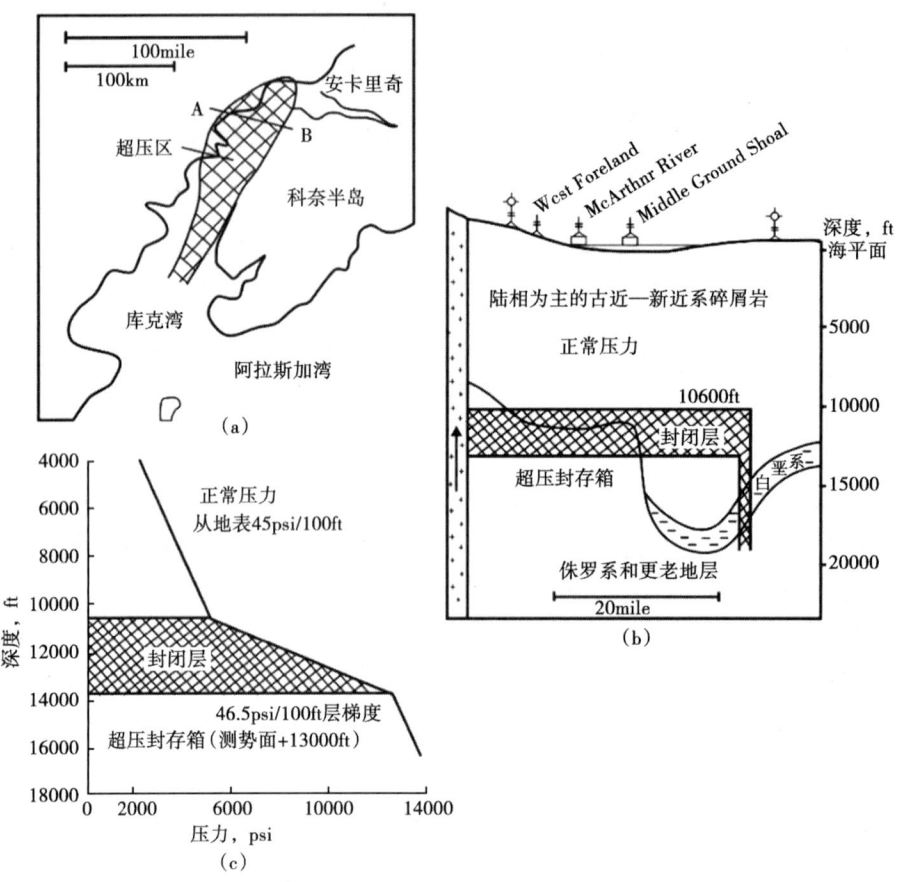

图 5-27 美国库克湾油田的封存箱剖面及压力—深度关系图（据 Hunt，1990）

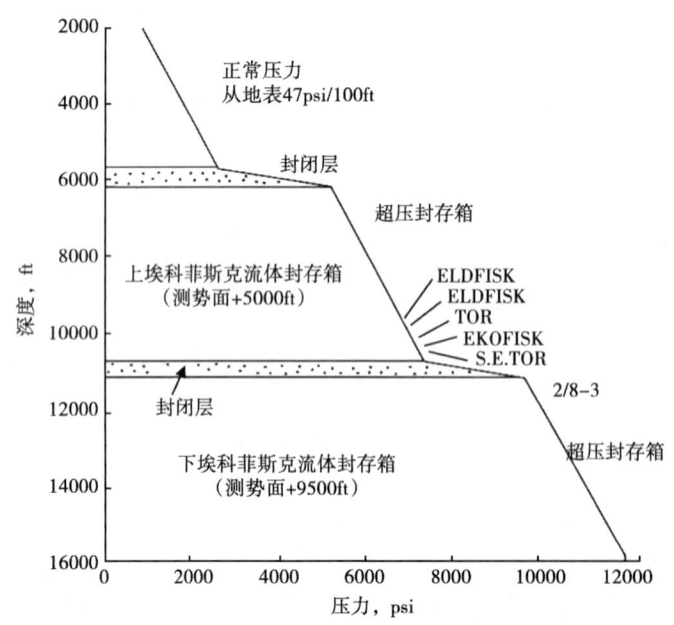

图 5-28 北海盆地埃科菲斯克大油田压力—深度关系图（据 Hunt，1990）

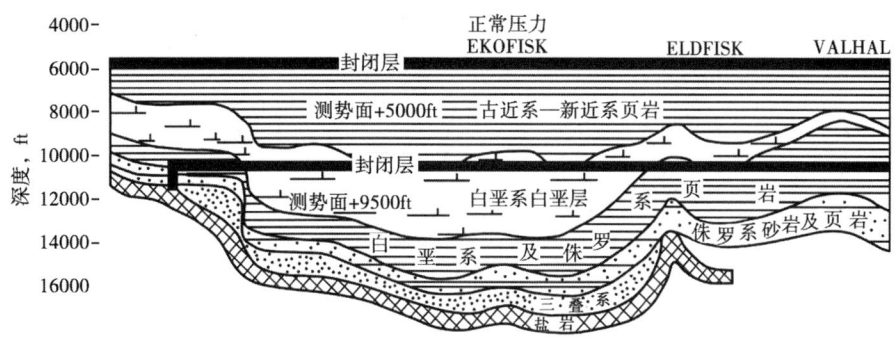

图 5-29　北海盆地埃科菲斯克大油田流体封存箱剖面图（据 Hunt，1990）

置的两个异常压力封存箱的盆地中，下封存箱的顶板就是上封存箱的底板。顶底板具有相似的特征。在仅发育一个封存箱的盆地中，封存箱的底板一般是盆地的基底。但在某些盆地中，封隔层表现为由致密岩性组成的地层，不具有穿时代和穿岩性的特征。

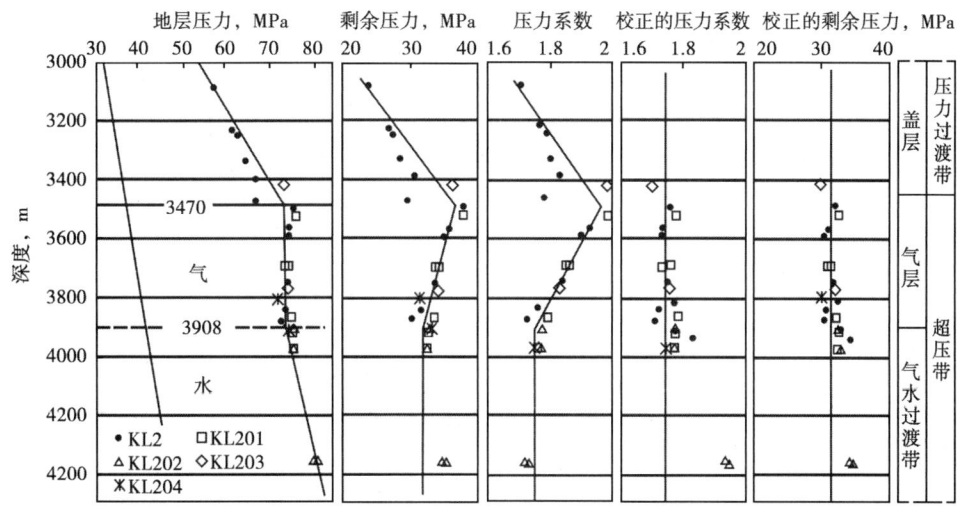

图 5-30　克拉 2 气田封存箱纵向压力结构图

我国渤海湾盆地也存在类似的压力结构。图 5-31 是根据声波测井资料采用平衡深度法计算的渤海湾盆地黄骅坳陷一口井的纵向压力分布图，在 2500m 以上地层的压力基本上为静水压力，3000m 以下属于异常高压，2800～3000m 则构成一个压力封隔层，之下为一个超压封存箱，这一封隔层在声波时差曲线上显示为一个低时差带，即为一个致密带（柳广弟等，2001）。

2）边板特征

要在盆地中形成封存箱，仅有顶底板一般是不够的，除非整个盆地为一个大封存箱，这种情况可能会出现在一些小盆地中。一般情况下，由于横向上边部封隔带的存在，大盆地会被分割为许多封存箱。横向上封存箱之间的边板往往是一些大的断裂带、岩性岩相变化带、地层尖灭带、成岩带等。直接识别边板的存在一般是比较困难的，可以根据一些间接的证据说明边板的封隔作用。塔里木盆地库车坳陷克拉 2 封存箱的边板主要由断层构成，这些断层

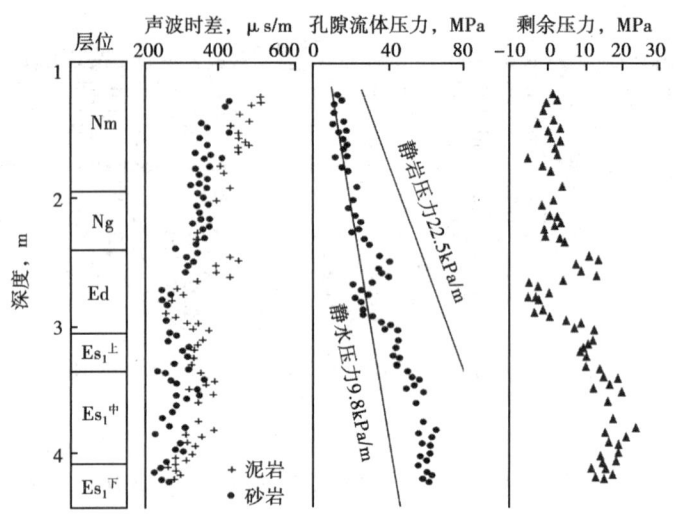

图 5-31　黄骅坳陷纵向压力结构图（据柳广弟等，2001）

的封隔作用可以通过断层两侧地层压力系数的显著差异得到证实。克拉 2 封存箱东西边板均为走滑断层，北部边板为逆冲断层，封存箱内的克拉 2 构造和克拉 3 构造白垩系储集层剩余压力高达 30MPa，而封存箱外的克拉 1、依西 1、巴什 2 等构造剩余压力则接近 0（图 5-32）。另外，不同地区之间流体性质的显著差异也可以间接表示封隔作用的存在。

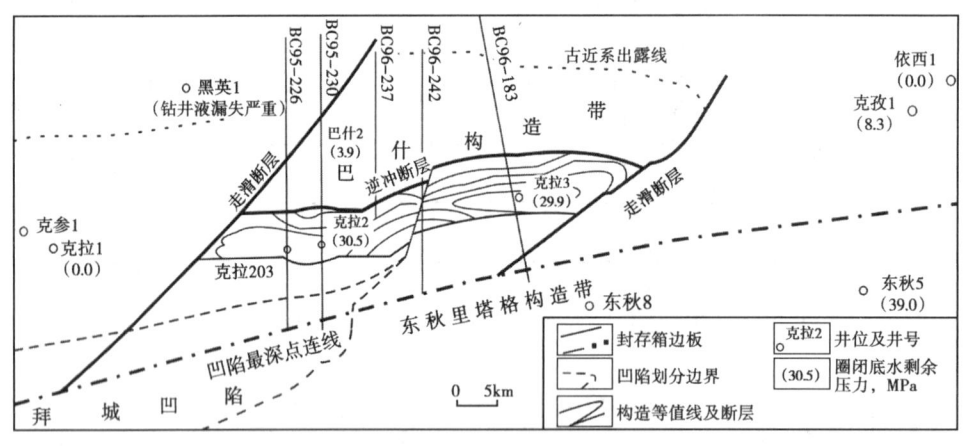

图 5-32　库车坳陷克拉 2 封存箱及剩余压力分布

4. 流体封存箱形成机理

封隔层的形成是形成流体封存箱的关键。从封隔层的特征可以看出，封隔层主要有两种类型：一类是受地层和岩性控制的封隔层；另一类是不受地层和岩性控制的封隔层。这两类封隔层具有不同的成因（柳广弟等，1996a）。

1) 岩性封隔

岩性封隔是指由一些致密岩性构成的岩层起封隔作用而形成封存箱的一种封闭机理。起封隔作用的岩层一般是致密的泥岩层、膏盐层和膏泥岩层等，这些岩性本身就具有很好的封闭能力。这种封隔层一般不具有穿时、穿岩性的特征，而是沿一定的地层分布。这种封隔层一般表现为盆地的区域性盖层。我国塔里木盆地北部新生界的膏盐层、塔中地区石炭系中部泥岩段、酒泉盆地营尔坳陷白垩系中沟组下部和下沟组上部泥岩段都是由岩性封隔作用形成封隔层的例子。

2) 成岩封隔

由成岩作用形成封隔层的著名例子是北海盆地封存箱的封隔层（图 5-31），该封存箱的下封隔层在盆地内穿过了不同岩性的地层，即使是白垩层和砂岩层也具有封隔作用。这种封隔层的形成主要是矿物的沉淀使岩石孔隙堵塞的结果。前面曾经指出，世界上不同盆地的封隔层都大致出现在 3000m 左右，这就与成岩作用有关，大量碳酸钙的沉淀是形成这种封隔层的主要机理。地层水中碳酸钙的沉淀主要受地层水酸碱度和地层温度的控制，从图 5-33 可以看出温度对碳酸钙的沉淀有重要的控制作用，在 80~120℃ 范围，随温度的升高，碳酸钙的溶解度急剧降低。按照沉积盆地一般的地温梯度计算，该温度范围所相当的深度大致是 3000m 左右。这就是许多盆地的封隔层都出现在这一深度的主要原因。许多盆地封隔层中碳酸钙胶结物含量的增加和含钙泥岩的出现就证明了这一点。

在一些厚度较大的成岩封隔层内也可以保留局部的孔隙性岩层而作为储集层。在美国加利福尼亚州就发现一个厚封闭层内砂岩产气的实例。南萨克拉门托山谷 Willows Beehive Bend 气田的封闭层由薄矿化层夹块状砂岩组成，厚约 300m（1000ft），其中有一层厚 18m（60ft）的未矿化砂岩，自 1938 年 1 月产气以来，已产气几十年。该封隔层的矿化部分起封隔作用，未矿化部分则成为储集层（图 5-34）。

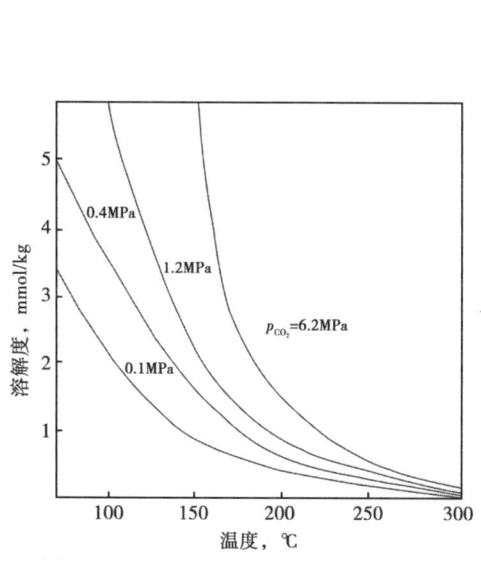

图 5-33 碳酸钙的溶解度与温度的关系
（据张义纲，1991，有修改）

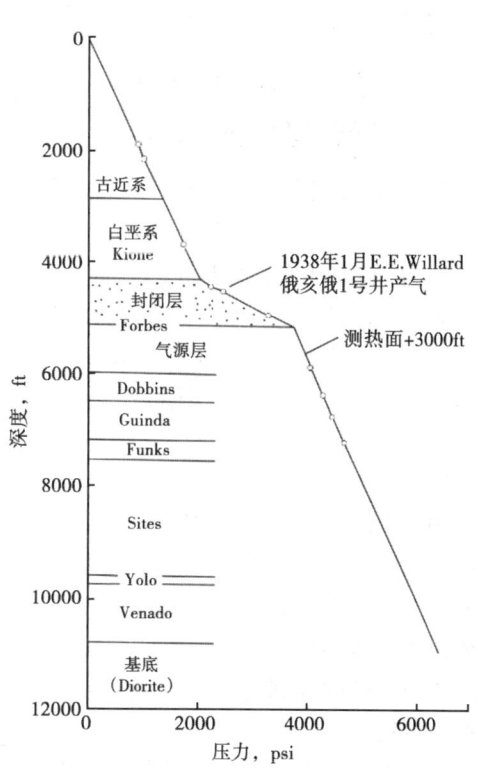

图 5-34 美国加利福尼亚 Willows Beehive Bend 气田的压力—深度梯度图（据 Powley，1980）

第三节 石油和天然气的初次运移

油气自烃源岩层向储集层的运移称为油气初次运移。烃源岩生成的油气，最初是呈分散状态存在于烃源岩中的。要形成有商业价值的油气藏，就必须经过运移和聚集的过程，而初次运移是这一运移过程的第一步。对于烃源岩来讲，油气的初次运移过程就是烃源岩中生成的油气从烃源岩中排出的过程，因此也将油气的初次运移称为烃源岩的排烃。

油气初次运移的环境就是烃源岩环境。烃源岩最重要的特点就是低孔低渗、非常致密，其孔隙十分细小和狭窄。在油气大量生成的深度，泥岩的孔隙直径只相当几个烃分子大小（图5-35），油气在其中不能自由移动。在这种环境中，石油是如何从这么致密岩石中运移出来的呢？油气初次运移的相态、动力和通道是什么？这些问题曾经长期困扰石油地质学家。为了解决这些问题，科学家开展了大量相关的研究。目前对于油气初次运移的这些问题

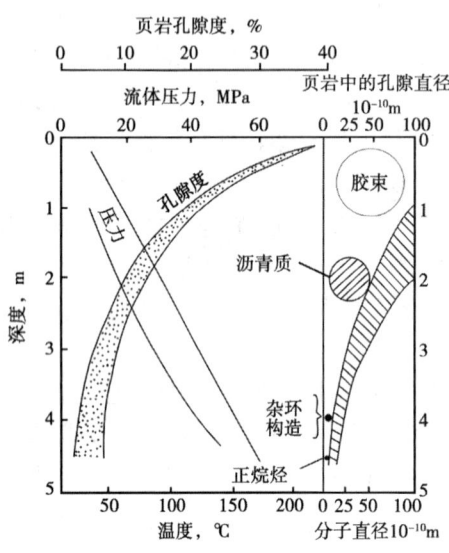

图 5-35 页岩类沉积物随深度增加各种物理参数的变化（据 Tissot 和 Welte，1978）

已经有了比较一致的认识，可以对实际盆地的油气运移做出比较合理的解释。

一、油气初次运移的相态

初次运移的相态指的是油气在地层中发生运移时的物理相态。由于石油与天然气性质的差异，在初次运移时它们的相态也有区别。

（一）石油初次运移相态

对于石油的初次运移，曾经存在水溶相运移与游离相运移之争，但现在越来越多的人已经承认游离相运移占主导地位。

1. 游离相

20世纪60年代干酪根晚期热降解生油理论确立以来，人们越来越相信，游离相是石油初次运移最重要的相态，游离相运移包括分散状和连续状油相运移。油相运移的证据主要来自对水溶相运移的否定。

实际上石油在水中的溶解是十分困难的，McAuliffe（1979）的研究表明，正构烷烃的溶解性在碳原子为10左右出现转折（图5-36），这表明碳原子在

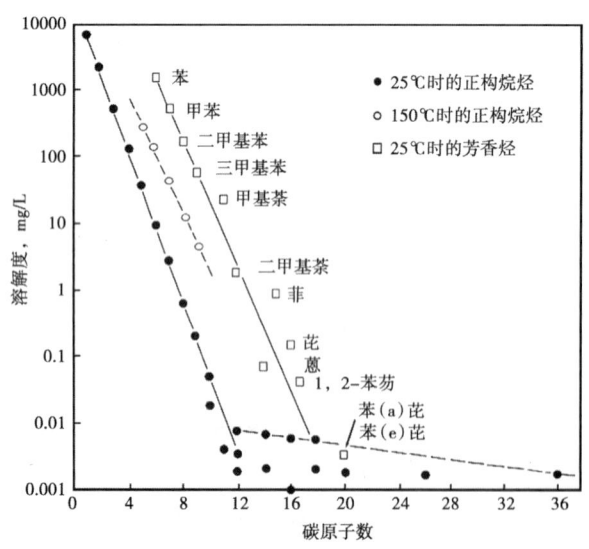

图 5-36 正构烷烃与芳香烃在水中的溶解度（据 McAuliffe，1979）

10 以上的烃类在水中的溶解度普遍很低。

虽然随着温度的升高,液态烃在水中的溶解度有所增加,但在目前公认的生油温度 60~150℃区间内,石油在水中的溶解度也不过只有百万分之几到百万分之几十(图 5-37)。很多学者根据物质平衡原理计算过,石油若以水溶相发生初次运移,要形成目前的许多盆地的石油聚集,则石油在水中的溶解度至少是在 $(8000\sim15000)\times10^{-6}$ 左右(W. G. Dow, 1974; R. W. Jones, 1978; Tissot 和 Welte, 1978),显然,在生油有效温度范围内,如此大量的石油溶解在水中是不可能的。

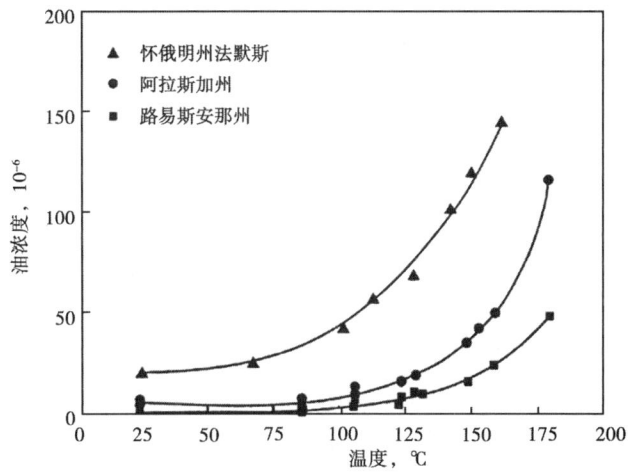

图 5-37 原油在水中的溶解度随温度的变化(据 Price, 1976)

石油以游离相运移的直接证据主要有:(1) 对烃源岩进行显微观察时,发现有游离相石油存在于烃源岩孔隙或裂隙中,这种现象是石油以游离相运移的最直接证据(图 5-38);(2) 在较厚的烃源岩剖面中,随离烃源层—储集层接触界面距离的减少,烃源岩中氯仿抽提物含量有减少的趋势(图 5-39),这种现象也支持游离相运移观点。因为只有游离相运移才能出现色层效应。另一方面,只有这种运移相态才能解释烃源岩生成大量油气的排出,克服了水溶相运移假说存在的种种难以解释的现象。

彩图 5-38

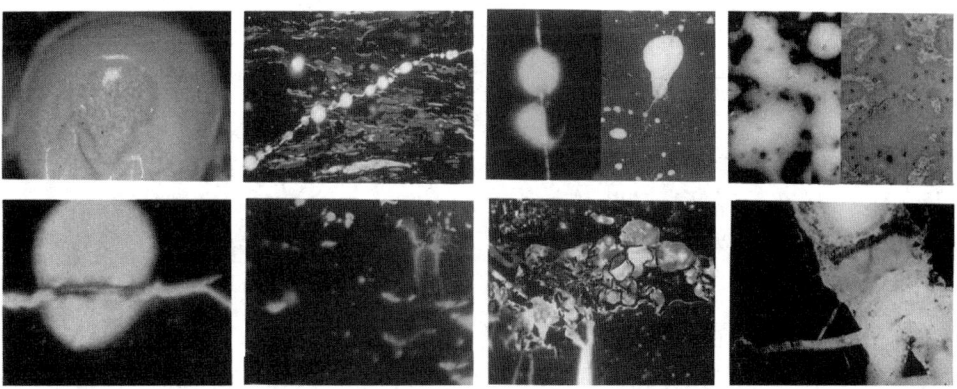

图 5-38 煤的孔隙和裂缝中的油滴

277

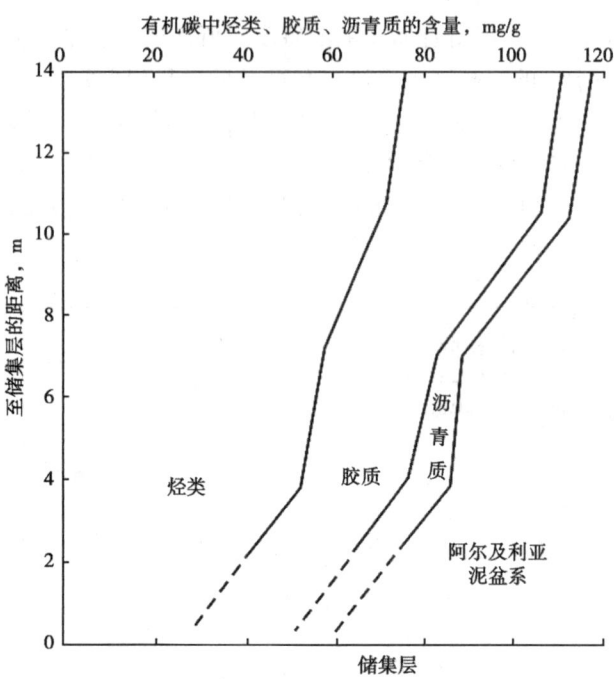

图 5-39　阿尔及利亚储集层上覆页岩烃源层中烃类、胶质、沥青质含量分布
（据 Tissot 和 Welte，1978）

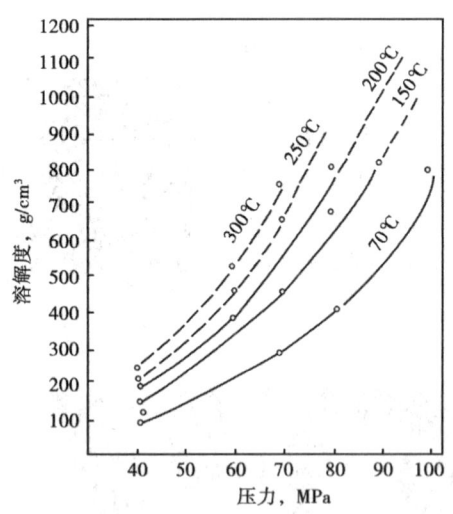

图 5-40　石油在天然气中的溶解度与温度、压力关系（据 Zhuze，1963；转引自 Tissot 等，1978）

2. 气溶相

众所周知，石油与烃类气体有互溶性，在一定的压力下天然气可以溶解于石油中是人所共知的。如果天然气的量远远大于石油的量，则在一定的温度压力条件下，石油也可以溶解于天然气中（图5-40），并与天然气一起呈气相运移。这也是一种游离相运移方式。凝析气藏就是油溶于气中的很好例证。

3. 水溶相

尽管石油大量溶解于水中是十分困难的，水溶相态运移的观点遭到了普遍的反对，但谁也不否认水对石油有一定的溶解作用，溶解于水中的少量石油可以随水运移。

有的学者提出石油在水中可以呈胶束溶液运移，认为在有机质向油气转化的过程中伴生有许多杂原子化合物，如有机酸成分，它们的分子一端有亲油的烃链，另一端为亲水的极性键，起着表面活性物质的增溶作用。这些表面活性物质在水溶液中达到一定浓度时，会形成分子聚集体，即胶束。但目前多数人不赞成石油以胶束初次运移的观点，理由是表面活性物质数量少。此外，即使存在胶束形式，也存在胶束直径过大，很难通过泥岩细小孔隙喉道进行运移以及烃类如何从胶束上释放出来等问题。

此外，还有分子扩散相，但液态石油尤其是 C_{10} 以上组分的分子的扩散系数很小，因此，分子扩散作用对石油初次运移几乎没有意义。

综上所述，石油的初次运移相态有游离相、气溶相、水溶相和分子扩散相，但主要是游离相，其次是气溶相。

(二) 天然气初次运移相态

天然气也存在水溶相、油溶相、游离相和分子扩散相这四种基本运移相态。由于天然气在水中和油中的溶解度都很大，而气态烃的扩散系数又远比液态烃大，因此，一般认为，这四种相态在烃源岩中完全可以存在，但其重要性有差异。

1. 水溶相

与石油不同，天然气在水中具有较高的溶解度。在常温常压下，烃类气体在水中的溶解度一般比石油在水中的溶解度大 100 倍（Bonham，1978），在高温高压条件下还要更大。超高压流体相态分析系统实验结果表明，甲烷在地层水中的溶解度随温度和压力的增大而增大，在较高地层温度和压力（80~150℃，50~130MPa）条件下，$1m^3$ 地层水可以溶解 4~$7m^3$（标准状态下的体积）甲烷气（图 5-41）。

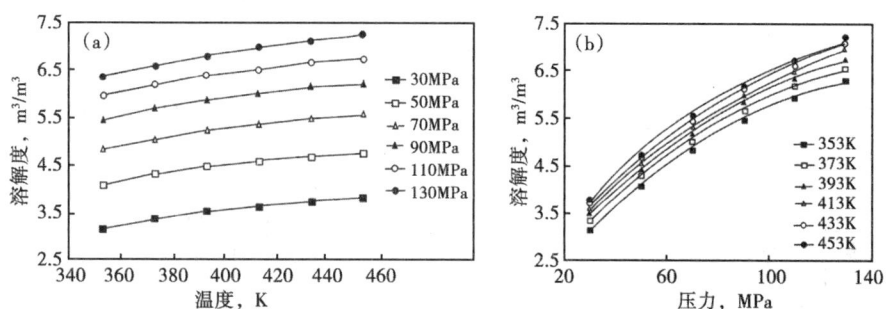

图 5-41　CH_4 在地层水中溶解度与温度压力的关系 CH_4 的体积为（据黄志龙等，2014）

可见，天然气在地层水的溶解度是很高的。因此，天然气在生成以后会首先满足地层水的溶解，多余的天然气才可能呈游离相存在。当然是否以水溶相运移，还要看有无相应的水量。在烃源岩的未成熟和成熟阶段早期，烃源岩中还存在大量的孔隙水，此时生成的生物气和低成熟气都可以呈水溶相发生初次运移。

2. 游离相

与石油一样，天然气也可呈游离相运移，特别是当烃源岩大量生气而地层水很少的情况下，烃源岩中有限的地层水已经不能溶解大量生成的天然气，天然气主要呈游离相形式进行初次运移则是必然的。

3. 油溶相

天然气溶解于石油比溶解于水中更加容易。在生油窗内的烃源岩以生油为主，与石油同时生成的天然气会优先溶解于石油中，以油溶气的形式发生初次运移，这也是天然气初次运移的一种重要相态。

4. 分子扩散相

分子状态运移是指由天然气的扩散作用导致的一种天然气运移相态。扩散作用是分子热运动的结果。在地下的不同位置，只要存在天然气的浓度差，就可以发生扩散作用。天然气的扩散作用是以单个分子的形式进行的，由于处于生气高峰阶段的烃源岩中天然气的浓度高于烃源岩外的天然气浓度，天然气以单个分子的形式发生初次运移是一种必然的过程。

（三）油气初次运移相态的演变

油气在烃源岩中究竟呈什么相态进行初次运移，与烃源层的有机质类型及其演化阶段有关。含不同类型有机质的烃源岩在不同的演化阶段油气初次运移的相态不同。

1. 含腐泥型有机质的烃源岩油气初次运移相态的演变

富含 Ⅰ 型和 Ⅱ₁ 型干酪根等腐泥型有机质的烃源岩生油潜力大，是以生油为主的烃源岩。在未成熟阶段，烃源岩埋深较浅，孔隙度较大，地层含水较多，生烃量较少且胶质、沥青质含量高，这时油气的初次运移以水溶相运移是有可能的。在某些适合大量形成生物成因气的环境中，所生成的天然气除以水溶相运移外，也可以游离相运移；随着埋深增加，烃源岩进入大量生油阶段，孔隙水不足以溶解掉所生成的石油，这时石油主要以游离相运移，在此阶段所生的气体多溶于油中，呈油溶相运移；在烃源岩的高成熟阶段，液态石油裂解成湿气，而此时烃源岩中含水已非常有限，此时天然气主要以游离相运移，少量液态的石油主要以气溶相运移，气作为石油运移的载体；在过成熟阶段，主要的烃类产物为干气，这时，天然气则以游离相或分子扩散相运移（图 5-42）。

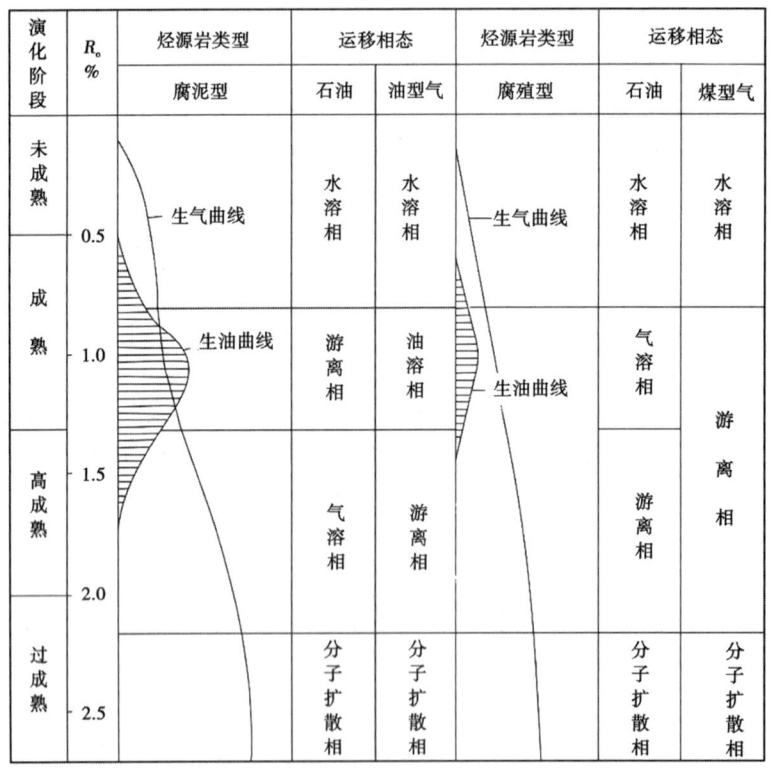

图 5-42 油气初次运移过程中的相态的演变（据李明诚，2004）

2. 含腐殖型有机质的烃源岩油气初次运移相态的演变

富含 Ⅱ₂ 型和 Ⅲ 型干酪根等腐殖型有机质的烃源岩在演化过程中以生气为主，生油潜力有限，因此其中的油气初次运移过程中也表现出与腐泥型烃源岩中油气初次运移不同的相态演变规律。其中主要的区别表现在烃源岩的成熟阶段，由于该阶段腐殖型烃源岩的生油量仍小于生气量，生成的少量液态石油可能主要是以气溶相运移的，而不能形成游离相和油溶气相。而其他阶段油气初次运移的相态与腐泥型烃源岩类似（图5-42）。

由此可见，石油运移相态比较单一，主要是游离相和气溶相；天然气运移可以是水溶相、油溶相、游离相和分子扩散相，而且每种相态在不同阶段都具有重要性。

二、油气初次运移的主要动力

油气要从烃源岩中运移出来，必须存在驱动力。目前一般认为，烃类从烃源岩层中排出的原因是烃源岩内部存在剩余压力。剩余压力是指岩层的实际压力超过对应的静水压力的部分；由于不同点的剩余压力不同，在烃源岩内外形成剩余压力差，从而驱动孔隙流体（包括油、气、水）沿剩余压力变小的方向运移。除剩余压力差外，烃源岩内外的烃浓度差也是天然气初次运移的一种动力。在烃源岩演化的不同阶段，油气初次运移的动力不同。

（一）压实作用形成的瞬时剩余压力

压实作用是沉积物最重要的成岩作用之一。压实导致孔隙度减少，孔隙流体排出，岩石体密度增加，如果此时岩石孔隙中有油气存在，油气也将从孔隙中排出烃源岩。

1. 压实流体排出机理

压实作用是如何将流体排出烃源岩的呢？我们考察两种压实状态：压实平衡状态和欠平衡状态。

对于一套沉积物，如果其中的孔隙压力为静水压力，我们称此时的沉积物处于压实平衡状态或正常压实状态。在压实平衡状态下，上覆地层的岩石骨架重量产生的骨架压力由岩石骨架承担，孔隙流体只承担上覆孔隙水静水柱产生的压力，就像我们住在楼房里只承受大气压力一样。在这种状态下，烃源岩不存在剩余压力，没有流体排出。

如果在一个处于压实平衡状态的地层上又新沉积了一个新的沉积层，下伏地层就要受到压缩，其颗粒就要发生重排，孔隙体积就要缩小。在这一变化的瞬间，即在达到新的压实平衡之前，孔隙流体就要承受一部分上覆岩石颗粒的重量，从而使孔隙流体产生了超过静水压力的瞬时剩余压力。在这一瞬时剩余压力作用下，孔隙流体得以排出，孔隙度减小，达到颗粒之间相互紧密支撑，流体又恢复静水压力状态。

随着上覆地层的不断沉积，沉积物的压实平衡与欠平衡状态交替出现，孔隙体积不断减小，流体不断从孔隙中排出，这就是在正常压实状态下孔隙流体排出的机理。如果此时烃源岩孔隙空间中有烃类存在，烃类也将被排出烃源岩。

2. 压实流体的排运方向

在烃源岩压实欠平衡状态产生剩余压力的过程中，如果新沉积物的厚度在横向上保持稳定，压实流体的流动方向为垂直向上。当新沉积层横向厚度有变化时，则剩余压力横向上也有变化，例如楔状沉积物（图5-43），在横向不同点之间存在剩余压力梯度，压实流体将从新沉积物厚度大的点流向厚度小的点。在沉积盆地中，沉积物的厚度一般是盆地中心较厚，而盆地边缘较薄，在这种情况下，压实流体运移的方向是在垂向上由深部向浅部运移，在横向上从盆地中心向盆地边缘运移。

在砂泥岩互层剖面中，由于压实作用使泥岩孔隙度减小得比砂岩快，即在相同负荷下泥岩比砂岩排出流体多，这样泥岩孔隙流体所产生的瞬间剩余压力比砂岩的大，因此，流体的运移方向是由页岩到砂岩。尽管砂岩同样要被压实，但由于所产生的瞬间剩余压力比上下泥岩的小，其压实流体不能进入泥岩，只能在砂岩层中侧向运移（图5-44）。当然，正如图5-43所示，如果泥岩存在厚度差异，其压实流体也可侧向运移。

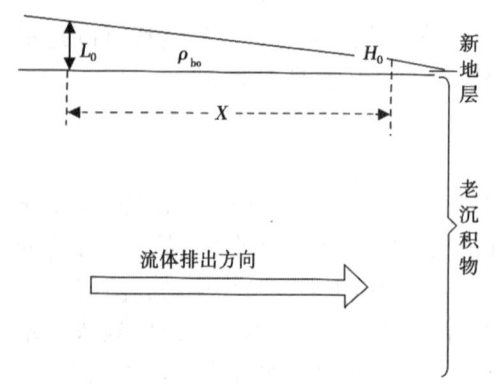

图 5-43 在楔状沉积物负荷下压实流体的排出方向（据 Magara，1977）

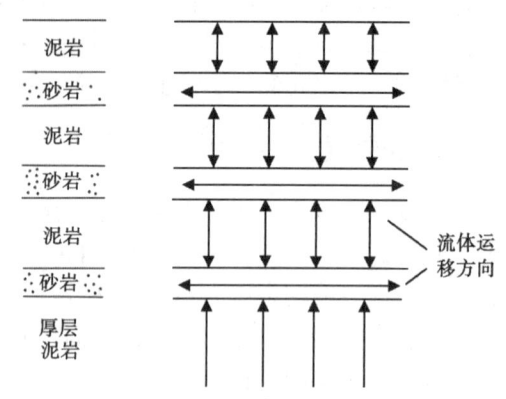

图 5-44 砂泥岩互层剖面中压实流体的运移方向

综上所述，对于一个碎屑岩沉积盆地，从微观上看，压实流体总是由泥岩向砂岩运移；从宏观上看，压实流体总是由深部向浅部、由盆地中心向盆地边缘运移。

（二）烃源岩内部的异常高压

处于成熟—高成熟阶段的细粒烃源岩孔喉半径非常小，烃源岩已经处于封闭或半封闭状态，为异常高压的形成创造了前提条件。烃源岩压实作用、黏土脱水作用、烃类生成作用、流体热增压作用等将导致烃源岩内部形成广泛的异常高压。这种异常高压在大多数沉积盆地的烃源岩中广泛发育，当烃源岩的孔隙压力超过烃源岩的破裂极限时，就会形成微裂缝，孔隙流体在异常高压的驱动下通过微裂缝排出烃源岩。由于这种异常高压的形成深度与油气生成的深度具有高度的一致性，因此成为油气初次运移最主要的动力。

1. 异常高压与幕式排烃

地质过程中烃源岩异常压力的释放过程实际上就是排烃的过程。烃源岩之所以产生欠压实和异常高压，就是因为流体排出受阻。当异常压力达到岩石的破裂压力时，岩石破裂产生大量微裂缝，烃源岩内部的流体就会快速排出，即幕式排烃，压力得到释放，微裂缝闭合；随着埋深的继续增大，在有机质的热降解、蒙脱石脱水、流体热膨胀等因素作用下，异常压力又会重新出现，直到下一次的岩石破裂和流体排出。这种过程可以循环进行，形成循环出现的幕式排烃作用（图 5-45）。

一般地，当地层欠压实时其中的孔隙流体必具异常压力，但具异常压力的地层未必一定欠压实。这是因为异常压力还可以由后期的构造挤压或烃类的裂解而产生，此时地层非但不欠压实而且还很致密。无论哪种原因引起的异常压力，都会随着盆地的演化逐渐消失，一些老的异常压力层逐渐消失，而新的异常压力层又会逐渐产生。异常压力从形成到消失的周期称为流体压力旋回（P. H. Jones，1978），这一周期的长短主要受盆地构造演化控制。

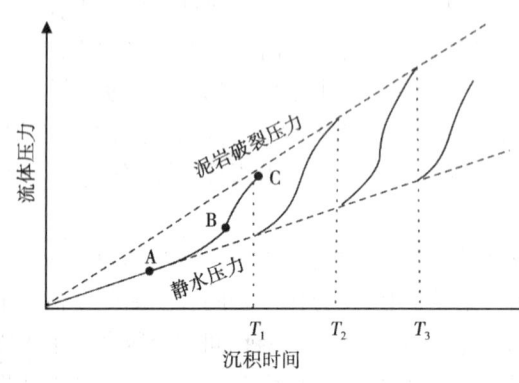

图 5-45 烃源岩内部流体压力演化与幕式排烃机理

2. 异常压力带中流体排运的方向

我们知道，烃源岩在经历了一定程度的压实以后，许多微小的孔隙特别是烃源岩顶底的边缘部位逐渐封闭，使孔隙流体排不出去或排出困难。因而流体承受了部分上覆沉积物的有效压应力，使孔隙流体具有异常高压力，而岩石则承受较低的有效压应力形成欠压实。如图 5-46 所示，B 处欠应实异常压力值最高，形成的时期也最早；D 处和 F 处的异常压力值均比 B 处低且形成时期也较晚。当 B 处不排液形成封闭时，D 和 F 处仍有压实流体排出。由于 B 处的封隔，D 处排出的流体只能向上或沿水平方向运移，同理 F 处排出的流体只能向下或沿水平方向运移。异常压力最高点 B 处实际上控制了层内压实流体排出的方向。

在正常压实与欠压实同时存在的混合压实带中，地层间出现流体压力差和压力封隔层。正常压实层中流体压力较欠压实层中低，流体从欠压实地层向正常压实地层中运移，同时具异常高压的欠压实本身也就成为流体运移的封隔层。这样在混合压实带中，处于两个欠压实层之间的正常压实层就成为流体汇聚的排液区。该区是油气发生聚集的有利场所，在石油地质中具有重要意义（图 5-47）。

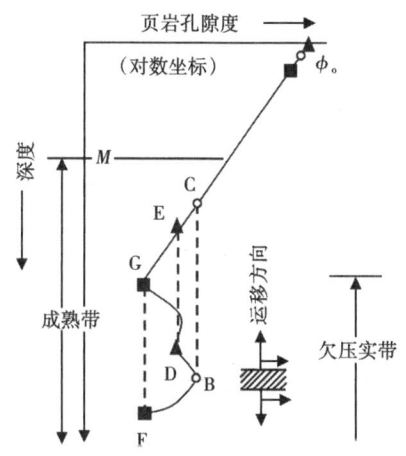

图 5-46 欠压实层带中流体排出方向
（据李明诚，2013）

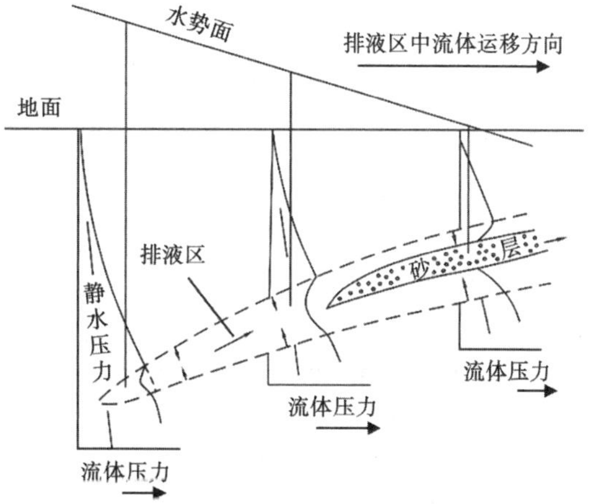

图 5-47 混合压实带中流体排出方向
（据李明诚，2013）

（三）构造应力

构造应力是由构造运动而产生的地应力。构造应力之所以成为初次运移的动力，是因为烃源岩孔隙度和流体压力的变化，不仅可以由上覆岩层的负荷产生，也可以由水平的构造应力产生，更多的情况是两种应力作用叠加。

地应力实测表明，地壳上部的水平应力总是大于由上覆负荷引起的垂向应力，说明水平构造应力不仅普遍存在而且非常强大。当水平应力大于垂向应力时，最大主应力则为水平方向，流体将沿最小主应力方向流动（图 5-48）。水平构造应力对岩石的作用也

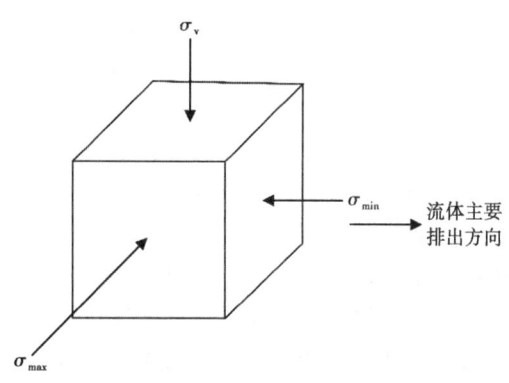

图 5-48 最大主应力为水平时的主要排烃方向（据王新洲，1996）

可以理解为侧向的压实作用,与负荷应力产生的垂向压实作用一样可以引起瞬时剩余压力和岩石的破裂,只是压力梯度和破裂方向有所不同,当地层斜角不大时,破裂方向是烃源岩的水平方向。泥质烃源岩水平方向渗透率一般大于垂向渗透率,水平裂缝的发育可以大大提高烃源岩沿侧向的初次运移效率。构造应力也可以导致岩石致密而产生流体的异常高压。随着应力的积蓄和释放周期性发生,同样可以引起烃源岩的幕式排烃。因此,烃源岩生烃期的构造活动期也往往是初次运移的主要时期。

(四) 烃类的浓度梯度

烃源岩中烃类浓度要比周围岩石高,因此在烃源岩与周围岩石之间就形成了烃类的浓度梯度。在这一浓度梯度的作用下,烃类可以自发地从烃源岩向储集层运移,这就是烃类的扩散作用(图5-49、图5-50)。扩散作用是烃类以分子状态进行的运移,必须通过烃源岩狭窄的孔隙进行。由于液态烃的分子较大,因此液态烃在泥岩中的扩散系数很小,以至不能进行具有实际意义的扩散作用。扩散作用只对相对分子质量较小的天然气的初次运移具有实际意义。

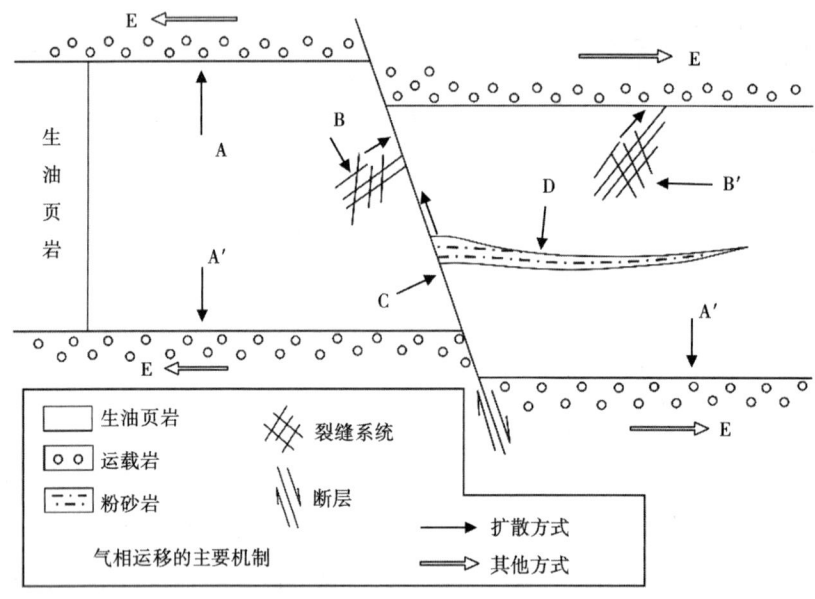

图 5-49　烃源岩中轻烃的扩散运移(据 D. Lethaeuser 等,1982)

A、A′—运载岩界面;B、B′—与断层或运载岩相连通的裂缝系统;
C—断层;D—粉砂岩透镜体夹层;E—在运载层内以其他方式为主的运移

气体扩散是单分子的流动,在缺少较大孔隙和裂缝的致密岩石中起主要作用;气体渗流是多分子的体积流动,在较大孔隙和裂缝的岩石中起主要作用。虽然气体在可渗透岩石中的渗流强度通常是气体在该类岩石中扩散强度的1000倍以上,两者在运移强度上相差很大,扩散的效率很低,但气体扩散具有以下两点无可比拟的优势:第一,只要有浓度差存在,它就可以在任何岩石中,在漫长的地史过程中,无时无刻不在发生,尤其是深层高演化阶段的烃源岩已经非常致密,其他初次运移方式几乎不能再发生,扩散作用就成为烃类初次运移的唯一方式;第二,在地下岩石中气体的扩散和渗流往往是同时存在,它们可以相互补充还可以相互转换,当分子流扩散到较大孔隙中可转换成渗流,最终以游离相参与运移和成藏。

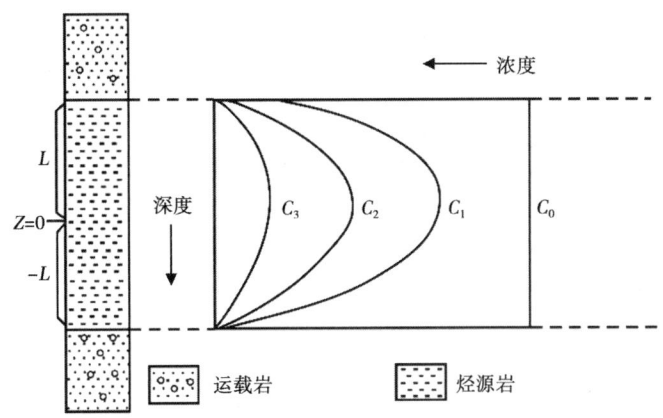

图 5-50　扩散作用导致的烃源岩中轻烃浓度的变化（据李明诚，2012）
（t_0 时的轻烃浓度 C_0，t_1 时为 C_1，依次类推）

烃类气体扩散的过程中，由于气体各组分如甲烷、乙烷、丙烷等的扩散系数不同，造成甲烷的扩散速度大于乙烷的扩散速度，乙烷的扩散速度又大于丙烷的扩散速度，结果在扩散方向上甲烷的相对含量逐渐增加，形成组分上的分异。同理也会引起甲烷同位素在扩散方向上逐渐变轻，形成同位素的分馏。根据这些变化可以判断和追踪天然气的运移方向。

三、油气初次运移的通道

油气从烃源岩层向储集层中运移的通道主要有孔隙和微裂缝，此外还有缝合线、层理面和干酪根网络。

（一）孔隙

此处的孔隙主要指烃源岩中孔径大于 100nm 的孔隙，包括大微孔（孔径≥2μm）和少量的毛细管孔隙（50nm<孔径< 2μm），尽管毛细管孔隙只占泥质烃源岩孔隙的极少数（平均不到 5%），呈游离相的油气主要是通过这些不到 5% 的较大孔隙而排出烃源岩的（李明诚，2013）。特别是处于正常压实阶段的低成熟—成熟早期的烃源岩，这些较大的孔隙是烃源岩孔隙流体排出的主要通道。

（二）微裂缝

当烃源岩演化到成熟—过成熟阶段，由于烃源岩埋藏深度已经很大，孔隙度和渗透率极低，基本不存在较大的孔隙，孔隙空间中流体已经基本不能通过狭小的孔隙发生初次运移，烃源岩内部已成为封闭或半封闭的体系。此时，烃源岩内部孕育的异常高压成为油气初次运移的主要动力，同时促使一种新的运移通道——微裂缝的形成。

异常高流体压力能导致烃源岩形成微裂缝的观点已被人们所普遍接受（Snarsky, 1962; Hubbert 和 Willis, 1973; Momper, 1978）。Snarsky（1962）认为，当流体压力超过静水压力的 1.42~2.4 倍时，岩石就会产生裂隙。Momper（1978）认为，在松软地层中，流体压力只要达到上覆静岩压力的 80% 时，就能打开原有近水平的脆弱面（例如，层理、裂隙），并形成新的垂直微裂缝。这种微裂缝具有周期性开启与闭合的特点（Rouchet, 1981; Ungerer 等，1983）。Ungerer 等（1983）的研究结果表明，在微裂缝张开之后，原先封闭的流体就沿裂缝排出，随后在上覆地层负荷作用下裂缝闭合，此后又可形成新的高压，又开始上述过程。Tissot 等（1971）曾对含有固定有机组分的黏土岩进行加热、加压模拟微裂缝形成实验，如图 5-51 所示。图中实线表示压力变化，虚线表示排气量。开始的机械压力为 44MPa，加热时可驱出的 N_2 量甚微；直到压力增加到 54MPa 时，黏土岩开始破裂，产生微裂缝，相应地驱出的 N_2 量急剧增加，同时，压力开始释放，此时驱出的 N_2 的量增加速度降低，表明微裂缝逐渐闭合。

（三）缝合线

缝合线主要分布在碳酸盐烃源岩中，泥质烃源岩当中不发育。缝合线是成岩后生阶段的压溶作用形成的，往往顺层分布，但与层面斜交的也不少见。缝合线与微裂隙、构造产生的裂缝往往交织在一起组成统一的通道体系。因此，缝合线也可以作

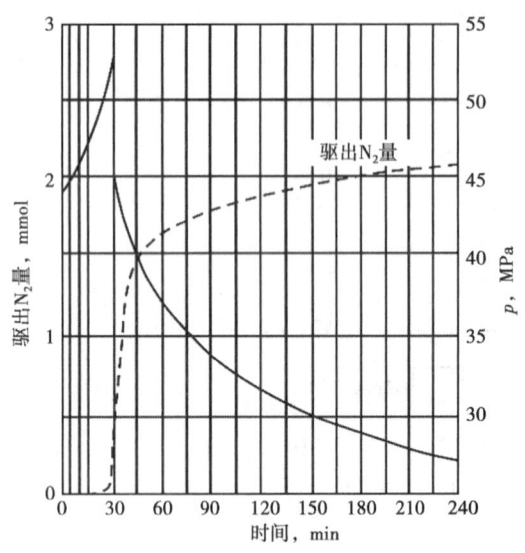

图 5-51 含有有机质黏土加压实验，表示微裂缝对油气运移的影响（据 Tissot 等，1971）

为油气初次运移的通道（Leythaeuser，1995）。

（四）层理面和干酪根网络

烃源岩当中有机质主要沿微层理面呈层状分布（Momper，1978），还存在三维的干酪根网络（MacAuliffe，1979）。烃源岩的层理面和微层理面本身具有相对好的渗透性，如果这些层理面富集有机质，则层理面可变成亲油界面，容易形成不受毛细管阻力的油气运移通道。若微层理面之间再有干酪根相连，那么在大量生油阶段，在三维空间上就形成亲油网络，从而形成初次运移的良好通道（图 5-52）。

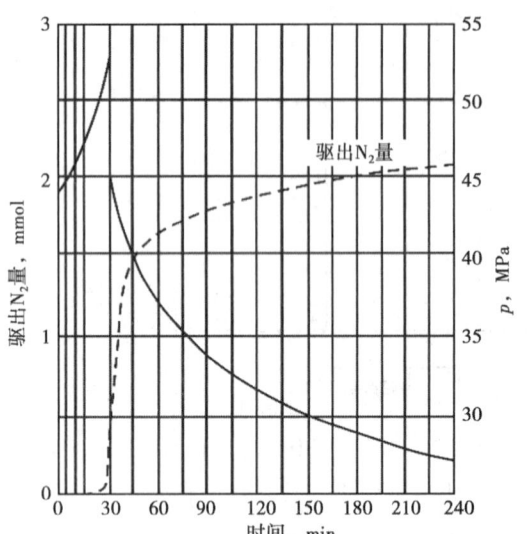

图 5-52 随埋深增加石油和干酪根形成网络通道（据 Baker，1978）

综上所述，由于烃源岩原始沉积具有非均质性，后期演化也具有不均一性，从而烃源岩内部的原始孔隙、次生孔隙、裂缝、微裂缝、缝合线、层理面和干酪根网络组成的排烃通道和网络也存在较大差异，尽管不同的通道所起的作用不同，但它们在时空上可以相互转换、相互补充。

四、油气初次运移模式

综合上述关于油气初次运移相态、动力、通道等在烃源岩不同演化阶段的特征，可以将油气初次运移过程概括为三个基本的模式：压实排烃模式、异常高压微裂缝排烃模式和扩散排烃模式。三者在运移相态、运移动力、运移路径（通道）等方面均有差异，可分别用来描述烃源岩在不同演化阶段的排烃特点。

（一）压实排烃模式

压实排烃模式主要用于描述烃源岩在未—低成熟阶段处于正常压实状态下的排烃作用。在这一阶段，烃源岩具有埋深不大、孔隙度和渗透率相对较高、烃源岩含孔隙水较多和生成油气数量较少等特点。此时，烃源岩的排烃动力是压实作用产生的瞬时剩余压力，部分油气可以溶解在水中呈水溶相运移，也可呈分散的游离油相或气相运移，烃源岩的孔隙是油气初次运移的主要通道。这一模式是基于压实作用对烃源岩排烃的影响而提出的。

（二）异常高压微裂缝排烃模式

异常高压微裂缝排烃模式主要用于描述烃源岩在成熟—过成熟阶段处于异常高压状态下的排烃作用。在这一阶段，烃源岩层已被压实，孔隙度和渗透率很低，孔隙水很少，烃源岩通过孔隙的排液受阻，由于欠压实作用、黏土矿物的脱水作用、有机质生烃作用、热增压作用等而形成广泛的异常高压。此时的异常高压就成为油气初次运移的主要动力，异常高压作用下形成的微裂缝成为油气初次运移的主要通道。由于该阶段烃源岩含水很少，生成油气的量却很大，油气运移的相态主要以游离相为主，也可以呈油气互溶的相态和水溶相运移。

异常高压作用下的排烃过程具有周期性。当烃源岩的异常高压超过岩石的破裂极限后，即在烃源岩中形成微裂缝，高压的孔隙流体通过微裂缝从烃源岩排出；流体排出后，烃源岩内部的压力降低，微裂缝闭合，排烃过程暂停；烃源岩内部压力再次积聚，当又一次达到烃源岩的破裂极限后，微裂缝重新开启，又发生一次新的排烃过程。这种过程可以重复进行，大量烃类即从烃源岩中排出。因此，这一阶段是一种周期性的幕式排烃过程。

（三）扩散排烃模式

轻烃，特别是气态烃，具有较强的扩散能力。由于扩散作用是一种分子运移行为，因此与体积流相比，效率较低，但在烃源岩中轻烃扩散具有普遍性。

许多学者认为，气体依靠扩散进行的初次运移，只发生在烃源岩层内比较短的距离中（Hunt，1979；Barker，1980；Leythaeuser，1982）。气体通过短距离的扩散进入最近的输导层、裂缝系统、断层和所夹的粉砂岩透镜体中后，即转变为其他方式进一步运移到储集层中。因此，轻烃的扩散可以作为一种辅助运移模式。但是，对于深层非常致密的岩层，流体的渗流和微裂缝排烃几乎不可能进行时，天然气的扩散作用则显得更为重要。

上述三种模式是对油气初次运移方式的一种人为的概括，实际上，地下油气初次运移的过程是十分复杂的，有很多过程可能还没有被完全认识。即使是上述三种模式，也可能存在逐渐过渡和演化的过程。

当烃源岩孔隙内部的异常高压还不足以引起岩石产生微裂缝时，如果孔隙喉道不太窄，或因为存在着连续的有机相和干酪根三维网络而使得毛细管力并不太大，那么，油气就可以从烃源岩中慢慢驱出，不需要裂缝存在。在这种情况下，油气在异常压力作用下被驱动应是个连续的过程。当孔隙流体压力很高、导致烃源岩产生了微裂缝，这些微裂缝也可以与原有的孔隙连接，形成微裂缝—孔隙系统，在异常高压驱动下，油、气、水通过微裂缝—孔隙系统向烃源岩外涌出。

扩散作用是在浓度差驱动下的分子运移过程，可以发生在烃源岩演化的任何阶段，只不过在压实排烃和微裂缝排烃起主要作用的阶段，扩散作用的排烃效率太低而显得微不足道了；只有在压实排烃和微裂缝排烃基本不起作用的深层环境中，扩散才成为初次运移的重要方式。

五、烃源岩有效排烃厚度

由于受到各种因素的制约，烃源岩所生成的油气并不是全部都能排出烃源岩，而是有一部分会残留在烃源岩中。特别是在厚度很大的烃源岩层中，一般是靠近烃源岩顶底界面、距离渗透性地层较近的部位生成的烃类能够比较多地排出烃源岩，而位于烃源岩层中部的烃类，由于距离渗透性地层较远，一般比较难排出来。阿尔及利亚地区的储集层上覆泥盆系页岩烃源岩中，距离储集层越远（即越靠近烃源岩层中部），烃源岩中烃类、胶质、沥青质的含量越高（图5-39）。从图中可以看出，只有与储集层相接触的一定距离内的烃源岩生成的烃类才能排出来。这段距离就是烃源岩的有效排烃厚度。在该实例中，烃源岩的有效排烃厚度约为28m（上、下距储集层各14m）。如果烃源岩的单层厚度超过了有效排烃厚度，则烃源岩中部生成的烃类不能有效地排出，因此这一部分能够生烃但不能有效排烃的岩层就是无效的。

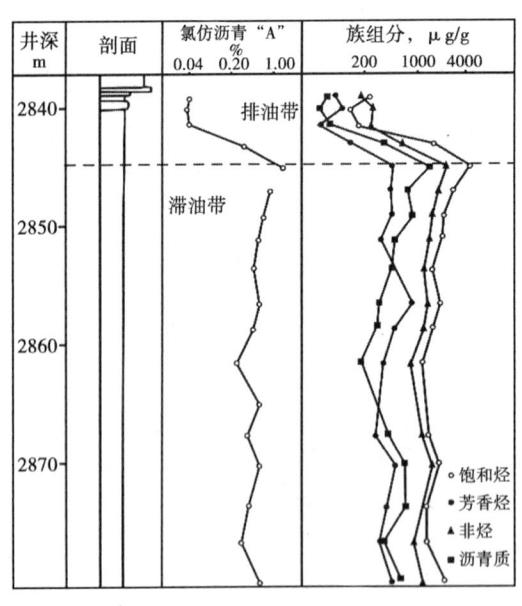

图5-53 梁28井排、滞油带特征图
（据张敦祥，1990）

不同地区烃源岩有效排烃厚度有所不同，往往与烃源岩类型、成熟度和岩性组合有关。东营凹陷古近系梁28井显示厚层泥岩的上部排烃厚度为6.6m，井深2845m这个深度向上，越靠近储集层，排出的烃类越多（图5-53）。我国渤海湾盆地黄骅坳陷板桥生油凹陷中，属三角洲体系中的生储盖组合关系，以侧变式和旋回式为主要形式，烃源岩层连续厚度较小，一般为100m左右，比较有利于油气的初次运移，因此，在泥岩中未发现活跃的、大数量的油气显示，说明烃源岩中生成的油气大部分经初次运移已排出烃源层进入储集层。但沧东凹陷孔店组上部烃源岩层和歧口凹陷沙河街组的情况则与板桥地区不同。沧东凹陷孔店组上部为厚约500m的暗色泥岩夹薄层石膏，录井中油气显示井段长达100m以上，油气均分散在泥岩与石膏层的层理面上。歧口凹陷周清庄地区古近系沙河街组有一段厚约700m的暗色泥岩，生油条件好，录井中在泥岩层段见活跃的气测异常，气测值比背景值高出10倍以上。这些情况都说明，由于烃源岩层连续厚度太大，远离储集层部分的油气很难排出烃源岩，致使生成的油气没有通过初次运移充分排出，仍保留在原有的岩层中。

由此可以看出，最有效的烃源岩是与储集层呈互层关系的，那些过厚的块状泥岩烃源层并不是最有利的，其中会有相当一部分厚度对初次运移是无效的，即它们所生成的烃类是排不出来的。建立烃源岩有效排烃厚度的概念，可以使我们能更切合实际地进行油气资源的评价，把对排烃无效的厚度去掉。

第四节 石油和天然气的二次运移

石油和天然气进入储集层以后的一切运移，都称为二次运移。它包括油气在储集层内部的运移，以及油气沿断层或不整合面等通道所进行的运移，也包括已经形成的油气藏由于圈闭条件的改变，引起油气再运移而导致油气藏的调整和破坏过程。二次运移是初次运移的继续。

二次运移环境较初次运移环境改变较大，储集层往往比烃源岩层具有更大的孔隙空间，孔隙度和渗透率较大，自由水多。这些条件的改变，必然改变油气在其中的运移特点。

一、油气二次运移的相态

（一）石油二次运移的相态

储集层作为二次运移的主要载体，其空间比初次运移的空间大得多，而储集层中一般是充满水的，由于石油在水中的溶解度极低，很难溶解于水中，因此，一般认为石油在二次运移过程中主要呈游离相态。

在二次运移的不同时期，游离相石油的状态也有所差异。在初期，油粒较小，显微的和亚显微的油粒比较多。随着运移过程发展，这些分散的小油粒逐渐相连，最终形成连续的油珠或油体进行运移（图5-54）。

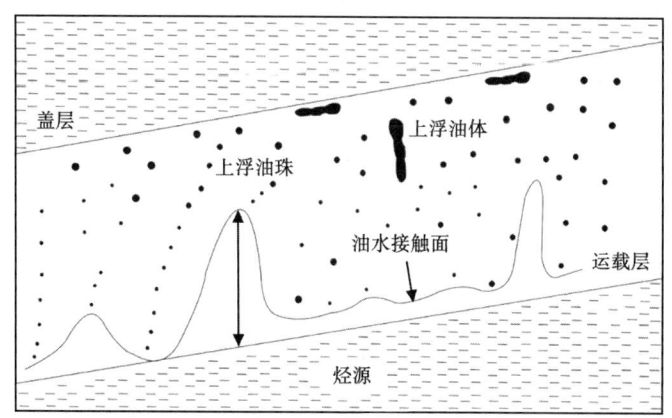

图5-54 石油排入运载层底部后可能的分布与相态（据李明诚，2012）

（二）天然气二次运移的相态

与石油相比，天然气具有两个独特的物理性质，即天然气的水溶性和扩散性，这两个性质直接影响天然气二次运移的相态。因此，一般认为天然气既可以呈游离相态运移，又可以呈水溶相态运移，还可以呈分子扩散状态运移。

在运移过程中，由于温压条件的改变，天然气的相态也会发生变化。例如呈水溶相态运移的天然气，从深层运移至浅层或地层抬升后，由于温压的降低，会从水中析出，成为游离的气相；而游离的天然气由于地层埋藏深度的增加、压力的增大，也会溶解于水中。二次运移过程中，天然气也可以溶解于油中，呈油溶相运移。

二、油气二次运移过程中力的作用

油气在二次运移过程中要受到许多力的作用，可归结为如下几个主要的作用力。

（一）毛细管力

由于储集层一般是在水中沉积并且被水所充满，储集岩一般是亲水的。石油和天然气在亲水的储集岩中运移时，毛细管力一般起阻力作用。特别是当储集岩孔隙空间中的油滴在通过相对狭窄的孔隙喉道时，必须具有更大的动力才能通过。

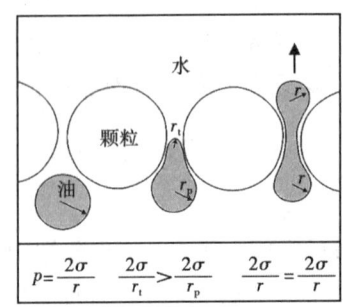

图 5-55 一滴油珠在水湿润的地下环境中通过孔隙喉道运移，毛细管压力与浮力相对抗，直到变形的油珠内部曲率半径上下端相等
（据 Berg，1975；转引自 Tissot，1978）

如图 5-55 所示，当油珠试图从较宽敞的孔隙进入相对狭窄的喉道时，由于油珠上、下两端的孔隙半径不同，产生的毛细管力也不同。喉道一端的半径 r_t 小，产生的毛细管力大，孔隙一端的半径 r_p 大，产生的毛细管力小，并且两个毛细管力方向相反，都指向油珠，两者的毛细管力差指向孔隙一端。因此，油珠要通过喉道必然需要对它施加额外的动力以克服这一毛细管力差。当一半的油珠通过喉道，上下两端界面曲率半径相等，两端毛细管力也相等，毛细管力差为零，此时无毛细管阻力。当油珠大部分通过孔隙喉道后，上端的毛细管力小于下端的毛细管阻力，毛细管力差方向向上，此时毛细管力成为促使油珠上浮的动力。

在整个储集层中，孔隙与喉道的分布是十分复杂的。油珠在运移过程中，往往是通过了一个喉道又进入另一个喉道，因此，毛细管力作为油气运移的阻力是时刻存在的。

（二）浮力和重力

从物理学中我们知道，物体在流体中受到的浮力的大小等于该物体排开流体的重量。以油在水中的浮力为例，浮力的大小用公式可以表示为

$$F_b = V\rho_w g \tag{5-5}$$

式中　F_b——油在水中的浮力，N；
　　　V——油的体积，m³；
　　　ρ_w——水的密度，kg/m³；
　　　g——重力加速度，9.81m/s²。

浮力的方向为铅直向上。

重力即物体本身的重量。水中的油所受到的重力可以表示为

$$F_g = V\rho_o g \tag{5-6}$$

式中　F_g——石油的重力，N；
　　　ρ_o——石油的密度；kg/m³。

重力的方向与浮力相反，为铅直向下。

因此，在静水环境中，含水储集层中油所受到的浮力和重力的合力即为油的上浮力：

$$F = V(\rho_w - \rho_o)g \tag{5-7}$$

由于石油和天然气的密度都比水的密度小，在含水储集层中，浮力和重力的合力仍然铅直向上。在水平地层条件下，油气在这一合力的作用下垂直向上运移至储盖层界面；在倾斜地层的条件下，油气在这一合力作用下首先运移至储集层顶面，然后在合力沿地层顶面方向分力的作用下沿地层顶面向上倾方向运移（图5-56）。由于盆地中地层的倾角一般较小，在这种情况下，浮力在促使油气沿储集层上倾方向运移的作用将大大降低。

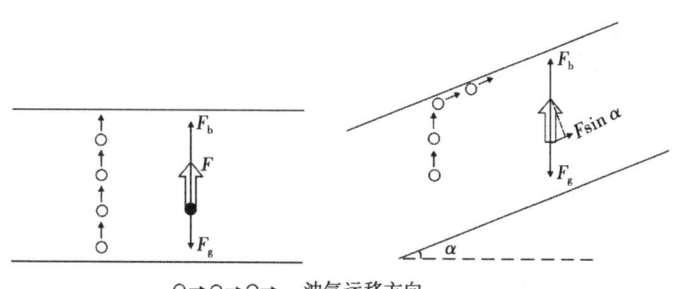

图5-56 油气质点在浮力作用下的运移方向

油气在孔隙性地层中运移时，由于地层孔隙空间中比较狭窄的喉道的存在，必须首先克服毛细管阻力。在这一过程中，油的上浮力必须大于毛细管阻力油气才能移动。例如，油在浮力的作用下开始运移的条件可用下式表示：

$$V(\rho_w - \rho_o)g > 2\sigma\left(\frac{1}{r_t} - \frac{1}{r_p}\right) \tag{5-8}$$

式中 σ——油水界面张力系数，N/m；

r_t——孔隙喉道半径，m；

r_p——孔隙半径，m。

关于这个问题可以通过美国学者奇尔曼·A. 希尔所做的简单实验得到有力的说明。图5-57表示的是一个长方形盒子的前视图，该盒子长约1.83m，厚约10cm，宽约30cm，内装满浸水的砂子，正面为透明玻璃，用以观察浮力的作用。图5-57（a）为第一阶段：将三堆油注入水浸砂中，每堆油大小约10cm，各据一方，互不连接，此时由于油堆体积不大，浮力不足，毛细管阻力阻止了油滴向上浮起，停滞不动。图5-57（b）为第二阶段：又加入了一些油，使三堆油互相连接汇合，此时可见，其上部有指状油流开始向上浮起，表明油堆体积增大，浮力随之增大，足以克服毛细管阻力，使油堆上浮运移。图5-57（c）为第三阶段：几小时后，整个油堆都上浮运移到盒子的顶部聚集，在下部只残留了很少很小的油滴，其直径只相当几个孔隙大小。

如果把石油体积 V 变换成单位面积的高度，这样可得到石油运移的临界高度 Z_o（单位为m）：

$$Z_o = [2\sigma(1/r_t - 1/r_p)]/[(\rho_w - \rho_o)g] \tag{5-9}$$

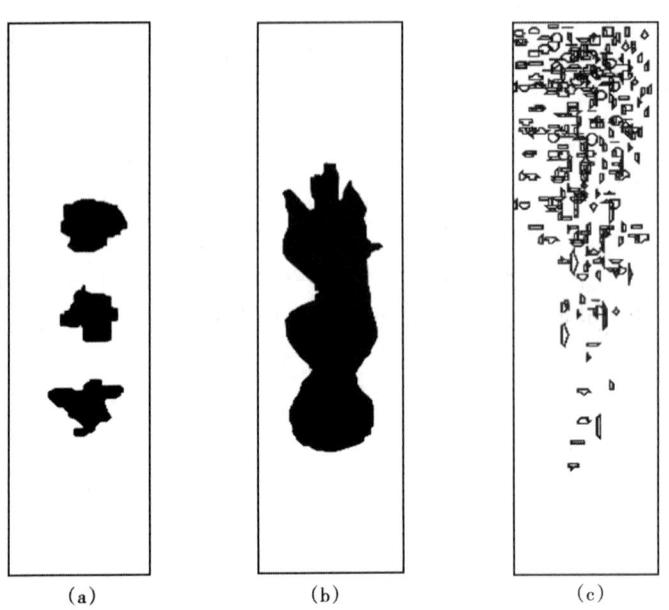

图 5-57 奇尔曼·A. 希尔的一个实验的三个连续阶段，说明浮力的作用与油滴数量的关系
（据 A. I. Levorsen，1967）

也就是说，石油在储集层中的聚集高度必须大于上述高度之后，才能开始运移。

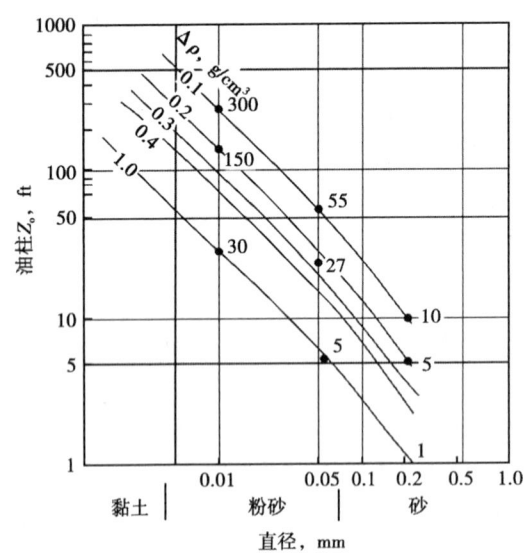

图 5-58 在相同球形颗粒呈菱形堆积的
储集层中，油柱的临界高度与储集层参数
之间的关系（据 Magara，1978）

真丙钦次（1978）根据上述公式，计算了等大小球形颗粒的不同岩性对应的石油运移临界油柱高度。在图 5-58 中，纵坐标表示油柱临界高度，横坐标表示颗粒直径大小；$\Delta \rho$ 为油水之间的密度差。例如，当油水之间的密度差为 $0.2 g/cm^3$，储集层颗粒直径为 0.2mm 时，则油柱的临界高度为 1.524m（5ft），即油柱高度超过 1.524m 时，石油在浮力的作用下可以在储集层内向上运移；假如储集层颗粒变细，石油为了向上运移就需要一个更高的油柱；如果在一个倾斜的储集层中，石油已经到达储集层的顶面，则其进一步沿储集层上倾方向侧向运移所需要的油柱高度要大得多。

需要注意的是，浮力的大小与油气的相态和密度有关，不但油相和气相的浮力不同，不同深度（温压不同）的油相和气相的浮力也不同，因此，油气运移所需要的临界高度也不同。

（三）水动力

储集层内充满着水，充满水的地层孔隙空间中的流体将受到地层压力的作用。如果在连通的地层中的两个点之间存在地层剩余压力差，则在这一压差的作用下，地层水将发生流动,将促使地层水流动的这一剩余压力差称为水动力。

在静水压力条件下,地层的剩余压力为0,并且处处相等,各点的剩余压力差为0,水是不流动的。油气在处于静水压力环境的地层水中主要受浮力和毛细管力的作用,地层压力对油气的运移不起作用。

如果连通地层各点的剩余压力不相等,则在剩余压力差的作用下,地层水将发生流动,此时的地层水动力状态称为动水压力状态。地层的剩余压力差是动水压力条件下地层水流动的动力,地层水的流动方向是从剩余压力高的点流向剩余压力低的点。

从宏观角度来讲,储集层中水的流动方向视水的来源不同而异。储集层内所含水的来源有三种:一是沉积物沉积时,存留于其中的水;二是随着压实作用,从泥质岩层中挤压出流入孔隙性储集层中的水,这种水的流动称为压实水流;三是储集层出露地表,从地表渗入其中的水,这种水的流动称为重力水流。从盆地的规模看,压实水流的流动方向是从盆地中心向盆地边缘,重力水流的流动方向是从盆地边缘露头区向盆地内部(图5-59)。但在局部地区或局部构造,水的流动可以沿水平地层作水平运动,也可以沿倾斜地层向下倾或沿上倾方向运动(图5-60)。

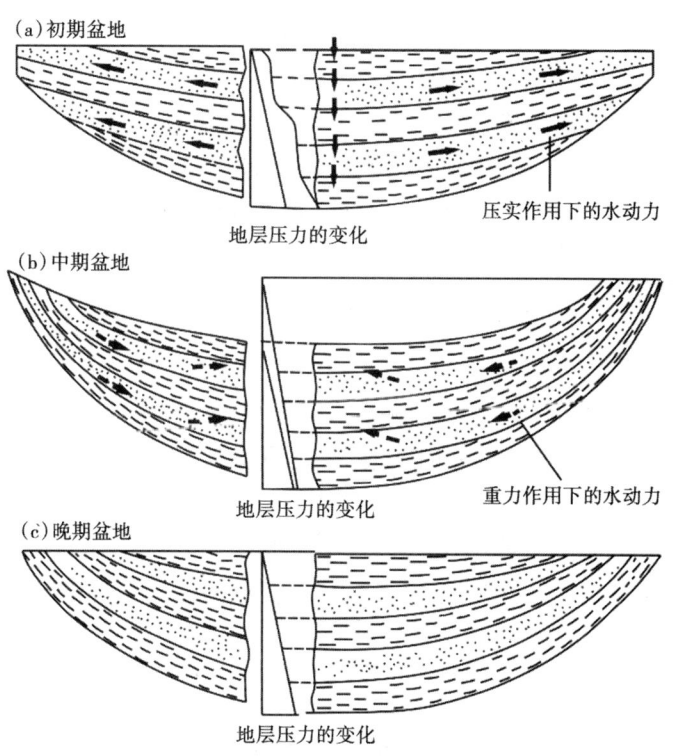

图5-59 盆地演化过程中的水流方向(据Coustau等,1975;转引自李明诚,2004)

如果在地层中除了地层水之外还有油气,则水的流动必然对油气运移产生影响。在流动的地层水推动下,油气的运移方向除与地层水的流动方向有关外,还与地层剩余压力差的大小、油气所受浮力的大小以及毛细管力的大小有关。

Poulet(1968)计算了在水平储集层中水动力的驱动能力。假设储集层的颗粒半径中值一定(0.5mm),油(0.875g/cm³)和水(1.07g/cm³)的密度差一定,界面张力一定

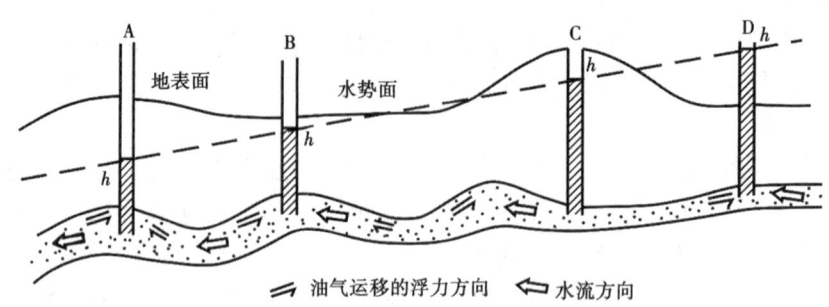

图 5-60　褶皱地层中的上倾水流和下倾水流（据李明诚，2004）

（40℃时为 $40×10^{-5}$N/cm），$0.5×10^{-5}$N·cm^{-2}·m^{-1} 的剩余压力梯度可使140m的油条发生运动。如果储集层的渗透率为1D，孔隙度为25%，则 $0.5×10^{-5}$N·cm^{-2}·m^{-1} 的剩余水压梯度可使黏度为 1mPa·s 的水每年流动 60cm。

在超压盆地中，地层剩余压力是普遍存在的，不论在垂向上还是在侧向上都存在明显的剩余压力差，如果存在垂向或侧向的油气运移通道，剩余压力差将成为油气运移的重要动力（柳广弟等，2005，2008；柳广弟和孙明亮，2007）。

（四）分子扩散

轻烃的扩散不仅可以在烃源岩中发生，也可以在运载层中进行直到进入大气，成为导致天然气散失的重要因素之一。虽然分子扩散在二次运移中相对于浮力和水动力只是一种次要的动力，其重要性也不高，但在某些特殊地质条件下，特别是水动力很小的致密地层中，分子扩散可作为重要的运移动力和方式。例如在致密砂岩气、深盆气和煤层气的运聚过程中，分子扩散起着重要作用。

三、流体势与流体运移

在研究物体运动时，既可以通过物体的受力情况进行分析，也可以从物体能量的角度进行分析，两种分析方法可以得到同样的结论，对于研究地下流体的运移情况也是一样。地下的流体在受到重力、浮力、压力和毛细管力作用的同时，也具有其自身的能量。流体在地下运动时，也遵循普遍的能量守恒原理，流体在流动的同时做了功，则必然要消耗自身的能量，因此，流体总是从其自身机械能高的地方自发地流向其机械能低的地方。

Hubbert（1940，1953）最早把流体势概念引入石油地质学中，用来描绘地下流体的能量变化和流体运移规律，后来 Dahlberg（1982）比较系统地论述了如何运用这一方法研究油气运移和聚集的方向和位置，England（1987）又对 Hubbert 的流体势的概念进行了改进，引起国内外油气勘探者的广泛重视。Hubbert 势与 England 势的根本区别在于两者定义的标准不同，Hubbert 势是以单位质量的流体为标准对流体势下定义；而 England 势则是以单位体积的流体为标准对流体势下定义。流体势分析已成为分析油气运移和聚集的有效方法。

（一）流体势的概念

1. 单位质量流体势

Hubbert（1940，1953）将流体势定义为单位质量的流体相对于基准面所具有的总机械能，并用下面的公式表示：

$$\varPhi = gz + \int_0^p \frac{\mathrm{d}p}{\rho} + \frac{v^2}{2} \tag{5-10}$$

式中 $\varPhi$——流体势，J/kg；

g——重力加速度，9.81m/s²；

z——测点相对于基准面的距离，m；

p——测点孔隙压力，Pa；

ρ——流体密度，kg/m³，

v——流速，m/s。

式（5-10）等号右端第一项表示重力引起的位能，可理解为将单位质量流体从基准面（海拔=0）移动到高程 z 为克服重力所做的功；第二项表示流体的压能（或弹性能），可理解为单位质量流体由基准面到高程 z 因压力变化所做的功；第三项表示动能，可理解为单位质量流体由静止状态加速到流速 v 时所做的功。

流体势定义中的基准面是可以任意选择的，这时 z 为相对于基准面的距离，基准面之上的测点，z 为正；基准面以下的测点，z 取负值。但为了计算方便，基准面一般选为海平面。

在静水环境或流体流动很缓慢（小于 1cm/s）时，动能一项可忽略不计，这样，在地层条件下的流体势可简单理解为单位质量流体的位能和压能之和：

$$\varPhi = gz + \int_0^p \frac{\mathrm{d}p}{\rho} \tag{5-11}$$

假设水和石油都是不可压缩的，气是可以压缩的，则水势、油势和气势可分别写成

$$\varPhi_\mathrm{w} = gz + \frac{p}{\rho_\mathrm{w}} \tag{5-12}$$

$$\varPhi_\mathrm{o} = gz + \frac{p}{\rho_\mathrm{o}} \tag{5-13}$$

$$\varPhi_\mathrm{g} = gz + \int_0^p \frac{\mathrm{d}p}{\rho_\mathrm{g}(p)} \tag{5-14}$$

式中 $\varPhi_\mathrm{w}$——水势，J/kg；

$\varPhi_\mathrm{o}$——油势，J/kg；

$\varPhi_\mathrm{g}$——气势，J/kg；

ρ_w——水的密度，kg/m³；

ρ_o——油的密度，kg/m³；

ρ_g——气的密度，kg/m³。

水势的大小还可以用测压水头表示。测压水头是测点高程与测点的静水柱高度（测点至水势面的高差）之和：

$$h_\mathrm{w} = z + \frac{p}{g\rho_\mathrm{w}} \tag{5-15}$$

2. 单位体积流体势

前面已经知道，油气在地层的运移过程中，除受到重力和水压力的作用外，还受到地层毛细管力的作用，Hubbert 势的定义中没有反映毛细管力的作用。当地层的孔隙比较均一时，Hubbert 势的定义对于研究油气运移问题不大，但当地层的岩性变化较大、非均质性较强时，很多问题则不能用 Hubbert 势解释，如为什么在由砂岩相变为泥岩的地方可以聚集油气，为什么盖层可以封闭油气，其中的主要问题是 Hubbert 势没有考虑毛细管力在油气运移中的作用。为了解决这一问题，England（1987）提出了一个新的流体势的定义，他把流体势定义为单位体积的流体相对于基准面具有的总势能，并提出了水势和烃势的计算公式：

$$\Phi_w = p - \rho_w gD \tag{5-16}$$

$$\Phi_p = p - \rho_p gD + \frac{2\sigma}{r} \tag{5-17}$$

式中　Φ_w——水势，J/m^3；

p——地层压力，Pa；

Φ_p——烃势，J/m^3；

D——深度（基准面取地表面），m；

ρ_p——烃密度，kg/m^3；

r——毛细管半径，m。

可以看出，England 的流体势公式中忽略了动能一项，同时在烃势公式中加上了毛细管力一项。但该公式没有把油和气分开，严格地讲，烃势公式的最后一项还应该乘上 $\cos\theta$，因此，我们综合 Hubbert 势和 England 势的概念，把流体势用下面的公式表示：

$$\Phi = \rho gz + \rho \int_0^p \frac{dp}{\rho(p)} + \frac{2\sigma\cos\theta}{r} \tag{5-18}$$

式中　Φ——流体势，J/m^3；

σ——两相界面张力系数，N/m。

比较式（5-11）和式（5-18）可以看出，如果不考虑毛细管力一项，单位质量流体势除以流体的密度就是单位体积流体势。因此，式（5-18）的第一项也是重力引起的位能；第二项同样是流体的压能（或弹性能）；而第三项与 Hubbert 势不同，它代表了由于流体界面张力引起的界面势能或称毛细管势能，可理解为单位体积的流体在运移过程中克服毛细管力所做的功。

对于水、油、气三相流体，其流体势可分别写为：

$$\Phi_w = \rho_w gz + p \tag{5-19}$$

$$\Phi_o = \rho_o gz + p + \frac{2\sigma_{w/o}\cos\theta}{r} \tag{5-20}$$

$$\Phi_g = \rho_g gz + \rho_g \int_0^p \frac{dp}{\rho_g(p)} + \frac{2\sigma_{w/g}\cos\theta}{r} \tag{5-21}$$

式中　$\sigma_{w/o}$——油水界面张力系数，N/m；

$\sigma_{w/g}$——气水界面张力系数，N/m。

特别地，对于水势，我们可以看出，Φ_w 正好是测点的地层压力与测点至基准面距离高度的静水柱压力之和，这个压力又称为测点的折算压力。也就是说，折算压力等于测点的实际压力再加上测点到基准面的水柱压力，或者从测势面到基准面的水柱压力。可见，单位体积水势与折算压力是相同的。

(二) 流体势与流体的流动

流体势的定义中反映了油气运移过程中主要的力的作用，因此利用流体势可以分析地下流体的运移情况。地下的流体具有从高势能位置自发地向低势能位置流动的趋势，最后在势能相对最低的位置停止流动。下面将主要以单位体积流体势为例，分别说明水和石油在静水压力条件、动水压力条件的运移情况，天然气的运移情况也可照此进行分析。

1. 静水压力条件下的势分布与油气运移

所谓静水压力条件，是指地层水的压力符合静水压力的变化趋势。在静水压力条件下，水是静止不动的。假设在具有静水压力地层的不同位置打井，井中静止水面都将上升到相同的高程，我们把各井中静止水面所在的平面称为测势面（图5-61）。在静水压力条件下，测势面是水平的。但在其他条件下，测势面不一定是水平的，也不一定是一个平面，其形态可能更加复杂。

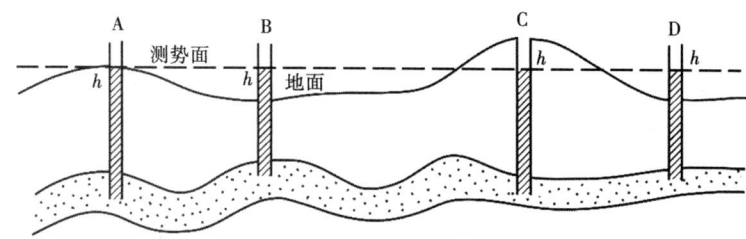

图5-61 静水压力条件下测势面示意图（据E. C. Dahlberg，1982；转引自杨绪充，1993a）

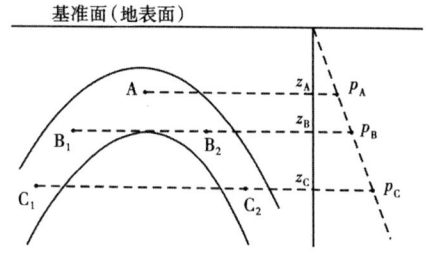

下面我们通过图5-62的例子来说明在静水压力条件下含水储集层中水势和油势的分布以及石油的运移方向。考察图中的 A、B_1、B_2、C_1、C_2 五个点，它们位于同一具有静水压力的连通储集层中，选择地表面为基准面，A 点的深度为 z_A，压力为 p_A；B_1 和 B_2 点的深度为 z_B，压力为 p_B；C_1 和 C_2 点的深度为 z_C，压力为 p_C，假设储集层为均质，即各点的孔隙半径相等，设为 r，则

图5-62 静水压力条件下流体势计算示意图

A 点的压力：
$$p_A = \rho_w g z_A \tag{5-22}$$

A 点的水势：
$$\Phi_{wA} = \rho_w g(-z_A) + \rho_w g z_A = 0 \tag{5-23}$$

A 点的油势：
$$\Phi_{oA} = \rho_o g(-z_A) + p_A + \frac{2\sigma\cos\theta}{r} = \rho_o g(-z_A) + \rho_w g z_A + \frac{2\sigma\cos\theta}{r}$$
$$= (\rho_w - \rho_o) g z_A + \frac{2\sigma\cos\theta}{r} \tag{5-24}$$

同理，B（包括 B_1 和 B_2）和 C（包括 C_1 和 C_2）点的压力、水势和油势分别为

$$p_B = \rho_w g z_B \tag{5-25}$$

$$\Phi_{wB} = \rho_w g(-z_B) + \rho_w g z_B = 0 \tag{5-26}$$

$$\Phi_{oB} = (\rho_w - \rho_o) g z_B + \frac{2\sigma\cos\theta}{r} \tag{5-27}$$

$$p_C = \rho_w g z_C \tag{5-28}$$

$$\Phi_{wC} = \rho_w g(-z_C) + \rho_w g z_C = 0 \tag{5-29}$$

$$\Phi_{oC} = (\rho_w - \rho_o) g z_C + \frac{2\sigma\cos\theta}{r} \tag{5-30}$$

从上述计算可以看出，在静水压力条件下，A、B、C 三个点埋深不同，压力也不同，但水势相等；在均质储集层的条件下，位于同一平面上的点的油势是相等的，如 B_1 和 B_2 点、C_1 和 C_2 点，位于不同平面上的点的油势是不同的，由于 $z_C>z_B>z_A$，故深度越大的点油势越大。因此，在静水压力条件下，整个储集层空间的水势处处相等，没有水势差，水是不流动的；深度相同的点油势相等，等油势面是水平面，深度不同的点，油势是不等的，油势从深处到浅处逐渐降低，在油势差的作用下，油从深处向浅处运移。

2. 动水压力条件下的势分布与油气运移

所谓动水压力条件，是指在连通的储集层中，地层压力不符合静水压力变化趋势，此时测势面不是水平面，储集层中的水是流动的。在压实流盆地和重力流盆地都可以形成动水压力环境。下面以重力流盆地均质储集层的情况为例，说明动水压力条件下水势和油势的分布特点以及对油气运移的影响。

如图 5-63 所示，在一个具有供水区和泄水区的连通储集层中，在剖面上测势面为连接供水区和泄水区的连线。假设在储集层中有 A、B、C 三个点，三点距基准面的距离分别为 h_1、h_2 和 h_3，三点的地层压力分别为 p_A、p_B 和 p_C，由三点的地层压力产生的静水柱高度分别为 h_A、h_B 和 h_C，则 A 点的地层压力、水势和油势可以分别表示为

$$p_A = \rho_w g h_A \tag{5-31}$$

$$\Phi_{wA} = \rho_w g h_1 + p_A = \rho_w g h_1 + \rho_w g h_A = \rho_w g (h_1 + h_A) \tag{5-32}$$

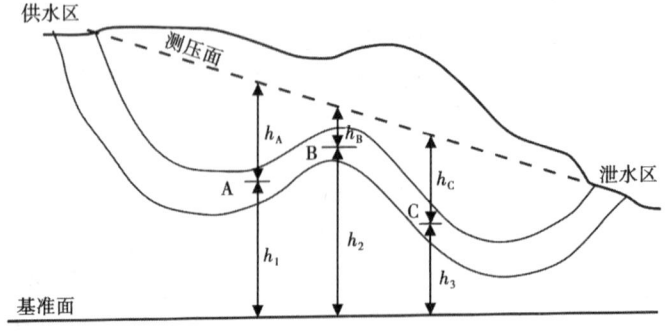

图 5-63 动水压力条件下流体势计算示意图

$$\Phi_{oA} = \rho_o g h_1 + p_A = \rho_o g h_1 + \rho_w g h_A + \frac{2\sigma\cos\theta}{r}$$

$$= \rho_w g(h_1 + h_A) - (\rho_w - \rho_o)g h_1 + \frac{2\sigma\cos\theta}{r} \tag{5-33}$$

同理，B 点和 C 点的水势和油势分别为

$$\Phi_{wB} = \rho_w g(h_2 + h_B) \tag{5-34}$$

$$\Phi_{oB} = \rho_w g(h_2 + h_B) - (\rho_w - \rho_o)g h_2 + \frac{2\sigma\cos\theta}{r} \tag{5-35}$$

$$\Phi_{wC} = \rho_w g(h_3 + h_C) \tag{5-36}$$

$$\Phi_{oC} = \rho_w g(h_3 + h_C) - (\rho_w - \rho_o)g h_3 + \frac{2\sigma\cos\theta}{r} \tag{5-37}$$

比较 A、B 和 C 三点的水势，具有如下关系：

$$\Phi_{wA} > \Phi_{wB} > \Phi_{wC} \tag{5-38}$$

在流体势的作用下，储集层中水的流动方向是从 A 到 B 再到 C，尽管 C 点的地层压力高于 B 点的地层压力，但地层水的流动方向只与水势的高低有关，而与地层绝对压力的高低无关。

分析 A、B、C 三点的油势可以看出，各点油势由三部分组成，第一部分是该点的水势即水动力，第二部分是与测点距基准面距离相当的油柱在水中的浮力与油柱重力之差，第三部分是储集层的毛细管力。也就是说，某一点的油势实际上是该点的水动力、油在水中的浮力和油的重力之差以及该点的毛细管力共同产生的。在均质储集层中，各点的毛细管力相等，在比较各点油势大小时可以不考虑毛细管力。下面以 B 和 C 两点为例说明动水压力储集层中石油的运移方向。B 和 C 两点之间油势的差可以表示为

$$\Delta\Phi_{oBC} = \Delta\Phi_{wBC} - (\rho_w - \rho_o)g(h_2 - h_3) \tag{5-39}$$

可以看出，B 和 C 两点之间油势的差值的大小与两个因素的相对大小有关，一个是两点之间水势的差值，即水动力；另一个是与两点间高程差相当的油柱产生的浮力和重力的差值，即油柱的上浮力。如果该油柱的上浮力小于水动力，则油的运移方向与水的流动方向一致，即从 B 向 C 运移；如果油柱的上浮力大于水动力，则油的运移方向与水的流动方向相反，即从 C 向 B 运移。因此，在动水压力条件下，石油的运移方向既与水动力的大小有关，也与石油在一定地质条件下所受浮力和重力的大小有关，应根据具体的地质条件具体分析。

四、油气二次运移的通道和输导体系

除运移动力之外，运移通道是影响石油和天然气二次运移方式的重要因素。石油和天然气在不同类型的运移通道中的运移难易程度有很大不同，运移通道的类型、不同类型通道的组合形式和分布对油气运移的方向和油气的分布都有重要影响，因此，油气运移通道研究对于认识油气藏的形成机理和油气分布规律具有十分重要的意义。

（一）运移通道的类型

从微观角度讲，油气是通过地下岩石中的空隙空间发生运移的，这些空隙空间包括孔

隙、裂缝和孔洞。从宏观角度讲，在沉积盆地中具有比较发育的空隙空间并且作为油气二次运移宏观通道的地质体主要有渗透性地层（输导层）、断层和不整合面。

1. 输导层

输导层是指具有发育的孔隙、裂缝或孔洞等运移基本空间的渗透性地层。石油和天然气在输导层中主要通过这些孔隙、裂缝和孔洞发生运移，因此输导层中空隙空间的发育程度和连通情况对油气在其中运移的难易程度有重要影响。输导层的空隙空间越发育，连通性越好，油气在其中越容易运移，其输导性能也就越好。沉积盆地中常见的输导层主要包括渗透性的碎屑岩地层，以及孔隙型、裂缝型和溶蚀型的碳酸盐岩地层等。

碎屑岩输导层包括各种砂岩层、砾岩层和粉砂岩层等，其中砂岩层是最重要也是最常见的输导层。碎屑岩的输导能力主要与其孔隙度和渗透率有关，其中渗透率对输导性能的好坏起主导作用，而碎屑岩输导层渗透性的高低又取决于其沉积环境和经受的成岩后生变化。因此，沉积盆地中各种砂岩体的分布决定了输导层的分布，油气往往沿着这些砂岩体进行向着物源方向的运移，并在适合的地方聚集起来。图 5-64 是焉耆盆地侏罗系三工河组砂岩体的分布与油气分布的关系图，在该盆地北部发育两个主要的砂岩体，这两个砂岩体控制了该盆地两个主要油气田的分布，说明这两个砂岩体是油气运移的重要通道。

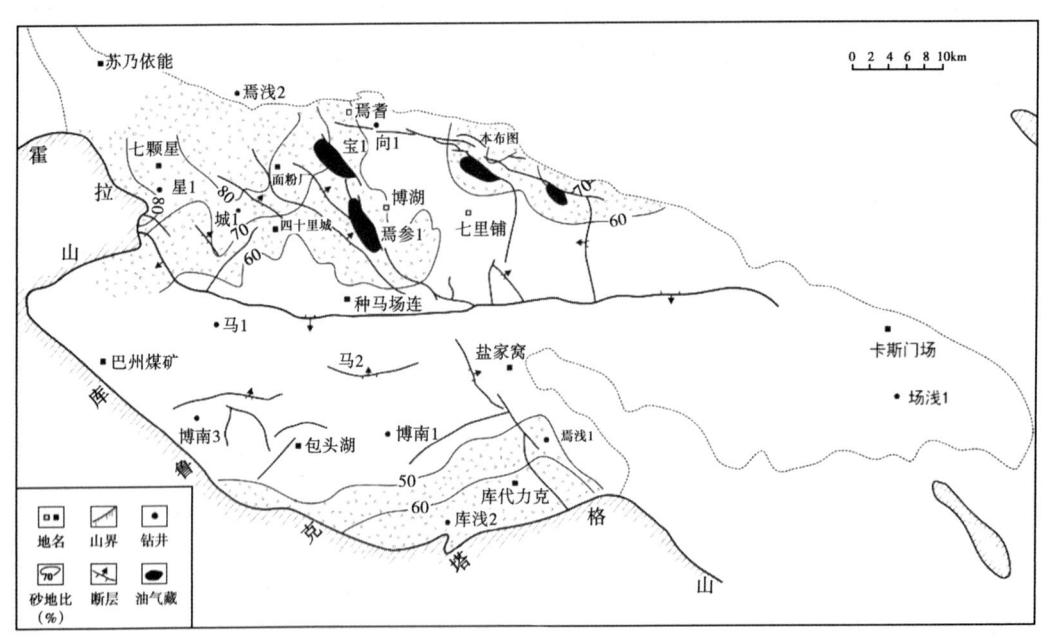

图 5-64 焉耆盆地侏罗系三工河组砂岩体分布与油气的关系

碳酸盐岩输导层的分布受其孔缝发育情况的控制，碳酸盐岩的高孔渗相带、裂缝发育带和溶蚀孔缝发育带都可以成为油气运移的重要通道。

2. 断层

在许多盆地中可以发现沿断层分布的油气苗，这是断层作为油气运移通道的直接证据；同时，断层又可以作用油气的封闭条件，盆地中许多断层油气藏的存在也是断层具有封闭性的直接证据，因此，断层在油气藏形成中的作用具有两重性。

断层往往发育一定宽度的断裂带，它一般由破碎带和位于破碎带两侧的破裂带构成

(图 5-65)。破碎带往往由碎裂岩、断层角砾岩和断层泥构成。破裂带裂缝比较发育。断裂带的宽度与断层断距的大小有关,断距越大,断裂带越宽。断距大小是断裂程度的反映,它与断裂带厚度密切相关是不难理解的。大量地质观察结果和实践证明,断裂带宽度除了受控于断距,还与断层性质和岩性因素有关,但断距及断层性质对断裂带宽度影响最大。根据四川盆地断层的统计,由断层错断形成的裂缝带的宽度可以达到断距的一半。

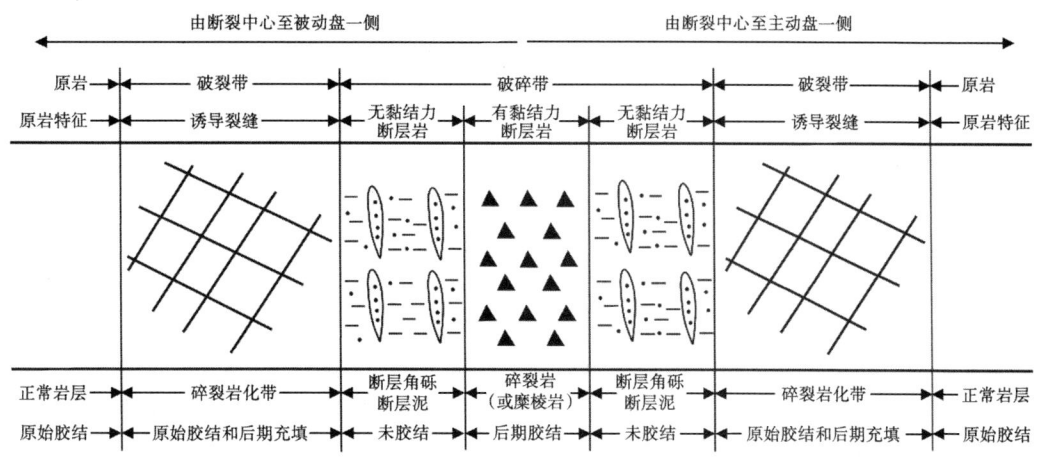

图 5-65 断裂带结构示意图

实际上,与断层有关的油气运移有两种方式,一种是横穿断层面的运移,另一种是沿着断层面的运移(图 5-66)。横穿断层面的运移主要取决于断层两盘岩性对接情况,如果是砂岩与泥岩对接,则油气很难穿过断层面发生运移;如果是砂岩与砂岩对接,就可以发生横穿断层面的油气运移。油气沿断层面的运移是断层作为油气运移通道的主要方式,一条断层在油气运移过程中到底是起通道作用还是起封闭作用,要视具体的地质条件具体分析,一般与断层的规模、断层的性质、断层断穿地层的岩性组合、断层的活动性和活动历史等诸多因素有关。大型的断裂和处于活动期的断裂一般封闭性较差,往往起通道作用。同一条断层在地质历史上可能出现多次活动期和静止期,在活动期往往起通道作用,在静止期可能又起封闭作用。

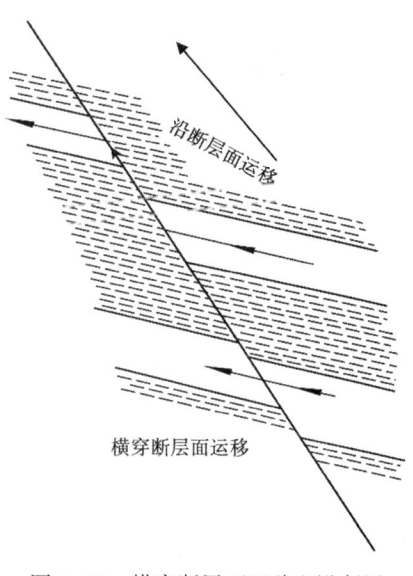

图 5-66 横穿断层面运移和沿断层面运移示意图(据 Chapman,1983;转引自李明诚,2004)

断裂带不像孔隙那样大小不一、迂回曲折,所以油气沿断层运移比在岩石孔隙中更容易,是油气二次运移的良好通道。许多垂向上远离深部烃源岩层的浅层油气藏的形成,都是断层起到了重要的输导作用,因此,断层是盆地深部油气向上运移的主要通道。此外,周期性活动的断层,会导致油气多次运移,从而改变油气分布的格局。

断层输导与封闭是相对的。断层活动往往是不平衡应力和异常压力的释放过程,断层本身就成为流体运移的通道。断层活动静止时，断裂破碎带的胶结作用可以把断裂带封闭起来；当断层再次活动时，原先形成的封闭性遭到破坏，断层又成为流体运移的通道。因此，断层的输导性和封闭性在很大程度上取决于断层的活动性，一般认为断层活动期是断层的输导期。在地壳和断层不断活动中，断层随时间就可以呈现输导—封闭—再输导—再封闭的循环变化规律，同时也说明断层不可能一直保持输导性或封闭性。另一方面，断层两盘岩性对接的变化，即使同一断层在不同时间、不同部位，其输导性和封闭性都可能是不同的。断层的封闭性还与油气通过断层面运移的动力的大小有关，当油气运移的动力小于断层的封闭能力时，断层就表现为具有封闭性；当油气运移的动力大于断层的封闭能力时，断层就表现为具有输导性，成为油气运移的通道。

3. 不整合面

不整合面是沉积盆地中由于纵向沉积连续性的中断而形成的地层接触界面。由于不整合面代表了地层的沉积间断和剥蚀作用，在不整合面的上下往往形成高渗透性的岩层，这些高渗透性的岩层所具有的孔隙空间就成为油气运移的通道。如图 5-67 所示，一个不整合面一般具有三层结构，不整合面以下地层由于长期的风化淋滤作用形成孔隙、裂缝都十分发育的风化淋滤带，风化淋滤带之上是风化产物原地沉积形成的孔渗性很差的风化壳泥岩，风化壳之上是上覆地层粗碎屑沉积形成的底砾岩。风化淋滤带和底砾岩段都具有发育的空隙空间，成为油气运移的重要通道。

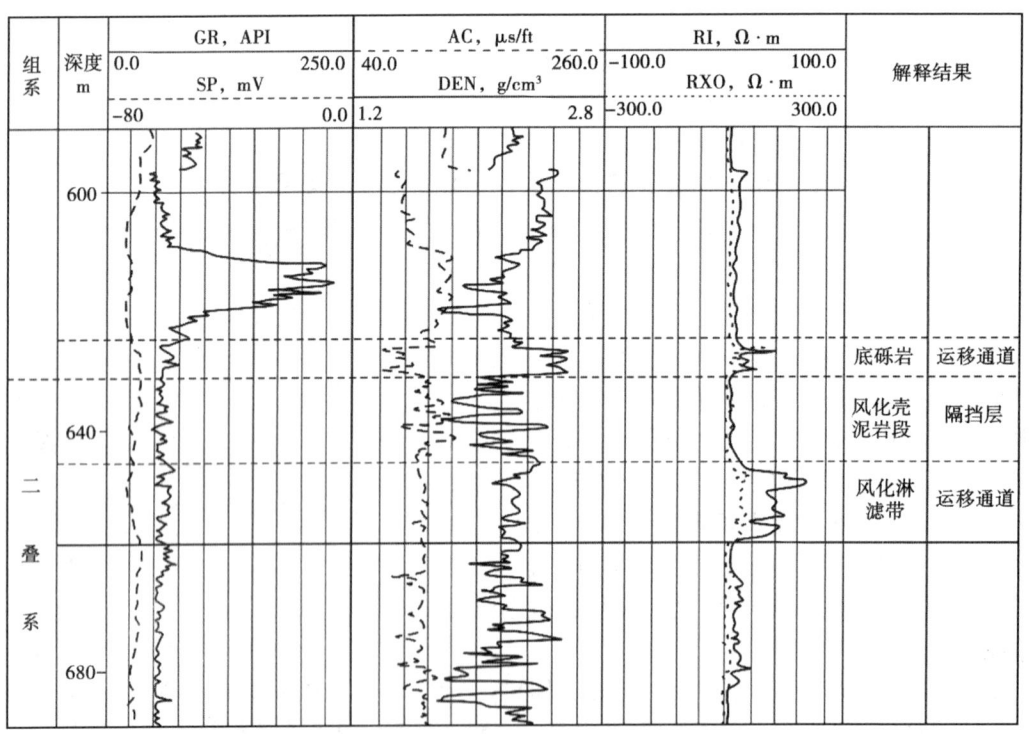

图 5-67　准噶尔盆地风 5 井二叠系顶部不整合面结构

沉积盆地中的不整合面一般分布广泛，可以沟通不同时代的烃源岩和储集层，扩大了油气运移的空间范围和层系范围，在油气运移中起着重要的作用。不整合面对油气长距离运移或形成大油气田非常有利。世界上不少大的潜山类型的油气田，常常都是油气通过不整合面运移聚集而形成的，例如我国渤海湾盆地冀中坳陷任丘油田的形成与不整合面有重要关系（图 5-68）。

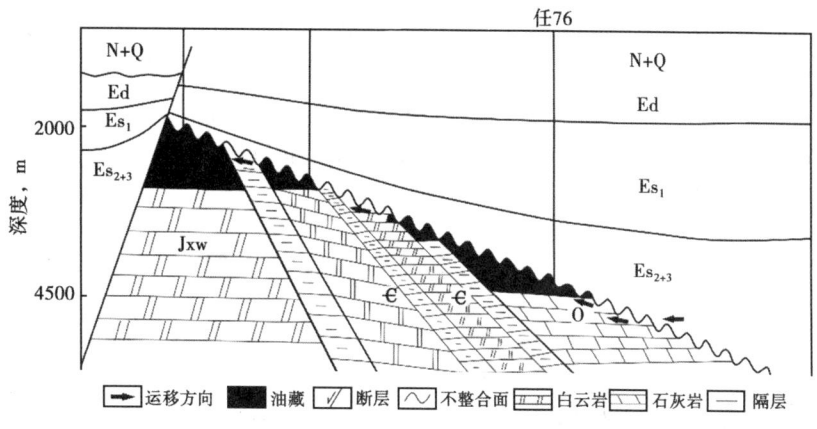

图 5-68　任丘油田古潜山顶面不整合面的输导作用（据高先志等，2015）

（二）输导体系与运移方式

在盆地中，不同类型的油气运移通道不是孤立存在的，往往形成多种组合形式。我们把从烃源岩到圈闭的油气运移通道的空间组合称为油气运移的输导体系。输导层、断层和不整合面三种运移通道既可以单独构成单一型输导体系，如输导层输导体系、断层输导体系、不整合输导体系等；不同类型的运移通道也可以相互组合形成复合型输导体系，如输导层—断层输导体系、断层—不整合面输导体系、输导层—不整合面输导体系和断层—输导层—不整合面输导体系（表 5-1）。根据输导体系的输导功能和与油气运移方式的关系，可以把油气输导体系划分为三种主要的类型，它们分别控制着油气的三种不同运移方式。

表 5-1　油气输导体系类型和基本特征

输导体系类型		宏观运移通道	微观运移空间	输导功能
单一型输导体系	输导层输导体系	输导层（砂层或其他输导层）	输导层的连通孔隙、微裂缝、层理面	侧向输导
	断层输导体系	断裂带	断裂带的构造裂缝为主	垂向输导
	不整合面输导体系	不整合面以下的风化带、不整合面以上的渗透层	风化带溶蚀孔隙、裂缝；连通孔隙	侧向输导
复合型输导体系	输导层—断层输导体系	断裂带、输导层	断裂带的构造裂缝，输导层的连通孔隙、微裂缝、层理面	阶梯状输导
	断层—不整合面输导体系	断裂带、不整合面以下的风化带、不整合面以上的渗透层	断裂带的构造裂缝，风化带溶蚀孔隙、裂缝，连通孔隙	阶梯状输导
	输导层—不整合面输导体系	输导层、不整合面以下的风化带、不整合面以上的渗透层	输导层的连通孔隙、层理面，风化带溶蚀孔隙、裂缝	侧向输导
	断层—输导层—不整合面输导体系	断裂带、输导层、不整合面以下的风化带、不整合面以上的渗透层	断裂带的裂缝、输导层的连通孔隙、层理面，风化带的溶蚀孔隙、裂缝	阶梯状输导

1. 侧向输导体系与侧向运移

在盆地中输导层和不整合面分布范围较广，侧向连续性较好，可以将盆地生烃凹陷生成的油气输导到侧向上距离相对较远的圈闭中去，使油气发生距离较远的侧向运移。实际上，盆地中心生成的油气要运移到盆地边缘的圈闭，主要靠由输导层和不整合面等具有侧向输导功能的输导体系来完成。侧向输导体系既可以由输导层或不整合面单独构成，也可以由输导层和不整合面共同构成。美国威利斯顿盆地烃源岩垂向运移进入上覆孔隙性碳酸盐岩地层后，主要沿孔隙性碳酸盐岩输导层和不整合面向上倾方向侧向运移，在构造高部位形成大型油气田，侧向运移距离超过100km（图5-69）。

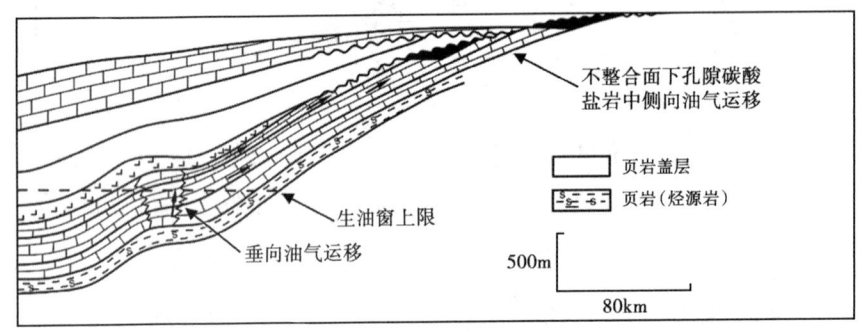

图 5-69　美国威利斯顿盆地油气侧向输导体系（据 G. Demaison 和 B. J. Huizinga，1994）

油气的侧向运移沟通范围较广，使较大范围内生成的油气汇聚成藏，有利于形成大型油气藏。当然，侧向运移也有不利的一面，如果侧向运移不是使油气汇聚，而是使油气分散，则造成的油气损失量则比其他运移方式要大；同时，侧向运移的动力一般较小，运移的速率一般较慢，效率较低。

2. 垂向输导体系与垂向运移

沉积盆地中的垂向输导体系主要由断层构成。断层可以沟通不同时代的烃源岩和储集层，使深部烃源岩生成的油气经垂向运移进入浅部层系中的储集层聚集起来形成油气藏。

与砂岩体形成的侧向输导体系相比，断层的垂向输导将使油气发生穿越不同时代地层的垂向运移。一般地，垂向运移具有不同于侧向运移的特点：首先，由于断层是一个裂缝发育带，其渗透性往往好于一般的砂岩体输导层，同时，垂向运移的流体势差往往大于侧向运移的流体势差，运移动力较强，导致断层输导的效率一般较高，因此，油气垂向运移的速率一般较大，有利于在较短的时间内快速成藏；其次，由于断层活动的周期性，油气沿断层的垂向运移一般也具有周期性，形成所谓的"幕式运移"或"幕式成藏"。例如莺歌海盆地底辟翼部和底辟带浅部之所以能够形成优质高效气藏，是因为底辟翼部具备充足的气源、优质砂岩体组成的岩性圈闭、源储剩余压力差驱动的断裂—裂缝高效垂向输导体系以及良好封盖条件与相对较弱晚期改造等几个动静态要素的优势配置，烃源岩位于深部并发育异常高压，底辟活动伴生的大量断裂—裂缝沟通烃源岩与储集砂岩体，烃源岩生成的大量天然气通过断裂进入岩性圈闭聚集成藏（图5-70）。

彩图 5-70

3. 阶梯状输导体系与阶梯式运移

阶梯状输导体系由断层与输导层或不整合面构成，包括断层—输

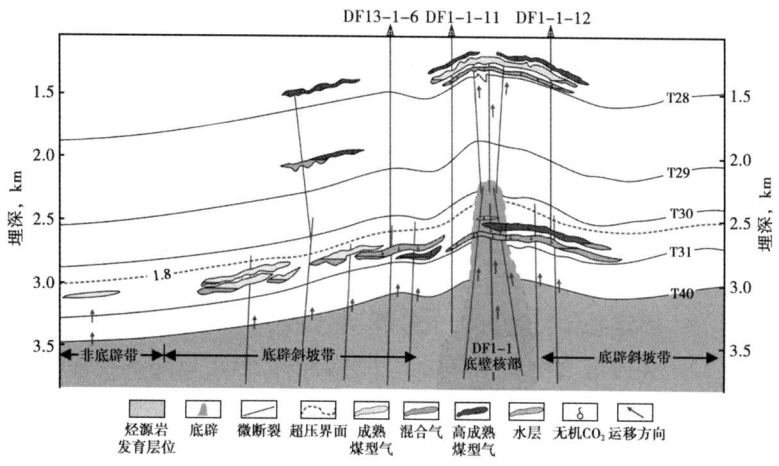

图 5-70 莺歌海盆地东方区底辟带天然气藏的垂向输导体系（据中海石油湛江分公司，2013）

导层输导体系、断层—不整合面输导体系和断层—输导层—不整合面输导体系。输导层和不整合面是油气侧向运移的通道，断层是油气垂向运移的通道，三者构成阶梯状输导体系。油气在阶梯状输导体系的输导下，发生沿断层的垂向运移和沿输导层或不整合面的侧向运移，两种运移方式交替发生，形成阶梯式运移。我国陆相盆地断裂发育，油气很难进行长距离的侧向运移，也不是沿着断层一直向上运移，阶梯状运移一般是较为普遍的一种运移方式。例如珠江口盆地新近系流花 11-1 生物礁油田的原油来自洼陷区的古近系烃源岩，油气通过由砂岩输导层和断层组成的阶梯状输导体系运移，最终在新近系生物礁储集层中聚集成藏（图 5-71）。

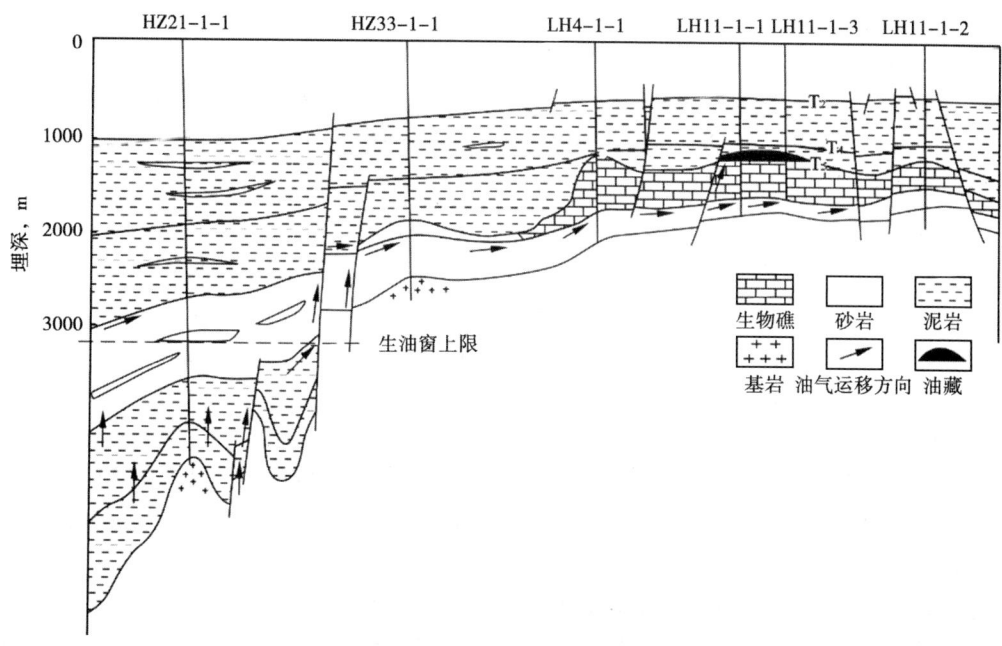

图 5-71 珠江口盆地新近系流花 11-1 生物礁油田形成时的阶梯状输导体系
（据中海油研究总院，1995，有修改）

(三) 有效运移空间与优势运移通道

各种油气运移通道都具有一定的非均质性，从而导致油气在通道中运移的非均质性。油气在运移过程中并不是充满整个输导层、不整合面和断层的孔隙空间，而是优先选择运移阻力相对较小的一小部分大孔道运移。李明诚（2004）将输导层中真正发生了油气运移作用的通道称为二次运移的有效运移空间，并通过对我国多个盆地输导层中油气显示的统计分析，指出在发生过油气运移的主要层段中，有效运移空间约占整个输导层的 5%~10%（李明诚，2004）。

而对于油气优先选择的运移通道，学者们提出了优势运移通道的概念。油气运移优势通道是油气二次运移的主要路径，指油气在二次运移过程中无外来干扰情况下自然优先流经的通道。构成油气优势运移通道的可以是断层、不整合面，也可以是高孔渗的输导层。这里强调的是，优势运移通道是油气优先选择运移的路线，而不是趋向，更不是流体势场所表征的油气运移的潜在流向。虽然优势运移通道仅占油气输导体系的极少一部分，但它输导的油气可能占输导体系输导油气总量的绝大部分。因此，优势运移通道也可俗称为油气运移的"高速公路"。与其他运移通道相比，优势运移通道具有更畅通的输导条件，即更高的孔渗性、更小的运移阻力和更好的连通性，它可以是开启的断裂带，也可以是高孔渗的不整合面或高孔渗且延伸连续的输导层，或上述运移通道的一部分。优势运移通道一旦形成就具有相对的稳定性，但当地质条件发生重大的变化，使原来的优势运移通道失去输导油气的优势条件时，油气就要改道沿新的优势运移通道运移。优势运移通道是油气运移的主要路径，但不是说别的通道一点油气都不能运移，这一关系可以用高速公路与普通道路的关系加以理解。

五、油气二次运移的方向

油气二次运移的方向，一方面受油气运移的力的控制，另一方面受盆地地质条件特别是油气运移通道类型、特征和分布的控制。

(一) 控制二次油气运移方向的地质因素

从本质上讲，油气运移的方向是受油气在运移过程中所受到的力的作用控制的。我们已经知道，油气在运移过程中主要受到浮力、重力、剩余压力差和毛细管力的作用。不同的作用力与不同地质因素相配合，共同影响着油气运移的方向。

1. 地层的产状与区域构造格局

浮力和重力是一对方向相反的作用力，其合力即油气的上浮力。在水平地层条件下，油气在上浮力的作用下，铅直向上运移直到地层的顶面为止；在倾斜地层条件下，油气在上浮力沿地层上倾方向分力的作用下，向地层的上倾方向运移。因此，在浮力的作用下，油气的运移方向主要受地层的产状和区域构造格局的控制。

对于处于沉降状态下的沉积盆地，相同层位的地层一般在盆地中心埋藏较深，盆地边缘埋藏较浅，地层的上倾方向一般向着盆地边缘。从盆地整体上看，油气运移的方向，总是由盆地中心向盆地边缘运移，Pratsch（1983）根据盆地结构和形状，总结出不同形状的盆地油气二次运移的优势方向，如图 5-72 所示。

实际上，图 5-72 所示的油气运移方向是在盆地构造格局控制下油气运移方向的理想模式，实际沉积盆地的构造格局往往复杂得多，一个盆地内部一般可以划分多个隆起和坳陷。坳陷是盆地中地层发育较完整、厚度较大、埋藏较深的区域，而隆起是盆地中地层发育不完整、厚度较小、埋藏较浅的区域。在坳陷中，地层的上倾方向一般向着隆起区。因此，在盆

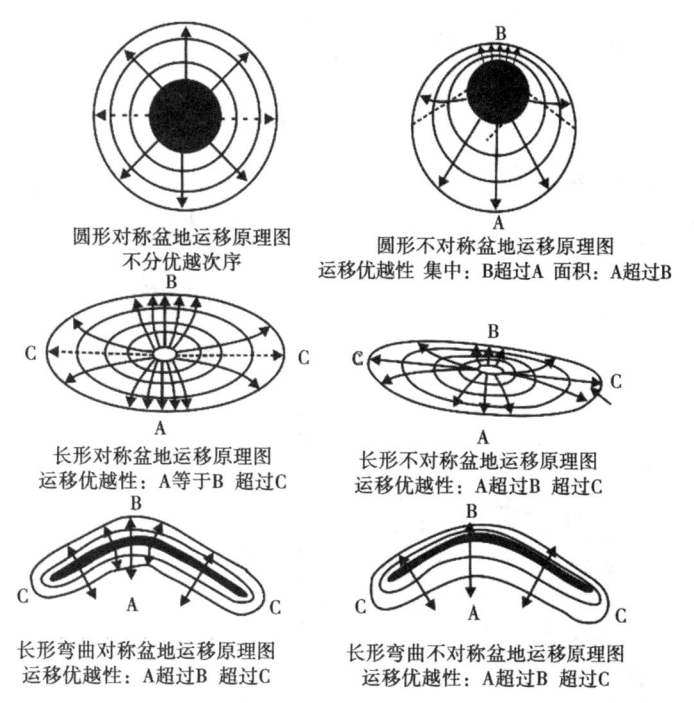

图 5-72 不同形状的盆地，油气二次运移方向模式（据 Pratsch，1983）

地内部，油气在浮力作用下的运移方向一般是从坳陷区向隆起区，特别是位于坳陷附近的隆起带及斜坡带，常成为油气运移的主要指向，其中长期继承性的古隆起带及其边缘在长期的地质历史中都是油气运移的主要指向，对油气的聚集最为有利。四川盆地川东北地区的罗家寨、渡口河、铁山坡等众多气藏均位于印支期形成的开江古隆起上，其圈闭由早期岩性圈闭转变为晚期（喜马拉雅期）的岩性—构造圈闭（图 5-73）。

在构造运动比较强烈的盆地，地层的原始沉积状态被破坏，使地层发生不同方向的倾斜或形成规模不等的褶皱。地层倾斜方向的变化，也必然导致在浮力作用下油气运移方向的变化，使油气向新的上倾方向运移，具体的运移方向要根据具体盆地的构造特征进行具体分析。

同时，盆地中流体封存箱的存在也可以使这种盆地规模或坳陷规模的侧向运移受到一定的干扰。由于封存箱对沉积盆地的分割，使得统一的沉积盆地被分割为许多独立的水动力单元，各单元之间互不连通，阻碍了盆地内大范围的油气运移，从而形成了许多独立的油气运移聚集单元。因此，沉积盆地内流体封存箱的形成对盆地内油气运移有重要影响。对一个封隔体或封存箱来说，不论其中流体具异常高压还是异常低压，它都是一个封闭的水力系统和化学系统。封隔体与外界的流体和物质在一定的地质时期内没有明显的交换；而封隔体内部的流体和物质则具相对好的连通性，可以发生渗流和对流。若封隔体或封存箱中包含有烃源岩，则本身就是一个油气生成、运移和聚集的基本单元，其中生成的油气可以在封隔体中沿输导层上倾方向或由高势往低势方向运移，被顶部或边部封隔层阻挡圈闭后形成油气聚集。当盆地中有多个封隔体存在时，发生在它们之间的油气运移必然在方向和路线上将更为复杂。一般地，油气的侧向运移只能在封存箱内部进行，而不能进行跨封存箱的侧向运移，流体势分析的原理也只能在封存箱内部应用。除侧向运移外，垂向运移也受封存箱的限制，在

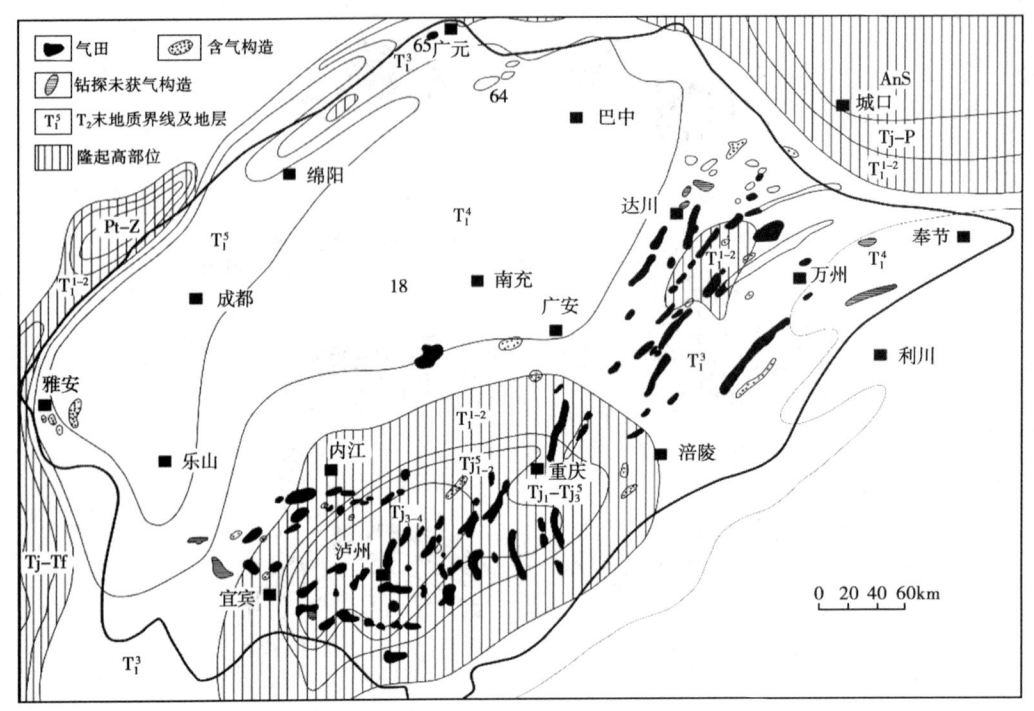

图 5-73　四川盆地印支期古隆起与气田关系（据魏国齐等，2006）

一般情况下，封存箱内的油气不能穿过封隔层进入正常压力的水动力带。当然，在一定条件下，油气也可以穿过封隔层，从封存箱内部运移到封存箱外。一种情况是断裂作用使封隔层遭到破坏，使封存箱破裂；另一种情况是，封存箱中的异常高压超过了封隔层的破裂极限，使封隔层发生破裂。在这两种情况下，封存箱内的油气就可以运移到封存箱外。因此，在分析一个盆地油气运移方向和运移距离、研究盆地内油气运移格局时，要考虑盆地内流体封存箱的分布情况。

2. 优势运移通道的分布

油气总是沿着阻力最小的方向运移，而油气运移的阻力一般是毛细管力。在地层条件下，毛细管阻力的大小主要与运移通道的性质有关。

在三种主要的油气运移通道中，活动期的断层一般比较平直，渗透性一般比输导层大许多倍，同时断层面的倾角一般比输导层的倾角大，浮力对油气在断层中运移的作用比在输导层中运移的作用要大，因此，与输导层相比，开启的断层是油气优先选择的垂向运移通道。输导层作为油气运移通道，其优势运移方向主要与输导层高孔渗带的分布和输导层顶面或紧邻输导层的盖层底面的构造形态有关。

输导层高孔渗带的分布主要受沉积体系和沉积相的控制。在我国陆相盆地中，三角洲、近岸水下扇、扇三角洲等沉积体系中的骨架砂岩体都是输导层中的高孔渗带，是油气运移的优势通道，油气在这些优势通道中向着沉积物源方向运移。

在输导层孔渗性相对均一的情况下，如在有大面积砂岩体发育区的滨岸相等海相地层发育区，输导层顶面或紧邻输导层的盖层底面的构造形态控制着油气运移优势方向的分布。由于盖层的底面是起伏不平的，油气在浮力的作用下首先向构造脊汇集，然后沿构造脊向上倾方向运移，盖层底面构造图反映的构造脊就是油气运移的优势通道（图5-74）。我国南海惠州凹陷的油气田主要沿两个构造脊分布（图5-75），说明了构造脊控制着油气侧向运移的优势方向。

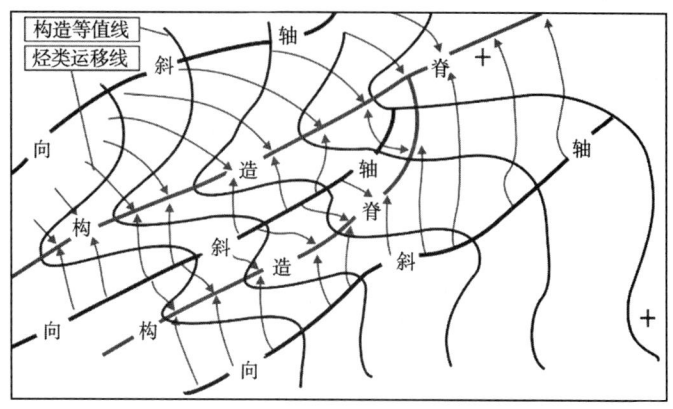

图 5-74　构造脊与油气运移优势方向

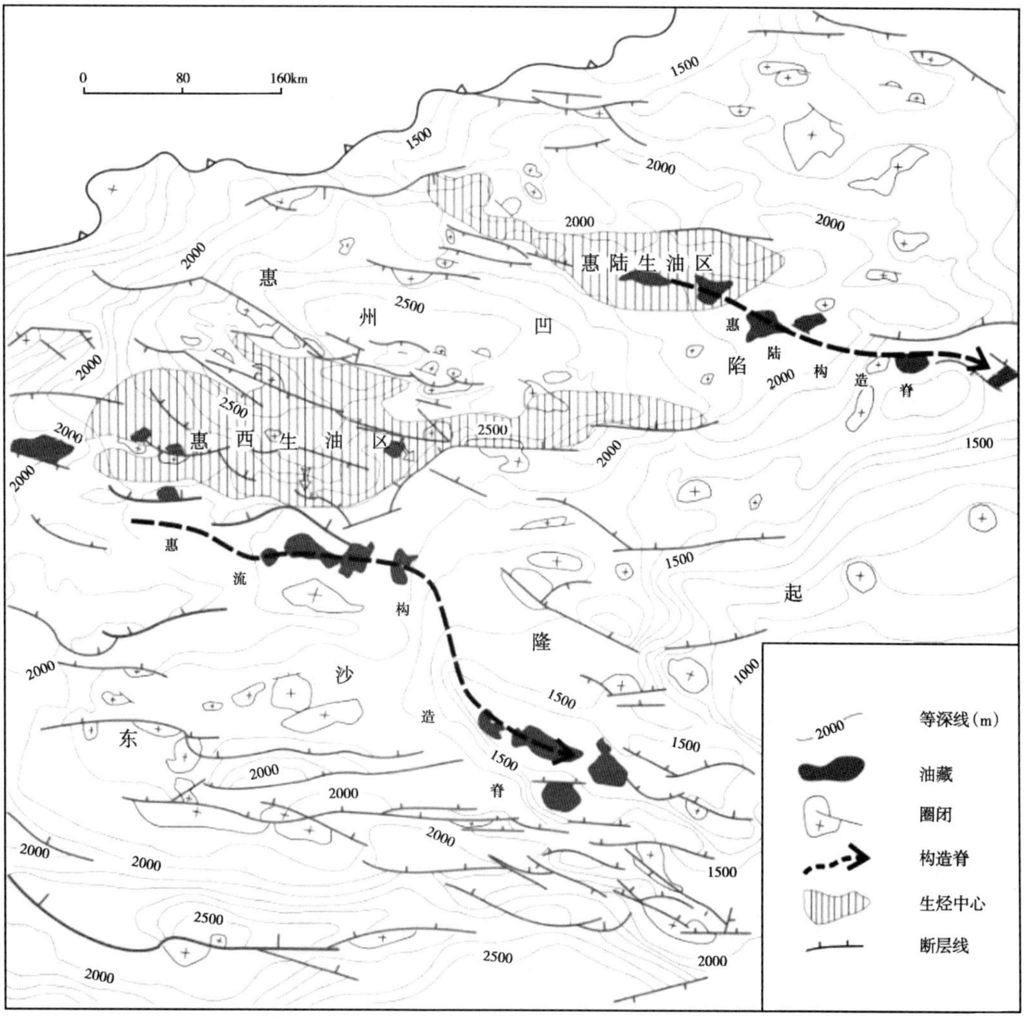

图 5-75　南海惠州凹陷构造脊与油气分布的关系（据龚再升等，2015，有修改）

3. 水动力条件

油气在水动力的作用下发生运移的方向与水的流动方向和水动力的强弱有关。在垂向运移和压实流盆地的侧向运移中，地层水的流动方向一般与浮力的作用方向是一致的，即从盆地的中心向盆地的边缘运移，从深层向浅层运移，其优势运移方向主要取决于优势运移通道的分布，水动力一般不会单独影响油气运移的优势方向。

水动力对油气运移方向的影响主要表现在重力流盆地中。其对油气运移方向的影响既与水动力的方向有关，也与水动力的强弱有关，这一点已在流体势一节中进行了介绍，此不赘述。

(二) 油气二次运移方向的研究方法

确定油气运移方向在油气勘探中有重要意义，它可以帮助我们追踪油气运移的路径，寻找油气聚集的位置，有利于发现新的油气田。油气运移方向的确定是一项综合性很强的研究工作，需要采用多种方法进行综合研究。

1. 地质分析法

归根结底，油气运移的方向是受盆地地质条件控制的，因此地质分析是研究油气二次运移方向的基础。用地质分析的方法研究油气运移的方向，根本问题是对盆地中影响油气二次运移的各种地质因素进行深入和全面的研究。应着重研究盆地的构造格局、油气运移输导层的构造特征、储集层岩性岩相变化、地层不整合面和断层的分布及其性质、水动力条件等因素，确定出油气运移的优势方向。在研究油气运移方向时，必须综合分析以上各种条件，才能得出比较符合实际的结论。

2. 流体势分析方法

流体势分析是研究油气运移方向、确定油气聚集区的常用方法。流体势分析方法应用的前提是输导层或储集层必须是连通的。前面已经指出，地下流体（包括水、油和气）在输导层或储集层中的势主要与输导层距基准面的距离、输导层的地层压力和输导层的孔隙半径有关。因此，根据输导层的构造图、地层压力等值线图和平均孔隙半径等值线图，根据流体势的计算公式，可以计算出该输导层在不同位置的流体势值，作出输导层的流体势等值线图，针对不同的流体，可以分别作出水势、油势和气势等值线图。如果计算流体势时使用的是输导层在某一地质历史时期的参数，如某一时期的古构造图、古地层压力等值线图和古孔隙半径等值线图，则可以得到输导层在该地质历史时期的古流体势等值线图。

我们已经知道，流体具有从高势区流向低势区的流动趋势，因此，可以根据流体势等值线图分析油气运移的方向。在流体势等值线图上分析油气运移方向时，石油沿着垂直于等油势线从高油势区向低油势区运移，即沿着油势梯度的负方向运移；天然气沿着垂直于等气势线从高气势区向低气势区运移，即沿着气势梯度的负方向运移。因此，利用流体势图可以分析油气运移的方向。

在流体势图上可以把油气运移方向用一系列带有箭头的曲线表示，这些曲线称为流线。根据油气运移流线的组合形式可以把油气运移划分为三种主要的类型，即汇聚流、平行流和发散流（图5-76）。在汇聚流分布的地区，油气在运移过程中将不断趋于汇集，对油气的聚集是有利的，而平行流和发散流对油气的聚集不利。如果在流体势图上，形成了低势闭合区，在流体势梯度的作用下，各个方向的油气都将向低势闭合区运移，并将在这里聚集起来。因此，利用流体势分析的方法，不仅可以研究油气运移的方向，还可以对有利的聚集区进行预测，流体势图上的低势闭合区和汇聚流指向区都是油气聚集的有利地区。

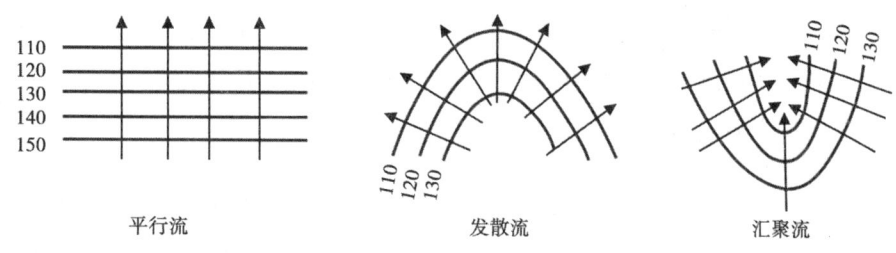

图 5-76 油气运移的流线的主要类型

图中数字单位为 m

由于油气的运移路径是由输导层特征决定的，流体势并不能解决油气在输导层和输导体系中的具体运移路径，因此，利用流体势只能分析油气运移和聚集的基本格局和潜在运移趋势，还不能说明油气运移的具体路径。例如东营凹陷石油的运移基本方向是由凹陷中心向两侧运移，但由于岩性圈闭受泥岩封闭相互连通性差，故岩性油藏不受流体势控制（图 5-77）。

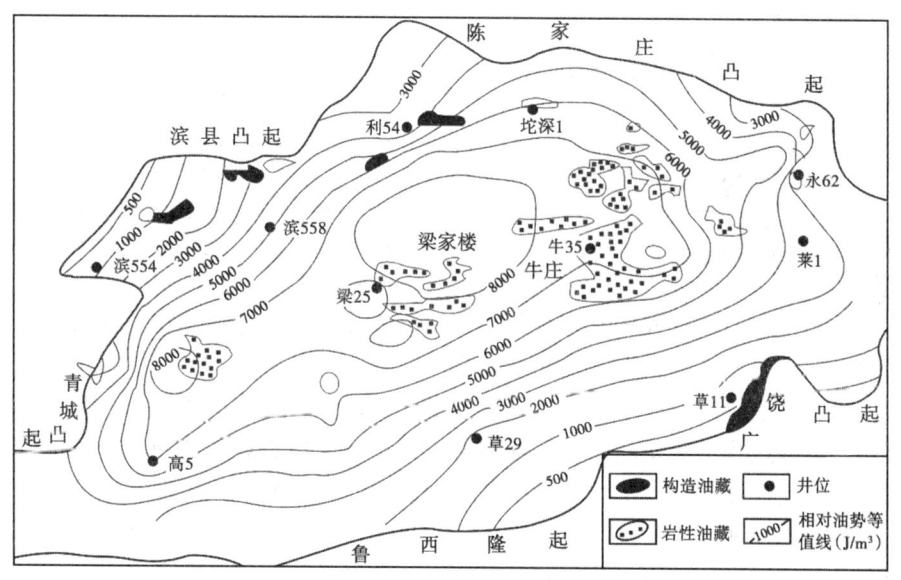

图 5-77 东营凹陷东营期末沙三段顶面油势分布与油气运移格局（据刘震等，2007，有修改）

3. 地球化学示踪

石油和天然气在运移的过程中会发生一系列物理变化和地球化学变化，引起这些变化的主要作用有层析作用、氧化作用、分馏作用等。

1）利用原油化学组成和物性判断油气运移方向

层析作用也称为地质色层效应，是指石油和天然气在运移过程中，被输导层或储集层矿物颗粒选择性吸附而导致石油和天然气的物理性质和化学成分发生变化的过程。由于石油中的重组分和极性较强的组分容易被岩石颗粒吸附，因此随着运移距离的增加，石油的化学组成和物理性质都会发生有规律的变化。

随运移距离的增加，石油中的重组分和极性组分的含量逐渐减小，而轻组分和极性较弱的组分的含量则相对增加。具体地讲，沿着石油运移的方向，在石油族组成中，芳香烃、非烃和沥青质的含量相对减少，饱和烃的含量相对增加，其中高相对分子质量的饱和烃含量相对减少，低相对分子质量饱和烃含量相对增加。我国酒泉盆地可以作为这方面的实例。该盆地的油源区位于老君庙背斜带西部的青西凹陷，主要烃源层是下白垩统新民堡群，老君庙背斜带西北紧邻青西凹陷；从构造发育史上看，青西凹陷一直处于相对低的、接受沉积的位置，而老君庙背斜带则始终处于相对高处。青西凹陷生成的油气，主要通过白垩系向西变薄的砂层及向西倾斜的白垩系顶、底不整合面向东运移。沿着上述方向，油藏中石油组成发生有规律的变化，从鸭儿峡向老君庙、石油沟方向，原油中 C_{22-} 与 C_{23+} 饱和烃含量的比值逐渐增加（图 5-78）。

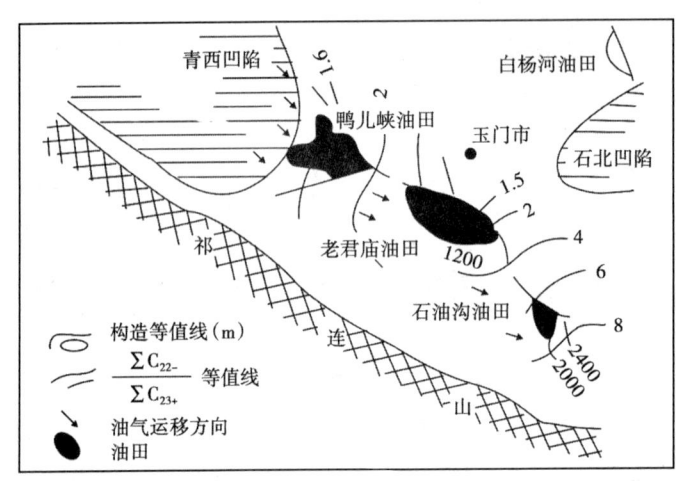

图 5-78 酒泉盆地老君庙背斜带油气运移的方向（据石油工业部石油勘探开发研究院，1977）

石油和天然气在运移过程中化学成分有规律的变化，必然导致其物理性质的变化，沿着油气运移的方向，其密度和黏度一般都会减小。

必须指出，上述原油性质的变化，只有当沿油气运移方向层析作用起主导作用时，才能发生。假如在运移过程中氧化作用占主导地位，则不仅上述有规律性的变化不存在，而且还会出现相反的变化规律，即原油性质从凹陷内部向边缘由轻变重，沿油气运移的方向，原油的密度、黏度有规律地增大，其他参数也呈现出规律性的变化。松辽盆地西斜坡具有随运移距离增加原油密度增高的特点（图 5-79），造成这种变化的原因可能是多方面的，但最重要的原因，可能是油气运移过程中氧化作用占主导地位。

因此，在分析油气运移的主要方向时，一定要对各种地质条件进行综合分析，才能得出正确的结论。

2）根据石油成熟度梯度判断油气充注方向

根据现代油气充注模式，在油气运聚过程中，进入油藏的成熟度较高的石油逐渐替代成熟度较低的石油（England 等，1987）。也就是说，在油气充注过程中，成熟度最高的石油最靠近原油的充注点。油藏流体在横向上扩散混合作用是缓慢的，在千米级规模上，继承性石油柱非均质性的均一化时间大约为 100Ma。石油聚集成藏过程中不同组分相互混合作用的不完全性，导致那些由油藏充注聚集期间所保留的、由油源和成熟度差异造成的组成变化往往在地质时期保留下来（England 和 Machenzie，1989；England 等，1987）。在单个油藏的油田，可以依据油田内部石油组成变化和成熟度梯度确定原油的充注方向、油源岩的类型和可

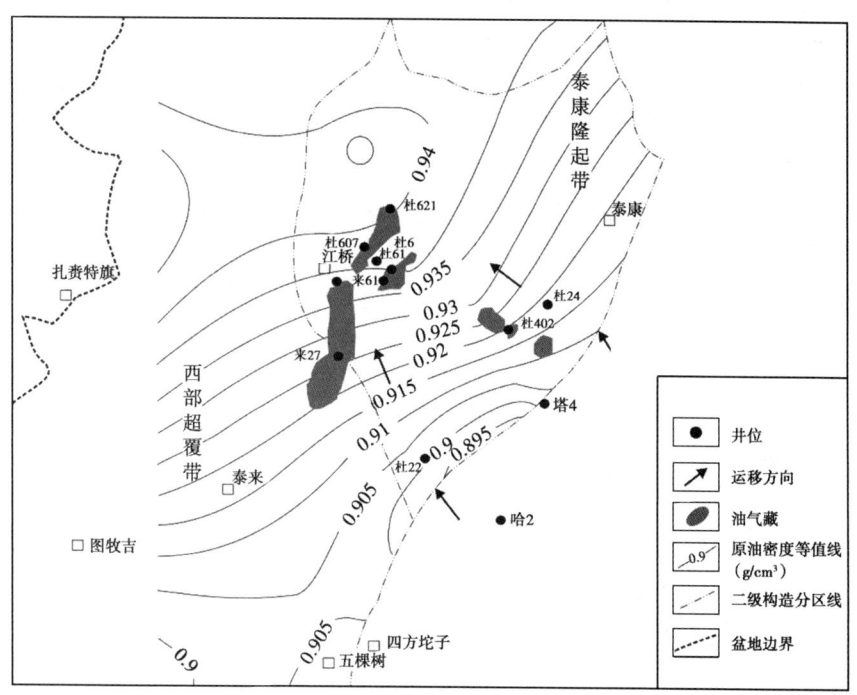

图 5-79　松辽盆地西斜坡原油密度变化特征（据吕延防，2004）

能的位置（England 和 Mackenzie，1989）。通常采用的成熟度参数有 C_{29} 甾烷 20S/（20S+20R）、C_{29} 甾烷 $\beta\beta/(\alpha\alpha+\beta\beta)$、$C_{27}$ 三降藿烷参数、Ts/Tm、C_{30} 重排藿烷/C_{30} 藿烷、甲基菲指数等。如图 5-80 所示，北海盆地居尔法克斯油田石油成熟度有两个变化方向，一是油田西部和西北部石油的成熟度从西和北西向东和南东方向变低，二是油田东南部石油的成熟度从北东向南西变低，表明该油田的石油是分别从西和北东两个方向注入油田的。

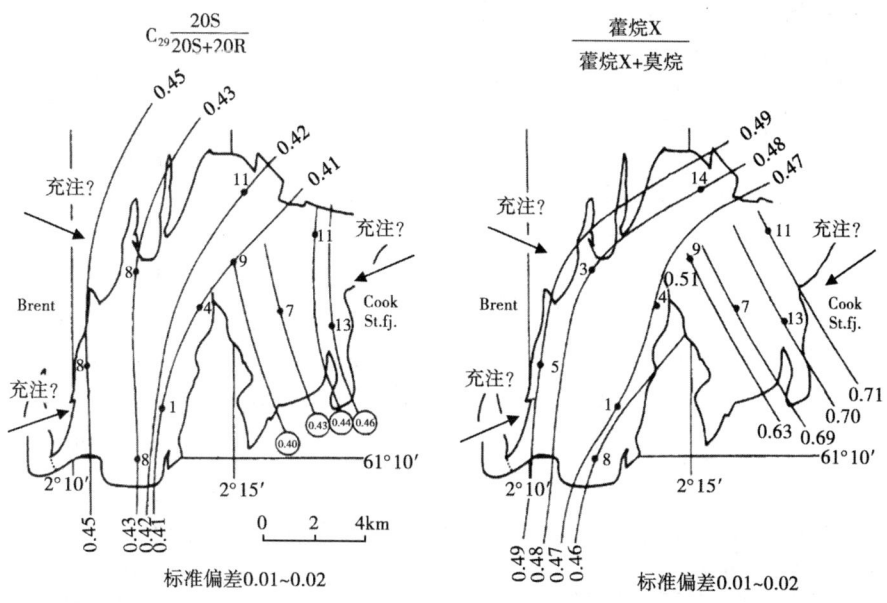

图 5-80　北海盆地居尔法克斯油田石油的运移和充注方向（据 England，1991；转引自钟宁宁等，1998）

3) 根据含氮化合物确定油气运移方向

吡咯类含氮化合物可通过吡咯官能团上的氢原子和周围环境中其他原子（如负电性氧或氮原子）形成氢键而与地层水和固体物表面发生相互作用，这种吸附滞留作用是该类化合物发生分馏效应的主要原因。吡咯类含氮化合物具有较强的极性，通过吡咯类N—H原子与储集层中有机质或黏土胶结物上负电性原子形成氢键，使得部分分子滞留在运载层或储集层中，从而引起该类化合物在运移过程发生分馏效应。吡咯类含氮化合物显著的运移分馏效应表现在以下几个方面：（1）随着油气运移距离的增加，原油中含氮化合物的绝对丰度降低；（2）氮官能团遮蔽型异构体（如图5-81中C-1和C-8位均被烷基取代，即1，8-二甲基咔唑）相对于半遮蔽型异构体（C-1和C-8仅有一个烷基取代基，如1-甲基咔唑、1，3-二甲基咔唑等）或暴露型异构体（C-1和C-8均未被烷基取代，如3-甲基咔唑、2，7-二甲咔唑）富集；（3）烷基咔唑相对于烷基苯并咔唑富集；（4）苯并咔唑异构体中，苯并［a］咔唑［图5-81（b）］相对于苯并［c］咔唑［图5-81（c）］富集。

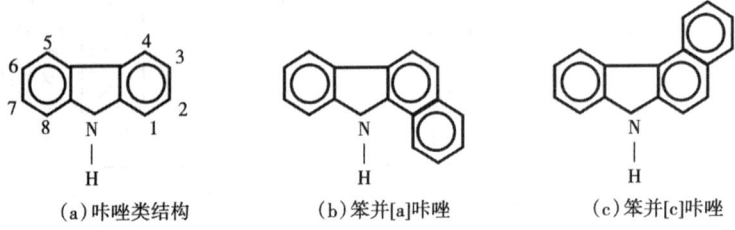

图5-81 咔唑类和苯并咔唑类结构示意图

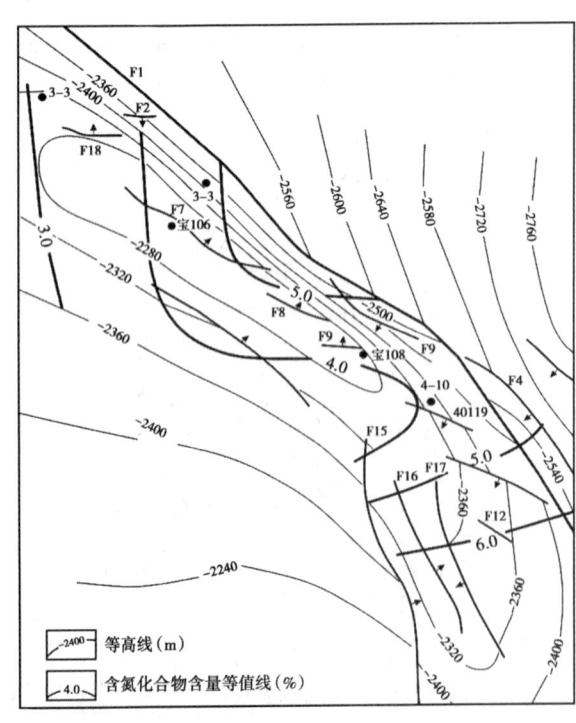

图5-82 焉耆盆地宝浪油田含氮化合物含量的变化

研究中通常选择反映含氮化合物含量及不同结构含氮化合物分布特征的参数来研究油气的运移方向，如含氮化合物总浓度 W（μg/g）、各种咔唑类化合物浓度、1，8-DMC/2，7-DMC、1，8-DMC/1，3-DMC、1，8-DMC/3-MC、［a］/［c］等。

例如，焉耆盆地宝浪油田三工河组原油含氮化合物总浓度变化的趋势是从南东向北西方向降低，说明该油田的原油的运移方向是从南东向北西运移，但在构造带的东侧还有另一个次要的油源充注（图5-82）。福山凹陷原油2，4-/1，4-DMDBT等值线图指示的油气运移方向为：油气从白莲次凹沿北东—南西方向往花场次凸充注成藏，即花场次凸已发现的油气主要来自位于其北东方向的白莲次凹，其西侧的皇桐次凹对花场次凸已发现的油气贡献不大（图5-83）。

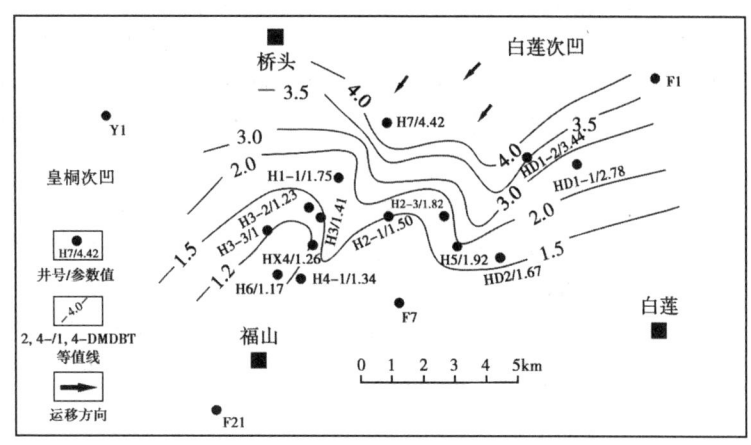

图 5-83 福山凹陷花场油气田 2,4-/1,4-DMDBT 等值线图示踪油气运移方向
（据李美俊等，2003）

4）利用 $\delta^{13}C_1$ 确定天然气侧向运移的方向

重碳同位素 ^{13}C 比轻碳同位素 ^{12}C 吸附能力强，^{12}C 相对运移快，故在运移前方，^{12}C 含量相对较高，致使 $^{13}C/^{12}C$ 比值减小。我国四川盆地泸州古隆起附近中二叠统及嘉陵江组天然气中 ^{13}C 同位素含量的变化，明显地表现出这个规律，如图 5-84 所示。从图中可以看出，天然气 ^{13}C 同位素的含量从隆起向凹陷方向（天然气来源的方向）变大，而在隆起顶部（运移的前方），其含量逐渐减小。

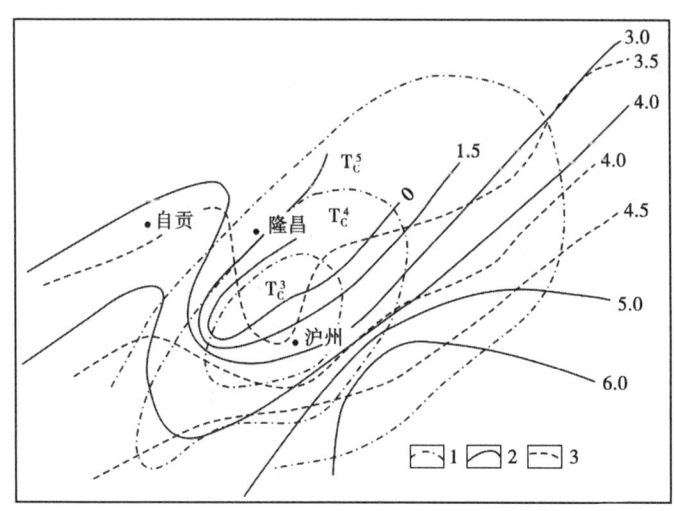

图 5-84 四川泸州古隆起中二叠统、嘉陵江组天然气 ^{13}C 含量分布图（据四川石油管理局）
1—香溪世前古地层界线；2—嘉陵江组天然气 ^{13}C 同位素含量（‰）；
3—中二叠统天然气 ^{13}C 同位素含量（‰）

六、油气二次运移的距离

油气二次运移的距离与具体盆地的地质条件有关，如区域构造条件、岩性岩相变化条件以及促使油气运移各种动力条件等等。在岩性岩相变化较大，同时又缺乏其他合适的运移通道的地区，油气不可能进行远距离的运移。例如位于不渗透泥岩烃源层中的砂岩透镜体油气藏，以及周围被不渗透性地层所包围的生物礁块油气藏等，石油是由附近相邻烃源岩中运移聚集其中的，不可能也不需要经过远距离的运移。与此同时，也要看到，当储集层性质变化较小、连通性比较好，或具有其他合适的运移通道，如不整合面或断裂带，同时又具备促使油气运移的动力条件，则油气进行较远距离的运移也是可能的。

我国陆相含油气盆地岩性岩相变化快，有些盆地断裂十分发育，水动力联系较差，缺乏油气长距离运移的条件，油气运移的距离一般较短。表5-2是我国几个主要含油气盆地中油气二次运移距离的统计数据。从表中可以看出，油气运移的距离一般都在50km以内，最大的是新疆准噶尔盆地克拉玛依油田，也只有80km。当陆相盆地侧向运移条件好的情况下，运移距离也可以较远，例如吐哈盆地西部弧形构造带油气侧向运移的距离可以达到60余千米（图5-85）。

表5-2 我国部分含油气盆地油气运移距离

盆地名称	运移距离，km	
	一般	最大
松辽盆地	<40	
鄂尔多斯盆地	<40	60
渤海湾盆地	<20	30
江汉盆地	<10	15
南襄盆地	<10	20
酒泉盆地	5~20	30
准噶尔盆地	30~50	80
吐哈盆地	10~20	60

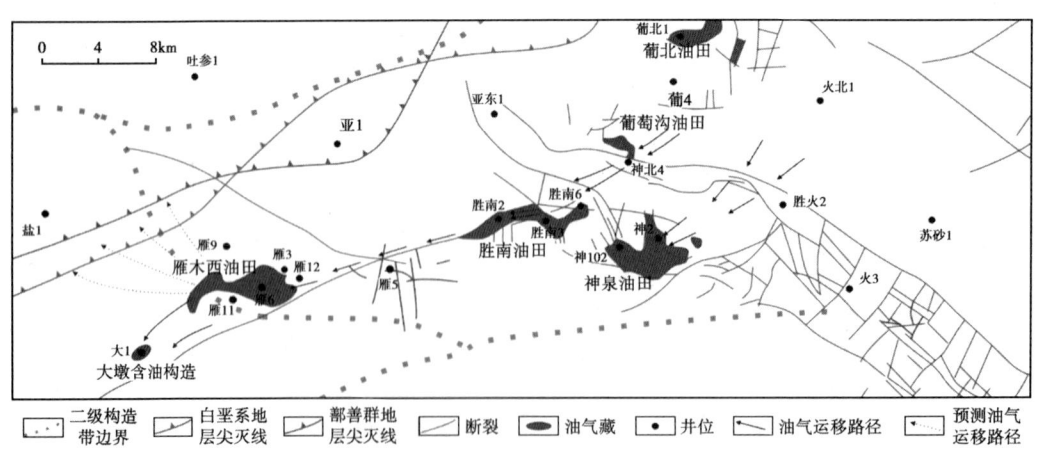

图5-85 吐哈盆地台北凹陷西部弧形带油气运移路径图（据黄志龙等，2014）

七、油气二次运移的主要时期

二次运移是初次运移的继续，初次运移和二次运移常常是连续的过程，也就是说，油气生排烃时期与二次运移时期几乎是同时发生的，但是在一般情况下，大规模的二次运移时期，应该是在主要生油期之后或同时所发生的第一次构造运动时期。因为这次构造运动使原始地层发生倾斜甚至褶皱和断裂，破坏了油气的平衡。在这种情况下，进入储集层中的油气，在浮力、水动力及构造运动力作用下，向流体势梯度变小的方向发生较大规模的运移，并在局部圈闭中聚集起来。假如在油气聚集以后该地区又发生第二次、第三次甚至更多次的构造运动，则每一次运动对油气运移和聚集都会产生一定的作用，其作用的大小决定于构造运动对原有圈闭的改造程度。若对原有圈闭影响不大，或只是促使其继承性发展，则在一般情况下不会引起油气大规模的区域性运移。只有在构造运动对原有圈闭条件产生重大改造或全部破坏时，油气会再次发生新的区域性运移。因此，在研究油气运移的主要时期时，必须首先研究生油的主要时期及该区主要构造运动的历史。

在中国渤海湾盆地，油气二次运移的主要时期是在古近纪渐新世东营组沉积期末，此时正是油气生成的主要时期，更重要的是在渐新世东营组沉积期末曾发生一次区域性的构造运动，这次运动是以块断活动为主要特征，产生了大量的断层，形成一些新的二级构造断裂带，为油气二次运移创造了条件。渤海湾地区的一些主要的油田，如胜坨油田、任丘油田、大港油田、兴隆台油田等，都主要是在这个时期形成的。在这次油气运移聚集时期之后，大约相当于新近纪上新世明化镇组沉积期末，又发生了一次较强的块断运动，产生了一些新的断层，使部分已经形成的油气藏遭受破坏，油气再次运移，导致相当数量的新近系次生油气藏的形成。

油气运移的主要时期，也就是油气聚集和油气藏形成的主要时期，因此研究油气二次运移的主要时期，对油气田勘探有着重要的实际意义。近年来，随着油藏地球化学的发展，人们也在探索直接测试油气运移时期，例如，运用自生矿物同位素测年、流体包裹体均一温度测定技术进行油气运移时期研究取得了一定进展，这些内容将在第六章中介绍。

思 考 题

1. 什么是界面张力？什么是毛细管力？界面张力、毛细管力与油气运移有什么关系？
2. 什么是静水压力？什么是地静压力？什么是地层压力？三者之间是什么关系？
3. 什么是异常压力？沉积盆地中异常高压和异常低压如何形成？
4. 如何理解地层欠压实现象的成因及其与异常高压形成的关系？
5. 简述背斜油气藏中的异常高压和深盆气藏中的异常低压的形成机理。
6. 沉积盆地地层压力分布有何基本特点？异常压力流体封存箱如何形成，有何基本特征？
7. 简述油气初次运移的相态和初次运移的动力。油气初次运移有哪几种主要模式？
8. 何谓烃源岩的有效排烃厚度？烃源岩的有效排烃厚度与哪些因素有关？
9. 油气二次运移的主要通道和输导体系有哪些基本类型？
10. 断裂带具有哪些地质特征，在油气成藏中有哪些作用？断层的封闭与开启与哪些地质因素有关？什么是断裂封闭有限性？
11. 不整合在结构上有什么特点，与油气运移有什么关系？
12. 油气运移的方向受哪些主要地质因素的控制？
13. 油气二次运移过程中主要有哪些力？它们如何影响油气二次运移的方向？
14. 什么是流体势？流体势与水头、折算压力之间是什么关系？
15. 静水压力条件下和动水压力条件下，流体势各有什么特点？如何利用流体势研究油气运移的方向和有利聚集区？

第六章 油气聚集与油气藏的形成

烃源岩生成的油气经初次运移和二次运移，从分散的状态到逐渐在圈闭中集中的过程称为油气的聚集，分散的油气在圈闭中聚集起来就形成了油气藏。油气藏是地壳上油气聚集的基本单元，是油气勘探的对象。油气藏的形成是石油地质研究的核心问题。阐明和掌握油气藏形成的基本原理，不仅具有科学的理论意义，而且对油气资源的勘探与开发有更重要的实际意义。

第一节 油气藏形成的基本条件

油气藏的形成和分布是烃源岩、储集层、盖层、圈闭、运移和保存条件等多种地质要素综合作用的结果。烃源岩是形成油气藏的物质基础，储集层为油气的聚集提供了空间，盖层是避免储集层中的油气向上散失的屏障，圈闭是油气得以聚集的场所，运移过程是油气从分散状态向圈闭集中形成油气藏的必备过程，地质历史中形成的油气藏只有一定的条件下才能保存下来形成油气资源。上述六个方面的地质因素经常被地质人员概括为"生、储、盖、圈、运、保"六个字，这六个字全面地概括了油气藏形成的基本条件，是石油地质学的"灵魂"。

但是，一个盆地要形成丰富的油气资源，仅仅具备上述条件还是不够的，上述条件的优劣、各条件的相互匹配关系对油气藏形成和油气富集起重要的控制作用。在本书中，我们把油气成藏中的"生、储、盖、圈、运、保"六个基本要素概括为油气藏形成的四项基本条件，本节将重点论述这四项基本条件和各项条件在成藏过程中的匹配关系，以及它们对油气藏形成与油气富集的影响。

一、充足的油气来源

油气源是油气藏形成的物质基础。对于一个盆地来讲，烃源是否充足，是能否形成油气藏，特别是能否形成大型油气藏的基本条件之一，也是首要条件。我们知道，除页岩油气藏和煤层气藏外，烃源岩中生成的油气首先要从烃源岩中排出，并且一般要经过二次运移才能进入圈闭形成油气藏。对于一个盆地而言，其油气源条件主要与烃源岩的生烃条件和排烃条件有关；而对于盆地中某一部位的一个圈闭而言，其烃源条件既与烃源岩的生烃条件和排烃条件有关，也与油气的二次运移条件有关。因此，盆地或圈闭的油气源条件可以归结为烃源岩的规模与质量、烃源岩的排烃条件和运移条件三个方面。

（一）烃源岩的规模与质量

一个盆地是否具有充足的油气来源，其根本取决于烃源岩的规模和质量。世界油气勘探的经验表明，油气资源丰富、拥有大型油气田的盆地基本上都是大型盆地。世界上61个特大油气田分布在10个大型含油气盆地中，它们拥有世界石油及天然气储量的一半以上，这些盆地都具有盆地面积大、沉积岩厚度大、生油凹陷面积大、烃源层系多、烃源岩厚度大等基本特征，因此油气来源十分充足。在表6-1所列的国外大型含油气盆地中，其面积绝大

多数在 $10×10^4 km^2$ 以上，沉积岩体积多在 $50×10^4 km^3$ 以上，烃源岩系的总厚度最小是 $150～200m$，最厚的可达 $1000m$ 以上。我国主要含油气盆地的实际情况也说明了同样的问题。我国目前已发现的石油储量的 95% 分布在 12 个主要含油气盆地中，几乎所有的大油气田也分布这 12 个盆地中。这 12 个含油气盆地生烃坳陷的面积都在 $20000km^2$ 以上，烃源岩的厚度都在 $300m$ 以上，最厚可达 $1000～2000m$（表 6-2）。因此，这些盆地油气源条件好，油气资源丰富。

表 6-1　国外 10 个大型含油气盆地简况表

盆地名称	盆地面积 $10^4 km^2$	沉积岩系发育概况		体积 $10^4 km^3$	烃源岩发育概况		油气可采储量及特大油气田数
		时代	厚度		时代	岩性及厚度	
波斯湾	328	古生代、中—新生代，以 J、K、E、N 为主	$5000～12000m$ 平均 $3000m$	1000	J_3、K_2、E 为主	碳酸盐岩为主，最厚 $4000m$，主要烃源层厚 $1000～1500m$	油 $541×10^8 t$ 28 个
西西伯利亚	350	中—新生代，以 J、K 为主	最厚 $4000～8000m$ 平均 $2600m$	900	J_2—K，以 J_3、K_1 为主	泥岩（前三角洲）$500～1000m$	油 $60×10^8 t$ 8 个
墨西哥湾	130	中—新生代	最厚 $12000m$ 平均 $4000m$	545	J_3—N_1，以 K_3、N_1 为主	泥岩为主，部分为碳酸盐岩，厚 $1000～2000m$	油 $53.4×10^8 t$ 1 个
马拉开波	8	中—新生代（K—N）	最厚 $10000m$ 平均 $4600m$	40	K—N，以始新世为主	K 为石灰岩、黏土岩，厚 $150～200m$；E 泥岩厚 $2000m$	油 $73×10^8 t$ 2 个
伏尔加—乌拉尔	70	以早古生代为主	一般小于 $2000m$，在乌拉尔山前可达 $8000m$，平均 $3100m$	220	中泥盆世—早二叠世	以泥岩为主，总厚 $200～500m$	油 $42.7×10^8 t$ 2 个
利比亚锡尔特	51.9	古—中—新生代，以 K、E、N 为主	古生界 $1500m$，K 以上最厚 $5000m$，平均 $2500m$	120	K—E，以 K_2、E 为主	以石灰岩、泥灰岩为主，部分为泥岩，厚 $1000～2000m$	油 $40×10^8 t$ 气 $7790×10^8 m^3$ 4 个
阿尔及利亚东戈壁	44	古生代—中生代	$4000～5000m$	160	志留纪	页岩 $200m$	油 $9.9×10^8 t$ 气 $29940×10^8 m^3$ 3 个
北海	57.5	二叠—新近纪	总厚 $8000m$，古近系、新近系厚 $3000m$	300	侏罗纪、古近纪、新近纪，部分晚石炭世	泥岩	油 $34×10^8 t$ 气 $184080×10^8 m^3$ 4 个
尼日尔河三角洲	50	新生代	一般 $4000～6000m$，最大 $12000m$	300	古近纪	泥岩 $1000～2000m$	油 $27×10^8 t$ 气 $11200×10^8 m^3$ 大油气田 6 个
美国西内部	60.2	古生代、中生代	$9000m$	300	€、C、P	泥岩为主，$200～400m$	1 个（气）

表 6-2 我国主要含油气盆地烃源岩面积与厚度

盆地名称	面积, km²	沉积岩厚度, m	生烃凹陷面积, km²	烃源岩层系	烃源岩厚度, m
松辽	261000	6800	55000	K	300~600
渤海湾	213000	10000	100400	E/N	500~1500
鄂尔多斯	320000	5500	175000	O/C—P/T	300~700
四川	230000	8000	138000	ϵ_1/S_1、P/T_3/J_1	350~3350
准噶尔	131000	10000	60000	P/J	300~1000
塔里木	563000	11000	150000	ϵ/O/C—P/T—J	500~2000
吐哈	55000	8000	20000	P/T/J	400~700
柴达木	121000	7500	34600	J/E/N/Q	400~2000
东海	241300	12000	180000	E	500~1000
珠江口	201000	8900	64300	E	300~1000
莺歌海	98700	10000	29000	E	400~1000
琼东南	50116	6000	24200	E	300~1500

在强调大型盆地油气来源充足、油气资源丰富的同时，也应该注意到，某些盆地尽管面积较小，但沉积岩厚度大，圈闭的有效容积大，烃源岩总厚度大，油气源也很充足，也可形成丰富的油气聚集。例如美国西部的洛杉矶盆地（图6-1中的1）是一个面积仅3900km²的小型沉积盆地，在中新世晚期到更新世短短的时间内就沉积了厚度达6000m以上的沉积岩。在沉积凹陷的中心部位，泥质烃源岩系厚达2000~3000m，油源极为丰富。在油源区及其附近，砂岩储集层发育，储集层与烃源层互层或指状交错，还有断层连通，十分有利于油气运移。洛杉矶盆地还发育有一系列背斜构造，圈闭条件好，圈闭面积及高度也较大，因此，形成数目众多的油气田，且含油厚度特别大，一般可达1000m以上，长滩油田油层厚度最厚

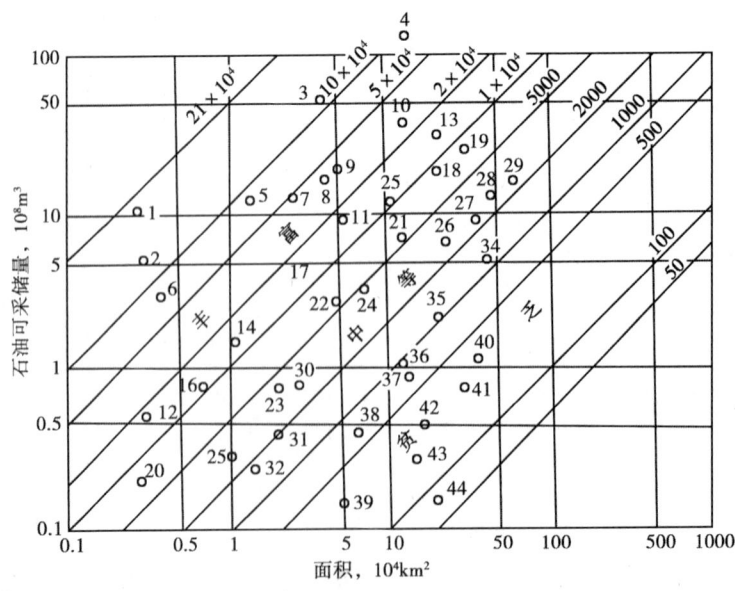

图 6-1 世界部分含油气盆地的储量丰度（据佩罗唐；转引自张厚福等，1999a）
图中斜线表示储量丰度，单位为 m³/km²；数字表示盆地，与本书内容无关的盆地名称从略

可达1585m。该盆地每平方千米发现的石油可采储量近$20×10^4m^3$，居世界各含油气盆地之首。此外，如罗马尼亚的普洛耶什蒂盆地（图6-1中的2）、美国加利福尼亚的文图拉盆地（图6-1中的6）都是丰度极高的小型含油气盆地（图6-1）。

烃源岩面积大、层系多、厚度大是保证充足油气来源的基础。在此基础上，烃源岩质量的高低对一个盆地油气来源的丰富程度有重要影响。在第四章中已经提及，烃源岩质量的高低主要取决于烃源岩的有机质丰度、有机质类型和有机质的成熟度。丰度高、类型好和成熟度适当的烃源岩有利于大量烃类的生成，是充足油气来源的必要保障。国内外油气资源丰富的盆地都具有这样的特征（表6-3）。

表6-3 国内外大型含油气盆地烃源岩质量简况表

盆地	烃源岩层系	厚度，m	TOC，%	有机质类型	R_o，%
波斯湾	K泥灰岩/页岩	200~300	3~6	Ⅰ，Ⅱ	0.5~1.8
	J页岩、碳酸盐岩	300	3~5	Ⅰ，Ⅱ	0.5~1.5
西西伯利亚	K_1页岩	100~500	0.49~1.11	Ⅰ，Ⅱ	0.6~>2.0
	J_3	500	1.91~12	Ⅱ	0.6~1.2
	J_{1-2}	200	2.62	Ⅲ	1.1~1.8
墨西哥湾	Mz泥页岩		0.5~2.3	Ⅰ，Ⅱ	0.6~2
	Kz页岩		0.17~0.63（均值）	Ⅲ	0.3~1.7
马拉开波	E—N三角洲与前三角洲泥页岩	200~300	5.6（均值）	Ⅱ，Ⅲ	0.6~1.2
	K拉鲁纳组泥页岩灰岩	60~150	5.6（均值）	Ⅱ	0.8~2.0
利比亚锡尔特	K_2页岩、泥质灰岩	200	0.5~3.5	Ⅱ	1.1~1.8
阿尔及利亚东戈壁	S黑色页岩	200	3~10	Ⅱ	1.2~2
北海	J启莫里阶海相页岩	200~300	1~7	Ⅱ，Ⅰ	0.6~1.7
	C_3煤系	500	1（均值）	Ⅲ	>2
尼日尔河三角洲	E_2-N_1三角洲页岩	>1000	1.68（均值）	Ⅱ，Ⅲ	成熟
美国西内部	宾夕法尼亚系页岩	300	0.5~2	Ⅱ，Ⅲ	1.5~2
艾伯塔	D海相页岩	100~500	1~5	Ⅱ	1~1.6
松辽	K_1	300~600	0.5~5	Ⅰ，Ⅱ	0.5~1.2
渤海湾	E	400~2000	0.5~6	Ⅰ，Ⅱ	0.5~1.5

可以用生烃强度定量表示一个含油气盆地烃源岩累计厚度、有机质丰度、母质类型和演化程度的综合影响。生烃强度是单位盆地面积内某一层系内的烃源岩的生烃量。根据中国陆相含油气盆地统计，能够形成商业油气聚集的生烃强度下限值有两个衡量指标，一个是最大生烃强度大于$1×10^6t/km^2$；另一个是平均生烃强度大于$50×10^4t/km^2$。

东营凹陷生油中心的生烃强度高值区（>$3.61×10^6t/km^2$）分布于垦利—滨州—博兴之间。油气藏也主要分布于该生油中心周缘的有利构造圈闭及有利储集相带，明显表现出生油中心控制着油气分布的特点（图6-2）。

渤海湾盆地的辽河坳陷、黄骅坳陷、冀中坳陷和东濮凹陷也是生油中心控制油气分布的实例。中国中—新生代40多个陆相含油气盆地的研究表明，无论是松辽盆地、鄂尔多斯盆

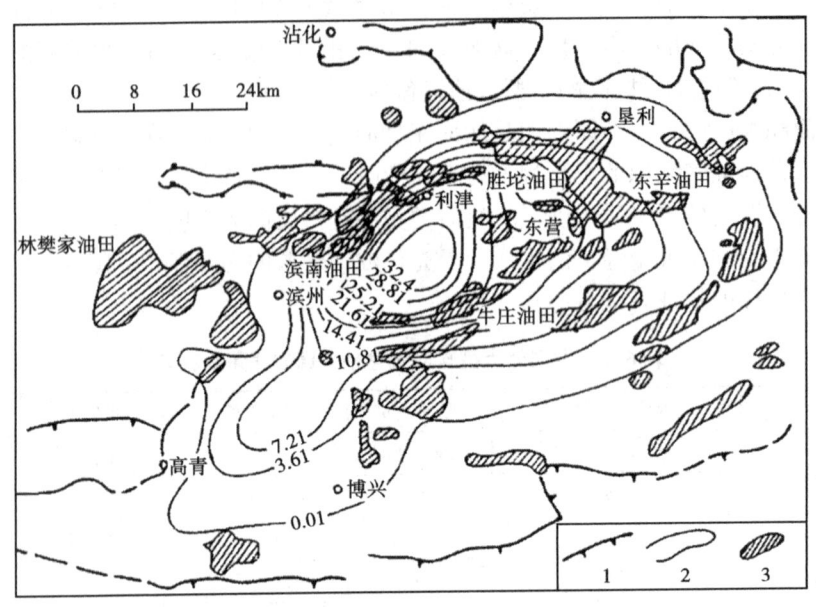

图 6-2 东营凹陷古近系生油中心与油气富集关系
1—地层剥失线；2—生烃强度等值线（单位为 $10^6 t/km^2$）；3—油田

地、塔里木盆地这样的大型盆地，还是中国东部的小型断陷盆地，油气的分布都明显受生油中心的控制，这实际上已经成为陆相油气形成分布的一条基本规律，即"源控论"。

我国大、中型油气田的分布都以优质的、充足的油气来源的油源区为基础，根据有机质丰度、类型、生烃量及岩相古地理条件，可将油源区分为五类（表6-4）。我国大、中型油气田的分布主要与第一、第二类油源区有关。

表 6-4 油源区的类型及其生油潜力

类型	名称	沉积相		有机质含量 %	干酪根烃产率 （烃/有机碳），mg/g	生油潜力（油/岩石） kg/t
第一类	腐泥型油源区	深湖相		2~3	400~500	8~15
第二类	亚腐泥型油源区	深湖相		1.5~2.5	350~450	5~12
第三类	中间型油源区	半深湖—浅湖相	盐湖相	1.0~2.0	250~350	3~7
第四、五类	腐殖型油源区	湖沼相		0.4~1.5	150~250	0.5~3

（二）烃源岩的排烃条件

由于烃源岩本身的吸附作用、烃源岩孔隙的残留作用等因素的影响，烃源岩生成的油气并不能全部排出来，一部分油气会残留在烃源岩内部，这部分残留的烃类是形成页岩油气藏的基础，但对其他类型油气藏的形成是无效的。烃源岩的排烃条件与许多因素有关，如烃源层的单层厚度、烃源岩层系的岩性组合、烃源岩的排烃机理等。

通过第五章中论述的烃源岩的有效排烃厚度问题，大家已经知道，单层巨厚的烃源层中部的排烃条件一般不好；而由砂泥岩互层组成的烃源岩层系由于单层烃源岩的厚度一般不大，与储集层的接触面积大，一般排烃条件较好。

P. A. Dickey 和 R. E. Rohn（1958）研究了美国怀俄明州盐溪区白垩系弗朗提尔组砂泥比率与油气聚集的关系（图6-3），发现石油多产自砂岩与页岩厚度之比大于0.25的地区，即油

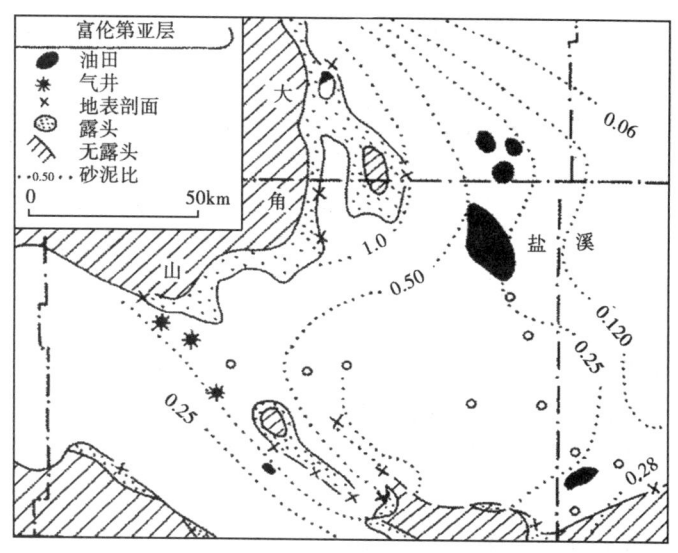

图6-3 美国怀俄明州盐溪区白垩系弗朗提尔组砂泥比率图（据P. A. Dickey 和 R. E. Rohn，1958）

田多分布在砂泥比值在0.25~0.5等比率线的范围内，气田则主要分布在砂泥比值在0.5~1.0的范围内。与此相似，在俄克拉何马州东南部宾夕法尼亚亚系阿托卡组石油多聚集在砂泥比率0.5~2.0的地区（图6-4）。

从不同学者对世界若干产油地区砂泥比和剖面中的砂岩厚度百分率的统计结果（表6-5）可以看出：对石油聚集最有利的砂岩占地层厚度的百分比大致介于20%~60%之间，中值为30%~40%。

综上所述可以看出，单纯块状砂岩发育或单纯块状泥岩发育的地区，由于砂泥岩接触面积小，排烃效率不高，对石油聚集不利。只有在砂岩厚度百分比介于20%~60%，即砂岩储集层单层厚约10~15m、泥岩烃源岩单层厚约30~40m，二者呈略等厚互层的地区，砂泥岩接触面积最大，烃源岩排烃条件好，最有利于石油聚集。

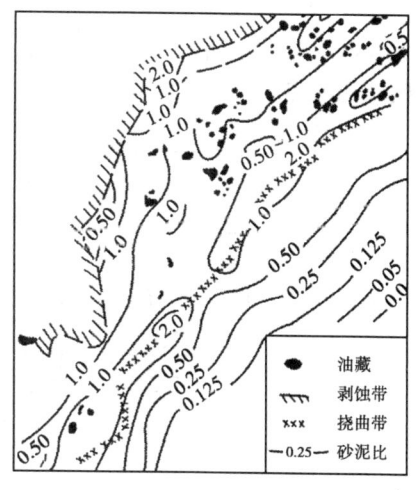

图6-4 美国俄克拉何马州东南部宾夕法尼亚亚系阿托卡组砂泥比率图（据D. A. Busch，1950；转引自张万选等，1981）

表6-5 若干地区石油聚集的最佳砂岩百分比（转引自张万选等，1981）

产油地区及层系	砂泥比	砂岩厚度百分比，%	研究者
美国落基山区上白垩统	0.25~1	20~50	Krumbein 和 Nagel（1953）
秘鲁帕里纳里斯砂岩油藏	0.60	37	Youngquist（1958）
美国怀俄明州盐溪区白垩系费朗提尔组	0.25~1	20~50	P. A. Dickey 和 R. E. Rohn（1958）
美国俄克拉何马州宾夕法尼亚系阿托卡组	0.50~2.0	33~67	D. A. Busch（1950）

(三) 运移条件

除一些原地聚集的岩性油气藏外，油气二次运移是形成油气藏的必要条件，特别是对于一个远离生烃中心的圈闭，要形成大型油气藏必须有良好的运移条件。根据第五章阐述的油气二次运移的基本原理，油气运移条件主要包括油气运移的动力、油气运移的通道与输导体系、油气运移方向等方面，综合研究这些因素，可以对油气运移条件是否有利作出判断。大量的勘探实践表明，一个盆地的构造格局是控制油气运移最重要的地质因素，盆地中的凹中隆、斜坡带、古隆起等构造单元往往成为油气运移的主要指向；盆地的油气运移通道和优势输导体系的存在也控制着油气运移的方向，在很大程度上影响油气的运移条件；圈闭与生油中心之间有无流体封存箱的存在也影响油气运移的距离和方向。关于影响油气运移的主要因素在第五章已经进行了详细的论述，此不赘述。

二、有利的生储盖组合配置关系

生储盖组合是地层剖面中紧密相邻的包括烃源层、储集层和盖层的一个有规律的组合。油气田的勘探实践证明，烃源层、储集层、盖层的有效匹配，是形成丰富的油气聚集，特别是形成大型油气藏必不可少的条件之一。所谓有利的生储盖组合，是指烃源层中生成的丰富油气能及时地运移到良好储集层中，同时盖层的质量和厚度又能保证运移至储集层中的油气不会逸散。这是形成大油气藏的必备条件。

(一) 生储盖组合类型

1. 按空间配置关系划分

根据烃源层、储集层、盖层三者在空间上的相互配置关系，可将生储盖组合划分为四种类型（图6-5）。

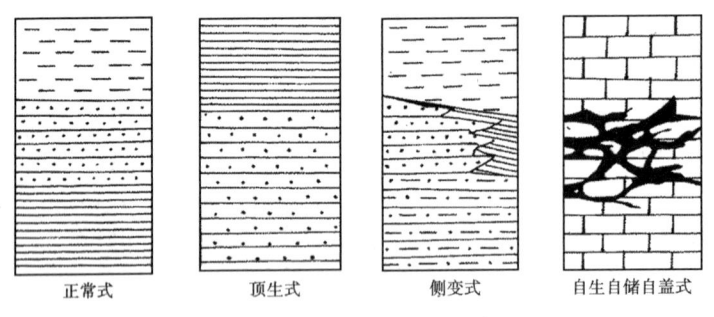

图6-5 生储盖组合类型示意图

正常式生储盖组合：指在地层剖面中烃源层位于组合下部，储集层位于中部，盖层位于上部的生储盖组合。在这种组合中，从烃源层向上排出的油气可以直接进入储集层并被上覆的盖层所封盖。正常式生储盖组合是我国许多油田最主要的组合方式。

顶生式生储盖组合：烃源层与盖层同属一层，而储集层位于其下的组合类型。例如华北任丘油田，古近系沙河街组泥岩既是烃源层又是盖层，直接覆盖具有孔隙、溶洞、裂缝的中—新元古界白云岩储集层。

侧变式生储盖组合：是指岩性、岩相在横向上发生变化导致烃源层与储集层在侧向上接触，形成的生储盖组合。这种组合多发育在生油凹陷斜坡带或古隆起斜坡上，由于岩性、岩相横向发生变化，使烃源层和储集层同属一层，二者以岩性横向变化的方式相接触，油气以侧向同层运移为主。在三角洲相往往会出现这种组合。

自生自储自盖式生储盖组合：石灰岩中局部裂缝发育段储油、泥岩中的砂岩透镜体储油和一些泥岩中的裂缝发育段储油都属于这种组合类型。这种组合的最大特点是烃源层、储集层和盖层都属同一层。四川盆地川南二叠系石灰岩某些气藏、柴达木盆地油泉子油田泥岩裂隙油藏等均属此种组合方式。

由于沉积的旋回性，在沉积盆地中往往会出现砂岩和泥岩的频繁互层，如果此时的泥岩为烃源岩，则会形成一种互层式生储盖组合，此时的泥岩既是烃源层又是盖层。实际上，互层式生储盖组合可以看成是正常式生储盖组合和顶生式生储盖组合的有机结合。

上面关于生储盖组合类型的划分，主要考虑了烃源层、储集层和盖层在空间分布上的关系。

2. 按时代关系划分

根据烃源层与储集层的时代关系，还可将生储盖组合划分为新生古储式、古生新储式和自生自储式三种类型。

新生古储式是指较新时代地层中生成的油气储集在相对较老的地层的一种组合。我国任丘油田就是这样的一个实例，古近系烃源层生成的油气储集在中—新元古界碳酸盐岩储集层中。

古生新储式是指较老时代地层中生成的油气储集在较新时代地层的一种组合。如在准噶尔盆地许多油田中，二叠系烃源层生成的油气储集在三叠系和侏罗系中。

自生自储式是指烃源层与储集层都属于同一时代的地层的组合。这种情况更为普遍，如我国松辽盆地的主要烃源层和储集层都属于下白垩统，渤海湾盆地的主要烃源层和储集层都是古近系沙河街组等。

当然，在这种根据烃源层和储集层时代对生储盖组合的划分中，所指的时代一般都是以代或纪为单位一些大的时间单位。

（二）不同类型生储盖组合的聚集效率

由于在不同类型的生储盖组合中，烃源层与储集层的接触关系和接触面积不同，油气运移和聚集效率也不相同，从而造成了不同类型生储盖组合有效性的差异。

油气聚集效率最高的是互层式生储盖组合。在这种组合中，烃源层和储集层频繁互层，二者接触面积大，烃源岩的排烃条件好，储集层上、下烃源层中生成的油气可以及时地向储集层中输送，对油气运移和富集都最为有利。当储集层中有背斜存在时，则油气可从四周向背斜中聚集，形成油气藏（图6-6）。因此，互层式生储盖组合油气聚集效率最高。

在侧变式生储盖组合中，在烃源层和储集层指状交叉的部位与互层式生储盖组合相似，也具有良好的输导条件（图6-7）。在面向盆地远离交叉带的一侧，由于附近缺乏储集层，输导能力受到一定限制；而在另一侧，则只有储集层，缺乏烃源层，油气源供应也受到一定限制。因此，侧变式生储盖组合的输导条件和油气富集条件都较互层式差。

烃源岩中的砂岩透镜体储油属于自生自储自盖式生储盖组合的一种。当烃源层中存在砂岩透镜体时，从接触关系来看，应该是油气的输导条件最为有利。但是，由于油气在向透镜体充注的同时，必须有等量的水被排出，并且砂岩透镜体一般分布在盆地中心深坳陷区，储集层发育较差，透镜体的规模一般较小，因此油气聚集的效率一般不高。

从上述讨论可以看出，不同类型的生储盖组合，油气聚集的效率是不同的，因此对油气藏的形成有不同的影响，有利的生储盖组合对油气的富集和大型油气藏的形成具有重要的意义。

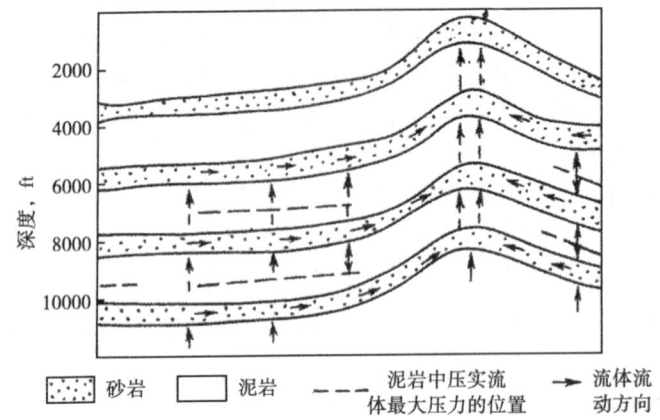

图 6-6 烃源层与储集层为互层式组合时，油气初次运移和聚集示意图
（据 R. J. Cordell，1976；转引自张万选、张厚福，1981）

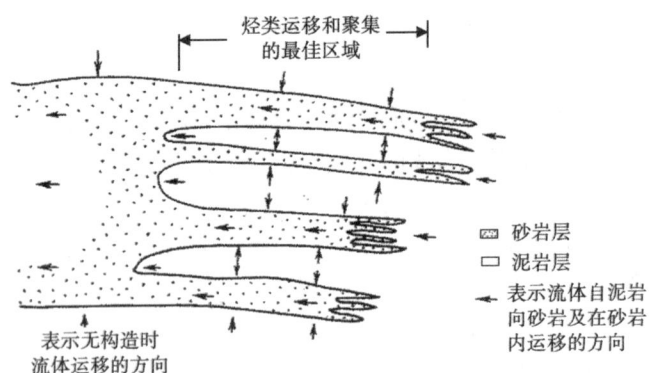

图 6-7 烃源层与储集层指状交叉组合时，油气初次运移和聚集的示意图
（据 R. J. Cordell，1976；转引自张万选、张厚福，1981）

三、有效的圈闭

大量油气勘探实践证明，在具有油气来源的前提下，并非所有圈闭都聚集了油气，而是有的圈闭聚集了油气，有的圈闭只含水，属于所谓"空"圈闭，这表明它实际上对油气聚集而言是无效的。圈闭的有效性就是指在具有油气来源的前提下圈闭聚集油气的实际能力。影响圈闭有效性的主要因素有如下四个方面。

（一）圈闭形成时间与区域性油气运移时间的关系

石油和天然气只有在圈闭形成以后才能在其中聚集起来。在一个沉积盆地内，有的圈闭是在最后一次区域性油气运移以后形成的，它形成时，油气早已运移过去了，这种圈闭对油气的聚集显然无效。只有那些在油气区域性运移以前或同时形成的圈闭对油气的聚集才是有效的。因此，在对圈闭有效性进行分析时，需要对圈闭的形成时间和区域性油气运移时间进行分析。

不同类型的圈闭形成时间是不同的。地层中的岩性圈闭是在其所赋存的地层具有封闭条件的时候就开始形成了，对于同一套地层中的圈闭而言，岩性圈闭形成的时间是最早的；地层不整合圈闭是在不整合面以上的地层具有封闭性的时候形成的，其形成的时间可以根据不整合面以上封闭层的形成时间来确定；一些同沉积的圈闭，如同披覆背斜和逆牵引背斜等，也是在沉积过程中逐渐形成的。与这些类型的圈闭相比，大量的构造圈闭（挤压背斜圈闭、断层圈闭等）则是在后期构造运动的过程中形成的。根据地层剖面中圈闭的类型、地层的接触关系和地层的产状可以判断圈闭形成的相对时间（图6-8）。图中，圈闭1、2是在形成不整合之前发生的构造运动过程中形成的，应该是整个剖面中形成最早的圈闭；圈闭3是在不整合面上覆地层c沉积后形成的；圈闭4是在地层d沉积过程中形成的；圈闭5、6、7是地层e沉积之后的构造运动过程中同时形成的，是剖面中最晚形成的圈闭。

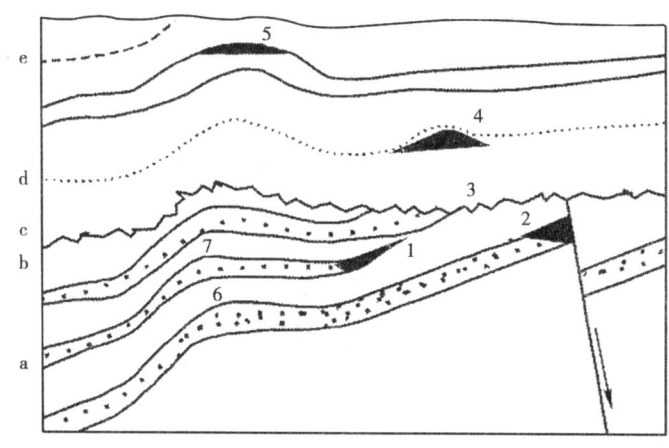

图6-8 圈闭形成的相对时间的确定（据Levorsen，1967）
1~7—圈闭编号；a~e—地层序号

从微观层面上讲，油气的生成、初次运移和二次运移是一个连续的过程，油气的生成和运移应该是同时发生的。但从宏观层面上讲，盆地内大规模的油气二次运移往往是与盆地的区域性构造运动同时发生的。构造运动与油气运移的关系可以归结为三个方面：构造运动可以造成地层的倾斜、褶皱，打破原来盆地中流体的平衡状态，引起流体的运移和重新分配；构造运动可以形成断裂、裂缝等油气运移的通道，为油气的运移创造条件；构造应力可以直接作用在流体上，从而改变盆地压力场的分布，为流体的运移提供动力。因此，每一次大规模的构造运动都可以造成盆地内油气的大规模运移和重新分配，这样决定盆地内地质构造现状的最后一次构造运动，就控制了最后一次区域性油气运移时间。

最后一次构造运动可能产生两种结果：一种是它可能使盆地原有构造面貌继承性发展，使原有的多数圈闭进一步发育定型，对油气聚集最有利；而在这次运动中新形成的圈闭，由于油气多已聚集在早期圈闭中，这些新圈闭常常成为"空"的，对油气聚集无效。另一种是地壳运动比较强烈，改变了盆地原来构造面貌，破坏了早期圈闭，打破了原来油气聚集的平衡状态，使油气再次发生区域性运移，油气重新分配。这样，在这次运动中形成的新圈闭在隆起幅度高、封闭条件好的前提下，就更有利于油气聚集，成为有效的圈闭；而原有的早期圈闭，如果遭到破坏，油气逸散，就成为对油气聚集无效的圈闭了。有时这两种情况也同时出现在一个沉积盆地中，使圈闭的发展历史复杂化。

酒泉盆地老君庙背斜和青草湾都位于南部构造带，其古近系中具有相似的背斜圈闭。钻探结果表明，老君庙背斜含有丰富油气，是有效的圈闭，而青草湾背斜则未发现油气聚集。

在对比了两个背斜构造的地质发展历史发现,除与岩性变化有关外,背斜圈闭形成时间与区域性油气运移时间的对应关系是一个极重要的原因。酒泉盆地最后一次区域性油气运移时间是上新世,此时老君庙背斜已经形成,油气聚集其中,形成了油气藏。而青草湾背斜圈闭是在上新世末期才形成的,这时区域性的油气运移已经结束,缺乏油气来源,而且其海拔高度又低于老君庙背斜,也不能使油气重新运移至该圈闭中。因此,青草湾背斜圈闭对油气聚集是无效的,没有形成油气藏。

(二) 圈闭与油源区的距离

国内外油气勘探实践已经证明,沉积盆地中的生油坳陷控制着油气的分布。一般长期继承性发育的深坳陷是盆地内最有利的生油区。油气生成后,首先运移至油源区内及其附近的圈闭中聚集起来形成油气藏,多余的油气则依次向较远的圈闭运移聚集。如果油源有限,不能满足盆地内所有圈闭的总有效容积时,则距油源区远的圈闭通常成为无效的圈闭。所以,一般情况下,圈闭所在位置距油源区越近,越有利于油气聚集,圈闭的有效性越高。

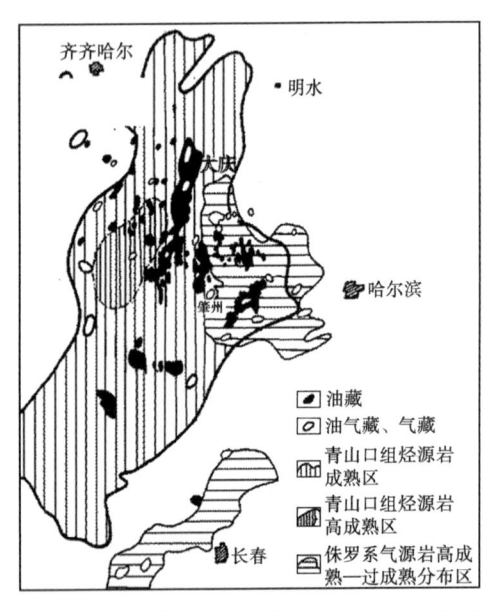

图 6-9 松辽盆地油气聚集与生烃中心的关系
(据胡见义、黄第藩等,1991)

陆相沉积盆地中地层的岩性岩相在纵向、横向上变化大,油气运移距离短。因此,在生油区内及其附近的圈闭是最有利的,油气藏富集程度高,而远离生油区的圈闭富集程度低或往往是无效的。松辽盆地的中央深坳陷油源丰富,是成熟烃源岩的主要分布区,大庆长垣位于深坳陷内,油气生成后就近聚集其中,形成特大油田;而在盆地北部存在许多背斜构造,但因远离中央坳陷,其含油气情况明显变差(图6-9)。这表明在陆相沉积盆地内,有利的生油区控制了油气的分布范围,查明圈闭所在位置与油源区的相应关系,对指导油气勘探有重要的实际意义。

在海相地层发育的沉积盆地中,储集层岩性一般较稳定,连通性也较好,油气能较长距离地运移。因此,圈闭所在位置与油源区的相应关系,就不像在陆相盆地那么重要了。

从圈闭所在位置与油源区的相应关系研究圈闭的有效性时,需要注意两个重要因素。一个因素是油源是否充足,即油源区所供给油气的数量能否满足盆地内所有圈闭总有效容积的需要。假如油气供给能够充满盆地内所有圈闭,则圈闭都是有效的;如果油气来源有限,则圈闭所在位置与油源区的相应关系就显得非常重要,距油源区越近的圈闭有效性就越高。另一个要注意的因素是储集层的岩性变化和受断裂分割程度如何。如果储集层的岩性变化大,物性不稳定,孔隙连通性差,乃至有的互相隔绝,再加上封闭性断层发育,将同一储集层分割成若干互不连通的断块,那么,即使油源充足,油气也很难进行较长距离的区域性运移,油气只能在生油区内及其附近的圈闭中聚集。在这种情况下,离生油区较远的圈闭,有效性当然就很差。相反,若储集层岩性变化小,连通性好,又无断层分隔,则在油气供给充足的情况下,圈闭所在位置与油源区的相应关系就显得无足轻重了。

(三) 圈闭位置与油气运移优势方向的关系

由于盆地构造格局、沉积体系的分布、断裂的分布以及水动力条件等因素的影响，油气在盆地内的运移是不均衡的，致使在有些方向上的流量要大于其他方向的流量，从而形成盆地内的优势运移方向。显然，位于这些油气运移优势方向上的圈闭对于油气的聚集比非优势方向上的圈闭更加有利，圈闭的有效性就更高。

在第五章讨论油气二次运移方向时，对影响油气运移方向的主要因素已经进行了阐述。综合起来，油气运移的优势方向主要受盆地的构造格局、沉积体系的分布、断裂分布和盖层底面构造形态等主要地质因素的控制。盆地内油气总的运移方向是从坳陷向隆起运移、从盆地中心向盆地边缘运移、从深层向浅层运移，大型的隆起区和盆地边缘的斜坡区是油气运移的主要指向。在油气运移的这一大背景下，优势输导体系的分布控制着油气的优势运移方向，盆地中砂岩体发育的各种沉积体系分布的方向往往是油气侧向运移的优势方向，区域性盖层底面的构造脊也控制着油气运移的优势方向，而断裂的分布控制了油气垂向运移的优势方向。

大庆长垣位于松辽盆地北部三角洲体系上，砂岩体发育，输导条件好，坳陷中生成的油气沿三角洲砂岩体运移进入大庆长垣，形成了特大油田。而惠州凹陷位于盖层底面构造脊上的圈闭的有效性要远远高于其他圈闭（参见图5-75）。这些典型实例都说明了油气运移的优势方向与圈闭有效性的关系。

(四) 水动力强度和流体性质对圈闭有效性的影响

在静水压力条件下，测压面是水平的，圈闭内的油水（或气水）界面呈水平状态。在水动力条件下，测压面是倾斜的，储集层中的地层水沿测压面倾斜方向流动，圈闭内的油水（或气水）界面也顺水流方向倾斜。油水界面或气水界面倾角的大小取决于水动力强度和流体的密度。在水动力和流体密度差的作用下，圈闭对油聚集的有效性与对气聚集的有效性是不同的（图6-10）。

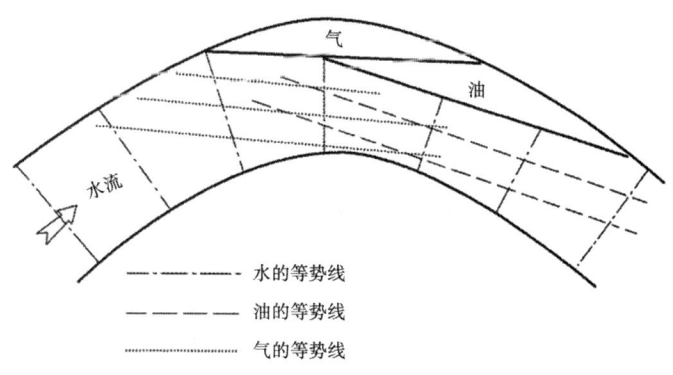

图6-10 水动力条件下油水界面分布示意图

如果水动力强度不变，则流体密度直接影响圈闭的有效性。设气、油、水的密度分别为 $\rho_g = 0.001 g/cm^3$，$\rho_o = 0.8 g/cm^3$，$\rho_w = 1 g/cm^3$，则油水界面的倾角相当于气水界面倾角的5倍。换言之，在相同的水动力条件下，对同一圈闭而言，气水界面倾角可能小于圈闭顺水流方向一翼的岩层倾角，天然气能聚集成藏，该圈闭对气体的聚集就是有效的。而油水界面的倾角则可能等于或大于圈闭水流方向一翼的岩层倾角，石油就会被水冲走，结果该圈闭被水充满，对石油聚集无效，油藏被完全破坏。

另一方面，各地区的地质构造面貌千变万化，导致水压梯度也变化甚大。如果仍设气、油、水的密度分别为 $\rho_g = 0.001\text{g/cm}^3$，$\rho_o = 0.8\text{g/cm}^3$，$\rho_w = 1\text{g/cm}^3$，则在不同水压梯度下，圈闭聚集油、气所要求的岩层倾角最小值如表6-6所示。由表中数据可以看出，在同一水压梯度下，圈闭中聚集石油和天然气所要求的岩层倾角最小值差别很大。对气体聚集而言，气水界面倾角常常很小，所要求的岩层倾角也就很小，即在自然界常见的水压梯度作用下，几乎任何圈闭对天然气的聚集都是有效的；而对石油聚集而言，条件要求就较高，如水压梯度为 $0.005\sim 0.01\text{MPa}/100\text{m}$ 时，则在岩层倾角小于 $1°$ 的平缓圈闭中，石油会被水流冲走而难以聚集。所以，从水动力学观点来看。在一定的水动力条件下，同一圈闭往往对天然气聚集有效的，而对石油聚集就不一定有效。

表6-6 圈闭中聚集油、气所要求的岩层倾角最小值

水压梯度 MPa/m	岩层倾角最小值	
	天然气	石油
0.1	6°	30°
0.01	0.5°	2.5°
0.001	0.05°	0.25°
0.0001	0.005°	0.025°

四、良好的保存条件

盆地中烃源岩生成的油气能否形成油气藏，与油气的保存条件有重要关系。如果油气的保存条件不好，油气在运移过程中就有散失的可能，不利于形成大型油气藏；另一方面，在地质历史中已经形成的油气藏能否保留到现在，取决于在油气藏形成以后是否遭受破坏和改造。因此，保存条件不仅对于油气藏的形成非常重要，也是油气藏能否保留的重要前提。油气藏在形成过程中与形成以后的保存条件，主要与盆地区域性盖层的条件、构造运动的强度以及水动力条件有关。

（一）良好的区域性盖层

区域性盖层是保护盆地中的油气免遭散失的重要屏障，对一个盆地能否形成丰富的油气资源至关重要。在世界上油气丰富的盆地中都有一套甚至多套良好的区域性盖层（表6-7）。区域性盖层条件的优劣主要与盖层的岩性、厚度和在区域上的稳定性有关。

表6-7 世界主要含油气盆地区域性盖层特征表

盆地名称	盆地面积 10^4km^2	区域性盖层特征			大油气田数
		层位	岩性	厚度，m	
波斯湾	328	P-T 和 J_3、N_1 下法尔斯组	蒸发岩	N_1：200~1500	82个
		K_1	页岩	500~1500	
西西伯利亚	350	K_1（尼欧克姆统）	页岩	100~400	36个
		J	页岩	800	
墨西哥湾	130	中生界	蒸发岩		22个
		新生界	页岩		
马拉开波	8	上白垩统 Colon 组	泥岩	100~500	8个

续表

盆地名称	盆地面积 $10^4 km^2$	区域性盖层特征			大油气田数
		层位	岩性	厚度，m	
伏尔加—乌拉尔	70	下二叠统孔谷组	膏盐岩	100~300	46个
锡尔特	51.9	上白垩统	页岩、蒸发岩	500~1000	18个
三叠	44	上三叠统—下侏罗统	页岩、蒸发岩	800~1000	15个
北海	57.5	J启莫里阶—K_1	泥岩	500~800	31个
		P 蔡希斯坦统	蒸发岩	900~2000	

在第二章中我们已经提及，盖层的一般岩性是泥岩和膏盐类岩石，也有碳酸盐岩作为盖层的例子，但是，作为盆地的区域性盖层一般都必须是由泥岩类或膏盐类岩石组成的地层。膏盐具有很好的可塑性，在构造运动中不易发生断裂，并且孔隙性、渗透性极差，天然气在其中的扩散系数极低，是最适合作为区域性盖层的岩石类型，国外许多油气资源丰富的大型含油气盆地一般都以膏盐作为区域性盖层。如世界上油气资源最丰富的波斯湾盆地上侏罗统的膏盐盖层和中新统下法尔斯组膏盐层都是重要的区域性盖层。我国塔里木盆地库车坳陷主要区域性盖层是古近系和新近系的一套膏盐层，该区域性盖层厚度大，分布广，对该坳陷天然气的聚集具有重要的作用。泥岩的塑性不如膏盐，孔渗性和天然气在其中的扩散系数都比膏盐要高一些，从作为盖层的质量上比膏盐稍差，但泥岩是沉积盆地中分布最为广泛的一类盖层，世界上大多数盆地都是以泥岩地层作为区域性盖层的，泥岩地层只要具有足够的厚度和分布上的稳定性，仍然是良好的区域性盖层。西西伯利亚盆地白垩系、松辽盆地白垩系和渤海湾盆地古近系都是泥岩地层作为区域性盖层。

虽然在很多盆地中都有几米厚的泥岩或膏盐作为油气藏局部性盖层的例子，如我国四川盆地磨溪气田直接盖层为6.6m厚的硬石膏层，鄂尔多斯盆地中部气田的铝土岩盖层厚度1~30m，但作为区域性盖层必须具有足够的厚度并在盆地内具有横向上的稳定性和连续性。盆地区域性盖层的厚度一般应在数百米以上，只有这样，才能保证一套盖层在盆地内具有分布上的稳定性，使其在盆地的绝大部分地区都有分布，对盆地的油气起到纵向上和横向上的保护。表6-7所示的世界上主要含油气盆地的区域性盖层的厚度一般都在数百米以上，在盆地的大部分都有分布。

（二）相对稳定的大地构造环境

盆地的大地构造条件对油气藏的形成与保存具有重要影响。在油气藏的形成与保存过程中，盆地的构造运动具有二重性，适度的构造运动有利于油气聚集，而强烈的地壳运动则会造成油气藏的破坏。比较而言，相对稳定的大地构造环境对油气藏的形成与保存都是有利的。

世界上许多油气资源丰富的沉积盆地都发育在稳定的大地构造环境中，稳定的大地构造环境有利于大型油气田的形成。波斯湾盆地油气资源的主体仍分布于具有稳定构造背景的阿拉伯地台；世界上天然气资源最丰富的西西伯利亚盆地也属于稳定构造环境的克拉通盆地；我国的松辽盆地在白垩纪以后进入坳陷发展阶段，地壳运动相对平稳，形成了大型油气田。

强烈地壳运动是油气藏破坏的主要原因。其一，地壳运动可以造成大规模的抬升，储集层遭到剥蚀风化，油气会大量散失，造成大规模的地面油气显示，油气则不能聚集或造成原有油气藏的破坏。如柴达木盆地的油砂山就是由于地壳运动使原有的油气藏遭严重破坏，新近系储油层出露地表，遭到剥蚀风化；塔里木盆地志留系沥青砂也是地壳运动使古油藏遭受破坏的结果；酒泉西部盆地的石油沟油田古近系白杨河组油气藏受喜马拉雅造山运动的强烈影响，使油气藏遭到严重破坏，大量原油流失地面。其二，地壳运动可以产生一系列的断层，会破坏圈闭的完整性，油气沿断层流失，油气藏破坏。其三，地壳运动会伴随岩浆活动，高温岩浆侵入油气藏，会把油气烧掉，把圈闭破坏，在这种情况下，大规模的岩浆岩活动对油气藏的保存是不利的，最终导致油气藏的破坏。

在考察构造运动对一个盆地油气藏的形成与保存的影响时，应该具体问题具体分析。如果一次构造运动没有造成盆地主要区域性盖层的破坏，则对油气的保存可能不会有太大影响；如果一个盆地的区域性盖层主要为厚层的膏盐层，即使构造运动比较强烈，油气一般也能够比较好地保存下来，如扎格罗斯前陆坳陷和我国的库车坳陷；如果盆地的构造运动和岩浆活动主要发生在油气藏形成之前，也不会对油气造成破坏。因此，在一般的条件下，稳定的构造环境对油气藏的形成与保存是有利的，比较强烈的构造运动对油气藏形成与保存的影响要根据盆地的具体地质条件进行具体分析。

（三）相对稳定的水动力环境

水动力环境对油气藏的保存条件有重要影响。活跃的水动力环境可以把油气从圈闭中冲走，导致油气藏破坏。因此，相对稳定的水动力环境，是油气藏保存的重要条件之一。

渤海湾盆地潜山油气藏的保存条件与水动力环境有极密切的关系，油气藏主要分布在水动力环境相对稳定的地区。古近纪以前，渤海湾地区的中—新元古界及下古生界碳酸盐岩的风化带广泛接受大气降水的淋滤。古近纪以来，该区坳陷部分开始重新接受沉积，结束淋滤阶段。但是，在高隆起地区，淋滤阶段延至馆陶组沉积之前，甚至明化镇组沉积之前才结束；而与老山相连接的地区至今仍处于淋滤阶段或受淋滤强烈影响。因此，早期结束淋滤阶段，在古近纪沉积坳陷中的潜山分布区，水动力相对稳定；与现代补给区相邻接的地区，水动力一般很活跃；而介于二者之间的过渡地带，则存在着沉积水和淋滤水相交替的复杂过程。

由于淋滤水在古风化壳中的运动方向与古近纪沉积水的运动方向相反，其间存在一个压力平衡带，水动力环境稳定性好，具有良好的保存条件，是油气藏形成和分布的有利地区。如任丘油田就是处于这种有利的水动力环境稳定区的边缘。

相反，在水动力环境活跃区，油气藏的保存条件就差，油气被水冲走，油气藏遭到破坏。该区外侧与补给区相连，水流活跃，水质淡化。因此渤海湾盆地一些坳陷的边缘山区或凸起区水动力活跃，对油气藏保存不利，含油气远景也差。

综上所述，油气藏形成最基本的条件是充足的油气来源、有利的生储盖组合、有效的圈闭以及良好的保存条件等四个方面，只有具备了这四个条件，油气藏才能够形成与保存。

第二节 油气聚集与成藏过程

油气在圈闭中积聚形成油气藏的过程称为油气聚集。油气聚集和油气藏形成的过程实际上就是运移着的油气从分散到集中的过程，也是运移着的油气从运动到相对静止的过程。本节将阐述油气聚集形成油气藏的基本原理和不同地质条件下油气藏的形成过程和形成机理。

一、油气聚集的基本原理

传统意义上的油气聚集是分散状烃类（油滴/气泡）逐渐聚集成连续态烃类（油柱/气

柱）的过程（Tissot，1978；England，1987；Hunt，1990；张厚福等，1999b）；而微观条件下，局部的烃类分子密度增大（或表现为浓度增加）的过程也可以视为油气的聚集。最终，当岩石中的烃类物质聚集到一定规模，则可被视为聚集成藏。运移着的油气质点能否停止运动并聚集成具有一定规模的油气藏，受三个基本定律的支配，即力平衡原理、物质平衡原理和相平衡原理。

（一）力平衡原理

前面章节已经陆续介绍了油气在地下孔隙空间中受到的各种力的作用，其中包括宏观尺度上由浮力和重力共同形成的上浮力、地层压力异常造成的剩余压力，还有微观尺度上由油水（或气水）界面张力引起的毛细管力、吸附力和黏滞力等。在不同地质条件下，孔隙空间中油气质点受到的力的组合不同，导致不同条件下控制油气聚集的力也不尽相同。

1. 常规储集层中的力平衡

常规储集层具有较大孔隙空间，在这种多孔介质的孔隙空间中存在大量的可动水，油珠和气泡主要与岩石孔隙中的可动水接触，呈自由上浮状态。

连续烃相在自由上浮状态下主要受浮力（F_b）、重力（F_g）和孔隙喉道发生变化时的毛细管力（P_c）的作用。浮力（F_b）与重力（F_g）的合力上浮力（F_{nb}）促使油气自由向上运动（图6-11），与此同时，可动水被向下排驱。在烃类向上运动的过程中，当油气从大孔隙向小孔隙运动时，孔隙直径的变化形成的毛细管力差将阻止油气继续向上运动，起阻力作用。如在这一过程中遇到地下水的流动，则水动力叠加在上述各力之上，形成新的平衡状态。可见，上述各力的相互关系（平衡状态）是决定油气是"运"还是"聚"的关键。

在水平储集层中，油气的垂向运动主要受油在水中的浮力、油的重力、储集层与盖层之间毛细管力差形成的阻力的作用。当油气的上浮力小于储盖层孔径变化引起的毛细管力差（P_c）时，油珠或气泡在孔隙空间中即达到了力的平衡，从而在盖层底面下停止上浮。因此，自由上浮条件下，促进油气运移的动力为烃—水密度差导致的上浮力，阻力是由毛细管直径变化所导致的毛细管力差［图6-11（a）］。烃—水浮力和毛细管力的平衡是决定油气聚集的关键因素，油气之所以能够被盖层所封盖，并聚集在盖层之下，就是这个道理。

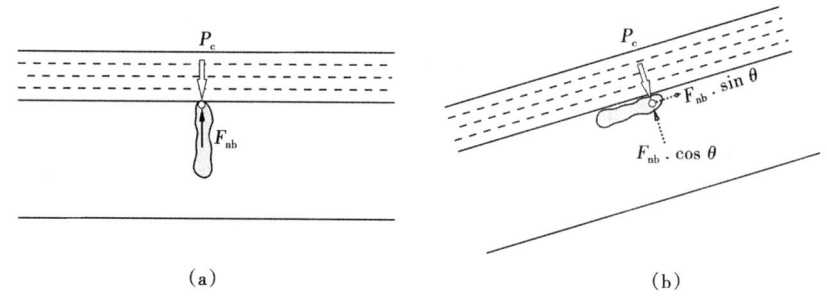

图6-11　自由上浮条件下的烃类垂向运移的受力情况

对于倾斜地层而言，油气垂向运动的受力状况要复杂一些［图6-11（b）］。油气在上浮力与垂直方向储集层孔径变化产生的毛细管力差达到平衡致使油气停止垂向运移后，仍可在上浮力沿地层上倾方向的分力的作用下向地层上倾方向运移。这时，仍需存在与上浮力分力（$F_{nb} \cdot \sin\theta$）平衡的力，才能令油气在倾斜地层中停止运移并聚集起来。事实上，盖层的弯曲、断层的遮挡等条件就发挥了这样的作用。

以储盖层弯曲形成的背斜为例（图6-12），由于背斜两翼地层倾向相反，导致上浮力平行于盖层底面的分力（$F_{nb} \cdot \sin\theta$）在背斜两翼均指向背斜顶部，背斜左翼的浮力驱动圈闭内的油气向右翼移动，右翼的浮力则驱动油气向左翼移动。在静水条件下，连通的储集层内具有统一烃水界面，这就意味着背斜左翼和右翼具有相同含油气高度。因此，背斜两翼净浮力大小相等，并从相反方向指向背斜顶部，则油气在两翼的净浮力分力达到平衡状态，油气停滞在圈闭中，最终形成油气聚集。

在存在区域水动力（F_d）或者异常地层压力（P_a）的动水条件下，水动力和剩余压力将叠加于上浮力和毛细管力构成的力场之上，导致烃类自由上浮过程中力学平衡变得更为复杂。在水动力的作用下，地层水流入一侧的烃水界面将向另一侧产生 ΔL 距离的水平移动，同时界面抬高 Δh；地层水流出一侧除了产生同样距离的水平移动外，烃水界面高度将下降 Δh。油气藏通过水平移动 ΔL 距离来平衡水动力在水平方向的分力，而背斜两翼间含油气高度差（烃水界面倾斜）所形成的附加浮力平衡了水动力在垂向上的分力。通过位置移动和烃水界面倾斜最终达到了力的平衡，油气停止运移形成聚集（图6-13）。

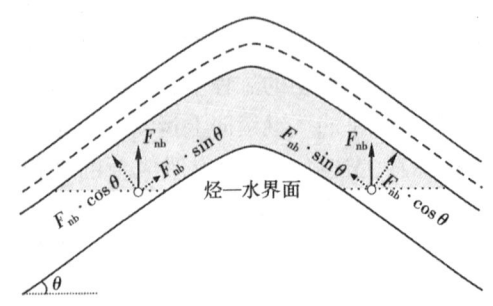

图6-12 静水条件下背斜油气藏中的力平衡

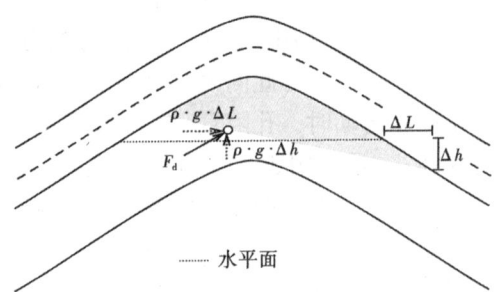

图6-13 动水条件下背斜油气藏中的力平衡

2. 致密储集层中的力平衡

致密储集层具有低孔、低渗和高排替压力特征，以微米—纳米级孔喉为主（Nelson, 2009）。这类孔隙系统中，孔隙空间中的自由水少，岩石颗粒表面的束缚水比例增大，浮力作用减弱。即使在局部"甜点"仍存在明显的浮力作用，但在致密储集层大面积分布的条件下，分布于"甜点"中的浮力不能相互传递，不能成为油气大规模运移的动力。

因此，在致密储集层中，油珠和气泡受到的主要的力是重力和毛细管力，由油珠和气泡界面张力所导致的附加黏滞力、流体充注作用和其他作用形成的异常地层压力也是主要作用力。黏滞力的产生一方面是由烃类物质中极性成分与岩石颗粒表面的极性键相互吸引所产生的吸附力造成；另一方面是由油珠或者气泡本身为了克服孔隙空间不足、维系体系形态而对界面所施加的附加正压力。可见，黏滞力是在相对微观环境下流体与岩石所发生的物理—化学作用的体现。黏滞力与油珠或者气泡的运动方向相反，是油气运移的阻力。因此，在致密储集层中，油气运移的动力主要是与异常高压有关的剩余压力差，阻力主要为毛细管力和黏滞力；二者之间的平衡关系决定了油气的运移与聚集。由于致密储集层中黏滞力的大小完全可以克服平衡重力，使得油珠或者气泡呈悬浮状停滞在孔隙中，故油珠或者气泡无法自发地积聚在一起形成规模更大的连续油珠或者气泡。当地层中出现较高幅度的附加力场（如异常地层压力）时，超压克服黏滞力和毛细管力，驱动油珠或气泡整体向低剩余压力区移动。

这种情况往往出现在与致密储集层紧密接触的烃源岩在异常高压的作用下向储集层排烃

的条件下。一般情况下，在烃源岩与致密储集层呈大面积"广覆式"或"三明治式"直接接触时，烃源岩排出的油气在异常高压的作用下克服黏滞力和毛细管力，发生向储集层顶面或底面移动为主的运移，当充注动力降低，与黏滞力和毛细管力达到平衡时，油气就停止运移；或者油气一直运移到致密储集层的顶底界面，由于盖层高的毛细管阻力的阻挡而停止运移。油气的持续充注，可以导致致密储集层中油气饱和度的增高，形成油气聚集。

(二) 物质平衡原理

油气藏盖层是阻挡油气向上渗漏的封闭层。如果没有盖层的保护，油气将无法聚集成藏。但盖层的封闭性也是相对的，在漫长的地质历史过程中，由于地质作用的复杂性，或多或少的油气都会通过盖层发生逸散。油气通过盖层逸散的速率与油气的性质、盖层的性质和散失机理有关。如果油气向圈闭充注的速率小于圈闭中油气散失的速率，圈闭则不能聚集油气，就不能形成油气藏，或者圈闭已聚集的油气会逐渐减少以至枯竭，油气藏遭到破坏。如果油气向圈闭充注的速率大于圈闭中油气散失的速率，则圈闭中的油气就会不断聚集，形成油气藏。因此，油气向圈闭充注的速率与圈闭中油气散失速率的平衡关系也控制着圈闭中油气的聚集与散失，这就是油气藏形成过程中的物质平衡原理。

油气藏中烃类的散失主要包括烃类微渗漏和扩散两种机理，而油气因盖层被剥蚀或遭断裂的破坏导致的大规模散失则属于油气藏破坏的范畴。

1. 烃类微渗漏

油气微渗漏是指地下烃类经过圈闭直接盖层的连通孔隙、微裂缝、层理缝或封闭断裂等通道发生逸散的现象。这种逸散可以是被肉眼观察到的高浓度烃类整体流动现象，也可以是仅通过仪器检测方能观测到的微观烃类活动（Abrams，2005）。

1) 烃类微渗漏机制

在封盖层完整有效的前提下，油气的微渗漏方向主要是垂直向上发生的。在油气形成聚集后，水平方向的压力梯度容易达到平衡，从而令垂向压力梯度更加明显。此外，垂向上温度梯度是水平方向上的100倍，导致温度降低的方向总体垂直向上。故油气藏中烃类渗漏的方向总体为垂直向上。

研究认为，微渗漏主要是由一些分子直径小、活动能力强的轻烃的渗漏引起。MacElvain（1969）提出胶束溶液态运移理论，认为油气藏顶部盖层中的地层水对烃类的溶解能力有限，在烃类（尤其是液态烃类）在水中的溶解度较低的情况下，烃类极易在盖层孔隙中达到饱和从而析出。由于盖层孔隙空间较小，析出的烃类难以形成大规模的连续烃柱，仅以胶粒形式存在。微小的胶粒以类似布朗热运动的形式向低浓度区运移，最终通过盖层逸散。在这一过程中，油气会经历生物降解、氧化水洗等蚀变作用。Price等（1986）完善了这种模式，并将微裂缝系统引入渗漏体系中，有效地提高了这种模式的渗漏效率。据测算，胶粒的运移速度每天可达 0.2~0.8m（Arp，1992）。这一模式合理解释了油气藏顶部出现的晕状化探异常现象，也容易解释渗漏部位大量 C_{6+} 成分异常的现象。

我国学者汤玉平（1998）和辛忠斌等（2002）则认为胶束溶液在亲水岩石中运移效率仍比较低，难以解释一部分渗漏强度较大的现象，于是提出了"水溶压驱混相裂隙渗透"的油气微渗漏模式。该机制认为，地层条件下油气以水为主要载体，在垂向压力梯度和浮力的驱动下，以水溶烃或烃类胶体形式，呈混相以渗滤方式通过各种岩层缝隙系统向上做间歇递进式的微量运移。

除了上述两种形式的微渗漏外，当孔隙直径小于 1nm 时，由于界面张力的存在，无论施加多大的外力，流体都不可能呈游离相发生流动，只能以分子形式进行扩散运移。扩散方式在含油气区普遍存在，尤其是对于分子直径小、活动性强的气体分子而言，扩散更成为发生渗漏的重要方式。

2）烃类微渗漏显示

无论地下油气藏中的烃类以何种机制发生微渗漏，均会在地表和地表附近表现出地球化学异常现象。这种地球化学异常包括两种——烃浓度异常与浅层土壤/岩石元素异常。

张同伟等（1995）在研究我国鄂尔多斯盆地腹部中央古隆起北端的靖边气田时发现，该地区存在明显的烃类微渗漏现象。靖边气区浅层（0~1020m）以红色、砖红色粉砂岩及灰绿色砂质泥岩为主的地层中总有机碳含量低（TOC：0.01%~0.3%），有机质处于未成熟阶段（T_{max}<400℃），是一套不具生烃能力的地层。但地层内 $S_1/(S_1+S_2)$ 在 0~1 之间，平均值为 0.57，表现出明显的运移烃类特征（图6-14）。分析认为，靖边气田位于鄂尔多斯盆地腹部，在没有大型断裂沟通深部有效烃源岩的情况下，位于气田上方的烃类异常应为气田中烃类垂向微渗透所致。

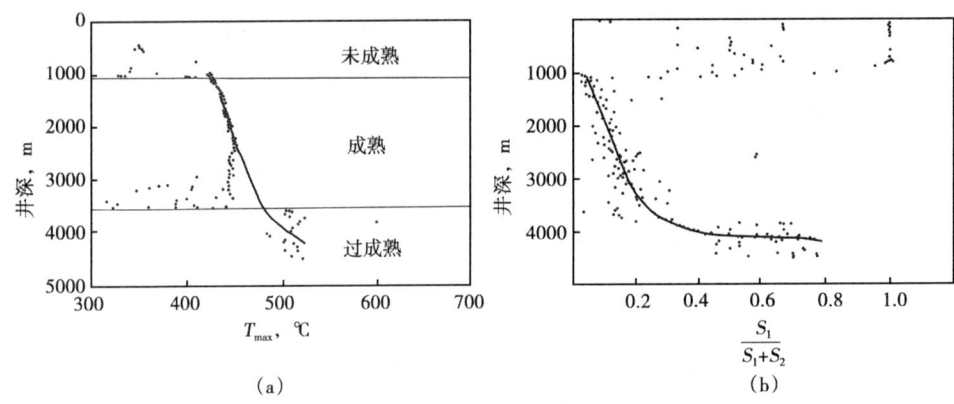

图6-14 鄂尔多斯盆地靖边气田岩石热解参数纵向变化图（据张同伟等，1995）

微渗漏在断裂等优势运移通道发育区就更加明显。如在鄂尔多斯盆地凯蒙断裂带附近未发现油苗等地表油气显示（文百红等，2001），但是在化探结果上却表现出显著的烃类异常现象。异常出现的部位与两条逆断层的位置有很好的关系（图6-15）。这种烃类含量的异常现象应该与烃类物质沿断层向地表渗漏有关。

烃类的微渗漏现象除了表现为烃类含量异常外，还会由于烃类与外界岩石或者土壤发生化学反应，而表现为土壤元素或矿物的异常现象。

当烃类微渗漏达到地表时，将发生一系列的氧化-还原反应（R. W. Klusman 等，1992）。首先，微生物作用与烃类发生氧化反应产生羧酸。羧酸浓度的提高将导致土壤中碳酸氢根和碳酸根离子饱和，从而使碳酸盐矿物开始饱和、沉淀。在碳酸盐沉淀过程中，碱土元素（如 Mg、Sr 和 Ba 等）将与之结合，形成方解石。同时，随着土壤中碱土元素含量的降低，大部分微量过渡元素（如 Fe、Mn 和 V）或溶解析出或被植物的根所吸收（图6-16）。

因此，油气微渗作用的直接结果是次生方解石的沉淀、土壤溶液中碱土元素的减少以及在植物中微量元素的异常。可见，在含油气区，烃类的微渗漏作用是一种普遍的地质现象，其发生与发展贯穿于油气生成与聚集的全过程。

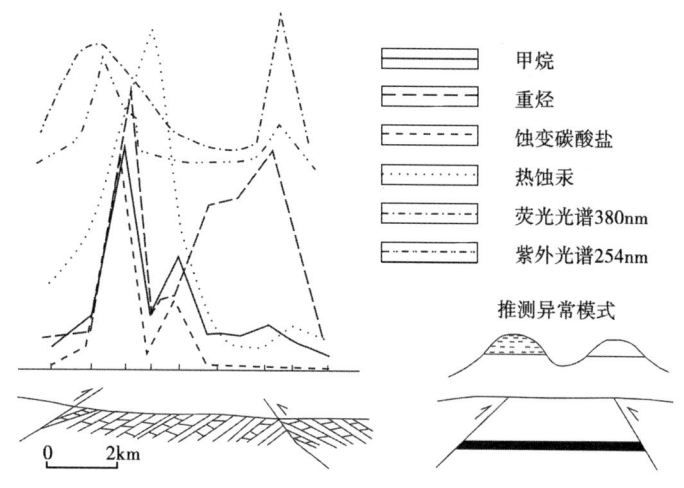

图 6-15　凯蒙呷拉地区地表烃类监测结果图（据文百红等，2001）

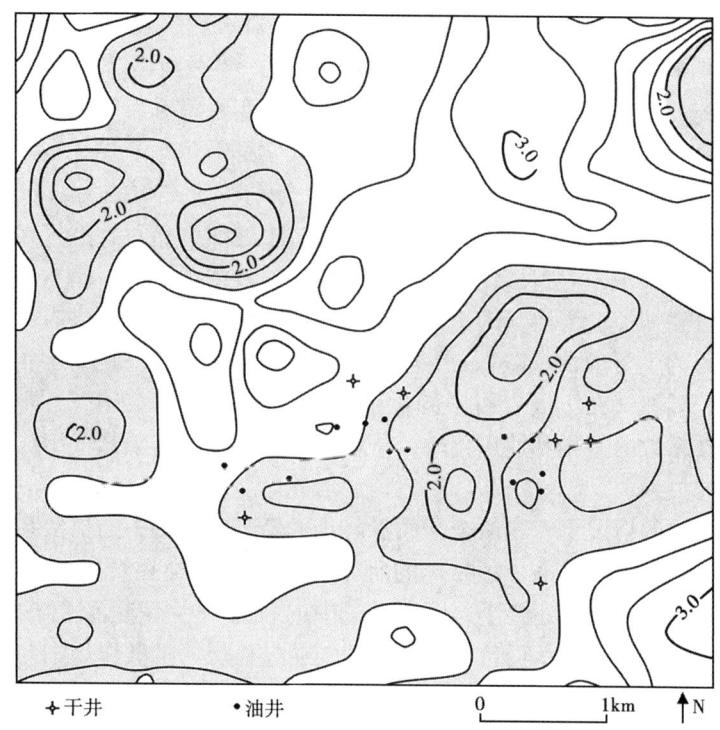

图 6-16　内华达州 Railroad 河谷 Eagle Springs 油田区植物中的 Fe 和 Mn
含量综合分数（%）与地下油气分布关系图

2. 天然气的扩散作用

扩散作用是物质在浓度梯度作用下自发地发生的从高浓度区向低浓度区转移以达到浓度平衡的一种传递过程，是物质以分子状态发生的一种转移过程。扩散作用的动力是空间上物质的浓度梯度，只要地下两点之间有物质浓度梯度的存在，就可以发生扩散作用；同时，扩散作用的发生是以分子状态进行的，因此扩散介质中只要有物质分子能够通过的通道，就可以发生扩散作用。

在地下天然气的浓度是不平衡的，主要表现在处于生气高峰中的烃源岩中天然气的浓度要高于相邻储集层中天然气的浓度，气藏的天然气浓度要高于盖层中或气藏外的天然气浓度，另外天然气的分子直径极小，完全可以通过泥岩的孔隙空间，因此从烃源岩向储集层和从气藏内向气藏外的扩散作用是普遍存在的一种地质过程。天然气从烃源岩向储集层的扩散作用是天然气初次运移过程的一部分，从气藏内向气藏外的扩散作用则是一种天然气的散失过程。天然气通过盖层的扩散作用对天然气藏的保存有重要影响。

由于气藏内的天然气浓度总是高于气藏外的天然气浓度，气藏中天然气的扩散损失和对气藏的破坏是持续的和永恒的。在地质年代中，天然气藏中的天然气通过盖层的扩散量是相当可观的。D. Leythaeuser（1982）计算了荷兰一个储量为 $20 \times 10^8 m^3$ 的气田，其盖层为 400m 厚的泥岩，经过 4.5Ma 后，气藏中的天然气由于扩散作用，其储量将减少一半，如果其盖层的厚度分别为 300m、200m 和 100m，则储量减少一半的时间分别为 2.7Ma、1.3Ma 和 0.7Ma。可见，仅靠天然气的扩散作用在地质年代中完全可以把气藏破坏掉。天然气的扩散作用是天然气成藏与保存中的一个重要的过程。

对于地质条件下天然气的扩散作用，早在 20 世纪 50 年代就有学者（Antonov，1954）进行过研究。到 20 世纪 70 年代末和 80 年代，国外已对天然气在地下的扩散作用进行了比较系统的研究，其中包括 D. Leythaeuser（1980，1983）等对西格陵兰及德国西部地质剖面中烃类扩散的研究、Krooss 等（1985，1986，1987）在实验室对天然气在不同岩性中的扩散系数进行的比较系统的测定等。在国内，中国石油大学郝石生等最早在实验室测定了天然气在不同岩性岩石中的扩散系数（郝石生等，1991，1994）。上述研究为认识天然气的扩散作用及其对天然气成藏的影响奠定了重要的基础，通过上述研究，对天然气在地下岩石中的扩散作用有了一个基本认识，对扩散作用对天然气成藏过程的影响有了基本了解。

在第五章中已经知道，天然气的扩散作用可以用菲克（Fick）定律描述，扩散系数是衡量天然气扩散能力的主要参数。Krooss 等（1985，1986，1987）、郝石生等（1991）在实验室测定了不同组分天然气在不同岩石中的扩散系数。柳广弟等（2012）研究了不同实验测定方法测定的扩散系数的差异和使用条件，并研究了扩散系数与天然气组成、扩散介质的物性、温度、压力的关系。

在其他条件相同的情况下，相对分子质量越小的烃类在岩石中的扩散系数越大，也就是越容易发生扩散。D. Leythaeuser（1982）的研究表明，C_8 烃类在页岩中的扩散系数比甲烷在页岩中的扩散系数的 1/350 还要小，因此油藏中的石油基本不能通过盖层发生扩散作用，石油的扩散损失可以不用考虑，而气藏中的天然气通过盖层的扩散作用则要重要得多，是天然气成藏过程研究中必须考虑的问题。

扩散介质的性质对扩散系数影响很大，天然气在不同岩性中的扩散系数相差悬殊。研究表明，天然气在泥岩中的扩散系数比在盐岩中的扩散系数大将近 100 倍（郝石生等，1993a）。如果气藏以膏盐作为盖层要比以泥岩作为盖层扩散损失要小得多，高质量的盖层对天然气藏中的天然气免于散失具有重要的意义。

3. 天然气运聚动平衡

郝石生等（1988，1991，1993a，1994）通过对天然气藏形成过程中天然气向气藏的充注和通过盖层散失的关系及其对于成藏过程的影响的系统研究，提出了天然气的运聚动平衡原理。他们认为在气藏形成过程中存在着两个同时发生的过程，一个是气源岩中生成的天然气通过初次运移和二次运移进入圈闭；另一个是聚集在圈闭中的天然气因扩散、微渗漏等原因不断通过盖层散失。当来自气源岩（包括油裂解气）的天然气的补充量大于通过盖层的散失量时，圈闭中的天然气就不断富集；反之，圈闭中的天然气就不断减少甚至枯竭（图6-17）。天然气成藏过程一直处于这种"聚"和"散"的动态过程中，目前我们所发现的气藏只是这种"聚"和"散"动态过程中一种暂时的中间结果。天然气运聚过程中这种"聚"和"散"之间的动态关系，制约着天然气的赋存状态和富集程度。

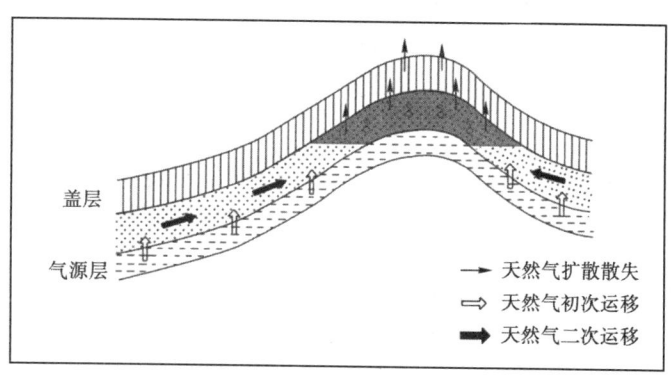

图6-17　天然气运聚动平衡示意图

天然气运聚动平衡原理并不复杂，但含有很朴素的哲学道理。它深刻地揭示了天然气藏形成过程的特殊性，阐明了天然气藏形成的基本原理。在气藏的形成过程中，"聚"大于"散"就可以形成气藏，反之则不能形成气藏。对于一个含气盆地来讲，也存在这种动态平衡过程。当"排气量"大于"散失量"时，盆地处于富气阶段，反之则处于贫气阶段。天然气运聚动平衡原理对认识天然气藏的形成机理和天然气勘探都有重要的指导意义。

目前盆地中天然气藏中的天然气往往是较新时代的产物，而古老地质时代中生成的天然气早已通过扩散作用散失掉了。因此，在评价一个盆地气源条件时，应对气源岩的生气历史给予高度重视，只有那些在较晚地质年代里还具有较强生气潜力的气源岩才能为目前的天然气聚集提供有效的气源供应。

应特别重视盖层的研究与评价。与石油相比，气藏对盖层的要求程度更高。天然气在不同封闭能力的盖层中的扩散系数相差很大，因此应特别重视盖层的封闭性能对天然气成藏的影响。由于天然气在膏盐中的扩散能力要比在泥岩中的扩散能力低两个数量级，膏盐作为盖层的天然气藏，其天然气成藏条件更为有利。那些生气较早的盆地如果以膏盐作为盖层，则天然气仍可以得到较好的保存。北海盆地早二叠世的"赤底统砂岩"储集层被晚二叠世"蔡希斯坦统"蒸发岩盖层所覆盖，上石炭统煤系在侏罗纪大量生气，遂形成了格罗宁根等大气田（童崇光等，1985）。

物质平衡是油气藏形成的必要条件之一。油气成藏的物质平衡原理可以理解为油气聚集在时间尺度上的聚集条件。快速的油气充注弥补了油气的散失，使聚集条件不佳的圈闭中形成了油气聚集，而导致油气藏的形成；而油气快速的渗漏和扩散也会导致油气的散失，无法形成油气藏。对物质平衡原理在油气聚集中作用的认识有助于理解油气藏寿命的概念，也有助于理解油气聚集的历史。

（三）相平衡原理

在地下储集层孔隙空间中，烃类与水可以呈不同的相态存在。在常温常压条件下，水呈液态，C_5以上烃类也呈液态，C_4及以下烃类呈气态。如果三种流体处于同一孔隙空间中，在一定的温度压力下,三者可以相互溶解而呈不同的相态存在。在一定的条件下,当孔隙系统中油气水的相态达到稳定时,就达到相平衡状态。油气藏的形成受油气水相平衡条件的控制,相态的变化直接影响油气藏的形成。如果天然气全部以溶解于水的状态存在,将不能形成气藏;如果在地层中液态石油反溶于天然气中,则形成凝析气藏;如果油气均呈独立的相态存在,则形成油气藏。

根据物系中物质组成的不同,油气成藏过程中可能存在油—气—水体系、油—水体系、油—气体系、气—水体系等。由于石油在地层水中的溶解度非常低,因此在油气聚集过程中油与水的互溶可以忽略不计,在研究油气成藏过程中的相平衡时主要考虑气—水体系的平衡和油—气体系的平衡。

天然气与石油不同,它在地层水中具有很高的溶解度。郝石生等(1994)对天然气在水中的溶解度进行过实验研究,在地层条件下,天然气在水中的溶解度可以达到 $3\sim4m^3/m^3$。所以从烃源岩中排出的天然气首先应该是以溶于水中的状态存在的,只有当水中溶解的天然气达到饱和后才能形成游离的天然气。正因为如此,水溶状态存在的天然气应该比游离状态存在的天然气更为普遍。天然气藏的形成受天然气与地层水的相平衡的控制,只有地层水被天然气饱和后,多余的天然气才能形成游离相态,才能形成气藏,否则天然气只能以水溶气的状态存在。

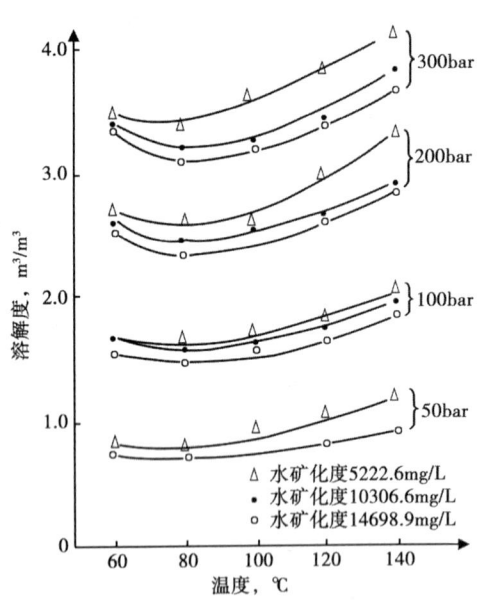

图6-18 天然气在地层水($NaHCO_3$水型)中的溶解度曲线(据郝石生等,1993)

在一定条件下,溶解于地层水中的天然气也可以从水中析出,形成气藏。那么,在什么条件下溶解于水中的天然气才能从地层水中析出呢?这首先要看天然气在地层水中的溶解度都受哪些因素的控制。郝石生等(1993b)的研究表明,天然气在水中的溶解度与地层的温度、压力及水的矿化度和天然气的成分有关。天然气在地层水中的溶解度随压力降低和地层水矿化度升高而降低,但温度对天然气溶解度的影响较为复杂:当温度小于80℃时,随温度升高,天然气在地层水中的溶解度逐渐减小;当温度在80℃时,天然气在地层水中的溶解度最小;当温度大于80℃时,随着温度升高,天然气在地层水中的溶解度逐渐增大(图6-18)。由此可见,压力降低对天然气溶解度降低的影响最为明显,其次地层水矿化度升高也可以造成天然气溶解度降低,而温度对天然气溶解度变化的影响比较复杂。

造成天然气在地层水中的溶解度降低,使溶解于地层水中的天然气析出成为游离相天然气的地质条件主要包括:

(1)地层抬升:由于地壳运动造成沉积盆地地层的抬升,导致地层压力普遍降低,天然气在地层水中的溶解度降低,原来溶解于地层水中的天然气从地层水中析出,在适宜的条件下聚集成藏。地层抬升造成的溶解气析出是盆地规模的,析出的天然气量也是巨大的,对天然气成藏最为有利。特别是盆地晚期的抬升作用,对水溶气析出成藏更为有利。

（2）含气地层水上升：含有溶解气的地层水沿断裂等垂向运移通道从深部向浅部运动过程中，压力降低，可以引起天然气析出，在适宜的条件下聚集成藏。但这种由地层水上升形成的脱气作用一般是局部的，与天然气运移条件有关。

（3）地层水矿化度增高：地层水矿化度增高将引起天然气溶解度降低，导致溶解气析出。研究表明，柴达木盆地三湖地区南斜坡第四系地层水矿化度仅 3000mg/L，而北部涩北台南气田区第四系地层水矿化度则高达 18000mg/L，地层水在从南向北的运移过程中将有大量天然气从水中析出，有利于第四系生物气藏的形成（李本亮等，2003a）。

水溶气析出引起的天然气的相态变化是天然气成藏的重要机理。邱蕴玉等（1994）曾研究了四川盆地威远气田的形成过程，认为该气藏主要是后期构造抬升过程中，地层水中溶解的天然气因溶解度降低而析出后聚集成藏的。在我国的四川盆地、塔里木盆地库车坳陷和鄂尔多斯盆地，喜马拉雅期都有比较显著的构造抬升，地层抬升幅度从数百米到数千米不等。据此推测，水溶气析出对这些盆地天然气的成藏应该有重要影响。Littke 等（1999）在研究世界上天然气资源最丰富的西西伯利亚盆地天然气聚集机理时认为，天然气是以水溶气的形式运移至目前的聚集地，而新近纪的构造抬升造成温度压力的降低是溶解气从地层水中析出的主要机理。Cramer 等（1999）认为水溶气析出机理可以解释乌连戈伊大气田的形成。

气—水系统相平衡除发生天然气溶解于地层水的过程之外，自然界中还存在一种特殊的气—水系统相平衡过程——天然气水合物的形成，将在后面讨论。

作为同系物，石油和天然气具有相似相溶的特征，即天然气可以溶解于石油，石油也可以溶解于天然气中。在一定温度压力条件下，天然气溶解于石油是一个极易理解的过程，在自然界的油气藏中，几乎所有的石油中都或多或少地溶解一定数量的天然气。在高压和较高温下，液态烃类也能够溶解于气态烃类中。Zhuze 等（1963）通过实验分析认为，在压力 40~80MPa、温度 70~200℃ 范围内，$10\times10^8m^3$ 天然气能够溶解 $(10~40)\times10^4t$ 的石油。凝析气藏的形成就是石油溶解于天然气的结果。

二、力平衡与物质平衡控制的油气成藏过程

地质条件下油气聚集条件千差万别，不同的圈闭机理和封闭条件、不同的储集层性质、不同的油气组成和性质、不同的温度压力条件将导致不同的油气聚集机理，造成在油气聚集过程中力平衡、物质平衡和相平衡的差异，而形成不同类型、不同状态的油气聚集。

（一）浮力作用下的油气聚集

前已述及，在常规储集层油气藏中，油气在储集层中所受到的力主要是浮力、重力、毛细管力的作用。在满足油气充注与散失的物质平衡前提下，在浮力与重力相互作用形成的上浮力与储—盖岩石的毛细管力差相互平衡制约下，油气在圈闭中不断富集，形成油气藏。构造油气藏、地层油气藏、岩性油气藏的形成都服从这一基本原理。

1. 油气在背斜圈闭中的聚集

背斜圈闭是由储集层和盖层形成向周围倾伏的背斜构造而形成。储—盖岩石的毛细管力差阻挡了油气经盖层的散失，两翼方向相反的上浮力分力使油气静止于背斜中。背斜油气藏的聚集过程存在明显的阶段性。力平衡和物质平衡决定了各个阶段的状态。

单一背斜圈闭中的油气聚集可以分为四个阶段：

（1）充注初始阶段：石油质点仍位于背斜一翼，未到达圈闭最高点。这一阶段，石油质点受到的力不平衡。上浮力平行于盖层底面的分力将驱动石油向岩层上倾方向运移。此时

油水界面尚未形成，含油高度为零，石油仍以分散形式存在于储集层内。

(2) 开始聚集阶段：当第一个石油质点到达圈闭最高点时，石油质点受到的上浮力与储—盖岩石的毛细管力差方向相反，但这时上浮力远小于毛细管力差，石油被盖层封闭。由于背斜最高点处地层倾角为零，故石油质点水平方向的动力为零。此时，位于圈闭顶端的石油处于力平衡状态，将不再运移，进而石油开始聚集。

(3) 持续充注阶段：在圈闭的顶部，石油质点在垂向上仍受到储—盖岩石的毛细管力差阻挡，无法继续向上运移。到达背斜顶端的石油作为一个整体受到的来自两翼的上浮力分量大小相等、方向相反，在空间上处于力平衡状态，它将停滞在背斜顶部。在油气藏的底部油水界面处，存在指向石油聚集内部的上浮力，石油在上浮力的作用下向圈闭顶部运移，向下排驱置换地层水，从而使含油高度增加。

(4) 力平衡与物质平衡阶段：随着石油继续充注，含油高度持续增加。当油柱高度产生的石油上浮力与储—盖岩石的毛细管力差相等时，圈闭中的油气柱高度达到极限。继续进入圈闭中的石油通过盖层渗漏，如充注的油气的量与渗漏油气的量相等时，油气柱高度保持不变，这时油气藏达到动态的力平衡与物质平衡状态。

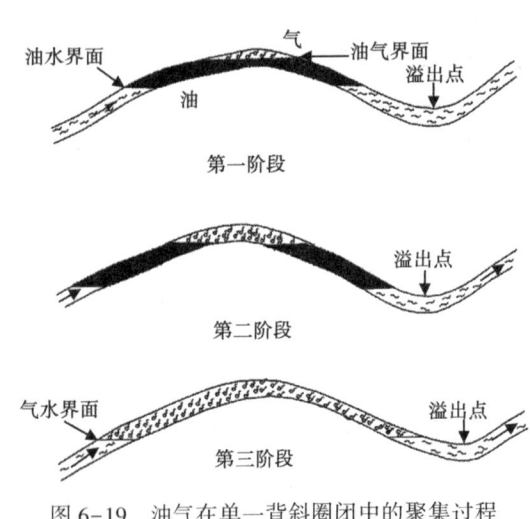

图 6-19 油气在单一背斜圈闭中的聚集过程

背斜圈闭中油气的聚集除受力平衡和物质平衡原理支配外，也会发生相态的转变。这种转变主要与烃类密度差异有关，其形成过程分成三个阶段（图 6-19）。第一阶段，圈闭中聚集了油气，原来占据着圈闭的水被排出一部分，由于重力分异，气体占据圈闭的顶部，油在中部，油气并未充满整个圈闭，其下部为水。第二阶段，油气数量继续增加，油水界面一直降到溢出点，但油气数量还在继续增多，一部分石油便从溢出点沿上倾方向溢出。第三阶段，油气继续进入圈闭，天然气向圈闭上部聚集，把石油推向溢出点，石油不断地被排出；当天然气的数量显然足够占据整个圈闭时，石油便不可能再进入圈闭，而是沿溢出点向上倾方向溢去。在这种情况下，这个圈闭就完全被天然气所充满了。

如果在区域性的倾斜构造背景下，连通的储集层存在一系列溢出点海拔依次增高的圈闭，则会形成油气差异聚集现象 (Gussow, 1954)。假如在静水压力条件下，同一渗透层相连通圈闭的溢出点海拔依次递增，而且没有局部分流运移和溶解气体的影响，就会出现如图 6-20 所示的油气差异聚集情况。图中的 (a) 表示第一阶段，油气从盆地中油源区沿区域性上倾方向运移，首先进入圈闭 1，这时圈闭 1 尚未装满；(b) 代表第二阶段，油气继续供应，圈闭 1 中的油水界面下降至溢出点，石油开始从圈闭 1 中溢出而进入圈闭 2，但天然气仍在圈闭 1 中形成气顶；(c) 代表第三阶段，油气仍在继续供给，使圈闭 1 完全充满天然气，油气则通过溢出点向圈闭 2 运移，此时在圈闭 1 中已形成纯气藏，圈闭 2 则形成有气顶的油藏；如此继续聚集，如果油气供给比较充足，则通过 (d)、(e) 阶段，最终的结果可能是圈闭 1 为纯气藏，圈闭 2 为带气顶的油气藏，圈闭 3、4、5 可能为纯油藏。

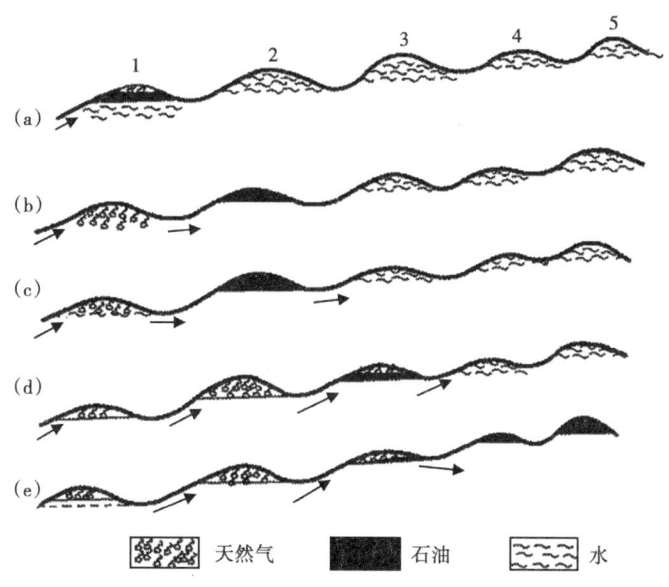

图 6-20 在相连通的一系列圈闭中,油气差异聚集示意图

加拿大艾伯塔盆地的邦尼峡谷—精灵湖线状礁型油气聚集带便是一个典型的实例(图 6-21)。该油气聚集带以泥盆系 Leduc 组生物礁层及 Nisku 组为储集层,生物礁层整体向东北方向上倾,溢出点逐级提高,各个礁体间连通性极好。这一地质条件为油气的差异聚集提供了良好的基础。

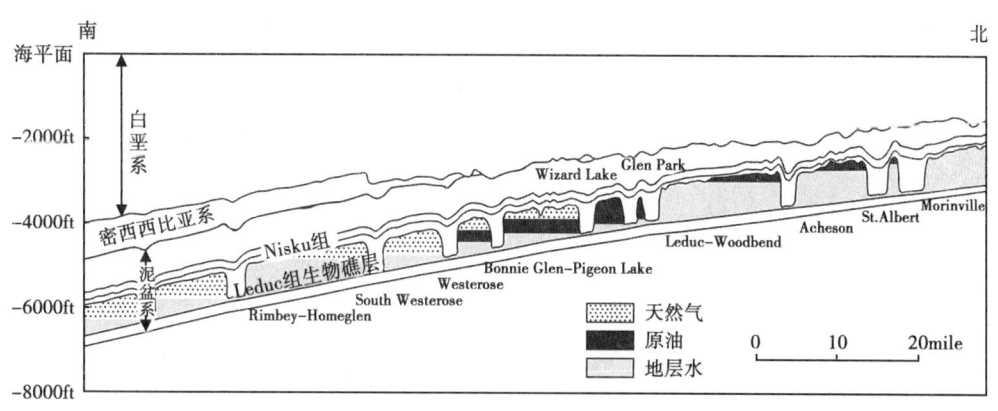

图 6-21 加拿大艾伯塔盆地邦尼峡谷—精灵湖线状礁型油气田带纵剖面图(据 Gussow,1954)

该油气聚集带的油气来源于盆地西南侧的深坳陷区,从南向北沿礁带上倾方向运移。最终,沿上倾方向的各生物礁圈闭中依次形成了纯气藏(South Westerose 礁体以南)、油气藏(Westerose 与 Leduc-Woodbend 礁体之间)、纯油藏(Acheson 与 St. Albert 礁体)和空圈闭(Morinville 礁体)的分布规律。这一规律符合典型的油气差异聚集规律。尽管受盖层质量的影响,Wizard Lake 以北的 Nisku 组中出现了从 Leduc 组中渗漏的油气,但仍遵循下倾部位油气藏(Wizard Lake 与 Leduc-Woodbend 之间)、上倾部位纯油藏(Acheson 与 St. Albert)的油气差异聚集规律。

2. 油气在断层圈闭中的聚集

断层圈闭是以断层作为遮挡条件的圈闭。地质体中的断层不是一个几何面,而是一个由断层岩构成的破碎带(图6-22)。这一破碎带就像一般地层中的岩石一样,具有一定的孔渗性和一定的排替压力。油气进入断裂带后,受到断层岩孔隙形成的毛细管阻力的作用而被封闭在断层之下。这时,储集层中油柱高度产生的上浮力与储集层和断层岩的毛细管力差之间的平衡关系控制着储集层中油气的聚集与散失。

当上浮力小于储集层与断层岩之间的毛细管力差时,油气不能进入断层岩发生渗漏,这时断层起封闭作用,油气在断层圈闭中聚集成藏。随着油气进一步向断层圈闭中充注和油气柱高度的进一步增加,当上浮力等于储集层与断层岩之间的毛细管力差时,二者达到力平衡状态(图6-23)。进一步充注进入圈闭的油气将突破断层的封闭,通过断裂带渗漏,断层圈闭中的油气进入物质平衡阶段。

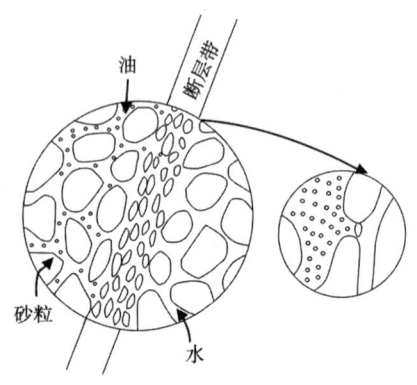
图6-22 断层毛细管封闭示意图
(据李明诚,2004)

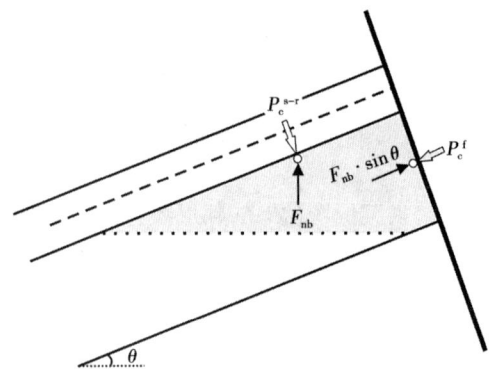
图6-23 断层油气藏中的力平衡

断裂带封闭油气的能力常使用反映断裂带泥岩涂抹程度的定量指标来表示:

$$SGR = \frac{\Sigma(V_{sh} \cdot \Delta Z_i)}{D} \times 100\%$$

式中 SGR——断层刮削指数;
V_{sh}——第 i 层的地层泥质含量;
ΔZ_i——第 i 层的地层厚度;
D——断层的断距。

SGR 反映了断层形成过程中进入断层面的泥岩的相对含量。Yielding(1997)和 Bretan(2003)等定量分析 SGR 与油藏含烃高度的关系,发现二者存在定量关系:

$$H_f^{max} = 10^{\frac{SGR}{d}-c}/[g \cdot (\rho_w - \rho_h)]$$

式中 H_f^{max}——烃柱高度,m;
c——与埋深相关常数(埋深小于3.0km时,c 取0.5,埋深3.0~3.5km时,c 取0.25,埋深超过3.5km时,c 为0);
ρ_w——地层水密度,g/cm³;

ρ_h——烃类密度，g/cm³；

g——重力加速度，m/s²；

d——需要标定的常数。

可见，SGR 越大，封闭的油气柱高度越大，断层的封闭性越好；相反，SGR 越小，封闭的油气柱高度越小，断层的封闭性越差。但任何断层封闭油气柱均有一个最大高度，圈闭中的油气柱达到这一最大高度后，多余的油气将通过断裂带散失，这就是断层封闭的有限性。

在含油气盆地中，经常会发现受同一条断层遮挡的不同储集层中的油气藏具有大致相同的油柱高度，形成沿断层呈"毛刷状"排列的现象（图 6-24），这种油气聚集形式在我国东部盆地十分常见。油气藏的这种聚集形式可以用断层封闭的有限性、断层油气藏力平衡和物质平衡原理得到合理解释。

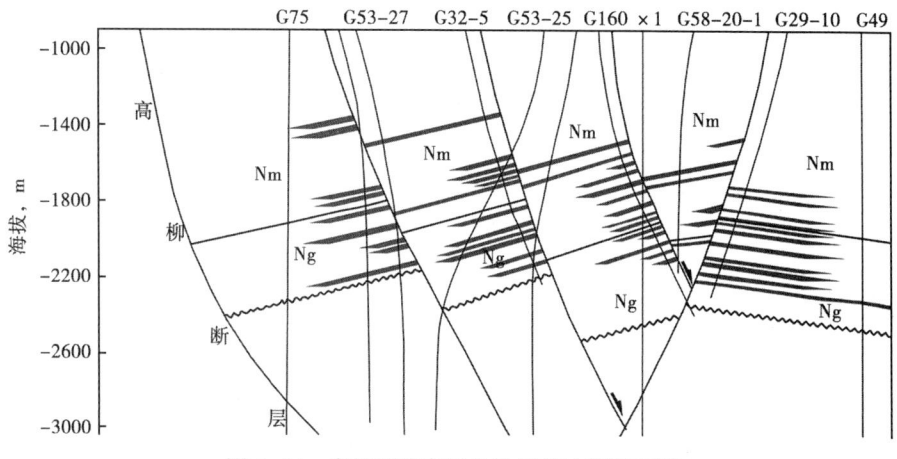

图 6-24 南堡凹陷高尚堡油田某油藏剖面图

3. 油气在透镜体圈闭中的聚集

当高孔渗性的砂岩四周被具有生烃能力的泥岩所包围时，便构成了砂岩透镜体圈闭。由于高渗透性砂岩四周均被低渗透的泥页岩所包围，砂岩透镜体空间形成了一个封闭区域。砂岩透镜体成藏过程的关键是"物质平衡"问题，即在油气进入透镜体后，原本占据砂岩透镜体孔隙中的地层水是如何排出封闭空间的？

砂岩透镜体中水的排出仍然是一个力平衡问题。Cordell（1977）、England 等（1987）认为，在埋藏过程中，由于差异压实作用、泥岩的生烃作用使得周围泥岩比透镜状砂岩具有更高的异常压力，在砂岩透镜体与泥岩之间存在较明显的剩余压力差，该剩余压力差指向超压幅度较低的砂岩（图 6-25）。由于砂岩透镜体渗透率高，容易在其内部形成压力均衡，最终导致砂岩透镜体下半部的剩余压力低于围岩压力（水势 Φ_w 等值线下凹），而上半部剩余压力高于围岩压力（水势 Φ_w 等值线上凸）。这样，砂岩透镜体下半部的地层水和油气将在剩余压力差的作用下进入砂岩透镜体。一旦进入透镜体，油气则自由上浮，到达透镜体顶端。油气受到储—盖毛细管力差的作用被滞留在透镜体的顶端。与此同时，由于不受毛细管力差作用，水将在剩余压力差的驱动下从透镜体上部排出。

李明诚（2012）认为，砂岩透镜体内的油气成藏可视为力学平衡导致的渗流平衡的结果。除剩余压力差外，泥岩与砂岩之间的毛细管力差以及烃浓度差引起的扩散作用也是透镜体油气藏成藏的动力。他认为，在成藏初期，砂岩透镜体中的水是从透镜体顶部排出的，而

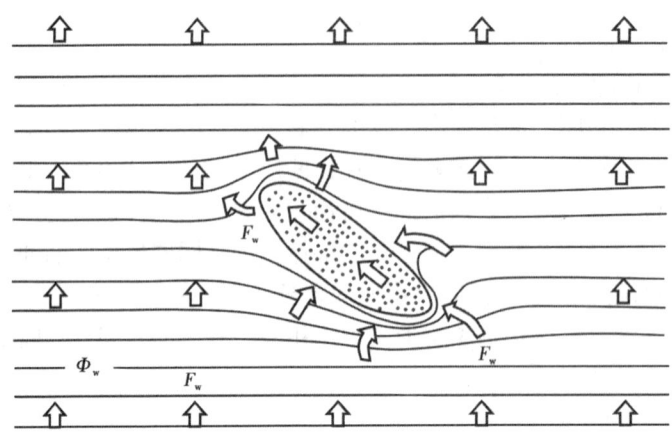

图 6-25 砂岩透镜体油藏水势场与受力方向分析图（据 England 等，1987）

随着油气逐渐在透镜体顶部聚集，则透镜体中的地层水则沿着油水界面与透镜体相交的边缘处排出。

(二) 非浮力作用下油气的聚集

前已述及，浮力在致密储集层的油气成藏中不起主要作用，油气藏的形成主要受异常高压与毛细管力和黏滞力之间的力平衡、油气充注与散失之间的物质平衡所控制。深盆气的成藏过程可以作为致密储集层中油气成藏的这种力平衡和物质平衡的典型实例。深盆气藏的形成要求气源岩与致密储集层直接接触。致密储集层中天然气充注压力与毛细管阻力的平衡、天然气充注量与散失量的平衡控制了深盆气藏的形成与消亡（图 6-26）。

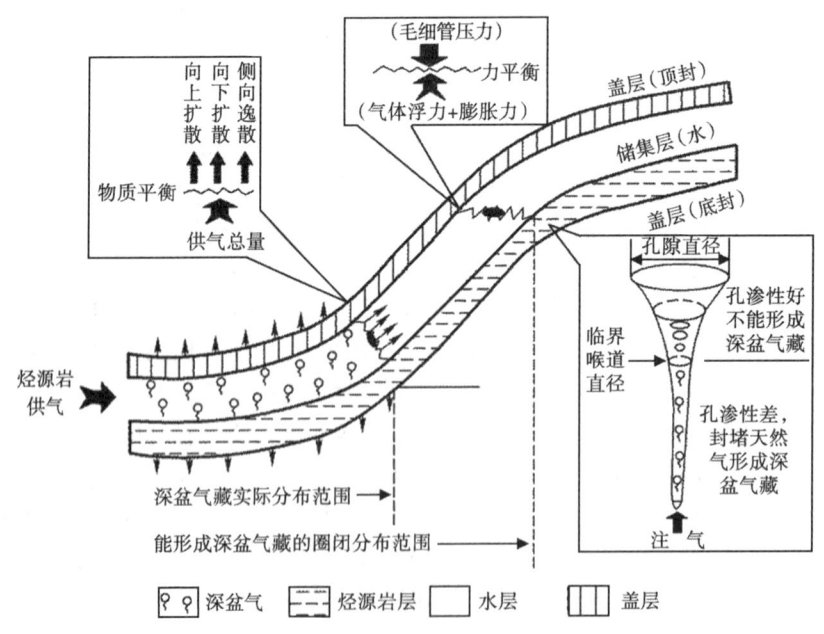

图 6-26 深盆气藏形成过程中的力平衡和物质平衡原理及其控气作用地质模式（据王涛，2002）

1. 深盆气藏中的力平衡

在深盆气藏的形成过程中，与储集层相邻的烃源岩以游离态向储集层大量充注天然气，由于储集层孔渗性差、孔喉半径小，在气与水的接触面上产生强大的毛细管力，在毛细管力的作用下，进入致密储集层中的天然气不能在浮力作用下向上运移。随着气体不断向储集层充注，气体被压缩而形成异常高压，形成气体的膨胀力。当气体的膨胀力超过致密储集层的毛细管力时，天然气向上以"活塞式"的方式整体驱替储集层中的孔隙水。随着气源岩生成的天然气不断向储集层充注，聚集在致密储集层中的天然气不断向上运移，深盆气藏的范围就不断扩大。当向上和向下的作用力达到平衡时，深盆气藏的分布范围趋于稳定。

力平衡维持的点是深盆气圈闭的溢出点。以溢出点为边界，圈闭的范围在理论上代表了深盆气藏可能分布的最大范围。储集层物性由差变好的界限就是这一范围的边界。在这一界限以外，储集层的物性变好，形成的毛细管力也变小，不能再将天然气束缚于储集层之中，这时天然气在浮力作用下向上倾方向运移，或在适宜的圈闭中形成常规气藏，或散失掉。

2. 深盆气藏中的物质平衡

由于在储集层的上倾方向没有通常意义下的封闭条件，进入储集层中的天然气，在排驱储集层中孔隙水的过程中，特别是当气水界面推进到储集层物性变好的界面时，在上倾方向毛细管力的作用变小，有一部分天然气就会沿着气水界面向外逸散。当烃源岩向储集层中充注的天然气量小于逸散的气量时，就不能形成深盆气藏，或已经形成的深盆气藏的分布范围逐渐萎缩，直至消失；当烃源岩充注的天然气量大于逸散的气量时，储集层中的天然气就继续排驱储集层中的孔隙水，使得深盆气藏的范围扩大或维持在最大范围上。

不难看出，所有影响天然气充注与深盆气逸散的地质因素均影响深盆气的成藏和保存。由于深盆气藏储集层的孔渗性沿上倾方向逐渐变好，孔隙的孔喉半径逐渐增大，当储集层的孔喉半径大于产生临界毛细管力所需的孔喉半径时，力的平衡就被打破，从此处以上的储集层中的天然气会逸散，不能形成深盆气藏。力平衡维持的是深盆气成藏范围的理论极大值，在这一范围内，烃源岩充注的天然气能够形成深盆气藏，供入气量越大，成藏范围越大，超出这一范围后，烃源岩供排的过多天然气也只能从气藏上倾方向逸散或在适宜的圈闭中形成常规气藏。

对于一般的致密砂岩气藏，其形成过程主要也受天然气充注动力与储集层毛细管力之间的力平衡、充注气量与散失气量之间的物质平衡的控制。天然气充注动力大于致密储集层的毛细管力、充注量大于散失量时，致密砂岩气藏的范围就会逐渐扩大，致密砂岩储集层中天然气的饱和度就会逐渐增高，气藏就会逐渐形成或保持；反之，若天然气充注动力小于致密砂岩储集层的毛细管力，天然气则无法进入致密砂岩储集层，气藏就不能形成。如果天然气的充注量等于天然气的散失量，则即使天然气能够向储集层充注也不能形成气藏，或者只能使已经形成的气藏范围保持不变；如果天然气的充注量小于天然气的散失量，则不能形成气藏，或者使已形成的气藏逐渐消亡。

三、相平衡控制的油气成藏过程

几乎所有油气藏的形成均受相平衡的控制，这一点对天然气藏的形成至关重要。前已述及，天然气只有在满足了地层水的溶解之后，才能形成游离气藏，否则只能以水溶气的形式存在。天然气在地层水中的溶解和析出问题是天然气成藏研究的基本问题。凝析气藏的形成和天然气水合物的形成也是在一定的温度压力条件下相平衡的结果。

（一）凝析气藏的形成机理

在油气藏勘探及开采实践中常常见到这种现象：在地下深处高温高压条件下的烃类气体

采到地面后，由于温度和压力降低，反而会凝结出液态石油，这种液态的轻质油就是凝析油，这种气藏就是凝析气藏。凝析气藏是介于油藏与气藏之间的一种气藏。虽然凝析气藏也产油（凝析油），但凝析油在地下以气相存在。而常规油藏乃至轻质油藏在地下以油相存在，虽然其中含有气，但这种伴生气在地下常溶解于油，成为单一油相。一般气藏（湿气藏、干气藏）在开采过程中很少产凝析油。

1. 凝析气藏的概念

从物理学知识可知：在任一物系内，等温加压引起凝结，而等温减压导致蒸发。这只在一定温度、压力范围内是正确的，超过此范围会出现逆蒸发和反凝结现象，即物系的等温减压引起凝结，等温加压导致蒸发。凝析气藏中的油气就是这样一种物系，即液态的油在地下高温高压条件下反而蒸发为气体，而当压力降低以后又凝结为液态的油。这种现象就是逆蒸发和反凝结现象。因此，气藏和油藏的含气部分凡能确认在产层中具有逆蒸发现象的就是凝析气藏。

凝析气藏的烃类体系是一种特殊的烃类体系，称为凝析油气体系。凝析油气体系的特点一是具有高的气油比，原始气油比一般不低于 $600\sim800\text{m}^3/\text{m}^3$；二是凝析油气体系中富含轻烃组分。这是凝析气藏形成的物质基础。

2. 凝析气藏的相态特征

1) 临界温度和临界压力

液体能维持液相的最高温度称为该物质的临界温度。高于临界温度时，不论压力多大，它也不能凝结为液体。在临界温度时该物质气体液化所需的最低压力，称为临界压力。这两个概念可以通过分析物系的 pVT 关系曲线得到较深刻的理解。

图 6-27 是根据实验求得的丙烷的一些 pVT 关系曲线。由 71.1℃ 的 $p\text{-}V$ 曲线可以看出：当压力由小增大时，丙烷体积起初随压力加大而缩小；过 A 点（压力为 28atm）后，体积继续缩小，但压力却保持不变；过 B 点后，即使加极大压力，体积也没有多大改变。87.8℃ 的 $p\text{-}V$ 曲线与此性质相同，所不同的只是水平线段 A'B' 随温度升高而渐渐缩短，最后在 96.8℃ 时缩成一点 K，在此温度以上的曲线的水平线段完全消失。

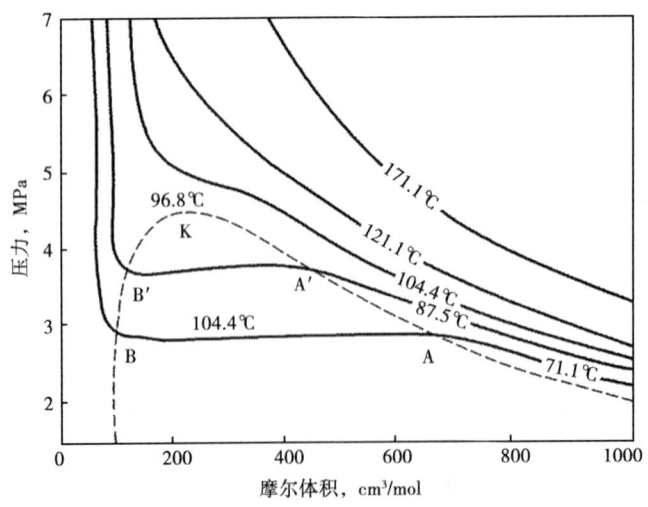

图 6-27 丙烷的 pVT 关系曲线

这一现象的物理意义是：在71.1℃时，丙烷被压缩到A点开始液化；随着压力增加，气体渐减少，液体渐增多，因液体的摩尔体积远小于气体，故体积逐渐减少；达到B点时，气体已经全部液化，此时由于液体的压缩性很小，所以加多大的压力，体积也没有多大变化。从A点到B点，压力并没有改变，这表明液体在一定温度下有一定的饱和蒸气压。A到B的过程中液相与气相共存，温度升高，液体的饱和蒸气压也增大。

K点为一分界点，K点以上的p-V曲线不出现气—液共存的情况，说明在这个温度以上，气体在任何压力下都不能液化。因此，将K点称为临界点，该点的温度、压力即为临界温度和临界压力。

任何物系处于临界状态的特点是：共存的气、液两相间的差别都消失了。例如水的临界状态时，没有液态水了，无论加多大的压力都不会出现液态水，此时，水蒸气的摩尔体积等于液体的摩尔体积，两者的密度没有差别。

临界温度和临界压力是各种物质的特性常数，一定物质就有其一定数值。纯烃类的临界条件已研究较多，某些烃类的临界参数见表6-8。

表6-8 若干物质的临界参数

物质名称	临界温度,℃	临界压力, atm	物质名称	临界温度,℃	临界压力, atm
水	374.2	218.5	正戊烷	198.0	33.3
二氧化碳	31.0	72.9	异戊烷	187.8	32.9
氮	-146.9	33.5	环己烷	280.0	40.0
硫化氢	100.4	88.9	正己烷	234.7	29.9
甲烷	-82.1	45.8	正庚烷	267.0	27.0
乙烷	32.3	48.2	正辛烷	296.7	24.6
丙烷	96.8	42.0	正癸烷	346.3	21.2
正丁烷	152.0	36.0	正十一烷	369.4	19.0
异丁烷	134.9	36.0	正十二烷	390.6	18.5
环戊烷	238.6	44.6			

如果在液态烃中加入甲烷等气态烃，则可降低物系的临界温度。图6-28表示二元正构烷烃物系的临界点演化轨迹，图中各曲线表明了各二元混合物临界点的变化特征。以甲烷—正癸烷为例，正癸烷的临界点C相应温度为625 ℉，压力为350psi（绝对压力）。随着甲烷数量增加，正癸烷逐渐被混合，临界点沿C—B曲线移动，这表明混合物中甲烷的百分含量渐增，气体压力也加大，于是在逐渐降低温度的情况下，能使液态正癸烷气化。同理，乙烷、丙烷等气态烃的数量增加，也会有助于液态烃类溶解于气相。由此可以看出，在自然条件下，随着地下深处压力和温度的增加，含有各种甲烷同系物的压缩气能够溶解的液态烃越来越多；与此相反，当气相所处的压力和温度逐渐降低，则早先溶于气相的液态烃又会逐渐分离出来，这就为凝析气藏的形成奠定了基础。

2）凝析气藏的pVT关系曲线与相态特征

石油和天然气都是成分复杂的多族分烃类混合物，因此，为了阐明凝析气藏的形成条件，还必须分析多族分烃类物系在地层条件下的变化。图6-29表示某种多族分烃类物系在不同温度和压力下的物理状态。K为其临界点，临界温度为52.8℃。K_1为临界凝结温度

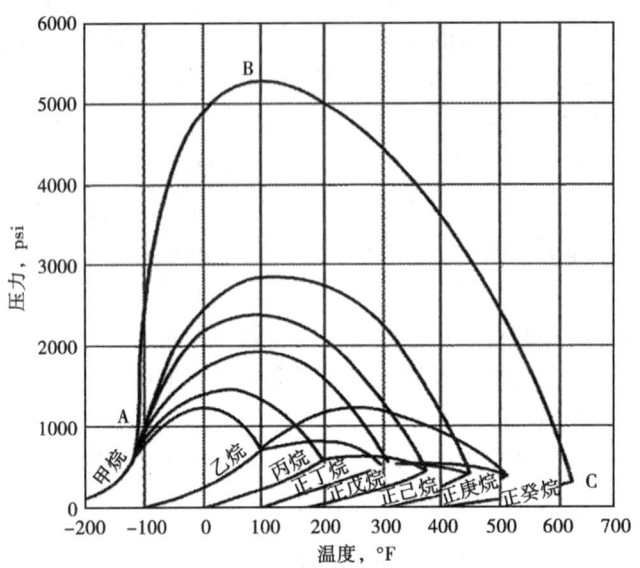

图 6-28 二元正构烷烃物系的临界轨迹

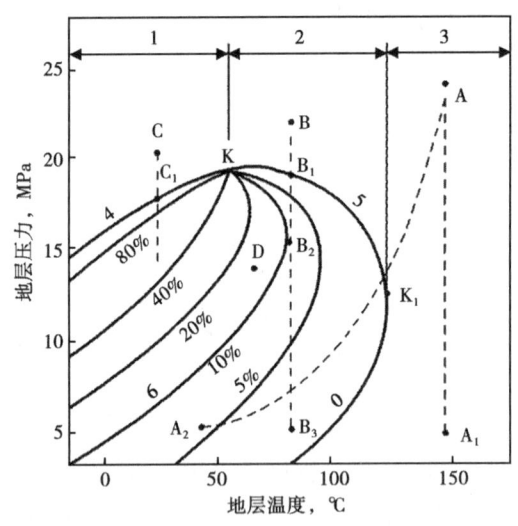

图 6-29 多族分烃类物系的相图

1—压力超过泡点压力的油藏；2—压力超过露点压力的凝析气藏；3—单相气藏（纯气藏）；
4—泡点曲线；5—露点曲线；6—物系中液体所占体积百分率；K—临界点（$T=52.8℃$）；
K_1—临界凝结温度；A—纯气藏；B—凝析气藏；C—含溶解气的油藏；D—油气藏

（或称最高临界温度），代表气、液两相并存时的最高温度。曲线 4 为气体开始析离液体的泡点曲线，其外侧为纯液相；曲线 5 为液体开始凝结脱离气体的露点曲线，其外侧为纯气相；在 4、5 两曲线所包范围内，混合物处于双相状态（液态和气态），百分率线表示物系中液体的百分含量。

在地层埋藏较浅、地层温度低于临界温度时，物系的相态变化符合正常的凝结和蒸发概念。例如，在25℃时（图 6-29），随着压力加大，物系中凝结的液体逐渐增多；至压力超过 18MPa（C_1 点）时，物系就全部凝结为液体。在这种情况下不可能形成凝析气藏。

在地层埋藏较深、地层温度介于临界温度与临界凝结温度之间的情况下,物系的相态变化就比较复杂。例如,在图 6-29 中 82.5℃时,低压下物系呈双相状态,但以气相为主,物系中液体所占体积小于 5%~10%;随着压力加大,凝结的液体逐渐增多;当压力增至 15.5MPa(B_2 点)时,凝结的液体数量最多,占物系总体积的 10%;如果压力继续增加,凝结的液体反而气化,液体的数量逐渐减少;至压力增达 18.7MPa(B_1 点)时,凝析物就全部转化为气态了。所以对 82.5℃时的这个物系而言,在低于 15.5MPa 时属正常的凝结和蒸发,而在高于 15.5MPa 时则属逆凝结和逆蒸发的范畴。换言之,在地层埋藏较深、地层温度介于某种烃类物系的临界温度与临界凝结温度之间、地层压力超过露点压力(图 6-29 中的 B 点)时,这种烃类就可以形成凝析气藏。

因此,图中的两个特征点和两条特征曲线把图 6-29 的相图划分为四个区域:当物系处于 A 区时,物系的温度高于临界凝结温度,此时形成纯气藏,A 区又称为纯气相区;当物系处于 B 区时,物系的温度介于临界温度和临界凝结温度之间,物系的压力高于该温度下的露点压力,此时形成凝析气藏,B 区称为凝析气相区;当物系处于 C 区时,物系的温度低于临界温度,物系的压力高于该温度下的泡点压力,此时形成纯油藏,C 区称为纯液相区;当物系处于泡点线与露点线包围的 D 区时,形成油气藏,D 区称为气液两相区。

3. 凝析气藏的形成条件与分布

从凝析气藏相态特征的分析可以看出,凝析气藏的形成必须具备两个条件:

(1) 在烃类物系中,气体数量必须胜过液体数量,才能为液相反溶于气相创造条件。在如图 6-29 所示的某种多族分烃类物系中,气体体积相当于液体体积的 5~20 倍或更多。

(2) 地层埋藏较深、地层温度介于烃类物系的临界温度与临界凝结温度之间、地层压力超过该温度时的露点压力的物系,才可能发生显著的逆蒸发现象。

形成凝析气藏所要求的特殊条件决定了它在地壳上的分布必然有一定范围,正如图 6-29 所示,A、B、C、D 代表四种油气藏类型。凝析气藏和纯气藏的地层温度分别超过烃类物系的临界温度及临界凝结温度,这表明它们的埋藏深度都较大,多分布在地下 3000~4000m 或更深处。例如,法国拉克气田在 3500~4000m 深的石灰岩和白云岩中发现了可采储量达 $2000×10^8m^3$ 的巨大气藏,气体中凝析物含量很高,却未发现液态石油。在意大利米兰以东发现的马洛萨凝析气田埋深为 5600m,压力为 105MPa,温度为 153℃。美国 20 多年的深井钻探结果,更有力地证明了上述分布规律:在以中—新生界为钻探对象的墨西哥湾盆地,深度超过 4500m 处以天然气藏和凝析气藏为主,气井占 60%~68%,油井占 32%~40%;在以古生界为钻探对象的二叠盆地,超过 4500m 深处存在着凝析气藏和纯气藏,气井占 90%~100%,油井极少。

近年来,我国在塔里木盆地发现一大批凝析气藏。在塔中地区已发现塔中 1 井奥陶系风化壳凝析气藏、塔中 6 井石炭系背斜凝析气藏及塔中 101 井石炭系地层超覆凝析气藏等。塔中 1 井下石炭统—下奥陶统凝析气藏储集层上部为石炭系底部白云质角砾岩,厚 5.5m,下部为下奥陶统白云岩,厚 76m,主体是下奥陶统白云岩,主要储集空间为碳酸盐岩的溶洞和裂缝,基质岩块溶洞孔隙度为 5.6%,属于古潜山溶洞—裂缝型底水块状凝析气藏,气柱高 81.5m,底水界面深 3661m,地层温度为 119℃,地层压力为 41.98MPa,压力系数为 1.16。图 6-30 为塔中 1 井凝析气藏的流体相图,原始含气饱和度为 80%,露点压力为 40.77MPa,凝析气藏的凝析油含量较高,为 321.9g/m³。

在塔北地区发现的英买力渐新统气藏、吉拉克三叠系气藏、雅克拉白垩系气藏等都是凝

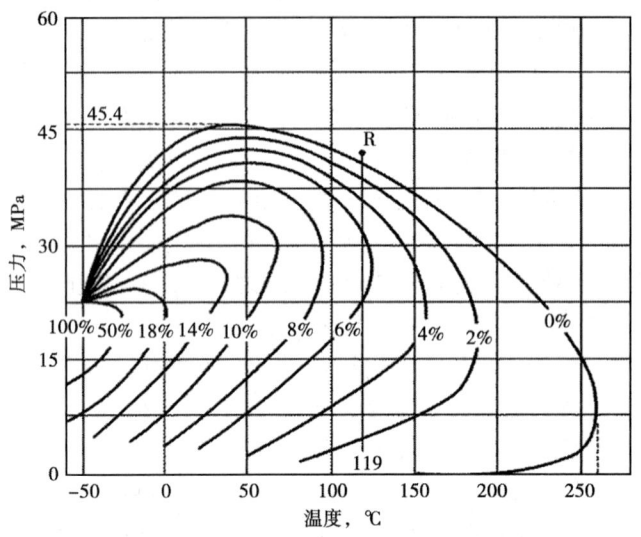

图 6-30 塔中 1 井凝析气藏流体相图

析气藏。雅克拉白垩系凝析气藏产层属白垩系卡普沙良群底部浅湖相砂岩，厚 48.8m，储集层孔隙度为 12.14%，渗透率为 12.8mD，含气面积为 41.6m²，气藏高度为 102m，气油比为 3027~4747m³/m³。根据该气藏沙 15 井 pVT 相图（图 6-31），气藏压力为 58.3MPa，露点压力为 48.83MPa，气藏温度为 129.40℃，介于临界温度和临界凝结温度之间，因此该气藏为凝析气藏。

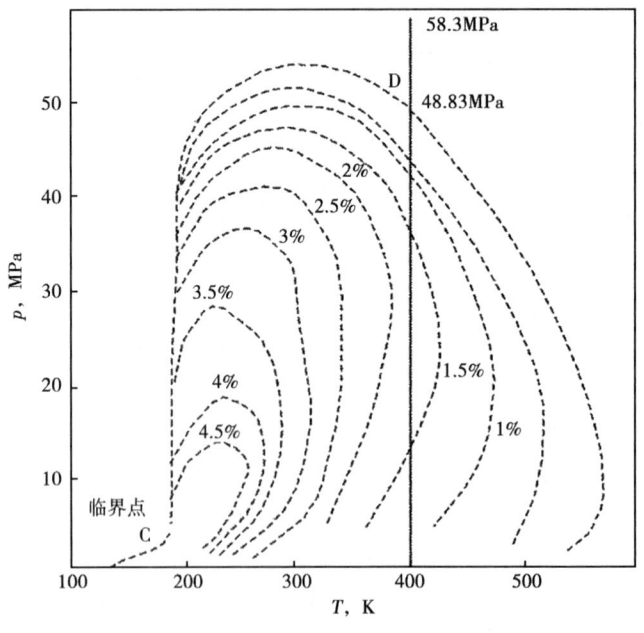

图 6-31 雅克拉凝析气藏沙 15 井白垩系气层 pVT 相图

(二) 天然气水合物形成机理

天然气水合物是一种在一定条件下，主要由甲烷气体（也有某些挥发性液体）与水相互作用形成的白色固态结晶物质。天然气水合物也称为固态气体水合物（solid gas hydrate）、水合物、冰冻甲烷、水化甲烷、可燃冰等。有时乙烷、丙烷、异丁烷、二氧化碳及硫化氢也可与甲烷一起形成固态混合气体水合物。这类固态气体水合物既可以成为深部气藏的良好盖层，又可以形成气体水合物气田。

Davy（1811）早就发现一氧化二氯和氧气的水合物。20世纪30年代，Schmidt在输气管线中发现了天然气水合物，目前天然气水合物仍然是天然气输送过程中的有害因素。20世纪60年代在苏联西西伯利亚北极气田中发现天然气水合物，至20世纪70年代在该区发现储量巨大的天然气水合物气田梅索雅卡后，天然气水合物才引起人们的重视，其天然气总储量约为 $4 \times 10^{11} m^3$，其中有54%是呈天然气水合物产出（Katz，1971）。后来在北极许多油气田中都见到过天然气水合物，1980年初美国深海钻探的钻井船甚至发现在墨西哥和中美洲附近的太平洋中广泛分布着冰冻甲烷，并取得许多岩心。

天然气水合物资源丰富，虽然目前难以精确确定其资源量，但根据 Kvenvolden（1988）的初步计算，其资源量是常规化石燃料的2倍以上。

1. 天然气水合物的相态特征

天然气水合物属包体化合物的一种特殊范畴，由天然气（主要是甲烷）和水分子合成：天然气分子被包围在水分子构成的像笼子一样的多面体格架内，二者之间没有化学键相连接。在天然气水合物的架构中，每个单位晶格含46个水分子，能容纳8个直径小于5.8Å（5.8×10^{-10}m）的气体分子（图6-32）。

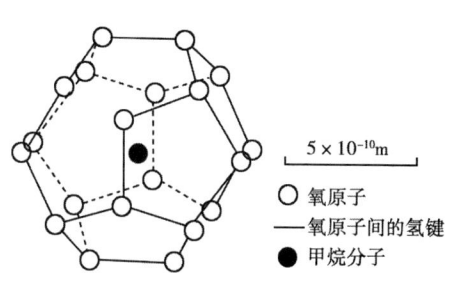

图6-32 天然气水合物的多面体晶形结构示意图

天然气水合物的形成要求压力随温度升高而呈指数增加。如图6-33所示，只有在温度较低、压力较高时（图中左上方区域）才能形成天然气水合物，在温度较低压力也低或温度较高压力也较高时（图中左下方区域）不能形成甲烷水合物。天然气水合物在21~27℃

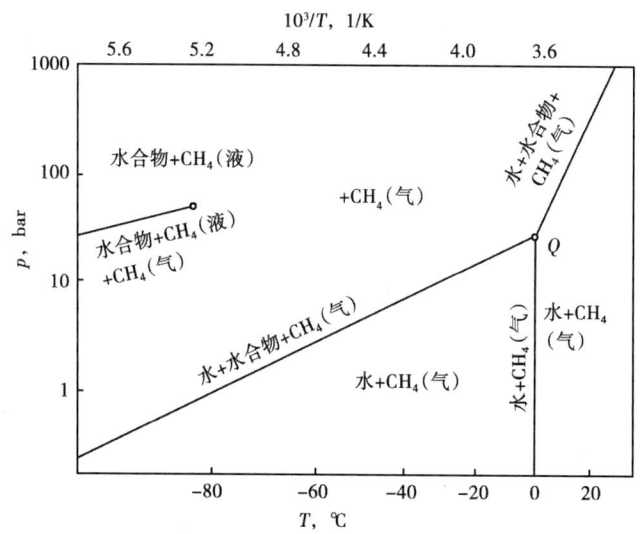

图6-33 天然气水合物形成的压力—温度图解（据史斗等，1999）

温度下都将分解,因而形成天然气水合物的温度上限是 21℃。如果温度超过 21℃,即使多高的压力也无法形成天然气水合物。天然气水合物的形成需要高的压力,因而在大多数沉积盆地中,压力增加的幅度都远远无法满足这个要求。

2. 天然气水合物的分布

根据天然气水合物分布的区域,可将天然气水合物分为大陆型水合物气藏和海洋型水合物气藏两类。

1) 大陆型水合物气藏

天然气水合物的形成条件是低温、高压及有足够量的气体存在。因为标准的地表温度梯度约为 30℃/km,所以天然气水合物只能形成于地表温度低的地区(图 6-34)。地球两极附近地区(陆地部分或海域)的永冻区有利于天然气水合物的形成。1969 年,在苏联西西伯利亚盆地永久冻土带梅索雅卡地区发现了大陆型水合物气藏,其上部为含游离气的水合物产层,下部是游离气产层,天然气可采储量约 $4 \times 10^{11} m^3$,是世界上目前唯一进行开采的水合物气藏,产层分布于 250~850m 之间的深度范围内。美国

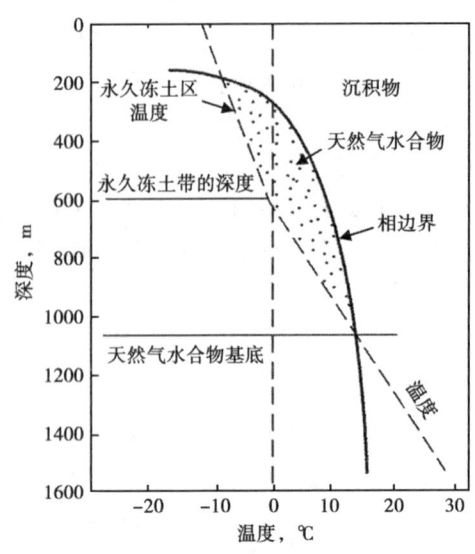

图 6-34 大陆型水合物形成条件图解
(据雷怀彦等,1999)

阿拉斯加的普鲁德霍湾永冻带的深度为 610m,预测天然气水合物稳定的深度范围为 210~1100m。另外在加拿大的北极群岛等地区发现了 30 多处大陆型水合物气藏。南极区冰盖层上面的地面温度平均为 -30~-6℃,冰层底的温度约为 0℃,冰层的负荷提供了天然气水合物稳定的压力条件,因此,推测南极冰层下面可能存在着大规模的天然气水合物,但这里勘探工作很难进行。

2) 海洋型水合物气藏

海洋中具有水合物形成和保存的有利条件,它的分布范围比大陆型水合物要广泛得多,在深海、半深海、大陆斜坡和海隆都可能有。因此,海洋沉积物中蕴藏的天然气资源比陆地上的要多得多。初步估计,水深 1500m 内的水域中,就有 $5 \times 10^{15} \sim 2.5 \times 10^{16} m^3$ 的天然气资源(包茨,1988)。

海域上覆水柱施加的静水压力足以使天然气水合物形成并处于稳定状态。水合物所需的高压将水合物在海域的存在限定在 1200m 以下的水下沉积物中(图 6-35)。由于海底以下较深处较高的沉积物温度使得天然气水合物不稳定,所以天然气水合物主要存在于海底沉积物上部 300~1000m 的范围内。

气体水合物是如何形成圈闭的呢?实验室

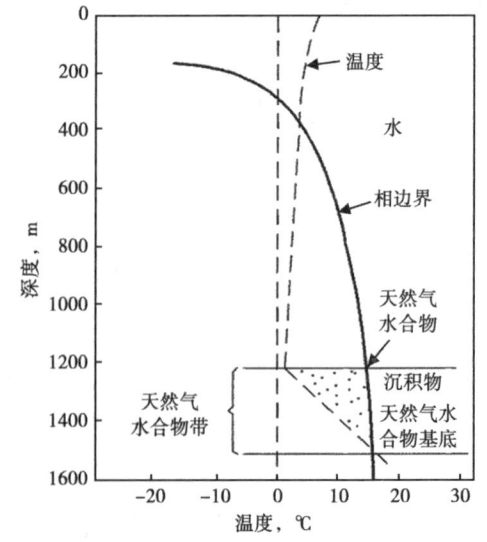

图 6-35 海洋型天然气水合物形成条件图解
(据雷怀彦等,1999)

和现场研究都表明：在沉积物的孔隙中一旦形成水合物，就起了一种"自生胶结物"的作用，大大降低了该沉积层的渗透性，最终成为不能通过气体的非渗透层。因此，水合物胶结层可在水深数百米至数千米的海洋沉积物中作为气藏的封闭层，其中，有一种是水合物胶结层（底部）弯曲成穹形，成为构造型的圈闭。这种穹形构造可在海底地形有局部隆起的地方（如海下孤立的高地）形成，也可在气体水合物胶结层之下、物质导热率局部升高（如盐丘）的地方形成。

中国辽阔的海域具有形成海洋型水合物气藏的地质—地理条件，天然气潜力很大。2017年，中国地质调查局已在南海神狐海域对天然气水合物进行了试采。据估算，我国东海冲绳海槽附近的天然气水合物资源中约含天然气 $24×10^{12} m^2$。广州海洋地质调查局在南海西沙海槽地区进行了天然气水合物调查，初步估算南海陆坡和陆隆的天然气水合物资源量可达 $(60~70)×10^{12} m^2$。根据对南海深水陆坡区的地质、地球物理资料的综合研究，初步估计南海地区天然气水合物的资源量为 $84.5×10^{12} m^2$。中国的南海、东海和台湾省以东的海域具备天然气水合物的形成条件。南海的西沙海槽、台湾省西南陆坡和台西南盆地、笔架南盆地及其东缘增生楔、东沙群岛东南坡和南部陆坡区、东海的冲绳海槽和台湾省东北部是中国最有利的天然气水合分布带。我国青藏高原的永久冻土地带也是天然气水合物的有利分布区，2009年国土资源部在青海省祁连山南缘（南祁连盆地）永久冻土带成功钻获天然气水合物实物样品，表明这一地区具有形成天然气水合物的地质条件。

总之，天然气水合物是一个潜在的巨大能源新领域，不但本身含丰富的天然气资源，可供勘探、开发与利用，而且还可充当良好盖层保护下伏油气藏。

第三节 油气藏的破坏及其产物

物质的运动是绝对的，静止是相对的。油气藏的形成是运移中的油气遇到适合于聚集的圈闭达到暂时的力平衡、相平衡和物质平衡的结果，当这种暂时的平衡状态被打破之后，油气就又一次进入运移的状态，原来的油气藏就遭到破坏。原有油气藏遭到破坏后，运移中的油气遇到新的圈闭条件又会重新聚集起来，达到新的平衡，形成新的油气藏。这种由于原来油气藏的破坏，油气发生再运移和再聚集形成的油气藏称为次生油气藏，与此相对应，原来的油气藏则称为原生油气藏。当然，油气藏被破坏后，油气通过各种方式也可以流到地表，在地表形成各种各样的油气显示，这就是所谓的"油气苗"。流到地表的液态石油经过各种次生变化可以形成各种固体物质，就是"石油沥青"。

一、油气藏破坏的主要地质作用

造成油气藏破坏的地质作用很多，但不同的地质作用对油气藏的破坏方式不同，对油气藏破坏的程度不同，造成的结果也不一样。

（一）剥蚀和断裂作用

剥蚀和断裂作用都是地壳运动对油气藏造成的直接的破坏作用。它对油气藏的破坏程度取决于地壳运动的强度和对油气藏的破坏方式。

地壳运动造成地层的抬升，使油气藏的盖层甚至储集层遭到剥蚀，是对油气藏最强烈的破坏作用。油气藏遭受剥蚀的结果，可以使整个油气藏在空间上被剥蚀掉而完全消失，油气藏被完全破坏；或者油气藏没有被完全剥蚀掉，但油气藏的盖层或部分储集层遭受剥蚀而使储集层出露地表,油气大量散失,油气藏被破坏。这种由剥蚀作用造成的油气藏的破坏一般都发生的地表附近。

地壳运动还可以形成断裂而断穿油气藏的盖层和储集层,使油气藏的封闭条件被破坏,圈闭中的部分或全部油气沿开启的断层向上运移到圈闭外,原来的油气藏遭到部分或完全破坏。断裂对油气藏的破坏虽然不如剥蚀作用那样强烈,但却是更为常见的一种破坏作用,并且可以发生在任何深度。

(二) 热蚀变作用

地下油气藏中的油气在高温作用下发生热裂解和热变质的作用。地下的高温可以来自油气藏深埋过程中地温的升高,也可以来源于地下的岩浆活动。油气藏中的石油在高温的作用下可发生热裂解作用,高相对分子质量烃类裂解为低相对分子质量烃类,最终产物是甲烷和碳质沥青残余物,甚至在极高的温度下,甲烷也被破坏。戴金星等(1995)认为甲烷在地层条件下的死亡温度为700℃,高于这个温度甲烷将发生分解。

(三) 生物降解作用

生物降解作用主要发生在近地表环境中,是微生物的生物化学作用对石油的一种破坏作用。在油田中已经发现的微生物有30属100个种以上的细菌、真菌、霉菌和酵母菌。细菌对石油的降解作用十分明显,Jobson等(1972)用混合细菌处理加拿大萨斯喀彻温省的原油样品,在30℃的条件下培养21天后,原油的相对密度从0.827增加到1.046,烷烃—环烷烃约有30%被破坏,芳香烃少量被破坏(潘钟祥,1986)。

大量的实验和实际被降解油田石油组成的实例说明,微生物对石油组分的降解顺序是:低碳数烃类先于高碳数烃类,烷烃先于环烷烃和芳香烃,单环环烷烃和芳香烃先于多环环烷烃和芳香烃。因此,石油被生物降解后,密度变高,黏度变大,低相对分子质量烃类组分含量减少甚至消失,相对分子质量高的组分和杂原子化合物含量相对增加。被降解的石油与未被降解的石油在气相色谱图上有明显区别,主要表现在经生物降解的原油正构烷烃含量明显减少,在降解非常严重的石油中异戊间二烯型烷烃也全部消失(图6-36)。

(四) 氧化作用

石油被氧化可以有三种途径:直接与大气氧的接触、与地下水中硫酸盐的接触、与岩石中含氧化合物的接触(西北大学,1979)。其中前两种是氧化作用的主要途径,主要发生在近地表环境中,石油与大气或地下水直接接触,使原油中的烃类组分遭受氧化。

石油被氧化的结果是烃类被氧化变成二氧化碳、水和一系列高分子含氧化合物。烷烃氧化为酮、酸、醇等,环烷烃氧化为环烷酸、环烷醇等,芳香烃被氧化为酚、芳香酸等,从而使原油中的胶质、沥青质含量增加,原油变重、变稠。若氧化不断加剧,最终将导致油气的彻底破坏,产生一系列次生衍生物——固体沥青,油气藏被完全破坏。

(五) 水动力作用和水洗作用

强烈的地下水活动可以造成油气藏的破坏或改造。地下水对油气藏或石油的破坏主要有两种途径:其一是水动力的冲刷作用,含油储集层中强烈的地下水活动可将聚集在圈闭中的油气部分或全部冲出圈闭,造成油气藏全部或部分破坏(图6-37);其二是水洗作用,当未被烃类饱和的地下水沿油水界面运动时,可以有选择性地溶解可溶烃,并将其带走。遭水洗的石油成分会发生一系列变化,主要是溶解度高的组分含量减少,如一些苯、甲苯等。

水动力对油气藏破坏和改造作用的程度与水动力强度有关。在与地表水有水动力联系的盆地或地区,一般水动力作用较强,如大断裂与地表的连通。在一些老年的盆地中,地层的

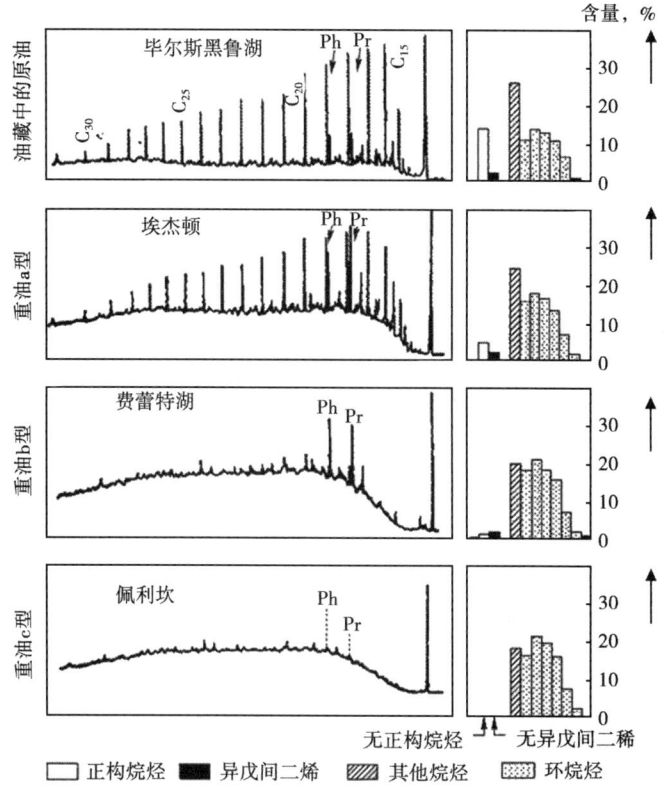

图6-36 西加拿大盆地不同生物降解程度的原油的气相色谱特征比较
(据Deroo等,1974;转引自Tissot和Welte,1978)

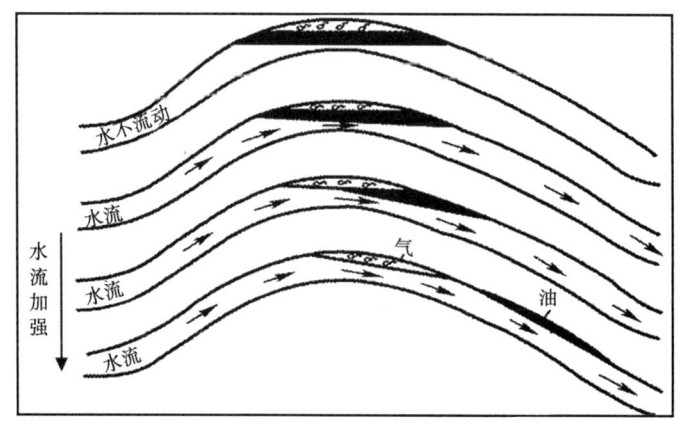

图6-37 水动力对油气藏的破坏作用(据李明诚,2004)

抬升和剥蚀作用形成了供水区和泄水区,使地下水与大气水连通,形成较强的水动力条件。当油气藏与地下水连通时,在发生动力冲刷和水洗的同时,也可以发生氧化作用。

(六)渗漏和扩散作用

油气藏盖层的封闭性是相对的,任何盖层都含有孔隙或微裂缝,烃类在油气藏压力的作用下可以通过盖层的孔隙发生渗漏作用,只不过这种渗漏是十分缓慢的,并主要对低相对分

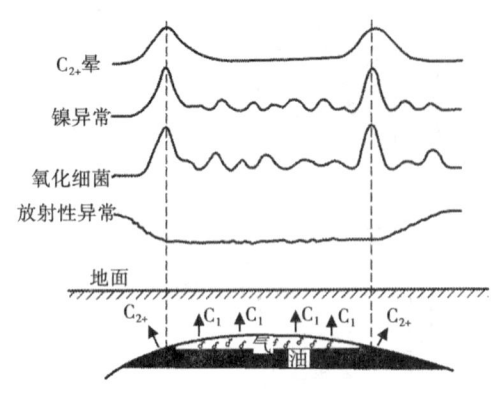

图 6-38 烃类通过渗漏和扩散在油气藏上方形成的地球化学晕（据 Hunt，1979）

子质量烃类（如气态烃）影响比较明显。除以渗流的方式发生渗漏外，相对分子质量低的烃类还可以以分子状态通过盖层发生扩散作用，使天然气通过盖层散失，并最终使气藏遭到破坏。

在油气藏的上方近地表土壤中存在的地球化学异常或地球化学"晕"，就是这些渗漏和扩散烃类的直接反映（图 6-38），也是石油地表地球化学勘探的重要理论基础。

二、油气藏破坏的产物

油气藏被破坏，圈闭中的油气发生再运移，遇到合适的圈闭条件重新聚集起来，形成次生油气藏；或者运移到地表形成油气苗，再经过各种地质作用转化为石油的固态衍生物——沥青。次生油气藏、油气苗和固体沥青都是油气藏破坏的产物。

（一）次生油气藏

次生油气藏的形成过程可能有几种不同的途径。

一是地壳运动破坏了原来圈闭的完整性，使它丧失或减弱了聚集油气的能力，因而油气发生再运移。这常常是由断层作用造成的，如图 6-39 所示。原来一个完整的背斜油气藏 A，由于后期地壳运动产生的断层 B 破坏了油气藏 A 圈闭的完整性，油气沿断层向上运移，遇到合适的圈闭 C 又重新聚集起来，形成了新的油气藏 C。例如，渤海湾盆地的东营凹陷中就有很多再形成的次生油气藏。长期多次的断裂活动，造成了油气的多次散失和多次聚集，即原有油气藏多次遭破坏，新油气藏多次再形成，其结果是纵向上含油气层组多、含油气井段长、油水层间互、稠油稀油层重叠。以其中的东辛油田为例，新近系明化镇组、馆陶组，古近系东营组、沙一段、沙二段、沙三段等六个层组都含油气，含油气井段长达 2000m 以上。由于油气藏多次遭断层破坏、多次再形成，油水关系十分复杂，原油性质变化急剧，轻油的相对密度为 0.87，黏度 23mPa·s；稠油的相对密度为 0.95，黏度达 2500mPa·s。

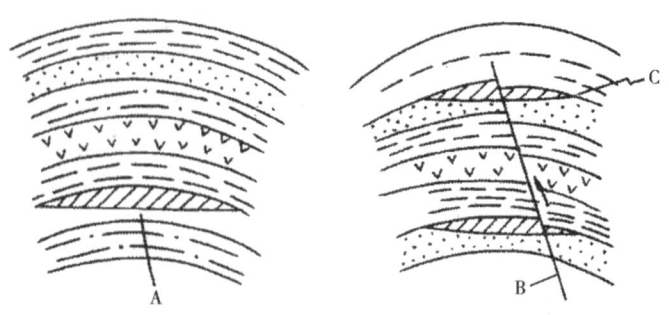

图 6-39 断层破坏了原有的油气藏，同时又重新形成了新的油气藏

二是地壳运动未破坏圈闭的完整性，但破坏了油气在原有圈闭内的平衡，使原来的圈闭对油气聚集来说已不像原来那样有效了；油气的一部分或全部从这个圈闭中运移出来，到新的圈闭中聚集，形成新的油气藏，如图 6-40 所示。后期的地壳运动产生了新的圈闭，同时

也使原来圈闭的溢出点抬高，而新产生的圈闭的幅度又比较大，则在水动力的作用下，原有油气藏中的油气将从溢出点逸出，并在新圈闭中重新聚集，形成新的油气藏，即油气藏的再形成。原有油气藏中的油气可能一部分逸出，也可能全部逸出，这取决于原有圈闭溢出点抬高的程度以及水动力作用的强弱。

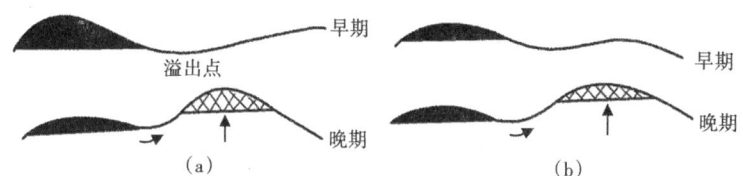

图 6-40　原圈闭溢出点抬高，油气向新形成的圈闭中聚集示意图

又如后期地壳运动可以使大单斜地层的倾斜方向发生变化，这时油气在圈闭内部发生重新分布、重新聚集，也是油气藏的再形成，如图 6-41 所示。

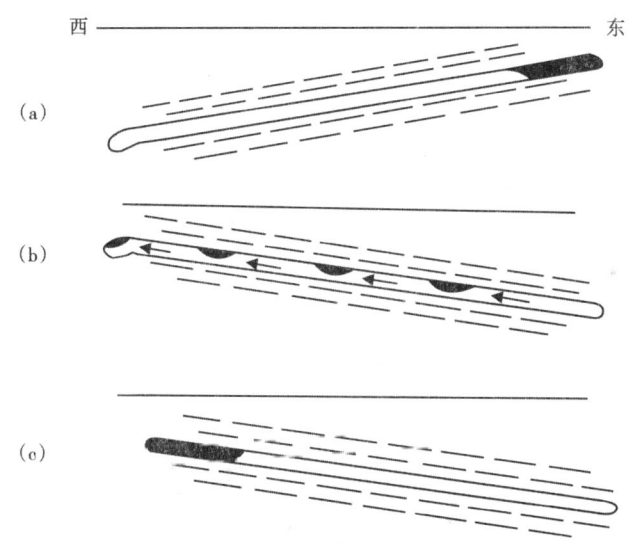

图 6-41　单斜层倾斜方向改变，引起油气藏的再形成示意图

美国横贯得克萨斯、俄克拉何马及堪萨斯三个州，向西倾斜的古生代地层中的油气藏，就有这样的再形成过程，如图 6-42 所示。图中，(a) 表示区域倾斜方向改变以前的地层倾斜情况和油气藏的位置，(b) 表示区域倾斜方向改变以后地层倾斜情况和油气藏的位置。在二叠系沉积时，密西西比亚系石灰岩向东南方向倾斜，宾夕法尼亚亚系的砂岩体也向东南倾斜，这些砂岩体中的油气藏聚集在其上倾方向。在二叠系沉积以后的某一个时期，由于地壳运动，该地区地层区域倾斜方向变为西北，则宾夕法尼亚亚系砂岩体的倾斜方向也就随着改变。其中一个砂岩体的方向变化较大，其中的油气藏也随着重新聚集在新的上倾方向；而另一个砂岩体倾斜方向改变不大，基本上还是保持原来向东南的倾斜方向，则其中的油气也就仍保留在原来的位置，而未发生油气的重新聚集过程。

实际上，识别一个油气藏是原生油气藏还是次生油气藏有时是困难的，因为我们仅凭油气藏之间的分布关系有时无法搞清其中的油气是原来油气藏破坏的产物还是直接从烃源岩中排出后经二次运移直接成藏的。例如我国渤海湾盆地中的主要生储油层系为古近系，并且东

359

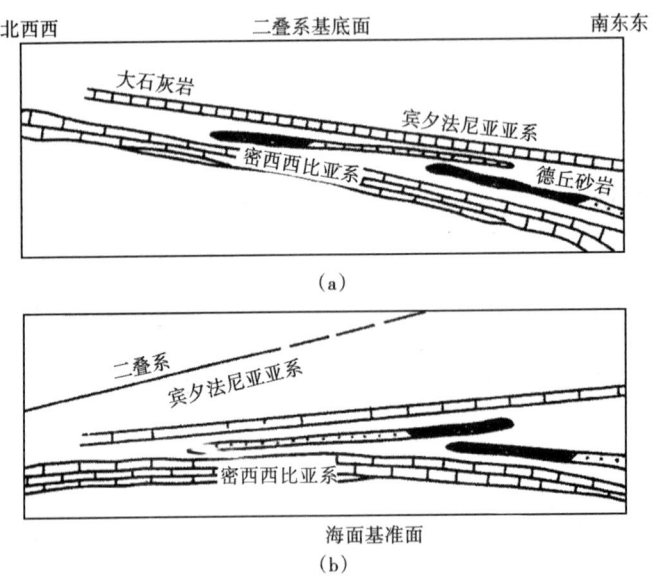

图 6-42　俄克拉何马北部古生代油气藏的剖面图（据 A. I. Levorsen，1967）

营期末是油气藏形成的主要时期，因此一般认为古近系中的油气藏都是原生油气藏，而把新近系中的大多数油气藏都认为是次生油气藏（图 6-43）。然而，渤海湾盆地古近系烃源岩的生排烃过程可以一直延续到新近纪和第四纪。例如，渤中坳陷东营组烃源岩目前正处于成熟阶段，是主要的生烃期（郝芳，2005）。在这种条件下，要区分新近系油藏中的石油是原来油气藏破坏再运移形成的，还是新近纪或第四纪生成的石油直接进入圈闭形成的，是比较困难的，需要更多的资料和更多的方法才能确定。

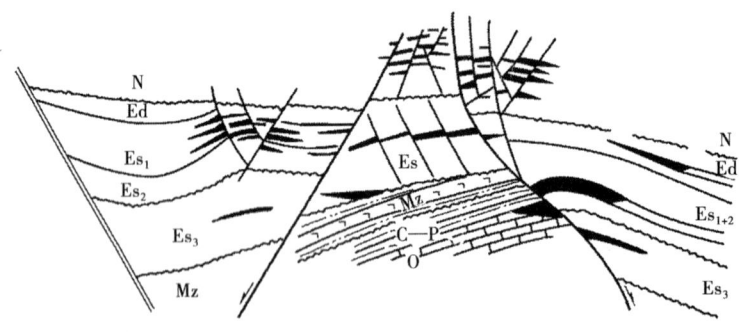

图 6-43　北大港构造带油田油气藏分布模式图（据高锡兴，1997）

（二）油气苗

油气苗是油气藏被破坏后直接在地表形成的油气显示。

油苗是石油在地表的显示。我国准噶尔盆地克拉玛依油田的黑油山就是油苗中的石油与泥沙混合形成的沥青丘，目前液态石油每天还在从许多油苗中流至地表（图 6-44）。许多油苗在地表的低洼处可以汇集称"油湖"或"沥青湖"，特立尼达的沥青湖是世界上最大的沥青湖。

另外一种油苗是含油砂岩或称油砂，它一般是储集层直接在地表出露的产物。加拿大艾伯塔盆地的阿萨巴斯卡沥青砂是世界上规模最大的沥青砂矿，储量达 800×10^8 t（张厚福等，

图 6-44　准噶尔盆地克拉玛依黑油山的油苗

1999a)。油砂矿也是一种重要的非常规石油资源，在世界石油资源中占有重要地位。

气苗是天然气在地表的显示。天然气在陆地冒出时不易察觉，但在水中冒出时则可以形成气泡。气苗遇火可以燃烧。

尽管油气苗是地下油气藏遭破坏的标志，但它也说明了在该地区曾经发生过油气生成、运移和聚集过程。因此，在早期的石油勘探中，油气苗是寻找地下油气藏的主要标志之一。

（三）固体沥青

石油经过各种次生变化而形成的石油固体衍生物，称为固体沥青。由于次生变化程度的不同以及成因上的差异，固体沥青有地蜡、沥青、碳质沥青和碳沥青等多种类型。

地蜡是贫胶质石蜡族石油沿裂缝向地表运移时，由于温度压力的降低，原油中溶解的固体石蜡析出而成。

沥青是石油在表生作用带轻质组分散失、重质组分被氧化而成，根据氧化程度的不同又可进一步分为软沥青、地沥青和石沥青，其被氧化的程度依次增强。

碳质沥青和碳沥青是沥青及部分石油在变质作用过程中发生碳化而形成。

固体沥青在地表附近的出露也是野外调查石油的标志，例如地蜡、软沥青、地沥青及石沥青等，常在地表露头中成为找油的直接油气显示。我国柴达木盆地的深褐色地蜡、老君庙油田的黑色地沥青、克拉玛依油田的黑色石沥青都与地下的油藏有直接的关系。有时油气藏遭受剥蚀或被断裂破坏，石油流至地表形成沥青后，会对被部分破坏的油气藏形成所谓的沥青封堵，油藏中尚未被完全破坏的原油会被重新封闭起来，形成沥青封堵油气藏（图 6-45）。

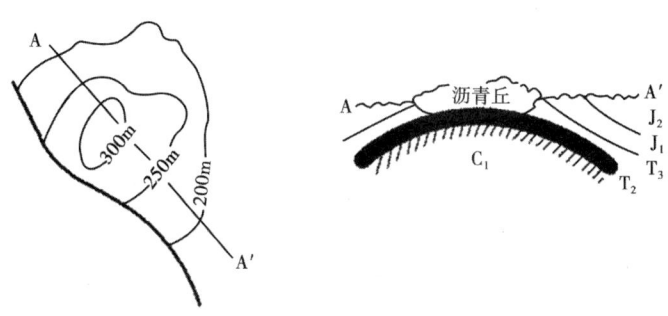

图 6-45　克拉玛依油田黑油山的沥青封堵

第四节 油气藏的寿命和形成时间

油气藏破坏的因素是多方面的，即使没有其他的破坏作用，仅渗漏和扩散作用也足以导致一个油气藏在漫长的地质历史过程中消失掉。那么，一个油气藏在它形成以后到底能够保存多久？目前发现的油气藏是什么时候形成的？这就是油气藏的寿命和年龄问题。这既是一个重要的理论问题，又对油气勘探具有重要的实际意义。

油气藏的年龄和寿命是两个不同的概念。年龄是现在的油气藏从它形成至今的时间；而寿命是一个油气藏从它形成到消亡的时间，即在地球上存在的时间。油气藏寿命问题主要是一个理论问题，以往研究较少，近年来随着对油气成藏机理的认识，这一问题已经引起地质学家的重视；而年龄问题既是一个理论问题，也是一个重要的实际问题，研究得相对较多，实际上年龄问题就是确定油气藏形成时间的问题。当然，这两个问题有一定联系，研究油气藏的年龄，有助于了解油气藏的寿命。

一、油气藏的寿命

油气藏的寿命即一个油气藏自其形成以后能够存在多久，与其经历的地质历史和地质作用有直接关系。本章第三节已经讲过，一个油气藏自形成以后，可以遭受一系列的破坏作用，这些破坏作用都可能使一个油气藏夭折。Miller（1996）对全球储量的时代分布和中值年龄进行了研究，他认为石油在不断生成，同时也在不断遭受破坏。他的研究结果表明，全球石油储量的最小破坏速率为 $11.4×10^4 t/a$，若以全球地下石油地质储量为 $47000×10^8 t$ 计算，它们将在 41Ma 内散失殆尽，则 41Ma 可以理解为油藏的平均寿命。Macgregor（1996）根据对全球 350 个大油田的地质储量时代分布的研究认为，占世界 80% 以上的石油地质储量在距今 75Ma 时就已成藏，其中值年龄为 35Ma，也就是说，世界现有大油田的一半是在距今 35Ma（渐新世）以后形成的。Macgregor（1996）还以 $(1.4～5.7)×10^4 t/a$ 的垂向渗漏速度计算了全球 350 个大油田的寿命，若 350 个大油田的地质储量为 $10000×10^8 t$，则其寿命为 18～72Ma，平均寿命为 55Ma。考虑到含油气盆地和圈闭类型的不同，石油聚集和破坏速率也有很大不同，因此它们的寿命也差别很大。

由于油气藏形成以后都经历了各种地质作用的破坏，李明诚（2006）认为这样计算的油气藏寿命都是其夭折寿命，而不是其自然寿命。他把单纯由微渗漏和分子扩散造成的油气藏的消亡时间称为油气藏的自然寿命或理论寿命。李明诚（2006）研究结果表明，一个大中型油藏的平均自然寿命为 120Ma，而一个大中型气藏的平均自然寿命为 70Ma。

我国许多学者对我国主要天然气藏的形成时间进行了研究，提出了天然气"晚期成藏"观点。周兴熙等在"八五"期间最早研究了塔里木盆地天然气晚期成藏的特征，他们通过对当时主要气藏构造演化史、流体相态、储集层成岩作用，指出塔里木盆地的天然气藏主要是在晚近地质时期（新近纪以后）形成的，最早提出了晚期成藏的观点（周兴熙等，1998）。"九五"期间"中国大中型气田分布规律研究"更进一步完善了中国天然气多期成藏晚期为主的认识。戴金星（2003）认为除鄂尔多斯盆地的气田形成于白垩纪外，我国的主要气田都形成于古近纪、新近纪和第四纪。也就是说中生代以前形成的气田都已经被破坏掉了，这与李明诚计算了大气田的平均寿命为 70Ma 是吻合的，进一步说明天然气藏一般是短命的。

天然气的晚期成藏由三方面主要因素决定，一是新生代以来普遍经历烃源岩演化的生气高峰期，如新生代的裂谷盆地、前陆盆地中的煤系烃源岩和克拉通盆地中的海相烃源岩；二是新构造运动为天然气成藏提供了大型的圈闭、运移通道，有利于天然气晚期成藏；三是天然气聚集越晚，散失量越少，越有利于形成大气田。这三点就决定了中国大中型天然气藏普遍为晚期—超晚期聚集成藏（戴金星等，2003；龚再升和李思田，2004）。

上述研究结果为我们提供了这样一种概念，即一般情况下油气藏的寿命实际上比我们想象的要短得多。如果一个盆地没有新的油气源的供给，其油气资源特别是天然气资源将大致在一亿年内散失殆尽。可以认为，古生代形成的油气藏大都已经被破坏掉了，只有极少数油气藏在一定条件下可以保存至今，现今发现的油气藏大多数都是中—新生代形成的。

同时也应该指出，如果早期（如古生代）形成的油气藏在后来的地质历史过程中有进一步的油气源补给，则也可能保存下来；同时，油气藏寿命的长短还与其保存条件特别是盖层质量有重要关系。如在塔里木盆地的某些油藏就是海西期形成的（戴金星，2003），北海盆地的格洛宁根气田、伏尔加—乌拉尔盆地的罗马什金油田等的形成时间可能都超过一亿年。关于油气藏寿命的研究还很不深入，上述关于油气藏寿命的具体数据也未必十分准确，还应进行更为广泛和深入的研究。

二、油气藏形成时间的确定

油气藏形成时间的确定对油气勘探具有重要的实际意义。如果在一个地区能确定油气藏是在某一个地质时代形成的，则在该时期以前形成的圈闭就对油气聚集有利，而在此以后形成的圈闭就对油气聚集不利。

确定油气藏形成时间，过去多是采用传统方法，包括圈闭形成期法、生排烃期法、油藏饱和压力法等。近年发展起来一种流体历史分析的方法，通过借助油藏地球化学、储集层有机包裹体及黏土矿物演变史（或成岩矿物的同位素分析）等手段，进行流体历史分析，能够比较成功地确定油气藏的形成期，为油气藏演化史分析提供充分的证据。

（一）根据圈闭发育史确定油气藏形成的最早时间

油气藏的形成是油气在圈闭中聚集的结果，只有形成了圈闭，油气才能聚集；换言之，油气藏形成时间绝不会早于圈闭的形成时间；所以，我们可以根据圈闭形成的时间确定油气藏形成的最早时间。一个圈闭的形成，可以是在储集层形成以后不久，也可能是在储集层形成以后很久；它可以是在某一个地壳运动幕形成的，也可能是在漫长的地质历史期间断断续续形成的，并且一个圈闭也可能经过多次改造。

不同类型的圈闭形成时间也不相同，根据地层剖面中圈闭的类型、地层接触关系、断层的分布以及构造的形态之间的关系可以确定圈闭形成的先后顺序和相对时间。地层圈闭和岩性圈闭形成的时间比较容易确定。岩性圈闭和地层超覆圈闭是在储集层形成不久、盖层具有封闭性的时候就开始形成了，地层不整合圈闭是在不整合面以上的地层具有封闭条件的时候形成的，但构造圈闭形成的时间则比较复杂。

有些构造圈闭在地层沉积的同时就开始形成了，这就是所谓的同沉积构造圈闭，而有些构造圈闭则是在沉积以后的某一次构造运动中形成的。不论哪一种类型的构造圈闭，又都可能在后来的构造运动中得到发展或改造。通过构造发展史的恢复，在某种程度上可以确定构造圈闭的发育过程和形成时间。例如从图6-46所示的构造演化剖面可以看出，在d层沉积以后发生了一次构造运动，a、b、c、d各层都遭受了不同程度的剥蚀。在这一剥蚀面上沉积了f层,期间还沉积了砂岩透镜体e。从剖面1可以看出,在f层沉积以后(g层沉积前),除了砂岩透镜体e形成圈闭条件外,其余各层均无圈闭形成;g层沉积以后(h层沉积前),该区发生了又一次构造运动,地层发生褶皱,形成了一个背斜,在a层和b层形成了背斜圈闭(f层为泥岩),c层和d层形成了地层不整合圈闭(剖面2);在背斜圈闭被断裂改造后,沉积了h层。通过这样的构造发育史分析,可以确定各圈闭的形成时间。

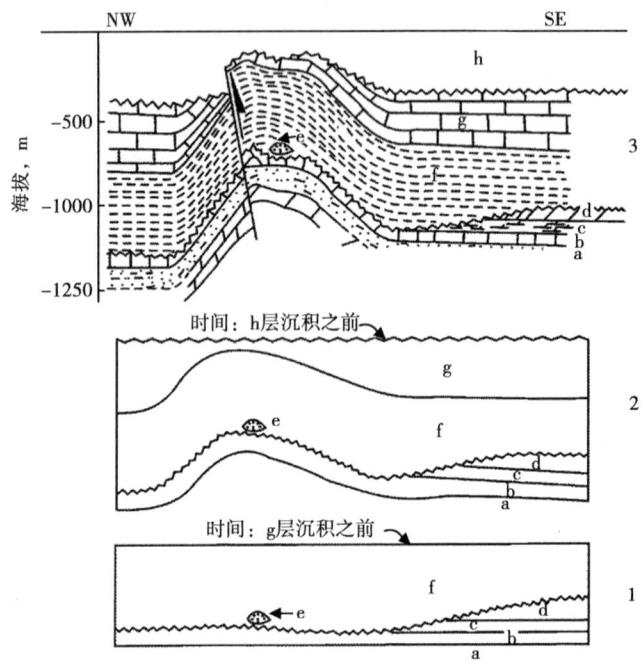

图6-46 根据构造发展史研究圈闭形成时期(据Levorsen,1967,有修改)

(二)根据烃源岩生排烃期确定油气藏的形成时间

油气藏的形成是油气生成、运移、聚集的结果,没有油气生成并从烃源层中排到储集层中,就不可能有油气藏的形成。从微观角度来讲,油气的生成、排出、运聚成藏是一个连续的过程。油气藏的形成过程在油气从烃源岩中生成并排出之后就开始了。也可以说烃源岩中油气开始生成并排出的时间,是油气藏形成的最早时间。实际上,许多盆地研究的实例都证明,盆地主要烃源岩的主要生排烃期就是油气藏形成的主要时期,因此科学地分析烃源岩的生排烃史对于综合分析油气藏的成藏过程是至关重要的。

盆地烃源岩生排烃历史的研究已比较成熟,主要是采用盆地模式的方法(勒奇,1996;庞雄奇等,2005),其中包括烃源岩成熟度历史模拟、生烃史及排烃史的模拟。

烃源岩成熟度历史模拟得到的是烃源岩成熟度在地质历史上的变化,用成熟度演化曲线表示,在成熟度曲线上可以确定烃源岩进入不同演化阶段的时间。图6-47是焉耆盆地八道湾组烃源岩成熟度演化曲线和生烃速率曲线。从图6-47(a)可以看出,该套烃源岩自200Ma沉积以后,到175Ma其R_o值达到0.5%,开始进入生烃门限,到150Ma前后,达到生烃高峰;以后一直到65Ma烃源岩的成熟度基本没有变化;到65Ma以后,烃源岩的成熟度又开始增加,特别是在20Ma以后,成熟度增加很快,进入二次生烃过程。从该烃源岩成熟度的演化史可以看出,地质历史上其成熟度主要有两次显著增加的时间,分别发生在

150Ma前后和65Ma以后,应该对应两次主要的生烃期。对该烃源岩生烃史的模拟结果也反映了相同的生烃历史［图6-47（b）］。由此可以认为,焉耆盆地八道湾组烃源岩在历史上有两次主要的生排烃事件,分别在150Ma前后的侏罗纪末和65Ma以后的古近纪和新近纪,这两个时期也是焉耆盆地的两次主要成藏期。

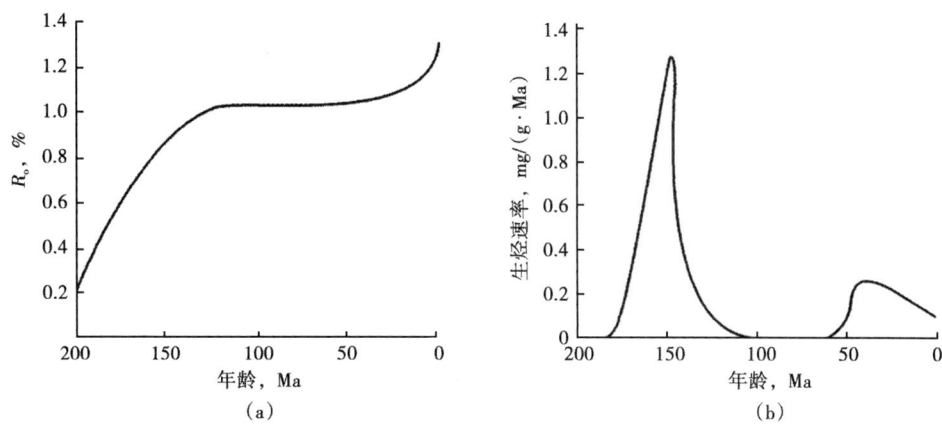

图6-47 焉耆盆地八道湾组烃源岩成熟历史和生烃史（据柳广弟等,2002,有修改）
(a) 成熟度史; (b) 生烃史

上述焉耆盆地八道湾组烃源岩在地质历史上有两次主要的生烃事件,其中第一次生烃事件的重要性远高于二次生烃的重要性。但是,在某些盆地中,由于早期埋藏较浅,烃源岩演化程度不高,早期生成的油气有限;或者虽然早期也达到了一定的演化程度,生成了相当数量的油气,但是由于后期的抬升剥蚀,早期形成的油气大部分被破坏了。这样的盆地中如果存在二次生烃过程,则对目前油气藏的形成可能就变得很重要了。这时的油气藏形成时间可能主要与二次生烃事件有关。

例如,北非三叠盆地哈西迈萨乌德油田的下志留统烃源岩从志留纪到石炭纪的埋藏深度一直很浅,保持在1000m左右;至二叠纪,由于盆地上升,埋藏变得更浅,始终不具备生油条件;直到中生代以后,盆地才开始发生强烈沉降,到白垩纪末期,埋藏深度达3700m。对该烃源岩生烃史的模拟表明（图6-48）,在最初的300Ma期间（大约在白垩纪以前）只生成很少的石油,从白垩纪开始才达到主要生油期,此时排出的油聚集在被三叠系膏盐层所

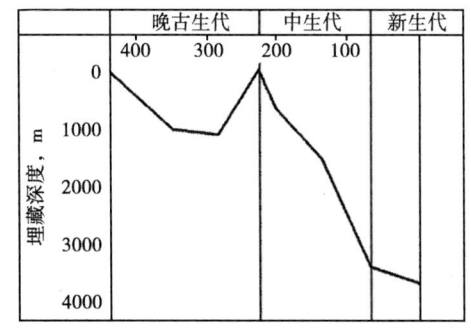
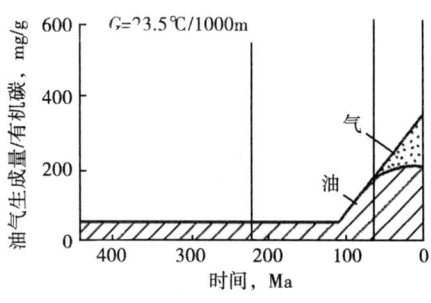

图6-48 哈西迈萨乌德油田地区志留系烃源岩埋藏历史和烃类生成随地质时代的变化
（据B. P. Tissot和Welte,1978）

封闭的不整合面下的剥蚀构造中,形成了储量丰富的哈西迈萨乌德油田。因此,该油田的成藏期在白垩纪以后。

又如,加拿大艾伯塔盆地埃德蒙顿区上泥盆统烃源岩的情况,礁块之上覆盖的埃瑞唐页岩既是烃源岩又是盖层,礁块圈闭形成时间较早;但是,由于整个上古生代直到侏罗纪,埋藏深度一直都很浅,不能生成有商业价值的石油和天然气。只是在白垩系特别是古近系沉积以后,其埋藏深度最大可达2650m,才生成大量石油和天然气,生成的油气排入礁块圈闭中,形成了油气藏。

当然,对后期改造比较强烈的盆地来说,如果后期的构造运动改变了最初油气的聚集状态,这时主要生排烃期则只能反映原生油气藏的形成时间,而次生油气藏的形成时间就与后期构造运动发生的时间有重要关系了。

(三) 根据流体包裹体的形成期次和均一温度确定油气藏的形成时间

流体包裹体是在矿物生长过程中被包裹在矿物晶格缺陷或窝穴中的成矿流体(周中毅、潘长春,1992)。流体包裹体在油气储集层中广泛分布,按其相态可以分为液体包裹体、气体包裹体和气液包裹体,按其成分可以分为盐水包裹体和油气包裹体。油气包裹体是油气在储集层中运移和聚集过程中,被储集层的成岩矿物所包裹而形成的。储集层中油气包裹体的存在反映了在地质历史时期储集层的油气充注事件。根据油气包裹体在成岩序列中的形成序次,可以确定油气充注的相对时间。根据与油气包裹体共生的盐水包裹体的均一温度和储集层的地温演化历史,可以确定油气充注的时间。

根据包裹体与宿主矿物的关系,可以分析包裹体的形成期次。如图6-49所示,A组包裹体孤立分布于碎屑石英颗粒中,可能是在其花岗质母岩结晶过程中形成的;B组包裹体沿愈合裂缝分布,但并不穿过成岩胶结物和相邻的两个颗粒,可能是在物源岩区中被捕获的;C组包裹体孤立分布在石英次生加大中,可能是与石英胶结物同时形成的;D组包裹体穿过的石英胶结物和颗粒,是次生包裹体,它的形成晚于石英胶结物;E包裹体与方解石胶结物同时形成;F组包裹体穿过了颗粒、石英胶结物和方解石胶结物,形成时间晚于石英和方解石胶结物。根据包裹体在成岩序列中的位置,可以大致确定不同期次包裹体形成的相对时间,再结合储集层的成岩历史分析,即可以确定不同期次包裹体的形成时间。如在上述某一期次的包裹体中有比较丰富的油气包裹体,即可以用这期包裹体的形成时间作为油气进入储集层的时间。

图6-49 包裹体与宿主矿物的关系及其形成期次(据Emery和Robinson,1999)

由于包裹体的体积很小，一般只有几个到十几个微米大小，因此，一般可以假定，包裹体在形成的时候是以均一的单相充满整个包裹体空间的。但当包裹体从高温高压的地下环境进入常温常压的实验室环境后，由于温度的下降，包裹体中流体的收缩系数要大于外面固体矿物的收缩系数，从而形成了在室温下从显微镜中看到的具有两相界面的气液包裹体。当我们把这样的包裹体加热到一定温度时，两相又恢复为均一的单相，这时的温度称为均一温度，这一过程称为均一化。在一般的条件下，包裹体的均一温度可以近似代表包裹体的形成温度。如果包裹体形成时的埋深较大，均一温度与包裹体的形成温度可能会有较大误差，这时需要进行压力校正（杨绪充，1993b）。由于盐水包裹体和油气包裹体相态变化特征的不同，在均一温度研究中，油气包裹体远不如盐水包裹体有用（Emery 和 Robinson，1999）。因此在实际工作中，一般选择与油气包裹体共生的盐水包裹体测定其均一温度。根据盐水包裹体的均一温度，结合包裹体所在地层的埋藏史和地温演化史可以确定包裹体的形成时间，进而确定油气藏的形成时间。具体步骤是：（1）测定储集层样品中与油气包裹体共生的盐水包裹体的均一温度，将各包裹体测得的均一温度值做为频率直方图；（2）做出样品所在的储集层的埋藏历史和地温历史，一般用埋藏史曲线表示；（3）在包裹体所在储集层的温度演化图上，储集层温度与包裹体均一温度相吻合的时间就是包裹体的形成时间，也就是油气向储集层大量充注的时间。

图6-50是焉耆盆地三工河组储集层流体包裹体均一温度的分布，可以看出，101~110℃和121~130℃是两个频率最高的温度区间，可以认为该储集层中的流体包裹体主要是在这两个温度区间形成的；这两个主峰温度区间在图6-51三工河组储集层的温度历史上对应的时间是150~135Ma，也就是说，焉耆盆地三工河组油藏中的石油主要是在150~135Ma的侏罗纪晚期充注的。

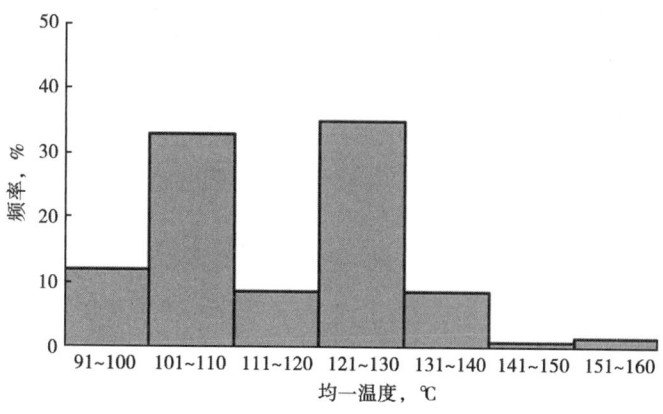

图6-50　焉耆盆地宝北区块三工河组流体包裹体均一温度分布（据柳广弟等，2002）

准噶尔盆地莫索湾隆起侏罗系储集层流体包裹体主要存在于方解石和石英胶结物中。根据冷热台系统分析冰点（反映流体介质的差异）的不同，流体包裹体主要分为两期：第一期流体包裹体均一化温度多在70~90℃，盐水包裹体与含油包裹体共生；第二期流体包裹体均一化温度多在100~130℃，盐水包裹体多与含气态烃的盐水包裹体、气体包裹体共生（图6-52）。根据两期流体包裹体均一温度分布的中值和盆参2井埋藏史分析，第一期流体包裹体均一温度70~90℃相对的地质时间为晚白垩世，第二期流体包裹体均一温度100~

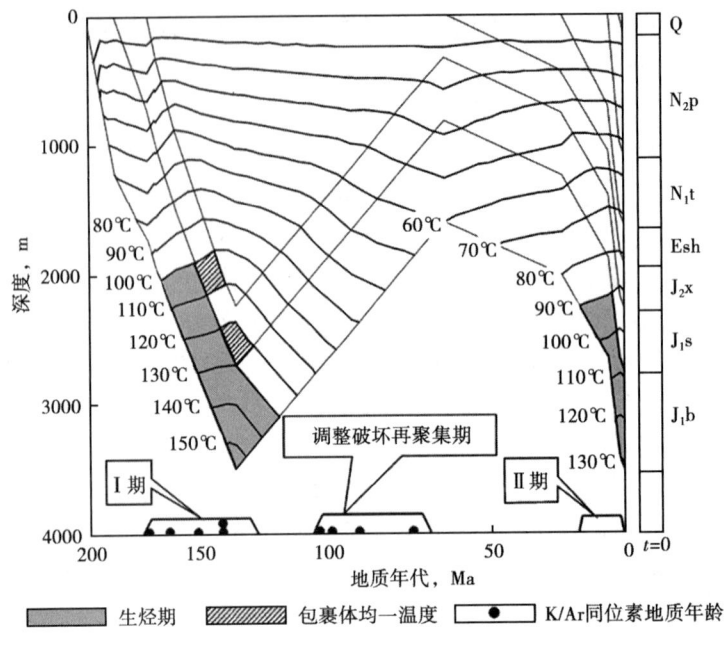

图 6-51　焉耆盆地油气成藏时间的确定（据柳广弟等，2002）

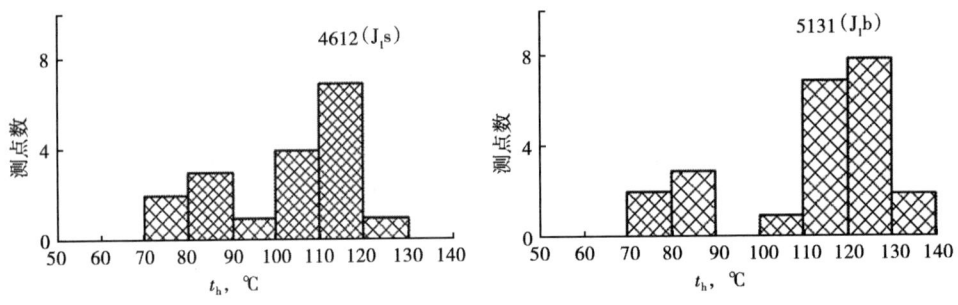

图 6-52　准噶尔盆地盆参 2 井流体包裹体分布图（据王飞宇，1997）

130℃相对应的地质时间为新近纪和第四纪。这反映出莫索湾隆起侏罗系储集层有两期成藏时间。

（四）储集层自生伊利石同位素年代学分析

成岩矿物同位素年代学分析可以提供成岩矿物的形成时间。利用储集层中自生矿物（主要是伊利石）同位素年代学分析烃类进入储集层的时间是国际上 20 世纪 80 年代后期逐步发展起来的新技术，并成功地应用于分析北海油田等地区烃类成藏时间（Hamilton 等，1989；Lee 等，1989）。这一方法的基本原理是：砂岩储集集层中的自生伊利石是在富钾的孔隙水环境中形成的。油气进入储集层的孔隙空间后，破坏了自生伊利石的生长环境，伊利石即停止生长。因此，储集层中最小的伊利石形成的时间即为油气进入储集层的时间。通过测定砂岩储集层中自生伊利石的同位素年龄，可以判断油气藏的形成时间，即烃类充填储集层的时间应略晚于自生伊利石的同位素年龄。根据平面上和剖面上自生伊利石的同位素年龄分布可以判断成藏的速度（快速或缓慢）以及烃类运移的方向（Hamilton 等，1989）。

图 6-53 表示准噶尔盆地莫索湾隆起中侏罗统头屯河组和西山窑组储集层伊利石的同位

素年龄，盆参 2 井为 99~83Ma，盆 4 井为 104~91Ma；下侏罗统三工河组和八道湾组砂岩储集层伊利石的同位素年龄，盆参 2 井为 74~64Ma，盆 4 井为 83~71Ma。根据砂岩储集层自生伊利石年龄，中侏罗统头屯河组和西山窑组油藏成藏期在晚白垩世，下侏罗统三工河组和八道湾组砂岩气藏成藏期在白垩纪末以后。

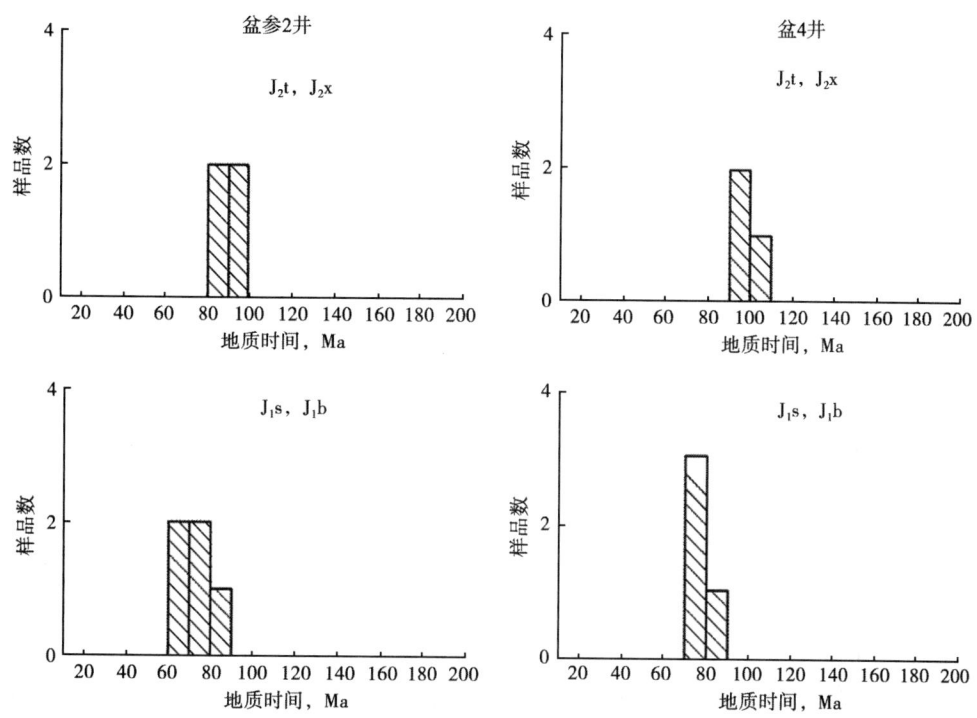

图 6-53　准噶尔盆地莫索湾隆起侏罗系砂岩自生伊利石（<0.1μm）同位素地质年龄分布（据王飞宇，1997）

焉耆盆地三工河组储集层自生伊利石 K/Ar 同位素年龄主要分布范围为 170.00~78.17Ma，主要集中在 170~140Ma 和 120~100Ma 两期（图 6-51）。第一期正是侏罗纪末期地层最大埋藏期前后，是油气大量生成、运移和聚集的时期；第二期为早白垩世盆地大规模隆起抬升期，是第一期已聚集的油气发生调整、破坏和再运移、再聚集的时期（柳广弟等，2002）。这与生排烃历史和流体包裹体分析的结果比较吻合，也符合该区构造的演化历史。

确定油气藏形成时间的方法还有油藏饱和压力法、波义耳定律法等（张厚福等，1999a）。这些方法的假设前提较多，实际油气藏一般很难满足，目前已较少使用，这里就不详细介绍了。

油气成藏期次和成藏时间的研究是一个比较复杂的问题，应该尽可能多地综合不同资料和不同方法进行综合分析才能得出正确的结论。对一个地区的油气生成历史和构造演化历史的分析是研究油气成藏期次和时间的基础。如果脱离了这个基础而只根据一些分析测定方法得到的结果（如流体包裹体分析、自生伊利石同位素测年、油藏饱和压力分析等），往往会得出错误的结论。同时，某些先进的分析方法的应用尚处在探索过程中，其中还存在这样或那样的问题，在具体应用时，必须综合利用各种方法进行分析、互相校核，才可能得出正确的结论。

第五节 油气成藏系统

油气藏的形成是烃源岩、储集层、盖层、圈闭等油气成藏要素与油气生成、油气运移、油气聚集等油气成藏过程相互作用与匹配的结果。这些油气成藏要素都存在于一定的地质单元内，这些成藏过程也都发生在一定的地质单元内。存在油气成藏要素，发生了油气成藏过程并形成了油气藏的地质单元可以称为油气成藏系统。油气系统和油气运聚单元都可以看成是油气成藏系统。

一、油气系统

如果不以在公开刊物上有无记载为标准的话，提出油气系统原始概念的第一人应为我国学者胡朝元。我国学者胡朝元早在1963年就提出了"成油系统"的概念，这一概念与目前普遍接受的油气系统概念的内涵基本一致（胡朝元，2002）。见于公开发表文献的油气系统的概念最早于1972年由 W. G. Dow 在 AAPG 会议上提出，并称为石油系统（oil system），而油气系统（petroleum system）的概念首先见于法国石油地质学家 Perrondon（1980，1983，法文版）及 Perrondon 和 Masse（1984）的文献中，此后十几年间在西方文献上油气系统的文献达150多篇，使这一概念不断发展和完善。在1991年美国 AAPG 年会、1994年美国 AAPG 与墨西哥 AMPG 联合举行的"油气系统地质研讨会"上，陆续发表的《美国的油气系统》（L. B. Magoon，1988）、《含油气系统——从烃源岩到圈闭》（L. B. Magoon，1988；W. G. Dow，1994）等专著系统地介绍了油气系统的概念、分类、研究内容、研究方法及应用方面的文章。我国引入油气系统的概念始于20世纪80年代末期。20世纪90年代初，我国学者先后编译了 Magoon 主编的《油气系统研究现状和方法》（1990，1992），全文翻译了《含油气系统——从烃源岩到圈闭》。1996年11月，中国石油学会石油地质专业委员会和云南省石油学会在贵州省安顺市召开了"中国含油气系统及其在油气勘探中的应用"学术研讨会，强调在研究和实践中去理解和发展油气系统的概念和方法，使其研究方法更适合中国实际，进而有效地为油气勘探服务。

（一）油气系统的概念及命名

1. 油气系统的概念

W. G. Dow（1972）基于油—油对比和油—源对比的关系和区域性盖层的分布，将美国威利斯顿盆地划分为三套主要的烃源岩和储集层的组合系统，并称为石油系统（oil system）。

A. Perrodon（1980，1983）的"油气系统"（petroleum system）是"各种成藏地质事件在三维空间和时间域有机配置的最终结果"，"在该系统中，构造旋回发展、流体运动状态、岩性组合与几何要素等对于'同族'油气藏形成起着同等重要的作用"。

F. F. Meissner 等（1984）将油气生成、运移、聚集构成的系统比作一部"生油的机器"，认为油气从生烃灶生成后经过运移到聚集的过程构成一个有机的整体。这一概念第一次将烃源岩、储集层、盖层和圈闭作为油气成藏的基本要素（essential elements）来表述，强调生烃灶作为"生油机器"的核心，在系统形成中居于主导地位，并强调了生烃、运移与聚集成藏的过程（processes）在油气系统形成中的重要作用。

G. Ulmishek（1986）使用了"独立含油气系统"（independent petroliferous system）术语，认为在一个"独立含油气系统"（IPS）内，烃源岩、储集层、盖层与圈闭条件控制了一个地区油气聚集的丰度，油气的生成、聚集和保存过程基本上是独立的，与周围不发生流体的交换，并在侧向和垂向上被区域性的遮挡条件所围限，具有一定的空间连续范围，构成油气资源预测评价的基本单元。

L. B. Magoon 和 W. G. Dow（1994）主编的《含油气系统——从烃源岩到圈闭》对油气系统的概念作了最系统的论述。按照 Magoon 的定义，油气系统是沉积盆地中的一个自然系统，它包括一个有效的烃源岩体和与此烃源岩体有关的所有油气藏以及形成这些油气藏所必需的一切地质要素和地质作用。"油气"是指由热成熟作用和生化作用形成的一切油气聚集，包括常规油气藏和天然气水合物、致密气藏、页岩和煤层裂缝气藏，也包括凝析油和沥青等；"系统"则指导致油气聚集发生的要素与作用过程在三维空间的有机联系。

根据上述不同学者对油气系统的定义，油气系统是一个包含有效烃源岩体和与该烃源岩体相关的所有已形成的油气以及油气藏形成所必不可少的一切地质要素及地质作用的自然系统。所谓有效烃源岩体，是指现在仍处于生排烃过程或现在也许已不再生烃或说已消耗殆尽而地质历史中曾经发生过生排烃的烃源岩。这里的"油气"指聚集在一起的任何烃类物质，包括常规油气田、天然气水合物、致密储集层、裂缝性页岩和煤层中的热成因及生物成因的天然气，以及在自然界发现的凝析油、原油、重油及固态沥青。地质要素包括烃源岩、储集岩、盖层及上覆岩层这些静态因素；而地质作用则包括圈闭的形成及烃类的生成、运移和聚集这一发展过程。"系统"一词描述相互依存的各地质要素和地质作用，这些地质要素和作用组成了形成油气藏的功能单元。这些基本要素和作用必须有适当的时空配置，才能使有机质转化为油气，进而形成油气藏。这些基本要素和成藏作用存在和发生的地方就是油气系统所在的位置。

按照目前的理解，油气系统的概念中包括了三重含义：

（1）油气系统是沉积盆地中介于盆地和区带之间的油气生成、运移和聚集的一个地质单元。该地质单元以有效烃源岩体为核心，单元的边界就是该有效烃源岩体生成的油气运移的最外边界。

（2）油气系统的内涵是指该地质单元内油气藏形成所必需的地质要素和地质作用。其中的地质要素包括有效烃源岩、储集层、盖层、输导体与上覆地层；地质作用包括油气的生成、油气的运移和聚集、圈闭的形成和演化、油气成藏等过程。

（3）油气系统还指适用于这一地质单元的一套综合研究的方法论和研究思想。油气系统强调以过程恢复为主导的动态研究思想，用油气藏形成的地质作用将各地质要素联系为一个有机的整体。

"从烃源岩到圈闭"最精辟地概括了油气系统的精髓，即"从烃源岩到圈闭"的油气系统空间展布范围、"从烃源岩到圈闭"的油气成藏地质要素、"从烃源岩到圈闭"的油气成藏过程、"从烃源岩到圈闭"的综合研究方法。

中国和世界上许多含油气盆地都具有多旋回构造运动的特征，尤其是古生代发育的海相地层，经历了多次的地壳运动，各时代海相原型盆地多次改造，面目全非，油气生成、运移、聚集、保存和逸散等过程经历了复杂变迁，国外盛行的油气系统的概念难以适用。考虑到多旋回构造运动区的区域地质特征，将油气系统的定义修正为：油气系统是在任一含油气盆地（凹陷）内，与一个或一系列烃源岩生成的油气相关，在地质历史时期中经历了相似的演化史，包括油气成藏所必不可少的一切地质要素及地质作用在时间、空间上良好配置的物理—化学动态系统，其顶受区域性盖层及上覆岩系所限，底为底层烃源岩所覆盖的储集层。这个定义不仅可用于只发育某一时代烃源岩的地史简单的中—新生代盆地，更适用于经多旋回运动改造的古生代含油气盆地。

2. 油气系统的命名

Magoon 等（1994）根据油气系统烃源岩和形成聚集的可靠性，将油气系统分为三个级别：已知（!）、假定（*）和推测（?）。可靠性等级实际上是一个油源可靠性问题，它指明了一个油气藏中的油气源于某一成熟烃源岩的可靠程度。对于已知的油气系统（!），油气藏中的油气与烃源岩之间的地球化学指标具良好的可比性；对于假想的油气系统（*），地球化学资料可确定烃源岩，但油气藏中的油气与烃源岩之间不具可比性；对于推测的油气系统（?），烃源岩和油气藏都是根据地球物理资料来推测的。对油气系统的命名则是以烃源岩的名称、储集岩名称再加上上述符号表示所确定的级别，如塔里木盆地库车坳陷侏罗—古近系（!）油气系统。

（二）油气系统的研究内容

前已述及，油气系统既是含油气盆地中油气生成、运移和聚集的一个地质单元，也是适合于这样一个地质单元的研究方法。油气系统的研究内容包括地质要素、基本地质过程、地质要素与地质过程的关系，对这些研究内容的描述可用油气系统的埋藏史曲线图、油气系统在关键时刻的区域展布图、剖面图和油气系统事件表来表示。

1. 基本地质要素

油气系统地质要素主要包括有效烃源岩体、储集层、盖层、输导体和上覆地层，它们是油气成藏和形成油气系统的基本地质要素。烃源岩、储集岩、盖层是油气系统存在的最基本要素，上覆岩层除了提供烃源岩成熟所需负荷之外，还对下伏岩层中运移通道及圈闭的几何形态产生明显的影响。这些地质要素要逐一进行研究。除此之外，油气系统埋藏史图及根据关键时刻绘制的剖面图可展示这些基本要素及空间关系。图 6-54 显示了 Deer-Boar（*）

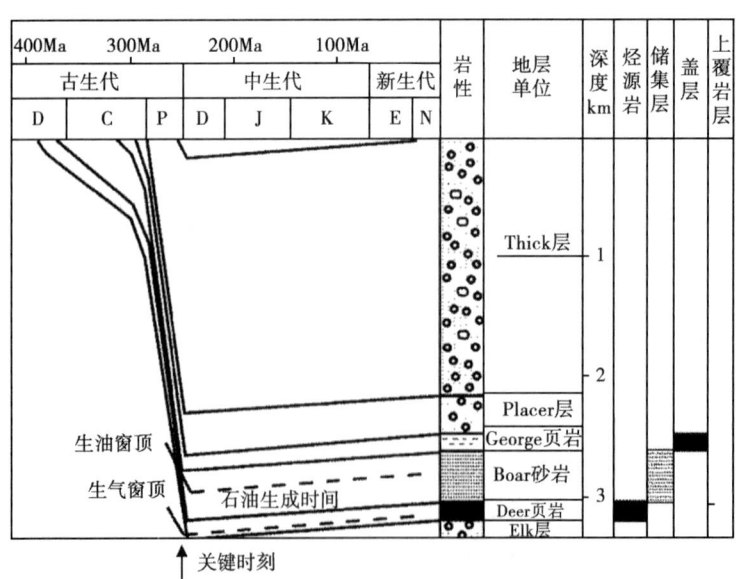

图 6-54　Deer-Boar（*）油气系统埋藏史图（据 L. B. Magoon 和 W. G. Dow，1994）

油气系统的烃源岩、储集层、盖层及上覆岩层这些基本要素。图 6-55 为横切图 6-56 的剖面图，图中显示了 Deer-Boar（*）油气系统的地层展布及关键时刻的烃源岩、储集岩、盖层及上覆岩层等基本要素的空间关系。生油窗顶之下的烃源岩为有效烃源岩，之上为未成熟烃源岩，油气赋存于储集岩中，上面有盖层起封闭作用。

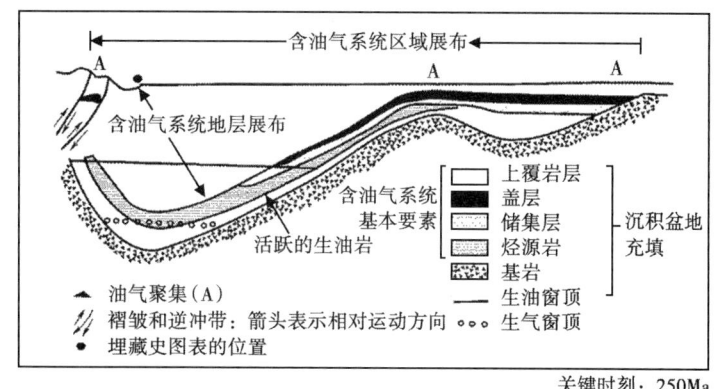

图 6-55　Deer-Boar（*）油气系统在关键时刻的地层展布图
（据 L. B. Magoon 和 W. G. Dow，1994）

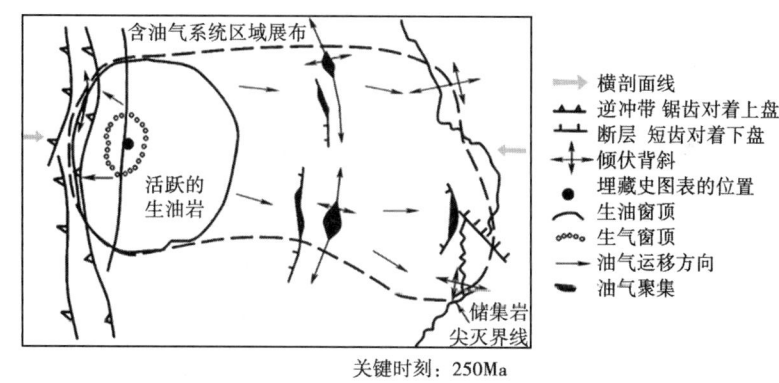

图 6-56　Deer-Boar（*）油气系统在关键时刻的区域展布图
（据 L. B. Magoon 和 W. G. Dow，1994）

2. 基本地质过程

油气系统的地质作用指"从烃源岩到圈闭"所发生的油气成藏过程，包括烃源岩的演化过程、油气的生成和排出过程、油气的运移和聚集过程、圈闭的形成和演化过程以及油气藏形成以后的改造等过程。这些过程研究可以通过盆地模拟的方法、有机地球化学的方法、流体历史分析方法等进行研究。

3. 关键时刻及要素和过程的配置

研究油气系统地质要素与地质过程的关系要选择一个时间参照点，这个时间参照点就是油气系统的关键时刻。油气系统的关键时刻是油气系统生排烃作用、圈闭形成作用、油气运聚与成藏作用的最佳匹配期，是油气系统主要油气藏的形成期。油气系统的关键时刻可以通过油气系统的埋藏史分析及成藏期次分析综合确定。从地质角度看，油气的运移和聚集发生在短暂的时间段内，它通常与烃源岩处于最大埋深稍晚的时刻相当。图 6-54 为 Deer-Boar（*）

油气系统的埋藏史曲线图。图中所有岩层均为虚构的，Deer 页岩为烃源岩，Boar 砂岩为储集岩，George 页岩为盖层，而 Deer 页岩以上的岩石均为上覆岩层。图中显示了烃源岩在距今 260Ma 的二叠纪进入生油窗，最大埋深距今 255Ma，关键时刻是距今 250Ma，油气生成、运移、聚集的时间从 260Ma 至 240Ma，这也就是油气系统的时间。

油气系统的研究通过关键时刻将地质要素和地质作用联系起来，使之成为一个有机的整体。关键时刻这一概念的应用可以使研究人员能够站在关键时刻这一时间界面上，考察油气系统地质要素和地质作用之间的组合关系。这也是油气系统研究的特色。图 6-57 是油气系统事件表，它表达了油气系统的地质要素、主要地质作用过程在关键时刻的配置关系。

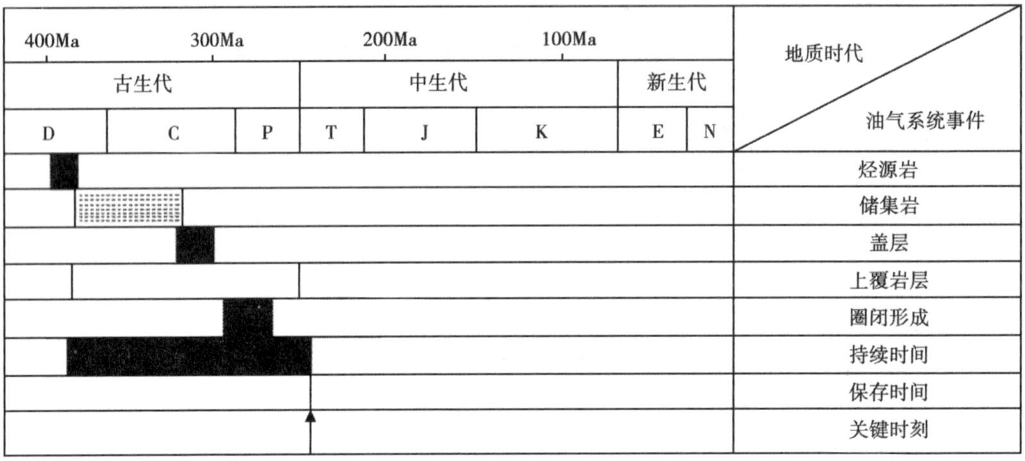

图 6-57　Deer-Boar（*）油气系统事件表（据 L. B. Magoon 和 W. G. Dow，1994）

油气系统作为有效预测油气资源潜力与分布的一个评价单元，更注重以过程为主导的综合研究。油气系统研究不同于以往石油地质综合研究的重要方面是：油气系统主要强调各地质要素综合与系统的研究，强调用地质作用将各地质要素连接为一个有机的整体，而不是简单地对各要素进行分别研究；油气系统强调历史的动态的研究，强调各地质要素地质演化的研究；油气系统强调以关键时刻为时间界面的成藏要素与成藏作用组合关系的研究，而不仅仅是对目前成藏要素静态条件的研究。总之，油气系统研究以一种综合观、动态观和系统观的思路对待一个油气系统内油气资源形成与分布的预测。

二、油气运聚单元

自 20 世纪 90 年代以来，油气系统的概念在石油地质研究得到了广泛的应用。但 L. B. Magoon 和 W. G. Dow（1994）也曾指出，油气系统的研究与勘探评价不具有密切的关系，对油气勘探的实践意义远不及含油气区带。含油气区带是指具有同一成因机制的一组勘探目标。而由于一个含油气区带的分布范围往往不包含为该含油气区带提供油气的烃源区，故含油气区带评价研究更多地关注含油气区带的油气聚集特征，而对油气的生成和运移过程则强调不够。

柳广弟和高先志（2003）将油气系统的基本思想与含油气区带评价的需要相结合，提出了"油气运聚单元"的概念。这一概念既汲取了油气系统从烃源岩到圈闭动静结合的分析思想，又以含油气区带的评价作为研究目的，从而既能"描述某一特定烃源岩与圈闭中的油气之间的成因联系"（L. B. Magoon 和 W. G. Dow，1994），又直接为勘探评价服务。

（一）油气运聚单元的概念

油气运聚单元是盆地中具有共同的油气生成、运移和聚集历史和特征、具有成因联系的一组油气藏和远景圈闭以及为其提供烃源的有效烃源岩的集合体。它是有效的烃源岩、优势运移通道、有效的储集层、有效的盖层、有效的圈闭等要素和油气的生成、油气的运聚、圈闭的演化等成藏作用在时间和空间上的有机组合。一个油气运聚单元可以有多个有效的烃源岩体为其供烃。

油气运聚单元在含义上与油气系统的概念既有联系又有区别。油气系统的概念主要强调以成熟烃源岩体为中心的一系列成藏地质要素和地质作用的有机联系和时空演化，不具有直接的勘探意义。这是因为在同一油气系统的不同部位，油气运移、聚集、成藏和保存条件可能是完全不同的。例如，在前陆盆地的一个油气系统中，位于前陆陡坡的冲断带与位于前陆缓坡的前隆带，成藏条件、油气藏类型和保存条件都截然不同，评价与勘探的思路也完全不同，但它们却属于同一油气系统。而油气运聚单元则强调以一组油气藏和圈闭为中心的成藏要素与地质作用的有机组合和时空演化。在分布范围上，一个油气运聚单元可能是一个油气系统的一部分，而同一个油气系统可能包括几个运移特征、聚集特征和油气远景都不相同的油气运聚单元［图6-58（a）］。在上述前陆盆地的油气系统中，前陆冲断带与前隆带应属于不同的油气运聚单元，应根据各自的成藏特征分别进行评价。因此，油气运聚单元的研究与评价直接为寻找油气藏服务，具有更加明确的勘探意义。与油气系统的概念相比，油气运聚单元更强调油气运移和聚集特征，更有利于对勘探目标的综合分析与评价。

同时，油气运聚单元也不局限于同一油气系统内，在两个油气系统相互交叉的情况下，一个油气运聚单元可以包括两个油气系统的各自一部分［图6-58（b）］。

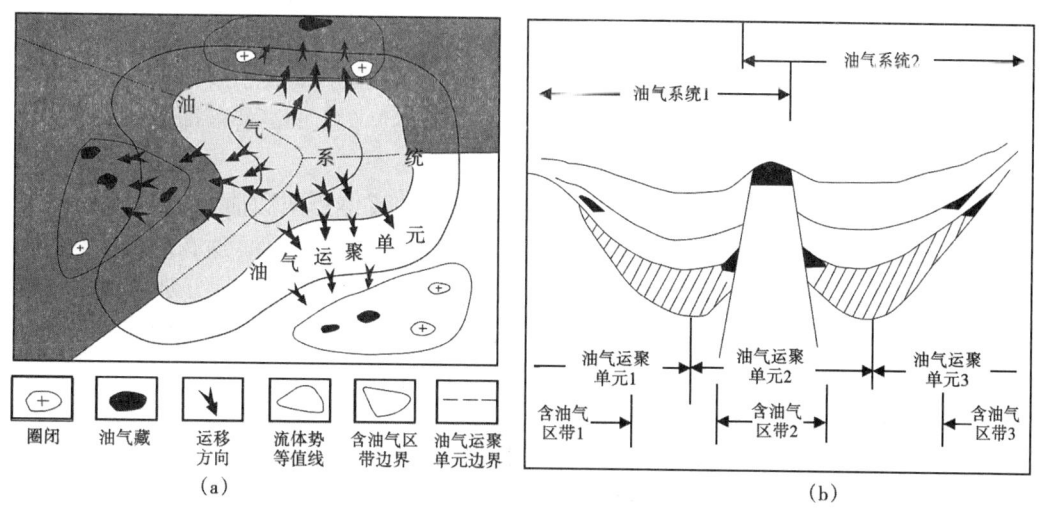

图6-58　油气运聚单元概念图（据柳广弟和高先志，2003）

油气运聚单元与盆地评价中含油气区带的含义也有区别。含油气区带往往是一组有成因联系的勘探目标，一般不包括为其提供油气源的烃源岩分布区。然而，油气源的规模、质量及其演化历史，油气从烃源岩到圈闭的输导条件以及运移过程却是勘探评价中必须研究的重要因素，因此，将烃源岩到圈闭的油气成藏地质因素和地质作用在统一的油气运聚单元中进行研究更符合现代勘探工作的需要。油气运聚单元是盆地中油气生、运、聚、散最小的和独立的单元，油气运聚单元内部生成的油气只在该运聚单元内运聚成藏，而不与其他运聚单元发生交换。因此，以油气运聚单元为基础进行油气评价在实际工作中更易操作。

(二) 油气运聚单元的边界与划分

1. 运聚单元划分的原则

(1) 油气运聚单元是盆地内部具有相似的油气生成、运移、聚集和成藏特征的单元。根据盆地内油气运移、聚集和成藏特征的不同，可以划分为若干油气运聚单元。因此，油气运聚单元的划分应以盆地油气主要成藏期的油气运移格局的研究为基础，按油气运移的路径和方向进行。

(2) 盆地油气输导体系的分布对油气运移格局有重要影响，盆地优势输导体系的分布控制油气运移的优势方向。因此，油气输导体系的研究对油气运聚单元的划分有重要意义。

(3) 不同地质时期，由于盆地油气运移格局的变化，盆地油气运聚单元的个数和边界也在发生变化。

2. 油气运聚单元的边界

根据上述划分原则，油气运聚单元主要有流动边界和自然边界两种不同类型的边界。

(1) 流动边界：流动边界是油气运移的"分割槽"，由油气主要成藏期（油气系统的关键时刻）主要含油气层系顶面流体势图上的高势面所确定。高势面往往是确定盆地中心凹陷区油气运聚单元边界的主要依据，高势面两侧为两个不同的油气运聚单元。

(2) 自然边界：自然边界指以某些自然的地质界线作为油气运聚单元的边界。这些自然的地质界线可以是在油气运移过程中起分割作用的大断裂和岩性岩相变化带，也可以是盆地的边界、地层的剥蚀尖灭带和古隆起带。

3. 油气运聚单元的划分方法

以流体势分析为基础的油气运聚格局分析是划分油气运聚单元的基础。流体势分析是目前研究油气二次运移方向和分析有利聚集区的重要方法。在流体势等值线图上，油气运移的方向是沿着势梯度的负方向从高势区向低势区运移，流体势图上的高势面即成为油气运移的分割槽，是油气运聚单元的重要边界。

图 6-59 是新疆中部焉耆盆地侏罗系在白垩纪以后的流体势图和油气运聚单元的划分，可以看出，在此期的流体势图上存在 3 个主要的高势区，这 3 个高势区所在的位置是盆地主要有效烃源岩的分布区。盆地北部两个高势区高势面的连线（线①）是分割盆地南部和北部油气运移流向的主要分割槽。盆地的低势带主要分布在盆地北部和中部。因此，盆地油气运移的基本格局是在分割槽①以北，油气主要向北运移，在分割槽①以南，油气从南、北两个方向向中部运移，但是中部低势带南缘主要储集层的尖灭使油气由南向北继续运移受到了限制。在这一大的区域背景下，可以将焉耆盆地划分为 8 个油气运聚单元（图 6-59）。分割槽①是北部 4 个油气运聚单元（Ⅰ~Ⅳ）与中部油气运聚单元Ⅴ的分界线，中部油气运聚单元Ⅴ与南部 3 个油气运聚单元（Ⅵ~Ⅷ）的分界线为南部地层的尖灭线。而北部 4 个油气运聚单元之间和南部 3 个油气运聚单元之间的分界线是局部运移分割槽。

(三) 油气运聚单元的分析与评价

油气运聚单元的分析和评价是油气运聚单元研究的核心，是在油气运聚单元划分的基础上，对每个油气运聚单元的油气成藏地质要素、地质作用及其相互配置关系进行研究，对其油气勘探潜力作出评价。油气运聚单元成藏要素和成藏作用的分析内容、方法与油气系统成

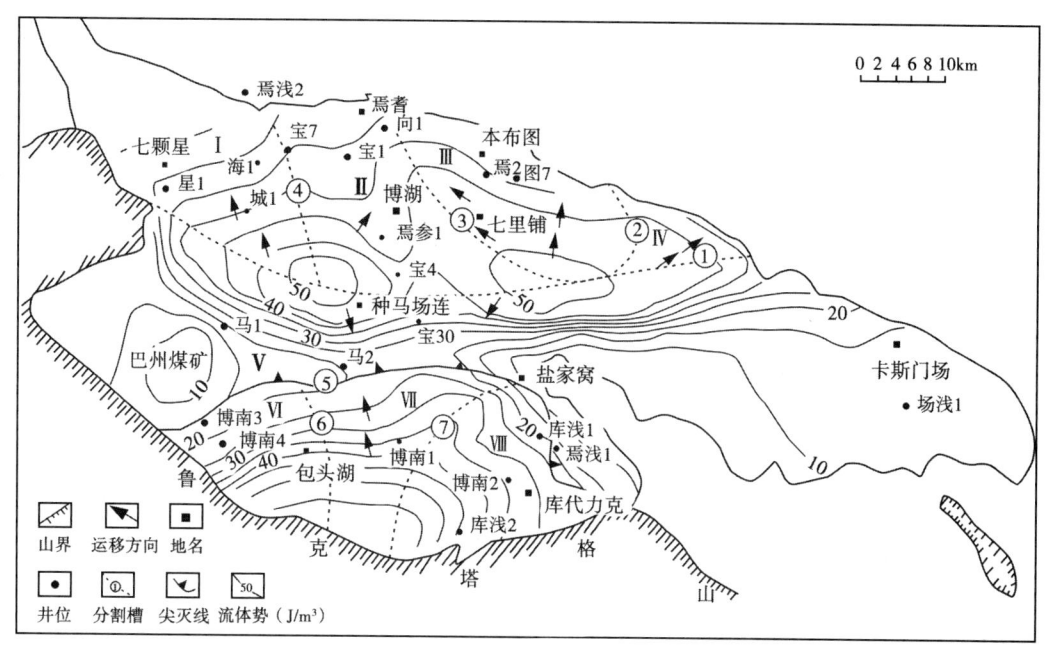

图 6-59 焉耆盆地侏罗系流体势与油气运聚单元划分图（据柳广弟和高先志，2003）

藏要素和成藏作用的分析内容、方法（赵文智等，1997）基本相同，但油气运聚单元的分析更强调以下内容。

1. 有效烃源岩规模及其演化历史

油气运聚单元有效烃源岩研究最重要的内容是有效烃源岩的规模、质量和它的演化历史。具体的研究内容和方法与油气系统中关于有效烃源岩的研究没有本质的区别。但对于油气运聚单元来说，其所包含的有效烃源岩的规模显得更为重要。不同油气运聚单元有效烃源岩的规模（面积）可能相差甚远，造成不同油气运聚单元烃源供应程度的明显差别，从而导致油气资源丰度的显著差异。在图6-59中，油气运聚单元Ⅰ所包含的有效烃源岩的面积远远小于油气运聚单元Ⅱ和Ⅲ，油气资源丰度也远远不及后两者。因此，对盆地中每个油气运聚单元所包含的有效烃源岩的体积、生烃量和排烃量均应分别研究。

不同油气运聚单元烃源岩的演化历史和生烃历史也可能有较大差异，这也是造成油气运聚单元油气丰度差异的重要因素。生烃史的研究也是油气运聚单元分析的重要内容，盆地模拟方法是目前研究生烃史的主要方法。焉耆盆地北部的4个油气运聚单元与南部的3个油气运聚单元生烃史的差异也是造成其资源丰度差异的重要原因，北部油气运聚单元有两次重要的生烃过程，而南部油气运聚单元仅有早期的生烃过程。

2. 从烃源岩到圈闭的油气输导体系

输导体系的分析在油气运聚单元分析中占有突出的地位。输导体系研究的主要内容包括输导体系的类型、规模、分布和输导能力等。不同类型的输导体系，输导油气的能力具有明显差别，从而导致不同油气运聚单元资源丰度的差异。焉耆盆地主要发育3种类型的油气输导体系，即由连通砂岩体构成的侧向输导体系、由断裂组成的垂向输导体系、由断裂与连通砂岩体组成的复合输导体系（图5-64）。其中，复合输导体系既可以沟通深层烃源岩和浅层储集层，又可以使油气在储集层中运移和富集，是一类聚集效率最高的输导体系。在焉耆盆地侏罗系已发现商业性油气聚集的油气运聚单元Ⅱ、Ⅲ中，复合型输导体系发育。而以侧向输导体系为主的油气运聚单元Ⅰ和Ⅶ中，至今仅在部分地区出现油气显示。至于以垂向输导体系为主的油气运聚单元Ⅴ，油气前景较差。

3. 圈闭类型及其发育历史

在同一油气系统中，不同油气运聚单元有不同的圈闭类型、圈闭发育程度以及圈闭的发育历史，从而影响油气资源丰度。例如，在前陆盆地系统中，冲断带油气运聚单元以挤压背斜圈闭为主，而前隆带油气运聚单元则以披覆背斜、地层超覆、断块和岩性等圈闭为主。因此，圈闭类型及其发育程度的分析是油气运聚单元分析的重要内容。焉耆盆地油气资源丰富的两个油气运聚单元（图6-59中的Ⅱ和Ⅲ）都是以背斜圈闭或断背斜圈闭为主，而油气资源丰度较低的油气运聚单元Ⅰ和Ⅶ则以岩性圈闭为主。

4. 油气运移条件

油气运移的优势方向除与优势输导体系的分布有关外，还与油气运移流线型式有关。在流体势分布图上，一般可以确定出3种油气运移的流线型式，即汇聚流、平行流和发散流。如果一个油气运聚单元的油气运移以汇聚流为主，则对油气的聚集最为有利。

从图6-59可以看出，油气运聚单元Ⅱ和Ⅲ的油气运移一直都以汇聚流为主，油气运移聚集条件十分优越，成为盆地中油气最丰富的油气运聚单元。而其他油气运聚单元基本以发散流为主，油气的富集程度远不如Ⅱ和Ⅲ。

在焉耆盆地中，油气运聚单元Ⅱ和Ⅲ包含的有效烃源岩规模大，烃源充足，有利的输导体系类型和运移流线型式使这两个油气运聚单元成为盆地中油气运移最有利的指向和聚集区，有利的圈闭类型保证了高效的油气聚集。上述有利条件使Ⅱ和Ⅲ成为盆地最有利的油气运聚单元。其他油气运聚单元由于不具备上述条件，油气聚集条件远不如前两者。

从上述实例可以看出，油气运聚单元分析比油气系统分析更具体，更有利于进行勘探目标成藏条件的评价。另外，由于油气运聚单元是油气生运聚的独立单元，也便于对其勘探潜力进行定量评价。油气运聚单元的概念不仅广泛应用于油气成藏系统研究，还在油气资源评价工作中发挥了重要作用。通过合理划分油气运聚单元，可以有效指导油气资源评价工作（柳广弟等，2003，2006）。

思 考 题

1. 何为有效烃源岩？烃源岩的有效性取决于哪些条件？
2. 生储盖组合有哪些类型？不同类型的生储盖组合如何影响油气的排聚效率？
3. 何为有效的圈闭？圈闭的有效性与哪些地质因素有关？
4. 如何从生储盖圈运保等方面论述一个地质单元（如三角洲、古隆起、斜坡带等）油气富集条件？
5. 试述力平衡、相平衡和物质平衡在油气聚集中的作用。
6. 试述在背斜油气藏形成过程中的力平衡。
7. 试述在断层油气藏形成中的力平衡和物质平衡。
8. 天然气在成藏上与石油相比有哪些特殊性？
9. 何为天然气聚散动平衡原理？试述天然气藏形成中的物质平衡。
10. 试述致密砂岩油气藏形成过程中的力平衡与物质平衡条件。
11. 什么是凝析气藏？凝析气藏形成的条件是什么？

12. 什么是天然气水合物？天然气水合物的形成条件是什么？
13. 破坏油气藏的主要地质因素有哪些？
14. 生物降解油有何特征？
15. 何为次生油气藏？如何判断一个油气藏是原生油气藏还是次生油气藏？
16. 什么是油气藏的寿命？什么是油气藏的年龄？
17. 确定油气藏形成时间的方法有哪些？
18. 何为油气系统，它包含哪些地质要素？油气系统的思想如何指导人们进行油气勘探？
19. 何为油气运聚单元？油气运聚单元在油气勘探过程中的作用体现哪里？

第七章 油气分布规律

前几章讲述了油气藏的基本特征、形成原理及聚集过程。油气藏是油气在单一圈闭中的聚集,在地壳中只要有油气源、储集层和盖层存在,且油气运移因素和圈闭条件匹配恰当,就能形成油气藏,而这些因素的特性及其匹配关系常受地壳中不同级别的地质构造单元所控制,即受区域构造及岩相条件变化的控制而使油气聚集有级次、有规律地分布。油气藏是地壳中最小的油气聚集单元;在同一地表面积内地下若干个油气藏可组成一个油气田;而油气田并非孤立存在的,常常受一定地质条件控制成群、成带出现,形成了油气聚集带;有些油气聚集带往往具有相同的油气来源,处于同一个含油气区内,具有相似的油气生成、运移和聚集过程;油气藏、油气田、油气聚集带和含油气区又都发育并形成于含油气盆地中。因此,地壳中含油气盆地是油气分布的基本单元,油气聚集带、油气田和油气藏是含油气盆地中不同级次的油气聚集单元。

油气藏、油气田和油气聚集带等不同级别的油气聚集单元都分布在含油气盆地中。不同类型含油气盆地的形成机制、演化历史不同,其烃源岩、储集层、盖层和圈闭等油气成藏要素的发育以及烃源岩演化、油气生成、油气运聚的历史和油气保存条件也不相同,从而造成了不同类型盆地油气资源丰度和油气分布规律的差异。掌握不同类型含油气盆地的石油地质特征和油气分布规律,对于认识不同盆地的油气藏形成条件、评价盆地的资源前景、高效勘探和发现油气田具有重要意义。

第一节 油气田与油气聚集带

一、油气田

(一) 油气田的概念

石油和天然气之所以能够聚集起来,是由于在局部地质单元控制下形成了各种类型的圈闭。这类局部地质单元可以是穹隆、背斜、生物礁、古潜山等等,在它们所控制的范围内往往伴生多种类型的圈闭,从而形成多种类型的油气藏,这些受同一局部地质单元所控制的同一面积内油藏、气藏和油气藏的总和,就构成了一个油气田。如果在这个局部地质单元范围内只有油藏,称为油田;只有气藏,称为气田。油气田是油气聚集的场所。术语"油气田"应该包括下列内涵:

(1) 一个油气田是受单一局部地质单元控制的。这个"局部地质单元"可以是穹隆、背斜、单斜、盐丘或泥火山刺穿构造等构造单元,也可以是指受生物礁、古潜山、古河道、古沙洲等控制的非构造单元。这些"局部地质单元"控制范围内所有各种不同类型的油气藏构成一个油气田。

(2) 一个油气田分布在同一面积内,同一油气田内不同油气藏的含油面积可以叠合连片。这个面积大小相差悬殊,小者只有几平方千米,大者可达上千平方千米,不论它的面积大小，这个面积总是受单一局部地质单位所控制。例如我国著名的任丘油田，它的面积大小是受下伏中—新元古界古潜山控制；而利比亚的英蒂萨尔油田范围却受地下的生物礁所限。

有些油气田的若干单个产油气面积并不是直接相连，只是位置接近，但产油气层位、储集层类型和特征以及圈闭和油气藏形成机理都相似，也常被看作一个油气田。

（3）一个油气田可以包括一个或若干个不同类型、不同储集层时代的油藏或气藏。例如，前苏联巴什基利亚的卡尔林（Карлинское）油田只有一个油气藏；而我国华北的任丘油田则是多时代、多类型油藏的组合，其主要油藏为中—新元古界雾迷山组的白云岩古潜山油藏，在北高点的东北倾没部位尚有寒武系府君山组白云质灰岩断层油藏及奥陶系马家沟组石灰岩地层不整合油藏，上覆古近系沙河街组的砂岩油藏主要有断层油气藏、岩性油气藏等。任丘油田范围内这些油藏的形成，归根到底都受中—新元古界古潜山的地质发育历史所控制，从晚元古代以来，这个古潜山经历过多次升降，并遭受断裂、剥蚀等作用，因此才会在不同时代的层系中形成古潜山、断层、地层不整合及其他类型的圈闭，在油源充分供应下，形成不同类型的油藏，这些油藏组合在一起成为任丘古潜山油田今日的面貌。

（二）油气田的类型

形成任何一个油气田，单一的"局部地质单元"是最重要的因素。它不仅决定油气田面积的大小，更重要的是它直接控制着该范围内各种圈闭的形成，同时也控制了油气藏的类型。因此，在进行油气田分类时，往往以"局部地质单元"的成因条件作为基础。

根据控制油气田形成的"局部地质单元"的性质及其中主要油气藏类型的不同，油气田可以分为构造型、地层型、岩性型和复合型四大类，各类可进一步划分为若干亚类。下面介绍常见油气田类型的基本特征。

1. 构造型油气田

构造型油气田是指受单一构造因素控制而形成的油气田，如褶皱和断层。若以背斜控制为主，则称为背斜油气田；若以断层控制为主，则称为断层（或断块）油气田。通常情况下，褶皱常伴生断层。

背斜油气田中控制油气田形成的局部地质单元是褶皱变形所形成的背斜构造。在背斜范围内的储集层只要上方被盖层所封闭，都可以形成背斜圈闭。因此，多油气层在垂向上叠合，形成巨厚的含油气层组，常常是背斜油气田最显著的特征之一。背斜油气田的储集层可以是碎屑岩，也可以是碳酸盐岩；形态可以是强烈褶皱，甚至倒转，也可以是中等至平缓的褶皱。但必须指出，并不是所有的背斜构造在垂向上不同深度的构造形态都是一致的，背斜的高点位置及褶皱的形态也可以随深度而改变。背斜油气田由于具有巨厚的含油气层组，常可形成大型油气田，在世界油气储量分布中占有极为重要的地位，如大庆油田和伏尔加—乌拉尔含油气盆地的库列绍夫油田（图7-1）。

断层油气田是主要由断层油气藏组成的油气田。断层油气田常见于断陷盆地中或盆地斜坡带或挠曲带。这种类型的油气田由于断层的发育使油气藏复杂化，构造断裂带内的油气藏被断层切割为许多断块，分隔性强，各断块内油水系统复杂，含油层位、含油高度、含油面积很不一致。在我国东部渤海湾盆地发育大量的断层油气田，这些断层油气田的背景可以是单斜，有时也可以是在背斜的构造背景上被断层所复杂化，如黄骅坳陷的港东油田（图7-2）。断层油气田一般以中小型为主，储量达到大油气田的寥寥无几。

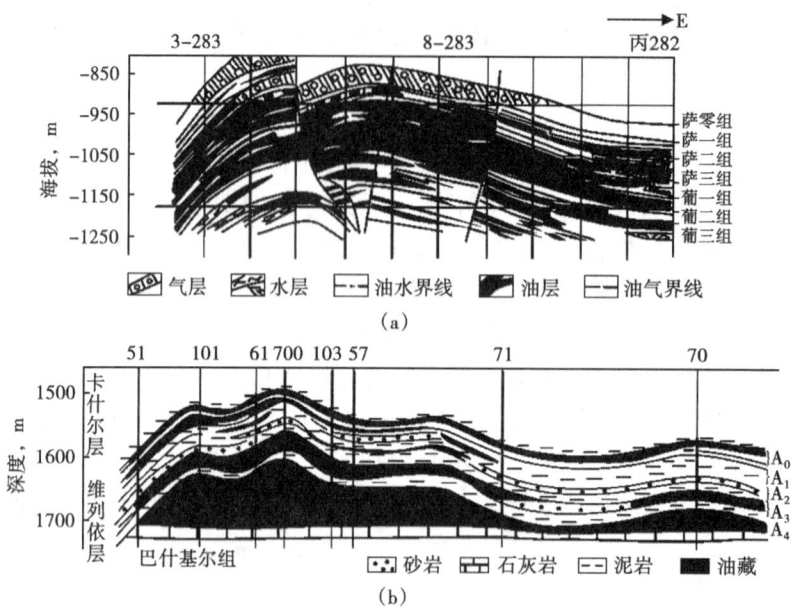

图 7-1 大庆油田和库列绍夫背斜油田剖面示意图（据陈荣书，1994，有修改）
(a) 大庆油田剖面示意图；(b) 库列绍夫油田剖面示意图

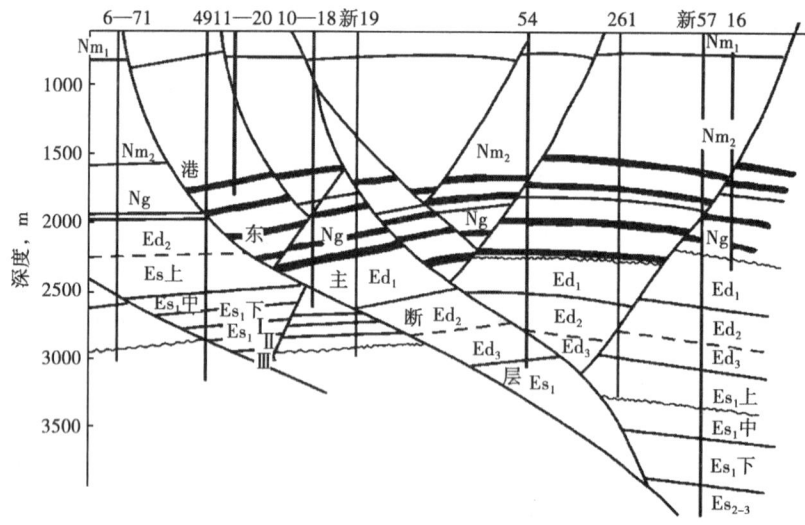

图 7-2 港东油田构造横剖面示意图（据潘钟祥，1986）

2. 地层型油气田

地层型油气田是受不整合因素控制而形成的油气田，包括地层不整合油气田和地层超覆油气田。

地层不整合油气田的油气藏类型多数都为潜伏剥蚀构造油气藏，如前面章节介绍过的哈西迈萨乌德油田和普鲁德霍湾油田就属此类。北非阿尔及利亚的哈西迈萨乌德油田主要由寒武系的潜伏剥蚀背斜构造油气藏组成（图 3-33），美国阿拉斯加北坡的普鲁德霍湾油田由二叠系、三叠系和侏罗系的一系列潜伏剥蚀单斜构造油气藏组成（图 3-35），它们都是典型的地层不整合油气田。如果一个油气田仅由古潜山油气藏组成，也属于地层不整合油气田（古潜山油气田），如前面讲过的美国西内部盆地的潘汉得尔油气田（图3-31）和我国任丘油田（图3-32）就属此类。

地层超覆油气田一般发育在区域性单斜的构造背景上，其地层的沉积环境往往位于盆地边缘。在这种区域构造背景和沉积条件下，不整合油气藏和地层超覆油气藏发育，如美国东得克萨斯油田（图3-38）和委内瑞拉马拉开波盆地的夸仑夸尔油田（图3-39）就属此类。

3. 岩性型油气田

岩性型油气田是受岩性因素控制而形成的油气田，包括砂岩透镜体带状油气田以及岩性尖灭油气田。

在沉积盆地古河道发育区，往往形成一系列沿古河道发育的砂岩透镜体，可以形成一系列砂岩透镜体油气藏。这些砂岩透镜体油气藏的油气聚集条件和控制因素相同，并且其分布受古河道的控制，尽管有时其含油面积不一定完全连片，但彼此接近，形成一个油气田，这类油田可以称为透镜体带状油气田。如我国鄂尔多斯盆地侏罗系马岭油田就属此类，马岭油田的主要产层为侏罗系延安组砂岩，储集层分布、生储盖组合、圈闭条件和油气藏的形成都与古河道有关，已发现大小不等的岩性油藏数十个，构成了马岭透镜体带状油田（图7-3）。

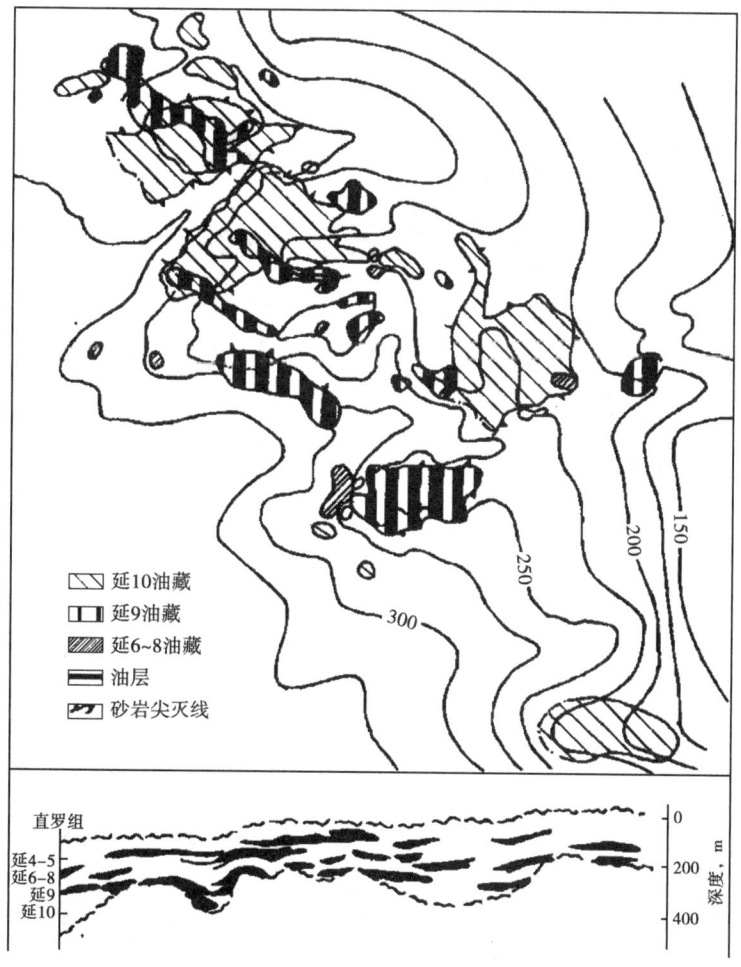

图 7-3 马岭油田油气藏分布图（据胡见义、黄第藩等，1991）

沿古海岸带的沿岸沙洲也可以形成这一类型的油气田，如前面讲过的美国堪萨斯州鞋带状油田（图 3-48）。

盆地的斜坡地区在沉积过程中往往可以形成一系列的砂岩尖灭，有些在沉积时就是上倾尖灭；有些沉积时为下倾尖灭，后来由于反转作用形成上倾尖灭。因此在这种背景下，可以形成一系列的砂岩上倾尖灭油气藏。主要由砂岩上倾尖灭油气藏组成的油气田称为岩性尖灭型油气田，如我国泌阳凹陷的双河油田（图 3-43）。

只由生物礁油气藏构成的礁型油气田也属岩性型油气田，这样的油气田称为单一生物礁油气田。

4. 复合型油气田

复合型油气田是指在油气田范围内不同层位和不同深度油气藏的圈闭条件受构造、地层、岩性和水动力诸因素中两种或多种因素控制，但这些控制因素的形成一般与形成油气田的"局部地质单位"具有某种成因上的联系。

在盐（泥）丘油气田中，由于盐核刺穿储油气层，除形成盐（泥）丘遮挡油气藏外，盐体常使储集层断裂、尖灭，甚至剥蚀，可形成断层、不整合和岩性等多种类型的油气藏。在盐（泥）核上方还可以形成背斜油气藏等。上述圈闭的形成都与盐（泥）丘这一局部构造单元的活动有关，因此称为盐（泥）丘复合型油气田（图 7-4）。

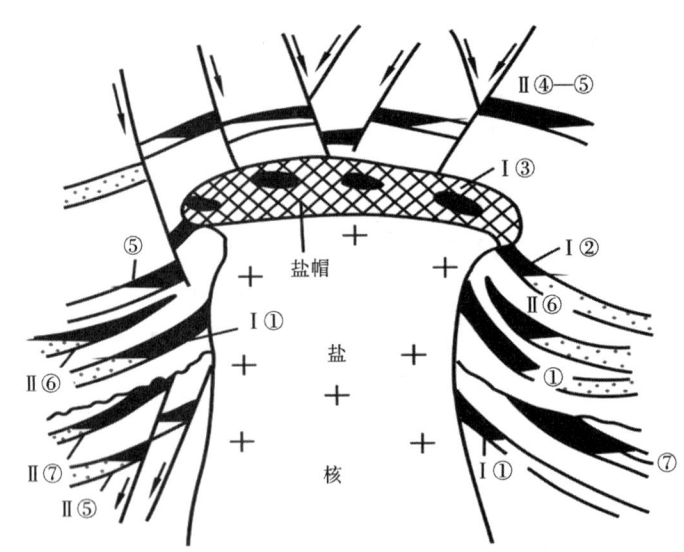

图 7-4 盐丘油气田理想示意剖面图（据潘钟祥，1986）
Ⅰ—与刺穿有关油气藏（①—盐核遮挡油气藏；②—盐帽沿遮挡油气藏；
③—盐帽内透镜状油气藏）；Ⅱ—与刺穿相伴生油气藏（④—盐背斜（隐刺穿）油气藏；
⑤—断层油气藏；⑥—上倾尖灭岩性油气藏；⑦—不整合油气藏）

古老地层形成的古潜山由于存在大量的溶蚀、风化等次生孔隙，在有油气源供给的情况下形成了古潜山油气藏；其上覆岩层可能由于披覆、压实形成背斜油气藏，而在不整合面上还可能伴有向潜山尖灭形成的岩性油气藏或超覆形成的地层超覆油气藏；古潜山往往与断层相伴生，也常发育断层油气藏。不整合面下的古潜山油气藏和与其相关的其他类型油气藏在地质结构和油气藏类型上有较大差别，但这些油气圈闭的形成绝大多数都与古潜山这一局部地质单位的存在与演化有关，因此称为潜山复合型油气田（图 7-5）。

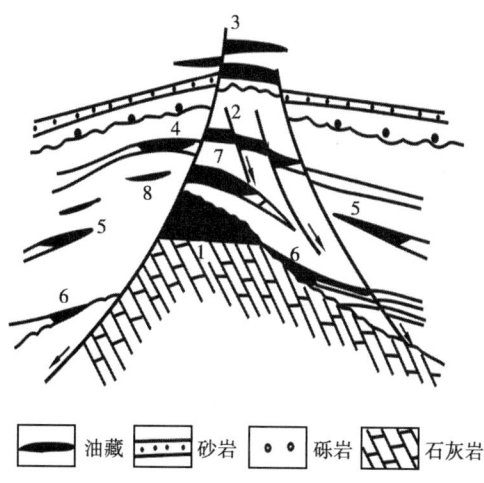

图 7-5　与古潜山有关的油田模式剖面图（据潘钟祥，1986）

1—古潜山油藏；2—古潜山上被断层切割的压实背斜油气藏；3—浅层背斜和断层油气藏；4—断阶或逆牵引油气藏；
5—上倾尖灭岩性油气藏；6—地层超覆油气藏；7—古潜山上方压实背斜油气藏；8—透镜体岩性油气藏

生物礁油气田如果仅由生物礁油气藏组成，则是单一生物礁油气田，但在很多情况下，生物礁可以形成一个古地形的突起，在生物礁的上覆地层中往往会形成一些披覆背斜、岩性尖灭等类型的圈闭。生物礁油气藏与同一面积内上覆地层中的披覆背斜、岩性等油气藏共同构成的油气田称为生物礁复合型油气田。

在盆地的边缘斜坡区，地层不整合发育，往往形成地层不整合和地层超覆油气藏。同时这一地区又是岩性尖灭的发育区，经常形成岩性上倾尖灭油气藏。这种在同一面积内主要由地层超覆油气藏、地层不整合油气藏和岩性尖灭油气藏组成的油气田属于地层岩性复合油气田，或称为不整合岩性尖灭油气田。

有时不同层位中以构造型为主的油气藏和以地层型、岩性型为主的油气藏不是垂向叠合，而是侧向毗连，其含油气面积有一定的叠合，构成一个连片的含油面积或彼此接近，而构成统一的油气田，称为侧向叠合型复合油气田。如加利福尼亚的日落—中途油田，该油田的西南部在不整合面下有斯贝拉赛背斜油气藏（N_1^1）和不整合型油气藏（N_1^2），而不整合面上则为地层超覆砂岩油气藏，两者含油面积虽未叠合连片，但却紧相毗连，存在于统一的地质体中，为侧向叠合型复合油气田（图 7-6）。

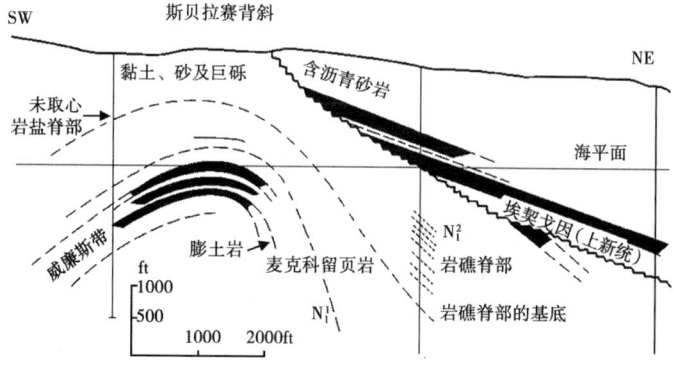

图 7-6　加利福尼亚日落—中途油田构造剖面图（据莱复生，1967）

二、油气聚集带

（一）油气聚集带的概念

油气勘探实践证明，油气田在地壳上不是孤立存在的，人们在发现某个油气田后，经常在其毗邻的构造中找到新的油气田，或在钻井过程中遇到油气显示。这个现象充分说明油气运移是区域性的，即油气运移的主要指向常常受二级构造带所控制。当这些二级构造带与油源区连通较好或相距较近时，随着油气源源不断供给，整个二级构造带各局部构造的一系列圈闭都可能形成油气藏，造成油气田成群成带出现，成为油气聚集带。

由此可见，油气田的形成同二级构造带有密切关系。该构造带上的所有油气田都受到同一地质单位的活动所控制，具有相似的地质特征和油气聚集条件。所以，油气聚集带可被理解为同一个二级构造带中，互有成因联系、油气聚集条件相似的一系列油气田的总和。

如酒泉盆地老君庙背斜带是位于祁连山山前的一个挤压背斜带，该背斜带由鸭儿峡背斜、老君庙背斜和石油沟背斜组成，三个背斜都是由祁连山隆升的挤压作用形成，中新统白杨河组砂岩为主要含油层，其次为白垩系砂岩和志留系轻微变质的碎屑岩，油气都是来源于青西凹陷，形成了鸭儿峡、老君庙和石油沟三个油田，构成了老君庙油气聚集带（图3-8）。

随着油气勘探的深入，人们发现有些油气聚集带不是受传统概念上的二级构造带的控制，而是受一些地层和岩性因素的控制，即受地层岩相变化带的控制。例如，一系列油气田的分布可以受地层超覆带、岩性尖灭带或沿古河道分布的岩性体的控制，它们互有成因联系，油气聚集条件相似，也是一个油气聚集带。

可见，油气聚集带的形成不仅受二级构造带的控制，也可以受地层岩相变化带的控制。因此，更为广义地，我们把油气聚集带定义为受同一个二级构造带或地层岩相变化带控制、互有成因联系、油气聚集条件相似的一系列油气田的总和。

（二）油气聚集带的类型

在地壳上不同大地构造单元的沉积盆地中，由于区域地质构造条件和沉积条件的差别，可以形成各种类型的二级构造带和地层岩相变化带，因此，油气聚集带也呈现各种类型。根据控制油气聚集带的基本地质条件是构造的还是地层岩性的，可以把油气聚集带划分为两大类：构造型油气聚集带和地层岩性型油气聚集带。每一大类油气聚集带又可以根据控制因素特征的不同进一步进行划分。目前在含油气盆地中，常见的油气聚集带主要有以下一些类型。

1. 构造型油气聚集带

1）背斜型油气聚集带

背斜型油气聚集带在构造上为一背斜带，油气藏的形成很大程度上受背斜构造的控制。根据背斜构造的特征，可将背斜型油气聚集带进一步分为挤压背斜型油气聚集带、长垣型油气聚集带、披覆背斜型油气聚集带、逆牵引背斜型油气聚集带等。它们分别发育于不同的大地构造位置或不同类型的沉积盆地中。

我国酒泉盆地老君庙油气聚集带、库车坳陷克拉苏油气聚集带、波斯湾盆地扎格罗斯山前褶皱带的一系列背斜型油气聚集带都是挤压背斜型油气聚集带。扎格罗斯山前褶皱带受北东方向剪切应力的影响，地层强烈褶皱变形，形成与扎格罗斯山脉平行、纵长延伸的不对称背斜带和向斜带，呈北西—南东向的线状分布，背斜带由一系列挤压背斜组成，每个背斜带可长达数百千米，形成多个储量丰富的油气聚集带（图7-7）。这类背斜带一般分布在挤压型盆地中，如前陆盆地。

"长垣"主要是指大陆地台区的一种平缓的背斜状隆起，翼角可以从不到1°到几度，延长可达几十至几百千米，长度远大于宽度。长垣常由若干平缓穹隆组成，通常多不对称且无典型的轮廓。长垣是苏联石油地质学家在研究乌拉尔—伏尔加含油气盆地过程中提出来的一个术语。这种类型的油气聚集带常发育于地壳相对稳定区域，由于基底断裂或基岩隆起，在沉积盖层形成较为平缓的大型长垣或隆起，形成褶皱平缓的背斜型油气聚集带。我国松辽盆地大庆长垣即为一巨型平缓背斜带，有7个构造高点，形成7个含油构造。大庆长垣位于松辽盆地中央坳陷区（生油区），发育有稳定的三角洲砂岩体，生储盖组合良好，含油总面积达数千平方千米（图7-8），是目前我国最大的油气聚集带。西西伯利亚盆地有120个大型长垣，其上有800多个局部构造（童崇光，1985），形成了数十个大型的油气聚集带（群）。

披覆背斜型油气聚集带主要发育在盆地或凹陷中部的大型隆起以及凸起周缘，

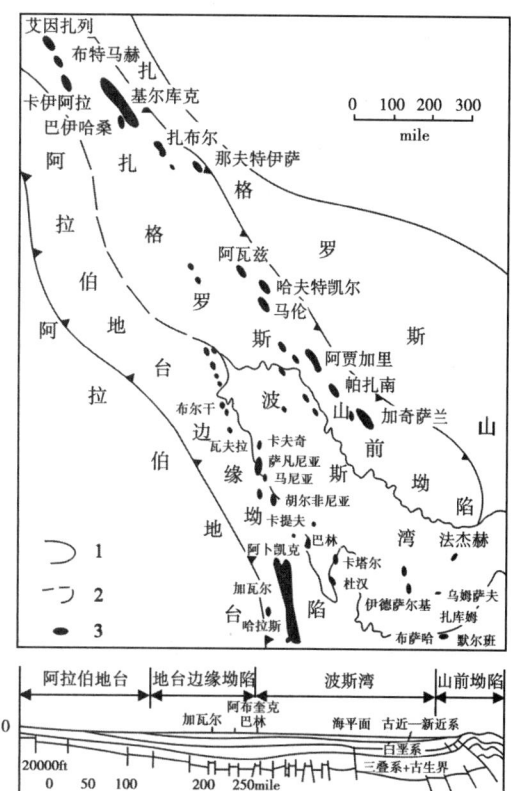

图7-7 波斯湾盆地构造和油气田分布略图
（据潘钟祥，1986）

1—盆地范围；2—构造单元界线；3—主要油气田

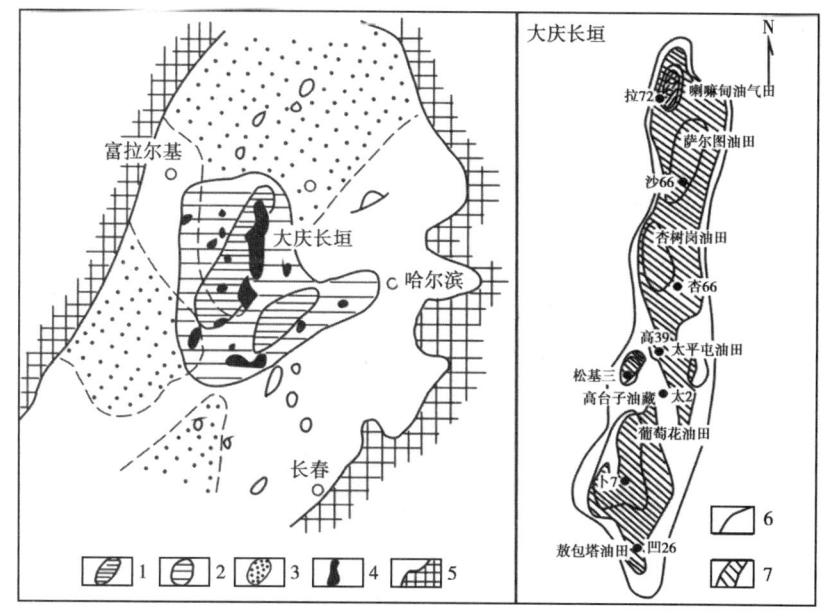

图7-8 松辽盆地大庆长垣油气分布特征图（据陈荣书，1994；有修改）
1—生油中心；2—生油凹陷；3—储油岩区；4—油田；5—盆地边界；6—构造线；7—含油范围

由多个披覆背斜组成，具有长期继承性发育的特点。这种背斜带的形成一般与古地形的凸起有关，一般位于古隆起或古潜山之上，属于同沉积构造。在我国东部含油气盆地中发育有大量的披覆背斜油气聚集带，如济阳坳陷的孤岛—孤东—垦西披覆背斜型油气聚集带。孤岛—孤东—垦西披覆背斜型油气聚集带位于沾化凹陷东部，是在中—古生界古潜山背景上发育起来的新近系披覆背斜构造带，由孤岛、孤东和垦西三个披覆背斜组成，古近系逐层向潜山腰部超覆，新近系披覆在潜山之上。该油气聚集带主要产油层为新近系馆陶组砂砾岩和砂岩，油气以断裂和不整合作为主要运移通道，使古近系烃源岩生成的油气进入馆陶组聚集成藏，形成了馆陶组披覆背斜油藏（图7-9）。

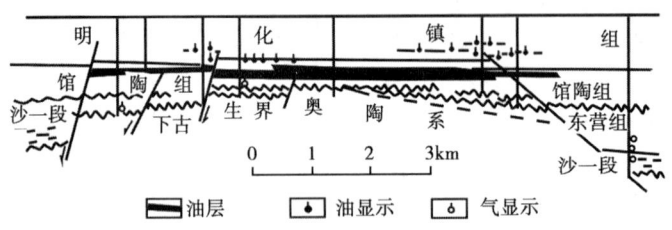

图7-9 孤岛油田馆陶组油藏横剖面图（据张厚福等，1989a）

逆牵引背斜型油气聚集带是以逆牵引背斜油气藏为主形成的油气聚集带。逆牵引背斜的形成与同生断层的活动有关，一般分布在同生断层的下降盘，紧邻烃源区，又与三角洲砂岩体、湖底扇砂岩体、河道砂岩体相配合，形成良好的生储盖组合。我国济阳坳陷的胜坨—永安镇逆牵引背斜带位于东营凹陷北部，它的形成主要受胜北、永北两条断裂所控制，在主断裂下降盘形成了永安镇、胜利村、坨庄、利津北和店子等5个逆牵引背斜。该逆牵引背斜带主要形成于东营期末，与油气生成和运移期配合好，为油气聚集和富集提供了有利条件，形成了逆牵引背斜型油气聚集带。黄骅坳陷港东油田位于北大港断裂构造带东南部，是港东主断层南部下降盘上的逆牵引背斜构造带（图7-2）。尼日利亚的尼日尔河三角洲发育大量的逆牵引背斜带，是该地区油气聚集带的主要类型（图7-10）。

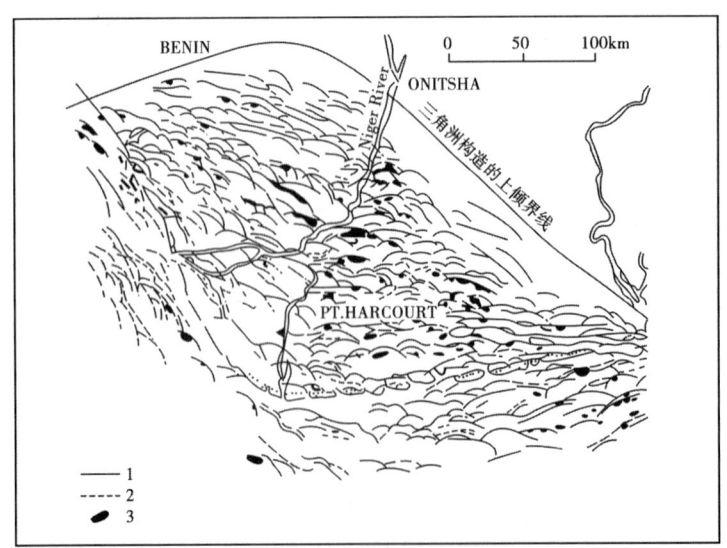

图7-10 尼日尔三角洲生长断裂及滚动背斜油田分布图（据王燮培等，1991）

1—同向断层；2—反向断层；3—油田

2）断裂型油气聚集带

断裂是沉积盆地中常见的构造现象。断裂与油气聚集有密切关系。沿断裂带可以形成多种类型的圈闭，如断块和断鼻圈闭、逆牵引背斜圈闭、地层超覆圈闭和岩性圈闭等，可以形成不同类型的油气藏，构成断裂型油气聚集带。

我国准噶尔盆地西北缘克—乌断裂带为一个沿盆地西北缘北东—南西走向的逆掩断裂带，沿断裂带在石炭系、二叠系、三叠系、侏罗系发育一系列地层不整合圈闭、地层超覆圈闭、断块圈闭、岩性圈闭等。油气源来自玛湖生油凹陷的二叠系，油气经过不整合和断裂等运移通道，进入断裂带不同层位的各种圈闭中，形成了不同类型的油气藏，构成了准噶尔盆地西北缘断裂型油气聚集带，包括克拉玛依、百口泉、风城、夏子街、乌尔禾等一系列油气田（图7-11）。

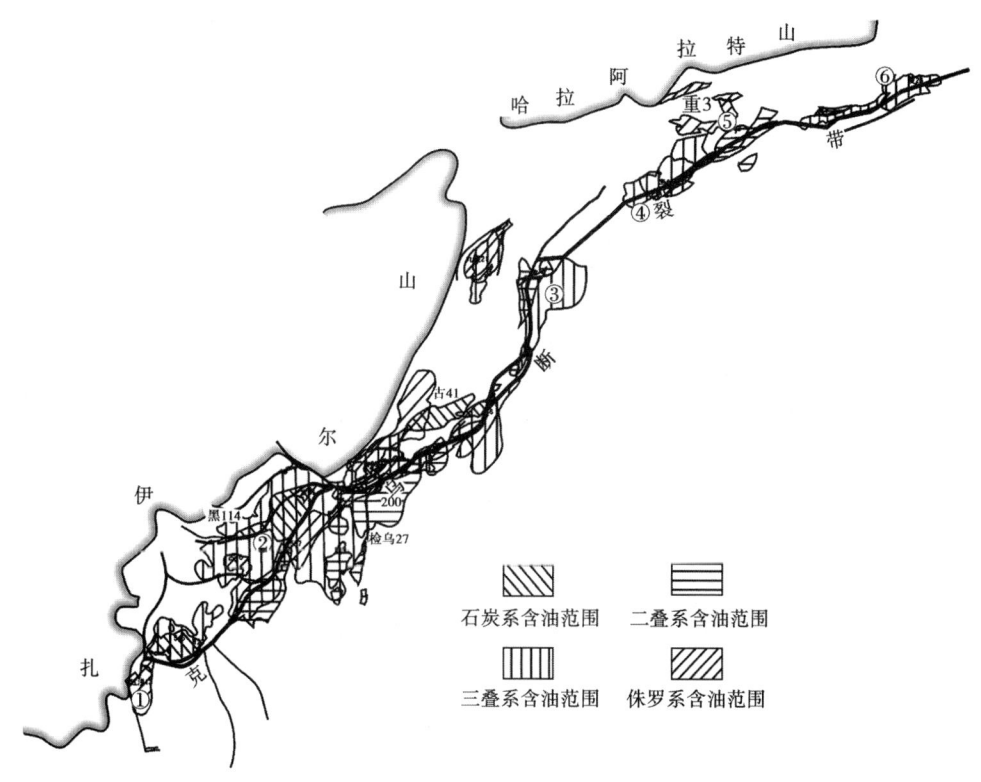

图7-11 准噶尔盆地西北缘断裂型油气聚集带
①—红山嘴油田；②—克拉玛依油田；③—百口泉油田；④—乌尔禾油田；⑤—风城油田；⑥—夏子街油田

渤海湾盆地北大港构造带夹持在板桥和歧口两个生油凹陷之间，由北东和北西两组断裂组成一个地垒型断裂构造带。沿断裂带发育一系列逆牵引背斜圈闭、断鼻圈闭、断块圈闭、砂岩上倾尖灭圈闭等多种类型的圈闭，形成多种类型的油气藏。在整个二级构造带中，新近系明化镇组、馆陶组，古近系东营组、沙河街组和古生界多套层系含油，组成了多套层系含油和多种类型叠合连片的北大港断裂型油气聚集带（图7-12）。

3）底辟型油气聚集带

底辟构造又称挤入构造，是地下较深处密度较小的高塑性岩体在差异重力作用下向上拱起或刺穿上覆岩层形成的一种构造。造成底辟的高塑性岩体经常是盐或泥，形成盐底辟

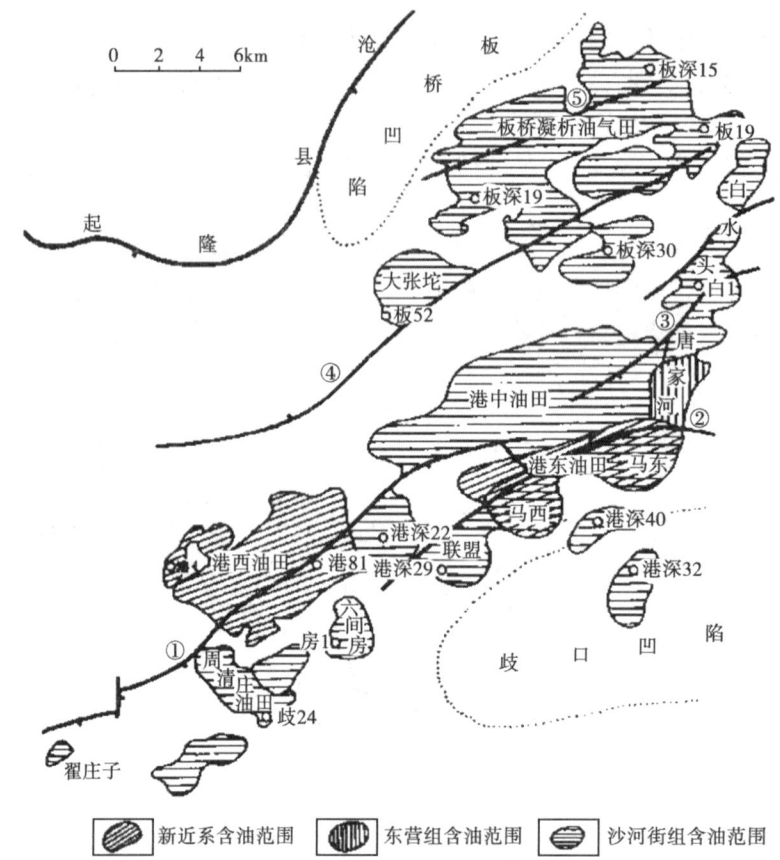

图 7-12 黄骅坳陷北大港断裂型油气聚集带油气藏分布图（据高锡兴，1997）
①—港西断层；②—港东断层；③—店家河断层；④—大张坨断层；⑤—板桥断层

（盐丘）和泥底辟。盐丘是沉积盆地中最常见的底辟构造。与盐丘伴生，可以形成刺穿接触圈闭、岩性圈闭、底辟拱升背斜圈闭、断层圈闭等多种类型的圈闭。在一个盆地中，盐丘的出现往往不是孤立的，一般成群出现，形成盐丘构造带。

哈萨克斯坦和俄罗斯的滨里海盆地充填了巨厚的古生代、中生代和新生代沉积物，分为三个构造层：盐下层系、含盐层系和盐上层系。下二叠统上部为含盐层系，该层系主要由岩盐、硬石膏夹层构成，偶见陆源碎屑岩—碳酸盐岩，并含有钾盐、镁盐等矿物。盐层厚度1~5km，盐的储量巨大。由于盐岩塑性活动的影响，形成了1500个以上的盐丘构造（图7-13）。盐上层系变形明显，形成了一系列背斜、穹隆和盐体刺穿接触圈闭，盐上层系的许多油气藏的形成都与盐丘构造有关。

美国墨西哥湾沿岸也发育许多盐丘。墨西哥湾沿岸盆地的盐层主要发育在侏罗系和二叠系，盐层的底辟刺穿了白垩系、古近系，有些一直到新近系，形成了大量的底辟构造，形成许多与盐丘有关的圈闭。其中很多是含油的，形成了富集的底辟（盐丘）型油气聚集带（图 7-14）。

2. 地层岩性型油气聚集带

1）古潜山型油气聚集带

古潜山型油气聚集带多分布于克拉通盆地和裂谷盆地中。在古地形剥蚀突起带和古构造

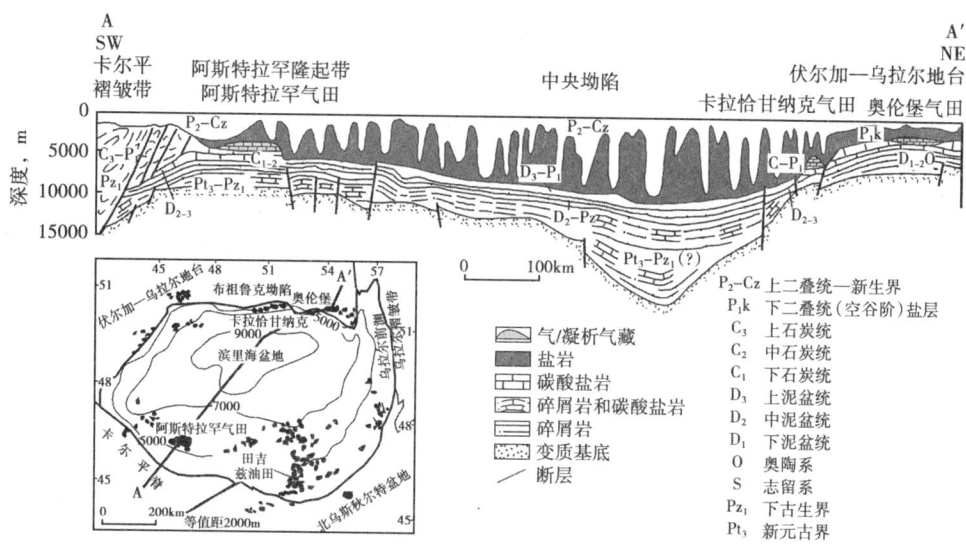

图 7-13 过滨里海盆地南西—北东向地质剖面图（据 Effimov，2001）

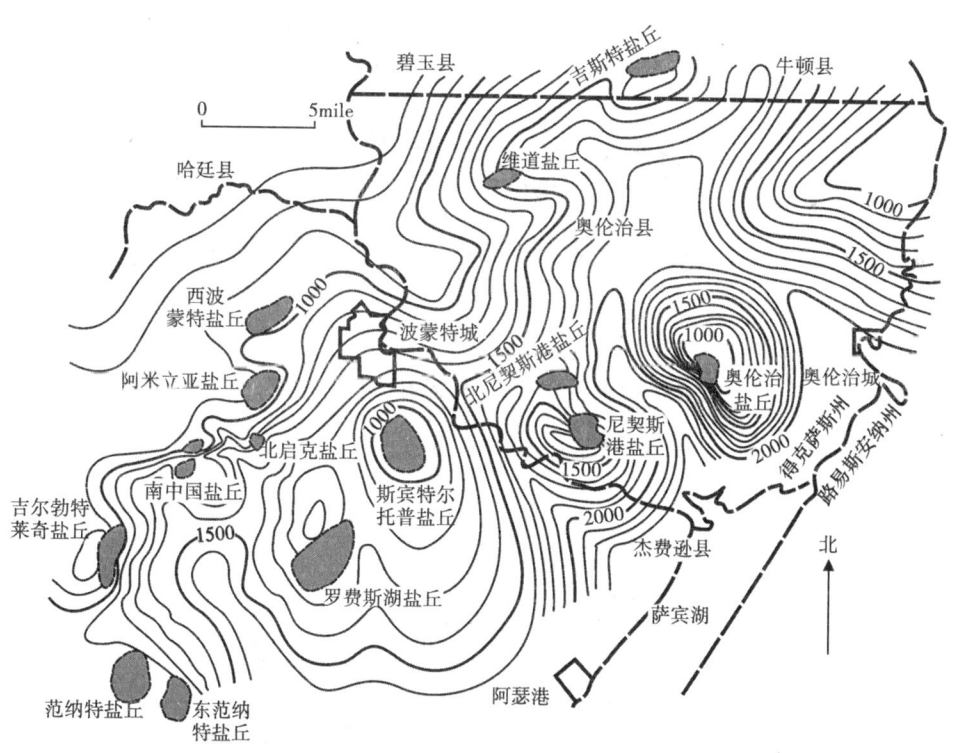

图 7-14 得克萨斯州东南部的盐丘型油气聚集带（据莱复生，1967）

阴影部分为产油盐丘，等值线为渐新统佛里奥组上部和中部等厚线（m）

剥蚀断块山带，只要它们被年轻的烃源岩所覆盖，或与油气源区相沟通，都可能形成古潜山型油气聚集带。如渤海湾盆地冀中坳陷的任丘古潜山型油气聚集带就是典型的实例。任丘古潜山型油气聚集带由三个古潜山山头构成，形成三个局部高点，其储集体主要由中—新元古界雾迷山组硅质白云岩组成，围翼为寒武系、奥陶系的碳酸盐岩地层。储集空间为长期遭受风化、剥蚀、溶解以及历次构造运动而形成的裂缝、孔洞，古近系巨厚的泥质沉积覆盖于上，形成良好的盖层，油源来自古近系烃源岩（图3-32）。

2）超覆尖灭型油气聚集带

在沉积盆地的边缘或大型盆地内部古隆起边缘的单斜构造背景上，地层超覆和岩性尖灭发育，容易形成地层超覆、不整合及岩性尖灭带等类型的油气藏。这些油气藏或油气田在盆地边缘往往连片分布，形成一个沿盆地边缘大单斜延伸的超覆尖灭型油气聚集带。委内瑞拉马拉开波盆地东部玻利瓦尔大单斜油气聚集带是最典型的实例。我国泌阳凹陷双河油田主要由岩性尖灭油气藏组成（图3-43），也属此类。美国得克萨斯州墨西哥湾沿岸地区始新统雅古·杰克逊砂岩和渐新统弗里奥·维克斯堡砂岩中的油气藏都是由渗透性砂岩向上倾方向变为非渗透性岩层的尖灭线所限定（图7-15），岸线附近常形成与岩性尖灭线有关的呈带状分布的油气藏带，把它称为海滨线油气藏带。

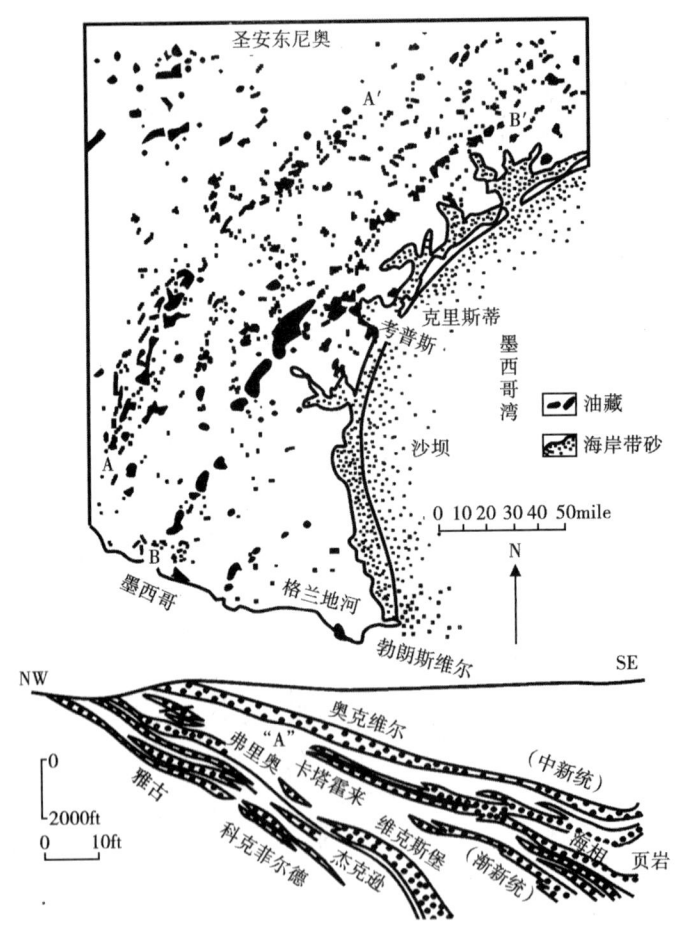

图7-15　得克萨斯南部墨西哥湾沿岸雅古·杰克逊砂岩（始新统AA′）和弗里奥·维克斯堡砂岩（渐新统BB′）上倾尖灭储油圈闭和油气藏分布图及剖面图（据莱复生，1967）

3）地层不整合型油气聚集带

地层不整合型油气聚集带是指被不整合面的不渗透地层遮挡在不整合面以下形成的油气聚集带，主要的油气田类型为地层不整合油气田，油气藏主要为潜伏剥蚀构造油气藏。这类油气聚集带目前在我国发现较少,但我国许多盆地地层不整合发育,这类油气聚集带具有一定前景。北非三叠盆地哈西迈萨乌德隆起带分布着哈西迈萨乌德油田、阿格雷卜油田、加西图维勒油田、鲁尔德巴格勒油田、哈西图阿雷格气田等 5 个油气田,上述油气田的主要油气藏以地层潜伏剥蚀构造油气藏为主,形成了一个地层不整合型油气聚集带(图7-16)。哈西迈萨乌德是该油气聚集带中的一个最大的潜伏剥蚀构造油气藏(图3-33)。

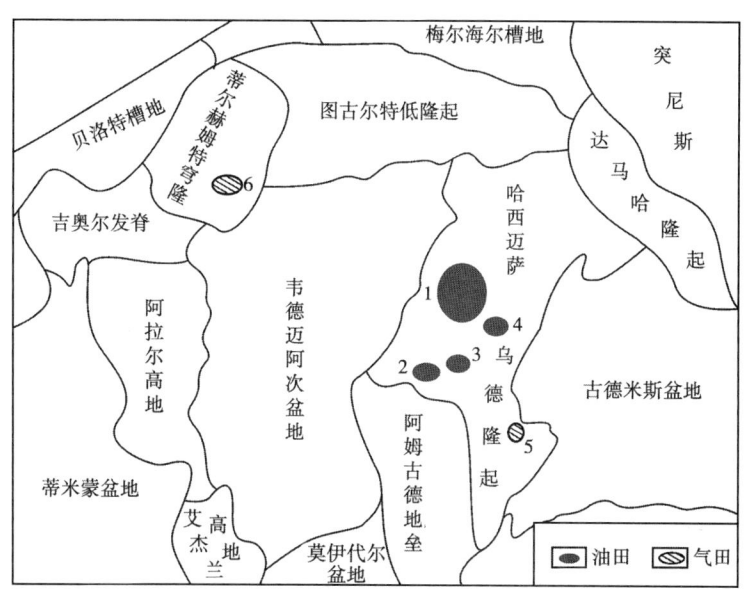

图 7-16　三叠盆地构造单元及哈西迈萨乌德地层不整合型油气聚集带(据李大荣等,2006)
1—哈西迈萨乌德油田;2—阿格雷卜油田;3—加西图维勒油田;
4—鲁尔德巴格勒油田;5—哈西图阿雷格油田;6—哈西勒迈勒凝析气田

4)生物礁型油气聚集带

在气候温暖的水域中,造礁生物异常发育,生物礁体沿海岸线成带分布,是寻找生物礁型油气聚集带的有利场所。世界闻名的墨西哥黄金巷环礁带分三部分:圣伊西德罗以北称老黄金巷,其东西陆上部分称新黄金巷,海上部分称海上黄金巷。整个环礁带呈椭圆形,长轴为北西—南东向,长约150km;短轴为北东—南西向,宽约60~70km。陆上分支向西凸出呈弓背状,长约180km,礁的宽度一般为2km。该油气聚集带以拥有 3 口万吨高产油井而闻名,其中赛罗·阿泽尔 4 号井初产量达 3.7t/d,为当时世界单井日产量最高的油井。从 20 世纪 50 年代中期开始,到 1968 年为止,陆上已发现 50 多个生物礁油田,海上发现 20 多个油气田(图7-17)。

5)砂岩透镜体型油气聚集带

砂岩透镜体型油气聚集带主要分布在陆相盆地的古河道发育区、深湖—半深湖浊积岩发育区以及古滨岸地区。

河流侵蚀下伏老地层而形成河道,并在其中充填了河道砂砾岩沉积。古河道砂砾岩与下伏地层呈不整合接触,其上被泛滥平原沉积覆盖。这些河道砂岩的圈闭条件主要受岩性变化带控制,形成一系列沿古河道分布的砂岩透镜体圈闭,且成群成带出现,可以形成一系列砂岩透镜体型油气藏(田),构成砂岩透镜体型油气聚集带。鄂尔多斯盆地侏罗系有大量这种类型的油气聚集带。

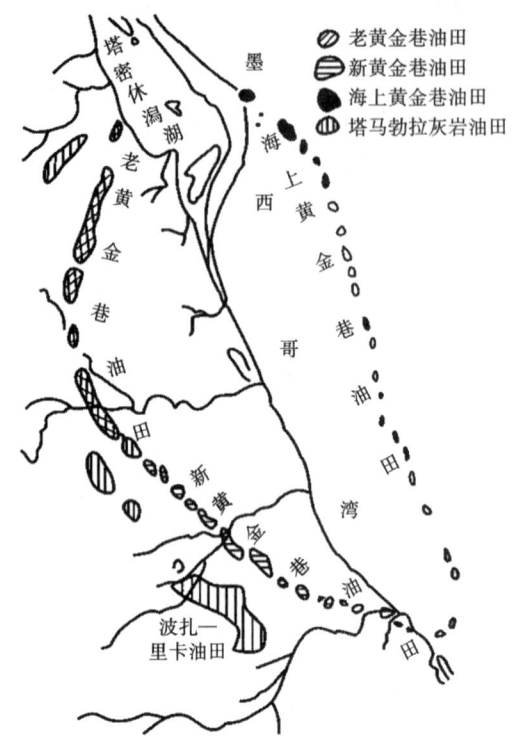

在深湖和半深湖环境中经常发育浊积岩砂岩体群，在三角洲的前缘地带也可以形成众多的透镜状砂岩体。这些砂岩体都夹持在湖相烃源岩之中，可以形成大量的砂岩透镜体型油气藏（田），形成砂岩透镜体型油气聚集带（群）。这种油气聚集带一般分布在盆地的深凹陷区，如我国东营凹陷的牛庄地区。

在古海洋的滨岸地区经常会形成一系列的滨岸沙丘，它们成群成带出现，形成砂岩透镜体型油气聚集带。如堪萨斯州格林乌德县及勃特勒县的鞋带状油藏是由许多狭长的岸外沙坝透镜体组成的油气聚集带（图3-48）。

（三）有利的油气聚集带

油气聚集带在盆地中油气分布的控制作用，对寻找石油和天然气资源具有重大的意义。在明确了油气聚集带的分布规律及其特点后，就可按其分布规律找寻和追索适于储油的局部构造。值得强调的是，在同一油气聚集带上的构造，并不一定全都含油气，有的可能成为商业油气田，有的可能条件较差而未形成油气田。因此，在研究油气聚集带分布规律的基础上，根据构造形成时间早晚、圈闭条件好坏、距油源区远近及后期保存情况等方面分析局部构造的含油气性，选择含油气远景最大的构造优先部署勘探。

图7-17 黄金巷油田及波扎—里卡油田平面位置图
（据张厚福等，1999a）

从地质发展的观点分析，有利的油气聚集带应当是：

（1）沉积盆地油源区或其附近长期继承性隆起的背斜型油气聚集带。该带离油源区近，储集岩相带发育，构造圈闭形成早，在隆起过程中，已生成的油气便可就近聚集。

（2）在地质历史发展过程中，一般形成较早的油气聚集带含油气较为有利。但也要具体分析，有的后期形成的构造带，隆起幅度较高，油气重新分布，使形成时间较晚但隆起幅度较高的构造含油气远景变大。

（3）沉积盆地边缘的大单斜带，往往是有利的储集相带发育区，且易形成各种地层、断层和岩性圈闭，在区域性油气运移过程中，是油气运移指向区，有利于形成有利的油气聚集带。

（4）生物礁、盐丘、古潜山及滨海沙洲发育地带，都可以形成各种特殊类型的有利油气聚集带。

第二节 含油气盆地

没有盆地就没有石油（A. Perrodon，1980），找油必须先找盆地。这在今天看来是极浅显的道理，然而，这种认识是经过长期的勘探实践得来的。从最初的"野猫井"到现在

"科学探索井",人们在总结一次次失败教训的基础上变得越来越聪明了。从找盆地到找烃源岩、储集岩、圈闭并研究油气的保存条件,反映了人们对找油认识由浅入深的过程。含油气盆地是油气生成、运移、聚集和油气分布的基本单元,含油气盆地的特征控制了油气在剖面和平面上的分布。

一、含油气盆地的基本特征

(一) 含油气盆地的概念

从不同的角度,"盆地"一词有不同的含义。地理上,四周被高地围绕的低洼地区,称为"地貌盆地",主要是指地形而言,如四川盆地、准噶尔盆地、塔里木盆地、柴达木盆地。沉积物堆积之后,由于地壳运动改造而形成的盆地,称为"构造盆地",又称"沉积后盆地",如大型的向斜、地堑等。

在某一特定地史时期,长期不断下沉接受沉积物堆积,沉积物的厚度比周围地区的沉积物厚,这样的区域称为"沉积盆地"。M. T. Halbouty (1979) 曾对沉积盆地下过如下的定义:沉积盆地是在一定地质时期,在独立的地理区,于相对统一的构造环境中,由来自一处或多处沉积物源的沉积物组成的沉积岩体。A. W. Bally (1975) 对沉积盆地的定义为:包含有超过1km厚沉积物的沉降体,它现今仍或多或少地保存有原来的形状。从上述关于盆地的定义可看出,尽管不同学者定义的角度不同,但强调的基本内容是相同的。他们强调了盆地的三个基本属性:第一,盆地是由一定的物质组成的,即它应该至少含有1km厚的沉积岩层;第二,盆地都是发育在一定的地质时代的,盆地可以是现代的,也可以是地质历史中的;第三,盆地具有一定的空间形态,它应或多或少地保留了它原有的盆状形态。

含油气盆地则是必须具有良好的生储盖组合和圈闭条件,并且已经发生油气生成、运移和聚集过程,形成商业性油气聚集的沉积盆地。因此,含油气盆地是具备商业性油气田的沉积盆地。

世界上究竟有多少沉积盆地,到目前为止还没有统一的数字,其主要原因是勘探程度不够和确定标准不同。1979年哈尔布蒂统计世界上有600个沉积盆地;1982年约翰统计为641个沉积盆地(李国玉,2005);1986年张亮成根据面积在$1000km^2$以上、沉积岩厚度在1000m以上的标准统计,世界上共有960个沉积盆地。但这些数字都大大低估了世界沉积盆地的数量。根据李国玉等(2005)的统计,仅中国的沉积盆地就有417个。截至目前,世界上已经大规模勘探开发的含油气盆地约有200个,重要的含油气盆地有80个。在我国的417个沉积盆地中,陆上和近海有重要的含油气盆地12个,即渤海湾盆地、松辽盆地、鄂尔多斯盆地、塔里木盆地、准噶尔盆地、四川盆地、柴达木盆地、吐哈盆地、东海盆地、珠江口盆地、莺歌海盆地和琼东南盆地。除陆上和近海盆地外,在我国南海南部海域还有一批重要的含油气盆地,如曾母盆地、文莱—沙巴盆地、中建南盆地、万安盆地、北康盆地、南薇西盆地、礼乐盆地、西北巴拉望盆地和笔架南盆地等,这些盆地中的大部分已经有周边国家在进行石油勘探和开发活动。

实践证明,不同类型盆地的油气分布规律是有差别的。因此,研究盆地类型,掌握类似盆地的特点和油气聚集规律,可以指导新区油气勘探,也为老区寻找新的储量提供理论依据。

(二) 含油气盆地的结构

世界上存在众多的沉积盆地,它们大小不一、形态各异。盆地的结构包括三个部分,即盆地的基底、盆地的周边和盆地的盖层。

1. 盆地的基底

盆地的基底是指接受沉积物之前的坚硬底盘，是盆地接受沉积物堆积的凹形基座。含油气盆地是某一地质时期沉积物堆积的区域，盆地的基底应该由盆地形成以前各个地质时代的岩石组成。基底岩性、形态上的差异强烈地控制着后期沉积物的分布方式。

古生代及以后形成的沉积盆地的基底一般由前震旦系变质岩系组成，属结晶变质岩基底。它们大部分发育在稳定克拉通地区，由于刚性较大，构造活动性较小，因此其上的含油气盆地一般都具有较大规模，形态上大都呈椭圆形。覆于底盘之上的沉积盖层以古生界和中生界为主，一般厚度不大，褶曲平缓巨大，断裂不发育。烃源岩层系稳定且广泛分布，储集层类型较多，除砂岩储集层外，石灰岩储集层和白云岩储集层也较发育，油气运移缓慢，油气藏的含油气面积大，油气藏保存条件较好。

中—新生代的沉积盆地，多发育于板块边缘活动带和板内活动带，基底多以年轻的褶皱浅变质岩系和沉积岩系为主。由于褶皱带往往为长条形，所以盆地大都呈长条形，规模相对较小，面积不大；由于刚性小，基底下降深而沉积厚度大，褶皱和断裂比较剧烈；盆地中的烃源岩层系和含油岩系因多次沉积旋回而多次出现，并且厚度较大但不稳定；油气运移条件较好；圈闭类型多；油气藏形成较快，但保存条件受构造影响较大；油气显示普遍，如我国东部的大多数断陷盆地和西部的前陆盆地。

盆地的基底岩石也可以跨结晶岩系和沉积岩系，即为"双基底"。如我国的准噶尔盆地，南部基底为天山古生界褶皱带，北部基底为前震旦系变质岩系，由于二者基底的时代和性质不同，导致其生储盖组合时代及圈闭条件都有显著差别。

2. 盆地的周边

盆地的周边是指盆地内的沉积岩层与盆地周围岩层的接触关系，也就是盆地的边界。边界条件往往与基底类型有密切的关系。

典型的盆地周边可分为超覆式接触和断层式接触（图7-18）。超覆式接触的盆地一般位于稳定克拉通地区，以前震旦结晶岩系为基底，呈坳陷型，沉积中心与沉降中心一致；但超覆式接触边界的确定常常有人为性和灵活性，这是因为原始沉积盆地受后期地壳运动改造、叠置和解体，其沉积过渡边界已不易恢复原来的轮廓和形态，人们总是以比最年轻的含油层系更老的地层出露为界。断层式接触的盆地以某一大断层为界，往往为深大断层，盆地以断陷为主，平面上为长条形，剖面上为槽状。而事实上，盆地四周同边界地质体的接触关系，在不同地质时期可以有不同表现形式，如渤海湾盆地在古近纪以断陷为主，其边界为断层式接触；而在新近纪，盆地周边为超覆式接触。盆地的两侧也可以表现为不同的接触方式，如盆地的一边为超覆式接触，另一边为断层式接触，即所谓断超式接触盆地，其发展兼有断陷和坳陷的特征。通过对盆地周边地质体的研究，可以了解底盘的时代、性质和构造特征。因此，地质学家们在含油气盆地研究中，对盆地周边的研究给予很大重视。

图7-18 盆地的周边接触关系类型示意图

3. 盆地的盖层

盆地的盖层是含油气盆地内覆于底盘之上的沉积岩层，它是盆地的核心。一个盆地往往由于其周期性的升降运动，使沉积盖层形成由粗到细再到粗的旋回性。一个沉积旋回，往往形成一套生储盖组合。一个含油气盆地可以只有一次周期活动，存在一个沉积旋回和一套生储盖组合；也可以存在多个周期活动，使沉积具有多旋回性，形成不同时期的一系列生储盖组合，成为多烃源岩层系、多含油层系的沉积盆地。可见，盆地的沉积盖层与盆地的发育历史密切相关。

盆地的基底、周边和盖层三者有机结合，共同组成一个沉积盆地，缺一不可。而含油气盆地与沉积盆地的不同之处是，含油气盆地具有油气生成、运移并聚集成工业油气藏的特征，即必须具有至少一个生烃坳陷（或中心）。缺少生烃坳陷的盆地不能称为含油气盆地。

（三）含油气盆地的内部构造

含油气盆地是一种沉降大地构造单元，但由于基底结构的不同以及构造活动的差异性，盆地沉降时，其基底有的部分沉降较快形成坳陷，有的部分则沉降较慢，坳陷较浅，成为相对隆起，甚至局部露出水面成为剥蚀区。隆起以相对上升占优势，基底埋藏浅，其沉积盖层厚度较薄且常发育不全，沉积间断较多，沉积物较粗，与坳陷相连接的翼部常有地层超覆和岩性尖灭出现。坳陷是盆地在地质历史上大面积相对下降占优势的负向单元，基底埋藏深，沉积盖层厚，地层发育全而连续，沉积物细，与隆起常以大断裂为界，是盆地内有利于油气生成的区域。斜坡是坳陷向盆地周边抬升的部分，与隆起的翼部相似，常存在地层超覆和岩性尖灭等圈闭，是油气运移聚集的良好场所。

隆起、坳陷和斜坡都是基底起伏而形成的构造，是盆地内最高一级的构造，通称一级构造。盆地内的沉积盖层因褶皱和断裂活动而形成的构造，如背斜、向斜、断层等，这是盆地最低一级的构造，通称三级构造，三级构造是油气聚集的基本场所。三级构造在盆地的展布并不是孤立的和杂乱无章的，而是按一定的规律成群、成带出现，这些群和带的规模处于一级构造和三级构造之间，通称二级构造，有背斜褶皱带、单斜挠曲带、断裂构造带等。二级构造控制着油气区域性运移和聚集。

在含油气盆地的构造划分上，一般的含油气盆地多包括上述三级构造单元。在我国存在一些地质构造较复杂的大型含油气盆地，如渤海湾盆地，则在隆起或坳陷等一级构造单元内部又划分出次级单元——凸起和凹陷，其规模大于二级构造而小于一级构造，实际上是从一级构造分化出来的，一般称之为亚一级构造。这种构造单元划分方法，称为三级四分法（表7-1）。

表 7-1　含油气盆地构造单元划分表

盆地	隆 起	凸 起	背斜带	背斜
		凹 陷	潜山带	断层
	斜 坡		断裂带	鼻状构造
	坳 陷	凹 陷	……	……
		凸 起		
级别	一级	亚一级	二级	三级
与油气聚集关系	生成运移		聚集（油气聚集带）	油气田
	（含油气区）	（含油气亚区）		
渤海湾盆地	济阳坳陷	东营凹陷	坨—胜—永断裂带	胜坨油田

二、含油气盆地的类型

(一) 含油气盆地的分类

含油气盆地的形成和发展是受大地构造条件控制的,含油气盆地的分类存在许多方案,这主要是由于各个学者所持的大地构造观点不同。固定论认为,盆地的形成是由于软流圈的热流动引起地壳的垂直运动,即槽台学说。活动论认为,大洋的形成是由于沿着洋中脊的增生作用和扩展作用,即海底扩张原理;中央海岭是地幔对流上升的地方,软流层的地幔物质不断从这里涌出、分异、冷却、固结成新的大洋地壳,以后涌出的一股岩浆"热流"又把先前形成的大洋地壳向外推移,后浪推前浪式地每年由海岭向两旁扩张,不断为海洋地壳增添新的条带。活动论认为,盆地的形成是由于岩石圈在软流圈上的水平运动,即板块构造学说。

以固定论为基础的盆地分类以苏联 Броц (1965) 和张厚福等 (1999a) 为代表,将含油气盆地分为地台平原型盆地、山前坳陷盆地、山间坳陷盆地和复合盆地。地台平原型盆地可进一步分为地台内部坳陷盆地和地台内部断陷盆地——单断、双断,复合盆地包括山前坳陷—地台边缘斜坡和山前坳陷—中间地块两种。

以板块构造理论为基础的盆地分类以美国 W. R. Dickinson (1976) 为代表,分为裂谷型盆地和造山型盆地 (表 7-2)。裂谷型盆地以离散板块运动和地壳张裂作用为主,地壳变薄引起了下沉作用,根据拉张裂开的部位和阶段可分为 8 种类型。造山型盆地以聚敛板块运动和压性构造作用为主,由于板块俯冲引起地壳下沉,也可能由于沉积负荷加大而促使地壳下降,随着构造运动的发展和位置也可分为 8 种类型。

表 7-2 含油气盆地的板块构造学分类表 (据 Dickinson,1976)

盆	地	特 征
裂谷型盆地	内克拉通盆地	大陆内部的裂谷盆地,盆地基底变薄
	边缘拗拉槽	大陆边缘凹入部分向大陆内部延伸的夭折裂谷,基底为洋壳或过渡壳
	原始大洋裂谷	在两个大陆陆块之间开始形成的狭长洋壳,沉积作用仍受两侧大陆的影响
	冒地斜沉积棱柱体	沿大陆与海洋过渡壳的陆阶、陆坡及陆隆上发育的沉积复合体,覆盖了张裂的大陆边缘
	陆堤	在张裂大陆边缘外沿形成的逐渐向海洋推进的沉积物
	新生大洋盆地	在大洋中脊与大陆陆块之间,大洋岩石圈增长和下沉形成的新生盆地,浊积岩组成的深海平原发育在洋壳之上
	扭张性盆地	沿着复杂的转换断层系,在地壳局部变薄的部位发育的拉张盆地或楔形断陷盆地
	弧间盆地	由于岩浆弧裂开,在不活动的残留弧与继续活动的前弧之间洋壳下降形成的小洋盆
造山型盆地	海沟	在板块俯冲的消减带形成的深海槽
	斜坡盆地	在海沟轴与海沟斜坡折点之间的断陷盆地,其沉积物与上述海沟沉积物一起合并到消减杂岩体中
	弧前盆地	在海沟斜坡折点与岩浆岛弧之间的盆地
	周缘前陆盆地	在大陆陆块周缘,与碰撞造山缝合线带相接处形成的褶皱—冲断带毗邻的前陆盆地
	弧后前陆盆地	在大陆陆块边缘岩浆弧后面,与岛弧造山带相邻的褶皱—冲断带毗邻的前陆盆地
	破裂前陆盆地	造山带的前陆盆地,无论周缘环境还是弧后环境,由于基底变形和块断所形成的构造凹地
	扭压性盆地	沿着复杂的转换断层系,可以形成扭动褶皱和断坳盆地
	残余海洋盆地	沿着岛弧—海沟系一侧,由于老岩石圈的消减而产生的收缩海洋盆地

每一个分类方案都是对一定阶段盆地研究结果的归纳和总结，有其分类依据和原则，但都受到当时大地构造观点的限制，存在一定的局限性和不完善性。目前通常应用的含油气盆地分类则是按照板块构造观点，根据盆地发育的地球动力学环境，把盆地分为裂陷盆地、压陷盆地、走滑盆地和克拉通盆地四大类，再依据不同构造演化阶段形成的盆地序列和所处的大地构造位置进一步划分亚类（表7-3）。

表7-3 沉积盆地类型（据刘和甫，1987；陆克政，2001；有修改）

盆地序列	盆地类型	实 例
裂陷盆地序列	大陆裂谷盆地	北海盆地
	陆间裂谷盆地	红海
	张裂陆缘盆地	大西洋近海盆地
	边缘海—弧后盆地	安达曼海盆地
	拗拉谷盆地	南俄克拉何马盆地
压陷盆地序列	深海沟盆地	秘鲁—智利海沟
	弧前盆地	大谷盆地
	残留盆地	黑海盆地
	前陆盆地	艾伯塔盆地
	山间盆地	费尔干纳盆地
走滑盆地序列	走滑—拉分盆地	美国死谷、中国依兰—伊通盆地
	走滑—挠曲盆地	中国百色盆地、柴达木盆地西北坳陷
克拉通盆地序列	克拉通内部盆地	西西伯利亚盆地、鄂尔多斯盆地
	克拉通边缘盆地	

1. 裂陷盆地

裂陷盆地是指与岩石圈拉伸减薄作用（裂陷作用）有关的一类盆地。裂陷作用是板块活动导致的引张力作用于整个岩石圈并导致地壳和岩石圈发生大规模开裂和断陷的地质作用过程。在这一过程中，地壳和岩石圈发生裂陷而形成的沉积盆地就是裂陷盆地，也称为裂谷。"裂谷"一词最早用来描述那些具有陡而长的、平行的正断层之间的狭长沉降带，其典型实例就是东非裂谷。随着板块构造理论的兴起，对裂谷的概念也有了更进一步的修正。Burke（1980）认为裂谷是引张作用使整个岩石圈破裂而形成的狭长沉降带，并认为裂谷既可以两侧发育断层，也可以一侧发育断层而另一侧为单斜挠曲。大陆裂谷常以三支裂谷系开始发育，其中次裂谷后期发育中断，形成向克拉通内延伸的凹陷，成为夭折谷或拗拉槽。根据裂陷发展阶段和板块构造环境的不同，裂陷盆地可进一步分为大陆裂谷盆地、陆间裂谷盆地、张裂陆缘盆地、边缘海—弧后裂谷盆地和拗拉谷盆地。

2. 压陷盆地

压陷盆地是在挤压作用下地壳和岩石圈收缩变形过程中形成的沉积盆地。压陷盆地受逆冲断层控制，是在挤压作用下断层上盘上升并引起下盘发生挠曲变形而形成。在板块构造运动过程中，板块俯冲、大陆碰撞或板块的构造作用都会造成岩石圈的某些部位受到垂直载荷作用，使岩石圈发生向下弯曲的挠曲变形，从而形成沉积盆地。依照盆地在板块构造中的位置和与板块构造运动的关系，压陷盆地可以进一步划分为深海沟盆地、弧前盆地、残留盆地、前陆盆地和山间盆地。其中有些类型的压陷盆地是短命的，仅存在于现代板块构造系统中，而在地壳表面被较好保存下来的古代压陷盆地是前陆盆地。前陆盆地是与油气关系最密切的一类压陷盆地。

3. 走滑盆地

走滑盆地是指在近水平的扭动剪切作用下，地壳或岩石圈走滑变形过程中形成的沉积盆地。控制走滑盆地形成的主要因素是走滑断层作用。走滑断层是指沿断层面走向，一盘相对于另一盘水平运动的断层。走滑盆地的形成与大型走滑断层的走滑作用有关，其规模可大可小，从几百平方米到几百平方千米不等。单纯的走滑断层不能形成盆地，由于强烈走滑运动使地壳弯曲，常伴有一定倾向滑动分量，在走滑断层一侧为沉降中心，形成走滑盆地。按其弯曲特征和走滑方向形成伸展弯曲或压缩弯曲，分别发育走滑—拉分盆地和走滑—挠曲盆地。

4. 克拉通盆地

克拉通盆地是在克拉通基础上形成的面积广泛、形状不规则、沉降速率相对较慢并以坳陷为主的沉积层序。根据克拉通盆地所处的位置，又可以进一步划分为克拉通内部盆地和克拉通边缘盆地。这里指的克拉通盆地为克拉通内部盆地，而克拉通边缘盆地通常被划归为前陆盆地（何登发等，1996）。关于克拉通内部盆地的成因目前有多种解释，如岩石圈热拱—侵蚀变薄—冷却沉降，因重力作用而下沉；因负荷作用而发生挠曲；因先期张裂使岩石圈变薄等（陆克政等，2001）。

（二）中国含油气盆地的分布格局

中国含油气盆地的地质发展是中国地质构造史的一部分，各时期盆地的类型特征与所处的大地构造位置、地壳类型及地壳构造动力环境有密切的关系。沉积盆地发育的早期，多与裂陷构造背景有关，形成断陷—坳陷盆地，而晚期则与聚敛构造环境有关，形成褶皱断裂。转换断裂环境盆地多出现于洋盆的早期，陆内走滑断裂盆地多在晚期出现。中—新元古代主要是陆内裂陷构造环境的盆地或被动大陆边缘构造环境盆地；古生代地台陆缘区为沟—弧—盆体系，即岛弧型大陆边缘构造环境的盆地，在陆内区多为大陆裂谷构造环境的盆地和陆内稳定坳陷盆地；中—新生代，古中国大陆形成并与古亚洲大陆联合，规模巨大的大陆板块与相邻板块相互作用，以及板块内部发生差异升降，解体分块，形成众多类型的盆地。大陆板块的相互作用主要表现为太平洋板块向西北的 B 型俯冲和印度洋板块向北挤压碰撞，所以中—新生代以来的中国大陆构造主要表现为陆相裂陷沉积盆地星罗棋布及其在东西方向上的差异。以贺兰山—龙门山—哀牢山一线和大兴安岭—太行山—武陵山一线为界分为东、中、西三种不同的构造格局，形成三大类型的沉积盆地。

1. 太平洋板块俯冲形成东部地区的裂陷盆地

中生代以来，太平洋板块向中国大陆东部西北俯冲的长期作用（郭令智等，1986），使中国东部自元古宙、古生代以来南北分异转变为北北东—北东构造格局。同时，自古生代以来存在的东西向构造走向，仍穿插在北北东—北东构造之间，起着明显的分隔作用和复合作用。俯冲作用使地壳减薄、地幔上拱、热力构造作用明显，以大陆裂谷、大陆边缘裂谷、断陷—坳陷等裂陷盆地为特色。东部中—新生代裂陷盆地发育于印支运动以后不同地质块体拼合而成的陆壳基底之上，由于基底块体形成于不同的地质时期，具有不同的构造属性，因此表现为不同的成盆作用。随着太平洋板块俯冲带向东迁移，以阴山深断裂带、秦岭深断裂带和南岭深断裂带为界分为四个区：松辽断坳盆地区、华北—渤海湾裂谷盆地区、江汉裂谷盆地区和北部湾裂谷盆地区。

2. 印度板块碰撞形成西部地区的压陷盆地

印度板块不同地质时期向北推挤，聚敛作用明显，地壳增厚，形成了西部中—新生代以压陷盆地为主的特征，挤压造山带与大型盆地相间、造山带前缘前陆盆地与中间地块或陆块组成大型复合型盆地。三叠纪至中侏罗世，羌塘地块与塔里木—柴达木盆地南缘的碰撞，造成西北诸盆地陆相碎屑岩建造，富含有机质的泥岩和含煤建造；中、晚侏罗世—早白垩世冈底斯地块北移，继续发展了西北诸盆地边缘逆冲断层带，并形成巨厚的陆相红色碎屑岩沉积；印度板块在早白垩世到古近—新近纪继续向北移动，并沿雅鲁藏布江缝合带发生碰撞，其主要向北的挤压作用使西北所有盆地的边界逆断层带剧烈活动，盆地抬升，巨厚的粗碎屑物质在山前挠曲地带广泛分布。同时，横向推移形成走滑—拉分盆地，主要集中在印度地台与塔里木地台或与扬子地台或与华北地台之间的交接地区。

3. 中部克拉通多旋回盆地的演化

我国中部地区由于处于特提斯和环太平洋外缘的交叉部位，远离两大板块，不受直接挤压，相对稳定，属大陆上板内克拉通多旋回盆地。由于南面印度板块向北推挤和东面太平洋板块的俯冲作用，盆地两侧挤压作用不同，使盆地东、西构造具有明显的差别。盆地西缘形成了一系列近SN向的挤压推覆构造带，构造变形强烈，发育有北北东的线型紧密褶皱和向北西倾斜的逆掩断层；东面太平洋板块的俯冲作用可能略早，东侧抬升较早，盆地沉积凹陷向西迁移，发育北北东向背斜伴以与轴面基本平行并向南东倾斜的逆断层；中部构造平缓，两翼基本对称。圈闭类型为盆地边缘为陡背斜，西部有逆断层圈闭，中央为缓背斜。

第三节　典型盆地石油地质特征与油气分布规律

全球共发育上千个沉积盆地，它们的形成演化以及所经历的构造作用非常复杂，国内外的许多专家、学者都对沉积盆地类型进行过多种划分，但目前尚未达成共识（康玉柱，2014）。本节主要介绍裂谷盆地、前陆盆地、走滑盆地和克拉通盆地的石油地质特征与油气分布规律，并对由不同时期不同类型的盆地叠加复合形成的叠合盆地的特征进行简要介绍。

一、裂谷盆地

裂谷盆地是一类极其重要的含油气盆地。据Paul和Lisa等（2004）统计，在世界探明储量超过$5×10^8$bbl的877个大油气田中，31%的油气田分布在大陆裂谷盆地中。裂谷盆地在我国油气勘探开发中也占有十分重要的地位，我国东部松辽、渤海湾等盆地都是中—新生代发育的大型裂谷盆地，油气储量和产量在我国总的油气储量和产量中占70%以上（赵文智等，2006），使我国成为在陆相裂谷盆地中找到石油最多的国家。中—新生代中国东部发育了一系列裂谷盆地，例如陆上大兴安岭—吕梁山—武当山以东的松辽盆地、渤海湾盆地、沁水盆地、南华北盆地、江汉盆地、苏北盆地等，海域的南黄海盆地、东海盆地、冲绳海槽盆地、珠江口盆地、莺琼盆地、南海盆地等。

（一）裂谷盆地的概念和结构特征

裂谷盆地是岩石圈板块在拉张作用下减薄下沉形成的沉积盆地。裂谷的形态多种多样，有断槽状、锯齿状、雁列状、三叉式等。裂谷盆地的构造演化可分为初始张裂阶段、断陷发育阶段和坳陷发育阶段，处于不同演化阶段的裂谷盆地，其石油地质特征有较大的差异。中国东部中—新生代裂谷盆地的形成及演化的特征如下（图7-19）：

（1）初始张裂阶段：由于太平洋板块俯冲，上地幔物质热膨胀作用造成局部异常，断裂活动导致盆地初始张裂，并伴有强烈岩浆活动。

（2）断陷发育阶段：太平洋板块俯冲强烈，上地幔物质热膨胀作用加剧，断块、断陷差异沉陷十分强烈。

（3）坳陷发育阶段：太平洋板块俯冲减弱，俯冲带向东迁移，上地幔物质由热膨胀转为冷却收缩，地壳整体下沉，由断陷转为坳陷发育阶段。

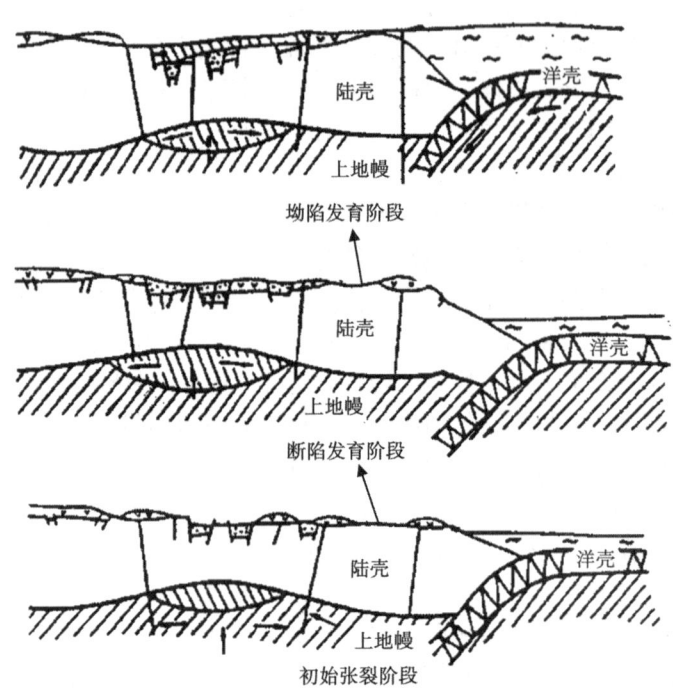

图7-19 中国东部中—新生代裂谷盆地演化模式（据王涛，1997）

根据不同裂谷盆地发育的主要阶段，可以将裂谷盆地分为两种类型：坳陷型裂谷盆地和断陷型裂谷盆地。

坳陷型裂谷盆地一般是裂谷演化晚期阶段的产物，是在断陷的基础上发育起来的。此类盆地一般基底较稳定，多为长期发育、稳定下降的坳陷。盆地面积较大，其中发育有大型的背斜、长垣、隆起、斜坡等二级构造带。由于受周缘影响，一般陡背斜位于盆地边部，平缓隆起和长垣位于盆地中部，斜坡和挠曲带则多分布在大单斜带。在盆地中心或边缘斜坡，都可形成大型油气田。

断陷型裂谷盆地是裂谷发育早期阶段的产物，是受基底断裂作用而下陷的沉积盆地，面积大小相差悬殊，但其规模一般要小于裂谷演化后期的坳陷型裂谷盆地，断陷型裂谷盆地中的断陷包括单断和双断两种型式。

晚白垩世的松辽盆地和新近纪的渤海湾盆地都是由断陷型裂谷盆地演化而成的坳陷型裂谷盆地。松辽盆地上白垩统坳陷型沉积层系是该盆地的主要生储油层系，在断陷阶段的沉积中也有丰富的天然气资源。渤海湾盆地新近系由于埋藏浅，没有成熟的烃源岩，其主要烃源岩层系位于断陷阶段的古近系，渤海湾盆地古近系发育了数十个单断型凹陷，油气资源十分丰富。

(二) 石油地质特征与油气分布规律

裂谷盆地的油气潜力取决于烃源岩的发育、生储盖组合、足以使烃源岩成熟的上覆岩系、圈闭和油气藏保存等条件之间的有利配合。

在世界主要裂谷盆地中,从寒武系至古近系都有烃源岩分布,岩性以泥岩、页岩和碳酸盐岩为主,含有以大量水生生物为主的有机物质。裂谷盆地发育的断陷阶段和坳陷阶段都是烃源岩发育的重要时期,发育的烃源岩具有厚度大、丰度高、分布广、类型多的特点。如渤海湾盆地烃源岩厚500~2000m,有机质类型好,以Ⅰ、Ⅱ型为主。但是同一盆地不同深度段有机质丰度、类型都有明显的变化。裂谷盆地一般具有较高的地热背景,一般地温梯度大于30℃/km,有利于有机质向油气演化。

不同裂谷盆地,甚至同一裂谷盆地在不同的发育阶段,其沉积特征有较大差别,主要是由于沉积特征受控于盆地构造演化及发育程度。坳陷型裂谷盆地在稳定沉积环境下储集层发育规模大、横向稳定、成熟度高。松辽盆地早白垩世主要有三个沉积体系:河流—三角洲—湖泊体系,规模达数千甚至万余平方千米,储集层以河流相砂岩体和三角洲前缘砂为主。断陷型裂谷盆地(如渤海湾盆地)在块断运动作用下沉积体系规模小,横向变化大,储集层成因类型多,凹陷分割性强,以凹陷为单元,发育多种类型沉积体系,每种体系规模都不大,仅为数十至数百平方千米,砂岩体规模小,往往具横向变化大、纵向上叠加连片的特点,盆地内主要沉积相类型为冲积扇、扇三角洲、三角洲、滩坝、湖底扇、浊积相等。

裂谷盆地盖层分为区域性盖层和直接盖层。区域性盖层宏观上控制了裂谷盆地内油气的运聚与分布,直接盖层则直接影响油气藏内油气的聚集。盖层岩石类型主要有泥岩、页岩、盐岩、石膏、裂缝不发育的致密碳酸盐岩。储盖组合在裂谷盆地发育的不同阶段差别较大,裂谷前期阶段以新生古储式组合为主,裂谷断陷阶段常见自生自储式、互层式和侧变式组合,裂谷坳陷阶段则以古生新储式组合为主,也见互层式和侧变式组合。

不同类型的裂谷盆地油气运移特点差别较大。坳陷型裂谷盆地断裂不发育,储集层分布广泛、连续性好,有利于油气的大规模侧向运移;而断陷型裂谷盆地断裂发育,盆地分割性强,砂岩体侧向连续性差,尽管油气也存在一定范围的侧向运移,但以垂向运移为主,断裂带控制了油气田的分布。裂谷盆地断裂体系发育,油气垂向运移十分活跃,有多期运聚、多期成藏的特点,油气往往沿断裂向上运移,在断裂两侧富集,纵向上含油气井段长,一般可达几十米到几百米,甚至超过2000m。尽管坳陷型裂谷盆地比断陷型裂谷盆地面积大、储集层分布稳定,但总的来讲,陆相裂谷盆地油气侧向运移的距离一般较短,油气田主要围绕着生烃中心分布。

裂谷盆地油气藏类型众多,主要有背斜油气藏、断块油气藏、岩性油气藏、地层不整合油气藏、地层超覆油气藏等。裂谷盆地不同发育阶段及不同部位的油气藏类型分布特征不同。坳陷型裂谷盆地中部一般发育与基底活动有关的背斜油气藏、断块油气藏、岩性油气藏。断陷型裂谷盆地陡坡带则主要发育滚动背斜油气藏、断块油气藏、岩性油气藏;洼陷带岩性油气藏发育;缓坡带则以岩性上倾尖灭油气藏、断块油气藏、地层不整合油气藏、地层超覆油气藏为主。

(三) 典型实例

松辽盆地和渤海湾盆地是中国较早进行油气勘探的两个裂谷盆地,油气勘探工作已有50多年的历史,先后发现了200多个油气田,油气资源探明率在51%左右,但是目前待探明油气资源量尚有$150×10^8$t油当量,这两大盆地仍有较大勘探潜力(康玉柱等,2011)。国外的北海盆地也是典型的裂谷盆地。

1. 松辽盆地

松辽盆地是我国东北最大的含油气盆地，呈北北东向展布，南北长750km，东西宽330~370km，面积约$26×10^4km^2$，是叠置于古生代基底上的大型中—新生代陆相沉积盆地，具有明显的下断、上坳的双重结构（图7-20）。盆地从下到上可划分为基底构造层、断陷构造层、坳陷构造层和反转构造层，每个构造层之间均以明显的区域不整合为界。基底构造层主要包括石炭纪—二叠纪的浅变质岩和各个时期的花岗岩层；断陷构造层从下到上依次为下白垩统火石岭组（K_1h）、沙河子组（K_1sh）、营城组（K_1yc）和登娄库组（K_1d）；坳陷构造层包括下白垩统泉头组（K_1q）和上白垩统青山口组（K_2qn）、姚家组（K_2y）和嫩江组（K_2n）；反转构造层是指嫩江组沉积后的四方台组（K_2s）、明水组（K_2m）以及古近系（E）和新近系（N）等地层（图7-21）。

彩图7-20

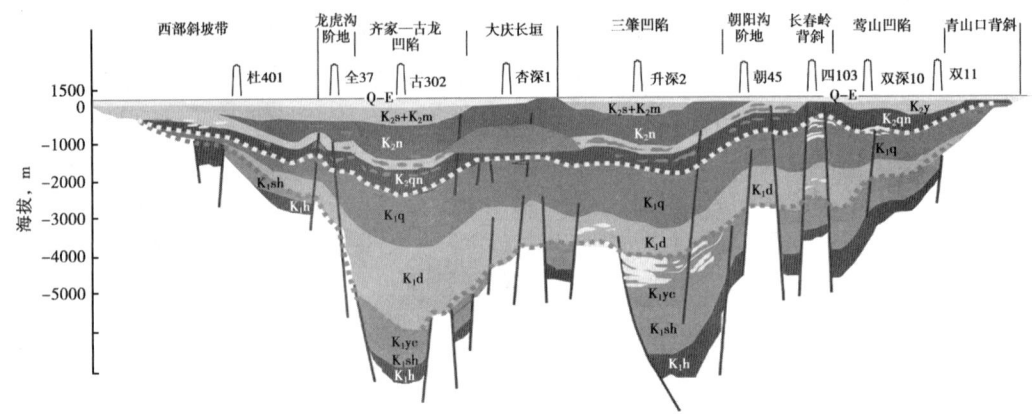

图7-20 松辽盆地北部剖面结构示意图（据李国会，2011，有修改）

松辽盆地于早白垩世进入断陷发育阶段，形成了一系列地堑式断陷带，发育一套河流沼泽相含煤建造，处于高地温演化阶段，是一套重要的含气层系。盆地在晚白垩世进入大规模坳陷发育阶段，构造格局发生了显著变化，由原来的断陷型裂谷盆地转化为坳陷型裂谷盆地，嫩江组沉积时期是湖盆发育的极盛时期，为大规模河湖沉积体系的形成奠定了基础。大型三角洲围绕湖盆周缘向中心伸展，提供了广泛分布的储集层砂岩体。多旋回沉积导致盆地内以青一段、嫩一段、嫩二段主力烃源岩为中心的多套生储盖组合。松辽盆地在裂谷发育期经历多次构造运动，形成了多种构造带和局部构造，圈闭规模较大，背斜形态宽缓，面积大，为油气聚集提供了大型圈闭条件，此外还发育多种类型的鼻状构造、地层圈闭和岩性圈闭。

盆地内以白垩系为主要产油气层，自下而上发育有深层的天然气产层、农安油层、中浅层的杨大城子油层、扶余油层、高台子油层、葡萄花油层、萨尔图油层及黑帝庙油层，沙河子组、营城组、青一段、嫩一段、嫩二段为主力烃源岩，深层以沙河子组、营城组和泉头组为区域性盖层，中浅层以青山口组和嫩江组为区域性盖层，可见多套生储盖组合。盆地不仅具有常规油气藏，还在扶杨油层、黑帝庙油层发育致密砂岩油藏，青山口组、沙河子组和火石岭组发育致密气藏等非常规油气藏。

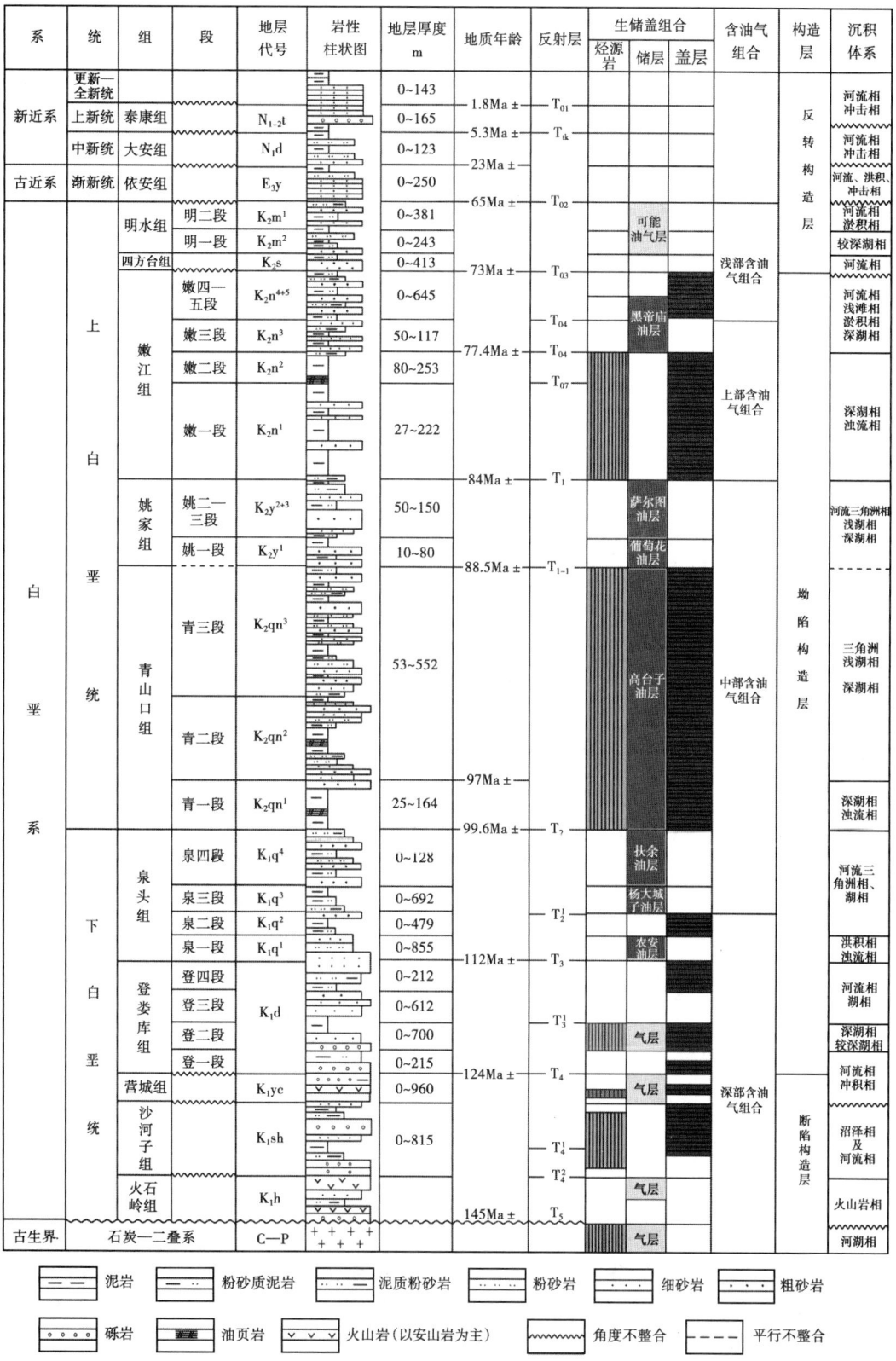

图 7-21 松辽盆地地层柱状图（据大庆油田勘探开发研究院，2011，有修改）

松辽盆地油气藏分布广泛。坳陷构造层的油气藏主要分布于中央坳陷区，其次是西部斜坡区和东南隆起区。油气藏分布受控于烃源岩分布、区域构造面貌、沉积相带特征、盖层发育程度和二级构造带。坳陷期主要生烃坳陷为盆地的中央坳陷区，其中主要的生烃凹陷为三肇凹陷和齐家—古龙凹陷。大庆长垣位于两凹之间，包括喇嘛甸、萨尔图、杏树岗、高台子、太平屯、葡萄花、敖包塔7个局部构造，各种类型的油气藏多围绕生烃凹陷呈环状分布，是油气聚集的最佳场所（图7-22）。每个凹陷自中心到边缘油气藏呈规律分布：凹陷中部为岩性油气藏，向外以断鼻状构造、断层—岩性复合油气藏为主；凹陷边部为背斜、断块油气藏或气藏，呈带状分布。

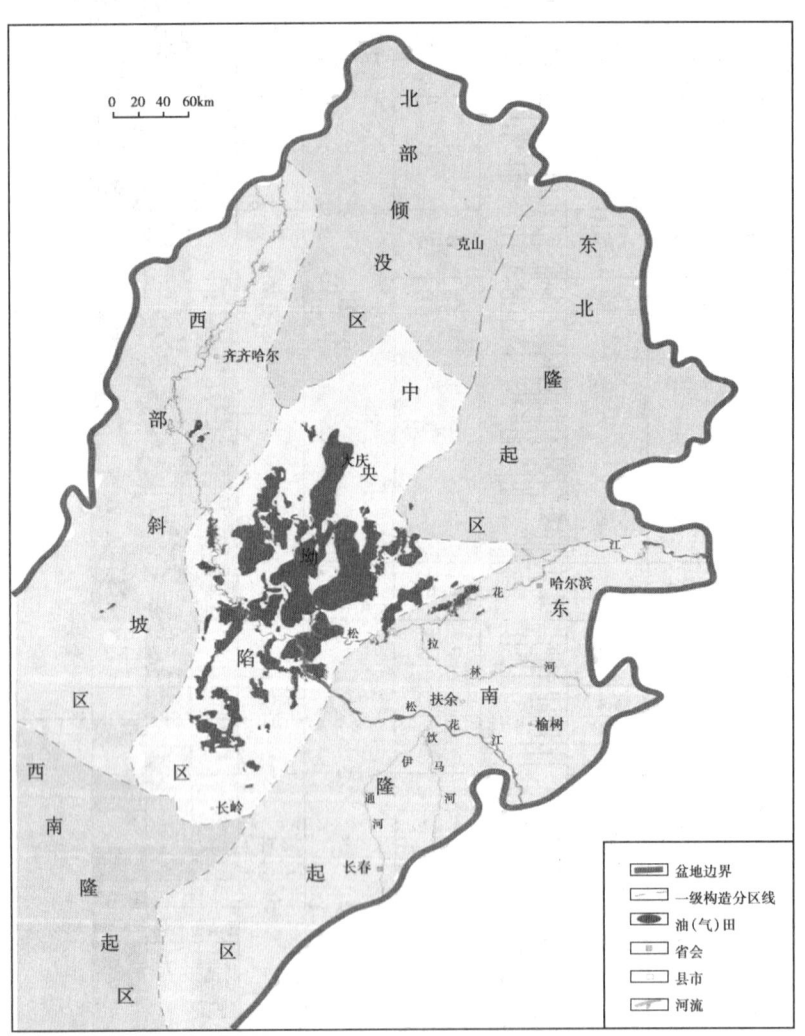

图7-22 松辽盆地坳陷构造层构造单元与油气藏分布（据大庆油田勘探开发研究院，2014，有修改）

断陷构造层以天然气聚集为主，2002年盆地北部徐家围子断陷徐深1井在营城组火山岩获高产气流，2005年盆地南部长岭断陷长深1井在营城组火山岩获日产$46.09 \times 10^4 m^3$的高产气流，分别发现徐深、长深大气田，徐家围子成为我国陆上东部地区第一个千亿立方米大气田。断陷期烃源岩是盆地深层最重要的生烃层系，主要有火一段、沙河子组、营二段三套烃源岩，包括湖相泥岩和煤层；另外，也已证实基底的石炭—二叠系也有一定的生气潜力

(任延广等，2009）。断陷期储集层有三套火山岩，营一、三段和火二段火山岩，营四段为砾岩，此外还有基岩风化壳。深层天然气的封盖主要是坳陷层的登二段和泉一、二段泥岩最发育的两个层位，在这些区域性盖层的封闭下，形成多层位、多种类型气藏相伴生的、错叠分布的气藏组合。目前已发现的油气藏集中分布于古中央隆起和徐家围子断陷内的徐西、宋西断裂构造带和升平—兴城构造带等区带上，古中央隆起构造带上有构造气藏、基岩风化壳气藏、火山岩岩性气藏；徐西断裂构造带有火山岩岩性气藏、地层超覆气藏和上倾尖灭气藏；宋西断裂构造带有构造和岩性气藏；升平—兴城构造上有构造气藏、构造岩性复合气藏，还有基岩风化壳气藏和砂砾岩高压气藏。以上说明盆地深层临近生烃凹陷的古隆起、控陷断裂带和断陷内的古构造是天然气聚集的有利区带。

2. 渤海湾盆地

渤海湾盆地位于我国东部渤海湾海域及其沿岸地区，南北长 2600km，东西宽 1200km，面积约 $20×10^4 km^2$。盆地是在中—新元古界—古生界地台型沉积盖层基础上叠置的拉张型中—新生代陆相沉积盆地，新生界是盆地的主要成油建造。盆地内部发育的许多主干断裂将盆地进一步划分为辽河、冀中、黄骅、济阳、临清、渤中等坳陷和沧县、埕宁等隆起（图7-23）。坳陷内又可划分次一级凹陷58个和凸起52个，呈现出"凸凹相间、大盆地小凹陷"

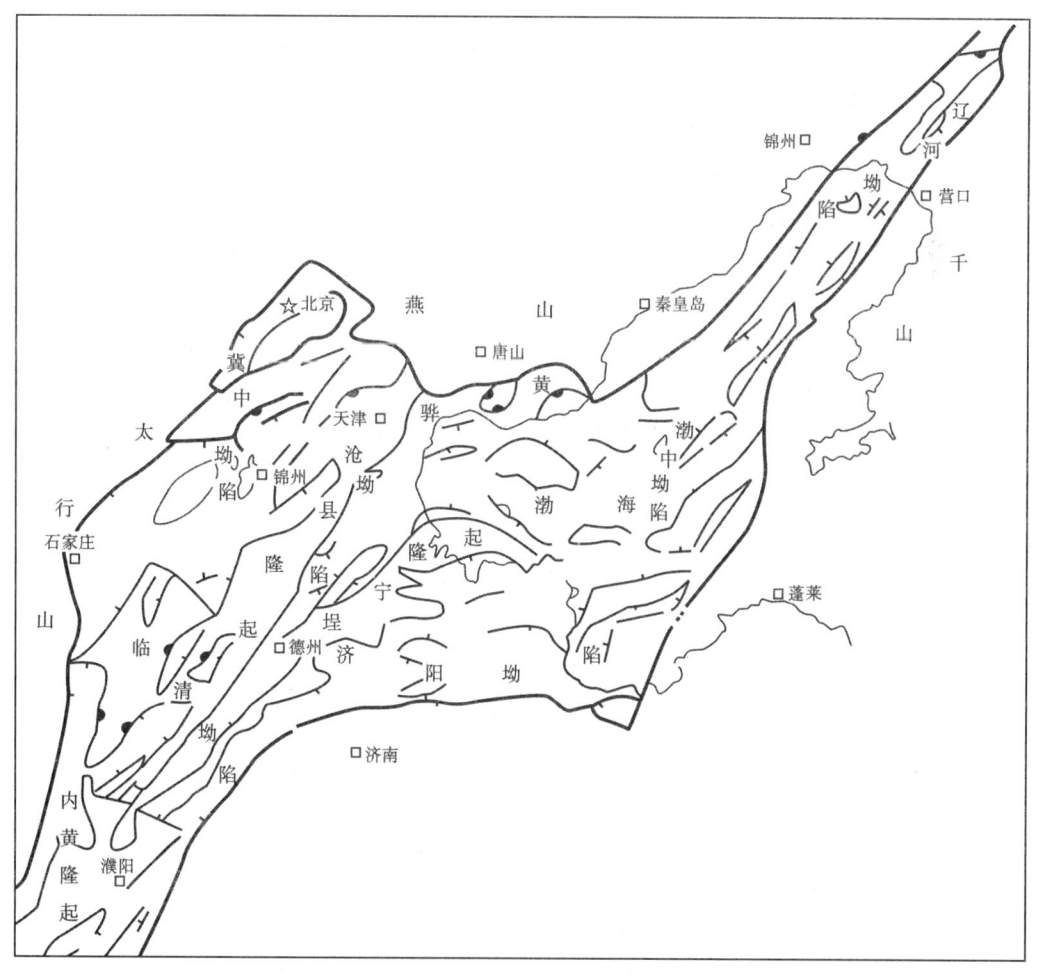

图7-23 渤海湾盆地构造单元划分图（据邱中建和龚再生，1999，有修改）

的特点。各凹陷的发育主要受一条主断裂控制,呈箕状断陷型式或不对称地堑型式(图7-24)。截至目前发现了太古宇—新近系10余套含油气层系,含油岩性以砂岩为主,兼有基底的海相碳酸盐岩、变质岩及盆地内的湖相碳酸盐岩、火山岩等(赵贤正,2015)。

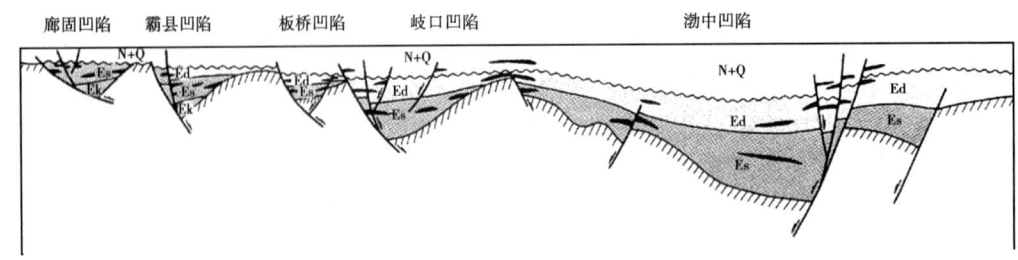

图 7-24 渤海湾盆地剖面结构示意图

渤海湾盆地纵向结构上由前古近系基底和古近系、新近系及第四系盖层组成(图7-25)。前古近系基底由不同时代的不同类型岩石组成,中生界以前是华北克拉通的一部分,中—新元古界和下古生界主要为海相沉积。盆地基底的中—新元古界包括长城系、蓟县系和

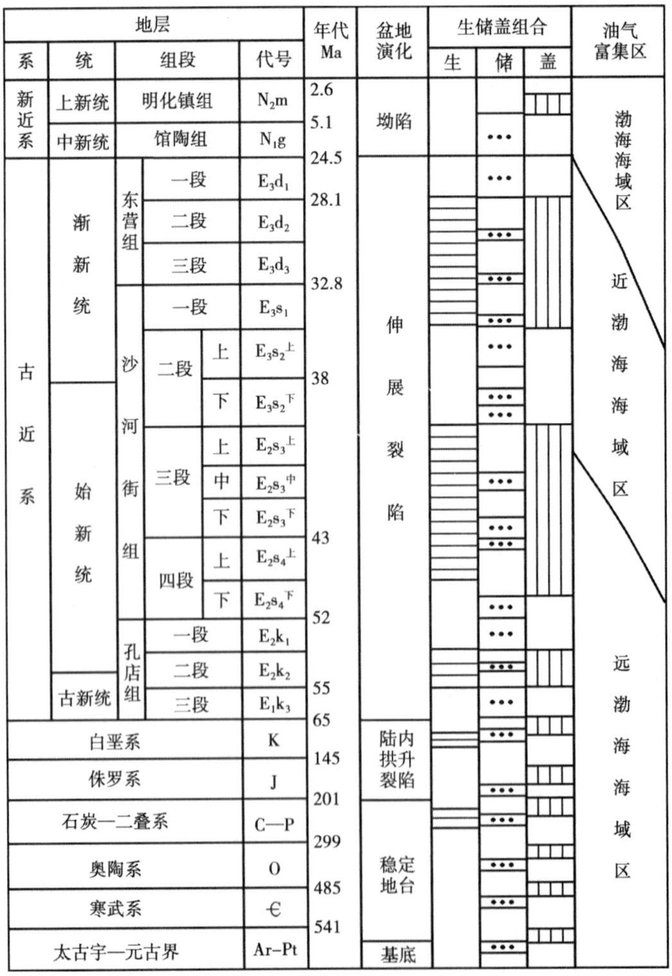

系	统	组	段	代号	年代 Ma	盆地演化	生	储	盖	油气富集区
新近系	上新统	明化镇组		N_2m	2.6	坳陷				渤海海域区
	中新统	馆陶组		N_1g	5.1			•••		
					24.5					
古近系	渐新统	东营组	一段	E_3d_1	28.1	伸展裂陷		•••		
			二段	E_3d_2				•••		
			三段	E_3d_3	32.8			•••		近渤海海域区
		沙河街组	一段	E_3s_1				•••		
			二段 上	$E_3s_2^上$	38			•••		
			二段 下	$E_3s_2^下$				•••		
	始新统		三段 上	$E_2s_3^上$				•••		
			三段 中	$E_2s_3^中$	43			•••		
			三段 下	$E_2s_3^下$				•••		
			四段 上	$E_2s_4^上$				•••		
			四段 下	$E_2s_4^下$	52			•••		
		孔店组	一段	E_2k_1				•••		远渤海海域区
			二段	E_2k_2	55			•••		
	古新统		三段	E_1k_3	65			•••		
白垩系				K	145	陆内拱升裂陷		•••		
侏罗系				J	201					
石炭—二叠系				C—P	299			•••		
奥陶系				O	485	稳定地台		•••		
寒武系				Є	541			•••		
太古宇—元古界				Ar-Pt		基底		•••		

图 7-25 渤海湾盆地演化与生储盖组合发育特征

青白口系，主要为泥晶灰岩、石英砂岩和泥页岩等，沉积分布广，不但分布在渤海湾盆地下部，还在盆地周边广泛分布。盆地下古生界主要为寒武系和奥陶系，以碳酸盐岩为主，同时含有泥页岩、粉砂岩和砂岩。上古生界主要为石炭系和二叠系，为海陆交互相和陆相碎屑岩沉积，煤系地层发育。中生界包括三叠系、侏罗系和白垩系，主要为凝灰质砂岩、砾岩，夹深灰色泥岩、煤等，因受后期剥蚀的影响，地层分布不广泛。

渤海湾盆地古近系是主要含油气层系，沙三段为主力烃源岩层，沙四段—孔店组和东营组—沙一段为次要烃源岩层。烃源岩主要为半潮湿气候条件下的淡水—微咸水湖相灰色、深灰色和灰黑色泥岩为主夹油页岩和泥灰岩，盐湖相灰色泥岩与盐岩、石膏、碳酸盐岩互层，以及潮湿气候条件下的湖沼相灰色、灰黑色泥岩夹煤层。烃源岩厚度大，有机质丰度高，有机质类型多为混合型。

渤海湾盆地有多套储集层系和多种储集岩类型，自下而上有太古宇混合花岗岩，元古宇和下古生界碳酸盐岩，上古生界砂质岩，中生界火山岩、火山碎屑岩和砂岩，古近系孔店组砂砾岩，沙四段砂岩和生物灰岩，沙三段砂岩和浊积砂岩，沙二段砂岩，沙一段砂岩和粒屑灰岩，东营组砂岩，其次为新近系馆陶组和明化镇组砂岩、砂砾石。

渤海湾盆地有三类主要的生储盖组合。（1）自生自储式生储盖组合主要发育在沙河街组，其次为孔店组和东营组。（2）新生古储式生储盖组合：古近系为烃源岩和盖层，中生界、古生界、元古宇和太古宇为储集层，油气通过断面和不整合面形成古潜山油气藏。（3）古生新储式生储盖组合：古近系为油源，新近系为储盖层，油气通过断面和不整合面运移在新近系形成油气藏。三类生储盖组合在各坳陷均有分布，但是各坳陷的主要生储盖组合有所不同。

渤海湾盆地各凹陷断裂活动十分强烈，往往是一侧主干断裂强烈活动控制凹陷发育，形成箕状断陷，其内部又为次级断层切割，呈现许多基底翘倾断块体，数量多，起伏大，有利于地层超覆、不整合及古潜山圈闭的形成。在基底沉降陷落过程中，又可形成规模相对较大的披覆背斜和众多的地层岩性圈闭，形成各类地层—岩性型油气藏和披覆背斜油气藏。而多期、多组不同产状的正断层使已有的背斜圈闭都改造为断背斜或断块群，因此，断块圈闭是渤海湾盆地发育最广的圈闭类型。多期的块断活动、湖盆频繁的水进水退导致大面积多套生、储油岩系发育，并形成了有利的生储盖组合。而多物源、近物源、快速堆积的各类沉积体系由边缘向湖盆中心伸展，插入生油区，形成了大面积、多层叠置的储集层分布特征，出现了多种类型的岩性圈闭。这些地质因素的相互配置，使丰富的有机质成烃后，通过短距离运移，即可聚集成藏，造成多种类型油气藏的广泛分布。而新近纪的整体坳陷沉积又为古近系油气藏起到很好的保存作用，以至渤海湾盆地油气藏不仅类型多、分布广，而且十分富集。

渤海湾盆地油气主要分布于古近系，其次分布于新近系和基底潜山中。在各个主要富油坳陷中，油气在层位上的分布极其不均。渤中坳陷油气主要分布在新近系，在古近系和潜山分布极少；济阳坳陷和黄骅坳陷油气主要分布于古近系；冀中坳陷的油气主要分布于古近系和基底潜山，新近系较少；辽河坳陷也仅有很少比例的油气分布于新近系，绝大部分都位于古近系；而临清坳陷在新近系几乎没有油气发现，已探明油气完全分布于古近系（姜帅，2014）。

新近系含油气层系埋深浅、储集层物性好，已发现了孤岛、孤东、埕岛、北大港、蓬莱19-3、渤中25-1等多个亿吨级油气田。新近系本身缺乏生油条件，油气来自下伏古近系烃源岩系，主要通过断层垂向输导运聚成藏，形成"古生新储"型油气藏。古近系是在裂谷盆地的断陷期发育形成的厚达数千米的沉积岩层，有多套烃源岩和多套储盖组合，形成多旋回含油气层系。从凸起（潜山构造带）的围斜到凹陷的斜坡断阶带，再到深洼陷区，形成了众多的有利油气聚集带。在辽河坳陷、黄骅坳陷、冀中坳陷、济阳坳陷、渤中坳陷、东濮凹陷等，已找到一大批大中型油气田和一批油气聚集带。作为渤海湾盆地基底构造层的中—新元古界、古生界的碳酸盐岩和碎屑岩厚达万米以上，具有一定的生烃和储集条件。特别是经过长期的风化剥蚀，这些中—新元古界、古生界碳酸盐岩和碎屑岩的储集条件得到进一步改善，被新生界埋藏后，形成一系列潜山构造带，古近系烃源岩生成的油气通过断面、不整合面等运移至古近系下伏储集层中，形成了"新生古储"型油气藏。

渤海湾盆地各凹陷为典型的单断型断陷盆地，在构造上一般可以划分为4个带，分别为陡坡带、洼陷带、缓坡带和低凸起带，这4个带有序分布，构造特征各异，油气藏类型的分布具有一定的规律性（图7-26），在一个断陷内部表现出油气藏分布的有序性（翟光明等，2005；李丕龙，2000）。渤海湾盆地的油气藏分布模式对研究单断型裂谷盆地的油气藏分布规律具有重要的借鉴意义。

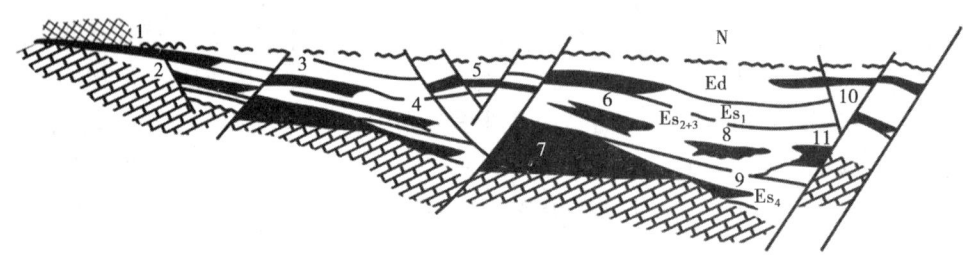

图 7-26 单断型断陷盆地油气藏分布模式（据胡见义，1991）
1—地层不整合（或沥青封闭）油气藏；2—断块油气藏；3—披覆背斜构造油气藏；
4—岩性上倾尖灭油气藏；5—断背斜（或断块）油气藏；6—岩性上倾尖灭油气藏；7—古潜山油气藏；
8—透镜体岩性油气藏；9—地层超覆油气藏；10—逆牵引背斜油气藏；11—断层—岩性油气藏

陡坡带是渤海湾盆地发育的一种重要的构造带，上接凸起，下临洼陷。古近系沿陡坡带发育众多的冲积扇、扇三角洲沉积体系，为油气运聚创造了有利条件。由于主断裂长期持续活动，在断层内侧形成了多个大型滚动背斜圈闭；主断裂的分阶形成了多级断块圈闭等。该构造带可进一步细分为内带和外带。内带以大型滚动背斜圈闭为主，由于扇三角洲储集层发育，可形成大型油气藏；外带主要发育有各种类型冲积扇形成的砂砾岩体岩性圈闭、断块圈闭与披覆背斜圈闭，局部还有火成岩圈闭，可形成中型油气藏。

洼陷带是渤海湾盆地普遍发育的负向构造带，该带一般是盆地的沉积中心，多为深湖相沉积区，也是盆地的油源中心；与之相邻的缓坡带、中央隆起带的三角洲和扇三角洲前缘砂岩体垮塌沉积，可在洼陷区域形成浊积砂岩体，并形成众多岩性相对较细的砂岩油气藏，油藏规模与洼陷及砂岩体大小有直接关系。大洼陷大砂岩体可形成大油气藏，小洼陷小砂岩体形成小型油气藏。

缓坡带外接凸起，内临洼陷，地层现今坡度小（0°~30°），构造变动持续缓慢，地层超覆不整合发育，有利于油气侧向运移。由于构造带宽，从洼陷向凸起方向可进一步划分出内带、中带、外带。外带紧临凸起，发育众多大型缓坡冲积扇，同时存在多个地层不整合和地层尖灭带，是形成大中型地层、岩性油气藏的主要地区。中带为缓坡主体，断层较发育，是河流相最发育地区，断层与河流相砂岩体配合，多形成中小型岩性断块油气藏，以及中小型断块潜山油气藏。内带为沉降中心，近临凹陷沉积，盆倾断层较发育，而且断层对沉积具有一定的控制作用，该地区扇三角洲、低位扇体等发育，是寻找中等规模岩性—构造复合油气藏的有利场所。

由于受燕山、喜马拉雅等多期构造运动及郯庐断裂作用的影响，渤海湾盆地发育了多个低凸起式构造带。该类构造具明显的双层结构，下部为古生界或（和）前震旦系残丘潜山，上部为古近系—新近系披覆背斜构造。圈闭类型以大型潜山披覆背斜为主，翼部还发育有不同种类的地层圈闭。构造两面临洼，油气资源丰富。低凸起持续缓慢抬升，其边界断层长期活动，成为油气运移的有利通道。该类构造面积大（一般为几十至几百平方千米），埋藏深度中等，储集层物性较好，有利于形成亿吨级大油田，成为渤海湾盆地最有利的油气聚集带。

3. 北海盆地

北海盆地位于西北欧大不列颠岛与斯堪的纳维亚半岛之间，也是闻名世界的裂谷盆地。该盆地北至北纬62°，西北以设得兰群岛为界，南至多佛尔海峡，面积约$57.5\times10^4 km^2$。1959年继荷兰发现格罗宁根大气田后，揭开了北海大规模勘探开发的序幕，先后发现了中区古近系、新近系砂岩的福蒂斯大油田、弗立格大气田以及奥克等二叠系油田，成为世界上最重要的海上产油气区之一。仅在1965—1975年间，就发现了34个油田、19个气田（图7-27），北海盆地北部基底为加里东褶皱，南部是海西褶皱，泥盆系至石炭系为磨拉石—海相碎屑岩、碳酸盐岩建造，晚石炭世海西运动结束了挤压环境。二叠纪，盆地开始形成，由于深部地幔物质的隆起，在张性应力条件下，形成了一系列张性断裂，主要走向为北西—南东向，部分近南北向，将盆地分割成隆起区和断陷盆地。根据区域构造发育特征，北海盆地可分为若干次一级构造单元：南北海盆地和北北海盆地。南北海盆地包括英吉利、西北德意志和西荷兰三个次级坳陷和特塞尔隆起；北北海盆地包括维京地堑、中央地堑、默里坳陷、福思坳陷、西挪威坳陷、东设得兰台地隆起和维斯特兰隆起。

在二叠纪至三叠纪，盆地具张性性质，沉积了碎屑岩、碳酸盐岩和蒸发岩建造，三叠纪末形成诸多地垒和地堑（图7-28）。侏罗纪早期发生海侵，晚期裂谷作用进一步加强。裂谷活动高峰期是在晚侏罗世，晚白垩世裂谷作用开始衰退，拉张运动后为裂谷期后坳陷发育阶段。

北海盆地北部的侏罗系、白垩系、古近系、新近系以海相为主，烃源岩以上侏罗统海相黑色泥岩为主，在裂谷期、裂谷后期层序中均发现了油气分布。

该盆地油气分布可概述为：生油气区控制了油气分布范围，储集层特征控制了油气田的丰富程度，圈闭构造样式控制了油气藏类型。南北海盆地以产气区为主，中—上石炭统煤系地层气源岩提供了丰富的气源；二叠系赤底统发育的砂岩厚200~300m，是主要的产气层；二叠纪末张性断裂活动控制了大气田的形成与分布。主要气田有维京、西索勒、赫韦特及弗里格等。

北北海盆地产油气区主要是维京和中央地堑，主力烃源岩以上侏罗统烃源岩发育为特征，岩性为深海泥岩，下侏罗统、下白垩统和古近系页岩也有一定生油潜力，具备丰富的油源条件。中侏罗统、上侏罗统砂岩及白垩系白垩层为良好储集层，形成以侏罗系断块油气藏、白垩系背斜油藏和地层不整合油气藏为主的一系列大油气田，包括埃科菲斯克、斯塔特约德、布伦特、栋林、科莫兰特等油田，构成了北海极为富集的油气区。

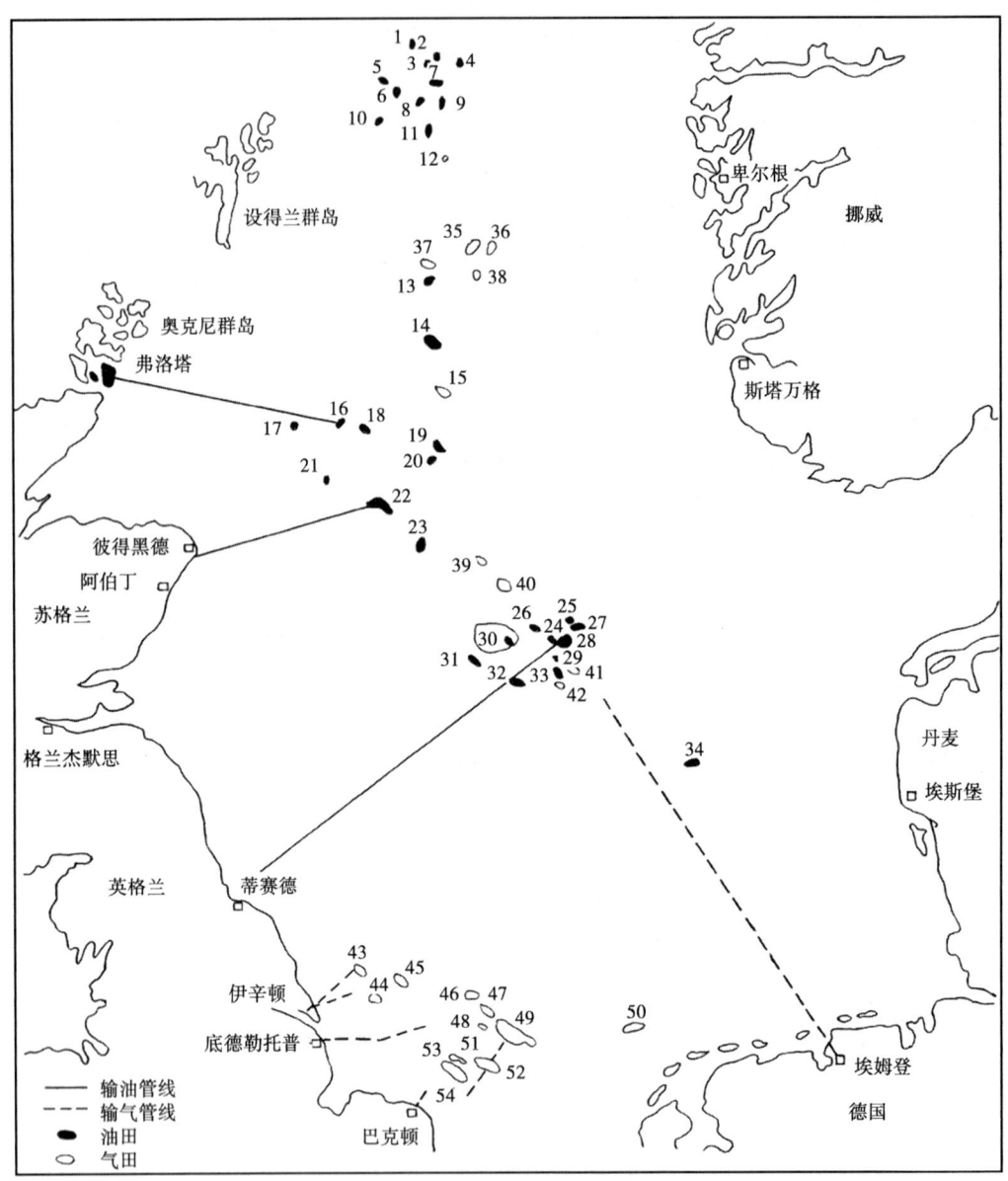

图 7-27 北海地区的油气田分布

1—马格努斯油田；2—穆尔奇松油田；3—蒂斯特油田；4—斯塔特约德油田；5—特尔油田；6—科莫兰特油田；7—栋林油田；8—胡顿油田；9—布伦特油田；10—希塞油田；11—尼尼安油田；12—阿尔温油田；13—贝里尔油田；14—克劳福油田；15—斯莱普内尔油田；16—皮佩尔油田；17—克莱莫尔油田；18—布雷油田；19—毛宁油田；20—安德鲁油田；21—巴肯油田；22—福蒂斯油田；23—蒙特罗斯油田；24—西埃科菲斯克油田；25—埃斯彭油田；26—阿尔布斯切尔油田；27—托尔油田；28—埃科菲斯克油田；29—埃达油田；30—乔斯芬油田；31—奥克油田；32—阿盖尔油田；33—埃尔德菲斯克油田；34—丹油田；35—弗里格气田；36—东弗里格气田；37—布鲁斯气田；38—黑姆达尔气田；39—洛蒙德气田；40—科德气田；41—瓦哈尔气田；42—何德气田；43—拉夫气田；44—阿梅蒂斯特气田；45—西索勒气田；46—安气田；47—维京气田；48—布罗肯岸气田；49—因德法加布气田；50—普莱希德气田；51—德波拉气田；52—勒曼气田；53—多蒂气田；54—赫韦特气田

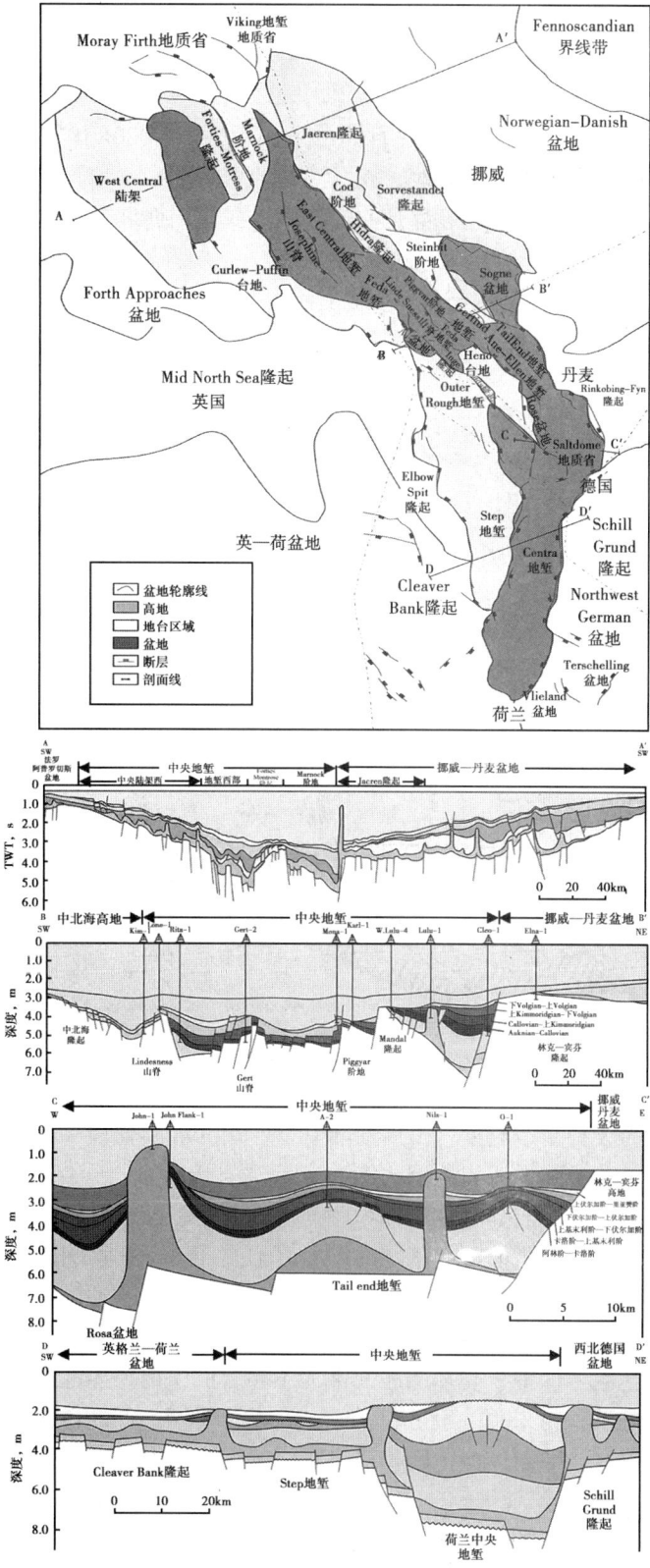

图 7-28 北海盆地及其结构剖面图

二、前陆盆地

前陆盆地是世界上油气资源最丰富的盆地类型之一，不管是储量还是产量，这类盆地都很高。世界上已在 21 个前陆盆地中发现石油可采储量大于 $7000×10^4$t 的大油气田。国外许多著名的含油气盆地，如西加拿大盆地、波斯湾盆地、落基山盆地、东委内瑞拉盆地、阿拉斯加北斜坡盆地、阿巴拉契亚盆地等都是前陆盆地。我国川西北、酒西、库车、塔西南等坳陷也都具有前陆盆地的特征，并已发现了大量油气。

（一）前陆盆地的概念和结构特征

前陆盆地是指发育在收缩造山带与相邻克拉通之间，平行于造山带呈狭长带状展布的不对称冲断挠曲盆地。

前陆盆地形成于造山带前缘与相邻克拉通之间的前陆地区，主体坐落在与克拉通相关的陆壳上，靠造山带一侧可卷入部分褶皱基底。

前陆盆地是一种典型的压性盆地，具有典型的不对称结构：毗邻造山带一侧遭受挤压构造变形强烈；向克拉通方向变形强度递减，盆地基底埋藏变浅，沉积地层厚度减薄，粒度变细，并逐渐过渡为克拉通层序。由造山带向克拉通方向，前陆盆地可依次划分为冲断褶皱带、前渊深坳陷、斜坡带、前缘隆起 4 个带（图 7-29），4 个带常发生往克拉通方向的横向迁移。所以，前陆盆地的基本结构和主要单元的位置在不同演化阶段是动态变化的，常会出现不同时期各构造单元上下错位叠置的现象。

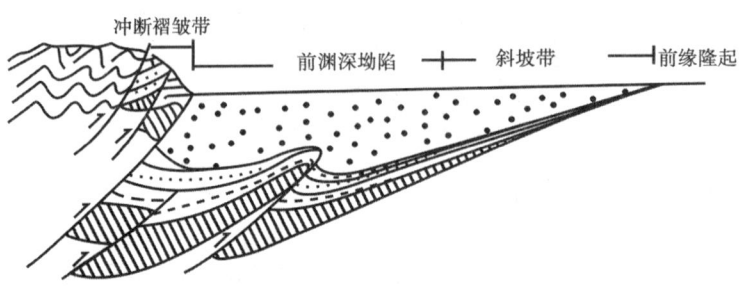

图 7-29 前陆盆地剖面结构图（据刘池洋，2002）

前陆盆地可分为 3 种基本类型：弧后前陆盆地、周缘前陆盆地和破裂前陆盆地。弧后前陆盆地位于岩浆弧之后，与大洋岩石圈的俯冲有关，与弧沟系之间保持着大致的平行关系，从而形成沟弧盆系统。周缘前陆盆地也称为碰撞前陆盆地，位于陆陆造山带的边缘，与陆陆碰撞有关。破裂前陆盆地则是前两种基本类型经基底变形和块断作用改造形成的构造凹地。随着洋壳削减之后，大陆边缘也随之潜伏，因此前陆盆地是在俯冲的大陆岩块之上形成的。

前陆盆地一般存在一套或几套由细变粗的反旋回沉积。若后期变形强烈，可显示地层旋回的不完整性。盆地的早、中、晚期层序间常为不整合面，前缘隆起和冲断褶皱带上的不整合面较发育。盆地的沉积物来源一般是单向的，在发育早期，冲断体位于海平面之下，物源主要来自克拉通方向；当冲断体向前陆推进出露海平面之上时，来自冲断体的削蚀组分则占主要位置。

（二）前陆盆地的石油地质特征与油气分布规律

典型前陆盆地具有两类烃源岩系，即被动大陆边缘型烃源岩系和前陆坳陷型烃源岩系，岩石类型主要为海相碳酸盐岩、页岩和陆相泥页岩。例如，落基山前陆盆地区内烃源岩系既有下伏广泛分布的台地相石灰岩和页岩，又有弧后前陆期的白垩系湖相地层；又如，美国的阿科马前陆盆地发育寒武系至密西西比亚系 3 套地台层序的海相页岩和碳酸盐岩烃源岩，又发育宾夕法尼亚亚系前陆盆地陆相含煤碎屑岩烃源岩系。无论是大陆边缘型烃源岩，还是前陆坳陷型烃源岩，其成熟的生油气中心总靠近深坳带一侧。在盆地发育过程中，由于受侧向挤压作用的影响，盆地沉积中心常发生向克拉通方向的横向迁移，因此烃源岩的发育范围也有向克拉通方向扩展的趋向。

典型前陆盆地的储集岩体总体上也可分为两大体系，即下部以台地相碳酸盐岩为主体的储集体系和上部以陆相碎屑岩为主体的储集体系。例如，乌拉尔前陆盆地带从泥盆纪到三叠纪共发育 5 套储集层，其沉积环境经历了由海相到陆相的变迁过程，既有大陆边缘沉积，又有造山过程的复理石磨拉石沉积。

背斜圈闭、断层圈闭和地层圈闭是前陆盆地内最普遍也是最重要的圈闭。背斜圈闭主要为一些逆冲断层相关褶皱，分布在靠近盆地冲断褶皱带一侧。断层圈闭既有裂陷阶段形成的由正断层构成的断块圈闭，也有后期受造山运动影响在逆掩冲断作用下形成的由冲断层构成的断层圈闭、早期正断层反转形成的断块或在前缘隆起轴部张扭性断裂形成的圈闭等。与逆冲断层有关的断层圈闭主要发育在受冲断作用比较强烈的山前地带；与正断层活动有关的断层圈闭，一是发育于早期的克拉通盆地内，二是发育在晚期靠近地台一侧。前陆盆地的地层圈闭主要发育在靠近地台一侧，多期构造升降会形成多个不整合面。另外，前陆盆地地层总是向克拉通方向逐渐超覆，因此，不整合是前陆盆地常见的和重要的一类圈闭。

总体上看，前陆盆地的油气藏（田）分布主要受圈闭展布特点的控制（图 7-30）。在靠近冲断褶皱带一侧或冲断带内，主要形成背斜和断层圈闭油气藏。例如，落基山山前冲断带的 Pineview 油田（该油田是冲断带内首次发现的油田，1975 年发现，它的发现引起逆掩断层勘探热）、艾伯塔盆地科迪勒拉山前冲断带内的特纳古油气田、阿巴拉契亚山前的普涅夫油田和格维兹别茨油田等都是与滑脱冲断构造及断层相关的褶皱圈闭。我国川西北前陆盆地受龙门山冲断褶皱带构造控制，形成了河湾场、中坝、孝泉等一系列以断裂褶皱为圈闭主体的油气田；酒西前陆盆地的老君庙构造带也是一个受冲断断层控制的断层褶皱带，在其中发现了老君庙、鸭儿峡等背斜油田。在靠近克拉通一侧的前缘斜坡带主要分布砂岩体上倾尖灭或地层超覆油气藏，以及与张性或张扭性断层有关的断块油气藏，如艾伯塔盆地最大的油田帕宾纳油田、阿科马盆地的麦克阿勒斯特金塔卡斯特维尔聚气带等。在前缘斜坡带也存在因基底冲断作用形成的基底卷入型厚皮构造圈闭，例如落基山盆地 Hakolo316 油田为一倒转背斜油田。在平面上，前陆盆地内的油气围绕生油气中心呈条带状分布于平行造山带的构造带上。

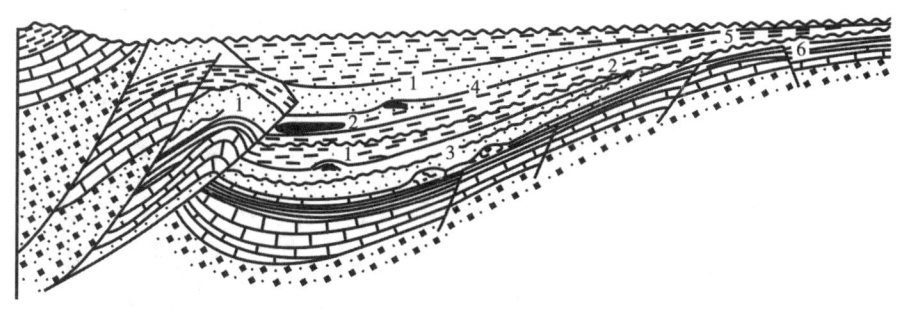

图 7-30　前陆盆地油气藏分布模式

1—挤压背斜；2—岩性；3—生物礁；4—披覆背斜；5—地层；6—断块

由于造山带活动以及冲断带不断挤压，盆地内油气藏会受构造运动而不断调整、改造和再分布，因此，前陆盆地也是油气藏遭破坏比较严重的一类盆地，例如西加拿大盆地、东委内瑞拉盆地都是世界上名列前茅的重质油和沥青砂盆地。

（三）典型实例

在阿拉伯地台与扎格罗斯（Zagros）造山带之间分布着一个广大而油气资源丰富的沉积盆地，它拥有世界最高产量的油气田，拥有世界油气储量的三分之一，这个盆地就是世界上著名的波斯湾含油气盆地。

彩图 7-31

波斯湾盆地包括伊朗西南部、伊拉克、沙特阿拉伯、科威特、卡塔尔、巴林、叙利亚、土耳其，西方人称之为中东地区，我国称之为西亚。在大地构造上，它是由阿拉伯地台东部边缘斜坡和扎格罗斯造山带西南麓的山前坳陷带（美索布达米亚山前坳陷带）组成的，盆地结构不对称，盆地轴线走向为北西—南东，大致与现今的幼发拉底河及底格里斯河谷地相符，延至波斯湾，因而这里的沉积岩系最厚，向西南部地台区域减薄，如图 7-31 及图 7-32 所示。

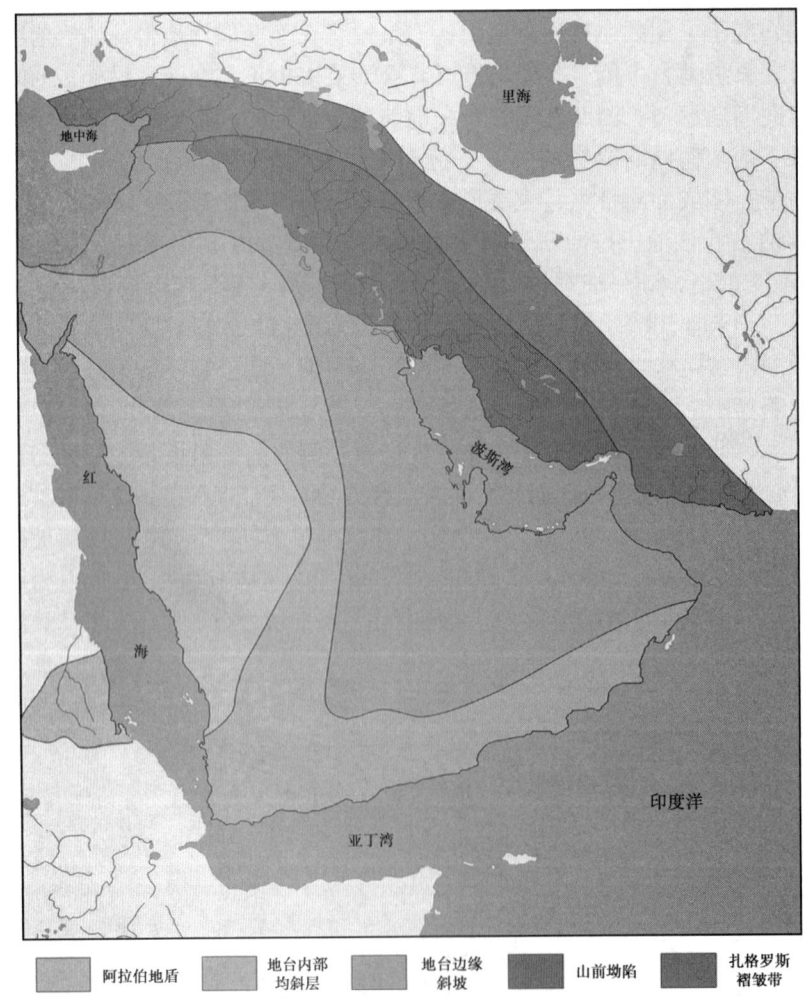

图 7-31　西亚地区大地构造图

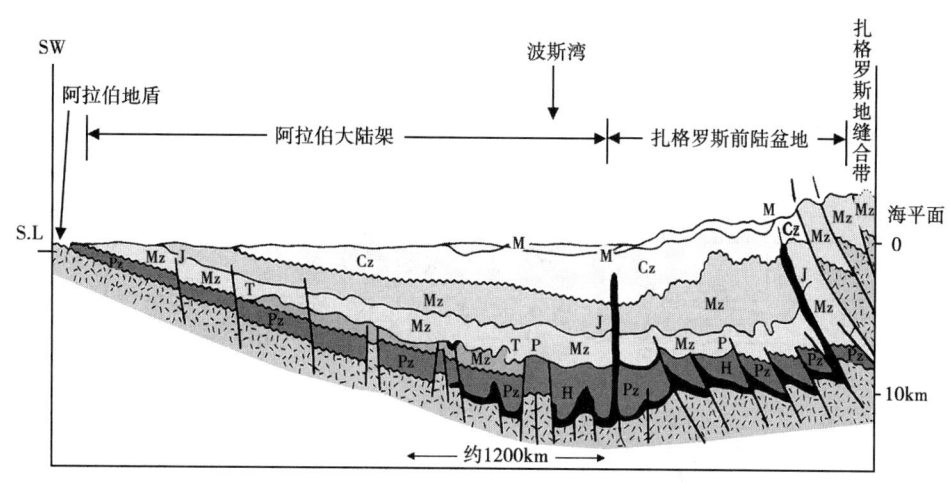

图 7-32　波斯湾盆地剖面图

扎格罗斯山脉是由阿拉伯板块与欧亚边缘的大陆块体碰撞形成的造山带。阿拉伯洋壳向北俯冲到欧亚板块之下，在晚始新世局部开始陆陆碰撞，现今这种聚敛仍在继续。这种碰撞的结果是在扎格罗斯地缝合线西南的阿拉伯陆架上形成前陆盆地。持续的聚敛导致盆地区域变形，形成向西南逆冲的逆断层和大型箱状背斜，平行于扎格罗斯地缝合线分布。因此，波斯湾盆地进入前陆盆地发育阶段是从陆陆碰撞开始的，即从晚始新世开始，而在这之前的中—古生代，该地区属于阿拉伯地台的陆架边缘背景。也就是说，波斯湾前陆盆地是在大陆边缘背景上形成的。新近纪的碰撞作用改造了中—古生界的构造面貌，在其地层中留下了碰撞作用的烙印。

阿拉伯地台边缘斜坡自前寒武纪就开始下沉，直到新近纪。在这漫长的地质历史时期里，尽管曾有短暂上升，但仍以长期稳定下沉为主，环境安静，在坳陷中心形成了厚达上万米的浅海相、湖相和滨海相的泥岩、泥灰岩、石灰岩、生物礁块灰岩及各种碎屑灰岩，其中含有丰富的Ⅱ型干酪根的腐泥有机质，形成数十套烃源岩层系（图 7-33），特别是中—上侏罗统和白垩系是波斯湾盆地最重要的烃源岩层系。

盆地内的储油层系有十几套（图 7-33），多数为碳酸盐岩类，但砂岩也具备非常好的储油条件，在山前坳陷带以古近系渐新统至新近系中新统裂缝型石灰岩为主，它们的原始组构和储集层特性已被构造作用强烈改造，储集能力及产能与原始的沉积相已基本没有联系，而取决于与褶皱有关的裂缝化作用。例如，伊朗西南部的阿斯马利灰岩孔隙度平均不到 7%，但构造裂缝非常发育，出油裂缝宽度在 0.5~5cm；连通长度可达 32~100km。伊拉克北部的基尔库克和伊朗西南部的加契沙兰等油田为生物礁块灰岩储油层，礁前相的石灰岩重结晶形成蜂窝状结构，孔隙度平均在 18%~36%，渗透率高达 5~1000mD。在坳陷边缘也发现中—上白垩统孔隙裂缝型碳酸盐岩储油层。例如，伊拉克北部的基尔库克及阿因扎拉等油田的中白垩统石灰岩及白云石化石灰岩孔隙度较高，而纵横交错的裂缝更大大加强了孔隙的连通性。向地台区，伊拉克南部、科威特以下白垩统孔隙砂岩为主。再往东南至沙特阿拉伯、巴林、卡塔尔则变为以上侏罗统碳酸盐岩为主要储集层。这些地台边缘斜坡的砂岩储集层和碳酸盐岩储集层都以孔隙储油为主。

盖层条件好也是该盆地的重要特征。在山前坳陷带的石灰岩之上覆盖着中新统下法尔斯

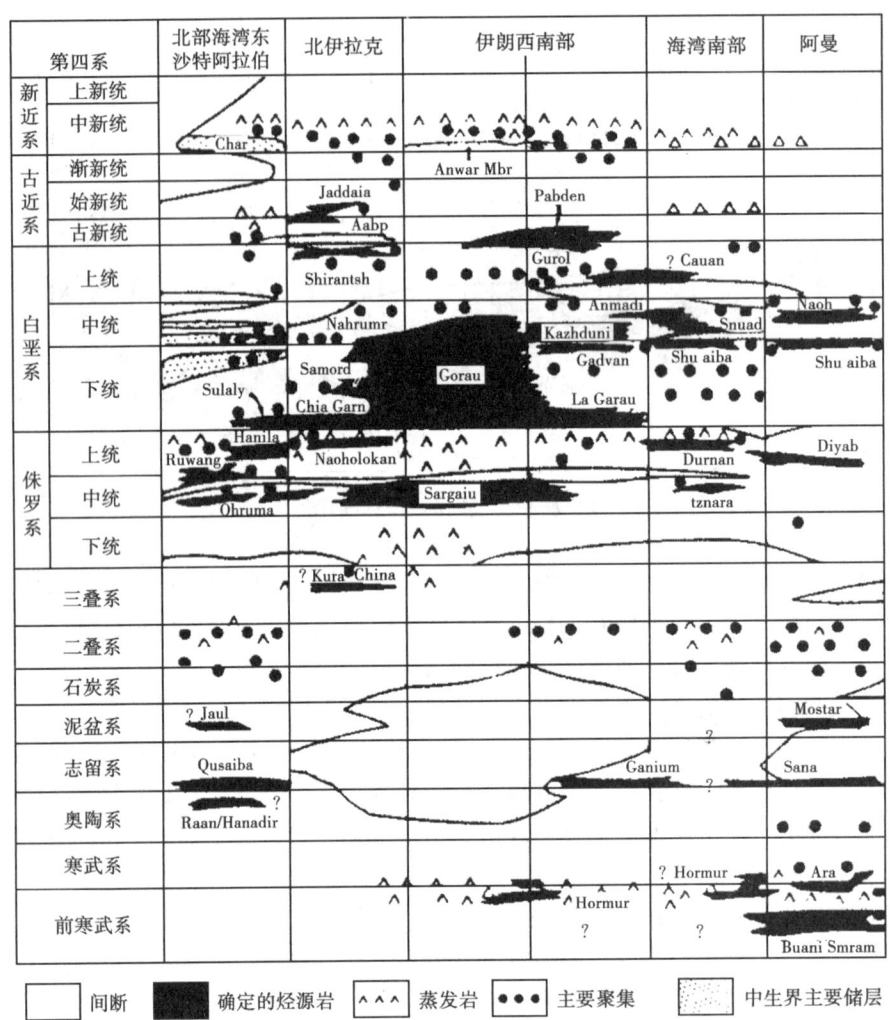

图 7-33 波斯湾盆地主要生储盖层系

层,由极厚的致密岩盐、无水石膏、泥灰岩及石灰岩构成,形成厚达 200~1500m 的区域性盖层。在地台边缘区,也有几十米厚的硬石膏层和泥岩层作盖层。

在盆地不同的地带和层位,上述生储盖组合不同。伊朗西南部的渐新统至中新统阿斯马利灰岩本身既是烃源岩也是储油层,为自生自储式组合;伊拉克北部则常见侧变式组合,如阿因扎拉油田是中—下白垩统放射虫泥灰岩和泥岩生成的油气经侧向运移进入到中白垩统石灰岩储集层中的;在阿拉伯地台边缘,上侏罗统阿拉伯层储油石灰岩与其下伏的祖巴依层烃源岩则呈旋回式组合。

扎格罗斯造山作用对盆地油气的分布有重要控制作用。碰撞造山过程形成了巨厚的沉积,同时改造了造山前地层中的构造。碰撞挤压作用不仅形成成带分布的背斜带,也导致石灰岩储集层形成丰富的裂缝,并因此影响着油气的运移方向。垂向运移提供了山前坳陷古近—新近系储集层的油气来源。

波斯湾盆地油气田分布见图 7-34。该盆地的基本特征是:在地台边缘斜坡带紧靠波斯湾的哈沙构造阶地区域内发现了许多大油田。它们都是面积巨大的穹隆和短轴背斜,走向近南北，倾角平缓，很少超过 6°~7°，隆起高度 300~700m，局部为断层所破坏。沙特阿拉伯和科威特的最大油田都属于这些隆起带，如沙特阿拉伯的安纳拉含油构造带（加瓦尔大背斜油田就是由该构造带的哈拉德、候依亚、依特马尼亚、谢德吉姆及阿英达尔等高点组成的长垣）、阿布卡依克卡替夫含油构造带。这些隆起构造可能与基底断裂和盐隆有关。伊拉克南部的佐别尔、拉塔维及鲁麦拉，科威特的布尔干、玛格瓦、阿赫玛吉、乌姆古捷尔及拉乌德哈坦，卡塔尔的达克汉，巴林的巴林等油田也都是地台型背斜构造，世界大气田——北方气田也位于这一地区。山前坳陷带的油气田为狭长背斜构造油气田，两翼不对称，有时甚至向盆地中心倒转并发生断裂。例如，伊朗西南部构造群和伊拉克北部构造群都是这种类型，前者包括拉里、麦斯日德依苏莱曼及古依阿斯马利背斜带，纳弗特沙飞、哈弗特克尔及马马登背斜带，阿华茨、阿瓜查立、帕查农、古依台拉背斜带；后者由山系向盆地中心包括 4 个背斜构造带，第一带是阿因扎拉、布特马及切姆切马尔背斜油气田，第二带是基尔库克及柯尔莫尔背斜油气田，第三带是摩苏尔、巴依加山及章布尔背斜，第四带是卡依阿拉、纳弗特哈涅油田。

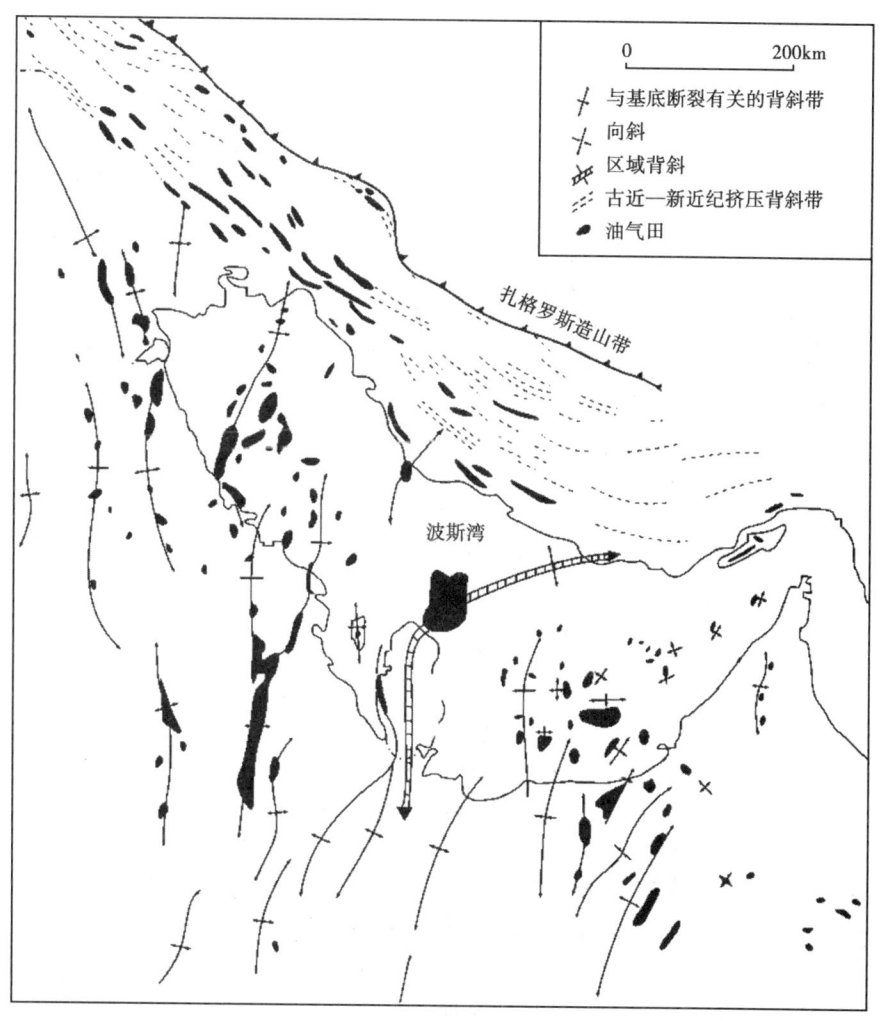

图 7-34　波斯湾地区的主要构造和油气田分布

总之，波斯湾盆地是新近纪前陆盆地叠加在中—古生代克拉通边缘盆地上的叠合型盆地，油源极其丰富，储集层条件好，厚层致密盖层区域分布，储油构造巨大且数量多。正是这些有利条件同时具备，才形成了油气资源极为丰富、无与伦比的巨大含油气盆地。

三、走滑盆地

走滑盆地是指沿着大型走滑构造带分布、由走滑作用形成的盆地。沿美国南加利福尼亚州的圣安德烈亚斯大断裂附近的沉积盆地多数含有丰富的油气资源，如 Los Angeles 盆地（Harding，1974）、San Joaquin 盆地（Harding，1974）、Ridge 盆地（Crowll，1974）等。同样，沿中国东部的郯庐断裂带发育的潍北盆地、胶莱盆地以及沿阿尔金断裂带发育的索尔库里盆地均为富油气盆地。

（一）走滑盆地基本特征

走滑盆地平行于走滑断裂系，呈拉长状，盆地深而相对狭窄（宽度小于 50km）。由于在盆地两侧的垂向运动的不均一性，横剖面常显示出不对称的特征。如 Ridge 盆地一侧为相对简单的下降边缘；另一侧则相对复杂，为不整合、仰冲断层和倾向滑动断裂的组合（图7-35）。

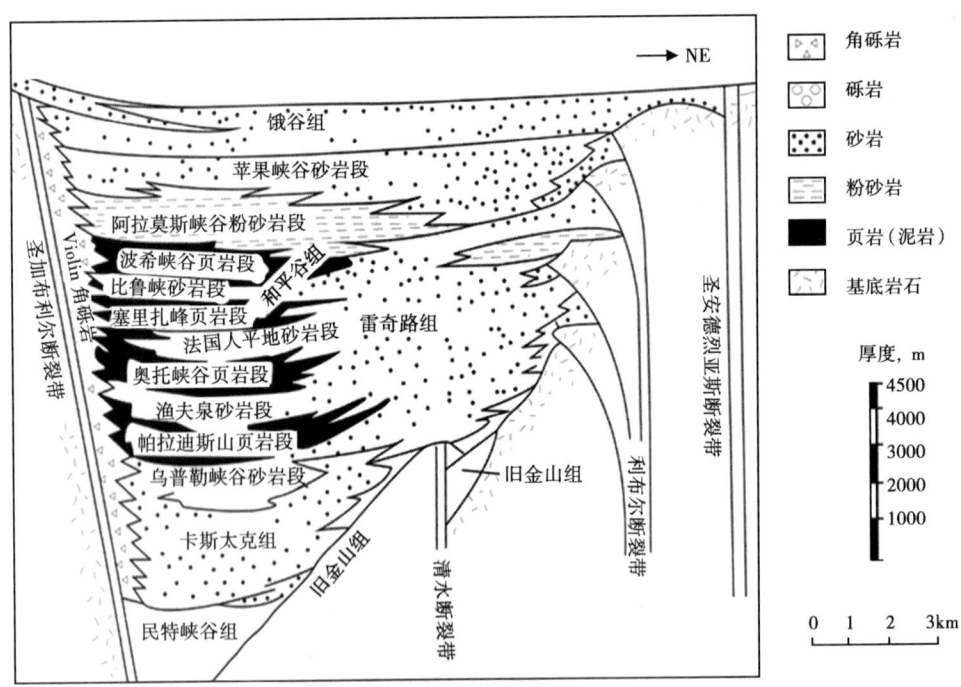

图 7-35 Ridge 盆地构造—沉积综合横剖面图（据 Croweell 和 Link，1982；转引自何明喜等，1992）

Nilsen 和 Sylvester（1995）根据走滑盆地边界断层的几何学和运动学特征将走滑盆地分为 6 类：走滑断弯盆地（fault-bend basin）、走滑叠接带盆地（stepover basin）、走滑旋转盆地（transrotational basin）、斜压盆地（transpressional basin）、多成因盆地（polygenetic basin）、多期盆地（polyhistorical basin）。从盆地名称上不难理解盆地与走滑断层（带）的关系，其中前 4 种盆地直接与走滑作用有关，后 2 种间接与走滑作用有关。

走滑断层的位移一般或多或少带有一定的正断层或逆断层分量，同时，走滑断层的位移可以转换为其他方向断层的伸展位移或收缩位移，这是走滑盆地形成的主要原因之一。从力学性质和盆地动力学上考虑，将走滑盆地分为斜张走滑盆地、斜压走滑盆地和走滑旋转盆地三大类（刘和甫，1999）。斜张走滑盆地（transtensional basin）一词，也被译为扭张盆地或横张盆地，是在走滑断层作用产生的局部伸展环境下形成的盆地，也常称为走滑—拉分盆地。斜张走滑盆地主要有3种类型：矩形拉分盆地、楔形逃逸盆地、弯曲伸展盆地。斜压走滑盆地（transpressional basin）也译为横压盆地或扭压盆地，是在走滑构造带的局部挤压环境中由走滑作用形成的沉积盆地。走滑旋转盆地是沿走滑断层发生断块旋转，这时在断块之间产生空隙所形成的盆地，也可以产生叠覆，就形成冲叠隆起，因此具有走滑伸展和走滑挤压共生的复杂性。

走滑盆地小而复杂，沉积相在纵向和横向上均不对称，沿主断裂沉积有一些以碎屑堆、滑坡以及小规模的陡倾性碎屑流为主的冲积扇等形式的粗粒沉积角砾岩。盆地的其他边缘沉积有以河流为主的冲积扇，也有辫状河、曲流河、扇三角洲及三角洲沉积。盆地内侧向相变快速，以至于边缘角砾岩侧向可快速进入湖相泥岩（王成善，2003）。

走滑盆地幕式快速沉降，沉积时间短，沉积速率极快，可达到1000m/Ma（Reading，1982）；常发育多沉积中心。沉积中心系列、沉积中心、沉积相或相带沿走滑断裂发生侧向迁移，造成沉积体系的侧向叠置，盆地内的沉积厚度大于盆地的深度（图7-36）。Ridge盆地物源区位于盆地长轴一侧，盆地充填方向与走滑断裂呈高角度相交；随着走滑断裂的右旋走滑运动，沿走滑断裂的走向盆地内沉积体系发生侧向叠置；远离物源区，沉积体系的时代逐渐变老。

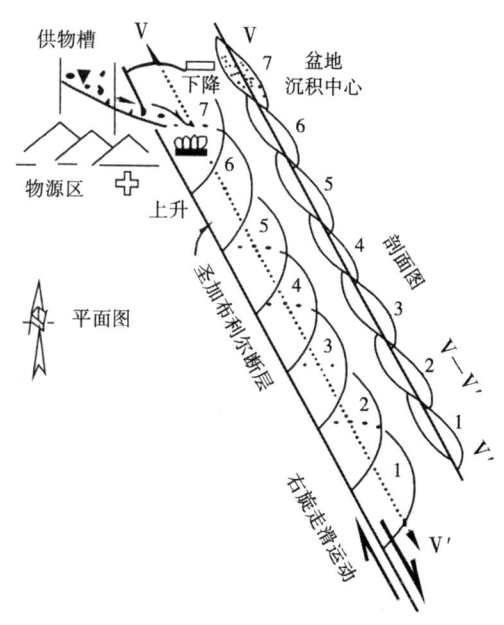

图7-36 Ridge盆地充填和沉积中心转移模式
（据Nilsen等，1985）

（二）走滑盆地的石油地质特征与油气分布规律

走滑盆地油气资源十分丰富。走滑盆地主要受控于走滑断裂，它不仅为油气的聚集、储集创造了良好的空间条件，而且为油气的生成、运移提供了驱动力。活动期的走滑断层面本身常常成为油气运移的通道，它把生油区、储油相带和各式各样的构造圈闭串通起来，形成最有利的油气富集带。走滑—拉分盆地具有较高的沉降速率，有时可造成欠补偿、还原的沉积环境，但盆地规模一般相对较小。而在欠补偿、还原条件下可以聚集厚的富含有机质的沉积，形成集中的烃源岩。走滑—拉分盆地地壳减薄，火山活动发育，具有高热流值和高地温梯度，有利于有机质的成熟和生烃。泥页岩、蒸发岩可提供良好盖层。盆地岩相的变化迅速，造成岩性圈闭条件，晚期构造反转作用可形成圈闭构造。走滑—拉分盆地如能被裂陷期后的坳陷盆地埋藏，则可为油气提供有力的保存条件。走滑—拉分作用也会造成一些不利因素。规模小和过于快速堆积的盆地可能造成不成熟、不连续、分选差的碎屑充填，生烃层薄，储集层差，热流密度过高，构造完整性受到破坏，圈闭小而复杂。有些走滑—拉分盆地发育时间太短，使盆地反转隆起，对油气成藏不利。因此，走滑盆地的含油气潜能可能差别很大。

综合国内外走滑盆地的勘探成果和研究成果，决定走滑—拉分盆地油气富集的主要石油地质条件有（姚超，2004）：

（1）烃源岩的破裂程度是其成功排烃和油气聚集的重要控制因素。因邻近走滑断层分布的生烃坳陷中的烃源岩一般均具有相当程度的破裂，从而有利于排烃和油气富集成藏。

（2）走滑—拉分盆地含油气性的关键因素是：烃源岩在走滑拉张阶段的最大埋深、油气生成/运移和走滑拉张/走滑挤压的相对时间、构造变形的强度和背斜圈闭的保存状态。一般而言，在走滑拉张阶段，烃源岩达到成熟和大规模生排烃，走滑变形的同时或其后油气大规模运移到变形程度较弱、封盖层较厚的圈闭中，对油气的富集最为有利。

（3）走滑—拉分盆地中往往由于变形微弱缺乏完整的背斜圈闭，而走滑挤压作用在一定程度上加大了原有构造的幅度，并增加了正花状构造和逆冲高断块等新的圈闭类型。

（4）走滑挤压构造一般为面积小而幅度较大的高陡构造，因而更具备形成小而肥油气田的构造条件。

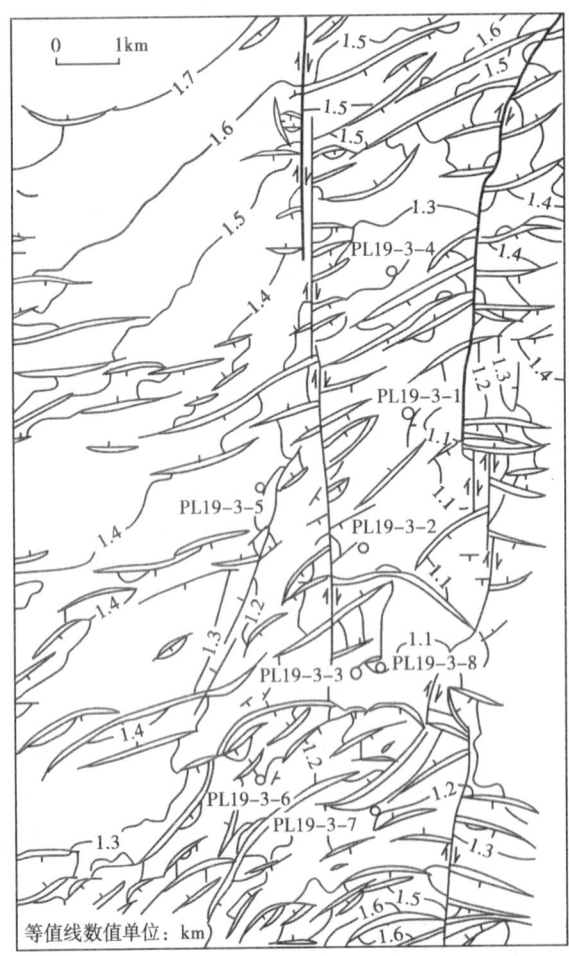

图 7-37 渤中坳陷渤南凸起蓬莱 19-3 油田馆陶组顶部构造图（据郭太现等，2001）

总结美国南部加利福尼亚州圣安德烈亚斯大断裂附近的油气盆地，如 Los Angeles 盆地（Harding，1974）、San Joaquin 盆地（Harding，1974）、Ridge 盆地等（Crowell，1974），以及中国东部与走滑断裂相关的油气盆地的油气藏类型，可将走滑盆地油气藏类型分为以下几类（李晓清，2003）：

（1）背斜油气藏。该类油气藏的圈闭多属于与走滑作用伴生的雁列褶皱，平面上呈斜列式排列。当走滑规模小时，油气藏多发育在走滑断层之上或附近；当走滑作用规模较大时，油气藏多平行于主位移带。

（2）背斜背景下的复杂断块油气藏。蓬莱 19-3 油田是个典型实例。蓬莱 19-3 构造属于在渤南凸起带背景上发育起来的被断层复杂化的断块油气藏（图 7-37）。油田范围内发育两组与构造走向平行的主控走滑断层（郭太现等，2001），两组主控断层内的派生断层多达 60 余条，均为呈羽状分布的正断层。主断层和派生断层将整个构造切割成若干个断块，油田主体位于整个构造高部位的断块中。

（3）断层遮挡油气藏。该类油气藏

在走滑盆地中最常见，油气分布在走滑断层之间，走滑断层由于侧向滑移而成为良好的遮挡层。如 Los Angeles 盆地 Whittier 油田，油层分布在 Whittier 断层带的两侧。

（4）岩性油气藏和地层油气藏。该类油气藏在走滑盆地中也很常见，包括河道砂岩体上倾尖灭油气藏、沿主断裂下盘发育的扇体或浊积体油气藏，以及走滑盆地抬升剥蚀而形成的削截与不整合油气藏。

（5）主走滑断层带下盘潜伏构造油气藏。在走滑断层发生挤压作用时，一方面造成地层褶皱冲断变形，另一方面也能在断层下盘形成潜伏型油气藏。

此外，在中国东部常常发育与走滑盆地相邻的隆起带相关油气藏，如古潜山油气藏、披覆油气藏等。

（三）典型实例

1. 洛杉矶盆地

在北美大陆的西部圣安德烈亚斯断裂附近和加勒比海地区的大安德烈亚斯岛弧北缘发育一系列走滑盆地，包括圣华金盆地、洛杉矶盆地、沙顿盆地、波多黎各盆地和牙买加盆地。其中洛杉矶盆地是世界上油气丰度最高的"小而肥"的盆地。

洛杉矶盆地位于两条大型活动断裂系统的交会处，即北西向右旋圣安德烈亚斯走滑断裂和东西向左旋走滑断裂的交会处（图 7-38）。从大地构造位置和变形特征上看，洛杉矶盆地属于典型的走滑—拉分盆地。洛杉矶盆地主要受北西向转换断裂体系控制，盆地北界为近东西向断裂带，内部有北西向右旋张扭性断裂，这两组断裂将洛杉矶盆地切割成 5 个次级构造单元，即北部斜坡带、东北小洼陷带、中部洼陷带和两个断块带（李国玉，2005）。

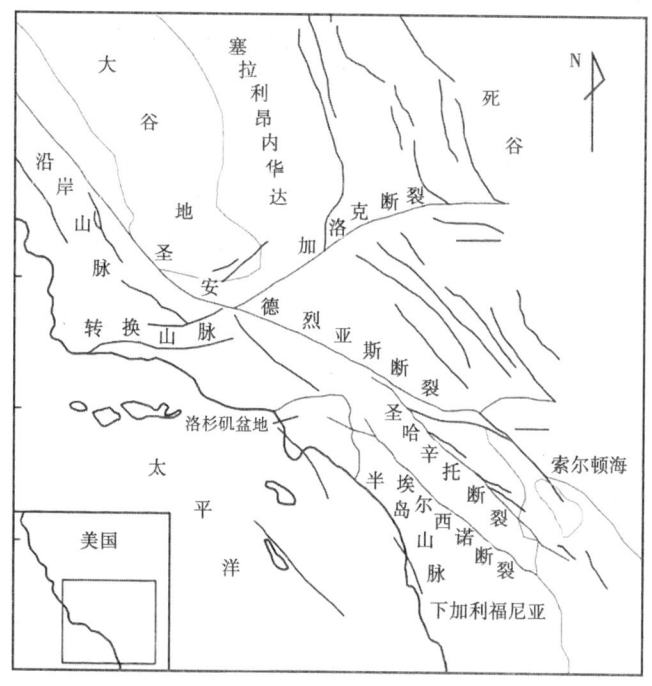

图 7-38 洛杉矶盆地地理位置（据 Komatitsch 等，2004）

洛杉矶盆地的基底在圣莫尼卡山区出露，由圣莫尼卡板岩和侵入白垩系的地层组成；在该盆地中部，基底主要由花岗闪长岩和黑云母—石英闪长岩复合而成，其上沉积了上白垩统到更新统，在盆地中心的最大厚度达9400m。

盆地主要烃源岩为始新统、中新统和上新统页岩。在盆地东南部和最东部分布有上白垩统海相碎屑岩、古新统—下始新统海相和非海相层系、上始新统—下中新统的红层以及下中新统海相地层，这些地层是洛杉矶盆地形成前的沉积地层的残余。在盆地内大部分区域分布的主成盆期沉积物是海相富含有机质的中新统页岩、块状砂岩和砾岩，与分布较广的火山岩等混杂在一起。这些较老地层是海相的，含有机质，具有储油潜能。

洛杉矶盆地为典型的自生自储型盆地，其烃源岩和储集层基本一致。上中新统和下上新统为重要的含油层，最大厚度分别为3300m和1500m，为半深海—深海相沉积，由砂岩和页岩组成，含大量硅藻、放射虫及有孔虫等，平均有机碳含量为3.12%。在晚中新世—早上新世，盆地迅速沉降，有机质很快被埋藏并转化为油气，成为良好的烃源层和储油层。

目前洛杉矶盆地已发现50多个油田，其中10多个主要油田多属储集层厚、物性好的油田。如威明顿油田下上新统和上中新统总厚1000~1200m，有8个储集层段，每段厚度达60~370m，砂岩占20%~70%，砂岩单层厚度1~10m，砂岩总厚度550m，孔隙度范围为20%~40%，渗透率范围为150~1000mD（朱伟林，2016）。

在中—更新世，强烈的构造作用形成了大部分的储油构造。洛杉矶盆地的圈闭类型主要为构造圈闭和地层圈闭，其中构造圈闭有背斜圈闭和断背斜圈闭。大多数古近纪形成的背斜圈闭均有石油发现。油田多与断块活动的同沉积背斜有关，多被北西向断层所切割，形成断层圈闭。

洛杉矶盆地的烃源岩成熟和排烃开始于早上新世或者更早。基于沥青成熟度分析，盆地较深部的上中新统砂岩是油气初次聚集区，油气由深部向较浅储集层再次发生垂直运移形成目前发现的油田，特别是威明顿油田。洛杉矶盆地比较年轻，中中新世储油层系沉积后至中更新世前，盆地未曾发生大规模隆起和剥蚀作用，晚上新世至现在的快速碎屑沉积中有很厚的泥质页岩，形成良好的盖层。中更新世强烈的构造运动，除惠梯尔断块和北部斜坡靠近盆地边缘一带受到影响外，盆地大部分地区被泥岩所覆盖，油气保存条件好。

洛杉矶盆地面积虽仅有3760km^2，但它是美国重要的含油气盆地之一。盆地总的石油地质储量达45.35×10^{8}t，可采储量约为12.9×10^{8}t。该盆地不仅是美国油气产储量最丰富的盆地，也是目前世界上单位面积油气资源最丰富的产油盆地之一。

威明顿油田是该盆地内一个典型大油田（图7-39），位于英哥坞断块东南，为北西—南东向的不对称背斜。背斜北翼地层倾角最大为20°，南翼最大约60°。背斜构造被一系列的横切正断层所切割。

在侏罗系基底杂岩上沉积了1830~3050m厚的中新统、上新统、更新统的砂、页岩互层，油层集中分布在上—中中新统及下上新统的细、中、粗粒砂岩层中。自下而上共分为7个油层组，厚度从60~370m不等，砂岩占20%~70%。在构造顶部从西向东厚度变化不大。除中部一个油层组外，其余各个油层组的生产层厚度和分布范围向外都趋向于变薄变小，有的甚至变成非生产层。各油层组的砂层都是由胶结程度不等的砂或粉砂组成，砂岩的孔隙度和渗透率平均为20%~40%和150~1000mD，但随埋藏深度增加而变低。

威明顿油田东西长17.7km，南北宽4.8km，分东西两区。西区发现于1932年，面积为26.4km^2，1936年12月投入开发，1951年产油量达到高峰，以后迅速下降。东区发现于1954年，面积为33.6km^2，大部分在海上（其中陆上7.3km^2，海上26.3km^2），1965年投入开发。威明顿油田是加利福尼亚州最大油气田，地质储量为11.8×10^{8}t，目前已处于开发后期。

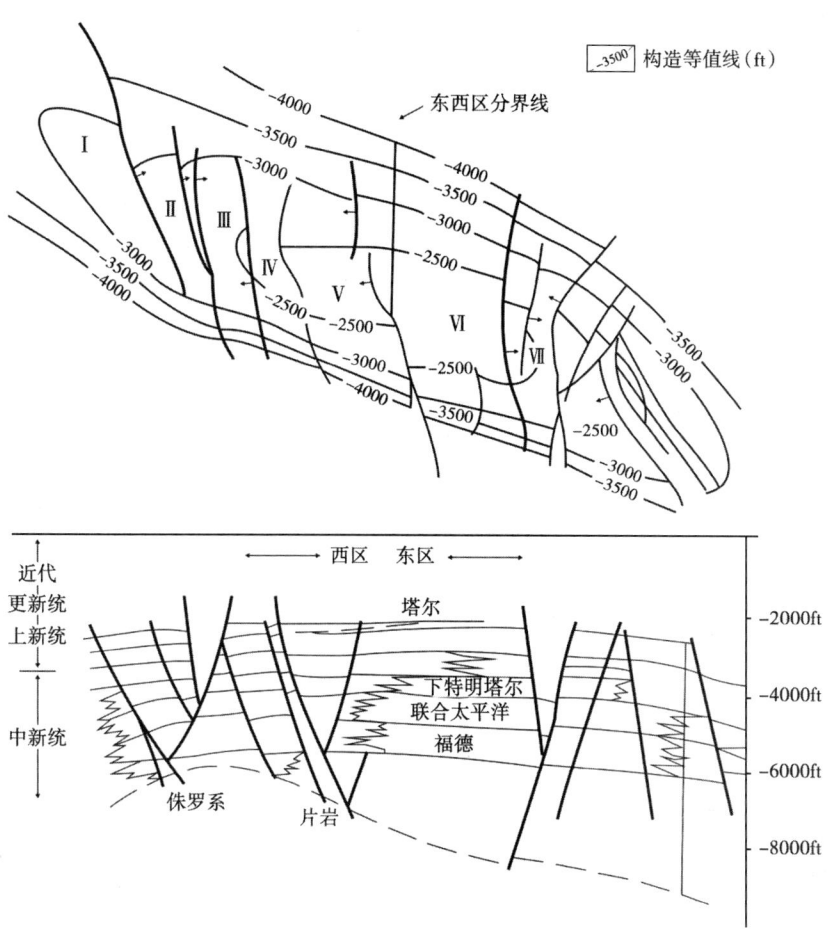

图 7-39 威明顿油田构造图和剖面图

2. 伊通地堑

伊通地堑位于吉林省东部，构造上位于郯庐断裂带的北端、佳伊地堑南段，呈北东 $45°\sim55°$ 方向狭长展布。地堑南北长 160km，东西宽 $10\sim20$km，面积约 2200km^2，地貌上为明显的负地形，海拔 $180\sim240$m，有东高西低趋势（图 7-40）。

伊通地堑是在始新世走滑—拉分应力场作用下发育起来的走滑—拉分盆地，主要受近南北走向的高角度边界断裂控制，东界断层断距为 $2000\sim4000$m，倾面为 $33°\sim65°$，断面呈弯曲形态。地堑内部被北西向或东西向断裂切割成 3 个二级构造单元，即岔路河断陷、鹿乡断陷和莫里青断陷。古近系是油气勘探的主要目的层，自下而上分别为始新统双阳组（E_2s）、奢岭组（E_2sh）、永吉组（E_2y）、渐新统万昌组（E_2w）、齐家组（E_2q）、中新统岔路河组（N_c），累计沉积地层厚度 $2\sim6$km。

伊通地堑物源主要来自东南缘和西北缘，盆缘物源体系发育具有明显的不对称性。奢岭组和永吉组以东南侧物源体系为主，至万昌期西北物源补给明显增强，甚至出现两个物源体系砂岩体的垂向叠置。沉积体系的空间配置明显受盆缘断裂控制，从盆缘至盆地中央，依次出现扇三角洲或近岸水下扇至湖泊沉积体系，双阳期盆地形成孤立的范围较小的深湖沉积区，奢岭期和永吉期则形成较为广泛的深湖沉积区，且不同凹陷的深湖区相互连通。万昌期

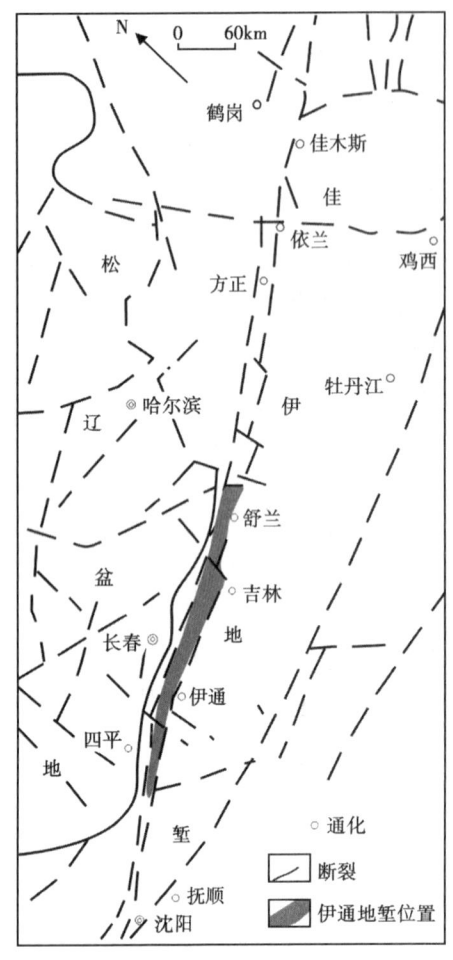

图 7-40 伊通地堑构造位置图

和齐家期又出现滨浅湖沉积区。

伊通地堑各断陷暗色泥岩主要分布于古近系双阳组、奢岭组和永吉组。双阳组有机碳含量平均为 1.34%，氯仿抽提物含量平均为 0.102%，总烃含量平均为 0.02%，在各断陷均表现为中等—好烃源岩。永吉组和奢岭组暗色泥岩在岔路河断陷显示中等—好烃源岩，在莫里青断陷、鹿乡断陷主要为较差—中等烃源岩。岔路河断陷烃源岩有机质类型以Ⅲ型为主，莫里青和鹿乡断陷以 $Ⅱ_2$ 型为主，Ⅰ、$Ⅱ_1$ 型有机质在各断陷分布均较少。

伊通地堑储集层主要为砂砾岩、中粗砂岩、中砂岩、中细砂岩、细砂岩和粉砂岩等，共发育 6 套砂岩储集层，其中双一段储集层主要为冲积扇砂砾岩，双二段储集层为全区分布的砂砾岩、砂岩，孔隙度为 10%~20%，渗透率为 1~155mD，是长春油田、莫里青油田的主要储集层；奢一段储集层以砂砾岩、含砂砾岩为主；永一段储集层为粉砂岩、中细砂岩；万一段储集层为砂砾岩、粉砂岩。

伊通地堑永吉组泥岩分布广泛，是良好的区域性盖层；双阳组泥岩在鹿乡断陷、莫里青断陷分布稳定，也是重要的盖层，故而垂向上该区具有良好的生储盖配置。

伊通地堑内圈闭类型多，断层及岩性有关的圈闭占主要地位，大型构造圈闭少，这是由伊通地堑的性质和沉积特征决定的。伊通地堑内拉张、走滑、压扭作用多次发生，形成不同性质和规模的断裂及各种类型的构造圈闭，双侧和近物源的沉积格局导致岩性岩相变化快，为大量岩性圈闭的形成创造了条件。1989 年 11 月发现的莫里青油田位于莫里青断陷东部，油田面积为 32.2km^2，含油层位为双阳组二段，地质储量 $2212×10^4$t，油藏类型为断块—岩性复合型油藏（图 7-41）。

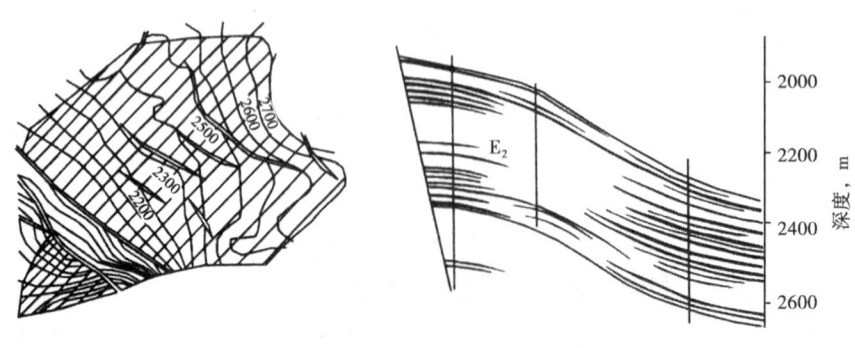

图 7-41 莫里青油田平面构造图和油藏剖面图

四、克拉通盆地

克拉通盆地在世界油气工业中具有重要的地位,其油气储量约占世界油气储量的1/4(Huff 和 Klemme,1980)。地壳上分布许多克拉通盆地,典型的克拉通盆地包括北美的伊利诺伊盆地、密歇根盆地、威利斯顿盆地,南美洲的巴拉那盆地,法国的巴黎盆地,俄罗斯的波罗的盆地、西西伯利亚盆地,澳大利亚的卡奔塔利盆地等。我国的克拉通盆地主要有鄂尔多斯盆地、塔里木盆地和四川盆地等。

(一)克拉通盆地的概念和结构特征

克拉通是指具有厚层大陆地壳的广大地区,包括稳定的、变形微弱的地盾和地台。克拉通盆地是指发育在克拉通地块之上的沉积盆地。该类盆地平面上呈圆形、椭圆形,剖面上呈碟形(图7-42)。

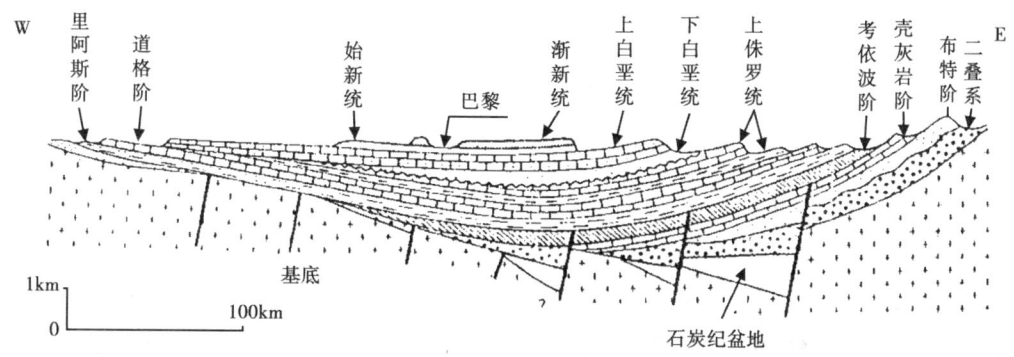

图 7-42 横穿巴黎盆地的东西向剖面(据 Perrondon 和 Zabek,1991)

克拉通盆地分为简单克拉通盆地和复合克拉通盆地。简单克拉通盆地是指位于大陆板块内部,基底为前寒武纪结晶岩,第一个构造不整合面以上的盆地,即第一个构造层的盆地。复合克拉通盆地也称为复合内陆盆地,是指基底以上第二个构造不整合面以上的盆地,即第二构造层的盆地。复合克拉通盆地底面为区域性角度不整合,底部为盆地基底或经过了强烈褶皱的盖层。这里主要讨论简单克拉通盆地。北美地台的密歇根(Michigan)盆地、伊利诺伊(Illinois)盆地、威利斯顿(Williston)盆地都是典型的简单克拉通盆地。

关于克拉通盆地的形成机制有多种假说,其主要的动力机制可归纳为3种:一是大陆岩石圈机械伸展减薄;二是发育热扰动大陆岩石圈的冷却收缩;三是大陆岩石圈板块因重力负载及水平横向挤压而弯曲。

大多数克拉通盆地的演化一般经历了早期扩张或离散到晚期的汇聚与碰撞阶段,再到最后的拉张阶段(图7-43),但并非所有的克拉通盆地都经历这完整的四阶段,而可在盆地发展过程中缺少某个阶段。

中国的克拉通盆地一般有以下3个特点:

(1)块体相对破碎,盆地规模偏小。中国古大陆在显生宙破碎程度较高,形成一批大小不同的大陆壳块体,它们与世界上著名古老克拉通相比规模偏小,其中最大的三个为华北(又称中朝)地台、扬子地台和塔里木地台,三大克拉通的总面积为$293×10^4km^2$,只有北美克拉通面积($2130×10^4km^2$)的13.4%;同时克拉通块体中有相当部分是变质岩和岩浆岩分布区,沉积岩面积明显小于所在克拉通的面积,而且往往一个克拉通上有数个沉积盆地。克

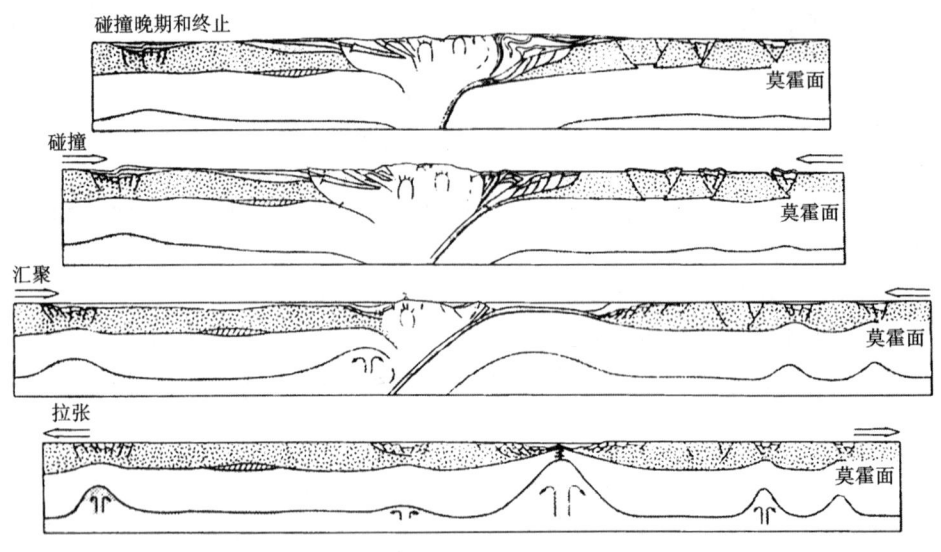

图 7-43 影响克拉通盆地演化的 4 个板块构造活动阶段
（据 Ziegler 等，1988；何登发等修改，1996）

拉通规模小，盆地规模也必然小，影响到其中有机质的总量、聚集烃类总量和保存程度，因而也决定了油气田的规模。

（2）经历了多开合旋回的叠合发育。由于各开合旋回之间甚至旋回内不同阶段之间构造格局的变化，与之相应的沉积盆地发育的位置可以不同也可以部分重叠，隆坳分布、沉积厚度和岩相分区界线的走向等可以有相当大变化，使不同时期的沉积体之间有复杂的叠合关系。

（3）新生代改造强烈。中国新生代构造格局的巨大变化主要发生在古近纪的东部大陆和陆架裂谷系，使华北和扬子克拉通的东部被切割破碎成盆地山岭地貌。

（二）克拉通盆地的石油地质特征与油气分布规律

在世界主要克拉通含油气盆地中，从寒武纪到白垩纪都有烃源岩分布，岩性主要为泥岩、页岩和碳酸盐岩等，烃源岩厚度变化较大，一般为 20~1000m。不同盆地有机质丰度差别很大，如塔里木盆地有机质丰度较低；伊利诺伊盆地、威利斯顿盆地有机质含量较高，有机质类型较好，大多为 Ⅰ、Ⅱ 型。在同一盆地不同的演化阶段，有机质的分布特征可能存在差别，如西西伯利亚盆地下侏罗统为腐殖型（$Ⅱ_2$、Ⅲ）有机质，上侏罗统主要为腐泥型有机质，侏罗系有机质含量由下而上逐渐增高；白垩系阿普第阶有机质为腐殖型，塞诺曼阶为腐泥型，尼欧克姆阶为腐泥腐殖型。在克拉通盆地多旋回发育过程中，一部分烃源岩由于多次被上覆层深埋，使其热演化程度逐渐提高，在热演化初期和后期的生气量大于生油量，过成熟阶段已形成的油藏也会被改造而成为气藏。这个过程由于多级次的隆升而中断，在后期埋深大于历史上古埋深后，可继续向高成熟方向演化，生烃和成藏都显示出多期性。

克拉通盆地中分布有丰富的储集层，在与裂谷形成有关的克拉通盆地与无裂谷的克拉通盆地之间，储集层的分布特征有所差别。一般下方无裂谷的克拉通盆地沉降速率较慢，沉积与沉降保持同步；在盆地发育期间，较快的沉降速率形成饥饿型内克拉通盆地，其四周为碳酸盐滩和三角洲边缘，快速沉降导致储集层沿盆地周缘分布，并在盆地边缘形成典型的三角洲、海岸砂岩，以及与生物礁有关的碳酸盐滩和台地。在下伏有裂谷分布的克拉通盆地，裂谷作用形成地堑和倾斜的地块，它们均分布有储集层；克拉通盆地的快速沉降期常为封盖层的沉积期，在纵向上储集层与盖层有多种匹配形式，在侧向上，储集层可相变为非渗透性岩层，形成侧向储盖组合。

克拉通盆地的油气运移有以下三个特点：

（1）辐射状运移。油气以烃源岩区为中心向外呈辐射状运移，但因输导条件的差异（如有无运移通道的存在）常在辐射状运移背景下具优势运移方向。

（2）垂向运移。在深部地压运移系统内，油气常通过盖层破裂而发生垂向运移；在浅部运移系统内，油气常沿开启性断裂垂向运移；在开启断裂的输导下，油气即可以从深部向浅部运移。

（3）长距离运移。在中、浅部油气运移系统内，油气沿运载层可发生长距离运移。平衡计算表明，大多数油田的侧向运移距离为 10~100km。

克拉通盆地的油气藏以构造圈闭和地层圈闭为主，主要分布以下 5 种类型：

（1）古潜山圈闭。基底构造横向不均一性决定了克拉通盆地的隆坳构造格局，因此与基底地貌起伏、基底顶面风化有关的油气藏类型也广为发育，在塔里木、西西伯利亚等盆地都有分布。

（2）基底隆起之上的构造圈闭。此类构造常为同沉积背斜或与基底（断裂）有关的构造，在塔里木、鄂尔多斯、威利斯顿、西西伯利亚等盆地广泛发育这类圈闭。如威利斯顿盆地典型的构造或以构造为主的圈闭都是由老断层或褶皱断层复活形成的。

（3）岩性圈闭。这是克拉通盆地内较为重要的圈闭类型之一，这类圈闭可分为沉积型和成岩型两种基本类型。岩性圈闭在塔里木、四川、威利斯顿、西西伯利亚、巴黎、伊利诺斯等盆地广泛发育，在一些盆地可能还是主要的产油气类型。

（4）背斜圈闭。如波罗的盆地、巴黎盆地、塔里木盆地等都分布着这种与基底关系不大的背斜圈闭。

（5）复合圈闭。这是克拉通盆地内最主要的圈闭类型，如伊利诺伊盆地主要油田的圈闭类型为复合型，西西伯利亚盆地中鄂毕、纳德姆—普尔南区和普尔 塔兹区的大量侏罗系油田圈闭为地层—构造型。

克拉通盆地具有长期构造发育史、长期分阶段的构造沉降史、多期海平面升降变化史及盆地充填史，形成独特的构造特征和地层、沉积特征，加之上述的油气运移特征，因而具有独特的油气分布特征。

（1）油气田发育具有分区性，主要表现为油气藏围绕生油凹陷呈环状分布，围绕优势运移方向展布，隆起带为主要油气田发育区。如西西伯利亚盆地油气主要分布在凯鲁索夫、瓦休干、帕杜金区、中鄂毕与纳德姆—普尔和普尔—塔兹市部区、近乌拉尔、弗拉罗夫区以及北部区；中部以油为主，北部以气为主。在盆地中部发育一系列巨型隆起，构造长期稳定发展，使得在隆起及斜坡带区域储盖组合发育，隆起带的背斜型、斜坡带的砂岩体上倾尖灭型、地层超覆型等油气藏发育。

（2）油气田分布具有分层性。在克拉通盆地往往发育多套产油气层，各含油气层系具有一定的相对独立性。我国鄂尔多斯盆地发育 3 个主要的含油气层系。一是下古生界含气组合。鄂尔多斯盆地下古生界为一套碳酸盐岩地层，天然气主要储集在奥陶系风化壳的溶蚀白云岩储集层中，天然气主要来源于奥陶系碳酸盐岩烃源岩，形成了靖边大气田。二是上古生界含气组合。该盆地上古生界为海陆过渡相沉积，石炭系煤系地层是主要的烃源岩，二叠系为主要储集层和产层，形成了苏里格大气田。三是中生界含油组合。三叠系延长组生油，延长组和侏罗系储油。西西伯利亚盆地从下而上发育4套区域性含油气组合：①下侏罗统至中侏罗统秋明组含油气组合；②上侏罗统含油气组合；③下白垩统含油气组合，是西西伯利亚盆地中最重要的含油气组合；④上白垩统塞诺曼阶含油气组合。

（三）典型实例

西西伯利亚盆地是世界上最重要的克拉通含油气盆地之一，是俄罗斯面积最大、油气储量最大和产量最高的含油气盆地。盆地面积达 $350\times10^4 km^2$，探明石油可采储量超过 $65\times10^8 t$，探明天然气可采储量超过 $39\times10^{12} m^3$（图7-44）。

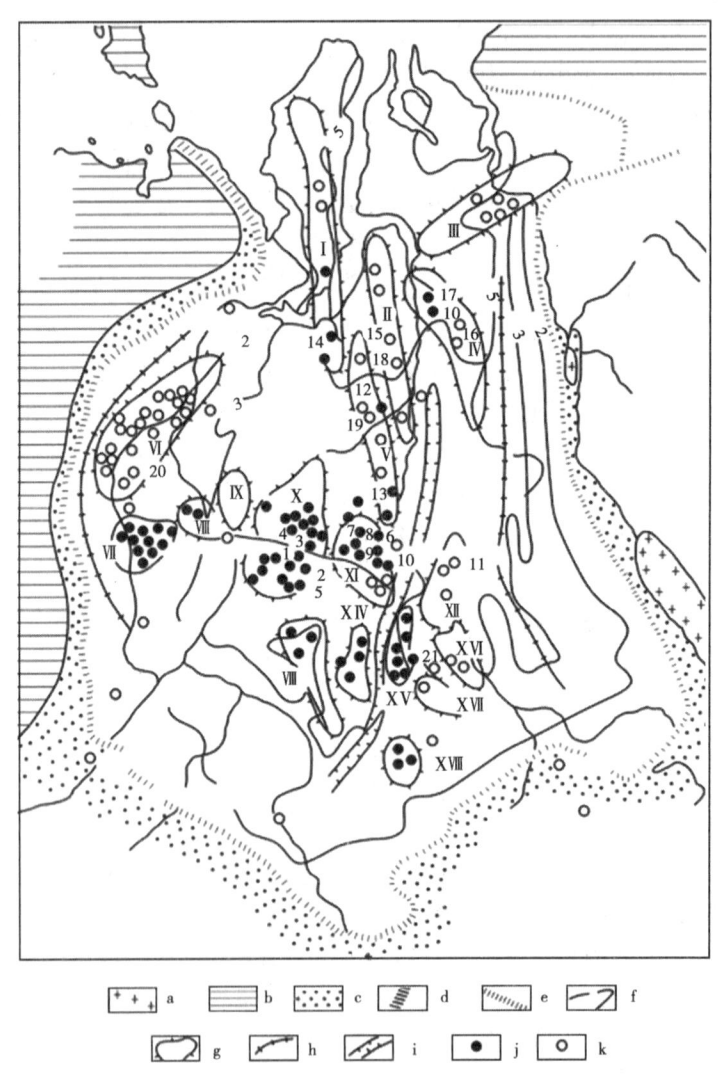

图7-44 西西伯利亚盆地略图

a—贝加尔褶皱地表露头；b—海西褶皱基底露头；c—盆地边缘带；d—盆地之间的隆起；e—盆地边界；f—基底等深线，km；g—隆起、长垣（Ⅱ—乌连戈伊；Ⅳ—塔索夫；Ⅹ—苏尔古特；Ⅺ—下瓦尔托夫油气田）；h—凹陷；i—断槽；j—油田和油气田；k—气田；1—普拉夫金；2—马蒙托夫；3—巴雷克河口；4—贝斯特林；5—南巴雷克；6—萨莫特洛夫；7—北玻库尔；8—瓦京；9—麦吉昂；10—巴尔托夫索斯林；11—奥赫屠里也夫；12—古勒金；13—瓦里也罕；14—麦德维日耶；15—乌连戈伊；16—扎玻梁；17—塔索夫；18—尤比列依；19—科姆索莫尔；20—蓬金；21—美尔晋西西伯利亚盆地是一个典型的克拉通内盆地，盆地沉积主体是中生界的海陆交互地层，分为三大旋回：第一旋回为三叠系—下白垩统，第二旋回为下白垩统—古近系始新统，第三旋回为古近系渐新统—第四系。每个大的旋回底部都沉积了以陆相为主的碎屑岩，向上随着海进过程逐渐发育滨海浅海相沉积，个别地区甚至出现过半深海—深海相沉积。

根据中生界的构造特征，西西伯利亚盆地可以划分为3个巨大的构造单元：外带、中部构造区和北部构造区。外带面积为 $150 \times 10^4 km^2$，地层的产状以向盆地倾斜的单斜为主，在区域单斜的背景上，发育若干基底隆起、大长垣等正向继承性构造，局部构造以鼻状构造为主。中部构造区面积约 $100 \times 10^4 km^2$，发育20多个隆起、大长垣等正向构造。这些构造单元的面积相当大，可达 20000~30000km²。北部构造区面积约 $100 \times 10^4 km^2$，该区的正向构造主要为长垣。西西伯利亚盆地共发育有120个长垣、800个左右的局部构造，其中的500个已经进行过勘探。这些局部构造的面积在 6~1500km² 之间，个别可达 7500km²。这些构造都是同沉积构造。

西西伯利亚盆地南部以产油为主，北部以产气为主。南部烃源岩主要为侏罗系至下白垩统凡兰吟阶的暗色沥青质泥岩，有机质类型为腐泥型，含大量球菌、藻类和放射虫化石。北部天然气有两种成因，白垩系天然气为干气，属生物成因气；侏罗系天然气为热成因气。

盆地共发现40个较重要的含油气层系，自下而上可以划分为4个含油气组合。（1）下—中侏罗统含油气组合：包含 4~6 油层，该组合在盆地中部以油藏为主，边缘带为气藏和凝析气藏。（2）上侏罗统含油气组合：以油为主，在盆地边缘有气藏及凝析气藏。（3）下白垩统含油气组合：是西西伯利亚盆地最重要的含油气组合，在盆地中部含20个油层，在南部以产油为主，北部以产气为主。（4）上白垩统含油气组合：是盆地北部主要的含气组合。

西西伯利亚盆地已发现油气田300多个，大部分是背斜油气田，非背斜油气田仅有22个。其中包括俄罗斯最大的油田——萨莫特洛尔油田和最大的气田——乌连戈伊气田。统计已发现的油气田的分布发现，油气田的分布分区性明显，在一个地区只有一个主要的含油气组合，该组合的油气储量占该区总储量的90%以上；在平面上，主要含油气组合呈环带状分布，在外带以侏罗系含油气组合为主，在中部以下白垩统含油气组合为主，在北部以上白垩统含油气组合为主。

五、叠合盆地

（一）叠合盆地的概念和基本特征

叠合盆地是指经历多期构造变革、由多个不同构造期的单型盆地经多方位叠合复合而形成、具有复杂结构的盆地。我国含油气盆地多属叠合盆地，如塔里木盆地、鄂尔多斯盆地、四川盆地、准噶尔盆地、渤海湾盆地和松辽盆地等，它们具有多层结构，在长期演化过程中经历过多次构造变革，烃源岩种类多，油气经历了多期运移、聚集乃至破坏的过程，油气藏的分布状态复杂。叠合含油气盆地不单是跨越几大构造期的数套沉积层系的垂向堆叠，也不应简单理解为发育多套烃源岩系与存在多套储盖组合。叠合盆地是在地壳的某一负向构造单元内多时代、多类型沉积盆地相对集中发育而形成的一类盆地。

叠合盆地是地壳多旋回发展的产物，至少应具备4个基本特点：（1）各时代盆地形成的动力学机制和结构明显不同；（2）发育多套烃源岩，可有多个生烃凹陷，具有多个生、排烃期和多个成藏期；（3）纵向可划分出多套储盖组合，不同层系内部的生、排烃与成藏过程变化较大，油气分布差异明显；(4) 不同生烃灶形成的油气既可独立聚集成藏，形成独立的油气系统，也可在某些层系或构造带混合，构成复合油气系统，对其中油气系统的划分、资源潜力预测与含油气丰度评价等，都不同于单源灶一期成藏简单油气系统。

综合考虑盆地发育背景、盆地性质与结构类型、盆地叠合样式等因素后，可将叠合盆地划分为3种类型（赵文智，2004）：

(1) 继承型叠合盆地。构造环境相对稳定、跨越时代较长的数套层系在统一的负向单元连续沉积，各阶段盆地的性质相同或相似，多套烃源岩平面位置吻合良好，油气的生成、运移和聚集具有连续性和递进性，油气运移分配与分布的格局基本一致。

(2) 延变型叠合盆地。跨越时代较长但有明显沉积间断的数套层系在统一的负向单元内继承性发育，但早、晚期的盆地性质与结构有变化，上下层系有利生烃灶的位置、生烃演化、油气藏调整改造过程和油气相态与分布特征都有差别，包括克拉通边缘与前陆盆地的叠合和断陷与坳陷的叠合。

(3) 改造型叠合盆地。早晚不同期盆地的控盆机制、沉降与沉积中心分布，以及生烃灶空间位置、储盖组合分布、成藏过程与油气分布等均无继承性（图7-45）。

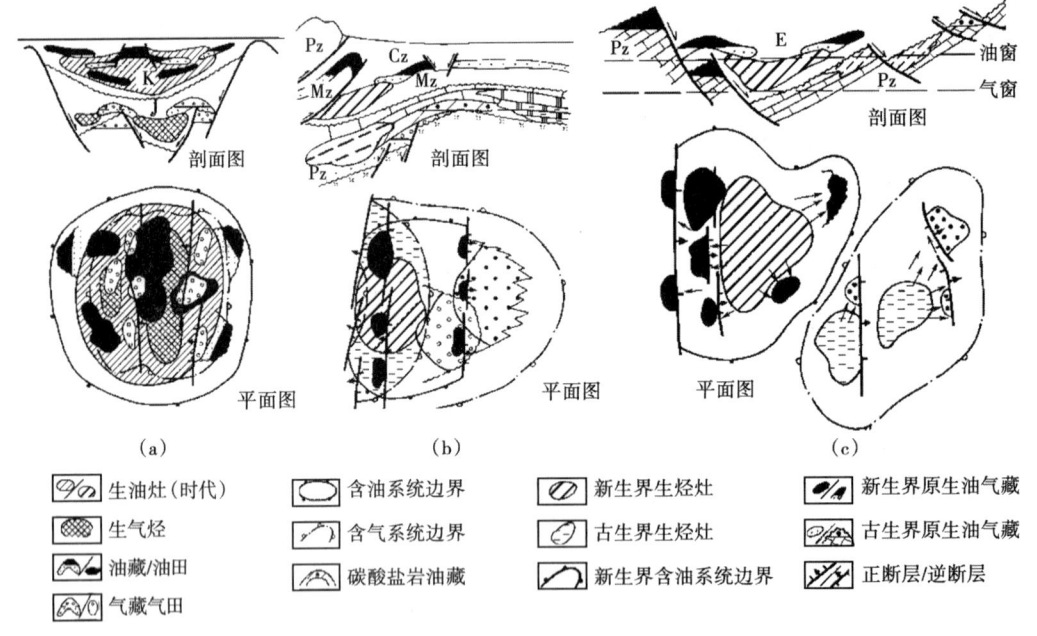

图7-45 不同类型叠合盆地油气系统分布概念图（据赵文智，2003）
(a) 延变型断—坳叠合；(b) 延变型被动陆缘—前陆叠合；(c) 改造型叠合

(二) 叠合盆地的石油地质特征与油气分布规律

叠合盆地经历了长期的发展演化过程，具有多期成盆、多期成烃和多期成藏的特征，这决定了此类盆地具有复杂的石油地质特征。

1. 石油地质特征

总结起来，叠合盆地的石油地质特征可概括为以下5个方面（庞雄奇，2002）。

(1) 构造演化历史复杂。构造演化历史复杂主要表现于沉积剖面中存在多个不整合面或沉积间断面，每个不整合面或沉积间断面代表了一次构造变动。我国西部大型沉积盆地，诸如塔里木盆地、准噶尔盆地、柴达木盆地、鄂尔多斯盆地等，均属叠合盆地，都经历了复杂的构造变动和演化历史。塔里木盆地是典型叠合盆地，经历了9次大的构造变动事件，形成6个区域性不整合面（图7-46），以区域性不整合面为界，可将盆地演化分为7个阶段。

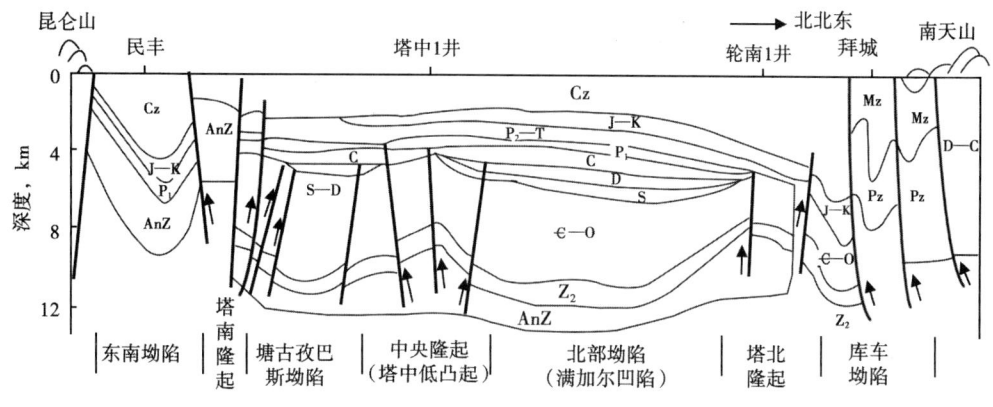

图7-46 中国典型叠合盆地（塔里木盆地）基本特征

（2）油气系统复合、叠合和混合现象普遍。叠合盆地往往形成不同母质来源的多套烃源岩和多种类型储盖组合。准噶尔盆地石炭纪—二叠纪发育了泥质烃源岩，侏罗纪发育了煤系烃源岩；塔里木盆地寒武纪—奥陶纪发育了海相碳酸盐岩烃源岩，石炭纪—二叠纪发育了海陆过渡相泥质烃源岩，三叠纪—侏罗纪发育了陆相煤系烃源岩；柴达木盆地、鄂尔多斯盆地、四川盆地等在不同的地质时期也发育了不同类型的烃源岩。这些不同层位的烃源岩和储盖组合对所在盆地的油气藏形成均有贡献，造成叠合盆地多源复合成藏、多源叠合成藏和混合成藏等复杂特征。例如塔里木盆地塔北隆起油气藏的烃源就同时来自其南侧的满加尔凹陷寒武系—奥陶系碳酸盐岩与其北侧库车坳陷三叠系—侏罗系煤系地层，两个烃源区生、排的油气都向塔北隆起运移而混合成藏。

（3）多期生排烃并多期运聚散。多期构造变动是造成叠合盆地烃类多期生、排、运、聚、散的主要原因。盆地沉降时，烃源岩埋深加大，发生烃类的生烃、排运和成藏作用；上升剥蚀时，生、排烃作用停止，已聚集的油气散失，油气藏被破坏。此外，多套烃源岩进入生烃、排烃门限和高峰期的时间不同，也为油气多期成藏创造了条件。叠合盆地经过扭压、拉张、褶皱变形和剥蚀等多种改造作用后，油气分布十分复杂，大型背斜构造或隆起可能因断裂存在或封闭条件差而无勘探意义，向斜或斜坡地带却可能因岩相变化和断裂遮挡而变得具有勘探潜力。

（4）目的层埋深大，油气成藏机理复杂。我国典型叠合盆地多发育于中西部地区，由于地壳厚度较大（35~70km），大地热流值较低，目的层埋深较大（一般深于3000m，塔里木盆地主要目的层平均埋深大于4000m），因此排烃和运移不完全受压实作用控制，运聚不完全靠水动力作用，烃类相态也不再像浅层那样气液分明，混溶相态、凝析相态及气液相之间的转换复杂多变，油气运聚的动力机制和成藏模式因此变得复杂。有3种特别而重要的成藏形式：高压高温条件下凝析气成藏、致密储集层条件下深盆气成藏、构造变动条件下突发式成藏。还有一个现象值得注意，由于叠合盆地深部层系一般生烃早、成藏也早，早期油气的注入延缓了储集层的成岩作用，使部分储集层在晚期快速埋藏的条件下在深层保持了较高的孔隙性和渗透性，成为深层优质储集层。

(5) 不同层系油气成藏主控因素不同，油气分布存在差异性。古生代海相克拉通盆地与中—新生代陆相盆地的叠合是中国叠合盆地的一大特点，海相和陆相层系的石油地质条件差别很大，油气成藏条件明显不同，其油气分布也有不同的规律。海相层序的地质结构多以大隆、大坳、大断裂带和大斜坡带的格局为主，油气富集的主要部位是大型古隆起和斜坡部位，如塔里木盆地的塔中隆起和塔北隆起是油气最为富集的地区；鄂尔多斯盆地中央古隆起分布着靖边大气田；四川盆地古生界天然气的分布基本受乐山—龙女寺、开江、泸州等古隆起的控制。在古隆起控制的区域背景下，优质储集层的分布是控制油气分布的重要因素。我国海相碳酸盐岩一般成岩作用较强，原生孔隙发育较差，有效储集层以次生型储集层为主，溶蚀性储集层、裂缝性储集层、礁滩相储集层以及白云岩储集层成为海相碳酸盐岩储集层的主要类型。例如，塔里木盆地塔河油田奥陶系碳酸盐岩储集层主要为风化溶蚀型储集层，鄂尔多斯盆地靖边大气田奥陶系马家沟组储集层主要为溶蚀白云岩储集层，四川盆地川东北地区普光大气田三叠系飞仙关组储集层主要为鲕滩白云岩储集层等。与海相层序相比，陆相层序油气分布总体受烃源岩分布的控制，即服从"源控论"，每一凹陷都构成一个独立的成藏系统。在生油凹陷周围分布的各类构造带是油气聚集的有利场所，油气围绕生油中心呈环带状分布。

2. 油气运聚模式和分布规律

叠合盆地一般具有多期成盆、多期成烃和多期成藏的多旋回演化史，其发展过程是分阶段的，即在不同的地史发展阶段中具有不同的演化背景，其盆地原型和盆地性质也不尽相同。叠合盆地具有的这种多旋回演化特征决定了这类盆地具有复杂的油气运聚模式和分布规律（汤良杰、金之钧、庞雄奇，2000）。

(1) 放射状运移和环状聚集模式。生油凹陷原地多期叠合时，油气沿输导层向着流体势降低及阻力减小的方向进行侧向运移，即油气一般从生油中心向四周呈放射状运移，并造成油气围绕成熟烃源岩呈环状分布。柴达木盆地西部环英雄岭凹陷的油气聚集带可能属于这种运聚模式（图7-47），这种模式具有简单"压实流盆地"的水动力场特征和运聚结果。

(2) 前陆运聚模式。前陆盆地一般是在被动大陆边缘盆地基础上发展起来的，在盆地演化过程中，沉积中心由山前不断向盆内迁移。生成的油气进行运移的动力主要受压力梯度（构造斜坡）和造山带侧向挤压双重控制，沿断裂、不整合或其他输导层由造山带向盆内方向呈单向运移。以塔里木盆地库车坳陷为例（图7-48），近源可聚集在前陆坳陷内，如克拉苏气田、依奇克里克油田和依南气田；远源可运移到前隆部位，如塔北隆起英买地区的陆相油气聚集运移距离可达80km以上。

(3) 克拉通运聚模式。古生代克拉通盆地油气运移的垂向通道主要为断裂，侧向运移通道主要为区域性不整合。古生代克拉通盆地经历了多次构造变动，使得圈闭构造往往与断裂带相伴生，断裂带本身也常形成断块圈闭或断鼻圈闭。油气在沿断裂作垂向运移时，位于其通道上的圈闭总是最先聚集油气而形成油气藏。不整合面上、下均分布有类型众多的圈闭构造，如断块潜山、褶皱潜山、溶蚀残山、基岩潜山、岩浆岩潜山和披覆背斜圈闭等，均可成为油气聚集的主要场所。大型断裂带切穿层位多、断距大，可使断层两盘不同类型的生、储、盖层以不同的方式相互接触。同样，区域性不整合经历了长时间风化剥蚀，最大剥蚀厚度可达数千米，下部地层与不整合呈削截交切关系，上部地层与不整合呈超覆交切关系，导致不整合面上、下不同类型的生、储、盖层以不同的方式相互接触。因此，除少数保存条件极好的所谓原生油气藏外，古生代克拉通盆地油气主要沿断裂和不整合面分布（图7-49）。

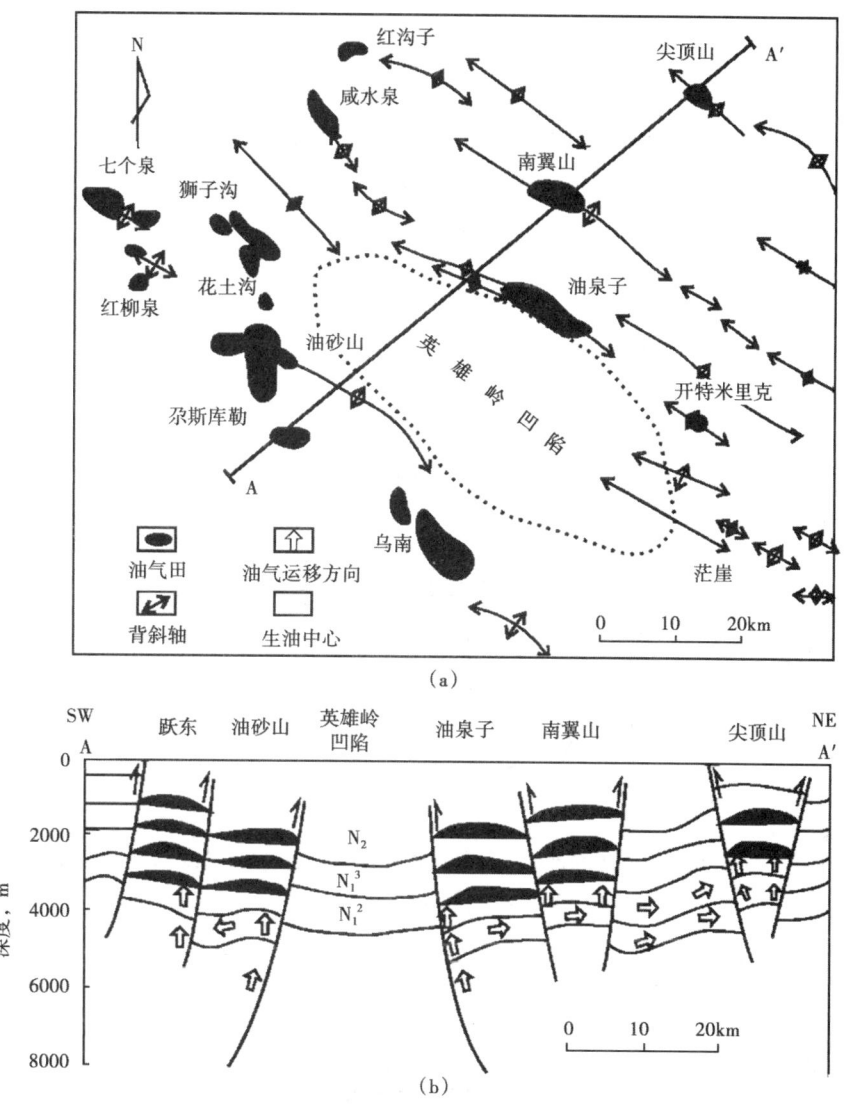

图 7-47 柴达木盆地西部环英雄岭构造带油气运距模式（据汤良杰、金之钧、庞雄奇，2000）
(a) 油气田平面展布图；(b) 油气运聚剖面模式

（三）典型实例

塔里木盆地是一个由震旦纪—古生代克拉通盆地与中—新生代前陆盆地叠合形成的典型叠合盆地。

1. 盆地演化特征

塔里木盆地是在前震旦纪陆壳基底上发展起来的大型复合叠合盆地，受控于相邻造山带的演化与深部构造背景，经历了震旦纪—中泥盆世、晚泥盆世—三叠纪和侏罗纪—第四纪 3 个伸展—聚敛旋回的演化时期。在震旦纪到中泥盆世（古亚洲洋阶段或原特提斯洋阶段），盆地经历了陆内裂谷—被动大陆边缘盆地—前陆盆地发展旋回；在晚泥盆世到三叠纪（古特提斯洋阶段），塔西南边缘经历了陆内裂谷—被动大陆边缘盆地—弧后伸展盆地—弧后前陆盆地发展旋回；在侏罗纪到第四纪（新特提斯洋阶段），盆地经历了陆内裂谷（坳陷）挤

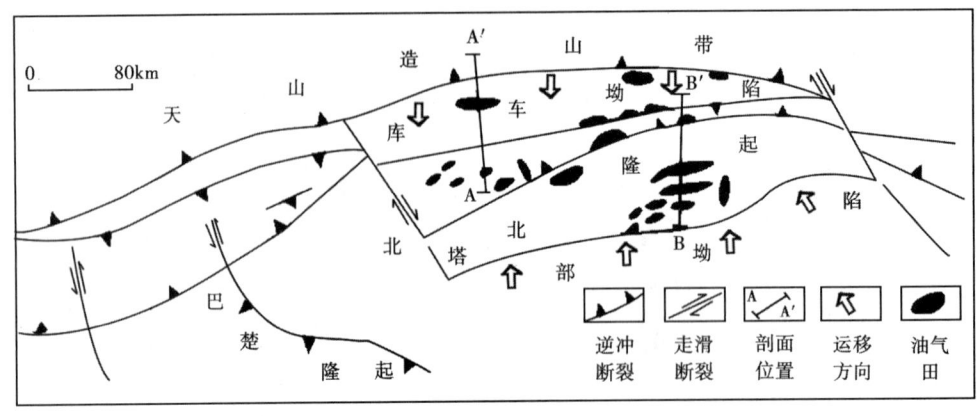

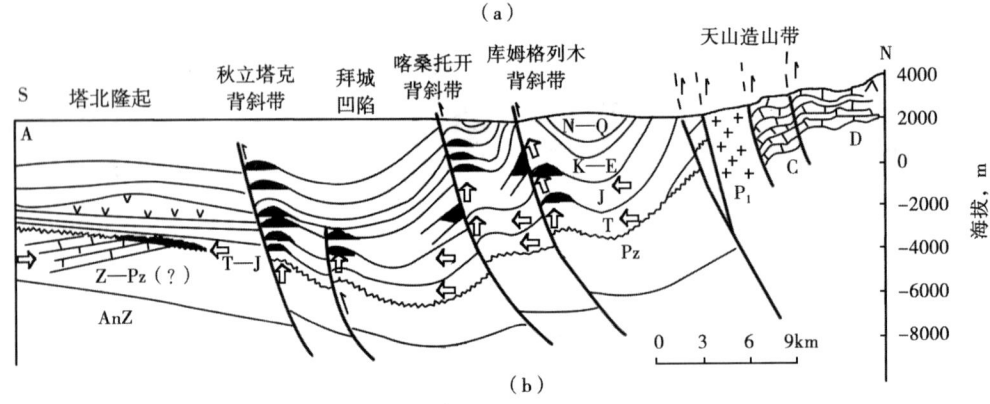

图 7-48 塔里木盆地北部油气运聚模式（据汤良杰、金之钧、庞雄奇，2000）
(a) 构造区划及油气田展布；(b) 库车前陆坳陷油气运聚剖面

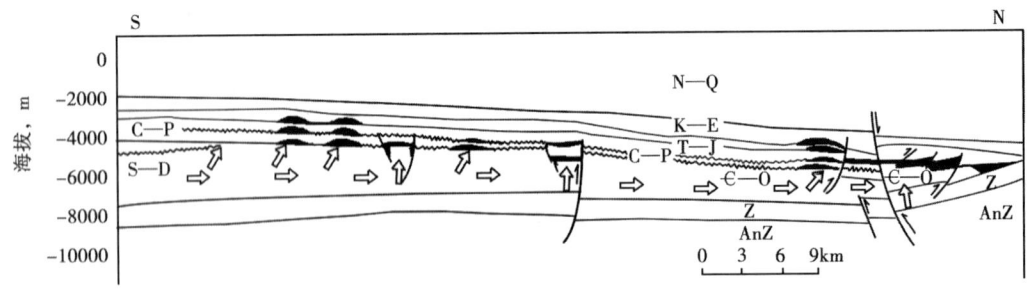

图 7-49 古生代克拉通盆地油气运聚剖面模式（据汤良杰、金之钧、庞雄奇，2000）

压调整作用—晚期前陆型盆地发展旋回，陆内裂谷（坳陷）—挤压调整作用出现了 3 个次级旋回。伸展期原盆地层层序较稳定，聚敛期原盆侧向变化大。盆地演化与构造体制转换的地球动力学过程与方式决定了盆地具有复杂的叠加地质结构，制约着油气聚集与分布的基本特点。

2. 油气成藏特征

至 2002 年底，在盆地 7 个一级构造单元中的库车坳陷、塔北隆起、北部坳陷、中央隆起和西南坳陷发现了油气藏（图 7-50）。油气藏相态类型齐全，包括重油、正常油、轻油、挥发油、凝析气相和干气等。单个油气藏相态分布也十分复杂，如油相+凝析气相、凝析气相+挥发油、油+气等。油气藏的产出层位多,从寒武系到第四系均有油气藏发现。油藏主要分布于奥陶系、石炭系和三叠系,气藏主要分布于新近系、古近系、白垩系和石炭系。油气藏类型十分丰富,构造油气藏、地层油气藏、岩性油气藏等均有发育。油气的分布大致具有克拉通区以油聚集为主、前陆地区以天然气聚集为主的特点。

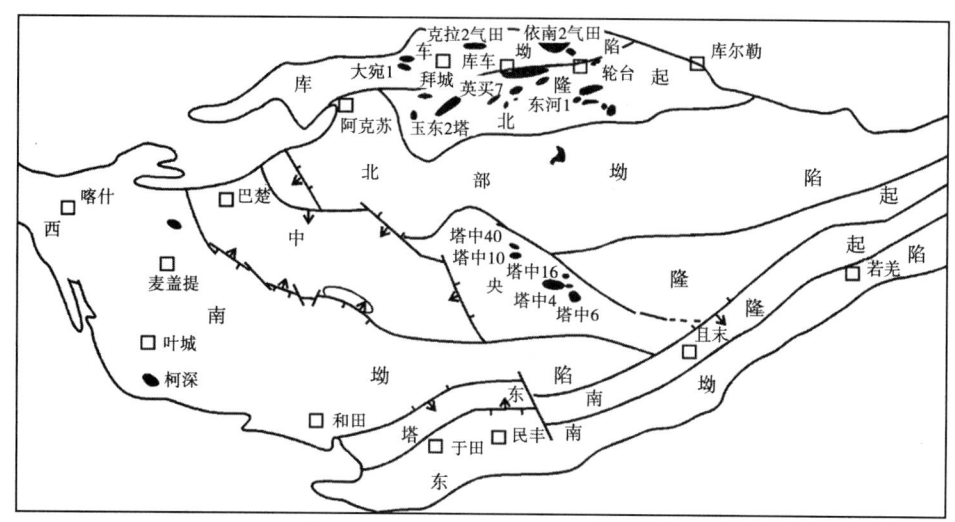

图 7-50 塔里木盆地构造单元平面分布

1) 烃源岩特征

寒武—奥陶纪伸展期于克拉通边缘坳陷和克拉通内坳陷发育了有利生烃的有机岩相带。烃源岩岩性主要为含Ⅰ、Ⅱ型有机质的灰色或灰黑色页岩、薄层状生物灰岩、泥晶泥灰岩、泥质泥晶灰岩和灰质泥岩,厚 38~400m,总有机碳含量为 0.5%~5.54%,R_o 为 0.81%~2.84%,它们构成了盆地内第一套有效烃源岩。

石炭纪—早二叠世伸展期于古特提斯洋北侧被动大陆边缘及以后的弧后盆地环境发育了海陆过渡相有效烃源岩,主要发育在塔西南地区。由于晚期快速深埋,在新近纪以后为大量生烃、排烃期。烃源岩主要为泥质和碳酸盐岩烃源岩,一般厚 100~300m,最厚可达 400m,总有机碳含量为 0.33%~7.52%,有机质为Ⅱ型,主要处于高成熟—过成熟阶段。

早中侏罗世弱伸展期于盆地—造山带结合部位发生拉张断陷,于半深湖—深湖相断陷湖盆及湖沼环境中发育了 3 种类型的有效烃源岩,母质类型与热演化程度决定了新生代形成的前陆盆地富油与富气的特点。(1)库车前陆盆地烃源岩主要分布在三叠系、侏罗系,分布范围达 (1.2~1.4)×10^4km²,厚度最大可达 1600m。烃源岩类型主要以湖相暗色泥岩、煤系地层的碳质泥岩、泥岩和煤为主,有机质丰度高,有机质类型和演化程度决定了盆地既富气也富油。煤系烃源岩有机质类型以Ⅲ型为主,模拟实验表明以产气为主。天然气主要为煤型气,库车坳陷既有干气藏,又有凝析气藏和油藏。(2)塔西南前陆盆地侏罗系烃源岩主要分布在喀什凹陷,烃源岩主要为湖相泥岩,厚度一般为 200~400m,最厚可达 600m,总有机碳含量平均值为 0.86%~2.96%,有机质主要为Ⅱ型,因此这套烃源岩具有很高的生油能力。(3)英吉苏—罗布泊凹陷侏罗系煤系烃源岩为湖沼相暗色泥岩、碳质泥岩和煤层。暗色泥岩厚度一般为 50~200m,最大厚度为 300m;煤层厚度一般为 20~50m,最大厚度为 70m,处在低成熟—成熟阶段。

2) 储盖组合特征

克拉通地区发育两类储集层：碳酸盐岩储集层主要集中在寒武系、奥陶系，少量发育在石炭系；碎屑岩储集层主要集中在志留系及以上层位。区域性盖层为：中—下寒武统膏泥岩、中—上奥陶统泥岩、石炭系泥岩—膏泥岩、三叠系—侏罗系泥岩、古近系—新近系膏泥岩。因此，克拉通区发育5套区域性分布的储盖组合：三叠系或侏罗系砂岩与其上泥岩组成的储盖组合、石炭系东河砂岩与上覆泥岩段组成的储盖组合、奥陶系碳酸盐岩风化壳储集层与上覆石炭系泥岩组成的储盖组合、志留系下砂岩段与上覆红色泥岩组成的储盖组合、寒武系石灰岩与上覆奥陶泥岩组成的储盖组合。

前陆盆地区多套碎屑岩优质储盖组合广泛分布。在库车前陆盆地，古近系和新近系吉迪克组泥岩、膏泥岩构成最主要的区域性盖层，分别分布在库车坳陷的西部和东部，平面上叠置连片，对库车坳陷进行整体封盖，它们是形成超高压、高丰度大中型油气田的关键因素。库车前陆盆地主要发育4套储盖组合：（1）古近系—新近系吉迪克组储盖组合，以吉迪克组薄层砂岩及古近系苏维依组砂岩为储集层，以吉迪克组泥岩、膏泥岩为盖层，主要分布在库车坳陷东部及南、北边缘；（2）下白垩统—古近系储盖组合，以下白垩统巴西盖组、巴什基奇克组—古近系库姆格列木群砂岩为储集层，以古近系泥岩和膏盐岩为盖层；（3）中侏罗统克孜勒努尔组—恰克马克组储盖组合，以侏罗系恰克马克组、克孜勒努尔组泥岩为盖层，以克孜勒努尔组夹层砂岩为储集层，主要分布在依奇克里克构造带；（4）下侏罗统阳霞—阿合组储盖组合。塔西南前陆盆地发育下白垩统克孜勒苏群为储集层的白垩系—古近系储盖组合、上白垩统依格孜牙组为储集层的储盖组合、始新统卡拉塔尔组为储集层的始新—渐新统储盖组合、中新统储盖组合及上新统储盖组合。其中，下白垩统克孜勒苏群砂岩和上覆地层组成的储盖组合最为有利。

英吉苏—罗布泊凹陷发育了多套储盖组合：（1）震旦系—下寒武统储盖组合，储集层为震旦系白云岩（风化壳），盖层为下寒武统硅质泥岩；（2）上寒武统—下奥陶统储盖组合，储集层为上寒武统台缘斜坡相灰岩及含泥灰岩，盖层为下奥陶统黑土凹组页岩；（3）志留系内部常规储盖组合，志留系红色泥岩段为盖层，储集层为志留系沥青砂岩段，主要分布于英吉苏凹陷南部及其以西地区；（4）中生界发育3套优质储盖组合，包括侏罗系下含煤段与下伏砂岩组成的储盖组合、侏罗系上含煤段与下伏砂岩组成的储盖组合、白垩系红色泥岩段与下伏底砂岩组成的储盖组合；（5）非常规储盖组合，由物性相对较好的砂岩储集层与物性相对较差的致密砂岩组成的储盖组合，主要分布于中—上奥陶统、志留系和侏罗系下部。

3) 圈闭发育特征

在盆地遭受志留纪—中泥盆世（$S-D_2$）、晚二叠世—三叠纪（P_2-T）和新近纪—第四纪（$N-Q$）3期挤压时，克拉通盆地发生隆升或断裂活动。伴随这3期挤压，盆地内部形成了各种重要的圈闭类型。

此外，盆地发育过程中的多次叠合不但在多个叠加界面上形成了储盖组合，而且更可能由叠加界面的复合或聚合导致不同构造层的油气藏在空间上发生叠接，从而形成复式油气聚集区（带）。寒武系—奥陶系与志留系—中泥盆统之间、志留系—中泥盆统与上泥盆统—中—下二叠统之间以及其他构造层之间都存在叠加界面。在这些不整合界面上下都有多种类型的圈闭发育。不整合界面之下发育地层削截、潜山等圈闭类型；不整合界面之上发育地层超覆、古河道等圈闭类型。这些圈闭类型是由于盆地叠合才产生的。

4）成藏模式

盆地叠合的另一个油气地质意义是不同构造旋回的盆地（或原型盆地）的流体可以发生交换，从而增大了油气成藏的概率。由于时间上的差异，可以出现多种成藏模式。总体看来，塔里木盆地主要具有以下6种油气成藏模式：

（1）早聚晚藏：早期形成的下构造层中的油气藏在晚期向上构造层进行调整。如轮南断垒带的三叠系或侏罗系油气藏是奥陶系的油气藏沿燕山期正断层向上调整形成的；塔中4油田石炭系Ⅰ油组的油藏为Ⅲ油组在新生代向上调整而形成的。

（2）早晚共聚：如塔河奥陶系油田为海西晚期与喜马拉雅期多期充注而成，尽管所充注的油气来源、油气成熟度迥异。

（3）早散晚聚：如塔中11井、47井志留系油藏早期聚集的石油被破坏逸散，只剩下沥青，晚期生成的石油再次充注孔隙空间而成藏。

（4）早聚晚变：可能是较重要的一种类型，变化的类型有油藏裂解为气藏，早期形成的油藏遭受晚期气侵与气洗；构造翘倾转化引起的油气藏溢出点变化等，如巴什托普油田。

（5）下生上聚：下构造层在上构造层叠合后烃源岩成熟或成熟度急剧增大，生成干气，油气经断层或不整合面运移至其上构造层中成藏，如柯克亚新近系凝析油气田，库车地区大宛齐油田、克拉2气田，塔中东河砂岩油气藏等。塔中地区主力烃源岩为中—上奥陶统，烃源岩生成的油气经垂向运移聚集到石炭系储集层中成藏。

（6）上生下聚：如雅克拉、轮台等油气藏，主要为古潜山油气藏。

3. 油气分布规律

塔里木盆地的油气分布受控于盆地的叠加地质结构，不同性质的原型盆地复合与叠加造成盆地横向上的分区性与纵向上的分层性，并在横向上导致油气分布自前陆向克拉通方向的有序性，在纵向上油气分布具有层次性。

1）克拉通区油气聚集与分布

克拉通区油气富集受古隆起及其斜坡带控制，由斜坡带岩性油气藏、地层油气藏到隆起带背斜油气藏、断背斜油气藏，均呈有序分布，构成复式油气聚集带。塔里木盆地克拉通区发育5个古隆起及9个斜坡：塔中稳定古隆起及塔中北部斜坡、塔中南部斜坡；塔北残余古隆起及英买力斜坡、轮南—库南斜坡；古城墟残余古隆起及古城墟西部斜坡；巴楚活动古隆起及麦盖提斜坡、巴楚东部斜坡；北民丰—罗布庄活动古隆起及北民丰—罗布庄西部斜坡、北民丰—罗布庄南部斜坡。此外，在满加尔西部发育了向北倾伏的哈德逊古隆起。

塔北、塔中、巴楚与哈德逊等古隆起及其斜坡已发现大量油气富集区块，是油气聚集的有利地区。

以塔中隆起为例，该隆起发育塔中Ⅰ断裂带、塔中10背斜带与中央断垒带3个油气富集带，油气藏类型多样，油气在O、S、C多层系聚集。见工业油气流或良好显示层段的寒武—奥陶系碳酸盐岩（包括寒武系盐下白云岩、下奥陶统白云岩、下奥陶统灰岩潜山、中—上奥陶统台缘颗粒灰岩段）储集层主要受内幕埋藏岩溶、构造裂缝和礁滩孔隙发育的控制，以裂缝—溶蚀孔隙型为主。目前的产油井段主要集中在中—上奥陶统颗粒灰岩段，含油气层段一般发育于石灰岩顶面以下30~200m。但是，油气显示段不受局部构造高点控制，东西段埋深跨度大，高差达1800m。中—上奥陶统台缘相带颗粒灰岩段主要沿塔中奥陶系坡折带分布，这是一个中—晚奥陶世基底卷入的生长断层传播褶皱背斜带，颗粒灰岩段主要发育在背斜的陡翼。由于接近烃源层，多期油气充注，该带具有优越的油气聚集条件。

2) 前陆盆地油气聚集与分布

前陆逆冲带主要分布在南天山山前、昆仑山前及阿尔金山前，构造圈闭较发育。前陆逆冲带经前陆凹陷到前陆斜坡，构造变形相对简单，以断背斜、地层、岩性圈闭为主。油气聚集受前陆逆冲带、前缘斜坡控制，由山前冲断带、前陆斜坡带向前缘隆起油气聚集出现规律性有序性变化。

库车前陆盆地具有南北分带、东西分段、上下分层的特征。库车前陆盆地南北向上发育北部单斜带、克拉苏—依奇克里克构造带、阳霞凹陷、拜城凹陷、乌什凹陷、秋里塔格构造带、南部平缓背斜带、轮台凸起8个二级构造带；在东西向上，大致是以库车河为界分为东西两段；主要滑脱层在东段为煤层，在西段为膏盐，变形强度西段大于东段，东段变形早（印支早期）而西段变形晚（燕山晚期）。

库车地区存在吉迪克组膏泥岩、古近系膏盐岩和侏罗系煤层等多套滑脱层，每套滑脱层的上、下构造变形特征均存在差异，表现出构造样式的上、下分层性。

前陆逆冲带断层相关褶皱广泛发育，大逆掩断裂之下的背斜构造带控制油气的富集。以古近系、新近系膏盐岩为区域性滑脱层，形成深浅不协调的盐上、盐下两大构造层。盐上构造层逆冲断裂自滑脱面向上延伸，成为大型逆掩推覆体；盐下构造层以发育双重构造为主，形成大量成排成带分布、规模大、幅度高的断层相关褶皱；逆冲断层向上多终止于区域滑脱层，向下沟通油源层，使盐下构造圈闭具有优越的油气聚集和保存条件。

塔西南前陆盆地处于特提斯构造域北缘油气富集带的东延部分，已发现柯克亚凝析气田、和田河气田、巴什托普油田和阿克1井气藏，地面露头见到杨叶、克里阳油砂和克拉托、固满油苗。塔西南前陆盆地油气资源丰富，石油地质条件好，有利的区带、圈闭主要发育在凹陷两侧。

第四节 世界油气资源分布特征

一、资源与资源量的概念

油气资源是在自然条件下生成并赋存在天然地层中，最终可以通过各种方式和方法被人类利用的石油和天然气的总体。油气资源也可以定义为已经发现和尚未发现的，在目前技术条件下及未来技术条件下可供商业开采的油气的总称。地下的油气资源是客观存在的，不论它现在是否已经被发现，但它是最终一定可以被发现，并且最终可以被开采利用的。

已经发现的油气资源的量称为储量，尚未发现的油气资源的量称为未发现资源量，二者统称为油气资源量。根据我国油气资源分类规范，油气资源量是原地资源量和可采资源量的统称。原地资源量也称为地质资源量，是指根据不同勘探开发阶段所提供的地质、地球物理和分析化验资料，选择运用具有针对性的方法所估算的已经发现和尚未发现的储集体中原始储藏的油气总量。可采资源量是指从原地资源量中可采出的油气的数量。

通常人们最关心的是在近期或未来可以使人们获益的、能开采出来的商品石油与天然气的量，也就是"经济可采资源量"，指通过经济可行性评价，依据当时的市场条件开采，技术上可行、经济上合理、环境等其他条件允许，即储量收益能满足投资回报要求的那一部分可采出资源量。由于经济形势不断在变化，采油（气）技术不断改善和提高，现在看来不经济的资源未来也许是经济的，现在不可采出来的油气未来可能可以采出来。

世界石油界对油气资源的分类有多种，但大体上沿用了苏联与美国的两大体系。20世纪50年代至60年代我国采用了A、B、C级储量分类系统，70年代我国的储量划分采用了一、二、三级储量的分类系统为过渡阶段。目前，我国储量的命名与分类系统已与世界石油大会的规定接轨。

油气勘探程序一般包括3个阶段（6个步骤）：区域勘探阶段（概查和普查）、圈闭预探阶段（预探准备和拟定预探井）、油田详探阶段（详探准备和详探布井）。与此对应的油气资源量也划分为5级：推测资源量、潜在资源量、预测储量、控制储量和探明储量。它们反映了勘探程度和认识程度的逐渐提高。

推测资源量（V级）是原地总资源量减去地质储量和潜在资源量的差值。原地总资源量是在区域普查阶段，对有含油气远景的盆地、坳陷、凹陷或区带等，根据地质、地球物理勘探或区域探井等资料估算的油气资源的量，一般采用地质类比法、生烃量法（盆地模拟）或勘探效果分析法估算，它是提供编制勘探部署或长远勘探规划的依据。

潜在资源量（Ⅳ级）是指在圈闭预探阶段前期，对已发现的、有利含油气的圈闭或油气田的邻近区块（层系），根据石油地质条件分析和类比，采用圈闭法估算的资源量，也称为圈闭资源量。估算参数以类比为主，以概率统计估算出的资源量范围值可作为编制预探井部署的基本依据。

预测储量（Ⅲ级）是在地震详查以及其他方法提供的圈闭内，经过预探井钻探获取油气流或获得油气层与油气显示后，根据区域地质条件分析和类比，利用容积法进行概率统计所估算的储量。储量参数是由类比法确定的，油层变化及油水关系尚未查明，预测储量是制定评价钻探方案的依据。

控制储量（Ⅱ级）是某一圈闭的预探井发现工业油（气）流后，以建立探明储量为目的，在评价钻探过程中钻了少数评价井后所计算的储量。控制储量可作为进一步评价钻探、编制中期和长期开发规划的依据。

探明储量（Ⅰ级）是在油田详探阶段完成或基本完成所计算的储量，是在现代技术和经济条件下，可提供开采并能获得效益的可靠储量。探明储量是编制油（气）田开发方案、进行油（气）田开发建设投资决策和油（气）田开发分析的依据。

应该指出，我国的储量和资源量除专门注明的外，一般指可供开采的地下油气聚集量，即地质资源量和地质储量；而国际上的储量和资源量仅指油气聚集中可被采出的部分，即可采资源量，它是在特定时期内所估算的在给定的经济、技术条件和政府法规下，预期能从储集体中最终采出的油气数量。

二、世界油气资源

在人类生活和经济建设涉及的五大能源中，石油和天然气占有十分重要的地位，人们在日常生活中每天都离不开它们。地球上到底有多少石油和天然气，历来都是人们关心的问题。

从油气工业发展的历史来看，随着油气勘探活动的不断推进、新油气田的不断发现，估算的世界常规油气资源总量和探明可采储量是持续增长的。由于不同时期、不同研究者或单位所依据的资料不同，估算的资源量会有所变化，有时变化会很大。

20世纪40年代预测的世界石油资源量是$500 \times 10^8 t$。1983年在伦敦召开的第11届世界石油大会估算的全球石油资源是$2460 \times 10^8 t$。1994年在挪威召开的第14届世界石油大会预计的石油资源量是$3113 \times 10^8 t$。2000年在加拿大的第16届世界石油大会上，美国联邦地质调查局公布的评估结果是：全球石油资源量为 $4138×10^8$ t，累计产出量 $972.61×10^8$ t；天然气资源量是 $436×10^{12}$ m^3，累计产出量将近 $50×10^{12}$ m^3。

根据美国《油气杂志》的年终统计，2016年全球石油（包括原油、凝析油和油砂）产量接近 $39.2×10^8$ t，天然气产量为 $35386×10^8$ m^3（$31.995×10^8$ t 油当量）。2016年全球石油和天然气剩余探明储量分别为 $2254.6×10^8$ t 和 $188.3×10^{12}$ m^3。目前全球剩余的探明石油还可开采57年，天然气还可开采55年。随着全球油气勘探工作的进行，剩余的油气探明储量还会逐渐增加，可开采年限实际上可以更长。

重油、油砂、致密油、油页岩、页岩气、致密气和煤层气是目前投入开采的主要非常规油气资源。据估计，全球非常规油可采资源量为 $4421×10^8$ t，全球非常规气可采资源量为 $227×10^{12}$ m^3（王红军等，2016）。随着非常规油气资源的大规模开采，在未来的100年或者更长的时期内，世界油气资源能够满足人类的基本需求。

全球范围内，现已发现的天然气水合物的聚集区域超过300处。近20年，关于天然气水合物的工作仍然集中于远洋钻探科考活动，至今尚未对天然气水合物进行商业开采。现已发现具可采价值的区域超过30处，主要分布在美国墨西哥湾北部和俄勒冈州近海、加拿大的哥华、印度、日本、韩国、中国东海和南海等地区。

据 Johnson（2011）估算，除南极洲以外的海洋和大陆中约蕴藏着 $2394×10^9$ t 天然气水合物资源。其中，分布在大陆冻土带的资源量约 $26.6×10^9$ t（约占总资源量的1.11%），上大陆架部位的资源量约为 $83.8×10^9$ t（约占总资源量的3.5%），而深海中的资源量约有 $2283.6×10^9$ t（约占总资源量的95.39%）（C. D. Ruppel 和 J. D. Kessler，2017）。

三、油气资源的地理分布

根据2016年6月英国 BP 公司统计结果，剩余探明石油储量在世界不同地区分布极不均衡。由于波斯湾盆地是目前世界上最富含油气的盆地，所以，中东地区剩余石油探明储量为 $1087×10^8$ t，占到世界总量的47.3%；中南美洲剩余探明石油储量为 $510×10^8$ t，占19.4%；北美洲石油探明储量 $359×10^8$ t，占14%；欧洲及欧亚大陆拥有石油探明储量 $210×10^8$ t，占9.1%；非洲石油探明储量 $171×10^8$ t，占7.6%；亚太地区最少，仅有 $57×10^8$ t 石油探明储量，占2.5%。在不同国家或地区的剩余石油探明储量中，居于前10位的分别是委内瑞拉、沙特阿拉伯、加拿大、伊朗、伊拉克、俄罗斯、科威特、阿拉伯联合酋长国、美国、利比亚、尼日利亚和哈萨克斯坦，剩余石油可采储量占全球的89%。其中前8位的剩余石油探明储量都超过了 $100×10^8$ t。南美洲的委内瑞拉剩余可采石油储量为 $470×10^8$ t；沙特阿拉伯剩余可采储量为 $366×10^8$ t；加拿大剩余可采储量为 $278×10^8$ t；伊朗剩余可采储量为 $217×10^8$ t；伊拉克剩余可采储量为 $193×10^8$ t；俄罗斯剩余可采储量为 $140×10^8$ t；科威特剩余可采储量为 $140×10^8$ t；阿拉伯联合酋长国剩余可采储量为 $130×10^8$ t；美国剩余可采储量为 $66×10^8$ t；利比亚剩余可采储量为 $63×10^8$ t；尼日利亚剩余可采储量为 $50×10^8$ t；哈萨克斯坦剩余可采储量为 $39×10^8$ t；我国位居第12，石油剩余探明储量为 $25×10^8$ t。

世界天然气剩余探明可采储量的分布与石油有所不同，两个明显富集天然气的地区分别位于中东、欧洲及欧亚大陆。中东仍然储量最丰富，为 $80×10^{12}$ m^3，占世界的42.8%，可见中东既是最富集石油的地区，也是最富集天然气的地区。欧洲及欧亚大陆天然气剩余探明可采储量为 $56.8×10^{12}$ m^3，占30.4%，这与俄罗斯西西伯利亚盆地丰富的天然气富集有关。亚太地区和非洲也是富集天然气的地区，剩余天然气探明可采储量分别为 $15.6×10^{12}$ m^3 和 $14.1×$

$10^{12}m^3$，分别占世界的 8.4% 和 7.5%。北美洲剩余天然气可采储量为 $12.8×10^{12}m^3$，占 6.8%。中南美洲剩余探明可采天然气最少，仅为 $7.6×10^{12}m^3$，占世界的 4.1%。在不同国家或地区的剩余天然气探明可采储量中，居于前 10 位的分别是伊朗、俄罗斯、卡塔尔、土库曼斯坦、美国、沙特阿拉伯、阿拉伯联合酋长国、委内瑞拉、尼日利亚和阿尔及利亚，其剩余天然气探明可采储量占全球的 79.5%。居于前 3 位的国家的天然气可采储量占世界天然气的总量都超过了 10%，储量超过了 $24.5×10^{12}m^3$，它们的储量之和占到全球的 48.6%。其余 6 个国家或地区也都超过了 $5×10^{12}$（$5×10^{12}$~$17.5×10^{12}m^3$ 之间）。中国位居第 11 位，天然气可采储量为 $3.8×10^{12}$，占世界天然气总量的 2.1%。

非常规石油可采资源主要集中分布在 54 个国家，列前 10 位的是美国、俄罗斯、加拿大、委内瑞拉、巴西、中国、白俄罗斯、沙特阿拉伯、法国和墨西哥，占全球总量的 82.4%（王红军等，2016）。其中，美国非常规石油可采资源量为 $926×10^8t$，占全球总量的 21%，以油页岩、重油和致密油为主；俄罗斯非常规石油可采资源量为 $892×10^8t$，占全球总量的 20.2%，以油页岩、油砂和致密油为主；加拿大非常规石油可采资源量为 $397×10^8t$，占全球总量的 9%，以油砂和致密油为主；委内瑞拉非常规石油可采资源量为 $353×10^8t$，占全球总量的 8%，以重油为主；中国非常规石油可采资源量为 $212×10^8t$，占全球总量的 4.8%，以油页岩和致密油为主。美国、俄罗斯和加拿大 3 个国家非常规石油可采资源量占全球总量的 50%。油页岩占全球非常规石油可采资源比例最大，为 47.5%；其次为重油，占全球总量的 28.7%；油砂和致密油分别占全球总量的 14.5% 和 9.4%。

非常规天然气可采资源主要集中分布在 37 个国家，列前 10 位的是美国、中国、俄罗斯、加拿大、澳大利亚、伊朗、沙特阿拉伯、阿根廷、利比亚和巴西，其可采资源占全球总量的 76.8%（王红军等，2016）。其中，美国非常规天然气可采资源量为 $39×10^{12}m^3$，占全球总量的 17.4%，以页岩气为主；中国非常规天然气可采资源量为 $31×10^{12}m^3$，占全球总量的 13.9%，以页岩气、煤层气和致密气为主；俄罗斯非常规天然气可采资源量为 $29×10^{12}m^3$，占全球总量的 12.6%，以页岩气和煤层气为主；加拿大非常规天然气可采资源量为 $16×10^{12}m^3$，占全球总量的 7%，以煤层气和页岩气为主；澳大利亚非常规天然气可采资源量为 $16×10^{12}m^3$，占全球总量的 6.4%。美国、中国、加拿大和澳大利亚 4 个国家的非常规天然气可采资源量占全球总量的 57.2%。页岩气占全球非常规天然气可采资源比例最大，为 71.1%；其次为煤层气，占全球总量的 21.7%；致密气可采资源量占全球总量的 7%。

四、油气资源的盆地分布

不同沉积盆地的大地构造环境、沉降、沉积历史、构造运动史、生储盖配置与保存条件等都有所不同，因而所含油气资源丰富程度差别很大。根据 Halbauty（1984）对全球 650 个沉积盆地的统计，产油气的有 160 个，有 240 个盆地经勘探未发现商业性油气田；油气储量超过 $100×10^8bbl$（油当量）的盆地有 25 个，其油气储量占世界油气总储量的 86%。

根据 20 世纪 90 年代对全球沉积盆地已探明油气可采储量当量统计，超过 $1×10^{12}bbl$ 的有波斯湾盆地、西西伯利亚盆地和墨西哥湾沿岸盆地，共计 3 个。已探明油气（400~1000）×10^8bbl 的有北海北部盆地、伏尔加—乌拉尔盆地、雷福马—坎佩切盆地、马拉开波盆地、锡尔特盆地、尼日尔三角洲盆地、二叠盆地、阿纳达科盆地、艾伯塔盆地，共计 9 个。已探明油气（100~400）×10^8bbl 的盆地有北海南部盆地、第聂伯—顿涅茨盆地、大阿尔及利亚盆地（包括伊利济和古达米斯，即三叠盆地）、东委内瑞拉盆地、坦比哥盆地、渤海湾盆地、松辽盆地、阿拉斯加北坡盆地、圣华金盆地、巴库（库拉）盆地、卡拉库姆和中里海盆地、北高加索盆地、曼格什拉克和滨里海盆地，共计 13 个。已探明油气（50~100）×10^8bbl 的盆地有伊利诺伊盆地、苏伊士盆地、吉普斯兰盆地、北加里曼丹盆地（文莱—沙巴）、阿巴拉契亚盆地、洛杉矶盆地、中苏门答腊盆地、提曼—伯朝拉盆地和安加拉—勒拿盆地，共计 9 个。这些盆地只占全球 517 个主要盆地总数的 6.4%。

非常规石油可采资源主要富集在全球的 216 个盆地内，列前 10 位的依次为艾伯塔盆地、西西伯利亚盆地、伏尔加—乌拉尔盆地、皮申斯盆地、东委内瑞拉盆地、尤因塔盆地、第聂伯—顿涅茨盆地、东西伯利亚盆地、中阿拉伯盆地和巴黎盆地，占全球总量的 57.2%（王红军等，2016）。艾伯塔盆地非常规石油可采资源量为 405×10^8t，占全球总量的 9.2%，以油砂为主；西西伯利亚盆地非常规石油可采资源量为 312×10^8t，占全球总量的 7.1%，以油页岩和致密油为主；伏尔加—乌拉尔盆地非常规石油可采资源量为 305×10^8t，占全球总量的 6.9%，以油页岩和油砂为主；皮申思盆地非常规石油可采资源量为 301×10^8t，占全球总量的 6.8%，以油页岩为主；东委内瑞拉盆地非常规石油可采资源量为 262×10^8t，占全球总量的 5.9%，以重油为主。

非常规天然气可采资源主要富集在全球 147 个盆地内，列前 10 位的依次为艾伯塔盆地、扎格罗斯盆地、阿巴拉契亚盆地、东西伯利亚盆地、海湾盆地、中阿拉伯盆地、三叠—古达米斯盆地、库兹涅茨克盆地、坎宁盆地和巴拉纳盆地，占全球总量的 43.3%（王红军等，2016）。艾伯塔盆地非常规天然气可采资源量为 16×10^{12}m^3，占全球总量的 7%，以煤层气和页岩气为主；扎格罗斯盆地非常规天然气可采资源量为 12×10^{12}m^3，占全球总量的 5.2%，以页岩气为主；阿巴拉契亚盆地非常规天然气可采资源量为 11.5×10^{12}m^3，占全球总量的 4.5%，以页岩气为主；东西伯利亚盆地非常规天然气可采资源量为 10.3×10^{12}m^3，占全球总量的 4.5%，以页岩气和煤层气为主。

非常规油气富集盆地类型的统计表明，前陆盆地非常规石油最为富集，可采资源量为 2556×10^8t，占全球总量的 58%；其次为克拉通盆地，可采资源量为 720×10^8t，占全球总量的 16%；被动陆缘盆地和裂谷盆地可采资源量分别为 481×10^8t 和 474×10^8t，分别约占全球总量的 11%；弧前盆地和弧后盆地可采资源量分别为 128×10^8t 和 63×10^8t，分别占全球总量的 3% 和 1%（王红军等，2016）。其中，重油集中分布在东委内瑞拉前陆盆地、马拉开波前陆盆地、坦皮科和阿拉伯被动陆缘盆地；油砂集中分布在艾伯塔前陆盆地和东西伯利亚克拉通盆地内；致密油主要分布在内乌肯前陆盆地、威利斯顿克拉通盆地、西西伯利亚裂谷盆地内；油页岩集中分布在皮申思前陆盆地、伏尔加—乌拉尔前陆盆地、尤因塔前陆盆地、第聂伯—顿涅茨前陆盆地、巴黎克拉通盆地、西西伯利亚裂谷盆地和阿拉伯被动陆缘盆地内。

非常规天然气资源主要分布在前陆盆地、克拉通盆地、裂谷盆地、被动陆缘盆地和弧后盆地内。前陆盆地非常规天然气最富集，可采资源量为 125×10^{12}m^3，占全球总量的 55%；其次为克拉通盆地，可采资源量为 58×10^{12}m^3，占全球总量的 26%；裂谷盆地非常规天然气可采资源量为 26×10^{12}m^3，全球总量的 11%；被动陆缘盆地和弧后盆地最少，可采资源量分别为 16×10^{12}m^3 和 1×10^{12}m^3，占全球总量的 7% 和 1%（王红军等，2016）。其中页岩气主要分布在扎格罗斯前陆盆地、阿巴拉契亚前陆盆地、海湾前陆盆地、三叠—古达米斯克拉通盆地、坎宁克拉通盆地、西西伯利亚裂谷盆地及中阿拉伯被动陆缘盆地内；煤层气主要分布在艾伯塔前陆盆地、东西伯利亚克拉通盆地和库兹涅茨克裂谷盆地内；致密气主要分布在阿巴拉契亚前陆盆地、艾伯塔前陆盆地内。

五、油气资源的地层分布

目前全球几乎在所有地质时代的地层中都发现了油气田，但分布很不均匀。全球常规油气储量按层系分布统计，中生界石油储量占54%，天然气储量占44%；古近系、新近系石油储量占32%，天然气储量占27%。世界大油气田储量按层系分布统计，中生界大油气田储量占51%，新生界大油气田储量占41%。Klemme等（1991）根据美国地质调查局1987年的统计数据指出，$22000×10^8$bbl油气储量中，占地层时代35%时间的6段地层的烃源岩形成了91.5%的油气聚集。按烃源岩时代分，新元古界和下古生界占10.2%，上古生界占16.7%，中生界占57.8%，新生界占15.3%。从储集层的时代划分，新元古界和下古生界占2.4%，上古生界占18.1%，中生界占52.3%，新生界占26.9%。以油气聚集形成的时代划分，80%发生在阿普第期以后，而且近50%发生在渐新世以后。

单从全球大中型油气田中石油和天然气储量时代分布来看，石油多数集中在中—新生界，占全部储量的92%~94.88%，只有8%~5.13%分布在古生界。天然气则以中古生界为主，占总储量的90%，古生界所占比例明显高于新生界。这主要与近源的烃源岩演化与运移条件有关。

全球常规待发现油气资源量以白垩系为最高，为$5273×10^8$bbl，占全球待发现资源量的31.2%，侏罗系、新近系和古近系，比例分别为15.8%、12.8%和11.9%，古生界和前寒武系等层位油气资源量较低，合计为1.7%，总体上白垩系以下地层油气资源量呈现逐渐减小的特征（田作基等，2014）。

根据中国石油资源量在地层时代上的分布统计结果来看，新生界为$466.05×10^8$t，占总资源量的一半（50.1%）；中生界为$336.63×10^8$t，占总资源量的36.2%；上古生界为$82.49×10^8$t，占总资源量的8.9%；下古生界及前寒武系为$45.15×10^8$t，占总资源量的4.8%。这些数据显示了时代越新资源量越大的基本趋势。天然气在新生界为$11.26×10^{12}m^3$，占总资源的29.7%；中生界为$7.39×10^{12}m^3$，占总资源的19.5%；上古生界为$11.29×10^{12}m^3$，占总资源的29.8%；下古生界及前寒武系为$7.98×10^{12}m^3$，占总资源的21.0%。这些数据说明，天然气资源主要在新近系、古近系、石炭系、奥陶系，其他各时代地层中的资源量大体呈均势分布。

非常规石油可采资源主要富集在中生界和新生界（王红军等，2016）。古近系—新近系、白垩系和侏罗系的非常规石油可采资源为$3418×10^8$t，占全球总量的77.3%。其中古近系—新近系潜力最大，非常规石油可采资源量为$1433×10^8$t，占全球总量的32.4%，以重油和油页岩为主；白垩系非常规石油可采资源量为$1120×10^8$t，占全球总量的25.3%，以油砂、重油和油页岩为主；侏罗系非常规石油可采资源量为$865×10^8$t，占全球总量的19.6%，以油页岩和重油为主；泥盆系非常规石油可采资源量为$379×10^8$t，占全球总量的8.6%，以油页岩和致密油为主；前寒武系非常规石油可采资源量为$164×10^8$t，占全球总量的3.7%，以油页岩为主。

非常规天然气广泛分布于中生界和古生界。主要分布在侏罗系、白垩系、志留系、石炭系和二叠系，以页岩气和煤层气为主。侏罗系非常规天然气可采资源量为$44×10^{12}m^3$，占全球总量的9.6%，以页岩气为主，其次为煤层气和致密气；白垩系非常规天然气可采资源量为$36×10^{12}m^3$，占全球总量的15.8%，以页岩气和煤层气为主；志留系非常规天然气可采资源量为$30×10^{12}m^3$，占全球总量的13.1%，以页岩气和致密气为主；二叠系和泥盆系非常规天然气可采资源量均为$18×10^{12}m^3$，各自占全球总量的8%，以页岩气为主。

六、油气资源的深度分布

油气田勘探的实践证明，从地表到地下深处都发现有油气藏。已探明油藏的最大深度近6000m，凝析气藏的最大深度达7000m，气藏最大深度可达8000m。中国石油资源49.57%分布在埋深2000~3500m的范围；其次为3500~4500m范围，占23.26%；其余主要分布在浅于2000m深度的范围。应当指出的是，新疆南北区资源埋深一般多在3500~4500m，塔里木盆地有40.45×10^8t的石油资源量埋藏深度大于4500m。中国中部和海域的天然气资源多在2000~3500m深度范围之内。油气储量沿埋藏深度分布具有不均一性，许多学者对世界若干主要产油区的油气田或油气藏进行过统计，如表7-4和表7-5所示。

表7-4 油藏的平均深度（据Tissot，1978）

油藏统计类别	油藏数，个	平均深度，m
全部样品	12018	1465
古近—新近系	2609	1552
潘农和维也纳盆地古近—新近系	231	1195
西非白垩系—新近系	445	1362
加利福尼亚古近—新近系	288	1509
委内瑞拉、哥伦比亚、特立尼达等国的古近—新近系	93	1513
艾伯塔泥盆系	241	1630
中东白垩系—新近系	115	1901
墨西哥湾沿岸古近—新近系	1038	1959

表7-5 世界546个大油田石油储量的深度分布（据Gardner，1971，有修改）

深度 ft	大油田数 个	储量 10^6bbl	储量百分比,% 深度区间	储量百分比,% 累计
0~1000	40	12216.0	2.354	
1000~2000	68	24459.1	4.713	7.067
2000~3000	95	63534.1	12.243	19.310
3000~4000	68	51524.1	9.928	29.238
4000~5000	69	96047.5	18.508	47.746
5000~6000	49	29852.5	5.752	53.498
6000~7000	37	108774.8	20.960	74.458
7000~8000	37	31182.2	6.009	80.467
8000~9000	33	46358.6	8.933	89.400
9000~10000	28	30788.1	5.933	95.333
10000~11000	9	10518.5	2.027	97.360
11000~12000	9	12131.7	2.388	99.698
12000以上	4	1571.0	0.303	100.00
总计	546	518958.9		

注：1ft=0.3048m；1m³=6.293bbl。

巨型以上油气田的油气储量的深度分布如表 7-6 所示。

表 7-6　世界巨型以上油气田储量的深度分布（据 P. M. Shannon 和 D. Naylor，1989）

深度，m	大油田所占储量，%	大气田所占储量，%	
<1220	5.1	25.7	
1220~3050	79.0	46.1	96.8
3050~3660	8.1	25.0	
3660~4270	7.6	1.9	
>4270	0.2	1.3	

统计结果表明，油藏平均埋藏深度为 1465m，80% 的油气储量分布在深度 600~3000m，以 800~1900m 储量最多。随着埋藏深度的增加，凝析气藏和干气藏逐渐增多。在 5000m 以下，主要为气层，油层仅占油气层总数的 1/5。目前，国内外深层油气勘探发展很快，全球已开发了 1000 多个目的层超 4500~8103m 的油气田（孙龙德等，2013）。美国墨西哥湾 Kaskida 海上砂岩油气田目的层埋深 7356m（从海平面算起则达 9146m），可采储量（油当量）近 $1×10^8$t；美国墨西哥湾的列克（Augur）油田是世界上已开发最深的油藏，埋深 6511~6540m；中东地区寒武纪后的沉积岩中发现超大型气田，埋深超过 10000m（张冬玉，2006）；美国西内盆地的米尔斯兰奇气田（Mills Ranch Field）是已开发最深的气田，埋深达 7663~8103m。我国塔里木油田的塔深 1 井完钻井深 8408m，在 8000m 左右见可动油并产微量气；四川老关庙含气构造产层深度 7153~7175m；塔里木盆地库车坳陷的博孜 1 井是最深气流井，7104~7084m 段日产气 $251×10^4$m^3；塔里木盆地的托普 39 井是最深的工业油流井，6950~7110m 井段日产油 95t；中国深层油气资源主要分布在碳酸盐岩、碎屑岩和火山岩三大领域，以天然气资源为主，已形成塔里木、鄂尔多斯、四川、准噶尔、松辽、渤海湾等盆地的现实领域。至今，已有 70 多个国家在深度超过 4000m 的地层中进行了油气钻探，80 多个盆地和油区在 4000m 以下层系发现了 2300 多个油气藏，共发现 30 多个深层大油气田（大油田的可采储量大于 $6850×10^4$t，大气田的可采储量大于 $850×10^8$m^3），其中在 21 个盆地中发现了 75 个埋深大于 6000m 的工业油气藏。预计不久的将来，深层将为人类提供更多的油气资源。

七、全球油气勘探趋势

何登发等（2015）研究表明，全球石油可采资源量为 $4878×10^8$t、天然气可采资源量为 $471×10^{12}$m^3，目前仅分别采出 35%、17%，剩余资源还很丰富。近 10 年来，世界油气储量持续增长，2011 年增长达 4%，美国、加拿大以及俄罗斯里海地区是主要的储量增长区。

首先，从储量增长的原因来看，扩边和新发现是储量增长的一个主要因素。

其次，全球深水油气储量比例逐渐增加。2000 年，常规油气新增储量中深水油气储量占 28%；2012 年该比例达到 77%。新发现深水大油气田主要在巴西、澳大利亚、西非与墨西哥湾四大深水区。

第三，环北极地区油气储量增长。北极地区待发现的总油气资源量为 $564×10^8$t 油当量，其中原油（含凝析油）$184×10^8$t，天然气 $47×10^{12}$m^3，约占全球待发现常规油气总资源量的 14% 和 30%。北极 85% 的油气资源分布在海域，是全球未来重要的接替领域。2000 年以来，北极发现油气田 81 个，其中 $5×10^8$bbl 以上大气田 2 个，(1~5)$×10^8$bbl 大油气田 16 个；

油气勘探工作主要集中在北极老油区，挪威巴伦支海海域是近几年油气发现比较多的区域，在格陵兰岛西部巴芬湾也首次获得油气发现。

第四，美国页岩气革命推动了非常规油气快速发展，水平井压裂技术的突破实现了页岩气规模效益开发。美国非常规页岩气技术可采资源量约为 $24×10^{12}m^3$（EIA，2011），待发现技术可采资源量为 $13.6×10^{12}m^3$。美国页岩气革命引发全球页岩气开发热潮，并带动致密油规模有效开发。全美致密油资源量约 $573×10^8t$，可能（3P）储量为 $39×10^8t$（SPE，2011），主要分布在威利斯顿、犹他、圣玛丽亚、麦沃里克、科尔维尔、丹佛等盆地。2011年，美国致密油产量占全美原油产量的7%。非常规油气产量占全球总产量的比例已达10%。2011年，世界非常规油产量 $6.98×10^8t$，占世界原油产量的17%；其中重油和油砂油 $6.72×10^8t$、致密油 $0.25×10^8t$、油页岩油 $0.0146×10^8t$。2011年，世界非常规气产量 $7805×10^8m^3$，占世界天然气产量的24%，其中页岩气 $1920×10^8m^3$、煤层气 $565×10^8m^3$、致密气 $5320×10^8m^3$。二叠盆地是近年美国非常规油气勘探的最热点，2016年11月6日，美国地质调查局宣布，在得克萨斯州西部沙漠的二叠盆地沃夫坎普（Wolfcamp）地区发现预计储量达 $200×10^8bbl$ 的巨大油田，几乎是北达科他州巴肯页岩油田的3倍，这是美国评估过的最大的非常规油气储量，而且盆地近期油气产量持续攀升。

从全球油气勘探来看，海域深水油气、陆上深层—超深层油气、非常规油气已经成为未来油气勘探的重点领域（表7-7）。

表7-7 全球未来油气勘探重点领域（据邹才能，2017）

重点领域	核心理论技术内涵	重点大区	重点盆地	主要区带与类型	中国主要勘探层系与区带
海域深水油气	①被动大陆边缘结构与生储盖组合 ②深水牵引流与重力流沉积及储集体系 ③区域有利烃源层系与分布 ④地震膏盐岩构造成像与目标预测 ⑤深水钻井船装置与核心技术 ⑥水下开发设备与配套技术	大西洋周缘	大坎波斯、尼日尔三角洲、下刚果、墨西哥湾深水盆地	西非和南美东部盐下碳酸盐岩，墨西哥湾、尼日尔三角洲、北大西洋周缘三角洲砂岩等	南海与东海等大陆架古近—新近系陆相三角洲、河流—冲积扇砂体、浅海相礁灰岩圈闭等
		印度洋周缘	鲁武马、北卡纳尔文盆地	白垩系和古近系、新近系大型浊积砂体	
		地中海东南缘	列维坦盆地	盐下砂岩	
		北极	伏令盆地	三角洲砂岩和浊积砂岩	
陆上深层—超深层油气	①深层区域高—过成熟烃源分布及潜力 ②深层油气理论与工业赋存深度 ③超深层有机—无机油气混源聚集机制 ④高温高压油气超临界赋存相态及储量 ⑤深层储集层形成机制与工业性评价 ⑥深层油气地球物理识别与预测 ⑦深层钻井、压裂改造、开采等技术	扎格罗斯前陆	扎格罗斯盆地	白垩系和古近系、新近系碳酸盐岩	库车、塔西南、准南前陆冲断带白垩系—古近系三角洲砂岩；川西北多层系油气等
		中亚—南里海前陆	伏尔加—乌拉尔、南里海、蒂曼伯朝拉盆地	天然气、古近系、新近系湖相砂岩	
		南美次安第斯	东委内瑞拉、马拉开波盆地	白垩系和古近系、新近系	塔里木盆地寒武系—奥陶系、塔东原生油气藏，四川、鄂尔多斯盆地下古生界—震旦系多层系等
		中东阿拉伯台盆	阿拉伯盆地	古生界致密砂岩	
		西西伯利亚中下组合	西西伯利亚盆地	下侏罗统海相碎屑岩	
		阿姆河—滨里海盐下	阿姆河盆地、滨里海盆地	石炭系生物礁和侏罗系盐下堤礁	

续表

重点领域	核心理论技术内涵	重点大区	重点盆地	主要区带与类型	中国主要勘探层系与区带
非常规油气	①深水细粒沉积与混积岩储集层 ②微米—纳米储集层定量评价与分析技术 ③地球物理"六性"与"甜点"区评价 ④地质、技术与经济可采资源与储量评价 ⑤直井缝网与水平井体积压裂技术 ⑥多井平台"工厂化"生产模式	北美	艾伯塔、鹰滩、二叠、沃特福德	油砂、致密油、页岩气、致密气	鄂尔多斯、松辽、准噶尔等盆地致密油气,四川盆地及周缘志留系与寒武系等页岩气,鄂尔多斯、松辽、准噶尔等盆地页岩油,沁水、鄂尔多斯等盆地煤层气,南沙—西沙海域水合物等
		南美	东委内瑞拉、内乌肯盆地	重油、页岩气、致密油	
		澳大利亚	鲍恩苏拉特、库珀、坎宁、珀斯盆地	煤层气、页岩气、致密油	
		中东	扎格罗斯盆地	重油、页岩气	
		欧洲	波兰和西北德国盆地	页岩气、致密油、煤层气、油页岩	
		俄罗斯	东西伯利亚和西西伯利亚盆地	油砂、煤层气、页岩气、致密油等	

第五节 油气分布的控制因素

地球上油气的分布是极其广泛的,但不论在时间上还是空间上又是很不平衡的。同样,在一个盆地内部,油气的分布也是不均衡的。

在全球范围内和在地质历史上,油气分布主要受一些宏观因素的控制,如大地构造条件、古地理及古气候条件等。不同的大地构造条件导致了不同的地壳活动性和活动方式,导致沉积盆地类型、沉积速率、演化历史的不同;不同的古地理和古气候条件导致生物繁殖、有机质保存和转化条件的不同。这些条件的差异决定了在地壳上大的构造单元之间、不同盆地之间以及不同地质时代的地层中油气分布的不均衡性,这些条件决定了一个盆地油气资源的富集程度。

盆地内部油气分布的不均衡性主要与盆地内部不同构造单元之间油气生成、油气运移、油气聚集和保存条件的差异有关。盆地内部的油气分布在盆地内部烃源条件、二级构造带的分布、局部构造和沉积相带的分布、断裂和不整合的分布以及盖层的发育特征等因素控制下具有一定的规律性。

从石油地质学和现阶段油气勘探的实际需要出发,本节主要阐述盆地内部油气分布的主控因素以及在这些因素控制下的油气分布规律。

一、烃源岩和生排烃中心对油气分布的控制作用

烃源是形成油气藏的第一控制因素。没有油气来源,就不能形成油气藏。国内外大量的油气勘探实践表明,一个盆地内油气藏的分布与烃源岩的分布及生排烃中心具有密切的联系,盆地内的主要油气藏都与烃源岩的层位有密切关系,并分布在主要生油区内部和周围。

（一）盆地中烃源岩的层位、类型及其成熟度控制着盆地油气分布的层位和相态

烃源岩层位控制油气分布层位的规律在构造稳定的沉积盆地中表现得最为明显。烃源岩发育位置、层系不同，经受的热历史和成熟度也不同，导致油气的相态分布也各不相同。

四川盆地和鄂尔多斯盆地海相古生界烃源岩都已高—过成熟，R_o 普遍超过 2%，早期生成的油也都裂解为气，海相地层中有气无油（表 7-8）。鄂尔多斯盆地油气分布受烃源岩层位的控制十分明显，显示出油气分布的分层性特点。该盆地下古生界主要为高—过成熟的含有海相 I 型干酪根的碳酸盐岩烃源岩，目前以生气为主；上古生界为海陆过渡相的煤系地层，也以生气为主；而中生界则为处于成熟阶段的湖相泥质烃源岩，以生油为主。由于烃源岩的这种分布特点，鄂尔多斯盆地下古生界主要以含气为主，形成了下古生界与上古生界混源的靖边大气田；上古生界也以含气为主，形成了苏里格等一系列大气田；而中生界三叠系和侏罗系则以含油为主，形成了一系列油田。

表 7-8 三大叠合盆地海、陆相烃源岩的成熟度比较（据张水昌等，2007）

塔里木盆地				四川盆地				鄂尔多斯盆地			
烃源层	相	R_o,%	油气	烃源层	相	R_o,%	油气	烃源层	相	R_o,%	油气
J_{1+2}	陆相	1.6~2.8	K, E, N 以产气为主	J_1	陆相	1.04~1.11	油	J_1y	陆相	0.57~0.84	产油
T_3y				T_3x		1.4~2.6	气	T_3y		0.75~1.10	
O_{2+3}	海相	0.8~1.3 凹陷中>3%	产油为主	P	海相	2~2.5	产气	C，P	海陆相	1.6~2.8	产气
				S		2~3.5					
ϵ		2~4	产气为主	ϵ_1		3~4.5		O_1m	海相	2~3.5	

但塔里木盆地则不同，它比四川盆地和鄂尔多斯盆地古生界多了一套在盆地中部及隆起斜坡上埋藏较浅、R_o 只有 0.8%~1.3%、现今正处在生油高峰阶段的中—上奥陶统海相烃源岩，同时它又发育一套高—过成熟的寒武系烃源岩，所以海相天然气也很丰富。由于受烃源岩分布及其成熟度的控制，塔里木盆地海相石油主要分布在盆地中部南北延伸的长方形区块内，东、西两侧以气为主（张水昌等，2007）。

由此可见，烃源岩的成熟度对盆地油气的相态和分布起着关键作用。四川盆地和鄂尔多斯盆地过成熟海相古生界只能找气，不能找油；而塔里木盆地的海相勘探应当油气并举，中部找油，东西找气。

在构造活动比较频繁、断层比较发育的盆地，由于油气垂向运移作用强，这种油气分布的分层性可能会被破坏，油气分布层位与烃源岩层位的关系则变得比较复杂，此时要视断层的分布和沟通情况具体分析。

（二）在平面上，油气分布与生排烃中心的关系符合"源控论"

油气分布的源控论是我国老一辈石油工作者在 20 世纪 60 年代继大庆油田和渤海湾油区发现的基础上总结出来的陆相盆地油气分布理论，其基本思想是有效的烃源岩分布区基本控制了油气田的大致分布范围，油气自烃源岩生成排出后，就近聚集在生油有利区或其邻近地带，这就是"源控论"。它认为：在陆相沉积盆地中，油气田一般围绕生油凹陷呈半环状、环状、多环状分布；一个生油凹陷就是一个含油区，不论凹陷的大小，只要其具备了良好的生油条件，即使是几百平方千米的微型凹陷也可能形成丰富的油气聚集。胡朝元等（2002）用国内外大量盆地的实例论证了这一理论。

松辽盆地的勘探历史使人们充分认识到源控论在陆相盆地油气勘探中的重要性。松辽盆

地有效烃源岩主要分布在中央坳陷内，是盆地的主要生排烃中心，最有利和较有利的生油区面积约为 $5\times10^4{\rm km}^2$；主力生油层为青山口组灰色泥岩和页岩，平均厚度为530m，最厚地区达1150m；有机碳平均含量为0.5%~1.7%。勘探结果表明，经钻探的20多个构造和地区全部获得了工业油气流或油气显示，松辽盆地目前所发现的油气田基本上都位于中央坳陷内的生排烃中心内及其附近（图7-51）。而盆地的其他几个构造单元的广大地区，如北部倾没区、东北隆起区、东南隆起区、西南隆起区和西部斜坡区，尽管占有盆地面积的大部分，生油层差，虽然砂层条件较好，但发现的油气田很少。

渤海湾盆地及我国东部其他盆地的几十个凹陷内，均有系统资料表明，油气分布受生排烃中心区的控制。如渤海湾盆地的济阳坳陷、黄骅坳陷、冀中坳陷、辽河坳陷、东濮凹陷及南襄、江汉、苏北等盆地油气运距均小于

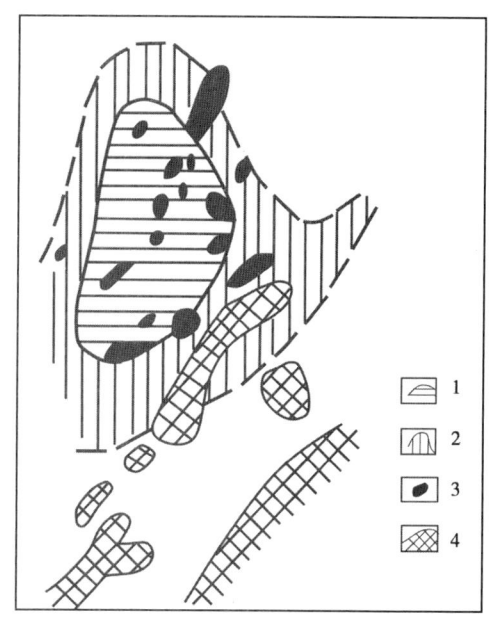

图7-51 松辽盆地油气田分布与生油区关系
1—青山口组最有利生油区；2—青山口组较有利生油区；3—油田和油藏；4—姚家组侵蚀区

40km。冀中坳陷生油有利的饶霸凹陷及廊固凹陷，烃源层厚度大于800m，这里集中分布了全区大多数油田和绝大部分储量（图7-52）。

江汉盆地潜江凹陷潜江组的勘探程度高，油气运移聚集规律研究得较为清楚，油源控制油气田分布的规律十分明显。潜江组砂岩仅分布在凹陷北部。潜江组成熟烃源岩厚1827m，面积为1180km²，有机碳含量为0.63%。有效烃源岩厚度最大为900m，面积仅为500km²，生油量为 9.9×10^8t。蚌湖深洼陷为生排烃中心，该区排油量为 3.6×10^8t，石油资源量为 1.09×10^8t，全盆地90%的油田和80%的储量均位于此区。潜江凹陷南部拖船埠一带虽然暗色泥岩厚1000m以上，但成熟烃源岩仅200m，又因缺乏砂层，排烃条件差，无有效烃源岩，虽然经过不少勘探工作，至今在该区潜江组无任何发现（图7-53）。

我国海洋及中西部盆地的大量资料表明，源控论在这些地区的油田和气田分布预测中也完全适用。这些盆地油气运移距离也小于100km。我国近海已发现的大中型油气田或油气田群都分布在富生烃凹陷及其周围。中国近海各盆地51个凹陷中，辽中、渤中、歧口、惠州、神狐、涠西南6个富生烃凹陷拥有全部油气资源量50%以上，其油气运移距离一般均在30~40km以内。

（三）从中国含油气盆地油气分布中总结的"源控论"同样适用于国外盆地

1971年，B.P.蒂索在研究巴黎盆地侏罗系生油问题时，发现所有油田及孤立的油流井均位于生油层最好的地区之中，而生油潜力小于500g/t的地区只钻出了干井。地质学家罗诺夫的研究也表明，伏尔加—乌拉尔含油气区附近的泥盆系地层的含碳量比俄罗斯其他地区要高得多，产油区的平均有机碳含量为1.6%，在无油区仅为0.5%。再如北海盆地、印度尼西亚中苏门答腊盆地、南里海盆地、北非的锡尔特盆地、中东波斯湾盆地、美国洛杉矶盆地及圣华金盆地、墨西哥湾盆地以及委内瑞拉马拉开波盆地等等，它们都含有大油气田，但

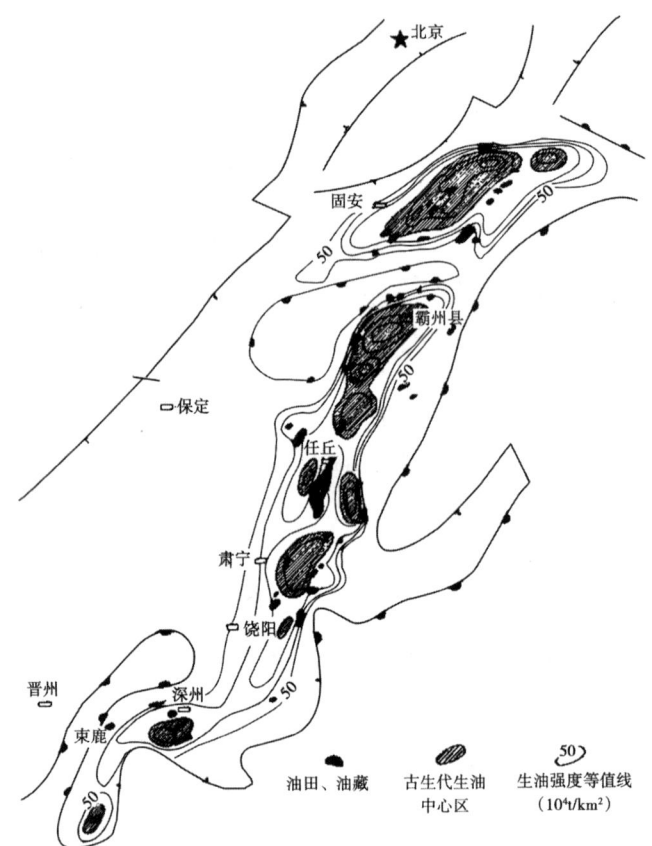

图 7-52 冀中坳陷油气田分布与生油凹陷关系

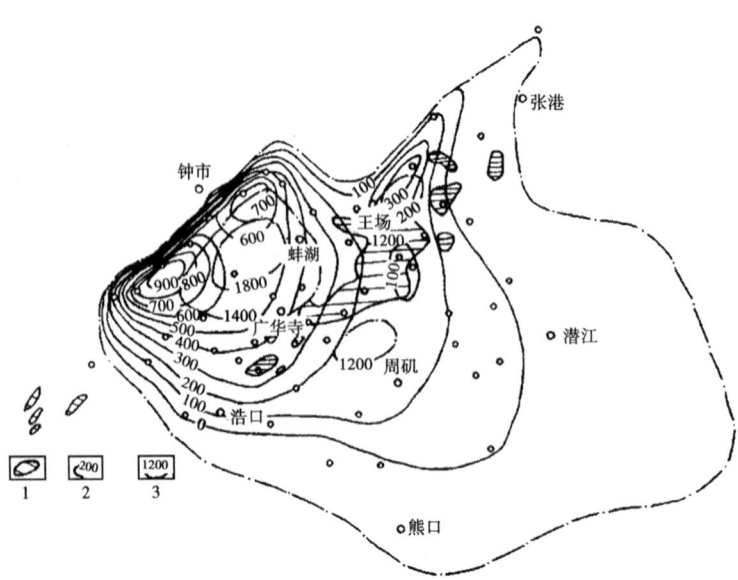

图 7-53 潜江凹陷北部潜江组有效烃源岩与油田分布关系图
（据江汉石油勘探开发研究院资料增补）
1—油田；2—有效烃源岩厚度线（m）；3—成熟烃源岩等厚线（m）

其油气运移距离多在40~50km之间，部分为70~90km（胡朝元等，2002）。可见，"源控论"不仅适用于陆相沉积盆地，而且也适用于海相沉积盆地。因为它从客观上反映了烃源岩在油气藏形成中的物质基础作用。所以，烃源条件的研究应成为资源评价和油气勘探的基础，特别是在区域勘探阶段，是必须首先遵循的一条重要原则。

（四）天然气藏的分布也受生气中心的控制

戴金星（2007）对这一规律进行了总结，认为大气田主要分布在生气强度在$20 \times 10^3 m^3/km^2$的范围内（图7-54）。位于生气中心及其周缘的圈闭不仅可以源源不断地获得气源岩高丰度的气源供给，而且运移距离短，避免了长途运移中的散失，因此只要有较大圈闭存在，形成大中型气田的概率就很高。根据生气中心气源岩层位及其所控制的大中型气田所在层位的关系，戴金星（1991）把生气中心分为3类：

（1）同层生气中心，生气中心的气源岩及其控制的大中型气田是同一地层。此类往往发育在构造稳定的盆地或地区，由于断裂欠发育，生气中心气源岩形成的高强度的气难于向上覆地层大量运移，而易于在与气源岩同层位地层中的大圈闭中聚集而形成大中型气田。

（2）低层生气中心，生气中心气源岩生成的大量气主要在其上覆地层中形成大中型气田。此类往往出现在构造活动性较强、断裂发育的盆地或地区，盖层为膏盐或厚泥质岩，断裂作为运移通道，使生气中心生成的大量天然气运移到上覆地层圈闭中聚集，形成大中型

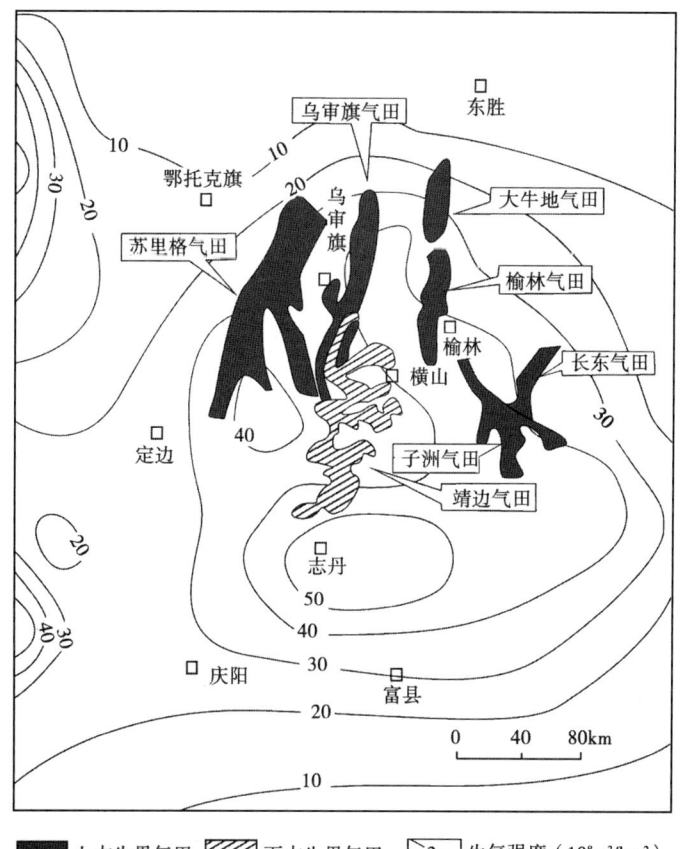

图7-54　鄂尔多斯盆地大气田分布与生气中心的关系（据戴金星等，2007）

气田。

(3) 高层生气中心，生气中心生成的大量气在气源岩下伏地层的圈闭中成藏。

综观国内外资料，同层生气中心和低层生气中心形成大气田的概率很高，而高层生气中心形成大中型气田的概率较低。

二、二级构造带和古隆起对油气分布的控制作用

油气藏的分布与二级构造带关系密切。盆地中的二级构造带，特别是位于生排烃中心内部或附近的继承性二级构造带，对盆地内储集层的发育、圈闭的发育以及油气运移和聚集有重要的控制作用。二级构造带是形成盆地内油气聚集带的重要基础和地质背景。

我国石油地质工作者根据中国陆相盆地成油特点，在20世纪60年代就提出了"二级构造带是油气聚集带"的观点。在20世纪60年代末和70年代初期，在系统总结断陷盆地油气分布规律的基础上，提出了"复式油气聚集带"理论（胡见义等，1991）。实际上，复式油气聚集带就是在二级构造带背景下不同层系、不同圈闭类型相互叠置形成的含油气地带。

胡见义等（1991）将中国陆相盆地中的复式油气聚集带划分为12类，其中有6类是在二级构造带背景下形成的，包括披覆背斜构造带、逆牵引背斜构造带、断裂构造带、底辟拱升背斜构造带、挤压背斜构造带、潜山构造带等，其余6类复式油气聚集带主要受地层和沉积因素的控制。在胡见义等（1991）的分类中没有单独划分出由于盆地基地隆升而形成的长垣构造带。实际上，长垣构造或盆地中的大型隆起也是对油气聚集有重要控制作用的二级构造带。在上述各种二级构造带中，有一些对沉积有重要的控制作用。例如，潜山构造带、长垣和大隆起带、披覆背斜带等在沉积过程中虽都处于盆地的隆起部位，但仍然处于水下，沉积物的岩性较粗，分选较好，有利于形成常形成良好的储集层。当然，也有一些二级构造带隆起较高，出露在水面之上，为剥蚀区，使盖层遭到剥蚀，对油气的保存不利。

二级构造带都是盆地中构造高部位，并常位于生油凹陷之中或在两凹陷之间，诸如基岩凸起构造带、古潜山构造带、背斜构造带、断阶构造带及牵引构造带等，这些二级构造带往往都是盆地油气运移的主要指向和油气聚集的有利场所。众所周知，在深坳陷中丰富的油气生成之后，由于深坳陷内沉积物厚度大，地层剩余压力高，所以油气在浮力和剩余压力差的作用下总是从坳陷深部向高部位运移聚集。而且，不论是自生自储，还是新生古储、古生新储，油气都是首先向距离较近的有利圈闭运移聚集，而位于生油凹陷之内及其边缘的二级构造带上局部构造发育，可为油气聚集提供场所，从而形成各种类型油气藏。

克拉通盆地的古隆起对油气聚集也有重要的控制作用，是油气聚集的有利区。古隆起位于生油坳陷之间，是沉积时的构造高部位，有利于形成有利的储集相带，同时构造抬升造成的剥蚀作用也有利于溶蚀性储集层的发育。古隆起圈闭发育，圈闭类型多，可以发育构造圈闭、地层圈闭和各类复合圈闭，并且圈闭形成时间早。海相地层中油气运移的距离一般较远，坳陷中生成的油气可以发生较长距离的运移，生油坳陷周围分布的古隆起是油气运移的主要指向。由于上述原因，克拉通盆地中的古隆起是油气聚集的有利场所。四川盆地的泸州古隆起和开江古隆起是目前四川盆地主要天然气田的分布区（图7-55），塔里木盆地的塔中隆起和塔北隆起也是油气田的集中分布区，西西伯利亚盆地油气田的分布也主要与古隆起和大型长垣有关。

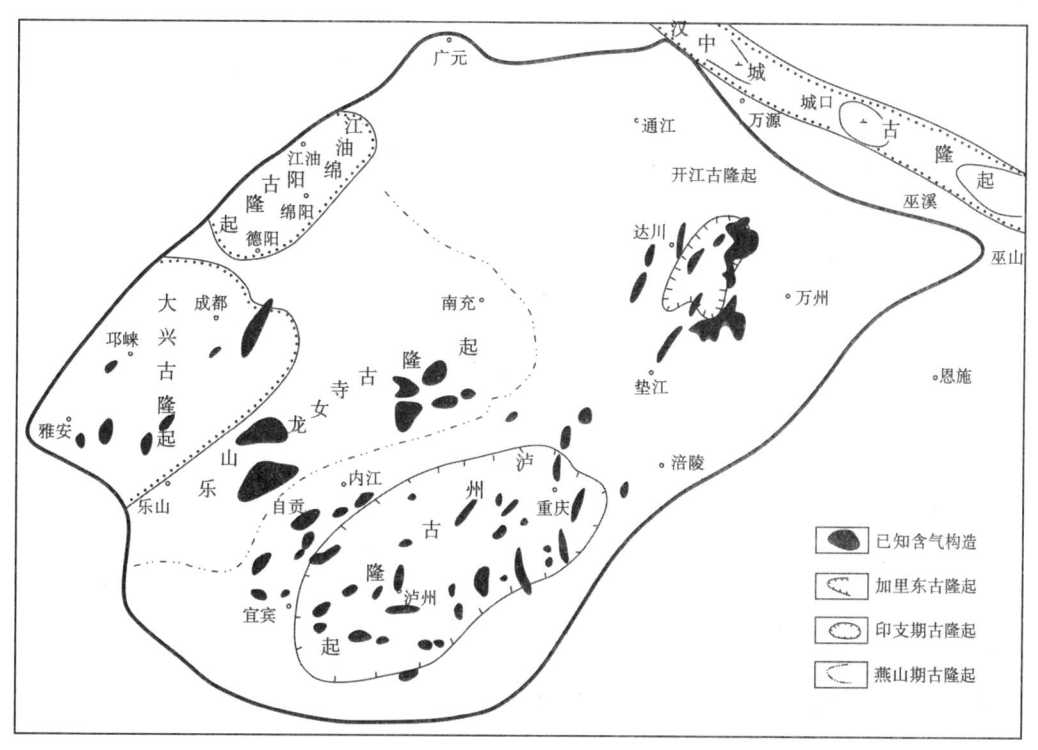

图 7-55　四川盆地古隆起与天然气分布的关系（据李晓清等，2001）

三、局部构造和沉积相带对油气分布的控制

局部构造和沉积相带是继烃源岩和生排烃中心、二级构造带和古隆起之后第三层次的控制因素，它们控制着油气田的位置和范围。局部构造控制着构造油气藏的位置，有利的沉积相带控制着岩性油气藏的分布，但二者之间又相互影响。

背斜、鼻状构造、断层等盆地中的三级构造是形成不同类型构造圈闭的基础，可以形成背斜圈闭和断层圈闭，这些圈闭类型是大多数盆地中最主要的构造圈闭类型。盆地中的背斜、鼻状构造、封闭性断层形成的圈闭是油气聚集的主要部位。在油气勘探早期提出的"背斜学说"曾经是当时找油的主要理论，世界上主要的大型油气田也都与背斜有关，背斜构造对油气的控制作用是不言而喻的。在生排烃中心和二级构造带控制的背景下，盆地中的局部构造就成为最重要的油气聚集场所。如酒泉盆地老君庙构造带上的老君庙、鸭儿峡、石油沟三个背斜形成了三个油田；库车坳陷克拉苏构造带的克拉 2 背斜形成了克拉 2 大气田等。但并不是有利的二级构造带上的局部构造都可以形成油气田，这还与该构造储集层的发育情况、断裂的发育情况、盖层条件等因素有关。

沉积相带既对某些类型的油气聚集带的形成具有控制作用，也对油气田的形成具有控制作用。在胡见义等（1991）提出的 12 类复式油气聚集带中，有 3 类是受沉积相带控制的，包括砂岩上倾尖灭型油气聚集带、粒屑灰岩岩性油气聚集带、古河道油气聚集带等。在湖盆的深湖—半深湖亚相，经常形成由湖底扇砂岩体作为储集层的透镜体油气聚集带。在碎屑岩沉积盆地中，沉积相带控制着砂岩体的发育，进而控制着储集层的发育。碎屑岩储集层的主体是砂岩体，常见的砂岩体类型主要有冲积扇砂砾岩体、河流砂岩体、三角洲砂岩体、滨浅湖砂岩体、滨海砂岩体、浅海砂岩体、深水浊积砂岩体和风成砂岩体等类型。在上述类型的砂岩体中，三角洲砂岩体、海岸相砂岩体、湖泊砂岩体、河流砂岩体和浊积砂岩体等是重要的储集岩，上述砂岩体的分布对油气分布具有重要的控制作用。

三角洲砂岩体地处河流入海（湖）处，三角洲平原亚相的分流河道砂岩体和三角洲前缘亚相的水下分流河道砂岩体、河口坝砂岩体、远沙坝砂岩体、前缘席状砂岩体都是常见的良好的储集层，前三角洲亚相和湖相泥岩是有利的烃源岩，三角洲平原亚相的泥岩可以作为盖层，形成良好的生储盖组合。世界第二特大油田——科威特布尔干油田和第三特大油田——委内瑞拉玻利瓦尔油田的生产层均为三角洲沉积。北非尼日利亚的尼日尔河三角洲中已发现数百个油气田。我国的大庆长垣三角洲和东营凹陷的东辛、胜坨三角洲相等都形成了大油田。

海岸砂岩体主要有海滩砂、沙坝、堤岛、风成沙丘等，在平面上一般呈带状或串珠状沿岸线分布，剖面上常呈底平顶凸的透镜状。由于它们经受反复的冲洗和簸扬，一般分选好，圆度好，岩性以中细砂岩为主，较疏松，孔隙度和渗透率都较高，有良好的储油性能，是油气聚集的良好场所。海岸砂岩体包括海进砂岩体和海退砂岩体。海退砂岩体下伏暗色海相页岩，生油条件好，故目前世界上发现的海岸砂岩体油气田多属海退型砂岩体。

浊积砂岩体沉积于深海或深湖环境，平面形态一般为扇形，又称海底扇或湖底扇。浊积砂岩体由根部至前缘、由下部至上部，沉积物一般由粗变细，分选由差变好，扇体的扇中部分一般有分选较好的砂质沉积，可构成良好的储集层。由于浊积砂岩体发育在深水泥岩之中，这些泥岩既可作为烃源岩，又可作为封闭层，因此，浊积砂岩体不仅含油气丰富，而且也是岩性油气藏发育的有利地区。

河流砂岩体分布在河道沉积中，形态极不规则，多呈带状、树枝状或网状，边缘呈锯齿状。古河道砂岩体以河床中的边滩和心滩砂岩的储油物性最好。目前世界范围内已发现了不少以古河道砂岩体为储集层的油气藏，如美国堪萨斯州的布什城油田、加拿大艾伯塔的贝尔希油田、利比亚锡尔特盆地的 Sam 油田和我国鄂尔多斯盆地的马岭油田等。

湖泊相砂岩体的类型多种多样，主要包括水下冲积扇砂岩体、扇三角洲砂岩体、湖成三角洲砂岩体、滨浅湖的湖滩砂岩体、深湖的湖底扇砂岩体等。断陷型湖盆物源多、水系短，砂岩体分布广泛。陡坡有冲积扇直接入湖，形成近岸水下扇砂岩体，缓坡发育河流—三角洲与滨湖沙坝等砂岩体，湖盆中心有湖底扇等浊积砂岩体。坳陷型湖盆沉积相带多呈环带状分布，沿湖盆长轴方向往往发育大型曲流河三角洲，短轴方向形成辫状河三角洲，一系列的三角洲前缘砂岩体呈带状和席状分布。这些砂岩体或被烃源岩所包围，或叠置于烃源岩之上，或夹于烃源岩层系之中，均具有形成各类油气藏的优越条件。因此，不论是在湖盆的二级构造带上和二级构造带外的斜坡区，还是在深坳陷部位，都有形成油气藏的条件。在我国东部富油气凹陷的油气勘探实践也在凹陷的上述不同构造部位都找到了油气田。据此，赵文智等提出了我国东部富油气凹陷"满凹含油"的观点（赵文智等，2004；赵文智，2006）。

砂岩体除了可以提供油气的储集空间之外，也构成油气运移的重要通道。砂岩体输导体系对油气成藏与分布的控制主要表现为"优势运移通道"对油气分布的控制，结合砂岩体发育的特点和流体势原理可以确定，由"构造脊"和"高孔渗带"组成的有限空间为砂岩体输导体系的优势运移通道，通道之上或其周围的圈闭是油气聚集的最有利部位。

海相碳酸盐岩地层的储集相带对油气分布的控制作用也十分明显。据我国及世界上碳酸盐岩油气田的研究，碳酸盐岩储集层主要分布在生物礁、浅滩及潮坪等沉积环境。

世界上以生物礁为产层的油气田很多，生物礁型油气田一般储量大、产量高，这与生物礁储集层的储集物性好有密切的关系。生物礁相的储集层主要发育在礁核和礁前塌积岩区内。礁核是由造礁生物的骨架、茎状（枝状）化石遗骸障积灰泥以及蓝绿藻、红藻等生物粘结碎屑颗粒等组成的。礁核内发育有大量的多种类型的孔隙，例如生物骨架孔隙、粒间孔隙、生物体腔孔隙等原生孔隙，并在原生孔隙的基础上，经淋滤溶蚀或白云石化作用而出现大量次生溶孔、溶洞和白云石化晶间孔隙，使原生孔隙进一步扩大和连通，大大改善其储集物性。礁前塌积物以砾屑灰岩、砂屑灰岩为主，粒间孔隙十分发育。

浅滩是指水动力能量较强的碳酸盐沉积环境中形成的滨岸沙滩、障壁沙滩、潟湖边缘浅滩和潮汐三角洲等环境。在这些环境中，由于波浪和潮汐作用强烈，堆积了圆度好、分选佳的骨屑灰岩、砂屑灰岩、鲕粒灰岩等岩石类型，其粒间孔隙极为发育。如果这些浅滩在后期露出水面，经雨水淋滤、溶蚀又可形成大量次生溶孔。由于选择性溶解作用，一般由文石质组成的鲕粒、软体动物碎屑、藻屑等最易溶解，可形成鲕内溶孔、砂屑溶孔、藻屑溶孔、介屑溶孔等粒内溶孔和溶模孔。四川盆地川东北地区普光、罗家寨等三叠系大型气田的分布与三叠系飞仙关组台地边缘鲕滩相白云岩的分布有密切关系（图7-56）。北非利比亚北部锡尔特盆地的泽勒坦油田储集层为古近—新近系的伞藻—有孔虫砂屑灰岩，属沙坝沉积，它们的粒间孔隙和粒内孔隙在后期经淋滤、溶蚀而扩大和沟通，孔隙度高达30%~50%。

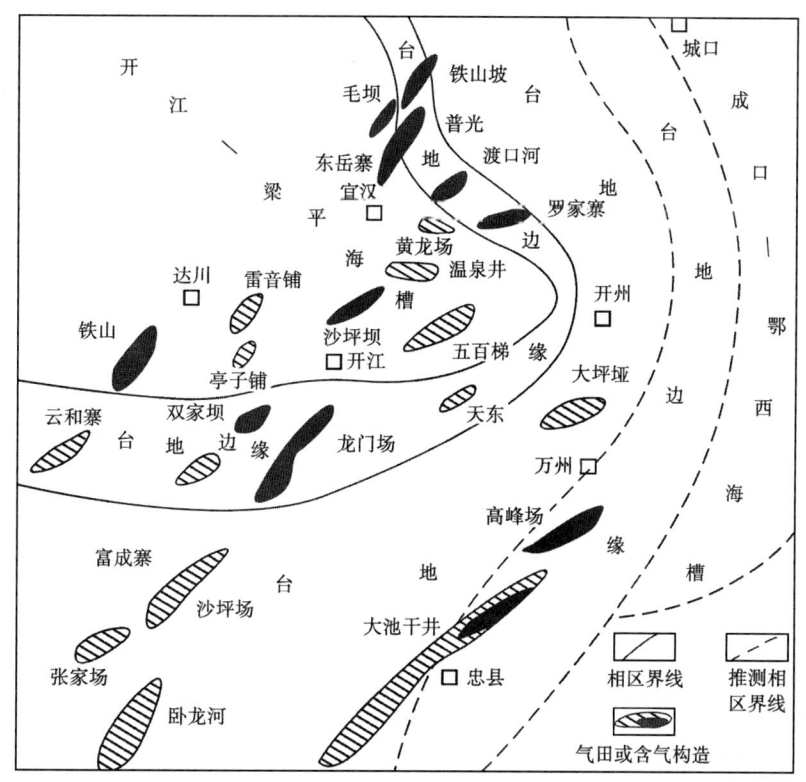

图7-56 川东北地区下三叠统沉积相与含油气构造分布示意图（据张奎华，2006）

潮坪环境海浪的作用不明显，主要遭受潮汐作用和大风暴的影响，蓝绿藻非常发育（尤其是潮间带）。粗碎屑颗粒作为滞后的残留物一般停积在潮汐沟内，在潮汐坪上以细粒沉积作用为主，经常出现团粒泥晶灰岩、叠层石灰岩。在干旱气候区，由于强烈的蒸发作用，潮上带就成为盐沼（萨勃哈）环境，出现石膏、硬石膏、白云岩等蒸发岩沉积。这种环境中的沉积物可能遭到早期白云石化作用，形成微晶白云岩，出现晶间孔隙。如果在成岩晚期出现白云石化作用，则晶间孔隙可能更发育。其次，蓝绿藻被埋葬和腐烂可形成鸟眼孔隙。由于它们经常暴露于地表，大气降水选择文石质的蓝绿藻纹层进行溶解，可形成窗孔状溶蚀孔隙，膏盐矿物溶解可形成晶模孔等。因此，潮坪是形成鸟眼孔隙、窗孔状溶蚀孔隙、晶模孔和白云石晶间孔的主要场所，是世界上许多油气田的良好储集层。例如，美国密歇根盆地泥盆系的蒸发岩中所夹白云岩层晶间孔隙发育，为产油层。

四、断裂对油气分布的控制

断裂是含油气盆地中最常见的构造现象之一，它与油气的生成和油气藏的形成具有千丝万缕的联系，但这一关系通常也是最复杂和最具争议的。断裂与油气藏形成的关系已成为近年来石油地质领域研究的热点问题之一。前已述及，断裂既可作为遮挡条件形成各种断层圈闭，也可以作为油气运移的通道；断裂带既对一些类型盆地生烃中心形成和油气生成具有重要的控制作用，也是油气藏或油气田的集中分布带，断裂带常形成断裂型油气聚集带。

在断陷盆地中，断裂构成了盆地（坳陷、凹陷）的边界，控制了盆地（坳陷、凹陷）沉积中心、生烃中心和储集体的分布。在我国东部裂谷盆地中，控制凹陷的边界断层都是生长断层。这些断层边沉积边断裂，在生长断层的下降盘形成深凹陷，使下降盘地层厚度明显增大。例如，在渤海湾盆地的断层一侧的深凹陷中，古近系具有快速沉降和巨厚沉积的特点，最大沉降幅度和沉积厚度达6000~9000m。这些深凹陷区主要以深湖—半深湖亚相为主，形成了巨厚的烃源岩，东营、霸州、饶阳、辽河西部等凹陷烃源岩厚度可达1500~2000m，有机质丰富、埋藏深度大，有利于油气的生成，形成了高生烃强度的生油凹陷。断裂带不仅控制断陷盆地生烃中心的分布，同时也控制着储集体的形成与分布。由于盆地内大型生长断层的落差一般可达几百米到上千米，上升盘是物源区，碎屑物经短距离搬运直接入湖，形成水下扇。这些扇体沿断层成串分布，小的仅几十平方米，大的可达100km^{2}以上，砂层厚几十米到上千米，成为有利的油气储集层。

断裂带是油气运移的重要通道并为油气聚集提供重要的封闭条件。断裂带是油气的富集带，常形成断裂型油气聚集带。断裂在油气成藏中最直接的作用是作为油气运移的通道和形成断层油气藏的封闭条件。这似乎是两个相互矛盾的问题，这一问题涉及断裂的活动性、断裂的有限封闭性等许多复杂的问题，在前面的某些章节中已经作了一定程度的阐述，在此不加讨论。事实是，在含油气盆地中存在大量断裂作为油气运移通道或油气藏封闭条件的实例，也有很多断裂同时作为油气运移通道和封闭条件的实例，这一点是不容否认的。在渤海湾盆地，断层油气藏是数量最多的一种油气藏类型，显然这些油气藏都是以断层作为封闭条件的。渤海湾盆地的有效烃源岩位于古近系沙河街组，在某些凹陷中东营组也具有生烃潜力，近年来在渤海海域和滩海地区发现的PL19-3大油田和南堡大油田的主力储油层都是新近系，显然断层是油气从古近系进入新近系的通道。罗群等（2007）对全国18个盆地40个典型油气田的统计表明，70%以上的油气成藏都与断裂有关，断裂对油气运移输导的控制率达72.5%，对油气分布控制达到80%以上，其中绝对控制为42.5%，明显控制达37.5%（表7-9）。

表 7-9 典型油田断裂对油气成藏与分布的控制作用（据罗群等，2007，有修改）

序号	油气田名称	断裂控藏特征			
		控运移	控聚集	控圈闭	控分布
1	萨尔图油田	★	★★	★★★	★★
2	朝阳沟	★★	★★	★★★	★★★
3	榆树林	★★	★★	★★★	★★
4	扶余—新民	★★	★★	★★★	★★
5	五站气田	★★	★★★	★★	★★★
6	兴隆台	★★★	★★★	★★★	★★★
7	高升	★★	★★★	★★	★★
8	曙光—欢喜岭	★★	★★★	★★★	★★
9	克拉玛依	★★	★★★	★★★	★★★
10	高尚堡—柳赞	★★	★★★	★★★	★★★
11	任丘	★★	★★★	★★★	★★★
12	胜坨	★★	★★	★★★	★★
13	东辛	★★	★★	★★★	★★
14	孤岛	★★	★★★	★★★	★★★
15	老君庙—鸭儿峡	★★	★★★	★★★	★★★

注：★★★表示绝对控制；★★表示明显控制；★表示一定控制。

断裂带是油气富集带这一事实已经被油气勘探的实践所证实。断陷盆地的断裂带发育不同类型的圈闭，如断块和断鼻圈闭、逆牵引背斜圈闭、地层超覆圈闭和岩性圈闭等。断裂可以沟通不同时代的烃源岩和储集层，成为油气运移的通道。在断裂带可以形成不同类型的油气藏，构成油气富集带。前陆盆地的逆掩断裂带也是油气富集带，在国内外都有许多成功的勘探实例。美国 1975 年在落基山逆掩断裂带发现了第一个油田，以后又陆续在怀俄明州和犹他州之间的逆掩断裂带的寒武系和奥陶系中找到了 20 多个油气田。我国准噶尔盆地西北缘的克—乌断裂带也是一个大的逆掩断裂带，其中集中了准噶尔盆地油气储量的一半以上。断裂型油气聚集带已经成为含油气盆地中重要的油气聚集带类型。

五、地层不整合对油气分布的控制

不整合代表了长期的抬升和风化剥蚀，以及大气水溶解淋滤，使半风化岩石层形成风化裂缝，增强原地层的孔隙性，可以作为油气输导通道；由于长期暴露风化，在风化地层之上形成风化黏土层，其渗透性较差，可以作为盖层，形成上部遮挡，由此具备油气保存的储盖条件，有利于形成各类地层油气藏。不整合对油气分布有重要的控制作用，世界上有大量油气聚集在不整合附近，特别是在不整合面之下。

不整合面之下的风化淋滤带是有利储集层的分布带。不整合面之下的岩石经过长期的风化剥蚀和溶解淋滤，形成了孔隙、裂缝发育的风化淋滤带。这些岩石可以作为油气运移的通道和储集岩。特别是在碳酸盐岩地区，这种不整合面之下的风化淋滤带特别发育，成为储集油气的重要空间。不整合面之下通常是油气聚集的重要场所。不整合面之下的火山岩由于风化作用也经常成为有利的储集层。我国任丘古潜山油田雾迷山组碳酸盐岩储集层、塔里木盆地塔河油田奥陶系碳酸盐岩储集层、鄂尔多斯盆地靖边气田奥陶系马家沟组碳酸盐岩储集层、准噶尔盆地石西油田石炭系火山岩储集层等，都是位于不整合面之下、经风化淋滤形成的优质储集层，都形成了大油气田。

不整合是油气运移的重要通道。不整合面之下的风化淋滤带和不整合面之上的底砾岩是孔隙性岩石，并且沿不整合面广泛分布，能够构成油气长距离侧向运移的通道。不整合还是沟通不同时代烃源岩与储集层的桥梁，可以将本来在垂向上和侧向上并不接触的烃源岩和储集层连接起来，使油气运移的空间范围变大，有利于油气的长距离运移。

位于不整合面之上的风化黏土层是岩层风化的终极产物，由风化后的细粒残积物经过压实成岩后形成，内部往往含有机质，是一套致密而有韧性的岩层，厚度一般为 5~30m（杜恒俭等，1978），可以作为高品质封盖层，使下部半风化岩石中的油气得以保存，是形成不整合遮挡油藏的关键条件。

由地层不整合形成的地层油气藏是重要的油气藏类型。在世界上已发现大量的大型和特大型地层油气田。美国的普鲁德霍湾油田、美国的胡果顿气田、阿尔及利亚的哈西迈萨乌德油田、我国的任丘油田都是著名的地层型大油田，这些油田的形成与分布都与不整合有关。

六、区域性盖层对油气分布的控制作用

区域性盖层是控制盆地油气富集程度和油气纵向分布的重要条件之一（童晓光等，1989），盆地中的大部分油气都分布在最浅一套区域性盖层以下。我国中西部前陆冲断带发育多套区域性盖层，目前钻井揭示准噶尔盆地南部发育5套，川西地区发育6套，柴达木盆地北缘发育3套，这些区域性盖层与储集层组合控制着这些地区不同层位油气的聚集和保存（图7-57）。松辽盆地青山口组和嫩江组一、二段泥岩盖层是盆地分布面积最大的两套区域性盖层，它们像两套"被子"一样封盖着盆地，使其下青山口组及嫩一、二段烃源岩生排出的油气在其下被保存下来并聚集成藏，形成了松辽盆地丰富的油气资源。海拉尔盆地是我国东部的一个断陷盆地，大磨拐河组一段发育的大套泥岩不仅厚度大，而且分布广泛，是盆地的区域性盖层。它不仅控制着整个盆地的油气分布，并且能有效封闭住下部储集层的油气，使其聚集成藏。南屯组一段和伊敏组一段泥岩局部盖层控制了部分凹陷的油气（王红伟，2004）。中亚地区滨里海盆地下二叠统发育一套孔谷阶盐岩区域性盖层，厚度达 100~1000m。盐层上、下均形成油气田，但以盐下油气储量最大，占93.7%，表明下二叠统盐层对油气的封盖作用，这类膏盐封盖条件在各地块均有发现（康玉柱，2014）。

区域性盖层对天然气的富集更是至关重要，与烃源岩排烃史在时间上相匹配的优质区域性盖层（盖层封闭能力形成期早于或相当于烃源岩的大量排烃期）决定着大中型气田的形成及天然气聚集系数的大小。烃源岩生成的天然气能否聚集成藏，盖层的覆盖面积和稳定性起到重要作用。仅有局部盖层，天然气难于长期保存，运移过程中大量散失，故其下的圈闭只能形成小量的天然气聚集。若具备区域性盖层，烃源岩形成的天然气大部分被封存在区域性盖层之下，当存在有利的储集层和圈闭时，则可形成大中型气田。我国大中型气田的盆地均发育有良好的区域性盖层，例如，四川盆地川东气区大中型气田，主力气层上石炭统之上发育有近千米的二叠—三叠系泥质灰岩、膏质白云岩、硬石膏层等封盖性好的区域性盖层。川东气区志留系主力烃源岩中三叠世末进入成熟高峰时，该套区域性盖层已经形成，使油气得以保存，三叠纪末在开江古圈闭形成古油气藏，为大中型气田的形成奠定了基础。莺琼盆地发育4套（梅山组、三亚组、莺黄组和第四系）泥岩区域性盖层，总厚度一般在2000m

以上,使其下烃源岩生成的天然气大部分保存下来,为崖 13-1 大气田等形成创造了条件(戴金星等,1996)。

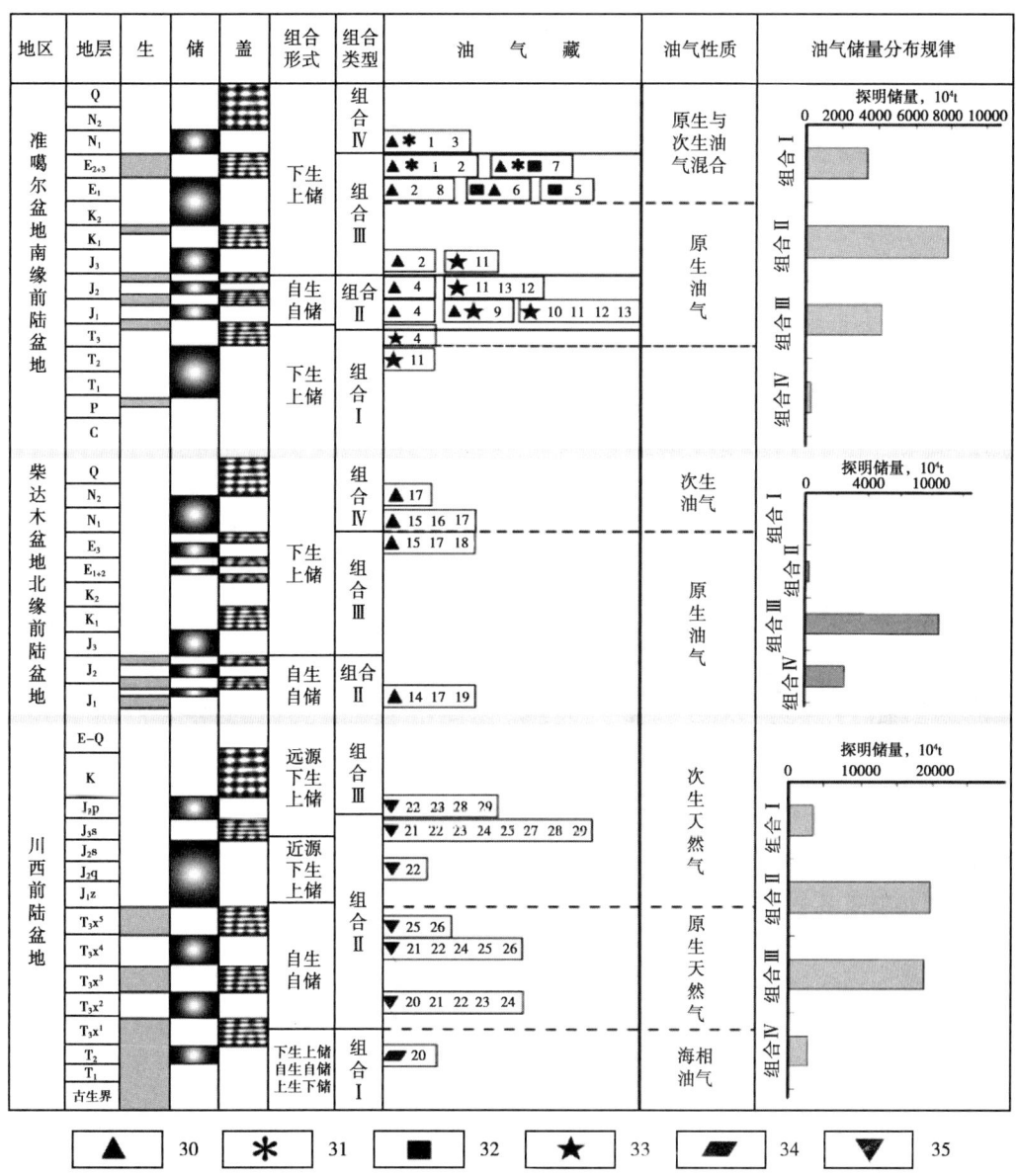

图 7-57 中国中西部三种前陆盆地盖层与油气分布关系(据付晓飞等,2008)

1—独山子油藏;2—卡因迪克油藏;3—西湖油气藏;4—齐古油藏;5—霍尔果斯油气藏;6—吐谷鲁油气藏;7—安集海油气藏;8—呼图壁气藏;9—小泉沟油气藏;10—甘河油气藏;11—三台油气藏;12—彩南油藏;13—莫索湾油气藏;14—冷湖三号油气田;15—冷湖四号油气田;16—冷湖五号油气田;17—南八仙油气田;18—马北气田;19—鱼卡地区油气田;20—中坝气田;21—平落坝气田;22—新场气田;23—白马庙气田;24—邛西气田;25—大兴西气田;26—文兴场气田;27—三皇庙气田;28—观音寺气田;29—苏码头气田;30—来自侏罗系的油;31—来自古近系的油;32—来自白垩系的油;33—来自二叠系的油;34—来自古生界的天然气;35—来自上三叠统的天然气

思 考 题

1. 什么是油气田？油气田有哪些基本特征？
2. 油气田类型划分的基本原则是什么？油气田可以划分为哪些类型？
3. 什么是油气聚集带？油气聚集带有哪些基本类型？
4. 简述含油气盆地的基底、周边类型及特征。
5. 简述含油气盆地的构造单元划分。
6. 根据盆地发育的地球动力学环境，含油气盆地可分为哪些类型？
7. 从大地构造观点试述中国含油气盆地的分布特征。
8. 简述裂谷盆地的概念及其结构特征。
9. 阐述裂谷盆地的石油地质条件和油气分布规律特征。
10. 阐述松辽盆地油气藏形成的条件及油气分布的规律。
11. 阐述渤海湾盆地油气藏形成的条件及油气分布的规律。
12. 简述前陆盆地的概念及其结构特征。
13. 阐述前陆盆地的石油地质条件和油气分布规律特征。
14. 阐述走滑盆地的特点和油气成藏条件。
15. 简述克拉通盆地的概念及其结构特征。
16. 阐述克拉通盆地的石油地质特征和油气分布规律。
17. 简述叠合盆地的概念及其结构特征。
18. 阐述叠合盆地的石油地质特征和油气藏分布规律。
19. 阐述塔里木盆地的油气成藏特征及其分布规律。
20. 油气资源如何定义的？我国对油气资源如何分级的？各级资源又是怎么定义的？
21. 世界油气资源分别在地理、盆地、地层和深度上的分布有何特征？
22. 含油气盆地油气分布的主要控制因素有哪些？
23. 阐述烃源岩和生排烃中心对油气分布的控制作用。
24. 二级构造带如何控制油气分布？
25. 沉积相如何控制油气分布？
26. 不整合面在油气藏形成中的作用有哪些？
27. 断裂在油气藏形成中的作用有哪些？
28. 盖层在油气成藏中如何作用？

参 考 文 献

埃默里 D，鲁滨逊 A，1999. 无机地球化学在石油地质学中的应用. 王铁冠，金振奎，等译. 北京：石油工业出版社.

白国平，2006. 世界碳酸盐岩大油气田分布特征. 古地理学报，8（2）：241-250.

包茨，1988. 天然气地质学. 北京：地质出版社.

北京石油学院石油地质教研室，1961. 石油地质学. 北京：中国工业出版社.

彼得斯 K E，莫尔多万 J M，1995. 生物标记化合物指南：古代沉积物和石油中分子化石的解释. 北京：石油工业出版社.

彼得斯 K E，沃尔特斯 C C，莫尔多万 J M，2011. 生物标志化合物指南. 2版. 北京：石油工业出版社.

布罗德 H O，耶列明科 H A，1958. 石油及天然气地质学原理. 北京：石油工业出版社.

曹剑，吴明，王绪龙，等，2012. 油源对比微量元素地球化学研究进展. 地球科学进展，27（9）：925-937.

陈发景，田世澄，1989. 压实与油气运移. 武汉：中国地质大学出版社.

陈建平，黄第藩，陈建军，等，1996. 酒东盆地油气生成和运移. 北京：石油工业出版社.

陈建渝，唐大卿，杨楚鹏，2003. 非常规含气系统的研究和勘探进展. 地质科技情报，22（4）：55-59.

陈荣书，1984. 关于"隐蔽圈闭（油气藏）"的早期概念. 石油与天然气地质，5（3）：300-301.

陈荣书，1994. 石油及天然气地质学. 武汉：中国地质大学出版社.

陈尚斌，朱炎铭，王红岩，等，2012. 川南龙马溪组页岩气储层纳米孔隙结构特征及其成藏意义. 煤炭学报，37（3）：438-444.

陈书平，王春修，肖华，等，2013. 尼日尔三角洲新生代褶皱作用及相关的油气圈闭. 高校地质学报，19（2）：355-363.

陈永峤，刘彬，朱建辉，2003. 天然气水合物形成模式及其控制因素初探. 石油实验地质，25（3）：280-284.

陈作全，1987. 石油地质学简明教程. 北京：地质出版社.

成秋泉，陈宏宇，范明，等，2006. 盖层全孔隙结构确定方法. 石油实验地质，28（6）：604-608.

戴金星，戚厚发，1985. 鉴别煤成气和油型气若干指标的初步探讨. 石油学报，6（2）：31-38.

戴金星，戚厚发，郝石生，1989. 天然气地质学概论. 北京：石油工业出版社.

戴金星，裴锡古，戚厚发，1992. 中国天然气地质学：卷一. 北京：石油工业出版社.

戴金星，1993. 天然气碳氢同位素特征和各类天然气鉴别. 天然气地球科学（2）：1-40.

戴金星，宋岩，戴春森，等，1995. 中国东部无机成因气及其气藏形成条件. 北京：科学出版社.

戴金星，宋岩，张厚福，1996. 中国大中型气田形成的主要控制因素. 中国科学，26（6）：481-487.

戴金星，卫延召，赵靖舟，2003. 晚期成藏对大气田形成的重大作用. 中国地质，30（1）：10-19.

戴金星，邹才能，陶士振，等，2007. 中国大气田形成条件和主控因素. 天然气地球科学，18（4）：473-484.

戴忠贤，李学田，1991. 济阳凹陷第三系天然气盖层评价及形成机制. 石油学报，12（2）：1-9.

杜金虎，等，2007. 中国东部裂谷盆地地层岩性油气藏. 北京：地质出版社：394.

范嘉松，2005. 世界碳酸盐岩油气田的储层特征及其成藏的主要控制因素. 地学前缘，12（3）：23-30.

方帆，李相明，2007. 八面河油田面120区沙三段储层孔隙特征. 石油地质与工程，21（2）：19-20.

方少仙，侯方浩，1998. 石油天然气储集层地质学. 东营：石油大学出版社.

付广，陈章明，吕延防，等，1998. 泥质岩盖层封盖性能综合评价方法探讨. 石油实验地质，20（1）：80-86.

付广，吕延防，杨勉，等，2000. 超压泥质岩盖层封闭油气机理的新认识//宋岩，魏国齐，洪峰，等. 天然气地质研究及应用. 北京：石油工业出版社：219-223.

付广，史集建，吕延防，2012. 断层侧向封闭性定量研究方法的改进. 石油学报，33（3）：414-418.

付晓飞, 刘小波, 宋岩, 等, 2008. 中国中西部前陆冲断带盖层品质与油气成藏. 地质论评, 54 (1): 82-93.

付晓飞, 贾茹, 王海学, 等, 2015. 断层—盖层封闭性定量评价: 以塔里木盆地库车坳陷大北—克拉苏构造带为例. 石油勘探与开发, 42 (3): 300-308.

傅家谟, 1992. 天然气运聚、储集及封盖条件. 北京: 科学出版社.

傅家谟, 秦匡宗, 1995. 干酪根地球化学. 广州: 广东科技出版社.

甘克文, 2007. 概论全球油气分布. 石油科技论坛 (3): 27-32.

刚文哲, 高岗, 郝石生, 等, 1997. 论乙烷碳同位素在天然气成因类型研究中的应用. 石油实验地质, 19 (2): 164-167.

高岗, 柳广弟, 付金华, 等, 2012. 确定有效烃源岩有机质丰度下限的一种新方法: 以鄂尔多斯盆地陇东地区上三叠统延长组湖相泥质烃源岩为例. 西安石油大学学报, 27 (2): 22-26.

高锡兴, 1997. 黄骅坳陷石油天然气地质. 北京: 石油工业出版社.

高先志, 张万选, 张厚福, 1990. 矿物质对热解影响的研究. 石油实验地质, 12 (2): 201-205.

高先志, 1997. 利用甲烷碳同位素研究混合气的混合体积. 沉积学报, 15 (2): 63-65.

高先志, 陈祥, 原建香, 等, 2003. 焉耆盆地博湖坳陷断层封闭性与油气成藏. 新疆石油地质, 24 (1): 35-37.

高先志, 吕双兵, 2006. 塔中地区古生界油气输导体系与油气运聚模式. 天然气工业, 26 (10): 9-11.

高先志, 陈振岩, 邹志文, 等, 2007a. 辽河西部凹陷兴隆台高潜山内幕油气藏形成条件和成藏特征. 中国石油大学学报 (自然科学版), 31 (6): 6-9.

高先志, 李晓光, 李敬生, 等, 2007b. 辽河兴隆台地区沙三段砂岩体发育模式与岩性油气藏勘探. 石油勘探与开发, 34 (2): 187-189, 225.

葛荣峰, 张庆龙, 王良书, 等, 2010. 松辽盆地构造演化与中国东部构造体制转换. 地质论评, 56 (2): 180-195.

龚再升, 李思田, 2004. 南海北部大陆边缘盆地油气成藏动力学研究. 北京: 科学出版社.

关德师, 牛嘉玉, 郭丽娜, 等, 1995. 中国非常规油气地质. 北京: 石油工业出版社.

郭了萍, 郑琴, 李登伟, 等, 2006. 天然气水合物性质及其成藏控制因素分析. 中国西部油气地质, 2 (1): 76-78.

郭旭升, 胡东风, 文治东, 等, 2014a. 四川盆地及周缘下古生界海相页岩气富集高产主控因素: 以焦石坝地区五峰组—龙马溪组为例. 中国地质, 41 (3): 893-901.

郭旭升, 李宇平, 刘若冰, 等, 2014b. 四川盆地焦石坝地区龙马溪组页岩微观孔隙结构特征及其控制因素. 天然气工业, 34 (6): 9-16.

郭忠铭, 张军, 于忠平, 1994. 鄂尔多斯地块油区构造演化特征. 石油勘探与开发, 21 (2): 22-29.

郝芳, 1995. 莺歌海—琼东南盆地高地温梯度异常压力环境成藏动力学研究. 武汉: 中国地质大学 (武汉).

郝芳, 2005. 超压盆地生烃作用动力学与油气成藏机理. 北京: 科学出版社.

郝芳, 邹华耀, 方勇, 等, 2006. 超压环境有机质热演化和生烃作用机理. 石油学报, 27 (5): 9-18.

郝石生, 黄志龙, 高耀斌, 1991. 轻烃扩散系数的研究及天然气运聚动平衡原理. 石油学报, 12 (3): 17-24.

郝石生, 1993. 天然气运聚动平衡理论及研究. 天然气地球科学, 1 (2): 95-108.

郝石生, 柳广弟, 黄志龙, 等, 1993a. 天然气资源评价的运聚动平衡模型. 石油勘探与开发, 20 (3): 16-21.

郝石生, 张振英, 1993b. 天然气在地层水中的溶解度变化特征及其地质意义. 石油学报, 14 (2): 12-22.

郝石生, 黄志龙, 杨家崎, 1994. 天然气运聚动平衡原理及其应用. 北京: 石油工业出版社.

郝石生, 高耀斌, 黄志龙, 1995. 琼东南盆地天然气运聚动平衡研究. 中国海上油气 (地质), 9 (2): 77-81.

郝石生，陈章明，高耀斌，等，1996. 天然气藏的形成与保存. 北京：石油工业出版社.

何登发，董大忠，吕修祥，等，1996. 克拉通盆地分析. 北京：石油工业出版社.

何登发，贾承造，童晓光，等，2004. 叠合盆地概念辨析. 石油勘探与开发，31（1）：1-7.

何登发，贾承造，李德生，等，2005a. 塔里木多旋回叠合盆地的形成与演化. 石油与天然气地质，26（1）：64-77.

何登发，贾承造，等，2005b. 多旋回叠合盆地构造控油原理. 石油学报，26（3）：1-9.

何明喜，刘池洋，1992. 盆地走滑变形研究与古构造分析. 西安：西北大学出版社：461-472.

亨特 J M，1979. 石油地球化学和地质学. 胡伯良，译. 北京：石油工业出版社.

胡朝元，1982. 生油区控制油气田分布：中国东部陆相盆地进行区域勘探的有效理论. 石油学报（2）：9-13.

胡朝元，孔志平，廖曦，2002. 油气成藏原理. 北京：石油工业出版社.

胡见义，徐树宝，童晓光，1986. 渤海湾盆地复式油气聚集区（带）的形成和分布. 石油勘探与开发，13（1）：1-8.

胡见义，黄第藩，等，1991. 中国陆相石油地质理论基础. 北京：石油工业出版社.

胡惕麟，戈葆雄，1990. 源岩吸附烃和天然气轻烃指纹参数的开发和应用. 石油实验地质，12（4）：375-394.

黄第藩，李晋超，张大江，1984. 干酪根类型及其分类参数的有效性、局限性和相关性. 沉积学报，2（3）：18-33.

黄第藩，1996. 成烃理论的发展：（1）未熟油及有机质成烃演化模式. 地球科学进展，11（4）：327-335.

黄磊，申维，2015. 页岩气储层孔隙发育特征及主控因素分析：以上扬子地区龙马溪组为例. 地学前缘，22（1）：374-385.

黄亮，彭军，等，2009. 火山岩储层形成机制研究综述. 特种油气藏，16（1）：1-6.

黄杏珍，邵宏舜，顾树松，等，1993. 柴达木盆地油气形成与寻找油气田方向. 兰州：甘肃科学技术出版社.

霍尔布蒂 M T，1972. 探寻地层、不整合、古地貌圈闭的理论基础//劳伯特 E. 地层圈闭油气田：上册. 周家珩，译. 北京：石油工业出版社：1-2.

霍尔布蒂 M T，1988. 寻找隐蔽油藏. 刘民中，等译. 北京：石油工业出版社：12.

吉利明，邱军利，夏燕青，等，2012. 常见黏土矿物电镜扫描微孔隙特征与甲烷吸附性. 石油学报，33（2）：249-256.

纪友亮，赵澄林，刘孟慧，1995. 东濮凹陷沙河街组碎屑岩成岩作用与有机质演化的关系. 石油与天然气地质，16（2）：148-154.

贾承造，等，2007. 煤层气资源储量评估方法. 北京：石油工业出版社.

姜帅，2014. 渤海湾盆地油气勘探潜力及重点勘查区区划评价. 青岛：中国石油大学（华东）.

蒋恕，唐相路，Steve Osborne，等，2017. 页岩油气富集的主控因素及误辩：以美国、阿根廷和中国典型页岩为例. 地球科学，42（7）：1083-1091.

蒋有录，查明，2006. 石油天然气地质与勘探. 北京：石油工业出版社.

蒋有录，刘培，刘华，等，2014. 渤海湾盆地不同凹陷新近系油气成藏条件差异性及聚集模式. 中国石油大学学报（自然科学版），38（1）：14-21.

康玉柱，凌翔，2011. 中国松辽—渤海湾盆地油气勘探老区资源潜力分析. 天然气工业，31（12）：7-10.

康玉柱，2014a. 全球沉积盆地的类型及演化特征. 天然气工业，34（4）：10-18.

康玉柱，2014b. 全球主要盆地油气分布规律. 中国工程科学，16（8）：14-25.

莱复生，1967. 石油地质学. 李汉瑜，等译. 北京：地质出版社.

勒奇，1996. 盆地分析的定量方法：第一卷. 北京：石油工业出版社.

雷怀彦，王先彬，郑红艳，等，1999. 天然气水合物地质前景. 沉积学报，17（增刊）：846-853.

李本亮，王明明，冉启贵，等，2003a. 地层水含盐度对生物气运聚成藏的作用. 天然气工业，23（5）：

16-20.

李本亮, 王明明, 魏国齐, 等, 2003b. 柴达木盆地三湖地区生物气横向运聚成藏研究. 地质论评, 49 (1): 93-100.

李大荣, 黎发文, 唐红, 2006. 阿尔及利亚三叠盆地、韦德迈阿次盆地石油地质特征及油气勘探中应注意的问题. 海相油气地质, 11 (3): 19-26.

李国玉, 吕鸣岗, 等, 2002. 中国含油气盆地图集. 2版. 北京: 石油工业出版社.

李国玉, 金之钧, 2005. 世界含油气盆地图集. 北京: 石油工业出版社.

李君, 黄志龙, 李凌君, 等, 2008. 对松辽盆地南部东南隆起区抬升过程的新认识. 新疆石油地质, 29 (6): 690-692.

李明诚, 1999. 石油和天然气运移. 北京: 石油工业出版社.

李明诚, 2004. 石油与天然气运移. 3版. 北京: 石油工业出版社.

李明诚, 马成华, 胡国艺, 等, 2005. 油气藏的年龄. 石油勘探与开发, 33 (6): 653-656.

李明诚, 2012. 石油与天然气运移. 4版. 北京: 石油工业出版社.

李晓清, 汪泽成, 张兴为, 等, 2001. 四川盆地古隆起特征及其对天然气的控制作用. 石油与天然气地质, 22 (4): 347-351.

李晓清, 汪泽成, 等, 2003. 拉分盆地分析与含油气性: 以潍北盆地为例. 东营: 石油大学出版社.

李艳霞, 钟宁宁, 张枝焕, 等, 2005. 塔里木盆地英南2气藏成藏机理. 石油学报, 26 (2): 53-57.

李忠, 李蕙生, 1994. 东濮凹陷深部次生孔隙成因与储层演化研究. 地质科学, 29 (3): 267-275.

梁布兴, 等, 1959. 石油地质学原理. 北京: 地质出版社.

廖明光, 等, 1997. 孔隙结构新参数 $r_{顶点}$ 及其应用. 石油勘探与开发, 24 (3): 78-81.

廖永胜, 1984. 石油及相关有机物的氢碳同位素研究. 矿物岩石地球化学通报, 3 (3): 93-98.

林春明, 李艳丽, 漆滨汶, 2006. 生物气研究现状与勘探前景. 古地理学报, 8 (3): 317-330.

刘和甫, 1993. 沉积盆地地球动力学分类及构造样式分析. 地球科学, 18 (6): 699-724.

刘和甫, 夏义平, 1999. 走滑造山带与盆地耦合机制. 地学前缘, 6 (3): 121-132.

刘江涛, 黄志龙, 朱建成, 等, 2014. 莺歌海盆地水溶相天然气析出成藏特征. 中国石油大学学报 (自然科学版), 38 (1): 32-39.

刘文汇, 张殿伟, 高波, 等, 2005. 天然气来源的多种途径及其意义. 石油与天然气地质, 26 (4): 393-401.

刘文平, 张成林, 高贵冬, 等, 2017. 四川盆地龙马溪组页岩孔隙度控制因素及演化规律. 石油学报, 38 (2): 175-184.

柳广弟, 郝石生, 1996. 鄂尔多斯地区古生界生烃史和排烃史的模拟. 石油大学学报 (自然科学版), 20 (1): 13-18.

柳广弟, 庞雄奇, 郝石生, 1996. 塔里木盆地的流体封存箱及其石油地质意义. 北京: 石油工业出版社.

柳广弟, 高岗, 王晖, 1999. 碳酸盐烃源岩有机质分布与排烃特征. 沉积学报, 17 (3): 482-485.

柳广弟, 王德强, 2001. 黄骅坳陷歧口凹陷深层异常压力特征. 石油勘探与开发, 28 (3): 22-24.

柳广弟, 张仲培, 陈文学, 等, 2002. 焉耆盆地油气成藏期次研究. 石油勘探与开发, 29 (1): 69-71.

柳广弟, 高先志, 2003. 油气运聚单元分析: 油气勘探评价的有效途径. 地质科学, 38 (3): 307-314.

柳广弟, 李剑, 李景明, 等, 2005. 天然气成藏过程有效性的主控因素与评价方法. 天然气地球科学, 16 (1): 1-6.

柳广弟, 胡素云, 赵文智, 2006. 中国主要含油气盆地运聚单元石油资源丰度及其预测模型. 石油勘探与开发, 33 (6): 759-761, 775.

柳广弟, 孙明亮, 2007. 剩余压力差在超压盆地天然气高效成藏中的意义. 石油与天然气地质, 28 (2): 203-206.

柳广弟, 孙明亮, 吕延防, 等, 2008. 库车坳陷天然气成藏过程有效性定量评价. 中国科学D辑 (地球科学），38（增刊Ⅰ）：103-110.

柳广弟，杨伟伟，冯渊，等，2013.鄂尔多斯盆地陇东地区延长组原油地球化学特征及成因类型划分.地学前缘，20（2）：108-115.

陆克政，2001.含油气盆地分析.东营：石油大学出版社.

罗平，张静，刘伟，等，2008.中国海相碳酸盐岩油气储层基本特征.地学前缘，15（1）：36-50.

罗蛰潭，王允诚，1986.油气储集层的孔隙结构.北京：科学出版社.

吕延防，付广，高大岭，等，1996.油气藏封盖研究.北京：石油工业出版社.

吕正谋，1985.山东东营凹陷下第三系砂岩次生孔隙研究.沉积学报，3（2）：47-56，154-155.

马贡 L B，道 W G，1998.含油气系统：从烃源岩到圈闭.张刚，蔡希源，高泳生，等译.北京：石油工业出版社.

马新华，王涛，庞雄奇，等，2002.深盆气的压力特征及成因机理.石油学报，23（5）：23-27.

孟庆峰，侯贵廷，2012.阿巴拉契亚盆地 Marcellus 页岩气藏地质特征及启示.中国石油勘探，17（1）：67-73，8.

聂海宽，张金川，2011.页岩气储层类型和特征研究：以四川盆地及其周缘下古生界为例.石油实验地质，33（3）：219-225，232.

诺斯 F K，1994.石油地质学.高纪清，等译.北京：石油工业出版社.

潘钟祥，1983.不整合对于油气运移聚集的重要性及寻找不整合面下的某些油气藏.地质论评，29（4）：374-381.

潘钟祥，1986.石油地质学.北京：地质出版社.

庞雄奇，付广，万龙贵，1994.盖层封油气性综合定量评价.北京：石油工业出版社.

庞雄奇，1995.排烃门限控油气理论与应用.北京：石油工业出版社.

庞雄奇，金之钧，姜振学，等，2002.叠合盆地油气资源评价问题及其研究意义.石油勘探与开发，29（1）：9-13.

庞雄奇，邱楠生，姜振学，2005.油气成藏定量模拟.北京：石油工业出版社.

蒲泊伶，董大忠，吴松涛，等，2014.川南地区下古生界海相页岩微观储集空间类型.中国石油大学学报（自然科学版），38（4）：19-25.

强子同，1998.碳酸盐岩储集层地质学.东营：石油大学出版社.

谯汉生，于兴河，2004.裂谷盆地石油地质.北京：石油工业出版社：423.

秦匡宗，赵丕裕，1990.用固体^{13}C核磁共振技术研究黄县褐煤的化学结构.燃料化学学报，18（1）：1-7.

邱蕴玉，徐濂，黄华梁，1994.威远气田成藏模式初探.天然气工业，14（1）：9-13.

邱振，李建忠，吴晓智，等，2015.国内外致密油勘探现状、主要地质特征及差异.岩性油气藏，27（4）：119-125.

邱中建，龚再升，1999.中国油气勘探.北京：石油工业出版社.

裘怿楠，等，1997.中国陆相油气储集层.北京：石油工业出版社.

尚慧芸，李晋超，郭舜玲，等，1982.石油地质实验新技术.北京：石油工业部勘探培训中心.

石磊，李书兵，等，2009.火山岩储层研究现状与存在的问题.西南石油大学学报（自然科学版），31（5）：68-73.

史斗，郑军卫，1999.世界天然气水合物研究开发现状和前景.地球科学进展，14（4）：330-339.

司学强，张金亮，谢俊，2008.成岩圈闭对气藏的影响：以英吉苏凹陷英南 2 气藏为例.天然气工业，28（6）：27-30.

宋岩，魏国齐，洪峰，等，2000.天然气地质研究及应用.北京：石油工业出版社：219-223.

孙粉锦，王勃，李梦溪，等，2014.沁水盆地南部煤层气富集高产主控地质因素.石油学报，35（6）：1070-1079.

孙明亮，柳广弟，李剑，2008.超压盆地内剩余压力梯度与天然气成藏的关系.中国石油大学学报（自然科学版），32（3）：19-22.

汤良杰，金之钧，庞雄奇，2000. 多期叠合盆地油气运聚模式. 石油大学学报（自然科学版），24（4）：67-70.

汤玉平，王国建，程同锦，2008. 烃类垂向微渗漏理论研究现状及发展趋势. 物探与化探，32（5）：465-469.

唐颖，邢云，李乐忠，等，2012. 页岩储层可压裂性影响因素及评价方法. 地学前缘，19（5）：356-363.

滕长宇，邹华耀，郝芳，2014. 渤海湾盆地构造差异演化与油气差异富集. 中国科学：地球科学，44（4）：57-59.

田博，王伟锋，等，2013. 火山岩储层储集空间及影响因素研究. 沉积与特提斯，33（4）：86-94.

田华，张水昌，柳少波，等，2012. 压汞法和气体吸附法研究富有机质页岩孔隙特征. 石油学报，33（3）：419-427.

田在艺，张庆春，1996. 中国含油气沉积盆地论. 北京：石油工业出版社.

田作基，吴义平，王兆明，等，2014. 全球常规油气资源评价及潜力分析. 地学前缘，21（3）：10-17.

同济大学海洋地质系，1989. 古海洋学概论. 上海：同济大学出版社.

童崇光，1980. 中国东部裂谷系盆地的石油地质特征. 石油学报，1（4）：19-26.

童崇光，1985. 油气田地质学. 北京：地质出版社.

童晓光，牛嘉玉，1989. 区域盖层在油气聚集中的作用. 石油勘探与开发，16（4）：1-8.

瓦林佐夫，等，1954. 古勃金院士与石油地质学. 北京：中国科学院.

王秉海，钱凯，1992. 胜利油区地质研究与勘探实践. 东营：石油大学出版社：100-159.

王才良，周珊，2006a. 找油的故事. 北京：石油工业出版社.

王才良，周珊，2006b. 石油科技史话. 北京：石油工业出版社.

王飞宇，何萍，张水昌，等，1997. 利用自生伊利石K—Ar定年分析烃类进入储集层的时间. 地质论评，43（5）：540-546.

王红军，马锋，童晓光，等，2016. 全球非常规油气资源评价. 石油勘探与开发，43（6）：850-862.

王璞珺，吴河勇，庞颜明，等，2006. 松辽盆地火山岩相：相序、相模式与储层物性的定量关系. 吉林大学学报（地球科学版），36（5）：805-812.

王清晨，金之钧，2002. 叠合盆地与油气形成富集. 中国基础科学（6）：4-7.

王仁冲，徐怀民，邵雨，等，2008. 准噶尔盆地陆东地区石炭系火山岩储层特征. 石油学报，29（3）：350-355.

王濡岳，龚大建，冷济高，等，2017. 黔北地区下寒武统牛蹄塘组页岩储层发育特征：以岑巩区块为例. 地学前缘，24（6）：286-299.

王少昌，刘雨金，1983. 鄂尔多斯盆地上古生界煤成气地质条件分析. 石油勘探与开发（1）：17-27.

王胜杰，沈建东，郝妙莉，等，2003. 冰—气生成天然气水合物的动力学研究. 现代化工，23（5）：33-35.

王涛，2002. 中国深盆气田. 北京：石油工业出版社.

王铁冠，钟宁宁，侯读杰，等，1995. 细菌在板桥凹陷生烃机制中的作用. 中国科学（B辑），25（8）：882-889.

王铁冠，钟宁宁，侯读杰，等，1996. 低熟油气形成机理与分布. 北京：石油工业出版社.

王新洲，宋一涛，王学军，1996. 石油成因与排油物理模拟：方法、机理及应用. 东营：石油大学出版社.

王雅星，2004. 库车坳陷异常压力形成、演化机理及其对天然气成藏的控制. 北京：中国石油大学（北京）.

王毓俊，2002. 论渤海湾盆地油气勘探的发展方向. 中国石油勘探，7（2）：8-13.

王宗礼，娄钰，潘继平，2015. 中国油气资源勘探开发现状与发展前景. 国际石油经济，25（3）：1-6.

文百红，林蓓，刘显阳，2001. 油气微渗漏组分的赋存形态及其油气指示性. 石油勘探与开发，28（4）：43-45，47.

邬立言，顾信章，盛志伟，等，1986. 生油岩热解快速定量评价. 北京：科学出版社.

吴凤鸣，2000. 石油地质学的百年历史回顾与展望：从1859年德瑞克"世界第一口油井"140年谈起. 石油科技论坛（1-4）.

吴涛，赵文智，1997. 吐哈盆地煤系油气田形成和分布. 北京：石油工业出版社.

吴振明，刘和甫，汤良杰，等，1985. 中国东部中、新生代主要裂谷盆地的演化及评论. 石油实验地质，7（1）：60-69.

伍友佳，等，2013. 新疆火山岩油藏开发研究. 北京：石油工业出版社.

西北大学地质系石油地质教研室，1979. 石油地质学. 北京：地质出版社.

夏嘉，王思波，曹涛涛，等，2015. 黔北地区下寒武统页岩孔隙结构特征及其含气性能. 天然气地球科学，26（9）：1744-1754.

谢晓安，周卓明，2008. 松辽盆地深层天然气勘探实践与勘探领域. 石油与天然气地质，29（1）：113-119.

谢展，2007. 裂谷盆地仍是今后油气勘探的重要领域. 中国石油勘探，12（1）：4-11，16.

辛忠斌，张交东，丁丽荣，等，2002. 油气微运移的烃类相态. 河南石油，16（4）：8.

徐守余，严科，2005. 渤海湾盆地构造体系与油气分布. 地质力学学报，11（3）：259-265.

薛海涛，王欢欢，卢双舫，等，2007. 碳酸盐岩油源岩有机质丰度分级评价标准. 沉积学报，25（5）：782-786.

阎敦实，王尚文，唐智，1980. 渤海湾含油气盆地断块活动与古潜山油、气田的形成. 石油学报，1（2）：1-10.

颜其彬，付晓文，1993. 油气藏地质学原理. 成都：成都科技大学出版社.

杨福忠，1995. 六盘山盆地含油气远景预测. 石油勘探与开发，22（1）：5-8.

杨华，李士祥，刘显阳，等，2013. 鄂尔多斯盆地致密油、页岩油特征及资源潜力. 石油学报，34（1）：1-10.

杨锐，何生，胡东风，等，2015. 焦石坝地区五峰组—龙马溪组页岩孔隙结构特征及其主控因素. 地质科技情报，34（5）：105-113.

杨万里，李永康，高瑞琪，等，1981. 松辽盆地陆相生油母质的类型与演化. 中国科学（8）：1000-1008.

杨绪充，1993a. 油气田水文地质学. 东营：石油大学出版社.

杨绪充，1993b. 含油气区地下温压环境. 东营：石油大学出版社.

姚超，焦贵浩，王同和，等，2004. 中国含油气构造样式. 北京：石油工业出版社.

奕锡武，2016. 世界油气资源现状与未来发展方向. 中国地质调查，3（2）：1-9.

于炳松，2012. 页岩气储层的特殊性及其评价思路和内容. 地学前缘，19（3）：252-258.

于炳松，2013. 页岩气储层孔隙分类与表征. 地学前缘，20（4）：211-220.

于兴河，2009. 油气储层地质学基础. 北京：石油工业出版社.

曾国寿，徐梦虹，1990. 石油地球化学. 北京：石油工业出版社.

翟光明，王志武，高瑞祺，1993. 中国石油地质志：卷2. 北京：石油工业出版社.

翟光明，何文渊，2003. 渤海湾盆地勘探策略探讨. 石油勘探与开发，3（6）：1-4.

张宝民，刘静江，2009. 中国岩溶储集层分类与特征及相关的理论问题. 石油勘探与开发，36（1）：12-29.

张敦祥，张方吼，1990. 梁家楼湖相烃类从泥岩向浊积岩的初次运移. 石油与天然气地质，11（3）：334-344.

张方吼，1982. 松辽盆地坳陷建造生油特征. 大庆石油地质与开发（z1）：5-15.

张厚福，张万选，1989. 石油地质学. 2版. 北京：石油工业出版社.

张厚福，1998. 石油地质学新进展. 北京：石油工业出版社.

张厚福，1999. 油气系统的新定义及历史—成因分类方案. 成都理工学院学报，26（1）：14-16.

张厚福，等，1999a. 石油地质学. 3版. 北京：石油工业出版社.

张厚福，孙红军，梅红，1999b. 多旋回构造变动区的油气系统. 石油学报，20（1）：8-12.

张厚福，张善文，王永诗，等，2007. 油气藏研究的历史、现状与未来. 北京：石油工业出版社.

张杰, 金之钧, 张金川, 2004. 中国非常规油气资源潜力及分布. 当代石油石化, 12 (10): 17-20.

张景廉, 李相博, 刘化清, 2013. "石油无机成因说"的理论与实践. 西安石油大学学报(自然科学版), 28 (1): 1-11.

张盼盼, 刘小平, 王雅杰, 等, 2014. 页岩纳米孔隙研究新进展. 地球科学进展, 29 (11): 1242-1249.

张琴, 刘畅, 梅啸寒, 乔李井宇, 2015. 页岩气储层微观储集空间研究现状及展望. 石油与天然气地质, 36 (4): 666-674.

张水昌, 赵文智, 李先奇, 等, 2005. 生物气研究新进展与勘探策略. 石油勘探与开发, 32 (4): 90-96.

张廷山, 杨洋, 龚其森, 等, 2014. 四川盆地南部早古生代海相页岩微观孔隙特征及发育控制因素. 地质学报, 88 (9): 1728-1740.

张同伟, 王先彬, 程学惠, 等, 1995. 克拉通盆地内油气微渗漏与浅层烃异常. 科学通报, 40 (1): 94-95.

张万选, 张厚福, 1981. 石油地质学. 北京: 石油工业出版社.

张义纲, 1991. 天然气的生成聚集和保存. 南京: 河海大学出版社.

张枝焕, 张厚福, 高先志, 1994. 粘土矿物对干酪根热解生烃过程的影响. 石油勘探与开发, 21 (5): 29-37.

张枝焕, 高先志, 1995. 粘土矿物对干酪根热解产物的影响及其作用机理. 石油大学学报(自然科学版), 19 (5): 11-17.

张枝焕, 关强, 1998. 新疆三塘湖盆地二叠系油源分析. 石油实验地质, 20 (2): 174-181.

赵佩, 李贤庆, 等, 2014. 川南地区龙马溪组页岩气储层微孔隙结构特征. 天然气地球科学, 25 (6): 947-956.

赵文智, 张光亚, 王红军, 等, 2003. 中国叠合含油气盆地石油地质基本特征与研究方法. 石油勘探与开发, 30 (2): 1-8.

赵文智, 邹才能, 汪泽成, 等, 2004. 富油气凹陷"满凹含油"论: 内涵与意义. 石油勘探与开发, 31 (2): 5-13.

赵文智, 王兆云, 张水昌, 等, 2005. 有机质"接力成气"模式的提出及其在勘探中的意义. 石油勘探与开发, 32 (2): 1-7.

赵文智, 2006. 石油地质理论与方法进展. 北京: 石油工业出版社.

赵文智, 邹才能, 谷志东, 等, 2007. 砂岩透镜体油气成藏机理初探. 石油勘探与开发, 37 (3): 273-284.

赵文智, 沈安江, 潘文庆, 等, 2013. 碳酸盐岩岩溶储层类型研究及对勘探的指导意义: 以塔里木盆地岩溶储层为例. 岩石学报, 29 (9): 3213-3222.

赵贤正, 李景明, 李东旭, 等, 2002. 中国天然气勘探快速发展的十年. 北京: 石油工业出版社.

赵贤正, 柳广弟, 金凤鸣, 等, 2015. 小型断陷湖盆有效烃源岩分布特征与分布模式: 以二连盆地下白垩统为例. 石油学报, 36 (6): 641-652.

赵喆, 钟宁宁, 黄志龙, 2006. 碳酸盐岩排烃条件及其对烃源岩有机质丰度下限的影响. 地球化学, 35 (2): 167-173.

赵政璋, 何海清, 2004. 中国石油近几年新区油气勘探成果及下部工作面临的挑战和措施. 沉积学报, 22 (增刊): 1-7.

赵宗举, 范国章, 吴兴宁, 等, 2007. 中国海相碳酸盐岩的储层类型、勘探领域及勘探战略. 海相油气地质, 12 (1): 1-11.

真柄钦次, 1981. 石油科学进展9 压实与流体运移(实用石油地质学). 北京: 石油工业出版社.

中国石油勘探与生产分公司, 2005. 岩性地层油气藏勘探理论与实践培训教材. 北京: 石油工业出版社.

中国石油学会石油地质专业委员会, 1997. 中国油气系统的应用与进展. 北京: 石油工业出版社.

钟大康, 朱筱敏, 张枝焕, 等, 2003. 东营凹陷古近系砂岩次生孔隙成因与纵向分布规律. 石油勘探与开发, 30 (6): 51-53.

钟宁宁, 张枝焕, 1998. 石油地球化学进展. 北京: 石油工业出版社.

钟太贤, 2012. 中国南方海相页岩孔隙结构特征. 天然气工业, 32 (9): 1-4, 21, 125.

周兴熙, 1998. 塔里木盆地天然气形成条件及分布规律. 北京: 石油工业出版社.

周兴熙, 2000. 复合叠合盆地油气成藏特征: 以塔里木盆地为例. 地学前缘, 7 (3): 39-47.

周一博, 柳广弟, 刘庆顺, 等, 2012. 酒泉盆地营尔凹陷异常高压形成机理. 地质科技情报 (4): 44-49.

周永胜, 王绳祖, 1999. 裂陷盆地成因研究现状综述与讨论. 地球物理学进展, 4 (3): 29-46.

朱家蔚, 戚厚发, 廖永胜, 1983. 文留煤成气藏的发现及其对华北盆地找气的意义. 石油勘探与开发 (1): 8-16.

朱夏, 1983. 含油气盆地研究方向的探讨, 石油实验地质, 5 (2): 38-45.

朱筱敏, 钟大康, 赵澄林, 等, 2002. 塔里木盆地台盆区古生界优质碎屑岩储层形成机理及预测. 科学通报 (S1): 30-35.

朱扬明, 王积宝, 郝芳, 等, 2008. 川东宣汉地区天然气地球化学特征及成因. 地质科学, 43 (3): 518-532.

邹才能, 陶士振, 2009. 连续型油气藏形成条件与分布特征. 石油学报, 30 (3): 328-329.

邹才能, 等, 2013. 非常规油气地质学. 2 版. 北京: 地质出版社.

邹才能, 杨智, 朱如凯, 等, 2015a. 中国非常规油气勘探开发与理论技术进展. 地质学报, 89 (6): 979-1007.

邹才能, 翟光明, 张光亚, 等, 2015b. 全球常规—非常规油气形成分布、资源潜力及趋势预测. 石油勘探与开发, 42 (1): 13-25.

Abrams M A, 2005. Significance of hydrocarbon seepage relative to petroleum generation and entrapment. Marine and Petroleum Geology, 22 (4): 457-477.

Albrecht P, Ourisson G, 1969. Diagenese des hydrocarbures satures dans une serive sedimentair empaisse (Douala, Cameron). Geochimica et Cosmochimica Acta, 33: 138-142.

Allen P A, Allen J R, 1990. Basin analysis: principles and applications. Oxford: Blackwell Scientific publications.

Antonov P L, 1964. On the extent of diffusive permeability of rocks//Direct methods of oil and gas exploration. Moscow: Nedra: 5-13.

Arp G W, 1992. An integrated interpretation for the origin of the Patrick Draw oilfield sageanomaly. AAPG Bulletin, 76: 301.

Athy L F, 1930. Density, porosity, and compaction of sedimentary rocks. AAPG Bulletin, 14 (1): 1-24.

Barker C, 1972. Aquathermal Pressuring: Role of Temperature in Development of Abnormal Pressure Zones. AAPG Bulletin, 56: 2068-2071.

Barker C, 1978. Physical and chemical constraints on petroleum migration. Distributed by the AAPG Dept. of Educational Activities.

Barker C, 1980. Primary migration: The importance of water-mineral-organic matter interactions in the source rock. AAPG Bulletin, 34: 1-19.

Barry J K, 2005. Controlling factors on source rock development-a review of productivity, preservation, and sedimentation rate//Harris N B. The deposition of organic carbon rich sediments: models, mechanisms, and consequences: society of sedimentary geology: 7-16.

Barwise A, 1990. Role of nickel and vanadium in petroleum classification. Energy & Fuels, 4 (6): 647-652.

Beard D C, Weyl P K, 1973. Influence of Texture on Porosity and Permeability of Unconsolidated Sand. AAPG Bulletin, 57 (2): 349-369.

Ben E L, 2002. Basin-centered gas systems. AAPG Bulletin, 86 (11): 1891-1919.

Berg R R, 1975. Capillary Pressures in Stratigraphic Traps. AAPG Bulletin, 59 (6): 939-956.

Berkenpas P G, 1991. The Milk River shallow gas pool: role of upper water trap and connate water in gas production from the pool. SPE22922.

Berry F A F, 1973. High fluid potentials in California Coast Ranges and their tectonic significance. AAPG Bulletin, 57 (7): 1219-1249.

Bertrand P, Behar F, et al, 1986. Composition of potential oil from humic coals in relation to their petrographic nature. Organic Geochemistry, 1: 601-608.

Bowker K A, 2007. Barnett Shale gas production, Fort Worth Basin: Issues and discussion. AAPG Bulletin, 91 (4): 523-530.

Bretan P, Yielding G, Jones H, 2003. Using Calibrate shale gouge ratio to estimate hydrocarbon column heights. AAPG Bulletin, 87 (3): 397-413.

Bruce C H, 1984. Smectite dehydration; its relation to structural development and hydrocarbon accumulation in northern Gulf of Mexico basin. AAPG Bulletin, 68 (6): 673-683.

Burst J F, 1969. Diagenesis of Mexico Coast clayey sediments and its possible relation to petroleum migration. AAPG Bulletin, 53 (1): 73-93.

Byerlee J, 1993. Model for episodic flow of high-pressure water in fault zones before earthquakes. Geology, 21 (4): 303-306.

Calvert S E, Bustin R M, Pedersen T F, 1992. Lack of Evidence for Enhanced Preservation of Sedimentary Organic Matter in the Oxygen Minimum of the Gulf of California. Geology, 20 (8): 757.

Calvert S E, 1987. Oceanographic Controls on the Accumulation of Organic Matter in Marine Sediments. Geological Society, London, Special Publications, 26 (1): 137-151.

Carll J F, 1880. The geology of the oil regions of Warren, Venango, and Butler counties. The 2nd Pennsylvania Geol. Survey, 3: 482.

Carr A D, 1999. A vitrinite reflectance kinetic model incorporating overpressure retardation. Marine and Petroleum Geology, 16: 355-377.

Chapman R E, 1983. Chapter 9 Origin and Migration of Petroleum: Geological and Physical Aspects// Developments in Petroleum Science. Elsevier Science & Technology.

Cheng K, Wu W, Holditch S A, et al, 2010. Assessment of the distribution of technically-recoverable resource in north American basins. SPE137599.

Choquette P A, Pray L C, 1970. Geologic nomenclature and classification of porosity in sedimentary carbonate. AAPG Bulletin, 54 (2): 207-250.

Connan J, 1974. Time-temperature relation in oil genesis. AAPG Bulletin, 58 (12): 2516-2521.

Cooper J E, Bray E E, 1963. A postulated role of fatty acids in petroleum formation. Geochimica Et Cosmochimica Acta, 27 (11): 1113-1127.

Corbet T F J, 1991. Effects of erosion on pore pressure and groundwater flow in the Western Canada Sedimentary Basin.

Cordell R J, 1976. How oil migration in clastic sediments: Part 2. World oil, 183 (6, 7).

Cordell R J, 1977. How oil migration in clastic sediments: Part 3. World oil, 184 (1, 2).

Coustau H, Tison J, Chiarelli A, et al, 1975. Classification Hydrodynamique des Bassins Sedimentaires Utilisation Combinee avec d' Autres Methodes pour Rationaliser l' Exploration dans des Bassins Non-Productifs. World Petroleum Congress, 2 (4).

Cramer, et al, 1999. Methane released from groundwater: the source of natural gas accumulations in northern West Siberia. Marine and Petroleum Geology, 16: 225-244.

Cunningham Craig E H, 1920. Oil finding: an introduction to the geological study of petroleum. London: E. Arnold; New York: Longmans, Green.

Curtis J B, 2002. Fractured shale-gas system. AAPG Bulletin, 83 (4): 668-669.

Curtis M E, Cardott B J, Sondergeld C H, et al, 2012. Development of organic porosity in the Woodford Shale with increasing thermal maturity. International Journal of Coal Geology, 103 (23): 26-31.

Dahlberg E C, 1982. The Potentiometric Surface//Applied Hydrodynamics in Petroleum Exploration. Springer US: 41-52.

Daniel J K, Ross R, Marc Bustin, 2008. Characterizing the shale gas resource potential of Devonian Mississipian strata in the Western Canada sedimentary basin: Application of an integrated formation evaluation. AAPG Bulletin, 91 (4): 475-499.

Davis G H, Reynolds S, 1984. Structural geology of rocks and regions. New Jersey: John Wiley, 1984.

Davy H, 1811. The Bakerian Lecture: On Some of the Combinations of Oxymuriatic Acid and Oxygen, and on the Chemical Relations to These Principles to Inflammable Bodies. Philosophical Transactions of the Royal Society of London (101): 1-35.

Demaison G J, Huizinga B J, 1994. Genetic classification of petroleum systems using three factors: Charge, migration, and entrapment. AAPG Memoir, 60 (1): 73-89.

Demaison G J, Moore G T, 1980. Anoxic environments and oil source bed genesis. Organic Geochemistry, 2 (1): 9-31.

Dewney M W, 1984. Evaluating seals for hydrocarbon accumulation. AAPG Bulletin, 68: 1752-1763.

Dickey P A, Cox W C, 1977. Oil and Gas in Reservoirs with Subnormal Pressures. AAPG Bulletin, 61 (12): 2134-2142.

Dickey P A, 1975. Possible Primary Migration of Oil from Source Rock in Oil Phase. AAPG Bulletin, 59 (2): 337-345.

Dickey P A, 1986. Petroleum Development Geology. 3rd ed. Tulsa: Pennwell publishing Inc: 530.

Ding Xiujian, Guangdi Liu, Ming Zha, et al, 2015. Relationship between total organic carbon content and sedimentation rate in ancient lacustrine sediments, a case study of Erlian basin, northern China. Journal of Geochemical Exploration, 149: 22-29.

Dow W G, 1974. Application of oil correaltion and source rock data to exploration in Williston basin. AAPG Bulletin, 56 (7): 149-155.

Du R, 1981. Stress fields: a key to oil migration. AAPG Bulletin, 65 (1): 168-174.

Dullien F A L, 1981. Wood's metal porosimetry and its relation to mercury porosimetry. Powder Technology, 29: 109-116.

Durand B J Espitalié, 1976. Geochemical studies on the organic matter from the Douala Basin (Cameroon) —II. Evolution of kerogen. Geochimica et Cosmochimica Acta, 40 (7): 801-808.

Durand, 1980. Kerogen—insoluble organic matter from sedimentary rocks. Paris: Editions Technip.

Eaton J E, 1939. Ridge Basin, California. AAPG Bulletin, 23 (4): 517-558.

Ehrlich R, Crabtree S J, Horkowitz K O, et al, 1991a. Petrography and reservoir physics I: Objective classification of reservoir porosity. AAPG Bulletin, 75 (10): 1547-1562.

Ehrlich R, Etris E L, Brumfield D S, et al, 1991b. Petrography and reservoir physics III: physical models for permeability and formation factor. AAPG Bulletin, 75 (10): 1579-1592.

Emmons William H, 1921. Geology of petroleum. New York: McGraw-Hill Book Company.

England W A, Mackenzie A S, Mann D M, et al, 1987. The movement and entrapment of petroleum fluids in the subsurface. Journal of the Geological Society, 144 (2): 327-347.

England W A, Mackenzie A S, 1989. Some aspects of the organic geochemistry of petroleum fluids. Geologische Rundschau, 78 (1): 291-303.

Fatt I, 1958. Pore Structure in Sandstones by Compressible Sphere-Pack Models. AAPG Bulletin (8): 1914-1923.

Fomina A S, Pobul L, et al, 1975. First Republication Meeting on Oil Shale (Geochemistry and Lithology).

Tallin: Book of Synopses: 36.

Gao Ping, Liu Guangdi, Jia Chengzao, et al, 2015. Evaluating rare earth elements as a proxy for oil-source correlation. A case study from Aer Sag, Erlian Basin, northern China. Organic Geochemistry, 87: 35-54.

Gehman H M Jr, 1962. Organic matter in limestone. Geochimica et Cosmochimica Acta, 26 (8) : 885-897.

Graciansky De P C, Herbin J P, Montadert L, et al, 1984. Ocean-wide stagnation episode in the late Cretaceous. Nature, 22 (38): 346-349.

Gussow W C, 1954. Differential entrapment of oil and gas— a fundamental principle. AAPG Bulletin, 38 (5), 816-853.

Halbouty M T, 1982. The deliberate search for the sublte trap. AAPG Memoir, 52: 8.

Hamilton P J, Kelley S, Fallick A E, 1989. K-Ar dating of illite in hydrocarbon reservoir. Clay Minerals, 24: 213-215.

Harding T P, 1974. Petroleum traps associated with wrench faults. AAPG Bulletin, 58 (7): 1290-1304.

Harwood, 1977. Oil and Gas Generation by Laboratory Pyrolysis of Kerogen. AAPG Bulletin, 61 (12): 2082-2102.

Hedberg H D, et al, 1936. Gravitational compaction of clays and shales. American Journal of Science 31 (184): 241-287.

Hedberg H D, 1926. The Effect of Gravitational Compaction on the Structure of Sedimentary Rocks. AAPG Bulletin, 5171 (11): 1035-1072.

Heroux Y, Chagnon A, Bertrand R, 1979. Compilation and correlation of Major Thermal Maturation Indicators. AAPG Bulletin, 63 (12): 2128-2144.

Houseknecht, 1987. Assessing the relative importance of compaction processes and cementation to reduction of porosity in sandstones. AAPG Bulletin, 71 (71): 501-510.

Hubbert M K, Willis D G W, 1972. Mechanics of hydraulic fracturing. AAPG Memoir, 18 (6): 153-163.

Hubbert M K, 1940. The Theory of Ground-Water Motion. Journal of Geology, 48 (8): 785-944.

Hubbert M K, 1953. Entrapment of Petroleum Under Hydrodynamic Conditions. AAPG Bulletin, 37 (8): 1954-2026.

Huc A Y, Hunt J M, 1980. Generation and migration of hydrocarbons in offshore South Texas Gulf Coast sediments. Geochimica et Cosmochimica Acta, 44 (8): 1081-1089.

Huc A Y, 1979. Petroleum geochemistry and geology. San Francisco: W. H. Freeman and Company.

Hunt J M, 1961. Distribution of hydrocarbons in sedimentary rocks. Geochimica et Cosmochimica Acta, 22 (1): 37-49.

Hunt J M, 1979. Petroleum geochemistry and geology. San Francisco: W. H. Freeman and Company.

Hunt J M, 1990. Generation and migration of petroleum from abnormally pressured fluid compartments. AAPG Bulletin, 74 (1): 1-12.

Hutcheon R J, 1980. Ionisation potentials in the neon-like isoelectronic sequence. PhysicaScripta, 21 (21): 98.

Ibach L E J, 1982. Relationship between sedimentation rate and total organic carbon content in ancient marine sediments. AAPG Bulletin, 66: 170-188.

Jack C Pashin, Richard H Groshong J, 1998. Structural control of coalbed methane production in Alabama. International Journal of Coal Geology, 38 (1-2): 1-2, 89-113.

James W Schmoker, 2002. Resource-assessment perspectives for unconventional gas systems. AAPG Bulletin, 86 (11): 1993-1999.

Jenden P D, Kaplan I R, 1989. Origin of natural gas in Sacramento basin, California. AAPG Bulletin, 73 (4) : 431-453.

Jenden P D, Newell K D, Kaplan, W L, 1988. Watney, Composition and stable-isotope geochemistry of natural gases from Kansas, Midcontinent, USA. Chemical Geology, 71 (1): 117-147.

Jennings J B, 1987. Capillary Pressure Techniques: Application to Exploration and Development Geology. AAPG Bulletin, 71: 1196-1209.

Johnson A, 2011. Global resource potentail of gas hydrate: A new calculation. Fire Ice, Dep. Energy, Nat. Energy Technol. Lab. Newsl., 11 (2): 1-4.

Jones P H, 1978. Interacting Dynamics of Pressure, Temperature, and Water Salinity: ABSTRACT. AAPG Bulletin, 62 (3): 527-527.

Katz D L, 1971. Depth to which frozen gas fields (gas hydrates) may be expected. J. Petrol. Tech., 23: 419.

Klusman R W, Seaeed M A, Abu-ali M A, 1992. The Potential Use of Biogeochemistry in the Detection of Petroleum Microseepage. AAPG Bulletin, 76 (6): 851-863.

Krooss B M, Leythaeuer D, Schaefer R G, 1986. Experimental measurement of diffusion parameters of light hydrocarbons in water-saturated rocks: some results. Organic Geochemistry, 10: 291-297.

Krooss B M, Schaefer R G, 1987. Experimental measurement of diffusion parameters of light hydrocarbons in water-saturated sedimentary rocks (I): a new experimental procedures. Organic Geochemistry, 11 (3): 193-199.

Krooss B M, Schaefer R G, 1988. Experimental measurement of diffusion parameters of light hydrocarbons in water-saturated sedimentary rocks (II): results and its geochemical significance. Organic Geochemistry, 12 (2): 91-108.

Kvenvolden K A, 1998. A primer of gas hydrates// Henrier J P, Mienert V. Gas Hydrates: Relevance to World Margin Stability and Climate Change. Geological Society Special Publication No. 137 Geological Society of London, Bath: 9-30.

Landes Kenneth K, 1951. Petroleum geology. Shanghai: Longmans.

Langrmiur I, 1916. The Costitution of fundamental properties of solids and liquids. Journal of American Chemical society, 38 (2): 221-295.

Law B E, Curtis J B, 2002. Introduction to unconventional petroleum systems. AAPG Bulletin, 86: 1851-1852.

Lee J O, Kang I M, Cho W J, 2010. Smectite alteration and its influence on the barrier properties of smectite clay for a repository. Applied Clay Science, 47 (1): 99-104.

Lee M, Aronson J I, Savin S M, 1989. Timing and condition of Permian rotliegende sandstone disgenesis, southern North Sea: K-Ar and oxygen isotopic data. AAPG Bulletin, 73: 195-215.

Levorsen A I, 1945. Time of oil and gas accumulation. AAPG Bulletin, 33 (12): 2063.

Levorsen A I, 1956. Geology of petroleum. San Francisco: W. H. Freeman.

Levorsen A I, 1967. Geology of Petroleum. San Francisco: W. H. Freeman and Company.

Lewan M, 1984. Factors controlling the proportionality of vanadium to nickel in crude oils. Geochimica et Cosmochimica Acta, 48 (11): 2231-2238.

Leythaeuser D, Borromeo O, Mosca F, et al, 1995. Pressure solution in carbonate source rocks and its control on petroleum generation and migration. Marine & Petroleum Geology, 12 (7): 717-733.

Leythaeuser D, Schaefer R G, Pooch H, 1983. Diffusion of light hydrocarbon in subsurface sedimentary rock. AAPG Bulletin, 67 (6): 889-895.

Leythaeuser D, Schaefer R G, Yükler A, 1980. Diffusion of light hydrocarbons through near-surface rock. Nature, 284: 522-525.

Leythaeuser D, Schaefer R G, Yükler A, 1982. Role of diffusion in primary migration of hydrocarbons. AAPG Bulletin, 66 (4): 408-492.

Lilley, Ernest Raymond, 1928. The geology of petroleum and natural gas. London: Chapman & Hall, Ltd: 524.

Lindsay N G, Murphy F C, Walsh J J, et al, 1993. Outcrop studies of shale smears on fault surface. International Association of Sedimentologist. Special Pubilication, 15: 113-123.

Littke R, Cramer B, et al, 1999. Gas generation and accumulation in the West Siberian basin. AAPG Bulletin, 83 (10): 1642-1665.

Löhr S C, Baruch E T, Hall P A, et al, 2015. Is organic pore development in gas shales influenced by the primary porosity and structure of thermally immature organic matter? Organic Geochemistry, 87 (3): 119-132.

Loucks R G, Reed R M, Ambrose W A, 2009a. ABSTRACT: Mineralogy and Diagenetic History of the Upper Cretaceous Woodbine Sandstone in the Giant East Texas Field. Gcags Transactions.

Loucks R G, Reed R M, Ruppel S C, et al, 2009b. Morphology, Genesis, and Distribution of Nanometer-Scale Pores in Siliceous Mudstones of the Mississippian Barnett Shale. Journal of Sedimentary Research, 79: 848-861.

Louis M C, Tissot B, 1967. Influence de la temperature et da la pression sur la formation de hydrocarbures dans les argiles a kerogene. 7th World Petroleum Congress: 47-60.

Loutit T S, Hardenbol J, Vail P R, et al, 1988. Condensed sections: The key to age determination and correlation of continental margin sequences//Wilgus C K, Hasting B S, Posamentier H, et al. Sea Level Changes: An Integrated Approach. Everest Geotech, Houston, TX, Special Volume 42: 183-213.

MacElvain R, 1969. Mechanics of gas eousascension through a sedimentary column//Heroy W. Unconventional methods in exploration for petroleum and natural gas. Dallas: Southern Methodist University Press.

Macgregor D C, 1996. Factors controlling the destruction or preservation of giant light oil field. Petroleum Geoscience (2): 197-217.

Magara K, 1977a. A theory relating isopachs to paleocompaction water-movement in a sedimentary basin. Bulletin of Canadian Petroleum Geology (1): 195-207.

Magara K, 1977b. Compaction and fluid migration, development in petroleum geology-1. London: Elsevier Applied Science Publishers Ltd.

Magara K, 1986. Geological models of petroleum entrapment. London: Elsevier Applied Science Publishers Ltd.

Magoon L B, Dow W G, 1994. The petroleum system: from source to trap. AAPG Memoir, 60: 3-24.

Mastalerz M, Schimmelmann A, Drobniak A, et al, 2013. Porosity of Devonian and Mississippian New Albany Shale across a maturation gradient: Insights from organic petrology, gas adsorption, and mercury intrusion. AAPG Bulletin, 97 (10): 1621-1643.

McAuliffe C D, 1978. Role of Solubility in Migration of Petroleum from Source (AAPG Short Course: Physical and Chemical Constraints on Petroleum Migration): ABSTRACT. AAPG Bulletin, 62.

McAuliffe C D, 1979. Oil and Gas Migration: Chemical and Physical constraints. AAPG Bulletin, 65 (5): 761-781.

McCreesh C A, Ehrlich R, Crabtree S J, 1991. Petrography and reservoir physics II: Relating thin Section porosity to capillary pressure. AAPG Bulletin, 75 (10): 1563-1578.

McDonald D A, Surdam R C, 1984. Clastic diagenesis. AAPG Memoir, 37.

Meissner F F, 1984. Stratigraphic relationship and distribution of source rocks in the greater rocky mountain region, Hydrocarbon sourece rocks of the greater rocky mountain region. Rocky mountain association of geologists: 1-4.

Miller R G, 1996. Estimating global oil resources and their duration. Norwegian Petroleum Society Special Publications, 6: 43-56.

Milliken K L, Rudnicki M, Awwiller D N, et al, 2013. Organic matter-hosted pore system, Marcellus Formation (Devonian), Pennsylvania. AAPG Bulletin, 97 (2): 177-200.

Modica C J, Lapierre S G, 2012. Estimation of kerogen porosity in source rocks as a function of thermal transformation: Example from the Mowry Shale in the Powder River Basin of Wyoming. AAPG Bulletin, 96 (1): 87-108.

Momper J A, 1978. Oil migration limitations suggested by geological and geochemical considerations. AAPG Continuing Education Course Note Series 8: B1-B60.

Nelson P H, Trainor P K, Finn T M, 2009. Gas, Oil, and Water Production in the Wind River Basin, Wyoming. Scientific Investigations Report 2008-5225.

Nelson P H, 2009. Pore-throat sizes in sandstones, tight sandstones and shales. AAPG Bulletin, 93 (3): 329-340.

Neuzil J, Darlow B A, Inder T E, et al, 1995. Oxidation of parenteral lipid emulsion by ambient and phototherapy lights: potential toxicity of routine parenteral feeding. Journal of Pediatrics, 126 (5): 785-790.

Nilsen T H, Sylvester A G, 1995. Strike-slip basins. Tectonics of sedimentary basins: 425-457.

Nilsen T H, 1985. Comparison of Tectonic Framework and Depositional Patterns of the Hornelen Strike Slip Basin of Norway and the Ridge and Little Sulphur Creek Strike Slip Basins of California.

Osborne M J, 1997. Mechanisms for generating overpressure in sedimentary basins: A reevaluation. AAPG Bulletin, 90 (81): 1023-1041.

Pan C H, 1941. Nonmarine origin of petroleum in north Shensi, and the Cretaceous of Szechuan, China. AAPG Bulletin, 25 (11): 2058-2068.

Pan L, Xiao X, Tian H, et al, 2015. A preliminary study on the characterization and controlling factors of porosity and pore structure of the Permian shales in Lower Yangtze region, Eastern China. International Journal of Coal Geology, 146: 68-78.

Parrish J T, 1995. Paleogeography of Corg-rich rocks and the Preservation Versus Production Controversy//Huc A Y. Paleogeography, Paleoclimate, and Source Rock: American Association of Petroleum Geologists. Studies in Geology, 40: 1-20.

Perrodon A, 1980. Geodynamique petroliere: genese et repartition des gisements d'hydtocarbures: Paris: Masson-Elf-Aquitaine: 381.

Perrodon A, 1983. Geodynamique des bassins sedimentaires et systems petroliers. Bulletin des centres de recherches exploration- production Elf-aquitaine (7): 645-676.

Perrodon A, 1992. Petroleum systems: models and applications. Journal of Petroleum Geology, 15 (3): 319-326.

Perrodon A, Masse P, 1984. Subsidence, sedimentation and petroleum systems. Journal of Petroleum Geology, 7 (1): 5-26.

Peters K E, Moldowan J M, 1993. The Biomarker Guide: Interpreting Molecular Fossils in petroleum and Ancient sediments. New Jersey: Prentice Hall Inc.

Peters K E, Walters C C, Moldowan J M, 2005. The biomarker guide, Volume 2, Biomarkers and isotopes in petroleum systems and earth history. 2nd ed. New York: Cambridge University Press: 608-647.

Philippi G T, 1965. On the depth, time and mechanism of petroleum generation. Geochim. Cosmochim Actar, 29: 1021-1049.

Pittman, Edward D, 1992. Relationship of Porosity and Permeability to Various Parameters Derived from Mercury Injection-Capillary Pressure Curves from Sandstone. AAPG, 76 (2): 191-198.

Powers M C, 1967. Fluid-Release Mechanisms in Compacting Marine Mudrocks and Their Importance in Oil Exploration. AAPG Bulletin, 51 (7): 1240-1254.

Powley D E, 1990. Pressures, hydrogeology and large scale seals in petroleum basins. Earth Sci Rev, 29: 215-226.

Pratsch J C, 1983. Gasfield, NW Germany basin: secondary migration as a major geologic parameter. Journal of Petroleum Geology, 5 (3): 229-244.

Price L C, 1976. Aqueous solubility of petroleum as applied to its origin and primary migration. AAPG Bulletin, 60 (2): 213-244.

Prinzhofer A A, Huc A Y, 1995. Genetic and post-genetic molecular and isotopic fractionations in natural gases. Chemical Geology, 126: 281-290.

Qin C, Ortoleva P J, 1994. Banded Diagenetic Pressure Seals: Types, Mechanisms, and Homogenized Basin Dynamics. AAPG Memoir 61.

Reading C L, 1982. Theory and methods for immunization in culture and monoclonal antibody production. Journal of immunological methods, 53 (3): 261-291.

Requejo A G, 1992. Quantitative analysis of triterpane and sterane biomarkers: Methodology and applications in molecular maturity studies. Consejo Superior de Investigaciones Científicas.

Rice D D, Claypool G E, 1981. Generation, accumulation and resource potential of bioenic gas. AAPG Bulletin, 65 (1): 5-25.

Rigby D, Smith J W, 1981. An isotopic study of gases and hydrocarbons in the Cooper Basin. Appea Journal, 21 (1): 222-229.

Ruppel C D, Kessler J D, 2017. The interaction of climate change and methane hydrates. Rev. Geophys., 55: 126-168.

Russell William Low, 1951. Principles of petroleum geology. New York: McGraw-Hill.

Sansinena M, Hylan D, Hebert K, et al, 2007. Significance of excess differential pressure in highly efficient gas accumulation in over-pressured basins. Oil & Gas Geology, 28 (2): 203-208.

Schmidt V, Mcdonald D A, 1979. The Role of Secondary Porosity in the course of sandstone diagenesis. Special Publications, 26 (8): 175-207.

Schmoker J W, 1995. Method for assessing continuous-type (unconventional) hydrocarbon accumulations// Gautier D L, Dolton G L, Takahashi K I, et al. US Geological Survey Digital Data Series DDS-30: National assessment of United States oil and gas resources. Tulsa: USGS.

Schmoker J W, 2002. Resource-assessment perspectives for unconventional gas systems. AAPG Bulletin, 86 (11): 1993-1999.

Schoell M, 1980. The hydrogen and carbon isotopic composition of methane from natural gases of various origins. Geochim. Cosmochim. Acta, 44 (5): 649-661.

Schoell M, 1983. Genetic characterization of natural gases. AAPG Bulletin, 67 (12).

Schowalter T T, 1979. Mechanics of secondary hydrocarbon migration and entrapment. AAPG Bulletin, 63: 723-760.

Shanmugam, 1985. Significance of Secondary Porosity in Interpreting Sandstone Composition. AAPG Bulletin, 69 (3): 378-384.

Snarsky A N, 1962. Freiberger Forschungsch C. Die primare Migration des Erdols, 123: 63-73.

Stahl W J, 1974. Carbon isotope fractionations in natural gases. Nature, 251: 134-135.

Stahl W J, 1977. Carbon and nitrogen isotopes in hydrocarbon research and exploration. Chemical Geology, 20: 121-149.

Stahl W J, 1978. Source rock-crude oil correlation by isotopic type-curves. Geochimica Et Cosmochimica Acta, 42 (10): 1573-1577.

Stahl W J, Faber E, 1983. Carbon isotopes as a petroleum exploration tool. Proceedings of the Eleventh World Petroleum Congress: 147-159.

Surdam R C, Crossey I J, 1989. Organie-inorganic interactions and sandstone diagenisis. AAPG Bulletin, 73 (1): 1-23.

Swanson B F, 1981. A simple correlation between permeabilities and mercury capillary pressure. Jounal of Petroleum Technology: 2488-2504.

Talbot M R, 1994. Paleohydrology of the late Miocene Ridge basin lake, California. Geological Society of America Bulletin, 106 (9): 1121-1129.

Tiratsoo E N, 1951. Petroleum geology. London: Methuen: 449.

Tissot B P, Califet-Debyser Y, Deroo G, et al, 1971. Origin and evolution of hydrocarbons in Early Toarcian shales, Paris Basin, France. AAPG Bulletin, 55 (12): 2177-2193.

Tissot B P, Welte D H, 1978. Petroleum formation and occurrence. Berlin: Springer-Verlag.

Ulmishek G, 1986. Stratigraphic aspects of petroleum resource assessment. AAPG studies in geology, 21: 59-68.

Ungerer P, 1982. Importance of Physical Properties of Clays in Oil Formation and Migration: ABSTRACT. AAPG Bulletin, 66.

Walter E D, Margaret L, Dorrik A V Stow, 1985. Classification of deep-sea, fine-grained sediments. Journal of Sedimentary research, 55: 250-256.

Waples D W, 1985. Geochemistry in petroleum exploration. Boston: IHRDC.

Wardlaw N C, Mekellar M, Li Y, 1988. Pore and throat size distribution determined by mercury porsimetry and by direct observation. Carbonate and Evaporites, 3: 1-15.

Wardlaw N C, 1990. Quantitative Determination of pore structure and application to fluid displacement in reservoir rocks. North Sea Oil and Gas Reservoir-II: 239-243.

Wardlaw N C, Taylor R P, 1976. Mercury Capillary pressure curves and the interpretation of pore structure and capillary behavior in reservoir rocks. Bull Can Petroleum Geol, 24: 225-262.

Welhan J A, Craig H, 1979. Methane and hydrogen in East Pacific Rise hydrothermal fluids. Geophys. Res. Lett, 6: 829-831.

Welte D H, Hagemann H W, Hollerbach A, et al. 1975. Correlation between petroleum and source rock. 9th World Pet. Cong. Proc. 2: 179-191.

White I C, 1885. The geology of natural gas. Science, 5 (125): 521-522.

Wilson W B, 1934. Proposed classification of oil and gas reseviors// Wrather W E, Lahee F H. Problems of petroleum geology. AAPG Memoir: 433-445.

Yang C, Zhang J, Tang X, et al, 2017. Comparative study on micro-pore structure of marine, terrestrial, and transitional shales in key areas, China. International Journal of Coal Geology, 171: 76-92.

Yielding G, Freeman B, Needham D T, 1997. Quantitative fault seal prediction. AAPG Bulletin, 81 (6): 897-917.

Yu Zhijun, 1983. New method of oil prediction. AAPG Bulletin, 67 (11): 2053-2056.

Zhuze T P, Yushkevich G N, Ushakova G S, 1963. Use of phase composition data in the system oil-gas at high pressures for ascertaining the genesis of some pools. Journal of Biological Chemistry, 241 (10): 2301-2305.

Гуцало П К, Плотников А М, 1981. Изотопный состав углерода системы CO_2-CH_4 как критерий генезиса метана и углекислоты в природных газах Земли: 470-473.

Чекалюк Э Б, 1966. Нефть верхней мантии Земли. Проблема о происхождении нефти и газа и их коммерческой аккумуляции. Киев: Наукова думка: 49-62.

Чекалюк Э Б, 1967. Нефть верхней мантии Земли. Киев: Наукова думка: 256.

Чекалюк Э Б, 1971. Термодинамические основы теории минерального происхождения нефти. Киев: Наукова думка: 256.